Repetitorium Experimentalphysik

Ernst W. Otten

Repetitorium Experimentalphysik

4. Auflage

Mit 586 zweifarbigen Abbildungen, 18 Tabellen, zahlreichen Anwendungsbeispielen, 181 Versuchen und Kurzrepetitorium

Springer Spektrum

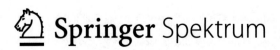

Ernst W. Otten

ISBN 978-3-662-59729-3 ISBN 978-3-662-59730-9 (eBook)
https://doi.org/10.1007/978-3-662-59730-9

Die Deutsche Nationalbibliothek verzeichnet diese Publikation in der Deutschen Nationalbibliografie; detaillierte bibliografische Daten sind im Internet über http://dnb.d-nb.de abrufbar.

Springer Spektrum

Planung/Lektorat: Margit Maly

Springer Spektrum ist ein Imprint der eingetragenen Gesellschaft Springer-Verlag GmbH, DE und ist ein Teil von Springer Nature.
Die Anschrift der Gesellschaft ist: Heidelberger Platz 3, 14197 Berlin, Germany

Vorwort zur 4. Auflage

Drei Jahrzehnte sind inzwischen seit der ersten Auflage des „Repetitorium Experimentalphysik“ vergangen. Die rege Nachfrage veranlasst den Verlag, jetzt eine vierte, inhaltlich unveränderte folgen zu lassen. Als Begleittext zu Anfänger-Vorlesung und -Praktika, sowie zwecks Vorbereitung auf die ersten Bachelorprüfungen deckt das Buch diesen weitgehend kanonisierten Stoff ab. Aus drucktechnischen Gründen hat der Verlag allerdings das bisher als Broschüre getrennte, herausnehmbare Kurzrepetitorium - eine Zusammenstellung wichtiger Lehr-sätze und Formeln – in das gedruckte Buch integrieren müssen. Nach wie vor ist auch eine elektronische Version des Buchs verfügbar.

Mainz, im Juni 2019 *Ernst W. Otten*

Vorwort zur dritten Auflage

Dieses Buch soll Physikern sowie physikalisch motivierten Naturwissenschaftlern und Ingenieuren als Begleittext zur einführenden Vorlesung in Experimentalphysik, zur Prüfungsvorbereitung und schließlich auch zum Nachschlagen dienen, wenn das Studium überstanden ist. Die jetzt im Gang befindliche Umstellung der Studiengänge von Diplom- zu Bachelor- und Masterabgängen hat auf Auswahl und Darstellung dieses grundlegenden Stoffes keinen erkennbaren Einfluss. Der Text ist daher bis auf wenige Ergänzungen, Anpassungen und Korrekturen von Fehlern, die auch die zweite Auflage noch überlebt hatten, unverändert geblieben. Ich danke allen Studierenden, die nach meiner Emeritierung zwar nicht mehr im Hörsaal mit mir diskutieren konnten, dafür aber als Leser über dieses und jenes mit mir korrespondiert haben.

Mainz, im September 2008 *Ernst W. Otten*

Vorwort zur zweiten Auflage

Überraschend schnell kam die Bitte des Springer-Verlages, die 2. Auflage dieses Buchs vorzubereiten. Das bot Gelegenheit, die vielen kleinen, versteckten Fehler, die einer Erstauflage anhaften, und auch die wenigen Schnitzer auszubessern. Daß dies möglich wurde, habe ich der systematischen und eifrigen Fehlersuche meiner Hörer zu danken. Kapitel 21 und 23 über Magnetfelder sind neu gefaßt worden. Am Anfang und im Mittelpunkt steht jetzt nicht mehr das sogenannte Magnetfeld $\boldsymbol{H}$, sondern die magnetische Kraftflußdichte $\boldsymbol{B}$ als das physikalisch wirksame Feld, mit dem die magnetische Kraftwirkung und Induktion verknüpft sind. Diese Umstellung ermöglicht einen konsequenteren Zugang zur magnetischen Wechselwirkung ähnlich dem in der Elektrostatik, wo auch das elektrische Feld $\boldsymbol{E}$ und nicht die dielektrische Verschiebung $\boldsymbol{D}$ im Mittelpunkt steht. Ansonsten ist noch an etlichen Stellen gefeilt worden, ohne aber Struktur und Inhalt des Buches anzutasten.

Trotz des einschränkenden Titels „Repetitorium" hat sich das Buch außer zur Prüfungsvorbereitung auch zur Begleitung der Anfängervorlesungen und des physikalischen Praktikums bewährt dank hierauf abgestimmten Aufbaus und Stoffauswahl.

Dem Springer-Verlag danke ich wieder für die gute Zusammenarbeit.

Mainz, im Juli 2002 *Ernst W. Otten*

Vorwort zur ersten Auflage

Schreibt man ein Buch über den weitgehend kanonisierten Stoff des physikalischen Grundstudiums, so drängt sich die Frage des *Warum* auf. Was gibt es hier Neues zu tun für einen Lehrer und Autor? Zum einen hat der gewaltige Erfahrungshorizont der modernen Physik auch den Blick auf deren klassische Grundlagen geschärft, um Wichtiges und Dauerhaftes vom Überlebten zu scheiden. Zum anderen ist die inhaltliche Trennung von Grund- und Hauptstudium deutlicher geworden: Die Themenbereiche der modernen Physik von Teilchen über Kerne, Atome, Moleküle bis hin zur kondensierten Materie werden heute alle mit dem vollen Anspruch der theoretischen Physik, insbesondere der Quantenmechanik gelehrt, richten sich also an fortgeschrittene Studenten. Dieser Zäsur trägt dieses Buch Rechnung, indem es die systematische Erarbeitung der Grundlagen der klassischen Physik – nach wie vor ein unverzichtbares Wissensgut für jeden Naturwissenschaftler in Praxis und Lehre – in den Vordergrund stellt, während der Appetit auf die moderne Physik durch kritische Hinweise und gezielte Ausblicke geweckt wird. Das rechtfertigt seinen Titel als Repetitorium für Vordiplom und Zwischenprüfung.

Der Text ist darauf angelegt, Strukturen physikalischen Verständnisses zu bilden; die vielen kurzen, aber doch vollständigen Ableitungen sollen Sicherheit im mathematischen Umgang mit der Physik vermitteln. Nur beides zusammen ergibt produktives und belastbares Wissen. Anders ausgedrückt, die Fähigkeit, rationale Konzepte zu entwickeln und umzusetzen, scheint auch das Geheimnis für den Erfolg zu sein, den Physiker in unserer schnell veränderlichen Welt heute in vielen neuen Berufen finden.

Das Buch sucht die Nähe der Grundvorlesung und beschreibt auch deren wichtigste Versuche, wobei die einfachen, einleuchtenden den Vorzug vor den spektakulären genießen. Die vielen Abbildungen, die nach Möglichkeit jedes angeschnittene Thema begleiten, sind als Gedächtnisstütze einfach gehalten.

Der Titel *Repetitorium* soll nicht dazu verführen, 800 Seiten wortwörtlich und Gleichung für Gleichung zur Prüfung parat haben zu wollen. Vielmehr soll die gründliche Auseinandersetzung mit dem Text in erster Linie ein geistiges Training darstellen, bei dem genug Stoff hängen bleibt. Schließlich gibt die Zusammenfassung der einzelnen Kapitel im beigelegten Kurzrepetitorium noch einmal einen Leitfaden durch die wichtigsten Themen, Begriffe und Gesetze.

Dem Springer-Verlag verdanke ich viele interessante Anregungen zur Gestaltung des Buchs. Meinen Sekretärinnen, Christine Best und Elvira Stuck-Kerth sei gedankt für die sorgfältige Erfassung des Textes während vieler Überstunden. Mein Dank gilt auch vielen Studenten, die sich mit Einsatz und Freude beim Zeichnen der Bilder und Erstellen der Formeln beteiligt haben.

Meiner Frau Nora danke ich, daß sie den Verlust an gemeinsamer Freizeit, der die schlimmsten Erwartungen übertraf, mit Ermunterung erwidert hat.

Mainz, im Mai 1998 *Ernst W. Otten*

Besondere Hervorhebungen im Text

! Ausrufezeichen am Rande machen auf Besonderheiten und interessante Details aufmerksam.

Im **Fettdruck** hervorgehobene Begriffe sind in der Regel in das Sachverzeichnis aufgenommen.

* Ein Stern bezeichnet ergänzende Themen oder Herleitungen, die nach Umfang oder Anspruch den hier gesteckten Rahmen überschreiten.

Inhaltsverzeichnis

9. Ruhende Flüssigkeiten und Gase

10. Strömende Flüssigkeiten und Gase

11. Schwingungen

12. Wellen

Teil II Wärme und Statistik

18. Stoffe in verschiedenen Aggregatzuständen

Teil III Elektromagnetismus

19. Elektrostatik

20. Gleichströme

21. Stationäre Magnetfelder

Teil IV Licht und Optik

27. Natur und Eigenschaften des Lichts, seine Wechselwirkung mit Materie

28. Optische Abbildung

29. Interferenz und Beugung von Licht

30. Strahlungsgesetze

31. Kurzrepetitorium Experimentalphysik

1. Einführung in Thema und Erscheinungswelt der Physik

INHALT

Die Einführung in ein neues Wissensgebiet sollte damit beginnen, seinen Rahmen abzustecken und seine Ziele und Methoden zu definieren. Obwohl dieses Buch nur den bescheidenen Anspruch eines Repetitoriums hat, wollen wir uns dieser Aufgabe nicht ganz entziehen und ihr dieses erste Kapitel widmen.

1.1 Zur Begriffsbestimmung der Physik

Die **Physik** ist die Mutter aller Naturwissenschaften.

Sie alle greifen auf ihre Gesetze zurück. Sie können also letztlich als Teilgebiete der Physik definiert werden, auch wenn das nicht den Anschein hat, weil sie durchaus selbständige Ziele mit selbständigen Methoden verfolgen, von denen die Physik im engeren Sinne keinen Gebrauch macht. Man denke an die Chemie.

Was ist dann Physik? Darf man diese strenge Frage fairerweise überhaupt stellen? Denn wenn der Physik tatsächlich diese Basisstellung zukommt, dann kann man nicht mehr hinter sie greifen, sie in einen anderen, größeren Rahmen einordnen. Das würde nur mit einer absolut gültigen und umfassenden Philosophie gelingen, die wir nicht haben. Die Lehre des Aristoteles ist in Bücher der Physik und der Metaphysik eingeteilt. Daher haben wir den Namen und auch eine ungefähre Begriffsbestimmung der *Physik als einer Lehre von der Natur* im Gegensatz zur Metaphysik, die über die natürlichen Dinge hinausgreift. Trotzdem hat die Aristotelische Physik, die bis in die Neuzeit hinein gelehrt wurde, mit den Methoden und Ergebnissen der

E. W. Otten, *Repetitorium Experimentalphysik*,
https://doi.org/10.1007/978-3-662-59730-9_1

modernen Physik so gut wie nichts zu tun. Auch der Begriff der Metaphysik hat Veränderungen erfahren; ursprünglich bezeichnete er schlicht die *nach* (= meta) der Physik geschriebenen Bücher.

Fatale Konflikte entstehen, wenn der Physik durch religiöse Dogmen oder politische Ideologien bestimmte Rollen und Grenzen aufgezwungen werden. Man denke an den berühmten Streit, den der Vater der modernen Physik, *Galileo Galilei*, mit der katholischen Kirche ausfechten mußte und der zu dieser Zeit wohl unvermeidlich war. Denn Galilei vertrat seine Lehren mit dem völlig neuen Wahrheitsanspruch der *naturwissenschaftlich beweisbaren* Erkenntnis, während die Kirche den Wahrheitsanspruch der *göttlichen Offenbarung* verteidigte. Dieser Konflikt war keineswegs trivial und ist erst heute einigermaßen überwunden mit dem Verständnis, daß Naturwissenschaft und Religion nicht mit Aussagen über die gleichen Dinge in Konkurrenz treten.

In neuerer Zeit hat der Marxismus-Leninismus eine massive Bevormundung der Naturwissenschaften beansprucht, und zwar nicht nur oberflächlich, sondern bis in prinzipielle, erkenntnistheoretische Fragen hinein. Ein Bekenntnis zum Marxismus-Leninismus – wenn auch häufig nur ein kurzes Lippenbekenntnis – war die Regel in sowjetischen Lehrbüchern der Physik. Ein besonders absurdes Beispiel ideologischer Überfremdung der Wissenschaft hat die sogenannte deutsche Physik im Dritten Reich geliefert, die kurzerhand alle Erkenntnisse jüdischer Wissenschaftler ausschloß.

Lösen wir uns also von allen Bindungen außerhalb der Physik und stellen die Frage nach dem Wesen der Physik aufs Neue. Wir könnten ihr allerdings auch mit der schlauen Bemerkung ausweichen, sie ließe sich erst dann gültig beantworten, wenn die letzten Geheimnisse der Physik entdeckt wären. Daran ist sicher richtig, daß sich die Reflexion über die Physik mit deren Erkenntnisstand weiter entwickelt. Deutliche Zäsuren in dieser Hinsicht waren die Entdeckungen der Relativität von Raum und Zeit und der Quantenphysik. Trotzdem sollte hier zu Beginn eine sinnvolle, wenn auch vorläufige Begriffsbestimmung der Physik möglich sein. Versetzen wir uns z. B. in die Lage eines Handwerksmeisters, den sein frischgebackener Lehrling am ersten Arbeitstag bittet, ihm sein zukünftiges Handwerk zu erklären. Der Meister wird nicht lange philosophieren, sondern den Lehrling in die Werkstatt führen, ihm die Materialien, die Werkzeuge und die Produkte zeigen, dazu ein paar Handgriffe und sagen: „Sieh, das ist dein Handwerk! Im übrigen fange jetzt an zu arbeiten, dann wirst du schon merken, worum es sich handelt." In diesem pragmatischen – die Philosophie würde sagen „operativen" – Sinne können wir das Handwerk der Physik einigermaßen zutreffend mit einem Satz charakterisieren:

> Die Physik beschäftigt sich mit der Aufgabe, durch Experimente mathematische Gesetze für das Verhalten von Materie in Raum und Zeit aufzufinden und anzuwenden.

! Um, wie hier gefordert, Mathematik auf die Physik anwendbar zu machen, müssen wir zunächst Raum, Zeit und Materie *meßbar* machen, mit Maßzahlen versehen, weil nur mit Zahlen quantitative Zusammenhänge formulierbar sind. Dieses Problem haben alle Zivilisationen längst vor der Physik aus praktischen Gründen lösen müssen und dabei mehr oder weniger taugliche Maßstäbe benutzt. Fragen der Art „Was ist

Zeit? Was ist Raum?“ stellen sich dabei nicht. Sie werden als natürliche Begriffe unserer Erfahrung hingenommen.

1.2 Längenmessung

Zur **Längenmessung**[1] müssen wir einen *verbindlichen* **Maßstab** – der Physiker nennt das eine **Einheit** – und eine **Meßvorschrift** vereinbaren. Als Einheit der Länge (l) gilt in der Physik heute das **Meter** (m).[2]

Um seine Reproduzierbarkeit zu sichern, ist es seinerzeit von einer konstanten, natürlichen Länge abgeleitet worden, nämlich dem Erdumfang. Demnach sollte gelten

$$1\,\mathrm{m} = \frac{1}{4} \cdot 10^{-7} \text{ des Erdumfangs}\,,$$

gemessen auf Meeresniveau entlang eines Längengrades. Entsprechend wurde das *Urmeter* gefertigt, ein Maßstab aus einer Platin-Iridium-Legierung, die als chemisch und mechanisch besonders stabil gilt. Es wird in Paris aufbewahrt.

Die Meßvorschrift für die Länge einer Strecke besagt, daß man das Meter entlang der zu messenden Strecke abträgt. Die so ermittelte Zahl an Metern schreibt man vor die Einheit (s. Abb. 1.1). Natürlich beschränken sich die Meßverfahren nicht auf das wirkliche Abtragen des Meters, sondern sind dem jeweiligen Meßproblem angepaßt. Insbesondere paßt man auch die Einheiten der Größe des zu messenden Gegenstandes an, weil sich physikalische Messungen auf sehr verschiedenen Skalen abspielen (Abschn. 1.9 und 1.11).

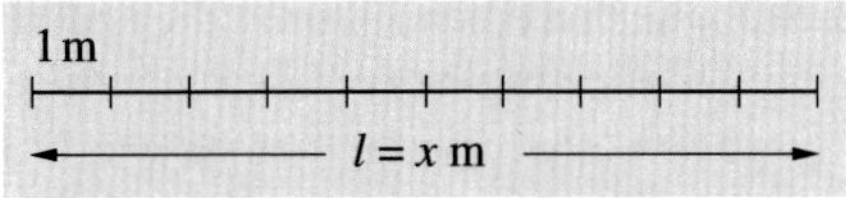

Abb. 1.1. Prinzip der Längenmessung durch Abtragen des Meters entlang einer Strecke der Länge l

1.3 Raum

Der **Raum** wird in der Physik im allgemeinen als *dreidimensionaler Euklidischer* Raum gemessen.

Diese Wahl genießt den Vorteil, mathematisch einfach und physikalisch sinnvoll zu sein. Im Euklidischen Raum gewinnen einfache physikalische Gesetze auch eine einfache Formulierung, z. B.

- Ein gestreckter Faden bildet eine Gerade.

---

[1] Fettgedruckte Begriffe findet man in der Regel im Stichwortverzeichnis.

[2] Die Buchstaben l bzw. m sind die vereinbarten Symbole für die Länge als solche bzw. für ihre Einheit, das Meter. Nach der Nennung einer physikalischen Größe bzw. einer Einheit ist das zugehörige Symbol in der Regel dahintergesetzt. Es werden das lateinische und das griechische Alphabet benutzt. Für physikalische Größen benutzen wir kursive, für Einheiten steile Schrifttypen, z. B. m für die Masse und m für das Meter.

- Ein kräftefreier Körper bewegt sich auf einer Geraden.
- Ein Lichtstrahl bewegt sich im Vakuum entlang einer Geraden.

! Diese Aussagen sind nicht selbstverständlich; z. B. prüfte *Carl Friedrich Gauß* durch präzise geodätische Messungen die Winkelsumme im Dreieck über große Strecken nach!

Die Physik macht auch Gebrauch von nicht-Euklidischen Geometrien, vor allem über kosmologische Entfernungen, wo die Gesetze der allgemeinen Relativitätstheorie relevant werden, wonach u. a. Lichtstrahlen von Schwerefeldern abgelenkt werden.

1.4 Zeit und Zeiteinheit

Auch die **Zeit** (t) wird in der Physik nicht anders als im täglichen Leben begriffen, nämlich so, daß ihr Ablauf an periodischen Vorgängen gemessen wird.

Der prägnanteste periodische Vorgang, den wir erfahren, ist der *Tag*, die Umdrehungszeit der Erde um sich selbst. Sie hat auch den Vorteil, recht konstant zu sein. Der Tag ist also eine natürliche Uhr, ebenso wie das Jahr zur Messung längerer Zeiträume. Kürzere Zeiten kann man in Einheiten schnellerer periodischer Vorgänge messen, z. B. den Schwingungsdauern von Pendeln, Federn etc.

Der Tag bildet auch die ursprüngliche Grundlage für die Definition der physikalischen Zeiteinheit, der **Sekunde** (s). Hierbei wurde die traditionelle, nicht dekadische Unterteilung des Tages in 24 Stunden à 60 Minuten à 60 Sekunden beibehalten. Die Sekunde steht auch in einer einfachen, leicht zu realisierenden Relation zum Meter: Ein Pendel von 1 m Länge schwingt in einer Sekunde von einer Seite auf die andere (die von der geographischen Breite abhängige Abweichung hiervon beträgt einige Promille).

1.5 Materie und Masse

Die Existenz stofflicher Materie ist die elementarste und vielseitigste aller unserer Erfahrungen.

Ebenso allgemein ist die Erfahrung, daß Materie **Masse** (m) zukommt und daß diese Masse proportional zur **Stoffmenge** ist. Die Masse wird im täglichen Leben vor allem als **schwere Masse** erfahren. Diese Eigenschaft wurde schon in vorgeschichtlicher Zeit, lange vor der Physik, zur Bestimmung von Stoffmengen mittels **Wägung** benutzt.

Die physikalische **Einheit der Masse** geht daher von einer bestimmten Stoffmenge aus, und zwar von einem Liter reinen Wassers bei der Temperatur von 4 °C und beim äußeren Druck einer Atmosphäre. Diese Wassermenge sollte die Einheit der Masse, das **Kilogramm** (kg) bilden. In diesem Sinne wurde ein gleich schweres Platin-Iridium-Stück hergestellt, das seitdem als *Ur-Kilogramm* dient und ebenfalls in Paris aufbewahrt wird. Leider war aber das Ur-Kilogramm-Stück um 28 mg zu schwer ausgefallen, ein selbst für die damalige Zeit beträchtlicher Meßfehler. Als er bei einer Nachmessung entdeckt wurde, war es zu spät, um alle Gewichtsstücke, Waagen, etc. umzueichen.[3]

Es gibt zwei Verfahren der Massenmessung, die nach unserer Erfahrung äquivalent sind:

- durch Wägung, d.h. durch Vergleich der Schwerkraftwirkung bestimmt man die **schwere Masse**,
- durch Messung der Beschleunigung unter Krafteinwirkung bestimmt man die **träge Masse**.

Beide Verfahren setzen Kenntnisse über physikalische Gesetze voraus (s. Kap. 3).

Quantisierung der Materie

Die wichtigste, neuere Erkenntnis über die Materie ist ihre **Quantisierung** in Form von

- **Molekülen** als identische Bausteine chemischer Stoffe,
- **Atomen** als identische Bausteine der Elemente,
- **Elementarteilchen** als identische Bausteine der Hülle und des Kerns der Atome.

Die Existenz der Atome wurde schon im Altertum von *Demokrit* im Rahmen einer detaillierten, allerdings nichtphysikalischen Theorie gefordert.

Auch die meisten wichtigen Eigenschaften der elementaren Bausteine sind *gequantelt*, so z. B. ihre elektrische Ladung in Einheiten der **Elementarladung** sowie ihr Eigendrehimpuls um ihren Schwerpunkt in Einheiten des **Planckschen Wirkungsquantums**.

! Nicht so die Masse! Sie hat zwar für jedes Elementarteilchen einer bestimmten Sorte den immer gleichen Wert (in Ruhe), die sogenannte **Ruhemasse**, ist aber nicht Vielfaches einer allgemeinen „Elementarmasse“. Bezüglich Ursprung und Wert der Masse von Elementarteilchen tappt die Physik heute noch völlig im dunkeln.

[3] Dabei war die Definition des Kilogramms in meßtechnischer Hinsicht klug und umsichtig getroffen worden. Wasser ließ sich schon in damaliger Zeit sehr rein darstellen und bot sich daher als gut reproduzierbare Eichsubstanz an. Die Wahl von 4 °C erfolgte, weil dort das Wasser ein Maximum seiner Dichte hat; folglich schlagen kleine Meßfehler in der Temperatur kaum zu Buche, weil die erste Ableitung der Dichte nach der Temperatur Null ist – ein viel geübter Trick, um Meßergebnisse gegen Schwankungen der Versuchsbedingungen zu stabilisieren.

1.6 Atomare Standards der Basiseinheiten

Die ursprüngliche Definition von Basiseinheiten für Länge, Zeit und Masse ist an makroskopischen, historischen Objekten, wie der Erde oder dem Ur-Meter getroffen worden, die irreversiblen Veränderungen unterworfen sind. Die Konstanz und Reproduzierbarkeit ihrer Werte kann daher von diesen Definitionen nicht garantiert werden.

Die moderne Physik hat aber gelernt, mit den elementaren Bausteinen der Natur zu experimentieren, was in diesem Zusammenhang zwei entscheidende Vorteile bietet:

- Elementarteilchen, Atome und Moleküle sind identische, unveränderliche und daher jederzeit reproduzierbare Objekte.
- Atomphysikalische Experimente haben einen unvergleichlich hohen Genauigkeitsgrad erreicht.

Die Einheiten für Länge und Zeit wurden daher vor einigen Jahren an **atomare Standards** gekoppelt, und zwar so, daß die neuen Einheiten mit den alten im Rahmen der Meßgenauigkeit übereinstimmen; eine Umeichung aller sekundären Standards und Meßgeräte entfällt also.

Als Standard für Länge und Zeit eignet sich die elektromagnetische Strahlung, die freie Atome in Form sehr *scharfer* **Spektrallinien** mit wohldefinierter Wellenlänge und wohldefinierter Frequenz aussenden. Sie überdecken den Bereich der Radiowellen ebenso wie den optischen. Im ersteren gibt es extrem genaue Verfahren zur Frequenzmessung, im letzteren zur Wellenlängenmessung.

Unter der **Frequenz** (ν) eines periodischen Vorgangs verstehen wir die Anzahl der Perioden, die in einer Sekunde ablaufen. Ihre Einheit ist das **Hertz** (Hz) (nach *Heinrich Hertz*)

$$[\nu] = \mathrm{Hz} = \mathrm{s}^{-1}\,. \tag{1.1}$$

Zur Nomenklatur dieser Gleichung siehe Kurzrepetitorium, Kap. K.1.

Das Cäsium-Atom besitzt eine Hyperfein-Spektrallinie im Bereich von $9 \cdot 10^9$ Hz, die mit einem komplizierten Meßverfahren sehr genau bestimmt werden kann und deswegen zum Bau der sogenannten **Cäsium-Atomuhr** ausgenutzt wurde. Auf diesem Wege ist 1967 die Sekunde umdefiniert worden als die Zeitdauer, während der die Cäsium-Uhr 9 192 631 770 Perioden der Hyperfein-Frequenz zählt.

Die genauesten Längenmessungen beruhen auf interferometrischen Methoden, bei der man die Anzahl der Wellenlängen von monochromatischem Licht mißt, die auf die betreffende Länge entfallen. Auf diese Weise wurde schon 1960 das Meter umdefiniert als diejenige Länge, auf die 1 650 763,73 Wellenlängen einer bestimmten Spektrallinie des Krypton-Isotops mit der Massenzahl 86 entfallen.

1985 wurde die Einheit der Länge noch einmal umdefiniert und dabei als selbständige Einheit aufgegeben, indem man sie über den sehr genau bekannten Wert einer Naturkonstanten, nämlich der Lichtgeschwindigkeit, an die Sekunde angekoppelt hat.

Heute ist die Einheit der Länge definiert als diejenige Strecke, die das Licht im Vakuum in der Zeit von (1/299 792 458) s zurücklegt.

Zur Zeit ist man bemüht, auch die Einheit der Masse an die Masse eines bestimmten Atoms zu binden. Die neue Definition des Kilogramms würde dann lauten, ein Kilogramm ist die Masse einer bestimmten Anzahl von Kohlenstoffatomen.

Metrologie

Die Entwicklung hochpräziser Meßverfahren, die für die Bestimmung der Basiseinheiten, aber auch für viele andere Probleme in Naturwissenschaft und Technik wichtig sind, ist die Aufgabe der **Metrologie**, der Kunst vom genauen Messen. Sie muß u. a. eine Vielzahl verschiedener Meßverfahren bereitstellen, um die sehr unterschiedlichen Skalen, auf denen physikalische Messungen stattfinden, abdecken zu können.

1.7 Physikalische Methodik

Bei der Aufgabe, mathematische Gesetze für das Verhalten physikalischer Objekte zu finden, bedient sich die Physik im Prinzip *zweier* Methoden.

Experimentelle (induktive) Methode

Der fundamentale Zugang zu physikalischen Erkenntnissen führt über Experimente und Messungen. Es gilt als vereinbart, daß letztlich nur Ergebnisse von reproduzierbaren Experimenten und Messungen im naturwissenschaftlichen Sinne wahr sind. Ihre zahlenmäßigen Ergebnisse zeigen uns charakteristische mathematische Zusammenhänge für das Verhalten der vermessenen Objekte. Wir nennen sie physikalische Gesetze.

Deduktive Methode

Mit Hilfe experimentell gefundener Gesetze können mathematische Voraussagen über physikalische Objekte gemacht werden.

Solche Voraussagen können sich z. B. auf das zeitliche Verhalten der Objekte beziehen wie die Berechnung von Sonnenfinsternissen. Sie können aber auch die Folgerung neuer, experimentell bisher nicht gefundener Gesetze zum Inhalt haben.

! Die deduktive, theoretische Methode ist umso fruchtbarer, je allgemeingültiger die Gesetze sind, von denen sie ausgeht. Zum Beispiel können mit nur *drei* Gesetzen, dem **Newtonschen Kraftgesetz**, dem Newtonschen Prinzip **actio = reactio** und dem ebenfalls von *Isaak Newton* gefundenen **Gravitationsgesetz** alle Planetenbewegungen und auch alle Schwerkrafterscheinungen auf der Erde erklärt und berechnet werden. Es ist daher das Bestreben der Physik, das ganze physikalische Geschehen, auf einen möglichst kleinen Satz allgemeingültiger Gesetze zurückzuführen.

! Bei der Beurteilung der Gültigkeit theoretischer Ergebnisse muß man darauf achten, daß ihre Voraussagen nicht den Rahmen überschreiten, in dem die Gesetze experimentell geprüft sind. Hierzu ein *Beispiel*:

Die **Newtonsche Mechanik** hatte sich bei allen Experimenten, die man auf der Erde mit makroskopischen Körpern durchgeführt hatte, ebenso wie bei der Berechnung der Planetenbahnen glänzend bestätigt. Die Relativgeschwindigkeiten der Körper beschränkten sich in diesem Erfahrungsbereich auf Werte von der Größenordnung 10^4 m/s. Dann ist es unzulässig zu schließen, sie gelte auch noch bei Relativgeschwindigkeiten von der Größenordnung der Lichtgeschwindigkeit $c = 3 \cdot 10^8$ m/s. In der Tat ist sie es auch nicht, sondern muß durch die **spezielle Relativitätstheorie** ersetzt werden, die im Bereich sehr großer Geschwindigkeiten zu völlig anderen Ergebnissen kommt.

! Man beachte aber: Neu gefundene, umfassendere Gesetze müssen die bisher gültigen als Grenzfall enthalten, d. h. deren alten Gültigkeitsbereich bestätigen. Die Physik muß sich also in konsistenter Weise weiterentwickeln. Ein *Paradigmenwechsel*, den andere Wissenschaften gelegentlich erfahren, ist in diesem Sinne in der Physik ausgeschlossen.

Hypothesen

In der Entwicklung der Physik haben **Hypothesen** über *vermutete* Gesetze und deren Konsequenzen eine große Rolle gespielt. Allerdings waren die letztlich erfolgreichen Hypothesen, die später experimentell bestätigt wurden, selten aus der Luft gegriffen, sondern das Ergebnis tiefen, an den Fakten orientierten Nachdenkens, wie folgendes Beispiel zeigt.

Als *Albert Einstein* die *spezielle Relativitätstheorie* aufstellte, war dies keine Hypothese, sondern eine wohlfundierte, auf bekannten Fakten fußende Theorie, die aber weitreichende, unvorhergesehene Folgen hatte. Hingegen war seine *allgemeine* Relativitätstheorie zum Zeitpunkt ihrer Entstehung eine reine Hypothese, weil keine ihrer Aussagen geprüft war.

Modelle

Häufig greift man in der Physik zu *vereinfachenden* Annahmen über deren Objekte, um wenigstens *Teilaspekte* ihres Verhaltens mathematisch in den Griff zu bekommen. Wenn wir z. B. die Moleküle der Luft als starre Hanteln ansehen, so beschreibt dieses **Modell** die spezifische Wärme der Luft richtig, sagt aber natürlich nichts über ihre chemischen Reaktionen aus. Letztere können in vereinfachten, chemischen Modellen verstanden werden. Beide Modelle erklären Teilaspekte der molekularen Eigenschaften, die umfassend nur im Rahmen einer aufwendigen quantenmechanischen Rechnung beschrieben werden können. Das ist heute zumindest für einfache Moleküle gelungen. Aber es ist z. B. noch nicht gelungen, eine befriedigende Theorie für die Struktur der Bausteine der Atomkerne, der Protonen und der Neutronen zu finden. Dieses Feld ist offen und die experimentellen Tatsachen können zur Zeit nur im Rahmen von mehr oder weniger leistungsfähigen Modellen interpretiert werden. In solchen Fällen sind nicht nur geniale theoretische Ideen gefragt, sondern auch Schlüsselexperimente, die den Schleier vor den tieferen Ursachen lüften.

1.8 Über verschiedene Typen physikalischer Aussagen

Die Physik hat ein sehr *breites* Betätigungsfeld. Sie kennt Gesetze über die Bewegung der Planeten um die Sonne, wieder andere für die Bewegung der Elektronen eines Atoms um dessen Kern. Sie macht detaillierte Aussagen über das Verhalten *einzelner* Teilchen, aber auch statistische über das Verhalten *sehr vieler* Teilchen. Dementsprechend ist der Charakter der physikalischen Aussage dieser Gesetze sehr verschieden. Bevor wir typische Kategorien diskutieren, wollen wir einen Blick auf „unphysikalische“ Aussagen werfen.

„Unphysikalische“ Aussagen

Zu den **unphysikalischen Aussagen** kann man Verfälschungen oder Vortäuschungen physikalischer Situationen zählen, die durch den subjektiven Eindruck unserer Sinnesorgane entstehen. Ein berühmtes Beispiel ist die *subjektive* Kontrastüberhöhung beim Sehen.

VERSUCH 1.1

Subjektive Kontrasterhöhung. Ein weißer Stern auf einer schwarzen Kreisscheibe wird in schnelle Rotation versetzt, so daß das Auge die Segmente des Sterns nicht mehr erkennt, sondern als graue Fläche wahrnimmt (s. Abb. 1.2). Ein objektives Instrument würde in diesem Bereich eine lineare Abnahme der über den Umfang gemittelten Intensität registrieren. Nicht so das Auge! Es simuliert an der Stelle, an der die Intensität abzusinken beginnt, einen hellen Streifen und dort, wo sie wieder konstant wird, einen dunklen. Es registriert sozusagen die zweite Ableitung der Intensitätskurve mit und überhöht dadurch lokal den Kontrast. Natürlich ist diese Kontrastüberhöhung aus moderner, biologischer Sicht keine Fehl-, sondern eine Anpassungsleistung, die uns z. B. gestattet, Konturen in der Dämmerung besser zu erkennen. *Johann Wolfgang von Goethe*, dessen Naturverständnis sich nicht auf objektive Meßergebnisse beschränkte, hat sich mit solchen Dingen sehr beschäftigt. Wenn er z. B. im ersten Akt des

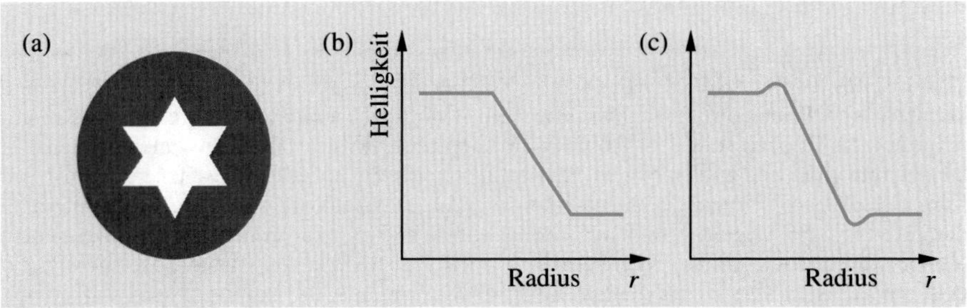

Abb. 1.2. (**a**) rotierender Stern auf schwarzem Hintergrund und seine über den Umfang gemittelte Helligkeit als Funktion des Radius (**b**) objektiv, (**c**) subjektiv

Faust einem weißen Pudel einen schwarzen Schemen als Teufel hinterher rennen läßt, so ist das der literarische Ausdruck seines Wissens um solche Dinge.

Schwieriger als bei diesen physiologischen Effekten, die letztlich natürlich alle eine naturwissenschaftliche Erklärung haben, gestaltet sich die Abgrenzung gegen unphysikalische Urteile, die wir *fälschlich* als physikalische ansehen könnten. Wenn jemand das Urteil trifft, der Mond sei *so schön*, dann grenzen wir es klarerweise aus der Physik aus. Sagt er aber, er sei *so gelb*, dann wissen wir nicht, ob gemeint ist, er sei *so schön gelb* oder er sei *so sehr gelb*. Im letzteren Falle sind wir geneigt, dieses Urteil als eine physikalische Aussage, wenn auch wenig präzise, zu akzeptieren. Wir können nämlich nachprüfen, ob sie im physikalischen Sinne richtig oder falsch ist. Auch wenn sie falsch sein sollte, bleibt sie doch eine physikalische Aussage.

Makroskopische Bewegungsgleichungen

Die ersten, quantitativen Gesetze der modernen Physik bezogen sich auf die Bewegungen makroskopischer Körper. Man denke an die **Keplerschen Gesetze** oder das **Galileische Fallgesetz**. *Newton* erkannte den Zusammenhang dieser Bewegungen mit den verursachenden Kräften. Das ist das Thema der klassischen Mechanik, die wir in den folgenden Kapiteln behandeln.

Statistische Gesetze

Viele makroskopische Phänomene erfahren wir nur als *statistischen* Mittelwert einer riesigen Anzahl von Einzelreaktionen der daran beteiligten elementaren Partikel, der Atome und der Moleküle. Hierzu gehört u. a. alles was mit dem Begriff der **Wärme** und der **Temperatur** zu tun hat. Folglich bemüht sich die Physik in diesen Fällen vor allem darum, Gesetze für das statistische Verhalten der beteiligten Partikel in ihrer *Gesamtheit* zu finden. Der detaillierte Reaktionsablauf jedes einzelnen Teilchens fällt dabei unter den Tisch. Es macht auch keinen Sinn, die Koordinaten der ca. 10^{23} Moleküle, die sich in einem Liter Gas befinden, exakt protokollieren zu wollen. Als Beispiel dafür, wie man eine statistische Aussage gewinnt, führen wir das **Galtonsche Brett** vor.

VERSUCH 1.2

Galtonsches Brett. Eine Menge kleiner Kugeln sind in einem Trichter gespeichert und können nach Öffnung des Verschlusses über ein schräg aufgestelltes Nagelbrett in die darunter aufgestellten Taschen rollen (s. Abb. 1.3). Wie werden sie sich nach den vielen Stößen, die sie untereinander und an den Nägeln erlitten haben, auf die einzelnen Taschen verteilen? Wir führen den Versuch einmal durch und erkennen grob, daß sich in den Taschen direkt unterhalb der Öffnung mehr Kugeln befinden als weiter außen. Das war zu vermuten. Aus diesem einen Versuch mit einigen hundert Kugeln erkennen wir aber noch keine genaue Gesetzmäßigkeit, denn im nächsten Versuch ist die Verteilung deutlich anders; die Ergebnisse schwanken von Versuch zu Versuch. Erst wenn wir aus vielen Versuchen den Mittelwert der in den einzelnen Taschen ausgezählten Kugeln bilden, dann nähert sich dieser Mittelwert mit wachsender Genauigkeit einem sehr einfachen mathematischen Verteilungsgesetz an (s. Abb. 1.4).

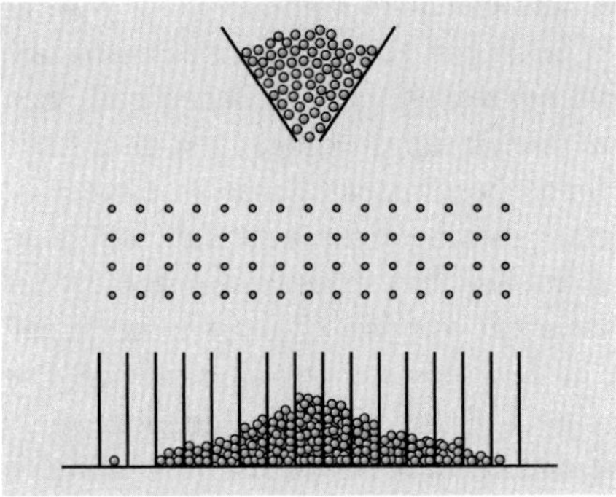

Abb. 1.3. Galtonsches Brett

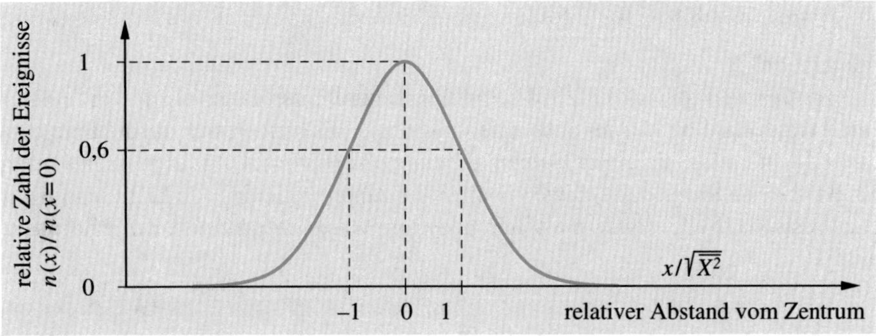

Abb. 1.4. Gaußsche Fehlerkurve. Die Abszisse ist in Einheiten der Wurzel des mittleren Schwankungsquadrats $\overline{X^2}$ und die Ordinate in Einheiten des Maximalwerts $n(x = 0)$ aufgetragen

Die in obigem Versuch gewonnene **Verteilungsfunktion** hat die Form der **Gaußschen Fehlerkurve**

$$n(x) = c\,\mathrm{e}^{-x^2/2\overline{X^2}} . \tag{1.2}$$

Sie fällt symmetrisch zu beiden Seiten ihres Maximalwertes bei $x = 0$ exponentiell ab, wobei der Exponent proportional zum Quadrat der Abweichung vom Zentralwert ist. Der Parameter $\overline{X^2}$ heißt das **mittlere Schwankungsquadrat**; es bestimmt die Breite der Verteilungskurve und ist in obigem Versuch ein Maß dafür, wie weit „der Apfel vom Baum fällt".

Quantenmechanische Gesetze

Führt man Streuversuche statt mit makroskopischen Kugeln mit *mikroskopischen* Teilchen, z. B. Elektronen, aus, so zeigt deren Ablenkung auch eine Schwankungsbreite. Sie hat aber im Gegensatz zum Fall der klassischen Statistik eine viel prinzipiellere Ursache, die in der *Quantenmechanik* begründet ist. Im Fall der Kugeln im Galtonschen Brett bestand kein Zweifel, daß wir in jedem Versuch im Prinzip die genaue Verteilung der Kugeln hätten vorausberechnen können, wenn wir nur ihre Ausgangslage im Vorratsbehälter vorher genügend genau ausgemessen hätten. Wir sagen, das System sei *determiniert.*[4] Bei *mikroskopischen* Teilchen muß man jedoch die Vorstellung aufgeben, man könne ihre Anfangsbedingungen, d. h. Lage und Geschwindigkeit im Raum, beliebig genau bestimmen. Zunächst einmal ist evident, daß jedes Meßinstrument, das die Anfangsbedingungen feststellen soll, diese auch verändert, weil es – naiv formuliert – an den Teilchen sozusagen anstößt. Jedes Meßinstrument braucht eine physikalische Nachricht vom Meßobjekt, was heißt, daß Meßobjekt und Meßinstrument miteinander in Wechselwirkung treten müssen. Die Frage ist nur, ob es ein Minimum dieser Wechselwirkung zwischen Meßinstrument und Teilchen gibt, das nicht unterschritten werden kann. In der Tat hat die Natur eine solche *minimale* Wirkung in Form des **Planckschen Wirkungsquantums**

$$h = 6{,}62606896 \cdot 10^{-34}\,\text{Joule} \cdot \text{Sekunde} \tag{1.3}$$

vorgesehen.

Zu diesem Problem liefert die Optik ein berühmtes Beispiel, das in anderer Interpretation schon von der Schule her bekannt ist. Es handelt sich um die **Beugung** eines Lichtstrahls an einer kleinen Öffnung (Versuch 1.3). Wir müssen diesen Effekt nur im Sinne der Quantenmechanik uminterpretieren, das Licht also nicht als klassische Welle, sondern als Teilchenstrom von **Lichtquanten**, den **Photonen**, auffassen.

VERSUCH 1.3

Quantenmechanische Interpretation der Lichtbeugung. Wir werfen einen Laserstrahl auf eine Wand, der dort einen Lichtfleck von einigen Millimetern Durchmesser erzeugt. Sobald wir nun den Laserstrahl an irgendeiner Stelle im Strahlengang mit einem Spalt einengen,

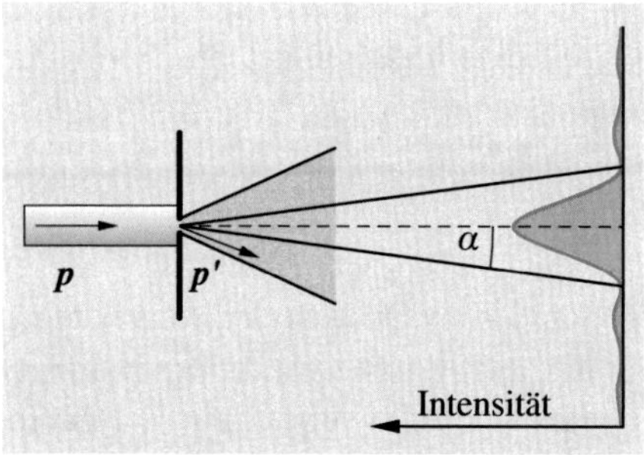

Abb. 1.5. Auffächerung eines Laserstrahls hinter einem Spalt

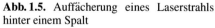

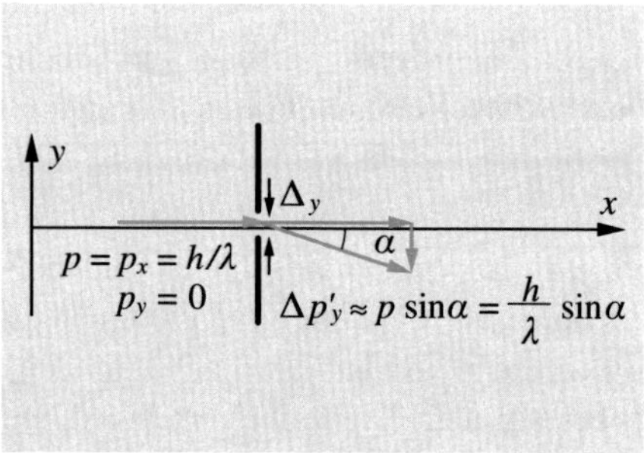

Abb. 1.6. Aufstreuung des Impulses der Lichtquanten bei der Beugung am Spalt der Breite Δy

[4] Allerdings führt bei diesen komplizierten Verhältnissen, wo die Kugeln untereinander und mit den Nägeln viele Stöße machen, offensichtlich schon die geringste Veränderung der Ausgangslage der Kugeln zu recht verschiedenen Abläufen des Prozesses wie wir gesehen haben. Solche Fälle führen in das Gebiet des klassischen, **deterministischen Chaos**, das man heute in einfachen Fällen für eine begrenzte Teilchenzahl mit großem numerischen Aufwand angehen kann.

beobachten wir auf der Wand, daß der Strahl genau in die Richtung aufgefächert ist, in der wir ihn eingeengt hatten. Wir sehen das bekannte Beugungsbild (s. Abb. 1.5). Die Lichtquanten, die sich vorher im Laserstrahl recht parallel in x-Richtung bewegt hatten, haben jetzt eine deutliche Komponente in y-Richtung aufgenommen (s. Abb. 1.6).

Der Versuch 1.3, die Position der Lichtquanten in y-Richtung mit Hilfe des Spalts besser zu bestimmen, hat dazu geführt, daß sie eine unbestimmte Impulskomponente in y-Richtung aufgenommen haben, die wir für das einzelne Lichtquant gar nicht vorhersagen können, sondern die sich gemäß der Intensitätsverteilung des Beugungsbildes über einen bestimmten Bereich verteilt. Die Breite der Verteilung ist dabei umgekehrt proportional zur Spaltbreite, d. h. zur Festlegung der Koordinate. Das ist die Grundaussage der **Heisenbergschen Unschärferelation**. Sie lautet genauer formuliert:

In jeder Messung ist das Produkt aus der Unsicherheit der Ortsbestimmung Δy und der Unsicherheit der Impulsbestimmung Δp_y mindestens von der Größenordnung des Planckschen Wirkungsquantums.

$$\Delta y \cdot \Delta p_y \gtrsim h \,. \tag{1.4}$$

(Sie gilt für jede der drei Bewegungsrichtungen einzeln.)

Wir können (1.4) unter Vorgriff auf elementare Formeln der Quantenphysik und der Optik (s. Abschn. 12.4, 27.3 und 29.1) leicht ableiten. Lichtquanten sind Teilchen mit der Energie

$$E = h \cdot \nu \,, \tag{1.5}$$

dem Impuls

$$p = \frac{h\nu}{c} = \frac{h}{\lambda} \,. \tag{1.6}$$

und der Geschwindigkeit $v = c =$ Lichtgeschwindigkeit. Sie bewegen sich nach den üblichen Wellengesetzen (weil die Quantenmechanik eine Wellenmechanik ist). Sei die Spaltbreite gleich Δy, so wissen wir aus der klassischen Beugungslehre, daß das erste Beugungsminimum bei einem Streuwinkel α auftritt, gegeben durch (12.43)

$$\sin\alpha = \frac{\lambda}{\Delta y} \,.$$

Dieser Winkel kann als Maß der mittleren Aufstreuung, also der entstandenen Impulsunschärfe genommen werden. Der Impuls vor der Streuung sei $\boldsymbol{p}$, nachher $\boldsymbol{p}'$. Sie sind dem Betrage nach gleich. Wir bilden das Produkt aus der Spaltbreite und dem durch die Beugung um den Winkel α entstandenen Transversalimpuls des Lichtquants (s. Abb. 1.6)

$$\Delta y \cdot \Delta p'_y = \Delta y \cdot \frac{h}{\lambda} \sin\alpha = h \,; \qquad \text{q.e.d.} \tag{1.7}$$

Einem makroskopischen Objekt wäre diese, durch die Messung entstandene, minimale Impulsunschärfe nicht anzumerken; ein mikroskopisches Teilchen kann dadurch aber völlig aus der Bahn geworfen werden.

Wir definieren daher die **mikroskopische Physik** als diejenige, die von Quanteneffekten beherrscht wird.

Sie kann im Rahmen dieser Einführung nicht systematisch behandelt werden. Wir werden aber an einigen Stellen ganz wesentlich mit ihr konfrontiert werden.

1.9 Kräfte und Wechselwirkungen

Wenn physikalische Objekte ihren Zustand ändern, z. B. ihre Geschwindigkeit, dann geschieht dies immer aufgrund dessen, daß sie mit anderen Objekten in **Wechselwirkung** treten, also in der Sprache der Mechanik eine **Kraft** $\boldsymbol{F}$ aufeinander ausüben. Die Aufgabe der Mechanik ist es, die Gesetze der Bewegungsänderungen aufgrund von Kräften zu finden und zu diskutieren.

Dabei bleibt die Frage nach Ursache und Natur der Kräfte zunächst offen. Wir kennen *vier* verschiedene Ursachen von Kräften in der Natur, die wir Wechselwirkungen nennen. Vordergründig ist kein Zusammenhang zwischen ihnen im Sinne einer gemeinsamen Wurzel erkennbar. Sie sind auch sehr verschieden in ihrer Stärke und ihrer Reichweite, und ihre Gesetzmäßigkeiten sind im einzelnen nur teilweise bekannt. Wir haben sie in Tabelle 1.1 aufgeführt.

Tabelle 1.1. Die vier bekannten Wechselwirkungen in der Natur

Wechselwirkung (WW)	relative Stärke	Reichweite	Gesetze
1. Gravitation	$\approx 10^{-38}$	$\propto 1/r^2$	bekannt
2. schwache WW	$\approx 10^{-2}$	$\approx 10^{-17}$m	z. gr. Teil bekannt
3. elektromagnetische WW	$\approx 10^{-2}$	$\propto 1/r^2$	bekannt
4. starke WW	1	$\approx 10^{-15}$m	teilweise bekannt

Die **elektromagnetische** und die **Gravitationskraft** unterscheiden sich in ihrer *Stärke* zwar um 36 Zehnerpotenzen, zeigen aber das *gleiche* Abstandsverhalten von $F \propto 1/r^2$ zwischen den wechselwirkenden Partnern. Sie sind also langreichweitig und deswegen auch im Bereich der makroskopischen Physik wirksam. Die **schwache** und die **starke Wechselwirkung** fallen dagegen (näherungsweise) *exponentiell* mit dem Abstand ab, und zwar innerhalb extrem kurzer charakteristischer Distanzen von $r_{\mathrm{sch}} \approx 10^{-17}$ m für die schwache und $r_{\mathrm{st}} \approx 10^{-15}$ m für die starke. Letztere entspricht etwa dem Durchmesser des **Protons**, eines typischen, stark wechselwirkenden Teilchens.

Ein Vergleich der *relativen* Stärken der vier Naturkräfte macht nur Sinn im Bereich $r < r_{\mathrm{sch}} \approx 10^{-17}$ m, wo noch keine von ihnen abgefallen ist. Dort führt die starke Kraft mit einem Faktor $\approx$ 100 vor der schwachen und der elektromagnetischen Kraft, die etwa gleich stark sind. Letzteres könnten wir als Hinweis auf eine Verwandtschaft dieser beiden Kräfte verstehen. Das hat sich in der Tat bestätigt. Ihre gemeinsamen Gesetzmäßigkeiten sind in den vergangenen 30

Jahren weitgehend aufgeklärt worden. Man spricht in diesem Zusammenhang von der **elektroschwachen Wechselwirkung**.

Rolle der vier Wechselwirkungen in der Natur

Obwohl die **Gravitationskraft** bei weitem die schwächste ist, spielt über große Distanzen nur sie eine Rolle. Sie hält die Erde, das Sonnensystem und den Kosmos zusammen.

Daß die **elektromagnetische Kraft** in diesem Bereich nicht mitkonkurriert, obwohl sie viel stärker und im Prinzip auch langreichweitig ist, liegt nur daran, daß die Materie in der Regel elektrisch neutral ist. Demnach gibt es im makroskopischen Bereich keine resultierende elektrische Anziehung oder Abstoßung. Nur die Elektrotechnik oder z. B. ein Gewitter machen davon eine Ausnahme. Aber die Zahl der *freien* Ladungsträger (Elektronen, Ionen), die dabei auftreten, ist verschwindend klein gegenüber der Gesamtzahl der neutralen Atome.

Die fundamentale Bedeutung der **elektromagnetischen Wechselwirkung** liegt vielmehr im folgenden:

- als Bindungskraft zwischen dem positiv geladenen Kern und den negativ geladenen Elektronen im Atom. Sie führt weiterhin zur Bindung der Atome zu Molekülen, chemischen Verbindungen, Flüssigkeiten, Festkörpern. Sie ist also für den ganzen stofflichen Charakter unserer Natur verantwortlich.
- Jeder Stoff emittiert Energie in Form von elektromagnetischer Strahlung (Licht, Wärmestrahlung) als Folge der Wärmebewegung seiner elementaren Ladungsträger, der Elektronen und Atomkerne. Ebenso absorbiert er sie. Der Energietransport von der Sonne zur Erde geschieht nur über elektromagnetische Strahlung.

Die **schwache** und die **starke Kraft** werden wegen ihrer kurzen Reichweite nur im unmittelbaren Kontakt zwischen den Elementarteilchen wirksam. Sie können daher nur quantenmechanisch behandelt werden und sind einem elementaren Verständnis nicht zugänglich.

Der wichtigste Prozeß der schwachen Wechselwirkung in der Natur ist der ***β*-Zerfall** radioaktiver Kerne, z. B.

$$^{90}_{38}\mathrm{Sr}^{52} \underset{T_{1/2}=20\,\mathrm{a}}{\longrightarrow} {}^{90}_{39}\mathrm{Y}^{51} + e^- + \overline{\nu} + \text{kinetische Energie}\,. \tag{1.8}$$

Das bedeutet in Worten: Ein **Isotop** des **Elements** Strontium (Sr) mit der **Massenzahl** 90, das aus 38 **Protonen** und 52 **Neutronen** besteht, zerfällt in ein Isotop des Nachbarelements Yttrium (Y) der gleichen Massenzahl, wobei sich ein Neutron in ein Proton verwandelt. Dabei werden gleichzeitig zwei neue Teilchen erzeugt, ein negativ geladenes **Elektron** (e^-) und ein neutrales **Antineutrino** ($\overline{\nu}$). Sie tragen die im Zerfall freiwerdende Energie fort. Schwache Zerfalls- und Syntheseprozesse spielen Schlüsselrollen beim Aufbau der Elemente aus Wasserstoff in der Sonne.

Die **starke Wechselwirkung** ist vor allem für die enorm hohe Bindungsenergie der Protonen und Neutronen im Atomkern verantwortlich. Sie ist millionenfach stärker als die chemische Bindung und die entscheidende Ursache der Energieproduktion in der Sonne. Da ihre Gesetze sehr kompliziert sind, ist man im allgemeinen gezwungen, mit vereinfachten Modellen zu rechnen. Nicht alle Elementarteilchen nehmen an der starken Wechselwirkung teil, insbesondere nicht die Elektronen und Neutrinos. Warum dies so ist, weiß man nicht. Man hat noch kein gültiges, umfassendes Gesetz gefunden, das die Existenz und Eigenschaften der verschiedenen Elementarteilchen und damit auch die vier Naturkräfte zusammenfaßt. Es gibt zwar viele Ansätze von **„GUT"-Theorien** (**G**rand **U**nified **T**heories), aber noch keine hat sich bestätigen lassen.

1.10 Skalen physikalischer Objekte

Wir schließen diesen kurzen Ausblick in die Erscheinungswelt der Physik mit einer Tabelle typischer physikalischer Objekte mit ihren Skalen und beherrschenden Wechselwirkungen (s. Tabelle 1.2).

Tabelle 1.2. Skalen physikalischer Objekte

Objekt	Masse (kg)	Größe (m)	Lebensdauer (Alter) (s)	Wechselwirkung
Kosmos	$\approx 10^{53}$	10^{26}	$\approx 3 \cdot 10^{17}$	1/2/3/4
Erde	10^{25}	10^{7}	$\approx 3 \cdot 10^{17}$	1/(2)/3/(4)
Mensch	10^{2}	1	10^{9}	(1)/3
Zelle	10^{-12}	10^{-5}		(1)/3
Atom/Molekül	$10^{-27} - 10^{-24}$	10^{-10}	stabil	(1)/3
Atomkern	$10^{-27} - 10^{-25}$	$10^{-15} - 10^{-14}$	stabil	(1)/2/3/4
Proton	10^{-27}	10^{-15}	stabil	(1)/2/3/4
Neutron	10^{-27}	10^{-15}	frei: 10^{3}	(1)/2/3/4
$\pi^{\pm}$-Meson	10^{-28}	10^{-15}	10^{-8}	(1)/2/3/4
$\mu^{\pm}$-Meson	10^{-28}	$< 10^{-17}$	10^{-6}	(1)/2/3
Elektron$^{\pm}$	10^{-30}	$< 10^{-17}$	stabil	(1)/2/3
Photon	0	?	frei: stabil	(1)/3
Neutrino	0	?	frei: stabil	(1)/2

Wechselwirkungen: 1 $\hat{=}$ Gravitation; 2 $\hat{=}$ schwache Wechselwirkung; 3 $\hat{=}$ elektromagnetische Wechselwirkung; 4 $\hat{=}$ starke Wechselwirkung; ( ) $\hat{=}$ untergeordnete Rolle

I

Mechanik

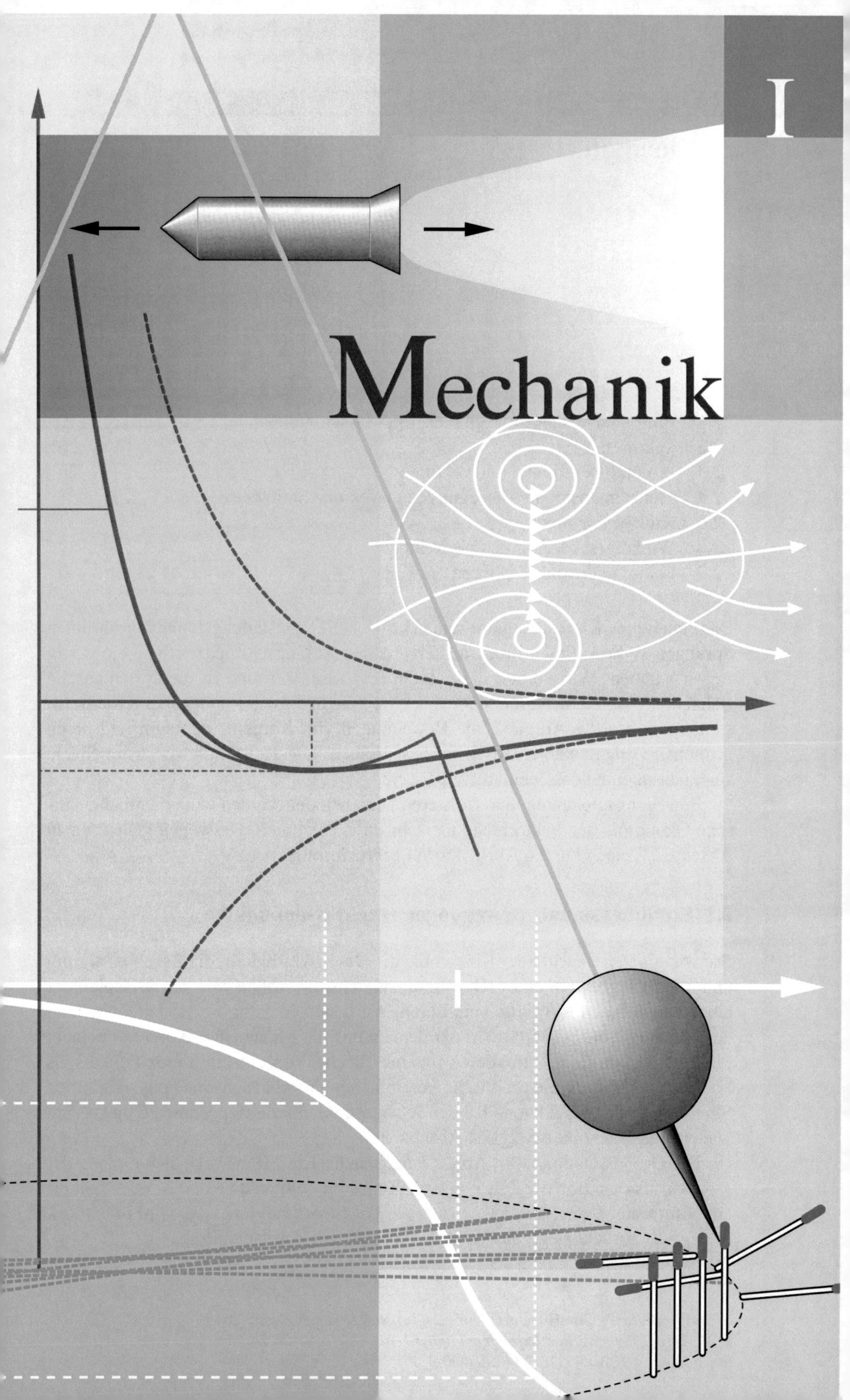

2. Kinematik

INHALT

Das einleitende Kapitel mag mit seinen kritischen Fragestellungen und den abrupten Sprüngen in die Welt der modernen Physik den Anfänger strapaziert und ein wenig verwirrt haben. Wir werden diese Linie jetzt verlassen und in die systematische Behandlung der elementaren Mechanik eintreten. In diesem Kapitel über **Kinematik** stellen wir uns die Aufgabe, die Bewegungen von Körpern im Raum und deren zeitlichen Ablauf mathematisch zu beschreiben. Die Kräfte, die dabei im Spiele sind, läßt man in der Kinematik außer acht.

Bewegungsgleichungen in mehreren Dimensionen werden ohne die mathematische Ökonomie der Vektorrechnung sehr unübersichtlich. Deswegen geben wir in Abschn. 2.2 einen kurzen Abriß der **Vektorrechnung**.

2.1 Eindimensionale Bewegungen von Massenpunkten

Die wichtigsten Begriffe der Kinematik, die **Geschwindigkeit**, die **Beschleunigung** und die **Integration einer Bewegungsgleichung** wollen wir am Beispiel der **eindimensionalen Bewegung** einführen. Wir benutzen dafür die Modellvorstellung des **Massenpunktes** (MP), d. h. wir denken uns die Masse eines Körpers in einem Punkt vereinigt, und interessieren uns nur für die Koordinaten dieses Punktes als Funktion der Zeit. Diese praktische Vereinfachung macht auch einen physikalischen Sinn, weil man zeigen kann, daß der Schwerpunkt eines ausgedehnten Objekts sich wie ein Massenpunkt bewegt (s. Abschn. 5.3).

Die Grundsituation ist in Abb. 2.1 dargestellt. Ein MP bewege sich entlang der x-Achse als Funktion der Zeit $x = x(t)$. Zu jedem Zeitpunkt $t = t_0, t_1, t_2, \ldots$ gehört ein bestimmter Ort $x(t) = x_0, x_1, x_2, \ldots$. Die Strecke $s = x_1 - x_0$ wird in der Zeit $t = t_1 - t_0$ zurückgelegt, das Wegstückchen Δx im Zeitintervall Δt.

E. W. Otten, *Repetitorium Experimentalphysik*,
https://doi.org/10.1007/978-3-662-59730-9_2

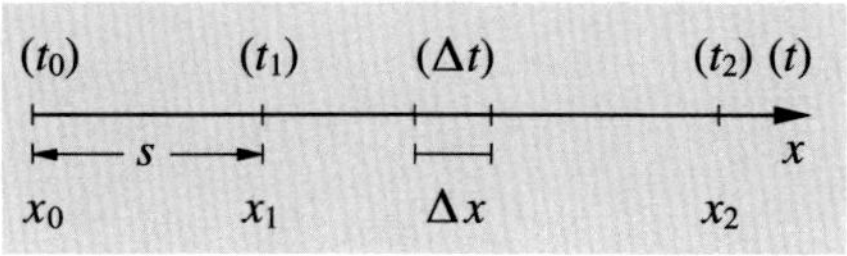

Abb. 2.1. Eindimensionale Bewegung entlang der x-Achse

Geschwindigkeit

Wir definieren die mittlere Geschwindigkeit $\bar{v}$ auf der Strecke s von x_0 nach x_1 als den Quotienten aus Weg- und Zeitintervall

$$\bar{v} = \frac{x_1 - x_0}{t_1 - t_0} = \frac{s}{t} . \tag{2.1}$$

Die Geschwindigkeit hat die Dimension

$$[v] = \mathrm{m/s} . \tag{2.2}$$

Eine *konstante* Geschwindigkeit im Intervall (x_1, x_2) bedeutet, daß

$$\frac{\Delta x}{\Delta t} = \text{const}$$

auf beliebigen Teilstrecken Δx ist. Folglich ist v eine Gerade im Weg-Zeit-Diagramm (s. Abb. 2.2).

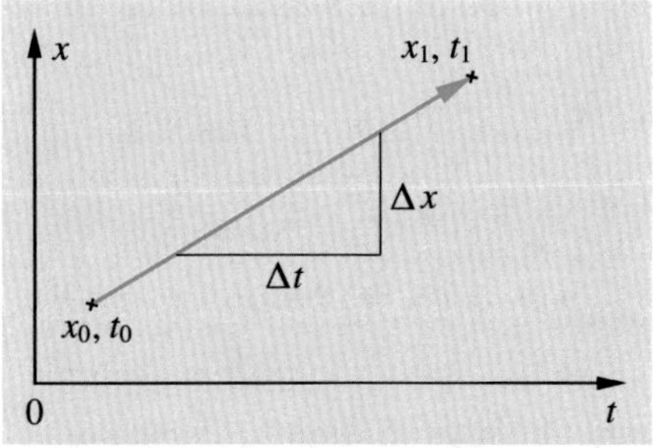

Abb. 2.2. Weg-Zeit-Diagramm bei konstanter Geschwindigkeit

Bei *veränderlichem* v ist die mittlere Geschwindigkeit auf der Strecke $s = x_1 - x_0$ nach wie vor durch (2.1) gegeben; $\bar{v}$ ist also die Steigung der Sekante im Weg-Zeit-Diagramm von Abb. 2.3.

Physikalisch interessanter ist jedoch die Momentangeschwindigkeit v im Raum-Zeit-Punkt x_0, t_0. Sie ist gegeben durch den Differentialquotienten

$$v(t_0) = \lim_{\Delta t \to 0} \frac{x(t_0 + \Delta t) - x(t_0)}{\Delta t} = \frac{\mathrm{d}x(t_0)}{\mathrm{d}t} = \dot{x}(t_0) . \tag{2.3}$$

$v(t_0)$ ist also die Steigung der Tangente im x, t-Diagramm im Punkt (x_0, t_0). Die erste zeitliche Ableitung einer Größe wird in der Physik allgemein durch einen Punkt über ihrem Symbol dargestellt, die zweite durch zwei Punkte usw.

Im folgenden verstehen wir unter Geschwindigkeit schlechthin immer die Ableitung $\mathrm{d}x/\mathrm{d}t$, also die Momentangeschwindigkeit. Wir stellen zwei einfache Methoden zur Geschwindigkeitsmessung in folgenden Versuchen vor.

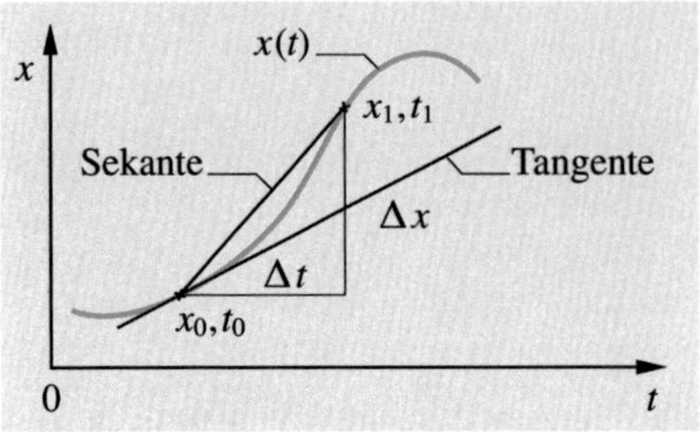

Abb. 2.3. Mittlere Geschwindigkeit als Sekante und Momentangeschwindigkeit als Tangente an die Kurve $x(t)$ im Weg-Zeit-Diagramm

VERSUCH 2.1

Geschwindigkeitsmessung auf der Luftkissenbahn. Ein Reiter gleitet auf einer horizontalen Luftkissenbahn. Wir messen $\Delta x/\Delta t$ mit Lichtschranken an verschiedenen Orten. Die Lichtschranke startet eine elektronische Stoppuhr, wenn die Front des 10 cm langen Reiters den Lichtweg unterbricht, und stoppt sie, wenn sein Ende ihn wieder freigibt (s. Abb. 2.4a). Wir beobachten, daß der reibungsarme Gleitlauf innerhalb der Fehlergrenzen mit konstantem v abläuft.

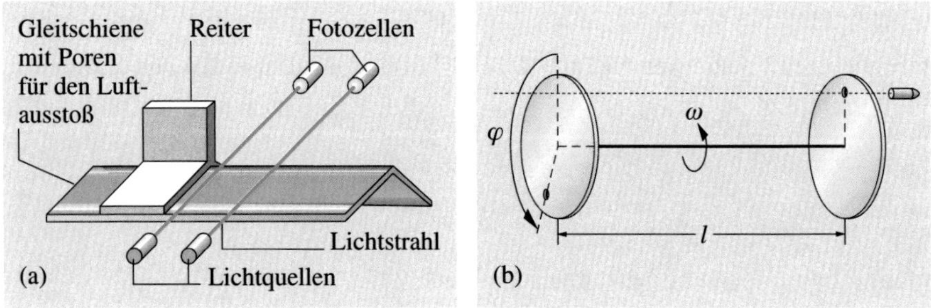

Abb. 2.4. (**a**) Geschwindigkeitsmessung auf der Luftkissenbahn. (**b**) Prinzip der Geschwindigkeitsmessung einer Geschoßkugel

VERSUCH 2.2

Geschwindigkeitsbestimmung aus Drehwinkelmessung. Wir bestimmen die Geschwindigkeit einer Geschoßkugel, indem wir zwei im Abstand l auf einer Achse rotierende Kartons durchschießen. Wir messen die Winkelgeschwindigkeit $\Delta\varphi/\Delta t$ (s. Abschn. 2.5) und den Drehwinkel φ zwischen den beiden Durchschüssen (s. Abb. 2.4b). Daraus berechnet sich die Geschwindigkeit zu

$$v = \frac{l}{\varphi}\frac{\Delta\varphi}{\Delta t} .$$

Das Drehwinkelprinzip des Versuchs 2.2 eignet sich insbesondere für hohe Geschwindigkeiten. So beruhte die erste **terrestrische Bestimmung der Lichtgeschwindigkeit** durch *Fizeau* (1849) auf folgender Variante (s. Abb. 2.5): Ein Lichtstrahl tritt durch die Lücke eines sich drehenden Zahnrads, wird nach einer größeren Laufstrecke (ca. 1 km) von einem Spiegel reflektiert und trifft wieder auf das Zahnrad. Man mißt die Winkelgeschwindigkeiten, bei der der reflektierte Strahl auf die nächste oder eine der folgenden Zahnlücken trifft (genaueres in Abschn. 27.2).

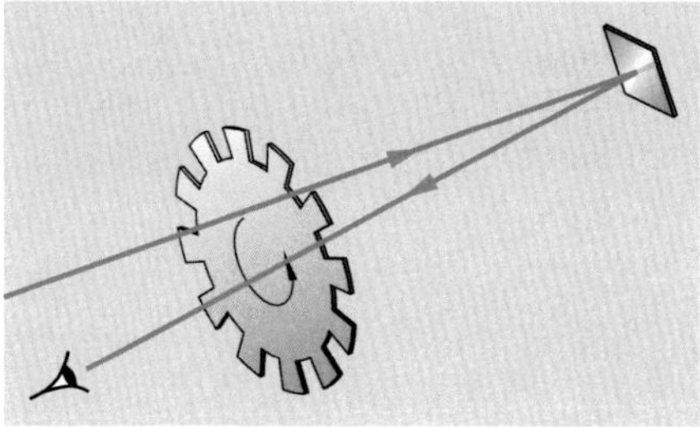

Abb. 2.5. Messung der Lichtgeschwindigkeit mit dem Fizeauschen Rad

Beschleunigung

Ist die Geschwindigkeit nicht konstant während der Bewegung entlang der x-Achse, so sprechen wir von einer *beschleunigten* Bewegung, d. h. von einer Änderung von v um Δv im Intervall Δt.

Als **Beschleunigung** a definieren wir in Analogie zu (2.3) den Differentialquotienten der Geschwindigkeit nach der Zeit; das ist die 2. Ableitung des Orts nach der Zeit.

$$a(t) = \lim_{\Delta t \to 0} \frac{v(t + \Delta t) - v(t)}{\Delta t} = \frac{\mathrm{d}v(t)}{\mathrm{d}t} = \dot{v}(t) = \frac{\mathrm{d}^2 x(t)}{\mathrm{d}t^2} = \ddot{x}(t) . \tag{2.4}$$

In (2.4) haben wir auf der rechten Seite mehrere Schreibweisen für a nebeneinander gestellt. $a(t)$ ist wie $x(t)$ und $v(t)$ eine Funktion der Zeit, die Dimension ist

$$[a] = \mathrm{m/s^2} . \tag{2.5}$$

VERSUCH 2.3

Fallbeschleunigung. Wir messen die Beschleunigung im senkrechten Fall. Hierzu sind Lichtschranken bei $x_1 = 0{,}1\,\mathrm{m}$, $x_2 = 0{,}4\,\mathrm{m}$ und $x_3 = 0{,}9\,\mathrm{m}$ Fallstrecke angebracht, die die zugehörigen Fallzeiten t_1, t_2, t_3 messen. Wir stellen innerhalb der Meßfehler fest: $t_3 = 3t_1$, $t_2 = 2t_1$ (s. Abb. 2.6). Da die entsprechenden Fallstrecken quadratisch wuchsen, schließen wir auf einen quadratischen Zusammenhang der Form

$$x = c \cdot t^2 .$$

Die Auswertung des Versuchs ergibt für den Proportionalitätsfaktor den ungefähren Wert von $c \approx 4{,}9\,\mathrm{m/s^2}$.

Als Ergebnis des Versuchs 2.3 konstatieren wir das schon von *Galilei* gefundene Fallgesetz:

Die senkrechte Fallstrecke eines Körpers wächst mit dem Quadrat der Fallzeit:

$$x(t) = \frac{g}{2} \cdot t^2 . \tag{2.6}$$

Den konstanten Proportionalitätsfaktor führen wir zweckmäßigerweise als $g/2$ ein. Dann ergibt sich nämlich durch Differenzieren

$$\dot{x}(t) = v(t) = g \cdot t . \tag{2.7}$$

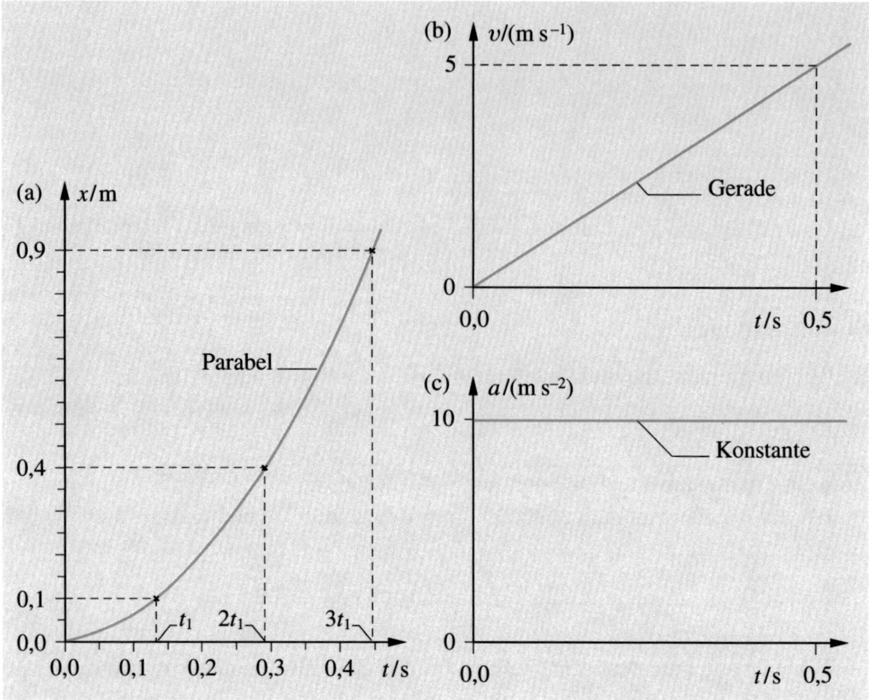

Abb. 2.6. (**a**) Wegstrecke, (**b**) Geschwindigkeit und (**c**) Beschleunigung beim senkrechten Fall als Funktion der Zeit

Die Geschwindigkeit wächst linear mit der Zeit an. Bei nochmaligem Differenzieren erkennen wir, daß g die Beschleunigung ist

$$\ddot{x}(t) = a(t) = g = \text{const}\,. \qquad (2.8)$$

Sie ist *konstant* und heißt **Erdbeschleunigung** g. Ihr Wert beträgt in unserer geographischen Breite

$$g = 9{,}806\,\text{m/s}^2\,. \qquad (2.9)$$

Kritische Ergänzung: Die Messung von Momentangeschwindigkeit und Momentanbeschleunigung ist im strengen, mathematischen Sinn unmöglich; denn infinitesimale Intervalle $\Delta x \to 0$, $\Delta t \to 0$ sind wegen endlicher Meßfehler $\delta x, \delta t$ nicht meßbar. Gilt für die Meßintervalle

$$\Delta x \lesssim \delta x, \Delta t \lesssim \delta t\,,$$

so bleibt ihr Quotient v völlig unbestimmt. Wir halten in diesem Zusammenhang folgenden Grundsatz fest:

Jedes Gesetz kann nur im Rahmen seiner Meßgenauigkeit Gültigkeit beanspruchen.

Integration einer Bewegungsgleichung

Bei vorgegebener Geschwindigkeit. Wir nehmen an, die Geschwindigkeit sei uns als Funktion der Zeit gegeben. Unser Ziel ist es, aus dieser Vorgabe auf die zurückgelegte Strecke als Funktion der Zeit zu schließen. Dabei lassen wir uns zunächst von dem einfachsten Fall *konstanter* Geschwindigkeit leiten

$$v(t) = v_0 = \frac{x(t_1) - x(t_0)}{t_1 - t_0} = \frac{s}{t_1 - t_0} = \text{const}\,. \tag{2.10}$$

Dann folgt für die zurückgelegte Strecke

$$s = v_0(t_1 - t_0)\,. \tag{2.11}$$

Für das weitere Verständnis ist es hilfreich, sich (2.11) im v, t- und s, t-Diagramm zu veranschaulichen (s. Abb. 2.7). Wir erkennen daraus durch Vergleich mit (2.11), daß der zurückgelegte Weg s gleich der Fläche A im v, t-Diagramm ist, die von dem Rechteck mit der Höhe v_0 und der Breite $(t_1 - t_0)$ gebildet wird. Sie wächst proportional zum Zeitintervall an.

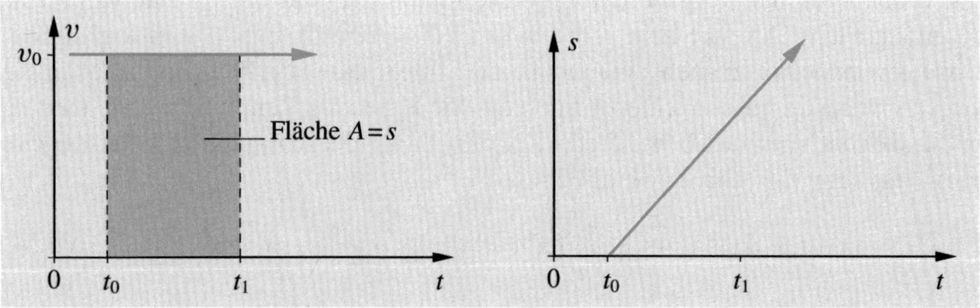

Abb. 2.7. Darstellung einer konstanten Geschwindigkeit im Geschwindigkeit-Zeit-Diagramm (*links*) und der zurückgelegten Strecke im Weg-Zeit-Diagramm (*rechts*)

Diese geometrische Überlegung können wir auf den Fall verallgemeinern, daß die Geschwindigkeit im betrachteten Intervall zeitlich *veränderlich* ist. Wir teilen dann die Zeit in eine Anzahl N sehr kleiner Intervalle Δt_i auf und bilden die dazugehörigen Wegstückchen

$$\Delta s_i = \Delta A_i = v(t_i) \cdot \Delta t_i\,, \tag{2.12}$$

wobei wir als Geschwindigkeit $v(t_i)$ jeweils die Geschwindigkeit am Intervallrand, z. B. dem linken, nehmen (vgl. Abb. 2.8).

Die Summe aller dieser Wegstückchen nähert den tatsächlich zurückgelegten Weg, den wir auch hier als Fläche unter der $v(t)$-Kurve erkennen, umso besser an, je feiner die Aufteilung ist. Im Grenzfall $\Delta t_i \to 0$ geht sie in den exakten Wert des Zeitintegrals der $v(t)$-Kurve über:

$$s = \lim_{\substack{\Delta t_i \to 0 \\ N \to \infty}} \sum_{i=1}^{N} v(t_i)\Delta t_i = \int_{t_0}^{t_1} v(t)\mathrm{d}t\,. \tag{2.13}$$

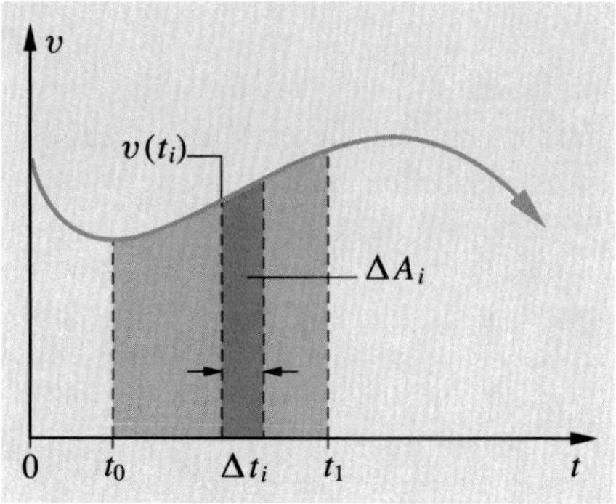

Abb. 2.8. Skizze zur Bildung des Wegintegrals als Fläche unter der $v(t)$-Kurve im Geschwindigkeit-Zeit-Diagramm

Der zurückgelegte Weg ist also gleich dem bestimmten Integral der Geschwindigkeit über das betrachtete Zeitintervall.

Bei vorgegebener Beschleunigung. Wir gehen jetzt noch einen Schritt zurück und wollen aus der Vorgabe der Beschleunigung $a(t)$ auf die im Intervall t_0 bis t_1 zurückgelegte Strecke bzw. auf den Ort $x(t_1)$ zum Zeitpunkt t_1 rückschließen. Dazu gewinnen wir zunächst in einem ersten Integrationsschritt analog zu oben die Geschwindigkeit im betrachteten Intervall. Sie habe zum Zeitpunkt t_0 den Wert v_0 und ändere sich bis zum betrachteten Zeitpunkt t um die schraffierte Fläche $A(t)$ im a, t-Diagramm der Abb. 2.9. Folglich ist

$$v(t) = v(0) + A(t) = v_0 + \int_{t_0}^{t} a(t')\mathrm{d}t' . \tag{2.14}$$

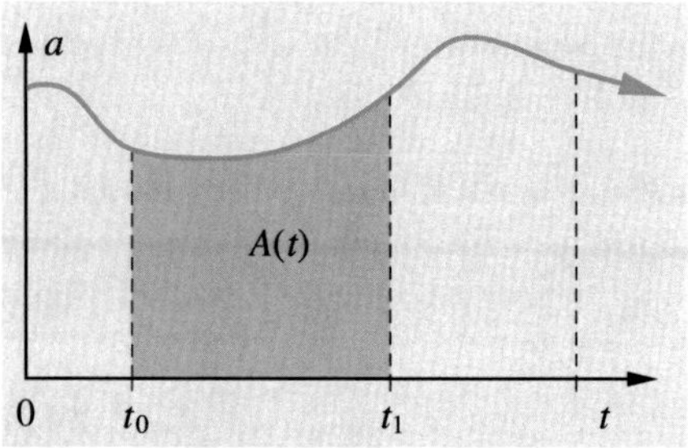

Abb. 2.9. Geschwindigkeitsänderung im Zeitintervall von t_0 bis t_1 als Fläche unter der Beschleunigungskurve im Beschleunigung-Zeit-Diagramm

Setzen wir (2.14) in (2.13) ein,

so erhalten wir die gesuchte, im Intervall zurückgelegte Strecke als das zweifache Integral der Beschleunigung nach der Zeit

$$s = \int_{t_0}^{t_1} v(t)\mathrm{d}t = v_0(t_1 - t_0) + \int_{t_0}^{t_1} \left[\int_{t_0}^{t} a(t')\mathrm{d}t' \right] \mathrm{d}t . \tag{2.15}$$

Interessieren wir uns nicht nur für die zurückgelegte *Strecke*, sondern für den *Ort* selbst, so müssen wir noch den Anfangsort x_0 zum Zeitpunkt t_0 angeben und erhalten

$$x(t_1) = x_0 + s\,. \tag{2.16}$$

Der Anfangsort x_0 und die Anfangsgeschwindigkeit v_0 sind die zwei Integrationskonstanten, die wir bei der zweifachen Integration der Bewegungsgleichung hinzufügen müssen, um den Ort als Funktion der Zeit beschreiben zu können. Sie werden in der Physik auch *Anfangswerte* oder **Randwerte** genannt.

Als einfachstes *Beispiel* wollen wir den Ort eines mit

$$a = \text{const}$$

beschleunigten Körpers bei Vorgabe der Anfangswerte bestimmen

$$\begin{aligned} x(t_1) &= x_0 + v_0(t_1 - t_0) + \int_{t_0}^{t_1} \left(\int_{t_0}^{t} a \mathrm{d}t' \right) \mathrm{d}t \\ &= x_0 + v_0(t_1 - t_0) + \frac{1}{2} a (t_1 - t_0)^2 \end{aligned} \tag{2.17}$$

und gewinnen somit das **Fallgesetz** (2.6) in *allgemeinerer* Form zurück.

2.2 Vektoren

Vektoren sind eines der wichtigsten mathematischen Hilfsmittel zur Vereinfachung und Veranschaulichung physikalischer Zusammenhänge. Zentrale physikalische Begriffe, wie die Geschwindigkeit, die Kraft, elektrische und magnetische Felder, können durch Vektoren dargestellt werden, wobei wir vor allem auch deren geometrische Interpretation benutzen. In der Algebra erlaubt die Vektorrechnung die Behandlung von Gleichungssystemen in Form einer übersichtlichen und effizienten Kurzschrift. Wir stellen hier die wichtigsten Definitionen und Sätze über Vektoren zusammen.

Wir gehen von einer geometrischen Definition des Vektors aus:

Ein Vektor $\boldsymbol{a}$ ist eine gerichtete Strecke, die, angewandt auf einen beliebigen Punkt P_1 im Raum, diesen Punkt um den Betrag a der Strecke in die vom Vektor angezeigte Richtung nach P_2 verschiebt (s. Abb. 2.10).

Es ist dabei gleichgültig, ob die Verschiebung auf dem kürzesten Wege über $\boldsymbol{a}$ oder auf beliebigen Umwegen über andere Vektoren erfolgt. Es gilt daher die Gleichheitsdefinition:

Vektoren sind gleich, wenn sie die gleiche resultierende Verschiebung erzeugen.

Für die Vektoren in Abb. 2.10 gilt daher die Gleichung

$$\boldsymbol{b} + \boldsymbol{c} = \boldsymbol{d} + \boldsymbol{e} = \boldsymbol{a} \tag{2.18}$$

(als Symbole für Vektoren benutzen wir fettgedruckte, kursive Buchstaben).

Mit (2.18) ist auch die Addition von Vektoren als die Aufeinanderfolge zweier Verschiebungen definiert. Sie ist kommutativ, wie man sich leicht überzeugt.

Eine besondere Rolle kommt in der Physik dem Ortsvektor $\boldsymbol{r}$ zu. Seine Definition lautet:

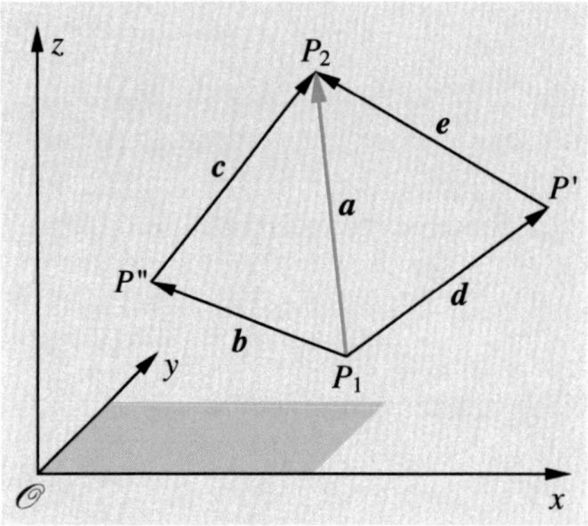

Abb. 2.10. Zur Definition von Vektoren $\boldsymbol{a}$, $\boldsymbol{b}$, ... als Verschiebung von Raumpunkten

> Der Verbindungsvektor vom Ursprung des Koordinatensystems $\mathcal{O}$ zu einem Raumpunkt P heißt der **Ortsvektor** $\boldsymbol{r}$ von P.

Mit dieser Definition des Ortsvektors und (2.18) kann jeder Vektor $\boldsymbol{a}$ von P_1 nach P_2 als Differenz von Ortsvektoren dargestellt werden (vgl. Abb. 2.11),

$$\boldsymbol{a} = \boldsymbol{r}_2 - \boldsymbol{r}_1 \, . \tag{2.19}$$

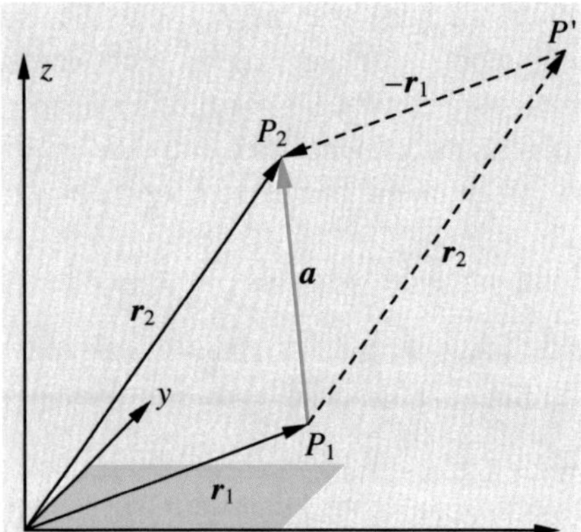

Abb. 2.11. Darstellung eines beliebigen Vektors $\boldsymbol{a}$ als Differenz zweier Ortsvektoren $\boldsymbol{r}_2 - \boldsymbol{r}_1$

Mit (2.19) ist auch das Minus-Zeichen als Umkehrung der *Vektorrichtung* definiert.

Die Eigenschaften *Länge* und *Richtung* eines Vektors können wir in der folgenden Schreibweise getrennt darstellen

$$\boldsymbol{a} = a\,\hat{\boldsymbol{a}} \, . \tag{2.20}$$

In (2.20) bezeichnet a die *Länge* des Vektors, also eine positive Zahl, die auch **Betrag des Vektors** genannt wird. Sie ist in der Physik in der Regel mit einer **Dimension** behaftet, z. B. m für die Länge einer Strecke oder m/s für die Größe einer Geschwindigkeit etc. Das zweite Symbol in (2.20) $\hat{\boldsymbol{a}}$ ist ein **Einheitsvektor**. Er zeigt die Richtung des Vektors $\boldsymbol{a}$ an, ist dimensionslos und hat den Zahlenwert eins.

Mit (2.18) können wir den Ortsvektor in seine **kartesischen Komponenten** zerlegen, d. h. als Summe von drei Vektoren entlang der Koordinatenachsen schreiben (vgl. Abb. 2.12).

$$\boldsymbol{r}_1 = \boldsymbol{x}_1 + \boldsymbol{y}_1 + \boldsymbol{z}_1 = x_1\hat{\boldsymbol{x}} + y_1\hat{\boldsymbol{y}} + z_1\hat{\boldsymbol{z}} . \tag{2.21}$$

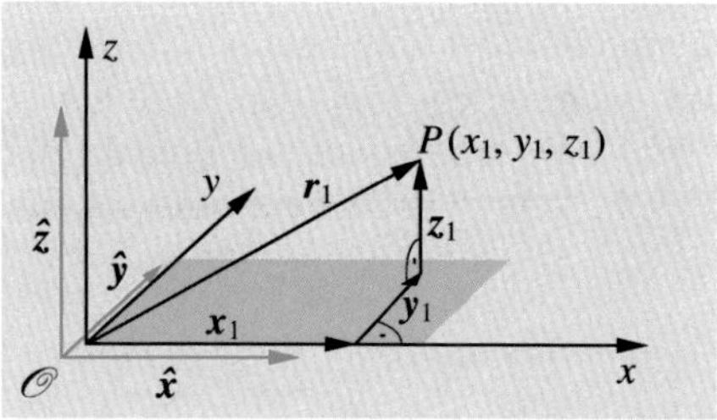

Abb. 2.12. Zerlegung des Ortsvektors in kartesische Komponenten

Auf der rechten Seite von (2.21) haben wir von der Darstellung (2.20) Gebrauch gemacht. Die Zerlegung (2.21) ist eindeutig. Die Beträge x_1, y_1 und z_1 sind die senkrechten Projektionen von $\boldsymbol{r}_1$ auf die Koordinatenachsen. Folglich können wir $\boldsymbol{r}_1$ auch schreiben als

$$\boldsymbol{r}_1 = \left(\sqrt{x_1^2 + y_1^2 + z_1^2}\right)\hat{\boldsymbol{r}}_1 = r_1\hat{\boldsymbol{r}}_1 . \tag{2.22}$$

Mit (2.19) bis (2.22) können wir jeden beliebigen Vektor $\boldsymbol{a}$ in kartesische Komponenten zerlegen

$$\boldsymbol{a} = (x_2 - x_1)\hat{\boldsymbol{x}} + (y_2 - y_1)\hat{\boldsymbol{y}} + (z_2 - z_1)\hat{\boldsymbol{z}} = a_x\hat{\boldsymbol{x}} + a_y\hat{\boldsymbol{y}} + a_z\hat{\boldsymbol{z}} , \tag{2.23}$$

bzw. in der Form (2.20) darstellen

$$\boldsymbol{a} = \left(\sqrt{a_x^2 + a_y^2 + a_z^2}\right)\hat{\boldsymbol{a}} . \tag{2.24}$$

Statt (2.23) benutzt man auch die abgekürzte Komponentenschreibweise

$$\boldsymbol{a} = \{a_x, a_y, a_z\} . \tag{2.25}$$

2.3 Produktoperationen mit Vektoren

Multiplizieren wir einen *Vektor* $\boldsymbol{a}$ mit einem *Zahlenwert* b – im Unterschied zum Vektor auch **Skalar** genannt –, so verstehen wir darunter folgende Operation

$$\boldsymbol{a} \cdot b = (a \cdot b)\hat{\boldsymbol{a}} = b\boldsymbol{a} . \tag{2.26}$$

Es soll also der Betrag des Vektors mit dieser Zahl multipliziert werden. Seine Richtung bleibt unverändert wenn b positiv ist, andernfalls kehrt sie sich um. In diesem Sinne sind auch negative Vektorbeträge zugelassen. Die Operation (2.26) ist kommutativ. In der Physik kann der Skalar b durchaus eine dimensionsbehaftete Zahl sein.

Von besonderer Bedeutung sind *Produkte zweier Vektoren*, wobei wir zwischen *Skalar*- und *Vektor*produkt unterscheiden.

Unter dem **Skalarprodukt** zweier Vektoren $\boldsymbol{a}, \boldsymbol{b}$ verstehen wir das Produkt der Beträge der beiden Vektoren multipliziert mit dem Cosinus des eingeschlossenen Winkels.

$$(\boldsymbol{a} \cdot \boldsymbol{b}) = ab \cos\alpha = (\boldsymbol{b} \cdot \boldsymbol{a}) . \tag{2.27}$$

Entsprechend seiner Definition ist das Skalarprodukt kein Vektor mehr, sondern ein *Skalar*, daher der Name. Auch das Skalarprodukt ist kommutativ. Abbildung 2.13 zeigt seine geometrische Interpretation. Man zerlegt z. B. den Vektor $\boldsymbol{b}$ in Komponenten parallel ($\boldsymbol{b}_\parallel$) und senkrecht ($\boldsymbol{b}_\perp$) zu $\boldsymbol{a}$ und bildet das Produkt der Beträge von $\boldsymbol{b}_\parallel$ und $\boldsymbol{a}$. Die senkrechte Komponente kommt in Übereinstimmung mit (2.27) nicht zum Tragen.

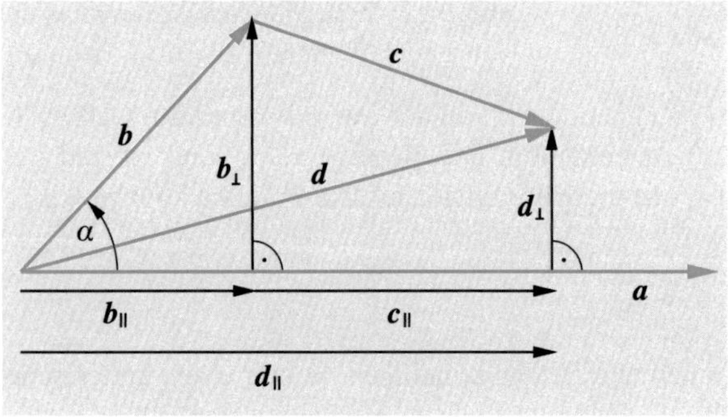

Abb. 2.13. Skizze zur Geometrie des Skalarprodukts und seines Distributivgesetzes

Aus Abb. 2.13 ersieht man weiterhin, daß das *Skalarprodukt* einem *Distributivgesetz*

$$(\boldsymbol{a} \cdot \boldsymbol{b}) + (\boldsymbol{a} \cdot \boldsymbol{c}) = [\boldsymbol{a} \cdot (\boldsymbol{b} + \boldsymbol{c})] = (\boldsymbol{a} \cdot \boldsymbol{d}) \tag{2.28}$$

genügt. Benutzt man für die Vektoren die Komponentenschreibweise (2.23), so folgt für das Skalarprodukt aus (2.27) und (2.28) ohne weiteres

$$\begin{aligned} (\boldsymbol{a} \cdot \boldsymbol{b}) &= (a_x\hat{\boldsymbol{x}} + a_y\hat{\boldsymbol{y}} + a_z\hat{\boldsymbol{z}}) \cdot (b_x\hat{\boldsymbol{x}} + b_y\hat{\boldsymbol{y}} + b_z\hat{\boldsymbol{z}}) \\ &= a_x b_x + a_y b_y + a_z b_z . \end{aligned} \tag{2.29}$$

In (2.29) fallen alle gemischten Produkte der Form $a_x b_y$ etc. wegen der Orthogonalität der Basisvektoren $\hat{\boldsymbol{x}}, \hat{\boldsymbol{y}}, \hat{\boldsymbol{z}}$ weg.

Unter dem **Vektorprodukt** zweier Vektoren $\boldsymbol{a}$, $\boldsymbol{b}$ verstehen wir die Produktoperation

$$(\boldsymbol{a} \times \boldsymbol{b}) = ab \sin\alpha\hat{\boldsymbol{c}} = \boldsymbol{c} = -(\boldsymbol{b} \times \boldsymbol{a}) . \tag{2.30}$$

Im Gegensatz zum Skalarprodukt ist das Resultat des Vektorprodukts wieder ein *Vektor* $\boldsymbol{c}$, der per definitionem *senkrecht* auf der von $\boldsymbol{a}$ und $\boldsymbol{b}$ aufgespannten Ebene stehen soll.

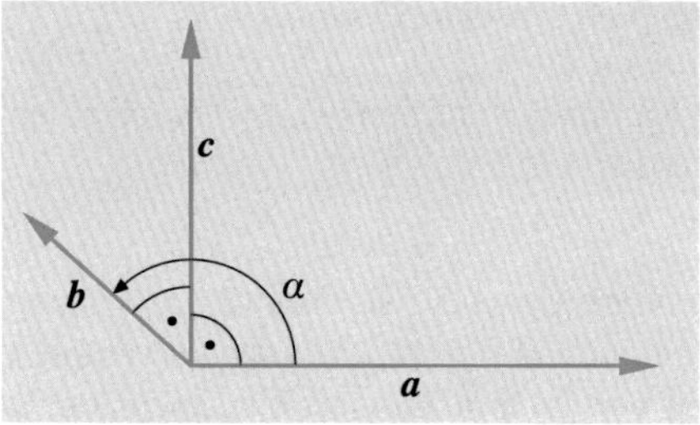

Abb. 2.14. Skizze zur Geometrie des Vektorprodukts

Sein Betrag ist ebenfalls proportional zum Produkt der Beträge der beiden Ausgangsvektoren, jedoch diesmal multipliziert mit dem Sinus des eingeschlossenen Winkels (vgl. Abb. 2.14).

! Mit dieser Definition ist allerdings noch die Richtung von $\boldsymbol{c}$ offen. Bezüglich derer legen wir uns auf ein **rechtshändiges System** fest. Demnach zeigt der erstgenannte Vektor $\boldsymbol{a}$ in (2.30) in die Richtung des Daumens, der zweite $\boldsymbol{b}$ in Richtung des Zeigefingers der *rechten Hand*. Dann zeigt $\boldsymbol{c}$ in Richtung des senkrecht zu Daumen und Zeigefinger ausgestellten Mittelfingers. Man überzeugt sich anhand dieser Definition leicht davon, daß die Vertauschung der beiden Vektoren $\boldsymbol{a}$ und $\boldsymbol{b}$ das Vorzeichen des Vektorprodukts $\boldsymbol{c}$ umkehrt. Ebenso kehrt sich in einem linkshändigen System die Richtung von $\boldsymbol{c}$ um.

Laut Definition geht in das Vektorprodukt nur die zu $\boldsymbol{a}$ senkrechte Komponente von $\boldsymbol{b}$ ein. Mit einer Überlegung ähnlich zu der für das Skalarprodukt überzeugen wir uns auch beim *Vektorprodukt* von der Richtigkeit eines *Distributivgesetzes* von der Form

$$(\boldsymbol{a} \times \boldsymbol{b}) + (\boldsymbol{a} \times \boldsymbol{c}) = [\boldsymbol{a} \times (\boldsymbol{b} + \boldsymbol{c})] = (\boldsymbol{a} \times \boldsymbol{d}) . \tag{2.31}$$

Mit (2.30) und (2.31) kann man für das Vektorprodukt folgende Komponentenschreibweise gewinnen

$$(\boldsymbol{a} \times \boldsymbol{b}) = \hat{\boldsymbol{x}}(a_y b_z - a_z b_y) + \hat{\boldsymbol{y}}(a_z b_x - a_x b_z) + \hat{\boldsymbol{z}}(a_x b_y - a_y b_x) . \tag{2.32}$$

In diesem Falle tragen die Produkte paralleler Komponenten nichts bei. Gleichung (2.32) läßt sich auch in der einprägsameren Form einer Determinante schreiben

$$(\boldsymbol{a} \times \boldsymbol{b}) = \begin{vmatrix} \hat{\boldsymbol{x}} & \hat{\boldsymbol{y}} & \hat{\boldsymbol{z}} \\ a_x & a_y & a_z \\ b_x & b_y & b_z \end{vmatrix} . \tag{2.32'}$$

Skalar- und Vektorprodukt finden breite Verwendung in der Physik. Das geläufigste *Beispiel* zu ersterem ist die **mechanische Arbeit** als Skalarprodukt der Vektoren des Weges und der Kraft (vgl. Abschn. 4.3). Ebenso bekannt ist das Drehmoment als Beispiel für das Vektorprodukt, das aus den Vektoren des Kraftarms und der Kraft gebildet wird (vgl. Abschn. 6.2).

2.4 Mehrdimensionale Bewegungen in Vektorschreibweise

Wir wollen jetzt die Bewegung eines MP im Raum als Funktion der Zeit durch einen Ortsvektor in kartesischen Koordinaten angeben

$$\boldsymbol{r}(t) = \{x(t), y(t), z(t)\}\,, \tag{2.33}$$

wobei jede der drei Komponenten eine Funktion der Zeit ist. Aus (2.33) können wir leicht die mehrdimensionale Geschwindigkeit und Beschleunigung als Vektoren gewinnen. (Es sei aber vorweg bemerkt, daß wir auch in Zukunft eindimensionale Vorgänge in der Regel mit skalaren Gleichungen behandeln werden; denn dann genügt es, die Richtung durch die Wahl des Vorzeichens anzugeben.)

Gleichförmige Bewegung

Der MP bewege sich auf einer Geraden, auf der er in gleichen Zeiten gleiche Strecken zurücklegt. Zur Zeit t_0 befinde er sich am Ort P_0, zur Zeit t am Ort P und habe dabei die Strecke $\boldsymbol{s}$ zurückgelegt, die wir jetzt als Verschiebungsvektor von P_0 nach P verstehen (vgl. Abb. 2.15).

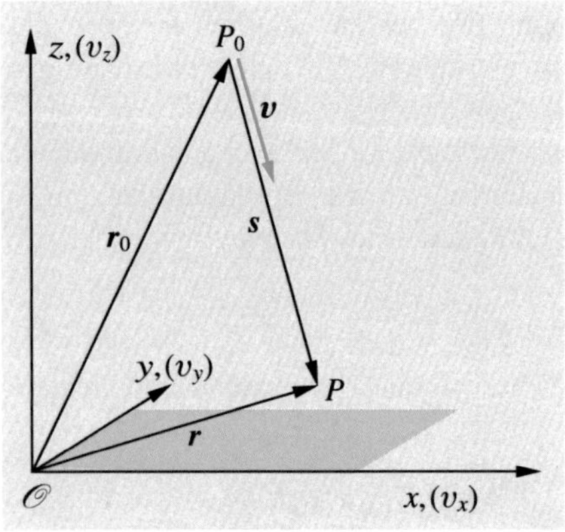

Abb. 2.15. Vektordarstellung einer Bewegung von P_0 nach P mit konstanter Geschwindigkeit $\boldsymbol{v}$ im Raum

! Der Punkt P_0 wird durch den Ortsvektor $\boldsymbol{r}_0$ beschrieben. Dann gilt für den Ortsvektor des Punkts P

$$\boldsymbol{r}(t) = \boldsymbol{r}_0 + \boldsymbol{s}(t)\,. \tag{2.34}$$

Als Vektor der mittleren Geschwindigkeit auf dem Weg von P_0 nach P definieren wir jetzt in Analogie zu (2.1) den Quotienten

$$\begin{aligned}\boldsymbol{v} &= \frac{s}{t-t_0}\hat{\boldsymbol{s}} = \frac{\boldsymbol{s}}{t-t_0} = \frac{\boldsymbol{r}-\boldsymbol{r}_0}{t-t_0}\\ &= \frac{x-x_0}{t-t_0}\hat{\boldsymbol{x}} + \frac{y-y_0}{t-t_0}\hat{\boldsymbol{y}} + \frac{z-z_0}{t-t_0}\hat{\boldsymbol{z}} = v_x\hat{\boldsymbol{x}} + v_y\hat{\boldsymbol{y}} + v_z\hat{\boldsymbol{z}} = v\hat{\boldsymbol{s}}\,.\end{aligned} \tag{2.35}$$

Der so definierte Geschwindigkeitsvektor $\boldsymbol{v}$ ist parallel zu $\boldsymbol{s}$, da die Division durch das Zeitintervall nur den Betrag, nicht aber den Einheitsvektor von $\boldsymbol{s}$ ändert. Wir ! können den Geschwindigkeitsvektor $\boldsymbol{v}$ ebenfalls in den *Ortsraum* der Abb. 2.15 einzeichnen, müssen aber beachten, daß seine darin gezeichnete Länge nur dann einen Sinn macht, wenn wir das Koordinatensystem *zusätzlich* in Einheiten der Geschwindigkeit geeicht haben, wie in Abb. 2.15 angedeutet.

Bei einer nach Betrag und Richtung konstant vorausgesetzten Geschwindigkeit $\boldsymbol{v}$ lautet daher die allgemeine Bewegungsgleichung eines MP

$$\boldsymbol{r}(t) = \boldsymbol{r}_0 + (t - t_0)\boldsymbol{v} \,. \tag{2.36}$$

Variable Geschwindigkeit

Wir nehmen nun an, der MP bewege sich mit einer nach Betrag und Richtung variablen Geschwindigkeit auf einer Raumkurve $\boldsymbol{r}(t)$, die jetzt im allgemeinen gekrümmt ist (vgl. Abb. 2.16). Wir suchen jetzt den Wert der Momentangeschwindigkeit $\boldsymbol{v}$. Hierzu gehen wir analog zu (2.3) von der (mittleren) Geschwindigkeit im Intervall zwischen t und $t+\Delta t$ zwischen den Punkten $P(t)$ und $P(t+\Delta t)$ aus. Der zugehörige Verschiebungsvektor

$$\Delta \boldsymbol{s} = \boldsymbol{r}(t + \Delta t) - \boldsymbol{r}(t)$$

ist die Sekante an die Raumkurve und die mittlere Geschwindigkeit entsprechend (2.35) ist

$$\bar{\boldsymbol{v}} = \frac{\Delta \boldsymbol{s}}{\Delta t} \,. \tag{2.37}$$

Auch $\bar{\boldsymbol{v}}$ hat die Richtung der Sekante. Aus (2.37) gewinnen wir die momentane Geschwindigkeit wiederum durch den Grenzübergang $\Delta t \to 0$

$$\boldsymbol{v}(t) = \lim_{\Delta t \to 0} \frac{\Delta \boldsymbol{s}}{\Delta t} = \lim_{\Delta t \to 0} \frac{\boldsymbol{r}(t+\Delta t) - \boldsymbol{r}(t)}{\Delta t} = \{\dot{x}(t), \dot{y}(t), \dot{z}(t)\} = \dot{\boldsymbol{r}}(t) \,. \tag{2.38}$$

Die Momentangeschwindigkeit eines Massenpunktes ist gleich der zeitlichen Ableitung seines Ortsvektors; sie ist parallel zur Tangente an die Raumkurve.

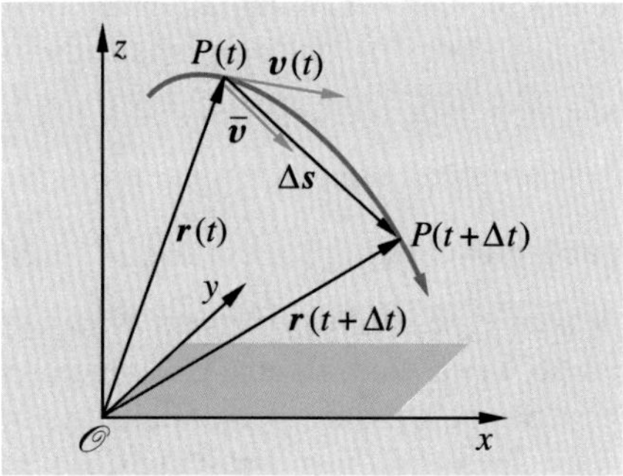

Abb. 2.16. Veranschaulichung des Geschwindigkeitsvektors $\boldsymbol{v}$ als zeitliche Ableitung des Ortsvektors $\boldsymbol{r}$

Beschleunigung als Vektor

Die Beschleunigung $\boldsymbol{a}$ soll, wie bei der eindimensionalen Bewegung, die zeitliche Änderung von $\boldsymbol{v}$ beschreiben. Dazu stellen wir $\boldsymbol{v}(t)$ als Kurve im **Geschwindigkeitsraum** dar, indem wir $\boldsymbol{v}(t)$ wie einen *Ortsvektor* vom Ursprung aus abtragen.

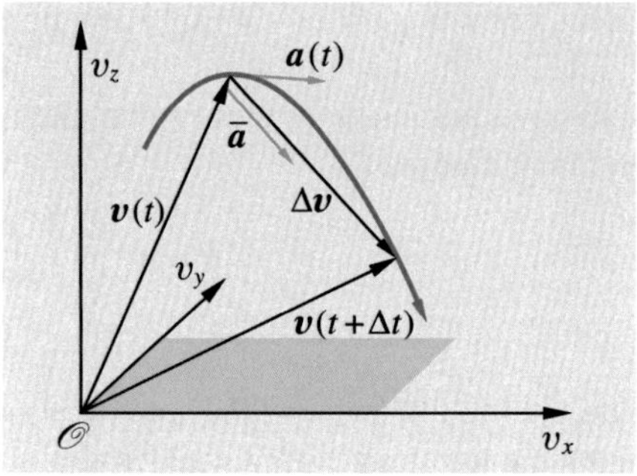

Abb. 2.17. Veranschaulichung des Beschleunigungsvektors $\boldsymbol{a}$ als zeitliche Ableitung des Geschwindigkeitsvektors im Geschwindigkeitsraum

! Ein Punkt $P(t)$ im Geschwindigkeitsraum mit den Koordinaten $v_x(t)$, $v_y(t)$, $v_z(t)$ gibt die Geschwindigkeit zur Zeit t an (vgl. Abb. 2.17).

Sei nun $\Delta \boldsymbol{v}$ die Geschwindigkeitsänderung im Intervall Δt, dann folgt in Analogie zu (2.37) die mittlere Beschleunigung im Intervall Δt zu

$$\bar{\boldsymbol{a}} = \frac{\Delta \boldsymbol{v}}{\Delta t} . \tag{2.39}$$

Durch Grenzübergang gewinnen wir die momentane Beschleunigung zur Zeit t

$$\boldsymbol{a}(t) = \lim_{\Delta t \to 0} \frac{\Delta \boldsymbol{v}}{\Delta t} = \lim_{\Delta t \to 0} \frac{\boldsymbol{v}(t + \Delta t) - \boldsymbol{v}(t)}{\Delta t}$$
$$= \frac{\mathrm{d}\boldsymbol{v}}{\mathrm{d}t} = \dot{\boldsymbol{v}} = \ddot{\boldsymbol{r}} = \{\ddot{x}(t), \ddot{y}(t), \ddot{z}(t)\} . \tag{2.40}$$

Der Beschleunigungsvektor $\boldsymbol{a}(t)$ ist die zweite Zeitableitung des **Ortsvektors**; er ist Tangente an die $\boldsymbol{v}(t)$-Kurve im Geschwindigkeitsraum und zeigt deren Änderung an.

Es ist durchaus üblich, auch die Richtung der Beschleunigung eines MP durch einen Pfeil im Ortsraum anzuzeigen. Dessen Länge macht aber wie gesagt nur dann einen ! Sinn, wenn die Koordinatenachsen zusätzlich mit einem Beschleunigungsmaßstab belegt sind. Ist die Bahn des MP gekrümmt, so ist $\boldsymbol{a}$ nicht mehr parallel zur Bahn.

Integration der dreidimensionalen Bewegungsgleichung

An der Komponentenschreibweise der Vektoren $\boldsymbol{r}$, $\boldsymbol{v}$ und $\boldsymbol{a}$ erkennen wir, daß mehrdimensionale Bewegungsgleichungen nichts weiter sind, als eine Überlagerung mehrerer eindimensionaler. Für jede Komponente gelten die selben Gleichungen wie in Abschn. 2.1. Das gilt z. B. auch für die Integration einer dreidimensionalen Bewegungsgleichung bei gegebenem $\boldsymbol{a}(t) = \{a_x(t), a_y(t), a_z(t)\}$. Die zugehörige Bahnkurve erhalten wir durch zweimalige Integration in Analogie zu (2.17)

$$\boldsymbol{r}(t_1) = \boldsymbol{r}_0 + \boldsymbol{v}_0(t_1 - t_0) + \int_{t_0}^{t_1} \left[\int_{t_0}^{t} \boldsymbol{a}(t')\mathrm{d}t' \right] \mathrm{d}t , \tag{2.41}$$

wobei jetzt die Randwerte $\boldsymbol{r}_0$ und $\boldsymbol{v}_0$ Anfangsortsvektor und Anfangsgeschwindigkeitsvektor zum Zeitpunkt t_0 sind.

Nehmen wir als *Beispiel* wieder den Fall *konstanter* Beschleunigung, also z. B. die Erdbeschleunigung $\boldsymbol{g}$, so erhalten wir die

allgemeine Bewegungsgleichung des **schiefen Wurfs**

$$\boldsymbol{r}(t_1) = \boldsymbol{r}_0 + \boldsymbol{v}_0(t_1 - t_0) + \frac{1}{2}\boldsymbol{g}(t_1 - t_0)^2 , \tag{2.42}$$

wobei $\boldsymbol{g}$ in Richtung des Lots zeigt, während $\boldsymbol{v}_0$ die beliebig gerichtete Abwurfgeschwindigkeit ist. Es handelt sich also um eine Überlagerung einer gleichförmigen Bewegung in Richtung $\hat{\boldsymbol{v}}_0$ mit einer gleichmäßig beschleunigten in Richtung $\hat{\boldsymbol{g}}$. Das ist die sogenannte *Parameterdarstellung* der Bahnkurve mit der Zeit als laufendem Parameter. Wenn man das Koordinatenkreuz so dreht, daß $\boldsymbol{v}_0$ z. B. in die x, z-Ebene fällt und die z-Achse parallel zu $\hat{\boldsymbol{g}}$ ist, so erkennen wir, daß (2.42) im Grunde nur eine zweidimensionale Bewegung beschreibt. Die Zweikomponentenschreibweise von (2.42) ergibt dann die Gleichung einer gleichförmigen Bewegung in der horizontalen x-Achse und einer beschleunigten entlang der senkrechten z-Achse. Aus diesen beiden Gleichungen können wir die Zeit eliminieren und erhalten dann die Bahnkurve in der allgemeinen Form der Wurfparabel

$$z = z_0 + \frac{v_{z_0}}{v_{x_0}}(x - x_0) + \frac{1}{2}\frac{g}{v_{x_0}^2}(x - x_0)^2 . \tag{2.43}$$

VERSUCH 2.4

Schiefer Wurf. Wir demonstrieren die Parameterdarstellung (2.42) des schiefen Wurfs mit Hilfe eines Wasserstrahls, der zunächst horizontal aus einer Düse austritt und dann parabelförmig zu Boden fällt. Parallel zum Wasserstrahl verläuft eine Schiene, an der in regelmäßigen Abständen kleine Kugeln an Fäden aufgehängt sind, deren Länge quadratisch mit dem Abstand des Aufhängepunkts von der Düse zunimmt, die also eine Parabel nachbilden (s. Abb. 2.18). Justieren wir nun die Austrittsgeschwindigkeit des Wassers so, daß der Strahl bei horizontaler Lage der Schiene genau den Kugeln folgt, so tut er das auch bei einem beliebigen, schiefen Anstellwinkel. In beiden Fällen gilt für die gleichförmige Bewegung entlang der Schiene

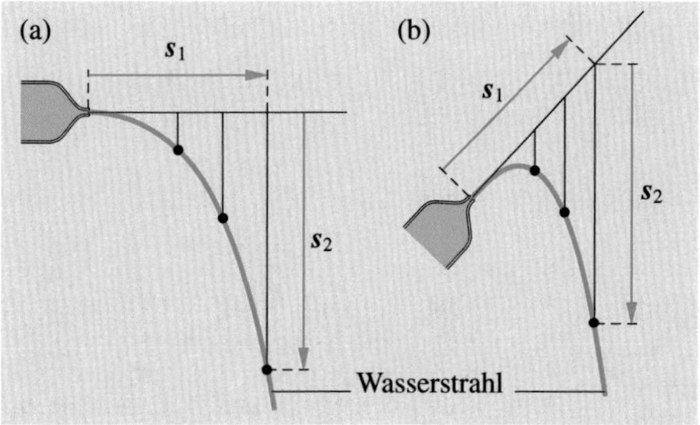

Abb. 2.18. Demonstration der Wurfparabel als (**a**) senkrechte und (**b**) schiefe Überlagerung einer gleichförmigen mit einer beschleunigten Bewegung

$$s_1 = v_0 t$$

und für die beschleunigte Bewegung entlang des Lots

$$s_2 = \frac{1}{2} g t^2 .$$

Die Länge dieser beiden Vektoren ändert sich nicht, nur ihr Winkel zueinander und damit ihre Vektorsumme. Eliminieren wir die Zeit aus den vorstehenden Gleichungen so erhalten wir für die Austrittsgeschwindigkeit die Bestimmungsgleichung

$$v_0 = s_1 \sqrt{g/2s_2} . \tag{2.44}$$

2.5 Kreisbewegungen

Wir wollen in diesem Abschnitt **Kreisbewegungen** eines MP mit Vektorrechnung untersuchen. Es genügt, Kreisbewegungen zweidimensional zu behandeln, da sie eben sind. Wir beschränken uns auf den Fall *gleichförmiger* Kreisbewegung mit konstanter Umlauffrequenz ν. Für den Ortsvektor eines Punktes P auf einer Kreisbahn (s. Abb. 2.19) wählen wir die zweckmäßige Darstellung

$$\boldsymbol{r} = r_0 \hat{\boldsymbol{r}} = r_0 (\cos\varphi\, \hat{\boldsymbol{x}} + \sin\varphi\, \hat{\boldsymbol{y}}) = r_0 \{\cos\varphi, \sin\varphi\} , \tag{2.45}$$

in der der Winkel φ die einzige Variable ist. Nach Voraussetzung ändert sich φ proportional zur Zeit wie

$$\varphi = 2\pi \nu t = 2\pi \frac{t}{T} = \omega t . \tag{2.46}$$

Wir haben in (2.46) den Winkel im **Bogenmaß** dargestellt ($2\pi \mathrel{\widehat{=}} 360°$) und für die Zeitabhängigkeit von φ die drei üblichen Schreibweisen aufgeführt, nämlich als Funktion

- der **Frequenz** ν,
- der **Periode** $T = 1/\nu$,

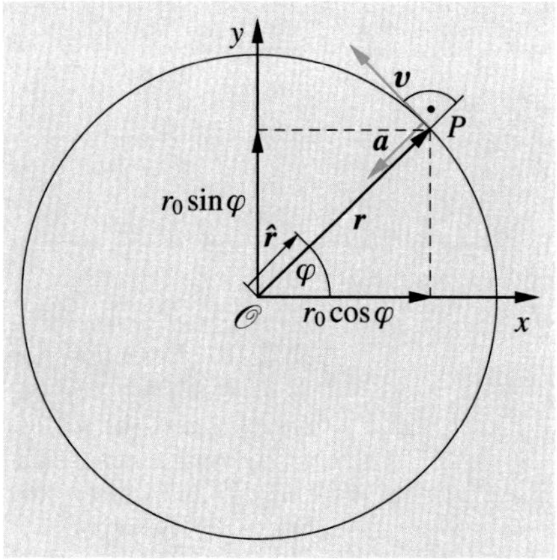

Abb. 2.19. Komponentendarstellung der Kreisbewegung mit Ortsvektor $\boldsymbol{r}$, Geschwindigkeit $\boldsymbol{v}$ und Kreisbeschleunigung $\boldsymbol{a}$

- der **Kreisfrequenz** oder **Winkelgeschwindigkeit** $\omega = 2\pi\nu$.

Wir wählen meistens die letzte, kürzeste Schreibweise.
Somit lautet die Gleichung der Kreisbewegung

$$\boldsymbol{r}(t) = r_0\{\cos\omega t, \sin\omega t\}\,. \tag{2.47}$$

Durch Differentiation folgt die Geschwindigkeit

$$\begin{aligned} \boldsymbol{v}(t) &= \dot{\boldsymbol{r}}(t) = r_0\omega\{-\sin\omega t, \cos\omega t\} \\ &= r_0\omega\left\{\cos\left(\omega t + \frac{\pi}{2}\right), \sin\left(\omega t + \frac{\pi}{2}\right)\right\} \quad \curvearrowright \end{aligned}$$

$$\boldsymbol{v}(t) = \omega\boldsymbol{r}\,(t + T/4) = v_0\hat{\boldsymbol{r}}\,(t + T/4)\,. \tag{2.48}$$

Wir merken uns an (2.48) folgendes:

- Bei der Zeitableitung der Kreisbewegung tritt die *Winkelgeschwindigkeit* aus dem Argument der Winkelfunktion als Vorfaktor heraus und bildet im Produkt mit r_0 die konstante **Bahngeschwindigkeit**

$$|\boldsymbol{v}| = v_0 = r_0\omega\,. \tag{2.49}$$

- Die Ableitung der Sinus- und Cosinusfunktion gewinnt man einfach dadurch, daß man die **Phase** um $\pi/2$ (entsprechend 90°) vorrückt. Auf diese Weise rückt die Richtung von $\boldsymbol{v}$ aus der von $\boldsymbol{r}$ in die der Kreistangente wie gefordert (s. Abb. 2.19).

! Eine *positive* Winkelgeschwindigkeit entspricht einer Drehung *entgegengesetzt* zum Uhrzeigersinn. Die Einheit von ω ist

$$[\omega] = \mathrm{s}^{-1}\,. \tag{2.50}$$

Sie trägt aber nicht den Namen „Hertz", um Verwechslungen mit der um $1/2\pi$ kleineren Frequenz ν zu vermeiden.

Die Winkelgeschwindigkeit des Sekundenzeigers beträgt z. B.

$$\omega_\mathrm{s} = -\frac{2\pi}{60\,\mathrm{s}} = -0{,}105\,\mathrm{s}^{-1}\,,$$

die des Stundenzeigers

$$\omega_\mathrm{h} = -\frac{2\pi}{3600\,\mathrm{s}} = -1{,}74 \cdot 10^{-3}\,\mathrm{s}^{-1}\,.$$

VERSUCH 2.5

Demonstration von Kreisbewegungen am Oszillographen, Lissajousfiguren. Der **Oszillograph** ist das wichtigste Hilfsmittel, um zeitliche Vorgänge im Bereich

$$100\,\mathrm{s} \gtrsim t \gtrsim 10^{-9}\,\mathrm{s}$$

graphisch darzustellen. Als rein elektronisches Instrument reagiert der Oszillograph allerdings nur auf elektrische Spannungssignale. Will man andere, z. B. mechanische Meßgrößen als Oszillographenbild darstellen, muß man sie zunächst durch geeignete Instrumente in elektrische Signale umwandeln. Zum Beispiel wandelt ein Mikrofon die Druckamplituden einer Schallwelle in elektrische Spannungsamplituden um. Die Funktionsweise eines Oszillographen ist in Abb. 2.20 kurz erläutert.

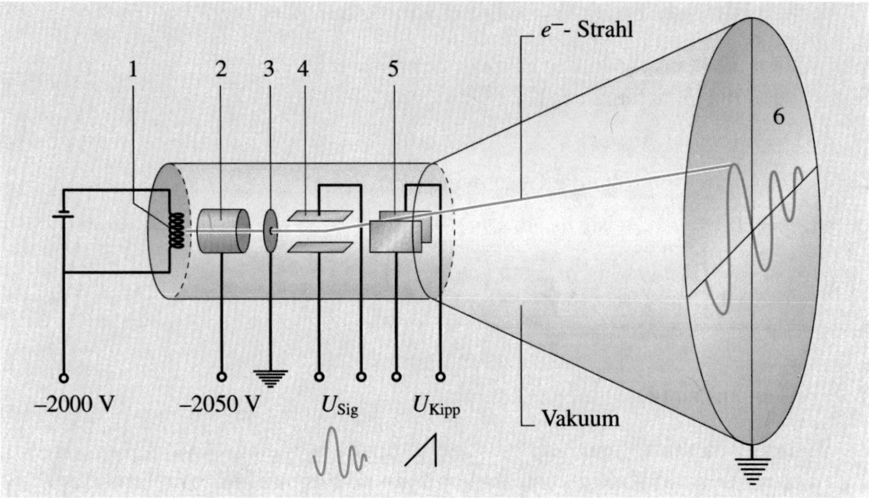

Abb. 2.20. Aufbau und Funktionsweise eines Oszillographen. Es bedeuten: (*1*) Glühkathode, aus der Elektronen ins Vakuum austreten; sie liegt auf negativer Hochspannung. (*2*) „Wehnelt“-Zylinder, etwas negativer als die Kathode; er bündelt die Elektronen auf das Loch in der Anode (*3*), die geerdet ist. (*4*) Plattenpaar für die vertikale Ablenkung, an der in der Regel die Signalspannung anliegt. (*5*) Plattenpaar für die horizontale Ablenkung, an der in der Regel die sägezahnförmige Kippspannung anliegt. (*6*) Phosphoreszierender Schirm, der vom auftreffenden Elektronenstrahl zum Leuchten angeregt wird. Aus der Überlagerung der zu U_{Sig} proportionalen vertikalen mit der zeitproportionalen horizontalen Ablenkung resultiert auf dem Oszillographenschirm die graphische Darstellung von U_{Sig} als Funktion der Zeit. Die notwendige Synchronisation der beiden Ablenkungen wird in der Regel durch einen „Trigger“ geleistet, der die Kippspannung beim Eintreffen von U_{Sig} auslöst

Versuchsprogramm:

- Wir stellen eine linksdrehende Kreisbewegung dar (s. Abb. 2.21) mit der periodischen, horizontalen Ablenkspannung

  $$U_x = U_0 \cos \omega t \quad \text{und der vertikalen} \quad U_y = U_0 \sin \omega t\,. \tag{2.51}$$

- Wir polen die y-Ablenkung um. Dann wird

  $$U_y = -U_0 \sin \omega t = U_0 \sin(-\omega t)$$

  während die x-Ablenkung

  $$U_x = U_0 \cos \omega t = U_0 \cos(-\omega t) \tag{2.52}$$

  ungeändert bleibt.

  In (2.52) haben wir davon Gebrauch gemacht, daß der Sinus eine ungerade, der Cosinus eine gerade Funktion ist. Eine **ungerade Funktion** wechselt das Vorzeichen ihres Funktionswerts beim Vorzeichenwechsel des Arguments, eine **gerade Funktion** nicht (z. B. ist $y = x$ eine ungerade, $y = x^2$ eine gerade Funktion). Durch das Umpolen der y-Ablenkung haben wir de facto einen Vorzeichenwechsel der Frequenz erzeugt; die Kreisbewegung ist jetzt rechtsdrehend. (Natürlich dreht sich auch bei Umpolung der x-Ablenkung der Drehsinn um; das Argument in (2.52) würde dann $-\omega t + \pi$ lauten.)

- Wir überlagern zwei gleichphasige Sinusschwingungen

  $$U_x = U_0 \sin \omega t, \qquad U_y = U_0 \sin \omega t\,. \tag{2.53}$$

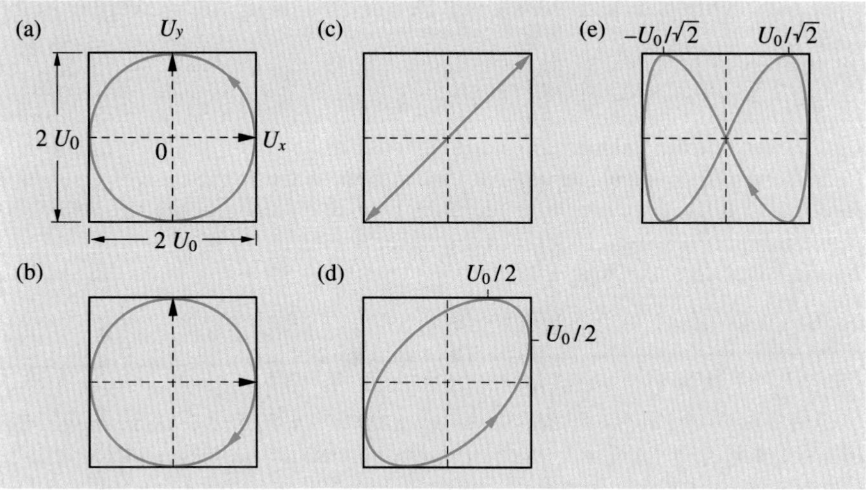

Abb. 2.21a–e. Lissajousfiguren auf dem Oszillographenschirm. (**a–d**) Überlagerung zweier orthogonaler Schwingungsbewegungen gleicher Frequenz und Amplitude, aber unterschiedlicher Phasendifferenz $\Delta\varphi = \varphi_y - \varphi_x$. (**a**) $\Delta\varphi = -\pi/2$, (**b**) $\Delta\varphi = \pi/2$, (**c**) $\Delta\varphi = 0$, (**d**) $\Delta\varphi = -\pi/3$. Im Fall (**e**) ist $\Delta\varphi = 0$, aber $\omega_y = 2\omega_x$

Der Bildpunkt wandert auf der Winkelhalbierenden auf und ab.

- Die **Phasendifferenz** zwischen x- und y-Ablenkung

  $$\Delta\varphi = \varphi_y - \varphi_x$$

  hatte in den obigen Versuchen besonders ausgezeichnete Werte, nämlich $-\pi/2$, $+\pi/2$ und 0. Wählen wir jetzt allgemein

  $$U_x = U_0 \cos\omega t\,, \qquad U_y = U_0 \cos(\omega t + \Delta\varphi)\,, \tag{2.54}$$

  so beobachten wir auf dem Oszillographen das Bild einer Ellipse, die je nach Phasenlage links- oder rechtsdrehend ist und ihr Achsenverhältnis zwischen den Extremen Strich und Kreis ändert. Die Gleichung der Ellipse findet man aus (2.54) durch Elimation der Zeit; ihr Achsenverhältnis ist $b/a = \tan\Delta\varphi/2$.
- Der allgemeinste Fall der Lissajousfiguren schließt neben der Phasendifferenz auch noch beliebige Amplituden- und Frequenzverhältnisse der x- und y-Schwingung ein. Sie sind kompliziert und verschlungen, bilden aber genau dann eine geschlossene Kurve, wenn das Verhältnis der beiden Frequenzen rational ist; andernfalls überstreichen sie im Lauf der Zeit jeden Punkt in dem von den Scheitelspannungen $\pm U_{0x}$, $\pm U_{0y}$ einbeschriebenen Rechteck.

Kreisbeschleunigung

Die **Kreisbeschleunigung** gewinnen wir aus der Geschwindigkeit (2.48) durch nochmalige Differentiation

$$\boldsymbol{a}(t) = \omega^2 r_0 \{\cos(\omega t + \pi), \sin(\omega t + \pi)\} = -\omega^2 r_0 \hat{\boldsymbol{r}}(t)\,, \tag{2.55}$$

wobei noch einmal ein Faktor ω austritt und die Phase um weitere 90° vorrückt, so daß der Vektor der Beschleunigung auf den Kreismittelpunkt gerichtet ist. Sie heißt daher auch **Zentripetalbeschleunigung**. Bei gleichförmiger Kreisbewegung ist ihr Betrag

$$|\boldsymbol{a}| = \omega^2 r_0 = \omega v_0 = v_0^2/r_0\,; \tag{2.56}$$

er ist ebenso wie die Bahngeschwindigkeit konstant.

In diesem Zusammenhang beweisen wir allgemein den *Satz*: Sei $|\boldsymbol{v}| = \text{const} > 0$ gegeben, so folgt: Entweder ist $\boldsymbol{a}$ identisch 0 ($\boldsymbol{a} \equiv 0$), entsprechend geradliniger, gleichförmiger Bewegung, oder $\boldsymbol{a}$ steht senkrecht auf $\boldsymbol{v}$, ($\boldsymbol{a} \perp \boldsymbol{v}$).

Beweis. Nach Voraussetzung gilt

$$|\boldsymbol{v}|^2 = v_x^2 + v_y^2 + v_z^2 = \boldsymbol{v} \cdot \boldsymbol{v} = \text{const.} \curvearrowright$$

$$\frac{\mathrm{d}}{\mathrm{d}t}|v^2| = 2(v_x \dot{v}_x + v_y \dot{v}_y + v_z \dot{v}_z) = 2\boldsymbol{v} \cdot \dot{\boldsymbol{v}} = 2\boldsymbol{v} \cdot \boldsymbol{a} = 0\,. \tag{2.57}$$

Aus dem Verschwinden des Skalarprodukts $\boldsymbol{v} \cdot \boldsymbol{a}$ folgt die Behauptung. Sei *umgekehrt* $\boldsymbol{a} \perp \boldsymbol{v}$ und $|\boldsymbol{a}| = \text{const}$ vorausgesetzt, so liegt eine gleichförmige Kreisbewegung vor. Wir begnügen uns für diesen Fall mit einer Beweisskizze: Die Beschleunigungskomponente senkrecht zur Bahn ist ein Maß für deren Krümmung. Eine Kurve konstanter Krümmung in der Ebene ist aber ein Kreis (in drei Dimensionen eine Kreisspirale). Die Gleichförmigkeit ($|\boldsymbol{v}| = \text{const}$) folgt dann laut (2.57) aus der Voraussetzung $\boldsymbol{a} \perp \boldsymbol{v}$. Das wichtigste Beispiel hierzu ist die Bewegung eines geladenen Teilchens im Magnetfeld (s. Abschn. 21.5).

2.6 Winkelgeschwindigkeit als Vektor

Wir können in der Vektordarstellung von Drehbewegungen noch einen Schritt weitergehen, indem wir auch die **Winkelgeschwindigkeit** als **Vektor** definieren.

Wir gehen wieder von der linksdrehenden Kreisbewegung (2.47) in der x, y-Ebene aus. Definieren wir jetzt einen Vektor $\boldsymbol{\omega}$ entlang der z-Achse mit dem Betrag der Winkelgeschwindigkeit ω

$$\boldsymbol{\omega} = \omega\hat{\boldsymbol{z}}\,, \tag{2.58}$$

so können wir den Vektor der Geschwindigkeit (2.48) in jedem Punkt $\boldsymbol{r}$ der Bahn durch das Vektorprodukt

$$\boldsymbol{v} = (\boldsymbol{\omega} \times \boldsymbol{r}) \tag{2.59}$$

darstellen.

Die Richtigkeit von (2.59) folgt unmittelbar aus der zueinander jeweils senkrechten Lage der drei Vektoren (s. Abb. 2.22) und der Definition des Vektorprodukts (2.30).

Bei einer rechtsdrehenden Bewegung zeigt $\boldsymbol{\omega}$ dagegen in die negative z-Richtung. Man kann sich den Drehsinn von $\boldsymbol{\omega}$ mit folgender **Rechte-Hand-Regel** merken: Zeige $\boldsymbol{\omega}$ in Richtung des ausgestreckten Daumens der rechten Hand, so erfolgt die Drehung in Richtung der gekrümmten Finger (s. Abb. 2.23).

Wir können (2.59) auch nach $\boldsymbol{\omega}$ auflösen, indem wir das doppelte Vektorprodukt

$$\boldsymbol{r} \times \boldsymbol{v} = [\boldsymbol{r} \times (\boldsymbol{\omega} \times \boldsymbol{r})] = r^2\boldsymbol{\omega}$$

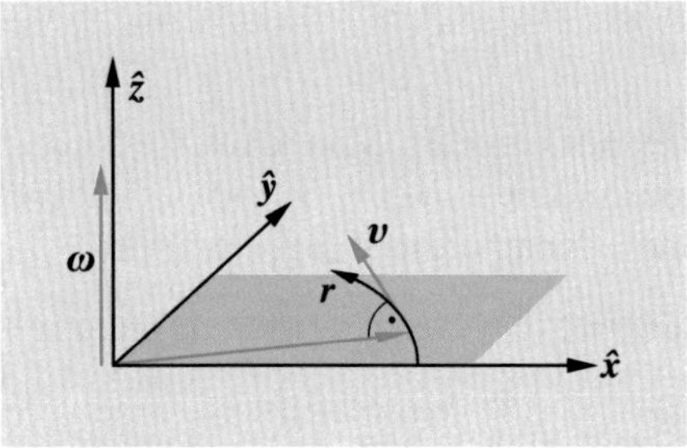

Abb. 2.22. Skizze zur Definition des Vektors der Winkelgeschwindigkeit ω

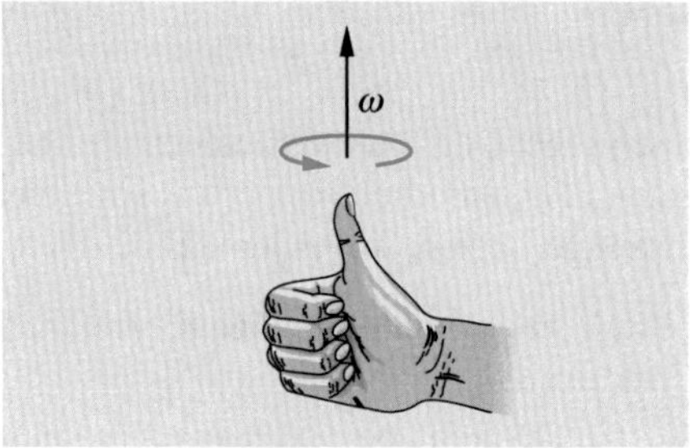

Abb. 2.23. Rechte-Hand-Regel zum Drehsinn des Vektors der Winkelgeschwindigkeit ω

bilden, daraus folgt

$$\omega = \frac{r \times v}{r^2} . \tag{2.60}$$

Der Vektor ω ist bei der Behandlung von Drehbewegungen sehr nützlich, wie wir in den Kap. 3, 6 und 7 erfahren werden. Man kann sich leicht davon überzeugen, daß (2.60) auch ganz allgemein für beliebige Bahnen eines MP die Winkelgeschwindigkeit ist, mit der sich sein Ortsvektor um den Ursprung dreht. Das Vektorprodukt im Zähler projiziert nämlich den zu r senkrechten Anteil von v heraus, auf den es hier ankommt. Aus dem gleichen Grund gilt aber (2.59) nur für Kreisbahnen.

* 2.7 Polare und axiale Vektoren

Wir diskutieren in diesem Abschnitt einen *prinzipiellen* Unterschied zwischen den *üblichen* Vektoren – etwa den **Ortsvektoren** – und denjenigen Vektoren, die aus einem **Vektorprodukt** zweier üblicher Vektoren hervorgehen. Die üblichen Vektoren sind solche, die im Sinne der ursprünglichen Definition des Vektors (s. Abschn. 2.2) eine Richtung im Raum angeben, in die ein Raumpunkt zu verschieben sei. Wir nennen sie allgemein **polare Vektoren**. Einem Vektor, der aus dem Vektorprodukt zweier polarer Vektoren entstanden ist, können wir diese geometrische Deutung jedoch nicht mehr zumessen. Solche Vektoren bezeichnen vielmehr die Lage einer *Achse* im Raum und ihren Drehsinn (rechtsherum oder linksherum). Das beste Beispiel hierfür ist der Vektor der Winkelgeschwindigkeit (2.60), der eigens zu diesem Zweck eingeführt wurde. Wir nennen solche Vektoren allgemein **axiale Vektoren**.

Den Unterschied zwischen *polaren* und *axialen* Vektoren erkennt man an ihrem Verhalten gegenüber einer **Raumspiegelung** (auch **Spiegelung am Ursprung**, **Inversion** oder **Paritätsoperation** genannt). Sie wird durch die einfache Transfor-

* Ein blauer Stern bezeichnet ergänzende Themen oder Herleitungen, die nach Umfang oder Anspruch den hier gesteckten Rahmen überschreiten.

mation

$$r' = -r \tag{2.61}$$

beschrieben, die das Vorzeichen des Ortsvektors umkehrt. Man kann die Raumspiegelung aus drei einfachen Spiegelungen an der x, y-, x, z- und y, z-Ebene zusammensetzen, wobei jeweils die z-, y- und x-Komponente umgekehrt wird.

Die Vorzeichenumkehr bei **Raumspiegelung** ist das Charakteristikum **polarer Vektoren**.

Weitere *Beispiele* für polare Vektoren sind die Geschwindigkeit, die Beschleunigung und die Kraft. Wenden wir dagegen die Raumspiegelung auf das Beispiel der Winkelgeschwindigkeit ω an, so bleibt deren Vorzeichen wegen doppelter Umkehr, nämlich der von r *und* v, erhalten:

Die Erhaltung des Vorzeichens bei **Raumspiegelung** ist das Charakteristikum **axialer Vektoren**.

Nach diesen Definitionen ist das Kreuzprodukt aus einem axialen und einem polaren Vektor wieder ein polarer Vektor, wie das Beispiel der Geschwindigkeit auf der Kreisbahn $v = \omega \times r$ (2.59) zeigt.

! Weiterhin gilt: Das **Skalarprodukt** zweier *polarer* oder zweier *axialer* Vektoren ist *invariant* gegen **Inversion**; das Skalarprodukt aus einem *polaren* und einem *axialen* Vektor *wechselt* dagegen sein Vorzeichen.

Normalerweise ist unser kartesisches **Koordinatensystem rechtshändig** definiert. Das heißt die $\hat{z}$-Achse hat im Sinne der Rechte-Hand-Regel die Richtung des Vektorprodukts

$$(\hat{x} \times \hat{y}) = \hat{z}\,. \tag{2.62}$$

Im invertierten Koordinatensystem zeigt das Vektorprodukt der gestrichenen Einheitsvektoren

$$(\hat{x}' \times \hat{y}') = (-\hat{x} \times -\hat{y}) = (\hat{x} \times \hat{y}) = \hat{z} = -\hat{z}' \tag{2.62'}$$

nach wie vor in die $\hat{z}$-Richtung, d. h. entgegengesetzt zu $\hat{z}'$, wie es einer Linke-Hand-Regel entspräche. Die Inversion führt also rechtshändige und linkshändige Koordinatensysteme ineinander über.

Nun ist die Wahl von Koordinatensystemen Geschmackssache und die Transformation zwischen ihnen zunächst eine rein mathematische Operation ohne physikalische Konsequenzen. Dennoch ist die Inversionstransformation physikalisch sehr nützlich, weil sie uns gestattet, zwischen polaren und axialen Vektoren zu unterscheiden und dadurch das **Symmetrieverhalten physikalischer Vorgänge**, bei denen z. B. axiale und polare Vektoren gemeinsam auftreten, gegenüber Raumspiegelungen zu studieren. Das Studium der Symmetrien physikalischer Vorgänge ist in der modernen Physik sehr wichtig geworden. Wir werden auf diese Fragestellung in Abschn. 5.6 zurückkommen.

3. Einführung in die Dynamik

INHALT

Wir beziehen jetzt *Kräfte* in unsere Überlegungen mit ein und wollen ihre Auswirkungen auf den Bewegungszustand eines Körpers studieren. Dabei stoßen wir auf zwei Fragen, nämlich

- die Frage nach dem *Begriff* der Kraft und
- die Frage nach der *Wirkung* der Kraft.

Sie werden von den drei **Newtonschen Grundgesetzen** der Mechanik beantwortet, die es in diesem Kapitel zu behandeln gilt. Wir werden dabei feststellen, daß die Gültigkeit der Newtonschen Mechanik nicht zu trennen ist von konkreten Annahmen über die Rolle, die die Wahl des **Bezugssystems** spielt, in dem wir unsere Messungen von Längen, Zeiten, Massen, Geschwindigkeiten, Beschleunigungen, Kräften etc. vornehmen. Diese Annahmen sind in der **Galilei-Transformation** zwischen Bezugssystemen (s. Abschn. 3.5) festgelegt; sie hatte bis zum Beginn des 20. Jahrhunderts Gültigkeit, als sie durch die **Lorentz-Transformation** abgelöst wurde. Letzterer liegt die Relativitätstheorie zugrunde. Wir beginnen mit einer Diskussion des Kraftbegriffs und des Trägheitsprinzips.

3.1 Kraftbegriff und Trägheitsprinzip

Genauso wie die Begriffe von Länge, Zeit und Masse wollen wir auch den Begriff der Kraft aus unserer alltäglichen Erfahrung übernehmen. Wir begreifen z. B. Kraft als Muskelkraft, die zum Heben, Ziehen, Werfen, Springen etc. notwendig ist. Von der gleichen Natur muß auch die **Gewichtskraft** sein; denn ihre Wirkungen unterscheiden sich in nichts von denen der Muskelkraft. Ob wir eine Feder mit

E. W. Otten, *Repetitorium Experimentalphysik*,
https://doi.org/10.1007/978-3-662-59730-9_3

der Kraft unserer Arme spannen oder indem wir ein Gewicht daran hängen, führt bezüglich der Feder zum gleichen Ergebnis.

Wir stellen also fest, daß unser natürlicher Begriff der Kraft sich gänzlich an ihren Wirkungen orientiert, und wir verstehen jede Ursache, die diese Kategorie von Wirkungen erzeugt, als Kraft.

Um diesen vielgestaltigen Kraftbegriff aus der täglichen Erfahrung in die Physik einbringen zu können, müssen wir

- den Kraftbegriff an einer allgemeinen, allen Kräften gemeinsamen Wirkung festmachen
- diese Wirkung ausmessen, um ein Maß für die Kraft zu finden.

Offensichtlich scheint allen Kräften, gleich welcher Herkunft, *eine* Wirkung gemeinsam: Greifen sie an einem frei beweglichen Körper an, so ändern sie dessen Bewegungszustand, d. h. seine Geschwindigkeit oder die Richtung seiner Bahn. *Galilei* hat dies umgekehrt in seinem **Trägheitsprinzip** ausgedrückt, das auch das **erste Newtonsche Gesetz** genannt wird:

Erstes Newtonsches Gesetz (Trägheitsprinzip)

Ein *kräftefreier* Körper bewegt sich mit konstanter Geschwindigkeit auf einer geraden Bahn

$$\boldsymbol{v}(t) = \boldsymbol{v}_0 = \text{const}\,. \tag{3.1}$$

Wir können die Gültigkeit des Trägheitsprinzips nur asymptotisch erschließen.

!

In Wirklichkeit gibt es nämlich keine völlig kräftefreien Körper in dieser Welt. Nehmen wir als Beispiel einen Reiter, der auf einer horizontal aufgestellten Luftkissenbahn gleitet. Wir hatten ihn in Abschn. 2.1 als Beispiel für eine geradlinige Bewegung mit konstanter Geschwindigkeit vorgeführt. Genau genommen nahm aber die Geschwindigkeit langsam ab, weil selbst über das Luftpolster noch eine endliche Reibungskraft von der Schiene auf den Reiter ausgeübt wird.

Die Bahn eines nicht wiederkehrenden **Kometen** ist ein einleuchtendes astronomisches Beispiel für die asymptotische Gültigkeit des Trägheitsprinzips. Ein solcher Komet bewegt sich auf einer *Hyperbelbahn*, die weit draußen im Weltall, wo die Anziehungskraft der Sonne immer geringer wird, asymptotisch in eine Gerade einmündet (s. Abb. 3.1).

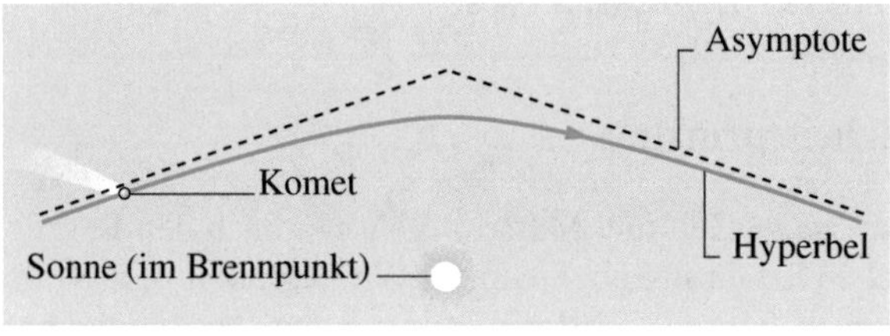

Abb. 3.1. Asymptotisch gerade Bahn eines Kometen aus dem Weltall als Beispiel für das Trägheitsprinzip

3.2 Newtonsches Kraftgesetz, träge und schwere Masse

Bis zu *Newton* waren die Begriffe von Masse und Kraft und ihre Beziehung zueinander physikalisch unklar geblieben. Newton löste gegen Ende des 17. Jahrhunderts diese Aufgabe mit seinem Kraftgesetz und gewann damit einen exakten, berechenbaren Zugang zu den wichtigsten Phänomenen der terrestrischen und Himmelsmechanik.

Um dies zu bewerkstelligen, mußte er auch die *Infinitesimalrechnung* erfinden, weil nur mit ihrer Hilfe die notwendigen Begriffe, wie z. B. die Beschleunigung, definiert und nur mit ihren Rechenmethoden die Gleichungen gelöst werden konnten.

Wir suchen jetzt einen *quantitativen* Zusammenhang zwischen Masse und Kraft, indem wir die Änderung der Bewegung einer freibeweglichen Masse unter der Einwirkung einer Kraft ausmessen. Wir wissen schon aus der täglichen Erfahrung, daß allen Körpern sowohl die Eigenschaft zukommt *schwer* zu sein, d. h. Schwerkraft auszuüben, wie auch *träge* zu sein, d. h. der Änderung ihres Bewegungszustands Widerstand entgegenzusetzen. Die eine Eigenschaft schreiben wir einer **schweren Masse** (m_s) zu, die andere einer **trägen Masse** (m_t). Offensichtlich wachsen sowohl die schwere wie die träge Masse mit der Menge des Stoffes. Je größer ein Stein ist, umso mehr Kraft braucht man, ihn hoch zu heben, wie auch ihn zu werfen. Die folgende Versuchsreihe gibt uns Aufschluß über den Zusammenhang zwischen Kraft und Masse.

VERSUCH 3.1

Newtonsches Kraftgesetz. Wir beobachten die Bewegungsänderung eines Reiters auf der Luftkissenbahn unter der Einwirkung einer konstanten Kraft. Letztere rührt von einem Gewichtsstück her, das an einem Faden hängt und über eine Umlenkrolle den Reiter in die horizontale Fahrtrichtung zieht (s. Abb. 3.2). Wir starten mit ruhendem Reiter und messen mit Lichtschranken die Laufzeiten t_1, t_2, t_3 für die ersten 10 cm, 40 cm, 90 cm, genau wie beim Versuch 2.1 zum freien Fall. Genau wie dort messen wir auch hier innerhalb der Fehlergrenzen

$$t_3 = 3\,t_1\,, \quad t_2 = 2\,t_1\,,$$

also schließen wir auch hier auf eine Bewegungsgleichung von der Form

$$s = \frac{1}{2} a\,t^2 \tag{3.2}$$

mit konstanter Beschleunigung a.

Wir verdoppeln jetzt die beschleunigte Stoffmenge, indem wir einen zweiten, gleichen Reiter an den ersten hängen, und diesen auch zusätzlich mit einem zweiten, dem ersten gleichen Gewichtsstück belasten; denn die im ersten Versuch beschleunigte Stoffmenge besteht ja aus dem ersten Reiter *und* dem herabsinkenden Gewichtsstück (die Masse des Fadens und der leichten Kunststoffrolle vernachlässigen wir). Die beschleunigende Kraft ist die gleiche wie im vorhergehenden Versuch. Wir stellen fest, daß sich alle drei Laufzeiten um den Faktor $\sqrt{2}$ verlängert haben. Daraus schließen wir mit (3.2), daß sich die Beschleunigung a halbiert hat. Wir stellen also fest, daß unter der Einwirkung einer konstanten Kraft die Beschleunigung umgekehrt proportional zur Stoffmenge ist. Die Proportionalitätskonstante nennen wir die träge Masse (m_t). Bei konstanter Kraft gilt also

$$a\,m_\mathrm{t} = \mathrm{const}\,. \tag{3.3}$$

Als drittes verdoppeln wir bei konstanter, beschleunigter Gesamtmasse den Anteil derjenigen Stoffmenge, deren Schwerkraft wirksam wird. Dazu nehmen wir das zweite

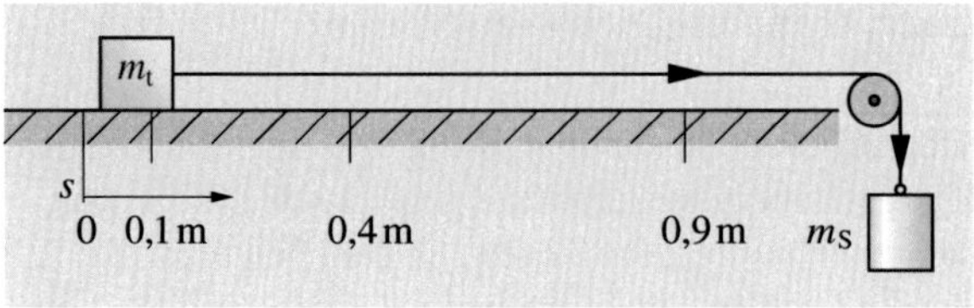

Abb. 3.2. Beschleunigungsversuch auf der Luftkissenbahn mit Gewichtsstück als Kraft zur Bestimmung des Newtonschen Kraftgesetzes

Gewichtsstück vom Reiter herunter und hängen es ebenfalls an den Faden. Wir messen, daß sich die Laufzeiten gegenüber dem zweiten Versuch um den Faktor $\sqrt{2}$ verkürzt haben. Demnach hat sich laut (3.2) die Beschleunigung verdoppelt. Wir stellen also fest, daß die beschleunigende Wirkung der Schwerkraft ebenfalls proportional zur Stoffmenge ist. Die Stoffeigenschaft, die dies verursacht, nennen wir schwere Masse m_s. Bei konstanter, beschleunigter Masse (m_t) gilt also bezüglich der Schwerkraftwirkung

$$a \propto m_s\,. \tag{3.4}$$

Bevor wir die Erfahrungen dieser Versuche als Newtonsches Grundgesetz der Mechanik formulieren, wollen wir noch unsere Erkenntnisse über *träge* und *schwere* Masse ausdiskutieren. Der Trick im vorstehenden Versuch, nur einen Teil der insgesamt beschleunigten, trägen Masse als schwere Masse wirken zu lassen, gestattete uns, die Wirkungen von träger und schwerer Masse zu trennen. Da wir jedoch gefunden haben, daß beide streng proportional zur Stoffmenge sind, besteht keine Notwendigkeit mehr, weiterhin zwischen ihnen zu unterscheiden. Sie sind äquivalent. Wir sprechen daher im folgenden nur noch von der Masse (m) schlechthin.

Die obigen Versuchsergebnisse lassen es sinnvoll erscheinen, folgenden Kraftbegriff festzulegen:

Zweites Newtonsches Gesetz (Aktionsprinzip)

Die auf einen (freibeweglichen) Körper einwirkende Kraft F ist gleich dem Produkt aus der Masse des Körpers m und der resultierenden Beschleunigung a

$$F = m\,a\,. \tag{3.5}$$

Das *zweite Newtonsche Gesetz* wird auch **Grundgesetz der Mechanik** genannt. Wir haben bisher gezeigt, daß der mit (3.5) festgelegte Kraftbegriff jedenfalls die Schwerkraftwirkung beschreibt. Es muß allerdings noch überprüft werden, daß er nicht nur unter den speziellen Bedingungen dieses Versuchs, sondern in allen Situationen, in denen Schwerkräfte auftreten, gültig ist. Das hat Newton z. B. für die Himmelsmechanik geleistet, indem er die **Keplerschen Bewegungsgleichungen** der Planeten um die Sonne mit (3.5) aus einem allgemeinen **Schwerkraftgesetz** hergeleitet hat (s. Abschn. 4.6). Damit war (3.5) zumindest für eine der Naturkräfte, die Gravitation, gesichert. Später hat sich herausgestellt, daß auch die Wirkungen anderer Naturkräfte, vor allem der elektrischen und magnetischen, mit dem Newtonschen Kraftbegriff richtig beschrieben werden. Für die starke und die schwache Wechselwirkung ist eine direkte, makroskopische Ausmessung der Kraftwirkung nach (3.5) wegen der sehr kurzen Reichweite nicht möglich. Jedoch kann man auch hier die Gültigkeit von **Erhaltungssätzen** feststellen, die aus den Newtonschen Gesetzen folgen, nämlich die Sätze von der **Erhaltung der Energie**, des **Impulses** und des **Drehimpulses** (s. Kap. 4 bis 6). Allerdings muß man dabei beachten, daß die explizite Form der Newtonschen Mechanik im mikroskopischen Bereich durch **Quanten**- und **Relativitätstheorie** stark modifiziert wird.

Das zweite Newtonsche Gesetz (3.5) schließt das erste (3.1) als Spezialfall

$$F = ma = 0$$

mit ein.

Laut (3.5) hat die Kraft die Dimension (Masse × Beschleunigung) und dementsprechend die SI-Einheit

$$[F] = \mathrm{kg} \cdot \mathrm{m} \cdot \mathrm{s}^{-2} = 1\,\mathrm{Newton}\,(\mathrm{N})\,. \tag{3.6}$$

Hätte im Versuch 3.1 das Gewichtsstück nicht noch den Reiter mitschleppen müssen, so wäre es offensichtlich im freien Fall mit der Erdbeschleunigung g beschleunigt worden. Folglich ist die Gewichtskraft G einer Masse, auch schlicht Gewicht genannt, durch

$$F = G = mg = m \cdot 9{,}806\,\mathrm{m\,s}^{-2} \tag{3.7}$$

gegeben. Setzt man dies in (3.5) ein, so kürzt sich die Masse heraus. Das Fallgesetz gilt also für alle Körper unabhängig von ihrer Masse mit der Beschleunigung $a = g$, wie im folgenden Versuch gezeigt wird.

VERSUCH 3.2

Überprüfung des Fallgesetzes für verschiedene Körper. Wir lassen eine Vogelfeder und eine Stahlkugel gemeinsam in einem geschlossenen Glaszylinder fallen. Während die Kugel schnell zu Boden fällt, taumelt die Feder in der Luft langsam nach unten. Nach Beseitigung des Luftwiderstandes durch Evakuieren des Zylinders fallen beide gleich schnell.

Wägeverfahren

Aus der Äquivalenz von schwerer und träger Masse folgen auch zwei grundsätzlich verschiedene, aber *äquivalente* **Wägeverfahren** zur Bestimmung von Massen.

Schwerkraftmethode. Auf diesem Prinzip beruhen die *Balkenwaage* und die *statische Federwaage* (s. Abb. 3.3). Bei der Balkenwaage bringt man die Hebelkraft, genauer gesagt das *Drehmoment* (s. Abschn. 6.2), das vom Wägegut auf der einen Waagschale am Drehpunkt ausgeübt wird, durch Auflegen gleich schwerer, geeichter Gewichtsstücke auf der anderen Waagschale ins Gleichgewicht. Bei der statischen Federwaage mißt man die Stauchung oder Streckung der Feder durch das aufgelegte Wägegut. Sie ist nach dem *Hookeschen Gesetz* proportional zur wirkenden Kraft (s. Abschn. 8.1). Beide Wägeverfahren sind bei modernen Waagen durch elektromechanische und elektronische Hilfsmittel weitgehend automatisiert. Gute Waagen erreichen eine relative Meßgenauigkeit im Bereich von

$$\frac{\delta m}{m} \simeq 10^{-4} - 10^{-5}\,.$$

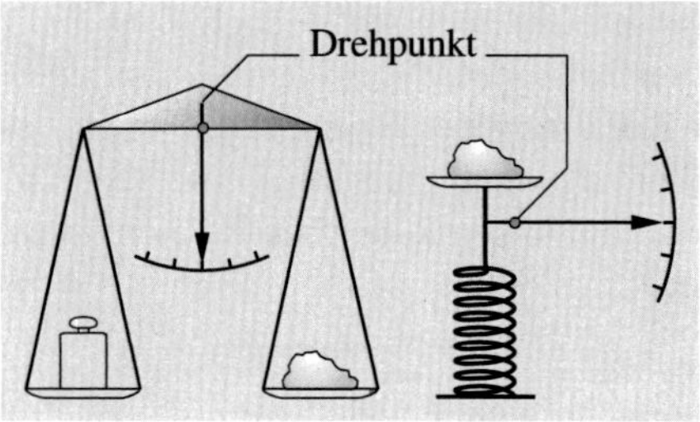

Abb. 3.3. Prinzip der Balkenwaage (*links*) und der statischen Federwaage (*rechts*)

Beim Wägen kleiner Substanzmengen wird eine Empfindlichkeit von ca. 10 µg erreicht.

Trägheitsmethode. Man kann die Federwaage auch als *dynamische Federwaage* betreiben, indem man sie in Schwingungen versetzt und die Schwingungsdauer mißt (s. Abb. 3.4). Die rücktreibende Federkraft beschleunigt das Wägegut hin und her; die Schwingungsdauer ist proportional zur Wurzel der Masse (s. Abschn. 11.1). Mißt man nach diesem Verfahren die Verstimmung eines Schwingquarzes durch das aufgelegte Wägegut, so erreicht man eine sehr hohe Empfindlichkeit von typisch 10^{-10} g. Das liegt daran, daß der Schwingquarz selbst relativ leicht ist sowie seine Frequenz sehr hoch (im Bereich von MHz) und sehr genau meßbar ist.

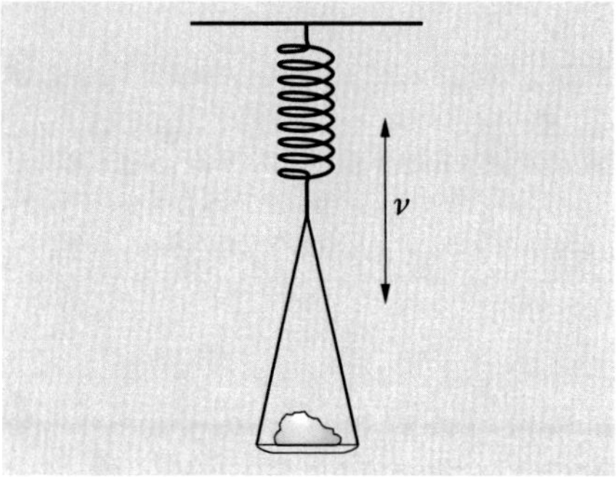

Abb. 3.4. Prinzip der schwingenden, dynamischen Federwaage

Kraft als Vektor

Bisher haben wir das 2. Newtonsche Gesetz (3.5) nur in einer Dimension betrachtet. Es gilt aber in voller Allgemeinheit auch in drei Dimensionen in der Form

$$\boldsymbol{F} = m\boldsymbol{a}\,. \tag{3.8}$$

Die Kraft ist ein Vektor, der parallel zum Vektor der Beschleunigung gerichtet ist.

So hat also z. B. die *Krümmung einer Bahnkurve*, die eine Querbeschleunigung anzeigt, ihre Ursache in einer entsprechenden, quer gerichteten Kraft. Führen wir eine Masse auf einer Kreisbahn herum, so muß die dabei auftretende *Zentripetalbe-*

schleunigung ihre Ursache in einer entsprechenden *Zentripetalkraft* nach (3.8) haben (s. Abschn. 3.7 und 3.8).

Die Vektoreigenschaft von Kräften läßt sich im folgenden Gleichgewichtsversuch demonstrieren.

VERSUCH 3.3

Vektoraddition von Kräften. Wir hängen ein Seil über zwei Rollen und belasten es mit insgesamt 12 identischen Gewichtsstücken, und zwar an den beiden Enden vier bzw. drei und zwischen den Rollen fünf (s. Abb. 3.5). Die Gewichtsstücke in der Mitte senken sich soweit ab, bis die Vektorsumme der drei Gewichtskräfte im Angriffspunkt P verschwindet:

$$\boldsymbol{F}_1 + \boldsymbol{F}_2 + \boldsymbol{F}_3 = \boldsymbol{0} . \tag{3.9}$$

Da das Verhältnis ihrer Beträge

$$F_1 : F_2 : F_3 = 3 : 4 : 5$$

im Verhältnis pythagoräischer Zahlen steht, bilden die Seilstücke 1 und 2 einen rechten Winkel.

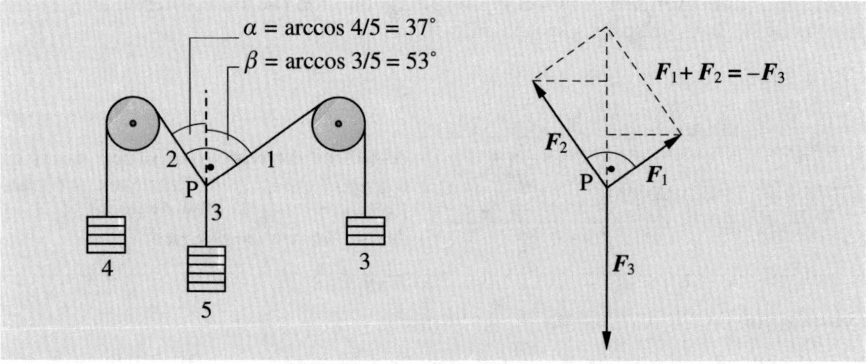

Abb. 3.5. (*Links*) Vektoraddition dreier Gewichtskräfte entlang der drei Seilstücke 1, 2, 3 im Punkt P. (*Rechts*) Geometrische Konstruktion der Gleichgewichtsbedingung

3.3 Drittes Newtonsches Grundgesetz: actio = reactio

Newton hat noch ein *drittes Grundgesetz* in der Form **actio = reactio** ausgesprochen, das im einzelnen folgendes besagt:

Drittes Newtonsches Gesetz (Reaktionsprinzip)

Greift der Körper 1 mit der Kraft $\boldsymbol{F}_{12}$ am Körper 2 an, so erfährt er selbst eine Kraft $\boldsymbol{F}_{21}$ vom gleichen Betrag mit umgekehrtem Vorzeichen (s. Abb. 3.6):

$$\boldsymbol{F}_{12} = -\boldsymbol{F}_{21} . \tag{3.10}$$

Dieses **Wechselwirkungsprinzip** manifestiert sich in zahlreichen Phänomenen. *Newton* machte insbesondere darauf aufmerksam, daß die Gravitationskräfte zwischen Himmelskörpern diese Gegenseitigkeit zeigen und daher nicht nur die Sonne die Erde beschleunigt, sondern umgekehrt die Erde auch die Sonne. Wir können aus dem Wechselwirkungsprinzip vor allem die Gesetze der **Schwerpunktsbewegung**

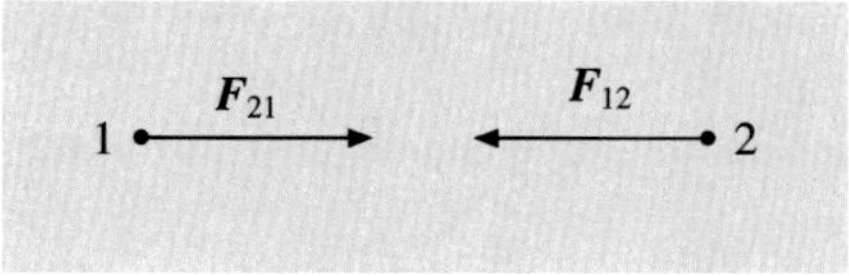

Abb. 3.6. Kraft (actio) und Gegenkraft (reactio) bei der Wechselwirkung zweier Körper

ableiten (s. Abschn. 5.3). Wir demonstrieren das Prinzip in einem Versuch, bei dem besonders deutlich wird, daß es unabhängig vom *Verursacher* der Kraftwirkung gilt.

VERSUCH 3.4

Tauziehen auf zwei Rollwagen. Zwei Personen stellen sich in einiger Entfernung auf zwei Rollwagen und veranstalten ein Tauziehen (s. Abb. 3.7). Zunächst zieht der eine, während der andere nur sein Ende festhält. Beide Wagen setzen sich in Bewegung und treffen sich in der Mitte (wenn die Personen in etwa gleich schwer sind). Wir wiederholen den Versuch mit umgekehrter Rollenverteilung. Das Ergebnis ist das gleiche: Die Wagen treffen sich an der gleichen Stelle, haben also die gleiche Kraftwirkung erfahren.

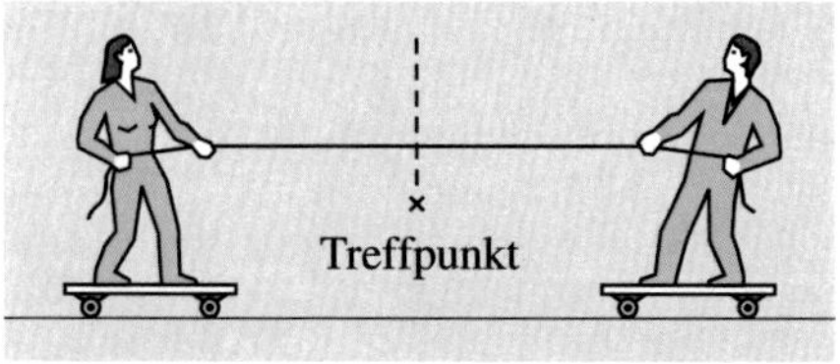

Abb. 3.7. Aktiver (*links*) und passiver (*rechts*) Partner beim Tauziehen auf zwei Rollwagen. Der Treffpunkt ist unabhängig davon, wer von beiden zieht

Retardierte Wechselwirkung

! Bei schnell veränderlicher Kraft gilt das Prinzip actio = reactio nicht mehr in der simplen Form von (3.10). Wir müssen nämlich dann in Rechnung stellen, daß die Kraftwirkung, die von einem Partner ausgeht, nicht sofort am anderen Partner wirksam wird, sondern eine gewisse Übertragungszeit benötigt. Wenn man z. B. obigen Versuch über eine recht lange Strecke mit einem gut dehnbaren Seil macht, wobei der eine ruckartig zieht, so wird dieser Ruck beim anderen mit einer deutlichen Verzögerung eintreffen. Er kann sich nämlich nur mit der in diesem Seil herrschenden, longitudinalen **Schallgeschwindigkeit** fortpflanzen [die bei gummielastischen Stoffen besonders klein ist (s. Abschn. 12.2)]. Dieser Effekt heißt **Retardierung** und tritt prinzipiell bei allen Kraftübertragungen auf. Bei mechanischen Kräften ist dabei immer die jeweilige Schallgeschwindigkeit bestimmend, bei elektrischen und magnetischen die **Lichtgeschwindigkeit**. Auch wenn ein **Gravitationsfeld** sich plötzlich ändern würde, z. B. bei einem Kollaps eines Sterns, so würde sich das auf einem anderen Stern erst viel später auswirken, weil auch die Gravitationswirkung sich nur mit Lichtgeschwindigkeit fortpflanzen kann.

3.4 Inertialsysteme und Relativitätsprinzip

Wir wenden uns jetzt dem Problem des **Bezugssystems** unserer Messungen zu und gehen dabei von folgender Beobachtung aus:

> Alle physikalischen Vorgänge innerhalb eines Systems wechselwirkender Körper laufen unabhängig von deren Absolutgeschwindigkeit ab.

Das heißt, wenn wir allen Körpern die gleiche, konstante Geschwindigkeit $\boldsymbol{u}$ aufaddieren, ändert sich nichts *innerhalb* des betrachteten Systems. Experimente im gleichförmig fahrenden Zug laufen genauso ab, wie im ruhenden Labor. Dabei nehmen wir an, das Koordinatensystem, relativ zu dem gemessen wird, sei im Labor bzw. Zug verankert. Wir sprechen in diesem Zusammenhang von einem Bezugssystem.

! Obige Aussage gilt nur für *gleichförmig* bewegte Bezugssysteme, die wir **Inertialsysteme** nennen, nicht so für beschleunigte (vgl. Abschn. 3.8). Wir demonstrieren das mit folgendem Versuch:

VERSUCH 3.5

Senkrechter Wurf im bewegten Wagen. Auf einem Rollwagen ist ein Trichter montiert, aus dem eine Kugel durch Auslösen einer gespannten Feder senkrecht nach oben geworfen wird (s. Abb. 3.8). Bei ruhendem Wagen fällt die Kugel wieder in den Trichter zurück, desgleichen, wenn der Wagen während des Wurfversuchs mit konstanter Geschwindigkeit rollt. Beschleunigt man jedoch den Wagen, z. B. durch eine Gewichtskraft mit Hilfe eines Seils wie im Versuch 3.1, dann fällt die Kugel neben den Trichter. Aus der Sicht des Beobachters im nach links beschleunigten Bezugssystem (s. Abb. 3.8c) scheint die Kugel nicht nur der Fallbeschleunigung zu unterliegen, sondern zusätzlich nach rechts beschleunigt zu sein. Vom ruhenden Inertialsystem des Labors aus gesehen vollführt die Kugel jedoch wie im Fall (b) eine ganz normale Wurfparabel nach links, d. h. mit zusätzlicher, konstanter Horizontalgeschwindigkeit $\boldsymbol{u}$, die der Geschwindigkeit des Wagens beim Abwurf entspricht.

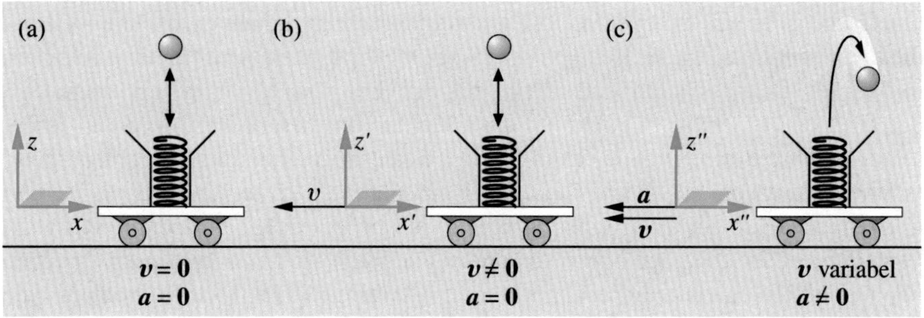

Abb. 3.8a–c. Senkrechter Wurf vom Rollwagen aus (**a**) bei ruhendem, (**b**) bei gleichförmig bewegtem, (**c**) bei beschleunigtem Wagen, jeweils aus der Sicht des Wagens

! Ist unser **Laborsystem** *wirklich* ein Inertialsystem, wie oben oberflächlich gesagt? Nein, es ist es nicht! Der Grund ist die von der **Erdrotation** verursachte **Kreisbeschleunigung**. Sie beträgt nach (2.56) am Äquator

$$a_{\text{Äquator}} = \omega^2 R_{\text{Äquator}} \approx \left(\frac{2\pi}{86\,400\,\text{s}}\right)^2 \cdot 6 \cdot 10^6\,\text{m} \approx 3{,}3 \cdot 10^{-2}\,\text{m}\,\text{s}^{-2}\,. \tag{3.11}$$

In unserer Breite ist sie um den Faktor $\cos 50^\circ = 0{,}64$ verringert. Sie wirkt der Fallbeschleunigung entgegen, die aus diesem Grund zwischen Äquator und Pol um gut 3 Promille anwächst. Auf die Änderung der Bewegungsgleichungen in rotierenden Koordinatensystemen kommen wir in Abschn. 3.8 noch ausführlich zurück.

Nehmen wir die *Sonne* statt den Erdmittelpunkt als Bezugssystem, so tritt, rein kinematisch gesehen, zur Kreisbeschleunigung (3.11) noch diejenige aus der jährlichen Rotation um die Sonne

$$a_{\text{Erdbahn}} = \omega^2 R_{\text{Erdbahn}} \approx \left(\frac{2\pi}{(365 \cdot 86\,400\,\text{s})}\right)^2 \cdot 1{,}5 \cdot 10^{11}\,\text{m} \approx 0{,}6 \cdot 10^{-2}\,\text{m}\,\text{s}^{-2}\,. \tag{3.12}$$

Wirkt diese, aus der Gravitationskraft der Sonne herrührende Kreisbeschleunigung sich auf unsere terrestrischen Versuche genauso aus, wie die Kreisbeschleunigung (3.11), die aus der Rotation der Erde um ihre eigene Achse entstammt und ein reiner Mitführungseffekt ist? Mit anderen Worten: Fällt ein Stein nachts langsamer zu Boden als tagsüber, weil die Richtungen der beiden Kreisbeschleunigungen im ersteren Fall im wesentlichen parallel, im letzteren aber entgegengesetzt gerichtet sind? Dem ist nicht so! Denn der Stein unterliegt ja der gleichen, seiner Masse proportionalen Anziehung durch die Sonne wie die Erde, erfährt also auch dann noch die gleiche Beschleunigung durch die Sonne, wenn er nicht auf der Erde haftet. Also hat (3.12) im Gegensatz zu (3.11) keinen Einfluß auf unsere terrestrischen Versuche. Die beiden sind nicht äquivalent!

Wir sind hier auf ein interessantes Problem gestoßen. Durch Versuche, die wir innerhalb eines linear beschleunigten Wagens oder auf der rotierenden Erdoberfläche oder einem rotierenden Karussell ausführen, können wir ohne weiteres die Beschleunigung dieses Bezugssystems feststellen und messen. Primär ist nämlich nur dieses Bezugssystem und alles, was an ihm *fest* haftet, relativ zum Rest der Welt beschleunigt. Sobald sich die Objekte von diesem Bezugssystem lösen, setzen sie ihre Bewegung gleichförmig fort, und es tritt eine Relativbeschleunigung zum Bezugssystem auf. Diese Relativbeschleunigung ist jederzeit meßbar. Werden aber alle Objekte eines Systems gleichermaßen beschleunigt, z. B. durch das allen gemeinsame Kraftfeld der Sonne, so können wir durch Versuche mit diesen Objekten alleine ihre Beschleunigung nicht erfahren. Allerdings können wir die gemeinsame Beschleunigung *durch* die Sonne sehr wohl als Relativbeschleunigung *zur* Sonne messen, indem wir astronomische Beobachtungen der *Relativbewegungen* machen. Nur so konnten die Keplerschen Gesetze gewonnen werden, nicht aber durch terrestrische Versuche alleine.

Wir wollen diese Vorstellung noch ein wenig hinterfragen und wenigstens in Gedanken versuchen, ihnen doch ein Schnippchen zu schlagen:

∗ GEDANKENVERSUCH

Dopplereffekt in Raumkapsel. Wir stellen uns vor, wir befänden uns in einer Raumkapsel, die frei zur Erde fällt. Dann könnten wir zum Fenster herausschauen und sehen, wie die Erde immer schneller näher kommt und somit die Relativbeschleunigung zur Erde messen. Ein einfallsreicher Physiker in der Kapsel meint jedoch, er könne das auch bei geschlossenem Fenster mit folgender Versuchsanordnung (bei dessen Beschreibung und Deutung wir etwas vorgreifen müssen): Er bringt an der Decke der Kapsel eine streng monochromatische Lichtquelle an, die Licht der Frequenz ν_0 aussendet, also z. B. einen hochpräzisen Laser. Am Boden der Kapsel befinde sich im Abstand l ein Empfänger, der die geringste Abweichung der Frequenz des empfangenen Laserlichts messen kann (vgl. Abb. 3.9). Die Erdbeschleunigung g sei von der Quelle zum Empfänger gerichtet. Die Flugzeit des Lichts zwischen beiden beträgt

$$\Delta t = \frac{l}{c} \,.$$

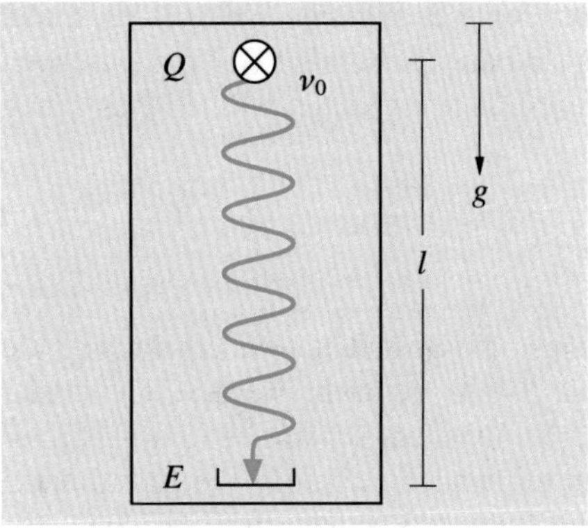

Abb. 3.9. Gedankenversuch zur absoluten Messung der Fallbeschleunigung g mit Hilfe des Dopplereffektes zwischen einer Lichtquelle Q und einem Empfänger E

Während dieser Zeit hat sich die Geschwindigkeit der Kapsel um den Betrag

$$\Delta v = g\Delta t = g\frac{l}{c}$$

erhöht. Um diesen Betrag ist die Geschwindigkeit des Empfängers zum Zeitpunkt des Empfangs größer als die der Quelle zum Zeitpunkt der Emission. Aufgrund dieser effektiven Relativgeschwindigkeit zwischen beiden tritt eine Dopplerverschiebung der Frequenz auf. Sie ist in erster Näherung proportional zur Relativgeschwindigkeit und gegeben durch

$$\Delta\nu = (\nu - \nu_0) \approx -\nu_0\frac{\Delta v}{c} = -\nu_0\frac{gl}{c^2} \,. \tag{3.13}$$

Also wäre g unter diesen Umständen meßbar, wenn nicht auch das Licht der Schwerkraft unterläge. Einstein forderte nämlich einerseits die Quantisierung der Lichtenergie (1.5)

$$E = h\nu$$

und andererseits die Äquivalenz von Energie und Masse

$$E = mc^2 \,, \tag{3.14}$$

wonach auch dem Photon eine Masse

$$m = h\frac{\nu_0}{c^2} \tag{3.15}$$

zukäme, die der Schwerkraft unterliegen solle. Daher gewinnt das Lichtquant beim Fallen die Energie (s. Abschn. 4.1)

$$\Delta E = mgl$$

und folglich einen Frequenzzuwachs

$$\Delta\nu = \frac{\Delta E}{h} = +\nu_0 \frac{gl}{c^2}\,, \tag{3.16}$$

der den Dopplereffekt genau kompensiert. Also scheitert auch dieser Versuch, die Beschleunigung im Schwerkraftfeld *absolut* zu messen.

Wir fassen unsere Erfahrungen aus dem Gedankenversuch im Relativitätsprinzip zusammen:

> Es gibt keine Möglichkeit, den Bewegungszustand eines physikalischen Systems *absolut* zu messen, weder seine absolute Geschwindigkeit, noch seine absolute Beschleunigung.

Denn dazu müßten Messungen in einem absoluten Bezugssystem gemacht werden, das wir nicht haben. Alle Messungen sind auf reale Bezugssysteme, z. B. die Erde, die Sonne oder die Fixsterne, bezogen. Das sind aber *prinzipiell* Relativmessungen gegenüber anderen physikalischen Objekten. Daher ist *nur* die Relativbewegung zwischen physikalischen Objekten meßbar.

3.5 Galilei-Transformation

Wir suchen jetzt *Transformationsgleichungen*, die gestatten, Meßergebnisse, die von verschiedenen Inertialsystemen S und S' aus gemacht werden, ineinander umzurechnen. Wenn wir *naiv* an die Sache herangehen, scheint es sich dabei nur um eine einfache mathematische Operation zu handeln, nämlich die Koordinaten eines Objekts im System S in diejenigen im System S' umzuschreiben. Sie seien durch die Ortsvektoren $\boldsymbol{r}$ und $\boldsymbol{r}'$ gegeben. Die Relativbewegung zwischen S und S' erfolge mit konstanter Geschwindigkeit $\boldsymbol{u}$, d. h. der Ursprung $\mathcal{O}'$ von S' bewege sich in S auf dem Ortsvektor

$$\boldsymbol{R} = \boldsymbol{r}_0 + \boldsymbol{u}(t - t_0)$$

(s. Abb. 3.10).

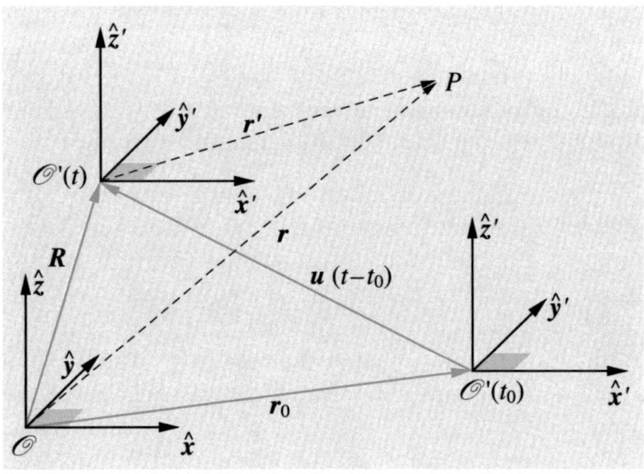

Abb. 3.10. Vektordiagramm zur Herleitung der Galilei-Transformation zwischen den Bezugssystemen S und S'

Die gesuchten Transformationsgleichungen können wir dann unmittelbar als Vektorsummen ablesen

$$\boldsymbol{r} = \boldsymbol{r}' + \boldsymbol{R} = \boldsymbol{r}' + \boldsymbol{r}_0 + \boldsymbol{u}(t - t_0) \tag{3.17}$$

bzw. umgekehrt

$$\boldsymbol{r}' = \boldsymbol{r} - \boldsymbol{r}_0 - \boldsymbol{u}(t - t_0)\,. \tag{3.17'}$$

Sie heißen **Galilei-Transformation**.

Unter der Voraussetzung, daß die Achsenkreuze nicht gegeneinander verdreht seien, können wir (3.17) auch sofort in Komponenten auflösen:

$$\begin{aligned} x' &= x - x_0 - u_x(t - t_0)\,, \\ y' &= y - y_0 - u_y(t - t_0)\,. \\ z' &= z - z_0 - u_z(t - t_0)\,. \end{aligned} \tag{3.18}$$

Identische Transformation der Grundgrößen

! Mit Hilfe von (3.17) können wir Bewegungsgleichungen sehr einfach von einem Inertialsystem ins andere umschreiben. Das macht aber physikalisch nur Sinn, wenn wir auch geprüft haben, daß die Messungen für die Grundgrößen Länge, Zeit und Masse, die wir an den Objekten zum einen von S aus und zum anderen von S' aus vornehmen, auch zum gleichen Ergebnis führen. Das Relativitätsprinzip alleine gibt auf diese Frage keine Antwort; vielmehr sind hierzu spezifische Experimente erforderlich, auf die wir unten eingehen.

Sie führen zum Ergebnis, daß tatsächlich zwischen diesen Grundgrößen die identische Transformation

$$\begin{aligned} l' &= l \\ t' &= t \\ m' &= m \end{aligned} \tag{3.19}$$

gilt, solange die Relativgeschwindigkeit *sehr viel kleiner* als die Lichtgeschwindigkeit ist:

$$u \ll c\,. \tag{3.20}$$

Die Gleichungen (3.17) und (3.19) bilden zusammen die vollständige Galilei-Transformation.

Galileiinvarianz des Kraftgesetzes

Differenzieren wir (3.17) nach der Zeit, so erhalten wir unmittelbar das Transformationsgesetz zwischen den in S' und S gemessenen Geschwindigkeiten $\boldsymbol{v}'$ und $\boldsymbol{v}$

$$\boldsymbol{v}' = \frac{\mathrm{d}\boldsymbol{r}'}{\mathrm{d}t'} = \frac{\mathrm{d}\boldsymbol{r}'}{\mathrm{d}t} = \frac{\mathrm{d}}{\mathrm{d}t}\left[\boldsymbol{r} - \boldsymbol{r}_0 - \boldsymbol{u}(t - t_0)\right] = \boldsymbol{v} - \boldsymbol{u}\,. \tag{3.21}$$

Dabei haben wir auch die identische Transformation $t' = t$ benutzt, außerdem die Konstanz der Vektoren $\boldsymbol{r}_0$ und $\boldsymbol{u}$.

Nochmaliges Differenzieren nach der Zeit zeigt, daß man in beiden Inertialsystemen den gleichen Wert der Beschleunigung mißt

$$\boldsymbol{a}' = \frac{\mathrm{d}\boldsymbol{v}'}{\mathrm{d}t} = \frac{\mathrm{d}\boldsymbol{v}}{\mathrm{d}t} - \frac{\mathrm{d}\boldsymbol{u}}{\mathrm{d}t} = \boldsymbol{a}\,. \tag{3.22}$$

Da außerdem $m' = m$ gilt, folgt die wichtige Aussage

$$\boldsymbol{F}' = m'\boldsymbol{a}' = m\boldsymbol{a} = \boldsymbol{F}\,, \tag{3.23}$$

in Worten: Das Newtonsche Kraftgesetz ist invariant gegen Galilei-Transformationen.

Die Galilei-Transformation erfüllt bezüglich des Newtonschen Kraftgesetzes die Forderung, daß physikalische Gesetze in allen Inertialsystemen die gleichen sein sollen. Das müssen wir aufgrund des Relativitätsprinzips fordern, weil kein Inertialsystem vor dem anderen physikalisch ausgezeichnet ist. Die Newtonsche Mechanik steht und fällt mit der Gültigkeit der Galilei-Transformation.

3.6 Lorentz-Transformation

Wir kommen auf die schon im vorigen Kapitel angeschnittene Frage zurück, inwieweit die von verschiedenen Inertialsystemen aus gewonnenen Meßergebnisse für die Grundgrößen Länge, Zeit und Masse gleich sind oder gegebenenfalls voneinander abweichen. Diese Frage ist durch zahlreiche Experimente mit *schnellen* Teilchen aufgeklärt worden, die schon gegen Ende des 19. Jahrhunderts klar im Widerspruch zu den Annahmen der Galilei-Transformation (3.17)–(3.19) standen. Ganz offensichtlich waren auch die in jenen Jahren von *James C. Maxwell* gefundenen Gesetze der Elektrodynamik *nicht* invariant gegenüber Galilei-Transformationen. *Hendrik A. Lorentz* stellte 1899 die nach ihm benannten Transformationsgleichungen auf, die den neuen Erkenntnissen Rechnung trugen. Die **Lorentz-Transformation** erfüllte insbesondere die Forderung, daß die **Maxwellschen Gleichungen** der Elektrodynamik invariant gegen einen Wechsel des Bezugssystems seien. Sie bestätigten darüberhinaus für kleine Relativgeschwindigkeiten $u \ll c$ die Galilei-Transformation und damit die in diesem Bereich bewährte Newtonsche Mechanik. Nähert sich u aber der Lichtgeschwindigkeit, so ändert sich das Bild drastisch.

Die Lorentz-Transformation war die entscheidende Grundlage, auf der *Einstein* 1905 seine spezielle **Relativitätstheorie** gründen konnte.

Wir wollen an dieser Stelle nicht die historischen Experimente und Überlegungen zu diesem Fragenkomplex aufführen, verzichten auch auf eine strenge Ableitung der Lorentztransformation aus der Elektrodynamik und eine genauere Diskussion der sich daraus ergebenden relativistischen Mechanik. Der springende Punkt der speziellen Relativitätstheorie ist die beobachtete Konstanz der Lichtgeschwindigkeit in bewegten Bezugssystemen (s. Abschn. 29.5). Darauf kann man z.B. *Gedankenexperimente* aufbauen, die zur Lorentztransformation führen. Wir diskutieren einige an (ohne Rechnung), um den Leser hier zumindest auf die Problematik der

Längen- und Zeitmessung in schnell bewegten Bezugssystem aufmerksam zu machen:

Wir nehmen z. B. zwei Maßstäbe, die exakt die gleiche Länge aufweisen, wenn sie im gleichen System S nebeneinander liegen. Wir versuchen jetzt zu messen, ob dem auch noch so ist, wenn der eine Stab am anderen mit der Geschwindigkeit $\boldsymbol{u}$ parallel zu seiner Länge vorbei fliegt (s. Abb. 3.11). Hierzu k¨onnten wir in S zwei Lichtschranken in Höhe der Vorderkante und der Hinterkante des in S ruhenden Maßstabes aufbauen. Wir kontrollieren jetzt die Zeiten, zu denen der nach rechts fliegende Stab im System S' die rechte Schranke abschattet und die linke wieder freigibt. Passiert dies zum gleichen Zeitpunkt, so wäre die Länge l' unverändert gleich l. Erscheint das Signal von der Vorderkante später als das von der Hinterkante, so wäre l' kleiner l.

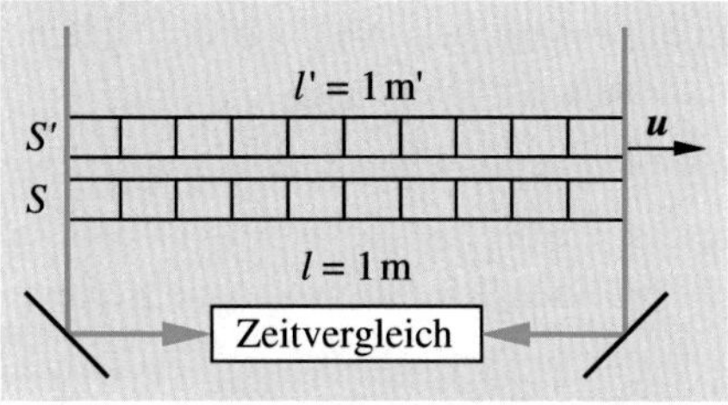

Abb. 3.11. Längenvergleich zweier Maßstäbe im Vorbeifliegen mittels Lichtschranken; $\boldsymbol{u}$ ist die Relativgeschwindigkeit

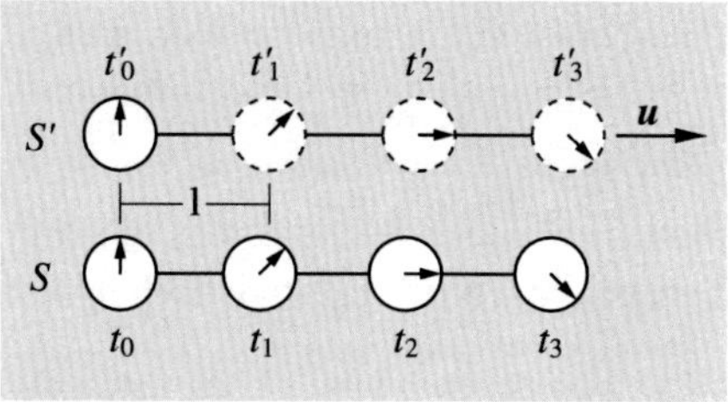

Abb. 3.12. Zeitvergleich im Vorbeifliegen zwischen einer mit $\boldsymbol{u}$ bewegten und einer Serie ruhender Uhren

Ahnlich könnten wir den Ablauf der Zeit in S' von S aus messen (s. Abb. 3.12). Hierzu stellen wir in S *mehrere* Uhren entlang der Achse parallel zu $\boldsymbol{u}$ auf und in S' *eine* Uhr. Wir starten alle Uhren in S und diejenige in S' genau dann, wenn die Uhr in S' die erste in S passiert. Wir vergleichen dann jeweils den Zeigerstand der Uhr in S' mit dem der Uhren in S im Vorbeifliegen wieder unter Zuhilfenahme optischer Signale. Sind die Signale koinzident (d. h. gleichzeitig), so ist $t' = t$, geht aber die Uhr in S' nach, so gilt $t' > t$, weil ein und derselbe Vorgang, die Umdrehung des Uhrzeigers (oder z. B. der Zerfall eines radioaktiven Präparats etc.), mehr Zeit in Anspruch nähme, wenn wir ihn aus einer Relativbewegung heraus beobachten, als für den Fall, daß er sich in relativer Ruhe zu uns befindet.

Das Ergebnis der Versuche würde lauten: Wir messen $l' = l$, $t' = t$ unter der Voraussetzung, daß die Zeiten zur Übermittlung der optischen Signale sehr kurz sind, verglichen mit den Zeiten, die verstreichen, während derer die Maßstäbe oder Uhren aneinander vorbeifliegen. Erstere sind von der Größenordnung l/c, letztere von der Größenordnung l/u. Die Bedingung ist also $u \ll c$. Dann gilt in der Tat die Galilei-Transformation in der vollständigen Form der Gleichungen (3.17) und (3.19).

Ist u aber *vergleichbar* mit c, so müssen alle diese vorgenannten Experimente sehr viel sorgfältiger geplant und unter strenger Berücksichtigung der Signalübermittlungszeiten analysiert werden. In diesem Fall mißt man in der Tat, daß im gestrichenen System, vom ungestrichenen aus gesehen, die Länge gestaucht, der

Zeitablauf verlangsamt und die Masse erhöht erscheinen; d. h. die Voraussetzungen für die Gültigkeit der Galilei-Transformation und der Newtonschen Mechanik sind entfallen!

Statt dessen gilt die **Lorentz-Transformation**, die wir hier ohne Beweis, aber mit kurzer Diskussion anführen:

$$\begin{aligned} t' &= \frac{t - (u/c^2)x}{\sqrt{1 - u^2/c^2}}\,, \\ x' &= \frac{x - ut}{\sqrt{1 - u^2/c^2}}\,, \\ y' &= y\,, \\ z' &= z\,. \end{aligned} \tag{3.24}$$

Hierbei ist $u \parallel x$ angenommen, und die Koordinatenkreuze von S und S' fallen für $t = 0$ zusammen. Außerdem transformiert sich die Masse wie

$$m' = \frac{m}{\sqrt{1 - u^2/c^2}}\,. \tag{3.25}$$

Konsequenzen der relativistischen Transformationsgleichungen (ohne Beweis)

- Die Lichtgeschwindigkeit c ist in allen Bezugssystemen die gleiche.
- Die Zeit wird explizit ortsabhängig als Folge davon, daß Zeitsignale von Ereignissen in S' zu verschiedenen Orten x in S nur mit Lichtgeschwindigkeit übertragen werden können.
- Es verlangsamt sich der Zeitablauf von Vorgängen in S' (Zeitdilatation).
- Es verkürzt sich die Länge eines Körpers in S' (Längenkontraktion).
- Es erhöht sich die Masse eines Körpers in S' (Massenzuwachs).
- Die Maßstabsänderung ist jeweils durch $\sqrt{1-u^2/c^2}$ bzw. $1/\sqrt{1-u^2/c^2}$ gegeben.
- Von S' aus gesehen gilt das gleiche für Objekte in S, da nur der Betrag von $\boldsymbol{u}$ in die Maßstabsänderung eingeht.
- Für $u/c \to 0$ gewinnt man die Galilei-Transformation zurück.
- Aufgrund der geschwindigkeitsabhängigen Masse lautet das Kraftgesetz (3.8) jetzt

$$\boldsymbol{F} = \frac{\mathrm{d}}{\mathrm{d}t}\left(\frac{m\boldsymbol{v}}{\sqrt{1 - v^2/c^2}}\right), \tag{3.26}$$

wobei v im Zähler wie im Nenner zu differenzieren ist.

3.7 Zwangskräfte, d'Alembertsches Prinzip

Wir kehren zurück zur Newtonschen Mechanik und bauen sie weiter aus. In diesem Kapitel behandeln wir die Begriffe der **Zwangskraft** und der **Trägheitskraft**, die sich bei der Berechnung von Bewegungen und Kräften in mechanischen Vorrichtungen bewähren.

Zwangskräfte

Wir betrachten als Beispiel einen Körper, der mit seinem Gewicht $\boldsymbol{mg}$ auf eine feste Unterlage drückt (s. Abb. 3.13). Da er ruht und keine Beschleunigung erfährt, muß die Unterlage eine Gegenkraft $-\boldsymbol{mg}$ ausüben, so daß die Summe der Kräfte am Körper 0 ist. Die Gegenkraft wird nach dem Prinzip actio = reactio aus der elastischen Verformung der Unterlage aufgebracht, in der eine kleine Delle entsteht.

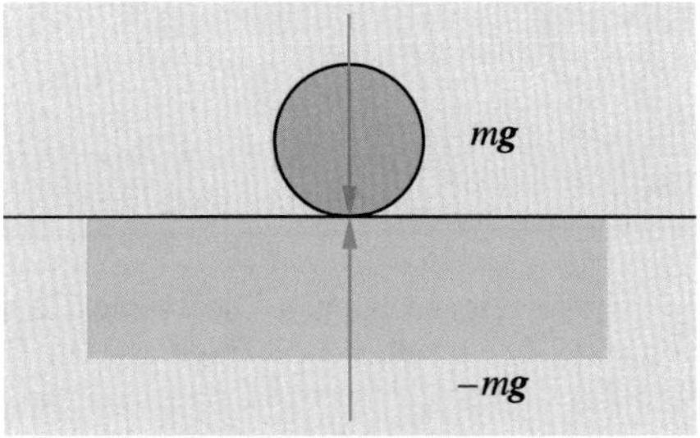

Abb. 3.13. Eine feste Unterlage übt eine Zwangskraft $-\boldsymbol{mg}$ auf den aufliegenden Körper aus, die sein Gewicht $\boldsymbol{mg}$ kompensiert

> Von Zwangskräften sprechen wir im Grenzfall sehr *starrer* Unterlagen (Führungen, Schienen, Gestängen, Lagern etc.), die den Körper auf eine vorgegebene Bahn *zwingen* und die dazu nötige *reactio* ohne nennenswerte Verformung aufbringen. Eine Bewegung erfolgt daher, wenn überhaupt, dann nur senkrecht zur Zwangskraft.

Wirken genügend viele Zwangskräfte aus unterschiedlichen Richtungen auf den Körper ein, so ist er völlig fixiert. Die Verteilung der Gewichtskräfte und Drehmomente wird in diesem Fall mit den Methoden der Statik berechnet; wir gehen darauf hier nicht weiter ein.

d'Alembertsches Prinzip

> Das d'Alembertsche Prinzip formuliert das Kraftgesetz (3.8) um zu
>
> $$\boldsymbol{F} - m\boldsymbol{a} = \boldsymbol{F} + \boldsymbol{F}_\mathrm{t} = \boldsymbol{F}_\mathrm{a} + \boldsymbol{F}_\mathrm{z} + \boldsymbol{F}_\mathrm{t} = 0\,. \tag{3.27}$$
>
> $\boldsymbol{F}_\mathrm{t} = -m\boldsymbol{a}$ wird **Trägheitskraft** genannt. Die Kraft $\boldsymbol{F}$ ist dabei die Resultierende aus der äußeren Kraft $\boldsymbol{F}_\mathrm{a}$ (z. B. Schwerkraft, elektrische Kräfte etc.) und der Zwangskraft $\boldsymbol{F}_\mathrm{z}$. In Worten: Die Summe aus der an einem Körper angreifenden äußeren Kraft, der Zwangskraft und der Trägheitskraft ist Null.

Allgemeiner, wenn jeweils mehrere Kräfte im Spiel sind, lautet es

$$\sum_{i=1}^{N_\mathrm{a}} \boldsymbol{F}_{\mathrm{a}i} + \sum_{j=1}^{N_\mathrm{z}} \boldsymbol{F}_{\mathrm{z}j} + \sum_{k=1}^{N_\mathrm{t}} \boldsymbol{F}_{\mathrm{t}k} = 0\,. \tag{3.28}$$

Wir diskutieren im folgenden einige Beispiele zu Zwangs- und Trägheitskräften.

VERSUCH 3.6

Schiefe Ebene. Wir stellen einen Wagen auf eine Ebene, die unter dem Winkel α gegen die Horizontale geneigt ist (s. Abb. 3.14). Mit welcher Beschleunigung $\boldsymbol{a}$ rollt er die Ebene

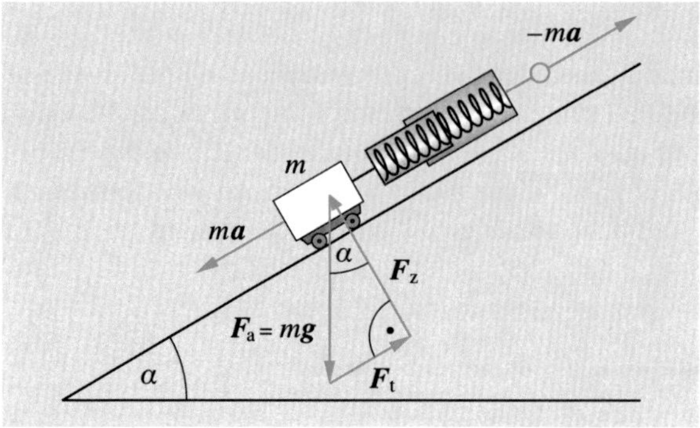

Abb. 3.14. Kräftediagramm auf der schiefen Ebene

herunter? Die äußere Kraft ist die Schwerkraft $\boldsymbol{F}_\mathrm{a} = m\boldsymbol{g}$; sie zeigt nach unten. Die Zwangskraft $\boldsymbol{F}_\mathrm{z}$ steht senkrecht zur Ebene und zeigt schräg nach oben. Die resultierende Trägheitskraft $\boldsymbol{F}_\mathrm{t}$ ist parallel zur Ebene und ergänzt $\boldsymbol{F}_\mathrm{a}$ und $\boldsymbol{F}_\mathrm{z}$ nach (3.27) zum geschlossenen Dreieck. Daraus folgt für die Beträge

$$\begin{aligned} F_\mathrm{z} &= mg\cos\alpha\,, \\ F_\mathrm{t} &= mg\sin\alpha = ma\,, \\ a &= g\sin\alpha\,. \end{aligned} \tag{3.29}$$

Wir messen im Versuch nicht direkt a, sondern mittels einer Federwaage die restliche Gewichtskraft. Bei $\alpha = 30°$ beträgt sie $mg/2$.

VERSUCH 3.7

Maxwellsches Rad. Wir wickeln einen Faden um die Achse eines Doppelrades – als Spielzeug Jo-Jo genannt – und hängen es an diesem Faden an einer Waage auf. Zunächst arretieren wir das Rad mit einem weiteren Faden an der Waage und messen sein Gewicht $\boldsymbol{G}$. Dann brennen wir den Arretierungsfaden durch, und der Jo-Jo rollt beschleunigt nach unten ab (s. Abb. 3.15). Während des Abspulens zeigt die Waage ein geringeres Gewicht an. Ist der Faden ganz abgespult, so tut die Waage einen Schlag nach unten, weil der Jo-Jo beim Übergang vom Ab- zum Wiederaufspulen ruckartig wie beim Stoß gegen eine Wand die Bewegungsrichtung seines Schwerpunkts umkehrt. Beim sich verlangsamenden Wiederaufsteigen zeigt die Waage wieder ein verringertes Gewicht an und zwar dasselbe wie beim Abspulen. Das angezeigte Gewicht ist die Zwangskraft des Fadens auf den Jo-Jo. Sie wird beim Abspulen wie beim Aufspulen jeweils um die Trägheitskraft ma verringert, da die Beschleunigung des Schwerpunkts des Jo-Jos in beiden Fällen nach unten gerichtet ist. Den genauen Bewegungsablauf des Jo-Jos kann

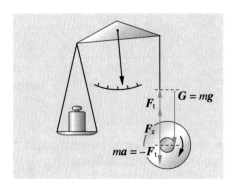

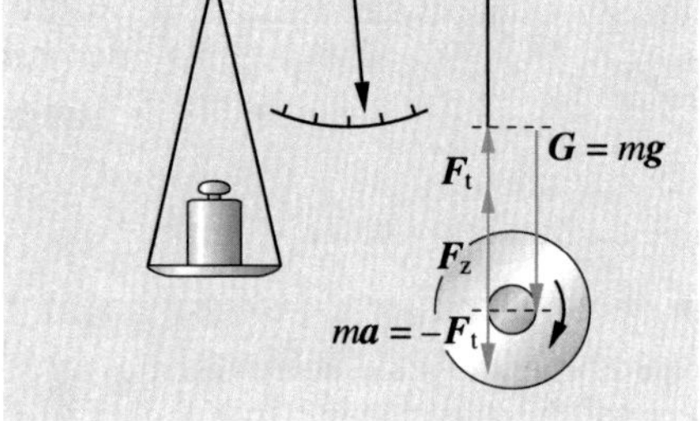

Abb. 3.15. Verringerung des Gewichts beim Ab- und Aufspulen des Maxwellschen Rads

man am besten mit Hilfe des Energiesatzes für lineare und Rotationsbewegungen (s. Kap. 4 und 7) berechnen.

Zentripetal- und Zentrifugalkraft

Führen wir einen Körper mit der Winkelgeschwindigkeit ω auf einem Kreis mit dem Radius r, so tritt eine Zwangskraft in Richtung des Mittelpunkts auf, die notwendig ist, um dem Körper die Kreisbeschleunigung $\omega^2 r$ [s. (2.55)] aufzuzwingen. Sie heißt **Zentripetalkraft** und ist gegeben durch

$$\boldsymbol{F}_\mathrm{z} = -m\omega^2 \boldsymbol{r}\,, \tag{3.30}$$

wobei m die Masse des Körpers ist. Da weiter keine äußeren Kräfte beteiligt sind, wird sie nach (3.27) durch die Trägheitskraft

$$\boldsymbol{F}_\mathrm{t} = +m\omega^2 \boldsymbol{r} \tag{3.31}$$

kompensiert (s. Abb. 3.16). Letztere ist allgemein unter dem Namen **Zentrifugalkraft** bekannt; sie ist nach außen gerichtet.

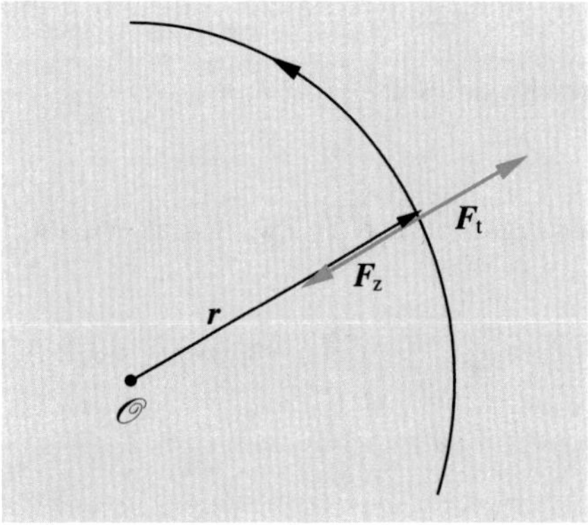

Abb. 3.16. Zwangskraft $\boldsymbol{F}_\mathrm{z}$ und Trägheitskraft $\boldsymbol{F}_\mathrm{t}$ bei Drehbewegungen

Zentrifugalkraft auf der Erde

Das von einer Unterlage mit einer Zwangskraft $\boldsymbol{F}_\mathrm{z}$ zu kompensierende, effektive Gewicht eines Körpers verändert sich auf der rotierenden Erde (s. Abb. 3.17) durch die Zentrifugalkraft zu [vgl. (3.11)]

$$m\boldsymbol{g}_\mathrm{eff} = -\boldsymbol{F}_\mathrm{z} = m\boldsymbol{g}_0 - m\omega^2 \boldsymbol{r} = mg_0\hat{\boldsymbol{R}} - m\omega^2 R\hat{\boldsymbol{r}}\cos\varphi\,, \tag{3.32}$$

wobei g_0 den Wert der Erdbeschleunigung an den Polen bezeichnet. Sein Vektor zeigt im allgemeinen nicht mehr auf den Erdmittelpunkt. Aus dem gleichen Grund ist die Erde an den Polen leicht abgeplattet, weil die Massen am Äquator nach außen drängen. Hierzu folgende Versuche:

VERSUCH 3.8

Rotierende Kette und Papierscheibe. Die Zentrifugalkraft spannt eine geschlossene, rotierende Kette zum Kreis, der bei entsprechender Rotationsfrequenz so steif ist, daß die Kette wie ein festes Rad auf dem Boden dahin rollt.

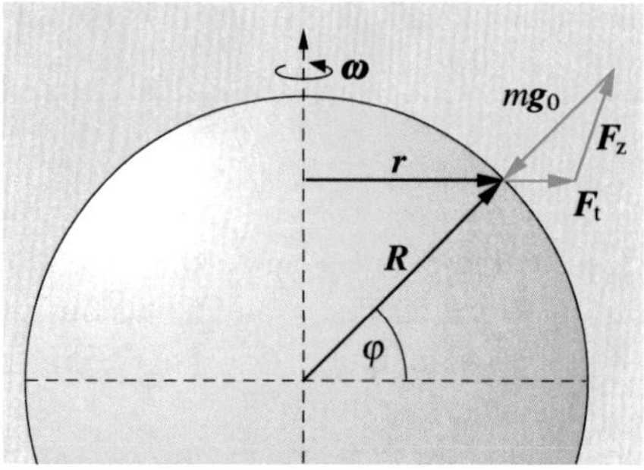

Abb. 3.17. Verringerung des Gewichts durch die Zentrifugalkraft auf der rotierenden Erde

Eine schnell rotierende Papierscheibe wird so steif, daß sie wie eine Kreissäge Holz mit einem geraden, sauberen Schnitt durchtrennt.

VERSUCH 3.9

Kettenkarussell. Wir demonstrieren das Gleichgewicht der Kräfte (3.27) am Modell eines Kettenkarussells (s. Abb. 3.18). Die Gewichtsstücke, größere und kleinere, seien mit Ketten verschiedener Länge an der Spitze einer in der Senkrechten rotierenden Achse aufgehängt. Wir beobachten folgendes:

- der Anstellwinkel α wächst mit der Winkelgeschwindigkeit ω,
- α wächst mit der Kettenlänge l,
- α ist unabhängig von der Masse.

Aus dem Dreieck der Gewichtskraft, der Zentrifugalkraft und der Zwangskraft lesen wir ab

$$\tan\alpha = \frac{m\omega^2 r}{mg} = \frac{\omega^2 l \sin\alpha}{g} \curvearrowright$$

$$\cos\alpha = \frac{g}{\omega^2 l} \,. \tag{3.33}$$

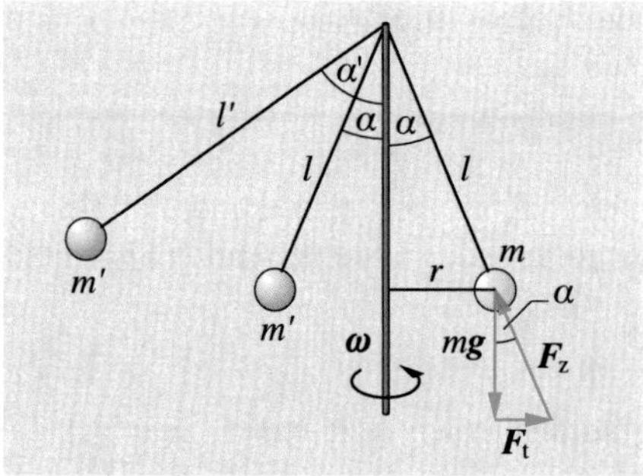

Abb. 3.18. Modell des Kettenkarussells mit Massen m, m', aufgehängt an unterschiedlich langen Ketten l, l'

VERSUCH 3.10

Funken am Schleifstein. Wir schleifen ein Stück Stahl an einem schnell rotierenden Schleifstein und beobachten, daß Funken ein Stück weit vom Schleifstein mitgeführt werden und sich dann tangential in Richtung der momentanen Bahngeschwindigkeit vom Schleifstein lösen (s. Abb. 3.19). Nach unserer naiven Erfahrung der Zentrifugalkraft, die wir als eine Art Schwerkraft erleben, hätten wir erwartet, daß die Funken in Richtung der Zentrifugalkraft, also radial weggeschleudert werden. Dabei vergißt man aber, daß gar keine äußeren Kräfte

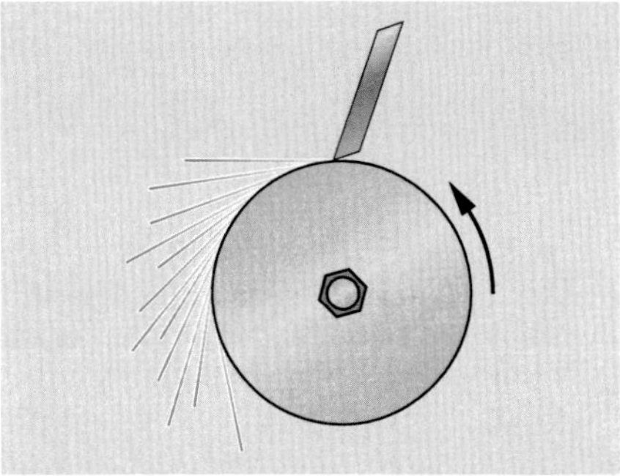

Abb. 3.19. Funken fliegen tangential vom rotierenden Schleifstein ab

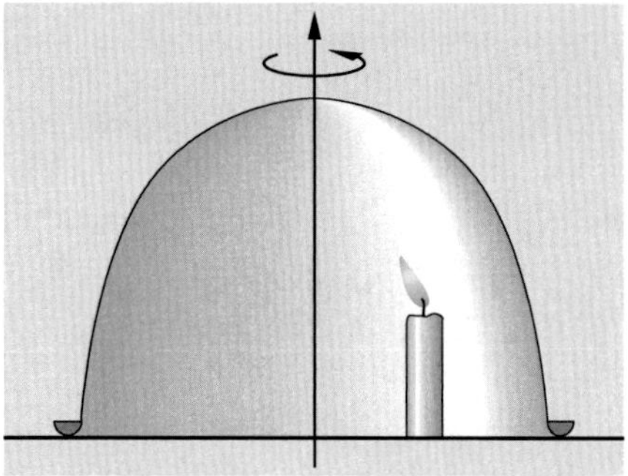

Abb. 3.20. Flamme auf rotierendem Drehteller neigt sich in Richtung der Drehachse

wirken und die zentrifugale Trägheitskraft nach (3.27) in dem Augenblick verschwindet, in dem die zentripetale Zwangskraft aufhört.

VERSUCH 3.11

Kerzenflamme auf rotierendem Drehtisch. Wir stellen eine brennende Kerze auf einen Drehteller, schützen sie mit einer Glocke vor Zugluft und versetzen den Drehteller in Rotation. Sofort neigt sich die Flamme in Richtung der Drehachse (s. Abb. 3.20). Grund: Die heiße, spezifisch leichtere Flamme erfährt einen Auftrieb (s. Abschn. 9.5) entgegengesetzt der Richtung der Zentrifugalkraft ebenso wie ansonsten entgegen der Schwerkraft.

Da man in Zentrifugen Trägheitskräfte erzielt, die die Schwerkraft um ein Vielfaches übersteigen, dienen sie (außer zum Entwässern von Wäsche) zur Trennung von Stoffen unterschiedlicher Dichte, selbst für kleinste Teilchen. Beispiele: Abscheiden von Niederschlägen in Flüssigkeiten, Entgasen von Metallschmelzen (Schleuderguß), Isotopentrennung, etc.

3.8 Beschleunigte Bezugssysteme

Wir hatten schon in Abschn. 3.4–3.6 die Frage **beschleunigter Bezugssysteme** angeschnitten und sie gegen Inertialsysteme abgegrenzt. Eine Transformation von einem Inertialsystem in ein beschleunigtes Bezugssystem ändert per definitionem die Beschleunigung in den transformierten Bewegungsgleichungen und somit auch die Kräfte. Wir wollen das im folgenden für zwei Beispiele genauer untersuchen, nämlich für ein geradlinig beschleunigtes und für ein rotierendes Bezugssystem.

Geradlinig beschleunigtes Bezugssystem

Gegeben sei das Inertialsystem S und das gleichmäßig beschleunigte System S' (s. Abb. 3.21) mit der Transformation

$$\boldsymbol{r}' = \boldsymbol{r} - \frac{1}{2}\boldsymbol{b}t^2\,, \quad \boldsymbol{b} = \text{const}\,. \tag{3.34}$$

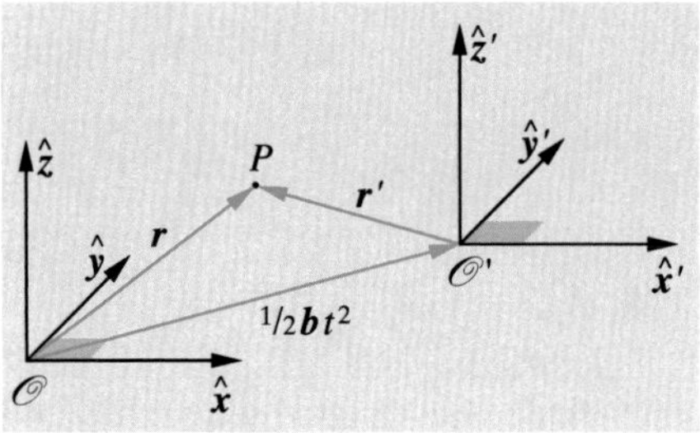

Abb. 3.21. Vektordiagramm zur Transformation von einem Inertialsystem S in ein beschleunigtes Bezugssystem S'

Ein kräftefreier Körper bewege sich mit konstanter Geschwindigkeit $\boldsymbol{v}_0$ in S. Gemessen in S' hat er die Geschwindigkeit

$$\boldsymbol{v}' = \frac{\mathrm{d}\boldsymbol{r}'}{\mathrm{d}t} = \frac{\mathrm{d}\boldsymbol{r}}{\mathrm{d}t} - \boldsymbol{b}t = \boldsymbol{v}_0 - \boldsymbol{b}t\,. \tag{3.35}$$

Er erscheint also in S' beschleunigt mit $\boldsymbol{a} = -\boldsymbol{b}$. [Wir erinnern an die Kugel, die aus einem beschleunigten Wagen heraussprang (s. Versuch 3.5).] Aus dem gleichen Grund fliegt ein nicht angeschnallter Autoinsasse bei scharfem Bremsen gegen die Frontscheibe. Er ist gegenüber dem System Auto beschleunigt im Sinne einer rein kinematischen Relativbeschleunigung, nicht aber aufgrund von äußerer Krafteinwirkung auf ihn selbst.

Die mit der „scheinbaren" Beschleunigung $-\boldsymbol{b}$ verknüpfte Kraft

$$\boldsymbol{F}' = -m\boldsymbol{b} \tag{3.36}$$

heißt **Scheinkraft** oder **Pseudokraft**.

Soll der Körper hingegen in S' nicht beschleunigt sein, also $\boldsymbol{a}' = 0$ gelten, dann folgt in S

$$\boldsymbol{v} = \boldsymbol{v}_0 + \boldsymbol{b}t\,,$$

dann muß am Körper eine *echte* Kraft

$$\boldsymbol{F} = +m\boldsymbol{b} \tag{3.37}$$

auftreten. Im obigen Beispiel bringt der Sicherheitsgurt sie als Zwangskraft auf.

VERSUCH 3.12

Gefederter Zeiger auf beschleunigtem Wagen. Ein federnd gelagerter Drehzeiger ist auf einen Wagen montiert (s. Abb. 3.22). Im Fall (a) bewegt sich der Wagen gleichförmig, und der Zeiger steht in seiner senkrechten Ruhelage. Im beschleunigten Fall (b) wirkt eine Zwangskraft $\boldsymbol{F}_\mathrm{z}$ auf das Lager, die am Zeiger eine entgegengesetzt wirkende Trägheitskraft $\boldsymbol{F}_\mathrm{t}$ provoziert.

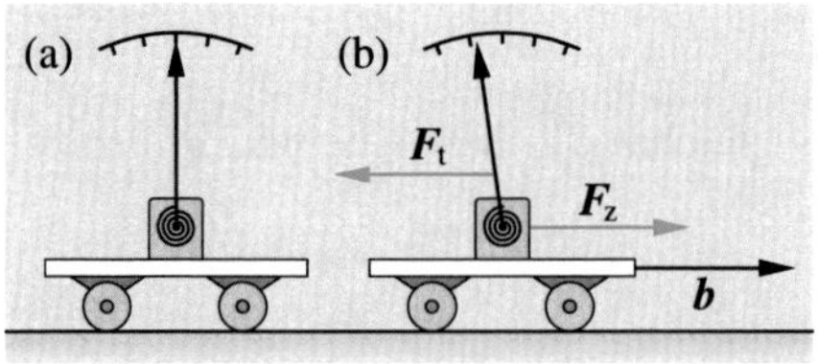

Abb. 3.22. Auftreten von Zwangs- und Trägheitskräften $\boldsymbol{F}_\mathrm{z}, \boldsymbol{F}_\mathrm{t}$ beim Wechsel von einem Inertialsystem (*a*) $\boldsymbol{b} = 0$ zu einem beschleunigten Bezugssystem (*b*) $\boldsymbol{b} \neq 0$

Da beide nicht am gleichen Punkt angreifen, bringt das resultierende Drehmoment (s. Kap. 6) den Zeiger zum Ausschlag.

!

Die Beschleunigung von S' kann in diesem Fall auch ohne Sichtkontakt zum Inertialsystem S erfahren werden durch Messung der mit $\boldsymbol{b}$ verknüpften Pseudo- oder Zwangskraft. Das war im Gedankenversuch in der Raumkapsel (s. Abschn. 3.4) nicht möglich, weil dort nicht nur die Raumkapsel als Bezugssystem S', sondern auch alle darin befindlichen Objekte – einschließlich der Lichtquanten – *derselben* Erdbeschleunigung unterlagen.

Transformationsgleichungen im rotierenden System

Ein Koordinatenkreuz S' rotiere gegenüber einem Inertialsystem S mit konstanter Winkelgeschwindigkeit $\boldsymbol{\omega}$ um die gemeinsame z-Achse bei gemeinsamem Ursprung $\mathcal{O}$ (s. Abb. 3.23). Wir suchen die Transformationsgleichungen für die Komponenten des Ortsvektors, für die Geschwindigkeit und für die Beschleunigung.

Transformation des Ortsvektors. Da im Gegensatz zur Galilei-Transformation (3.17) der Ursprung von S' nach Voraussetzung immer in dem von S liegen bleibt, sind die Ortsvektoren zu einem beliebigen Punkt P in beiden Systemen immer gleich

$$\boldsymbol{r}' \equiv \boldsymbol{r} . \tag{3.38}$$

Für einen *festen* Punkt in S ändern sich in S' allerdings die x'- und y'-*Komponenten* des Ortsvektors periodisch. Fällt er zu einem bestimmten Zeitpunkt in die $\hat{\boldsymbol{y}}', \hat{\boldsymbol{z}}'$-Ebene, so fällt er eine Viertel Periode später in die $\hat{\boldsymbol{x}}', \hat{\boldsymbol{z}}'$-Ebene usw.

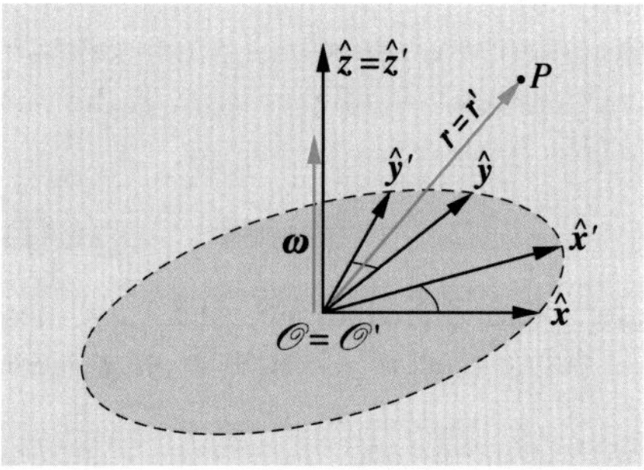

Abb. 3.23. Die Einheitsvektoren $\hat{\boldsymbol{x}}', \hat{\boldsymbol{y}}'$ eines Bezugssystems S' rotieren mit der Winkelgeschwindigkeit $\boldsymbol{\omega} \parallel \hat{\boldsymbol{z}}$ in der x, y-Ebene eines Inertialsystems S

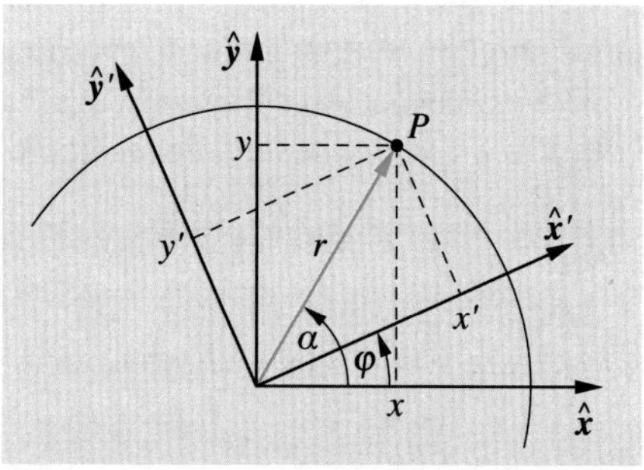

Abb. 3.24. Geometrische Hilfskonstruktion zur Umrechnung der Koordinaten von P im Koordinatenkreuz $\hat{\boldsymbol{x}}, \hat{\boldsymbol{y}}$ auf das um φ gedrehte $\hat{\boldsymbol{x}}', \hat{\boldsymbol{y}}'$-Kreuz

Wir gewinnen die Tranformationsgleichungen aus der Geometrie der Abb. 3.24, in der der Punkt P in die x, y-Ebene projiziert ist. Wir lesen daraus folgende Gleichungen ab

$$x' = r\cos(\alpha - \varphi) = r(\cos\alpha\cos\varphi + \sin\alpha\sin\varphi) = x\cos\varphi + y\sin\varphi ,$$

ebenso

$$y' = r\sin(\alpha - \varphi) = r(\sin\alpha\cos\varphi - \cos\alpha\sin\varphi) = -x\sin\varphi + y\cos\varphi\,.$$

Wir haben dabei von den Additionstheoremen der Winkelfunktionen Gebrauch gemacht.

Zusammengefaßt erhalten wir mit $\varphi = \omega t$ folgende Transformationsgleichungen der Komponenten des Ortsvektors in das mit $\boldsymbol{\omega} = \omega\hat{\boldsymbol{z}}$ rotierende System S'

$$z' = z$$

$$x' = x\cos\omega t + y\sin\omega t$$

$$y' = -x\sin\omega t + y\cos\omega t \qquad (3.39)$$

und umgekehrt

$$x = x'\cos\omega t - y'\sin\omega t$$

$$y = x'\sin\omega t + y'\cos\omega t\,. \qquad (3.40)$$

Transformation der Geschwindigkeit. Der Ortsvektor $\boldsymbol{r}(t)$ beschreibe die Bahn des Körpers in S. Dann können wir die Komponenten der Geschwindigkeit $\boldsymbol{v}'(t)$ in S' durch rein algebraische Differentiation von (3.39) gewinnen. Wegen $\boldsymbol{\omega} \parallel \hat{\boldsymbol{z}}$ bleibt auch hier die z-Komponente ungeändert

$$v_z' = v_z\,.$$

Es genügt also, sich auf Vektoren in der $\hat{\boldsymbol{x}}, \hat{\boldsymbol{y}}$-Ebene zu beschränken. Hier können wir das Transformationsgesetz aber auch aus der vektoriellen Darstellung der Abb. 3.25 ablesen. Der Körper befinde sich gerade im Punkte P. An dieser Stelle streicht ein fester Punkt in S' über P mit der Relativgeschwindigkeit

$$\boldsymbol{u} = (\boldsymbol{\omega} \times \boldsymbol{r}(t))$$

hinweg [vgl. (2.59)]. P flieht also von dort aus gesehen mit der Geschwindigkeit $-\boldsymbol{u}$ in die entgegengesetzte Richtung. Addiert zu der Geschwindigkeit $\boldsymbol{v} = \dot{\boldsymbol{r}}$, die der Körper in S hat, ergibt sich die resultierende Geschwindigkeit

$$\frac{\mathrm{d}'}{\mathrm{d}t}\boldsymbol{r} = \boldsymbol{v}' = \boldsymbol{v} - \boldsymbol{u} = \boldsymbol{v} - (\boldsymbol{\omega} \times \boldsymbol{r})\,. \qquad (3.41)$$

Die Schreibweise $(\mathrm{d}'/\mathrm{d}t)\boldsymbol{r}$ soll bedeuten, daß die zeitliche Änderung des Ortsvektors von S' aus gemessen wird. Wir nennen sie $\boldsymbol{v}'$. (Wegen $\boldsymbol{r}' \equiv \boldsymbol{r}$ wäre

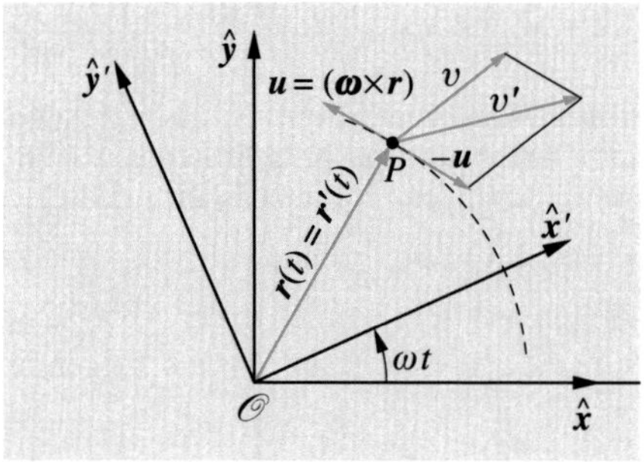

Abb. 3.25. Vektorielle Darstellung der zeitlichen Ableitung des Ortsvektors in einem rotierenden Koordinatensystem S' bei gegebenem $\boldsymbol{v}$ in S

die Schreibweise $\dot{\boldsymbol{r}}'$ mißverständlich, weil $\dot{\boldsymbol{r}}$ seinerseits die Ableitung $(\mathrm{d}/\mathrm{d}t)\boldsymbol{r} = \boldsymbol{v}$ in S bedeutet.)

Im Gegensatz zur *globalen* Galilei-Transformation (3.21), wo $\boldsymbol{u}$ überall den gleichen Wert hatte, könnten wir hier von einer *lokalen* Galilei-Transformation sprechen, bei der $\boldsymbol{u}$ sich von Ort zu Ort entsprechend der Kreisbewegung ändert.

Transformation der Beschleunigung. Von S' aus gesehen bewegt sich ein fester Punkt in S auf einer Kreisbahn mit der Winkelgeschwindigkeit $-\boldsymbol{\omega}$. Er ist also von dort aus gesehen auch mit $\boldsymbol{b} = -\omega^2\boldsymbol{r}$ beschleunigt [vgl. (2.55)]. Man könnte nun dieses $\boldsymbol{b}$ zur Beschleunigung $\boldsymbol{a}$, die der Körper in S hat, hinzuaddieren und vermuten, dies sei das gesuchte Transformationsgesetz der Beschleunigung. Das wäre aber nur die halbe Wahrheit.

Die vollständige Transformation finden wir aus einer Verallgemeinerung der Überlegung, die wir zur Gewinnung der zeitlichen Ableitung des Ortsvektors im rotierenden System gemacht haben: Es sei $\boldsymbol{w}(t)$ ein beliebiger, zeitabhängiger Vektor, z. B. eine Geschwindigkeit, eine Kraft oder was auch immer. Wir tragen ihn als Ortsvektor in einen w-Raum ein, in dem die Achsen in Einheiten von w geeicht sind. Das Achsenkreuz $\hat{\boldsymbol{x}}', \hat{\boldsymbol{y}}'$ rotiere wiederum mit der Winkelgeschwindigkeit $\boldsymbol{\omega}$ in der z-Achse um das ruhende Achsenkreuz $\hat{\boldsymbol{x}}, \hat{\boldsymbol{y}}$ (s. Abb. 3.26). Es genügt, sich wiederum auf die $\hat{\boldsymbol{x}}, \hat{\boldsymbol{y}}$-Ebene zu beschränken, weil $w_z = w'_z$ gilt. Von S' aus gesehen flieht ein fester Punkt auf dieser Ebene in S wieder mit der Relativgeschwindigkeit

$$-\dot{\boldsymbol{w}}_\mathrm{r} = -(\boldsymbol{\omega} \times \boldsymbol{w}),$$

zu der sich die Ableitung $\dot{\boldsymbol{w}}$ von $\boldsymbol{w}$ in S wie gehabt hinzuaddiert.

Somit ist von einem rotierenden Koordinatensystem S' aus gesehen die zeitliche Ableitung eines beliebigen Vektors $\boldsymbol{w}$, der sich im ruhenden System S mit $\dot{\boldsymbol{w}}$ ändert, gegeben durch

$$\frac{\mathrm{d}'}{\mathrm{d}t}\boldsymbol{w} = \dot{\boldsymbol{w}} - (\boldsymbol{\omega} \times \boldsymbol{w}). \tag{3.42}$$

Mit dieser Vorbereitung finden wir die gesuchte Transformation der Beschleunigung wie folgt:

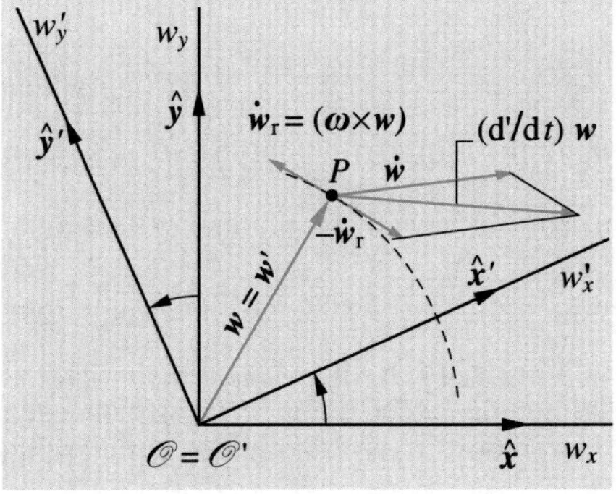

Abb. 3.26. Vektorielle Darstellung der zeitlichen Ableitung eines beliebigen Vektors $\boldsymbol{w}$ im rotierenden Koordinatensystem S' bei gegebenem $\boldsymbol{w}$ in S; $\boldsymbol{w}$ ist als Ortsvektor in einem w-Raum dargestellt

Die von S' aus gemessene Beschleunigung des Körpers ist die von S' aus gemessene zeitliche Änderung der ebenfalls von S' aus gemessenen Geschwindigkeit $\boldsymbol{v}'$ des Körpers. Wir müssen also (3.42), das wir zuvor schon auf $\boldsymbol{r}$ angewandt hatten, um $\boldsymbol{v}'$ zu gewinnen, jetzt noch einmal auf $\boldsymbol{v}'$ anwenden.

Dann erhalten wir zusammen mit (3.41) das **Transformationsgesetz der Beschleunigung** zu

$$\begin{aligned}\boldsymbol{a}' &= \frac{\mathrm{d}'}{\mathrm{d}t}\boldsymbol{v}' = \dot{\boldsymbol{v}}' - (\boldsymbol{\omega} \times \boldsymbol{v}') \\ &= \frac{\mathrm{d}}{\mathrm{d}t}[\boldsymbol{v} - (\boldsymbol{\omega} \times \boldsymbol{r})] - \{\boldsymbol{\omega} \times [\boldsymbol{v} - (\boldsymbol{\omega} \times \boldsymbol{r})]\} \\ &= \boldsymbol{a} - (\boldsymbol{\omega} \times \dot{\boldsymbol{r}}) - (\boldsymbol{\omega} \times \boldsymbol{v}) + [\boldsymbol{\omega} \times (\boldsymbol{\omega} \times \boldsymbol{r})] \curvearrowright\end{aligned}$$

$$\boldsymbol{a}' = \boldsymbol{a} - 2(\boldsymbol{\omega} \times \boldsymbol{v}) + [\boldsymbol{\omega} \times (\boldsymbol{\omega} \times \boldsymbol{r})]\,. \tag{3.43}$$

Die Rücktransformation lautet

$$\boldsymbol{a} = \boldsymbol{a}' + 2(\boldsymbol{\omega} \times \boldsymbol{v}') + [\boldsymbol{\omega} \times (\boldsymbol{\omega} \times \boldsymbol{r}')]\,. \tag{3.44}$$

Man überzeugt sich leicht, daß die Transformationen (3.42) und (3.43) auch in *drei* Dimensionen gelten, weil die unveränderten Komponenten r_z und v_z parallel zu $\boldsymbol{\omega}$ sind und daher vom Vektorprodukt mit $\boldsymbol{\omega}$ nicht betroffen sind.

Der letzte Term in (3.43) ist wieder die bekannte Zentripetalbeschleunigung. Im allgemeinen, dreidimensionalen Fall zeigt sie nicht auf den Ursprung, sondern auf die Drehachse, wie man sich anhand der Abb. 3.27 überzeugt. In das Kreuzprodukt $(\boldsymbol{\omega} \times \boldsymbol{r})$ geht ja nur die zu $\boldsymbol{\omega}$ senkrechte Projektion $\boldsymbol{r}_\mathrm{p}$ von $\boldsymbol{r}$ auf die $\hat{\boldsymbol{x}}, \hat{\boldsymbol{y}}$-Ebene ein. Nochmals vektoriell mit $\boldsymbol{\omega}$ multipliziert, ergibt einen Vektor in Richtung $-\hat{\boldsymbol{r}}_\mathrm{p}$

$$[\boldsymbol{\omega} \times (\boldsymbol{\omega} \times \boldsymbol{r})] = -\omega^2 \boldsymbol{r}_\mathrm{p}\,. \tag{3.45}$$

Gleichung (3.45) ist in Übereinstimmung mit der früher in zwei Dimensionen gewonnenen Gleichung (2.55) für die Zentripetalbeschleunigung. Da $\boldsymbol{\omega}$ in (3.45) quadratisch eingeht, spielt sein Vorzeichen keine Rolle. Daher tritt auch bei der Rücktransformation (3.44) die gleiche, auf die Drehachse gerichtete Zentripetalbeschleunigung auf.[1]

Coriolis-Beschleunigung

Der zweite Term in (3.43)

$$-2(\boldsymbol{\omega} \times \boldsymbol{v}) = \boldsymbol{a}'_\mathrm{Cor} \tag{3.46}$$

heißt (scheinbare) **Coriolis-Beschleunigung**. Sie tritt in S' nur auf, wenn der Körper in S bewegt ist ($\boldsymbol{v} \neq 0$) und umgekehrt.

[1] Wem die hier vorgeführte Vektorakrobatik trotz ihrer eleganten Kürze fürs erste zu anstrengend war, der möge (3.41) und (3.43) durch Differentieren der Komponentengleichungen (3.39) und Neuordnen der Komponenten zu Vektorprodukten verifizieren. Das ist mühselig, führt aber auch zum Ziel.

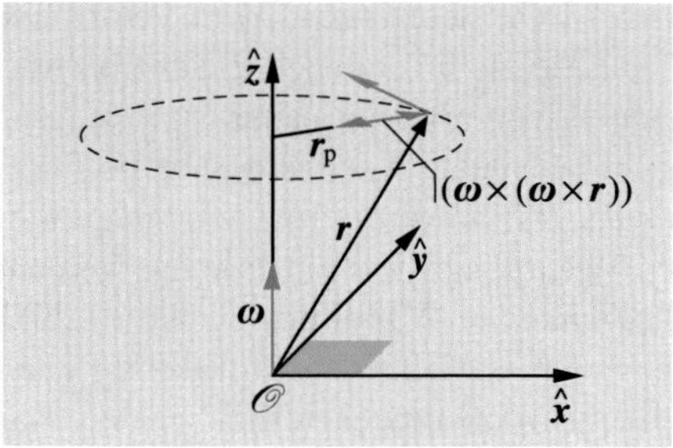

Abb. 3.27. Vektorielle Darstellung der Zentripetalbeschleunigung im dreidimensionalen Fall

Da S als Inertialsystem angenommen wurde, entspricht sie in diesem Fall einer *scheinbaren* Beschleunigung, die in S' zusätzlich zur echten Beschleunigung $\boldsymbol{a}$ und zur *scheinbaren* Zentripetalbeschleunigung $-\omega^2\boldsymbol{r}_\mathrm{p}$ auftritt. Wir demonstrieren sie rein kinematisch im folgenden Versuch.

VERSUCH 3.13

Demonstration der Coriolis-Beschleunigung. Ein Schreibstift wird im Laborsystem S mit konstanter Geschwindigkeit radial entlang einer gegen den Uhrzeigersinn rotierenden Kreisscheibe geführt (s. Abb. 3.28). Er hinterläßt auf der Scheibe, dem System S', eine nach rechts gekrümmte Spur. In diesem Fall ist die Coriolis-Beschleunigung $-2(\boldsymbol{\omega}\times\boldsymbol{v})$ tangential gerichtet und krümmt die Spur auf der Kreisscheibe S' in eine rechts drehende Spirale. Sie wird mit wachsendem Radius kreisförmiger, weil die zusätzliche, mit r wachsende Zentripetalbeschleunigung (bei kleinem v) die Oberhand gewinnt. Führt man umgekehrt den Stift aufs Zentrum zu, entsteht ebenfalls eine nach rechts gekrümmte Spirale (in Bewegungsrichtung gesehen).

Wir demonstrieren das gleiche noch einmal mit einer Kugel, die auf einem horizontalen, sich drehenden Kreissegment vom Zentrum zum Rand rollt. Die Kugel beschreibt im Laborsystem S eine Gerade, weil sie nicht beschleunigt wird. Auf der Scheibe beschreibt sie jedoch eine gekrümmte Bahn, weil von dort aus gesehen die Coriolis-Kraft sie zu beschleunigen scheint. Wir können beides nacheinander anschaulich bestätigen, indem wir die Augen beim erstenmal auf das Labor, bei der Wiederholung jedoch auf die Kreisscheibe fixieren.

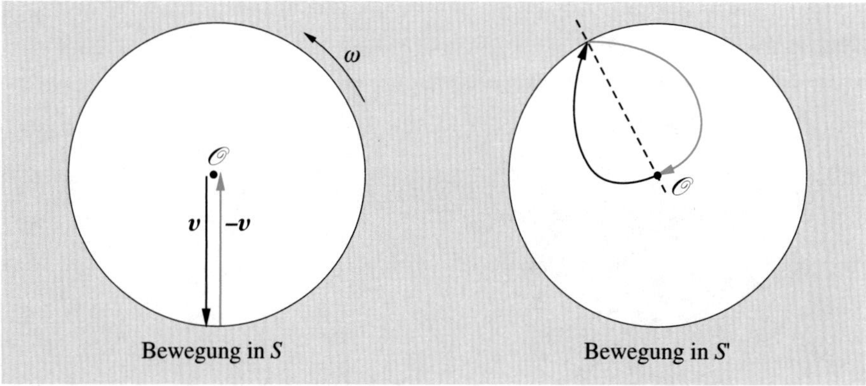

Abb. 3.28. Demonstration der Coriolis-Beschleunigung: Wir schreiben mit einem radial geführten Stift auf einer rotierenden Scheibe

Meteorologische Konsequenzen der Coriolis-Beschleunigung. Vom Polarstern aus gesehen erscheint die *Nordhalbkugel* der Erde als linksdrehende Scheibe wie in Abb. 3.28. Vom Pol zum Äquator fließende Winde erfahren daher eine Rechtsablenkung und werden zu Nordostwinden, dem bekannten **Nordostpassat**. Auf der *Südhalbkugel* entsteht dagegen eine *Linksablenkung* (Südostpassat). Luftmassen, die auf der Nordhalbkugel in das Zentrum eines Tiefdruckgebiets einströmen, werden nach *rechts* abgelenkt und lösen einen *linksdrehenden* Wirbel aus (s. Abb. 3.29). Ebenso erzeugen die aus einem Hochdruckgebiet abfließenden Luftmassen eine *rechtsdrehende* Zirkulation. Auf der Südhalbkugel ist es umgekehrt.

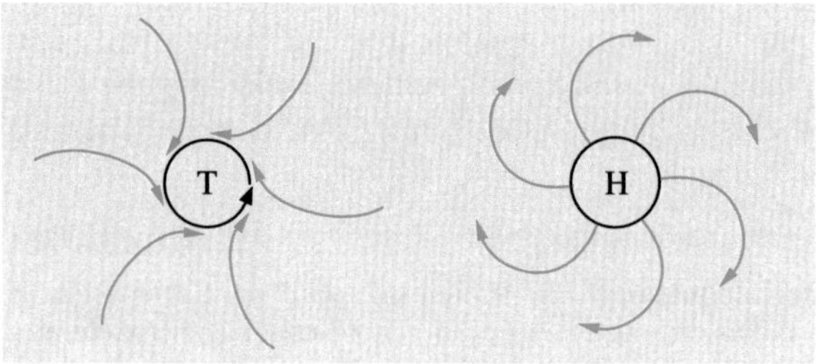

Abb. 3.29. Coriolis-Ablenkung von Luftmassen auf der nördlichen Halbkugel, die in ein Tief einströmen (*links*) bzw. von einem Hoch abfließen (*rechts*)

Abhängigkeit der Coriolis-Beschleunigung von der geographischen Breite. Da die Erde ein starrer Körper ist, ist $\boldsymbol{\omega}$ überall gleich groß und auf den Polarstern gerichtet (s. Abb. 3.30). Im wesentlichen interessieren uns horizontale Bewegungen auf der Erdoberfläche. In die horizontale Komponente von $\boldsymbol{a}'_{\text{Cor}}$ geht aber für horizontales $\boldsymbol{v}$ nur die vertikale Komponente

$$\boldsymbol{\omega}_\perp = \hat{z}\omega \sin\varphi \tag{3.47}$$

ein; folglich ist

$$\boldsymbol{a}'_{\text{Cor, hor}} = -(2\omega v \sin\varphi)(\hat{z} \times \hat{\boldsymbol{v}}_{\text{hor}})\,. \tag{3.48}$$

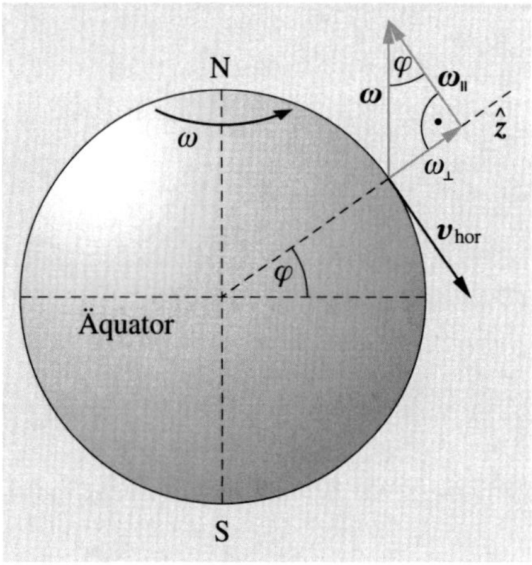

Abb. 3.30. Vektordiagramm zur Bestimmung der horizontalen Coriolis-Beschleunigung $\boldsymbol{a}'_{\text{Cor, hor}}$ auf der Erdoberfläche als Funktion der geographischen Breite φ

Die horizontale Coriolis-Beschleunigung verschwindet am Äquator und ist maximal am Pol.

Dreh- und Foucault-Pendel

Eine Coriolis-Beschleunigung beobachten wir auch an der Spur, die ein freischwingendes Pendel auf einer darunter befindlichen, horizontalen, drehenden Kreisscheibe schreibt. Wir führen hierzu einen Modellversuch vor und bestimmen dann mit dem berühmten **Foucaultschen Versuch** die *Winkelgeschwindigkeit der Erde*.

VERSUCH 3.14

Pendelspur auf Drehtisch. Ein Pendel ist in der Achse eines Drehtisches aufgehängt und behält im Inertialsystem S seine Schwingungsebene bei. Aus seiner Spitze tropft Tinte auf den unter dem Pendel mit der Winkelgeschwindigkeit ω sich drehenden Tisch. Es vollführt dabei periodisch die in Abb. 3.28 links gezeigten Schreibbewegungen, aus denen die in Abb. 3.31 rechts gezeigte Rosette entsteht. Im rotierenden System S' dreht sie sich mit der Winkelgeschwindigkeit $-\omega$.

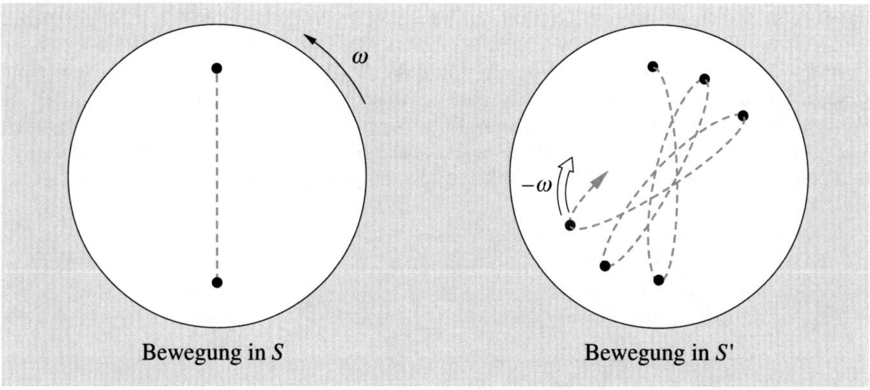

Abb. 3.31. Aufsicht auf ein Pendel, das über einem sich drehenden Tisch schwingt (*links*). Auf dem Drehtisch entstandene Schreibspur des Pendels (*rechts*)

Bei genaueren Versuchsbedingungen stellt sich wie gesagt auch das Labor als rotierendes System heraus. Am Pol würde das Pendel in 24 h eine volle Umdrehung machen, wie im Versuch 3.14. Wieviel Umdrehungen würde es in unserer Breite von 50° machen? Da wir nur die (scheinbare) horizontale Drehbewegung des Pendels beobachten, geht nach (3.47) nur die vertikale Komponente

$$\omega_{\text{senkrecht}} = \frac{2\pi}{24\,\text{h}} \sin 50^\circ \tag{3.47'}$$

der Winkelgeschwindigkeit ein (s. Abb 3.32). Dies entspricht einem Drehwinkel von 11,3° pro Stunde. Die horizontale Komponente der Winkelgeschwindigkeit ω_{parallel} dreht das Lot des Pendels, dem es (von uns unbeobachtet) folgt, im Gegensatz zur vertikalen Komponente, der es dank der drehbaren Aufhängung nicht folgen kann.

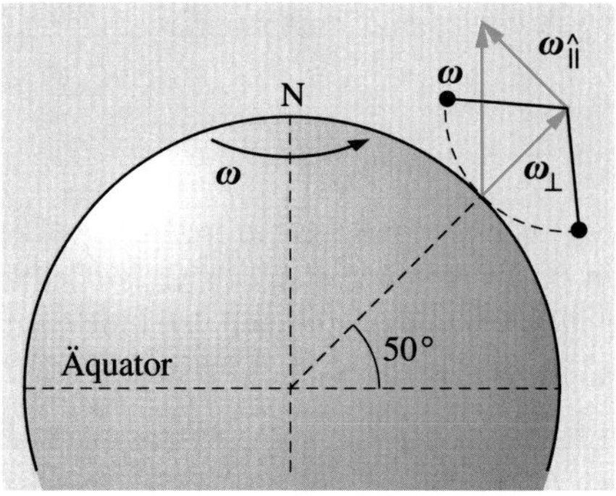

Abb. 3.32. Zur Geometrie des Foucaultschen Pendels und der es beeinflussenden Winkelgeschwindigkeitskomponenten $\omega_{\text{senkrecht}}$, ω_{parallel}

VERSUCH 3.15

Foucaultsches Pendel. Wir wiederholen im Hörsaal den historischen Versuch, den *Foucault* 1851 im Pantheon in Paris durchgeführt hat. Eine ca. 20 cm dicke Stahlkugel hängt an einem ca. 10 m langen Drahtseil von der Hörsaaldecke herunter und streift mit seiner dünnen Spitze nahezu den Boden, auf dem im Kreis um das Pendellot im Winkelabstand von 1° Streichhölzer senkrecht in einer Wachsschicht stehen (s. Abb. 3.33). Das Pendel wird mit einem Faden über den Kreis hinaus ausgelenkt, beruhigt und durch Abbrennen des Fadens in Bewegung gesetzt. Dieses Vorgehen garantiert die hier gewünschte, möglichst ebene Schwingung des Pendels. Seine hohe Masse stabilisiert seine Bahn gegen seitliche Zugluft und Dämpfung durch Luftreibung. Wir beobachten, wie das Pendel ca. alle fünf Minuten ein Streichholz umkegelt, und berechnen daraus die vertikale Winkelgeschwindigkeit (3.47) unseres Standorts.

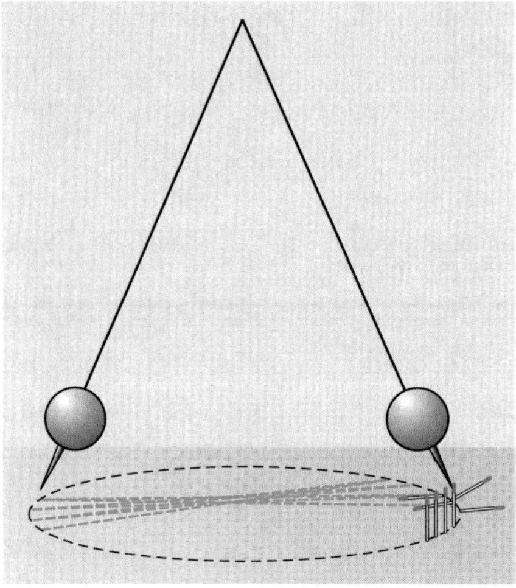

Abb. 3.33. Die Ebene des Foucaultschen Pendels rotiert auf dem Hörsaalboden und wirft nacheinander im Kreis aufgestellte Streichhölzer um

Coriolis-Kräfte

Ein Körper, der im rotierenden System S' ruht oder sich mit konstanter Geschwindigkeit $\boldsymbol{v}'$ bewegt, ist im Inertialsystem zufolge (3.44) notwendigerweise beschleunigt. Diese *echte* Beschleunigung in S (im Gegensatz zur vorher diskutierten *scheinbaren* in S') muß durch *echte* Kräfte – im allgemeinen Zwangskräfte – aufgebracht werden

$$\boldsymbol{F} = m\boldsymbol{a} = m[\boldsymbol{\omega} \times (\boldsymbol{\omega} \times \boldsymbol{r}')] + 2m(\boldsymbol{\omega} \times \boldsymbol{v}') . \tag{3.49}$$

Sie hat zwei Anteile, die schon diskutierte *Zentripetalkraft* und die **Coriolis-Kraft**

$$\boldsymbol{F}_{\mathrm{Cor}} = 2m(\boldsymbol{\omega} \times \boldsymbol{v}') , \tag{3.50}$$

die die *echte* Coriolis-Beschleunigung in S vollbringen muß. Wir demonstrieren sie auf dem Drehstuhl.

VERSUCH 3.16

Coriolis-Kraft auf dem Drehstuhl. Ein Student sitzt auf einem rotierenden Drehstuhl und stößt zwei schwere Hanteln, die er in den Händen hält, radial nach außen. Dabei muß eine tangentiale Coriolis-Kraft aufgewandt werden, wie man an der unerwarteten Drehung von Armen und Oberkörper erkennt.

Auf der Nordhalbkugel treten *echte* Coriolis-Kräfte am rechten Flußufer auf und unterhöhlen es, ebenso an der rechten Eisenbahnschiene, die stärker abnutzt. Ihre Horizontalkomponente ist in Analogie zu (3.48) durch

$$\boldsymbol{F}_{\mathrm{Cor,hor}} = m\boldsymbol{a}_{\mathrm{Cor}} = 2m\omega v \sin\varphi(\hat{\boldsymbol{z}} \times \hat{\boldsymbol{v}}') \tag{3.51}$$

gegeben. Sie muß als Zwangskraft den Rechtsdrall verhindern, der ansonsten nach Abb. 3.29 auftreten würde.

4. Energie und Energiesatz

INHALT

Wir suchen in den folgenden Kapiteln **Erhaltungssätze** der Mechanik. Das sind Größen, die unabhängig von der Zeit oder vom Ort sind.

> Erhaltungssätze bestimmen maßgeblich jedes physikalische Geschehen. Daher stellt man als erstes die Frage: Welche der verschiedenen Erhaltungssätze gelten unter den gegebenen Bedingungen?

Es geht in diesem Kapitel um die **Energie** (E). Sie ist der erste *abstrakte* Begriff, den wir uns erarbeiten. Anders als bei der Länge, der Masse oder der Kraft finden wir ihn in unserer natürlichen Erfahrung nicht vorgeformt und können ihn nicht im Sinne einer Präzisierung in die Physik übernehmen. Es gibt auch in keiner natürlichen Sprache ein Wort für die Energie. Es ist gerade umgekehrt. Der Begriff der Energie ist aus der Physik in die Wirklichkeit und das Bewußtsein der modernen Welt hineingetragen worden und spielt dort inzwischen eine beherrschende Rolle. Deswegen hat die Öffentlichkeit heute eine vielseitige und sicherlich auch zutreffende Vorstellung von Energie, wenn sie auch nicht immer die physikalische Definition trifft. Fragen wir etwa einen Volkswirt nach seiner Vorstellung von Energie, dann könnte er antworten: „Energie spielt in der Welt der Technik die gleiche Rolle, wie das Kapital in der Welt der Wirtschaft, nämlich die des Antriebspotentials.“ Obwohl eine solche Begriffsbestimmung auf ihre Weise keineswegs oberflächlich wäre, kann der Physiker doch schwerlich damit arbeiten, sondern muß sie in der Physik selbst suchen.

E. W. Otten, *Repetitorium Experimentalphysik*,
https://doi.org/10.1007/978-3-662-59730-9_4

4.1 Kinetische und potentielle Energie, Arbeit

Wir gewinnen den Begriff der Energie und deren Erhaltung zunächst aus einer Analyse eines einfachen Beispiels, einer eindimensionalen von einer konstanten Kraft beschleunigten Bewegung, z. B. dem senkrechten Fall von h_0 nach h_1. Die Randbedingungen sind, wie in Abb. 4.1 angegeben.

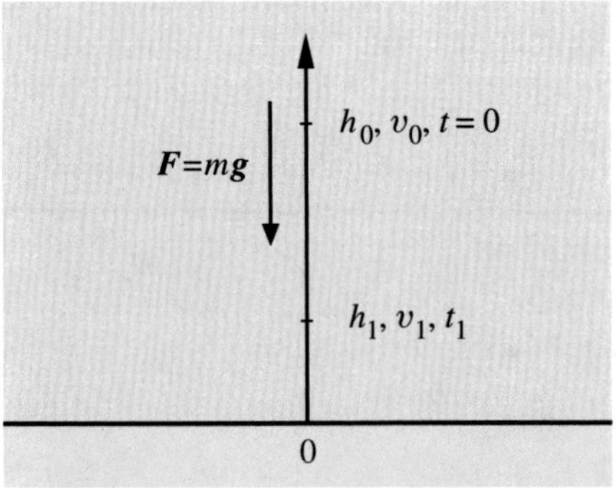

Abb. 4.1. Randbedingungen bei der Bestimmung des Energiebegriffs aus der Analyse des freien senkrechten Falls

Wir gehen vom Newtonschen Kraftgesetz (3.8) aus

$$\boldsymbol{F} = m\boldsymbol{a} = m\boldsymbol{g} \,.$$

Zunächst genügt es, mit dem Betrag der Kraft F zu rechnen und zu beachten, daß F parallel zum zurückgelegten Weg

$$s = h_0 - h_1$$

ist. Um einen Erhaltungssatz zu gewinnen, muß es unser Ziel sein, die *Zeit* aus der Bewegungsgleichung, in diesem Fall dem Fallgesetz (2.6)

$$s = \frac{1}{2} g t^2 \,,$$

zu eliminieren. Dazu integrieren wir zunächst das Kraftgesetz für diesen speziellen Fall nach der Zeit und gewinnen

$$v(t) = v(0) + at = v_0 + \frac{F}{m} t \,, \tag{4.1}$$

oder aufgelöst nach t

$$t = \frac{m}{F} [v(t) - v_0] \,. \tag{4.2}$$

Integrieren wir (4.1) noch einmal nach der Zeit mit dem Ergebnis

$$s = h_0 - h_1 = v_0 t + \frac{1}{2} \frac{F}{m} t^2 \tag{4.3}$$

und setzen (4.2) in (4.3) ein, dann folgt mit $v(t) = v_1$:

$$h_0 - h_1 = \frac{m}{F} \left(v_0 v_1 - v_0^2 \right) + \frac{m}{2F} \left(v_1^2 - 2 v_0 v_1 + v_0^2 \right) \,.$$

Nach Wegheben des gemischten Gliedes $v_0 v_1 m/F$ und Umordnen gewinnen wir die gesuchte zeitunabhängige Gleichung

$$F(h_0 - h_1) = \frac{1}{2}mv_1^2 - \frac{1}{2}mv_0^2 . \tag{4.4}$$

Sie verbindet das Produkt aus Schwerkraft und Fallhöhe auf der einen Seite mit dem Produkt aus $m/2$ und der Änderung des *Quadrats* der Geschwindigkeit auf der anderen Seite. Es ist also gleichgültig, ob v_0 nach oben oder nach unten gerichtet war; im ersteren Fall dauert der Vorgang nur länger. Wenn der Körper gegebenenfalls am Boden reflektiert wird, spielt es auch keine Rolle, ob die Bewegung bei h_0 oder h_1 ihren Ausgang genommen hat. All das sieht man der Gleichung nach Eliminierung der Zeit nicht mehr an. Das ist der springende Punkt, der uns zum Energiebegriff und zum Energiesatz führt:

Wir nennen[1]

$$E_\mathrm{k} = \frac{1}{2}mv^2 \tag{4.5}$$

die **kinetische Energie** des Körpers und das Produkt aus Kraft und Weg

$$W = F(h_0 - h_1) \tag{4.6}$$

die am Körper geleistete **Arbeit**. Sie wurde in obigem Fall in kinetische Energie umgesetzt.

Wir sagen weiterhin, der Körper habe im Punkt h die **potentielle Energie**:

$$E_\mathrm{p}(h) = Fh = mgh . \tag{4.7}$$

Für die potentielle Energie ist neben E_p auch das Symbol V gebräuchlich, das mit dem kürzeren Namen **„Potential“** belegt ist, obwohl sich in zwei wichtigen Fällen, der Gravitations- und der elektrischen Kraft, die Definitionen von E_p und V um den Faktor der Masse bzw. der Ladung unterscheiden (s. Abschn. 4.5). Die Praxis der theroretischen Physik ignoriert allerdings auch diesen Unterschied.

Das Wort „*potentiell*“ bedeutet, daß der Körper im Punkt h die *Möglichkeit* hat, durch Veränderung seiner *Lage* Arbeit zu leisten. Die auf dem Weg vom Ausgangs- zum Endpunkt geleistete Arbeit ist nach (4.6) und (4.7) die Differenz der potentiellen Energien zwischen Ausgangs- und Endpunkt

$$W_{0\to 1} = E_{\mathrm{p}0} - E_{\mathrm{p}1} . \tag{4.8}$$

Wir betonen weiterhin:

Bei gegebenem Kraftfeld ist die potentielle Energie allein eine Funktion des Orts.

Die weitreichende Bedeutung dieser Aussage wird deutlicher werden, wenn wir zu einer allgemeineren Definition von E_p gefunden haben.

Potentielle und kinetische Energie können durch Arbeit am Körper ineinander umgeformt werden. Ihre Summe bleibt aber zufolge (4.4) konstant:

[1] In der theoretischen Physik sind a priori indizierte Symbole wie E_k unbeliebt, weil die Indices als Laufindices bei Summationen etc. benötigt werden. Sie benutzt statt dessen die Symbole T oder K für die kinetische Energie. Wir unterscheiden hier zwischen charakterisierenden Indices wie bei E_k und Laufindices wie bei $\boldsymbol{F}_i$ durch steile (k) bzw. durch kursive (i) Schriftzeichen.

$$E_{p0} + E_{k0} = mgh_0 + \frac{1}{2}mv_0^2$$
$$= mgh_1 + \frac{1}{2}mv_1^2 \curvearrowright$$

$$E_{p0} + E_{k0} = E_{p1} + E_{k1} = E = \text{const}\,. \tag{4.9}$$

Wir haben mit (4.9) am Beispiel des freien Falls den Satz von der Erhaltung der mechanischen Energie E gefunden, die wir als Summe aus kinetischer und potentieller Energie definieren.

Alle drei hier eingeführten Begriffe haben die gleiche Dimension [Kraft · Weg]; ihre gemeinsame SI-Einheit ist das **Joule** (J):

$$[E_k] = [E_p] = [W] = \mathrm{N\,m} = \mathrm{m^2\,kg\,s^{-2}} = \mathrm{J}\,. \tag{4.10}$$

Die Gleichungen (4.4) bzw. (4.9) gelten für sehr allgemeine Randbedingungen; z. B. kommt die Richtung von v_0 nicht mehr vor. Der Körper hätte auch erst nach oben fliegen und dann nach h_1 herabfallen können. Umgekehrt gilt auch beim Hochwerfen von h_1 nach h_0: Die Zunahme von E_p ist gleich der Abnahme von E_k.

Die Erhaltung der mechanischen Energie ist besonders augenfällig bei periodischen Bewegungen, während derer E_p und E_k sich periodisch ineinander umwandeln. Wir bringen hierzu einige Beispiele, wobei wir uns nicht allein auf die Fallbewegung beschränken wollen.

VERSUCH 4.1

Ballhüpfen. Ein Hartgummiball tanzt auf einer harten Unterlage im Wechsel von E_k und E_p auf und ab (s. Abb. 4.2). Da er nach einer Periode *fast* wieder die gleiche Höhe erreicht, stellen wir *näherungsweise* die Erhaltung von E fest. Den Verlust müssen wir der *Reibung* zuschreiben.

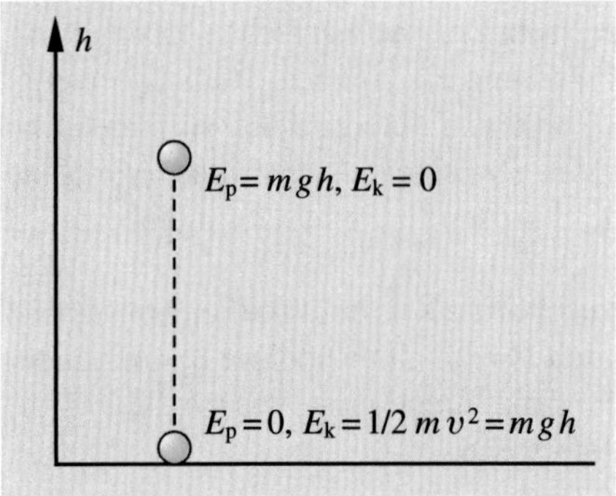

Abb. 4.2. Demonstration der Erhaltung der mechanischen Energie beim periodischen Hüpfen eines Balles

VERSUCH 4.2

Pendel und Hemmungspendel. Den periodischen Wechsel von E_p und E_k beobachten wir auch bei der normalen Pendelbewegung (s. Abb. 4.3, links) und selbst dann noch, wenn wir das Ausschwingen des Pendels durch ein Hemmnis einseitig stören (s. Abb. 4.3, rechts). In den Punkten (1) bis (4) ist jeweils $E_p = mgh$, auch rechts bei (4), wo der Pendelarm durch das Hindernis einseitig verkürzt ist. In den Punkten (5) und (6) ist jeweils $E_p = 0$ und $E_k = \frac{1}{2}mv^2 = mgh$.

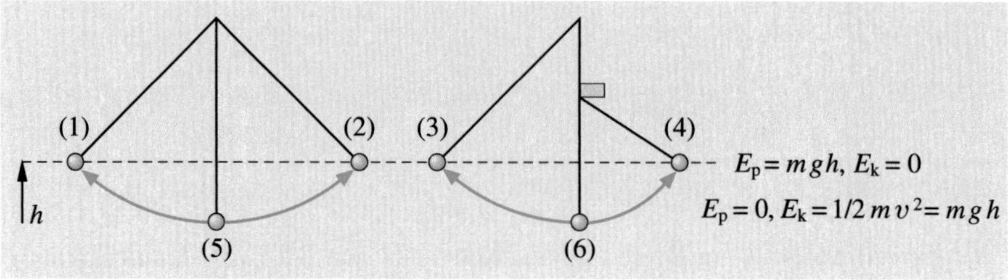

Abb. 4.3. Demonstration der Energieerhaltung beim normalen Pendel (*links*) und beim Hemmungspendel (*rechts*)

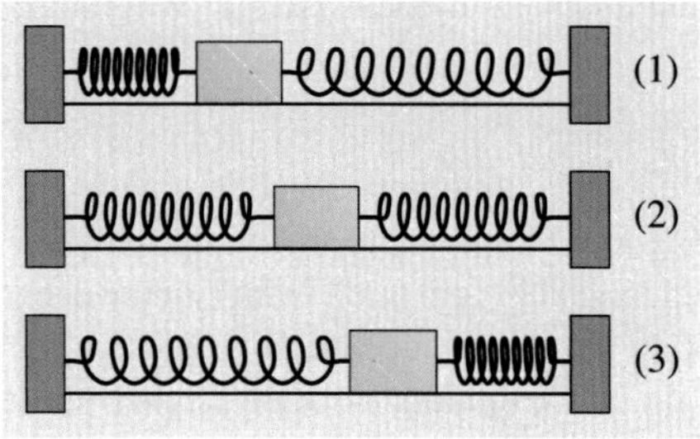

Abb. 4.4. Wechsel von E_k und E_p bei der Schwingung eines Reiters zwischen zwei Federn auf der Luftkissenbahn. In den Umkehrpunkten (Pos. *1* und *3*) ist E_p maximal und $E_k = 0$, in der Mitte (Pos. *2*) umgekehrt

VERSUCH 4.3

Federschwingung. Ein Reiter auf der Luftkissenbahn schwingt zwischen zwei gespannten Federn hin und her (s. Abb. 4.4). Auch hier wandelt sich offensichtlich die kinetische Energie des Reiters in eine potentielle Energie der Federspannung um, für die wir allerdings noch eine Gleichung gewinnen müssen (s. Abschn. 4.4).

Bei allen diesen Versuchen galt die Erhaltung der mechanischen Energie nur *näherungsweise*. Die Schwingung war durch **Reibung** gedämpft. Wie im Fall des Trägheitsprinzips können wir den Erhaltungssatz der mechanischen Energie nur *asymptotisch* für den Fall verschwindender Reibung erschließen. Reibung erzeugt **Wärme**. Allerdings ist Wärme auch eine Form von Energie, die als kinetische Energie in der ungeordneten Bewegung der einzelnen Atome und Moleküle vorliegt. Wir werden sie in der Thermodynamik in den Energiesatz mit einbeziehen (s. Kap. 15).

Der Energiesatz (4.9) gilt nur, wenn das zugehörige Kraftfeld zeitlich konstant ist und nicht willkürlich geändert wird, z. B. durch Hinzunahme anderer unmittelbarer Einwirkungen wie Muskelkraft etc. Denn die dabei umgesetzte Energie ist in (4.9) nicht bilanziert worden und kommt aus dritter Quelle.

Ziehen wir alle Quellen und Senken der Energie mit in Betracht, so ist laut Erfahrung die Energie eine *universelle* Erhaltungsgröße.

4.2 Arbeit äußerer Kräfte

Lassen wir **äußere Kräfte** F_a auf Körper wirken – z. B. Muskelkraft auf einen Stein, den wir werfen – dann ändern wir die Gesamtenergie des Körpers durch die Zufuhr **äußerer Arbeit** W_a. Hierzu einige Beispiele.

Horizontaler Wurf

Im Beispiel der Abb. 4.5 wirke horizontal auf dem Weg von x_0 nach x_1 die Kraft $\boldsymbol{F}_\mathrm{a} = \mathbf{const}$ auf ein Wurfgeschoß. Dann ist die Energiezufuhr gleich der geleisteten Arbeit; mit der Randbedingung $v_0 = 0$ folgt:

$$W_\mathrm{a} = F_\mathrm{a}(x_1 - x_0) = \frac{1}{2} m v_1^2 \tag{4.11}$$

und die Gesamtenergie ist

$$E = E_\mathrm{k} + E_\mathrm{p} = \frac{1}{2} m v_1^2 + mgh\,, \tag{4.12}$$

wenn der Wurf aus der Höhe h geschah. E hat sich um W_a erhöht. Der Zuwachs steht in Form von kinetischer Energie zur Verfügung und könnte z. B. durch eine Umlenkvorrichtung auch in potentielle überführt werden. Das Vorzeichen von W_a ist positiv, wenn Kraft und Weg parallel sind: $\boldsymbol{F}_\mathrm{a} \upharpoonleft\upharpoonright \boldsymbol{s}$.

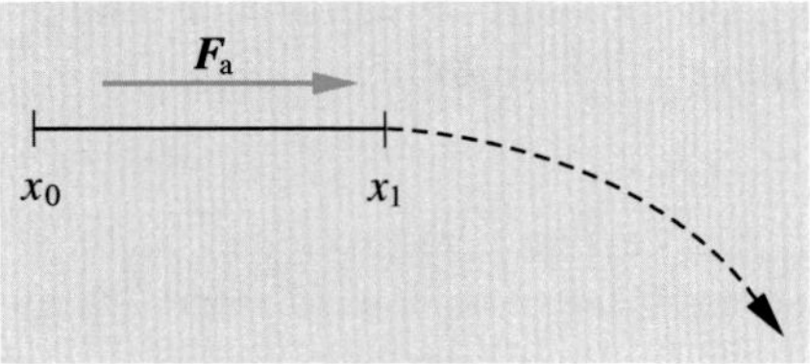

Abb. 4.5. Skizze zur äußeren Arbeit an einem Wurfgeschoß, das auf dem Weg von x_0 nach x_1 von der äußeren Kraft F_a beschleunigt wird

Hebearbeit

Welche Arbeit W_a wird beim Heben von h_0 nach h_1 (s. Abb. 4.6) geleistet? Das zu hebende Gewicht, etwa ein Fahrstuhl, sei zu Beginn und zum Ende des Hebevorgangs in Ruhe. Das Kraft-Weg-Diagramm ist beim Fahrstuhl wie folgt:

Phase 1: *Anfahren* mit einer Hebekraft $\boldsymbol{F}_\mathrm{a}$, die etwas größer als die Schwerkraft ist: $|\boldsymbol{F}_\mathrm{a}| > |m\boldsymbol{g}|$: ↷ Der Fahrstuhl hebt sich mit der Beschleunigung $a = (F_\mathrm{a}/m) - g > 0$.
Phase 2: *Weiterfahren* mit konstanter Hebekraft $\boldsymbol{F}_\mathrm{a} = -m\boldsymbol{g}$, die das Gewicht gerade kompensiert. Der Fahrstuhl steigt mit konstanter Geschwindigkeit weiter.

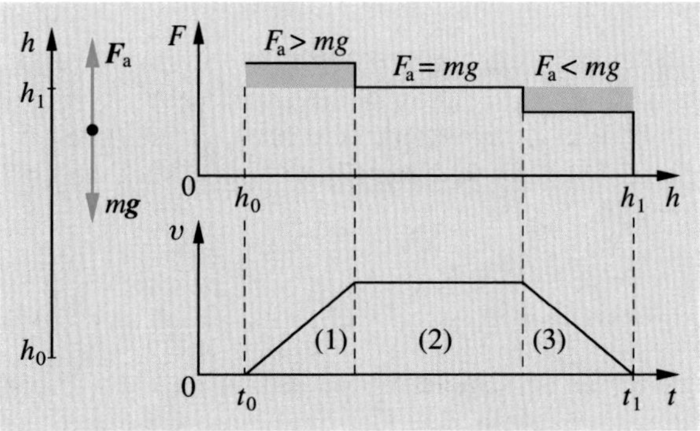

Abb. 4.6. *Links*: Richtung von Hebekraft $\boldsymbol{F}_\mathrm{a}$ und Gewichtskraft $m\boldsymbol{g}$ beim Fahren eines Aufzugs zwischen h_0 und h_1. *Rechts oben*: Kraft-Wegdiagramm bei der Fahrt. *Rechts unten*: zugehöriges Geschwindigkeits-Zeitdiagramm. (*1*) = Anfahren, (*2*) = Weiterfahren, (*3*) = Bremsen

Phase 3: *Bremsen* mit verminderter Hebekraft $|\boldsymbol{F}_\mathrm{a}| < |m\boldsymbol{g}|$: $\curvearrowright$ Der Fahrstuhl bremst mit Beschleunigung $a < 0$ und kommt bei h_1 zur Ruhe.

Die **äußere Arbeit** ist gleich der Fläche im **Kraft-Weg-Diagramm**.

Da sich die beiden blauen Randstücke in Phase 1 und 3 kompensieren, ergibt sich

$$W_\mathrm{a} = mg(h_1 - h_0)\,. \tag{4.13}$$

Die Hebearbeit ist wegen $\boldsymbol{F}_\mathrm{a} \upuparrows \boldsymbol{s}$ positiv und hat die potentielle Energie erhöht.

Rückgewinnung der Hebearbeit

Beim Herunterfahren des Fahrstuhls von h_1 zurück nach h_0 durchlaufen wir das Kraft-Wegdiagramm der Auffahrt in umgekehrter Richtung. Der Start mit $|\boldsymbol{F}_\mathrm{a}| < |m\boldsymbol{g}|$ beschleunigt zunächst die Abfahrt, und zum Schluß wird der Fahrstuhl mit überschüssiger Hebekraft wieder abgebremst. Da aber jetzt die äußere Kraft und die Fahrtrichtung entgegengesetzt sind ($\boldsymbol{F}_\mathrm{a} \uparrow\downarrow \boldsymbol{s}$), ist die äußere Arbeit

$$W_\mathrm{a} = -mg(h_1 - h_0) < 0 \tag{4.14}$$

negativ. Der Fahrstuhl hat Arbeit nach außen geleistet durch Verlust seiner potentiellen Energie. Sie hätte z. B. durch Antreiben eines Generators in elektrische Energie umgewandelt werden können, oder aber durch Reibungsbremsen in Wärme. Der Gewinn von elektrischer Energie aus dem Schwerkraftpotential ist in der Technik bei **Wasserkraftwerken** realisiert.

4.3 Arbeit und potentielle Energie als Skalarprodukt und Wegintegral

Sind Kraft und Weg nicht parallel, dann verlangt eine sinngemäße Erweiterung der Definition der Arbeit, nur die Komponente der Kraft *parallel* zum Weg zu berücksichtigen; denn die Komponente *senkrecht* zum Weg leistet *keine* Arbeit, da sie entweder durch Zwangskräfte kompensiert wird, oder den Körper senkrecht zu seiner Bahn beschleunigt. Im letzteren Fall ändert sich aber wegen (2.57) die kinetische Energie nicht

$$\dot{E}_\mathrm{k} = \frac{\mathrm{d}}{\mathrm{d}t}\left(\frac{mv^2}{2}\right) = m(\boldsymbol{v}\cdot\boldsymbol{a}) = 0 \qquad \text{für} \quad \boldsymbol{a} \perp \boldsymbol{v}\,. \tag{4.15}$$

Als Beispiel für den ersteren Fall der Zwangskräfte berechnen wir die Arbeit W, die die Schwerkraft beim Abgleiten auf einer **schiefen Ebene** leistet. Nach Abb. 4.7 gilt für den wirksamen Anteil von $\boldsymbol{F}$

$$F_{\upuparrows} = mg\cos\alpha \quad \curvearrowright$$

$$W = msg\cos\alpha = \frac{h_1}{\cos\alpha} mg\cos\alpha = mgh_1\,. \tag{4.16}$$

Wir konstatieren beim Abgleiten auf der schiefen Ebene also den gleichen Verlust an potentieller Energie wie beim senkrechten Fall. Dementsprechend ist auch der

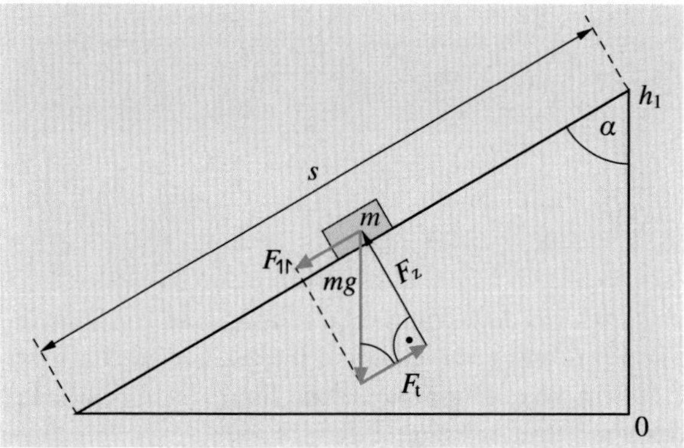

Abb. 4.7. Vektordiagramm zur Berechnung der von der Schwerkraft bei der Bewegung auf einer schiefen Ebene geleisteten Arbeit

Gewinn an kinetischer Energie unabhängig vom Neigungswinkel α, wie man in Analogie zu (4.9) explizit nachrechnen könnte.

Wir definieren daher in Verallgemeinerung von (4.6) die **Arbeit** als das Skalarprodukt aus Kraft und Weg.

$$W = (\boldsymbol{F} \cdot \boldsymbol{s}) = F \cdot s \cdot \cos\alpha \,. \tag{4.17}$$

Wegintegral der Kraft

Wir wollen im letzten Schritt die Definition der Arbeit (4.17) noch weiter verallgemeinern. Wir lassen jetzt zu, daß der Körper sich auf einem beliebigen, auch krummlinigen Weg bewege und daß die Kraft sich entlang des Weges nach Betrag und Richtung als Funktion des Weges $\boldsymbol{F}(\boldsymbol{s})$ ändern kann (s. Abb. 4.8).

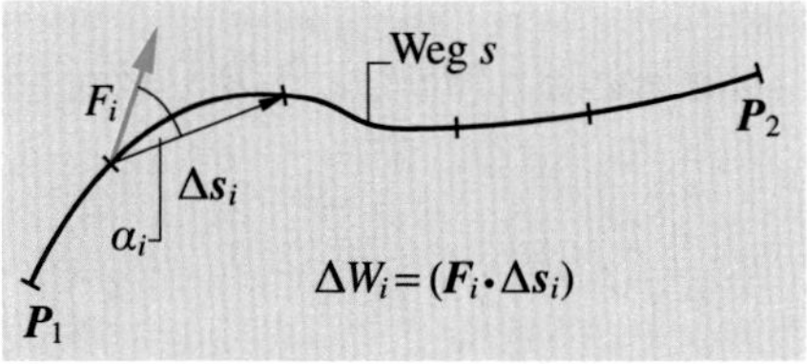

Abb. 4.8. Approximation des Wegintegrals der Kraft durch eine Summe von Teilarbeiten $\Delta W_i = (\boldsymbol{F}_i \cdot \Delta\boldsymbol{s}_i)$ entlang der Sekanten $\Delta\boldsymbol{s}_i$

Die Arbeit auf einem solchen Weg können wir berechnen, indem wir den Weg durch eine Summe kleiner, gerader Wegstückchen approximieren, die der Wegkurve von Punkt zu Punkt als Sekanten folgen. Auf diesen kurzen Stücken beträgt die Arbeit jeweils

$$\Delta W_i = (\boldsymbol{F}_i \cdot \Delta\boldsymbol{s}_i) = F_i \Delta s_i \cos\alpha_i \,. \tag{4.18}$$

F_i ist die Kraft am Ort des i-ten Wegstückchens und wird entlang diesem als konstant genommen.

Die Summe der Teilarbeiten (4.18) konvergiert im lim $\Delta\boldsymbol{s}_i \to 0$ gegen den *exakten* Wert der Arbeit $W_{1\to 2}$ auf dem Weg S. Wir nennen diesen Limes das **Wegintegral der Kraft**.

$$W_{1\to 2} = \lim_{\Delta s_i \to 0} \sum_{i=1}^{N\to\infty} (\boldsymbol{F}_i \cdot \Delta \boldsymbol{s}_i) = \int_{P_1}^{P_2} (\boldsymbol{F}(\boldsymbol{s}) \cdot \mathrm{d}\boldsymbol{s})$$
$$= \int_{P_1}^{P_2} F(s) \cos\alpha(s)\, \mathrm{d}s\,. \tag{4.19}$$

Der Begriff des Wegintegrals trifft bei Anfängern erfahrungsgemäß auf Schwierigkeiten. Er geht aber völlig konform mit dem üblichem Integralbegriff. Fällt der Weg z. B. auf die x-Achse, so ist ein Wegintegral über eine Funktion F von s auf dem Weg s nichts weiter als das gewöhnliche Integral $\int F(x)\,\mathrm{d}x$.

Natürlich mag die explizite Berechnung eines Wegintegrals auf einem komplizierten, verschlungenen Weg schwierig und analytischen Lösungen sogar unzugänglich sein. Aber diese Frage ist zweitrangig. Vielmehr sind wir an einer allgemeinen Eigenschaft des Wegintegrals (4.19) interessiert, die wir im folgenden unter dem Begriff „konservative Kräfte" diskutieren wollen.

4.4 Konservative Kräfte

Sei eine Kraft als eine Funktion des Orts $\boldsymbol{F}(\boldsymbol{r})$ gegeben – wir sprechen dann von einem **Kraftfeld** oder allgemeiner von einem **Vektorfeld** – so interessiert uns vor allem folgende Frage: Hängt das Wegintegral der Kraft (4.19) zwischen zwei beliebigen Punkten P_1 und P_2 von der speziellen Wahl des Weges von P_1 nach P_2 ab oder nicht? Ist es davon unabhängig, so sprechen wir von einem **konservativen Kraftfeld**, ansonsten von einem **nichtkonservativen**. Der Sinn dieser Wortwahl wird uns anhand der folgenden Analyse einleuchten.

Wir zeigen zunächst, daß ein *räumlich konstantes* Kraftfeld, z. B. das erdnahe Schwerkraftfeld

$$\boldsymbol{F}(\boldsymbol{r}) = m\boldsymbol{g} = \mathbf{const}$$

konservativ ist. Die Arbeit auf dem (blauen) Weg von P_1 nach P_2 ist (s. Abb. 4.9)

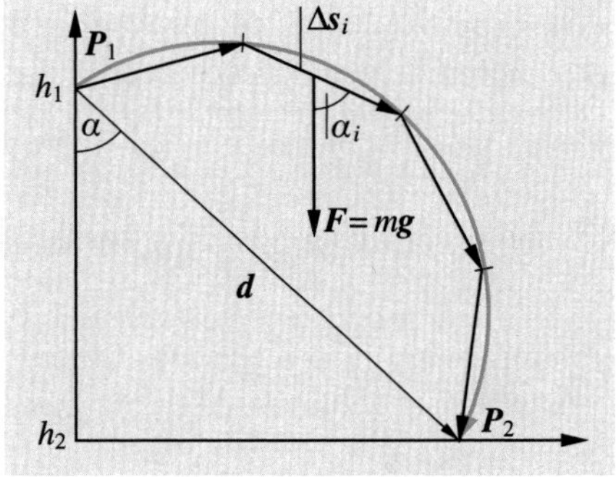

Abb. 4.9. Diagramm zum Wegintegral der Schwerkraft mg auf einem beliebigen (blauen) Weg von P_1 nach P_2

$$W_{1\to 2} = \lim_{\Delta s_i \to 0} \sum_{i=1}^{N\to\infty} (m\,(\boldsymbol{g}\cdot\Delta\boldsymbol{s}_i)) = m\left(\boldsymbol{g}\cdot \lim_{\Delta s_i \to 0} \sum_{i=1}^{N\to\infty} \Delta\boldsymbol{s}_i\right)$$
$$= m(\boldsymbol{g}\cdot\boldsymbol{d}) = mgd\cos\alpha = mg(h_1 - h_2) = E_\mathrm{p}(P_1) - E_\mathrm{p}(P_2)\,. \qquad (4.20)$$

Der entscheidende Schritt in der Ableitung von (4.20) war das Ausklammern des *konstanten* Vektors $m\boldsymbol{g}$ aus der Summe der Skalarprodukte. Die zurückbleibende Summe der $\Delta\boldsymbol{s}_i$ ist aber laut der Definition von Vektorsummen (2.18) gleich dem Verbindungsvektor $\boldsymbol{d}$ zwischen P_1 und P_2.

! Laut (4.20) hängt die von der Schwerkraft geleistete Arbeit nur vom Höhenunterschied $h_1 - h_2$ zwischen Ausgangs- und Endpunkt ab; die Wahl des Weges spielt keine Rolle, er kann eine beliebig komplizierte Achterbahn sein!

Mit (4.20) können wir auch den *Begriff der potentiellen Energie*, die wir eingangs nur für spezielle Wege eingeführt hatten, verallgemeinern.

Die Differenz der **potentiellen Energie** eines Körpers in den Punkten P_1, P_2 ist die auf einem *beliebigen* Weg von P_1 nach P_2 von einer *konservativen* Kraft am Körper geleistete Arbeit.

$$E_\mathrm{p}(P_1) - E_\mathrm{p}(P_2) = \int_{P_1}^{P_2} (\boldsymbol{F}(\boldsymbol{s})\cdot \mathrm{d}\boldsymbol{s}) = W_{1\to 2}\,. \qquad (4.21)$$

! Da (4.21) sich nur auf *Differenzen* der potentiellen Energie bezieht, ist sie als Funktion des Orts nur bis auf eine willkürliche Konstante definiert.

Kommt der Körper auf irgendeinem Weg von P_2 nach P_1 zurück, so gilt analog

$$W_{2\to 1} = \int_{P_2}^{P_1} (\boldsymbol{F}(\boldsymbol{s})\cdot \mathrm{d}\boldsymbol{s}) = E_\mathrm{p}(P_2) - E_\mathrm{p}(P_1) = -W_{1\to 2}\,. \qquad (4.22)$$

Folglich ist die von einer konservativen Kraft auf jedem geschlosssenen Weg geleistete Arbeit gleich Null:

$$W_\mathrm{Ring} = \oint (\boldsymbol{F}(\boldsymbol{s})\cdot \mathrm{d}\boldsymbol{s}) \equiv 0 \qquad (4.23)$$

(der Ring im Integralzeichen von (4.23) bezeichnet ein geschlossenes Wegintegral).

Die Gültigkeit von (4.23) ist das entscheidende Kriterium für ein konservatives Kraftfeld.

Die Bedeutung **konservativer Kraftfelder** liegt darin, daß sie die mechanische Energie eines Körpers, der sich darin bewegt, erhalten.

Wir zeigen dies, indem wir in (4.21) die Kraft durch das Produkt aus Masse und Beschleunigung ersetzen.

$$E_\mathrm{p}(P_1) - E_\mathrm{p}(P_2) = \int_{P_1}^{P_2} m\,(\boldsymbol{a}\cdot \mathrm{d}\boldsymbol{s})\;. \qquad (4.24)$$

Die Integration der Beschleunigung gelingt mit zwei Substitutionen, die aus der Definition von Geschwindigkeit und Beschleunigung folgen:

$$d\boldsymbol{s} = \boldsymbol{v}\,dt \qquad \text{und} \qquad \boldsymbol{a}\,dt = d\boldsymbol{v} \quad \curvearrowright$$

$$E_p(P_1) - E_p(P_2) = \int_{P_1}^{P_2} (m\boldsymbol{a} \cdot d\boldsymbol{s}) = \int_{P_1}^{P_2} (m\boldsymbol{a} \cdot \boldsymbol{v})\,dt = \int_{P_1}^{P_2} (m\boldsymbol{v} \cdot d\boldsymbol{v})$$

$$= \frac{m}{2}v_2^2 - \frac{m}{2}v_1^2 = E_k(P_2) - E_k(P_1)\,. \tag{4.25}$$

Nach Umordnen folgt der gesuchte **Energiesatz**

$$E = E_{p1} + E_{k1} = E_{p2} + E_{k2} = \text{const}\,. \tag{4.26}$$

Viele wichtige Kräfte sind konservativ, so z. B. die **allgemeine Gravitationskraft** (4.46), die **Coulomb-Kraft** zwischen elektrischen Ladungen (4.58), die **Federkraft** (4.29), sowie alle übrigen **elastischen Kräfte** (s. Kap. 8).

Im Einklang mit früheren Bemerkungen erwähnen wir noch einige

notwendige aber nicht hinreichende Voraussetzungen für konservative Kräfte:

- Die Kraft darf nur eine Funktion des Orts sein.
- Sie muß am gleichen Ort zeitlich konstant sein.
- Sie darf nicht vom Bewegungszustand des Körpers, etwa seiner Geschwindigkeit, abhängen; diese Forderung schließt insbesondere Reibungskräfte aus (vgl. Abschn. 4.9).

4.5 Kraft als Gradient der potentiellen Energie

Die potentielle Energie war als eine Energie der Lage eingeführt worden, die nur eine Funktion des Orts ist. Sie hat nur für konservative Kraftfelder, in denen (4.23) gilt, einen Sinn und war als *Wegintegral* der Kraft (4.21) definiert. Umgekehrt können wir aber auch die Kraft aus einer vorgebenen potentiellen Energie durch *Differentiation* gewinnen. Das sei zunächst im eindimensionalen Fall studiert.

Beispiele eindimensionaler potentieller Energien und Gradienten

Konstantes Schwerefeld. Die potentielle Energie $E_p(x, y, z)$ hängt als Funktion des Orts hier nur von der vertikalen z-Koordinate ab. Wählen wir $E_p(z = 0) = 0$ so gilt

$$E_p = mgz\,.$$

Für die Schwerkraft gilt andererseits (s. Abb. 4.10)

$$\boldsymbol{F} = -mg\hat{\boldsymbol{z}}\,.$$

Gehen wir auf (4.19) und (4.21) zurück, so können wir auch schreiben

$$\Delta W = (\boldsymbol{F} \cdot \Delta\boldsymbol{z}) = -mg\Delta z = E_p(z) - E_p(z + \Delta z)\,.$$

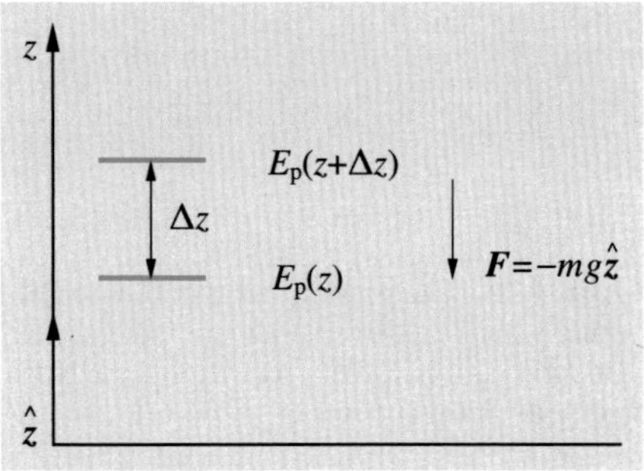

Abb. 4.10. Illustration der Schwerkraft als Gradient der potentiellen Energie: $\boldsymbol{F} = -mg\hat{z} = \lim_{\Delta z \to 0} -(\Delta E_p/\Delta z)\hat{z} = -(\mathrm{d}E_p/\mathrm{d}z)\hat{z}$

Folglich gilt im $\lim \Delta z \to 0$

$$\boldsymbol{F} = -\frac{\mathrm{d}E_p(z)}{\mathrm{d}z}\hat{z} = -mg\hat{z}\,. \tag{4.27}$$

Mit (4.27) haben wir die Kraft als *räumliche* Ableitung der potentiellen Energie gewonnen. Sie zeigt in Richtung der Abnahme von E_p.

Diesen Zusammenhang zeigen wir für das Schwerefeld noch einmal in einem $(E_p(z), z)$-Diagramm und dessen Ableitung (s. Abb. 4.11). E_p wächst linear mit der Koordinate; folglich ist die Kraft als deren Ableitung konstant.

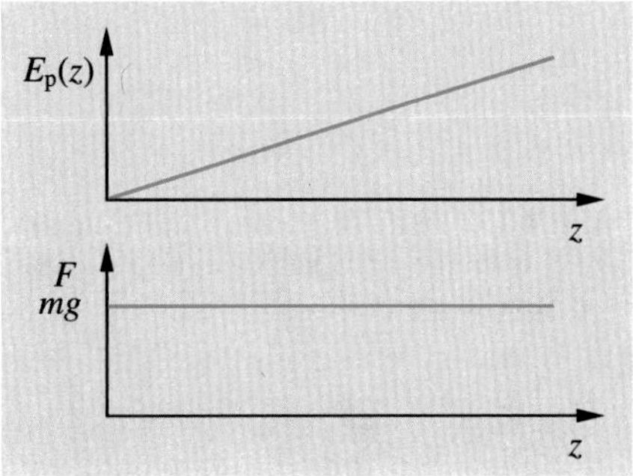

Abb. 4.11. Linear mit der Koordinate anwachsende potentielle Energie (*oben*) und zugehörige Kraft (*unten*)

Allgemeines eindimensionales Potential. Die potentielle Energie sei jetzt eine beliebige differenzierbare Funktion $E_p(x)$ der Koordinate x (s. Abb. 4.12). Die von ihm geleistete Arbeit auf einem kleinen Teilstück Δx können wir wiederum approximieren durch

$$\Delta W = (\boldsymbol{F}_x \cdot \Delta \boldsymbol{x}) = E_p(x) - E_p(x + \Delta x)\,.$$

Daraus gewinnen wir durch Grenzübergang den exakten Wert der Kraft in x-Richtung.

$$\boldsymbol{F}_x = \lim_{\Delta x \to 0} \frac{E_p(x) - E_p(x + \Delta x)}{\Delta x}\hat{\boldsymbol{x}} = -\frac{\mathrm{d}E_p}{\mathrm{d}x}\hat{\boldsymbol{x}}\,. \tag{4.28}$$

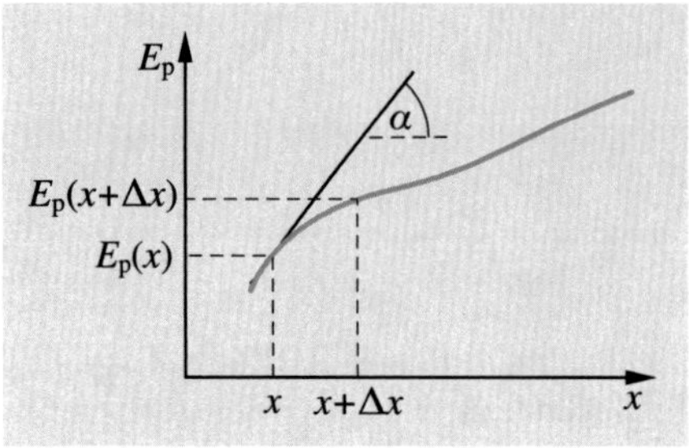

Abb. 4.12. Diagramm zur Gradientenbildung bei eindimensionaler potentieller Energie. Die Kraft ist proportional zur Steigung der Tangenten $\tan\alpha$

> Der Vektor $(\mathrm{d}E_p(x)/\mathrm{d}x)\hat{\boldsymbol{x}}$ heißt der **Gradient der potentiellen Energie** (oder allgemein einer Funktion von x) in x-Richtung. Bei gegebener potentieller Energie ist also die Kraft deren negativ genommener Gradient.

Federpotential. Nach dem Hookeschen Gesetz (s. Abschn. 8.1) reagiert eine Feder auf eine Auslenkung aus der Ruhelage um die Strecke x mit einer rücktreibenden Kraft proportional zu x (s. Abb. 4.13)

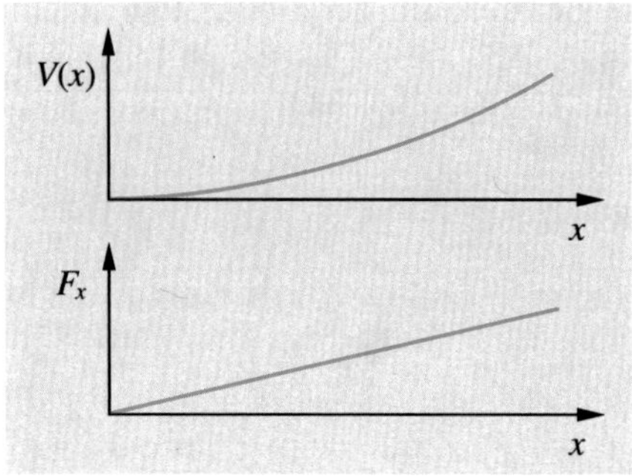

Abb. 4.13. Kraft $\boldsymbol{F}_x$ (*unten*) und Potential $V(x)$ (*oben*) beim Spannen einer Feder um die Strecke $\boldsymbol{x}$

$$\boldsymbol{F}_x = -D\boldsymbol{x}\,. \tag{4.29}$$

Der Proportionalitätsfaktor D heißt **Federkonstante**. Ihre Einheit ist

$$[D] = \mathrm{N\,m^{-1}}\,.$$

Beim Dehnen oder Stauchen aus der Ruhelage baut die Feder nach (4.21) folgende potentielle Energie – üblicherweise **Federpotential** $V(x)$ genannt – auf:

$$\begin{aligned} E_p(x) - E_p(0) &= V(x) \\ &= \int_x^0 \left(\boldsymbol{F}(x')\cdot \mathrm{d}\boldsymbol{x}'\right) = -\int_0^x -D\left(\boldsymbol{x}'\cdot \mathrm{d}\boldsymbol{x}'\right) = \frac{1}{2}Dx^2\,, \end{aligned} \tag{4.30}$$

wobei das Potential der entspannten Feder $V(x=0)$ zweckmäßigerweise gleich 0 gesetzt wurde.

Das Federpotential hat die Form einer Parabel. Ein Körper führt darin periodische Bewegungen in Form sinusförmiger Schwingungen aus (s. Kap. 11). Sie heißen auch harmonische Schwingungen, weswegen (4.30) auch **harmonisches Potential** und die zugehörige Federkraft (4.29) **harmonische Kraft** genannt werden.

! Das Federpotential ist in vielen wichtigen Fällen der makroskopischen wie der mikroskopischen Physik in guter Näherung realisiert und spielt daher eine fundamentale Rolle. Als konservatives Potential erhält es die mechanische Energie im Schwingungsrhythmus zwischen potentieller und kinetischer Energie (vgl. Versuch 4.3).

Potential und Gradient in mehreren Dimensionen

Zweidimensionales Federpotential. Nehmen wir z. B. an, ein Körper sei mit Federn in der x,y-Ebene so verzurrt, daß bei einer Bewegung in x- oder y-Richtung jeweils Federkräfte

$$\boldsymbol{F}_x = -D_x \boldsymbol{x} \qquad \text{bzw.} \qquad \boldsymbol{F}_y = -D_y \boldsymbol{y} \tag{4.31}$$

auftreten. Das zugehörige Federpotential an einem Punkt $P(x, y)$ gewinnen wir dann aus (4.30), indem wir zunächst die Arbeit vom Ursprung entlang der x-Achse bis zum Punkt $(x, 0)$ ausrechnen und dann diejenige von $(x, 0)$ nach (x, y) parallel zur y-Achse. Darin geht jeweils immer nur eine der beiden Kraftkomponenten ein, und wir erhalten als resultierendes zweidimensionales Potential

$$V(x, y) = V(x) + V(y) = \frac{1}{2}(D_x x^2 + D_y y^2)\,. \tag{4.32}$$

Wir können (4.32) graphisch darstellen, indem wir seinen Funktionswert als z-Ordinate über jedem Punkt der x,y-Ebene auftragen, wobei ein Paraboloid mit Scheitel im Ursprung entsteht (s. Abb. 4.14). Eine praktische Möglichkeit, den Verlauf einer solchen Potentialfläche nur in einer zweidimensionalen Darstellung, d. h. in der x, y-Ebene selbst zu visualisieren, besteht darin, Linien i konstanten Funktionswerts

$$V(x, y) = V_i = \text{const} \tag{4.33}$$

in die x,y-Ebene einzuzeichnen. Sie heißen **Äquipotentiallinien**. Im Fall von (4.32) sind es Ellipsen (s. Abb. 4.14)

$$\frac{x^2}{a^2} + \frac{y^2}{b^2} = \frac{x^2}{2V_i/D_x} + \frac{y^2}{2V_i/D_y} = 1\,. \tag{4.34}$$

In der Regel stuft man sie in konstanten Intervallen

$$\Delta V = V_{i+1} - V_i = \text{const}$$

ab. Sie liegen dann umso dichter je steiler der Potentialverlauf ist. In der Kartographie heißen diese Linien **Höhenschichtlinien**. Im Potentialsinn interpretiert, geben die Höhenschichtlinien demnach Linien konstanten Schwerkraftspotentials gh (4.54a) auf der Erdoberfläche an.

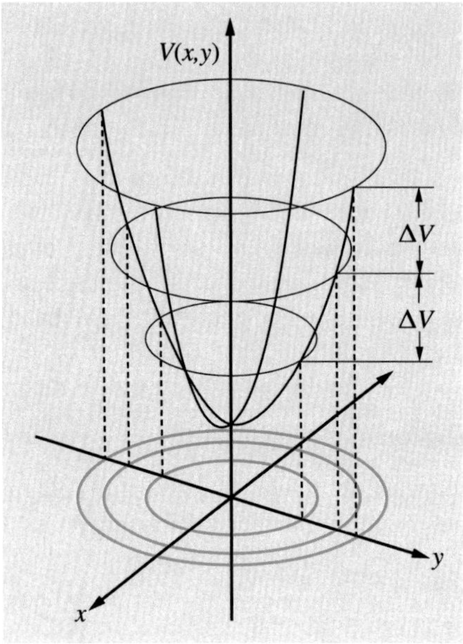

Abb. 4.14. Dreidimensionale Darstellung eines zweidimensionalen Federpotentials $V(x, y) = 1/2(D_x x^2 + D_y y^2)$ als Paraboloid. Eingezeichnet sind auch Linien konstanten Potentials in Stufen $\Delta V = \text{const}$, sowie deren Projektion auf die x,y-Ebene, die wir Äquipotentiallinien nennen

Kraft im Äquipotentiallinienbild. Aus einem gegebenen, ebenen Potentiallinienbild kann man graphisch unmittelbar auf die in dieser Ebene wirkende Kraft schließen (s. Abb. 4.15). Zunächst können wir zeigen, daß sie senkrecht auf den Äquipotentiallinien steht. Denn entlang eines tangentialen Wegstückchens Δs_{tg} ist die Arbeit wegen $V = \text{const}$ nach Voraussetzung 0

$$\Delta W_{\text{tg}} = \left(\boldsymbol{F}_{\text{tg}} \cdot \Delta \boldsymbol{s}_{\text{tg}}\right) = 0 \quad \curvearrowright \quad \boldsymbol{F}_{\text{tg}} = 0 \qquad \text{q.e.d.} \tag{4.35}$$

Außerdem ist die Kraft dem Betrage nach umgekehrt proportional zum senkrechten Abstand d benachbarter Äquipotentiallinien. Denn seien sie in Stufen $\Delta V = \text{const}$ gezeichnet, so gilt ja für die Arbeit entlang d

$$\Delta W = \left(\overline{\boldsymbol{F}} \cdot \boldsymbol{d}\right) = -\Delta V \quad \curvearrowright \quad |\overline{\boldsymbol{F}}| = \frac{\Delta V}{d} . \tag{4.36}$$

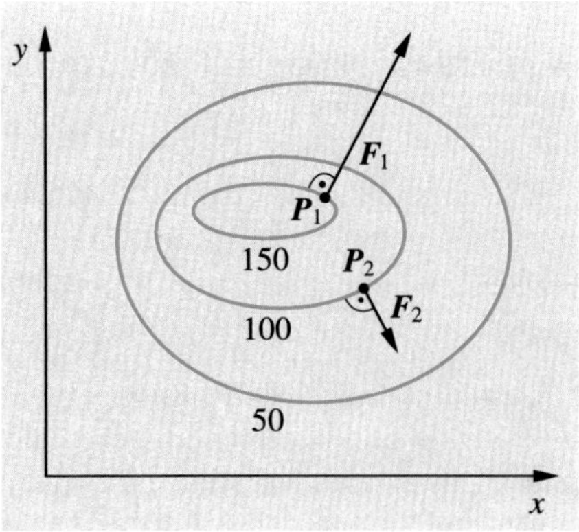

Abb. 4.15. Kräfte F_1, F_2 in zwei Punkten P_1, P_2 in einem ebenen Äquipotentiallinienbild. Die Kräfte stehen jeweils senkrecht zur Äquipotentiallinie, und ihr Betrag ist umgekehrt proportional zum Abstand benachbarter Linien. Die Kraft zeigt in Richtung abnehmenden Potentials (in willkürlichen Einheiten)

(Da $\boldsymbol{d}$ eine endliche Strecke ist, haben wir in (4.36) der Ordnung halber den Mittelwert der Kraft $\overline{\boldsymbol{F}}$ entlang $\boldsymbol{d}$ eingesetzt.)

Dreidimensionale Potentiale. Im allgemeinen wird das Potential eine räumliche Verteilung haben, also eine dreidimensionale Funktion aller drei Koordinaten $V(x, y, z)$ sein. Anders als im zweidimensionalen Fall können wir eine dreidimensionale Funktion im dreidimensionalen Raum nicht mehr graphisch darstellen. Wir können aber doch noch die Gesamtheit aller Punkte, die konstantes Potential

$$V(x, y, z) = V_i = \text{const} \tag{4.37}$$

haben, graphisch darstellen. Sie bilden im allgemeinen gekrümmte Flächen im Raum. Wir nennen sie **Äquipotentialflächen** und zeichnen sie wiederum in konstanter Abstufung. Erweitern wir z. B. unser *Federpotential* (4.32) um eine weitere Federkraft in z-Richtung, so ist das Potential durch

$$V(x, y, z) = \frac{1}{2}(D_x x^2 + D_y y^2 + D_z z^2) \tag{4.38}$$

gegeben, und die zugehörigen Äquipotentialflächen sind Ellipsoide in Analogie zu (4.32).

Bezüglich der Kraft gilt auch im dreidimensionalen Fall, daß sie senkrecht auf den Äquipotentialflächen steht und dem Betrage nach umgekehrt proportional zu deren Abstand ist.

Bevor wir weitere Beispiele von Äquipotentialflächen und Kraftlinienbildern diskutieren, wollen wir in Verallgemeinerung von (4.28) die Kraft als Gradient in einem mehrdimensionalen Potential gewinnen.

Kraft als dreidimensionaler Gradient der potentiellen Energie. Sei die räumliche Verteilung der potentiellen Energie als Funktion der Koordinaten $V(x, y, z)$ gegeben, dann gewinnen wir einen *analytischen* Ausdruck für die Kraft, indem wir nach ihren *Komponenten* in Richtung der Koordinaten fragen. Alle Vorarbeit dazu haben wir bereits bei der Herleitung von (4.28) getan. Ändere sich nämlich, vom Punkt (x, y, z) ausgehend, die potentielle Energie entlang einem Wegstückchen $\boldsymbol{\Delta x}$ um

$$-\Delta V = V(x, y, z) - V(x + \Delta x, y, z)\,,$$

so entspricht dem die Arbeit

$$\Delta W = -\Delta V = (\boldsymbol{F}_x \cdot \boldsymbol{\Delta x}) = F_x\,\Delta x\,.$$

Somit folgt durch Grenzübergang

$$\begin{aligned} F_x &= \lim_{\Delta x \to 0} -\frac{\Delta V}{\Delta x} = -\lim_{\Delta x \to 0} \frac{V(x + \Delta x, y, z) - V(x, y, z)}{\Delta x} \\ &= -\frac{\partial V(x, y, z)}{\partial x}\,. \end{aligned} \tag{4.39}$$

Der Ausdruck $\partial V(x, y, z)/\partial x$ heißt *partielle Ableitung* von V nach x im Punkt (x, y, z); sie berücksichtigt also nur die Änderung der Funktion in x-Richtung bei konstanten Argumenten y, z.

Analog gelten

$$\begin{aligned} F_y &= -\lim_{\Delta y \to 0} \frac{V(x, y+\Delta y, z) - V(x, y, z)}{\Delta y} = -\frac{\partial V(x, y, z)}{\partial y} \\ F_z &= -\lim_{\Delta z \to 0} \frac{V(x, y, z+\Delta z) - V(x, y, z)}{\Delta z} = -\frac{\partial V(x, y, z)}{\partial z} \,. \end{aligned} \tag{4.40}$$

Zusammengefaßt erhalten wir also für die Kraft den Komponentenvektor

$$\begin{aligned} \boldsymbol{F}(x, y, z) &= -\left(\frac{\partial V(x, y, z)}{\partial x}\hat{\boldsymbol{x}} + \frac{\partial V(x, y, z)}{\partial y}\hat{\boldsymbol{y}} + \frac{\partial V(x, y, z)}{\partial z}\hat{\boldsymbol{z}}\right) \\ &= -\mathbf{grad}\, V(x, y, z) \,. \end{aligned} \tag{4.41}$$

Der Klammerausdruck in (4.41) heißt **Gradient** der Funktion V (Symbol: **grad** V).

Er ist eine dreidimensionale Verallgemeinerung von (4.28). Er zeigt (umgekehrt wie die Kraft) in die Richtung, in der V am *stärksten wächst* und sein Betrag ist proportional zur Steilheit mit der V wächst. Das erklärt den Namen „Gradient".

Mit (4.41) können wir aus einem gegebenem Potential das zugehörige Kraftfeld ohne Schwierigkeiten berechnen. Zum Beispiel folgt für das Federpotential (4.38) durch partielle Ableitung unmittelbar

$$\boldsymbol{F} = -(D_x\,\boldsymbol{x} + D_y\,\boldsymbol{y} + D_z\,\boldsymbol{z}) \,,$$

womit wir die rücktreibende Federkraft, von der wir ausgegangen waren, zurückgewonnen haben.

Wir erinnern daran, daß wir nach wie vor von *konservativen* Kräften sprechen. Deswegen konnten wir die Änderung des Potentials zwischen benachbarten Punkten (x, y, z) und $(x + \Delta x, y + \Delta y, z + \Delta z)$ in Arbeiten entlang der Koordinatenachsen aufteilen und auf diese Weise (4.41) gewinnen. In Umkehrung von (4.21) kann man zeigen, daß jedes Kraftfeld, das durch Gradientenbildung aus einer Potentialfunktion $V(x, y, z)$ entsteht, auch konservativ ist.

4.6 Keplersche Gesetze und Gravitation

Bis zur Zeit des *Nikolaus Kopernikus* wurde die jährliche Veränderung der Position der Sonne und der Planeten am Sternenhimmel im Rahmen des aus der Spätantike stammenden *geozentrischen*, **Ptolemäischen Systems** interpretiert, das verschiedene Sphären, Epizykel und Exzenter als Bewegungsformen annahm, um sie in Einklang mit der Beobachtung beschreiben zu können. Je höher die Meßgenauigkeit der Astronomen wurde, umso mehr mußte am Ptolemäischen System nachgebessert werden. Es ist verblüffend, daß es trotz seiner *völlig falschen Voraussetzungen* gelungen ist, die astronomischen Beobachtungen darin so genau zu beschreiben.

Jedenfalls beschrieb es die Planetenbahnen genauer, als Kopernikus es mit seinem, *im Prinzip* richtigen, heliozentrischen System unter der Annahme von *Kreisbahnen* tun konnte. Die unzureichende Genauigkeit seines Systems war für Kopernikus eine ernste Sorge!

Dennoch war die Einfachheit des Kopernikanischen Systems im Vergleich zum Ptolemäischen so einleuchtend, daß auch *Galilei* es vertrat. Die kleinen Unstimmigkeiten die es noch hatte, konnte *Johannes Kepler* zu Beginn des 17. Jahrhunderts ausräumen, als er die sehr genauen Beobachtungen seines Lehrers *Tycho Brahe* analysierte und in drei Gesetzen über die Planetenbewegung festhielt.

Keplersche Gesetze

Keplers Gesetze machen folgende Aussagen (s. Abb. 4.16):

1. Die Planetenbahnen sind Ellipsen, in deren einem Brennpunkt die Sonne steht.
2. Der Fahrstrahl zwischen Sonne und Planet überstreicht in gleichen Zeiten Δt_i gleiche Flächen ΔA_i (Flächensatz):
$$\frac{\Delta A_1}{\Delta t_1} = \frac{\Delta A_2}{\Delta t_2} = \text{const}\,. \tag{4.42}$$
(Folglich ist die Bahngeschwindigkeit in Sonnennähe größer als in Sonnenferne.)
3. Die Quadrate der Umlaufzeiten T zweier Planeten 1, 2 verhalten sich wie die Kuben der großen Halbachsen a ihrer Bahnen:
$$\frac{T_1^2}{a_1^3} = \frac{T_2^2}{a_2^3} = \text{const} = K\,. \tag{4.43}$$

Newtonsches Gravitationsgesetz

Die Herleitung der **Keplerschen Gesetze** aus einem allgemeinen Kraftgesetz gegen Ende des 17. Jahrhunderts durch *Newton* war der erste und nicht mehr übertroffene Triumph der Mechanik.

Man kann die kultur- und wissenschaftsgeschichtliche Bedeutung dieser Entdeckung gar nicht überschätzen. Eine Generation später feierte *Voltaire Newton* als den größten Genius aller Zeiten. Für die Aufklärung bedeutete das Gravitationsgesetz den Beginn eines rationalen Weltverständnisses. Trotzdem blieb die umständlich formulierte Mathematik der Newtonschen Mechanik in der gebildeten Welt über Jahrhunderte hinweg im großen und ganzen unverstanden, wie *Goethes* Distanz zu *Newton* zeigt. Sie war vielmehr Sache einer bescheidenen Zahl von Naturwissenschaftlern und Mathematikern. Erst die moderne, formalisierte und rationelle Ausdrucksweise der Mathematik hat es möglich gemacht, die Newtonsche Physik auch jedem Oberschüler als Bildungsgut zu vermitteln.

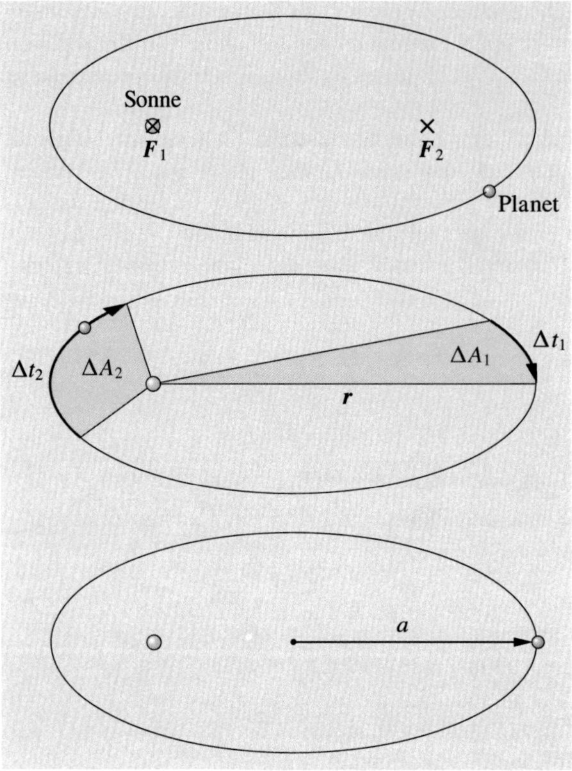

Abb. 4.16. Illustration der drei Keplerschen Gesetze (*1. oben*, *2. Mitte*, *3. unten*)

Dennoch ist die explizite Herleitung der allgemeinen Keplerschen Bahnen aus dem Newtonschen Gravitationsgesetz ein gutes Stück Rechenarbeit, das wir uns ersparen wollen. Vielmehr wollen wir nur den Spezialfall von *Kreisbahnen* behandeln:

Gehe von der Sonne eine zentripetale Gravitationskraft $\boldsymbol{F}$ auf einen Planeten der Masse m aus (s. Abb. 4.17), so resultiert daraus die Kreisbeschleunigung

$$\boldsymbol{a} = -\omega^2 \boldsymbol{r} = \frac{\boldsymbol{F}}{m} . \tag{4.44}$$

Aus (4.44) können wir ω mit Hilfe des dritten Keplerschen Gesetzes (4.43) eliminieren:

$$\omega^2 = \frac{4\pi^2}{T^2} = \frac{4\pi^2}{Kr^3} \quad \curvearrowright$$

$$\boldsymbol{F} = -\frac{4\pi^2 m}{Kr^2}\hat{\boldsymbol{r}} . \tag{4.45}$$

Die Gravitationskraft ist also proportional zur Masse des Planeten und umgekehrt proportional zum Quadrat des Abstands von der Sonne. Daß sie auch proportional zur Masse der Sonne sei, können wir daraus noch nicht schließen. Wenn wir aber ein Netz von Keplerbahnen analysieren, also z. B. die des Mondes um die Erde

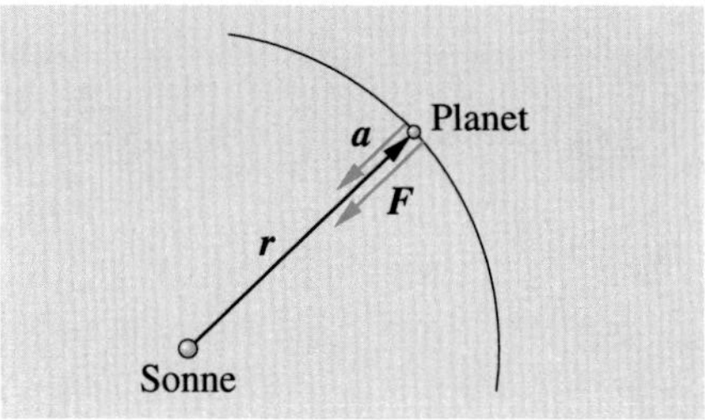

Abb. 4.17. Gravitationskraft $\boldsymbol{F}$ und resultierende Beschleunigung $\boldsymbol{a}$ bei einem Planeten der Masse m auf einer Kreisbahn um die Sonne

miteinbeziehen, wird klar, daß das Produkt beider sich anziehenden Massen m, M in die Kraft eingeht.

Das **Gravitationsgesetz** muß also die Form haben

$$\boldsymbol{F} = -\gamma \frac{mM}{r^2} \hat{\boldsymbol{r}}, \tag{4.46}$$

mit einer zu bestimmenden **Gravitationskonstante** γ. *Newton* forderte die Allgemeingültigkeit von (4.46) für beliebige Massen, für terrestrische, wie für Himmelskörper.

! Damit war der Himmel von allen Mythen entzaubert, eine folgenschwere Erkenntnis!

Newton wandte auch das Prinzip actio = reactio auf die Himmelskörper an. Demzufolge bewegt sich auch die Sonne zusammen mit allen Planeten um den gemeinsamen Schwerpunkt (s. Abschn. 5.3).

Da aber die Masse der Sonne die aller Planeten zusammengenommen um einen Faktor 700 übersteigt, liegt dieser Schwerpunkt dicht bei der Sonne selbst.

! Man beachte, daß wir die explizite $1/r^2$-Abhängigkeit des Gravitationsgesetzes allein aus dem dritten Keplerschen Gesetz gewonnen haben. Hingegen gilt das 2. Keplersche Gesetz, der Flächensatz, für eine allgemeinere Klasse von Kräften, nämlich für jegliche **Zentralkraft** von der Form $\boldsymbol{F} = \mathrm{f}(r)\hat{\boldsymbol{r}}$ (s. Abschn. 6.3).

Aus den Keplerbahnen der Himmelskörper und deren Störungen durch wechselseitige Anziehung kann man mit (4.46) nur die *relativen* Massen der Himmelskörper bestimmen, nicht die absoluten und daher auch nicht den Wert der Gravitationskonstanten γ. Dies muß in einem terrestischen Versuch mit *bekannten* Massen geschehen.

VERSUCH 4.4

Bestimmung von γ mit der Gravitationswaage nach *Cavendish* (1798). Zwei kleine Bleikugeln sind im Abstand l von 0,1 m an den Enden eines (vergleichsweise leichten) Dreharms befestigt und in der Mitte, im Schwerpunkt, an einem dünnen Quarzfaden aufgehängt (s. Abb. 4.18). Der Faden übt nur eine sehr geringe Torsionswirkung (s. Abschn. 8.1) aus. Vor Beginn des Versuchs stehen ihnen zwei größere Bleikugeln der Masse M von je 1,5 kg im Abstand r = 0,046 m (von Mittelpunkt zu Mittelpunkt gemessen) gegenüber (s. gestrichelte Lage in Abb. 4.18). In dieser Gleichgewichtslage wird die Schwerkraft $\boldsymbol{F}_\gamma$ von der Torsionskraft $\boldsymbol{F}_{\mathrm{tor}}$ als Gegenkraft kompensiert. Nach (4.46) ist erstere dem Betrage

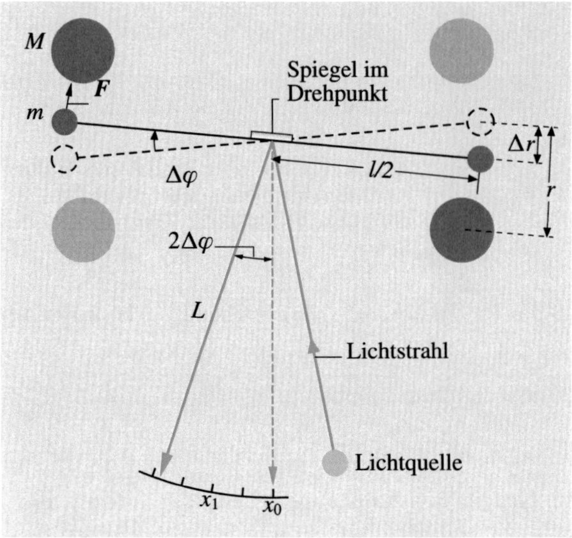

Abb. 4.18. Schematischer Aufbau der Gravitationswaage nach Lord *Cavendish*. Die beiden kleinen Kugeln sind senkrecht zur Papierebene an einem Quarzfaden aufgehängt und werden in Richtung der beiden großen Kugeln beschleunigt

nach

$$F_\gamma = \gamma \frac{m \cdot M}{r^2} = \gamma \frac{m\,1{,}5\,\mathrm{kg}}{(0{,}0046\,\mathrm{m})^2}\,.$$

Als Abstand zählen wir den der Kugelmittelpunkte. Man kann nämlich mit Hilfe des **Gaußschen Satzes** (10.13) zeigen (siehe auch den mathematisch äquivalenten Fall der Coulomb-Kraft in Kap. 19), daß sich zwei kugelsymmetrisch verteilte Massen so anziehen, als seien ihre Massen in den Mittelpunkten konzentriert. Man rotiert jetzt die beiden großen Kugeln rasch in die gegenüberliegende Position um nahezu 180° (von der grauen in die schwarze Lage), so daß F_γ sein Vorzeichen umkehrt und jetzt parallel zu F_{tor} steht. F_{tor} bleibt vorerst bestehen, da wegen des sehr schwachen Rückstellmoments des Fadens die Schwingungsdauer dieses Torsionspendels ca. 10 min ist. Folglich werden jetzt die kleinen Kugeln in den ersten Sekunden nach dem Umlegen der schweren Massen mit der resultierenden, für die Dauer des Versuchs (30 s) nahezu konstanten Kraft $2F_\gamma$ auf die schweren Kugeln zu beschleunigt. Wir messen diese Bewegung mittels der von einem Lichtzeiger angezeigten Drehung eines auf dem Dreharm montierten Spiegels. Für die Beschleunigung gilt dann

$$a = \frac{2F_\gamma}{m} = \frac{2\gamma M}{r^2}$$

und für die in der Zeit Δt nach dem Start zurückgelegte Strecke

$$\Delta r = \frac{1}{2} a \Delta t^2\,.$$

Auf dem 11 m entfernten Schirm messen wir, daß der Lichtzeiger um die Strecke

$$\Delta x \approx 2\Delta\varphi \cdot L \approx 2\frac{\Delta r}{l/2} L = 4\Delta r \frac{L}{l}$$

wandert (s. Abb. 4.18). Auflösen der Gleichungen ergibt

$$\gamma = \frac{\Delta x r^2 l}{4\Delta t^2 M L}\,. \tag{4.47}$$

Mit einer Meßdauer von $\Delta t = 30\,\mathrm{s}$ kann man in diesem Demonstrationsversuch bereits eine relative Meßgenauigkeit von $\delta\gamma/\gamma = 10\,\%$ erreichen. Der genaue Wert der Gravitationskonstanten ist

$$\gamma = 6,67428 \cdot 10^{-11}\ \mathrm{m^3\,kg^{-1}\,s^{-2}}\,. \tag{4.48}$$

Berechnung der Erdmasse. Wir wenden (4.46) für eine Masse m auf der Erdoberfläche an, wobei gilt:

$$F_\gamma = \gamma\frac{mM_{\mathrm{Erde}}}{R^2_{\mathrm{Erde}}} = mg\,. \tag{4.49}$$

Die Erdmasse denken wir uns wiederum im Erdmittelpunkt vereint. Wir setzen (4.46) mit der am Erdboden bekannten Schwerkraft gleich und erhalten

$$M_{\mathrm{Erde}} = \frac{gR^2_{\mathrm{Erde}}}{\gamma}\,. \tag{4.49a}$$

Es folgt mit $R_{\mathrm{Erde}} = 6\,400\,\mathrm{km}$, $g = 9{,}81\,\mathrm{m\,s^{-2}}$ und (4.48)

$$M_{\mathrm{Erde}} \approx 6 \cdot 10^{24}\,\mathrm{kg}\,. \tag{4.50}$$

Arbeit und potentielle Energie im Gravitationsfeld. Das allgemeine Gravitationsgesetz (4.46) stellt ein dreidimensionales, konservatives Kraftfeld dar. Wir suchen die zugehörige potentielle Energie. Die radiale Symmetrie des Feldes legt nahe, zu diesem Zweck die eine Masse M in den Ursprung des Koordinatensystems zu legen, und die andere m entlang r zu führen (s. Abb. 4.19). Auf dem Weg von r_1 nach r_2 fällt nach (4.21) und (4.46) folgende, von der Schwerkraft geleistete Arbeit an:

$$\begin{aligned} W_{1\to 2} = E_{\mathrm{p}}(r_1) - E_{\mathrm{p}}(r_2) &= \int_{r_1}^{r_2} -\gamma\frac{Mm}{r^2}\,(\hat{\boldsymbol{r}}\cdot \mathrm{d}\boldsymbol{r}) \\ &= -\int_{r_1}^{r_2} \gamma\frac{Mm}{r^2}\,\mathrm{d}r = \gamma\frac{Mm}{r_2} - \gamma\frac{Mm}{r_1}\,. \end{aligned} \tag{4.51}$$

Führt der Weg wie gezeichnet von innen nach außen, so ist $W_{1\to 2}$ negativ, die potentielle Energie also angewachsen, weil die Kraft anziehend ist. Es liegt nahe,

$$E_{\mathrm{p}}(r = \infty) = 0 \tag{4.52}$$

zu setzen.

Damit erhalten wir für die potentielle Energie der Schwerkraft zwischen zwei Punktmassen die hyperbolische Abhängigkeit

$$E_{\mathrm{p}}(r) = -\gamma\frac{Mm}{r}\,. \tag{4.53}$$

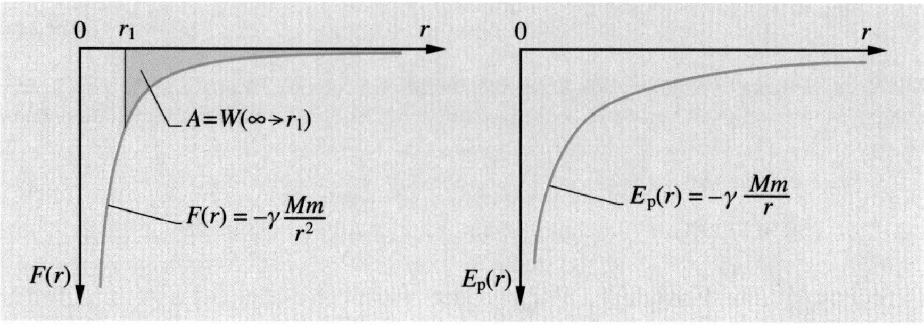

Abb. 4.19. Kraft (*links*), Arbeit (*blaue Fläche, links*) und potentielle Energie (*rechts*) einer Punktmasse m im Schwerefeld einer anderen Punktmasse M, die im Ursprung des Koordinatensystems liegt

Sowohl (4.46) wie (4.53) haben einen Pol bei $r = 0$ als Konsequenz unserer Massenhypothese. Bei ausgedehnten Massen bleiben beide Ausdrücke endlich (vgl. den äquivalenten Fall von Ladungsverteilungen in Kap. 19).

! **Gravitationspotential.** In den Gravitationsgesetzen (4.46) und (4.53) sind offensichtlich beide Massen völlig *gleichberechtigt*. Es macht also keinen Sinn, zwischen ihnen a priori unterscheiden zu wollen, etwa in M die Ursache und in m die Wirkung zu suchen. Das widerspräche völlig dem schon von *Newton* erkannten Wechselwirkungsprinzip. Sind die Massen allerdings um viele Größenordnungen verschieden, wie etwa Sonne und Erde, oder zwischen der Erde und einem Satelliten, dann hat es in der Tat den Anschein, als sei eine Wirkung nur am *kleineren* Partner spürbar.

Man sagt, die kleine Masse befinde sich im **Schwerkraftpotential** der großen und definiert dieses als

$$V_M(r) = \frac{E_p(r)}{m} = -\gamma \frac{M}{r} . \qquad (4.54)$$

Das zugehörige Gradientenfeld ist nach (4.41)

$$-\textbf{grad}\, V = \frac{-\partial V(r)}{\partial r}\hat{\boldsymbol{r}} = -\gamma \frac{M}{r^2}\hat{\boldsymbol{r}} = \frac{\boldsymbol{F}}{m} = \boldsymbol{a} \qquad (4.55)$$

die Beschleunigung im Schwerefeld. Auf diese Weise hat man die Masse des kleinen Körpers aus seiner Bewegungsgleichung im Schwerefeld des großen eliminiert. Das ist ein praktischer Vorteil. Die Mitbewegung des großen Körpers relativ zum gemeinsamen Schwerpunkt wird dabei in der Regel vernachlässigt.

An der Erdoberfläche ist laut (4.55) und (4.49)

$$\boldsymbol{a} = -\gamma \frac{M_{\text{Erde}}}{R_{\text{Erde}}^2}\hat{\boldsymbol{R}} = -g\hat{\boldsymbol{R}} \qquad (4.55a)$$

und demnach gilt bei relativ kleinen Höhen $h \ll R_{\text{Erde}}$ für das Schwerepotential in der Umgebung von R_{Erde} mit $g \approx \text{const}$ näherungsweise

$$V = gh . \qquad (4.54a)$$

Fluchtgeschwindigkeit von der Erde. Als Anwendung des Gravitationspotentials fragen wir nach der Startgeschwindigkeit v_0, die ein Geschoß braucht, um die Erdanziehung endgültig zu überwinden. Die Antwort gewinnen wir aus dem Energiesatz (4.26) und aus (4.54) bzw. (4.51). Wegen (4.52) genügt es zu fordern, daß am Startpunkt bei $r = R_{\mathrm{Erde}}$ die Gesamtenergie *positiv* ist (s. Abb. 4.20):

$$E_\mathrm{k} + E_\mathrm{p} = \frac{m}{2} v_0^2 - \gamma \frac{mM}{R_{\mathrm{Erde}}} > 0\,. \tag{4.56}$$

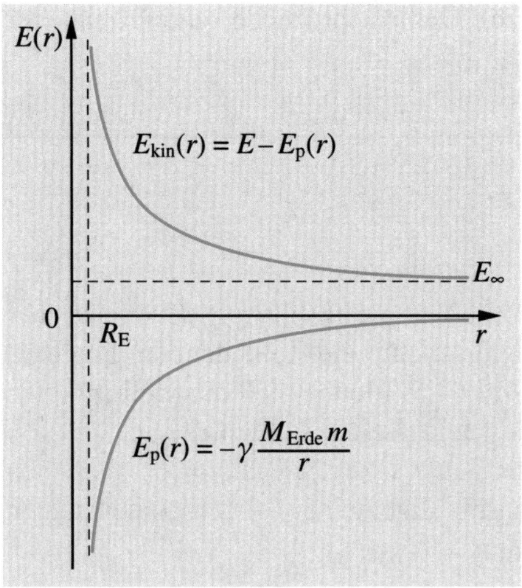

Abb. 4.20. Bilanz zwischen potentieller E_p und kinetischer Energie E_k bei der Fluchtbewegung von der Erde

Dann wird auch im Unendlichen noch eine restliche Relativgeschwindigkeit übrig sein.

Die Auflösung von (4.56) ergibt mit (4.49) für die **Fluchtgeschwindigkeit**

$$v_0 > \sqrt{\frac{2\gamma M_{\mathrm{Erde}}}{R_{\mathrm{Erde}}}} = 11{,}2\,\mathrm{km\,s^{-1}}\,. \tag{4.57}$$

Die Masse des Geschosses geht wie gesagt nicht in die Gleichung ein. Analog berechnet sich die Fluchtgeschwindigkeit aus dem Sonnensystem vom Radius der Erdbahn aus zu 75 km/s. Da nur der Betrag der kinetischen Energie entscheidet, ist die gewählte Richtung von v_0 völlig gleichgültig. Sie ist allerdings auf den Erdmittelpunkt und nicht auf die rotierende Erdoberfläche bezogen. Startet die Rakete z. B. am Äquator nach Osten, so wird die dortige Bahngeschwindigkeit von ca. 460 m/s gutgeschrieben, beim Start nach Westen ist sie hingegen zusätzlich aufzubringen. Mit Rücksicht darauf fliegen Satelliten von West nach Ost. Die Fluchtgeschwindigkeit spielt eine entscheidende Rolle für die Atmosphäre der Himmelkörper. Ist v_0 so klein, daß es in den Bereich der thermischen Geschwindigkeitsverteilung der Gasmoleküle gerät (s. Kap. 14), wie etwa beim Mond, so geht die Atmosphäre verloren.

Elektrisches Potential

Außer bei der Gravitation trifft man auch bei elektrischen Kraftfeldern eine Unterscheidung zwischen *potentieller Energie* und *Potential* und zwar nach dem gleichen Schema. Die potenielle Energie zwischen zwei *elektrischen Punktladungen* der Größe Q_1 und Q_2 ist in Analogie zu (4.53) (vgl. Kap. 19)

$$E_\mathrm{p}(r) = \frac{Q_1 Q_2}{4\pi\varepsilon_0 r}\,, \tag{4.58}$$

mit $\varepsilon_0 = 8{,}854\,187\,82\,(7) \cdot 10^{-12}$ A s/(Volt m). Dementsprechend schreibt man der Ladung Q_1 das **elektrische Potential**

$$V_1(r) = \frac{Q_1}{4\pi\varepsilon_0 r}\,, \tag{4.59}$$

oder umgekehrt Q_2 das Potential

$$V_2(r) = \frac{Q_2}{4\pi\varepsilon_0 r} \tag{4.59'}$$

zu. In beiden Fällen ist die potentielle elektrische Energie unabhängig davon, welcher Ladung wir die Rolle des *Potentialträgers* und welcher die Rolle der dem Potential unterworfenen *Probeladung* zuschreiben. Aus (4.59) leiten sich die vielbenutzten Begriffe der **elektrischen Spannung** und der **elektrischen Feldstärke** ab.

! Außer in den beiden genannten Fällen unterscheidet man nicht zwischen potentieller Energie und Potential, weil man im allgemeinen keinen gemeinsamen Faktor wie Masse oder Ladung abspalten kann.

4.7 Darstellung von Feldern durch Feldlinien und Äquipotentialflächen

Potentiale und zugehörige Kräfte sind Funktionen des Orts, die wir Felder nennen. Das Potential ist eine skalare Funktion, also ein **skalares Feld**, sein Gradient ist ein **vektorielles Feld**. Das praktische Rechnen mit Vektorfeldern ist aber viel mühsamer als mit skalaren Feldern. Man denke z. B. an die Addition zweier Felder. Deswegen bevorzugt man das Rechnen mit Potentialen wo immer möglich.

Die graphische Darstellung von Potentialen durch Äquipotentialflächen hatten wir bereits in Abschn. 4.6 besprochen. Das vektorielle Feld der Kraft wollen wir durch **Kraftlinienfelder** darstellen. Diese Linien sollen in Übereinstimmung mit früher Gesagtem die Äquipotentialflächen senkrecht schneiden.

> Allerdings wollen wir den Betrag der Kraft nicht mehr durch die Länge eines Pfeils, wie es der Definition eines Vektors entspricht, darstellen, sondern durch die Anzahl der Kraftlinien, die pro Flächeneinheit die Äquipotentialfläche schneiden.
>
> Die Kraftlinien bündeln sich also an Stellen wachsender Gradienten und laufen auseinander im umgekehrten Fall.
>
> Diese Vereinbarung für die Kraftlinienbilder hat interessante Konsequenzen.

Beim **Schwerefeld** führt sie z. B. dazu, daß *alle* Kraftlinien im Unendlichen entspringen und in Massen einmünden. Im massefreien Raum dazwischen entspringen und münden keine weiteren Feldlinien; sie sind alle unendlich lang. Man erkennt dies leicht aus der Form des Schwerepotentials (4.54) und des zugehörigen Gradientenfelds (4.55). Die Äquipotentialflächen sind offensichtlich Kugelschalen um die Punktmasse (s. Abb. 4.21). Ihre Fläche $A = 4\pi r^2$ wächst mit dem Quadrat des Abstands. Andererseits sinkt der Betrag des Gradienten umgekehrt proportional zum Quadrat des Abstands. Also muß die Anzahl der Feldlinien, die die Äquipotentialflächen pro Flächeneinheit schneiden, ebenfalls mit $1/r^2$ abnehmen. Das ist aber genau dann der Fall, wenn alle diese Kugelflächen von exakt der gleichen Anzahl von Feldlinien geschnitten werden. Also besteht das Zeichnen des Feldlinienbilds darin, daß man eine Anzahl von Linien, die der Masse im Zentrum proportional ist, gleichmäßig auf alle Richtungen verteilt und radial vom Unendlichen ins Zentrum führt; q.e.d.

Ähnliches gilt für **elektrische Kraftfelder**. Da aber hier meistens gleich viele positive wie negative Ladungen zusammenwirken, ist das resultierende Feldlinienbild dadurch gekennzeichnet, daß alle elektrischen Feldlinien in *positiven* Ladungen *quellen* und in *negativen münden*. Wir werden diese Zusammenhänge in der Elektrostatik (Kap. 19) mit Hilfe des **Gaußschen Satzes** (10.13) vertiefen.

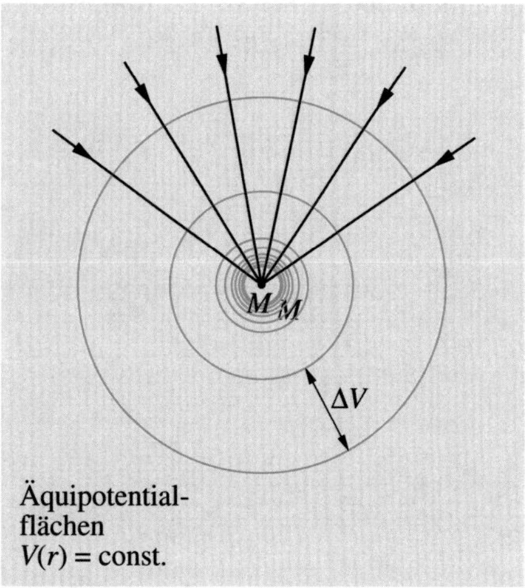

Abb. 4.21. Schnitt durch einige Äquipotentialflächen (blau) des Schwerefeldes einer Punktmasse M und dazugehöriges Feldlinienbild (schwarz). Die Feldlinien entspringen im Unendlichen und münden im Massenpunkt. Die in konstanten Stufen ΔV gezeichneten Äquipotentialflächen rücken wegen der $1/r$-Abhängigkeit nach innen immer dichter zusammen

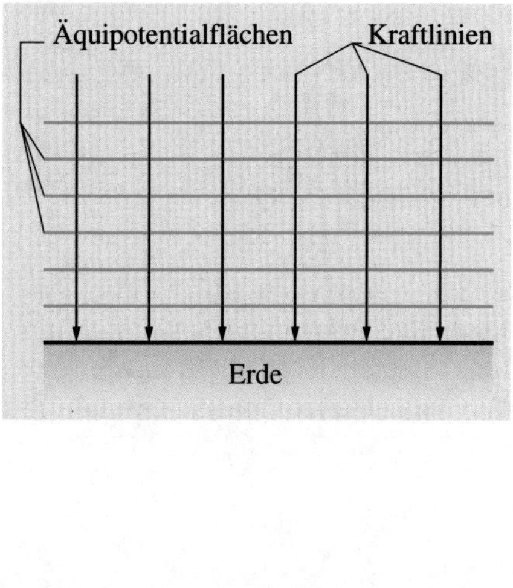

Abb. 4.22. Äquipotentialflächen- und Feldlinienbild des konstanten Schwerefeldes in Erdnähe

Abbildung 4.22 zeigt am Beispiel des erdnahen Schwerefeldes das Äquipotentialflächen- und Feldlinienbild eines konstanten Feldes. Das Potential $V = gh$ ist in äquidistanten, horizontalen Äquipotentialflächen gestaffelt, sein Gradient $\boldsymbol{g}$ ist ein dazu senkrechtes Feldlinienbild konstanter Dichte. Ein anderes wichtiges Vektorfeld, das man auch im Versuch sehr gut darstellen kann, ist die *Geschwindigkeitsverteilung in Strömungen*. Die Feldlinien heißen dort **Stromlinien** (s. Kap. 10).

4.8 Leistung

Unter der **mechanischen Leistung** (P) versteht man den Quotienten aus Arbeit und Zeit. Wir schreiben ihn wie üblich in differentieller Form als momentane Leistung.

$$P = \mathrm{d}W/\mathrm{d}t\,. \tag{4.60}$$

Die Einheit der Leistung ist das Watt (W)

$$[P] = \mathrm{W} = \mathrm{J\,s^{-1}} = \mathrm{N\,m\,s^{-1}}\,.$$

Ähnlich wie die Energie spielt die **Leistung** außerhalb der Physik im praktischen Leben und in der Technik eine allgegenwärtige Rolle. In Tabelle 4.1 sind typische Leistungen alltäglicher Objekte aufgeführt.

Wir benutzen dabei einen allgemeineren Leistungsbegriff, der jede Form des *Energieumsatzes pro Zeiteinheit*

$$P = \mathrm{d}E/\mathrm{d}t \tag{4.60a}$$

als **Leistung** *schlechthin* bezeichnet, also auch elektrische, Strahlungs- oder Wärmeleistung.

Tabelle 4.1. Typische Leistungen einiger Objekte

Objekte	Leistung
Transistor	10 µW
Insekt	1 mW
Taschenlampe	1 W
Mensch	70 W
Strahlungsleistung der Sonne pro m^2 auf der Erdoberfläche	1400 W
Auto	50 kW
Schnellzuglokomotive	10 MW
Kraftwerk	1 GW

Wir merken uns den Zusammenhang zwischen dem engeren Begriff der mechanischen Leistung (4.60) und der Kraft, den wir durch Substitution des Weges durch die Zeit im Arbeitsintegral (4.19) einerseits und Integration von (4.60) andererseits gewinnen (s. Abb. 4.23).

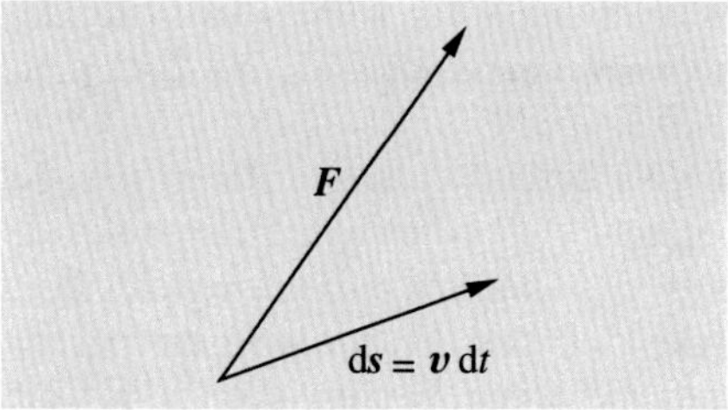

Abb. 4.23. Vektordiagramm zur Substitution $\mathrm{d}\boldsymbol{s} = \boldsymbol{v}\,\mathrm{d}t$ im Arbeitsintegral

$$W_{1\to 2} = \int_{P_1}^{P_2} (\boldsymbol{F}\cdot \mathrm{d}\boldsymbol{s}) = \int_{t_1}^{t_2} (\boldsymbol{F}\cdot \boldsymbol{v})\,\mathrm{d}t = \int_{t_1}^{t_2} P\,\mathrm{d}t \quad \curvearrowright$$

$$P = (\boldsymbol{F}\cdot\boldsymbol{v}) \tag{4.61}$$

Die **mechanische Leistung** ist das Skalarprodukt aus Kraft und Geschwindigkeit.

4.9 Reibung

Bei den meisten Bewegungsvorgängen makroskopischer Objekte spielt die **Reibung** eine dämpfende Rolle. Ihre Ursache liegt in den Kräften, die die Moleküle aufeinander ausüben. Bei der Reibung zwischen festen Körpern ist die Beschaffenheit der Oberfläche entscheidend. Wir beobachten bei einem Quader auf einer schiefen Ebene, daß die **Haftreibung** stärker ist als die **Gleitreibung**: Bei schwacher Neigung haftet der Quader; nach einem Stoß kommt er durch Gleitreibung wieder zur Ruhe. Bei mittlerer Neigung haftet er zwar noch, rutscht aber nach dem Anstoßen definitiv ab. Bei starker Neigung wird auch die Haftreibung von der resultierenden Gewichtskraft überwunden.

Haft- und Gleitreibung wachsen beide mit der Druckbelastung der reibenden Flächen. Der Druck verformt die normalerweise rauhen Reibungsflächen derart, daß die Zahl der Moleküle in den beiden Oberflächen, die miteinander Kontakt gewinnen, wächst. Fügt man daher extrem plan geschliffene Flächen aneinander, so wird die Haftreibung so stark, daß man sie kaum noch voneinander trennen kann. Es gibt heute **Kraftmikroskope**, die über einen sehr empfindlichen Hebelmechanismus die Anziehungskraft einzelner Oberflächenmoleküle auf eine Spitze ausmessen, die man mit Hilfe einer piezo-elektrischen Verschiebemechanik vorsichtig entlang der Oberfläche führt. Auch beim *Rollen* tritt noch eine Reibung auf, die aus der Verformung der Oberfläche herrührt.

Ist ein Körper stärkerer elastischer Verformung (s. Kap. 8) ausgesetzt, so treten auch Reibungsverluste in seinem Inneren auf. Aus diesem Grund wird z. B. ein Autoreifen bei schneller Fahrt gefährlich heiß; denn die Reibungsleistung wächst mit der Geschwindigkeit der Verformung.

Flüssigkeiten und Gase setzen ihrer Verformung zwar keine *elastische* Gegenkraft entgegen, wohl aber einen Reibungswiderstand, den wir als **Zähigkeit** bezeichnen. Wir kommen darauf in Abschn. 10.3 zurück.

Der Mechanismus, wie mechanische Energie durch Reibung verloren geht, ist im Prinzip immer der gleiche: Die makroskopische Relativbewegung der Moleküle in den sich reibenden Schichten führt zu Stößen zwischen den einzelnen Molekülen, wodurch die *geordnete* Relativgeschwindigkeit in eine *ungeordnete* thermische Geschwindigkeit überführt wird. Einen einfachen, zutreffenden Ansatz für die Reibungskraft findet man bei strömenden Flüssigkeiten und Gasen; aber auch dort wird die Sache sehr kompliziert, sobald Wirbel einsetzen (s. Abschn. 10.4).

Wir wollen uns hier in der Mechanik mit der Feststellung begnügen, daß die Reibungskraft $\boldsymbol{F}_\varrho$ prinzipiell der Geschwindigkeit *entgegengerichtet* ist (s. Abb. 4.24). Wir machen daher den Ansatz

$$\boldsymbol{F}_\varrho(\boldsymbol{v}) = -\varrho(v)\boldsymbol{v} \qquad \text{mit} \qquad \varrho(v) > 0\,. \tag{4.62}$$

Der **Reibungskoeffizient** ϱ ist zwar immer positiv, aber häufig selbst noch eine Funktion von v.

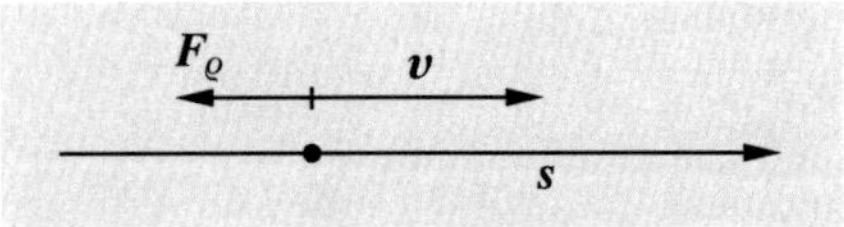

Abb. 4.24. Vektordiagramm der Reibungskraft $\boldsymbol{F}_\varrho$ und der Geschwindigkeit $\boldsymbol{v}$

Wir wollen als Beispiel die Dämpfung einer Bewegung in der Näherung

$$\varrho(v) = \text{const} \tag{4.63}$$

berechnen. Wirken ansonsten keine äußeren Kräfte, so gilt

$$m\dot{\boldsymbol{v}} = \boldsymbol{F}_\varrho = -\varrho\boldsymbol{v}\,. \tag{4.64}$$

In (4.64) begegnen wir zum ersten Mal einer Bewegungsgleichung in Form einer **Differentialgleichung** (DGL). Darunter versteht man eine Gleichung zwischen einer Funktion und deren Ableitungen. Wege zur Lösung von Dgln zu finden, ist eine Hauptaufgabe der mathematischen Physik. Die DGL (4.64) ist vom einfachsten Typ. Sie besagt, daß die Funktion und ihre erste Ableitung zueinander proportional sind. Die **Exponentialfunktion**

$$\mathrm{f}(x) = \mathrm{e}^{\alpha x}\,, \tag{4.65}$$

mit der Ableitung

$$\mathrm{f}'(x) = \alpha\,\mathrm{e}^{\alpha x} = \alpha\, f(x) \tag{4.66}$$

erfüllt diese Forderung. Die Lösung von (4.64) lautet also mit t als Variablen

$$v(t) = v_0\,\mathrm{e}^{-(\varrho/m)t} = v_0\,\mathrm{e}^{-t/\tau}\,. \tag{4.67}$$

Die *Geschwindigkeit* ist exponentiell gedämpft und sinkt innerhalb der **Zeitkonstanten**

$$t = \tau = \frac{m}{\varrho} \tag{4.68}$$

auf $1/\mathrm{e}$ ($\approx 37\,\%$) ihres Anfangswerts v_0 ab. Dementsprechend wird die *kinetische Energie* als Quadrat der Geschwindigkeit

$$E_\mathrm{k} = \frac{1}{2}mv^2 = \frac{1}{2}mv_0^2\,\mathrm{e}^{-(2\varrho/m)t} \tag{4.69}$$

doppelt so schnell verzehrt; ihr Zerfall ist also durch die halbe Zeitkonstante

$$\tau' = \frac{\tau}{2} = \frac{m}{2\varrho} \tag{4.70}$$

charakterisiert.

! Offensichtlich ist die Reibungskraft *nicht* konservativ; denn auf beliebigen Wegen ist die **Reibungsarbeit**

$$W_{1\to 2} = \int_{P_1}^{P_2} (\boldsymbol{F}_\varrho \cdot \mathrm{d}\boldsymbol{s}) = \int_{P_1}^{P_2} -\varrho\,(\boldsymbol{v} \cdot \mathrm{d}\boldsymbol{s}) = \int_{t_1}^{t_2} -\varrho v^2\,\mathrm{d}t$$

negativ, weil der Integrand nach der Substitution $\mathrm{d}\boldsymbol{s} = \boldsymbol{v}\,\mathrm{d}t$ wegen $\varrho > 0$ als negativ definit erkannt ist. Somit ist

$$\oint (\boldsymbol{F}_\varrho \cdot \mathrm{d}\boldsymbol{s}) < 0$$

und das Kriterium (4.23) für konservative Kräfte auf alle Fälle verletzt.

5. Impuls und Impulserhaltungssatz

INHALT

Auch im Zentrum dieses Kapitels steht ein Erhaltungssatz. Er bezieht sich auf eine noch zu definierende, kinematische Größe, die wir **Impuls** nennen. Ähnlich wie die Energie ist der Impuls ein abstrakter Begriff, der rein aus der Physik gewonnen wurde und nicht aus der täglichen Erfahrung. Impuls und Impulserhaltungssatz sind unentbehrlich, um die Bewegung eines Systems von wechselwirkenden Körpern zu studieren, etwa den Stoß mehrerer Körper untereinander. Wir beginnen mit der Definition des Impulses für einen Massenpunkt.

5.1 Definition des Impulses

Ähnlich wie die Energie gewinnen wir auch den *Begriff des Impulses* aus der Newtonschen Grundgleichung (3.8)

$$\boldsymbol{F} = m\boldsymbol{a} \,.$$

Wir bilden aber diesmal nicht das Produkt aus Kraft und *Weg*, sondern aus Kraft und *Zeit*; wir nennen es einen **Kraftstoß**. Sei im einfachsten Fall die Kraft *konstant*, wie etwa im freien Fall, so gilt für den Kraftstoß im Zeitintervall von t_1 bis t_2

$$\boldsymbol{F}(t_2 - t_1) = m\boldsymbol{a}(t_2 - t_1) = m\boldsymbol{v}_2 - m\boldsymbol{v}_1 \,. \tag{5.1}$$

Die Formel (5.1) gilt aber letztlich unverändert auch für zeitabhängige Kräfte, wenn wir den Kraftstoß allgemein als das Integral der Kraft über die Zeit definieren

$$\int_{t_1}^{t_2} \boldsymbol{F}(t)\,\mathrm{d}t = \int_{t_1}^{t_2} m\boldsymbol{a}(t)\,\mathrm{d}t = m\boldsymbol{v}_2 - m\boldsymbol{v}_1 \,. \tag{5.2}$$

E. W. Otten, *Repetitorium Experimentalphysik*,
https://doi.org/10.1007/978-3-662-59730-9_5

Das Zeitintegral der Kraft auf einen Körper ist also gleich der Änderung des Produkts aus Masse und Geschwindigkeit des Körpers. Wir nennen das Produkt

$$\boldsymbol{p} = m\boldsymbol{v} \tag{5.3}$$

den **Impuls** eines Körpers.

Die SI-Einheit des Impulses ist

$$[p] = \left[m\frac{l}{t}\right] = \mathrm{kg\,m\,s^{-1}}\,. \tag{5.4}$$

Mit dieser Definition können wir das Newtonsche Kraftgesetz auch so schreiben

$$\boldsymbol{F} = \dot{\boldsymbol{p}} = \frac{\mathrm{d}}{\mathrm{d}t}(m\boldsymbol{v})\,. \tag{5.5}$$

In dieser Form, in der auch die Masse unter dem Differentiationszeichen steht, ist die Newtonsche Grundgleichung auch noch bei relativistischen Geschwindigkeiten gültig, bei denen auch die Masse geschwindigkeits- und damit zeitabhängig wird.

Der Impuls ist definitionsgemäß ein Vektor. Seinem Absolutwert kommt ähnlich wie dem der Energie keine physikalische Bedeutung zu. Bei Wechsel auf ein anderes, mit der Relativgeschwindigkeit $\boldsymbol{u}$ bewegtes Inertialsystem ändert sich sein Wert um $-m\boldsymbol{u}$.

5.2 Impulserhaltung

Einzelner, kräftefreier Körper

Für einen kräftefreien Körper gilt:

$$\boldsymbol{F} = \dot{\boldsymbol{p}} = \boldsymbol{0} \quad \curvearrowright \quad \boldsymbol{p} = \mathbf{const}\,. \tag{5.6}$$

Der Impuls ist in diesem Fall konstant. Das war schon die Aussage des 1. Newtonschen Gesetzes, das wir jetzt für den Impuls statt für die Geschwindigkeit aussprechen und Satz von der Impulserhaltung oder kurz **Impulssatz** nennen.

Zwei wechselwirkende Körper ohne Einwirkung äußerer Kräfte

Wir betrachten jetzt den Stoß zweier Körper mit den Anfangsimpulsen $\boldsymbol{p}_1, \boldsymbol{p}_2$ (s. Abb. 5.1). Die Körper seien zu Beginn weit voneinander getrennt und mögen keine Kräfte aufeinander ausüben. Während dieser Phase sind die Einzelimpulse und somit auch ihre Summe $\boldsymbol{P} = \boldsymbol{p}_1 + \boldsymbol{p}_2$ konstant. Im Moment des Stoßes wechselwirken die Körper für eine relativ kurze Zeit unter Austausch von Stoßkräften $\boldsymbol{F}_{12}, \boldsymbol{F}_{21}$ und laufen anschließend wieder mit konstantem Summenimpuls

$$\boldsymbol{P}' = \boldsymbol{p}_1' + \boldsymbol{p}_2'$$

auseinander. In der Wechselwirkungsphase ist wegen der Gültigkeit von actio = reactio jederzeit

$$\boldsymbol{F}_{12}(t) = -\boldsymbol{F}_{21}(t)\,.$$

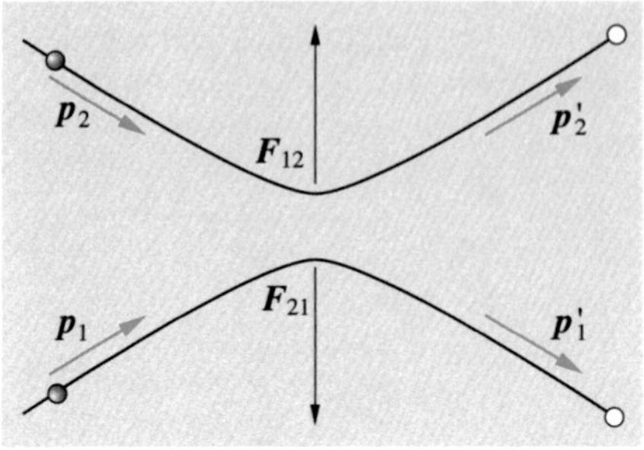

Abb. 5.1. Impuls- und Kraftdiagramm beim Stoß zweier Körper

Deswegen gilt auch für den Summenimpuls

$$\dot{\boldsymbol{P}}(t) = \dot{\boldsymbol{p}}_1(t) + \dot{\boldsymbol{p}}_2(t) = \boldsymbol{F}_{12}(t) + \boldsymbol{F}_{21}(t) = \boldsymbol{0}\,. \tag{5.7}$$

Folglich ist der Summenimpuls zu allen Zeiten konstant:

$$\boldsymbol{P} = \boldsymbol{P}(t) = \boldsymbol{P}' = \mathbf{const}\,. \tag{5.8}$$

Bei der Ableitung von (5.8) haben wir lediglich vorausgesetzt, daß keine *äußeren* Kräfte am Werk seien. Die Kräfte *zwischen* den Körpern, die wir *innere* Kräfte des wechselwirkenden Systems nennen, können dagegen beliebig sein. In dieser Allgemeinheit liegt die Bedeutung des Satzes von der Impulserhaltung. Nehmen wir z. B. folgende Situation an: Im Stoß sehr harter Kugeln, oder noch extremer, im Stoß zweier Elementarteilchen, ist die Wechselwirkungszeit so kurz, daß man im Experiment den Zeitablauf der Kräfte im einzelnen gar nicht verfolgen kann. Man kann aber sehr wohl die Impulse vor und nach dem Stoß messen. Dann ist der Impulssatz zusammen mit dem Energiesatz ein sehr wichtiges Hilfsmittel zur Analyse des Stoßprozesses.

Wir können die obigen Überlegungen leicht auf eine beliebige Anzahl N wechselwirkender Körper verallgemeinern (s. Abschn. 5.3) und zu dem Schluß kommen, daß auch der Gesamtimpuls eines solchen Systems konstant ist

$$\boldsymbol{P} = \sum_{i=1}^{N} \boldsymbol{p}_i = \mathbf{const}\,, \tag{5.8'}$$

wenn keine äußeren Kräfte auf es einwirken, sondern die Körper nur untereinander wechselwirken. Wir sprechen dann von einem **abgeschlossenen System**.

Als Beispiel zur Messung schneller Kraftstöße. bzw. Impulsübertragungen diskutieren wir im folgenden Versuch das ballistische Pendel.

VERSUCH 5.1

Ballistisches Pendel. Eine Pendelmasse m hängt an einem Faden der Länge l und erhalte in seiner Ruhelage einen *plötzlichen* Kraftstoß z. B. durch einen Hammerschlag oder indem wir eine Geschoßkugel hineinschießen (s. Abb. 5.2). Es beginnt zu schwingen, und wir messen den Maximalausschlag φ_{max}. In erster Näherung ist er proportional zum übertragenen Kraftstoß bzw. Impuls

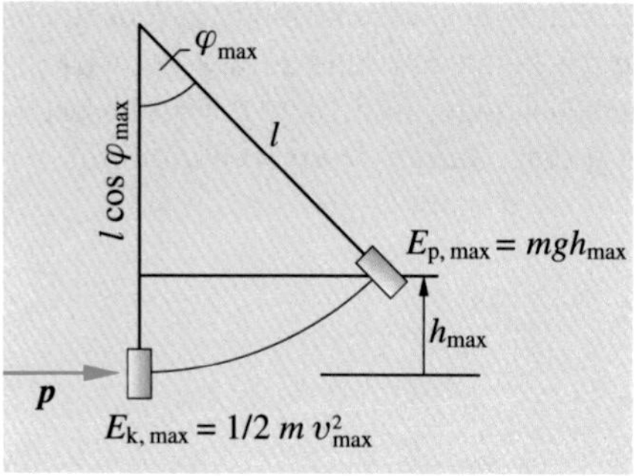

Abb. 5.2. Ballistisches Pendel, durch einen Impulsübertrag p zum Schwingen mit einer Amplitude $\varphi_{max} \propto p$ angeregt

$$\int_{t_1}^{t_2} F\,\mathrm{d}t = p\,.$$

Beweis: Im Umkehrpunkt bei φ_{max} besitzt das Pendel die potentielle Energie

$$\begin{aligned} E_{p,max} &= mgh_{max} = mgl(1 - \cos\varphi_{max}) \\ &\approx mgl\left(1 - \left(1 - \frac{1}{2}\varphi^2_{max}\right)\right) \\ &= \frac{1}{2} mgl\varphi^2_{max}\,. \end{aligned}$$

Dabei haben wir von der Taylor-Entwicklung des Cosinus bis zum quadratischen Glied Gebrauch gemacht. Diese potentielle Energie ist gleich der kinetischen Energie E_k, die das Pendel im Tiefpunkt nach Empfang des Stoßes hatte:

$$E_k = \frac{1}{2} m v^2_{max} = \frac{p^2_{max}}{2m} \quad \curvearrowright$$

$$p \approx \sqrt{glm}\varphi_{max}\,; \qquad \text{q.e.d.} \tag{5.9}$$

Aus (5.9) kann man also den Impuls einer Geschoßkugel durch Übertrag auf eine sehr viel schwerere Masse direkt bestimmen, ohne Masse oder Geschwindigkeit des Geschosses einzeln gemessen zu haben. *Voraussetzung* war nur, daß die Dauer des Kraftstoßes kurz gegen die Schwingungsdauer des Pendels ist. Ähnlich mißt man z. B. das Integral kurzer Strom- oder Spannungsstöße, indem man den resultierenden Maximalausschlag eines Drehspulgalvanometers bestimmt. Solche *Meßprinzipien* werden daher in Anlehnung an das Beispiel der Geschoßkugel allgemein durch das Wort *ballistisch* charakterisiert.

5.3 Schwerpunktssystem und Schwerpunktsbewegung

Bevor wir den Impulssatz in weiteren Experimenten prüfen und seine Konsequenzen diskutieren – insbesondere bei Stößen – wollen wir zunächst die Frage nach einem geeigneten *Bezugssystem* für die Diskussion dieser Phänomene stellen. Der im vorigen Abschnitt postulierte Satz von der Erhaltung des Gesamtimpulses $\boldsymbol{P}$ in einem abgeschlossenen System von N Körpern, auf das keine äußeren Kräfte $\boldsymbol{F}_{\mathrm{a}}$ einwirken, zeichnet von allen möglichen Inertialsystemen dasjenige aus, in dem $\boldsymbol{P}$ verschwindet. Wir finden es von einem System S aus durch eine *Galilei-Transformation* mit der Relativgeschwindigkeit $\boldsymbol{V}$, für die laut (3.21) gelten muß:

$$\begin{aligned} \boldsymbol{P}' = \boldsymbol{P}_{\mathrm{s}} &= \sum_{i=1}^{N} m_i(\boldsymbol{v}_i - \boldsymbol{V}) = \sum_{i=1}^{N} m_i\boldsymbol{v}_i - \boldsymbol{V}\sum_{i=1}^{N} m_i \\ &= \boldsymbol{P} - M\boldsymbol{V} = 0 \qquad \curvearrowright \end{aligned}$$

$$\boldsymbol{V} = \frac{1}{M}\sum_{i=1}^{N} m_i\boldsymbol{v}_i = \frac{\boldsymbol{P}}{M}\,. \tag{5.10}$$

Darin ist M die Gesamtmasse der Körper. Wir nennen das Bezugssystem, in dem der Gesamtimpuls $\boldsymbol{P}$ verschwindet, das **Schwerpunktssystem** (S_{s}) und bezeichnen es durch einen Index s. Die Relativgeschwindigkeit $\boldsymbol{V}$ gegenüber S heißt **Schwerpunktsgeschwindigkeit**. Das Schwerpunktssystem bietet viele Rechenvorteile und führt zu wichtigen Schlußfolgerungen, die wir in diesem und den folgenden Kapiteln behandeln werden.

Schwerpunkt

Als *Ursprung des Schwerpunktssystems* ($\mathcal{O}_{\mathrm{s}}$) bietet sich zweckmäßigerweise der sogenannte **Schwerpunkt** (S) an, dessen Ortsvektor wir im ursprünglichen Bezugssystem – im allgemeinen das Laborsystem – durch die Gleichung

$$\boldsymbol{R} = \frac{1}{M}\sum_{i=1}^{N} m_i\boldsymbol{r}_i \tag{5.11}$$

definieren.

Die $\boldsymbol{r}_i$ sind die Ortsvektoren der Körper im Laborsystem. Durch Vergleich mit (5.10) sehen wir, daß

$$\dot{\boldsymbol{R}} = \boldsymbol{V}$$

gilt und der Schwerpunkt somit in S_{s} ruht wie verlangt.

Andererseits ist nach (5.10) das Produkt aus Gesamtmasse M und **Schwerpunktsgeschwindigkeit** $\boldsymbol{V}$ gleich dem Gesamtimpuls

$$M\boldsymbol{V} = M\dot{\boldsymbol{R}} = \boldsymbol{P}\,, \tag{5.12}$$

den wir deshalb auch als **Schwerpunktsimpuls** bezeichnen wollen.

Schwerpunkt zweier Massenpunkte

Es gilt: Der **Schwerpunkt zweier Massenpunkte** m_1, m_2, an den Orten $\boldsymbol{r}_1, \boldsymbol{r}_2$ liegt auf der Verbindungsstrecke der Massenpunkte und teilt diese im umgekehrten Verhältnis der Massen

$$\frac{l_1}{l_2} = \frac{m_2}{m_1} \,. \tag{5.13}$$

Beweis: Nach Abb. 5.3 lautet die Behauptung

$$\begin{aligned} \boldsymbol{R} &= \boldsymbol{r}_1 + \boldsymbol{l}_1 = \boldsymbol{r}_1 + \frac{l_1}{l_1 + l_2}(\boldsymbol{r}_2 - \boldsymbol{r}_1) \\ &= \boldsymbol{r}_1 + \frac{m_2}{m_1 + m_2}(\boldsymbol{r}_2 - \boldsymbol{r}_1) \\ &= \frac{m_1\boldsymbol{r}_1 + m_2\boldsymbol{r}_2}{m_1 + m_2} = \boldsymbol{R} \end{aligned}$$

in Übereinstimmung mit der Definition (5.11), q.e.d.

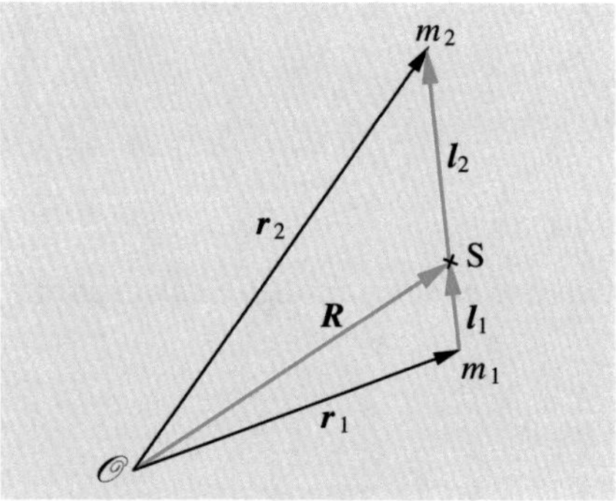

Abb. 5.3. Lage des Schwerpunkts zweier Massenpunkte m_1, m_2 mit $m_1/m_2 = 3$

Schwerpunktsbestimmung durch Volumenintegration

Da (5.11) streng genommen nur eine Aussage über Massenpunkte macht, können wir den Schwerpunkt *ausgedehnter* Körper nur mit Hilfe der *Integralrechnung* gewinnen. Hierzu teilen wir das betreffende Volumen in viele kleine Zellen ΔV_i ein, bestimmen die darin enthaltenen Massen Δm_i und führen Ortsvektoren $\boldsymbol{r}_i$ zu den ΔV_i (s. Abb. 5.4). Ist die Einteilung nicht zu grob, so bekommen wir mit (5.11) einen Näherungswert für $\boldsymbol{R}$, indem wir die Summe bilden

$$\boldsymbol{R} \approx \frac{\sum_{i=1}^{N} \boldsymbol{r}_i \Delta m_i}{\sum_{i=1}^{N} \Delta m_i} \,. \tag{5.14}$$

Den exakten Wert erhalten wir durch *Grenzübergang* zu unendlich feiner Zelleneinteilung $\lim \Delta V_i \to 0$, wobei auch die Δm_i gegen 0 streben. Wir bilden daher zunächst den Differentialquotienten

$$\lim_{\Delta V_i \to 0} \frac{\Delta m_i}{\Delta V_i} = \left.\frac{\mathrm{d}m}{\mathrm{d}V}\right|_{\boldsymbol{r}_i} = \varrho(\boldsymbol{r}_i) \,, \tag{5.15}$$

der in jedem Ort $\boldsymbol{r}_i$ die (ortsabhängige) **Massendichte** (oder schlicht **Dichte**) des Körpers angibt. Die Massendichte (ϱ) hat die Dimension

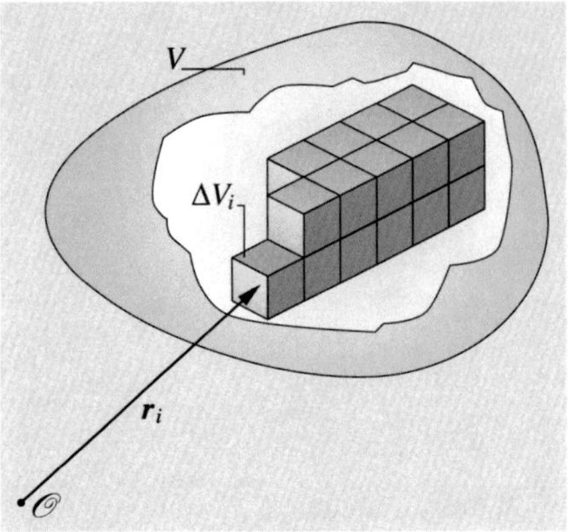

Abb. 5.4. Bestimmung eines Volumenintegrals durch Ausschöpfen des Volumens V mit kleinen Zellen ΔV_i

$$[\varrho] = \mathrm{kg\,m^{-3}} \,. \tag{5.16}$$

Mit (5.15) können wir schreiben

$$\Delta m_i = \varrho(\boldsymbol{r}_i)\Delta V_i \,,$$

sodann den Grenzübergang in (5.14) ausführen und erhalten für den **Schwerpunkt**

$$\begin{aligned} \boldsymbol{R} &= \lim_{\substack{\Delta V_i \to 0 \\ N \to \infty}} \frac{\sum_{i=1}^{N} \boldsymbol{r}_i \varrho(\boldsymbol{r}_i)\Delta V_i}{\sum_{i=1}^{N} \varrho(\boldsymbol{r}_i)\Delta V_i} = \frac{\int_{\mathrm{Vol}} \boldsymbol{r}\varrho(\boldsymbol{r})\,\mathrm{d}V}{\int_{\mathrm{Vol}} \varrho(\boldsymbol{r})\,\mathrm{d}V} \\ &= \frac{1}{M} \int\limits_{\mathrm{Vol}} \boldsymbol{r}\varrho(\boldsymbol{r})\,\mathrm{d}V \,. \end{aligned} \tag{5.17}$$

Die Grenzwerte in Zähler und Nenner von (5.17) bezeichnen wir als das **Volumenintegral** über die jeweiligen Integranden $\boldsymbol{r}\varrho(\boldsymbol{r})$ bzw. $\varrho(\boldsymbol{r})$. Wäre der Integrand konstant gleich 1 und dimensionslos, ergäbe sich das Gesamtvolumen

$$V = \int\limits_{\mathrm{Vol}} \mathrm{d}V = \int\limits_{\mathrm{V}} \mathrm{d}\tau \,. \tag{5.18}$$

(Bezeichnungswechsel zwischen $\mathrm{d}V$ und $\mathrm{d}\tau$ sind üblich und dienen meist dem Zweck, Integrations*variable* und Integrations*grenze* zu unterscheiden). Das Volumenintegral über die Dichte $\varrho(r)$ ergibt per definitionem die Gesamtmasse M.

Schwierigkeiten bei der Berechnung solcher bestimmten mehrdimensionalen Integrale resultieren oft nicht nur aus der Funktion des Integranden selbst, sondern auch aus der mathematischen Bestimmung der Berandung des Volumens, wenn dieses eine kompliziertere geometrische Form hat. Man muß sich im praktischen Fall in die analytische wie auch die numerische Berechnung von Volumenintegralen einüben.

Über *experimentelle* Verfahren zur Bestimmung des Schwerpunkts sprechen wir, wenn wir mehr über seine Physik wissen. Die gleichförmige Bewegung des

Schwerpunkts eines Systems mit inneren Kräften können wir im folgenden Versuch demonstrieren:

VERSUCH 5.2

Gleichförmige Schwerpunktsbewegung. Zwei gleichschwere Reiter gleiten auf der Luftkissenbahn und sind mit einer Feder gekoppelt, in deren Mitte – also im Schwerpunkt des Systems – ein Zeiger befestigt ist. Setzt man das System durch einen Stoß gegen den ersten Reiter zur Zeit $t = 0$ in Bewegung, so schreiten die Reiter abwechselnd in einem schwingenden Rhythmus voran, zuerst der Gestoßene einen Schritt, dann der zweite einen Schritt, dann wieder der erste usw. Der Zeiger im Schwerpunkt bewegt sich jedoch mit konstanter Geschwindigkeit (s. Abb. 5.5).

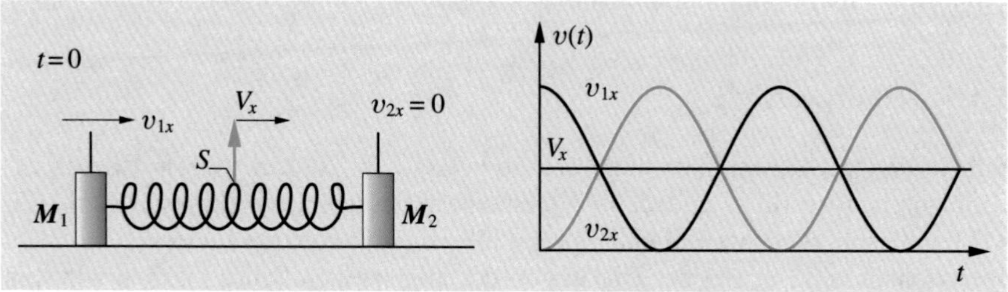

Abb. 5.5. Schwerpunktsbewegung gekoppelter Reiter auf der Luftkissenbahn (*links*); die gezeichnete Position entspricht der Situation kurz nach dem Stoß. *Rechts* ist der Zeitverlauf der Einzelgeschwindigkeiten der beiden Reiter v_{1x}, v_{2x} gezeichnet, sowie die des Schwerpunkts V_x

Einwirkung äußerer Kräfte

Seien die Massenpunkte m_i des Systems (oder bei ausgedehnten Körpern deren Massenelemente $\Delta m_i = \varrho(\boldsymbol{r}_i)\Delta\tau_i$ zusätzlich auch **äußeren Kräften** $\boldsymbol{F}_{\mathrm{a}i}$ ausgesetzt, so ist auch der Schwerpunkt beschleunigt, wie wir aus folgender Summation über die Kraftwirkungen ersehen:

$$M\ddot{\boldsymbol{R}} = \dot{\boldsymbol{P}} = \sum_{i=1}^{N} \dot{\boldsymbol{P}}_i = \sum_{i=1}^{N} \left(\boldsymbol{F}_{\mathrm{a}i} + \sum_{k=1,\neq i}^{N} \boldsymbol{F}_{ki} \right)$$

$$= \sum_{i=1}^{N} \boldsymbol{F}_{\mathrm{a}i} + \sum_{\substack{i,k=1,\\ i\neq k}}^{N} \boldsymbol{F}_{ki} = \boldsymbol{F}_{\mathrm{a}} + \boldsymbol{0} \qquad \curvearrowright$$

$$M\ddot{\boldsymbol{R}} = \boldsymbol{F}_{\mathrm{a}} \,. \tag{5.19}$$

In (5.19) hebt sich die Doppelsumme über alle *inneren Kräfte* wegen „actio = reactio" weg.

Deswegen wird der Schwerpunkt so beschleunigt, als würde in ihm die Summe aller äußeren Kräfte $\sum_{i=1}^{N} \boldsymbol{F}_{\mathrm{a}i} = \boldsymbol{F}_{\mathrm{a}}$, an der Gesamtmasse M des Systems angreifen.

Insofern haben wir mit (5.19) für die Schwerpunktsbewegung das Newtonsche Kraftgesetz in der einfachen Form der Punktmechanik zurückgewonnen. Das ist unter anderem der Hintergrund, vor dem die idealisierte Vorstellung von *Massenpunkten* einen praktischen Sinn erfährt.

Allgemeiner Impulssatz

Wenn insbesondere keine äußeren Kräfte einwirken, so ist der Schwerpunkt nicht beschleunigt und nach (5.12) der Gesamtimpuls $\boldsymbol{P}$ des Systems konstant. Wir können also den Impulssatz ganz allgemein wie folgt formulieren:

> Der Gesamtimpuls eines abgeschlossenen Systems ist konstant.

5.4 Zweikörperstöße

Wir wollen in diesem Abschnitt den Impulssatz in Stößen zweier Körper experimentell überprüfen und dann allgemeine Konsequenzen daraus ziehen. Wir wählen hierfür zunächst einfache Spezialfälle, die wir auch im Laborsystem leicht überschauen können. Bei der Diskussion des allgemeinen Falles machen wir vom Schwerpunktssystem Gebrauch. Wir beginnen mit den folgenden Grundversuchen:

VERSUCH 5.3

Eindimensionaler, elastischer Stoß gleichschwerer Massen

a) Wir setzen zwei gleichschwere Reiter auf die Luftkissenbahn und starten mit den Anfangsbedingungen

$$v_1 = \text{const} \neq 0\,, \quad v_2 = 0\,, \quad m_1 = m_2 = m\,. \tag{5.20}$$

Nach dem Stoß ist der erste Reiter zur Ruhe gekommen, während sich der zweite mit v_1 fortbewegt. Er hat also den Impuls des ersten *vollständig* übernommen. Nach der Reflexion an der Bande wiederholt sich das Spiel in umgekehrter Richtung.

b) Den gleichen Versuch wiederholen wir mit zwei Kugeln, die jede für sich an zwei gleichlangen Fäden unter einem Winkel als Pendel im Abstand ihrer Durchmesser aufgehängt sind (s. Abb. 5.6). Diese Art der Aufhängung legt die Schwingungsebene der Pendel fest, so daß die Stöße wie gewünscht zentral erfolgen. Wir beginnen mit den gleichen Anfangsbedingungen wie oben und beobachten das gleiche Ergebnis: Die erste Kugel schlägt die zweite weg, kommt zur Ruhe und wird von der zurückschwingenden zweiten Kugel ihrerseits weggeschlagen und so fort.

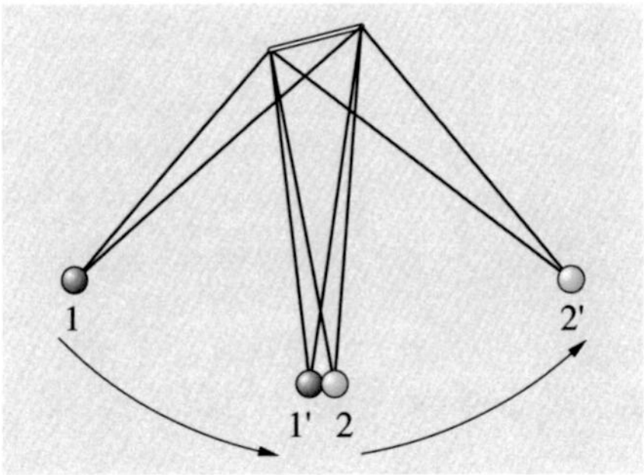

Abb. 5.6. Elastischer zentraler Stoß zweier gleich schwerer Pendel. Zu Beginn ist das schwarze Pendel ausgelenkt, das blaue in Ruhe am Tiefpunkt. Nach Austausch des Impulses beim Stoß im Tiefpunkt schlägt das blaue aus, während das schwarze in Ruhe bleibt (gestrichene Position)

c) Wir wiederholen den Versuch mit einer ganzen Reihe nebeneinander aufgehängter Kugeln. Lassen wir an einem Ende eine auftreffen, so springt am anderen Ende die letzte weg, während der Rest in Ruhe bleibt. Der Impuls der ersten Kugel wird über die ganze Reihe hinweg in einer Stoßfolge an die letzte weitergegeben. Lassen wir an einem Ende synchron zwei Kugeln auf die Reihe auftreffen, so schwingen am anderen Ende auch synchron zwei Kugeln aus. Je zwei Kugeln mit der gleichen Geschwindigkeit wirken im Stoß wie eine einzige der doppelten Masse.

d) Wir verallgemeinern jetzt die Versuchsbedingungen auf zwei Dimensionen, indem wir zwei gleichschwere Kreisscheiben (Pucks) auf einer horizontalen Ebene gleiten und sich stoßen lassen. Dadurch werden auch nicht-zentrale Stöße möglich. Starten wir mit den gleichen Anfangsbedingungen wie oben, so beobachten wir, daß nach dem Stoß, je nach Treffpunkt, der eine Puck nach links, der andere nach rechts wegfliegt. Jedoch ist der Winkel zwischen den beiden Pucks in allen Fällen 90° (s. Abb. 5.7).

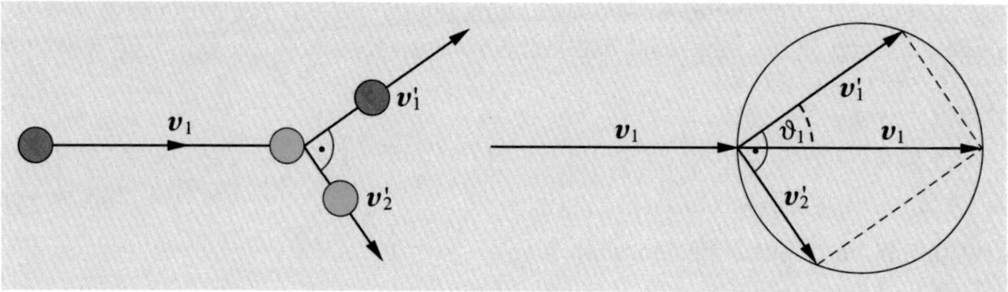

Abb. 5.7. *Links:* Stoß zweier gleich schwerer Kreisscheiben (Pucks), die auf einer horizontalen Ebene gleiten. Vor dem Stoß ist der schwarze Puck in Bewegung, der blaue ruht. Nach dem Stoß fliegen sie unter einem rechten Winkel auseinander. *Rechts:* Zeichnerische Lösung von (5.23) mit Hilfe des Thaleskreises

Impuls- und Energieerhaltung im Stoß

Wir analysieren die vorstehenden Versuche mit Hilfe der *Erhaltungssätze*. Außer dem *Impulssatz* können wir auch den *Energiesatz* geltend machen, weil die Stöße elastisch erfolgen sollten; d. h. unter Erhaltung der mechanischen Energie. Da keine äußeren Kräfte im Spiel waren, – die Schwerkraft war bei den horizontalen Stoßbewegungen ausgeschaltet – beschränkt sich der Energiesatz auf die Erhaltung der Summe der kinetischen Energien der Stoßpartner. Mit den Anfangsbedingungen (5.20) ist sie vor und nach dem Stoß

$$E_\mathrm{k} = \frac{1}{2}m\boldsymbol{v}_1^2 = E'_\mathrm{k} = \frac{1}{2}m\boldsymbol{v}_1'^2 + \frac{1}{2}m\boldsymbol{v}_2'^2 \,. \tag{5.21}$$

Entsprechend lautet der Impulssatz vektoriell geschrieben

$$\boldsymbol{P} = m\boldsymbol{v}_1 = \boldsymbol{P}' = m\boldsymbol{v}'_1 + m\boldsymbol{v}'_2 \,. \tag{5.22}$$

Kürzen wir die gemeinsamen Faktoren heraus, quadrieren (5.22) und setzen es in (5.21) ein, so folgt

$$(\boldsymbol{v}'_1 + \boldsymbol{v}'_2)^2 = \boldsymbol{v}_1'^2 + \boldsymbol{v}_2'^2 + 2(\boldsymbol{v}'_1 \cdot \boldsymbol{v}'_2) = \boldsymbol{v}_1'^2 + \boldsymbol{v}_2'^2 \quad \curvearrowright$$
$$(\boldsymbol{v}'_1 \cdot \boldsymbol{v}'_2) = 0 \tag{5.23}$$

das Skalarprodukt der Geschwindigkeiten nach dem Stoß muß verschwinden, wodurch *drei* Fälle ausgezeichnet sind:

- $\boldsymbol{v}_1' = 0$: zentraler Stoß
- $\boldsymbol{v}_2' = 0$: nicht getroffen
- $\boldsymbol{v}_1' \perp \boldsymbol{v}_2'$: nichtzentraler Stoß

Abbildung 5.7 zeigt rechts die zeichnerische Lösung des Problems: Nach dem Stoß liegen die beiden Geschwindigkeitsvektoren auf einem Thaleskreis.

! Wir halten fest: Das Erscheinungsbild dieser Stöße ist sehr markant und einprägsam; wir hätten es aber auf rein anschaulichem Wege ohne Hilfe der Erhaltungssätze kaum erschließen können.

Allgemeine elastische Zweierstöße

Wir lassen jetzt allgemeine Anfangsbedingungen zu, halten aber daran fest, daß die Stöße elastisch sein sollen, und daß keine äußeren Kräfte einwirken. Energie- und Impulssatz lauten dann:

$$E_\mathrm{k} = \frac{1}{2}m_1\boldsymbol{v}_1^2 + \frac{1}{2}m_2\boldsymbol{v}_2^2 = \frac{1}{2}m_1\boldsymbol{v}_1'^2 + \frac{1}{2}m_2\boldsymbol{v}_2'^2 = E_\mathrm{k}', \tag{5.24}$$

$$\boldsymbol{P} = m_1\boldsymbol{v}_1 + m_2\boldsymbol{v}_2 = m_1\boldsymbol{v}_1' + m_2\boldsymbol{v}_2' = \boldsymbol{P}', \tag{5.25}$$

bzw. durch die Impulse ausgedrückt

$$E_\mathrm{k} = \frac{1}{2}\left(\frac{\boldsymbol{p}_1^2}{m_1} + \frac{\boldsymbol{p}_2^2}{m_2}\right) = \frac{1}{2}\left(\frac{\boldsymbol{p}_1'^2}{m_1} + \frac{\boldsymbol{p}_2'^2}{m_2}\right) = E_\mathrm{k}', \tag{5.24'}$$

$$\boldsymbol{P} = \boldsymbol{p}_1 + \boldsymbol{p}_2 = \boldsymbol{p}_1' + \boldsymbol{p}_2' = \boldsymbol{P}'. \tag{5.25'}$$

Im Grunde hat sich gegenüber (5.21) und (5.22) nur geändert, daß die Massen verschieden sind und sich nicht mehr herauskürzen. Die Anfangsbedingung $v_2 = 0$ könnten wir ohne weiteres durch eine Galilei-Transformation auf ein Bezugssystem, in dem m_2 zu Beginn ruht, zurückgewinnen. Folglich werden auch die Lösungen gemeinsame, generelle Merkmale haben.

Wir interessieren uns hier vor allem dafür, inwieweit die Bewegung der beiden Massen *nach* dem Stoß schon durch die Wahl der Anfangsbedingungen *vor* dem Stoß festgelegt sind.

> Energie- und Impulssatz schränken offensichtlich die Bewegungsfreiheit der Partner nach dem Stoß erheblich ein, und zwar umso mehr, je *weniger* Dimensionen die Bewegung hat.

Im eindimensionalen, zentralen Stoß gibt es nach dem Stoß zwei Unbekannte – die Beträge v_1' und v_2' der Geschwindigkeiten entlang der gemeinsamen Stoßachse. Dem gegenüber stehen zwei Bestimmungsgleichungen, der Energiesatz und der Impulssatz. Sie verknüpfen die beiden Unbekannten mit den bekannten Anfangsbedingungen und determinieren sie auf diese Weise *vollständig*. Dies ist im folgenden Versuch demonstriert.

VERSUCH 5.4

Elastischer zentraler Stoß unterschiedlicher Massen. Lösen wir die Gleichungen (5.24) und (5.25) im zentralen, *eindimensionalen* Stoß unter den etwas allgemeineren Anfangsbedingungen

$$m_1 \neq m_2 \,, \quad v_2 = 0 \,,$$

so erhalten wir für das Verhältnis der Geschwindigkeiten nach dem Stoß

$$\frac{v_1'}{v_2'} = \frac{1}{2}\left(1 - \frac{m_2}{m_1}\right) .$$

Wir prüfen diese Vorhersage auf der Luftkissenbahn für verschiedene Massenrelationen. Ist $m_1 > m_2$, so laufen beide Reiter nach dem Stoß in Richtung v_1. Ist $m_2 > m_1$, so erfährt m_1 beim Stoß eine Richtungsumkehr. Wird die zweite Masse sehr schwer im Vergleich zur ersten, so münden wir in die Situation der senkrechten Reflexion an einer festen Wand mit $v_1' = -v_1$ ein. Hier im Versuch ist es die Reflexion der Reiter an den gefederten Enden der Luftkissenbahn.

Bei *zweidimensionalen Stößen* – etwa auf dem Billard[1] – liefern Energie- und Impulssatz insgesamt *drei* Bestimmungsgleichungen (Randbedingungen), weil jetzt der Impulssatz in zwei unabhängige Gleichungen für die x- und y-Komponenten der Impulse zerfällt. Dem gegenüber stehen *vier* Unbekannte nach dem Stoß, nämlich je zwei Impulskomponenten für jede der beiden Massen. Bestimmen wir nur *eine einzige* von ihnen nach dem Stoß durch eine Messung, so sind auch alle übrigen durch die drei Randbedingungen festgelegt. Das ist eine gewaltige Vereinfachung! Es genügt, z. B. den **Streuwinkel** der ersten Kugel zu messen. Dann liegt auch die Impulsrichtung der zweiten Kugel fest, sowie die Beträge beider Impulse.

!

Im *dreidimensionalen* Fall liefert der Impulssatz drei unabhängige Gleichungen. Zusammen mit dem Energiesatz stehen jetzt *vier* Bestimmungsgleichungen *sechs* unbekannte Impulskomponenten nach dem Stoß gegenüber. In diesem Fall müssen wir *zwei* Impulskoordinaten nach dem Stoß messen, um auch die übrigen vier berechnen zu können. Hierzu genügt es, z. B. den Streuwinkel ϑ_1' – und das Azimut φ_1' – des ersten Körpers nach dem Stoß zu messen (s. auch Abb. 5.9).

Nichtelastischer Zweikörperstoß

In der Regel geht bei jedem Stoß ein Teil der *kinetischen Energie* der Stoßpartner verloren und wird in Deformationsenergie, Reibungswärme, Schwingungs- und Rotationsenergie etc. überführt. Der Stoß kann aber auch zusätzliche kinetische Energie freisetzen, wie z. B. bei einer exothermen chemischen Reaktion in Molekülstößen. Wir müssen bei diesen **nichtelastischen Stößen** *eine* Impulskomponente mehr messen als im elastischen Fall, um das System nach dem Stoß vollständig zu bestimmen. Wir gewinnen damit auch die wichtige Information über die **Energiebilanz im Stoß**.

Da auch bei nichtelastischen Stößen der Impulssatz weiterhin gilt, wird das System nach dem Stoß im allgemeinen nicht in Ruhe sein, sondern eine restliche

[1] Das Billard wird immer als gängiges Beispiel für einfache Zweikörperstöße genannt, ist es aber bei genauerem Hinsehen nicht, weil die Haftreibung eine Rollbewegung verursacht. Es sind also entgegen der Voraussetzung äußere Kräfte am Werk, die auch von den Meistern des Spiels zu sehr viel raffinierteren Billardstößen ausgenutzt werden, als sie unsere obigen Gleichungen hergeben.

kinetische Energie besitzen. Im **Schwerpunktssystem** ist die Situation sehr übersichtlich, denn es gilt dort für den Gesamtimpuls

$$\boldsymbol{P}_{\mathrm{s}} = \boldsymbol{p}_{1\mathrm{s}} + \boldsymbol{p}_{2\mathrm{s}} = \boldsymbol{p}'_{1\mathrm{s}} + \boldsymbol{p}'_{2\mathrm{s}} = 0\,, \tag{5.26}$$

der den Impulsen nach dem Stoß die einzige Einschränkung

$$\boldsymbol{p}'_{1\mathrm{s}} = -\boldsymbol{p}'_{2\mathrm{s}} \tag{5.27}$$

auferlegt. Folglich finden wir die zwei Impulse nach dem Stoß als diametrale Punkte auf einer **Impulskugel**, deren Radius durch die Energiebilanz bestimmt ist (s. Abb. 5.8). Ihr Betrag im Verhältnis zum Eingangsimpuls entscheidet über den Charakter des Stoßes nach folgenden Fallunterscheidungen (in Klammern die chemischen Bezeichnungen):

$$\frac{p'_{1\mathrm{s}}}{p_{1\mathrm{s}}} \begin{cases} = 0 & : \text{vollständig inelastisch (endotherm)} \\ < 1 & : \text{teilweise inelastisch (endotherm)} \\ = 1 & : \text{elastisch (ohne Wärmetönung)} \\ > 1 & : \text{superelastisch (exotherm)} \end{cases}$$

Im Extremfall $\boldsymbol{p}'_{1\mathrm{s}} = 0$ ist die gesamte im Schwerpunktssystem zur Verfügung stehende kinetische Energie verlorengegangen. Sie beträgt nach (5.24′) und (5.26)

$$\delta E_{\max} = \frac{1}{2}\left(\frac{\boldsymbol{p}_{1\mathrm{s}}^2}{m_1} + \frac{\boldsymbol{p}_{2\mathrm{s}}^2}{m_2}\right) = \boldsymbol{p}_{1\mathrm{s}}^2\left(\frac{m_1 + m_2}{2m_1m_2}\right) = \frac{\boldsymbol{p}_{1\mathrm{s}}^2}{2\mu} \tag{5.28}$$

und ist allein durch den Eingangsimpuls eines der Stoßpartner und die **reduzierte Masse**

$$\mu = \frac{m_1m_2}{m_1 + m_2} \tag{5.29}$$

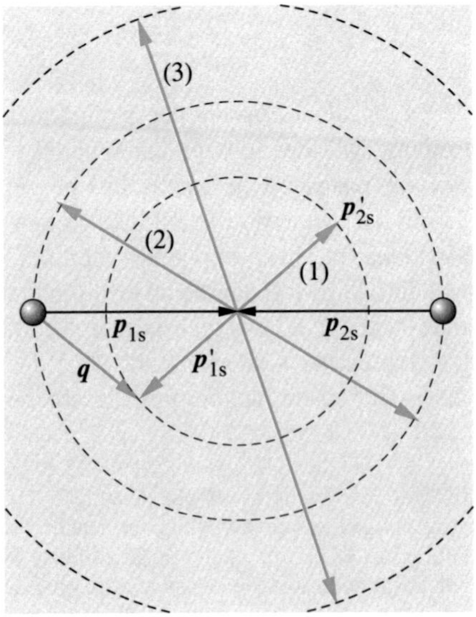

Abb. 5.8. Zweikörperstoß im Schwerpunktssystem. Die schwarzen Pfeile seien die Eingangs-, die blauen die Ausgangsimpulse. (*1*) entspricht inelastischem (*2*) elastischem und (*3*) superelastischem Stoß. $\boldsymbol{q} = \boldsymbol{p}_{1\mathrm{s}} - \boldsymbol{p}'_{1\mathrm{s}} = \boldsymbol{p}_1 - \boldsymbol{p}'_1$ ist der auf den Stoßpartner übertragene Impuls. Er ist unabhängig vom gewählten Bezugssystem

bestimmt, die in allen Gleichungen der 2-Körpermechanik auftaucht. Auf diese Weise ist die Bewegung des zweiten Körpers, die ja mit (5.26) vollständig durch die des ersten determiniert ist, aus den Bewegungsgleichungen eliminiert.

Im allgemeinen Fall $\boldsymbol{p}'_{1\mathrm{s}} \neq 0$ lautet die Bilanz der kinetischen Energien entsprechend

$$\Delta E_\mathrm{k} = E_\mathrm{k} - E'_\mathrm{k} = \frac{1}{2\mu}(\boldsymbol{p}^2_{1\mathrm{s}} - \boldsymbol{p}'^2_{1\mathrm{s}})\,. \tag{5.30}$$

Betrachten wir den gleichen Stoßvorgang vom *Laborsystem* aus, so müssen wir (5.30) durch die entsprechenden Laborgeschwindigkeiten ausdrücken. Das gelingt mit den Rücktransformationen

$$\boldsymbol{v}_1 = \boldsymbol{v}_{1\mathrm{s}} + \boldsymbol{V} = \frac{\boldsymbol{p}_{1\mathrm{s}}}{m_1} + \boldsymbol{V}\,, \qquad \boldsymbol{v}_2 = -\frac{\boldsymbol{p}_{1\mathrm{s}}}{m_2} + \boldsymbol{V}\,,$$

aus denen wir $\boldsymbol{V}$ eliminieren und die Relation

$$\boldsymbol{p}_{1\mathrm{s}} = \mu(\boldsymbol{v}_1 - \boldsymbol{v}_2) \tag{5.31}$$

gewinnen können (s. auch Abb. 5.9). Entsprechend gilt

$$\boldsymbol{p}'_{1\mathrm{s}} = \mu(\boldsymbol{v}'_1 - \boldsymbol{v}'_2)\,. \tag{5.31'}$$

Damit gewinnen wir im Laborsystem für die Energiebilanz (5.30) die Gleichung

$$\Delta E = \frac{\mu}{2}\left[(\boldsymbol{v}_1 - \boldsymbol{v}_2)^2 - (\boldsymbol{v}'_1 - \boldsymbol{v}'_2)^2\right] = \frac{\mu}{2}(\boldsymbol{v}_r^2 - \boldsymbol{v}'^2_r)\,. \tag{5.30a}$$

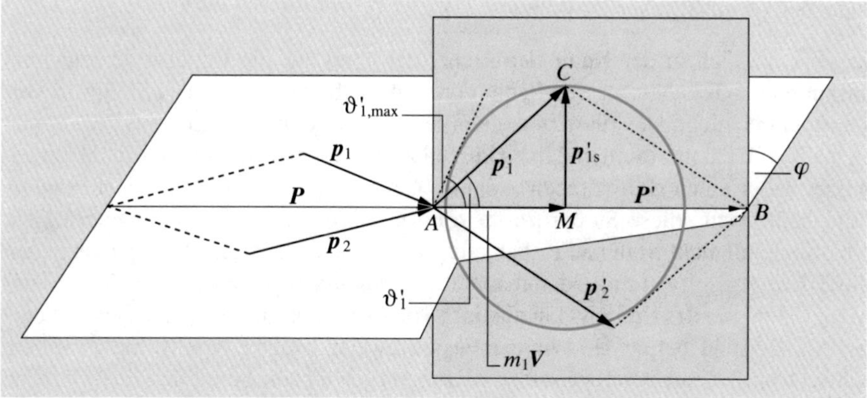

* **Abb. 5.9.** Impulsdiagramm des Stoßes zweier Massen m_1, m_2 mit den Eingangsimpulsen $\boldsymbol{p}_1, \boldsymbol{p}_2$. Die Ausgangsimpulse $\boldsymbol{p}'_1, \boldsymbol{p}'_2$ bilden ein Dreieck mit der Basis $\boldsymbol{AB} = \boldsymbol{p}_1 + \boldsymbol{p}_2 = (m_1 + m_2)\boldsymbol{V}$ ($\boldsymbol{V}$ = Schwerpunktsgeschwindigkeit). Die Spitze C des Dreiecks liegt auf einer Kugel mit Radius $|\boldsymbol{p}'_{1\mathrm{s}}|$, dem Ausgangsimpuls im Schwerpunktssystem. Seine Länge im Verhältnis zu $|\boldsymbol{p}_{1\mathrm{s}}| = \mu(\boldsymbol{v}_1 - \boldsymbol{v}_2)$ entscheidet über die Energiebilanz im Stoß (vgl. Abb. 5.8). Der Mittelpunkt M der Kugel teilt $\boldsymbol{AB}$ im Verhältnis der Massen, womit die Transformationsgleichung ins Schwerpunktssystem $\boldsymbol{p}'_{1\mathrm{s}} = \boldsymbol{p}'_1 - m_1\boldsymbol{V}$ erfüllt wird. Die von den Ausgangsimpulsen aufgespannte Ebene kann jedes beliebige Azimut φ gegenüber der Ebene der Eingangsimpulse bilden. Die Ausgangsimpulse liegen in der Zeichenebene. Der Polarwinkel ϑ'_1, den $\boldsymbol{p}'_1$ gegenüber der Achse von $\boldsymbol{P}$ ($= \boldsymbol{P}'$) einnimmt, ist jedoch auf einen kinematisch erlaubten Bereich $\vartheta'_1 < \vartheta'_{1\max}$ beschränkt, wenn, wie hier gezeichnet, $|\boldsymbol{p}'_{1\mathrm{s}}| < m_1|\boldsymbol{V}|$ ist. Entsprechendes gilt für den Polarwinkel von $\boldsymbol{p}'_2$

! Man beachte, daß die Energiebilanz im Stoß nicht von den Absolutgeschwindigkeiten der Stoßpartner abhängt, sondern *nur* von deren *Relativgeschwindigkeiten* v_r, v_r' (vor und nach dem Stoß), wie es das **Relativitätsprinzip** verlangt. Der Fall $v_r' = 0$ beschreibt den vollständig inelastischen Stoß (5.28). Wir überprüfen ihn im Experiment.

VERSUCH 5.5

Energieverlust auf der Luftkissenbahn im völlig inelastischen Stoß. Zwei Reiter mit Massen m_1 und m_2 gleiten aufeinander zu und bleiben nach dem Stoß aneinander haften, was wir durch etwas Klebwachs an der Stirnseite erreichen. Wir messen die Geschwindigkeiten v_1 und v_2 vor, sowie die gemeinsame Geschwindigkeit $v_1' = v_2'$ nach dem Stoß. Mit den Meßergebnissen überprüfen wir (5.30a).

* Wenn wir das Impulsdiagramm der Abb. 5.8 zeichnerisch ins Laborsystem übertragen, gewinnen wir auch dort einen vollständigen, aber doch schon recht komplizierten Überblick über die Kinematik des Stoßgeschehens (s. Abb. 5.9).

5.5 Anwendung der Stoßgesetze in der mikroskopischen Physik

In der mikroskopischen Physik gehören elastische und inelastische Stöße zwischen den beteiligten Teilchen, sogenannte **Streuprozesse**, zu den wichtigsten Quellen physikalischer Information.

Es liegt nämlich in der Natur der Sache, daß man nur die Impulse der ein- und auslaufenden Teilchen messen kann, den unmittelbaren Ablauf des Stoßprozesses selbst jedoch nicht. Das rührt zum einen rein praktisch daher, daß diese Reaktionen sich auf zu kleinem Raum und in zu kurzen Zeiten abspielen, als daß man davon gewissermaßen einen „Film drehen“ könnte. Zum anderen setzt die *Quantenmechanik* Schranken, wenn diese Stoßprozesse in Form einzelner Quantensprünge erfolgen, die prinzipiell nicht weiter auflösbar sind. Aber auch unter diesen Umständen gelten ! die *Erhaltungssätze* streng. Man macht daher von ihnen Gebrauch, um die Zahl der Meßgrößen, die das Ereignis kinematisch vollständig bestimmen, einzuschränken.

Als Beispiel betrachten wir die Fusion zweier leichter Atomkerne zu einem schwereren. Aus solchen Kernverschmelzungen gewinnt die Sonne ihre Energie. Eine der energiereichsten **Kernfusionen**, die man sich auch im Fusionsreaktor zunutze machen will, ist die eines schweren mit einem superschweren Wasserstoffkern, also eines Deuterons (d) mit einem Triton (t). Sie bilden einen ^{4}He-Kern (α) und setzen dabei ein Neutron (n) und kinetische Energie frei (s. Abb. 5.10):

$$\mathrm{d} + \mathrm{t} \rightarrow \alpha + \mathrm{n} + 17{,}6\,\mathrm{MeV}\,.$$

Will man diese Reaktion detailliert untersuchen, so kann man zwar das geladene α-Teilchen sehr genau vermessen, nicht so leicht aber das ungeladene Neutron. Bei bekanntem Anfangsimpuls braucht man es auch gar nicht, weil der Impulssatz von den sechs Impulskoordinaten im Endzustand bereits drei festlegt; die restlichen drei liefert der α-Detektor. Das ist ein großer Vorteil!

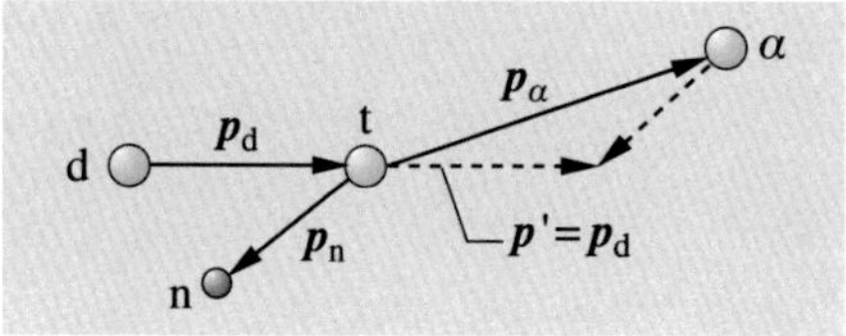

Abb. 5.10. Kernfusion im Stoß eines schnellen Deuterons (d) auf ein ruhendes Triton (t) zu einem α-Teilchen (^{4}He) unter Freisetzung eines Neutrons und kinetischem Energiegewinn von 17,6 MeV. Das Deuteron sollte eine kinetische Energie $\gtrsim$ 20 keV haben, um sich gegen die abstoßende Coulomb-Kraft bis an den Berührungspunkt mit dem Triton annähern zu können, damit die Verschmelzung stattfinden kann

Die Bahnen energiereicher, geladener Teilchen bestimmt man experimentell anhand der Ionisierung, die sie entlang ihrer Spur bewirken. Solche **Ionisationsspuren** wurden erstmals 1912 in der **Wilsonschen Nebelkammer** sichtbar gemacht. Ihr Prinzip beruht darauf, daß in einem übersättigten Dampf Ionen als Kondensationskeime wirken, an denen sich Nebeltröpfchen bilden, die man photographieren kann. Auch der umgekehrte Prozeß ist möglich, daß nämlich in einer überhitzten Flüssigkeit, die unter Siedeverzug steht, entlang der Teilchenspur der Siedeverzug aufgehoben wird, und kleine Dampfblasen entstehen, die man ebenfalls photographieren kann (**Blasenkammerprinzip**). In der modernen **Kern-** und **Teilchenphysik** sind diese photographischen Verfahren inzwischen durch rein elektronische abgelöst worden, mit denen es gelingt, die entlang der Teilchenspur entstandenen Elektron-Ionenpaare direkt mit guter Orts- und Zeitauflösung nachzuweisen.

Um außer der Richtung auch den Betrag des Impulses eines Teilchens zu bestimmen, überlagert man den **Spurendetektoren** häufig ein Magnetfeld, in dem sich die Bahnen geladener Teilchen durch die **Lorentz-Kraft** (s. Abschn. 21.5) zu Spiralen krümmen, deren Radius proportional zum Impuls ist.

* 5.6 Impulsumkehr, Zeitumkehrinvarianz und andere Symmetrieprinzipien der Physik

Wir wollen in diesem Abschnitt aus dem Rahmen der elementaren Physik ein wenig heraustreten und einige grundlegende Symmetrieprinzipien der Physik andiskutieren. Den Ausgangspunkt unserer Überlegungen bildet aber ein einfacher Stoßprozeß. Da im *elastischen Stoß* Impuls und mechanische Energie vollständig erhalten sind, leuchtet ein, daß dieser Prozeß auch *umkehrbar* sein muß. Was damit gemeint ist, zeigen wir in folgendem Versuch.

VERSUCH 5.6

Zeitumkehrversuch. Wir beobachten den zentralen, elastischen Stoß zweier Reiter auf der Luftkissenbahn und wählen z. B. das Massenverhältnis $m_2/m_1 = 2$, sowie die Anfangsbedingungen vor dem ersten Stoß: $\boldsymbol{v}_1 \neq 0$, $\boldsymbol{v}_2 = 0$ (s. Abb. 5.11). Nach dem ersten Stoß laufen beide

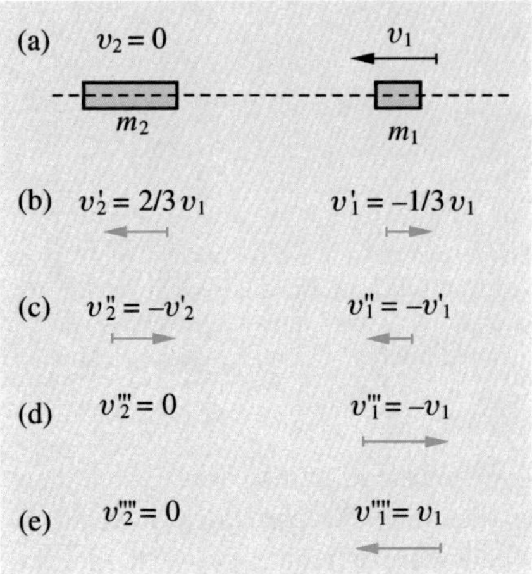

Abb. 5.11a–e. Demonstration der Zeitumkehrinvarianz im zentralen elastischen Stoß mit $m_2/m_1 = 2$. (**a**) Situation vor, (**b**) nach dem ersten Stoß. Bei (**c**) werden beide Impulse umgekehrt, worauf das Geschehen in der Zeit „rückwärts" läuft. Bei (**d**) erfolgt wieder eine Impulsumkehr, und der ganze Vorgang wiederholt sich (**e**)

Reiter in entgegengesetzter Richtung auseinander (Situation b). Wir haben den Stoßpunkt nun so gewählt, daß sie gleichzeitig die beiden Enden der Luftkissenbahn erreichen und dort ihren Impuls durch Reflexion umkehren (Situation c). Jetzt läuft das Geschehen so ab, als liefe es rückwärts in der Zeit, wie bei einem rückwärts laufenden Film. Nach dem zweiten Stoß (Situation d) ruht m_2 wieder während m_1 mit der Geschwindigkeit $-\boldsymbol{v}_1$ davonläuft, bis bei (d) eine erneute Impulsrückkehr eintritt und der Zyklus von vorne beginnt.

Wir wiederholen jetzt den Versuch voll inelastisch, d. h. mit Klebwachs an den Stoßseiten der Reiter. Nach dem ersten Stoß laufen sie zusammen auf das Ende der Luftkissenbahn zu und erfahren dort gemeinsam eine Impulsumkehr. Aber das Geschehen läuft jetzt nicht rückwärts in der Zeit, weil sich die beiden, am Ort des ersten Stoßes wieder angekommen, natürlich nicht trennen, sondern gemeinsam weiterlaufen.

Hätten wir von beiden Teilen des Versuchs 5.6 einen Film gedreht und würden ihn einem Unbeteiligten im Rückwärtslauf vorführen, so hätte er im Fall des *elastischen* Stoßes keine Chance, den Betrug zu bemerken. Im Fall des *inelastischen* Stoßes wird man aber den Zauber sofort daran erkennen, daß sich plötzlich die Klebung ohne Grund löst, und die Reiter sich voneinander entfernen. Der inelastische Stoß läßt sich ebenso wenig umkehren, wie verschütteter Rotwein vom Teppich ins Glas zurück findet! **Irreversible**, d. h. nicht umkehrbare **Prozesse**, drücken dem physikalischen Geschehen einen eindeutigen Zeitsinn auf. Wir werden in Kap. 16 dieses Verhalten mit statistischen Argumenten, bzw. mit dem Satz von der steten Zunahme der Entropie in Systemen sehr vieler, wechselwirkender Teilchen begründen.

Aus der Irreversibilität des *makroskopischen* Geschehens folgt keineswegs, daß auch die *elementaren* Wechselwirkungen, etwa der Stoß eines Elektrons mit einem Atomkern, irreversibel ablaufen. Im Gegenteil, die Physik erwartet, daß die elementaren Wechselwirkungen in der Zeit symmetrisch sind, d. h. invariant sind gegen eine Spiegelung der Zeit bzw. der Impulse. Kehren wir in einem elementaren Streuprozeß die Impulse *aller* im Endzustand auftretenden Teilchen zu gleicher Zeit um, so erwarten wir, daß das System exakt in den Anfangszustand zurückläuft (s. Abb. 5.12). Es wäre allerdings unrealistisch, die dort gezeigte Situation im

Experiment überprüfen zu wollen. Denn es wird nicht gelingen, die Impulse von Elementarteilchen exakt umzukehren. Vielmehr hat man in anderen, realistischeren Experimenten das Symmetrieprinzip der **Zeitumkehrinvarianz** in allen elementaren Wechselwirkungen mit hoher Genauigkeit geprüft und für richtig befunden. Es gibt eine einzige Ausnahme, der durch die **schwache Wechselwirkung** verursachte Zerfall des sogenannten **K^0-Teilchens**, das in vieler Hinsicht singuläre Eigenschaften hat. Dieser spezielle Prozeß kann als eine Verletzung der Zeitumkehrsymmetrie interpretiert werden.

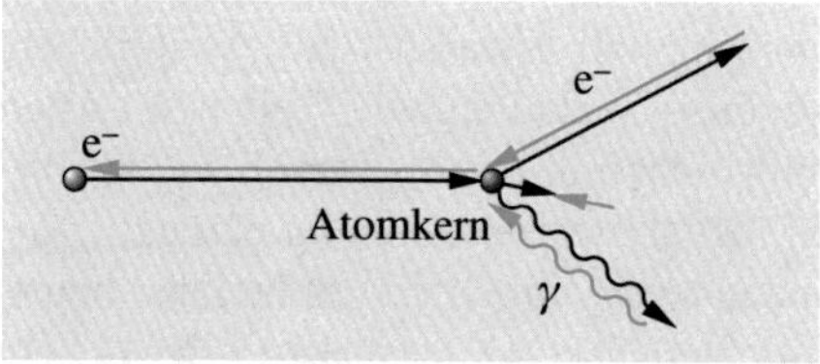

Abb. 5.12. Beispiel eines elementaren Streuprozesses eines Elektrons an einem Atomkern, bei dem zusätzlich ein Photon erzeugt wird (sogenannte Bremsstrahlung, wie sie in der Röntgenröhre auftritt) (schwarze Impulsvektoren). Beim zeitumgekehrten Prozeß (blaue Impulsvektoren), würden gleichzeitig das Elektron, der Kern und das Photon zusammentreffen und das Photon in diesem Dreierstoß wieder absorbiert werden

Paritätsoperation

In Abschn. 2.7 hatten wir die **Raumspiegelung**, auch **Paritätsoperation** genannt, eingeführt, die durch die Koordinatentransformation

$$\boldsymbol{r}' = -\boldsymbol{r} \tag{5.32}$$

gekennzeichnet ist. Auch hier geht man von der Erwartung aus, daß alle physikalischen Wechselwirkungen invariant gegenüber dieser Transformation seien, daß wir also in einer gespiegelten Welt genau die gleiche Physik vorfinden würden, wie in der unsrigen. Während alle übrigen Wechselwirkungen dieses Symmetrieprinzip streng befolgen, verletzt die **schwache Wechselwirkung** es grob. Man erkennt dies am einfachsten im **β-Zerfall**. Die dort erzeugten Elektronen drehen sich um ihre eigene Achse mit einem *Eigendrehimpuls* (**Spin**), dessen Drehsinn in Flugrichtung des Elektrons gesehen, bevorzugt *linkshändig* auftritt (s. Abb. 5.13). Nun wissen wir aber aus Abschn. 2.7, daß der Drehsinn, charakterisiert durch den **axialen Vektor** der Winkelgeschwindigkeit $\boldsymbol{\omega}$, sich bei Raumspiegelung *nicht* umkehrt. Die Flugrichtung jedoch, charakterisiert durch den **polaren Vektor** des *Impulses* $\boldsymbol{p} = m\dot{\boldsymbol{r}}$, kehrt bei

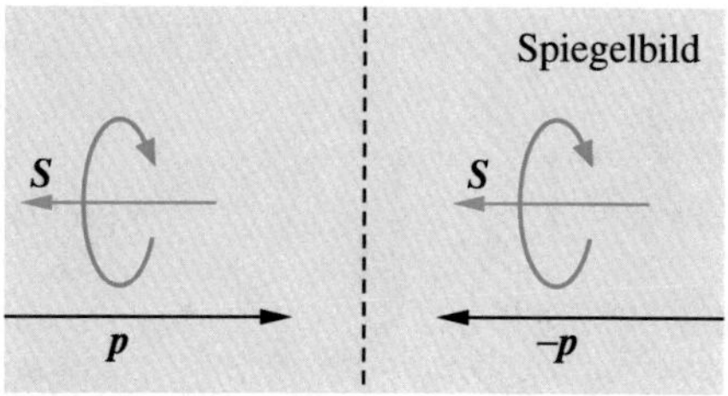

Abb. 5.13. Richtung von Impuls $\boldsymbol{p}$ und Eigendrehimpuls $\boldsymbol{S}$ eines Elektrons, das im β-Zerfall erzeugt wurde. *Links* wie experimentell beobachtet, *rechts* wie im Spiegelbild

Spiegelung ihr Vorzeichen um. In einer gespiegelten Welt würden also diese β-Teilchen, bezogen auf ihre jetzt umgekehrte Flugrichtung, bevorzugt rechtshändigen Drehsinn haben (s. Abb. 5.13). Der β-Zerfall verletzt also das Invarianzprinzip der Raumspiegelung (**Paritätsverletzung**)!

Teilchen – Antiteilchen Symmetrie

Die Physik diskutiert im Zusammhang mit der Spiegelung in Raum und Zeit noch eine dritte Spiegelung, den Übergang von der Welt der **Teilchen** zu der der **Antiteilchen**. Auch hier hatte man ursprünglich erwartet, daß Antiteilchen sich bezüglich aller Wechselwirkungen genauso verhalten wie Teilchen. Aber wiederum spielt die schwache Wechselwirkung nicht mit: Im **β^+-Zerfall** werden die **Positronen**, die Antiteilchen der Elektronen, bevorzugt rechtshändig erzeugt. Wie die schwache Wechselwirkung diese fundamentalen Symmetrien bricht, kann heute im Rahmen der bereits erwähnten vereinheitlichten Theorie der **elektroschwachen Wechselwirkung** (s. Abschn. 1.10) beschrieben werden. Das ist ein großer Triumpf der Physik in unserer Generation!

Es gibt aber ein *Symmetrieprinzip*, an dem bisher weder ein Experiment noch eine sinnvolle theoretische Spekulation hat rütteln können. Es besagt, daß die Physik gegen eine gleichzeitige Ausführung aller drei Spiegelungen auf jeden Fall invariant sein soll. Mit anderen Worten: Die Wechselwirkungen zwischen Teilchen sollen die gleichen sein, wie zwischen den entsprechenden Antiteilchen, wenn diese bezüglich der Teilchen räumlich gespiegelt sind und sich in der Zeit zurückbewegen.

Diesen Exkurs in die großen Symmetrieprinzipien der modernen Physik konnten wir mangels quantenmechanischer Kenntnisse nur qualitativ führen. Wir können aber die Invarianz der Newtonschen Bewegungsgleichung (3.8)

$$\boldsymbol{F} = m\ddot{\boldsymbol{r}}$$

gegen Zeit und Raumspiegelung für Zweikörperkräfte prüfen, die konservativ und entlang der Verbindungslinie gerichtet sind, wie etwa die Schwerkraft oder die elektrische Kraft.

Zeitspiegelung

Unter **Zeitspiegelung** verstehen wir die Transformation $t' = -t$; sie berührt Masse und Ort nicht; also gilt

$$m' = m\,, \quad \boldsymbol{r}' = \boldsymbol{r}\,. \tag{5.33}$$

Sie läßt aber auch die Beschleunigung invariant:

$$\ddot{\boldsymbol{r}}' = \frac{\mathrm{d}}{\mathrm{d}t'}\left(\frac{\mathrm{d}}{\mathrm{d}t'}(\boldsymbol{r}')\right) = -\frac{\mathrm{d}}{\mathrm{d}t}\left(-\frac{\mathrm{d}}{\mathrm{d}t}(\boldsymbol{r})\right) = \ddot{\boldsymbol{r}} \tag{5.34}$$

Die Invarianz des Kraftgesetzes verlangt demnach auch

$$\boldsymbol{F}' = \boldsymbol{F}\,. \tag{5.35}$$

Diese Forderung wird offensichtlich von konservativen Kräften

$$\boldsymbol{F}(\boldsymbol{r}) = -\mathbf{grad}\,V(\boldsymbol{r}) \tag{5.36}$$

erfüllt, weil sie nicht von der Zeit, sondern nur von einem ortsunabhängigen Potential $V(\boldsymbol{r})$ abhängen, q.e.d.

Ist allerdings eine Reibungskraft von der Form (4.62)

$$\boldsymbol{F}_\varrho = -\varrho \boldsymbol{v}$$

im Spiel, so kehrt sie unter Zeitspiegelung ihr Vorzeichen um:

$$\boldsymbol{F}'_\varrho = -\varrho \frac{\mathrm{d}\boldsymbol{r}}{\mathrm{d}t'} = +\varrho \frac{\mathrm{d}\boldsymbol{r}}{\mathrm{d}t} = -\boldsymbol{F}_\varrho\,. \tag{5.37}$$

und würde die Bewegung beschleunigen statt bremsen. Unter dem Einfluß solcher Kräfte ist die Bewegungsgleichung offensichtlich nicht mehr invariant gegen Zeitumkehr. Mit diesem unterschiedlichen Verhalten von konservativen und nichtkonservativen Bewegungsgleichungen haben wir auch den Hintergrund der beiden Zeitumkehrversuche 5.6 aufgeklärt.

Die Invarianz der Newtonschen Bewegungsgleichung gegen **Raumspiegelung** 5.32 prüfen wir für den Fall von Zwei-Körperkräften, die entlang der Verbindungsachse liegen wie z. B. die Schwerkraft (s. Abb. 5.14).

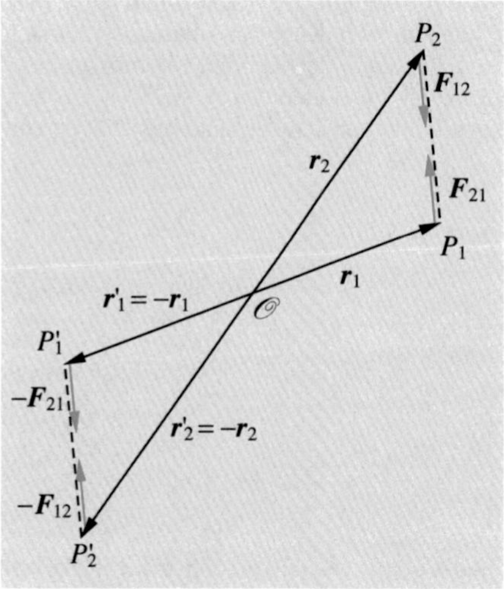

Abb. 5.14. Zwei Körper mit den Ortsvektoren $\boldsymbol{r}_1$ und $\boldsymbol{r}_2$ ziehen sich mit der Kraft $\boldsymbol{F}_{12} = -\boldsymbol{F}_{21}$ gegenseitig an. Bei einer Raumspiegelung, gegeben durch die Transformation $\boldsymbol{r}' = -\boldsymbol{r}$, kehren auch die Kräfte ihre Vorzeichen um

Aus Abb. 5.14 erkennen wir, daß solche Kräfte ihr Vorzeichen bei Raumspiegelung umkehren, weil die beiden Körper ihre relative Position $(\boldsymbol{r}_1 - \boldsymbol{r}_2)$ wechseln.

Die Raumspiegelung kehrt aber auch das Vorzeichen aller zeitlichen Ableitungen von $\boldsymbol{r}$ um ↷

$$m'\ddot{\boldsymbol{r}}' = -m\ddot{\boldsymbol{r}}\,. \tag{5.38}$$

Damit ist die Invarianz der Bewegungsgleichung auch gegen Raumspiegelung bewiesen.

5.7 Raketenantrieb

Ein interessantes und wichtiges Beispiel der Anwendung des Impulssatzes bietet der Raketenantrieb. Wir stellen uns die Frage: Wie können wir einen Körper ohne Zuhilfenahme von äußeren Schubkräften, die sich auf irgendeine feste Unterlage abstützen, beschleunigen, also z. B. im Vakuum des Weltraums? Die einzig mögliche Antwort lautet: Der Körper muß sich von einem Teil seiner Masse trennen und sich dabei von ihr abstoßen, also gegen die Trägheitskraft der ausgestoßenen Masse drücken. Das ist das Raketenprinzip. Sehen wir einmal von der Einwirkung der Schwerkraft oder anderer externer Kräfte ab, so sind hierbei nur innere Kräfte im Spiel, und der Schwerpunkt der Rakete samt ihrer ausgestoßenen Masse bleibt am Startort der Rakete liegen, wenn sie mit der Geschwindigkeit $v_0 = 0$ gestartet sei.

Wir demonstrieren das Raketenprinzip mit einigen typischen Spiel- und Silvesterraketen. Besonders instruktiv ist aber der folgende Modellversuch:

VERSUCH 5.7

Simulation eines Raketenantriebs durch ausrollende Kugeln. Auf einem Wagen ist ein nach oben gebogenes und mit Kugeln gefülltes Rohr montiert (s. Abb. 5.15). Nach Öffnen des Verschlusses verlassen die Kugeln den Wagen mit einem horizontalen Impuls $\boldsymbol{p} = m\boldsymbol{v}$. Den umgekehrten Impuls erfährt der Wagen pro auslaufender Kugel und beschleunigt sich dadurch. Die notwendige Energie kommt aus der Fallstrecke der Kugeln. Sie müssen aber den Wagen tatsächlich verlassen. Fängt man sie nämlich am Boden des Wagens wieder auf, so rückt er nur ein Stückchen zur Seite, gerade soviel, daß der Schwerpunkt aus Wagen und Kugeln liegenbleibt.

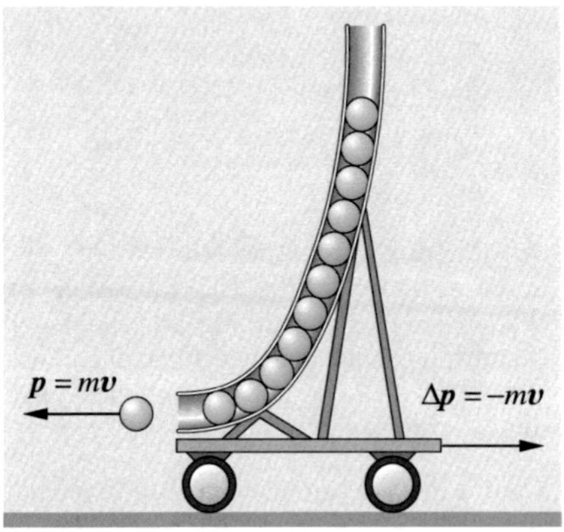

Abb. 5.15. Modellversuch zum Raketenprinzip. Mit dem Impuls $m\boldsymbol{v}$ auslaufende Kugeln verleihen dem Wagen den umgekehrten Impuls $-m\boldsymbol{v}$

Raketengleichung

Wir suchen jetzt eine Gleichung für die geradlinige, eindimensionale Beschleunigung einer Rakete ohne Einwirkung äußerer Kräfte. Zum betrachteten Zeitpunkt habe die Rakete bereits die Geschwindigkeit $v(t)$ erreicht und besitze noch die Masse $m(t)$ (s. Abb. 5.16).

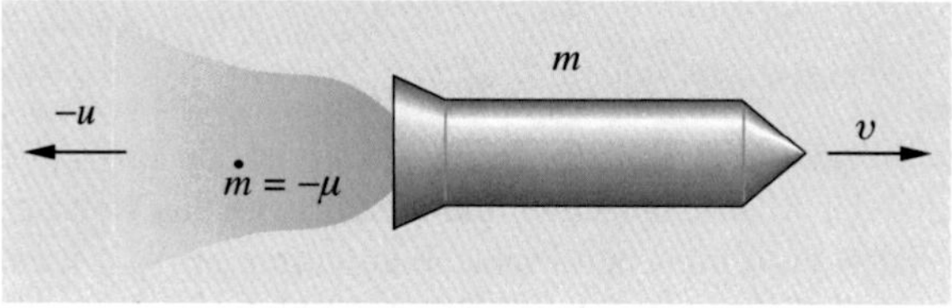

Abb. 5.16. Eine Rakete mit der Masse m und der Geschwindigkeit v wird durch den Massenausstoß $\dot{m} = -\mu$ beschleunigt, der sie mit der Relativgeschwindigkeit $-u$ verläßt

Der Massenverlust der Rakete pro Zeiteinheit betrage

$$\dot{m} = -\mu \quad (\mu > 0)\,. \tag{5.39}$$

Die ausgestoßene Masse verlasse die Rakete mit der Relativgeschwindigkeit $-u$, hat also im Laborsystem, in dem wir rechnen, die Geschwindigkeit

$$v_\mu = v - u\,. \tag{5.40}$$

Der von der ausströmenden Masse pro Zeiteinheit mitgenommene Impuls beträgt im betrachteten Zeitpunkt

$$\dot{p}_\mu = \mu(v - u)\,. \tag{5.41}$$

Wegen der Erhaltung des Gesamtimpulses muß er durch eine Änderung des Raketenimpulses $\dot{p}$ kompensiert werden:

$$\dot{p}_\mu = -\dot{p}\,. \tag{5.42}$$

Die Änderung des Raketenimpulses resultiert aber sowohl aus der Änderung ihrer Geschwindigkeit als auch aus der ihrer Masse

$$\dot{p} = \frac{\mathrm{d}}{\mathrm{d}t}(m(t)v(t)) = m\dot{v} - \mu v\,. \tag{5.43}$$

Setzen wir (5.41) und (5.43) in (5.42) ein, so erhalten wir die gesuchte Beschleunigung der Rakete in Form der Gleichung

$$m\dot{v} = \mu u = F_{\mathrm{Schub}}\,. \tag{5.44}$$

Sie stellt die Schubkraft der Rakete dar. Sie ist eine Differentialgleichung in m, die wir nach Trennung der Variablen

$$\frac{\mu}{m} = -\frac{\dot{m}}{m} = \frac{\dot{v}}{u} \tag{5.45}$$

leicht integrieren können:

$$\int_0^{t_1} -\frac{\dot{m}}{m}\,\mathrm{d}t = \int_{m_0}^{m_1} -\frac{\mathrm{d}m}{m} = \ln m_0 - \ln m_1 = \ln\frac{m_0}{m_1}$$
$$= \frac{v_1 - v_0}{u}\,. \tag{5.46}$$

Wählen wir die Anfangsbedingung $v_0 = 0$, so erhalten wir die Endgeschwindigkeit der Rakete als das Produkt aus der Austrittsgeschwindigkeit u des Treibmittels multipliziert mit dem Logarithmus aus dem Verhältnis der Startmasse m_0 zur Endmasse m_1 der Rakete:

$$v_1 = u \ln \frac{m_0}{m_1} . \tag{5.47}$$

Letztere nennen wir auch die Nutzlast der Rakete. In Abb. 5.17 ist die erreichte Endgeschwindigkeit in Einheiten der Austrittsgeschwindigkeiten gegen das Verhältnis aus Start und Nutzlast im halblogarithmischen Maßstab aufgetragen. Will man z. B. die dreifache Austrittsgeschwindigkeit erreichen, so darf die Nutzlast nurmehr ein Zwanzigstel der Startmasse betragen. Man muß daher vor allem versuchen, hohe Austrittsgeschwindigkeiten u zu erreichen. Nehmen wir näherungsweise an, die bei der Verbrennung von Knallgas (2 Teile H_2, 1 Teil O_2) im Raketenmotor entstehende Wärmeenergie von 118 kJ/mol werde vollständig in eine einheitliche Austrittsgeschwindigkeit u der entstandenen Wassermoleküle umgesetzt, so beträgt diese ca. 3600 m/s. Das ist ca. ein Drittel der Fluchtgeschwindigkeit von der Erde (s. Kap. 4). Um sie zu erreichen, muß also das Startgewicht wie gehabt mindestens das 20-fache der Nutzlast betragen (zusätzlichen Ballast der Treibstofftanks etc. nicht mitgerechnet).

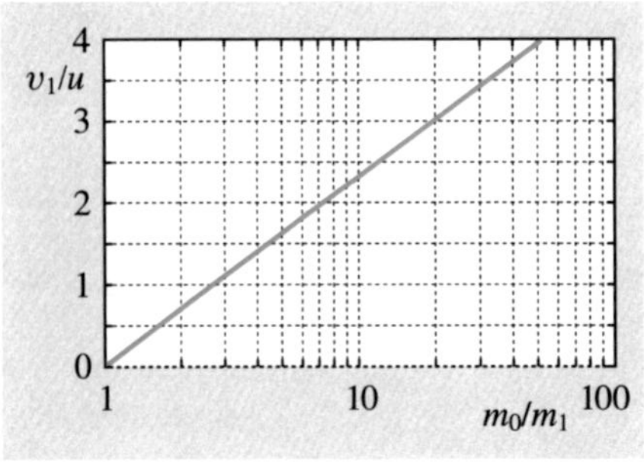

Abb. 5.17. Endgeschwindigkeit v_1 einer Rakete in Einheiten der Austrittsgeschwindigkeit u des Treibmittels, aufgetragen gegen das Verhältnis aus Start- und Endmasse im halblogarithmischen Maßstab

6. Drehimpuls, Drehmoment, Drehimpulssatz

INHALT

Wir wollen in diesem und im folgenden Kapitel die *Dynamik von Drehbewegungen* genauer untersuchen. Sie spielen in der Physik eine sehr große Rolle. Zum einen geben Zentralkräfte wie die Schwerkraft und die elektrische Kraft Anlaß zu Drehbewegungen um das Kraftzentrum. Zum anderen ist die *Rotation um die eigene Achse* ein wichtiger Freiheitsgrad der *Bewegung starrer Körper*. Wir führen hierzu zwei Begriffe ein, den *Drehimpuls* und das *Drehmoment*, die bei Drehbewegungen eine ähnliche Rolle spielen, wie der Impuls und die Kraft bei linearen Bewegungen. In Analogie zum Impuls können wir auch für den Drehimpuls einen wichtigen *Erhaltungssatz* gewinnen.

6.1 Drehimpuls eines Massenpunktes

Als **Drehimpuls $\boldsymbol{L}$ eines Massenpunktes** bezüglich eines Drehpunkts $\mathcal{O}$ definieren wir das Kreuzprodukt aus dem Ortsvektor von $\mathcal{O}$ zum Massenpunkt und seinem Impuls $\boldsymbol{p}$

$$\boldsymbol{L} = (\boldsymbol{r} \times \boldsymbol{p}) \,. \tag{6.1}$$

In der Regel legen wir den Drehpunkt in den Ursprung des Koordinatensystems. Als Vektorprodukt steht $\boldsymbol{L}$ senkrecht auf der von $\boldsymbol{r}$ und $\boldsymbol{p}$ aufgespannten Ebene (s. Abb. 6.1). Laut Abschn. 2.7 ist $\boldsymbol{L}$ ein *axialer* Vektor, zeigt also einen Drehsinn um den Ursprung an. Wir können ihn daher auch mit (2.60) durch den **Vektor der Winkelgeschwindigkeit** $\boldsymbol{\omega}$ ausdrücken

$$\boldsymbol{L} = mr^2\boldsymbol{\omega} \,. \tag{6.2}$$

Der Drehimpuls hat die Dimension

$$[L] = \mathrm{m^2\,kg\,s^{-1}} \,. \tag{6.3}$$

Beziehen wir $\boldsymbol{L}$ auf den Ursprung des Koordinatensystems, so ändert sich sein Wert, wenn wir dieses verschieben oder mit einer Relativgeschwindigkeit $\boldsymbol{u}$

E. W. Otten, *Repetitorium Experimentalphysik*,
https://doi.org/10.1007/978-3-662-59730-9_6

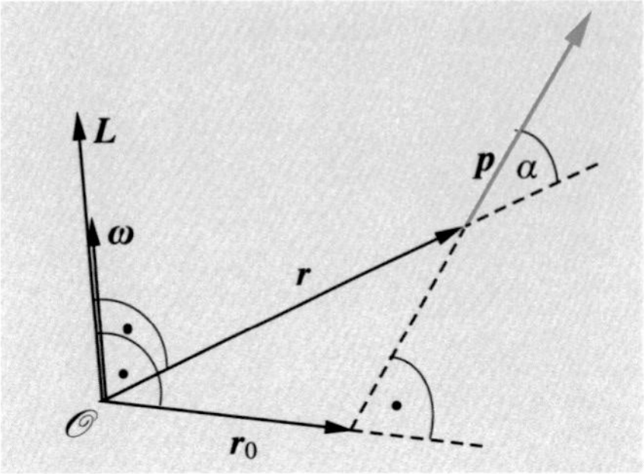

Abb. 6.1. Skizze zur Definition des Drehimpulses

! transformieren. In diesem Sinne kommt dem *Absolutwert* des Drehimpulses eines einzelnen Massenpunktes keine physikalische Bedeutung zu, ebensowenig wie dem Absolutwert seiner kinetischen Energie oder seines Impulses, die ebenfalls von der Wahl des Bezugssystems abhängen (s. Kap. 4 und 5). Wie in diesen Fällen hat $\boldsymbol{L}$ also nur Bedeutung bezüglich der *Relativbewegung* verschiedener Körper, wie etwa zwischen Erde und Sonne.

6.2 Drehmoment

Auf den Begriff des **Drehmoments** $\boldsymbol{N}$ stoßen wir, wenn wir den Drehimpuls nach der Zeit differenzieren

$$\dot{\boldsymbol{L}} = \frac{\mathrm{d}}{\mathrm{d}t}(\boldsymbol{r} \times \boldsymbol{p}) = (\boldsymbol{v} \times \boldsymbol{p}) + (\boldsymbol{r} \times \dot{\boldsymbol{p}}) = (\boldsymbol{r} \times \boldsymbol{F}) = \boldsymbol{N} . \tag{6.4}$$

$$[N] = \mathrm{m}^2\mathrm{kg\,s}^{-2} = \mathrm{N} \cdot \mathrm{m} . \tag{6.5}$$

Die Differentiation des Vektorprodukts geschieht nach der Produktregel und liefert zwei Terme, deren erster verschwindet, weil der Impuls per definitionem parallel zur Geschwindigkeit ist.

Der zweite Term ist laut (5.5) gleich dem Kreuzprodukt aus dem Ortsvektor und der Kraft, die an dem betreffenden Massenpunkt angreift. Wir nennen das Produkt $(\boldsymbol{r} \times \boldsymbol{F})$ das Drehmoment $\boldsymbol{N}$ bezüglich des Drehpunkts $\mathcal{O}$ (s. Abb. 6.2). Mit (6.4) haben wir die fundamentale Bewegungsgleichung für Drehungen gewonnen: Die Zeitableitung des Drehimpulses ist gleich dem Drehmoment. In Analogie zum Newtonschen Kraftgesetz $\dot{\boldsymbol{p}} = \boldsymbol{F}$ vertreten hier der Drehimpuls den Impuls und das Drehmoment die Kraft.

Das bekannteste Beispiel zum Drehmoment ist das schon von Archimedes in vielen seiner von ihm erfundenen Maschinen benutzte **Hebelgesetz**. Wir demonstrieren es für den Fall der Dezimalwaage, die dazu dient, recht große Gewichte G_1 mit relativ kleinen Gewichtsstücken G_2 auszuwiegen (s. Abb. 6.3). Die Waage ist genau dann im Gleichgewicht, wenn das von den Gewichten rechts und links resultierende Drehmoment im Drehpunkt verschwindet. Steht die Länge der Kraftarme im

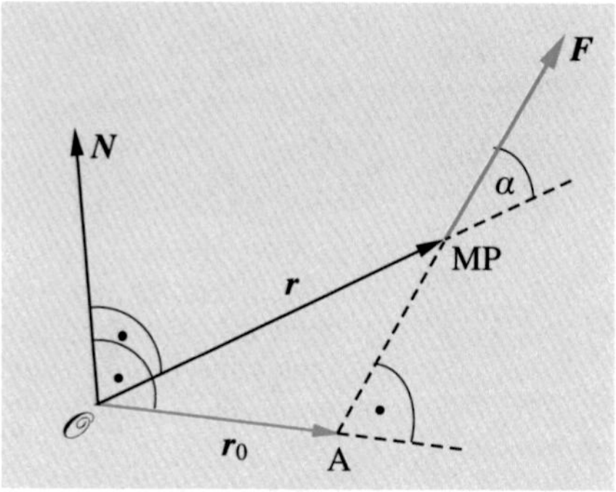

Abb. 6.2. Zur Definition des Drehmoments $N = (r \times F) = (r_0 \times F)$. einer am MP angreifenden Kraft um den Drehpunkt $\mathcal{O}$. Als Kraftarm r_0 bezeichnet man die zur Kraft senkrechte Komponente von r, die von $\mathcal{O}$ zum sogenannten Angriffspunkt A der Kraft führt

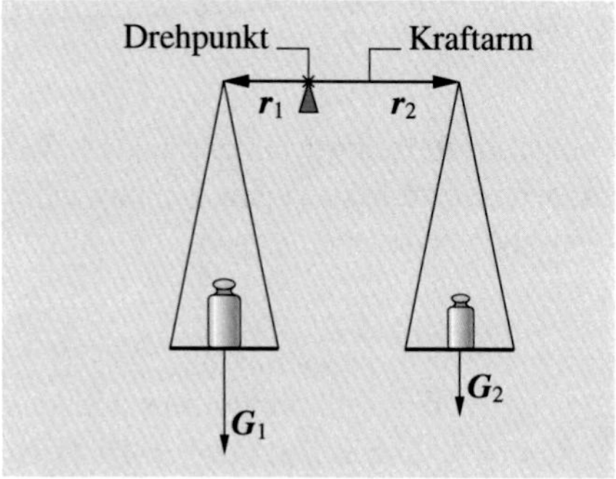

Abb. 6.3. Modell einer Dezimalwaage mit unterschiedlich langen Hebelarmen $\boldsymbol{r}_1, \boldsymbol{r}_2$

Verhältnis $r_2/r_1 = V$ zueinander, so lautet die Gleichgewichtsbedingung

$$\mathbf{0} = \boldsymbol{N}_1 + \boldsymbol{N}_2 = (\boldsymbol{r}_1 \times \boldsymbol{G}_1) + (\boldsymbol{r}_2 \times \boldsymbol{G}_2) = (\boldsymbol{r}_1 \times \boldsymbol{G}_1)\left(1 - V\frac{G_2}{G_1}\right),$$

woraus das wohlbekannte Ergebnis folgt

$$\frac{G_1}{G_2} = V = \frac{r_2}{r_1}. \tag{6.6}$$

Im Gleichgewicht stehen die Gewichte im umgekehrten Verhältnis der Kraftarme zueinander.

Zum Drehmoment besprechen wir folgenden pfiffigen Versuch, der uns über die Wichtigkeit von Richtung und Angriffspunkt der Kraft belehrt:

VERSUCH 6.1

Folgsame und unfolgsame Garnrolle. Der Versuch betrifft die ärgerliche Situation, daß eine Garnrolle unter den Schrank gerollt ist, wobei aber der Faden abgerollt sei. Muß man die Rolle mühsam unter dem Schrank hervorstochern, oder gelingt es etwa, sie am Faden wieder hervorzuziehen? Wir demonstrieren das Experiment auf dem Labortisch und konstatieren: Zieht man unter einem steilen Winkel zur Horizontalen, so rollt die Rolle weiter ab, zieht man aber unter einem sehr flachen Winkel, so folgt die Garnrolle dem Zug und das Garn rollt sich dabei sogar wieder auf (s. Abb. 6.4). Entscheidend ist der Angriffspunkt A der Kraft relativ zum Auflagepunkt D der Rolle, um den das Drehmoment wirksam ist. Je nach Anstellwinkel liegt A in Kraftrichtung gesehen unterhalb oder oberhalb von D; entsprechend wickelt sich die Rolle ab oder auf.

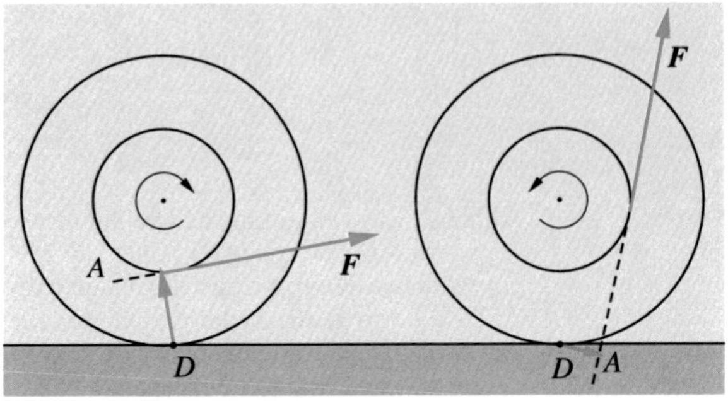

Abb. 6.4. Relative Lage von Drehpunkt D und Angriffspunkt A der Kraft bei der folgsamen (*links*) und unfolgsamen Garnrolle (*rechts*)

6.3 Drehimpulserhaltung

Kräftefreier Körper

Wir betrachten zunächst den trivialen Fall eines kräftefreien Massenpunktes. Wo keine Kraft ist, kann auch kein Drehmoment wirken und deswegen verschwindet laut (6.4) $\dot{\boldsymbol{L}}$! Folglich ist der Drehimpuls bezüglich jeden beliebigen Drehpunkts zeitlich konstant und durch die Formel

$$\boldsymbol{L} = (\boldsymbol{r} \times \boldsymbol{p}) = (\boldsymbol{r}_0 \times \boldsymbol{p}) = \textbf{const} \tag{6.7}$$

gegeben, wie aus Abb. 6.1 hervorgeht. Dabei ist $\boldsymbol{r}_0$ der senkrechte Abstand des Drehpunkts von der Bahngeraden des Massenpunkts. Die Konstanz von (6.7) ist letztlich wieder ein Ausdruck des Trägheitsprinzips.

Radialsymmetrische Potentiale

Wir lassen jetzt Kräfte zu und wählen den wichtigen Fall, daß sich die Kraft aus einem radialsymmetrischen Potential herleiten soll

$$E_\text{p}(x, y, z) = E_\text{p}(r)\,.$$

Seine Äquipotentialflächen bilden also konzentrische Kugelschalen (vgl. Abschn. 4.6). Wir untersuchen den Drehimpuls eines Massenpunkts bezüglich dieses Zentrums (s. Abb. 6.5). Da die Kraft senkrecht auf den Äquipotentialflächen steht, ist sie notwendigerweise parallel oder anti-parallel zum Radiusvektor gerichtet, also von der Form

!

$$\boldsymbol{F}(\boldsymbol{r}) = F(r)\hat{\boldsymbol{r}}\,.$$

Folglich verschwindet das Drehmoment

$$\boldsymbol{N} = (\boldsymbol{r} \times \boldsymbol{F}) = F(r)\left(\boldsymbol{r} \times \hat{\boldsymbol{r}}\right) = \dot{\boldsymbol{L}} = 0 \quad \curvearrowright$$

$$\boldsymbol{L} = \textbf{const}\,. \tag{6.8}$$

Der **Drehimpuls** eines Massenpunkts bezüglich des Zentrums eines **radialsymmetrischen Potentials** ist konstant. Das gilt gleichermaßen für anziehende wie für abstoßende Zentralkräfte.

Wir diskutieren hierzu einige Beispiele:

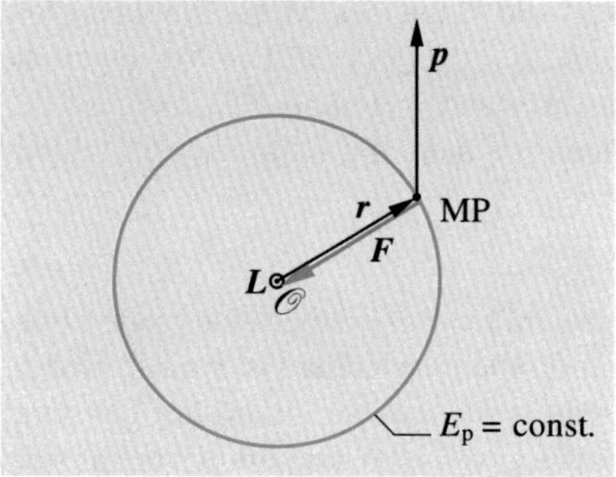

Abb. 6.5. Zur Drehimpulskonstanz eines Massenpunkts in einem radialsymmetrischen Potential. $\boldsymbol{r}$ und $\boldsymbol{p}$ liegen in der Zeichenebene, $\boldsymbol{L}$ schaut aus ihr heraus. Die Kreislinie bezeichnet eine Äquipotentiallinie

Flächensatz

Aus (6.8) können wir unmittelbar auf das 2. Keplersche Gesetz, den **Flächensatz** schließen, wonach der Fahrstrahl eines Planeten in gleichen Zeiten gleiche Flächen überstreicht (s. Abb. 6.6). Im Zeitintervall dt legt der Planet die Strecke d$\boldsymbol{r}$ zurück. Der Fahrstrahl überstreicht dabei ein kleines Dreieck der Fläche dA, das wir zur Parallelogrammfläche

$$2\,\mathrm{d}A = |(\boldsymbol{r} \times \mathrm{d}\boldsymbol{r})| = |(\boldsymbol{r} \times \boldsymbol{v})|\,\mathrm{d}t = \frac{1}{m}|(\boldsymbol{r} \times \boldsymbol{p})|\,\mathrm{d}t$$

ergänzen. Daraus folgt

$$\frac{\mathrm{d}A}{\mathrm{d}t} = \frac{1}{2m}\,|\boldsymbol{L}| = \text{const}\,. \tag{6.9}$$

Die Flächengeschwindigkeit dA/dt ist also konstant, q.e.d.

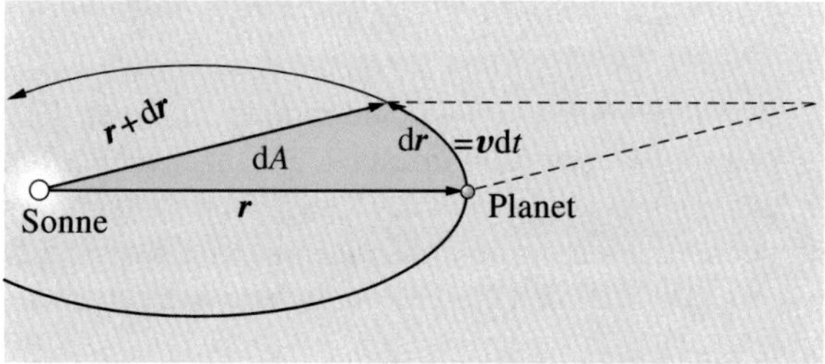

Abb. 6.6. Zur Ableitung des Flächensatzes aus der Drehimpulserhaltung im radialsymmetrischen Potential. Die Bahn liegt in der Zeichenebene, der Drehimpuls senkrecht dazu

! Wir haben bei der Ableitung des Flächensatzes an keiner Stelle von der expliziten $1/r$-Abhängigkeit des Gravitationspotentials Gebrauch gemacht, sondern nur von seiner Radialsymmetrie. Der Flächensatz gilt also in *allen* radialsymmetrischen Potentialen.

Kometenbahn, Stoßparameter

Selbstverständlich gilt der Flächensatz auch für *offene* Bahnen in radialsymmetrischen Potentialen, wie z. B. für die Bahn eines nicht wiederkehrenden Kometen. Wir interessieren uns hier für den allgemeinen Fall, daß die Kraft im großen Abstand zum Zentrum gegen Null strebe. Dann wird die Bahn des Massenpunktes dort asymptotisch gerade und sein Impuls $\boldsymbol{p}(\boldsymbol{r} = \infty) = \boldsymbol{p}_0 = \text{const}$. Die Verlängerung der Asymptote passiere das Kraftzentrum im Abstand b (s. Abb. 6.7). Den auf der gesamten Bahn konstanten Drehimpuls können wir dann mit Hilfe von (6.7) durch den asymptotischen Drehimpuls ausdrücken:

$$\boldsymbol{L}(\boldsymbol{r}) = \boldsymbol{L}(\boldsymbol{r} = \infty) = (\boldsymbol{b} \times \boldsymbol{p}_0) = \mathbf{const}\,. \tag{6.10}$$

! Wir nennen $\boldsymbol{b}$ den **Stoßparameter**. Er spielt in der Physik der Stöße eine große Rolle, weil er den Streuwinkel ϑ bestimmt. Bei radial abfallenden Kräften ist ϑ umso größer, je kleiner $\boldsymbol{b}$ ist. In der mikroskopischen Physik spielt darüber hinaus der Umstand eine Rolle, daß $\boldsymbol{b}$ proportional zum Drehimpuls ist, weil letzterer nämlich quantisiert ist.

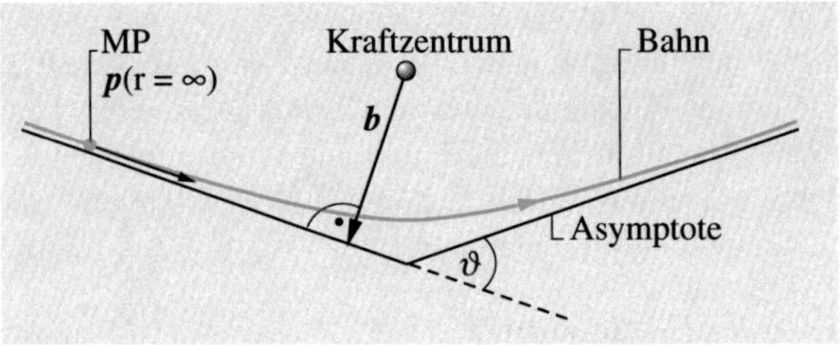

Abb. 6.7. Zur Definition des Stoßparameters b bei der Streuung eines Massenpunktes an einem Kraftzentrum. Beispiele: Streuung eines Elektrons an einem Atomkern, Bahn eines nicht wiederkehrenden Kometen

Drehimpulserhaltung bei Zentripetalkräften

Ein Massenpunkt sei über eine zentripetale Zwangskraft

$$\boldsymbol{F}_z = -m\omega^2\boldsymbol{r}$$

auf eine Kreisbahn um ein Zentrum gebunden. Da es eine radiale Kraft ist, läßt sie den Drehimpuls um dieses Zentrum wegen (6.8) konstant. Solange der Radius konstant bleibt, ist auch die Umlaufgeschwindigkeit auf der Kreisbahn konstant. Der Drehimpuls ist aber auch dann noch erhalten, wenn *zusätzlich* zu der Zwangskraft eine äußere *radiale* Kraft einwirkt, die z. B. den Radius verändert, wie folgender Versuch zeigt.

VERSUCH 6.2

Drehimpulserhaltung beim Kreispendel, Pirouetteneffekt

a) Wir versetzen ein Fadenpendel in schnelle horizontale Rotation (s. Abb. 6.8). Jetzt verkürzen wir die Pendellänge, indem wir den Faden durch das Rohr ziehen, um dessen Ende das Pendel rotiert. Dabei erhöht sich die Bahngeschwindigkeit des Pendels im umgekehrten Verhältnis zur Pendellänge r, damit der Drehimpuls

$$L = rmv = \text{const}$$

konstant bleibt. Entsprechend wächst die Kreisfrequenz mit

$$\omega = \frac{v}{r} \propto \frac{1}{r^2}\,.$$

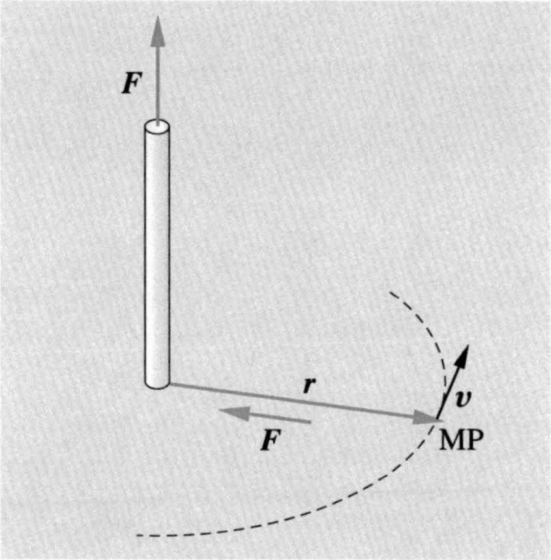

Abb. 6.8. Zur Drehimpulserhaltung des Kreispendels bei Verkürzen der Pendellänge

b) Den gleichen Effekt kann man auf einem Drehstuhl beobachten, indem man zwei schwere Hanteln in die Hände nimmt, sie weit von sich streckt und sich von außen in Rotation versetzen läßt. Zieht man jetzt die Hanteln an sich, d. h. in die Nähe der Drehachse, so erhöht sich die Umdrehungsfrequenz erheblich. Diesen Effekt machen sich Tänzer oder Eisläufer bei einer Pirouette zunutze, indem sie mit weit ausgestreckten Armen zur Drehung ansetzen und dann die Arme eng an den Körper legen. Wir kommen auf diese Fragestellung bei der Diskussion des Trägheitsmoments in Kap. 7 noch einmal zurück.

Erhaltung einer Drehimpulskomponente bei teilweiser Rotationssymmetrie

Wir können uns die Frage stellen, warum beim Versuch 6.2 der Drehimpuls der horizontalen Kreisbewegung des Pendels erhalten blieb, obwohl es doch unter dem Einfluß der Schwerkraft $\boldsymbol{G}$ stand, die keineswegs auf das Drehzentrum gerichtet ist, sondern vertikal in die negative z-Richtung zeigt (s. Abb. 6.9). Um das zu verstehen, müssen wir die einzelnen Komponenten der Grundgleichung (6.4)

$$\dot{L}_x = N_x = yF_z - zF_y = -yG$$
$$\dot{L}_y = N_y = zF_x - xF_z = xG$$
$$\dot{L}_z = N_z = xF_y - yF_x = 0$$

diskutieren. Da die Kraft in die Vertikale zeigt, verschwindet die hierzu parallele Komponente des Drehmoments und die vertikale Komponente des Drehimpulses ist erhalten

$$\boldsymbol{F} \uparrow\uparrow \hat{\boldsymbol{z}} \quad \curvearrowright \quad N_z = 0 \quad \curvearrowright \quad L_z = \text{const}\,. \tag{6.11}$$

Hingegen sind die horizontalen Drehimpulskomponenten L_x, L_y keineswegs konstant. Schwinge das Pendel unter dem Einfluß der Schwerkraft z. B. in der x, z-Ebene, so ändert sich L_y periodisch im Rhythmus der Pendelschwingung.

! Die *partielle* **Drehimpulserhaltung**, die wir hier beobachtet haben, hat ihre Ursache in einer *partiellen* **Rotationssymmetrie** des Schwerefeldes. Seine Äquipotentialflächen sind horizontale Ebenen. Folglich ist das Schwerepotential invariant gegen eine Drehung um eine vertikale Achse; d. h. drehen wir den Massenpunkt

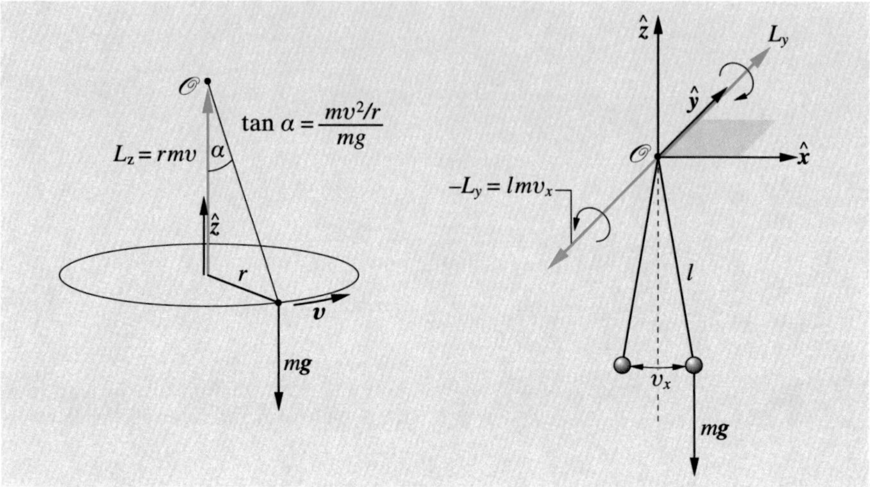

Abb. 6.9. Drehimpulserhaltung beim Pendel. Die vertikale L_z-Komponente ist beim horizontal schwingenden Kreispendel erhalten (*links*). Beim vertikal in der x-z-Ebene schwingenden Pendel ändert sich die horizontale L_y-Komponente periodisch (*rechts*)

um eine vertikale Achse, so bewegt er sich in einer Äquipotentialfläche, erfährt also keine Kraft in seiner Bewegungsrichtung und somit kein vertikales Drehmoment. Bei einer Drehung um eine horizontale Achse gilt das klarerweise nicht. Nur das oben behandelte *kugelsymmetrische* Potential ist invariant gegen Drehungen um *beliebige* Achsen durch den Symmetriepunkt. Deswegen sind dort *alle* Drehimpulskomponenten bezüglich des Symmetriepunkts erhalten.

6.4 Drehimpuls eines Systems von Massenpunkten

Der oben diskutierte Fall, daß sich ein isolierter Massenpunkt um ein raumfestes Kraftzentrum dreht, entspricht nicht eigentlich der physikalischen Realität. Denn der Massenpunkt wird immer eine entsprechende Gegenkraft auf das betreffende Kraftzentrum ausüben und es entsprechend seiner Masse ebenfalls beschleunigen. Wir können also in dieser Frage nur weiter kommen, wenn wir den *Gesamtdrehimpuls* der miteinander in Wechselwirkung tretenden Objekte bilden, die wir weiterhin als Massenpunkte ansehen. Er ist gleich der Summe aller Einzeldrehimpulse der Massenpunkte um den Ursprung $\mathcal{O}$, den wir als gemeinsamen Drehpunkt wählen:

$$\boldsymbol{L} = \sum_{i=1}^{N} (\boldsymbol{r}_i \times m_i \boldsymbol{v}_i) \ . \tag{6.12}$$

Führen wir Schwerpunktskoordinaten (s. Abb. 6.10)

$$\boldsymbol{r}_{si} = \boldsymbol{r}_i - \boldsymbol{R}$$

ein, so können wir (6.12) in zwei Anteile aufspalten:

$$
\begin{aligned}
\boldsymbol{L} &= \sum_{i=1}^{N} ((\boldsymbol{r}_{si} + \boldsymbol{R}) \times m_i \boldsymbol{v}_i) \\
&= \sum_{i=1}^{N} (\boldsymbol{r}_{si} \times \boldsymbol{p}_i) + \left(\boldsymbol{R} \times \sum_{i=1}^{N} \boldsymbol{p}_i \right) \\
&= \sum_{i=1}^{N} \boldsymbol{L}_{si} + (\boldsymbol{R} \times \boldsymbol{P}) \\
&= \boldsymbol{L}_s + \boldsymbol{L}_a \,. \qquad (6.13)
\end{aligned}
$$

Der erste Anteil ist der resultierende Drehimpuls $\boldsymbol{L}_s$ um den eigenen Schwerpunkt des Systems. Wir nennen ihn den **inneren Drehimpuls** des Systems. Der zweite Anteil $\boldsymbol{L}_a$ resultiert aus der Schwerpunktsbewegung relativ zum Ursprung. Er wird **äußerer Drehimpuls** genannt. Nehmen wir an, der Schwerpunkt ruhe im gewählten System, so entfällt $\boldsymbol{L}_a$, und der Gesamtdrehimpuls des Systems reduziert sich auf den inneren Drehimpuls um den Schwerpunkt, *unabhängig* von der Wahl des Ursprungs, ein sehr nützliches Ergebnis!

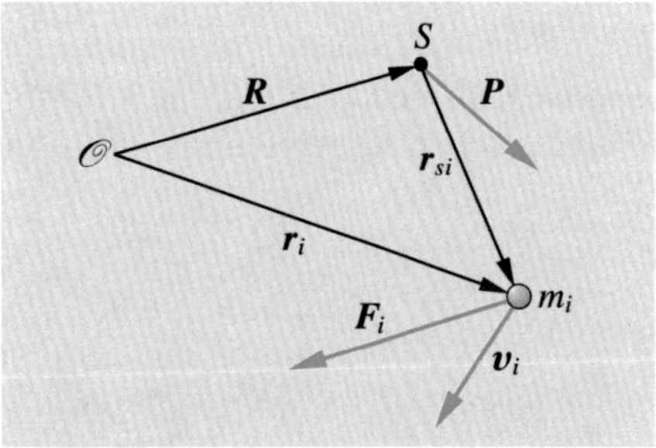

Abb. 6.10. Skizze zur Berechnung des Drehimpulses eines Systems von Massenpunkten m_i mit Schwerpunkt S um den Ursprung $\mathcal{O}$. An m_i greife die resultierende Kraft $\boldsymbol{F}_i$ an

Wie verhält sich der Drehimpuls eines Systems von Massenpunkten unter der Einwirkung von Kräften? Nehmen wir an, es sei abgeschlossen und die inneren Kräfte $\boldsymbol{F}_{ik}$ zwischen Massenpunkten lägen in Richtung ihrer Verbindungslinien. Dann erkennt man aus Abb. 6.11 ohne weiteres, daß sie bezüglich eines beliebigen Drehpunkts $\mathcal{O}$ kein resultierendes Drehmoment ausüben. (Auch andere innere Kräfte, wie z. B. die Drehmomente, die zwei Dipole aufeinander ausüben, heben sich in summa weg).

Es gilt also der folgende, wichtige Erhaltungssatz:
Der Drehimpuls eines abgeschlossenen Systems ist zeitlich konstant.

Greifen dagegen äußere Kräfte $\boldsymbol{F}_{ai}$ an den Massenpunkten i an, so ändern sie den Gesamtdrehimpuls um $\mathcal{O}$ entsprechend der Summe ihrer Drehmomente um $\mathcal{O}$

$$
\dot{\boldsymbol{L}} = \sum_{i=1}^{N} \dot{\boldsymbol{L}}_i = \sum_{i=1}^{N} (\boldsymbol{r}_i \times \boldsymbol{F}_{ai}) = \boldsymbol{N} \,. \qquad (6.14)
$$

Mit Hilfe von Schwerpunktskoordinaten können wir (6.14) analog zu (6.13) in eine Änderung des äußeren und des inneren Drehimpulses aufspalten

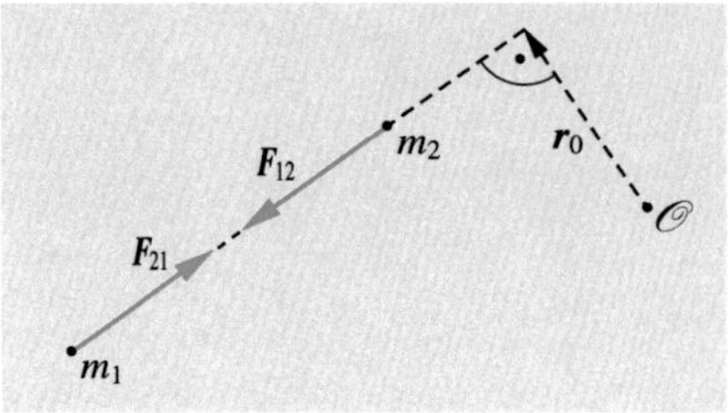

Abb. 6.11. Innere Kräfte $\boldsymbol{F}_{12} = -\boldsymbol{F}_{21}$ entlang der Verbindungslinie zweier Massenpunkte üben bezüglich eines beliebig gewählten Drehpunkts $\mathcal{O}$ kein resultierendes Drehmoment aus, da sie mit gleicher Stärke, aber entgegengesetzter Richtung am gleichen Kraftarm $\boldsymbol{r}_0$ angreifen

$$\dot{\boldsymbol{L}}_{\mathrm{a}} = (\boldsymbol{R} \times \dot{\boldsymbol{P}}) = \left(\boldsymbol{R} \times \sum_{i=1}^{N} \boldsymbol{F}_{\mathrm{a}i}\right) = \boldsymbol{N}_{\mathrm{a}}$$

$$\dot{\boldsymbol{L}}_{\mathrm{s}} = \sum_{i=1}^{N} (\boldsymbol{r}_{\mathrm{s}i} \times \boldsymbol{F}_{\mathrm{a}i}) = \boldsymbol{N}_{\mathrm{s}} . \tag{6.15}$$

! Der *äußere* Drehimpuls ($\boldsymbol{L}_{\mathrm{a}}$) reagiert auf die Summe der äußeren *Kräfte*, die *im* Schwerpunkt angreifen, der *innere* ($\boldsymbol{L}_{\mathrm{s}}$) dagegen auf die Summe der *Drehmomente um* den Schwerpunkt.

Im übrigen hängt es sehr von Richtung und Angriffspunkt der einzelnen $\boldsymbol{F}_{\mathrm{a}i}$ ab, wie die Bewegungsgrößen des Systems reagieren; Abb. 6.12 zeigt einige einfache Beispiele.

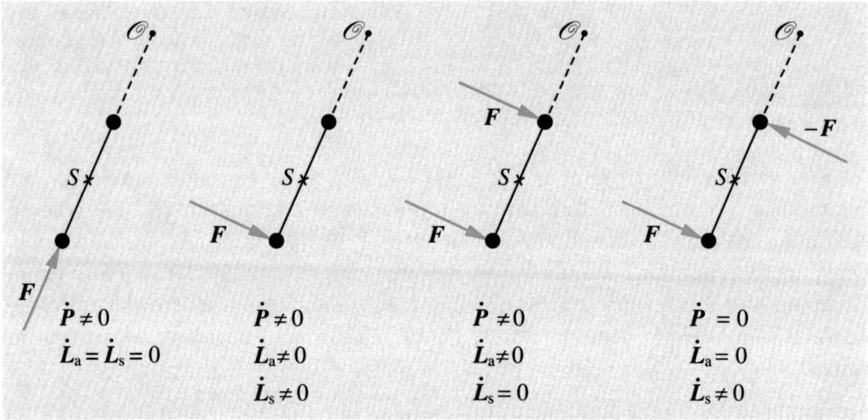

Abb. 6.12. Reaktion der Bewegungsgrößen einer Hantel auf verschiedene angreifende äußere Kräfte $\boldsymbol{F}$. Es bedeuten $\boldsymbol{P}$ = Schwerpunktsimpuls, $\boldsymbol{L}_{\mathrm{a}}$ = äußerer Drehimpuls um $\mathcal{O}$, $\boldsymbol{L}_{\mathrm{s}}$ innerer Drehimpuls um den Schwerpunkt S

7. Drehbewegungen starrer Körper

INHALT

Die Bewegungsabläufe in einem System sehr vieler, miteinander wechselwirkender Massenpunkte wird man nur dann mit einfachen, übersichtlichen Gleichungen beschreiben können, wenn man die Bewegungsfreiheit der Massenpunkte geeignet *einschränkt*. Die radikalste Einschränkung bietet in dieser Hinsicht der **starre Körper**, bei dem alle Massenpunkte einen festen Abstand zueinander halten. Dieser Vorstellung genügen auch die meisten festen Körper in guter Näherung, wenn man sie nicht allzu hohen Kräften aussetzt. Man braucht insgesamt *sechs* Koordinaten, um die Lage eines starren Körpers vollständig zu beschreiben. Es sind dies ein Ortsvektor vom Ursprung zu einem Punkt des Körpers, in der Regel dessen Schwerpunkt S, sowie drei Drehwinkel, sog. **Eulersche Winkel**, die die Orientierung des Körpers im Raum festlegen (s. Abb. 7.1): Zwei dieser Winkel brauchen wir, um die Orientierung eines weiteren Punkts A im Körper relativ zu S festzulegen. Dann hat der Körper noch die Freiheit, sich um einen dritten Winkel um die Achse S-A zu drehen.

Wir sehen also, daß die Bewegungen starrer Körper neben der Translation des Schwerpunkts vor allem *Drehungen* beinhalten. Die Beschreibung dieser Drehbewegungen, die auch zu überraschenden Effekten führt, ist Thema dieses Kapitels.

7.1 Trägheitsmoment um eine raumfeste Achse

Wir beginnen mit dem einfachsten Fall, daß wir die Freiheitsgrade eines starren Körpers bis auf einen einzigen eingeschränkt haben, nämlich die Drehung um eine **raumfeste Achse**. Das bedeutet in der Praxis, daß die Achsenlager alle vom Körper verursachten Gewichts- und Fliehkräfte aufnehmen müssen. Die Bewegung des Körpers wird dann allein durch den Drehwinkel φ um die Achse beschrieben. Wir haben also den einfachen Fall einer *eindimensionalen* Bewegungsgleichung. Wir

E. W. Otten, *Repetitorium Experimentalphysik*,
https://doi.org/10.1007/978-3-662-59730-9_7

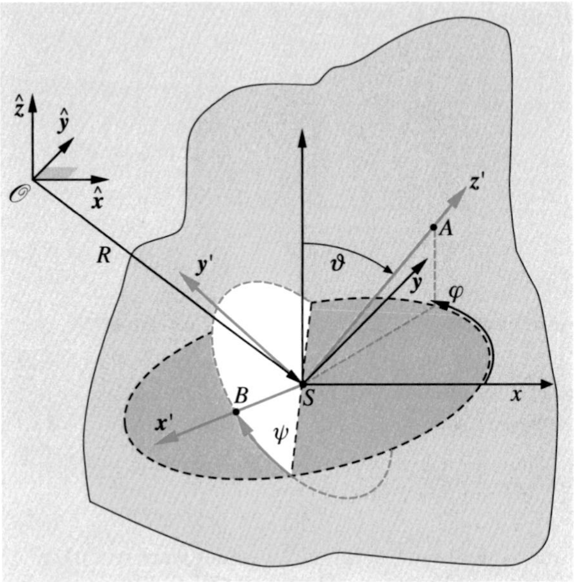

Abb. 7.1. Die sechs Koordinaten eines starren Körpers zur Beschreibung der Freiheitsgrade seiner Bewegung. Die drei Komponenten des Ortsvektors $\boldsymbol{R}$ bestimmen die Koordinaten seines Schwerpunkts S bezüglich $\mathcal{O}$. Dann genügt es, die Orientierung von zwei weiteren Punkten des Körpers, A und B, durch die Angabe von drei (Eulerschen) Drehwinkeln festzulegen, um den Körper völlig im Raum zu fixieren. Wir beginnen mit dem Punkt A, den wir z. B. in die z'-Achse eines körperfesten Koordinatensystems legen. Er kann sich auf einer Kugeloberfläche um S drehen. Seine Lage wird durch zwei Winkel beschrieben, den Polarwinkel ϑ gegen die raumfeste z-Achse und das Azimut φ in der raumfesten x,y-Ebene. Dann hat der Punkt B, den wir in die körperfeste x'-Achse legen, noch die Freiheit, sich um die Achse S-A zu drehen, beschrieben durch den Winkel ψ. Die Winkel φ und ψ werden in der Regel von der Schnittgeraden aus abgetragen, die die körperfeste x',y'-Ebene mit der raumfesten x,y-Ebene bildet

betrachten zunächst einen Massenpunkt im Abstand $\boldsymbol{r}_\mathrm{A}$ von der Achse und berechnen seinen Drehimpuls bezüglich eines Ursprungs $\mathcal{O}$ auf der Achse (s. Abb. 7.2).

In Frage kommt hier nur eine *Drehimpulskomponente* $\boldsymbol{L}_\mathrm{A}$ *parallel zur Achse*, da die Vorrichtung Drehungen um andere Achsen nicht zuläßt. Hierfür gilt

$$\boldsymbol{L}_\mathrm{A} = [\boldsymbol{r} \times \boldsymbol{p}]_\mathrm{A} = (\boldsymbol{r}_\mathrm{A} \times \boldsymbol{p}) = (\boldsymbol{r}_\mathrm{A} \times m\boldsymbol{v}) .$$

Daraus folgt mit (2.60)

$$\boldsymbol{\omega} = (\boldsymbol{r}_\mathrm{A} \times \boldsymbol{v})/r_\mathrm{A}^2$$

$$L_\mathrm{A} = mr_\mathrm{A}^2\omega = mr_\mathrm{A}^2\dot{\varphi} , \tag{7.1}$$

wobei wir in (7.1) das Vektorzeichen wegen der Eindimensionalität der Bewegungen weggelassen haben.

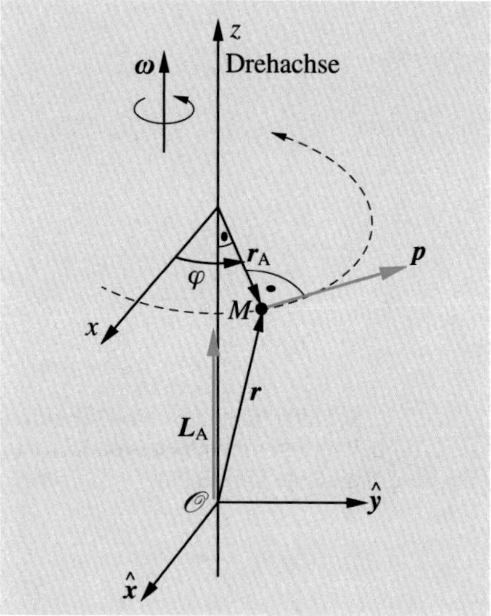

Abb. 7.2. Skizze zum Drehimpuls $\boldsymbol{L}_\mathrm{A}$ eines Massenpunktes *MP* bezüglich einer Drehachse

Der Drehimpuls L_A eines Massenpunkts um eine *feste* Achse ist das Produkt aus Winkelgeschwindigkeit, Masse und dem Quadrat des senkrechten Abstands von der Achse.

Das Produkt aus Masse und Abstandsquadrat nennen wir das **Trägheitsmoment des Massenpunkts** um die betreffende Achse

$$\theta = mr_\mathrm{A}^2 \quad \curvearrowright \quad L_\mathrm{A} = \theta\omega\,. \tag{7.1a}$$

Dreht man nun einen *ausgedehnten*, starren Körper um eine raumfeste Achse, so drehen sich auch alle seine Teilmassen Δm_i um diese Achse mit der gleichen Winkelgeschwindigkeit ω. Jedes Massenelement trägt zum Drehimpuls um die Achse gemäß (7.1) bei:

$$\Delta L_\mathrm{A} = \Delta m_i r_{\mathrm{A}i}^2 \omega\,. \tag{7.2}$$

Den gesamten Drehimpuls des Körpers um die Achse erhalten wir nach dem gleichen Verfahren, nach dem wir in Abschn. 5.3. den Schwerpunkt eines ausgedehnten Körpers berechnet haben. Wir unterteilen den Körper in viele kleine Volumenelemente, summieren alle Beiträge dieser Volumenelemente und gehen zur Grenze verschwindend kleiner Volumenlemente über, d. h. wir bestimmen das Volumenintegral über das Produkt aus Dichte und Abstandsquadrat (s. Abb. 7.3).

$$\begin{aligned} L_\mathrm{A} &= \lim_{\substack{\Delta m_i \to 0\\ N\to\infty}} \sum_{i=1}^{N} r_{\mathrm{A}\,\mathrm{i}}^2 \Delta m_i \omega \\ &= \left(\lim_{\substack{\Delta\tau_i \to 0\\ N\to\infty}} \sum_{i=1}^{N} r_{\mathrm{A}\,\mathrm{i}}^2 \varrho(\boldsymbol{r}_i)\Delta\tau_i\right)\omega = \left(\int_V r_\mathrm{A}^2 \varrho(\boldsymbol{r})\mathrm{d}\tau\right)\omega \qquad \curvearrowright \end{aligned}$$

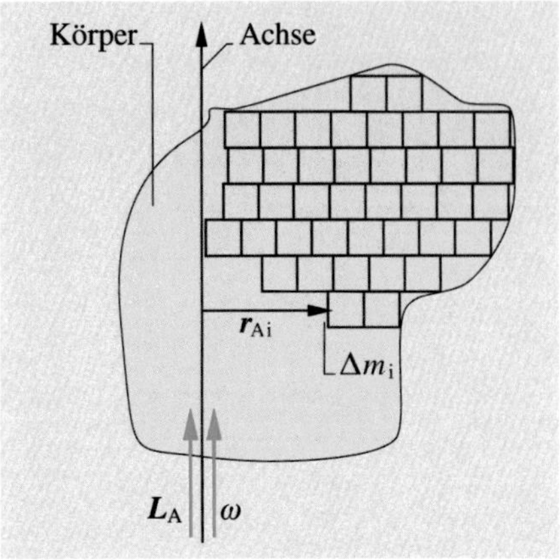

Abb. 7.3. Schnittzeichnung zur Definition des Trägheitsmoments eines starren Körpers um eine raumfeste Drehachse

$$L_A = \theta\omega\,, \quad \text{mit} \quad \theta = \int_V r_A^2 \varrho(\boldsymbol{r})\mathrm{d}\tau\,. \tag{7.3}$$

Wir nennen das Volumenintegral θ über das Produkt aus Dichte ϱ des Körpers und Abstandsquadrat r_A^2 von der Drehachse das **Trägheitsmoment eines starren Körpers** bezüglich einer *raumfesten* Achse.

Bemerkung: Weil ω für alle Volumenelemente eines starren Körpers gleich ist, konnte es aus der Integration ausgeklammert werden und der Drehimpuls als Produkt aus ω und einer körperspezifischen Größe θ geschrieben werden, die nur von der Massenverteilung relativ zur Drehachse abhängt. Bei vorgegebener Achse ist θ eine Konstante der Bewegungsgleichung; der Wert von θ ändert sich aber mit der Lage und der Richtung der Achse.

Trägheitsmoment eines Kreiszylinders um die Zylinderachse

Wir berechnen als einfaches Beispiel das Trägheitsmoment eines Kreiszylinders mit Radius R, Länge l und konstanter Dichte um seine Achse. Dann wird die Integration besonders einfach, weil der Integrand $r^2\varrho$ konstant auf einer Mantelfläche ist. Als Volumenelement können wir daher einen Zylinderring mit Radius r und Dicke dr wählen. Er hat im lim d$r \to 0$ das Volumen (Mantelfläche × Dicke):

$$\mathrm{d}\tau = A\,\mathrm{d}r = 2\pi r l\,\mathrm{d}r\,.$$

Auf diese Weise können wir (7.3) in ein eindimensionales Integral (mit $r_A = r$) umwandeln

$$\int_V r^2\varrho(\boldsymbol{r})\mathrm{d}\tau = 2\pi\varrho l \int_0^R r^3\mathrm{d}r = \frac{\pi}{2}\varrho l R^4\,. \tag{7.4}$$

Andererseits ist die Masse des Zylinders

$$M = \varrho V = \varrho\pi R^2 l\,.$$

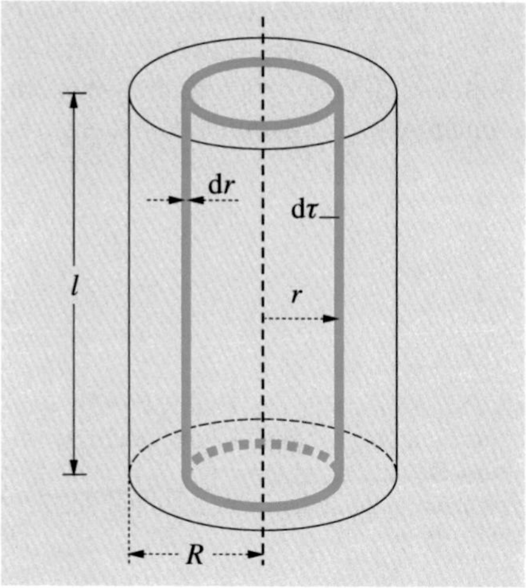

Abb. 7.4. Wahl des Volumenelements $d\tau = A\,dr$ beim Volumenintegral über einen Kreiszylinder

Folglich ist sein Trägheitsmoment

$$\theta_{\text{Zyl}} = \frac{1}{2} M R^2 \,. \tag{7.5}$$

Es ist um einen Faktor 2 kleiner verglichen mit dem Fall, wo die ganze Masse auf die Mantelfläche bei $r = R$ konzentriert wäre; vgl. (7.2).
Weitere Beispiele: Kugel mit Radius r, Achse durch Mittelpunkt:

$$\theta_{\text{Kugel}} = \frac{2}{5} M R^2 \tag{7.6}$$

Quader mit Kantenlängen a, b, c, Achse durch Mittelpunkt parallel c:

$$\theta_{\text{Quader}} = \frac{1}{12} \varrho abc \left(a^2 + b^2\right) = \frac{M}{12} \left(a^2 + b^2\right) \,. \tag{7.7}$$

! *Bemerkung:* Bei gegebenen Volumen hängt das Trägheitsmoment (für eine Achse durch den Schwerpunkt) sehr von der Geometrie des Körpers und der Orientierung der Achse ab, weil die einzelnen Volumenelemente mit dem Quadrat des Abstands von der Achse gewichtet werden. Für einen langen, rechteckigen Stab ist nach (7.7) das Trägheitsmoment um die lange Achse wesentlich kleiner als um die kurze, weil die Längskante im ersteren Fall nur mit der einfachen, im letzteren aber mit der dritten Potenz zum Tragen kommt.

Steinerscher Satz

Für die Abhängigkeit des Drehmoments von Lage und Richtung der Achse gibt es weitreichende Sätze, die es gestatten, selbst bei völlig unregelmäßigen Körpern das Trägheitsmoment bezüglich jeder beliebigen Achse durch insgesamt drei für den Körper charakteristische Trägheitsmomente sowie die Lage des Schwerpunktes auszudrücken.

Von diesen Sätzen beweisen wir an dieser Stelle den **Steinerschen Satz**, der aussagt, wie das Trägheitsmoment auf eine *Parallelverschiebung* der Achse reagiert. Zu diesem Zweck berechnen wir das Trägheitsmoment um eine *beliebige* Achse A auf dem Umweg über Schwerpunktskoordinaten, indem wir eine parallele Hilfsachse A_s durch den Schwerpunkt S ziehen (Abb. 7.5).

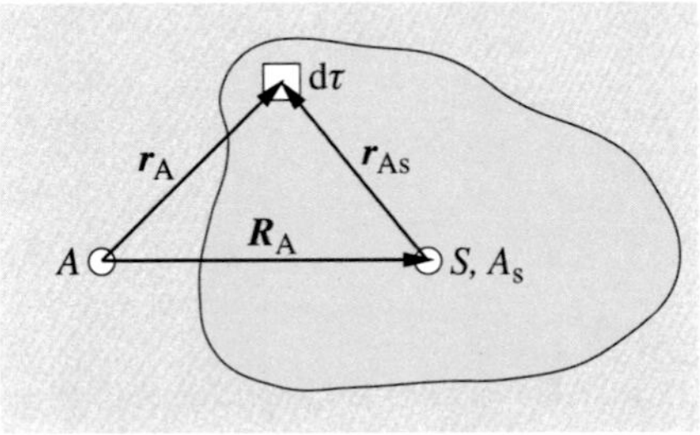

Abb. 7.5. Einführung von Schwerpunktskoordinaten für ein Volumenelement $d\tau$ zum Beweis des Steinerschen Satzes. Die Achsen A, A_s stehen senkrecht auf der Zeichenebene

Jedes Volumenelement $d\tau$ trägt zum Trägheitsmoment um die Achse A den Betrag $r_A^2 \varrho \, d\tau$ bei. Wir können nun den Abstandsvektor $\boldsymbol{r}_A$ in die Summe

$$\boldsymbol{r}_A = \boldsymbol{R}_A + \boldsymbol{r}_{As}$$

aufspalten. Dabei ist $\boldsymbol{R}_A$ der Abstandsvektor zwischen den Achsen A und A_s, sowie $\boldsymbol{r}_{As}$ der Abstandsvektor von $d\tau$ zur Achse A_s. Damit folgt für das Trägheitsmoment um A

$$\begin{aligned} \theta_A &= \int_V (\boldsymbol{R}_A + \boldsymbol{r}_{As})^2 \varrho(\boldsymbol{r}) d\tau \\ &= \int_V R_A^2 \varrho(\boldsymbol{r}) d\tau + \int_V r_{As}^2 \varrho(\boldsymbol{r}) d\tau + 2 \int_V (\boldsymbol{R}_A \cdot \boldsymbol{r}_{As}) \varrho(\boldsymbol{r}) d\tau \, . \end{aligned}$$

Es zerfällt in drei Integrale: Das erste ergibt nach Vorziehen des konstanten Faktors R_A^2 per Definitionem die Gesamtmasse des Körpers. Das zweite Integral ist das Trägheitsmoment θ_s um die parallele Achse A_s durch den Schwerpunkt. Beim dritten Integral können wir wiederum den konstanten Abstandsvektor $\boldsymbol{R}_A$ aus dem Skalarprodukt ausklammern und erhalten

$$2 \left(\boldsymbol{R}_A \cdot \int_V \boldsymbol{r}_{As} \varrho(\boldsymbol{r}) d\tau \right) = 2\boldsymbol{R}_A \cdot 0 = 0 \, .$$

Das zurückbleibende Integral verschwindet, weil es laut Schwerpunktsdefinition (5.17) gleich dem Abstand zwischen S und A_s ist, multipliziert mit der Gesamtmasse. Dieser Abstand war aber nach Voraussetzung Null. Das Ergebnis ist der

Steinersche Satz. Das Trägheitsmoment eines Körpers um eine beliebige Achse ist gleich der Summe aus dem Trägheitsmoment um eine hierzu parallele Achse durch den Schwerpunkt und dem Produkt aus der Gesamtmasse und dem Abstandsquadrat der beiden Achsen

$$\theta_A = R_A^2 M + \theta_s \, . \tag{7.8}$$

Mit dem Steinerschen Satz gewinnen wir also auf einfache Weise das Trägheitsmoment für die Gesamtheit aller zueinander paralleler Achsen. Auch für die Richtungsabhängigkeit des Trägheitsmoments gibt es, wie eingangs angedeutet, einen generellen, allerdings komplizierteren Zusammenhang, den wir in Abschn. 7.4 diskutieren.

7.2 Dynamisches Grundgesetz der Drehbewegung um eine starre Achse

Wir kommen zurück auf den Zusammenhang (7.3) zwischen Drehimpuls, Trägheitsmoment und Winkelgeschwindigkeit

$$L_\mathrm{A} = \theta\omega$$

und wollen den Einfluß eines axialen Drehmoments N_A auf diese Drehbewegung untersuchen. Hierzu folgender Versuch:

VERSUCH 7.1

Dynamisches Grundgesetz der Drehbewegung. Zwei Bleigewichte M (s. Abb. 7.6) seien auf einer Schiene im Abstand R von einer Drehachse befestigt. Auf die Achse üben wir mittels eines Fadens um ein Rad mit Radius r ein Drehmoment aus, indem wir an den Faden über eine Umlenkrolle das Gewicht G hängen. Auf die Achse wirkt dann das Drehmoment

$$N_\mathrm{A} = rG\,.$$

Wir starten aus der Ruhelage und messen für die erste Umdrehung die Zeitdauer t_1 und für die ersten vier Umdrehungen die Zeitdauer

$$t_4 = 2t_1\,.$$

Wir schließen daraus wie beim Fallgesetz auf ein gleichmäßig beschleunigtes Anwachsen des Drehwinkels

$$\varphi(t) \propto t^2\,.$$

Im zweiten Schritt halbieren wir den Abstand der Gewichte M von der Drehachse, wobei sich das Trägheitsmoment entsprechend (7.2)

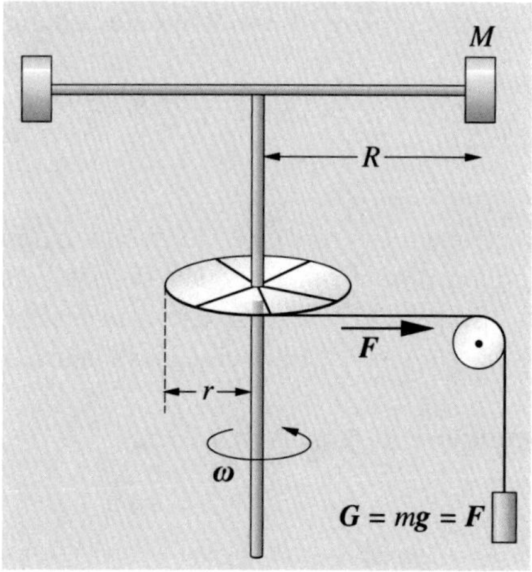

Abb. 7.6. Demonstration einer gleichförmig beschleunigten Drehbewegung durch ein konstantes Drehmoment

$$\theta \approx 2MR^2$$

um den Faktor vier verkleinert. (Dabei vernachlässigen wir das Trägheitsmoment der übrigen Drehteile). Wir zählen jetzt während t_1 vier Umdrehungen und während t_4 sechzehn Umdrehungen. Weiterhin beobachten wir, daß der zurückgelegte Winkel proportional zum Drehmoment anwächst.

Zusammenfassend ergibt sich aus der Auswertung des Versuchs 7.1 das Bewegungsgesetz

$$\varphi(t) = \frac{1}{2}\frac{N_{\mathrm{A}}}{\theta}t^2 . \tag{7.9}$$

Durch zweimalige Differentation erhalten wir das zugrundeliegende **Grundgesetz der Drehbewegung**

$$N_{\mathrm{A}} = \theta\ddot{\varphi} = \theta\dot{\omega} = \dot{L}_{\mathrm{A}} . \tag{7.10}$$

Es trägt diesen Namen wegen seiner formalen Ähnlichkeit zum Newtonschen Grundgesetz $F = m\ddot{x}$; N_{a} tritt an die Stelle von F, θ an die Stelle von m und $\ddot{\varphi}$ an die von $\ddot{x}$. Natürlich ist es kein neues Grundgesetz, sondern folgt aus dem Newtonschen mit den von uns getroffenen Definitionen von Drehimpuls und Drehmoment. Konkret gesagt ist (7.10) nur ein eindimensionaler Spezialfall der allgemeineren Beziehung (6.14) $\boldsymbol{N} = \dot{\boldsymbol{L}}$.

Energie und Arbeit der Drehbewegung

Auch die **kinetische Energie der Rotation** eines starren Körpers läßt sich durch das Trägheitsmoment in einfacher Weise als Integral der kinetischen Energien aller Massenpunkte ausdrücken. Gemäß Abb. 7.3 trägt jedes Massenelement hierzu den Betrag

$$\Delta E_{\mathrm{k}i} = \Delta m_i \cdot v_i^2/2 = \Delta m_i r_{\mathrm{A}i}^2 \omega^2/2$$

bei. Bei der Summation über alle Massenelemente können wir wiederum die konstante Winkelgeschwindigkeit ausklammern und erhalten die wichtige Beziehung

$$E_{\mathrm{k}} = \left(\lim_{\substack{\Delta\tau_i \to 0 \\ N\to\infty}} \sum_{i=1}^{N} r_{\mathrm{A}i}^2 \varrho(\boldsymbol{r}_i)\Delta\tau_i \right) \omega^2/2 = \theta\omega^2/2 . \tag{7.11}$$

Sie steht wieder in völliger Analogie zur kinetischen Energie eines Massenpunktes (4.5). In der Rotation schwerer Massen können *erhebliche* Energien gespeichert sein, der nur durch das Zerreißen des Körpers infolge der Fliehkräfte Grenzen gesetzt sind. Sie reicht aus, um einen (umweltfreundlichen) Autobus mit Schwungradantrieb einmal quer durch die Stadt zu fahren.

Ebenso finden wir für die **Arbeit der Drehbewegung** (s. Abb. 7.7) aus

$$\mathrm{d}W = (\boldsymbol{F} \cdot \mathrm{d}\boldsymbol{s}) = Fr_{\mathrm{A}}\mathrm{d}\varphi \,\sin\alpha = N_{\mathrm{A}}\mathrm{d}\varphi$$

die zu (4.19) analoge Formel

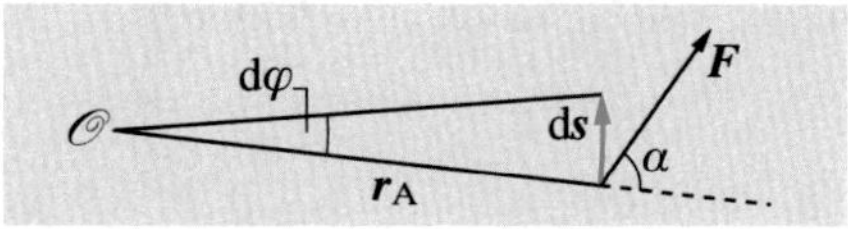

Abb. 7.7. Skizze zur Arbeit der Drehbewegung

$$W_{1\to 2} = \int_{\varphi_1}^{\varphi_2} N_A(\varphi)\mathrm{d}\varphi\,. \tag{7.12}$$

Auch läßt sich bei konservativen Kraftfeldern das *Drehmoment* aus der Ableitung der potentiellen Energie nach dem Drehwinkel gewinnen

$$N_A = -\frac{\mathrm{d}E_p}{\mathrm{d}\varphi}\,. \tag{7.13}$$

Darauf kommen wir in der Elektrodynamik bei der Besprechung von elektrischen und magnetischen Dipolmomenten zurück.

Rollbewegung

Eine interessante Verknüpfung zwischen den Gleichungen der linearen und der Drehbewegung finden wir beim Rollen, das wir im folgenden Versuch untersuchen.

VERSUCH 7.2

Abrollen auf der schiefen Ebene. Zwei Zylinder gleicher Masse und gleichen Durchmessers rollen auf einer schiefen Ebene mit unterschiedlicher Beschleunigung ab (vgl. Abb. 7.8).

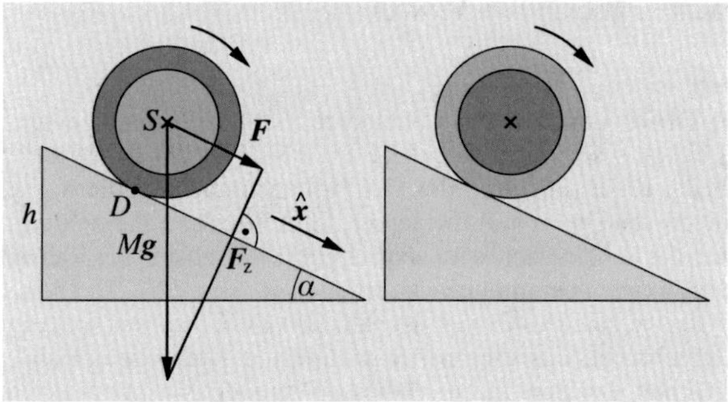

Abb. 7.8a,b. Rollbewegung auf einer schiefen Ebene. Die beiden Zylinder haben gleiche Masse und gleichen Radius, aber unterschiedliche *Masseverteilung*; beim linken ist die Masse am Rand, beim rechten im Zentrum konzentriert

Sehen wir uns die Zylinder genau an, so erkennen wir, daß beim schnelleren die Masse größtenteils in der Nähe der Achse, beim langsameren dagegen am Zylinderrand konzentriert ist. Das größere Trägheitsmoment des letzteren speichert also mehr kinetische Energie bei gegebener Rollgeschwindigkeit.

Die zugehörige Bewegungsgleichung können wir am einfachsten aus dem Energiesatz (4.9) ableiten:

$$\begin{aligned} E &= E_p + E_k = Mgh + \frac{1}{2}\left(Mv^2 + \theta\omega^2\right) \\ &= -Mgx\sin\alpha + \frac{1}{2}\left(M\dot{x}^2 + \theta\frac{\dot{x}^2}{R^2}\right) = \text{const}\,. \end{aligned} \tag{7.14}$$

Daraus folgt durch Differentation nach der Zeit unmittelbar die Bewegungsgleichung

$$-Mg\dot{x}\sin\alpha + \left(M + \frac{\theta}{R^2}\right)\dot{x}\ddot{x} = 0 \qquad \curvearrowright$$

$$\ddot{x} = \frac{M}{M + \theta/R^2} g \sin\alpha \,. \tag{7.15}$$

Da sich die kinetische Energie bei der Rollbewegung auf Translations- und Rotationsenergie aufteilt, ist die Beschleunigung im Vergleich zum reibungsfreien Rutschen auf der schiefen Ebene um das Verhältnis $M/(M+\theta/R^2)$ reduziert. Der Term θ/R^2 spielt hier die Rolle einer effektiven Zusatzmasse, die sich zwar an der Trägheit, nicht aber an der Schwerkraft beteiligt. *Fazit*: *Rutschen* geht schneller als *Rollen*!

Drehimpulserhaltung um starre Achse

Ein Körper, der sich *ohne* Einwirkung äußerer Drehmomente um eine starre Achse drehen kann, erhält nach (7.10) seinen Drehimpuls um diese Achse

$$N_\mathrm{A} = 0 \qquad \curvearrowright \qquad L_\mathrm{A} = \text{const}\,. \tag{7.16}$$

Die äußeren Zwangskräfte, die die starre Achse auf den Körper ausübt, greifen senkrecht zur Bahngeschwindigkeit an und üben daher kein Drehmoment um die Achse aus.

Die Erhaltung von L_a gilt auch für ein System von Körpern, das sich als Ganzes um eine starre Achse frei drehen kann, bezüglich der Summe seiner Einzeldrehimpulse

$$L_\mathrm{A} = \sum_{i=1}^{N} L_{\mathrm{A_i}} = \text{const}\,. \tag{7.17}$$

Wir demonstrieren diese Tatsache in folgendem Versuch:

VERSUCH 7.3

Drehimpulserhaltung auf dem Drehschemel. Man reicht einem Probanden auf einem zunächst ruhenden Drehschemel ein sich schnell drehendes Rad, das er an der Achse hält. Die Drehachsen des Schemels und des Rades seien parallel. Der Proband dreht jetzt die Achse des Rades um 180° und kehrt damit dessen Drehimpuls bezüglich der Achse des Schemels um. Jetzt dreht sich aber der Proband um die Schemelachse im ursprünglichen Drehsinn des Rades, um damit nach (7.17) die Summe der axialen Drehimpulse zu erhalten (s. Abb. 7.9). (Der beim Kippen der Radachse auftretende transversale Drehimpuls ist natürlich nicht erhalten, sondern wird von einem Drehmoment aufgebracht, das die an der raumfesten Drehschemelachse angreifenden Zwangskräfte verursachen. Der Proband spürt dieses Drehmoment sehr deutlich in seinen Händen.)

VERSUCH 7.4

Drehmomente und Drehimpulsbilanz bei einem umlaufenden Ventilator. Propeller und Motor eines Ventilators sind gemeinsam auf einer vertikalen, abknickbaren Drehachse gelagert (s. Abb. 7.10). Zunächst seien beide Achsen parallel. Der Motor beginnt zu laufen und gibt an den Propeller das Drehmoment

$$\boldsymbol{N} = N\hat{\boldsymbol{z}}$$

ab, entsprechend seiner Leistung:

$$P = \dot{W} = N\omega\,.$$

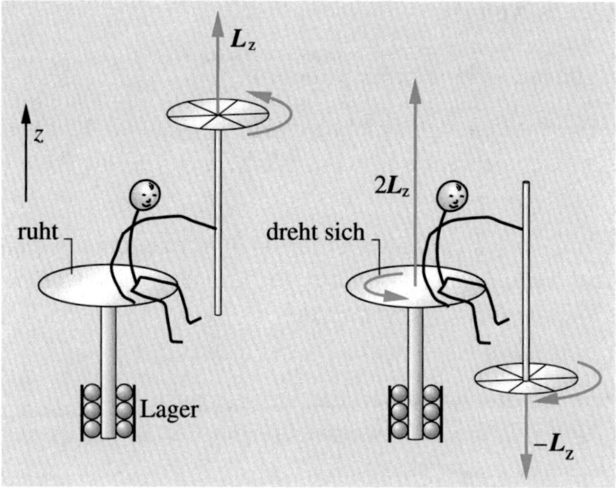

Abb. 7.9. Demonstration der Drehimpulserhaltung auf einem Drehschemel durch Umkehren der Achse eines sich drehenden Rades

Das Motorgehäuse beginnt sich in umgekehrter Richtung zu drehen; es wird wegen *actio* = *reactio* vom entgegengesetzten Drehmoment

$$-N_z = \theta\ddot{\varphi}$$

beschleunigt, solange bis die Reibung im Achsenlager und an der Luft schließlich dieses Drehmoment kompensieren. In abgeknickter Position wirkt auf die raumfeste Drehachse des Ventilators nur noch die Komponente

$$-N\cos\varphi\hat{z}\,.$$

Entsprechend dreht sich jetzt der Ventilator langsamer um die vertikale Achse (durch diese Drehung erreicht er den Zweck, den ganzen Raum zu ventilieren). Die horizontale Komponente $N\sin\varphi$ wird vom Achsenlager aufgenommen.

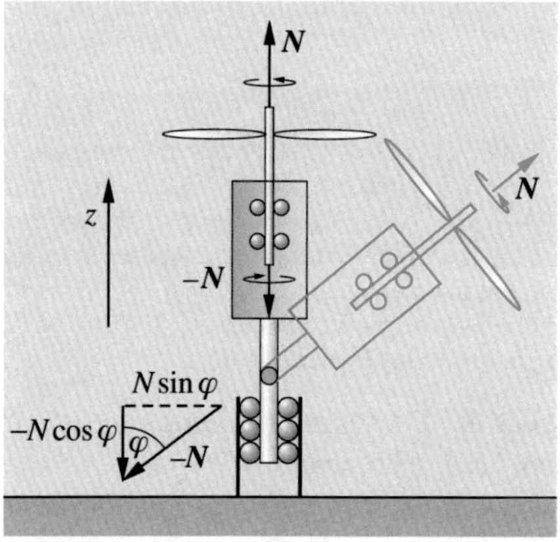

Abb. 7.10. Prinzip des umlaufenden Ventilators. Auch in der abgeknickten Position wird noch ein Bruchteil des Drehmoments *N*, das der Motor auf die raumfeste Drehachse ausübt, im Ständer wirksam

7.3 Drehbewegungen um freie Achsen

Wir betrachten jetzt Drehbewegungen freier Körper. Hier gilt:

Führt ein starrer Körper eine Drehbewegung aus, ohne daß auf ihn äußere Kräfte wirken, so läuft die Drehachse durch den Schwerpunkt. Wir nennen sie eine **freie Achse**.

Dieser Satz folgt unmittelbar aus der Feststellung, daß laut Voraussetzung der Schwerpunkt nach (5.19) nicht beschleunigt ist, also insbesondere auch seine Kreisbeschleunigung um eine externe Achse verschwindet

$$\omega^2 R_\mathrm{A} = 0\,, \qquad \text{also ist} \qquad R_\mathrm{A} = 0\,.$$

Bei **technischen Drehteilen** achtet man darauf, daß sie sich nach Möglichkeit um eine freie Achse drehen; denn dann verschwindet die mit der Drehung des Schwerpunkts verknüpfte zentripetale Zwangskraft

$$\boldsymbol{F}_z = -M\omega^2 \boldsymbol{R}_\mathrm{A}\,. \tag{7.18}$$

Sie belastet nämlich die Achsenlager und führt zu unruhigem Lauf und vorzeitigem Verschleiß.

Ob eine eingespannte Achse auch eine freie Achse ist, erkennt man daran, ob der Körper im Schwerefeld um diese Achse pendelt oder nicht. Nach (5.19) greift nämlich die Summe der Gewichtskräfte im Schwerpunkt S an und erzeugt ein Drehmoment um die Achse, das den Schwerpunkt in die **stabile Gleichgewichtslage** S' senkrecht unter der Drehachse treibt (s. Abb 7.11).

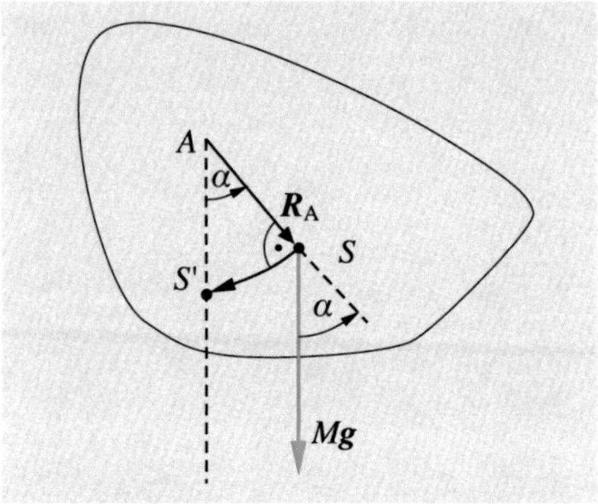

Abb. 7.11. Rücktreibendes Drehmoment der Gewichtskraft $\boldsymbol{N} = (\boldsymbol{R}_\mathrm{A} \times M\boldsymbol{g})$ mit $N(\alpha) = -MgR_\mathrm{A}\sin\alpha$ eines Körpers um eine horizontale, raumfeste Achse A senkrecht zur Zeichenebene. $\boldsymbol{R}_\mathrm{A}$ ist der Abstand des Schwerpunkts S von A, $M\boldsymbol{g}$ die in S angreifende Gewichtskraft

Auch die Schwerpunktslage senkrecht über der Drehachse ist drehmomentfrei; jedoch wirkt in ihrer Umgebung ein wegtreibendes Drehmoment. Wir sprechen dann vom **labilen Gleichgewicht**. Nur im Falle $R_\mathrm{A} = 0$ verschwindet das Drehmoment für jeden Drehwinkel des Körpers, genannt **indifferentes Gleichgewicht**. Das Auspendeln eines Drehteils (z. B. eines Autorads) mit Zusatzgewichten zur Auffindung des indifferenten Gleichgewichts nennt man statische Auswuchtung.

Wir halten fest: Bezüglich einer freien Achse befindet sich ein Körper im indifferenten Gleichgewicht.

Deviationsmomente

! Die statische Auswuchtung alleine genügt nicht, um bei rotierenden Wellen die Lager kräftefrei zu halten. Die Abb. 7.12 gibt hierfür ein einleuchtendes Beispiel.

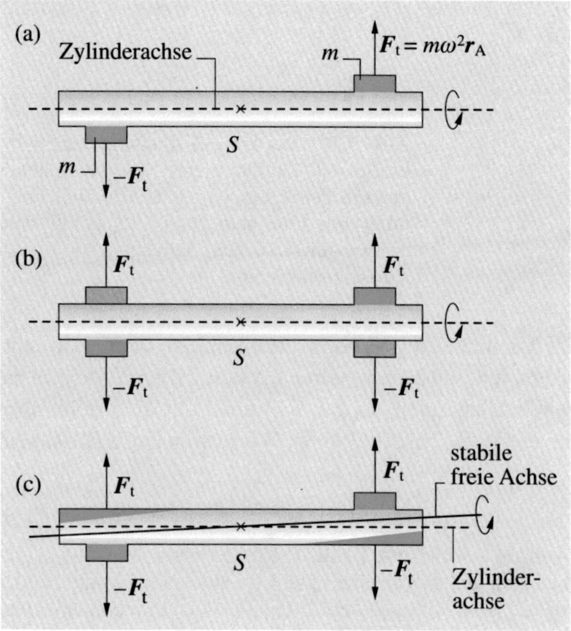

Abb. 7.12. (**a**) Zylindrische Welle mit Deviationsmoment bezüglich der Zylinderachse durch Anbringen zweier diametraler Nocken. (**b**) Anullierung des Deviationsmoments durch zwei weitere entgegengesetzte Nocken. (**c**) Auffinden einer stabilen freien Achse durch Verkippen

Wir bringen auf einer zylindrischen Welle, die sich um die *Zylinderachse* drehen soll, symmetrisch zu beiden Seiten des Schwerpunkts zwei Nocken diametral im Abstand r_A von der Achse an. Folglich bleibt der Schwerpunkt in der Achse. Bei Rotation gehen jedoch von diesen Nocken zusätzliche Fliehkräfte

$$\boldsymbol{F}_t = \pm m\omega^2 \boldsymbol{r}_A$$

aus, deren Summe zwar Null ist, die aber an verschiedenen Seiten angreifen und deswegen ein resultierendes Drehmoment auf die Welle ausüben, das sich mit der Welle selbst mitdreht. Es heißt **Deviationsmoment**. Die Welle beginnt bei freier Rotation zu *taumeln*, bzw. es treten bei gelagerten Wellen unangenehme Zwangskräfte auf, die mit dem Quadrat der Drehzahl anwachsen.

Die vom Deviationsmoment erzeugte, sogenannte **dynamische Unwucht** kann ebenfalls durch Anbringen von Zusatzgewichten annulliert werden, im betrachteteten Fall am einfachsten durch Anbringen zweier zusätzlicher, gegenüberliegender Nocken (s. Abb. 7.12 b). Stattdessen kann man aber auch die Drehachse gegenüber der Zylinderachse in Richtung auf die beiden Nocken soweit verkippen, daß jetzt die bezüglich der neuen Achse unsymmetrische Massenverteilung der Welle die Fliehkräfte der Nocken ausgleicht (s. Abb. 7.12 c).

Bei einem kreiszylindrischen Körper ist aber nicht nur die Zylinderachse eine deviationsmomentfreie, stabile Drehachse, sondern auch jede *radiale* Achse durch

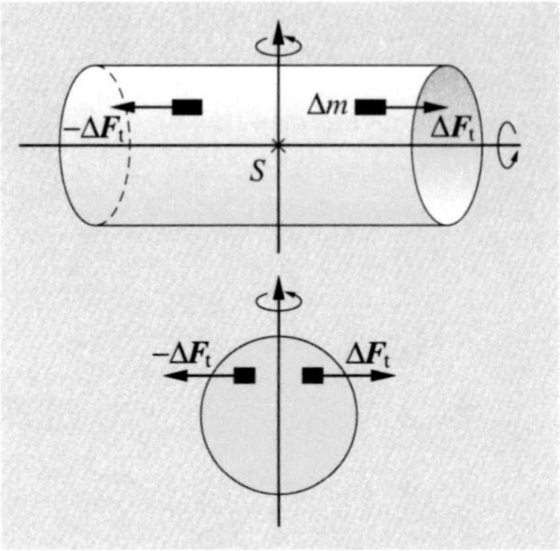

Abb. 7.13. Paarweise Aufhebung der Fliehkräfte und Drehmomente von Massenelementen Δm eines Kreiszylinders bei Drehung um eine radiale Achse durch den Schwerpunkt S aus radialer (*oben*) und axialer (*unten*) Sicht

den Schwerpunkt (s. Abb. 7.13); denn die Massenverteilung ist nach wie vor spiegelsymmetrisch zur Achse. Zu jedem Massenelement Δm auf einer Seite gibt es exakt das gleiche auf der gegenüberliegenden, so daß sich nicht nur die Fliehkräfte sondern auch ihre Momente um die Drehachse aufheben. Wir prüfen diese Aussagen im folgenden Versuch nach.

VERSUCH 7.5

Demonstration stabiler freier Achsen – Wurf mit Drall. 1. Kreiszylinder: Wir fassen ein Rohr an einem Ende und werfen es so hoch, daß es einen Drall um die kurze radiale Achse durch den Schwerpunkt erfährt; dann fassen wir es in der Mitte und geben ihm beim Werfen einen Drall parallel zu seiner langen Achse. In beiden Fällen rotiert der Zylinder stabil um die gewählten Achsen.

Wir wiederholen den Versuch mit einem Quader mit Kantenlängen $a > b > c$. Entsprechend sind die Trägheitsmomente um die hierzu parallelen freien Achsen durch den Schwerpunkt in umgekehrter Reihenfolge geordnet (vgl. (7.7)).

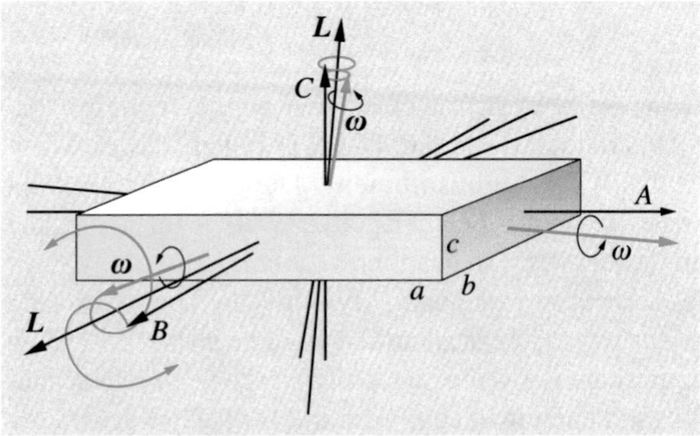

Abb. 7.14. Freie Rotation eines Quaders jeweils um eine ω-Achse in der Nachbarschaft der drei deviationsmomentfreien Symmetrieachsen A, B, C (Hauptträgheitsachsen). Für $a > b > c$ gilt $\theta_A < \theta_B < \theta_C$. $\boldsymbol{L}$ ist die Achse des zugehörigen raumfesten Drehimpulses, um den die Symmetrieachse und die ω-Achse kegelförmig kreisen. Die Rotation in der Umgebung von B ist instabil; die Kegel weiten sich auf

$$\theta_A < \theta_B < \theta_C \,. \tag{7.19}$$

Wir beobachten, daß das Quader *stabil* rotiert, wenn wir freie Achsen parallel zur langen (a) und kurzen Kante (c) gewählt haben. Hingegen beginnt das Quader früher oder später zu *taumeln*, wenn wir versucht haben, ihm einen Drall parallel zur mittleren Kante (b) zu geben (s. Abb. 7.14).

Auch beim Quader führen die gleichen Symmetrieüberlegungen wie oben zu dem Schluß, daß die drei zueinander senkrechten freien Achsen durch die Flächenmitten des Quaders frei von Deviationsmomenten sind. Dennoch erwies sich im Versuch die mit dem *mittleren* Trägheitmoment verknüpfte Achse als *instabil*. Dieses unterschiedliche Verhalten ist einem elementaren anschaulichen Verständnis schwer zugänglich, sondern erfordert beträchtlichen mathematischen Aufwand in der theoretischen Mechanik. Es hängt aber damit zusammen, daß bei der *freien* Rotation eines starren Körpers nach Abschn. 6.4 auf jeden Fall sein Drehimpuls um den Schwerpunkt nach Betrag und Richtung erhalten ist. Hat man aber beim Anwerfen die Drehimpulsachse ein wenig gegen eine der Symmetrieachsen, auch **Figurenachsen** genannt, verkippt, so sind weder diese Symmetrieachse noch die vom Körper gerade eingenommene freie Achse der Rotation mit der Winkelgeschwindigkeit ω raumfest, sondern werden von Deviationsmomenten kegelförmig um die *raumfeste Drehimpulsachse* geführt (sog. **Nutation**). Bei der Rotation in der Umgebung der Achsen mit größtem und kleinstem Trägheitsmoment bleiben diese Kegelwinkel und damit auch die Deviationsmomente klein, *schrumpfen* bei Dämpfung sogar auf Null. In der Umgebung der Achse mit mittlerem Trägheitsmoment *wachsen* sie aber, sobald man die Rotation um diese Achse nur ein wenig verfehlt hat. Ähnlich wie im statischen Fall können wir hier auch im dynamischen Fall von einer stabilen und einer labilen Gleichgewichtslage sprechen. Wir werden hierauf noch mit weiteren Experimenten zurückkommen.

7.4 Hauptträgheitsachsen

Wir nennen die deviationsmomentfreien Achsen eines starren Körpers im folgenden **Hauptträgheitsachsen**. Das erstaunliche ist nun, daß wir die Ergebnisse, die wir für die regelmäßigen Körper, Zylinder und Quader gewonnen haben auch auf beliebige, unregelmäßig geformte Körper verallgemeinern dürfen. Wir können dieses Ergebnis der theoretischen Mechanik hier nicht nachvollziehen, wollen aber im folgenden alle wichtigen Aussagen zu diesem Thema zusammenstellen und einige davon im Experiment demonstrieren.

!

- Jeder starre Körper hat mindestens *drei* **Hauptträgheitsachsen** A, B, C, um die er ohne Deviationsmomente rotieren kann. Die zugehörigen Hauptträgheitsmomente θ_A, θ_B, θ_C sind in der Regel verschieden. Die Hauptträgheitsachsen stehen jeweils orthogonal zueinander und treffen sich im Schwerpunkt (Abb. 7.15).
- Die Hauptträgheitsmomente sind *Extremwerte* bezüglich benachbarter Achsen. Seien

  $$\theta_A < \theta_B < \theta_C \,,$$

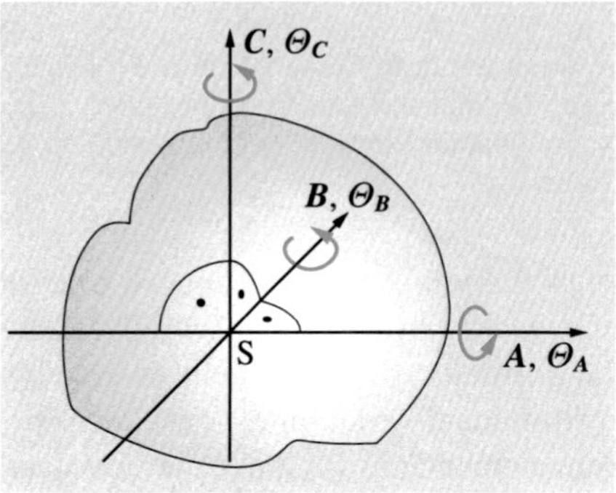

Abb. 7.15. Hauptträgheitsachsen A, B, C und zugehörige Trägheitsmomente θ_A, θ_B, θ_C eines (beliebigen) starren Körpers

so ist θ_A ein Minimum und θ_C ein Maximium bezüglich jeder benachbarten Richtung. θ_B verhält sich wie ein Sattelpunkt; sein Wert fällt in Richtung auf A und steigt in Richtung auf C.

- Sind *zwei* Hauptträgheitsmomente *gleichgroß*, etwa

  $$\theta_A = \theta_B ,$$

  dann sind die Trägheitsmomente zu *allen* Achsen in der von A,B aufgespannten Ebene gleichgroß, also

  $$\theta_X = \theta_A = \theta_B .$$

  Alle Achsen in dieser Ebene sind dann auch Hauptträgheitsachsen und somit frei von **Deviationsmomenten**. Ein Beispiel hierfür ist ein Zylinder mit quadratischem Querschnitt (s. Abb. 7.16).

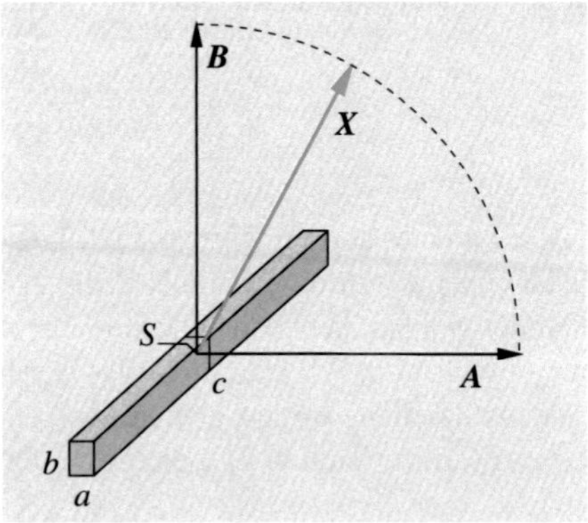

Abb. 7.16. Bei einem Zylinder mit quadratischem Querschnitt ist wegen $\theta_A = \theta_B$ jede Achse X in der Schnittebene $\boldsymbol{A}, \boldsymbol{B}$ Hauptträgheitsachse mit $\theta_X = \theta_A$

- Sind alle *drei* Hauptträgheitsmomente *gleichgroß*, so ist *jede* freie Achse beliebiger Richtung Hauptträgheitsachse mit dem gleichen Trägheitsmoment. Wir können es auch so ausdrücken: Finden wir irgendwelche drei deviationsmomentfreie, nicht kollineare, freie Achsen mit identischem Trägheitsmoment, so sind alle freien Achsen beliebiger Richtung Hauptträgheitsachsen mit eben diesem Trägheitsmoment. Das trifft insbesondere für alle *regelmäßigen* Körper zu, wie z. B. für Tetraeder, Octaeder, Würfel, Kugel, etc. (s. Abb. 7.17).

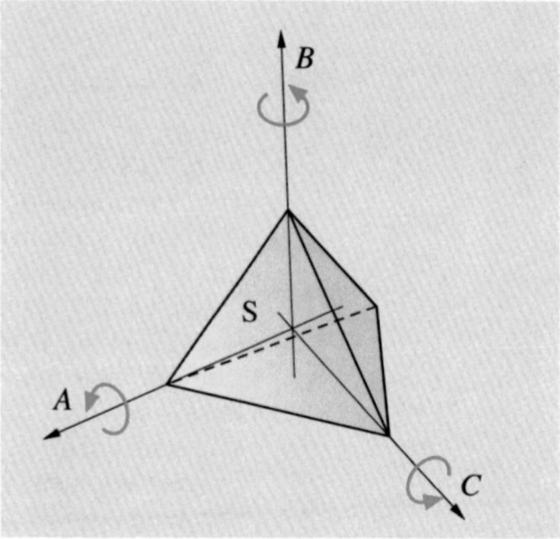

Abb. 7.17. Bei einem regelmäßigen Tetraeder haben die drei nicht kollinearen Achsen A, B, C aus Symmetriegründen gleiches Trägheitsmoment und sind deviationsmomentfrei. Folglich haben *alle* freien Achsen beliebiger Richtung gleiches θ und sind Hauptträgheitsachsen

- Die obigen Aussagen folgen aus dem Satz über das **Trägheitsellipsoid**, der das Problem vollständig beschreibt: Zeichnen wir ein Ellipsoid mit den Hauptachsen (s. Abb. 7.18)
$$a = 1/\sqrt{\theta_A}$$
$$b = 1/\sqrt{\theta_B}$$
$$c = 1/\sqrt{\theta_C}\,, \tag{7.20}$$
so wird ein Punkt (x, y, z) auf dem Ellipsoid durch die Gleichung beschrieben
$$\frac{x^2}{a^2} + \frac{y^2}{b^2} + \frac{z^2}{c^2} = \theta_A x^2 + \theta_B y^2 + \theta_C z^2 = 1\,. \tag{7.21}$$
Dann gilt für eine freie Achse in Richtung dieses Punktes
$$\theta = \frac{1}{r^2} = \frac{1}{x^2 + y^2 + z^2}\,. \tag{7.22}$$
- Sei $\theta_A < \theta_B < \theta_C$, dann sind nur die Rotationen um die Achsen A und C im stabilen dynamischen Gleichgewicht, das heißt, der Öffnungswinkel des **Nutationskegels** um die Drehimpulsachse bleibt beschränkt, wenn man die Drehimpulsachse ein wenig aus der Hauptträgheitsachse herausstößt. Dagegen entspricht die Rotation um die B-Achse einem labilen dynamischen Gleichgewicht; bei der geringsten Störung verstärken sich die Deviationsmomente und führen die ω-Achse in Richtung auf die C-Achse. Bei größeren Störungen und schnellen Rotationen wird allerdings auch die A-Achse instabil; auch in diesem Fall wandert die ω-Achse in die C-Achse, also diejenige mit dem größten Trägheitsmoment. Wir führen das anschaulich darauf zurück, daß die Fliehkräfte bestrebt sind, die Massen möglichst weit von der Achse weg zu führen. Wir führen dies im Versuch vor.
- Der **Drehimpuls eines starren Körpers**, der mit dem Vektor der Winkelgeschwindigkeit $\boldsymbol{\omega}$ um eine freie Achse in Richtung des Ortsvektors $\boldsymbol{r}$ des Trägheitsellipsoids (s. Abb. 7.18) rotiert, läßt sich in Komponenten entlang der Trägheitsachsen zerlegen. Es gilt

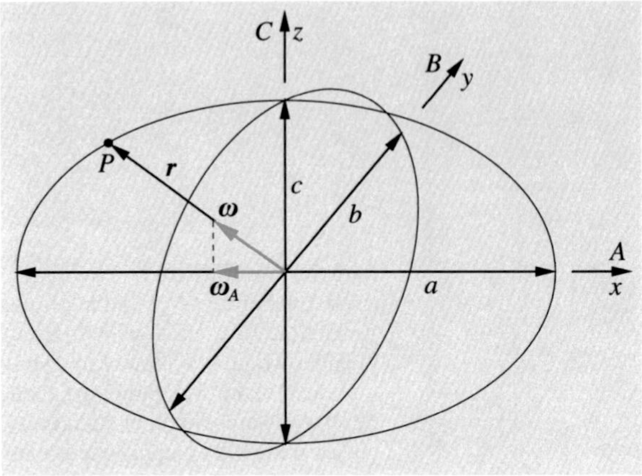

Abb. 7.18. Trägheitsellipsoid mit den Hauptträgheitsachsen A, B, C. Die Koordinaten x, y, z haben laut (7.21) die Dimension $\mathrm{m^{-1}kg^{-1/2}}$. Ein Punkt auf dem Ellipsoid entspricht einem Trägheitsmoment in Richtung $\boldsymbol{r}$ mit dem Wert $\theta = 1/r^2$

$$\boldsymbol{L} = \theta_A\omega_A\hat{\boldsymbol{A}} + \theta_B\omega_B\hat{\boldsymbol{B}} + \theta_C\omega_C\hat{\boldsymbol{C}} \,. \tag{7.23}$$

Dabei sind ω_A, ω_B und ω_C die Komponenten von $\boldsymbol{\omega}$ entlang der Hauptträgheitsachsen.

Wir sehen, daß im Falle $\theta_A \neq \theta_B \neq \theta_C$ die raumfeste $\boldsymbol{L}$-Achse nur dann mit der von $\boldsymbol{\omega}$ zusammenfällt und $\boldsymbol{L} = \theta\boldsymbol{\omega}$ gilt, wenn $\boldsymbol{\omega}$ parallel zu einer der Hauptachsen ist.

Entsprechend gilt für die **kinetische Energie der Rotation** um freie Achsen

$$E_\mathrm{k} = \frac{1}{2}\left(\theta_A\omega_A^2 + \theta_B\omega_B^2 + \theta_C\omega_C^2\right) \,. \tag{7.24}$$

Auch sie ist in der Regel nicht gleich $(1/2)\theta\omega^2$, wie wir es für die Drehung um starre Achsen abgeleitet hatten (s. (7.11)). Der Unterschied kommt daher, daß (7.23) und (7.24) die **Nutations**bewegung mit berücksichtigen, die bei der Drehung um starre Achsen durch Zwangskräfte unterbunden ist.

VERSUCH 7.6

Rotation um freie Achsen verschiedener Körper. Wir versetzen verschiedene Körper in Rotation um ihre Hauptträgheitsachsen, indem wir sie mittels einer Kordel an der nach unten zeigenden Drehachse eines Motors aufhängen (s. Abb. 7.19).

- Ein Quader wird in Rotation um die B-Achse versetzt; obwohl hier die Schwerkraft hilft, die Achse zu stabilisieren, gerät sie bald ins Torkeln. Bei wachsender Drehzahl richtet sich das Quader auf und rotiert frei um die C-Achse. Das gleiche geschieht, wenn wir das Quader entlang der A-Achse aufhängen, allerdings erst bei sehr viel höherer Drehzahl. Die vom Körper gewählte freie Achse stabilisiert sich genau unterhalb der Motorachse.
- Wir wiederholen den gleichen Versuch mit einem Teller, der am Rand aufgehängt ist.
- Wir befestigen die Kordel an einem Würfel und versetzen ihn in Drehung; er bleibt bei beliebiger Achsenlage und allen Drehzahlen ruhig. Es treten keine Deviationsmomente auf; also sind die Trägheitsmomente für alle Achsen gleich groß und jede freie Achse ist Hauptträgheitsachse.

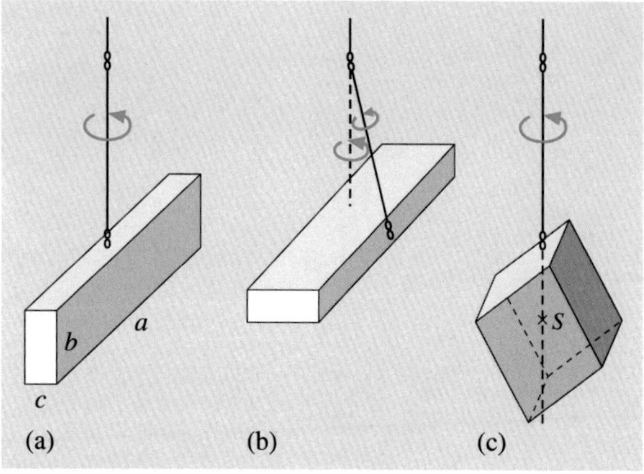

Abb. 7.19. Von einem Motor mittels einer Kordel angetriebene Rotation verschiedener Körper um freie Achsen, (**a**) Quader bei kleiner, (**b**) bei hoher Drehzahl, (**c**) Kubus bei beliebiger Aufhängung und Drehzahl

7.5 Kreiselbewegungen bei äußeren Kräften

Starre Körper, die um eine ihrer beiden stabilen Hauptträgheitsachsen rotieren, nennen wir **Kreisel**. Wir wollen in diesem Abschnitt ihre Reaktionen auf äußere Kräfte – insbesondere Drehmomente auf ihre Achse – studieren. Diese Reaktionen sind überraschend und der naiven Anschauung widersprechend. Entsprechend kompliziert ist ihre physikalische Deutung und mathematische Berechnung.

Präzession des Kreisels

Der entscheidende *Überraschungseffekt* der Kreiselbewegung wird in folgendem Versuch deutlich.

VERSUCH 7.7

Kreiselpräzession bei äußerem Drehmoment. Wir versetzen ein Rad mit langer Achse in schnelle Rotation und hängen es im Schwerpunkt S frei drehbar auf, so daß es im indifferenten Gleichgewicht verharrt mit seiner Rotationsache in x-Richtung (s. Abb. 7.20). Wir belasten jetzt seine Achse mit einer zusätzlichen Gewichtskraft $\boldsymbol{G}$ im Punkt P, das um den Schwerpunkt das Drehmoment

$$\boldsymbol{N} = (\boldsymbol{r} \times \boldsymbol{G}) = -rG\hat{\boldsymbol{y}} \tag{7.25}$$

ausübt; es zeigt in die negative y-Achse. Wenn das Rad mit großem Drehimpuls $\boldsymbol{L}$ rotiert, so erkennen wir so gut wie nichts von der erwarteten Absenkung des Gewichts entsprechend einem Hochkippen der Drehimpulsachse; vielmehr dreht sich paradoxerweise die Kreiselachse langsam in der x,y-Ebene, als hätte man ein Drehmoment in der z- und nicht in der y-Achse ausgeübt. Wir nennen diese Rotation der Kreiselachse unter dem Einfluß eines äußeren Drehmoments die **Präzession** des Kreisels. Bei einer sorgfältigen Analyse des Bewegungsablaufs erkennen wir aber, daß hier eine **Coriolis-Beschleunigung** im Spiel ist, die die Präzessionsbewegung angeworfen hat. Kehren wir den Drehsinn des Kreisels um, so kehrt sich auch die Präzessionsrichtung um. Ebenso reagiert sie auf eine Umkehr des Drehmoments. Weiter beobachten wir, daß mit Erhöhen des Drehmoments sich auch die Präzessionsfrequenz erhöht. Erhöhen wir aber die Drehzahl des Kreisels, so wird die Präzession langsamer.

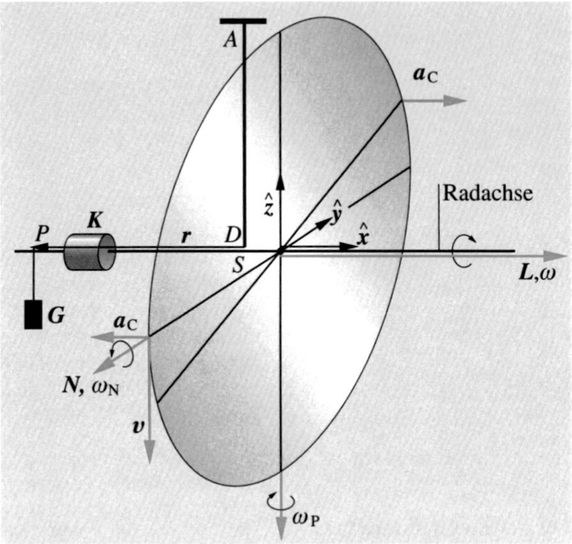

Abb. 7.20. Auf ein Rad als Kreisel mit Drehimpuls $\boldsymbol{L}$ in x-Richtung wirkt aufgrund der zusätzlichen Gewichtskraft $\boldsymbol{G}$ ein Drehmoment $\boldsymbol{N} = (\boldsymbol{r} \times \boldsymbol{G})$ in die $(-y)$-Richtung, woraufhin $\boldsymbol{L}$ in der x,y-Ebene mit $\boldsymbol{\omega}_p$ in Richtung auf $\boldsymbol{N}$ zu präzediert. Eingezeichnet ist auch die Coriolisbeschleunigung a_C. K ist ein Kontergewicht, das (ohne $\boldsymbol{G}$) den Schwerpunkt des Kreisels S in den Drehpunkt unterhalb der Aufhängung A legt

Bei genauerer Messung hätte man im Versuch 7.7 festgestellt, daß das Drehmoment (7.25) den Kreisel im ersten Moment doch ein wenig um die $\hat{\boldsymbol{y}}$-Achse gekippt hat. Hierauf baut die Erklärung des Effekts auf. Nehmen wir an, diese Kippung sei mit einer Winkelgeschwindigkeit $\boldsymbol{\omega}_\mathrm{N} = -\omega_y \hat{\boldsymbol{y}}$ erfolgt, so erfahren die im Kreisel mit der örtlichen Geschwindigkeit $\boldsymbol{v}$ umlaufenden Massen die **Coriolis-Beschleunigung** (s. (3.46))

$$-\boldsymbol{a}_\mathrm{C} = -2\,(\boldsymbol{\omega}_\mathrm{N} \times \boldsymbol{v}) = -2\omega_y v_z(-\hat{\boldsymbol{y}} \times \hat{\boldsymbol{z}}) = 2\omega_y v_z \hat{\boldsymbol{x}}\,. \tag{7.26}$$

Da in das Kreuzprodukt (7.26) wegen $v_x = 0$ nur die v_z-Komponente eingeht, sind hiervon insbesondere die Massen in der Nähe der y-Achse betroffen. Wir erkennen aus Abb. 7.20, daß diese Coriolisbeschleunigung in der Tat die beobachtete Kreiselpräzession in der x,y-Ebene anwirft; und zwar dreht sich der Drehimpulsvektor in Richtung des Vektors des Drehmoments. Die kinetische Energie, die in der Präzessionsbewegung steckt, muß aus der endlichen wenn auch kaum sichtbaren Absenkung des Gewichts genommen worden sein. Je langsamer die Präzession, umso weniger ist auch die Absenkung.

Offensichtlich beschleunigt das Drehmoment N die Präzessionsbewegung des Kreisels nur bis zu einer ganz bestimmten Geschwindigkeit, von der ab es folglich auf andere Weise kompensiert sein muß. Diese Kompensation wird von der Präzession des Drehimpulses des Kreisels geleistet, der ja auf ein äußeres Drehmoment zufolge (6.4) mit der Zeitableitung reagiert

$$\dot{\boldsymbol{L}} = \boldsymbol{N} .$$

Da aber $\boldsymbol{N}$ immer senkrecht auf $\boldsymbol{L}$ steht, kann es dessen Betrag nicht ändern, sondern nur im Kreis herumführen (denn $\boldsymbol{N}$ präzediert in unserem Falle mit!) (s. Abb. 7.21). Wir berechnen die Präzessionsfrequenz wie folgt.

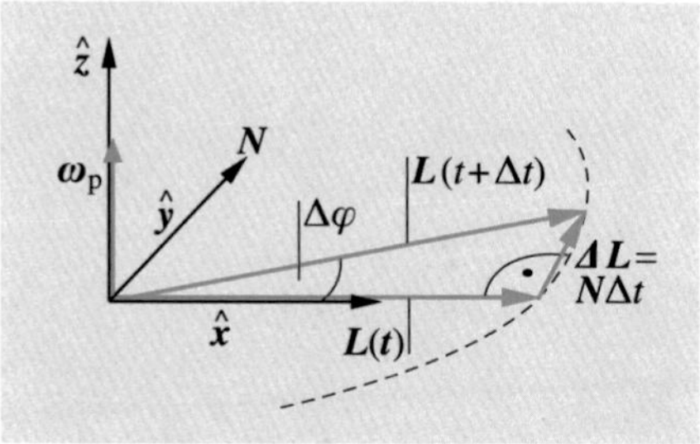

Abb. 7.21. Skizze zur Ableitung der Präzessionsfrequenz $\omega_p = (\boldsymbol{L} \times \boldsymbol{N}) / L^2$. $\boldsymbol{L}$ zeige in $\hat{x}$-, $\boldsymbol{N}$ in $\hat{y}$-Richtung; dann zeigt ω_p in $\hat{z}$-Richtung

Im Zeitintervall Δt ändert sich der Drehimpuls um

$$\Delta \boldsymbol{L} = \boldsymbol{N} \Delta t$$

senkrecht zu $\boldsymbol{L}$. Also dreht sich $\boldsymbol{L}$ um den Winkel

$$\Delta\varphi = \frac{\Delta L}{L} = \frac{N \Delta t}{L} .$$

Gehen wir zur Grenze $\lim \Delta t \to 0$, so erhalten wir für die Präzessionsfrequenz den einfachen Ausdruck

$$\omega_p = \frac{d\varphi}{dt} = \frac{N}{L} \tag{7.27}$$

oder vektoriell umgeschrieben

$$\dot{\boldsymbol{L}} = \boldsymbol{N} = (\boldsymbol{\omega}_p \times \boldsymbol{L}) \quad \text{bzw.} \quad \boldsymbol{\omega}_p = (\boldsymbol{L} \times \boldsymbol{N}) / L^2 . \tag{7.27a}$$

In Übereinstimmung mit unserem Untersuchungsergebnis zeigt (7.27), daß die Präzessionsfrequenz proportional zum Drehmoment, aber umgekehrt proportional zum Drehimpuls ist. Der Drehimpuls stabilisiert also die Kreiselachse gegen den Einfluß äußerer Drehmomente, worauf die technische Bedeutung des Kreisels beruht (s. unten).

Abbildung 7.22 zeigt eine Version eines im Schwerefeld präzedierenden Kreisels. Seine verschiebbare Drehachse mündet in einer Spitze, die in einer Mulde gelagert ist, in der sie sich frei drehen kann. Durch Absenken der Achse können wir den Abstand $\boldsymbol{R}$ des Schwerpunkts vom Drehpunkt verkürzen und sogar umkehren, so daß er normalerweise umstürzen würde. Versetzen wir aber den Kreisel in schnelle Umdrehung, so stürzt er keineswegs ab, sondern präzediert ruhig um die Vertikale und gleicht damit das Drehmoment der Schwerkraft aus.

Da $\boldsymbol{N}$ nach wie vor in der x,y-Ebene liegt, ist von der Ableitung $\dot{\boldsymbol{L}} = \boldsymbol{N}$ nur die horizontale Komponente vom Betrag

$$L_h = L \sin\varphi$$

betroffen, während die vertikale Komponente $L \cos\varphi$ unverändert bleibt in Übereinstimmung mit der Rotationssymmetrie des Schwerkraftpotentials um die Vertikale

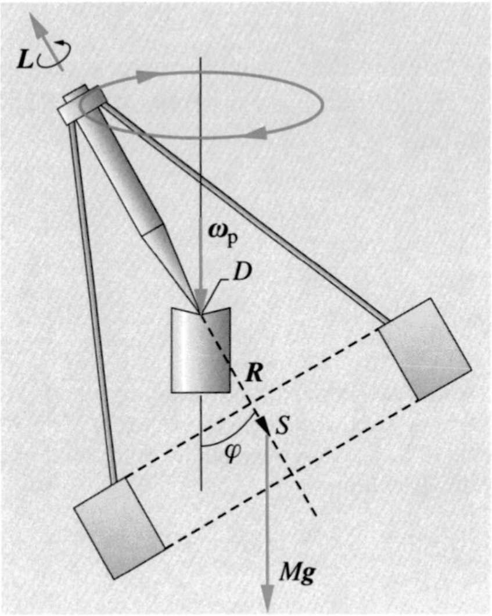

Abb. 7.22. Präzession eines nicht im Schwerpunkt gelagerten Kreisels im Schwerefeld

(vgl. Abschn. 6.3). Andererseits wächst auch das Drehmoment mit $\sin\varphi$

$$N = RMg\sin\varphi\,.$$

! Folglich ergibt sich nach (7.27) die Präzessionsfrequenz unabhängig von φ zu

$$\omega_{\mathrm{p}} = \frac{N}{L_h} = \frac{RMg}{L}\,. \tag{7.28}$$

Man überzeugt sich leicht, daß die vektorielle Gleichung (7.27a) auch in diesem Fall weiterhin gilt.

Präzession der Erdachse

Auch die Erde ist ein Kreisel, dessen Achse einer Präzession mit einer Periode von 25 800 Jahren unterworfen ist. Das zugehörige Drehmoment kann nur aus der Gravitationswirkung anderer Himmelskörper erwachsen, vor allem seitens der Sonne. Dank der Abplattung der Erde an den Polen und der Neigung der Erdachse

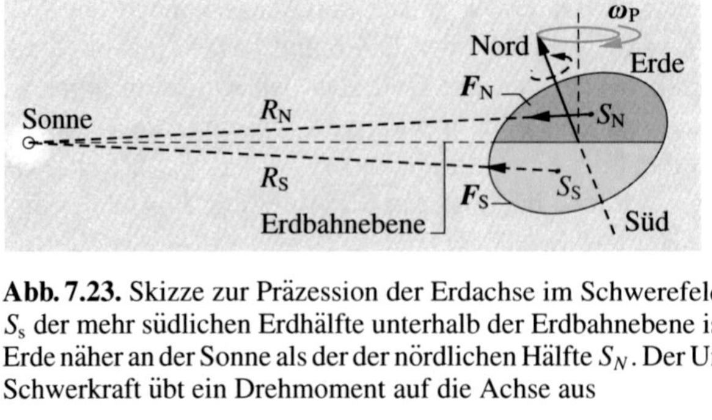

Abb. 7.23. Skizze zur Präzession der Erdachse im Schwerefeld der Sonne. Der Schwerpunkt S_s der mehr südlichen Erdhälfte unterhalb der Erdbahnebene ist aufgrund der Abplattung der Erde näher an der Sonne als der der nördlichen Hälfte S_N. Der Unterschied in der resultierenden Schwerkraft übt ein Drehmoment auf die Achse aus

gegen die Erdbahn, übt die Schwerkraft der Sonne ein resultierendes Drehmoment aus, das die Achse der Erde in die Erdbahn aufrichten will (s. Abb. 7.23).

Schneiden wir die Erde in der Ebene der Erdbahn, so befindet sich in der gezeichneten Konstellation die untere, mehr südliche Hälfte näher an der Sonne, als die nördliche, woraus das besagte Drehmoment resultiert.

VERSUCH 7.8

Navigationskreisel. Die Stabilität einer Kreiselachse gegen äußere Drehmomente wird in der Navigation ausgenutzt, um Kursänderungen eines Schiffs oder eines Flugzeugs an der Drehung des Fahrzeugs gegenüber der raumfesten Kreiselachse festzustellen. Hierzu nimmt man einen möglichst schweren und schnell rotierenden Kreisel und lagert seine Achse in einem horizontal und vertikal frei drehbaren Gehäuse. Die Größe des Drehimpuls und die Reibungsfreiheit der Lager entscheiden über die Stabilität der Achse. Wir demonstrieren die Stabilität der Kreiselachse am Versuchsmodell durch Drehung des Gehäuses im Labor. Drücken wir aber mit einem Stab auf die Kreiselachse selbst, so weicht sie dieser Kraft durch eine dazu senkrechte Präzessionsbewegung aus entsprechend dem Drehmoment, das von der Kraft ausgeht.
Bemerkung: Bei hohen Ansprüchen werden heute Navigationskreisel durch Ringlaser mit umlaufendem Lichtstrahl ersetzt; ihre Frequenz ist empfindlich gegen Drehungen.

VERSUCH 7.9

Kreiselkompaß. Genauer als mit der Magnetnadel findet man die Nordrichtung mit Hilfe eines Kreiselkompasses. Er ist ähnlich aufgebaut wie der Navigationskreisel, seine Achse ist jedoch nur in der Horizontalen drehbar (s. Abb. 7.24). Stellen wir ihn etwa am Äquator mit seiner Achse in Ost-Westrichtung auf, so entsteht ein Drehmoment auf diesen Kreisel in Richtung der ω-Achse der Erdrotation. Folglich präzediert der Drehimpuls des Kreisels in diese Richtung hinein. Man kann sich das wiederum anhand der **Coriolis-Kräfte** klarmachen, die aus der Eigendrehung der Kreiselmassen einerseits und der Drehung seiner Achse mit der Erdrotation andererseits resultieren. Wir demonstrieren das mit einem Modell, das wir am Rand eines Drehschemels montieren. Kehren wir den Drehsinn des Schemels um, so schlägt auch der Kreiselkompaß in die umgekehrte Richtung um, so daß sich beide jeweils gleichsinnig drehen.

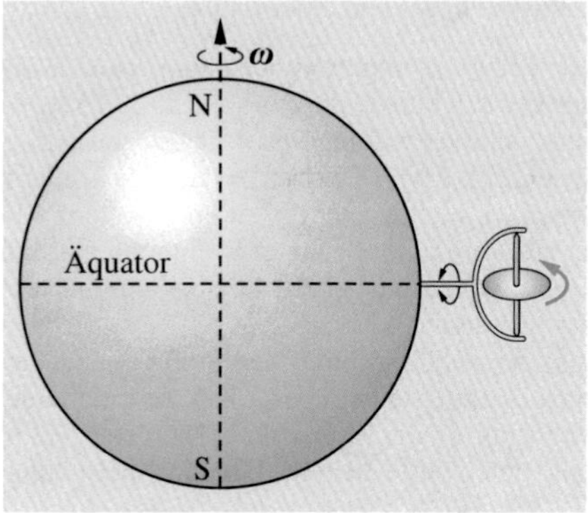

Abb. 7.24. Prinzip des Kreiselkompasses

Nutation

Zum Abschluß dieses Kapitels studieren wir im Versuch noch die recht komplizierte *Nutationsbewegung* eines Kreisels, die immer dann auftritt, wenn seine **Drehimpulsachse** nicht mit der **Figurenachse** zusammenfällt.

VERSUCH 7.10

Nutation des kräftefreien symmetrischen Kreisels. Ein Kreisel mit zwei gleichen Hauptträgheitsmomenten $\theta_A = \theta_B \neq \theta_C$ heißt symmetrischer Kreisel. Er rotiert normalerweise um die C-Achse, die die Symmetrieachse ist und Figurenachse genannt wird. Wir justieren den auf einer Spitze gelagerten symmetrischen, in Abb. 7.22 gezeigten Kreisel so ein, daß er sich im indifferenten Gleichgewicht befindet und nicht präzediert. Durch einen Stoß werfen wir die **Figurenachse** ein wenig aus der Achse des Drehimpulses $\boldsymbol{L}$ heraus, so daß die Rotation $\boldsymbol{\omega}$ in Richtung einer benachbarten freien Achse geschieht. Wir beobachten, daß sich die *Figurenachse* in einer *Nutationsbewegung* kegelförmig um eine *raumfeste Achse* dreht. Diese muß die *Drehimpulsachse* $\boldsymbol{L}$ sein, die wegen unterschiedlicher Hauptträgheitsmomente nicht mehr mit der ω-Achse übereinstimmt (vgl. Abb. 7.18). Die Lage dieser drei Achsen zueinander kann man nach Abb. 7.25 konstruieren.

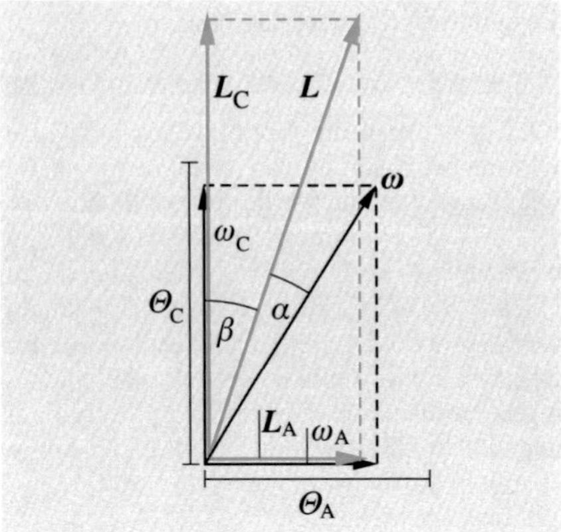

Abb. 7.25. Achsenlage bei symmetrischem Kreisel. Das Trägheitsellipsoid ist ein *Rotations*ellipsoid um die C-Achse, die sogenannte Figurenachse (vgl. Abb. 7.18). Folglich liegt $\boldsymbol{L}$ in der Ebene der ω- und C-Achse. α und β sind die Öffnungswinkel von Rastpolkegel und Nutationskegel

Auch die ω-Achse läuft um die Drehimpulsachse herum und zwar auf dem sogenannten **Rastpolkegel**. Wir erkennen sie an dem **Rastpol**, dem Punkt, an dem die ω-Achse die Oberfläche des Kreisels durchstößt, und der bezüglich dieser Drehung *rastet*. Das gegenseitige Abrollen dieser beiden Kegel auf dem **Gangpolkegel** zeigt Abb. 7.26 oben. Es ist alles in allem eine sehr komplizierte Bewegung, deren Einzelheiten wir nicht weiter diskutieren wollen. Wir halten folgendes fest: Die Figurenachse steht jetzt unter dem Einfluß innerer Drehmomente, der Deviationsmomente, die beim symmetrischen Kreisel wiederum senkrecht zur Figurenachse angreifen und diese zur Präzession um die $\boldsymbol{L}$-Achse zwingen.

Lagern wir den Kreisel nicht im Schwerpunkt, so wird die durch den Stoß verursachte Nutationsbewegung noch von einer Präzessionsbewegung überlagert. Die resultierende Bewegung der Figurenachse ist in Abb. 7.26 unten rechts auf der Einheitskugel skizziert. Zum Vergleich sind unten links die reine Präzessions- und unten mitte die reine Nutationsbewegung gezeigt.

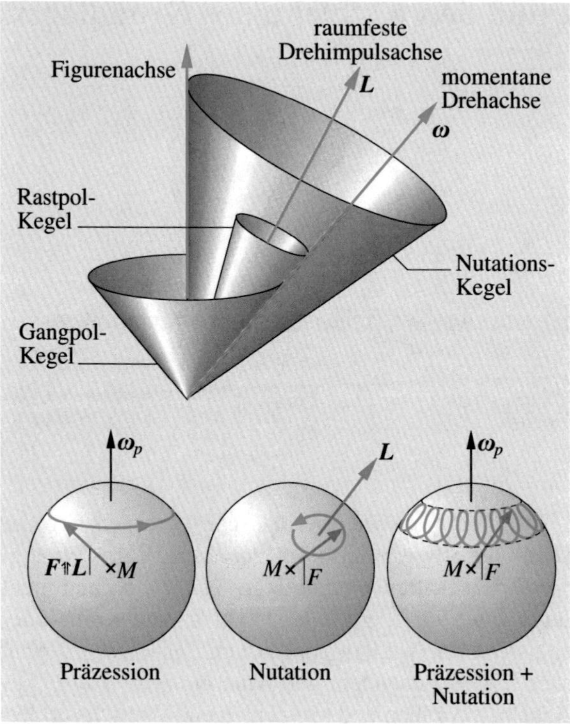

Abb. 7.26. *Oben*: Skizze zur Nutationsbewegung des Kreisels *Unten*: Bahn der Figurenachse $\boldsymbol{F}$ auf der Einheitskugel bei Präzession (*links*), Nutation (*Mitte*) und Kombination beider (*rechts*)

8. Elastische Kräfte und deren molekulare Grundlagen

INHALT

In den folgenden Kap. 8 bis 10 diskutieren wir physikalische Eigenschaften der verschiedenen **Aggregatzustände** der Materie, also von festen Körpern, Flüssigkeiten und Gasen, soweit diese Eigenschaften mechanischer Natur sind und nicht zur Wärmelehre gehören. Hierzu zählt vor allem, wie sie auf äußere Kräfte oder Drucke durch *Verformung* reagieren. Wir werden zunächst die *makroskopischen*, elastischen Verformungen fester Körper behandeln und dann ein *mikroskopisches* Modell der Kräfte zwischen einzelnen Atomen und Molekülen einführen. Es erklärt den Zusammenhalt der Atome im Molekül und in kondensierter Materie auf der Basis eines bestimmten, interatomaren Potentials. Es beschreibt viele Materialeigenschaften, wie z. B. die **Elastizitätsmoduln**. Wir werden uns hierbei auf das Grundsätzliche beschränken. Mehr technische Anwendungen der Festigkeitslehre, wie z. B. die Biegung, bleiben außen vor. Wichtigen physikalischen Konsequenzen des Stoffs dieses Kapitels werden wir in den folgenden Kapiteln der Mechanik und der Wärmelehre wieder begegnen.

8.1 Moduln elastischer Körper

Feste Körper reagieren auf erzwungene Formänderungen mit *rücktreibenden*, im allgemeinen **elastischen Kräfte**. Man beobachtet folgendes:

> Elastische, rücktreibende Kräfte wachsen proportional zur *relativen Formänderung*. Sie lassen sich durch Materialkonstanten, die **Moduln**, beschreiben. Wir unterscheiden drei charakteristische Formänderungen.

Hookesches Gesetz: Elastizitätsmodul

Als erstes diskutieren wird die *Längenänderung*, die ein fester Körper unter Einwirkung einer äußeren Kraft $\boldsymbol{F}_a$ erfährt (s. Abb. 8.1). Der Körper sei ein Zylinder

E. W. Otten, *Repetitorium Experimentalphysik*,
https://doi.org/10.1007/978-3-662-59730-9_8

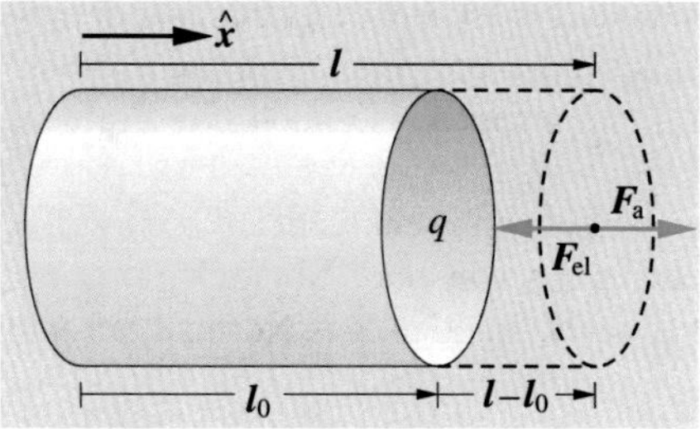

Abb. 8.1. Längenänderung $\boldsymbol{l} - \boldsymbol{l}_0$ eines Zylinders der Länge $\boldsymbol{l}_0$ mit Querschnitt q unter Einwirkung einer äußeren Normalkraft $\boldsymbol{F}_\mathrm{a}$

der Länge l mit konstantem Querschnitt q, z. B. ein längerer Draht wie in folgendem Versuch:

VERSUCH 8.1

Hookesches Gesetz. Wir spannen einen längeren Stahldraht mit Gewichtsstücken und demonstrieren seine Verlängerung durch den Winkelausschlag der Rolle, über die der Stahldraht gezogen wird (s. Abb. 8.2). Wir beobachten, daß der Winkel und damit die Längenänderung *proportional* mit der Gewichtskraft wächst. Entlasten wir den Draht, so nimmt er seine ursprüngliche Länge wieder an. Belasten wir ihn aber über eine bestimmte Grenze hinaus, die sogenannte **Elastizitätsgrenze**, so bleibt auch nach der Entlastung eine *irreversible* Verlängerung des Drahts zurück. Eine weitere Steigerung der Belastung führt schließlich zum *Zerreißen* des Drahts.

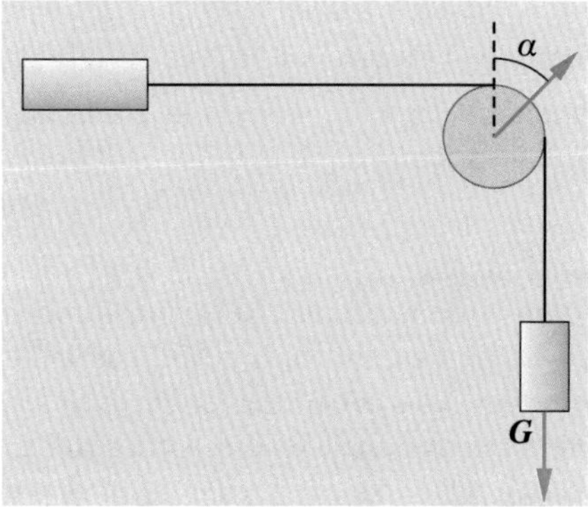

Abb. 8.2. Demonstration des Hookeschen Gesetzes durch Spannen eines Stahldrahts mit Gewichtsstücken G

Wir nennen die Proportionalität zwischen *reversibler* Verformung und äußerer Krafteinwirkung *elastisches Verhalten* des festen Körpers. Der quantitative Zusammenhang zwischen der rücktreibenden elastischen Kraft $\boldsymbol{F}_\mathrm{el}$, die der äußeren Kraft $\boldsymbol{F}_\mathrm{a}$ das Gleichgewicht hält, und den Abmessungen des Körpers (s. Abb. 8.1) ist durch das **Hookesche Gesetz** gegeben.

$$\boldsymbol{F}_\mathrm{el} = -\boldsymbol{F}_\mathrm{a} = -Eq\frac{\boldsymbol{l} - \boldsymbol{l}_0}{l_0}\,, \qquad \boldsymbol{F} \perp q\,. \tag{8.1}$$

Die elastische Kraft ist proportional zur relativen Längenänderung $(\boldsymbol{l} - \boldsymbol{l}_0)/l_0$, zum Querschnitt des Zylinder q und zu einer Materialkonstante E, die wir

Elastizitätsmodul nennen. Als rücktreibende Kraft ist sie der Längenänderung entgegengesetzt, zeigt also bei Zug nach innen oder bei Stauchung nach außen. (Deswegen haben wir in (8.1) und Abb. 8.1 die Längen wie auch die Kraft als Vektoren gekennzeichnet.)

Wir nehmen an, daß die äußere Kraft gleichmäßig und senkrecht auf q einwirke, also parallel zur Flächennormale. Wir sprechen dann von einer **Normalspannung**, die wir als Quotient oder allgemeiner als Differentialquotient aus Normalkraft und Fläche definieren

$$\sigma = \frac{dF_{a,\perp}}{dA} . \tag{8.2}$$

Das Vorzeichen von σ wählen wir positiv bei Druck- und negativ bei Zugspannung. Wir können mit dieser Definition das Hookesche Gesetz auch in der (skalaren) Form schreiben

$$\frac{\sigma}{l - l_0} = \frac{d\sigma}{dl} = -\frac{E}{l_0} . \tag{8.1a}$$

In der Regel benutzen wir die mittlere, differentielle Schreibweise der Normalspannung pro Längenänderung, die im Gegensatz zur linken auch bei sehr engen Elastizitätsgrenzen des Materials noch gültig bleibt.

Normalspannung und Elastizitätsmodul haben die Dimension Kraft/Fläche, die ganz allgemein als die Dimension des Drucks (p) gilt. Die zugehörige SI-Einheit (N/m^2) heißt **Pascal**

$$[\sigma] = [E] = [p] = [\text{Kraft/Fläche}] = \text{N m}^{-2} = 1\,\text{Pascal} = 1\,\text{Pa} . \tag{8.3}$$

Eine geläufige, vom Pascal abgeleitete Einheit ist das **bar**, weil es in etwa dem **atmosphärischen Luftdruck** in Meereshöhe entspricht. Es gilt

$$1\,\text{bar} = 10^5\,\text{Pa} = 10\,\text{N cm}^{-2} . \tag{8.4}$$

Nach wie vor werden auch vom bar abgeleitete Einheiten, wie z. B. Millibar oder Kilobar benutzt, entgegen der Empfehlung der Normenschützer, solche Dezimalbrüche oder Vielfache nur bezüglich der Original SI-Einheit zu bilden. Ein Millibar sollte also in diesem Sinne 1 Hektopascal genannt werden, was der Wetterbericht auch tut.

Eine weitere historische, auszurangierende Druckeinheit ist die **Atmosphäre**; sie entspricht der von einem Kilogramm pro Quadratzentimenter ausgeübten Gewichtskraft.

$$1\,\text{Atmosphäre} = 1\,g\,\text{kg cm}^{-2} = 0{,}981\,\text{bar} = 9{,}81 \cdot 10^4\,\text{Pa} . \tag{8.5}$$

Hartmetalle haben einen Elastizitätsmodul von der Größenordnung

$$E \approx 10^{11}\,\text{Pa} . \tag{8.6}$$

Demnach würde die Last von 10 Tonnen einen Draht mit Querschnitt $q = 1\,\text{mm}^2$ um das Doppelte verlängern. Natürlich ist die **Zerreißgrenze** schon bei einem geringen Bruchteil dieser Last überschritten. Nur **gummielastische Stoffe** vertragen solch hohe relative Längenänderungen.

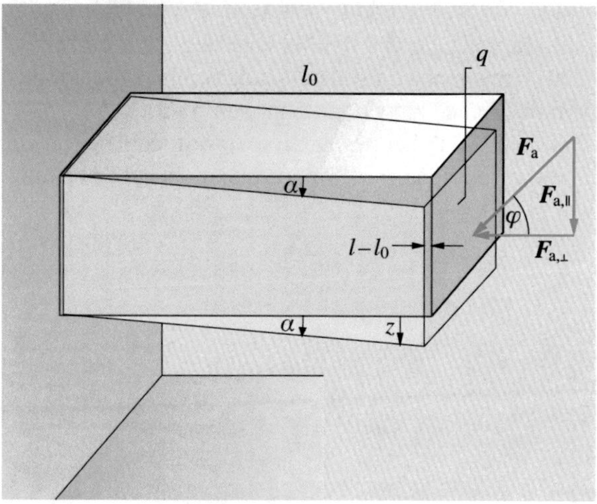

Abb. 8.3. Scherung und Stauchung eines Zylinders durch Tangential- und Normalkomponente einer äußeren Kraft $\boldsymbol{F}_a$

Schubmodul (auch Schermodul oder Torsionsmodul genannt)

Eine äußere Kraft $\boldsymbol{F}_a$ wirke gemäß Abb. 8.3 unter einem Winkel φ zur Normalen auf den Querschnitt q eines Zylinders der Länge l_0 ein. Dann tritt außer der Stauchung nach (8.1) auch eine **Scherung** des Zylinders um die Strecke z durch den *tangentialen Schub* $F_a \sin\varphi$ auf. Wir teilen daher die Gesamtspannung auf q in zwei Komponenten auf, die Normalspannung

$$\sigma = \frac{F_a \cos\varphi}{q} \quad \left(\text{differentiell:} \quad \sigma = \frac{\mathrm{d}F_a}{\mathrm{d}q} \cos\varphi\right) \tag{8.7}$$

und die **Schubspannung**

$$\tau = \frac{F_a \sin\varphi}{q} \quad \left(\text{differentiell:} \quad \tau = \frac{\mathrm{d}F_a}{\mathrm{d}q} \sin\varphi\right) . \tag{8.8}$$

τ hat die Richtung von $\boldsymbol{F}_{a\parallel}$, müßte also strenggenommen als Vektor $\boldsymbol{\tau}$ geschrieben werden.

Analog zum Hookeschen Gesetz ist auch die *relative* Scherung z/l_0 proportional zur Schubspannung τ und umgekehrt proportional zu einer Materialkonstante G, dem **Schermodul**

$$\frac{z}{l_0} = \tan\alpha = \frac{\tau}{G} = -\frac{\tau_{el}}{G} . \tag{8.9}$$

Der Winkel α wird Scherwinkel genannt. Im Gleichgewicht steht also der äußeren Scherspannung τ eine elastische Gegenspannung τ_{el} gegenüber. Auch für (8.9) bevorzugen wir eine differentielle Form; sie lautet für kleine Scherwinkel

$$\frac{\mathrm{d}\tau}{\mathrm{d}\alpha} = G . \tag{8.10}$$

Bei Hartmetallen bewegt sich der Schermodul etwa in den Grenzen

$$2 \cdot 10^{10} \lesssim G/\mathrm{Pa} \lesssim 10^{11} . \tag{8.11}$$

Scherung tritt vor allem bei **Torsion** von Stäben und Drähten auf. Bei kreisförmigem Querschnitt kann man sich leicht klarmachen, daß die Verscherung z der einzelnen Fasern nicht konstant über den Kreisquerschnitt ist, sondern als Produkt aus Torsionswinkel und Abstand von der Achse zum Rande hin zunimmt (s. Abb. 8.4). Anschaulich erkennt man ohne weiteres, daß bei gespannten Spiralfedern, wenn sie eng gewickelt sind, das Material im wesentlichen auf Torsion und nicht auf Streckung beansprucht wird.

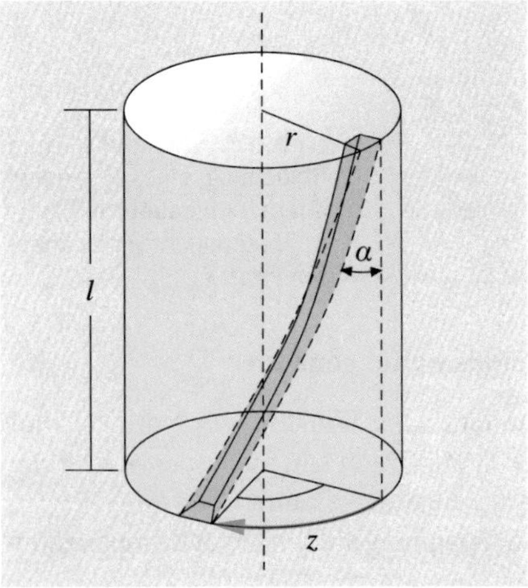

Abb. 8.4. Torsion eines Kreiszylinders um den Winkel α. Dabei wird eine Faser im Abstand r um $z = r\alpha$ verschert

Kritisch sei noch bemerkt, daß die Torsion von Drähten eine sehr viel einfachere und zuverlässigere Methode zur Messung von G darstellt, als etwa nach Abb. 8.3. Im letzteren Fall spielt außer der Scherung auch die **Biegung** mit, wenn nicht die Länge l_0 des Probestücks klein ist gegen seinen Durchmesser. Für die Biegesteifigkeit ist aber E und nicht G verantwortlich, weil hierbei das Material an der Außenseite gedehnt und an der Innenseite gestaucht wird.

Kompressionsmodul

Setzen wir einen elastischen Körper einer *allseitigen* Normalspannung p aus, indem wir ihn z. B. in eine Flüssigkeit eintauchen und diese unter Druck setzen, so reagiert er mit der Kompression seines Volumens V um $V - V_0$ (s. Abb. 8.5). Eine **allseitige Normalspannung** wollen wir kürzer mit dem Wort **Druck** bezeichnen.

Analog zu (8.1) und (8.9) gilt innerhalb der Elastizitätsgrenzen wiederum, daß die *relative* Volumenänderung proportional zum äußeren Druck und umgekehrt proportional zu einer Materialkonstanten K ist, die wir den **Kompressionsmodul** nennen

$$\frac{V - V_0}{V_0} = -\frac{p}{K} . \tag{8.12}$$

Die differentielle Schreibweise von (8.12) lautet

$$\frac{\mathrm{d}p}{\mathrm{d}V} = -\frac{K}{V_0} . \qquad (8.12a)$$

Das Minuszeichen bringt zum Ausdruck, daß das Volumen bei positivem äußeren Druck abnimmt und umgekehrt.

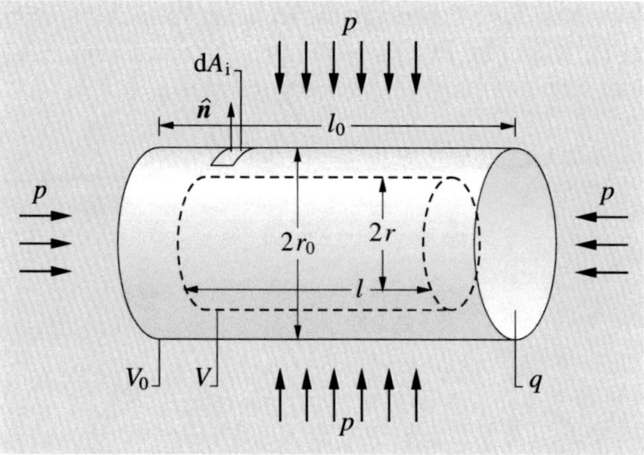

Abb. 8.5. Kompression des Volumens eines Körpers von V_0 auf V unter der Wirkung einer allseitigen Normalspannung p. Der Körper bleibt sich dabei ähnlich

Der Kompressionsmodul fester Stoffe bewegt sich in etwa in den Grenzen

$$5 \cdot 10^{10} \lesssim K/\mathrm{Pa} \lesssim 25 \cdot 10^{10} . \qquad (8.13)$$

Häufig benutzt man auch den *Reziprokwert* des Kompressionsmoduls, die sogenannte **Kompressibilität**

$$\kappa = \frac{1}{K} . \qquad (8.14)$$

! Abschließend bemerken wir, daß für völlig starre Körper, also im Limes unendlich großer Moduln, die elastischen Kräfte mit den in Kap. 3 diskutierten **Zwangskräften** identisch sind.

8.2 Potential elastischer Kräfte

Bei elastischer Verformung eines Körpers leisten die äußeren Kräfte Arbeit am Körper, die dieser als potentielle Energie speichert.

Diese kann bei Entspannung des Körpers als äußere Arbeit vollständig zurückgewonnen werden, vorausgesetzt, daß bei diesem Prozeß keine *innere Reibung* oder *permanente Verformung* aufgetreten ist. Diese Voraussetzungen sind innerhalb der **Elastizitätsgrenzen** in guter Näherung erfüllt.

Um die Arbeit bei der Längenänderung eines Zylinders zu berechnen, greifen wir auf (8.1) und Abb. 8.1 zurück. Die Kraft wirkt auf dem Weg von $\boldsymbol{l}_0$ nach $\boldsymbol{l}$ und leistet dabei die *äußere* Arbeit

$$W_a = \int_{l_0}^{l} (\boldsymbol{F}_a \cdot d\boldsymbol{l}') = \int_{l_0}^{l} \frac{Eq(l' - l_0)}{l_0} dl' = \frac{1}{2} Eq \frac{(l - l_0)^2}{l_0} = E_p ; \qquad (8.15)$$

sie stellt die potentielle Energie E_p als Funktion der Auslenkung $l - l_0$ dar. Dabei setzen wir zweckmäßigerweise $E_p(l = l_0) = 0$. Charakteristisch für das **elastische Potential** ist seine quadratische Abhängigkeit von der Auslenkung (s. Abb. 8.6). Es führt zu harmonischen Schwingungen des Körpers um die Ruhelage und heißt daher auch **harmonisches Potential** (s. Kap. 11). Ersetzt man in (8.15) den Elastizitäts- durch den Schermodul, so erhält man das elastische **Scherpotential**.

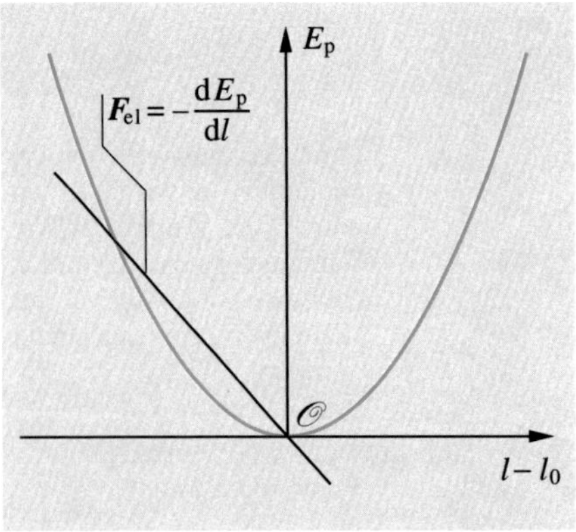

Abb. 8.6. Elastisches Potential E_p und zugehörige Rückstellkraft $\boldsymbol{F}_{el}$

Die bei allseitiger Kompression aufgebaute potentielle Energie eines Körpers erfordert eine spezielle Diskussion. Zunächst stellen wir fest, daß sie nicht wie üblich von Koordinaten abhängt, sondern vom Volumen. Deswegen äußert sie sich auch nicht in einer Rückstellkraft $\boldsymbol{F}_{el}$ (einem Vektor!) wie im Fall der Dehnung und Scherung, sondern in einem Rückstelldruck p (einem Skalar!).

Wollen wir also das **Kompressionspotential** aus (8.12) berechnen, so müssen wir zunächst einen Zusammenhang zwischen Druck, Volumen und Arbeit herstellen. Hierzu greifen wir auf das Beispiel des Zylinders in Abb. 8.5 zurück. Wir berechnen zunächst die an den Stirnseiten geleistete Arbeit $W_{a,s}$, wenn sich die Länge um den differentiellen Betrag dl komprimiert. Die Kraft auf diesem Wege ist pq, folglich:

$$dW_{a,s} = -pq\, dl = -p\, dV_s . \qquad (8.16)$$

Diese Teilarbeit ist also gleich dem Produkt aus dem Druck und dem Volumenverlust (dV_s), der an den Stirnflächen entstanden ist. Das Minuszeichen berücksichtigt, daß die äußere Arbeit positiv ist, wenn das Volumen abnimmt. In gleicher Weise können wir für die Mantelfläche des Zylinders schließen, wenn ihr Radius um den differentiellen Betrag dr komprimiert wird; denn ungeachtet der Krümmung steht der allseitige Normaldruck stets senkrecht zu jedem differentiellen Teilstück dA_i des Mantels. Somit ist die differentielle Kraft

$$d\boldsymbol{F}_{ai} = -p\, dA_i \hat{\boldsymbol{n}} \qquad (8.17)$$

immer parallel zum Weg $-\mathrm{d}\boldsymbol{r}_i$, um den sich $\mathrm{d}A_i$ verschiebt. Somit wird an jedem Flächenelement die Arbeit geleistet

$$\mathrm{d}W_{\mathrm{a}i} = -p(\hat{\boldsymbol{n}}\,\mathrm{d}\boldsymbol{r}_i)\,\mathrm{d}A_i = -p\,\mathrm{d}V_i\,. \tag{8.18}$$

Sie ist wie in (8.16) wiederum das Produkt aus Druck und differentiellem Volumenverlust $\mathrm{d}V_i$ an dieser Stelle. Integrieren wir (8.18) über die ganze Mantelfläche, so erhalten wir den Beitrag

$$\mathrm{d}W_{\mathrm{a,m}} = -pl2\pi r\,\mathrm{d}r = -pl\,\mathrm{d}q = -p\,\mathrm{d}V_{\mathrm{m}}\,, \tag{8.19}$$

(mit $\mathrm{d}q = 2\pi r\mathrm{d}r$ = differentielle Querschnittsänderung).

Zusammengefaßt ergeben (8.16) und (8.19) die differentielle Kompressionsarbeit am Zylinder

$$\mathrm{d}W_{\mathrm{a}} = \mathrm{d}W_{\mathrm{a,s}} + \mathrm{d}W_{\mathrm{a,m}} = -p(q\,\mathrm{d}l + l\,\mathrm{d}q) = -p\,\mathrm{d}(l\cdot q)\,.$$

Weil für den Zylinder $l\cdot q = V$ gilt, folgt

$$\mathrm{d}W_{\mathrm{a}} = -p\,\mathrm{d}V\,. \tag{8.20}$$

Man kann ohne weiteres schließen, daß die **Kompressionsarbeit** (8.20) auch für einen *beliebig* gestalteten Körper gilt, indem man die Teilbeträge (8.18) über dessen gesamte Oberfläche aufintegriert. Insofern hat (8.20) eine sehr allgemeine Bedeutung. Wir werden dieser Formel immer wieder begegnen, vor allem im ersten Hauptsatz der Wärmelehre.

Setzen wir (8.12) in (8.20) ein, so gewinnen wir durch Integration analog zu (8.15) das elastische **Kompressionspotential**

$$E_{\mathrm{p}}(V - V_0) = -\int_{V_0}^{V} p\,\mathrm{d}V' = \int_{V_0}^{V} \frac{K}{V_0}(V' - V_0)\,\mathrm{d}V' = \frac{1}{2}\frac{K}{V_0}(V - V_0)^2\,. \tag{8.21}$$

Querkontraktion

Wir ergänzen an dieser Stelle, daß die elastische Dehnung eines Zylinders stets mit einer *Verjüngung* seines Querschnitts verknüpft ist (bzw. umgekehrt mit einer Verdickung bei Stauchung). Man kann dies an einem langgezogenen Gummi sehr leicht beobachten. Diese sogenannte **Querkontraktion** ist eine Konsequenz dessen, daß der Körper bestrebt ist, sein Volumen zu erhalten. Vergrößern wir in einer bestimmten Richtung den relativen Abstand seiner Atome durch einen einseitigen Zug, so rücken die Atome in der Querschnittsfläche senkrecht zum Zug enger zusammen und kompensieren dadurch teilweise die Vergrößerung ihres relativen Abstands.

Isotrope und anisotrope Körper

! Alles bisher Gesagte gilt streng nur für **isotrope Körper**, deren elastische Eigenschaften *nicht von der Richtung* ihrer Beanspruchung abhängen. Darunter fallen alle **amorphen** oder **polykristalline Materialen**, z. B. unbearbeitete *Metalle*, aber auch

Einkristalle wenn sie eine entsprechend hohe Symmetrie aufweisen; das sind z. B. *Kristalle* mit kubischem Aufbau.

! Bei niedriger Kristallsymmetrie sind aber die elastischen Konstanten in der Regel richtungsabhängig. Der Körper reagiert dann auf eine Stauchung im allgemeinen auch mit einer zusätzlichen Scherung und umgekehrt. Die theoretische Mechanik behandelt diesen allgemeinen Fall **anisotroper Körper** mit einem Gleichungssystem, das durch einen größeren Satz von Materialkonstanten in Form eines **Spannungstensors** charakterisiert ist.

Auch so ein wichtiger Baustoff wie Holz ist klarerweise anisotrop. Die elastischen Eigenschaften von Metallen werden in der Regel durch mechanische Bearbeitung *vergütet*. Darunter verstehen wir Schmieden, Walzen, Ziehen, Abschrecken von hohen auf tiefe Temperaturen etc. Auch hierdurch werden die Stoffe in der Regel anisotrop, und es können innere Spannungen eingefroren werden.

8.3 Molekulare Bindungskräfte

Wir wollen in diesem Abschnitt nur die wichtigsten Stichworte zur Natur der **molekularen Bindung** nennen, die ansonsten zentrales Thema der **Chemie** und der **Festkörperphysik** ist. Aufbauend darauf diskutieren wir ein zwischenatomares Potential, das modellmäßig die Kräfte zwischen den Atomkernen als Funktion ihres Abstands im Molekül beschreibt und viele der in diesem und in folgenden Kapiteln (einschließlich der Wärmelehre) diskutierten physikalischen Eigenschaften der Materie beschreibt.

Elektrostatische Kräfte in der Quantenmechanik

> Molekulare Bindungskräfte sind grundsätzlich elektrischer Natur, wie im freien Atom selbst.

Magnetische Kräfte spielen dabei eine untergeordnete Rolle. Die wechselseitige Kraft zwischen je zwei geladenen Teilchen im Molekül (Elektron-Kern, Elektron-Elektron, Kern-Kern) ist durch das fundamentale **Coulomb-Gesetz** (s. (19.8))

$$\boldsymbol{F} = \frac{q_1 \cdot q_2}{4\pi\varepsilon_0 r^2}\hat{\boldsymbol{r}}$$

gegeben. Analog zur Gravitationskraft ist sie proportional zum Produkt der beteiligten Ladungen q_1, q_2 und umgekehrt proportional zum Quadrat des Abstandes, multipliziert mit dem Dimensionsfaktor $1/4\pi\varepsilon_0$, einem Maß für die Stärke der elektrischen Kraft im SI-System. Ginge es nach den Regeln der *klassischen* ! Physik, so würden die anziehenden Kräfte zwischen den entgegengesetzt geladenen Atomkernen und Elektronen dazu führen, daß letztere augenblicklich ihre Energie in Form von Licht abstrahlten, um sich im Minimum der potentiellen Energie im Innern des Atomkerns zu sammeln. Es gäbe dann keine ausgedehnten Atome und erst recht keine Moleküle, keine Chemie und keine Festkörper.

Es sind vielmehr die Gesetze der *Quantenmechanik*, die das Volumen von Atomen und Molekülen stabilisieren und die unterschiedlichen Eigenschaften der chemischen Elemente begründen.

Die endliche Ausdehnung der **Elektronenbahnen** um den **Atomkern** läßt sich mit Hilfe der **Unschärferelation** zwischen Ort und Impuls eines Teilchens (1.4) einsehen, aus der folgt, daß ein Teilchen nicht gleichzeitig beliebig gut lokalisiert und in Ruhe sein kann.

Das **Pauli-Prinzip** besagt darüber hinaus, daß sich in jeder quantisierten Elektronenbahn – in der Sprache der Chemie **Orbital** genannt – nur zwei Elektronen mit jeweils entgegengesetztem Eigendrehimpuls (**Spin**) aufhalten können. Das sukzessive Auffüllen der Quantenbahnen, die in Schalen unterschiedlicher Kernabstände und Bindungsenergien angeordnet sind, bedingt den Aufbau des periodischen Systems. Je nach Stellung der beteiligten Elemente in diesem System unterscheiden wir drei Grundtypen der chemischen Bindung:

Ionenbindung, Beispiel Kochsalz (NaCl)

Das Natriumatom gibt sein einziges **Valenzelektron** an das Chlor ab, wodurch beide die energetisch bevorzugte **edelgasähnliche Elektronenkonfiguration** *abgeschlossener Schalen* erhalten. Die überschüssige positive Ladung des so entstehenden Natriumions und die entsprechende, negative des Chlorions ergeben die bindende Coulomb-Kraft laut (19.8). Die Elektronen bleiben dabei um die jeweiligen Ionen zentriert, wobei die negativen **Ionenradien** deutlich größer sind als die positiven (s. Abb. 8.7). Beginnen sich jedoch die beiden abgeschlossenen Schalen bei kürzerem Abstand zu überlappen, so müssen die Elektronen aufgrund des Pauli-Prinzips zumindest teilweise aus ihrer bevorzugten Konfiguration in höherenergetische Schalen verdrängt werden. Dadurch werden rücktreibende Kräfte mobilisiert, die schließlich den **Gleichgewichtsabstand** der beiden Ionen festlegen.

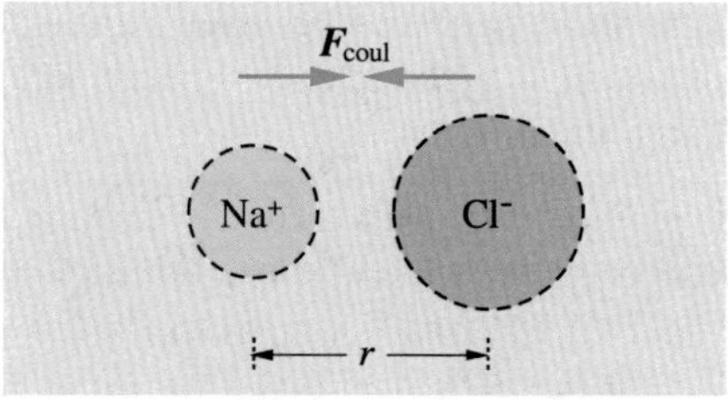

Abb. 8.7. Modell der ionischen (oder polaren) Bindung am Beispiel des Kochsalzes. Die getönten Gebiete bezeichnen die Ionenrümpfe

Kovalente Bindung, Beispiel Wasserstoff (H_2)

Das Orbital der zwei Valenzelektronen umspannt beide Ionen gemeinsam und bildet eine zwar deformierte aber dennoch *edelgasähnliche*, *abgeschlossene* Schale. Dabei profitiert die Bindung beider Elektronen von der Summe der Kernladungen umso

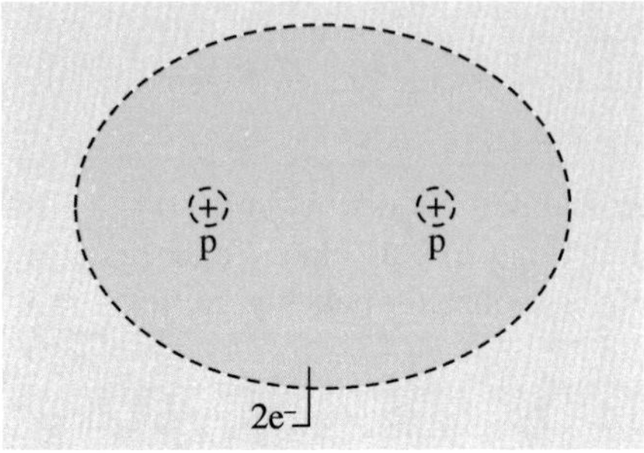

Abb. 8.8. Modell der kovalenten Bindung am Beispiel des Wasserstoffs. Das blau getönte Gebiet symbolisiert die Ausdehnung und Form der Elektronenorbitale

mehr, je geringer deren Abstand ist. Der gegenteilige Effekt der Abstoßung der beiden Kernladungen stabilisiert den Gleichgewichtsabstand der beiden (s. Abb. 8.8).

Van der Waals-Bindung, Beispiel Xenon-Moleküle (Xe_2)

Auch Atome in abgeschlossenen Elektronenschalen können noch eine sehr schwache Bindung eingehen, indem sich die Elektronenhüllen bei gegenseitiger Annäherung ein wenig polarisieren, d. h. ihren Schwerpunkt gegenüber dem jeweiligen Kern ein wenig verschieben, so daß z. B. entgegengesetzt gerichtete Dipole entstehen, die sich anziehen. Diese sogenannte **van der Waals-Bindung** ist jedoch sehr schwach und nur bei tiefen Temperaturen stabil. Sie führt dort schließlich zur Verflüssigung und Verfestigung von **Edelgasen** und einigen anderen, sogenannten **permanenten Gasen**, wie Wasserstoff, Stickstoff und Sauerstoff.

Die drei genannten Bindungstypen treten selten in Reinkultur auf, sondern sind mehr oder weniger gemischt.

8.4 Lenard-Jones-Potential

Allen molekularen Bindungstypen ist gemeinsam, daß sie den relativen Abstand r der Atomkerne zueinander durch ein Minimum der potentiellen Energie des Gesamtmoleküls beim Gleichgewichtsabstand r_0 stabilisieren.

Für viele Zwecke genügt es, dieses Potential durch einen sehr kurzreichweitigen, abstoßenden und einen etwas längerreichweitigen, anziehenden Term (s. Abb. 8.9) zu approximieren durch den Ansatz

$$E_\mathrm{p}(r) = V_0 \left[\left(\frac{r}{r_0} \right)^{-12} - 2 \left(\frac{r}{r_0} \right)^{-6} \right] . \tag{8.22}$$

Der Betrag des abstoßenden Potentials fällt mit der zwölften, der des anziehenden mit der sechsten Potenz des Abstands ab. Die Bindungsenergie ist $-V_0$, die im Potentialminimum beim Gleichgewichtsabstand r_0 erreicht wird. Es heißt **Lenard-Jones-Potential**.

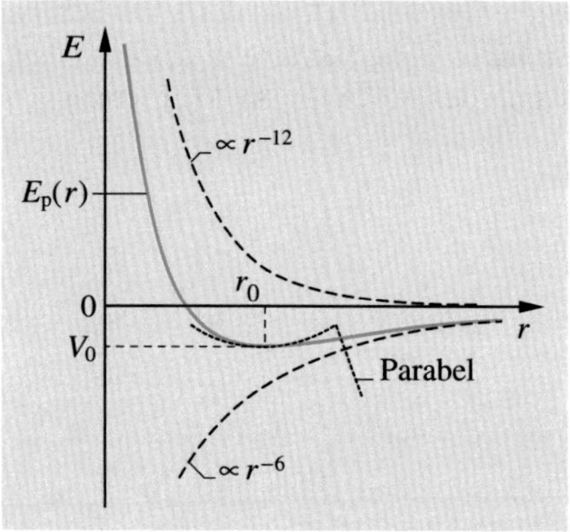

Abb. 8.9. Lenard-Jones-Potential (*blaue Linie*) und seine beiden Komponenten (*gestrichelt*) als Funktion des Abstands der Atomkerne im Molekül. Die Krümmung im Minimum des Gleichgewichtsabstands r_0 läßt sich durch das harmonische Potential einer Parabel anpassen (*gepunktet*)

! Das besondere am Molekül ist, daß die schweren Atomkerne im Gegensatz zu den viel leichteren Elektronen in diesem Potential noch gut lokalisierbar sind und sich darin auch viel langsamer bewegen als die Elektronen. Es genügt daher in vielen Situationen (z. B. hohen Temperaturen), die Bewegung der Moleküle als Ganzes wie auch die Relativbewegung ihrer Atomkerne mit den Gesetzen der klassischen Mechanik zu behandeln.

Auch im großen Molekülverband einer **Flüssigkeit** oder eines **Festkörpers** wird die potentielle Energie der Atomkerne relativ zueinander durch eine Funktion vom Typ Lenard-Jones vernünftig beschrieben. Da selbst der äußere, anziehende Teil dieses Potentials mit r^{-6} noch sehr schnell abklingt, wirkt es praktisch nur zwischen nächsten Nachbarn. Ein übernächster Nachbar im Abstand $2r_0$ würde demnach nur noch mit $2^{-6} \approx 1{,}5\%$ im Vergleich zum nächsten Nachbarn beitragen. Eine ähnliche Situation finden wir in **Atomkernen** wieder, wo die exponentiell abfallende Reichweite der starken Wechselwirkung auch nur bis zum nächsten Nachbarproton oder -neutron reicht. Ein Atomkern verhält sich daher in vieler Hinsicht wie ein Flüssigkeitstropfen; vor allem wächst sein Volumen proportional zur Massenzahl.

Harmonische Näherung

Das Minimum des Lenard-Jones-Potentials bei r_0 definiert den Gleichgewichtsabstand der Atomkerne. Betrachten wir nur kleinere Auslenkungen aus dieser Ruhelage, so genügt es, das Potential in der Umgebung von r_0 durch eine Parabel zweiter Ordnung, also ein harmonisches Potential (4.30) anzunähern

$$E_p^{(2)}(r) = -V_0 + \frac{1}{2}D(r - r_0)^2 , \tag{8.23}$$

entsprechend einer **Taylor-Entwicklung** bis zum zweiten Glied. Ihre **Federkonstante** $D = 72V_0/r_0^2$ hat den Wert der zweiten Ableitung des Lenard-Jones-Potentials im Minimum. Aus der zugehörigen Rückstellkraft

$$\boldsymbol{F} = -\frac{\mathrm{d}E_p}{\mathrm{d}r}\hat{\boldsymbol{r}} = -D(r - r_0)\hat{\boldsymbol{r}} \tag{8.24}$$

kann man (näherungsweise) auf das **Hookesche Gesetz** (8.1) und den **Elastizitätsmodul** schließen. Man muß hierzu nur die relative Längenänderung des gesamten Körpers $(l - l_0)/l_0$ gleich der des Gitterabstands der Atome $(r - r_0)/r_0$ setzen.

9. Ruhende Flüssigkeiten und Gase

INHALT

Wir wollen in diesem Kapitel die wichtigsten *mechanischen* Eigenschaften und Phänomene diskutieren, die man bei *ruhenden* Flüssigkeiten und Gasen beobachten kann. In diesem Sinne wollen wir als erstes die Definition von Flüssigkeiten und Gasen aus der Sicht der Mechanik treffen.

9.1 Charakterisierung der Aggregatszustände durch Moduln

In Kap. 8 hatten wir die Reaktion fester Stoffe auf äußere Kräfte durch den **Elastizitätsmodul** (E), den **Schermodul** (G) und den **Kompressionsmodul** (K) charakterisiert. Wie steht es damit bei Flüssigkeiten und Gasen?

Definition der Flüssigkeit

Unter einer Flüssigkeit verstehen wir eine Substanz, die volumenstabil aber nicht formstabil ist. Folglich gilt für ihre Moduln

$$K \neq 0\,, \quad \text{aber} \quad E = G = 0\,. \tag{9.1}$$

Die Packungsdichte ihrer Moleküle oder Atome ist nicht wesentlich verschieden von der fester, kristalliner Körper. Sie halten zwar einen festen relativen Abstand zueinander ein, nicht aber eine relative Orientierung.

Eine Flüssigkeit verteidigt ihr Volumen entsprechend (8.12) nicht nur gegen einen allseitigen äußeren *Druck*, sondern auch gegen einen allseitigen *Zug* also einen negativen Druck (s. Abb. 9.1). Der **Kompressionsmodul** ist in der gleichen Größenordnung wie der fester Stoffe. Allerdings ist die **Zerreißfestigkeit** im Vergleich zu Festkörpern gering. Entsteht an irgendeiner Stelle ein kleines Loch,

E. W. Otten, *Repetitorium Experimentalphysik*,
https://doi.org/10.1007/978-3-662-59730-9_9

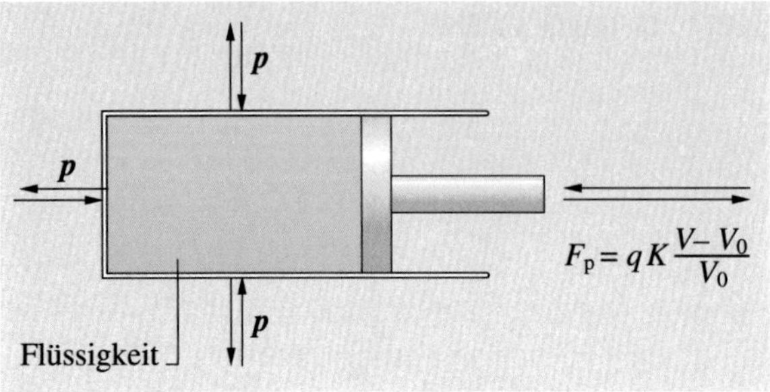

Abb. 9.1. Erzeugung von Zug- und Druckspannung in einer Flüssigkeit mittels einer Kolbenpresse vom Querschnitt q. Sie führt nach (8.12) zu elastischer Volumenänderung

z. B. durch eine Gasblase und ist der Zug stärker als die Oberflächenspannung, die die Tendenz hat, das Loch zu schließen (s. u.), so wächst das Loch weiter, und die Flüssigkeit zerreißt vollständig (**Kavitation**).

Gläser und **polymere Kunststoffe** sind *Zwitter* zwischen den eigentlichen Festkörpern mit festgeordneter kristalliner Struktur und den Flüssigkeiten mit freibeweglicher amorpher Struktur. Die Ursache ihrer Formstabilität ist eine hohe **Zähigkeit**, die mit wachsender Temperatur stetig abnimmt. Dabei gehen sie allmählich in den Zustand einer normalen Flüssigkeit über, ohne daß man einen festen Schmelzpunkt, wie etwa beim Wasser, mit einem scharf definierten Wechsel des Aggregatzustands beobachten kann.

Definition von Gasen

Gase sind weder form- noch volumenstabil. Sie füllen jedes vorgegebene Volumen gleichmäßig aus. Ihr Zusammenhalt kann daher nur durch einen *positiven* äußeren Druck p seitens der Gefäßwände gewährleistet werden. Wir können Gase durch folgende Moduln definieren

$$K = p, \quad E = G = 0. \tag{9.2}$$

Der **Kompressionsmodul** von Gasen existiert nur für positiven Druck, und sein Wert ist keine Materialkonstante sondern (bei konstanter Temperatur) gleich dem Druck selbst, eine Folge des **Boyle-Mariotteschen Gesetzes** (s. Abschn. 9.8). Er hat ganz andere Ursachen als bei Festkörpern, nämlich die Wärmebewegung der auf die Wand auftreffenden, freien Gasmoleküle (s. Abschn. 14.2). Die gegenseitige Anziehung oder Abstoßung spielt dabei nur eine untergeordnete Rolle.

9.2 Hydrostatischer Druck

Eine Flüssigkeit erträgt eine Normalspannung wegen ihrer Forminstabilität nur in einem abgeschlossenen, festen Behälter, der einen Gegendruck in Form von Zwangskräften ausüben kann. Bezüglich dieses **hydrostatischen Drucks** gilt folgender Satz:

Die **Normalspannung**, die eine Flüssigkeit auf eine Gefäßwand ausübt, ist an jeder Stelle gleich groß.

(Der Satz gilt streng genommen nur im schwerelosen Zustand, da ansonsten der mit der Tiefe zunehmende hydrostatische Schweredruck (9.8) hinzutritt). Der Satz folgt unmittelbar aus der Bilanz der Volumenarbeiten (8.19), die z. B. zwei verschiedene Kolben an einer Flüssigkeit verrichten (s. Abb. 9.2). Drücken wir z. B. bei konstantem Druck p den ersten Kolben um die Strecke Δs_1 in die Flüssigkeit hinein, so hebt sich der zweite um die Strecke Δs_2 heraus. Die Konstanz des Flüssigkeitsvolumens verlangt

$$\Delta V_1 + \Delta V_2 = q_1 \Delta s_1 + q_2 \Delta s_2 = 0\,. \tag{9.3}$$

Ebenso verlangt die *Energieerhaltung*

$$\Delta W_{a1} + \Delta W_{a2} = -p_1 \Delta V_1 - p_2 \Delta V_2 = -(p_1 - p_2)\Delta V_1 = 0 \quad \curvearrowright \tag{9.4}$$

$p_1 = p_2$;   q.e.d.

Technische Anwendung findet der hydrostatische Druck vor allem in der **hydraulischen Presse**; denn aus der Allseitigkeit des Drucks folgt sofort, daß die Kräfte auf den Kolben 1 und 2 in Abb. 9.2 im Verhältnis ihrer Querschnitte stehen. Auf diese Weise werden ähnlich wie beim Hebelprinzip enorme Kraftverstärkungen erreicht. Genau wie dort stehen auch hier die zurückgelegten Wege aus Gründen der Energieerhaltung im umgekehrten Verhältnis der Kräfte. Das hydraulische Prinzip findet bei Kraftmaschinen und Hebewerkzeugen aller Art (z. B. beim Bremskraftverstärker im Auto) vielfache Anwendung. Ein Vorteil der **Hydraulik** gegenüber der ähnlichen Zwecken dienenden **Pneumatik** mit Gasen als Arbeitsmittel liegt darin, daß Flüssigkeiten praktisch inkompressibel sind im Gegensatz zu Gasen. Deswegen ist selbst bei sehr hohem Druck nur wenig Kompressionsenergie (s. (8.21)) in der Flüssigkeit gespeichert; das ist ein wichtiger Sicherheitsaspekt im Hochdruckbereich.

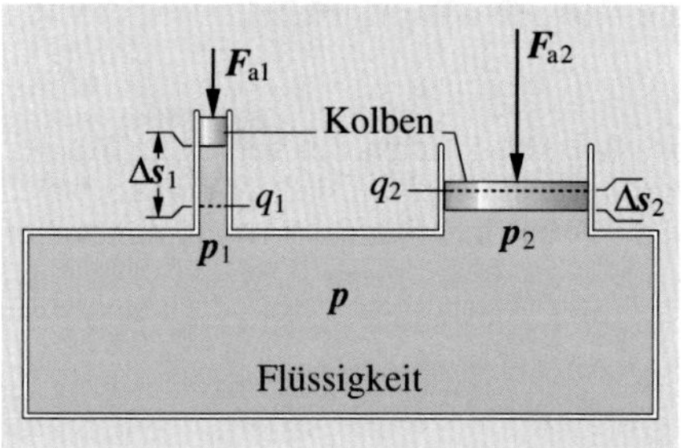

Abb. 9.2. Hydrostatischer Druck und hydraulische Presse. Aus der Beobachtung $p_1 = p_2 = p$ folgt, daß die Kräfte auf die Kolben (1) und (2) im Verhältnis ihrer Querschnitte stehen: $F_{a1}/F_{a2} = q_1/q_2$

VERSUCH 9.1

Sprengung eines Wasserbehälters mit einem Geschoß. Der allseitige Druck läßt sich eindrucksvoll demonstrieren, indem man ein Geschoß in ein mit Wasser gefülltes, abgeschlossenes Glasgefäß schießt. Der beim Eindringen entstehende hohe Druck sprengt das Glasgefäß in alle Richtungen auseinander.

9.3 Flüssigkeitsoberfläche als Äquipotentialfläche

Tritt an der Oberfläche einer Flüssigkeit eine Scherspannung auf, so setzt sie sich wegen $G = 0$ in Bewegung und verschert sich dabei. Das gängigste Beispiel hierzu ist eine Wasserschicht auf einer schiefen Ebene, mit anderen Worten ein Fluß. Hier resultiert aus der Schwerkraft eine Scherspannung proportional zum Sinus des Neigungswinkels (s. Abb. 9.3).

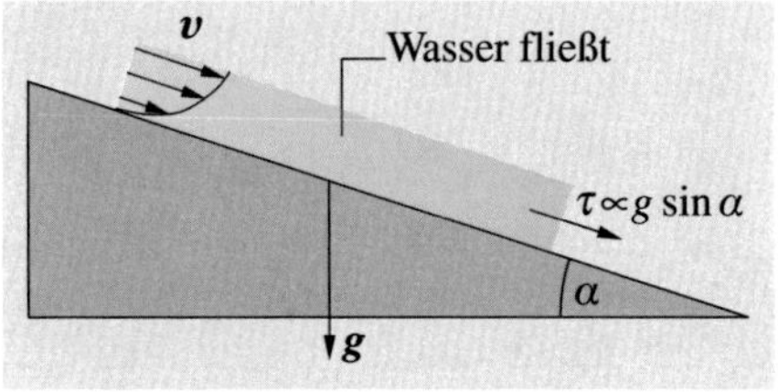

Abb. 9.3. Beim Abfließen von einer schiefen Ebene verschert sich eine Wasserschicht auf Grund der aus der Schwerkraft resultierenden Scherspannung $\tau \propto g \sin\alpha$. Das in der Schicht durch innere Reibung (s. Abschn. 10.3) entstehende parabolische Geschwindigkeitprofil ist qualitativ eingezeichnet.

Die bei der Verscherung auftretenden Reibungskräfte, die das Geschwindigkeitsprofil der Verscherung bestimmen, werden in Abschn. 10.3 behandelt. Kommt dagegen der Fluß in einem See zur Ruhe, so muß auch die Scherspannung an seiner Oberfläche verschwinden.

Wenn also keine Kraft entlang der Oberfläche einer ruhenden Flüssigkeit wirkt, muß diese notwendigerweise eine **Äquipotentialfläche** sein (s. Kap. 4).

So bildet der ruhende See eine Äquipotentialfläche bezüglich der Schwerkraft. Sind außer dem Gewicht noch andere Kräfte im Spiel, so gilt entsprechend, daß die resultierende Kraft im Gleichgewichtsfall einer ruhenden Flüssigkeit senkrecht auf deren Oberfläche steht. Dies sei in folgendem Versuch demonstriert:

VERSUCH 9.2

Paraboloid der rotierenden Wasseroberfläche. Wir setzen einen mit gefärbtem Wasser halbvoll gefüllten Zylinder in Rotation um seine Achse und beobachten, daß der Wasserspiegel am Rande steigt und seine Oberfläche schließlich die Form eines Paraboloids annimmt, wenn

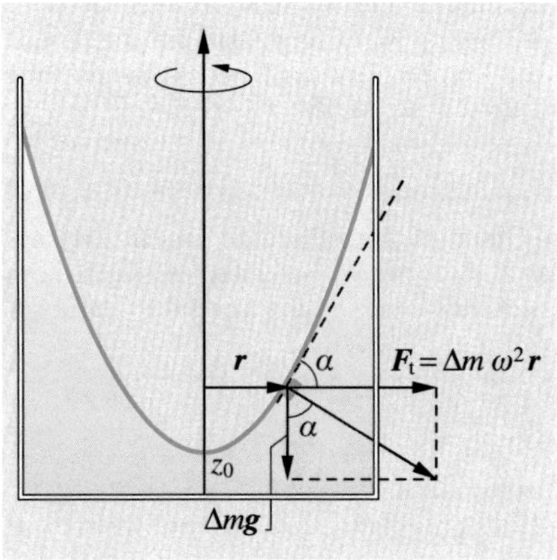

Abb. 9.4. Bei einer rotierenden Flüssigkeit steht die Resultierende aus Schwer- und Fliehkraft senkrecht zur Oberfläche. Deren parabolische Form zeigt als Äquipotentialfläche unmittelbar das quadratische Anwachsen des Fliehkraftpotentials mit dem Abstand von der Drehachse an

sie im rotierenden System zur Ruhe gekommen ist (s. Abb. 9.4). Zum Beweis berechnen wir die Steigung der Tangente an der Oberfläche. Sie steht senkrecht zur Resultierenden aus Schwer- und Fliehkraft, die an einem Massenelement Δm der Oberfläche angreift. Es gilt laut Abb. 9.4

$$\tan\alpha = \frac{\Delta m\omega^2 r}{\Delta m g} = \frac{\mathrm{d}z}{\mathrm{d}r} \quad \curvearrowright$$

$$z(r) = z_0 + \frac{\omega^2 r^2}{2g} \qquad \text{q.e.d.} \tag{9.5}$$

Kommunizierende Röhren

Bildet eine in sich *zusammenhängende* Flüssigkeit mehrere getrennte Oberflächen aus, so gehören sie trotzdem zur gleichen Äquipotentialfläche unabhängig von der sonstigen Topologie. Das beweist das Beispiel **kommunizierender Röhren** (s. Abb. 9.5 links). Versetzen wir dieses Röhrensystem in Rotation, so zeigt der Wasserstand in den einzelnen Röhren wieder das quadratische Anwachsen des Fliehkraftpotentials an wie im Fall der Abb. 9.4. In all diesen Beispielen nimmt die Flüssigkeitsmenge ein Minimum ihrer potentiellen Energie ein. Jede Verschiebung dieses Gleichgewichts, wie z. B. auch durch Wellen auf dem See würde E_p erhöhen.

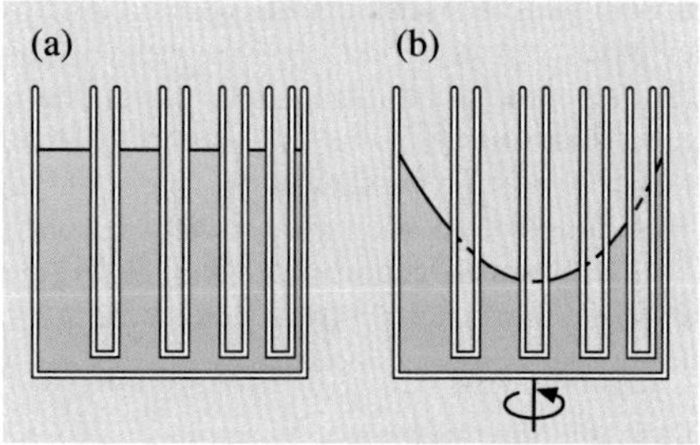

Abb. 9.5. Wasserstand in kommunizierenden Röhren, (**a**) in Ruhe, (**b**) um die mittlere Röhre rotierend

9.4 Hydrostatischer Schweredruck

Stellen wir einen Zylinder aus einem Feststoff mit Querschnitt q senkrecht auf, so übt in der Tiefe h unter seiner Oberkante das darauf lastende Gewicht

$$Mg = \varrho V g = \varrho q h g \tag{9.6}$$

eine Normalspannung von der Größe

$$\sigma = \frac{Mg}{q} = \varrho g h = \gamma h \tag{9.7}$$

aus. Wir nennen das Produkt aus der Dichte eines Stoffes ϱ und der Fallbeschleunigung g **Wichte** oder **spezifisches Gewicht** γ. Das gleiche gilt für eine *Flüssigkeitssäule* in einem zylindrischen Behälter (s. Abb. 9.6), mit dem einzigen Unterschied, daß sie wegen $E = G = 0$ als allseitige Normalspannung

$$p = \varrho g h = \gamma h \tag{9.8}$$

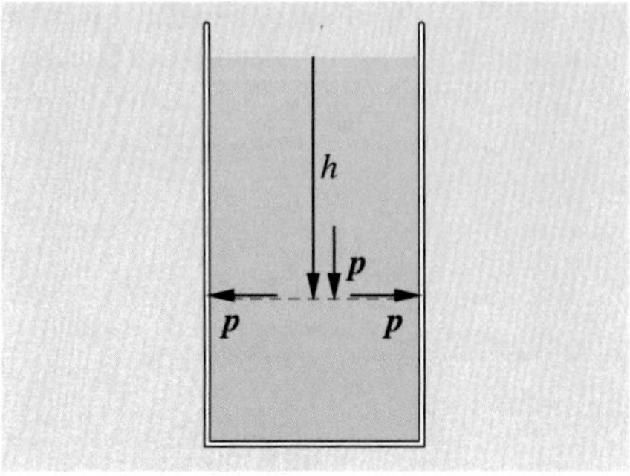

Abb. 9.6. In der Tiefe h unter einer Flüssigkeitssäule herrscht der allseitige hydrostatische Schweredruck $p = \varrho g h$

wirksam wird, die von den Zwangskräften der Behälterwand aufrecht erhalten werden muß. Wir nennen diesen Druck den **hydrostatischen Schweredruck**. Die Allseitigkeit des hydrostatischen Drucks hat im übrigen zur Folge, daß er nur von der Höhe des Wasserspiegels h und nicht von der Form des Behälters abhängt, wie folgender Versuch zeigt.

VERSUCH 9.3

Hydrostatisches Paradoxon. Wir belasten Membranen mit gleichem Querschnitt q mit Wassersäulen der gleichen Höhe h und messen den auf die Membran ausgeübten hydrostatischen Druck mittels Zeigerausschlag an der Membran (s. Abb. 9.7). Wir messen den gleichen Ausschlag für einen weiten Becher wie für eine Flasche mit langem, engen Hals. Das Phänomen wird als Paradoxon empfunden, weil die naive Erwartung davon ausgeht, für die Belastung der Membran sei allein das Gewicht des Wassers verantwortlich, das in den beiden Fällen ja sehr unterschiedlich ist. Tatsächlich wird aber das Gewicht letztlich von der Halterung der Gefäße, nicht aber von der Membran aufgenommen. Daß sie für die Druckmessung am *Boden* und nicht an der *Seite* angebracht wurde, ist physikalisch belanglos, erzeugt aber den paradoxen Eindruck.

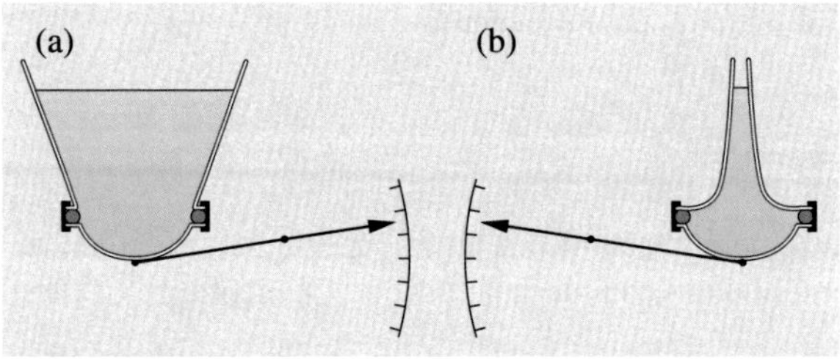

Abb. 9.7. Messung des hydrostatischen Drucks am Boden einer Wassersäule der gleichen Höhe h mit einer Membran bei unterschiedlichen Behältern (**a**) und (**b**)

Der **hydrostatische Druck einer Wassersäule** wächst entsprechend einer Dichte von $1000\,\mathrm{kg\,m^{-3}}$ um

$$p/h = 9{,}81 \cdot 10^4 \mathrm{Pa\,m^{-1}} \approx 1\,\mathrm{bar}/10\,\mathrm{m}$$

an. Er erreicht an den tiefsten Stellen des Ozeans ca. 1000 bar.

Zum Mittelpunkt der Erde hin wächst der hydrostatische Druck auf ca. 10^6 bar an. Gesteinsbrocken, die man aus einer Tiefbohrung an die Oberfläche holt, entspannen sich langsam vom eingefrorenen hydrostatischen Druck unter knackenden Geräuschen.

Eine bekannte Anwendung des hydrostatischen Drucks ist das auf *Evangelista Torricelli* zurückgehende **Quecksilbermanometer** zur Bestimmung des **Luftdrucks** (s. Abb. 9.8). Ein einseitig geschlosssenes U-Rohr, dessen Schenkel ca. 1 m lang sind, wird zunächst in geneigter Lage soweit mit Quecksilber aufgefüllt, daß aus dem geschlossenen Schenkel alle Luft verdrängt wird. Beim Aufrichten in die Senkrechte reißt die Quecksilbersäule vom verschlossenen Ende ab und hinterläßt dort das sogenannte **Torricellische Vakuum** mit vernachlässigbar kleinem Druck. Das geschieht genau dann, wenn der auf dem offenen Schenkel lastende Luftdruck geringer wird als der hydrostatische Druck, der von der überstehenden Quecksilbersäule im geschlossenen Schenkel ausgeht. Der Überstand Δh ist dann der Quotient aus dem äußeren Luftdruck und der Wichte des Quecksilbers.

$$\Delta h = \frac{p_{\mathrm{Luft}}}{\gamma_{\mathrm{Hg}}}\,. \tag{9.9}$$

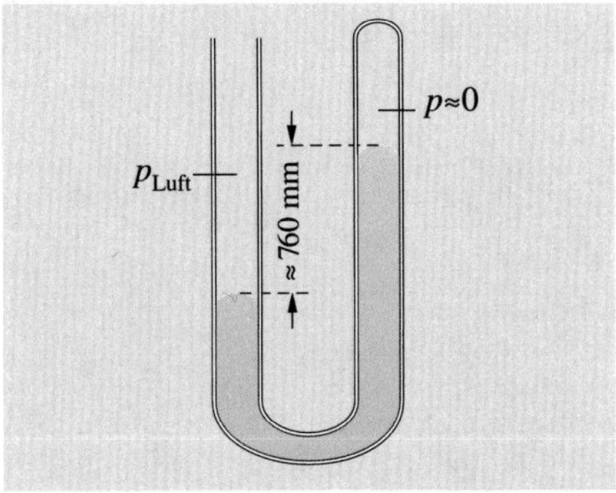

Abb. 9.8. Prinzip des Quecksilbermanometers

Auf Meereshöhe stellt sich im Mittel über alle Wetterlagen ein Überstand von

$$\overline{\Delta h} = 760\,\mathrm{mm\ Hg} = 760\,\mathrm{Torr} \tag{9.10}$$

ein. In (9.10) haben wir diesen Überstand mit mm Hg oder **Torr** bezeichnet, ein traditionelles aus diesem Meßverfahren abgeleitetes Druckmaß, das vor allem in der Meteorologie und der Vakuumtechnik verwendet wurde, jetzt aber durch SI-Einheiten zu ersetzen ist. Setzt man die Dichte des Quecksilbers mit $\varrho_{\mathrm{Hg}} = 13\,600\,\mathrm{kg\,m^{-3}}$ ein, so berechnet sich der mittlere Luftdruck auf Meereshöhe zu

$$\overline{p}_{\mathrm{Luft}} = 1013\,\mathrm{hectoPascal} = 1{,}013\,\mathrm{bar}\,. \tag{9.11}$$

Dieser Druckwert wird sinnfällig als eine **physikalische Atmosphäre** bezeichnet.

9.5 Auftrieb und spezifisches Gewicht

Archimedes hat das Prinzip aufgestellt, daß ein auf einer Flüssigkeit schwimmender Körper genau dasjenige Flüssigkeitsvolumen verdrängt, das seinem eigenen Gewicht entspricht. Hat er eine höhere Dichte als die Flüssigkeit, so taucht er jedoch vollständig ein. Mißt man bei vollständigem Eintauchen das restliche Gewicht des

Körpers (s. Abb. 9.9), so hat es sich um das Gewicht der verdrängten Flüssigkeit verringert. Wir nennen diesen Gewichtsverlust **Auftrieb**. Wir können den Auftrieb aus der Differenz des hydrostatischen Drucks an der Unter- und Oberseite des eingetauchten Körpers erklären und für den einfachen Fall eines senkrecht eingetauchten Zylinders (s. Abb. 9.9) auch sofort einsehen: Es gilt für die Auftriebskraft (mit $\gamma_{\text{fl}} = \varrho_{\text{fl}} \cdot g$ dem spezifischen Gewicht der Flüssigkeit)

$$F_{\text{a}} = (p_2 - p_1)q = \gamma_{\text{fl}}(h_2 - h_1)q = \gamma_{\text{fl}} V\,; \qquad \text{q.e.d.} \tag{9.12}$$

Bei beliebiger Körperform führt die Aufteilung in differentielle senkrechte Zylinder und Integration darüber ohne weiteres zum gleichen Ergebnis.

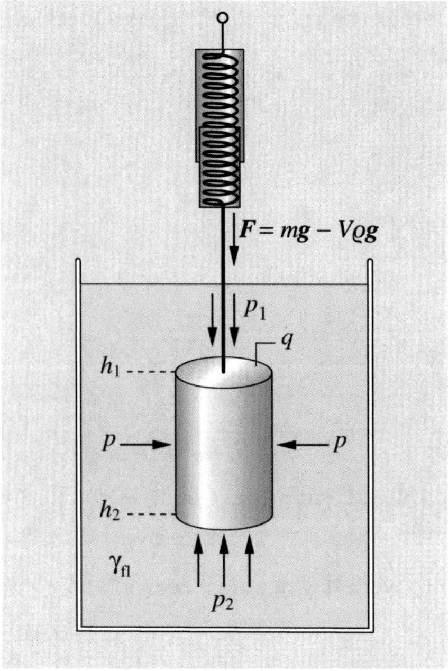

Abb. 9.9. Prinzip des Auftriebs und der Mohrschen Waage zur Bestimmung des spezifischen Gewichts

Der Auftrieb kann zur Bestimmung des **spezifischen Gewichts** γ oder der **Dichte** ϱ benutzt werden. Hierzu mißt man zum einen das volle Gewicht $G = \gamma V$ des betreffenden Körpers durch Wägung im Vakuum, zum anderen das um den Auftrieb (9.12) verringerte Gewicht G' bei vollständigem Eintauchen in eine Flüssigkeit bekannter Dichte (Prinzip der **Mohrschen Waage**, s. Abb. 9.9). Mit diesen beiden Messungen kann man das unbekannte Volumen V eliminieren und erhält

$$\gamma = \gamma_{\text{fl}} \frac{G}{G - G'} \,. \tag{9.13}$$

Mit dieser Methode hat *Archimedes* Juweliere ausgespielt, die vergoldete Schmuckstücke als pures Gold feilboten.

* Schwimmlagen

Bei einem schwimmenden Körper halten sich Gewichtskraft und Auftriebskraft zwar die Waage, jedoch üben sie in der Regel ein resultierendes Drehmoment aus. Erstere greift im Schwerpunkt S des Körpers an, letztere im Schwerpunkt S_A des verdrängten Flüssigkeitsvolumens. Bei einem homogenen Körper liegt S_A immer tiefer als S. Das Drehmoment verschwindet, wenn S_A senkrecht unter S liegt, bei einem Zylinder also in der aufrechten und in der waagrechten Schwimmlage (s. Abb. 9.10a,b).

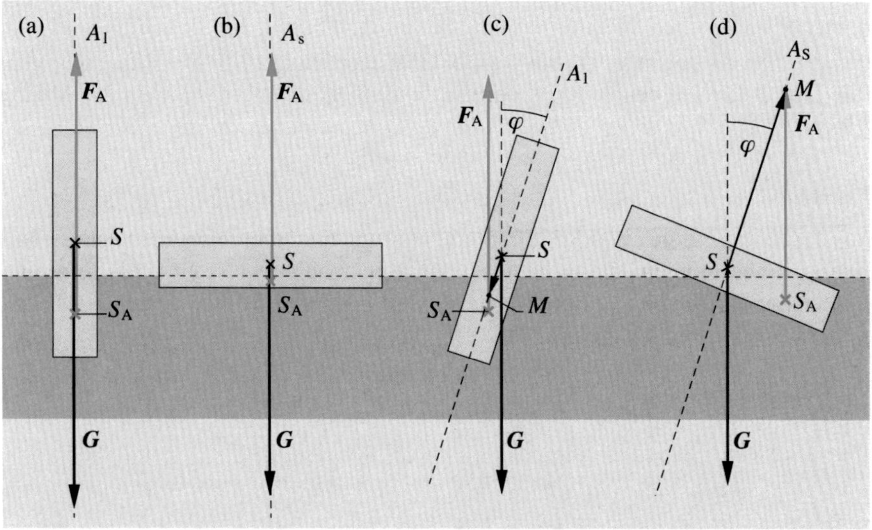

Abb. 9.10. Labile (**a**) und stabile (**b**) Schwimmlage. (**c**) zeigt das destabilisierende, (**d**) das stabilisierende Drehmoment, das aus den unterschiedlichen Angriffspunkten aus Gewichtskraft $\boldsymbol{G}$ im Schwerpunkt des Körpers S und der Auftriebskraft $\boldsymbol{F}_a$ im Schwerpunkt S_A des verdrängten Flüssigkeitsvolumens resultiert

Bekanntlich ist die aufrechte Schwimmlage im labilen Gleichgewicht und nur die waagerechte im stabilen. Kippt man nämlich die Achse A_l des labilen Gleichgewichts um einen kleinen Winkel φ aus der Senkrechten, so dreht sich S_A im gleichen Sinn, wie φ unter S (s. Abb. 9.10c). Daraus entsteht ein forttreibendes Drehmoment, das den Kippwinkel vergrößert. Bei Verkippung der stabilen Gleichgewichtsachse A_s ist es gerade umgekehrt. Es entsteht ein rücktreibendes Drehmoment. Die Situation ähnelt der eines Stabpendels mit Schwerpunkt oberhalb, bzw. unterhalb des Drehpunkts. Bezeichne das **Metazentrum** M denjenigen Punkt auf der Gleichgewichtsachse, an dem sie sich mit $\boldsymbol{F}_a$ kreuzt, so läßt sich das Drehmoment auch schreiben als

$$\boldsymbol{N} = (\boldsymbol{r}_{SM} \times \boldsymbol{F}_a) = \pm r_{SM} G \sin\varphi\,, \tag{9.14}$$

wobei (+) und (−) zwischen **labiler** und **stabiler Schwimmlage** mit M unterhalb oder oberhalb S unterscheiden (s. Abb. 9.10c,d). In der waagrechten Schwimmlage ist jetzt noch die Stabilität gegen eine Drehung um die Längsachse des Körpers, das **Kentern**, zu beachten. Die Kentersicherheit eines Schiffes verlangt gerade bezüglich dieser Bewegung ein Metazentrum hoch über dem Schwerpunkt.

Auftriebskorrektur bei der Wägung

! Bei genauen Wägungen muß auch der Auftrieb in der umgebenden Luft berücksichtigt werden. Entsprechend der Luftdichte von $\varrho_L \approx 1{,}4\,\mathrm{kg\,m^{-3}}$ beträgt die Korrektur für ein Wägegut vom Volumen V

$$\delta m = \varrho_L V\,. \tag{9.15}$$

Sie ist für Stoffe normaler Dichte von der Größenordnung 10^{-3}. Bei Balkenwaagen muß man außerdem den Auftrieb der Gewichtsstücke auf der Gegenseite in Abzug bringen.

Aräometer

Aus der Eintauchtiefe eines Schwimmkörpers kann man sehr leicht die Dichte einer Flüssigkeit bestimmen. Hierzu benutzt man zweckmäßigerweise ein Aräometer, ein geschlossenes Glasrohr, dessen Boden mit Blei beschwert ist und dessen Hals eine geeignete Skala trägt (s. Abb. 9.11).

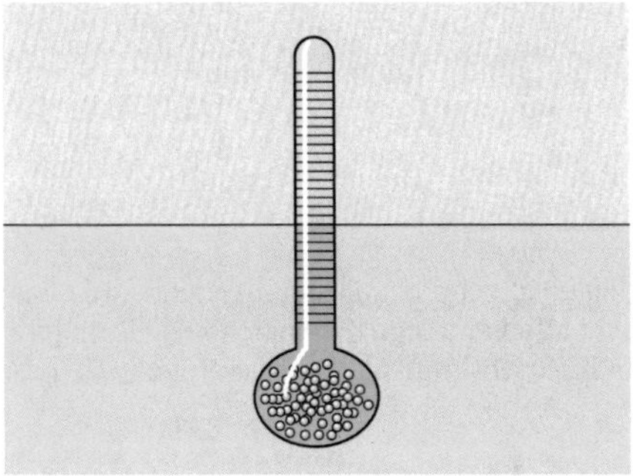

Abb. 9.11. Prinzip des Aräometers zur Bestimmung der Dichte von Flüssigkeiten

9.6 Oberflächenspannung

Auf Atome im Innern einer Flüssigkeit wirkt im wesentlichen keine resultierende Anziehung seitens der Nachbarn, da sie allseitig einwirken (s. Abb. 9.12).

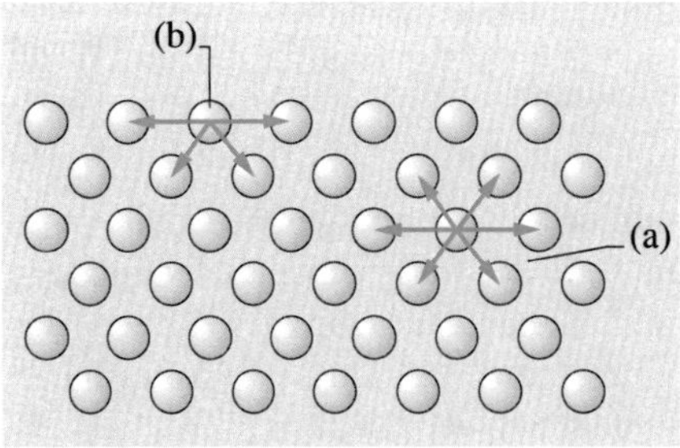

Abb. 9.12. Oberflächenspannung an der Grenzfläche zum Vakuum: (**a**) Im Innern heben sich die gegenseitigen Anziehungskräfte der Atome auf; (**b**) an der Oberfläche bilden sie eine Resultierende nach innen

Dies ist nicht so für ein Atom an der Oberfläche; es erfährt eine resultierende Kraft nach innen. Vergrößert sich die Oberfläche, indem weitere Atome dorthin gelangen, so muß Arbeit W_a geleistet werden, wobei eine potentielle Energie E_p der Oberfläche aufgebaut wird, die proportional zu ihrer Größe A entsprechend der Anzahl der Oberflächenatome wächst. Wir treffen daher für die **Oberflächenspannung** die Definition

$$\sigma = \frac{\mathrm{d}W_\mathrm{a}}{\mathrm{d}A} = \frac{\mathrm{d}E_\mathrm{p}}{\mathrm{d}A} \quad \text{mit} \quad [\sigma] = \mathrm{N\,m^{-1}}\,. \tag{9.16}$$

Wir erwarten, daß σ eine charakteristische Materialkonstante ist, deren Wert von der Stärke der interatomaren Bindung, also der Tiefe des **Lenard-Jones-Potentials** (8.22) bestimmt ist. Es liegt an der außerordentlich *kurzen Reichweite* dieser Bindungskräfte, daß ihre Resultierende praktisch nur für die oberste Atomlage an der Oberfläche von Null verschieden ist. Bei der langreichweitigen Gravitationskraft ist es ganz anders. Sie verschwindet nicht abrupt unterhalb der Erdoberfläche, sondern erst ganz allmählich bis hin zum Erdmittelpunkt; für sie ergäbe die Einführung einer Oberflächenspannung keinen Sinn.

Da die potentielle Energie grundsätzlich ein Minimum anstrebt, führt die Oberflächenspannung dazu, daß ein ansonsten kräftefreier Flüssigkeitstropfen bei gegebenen Volumen immer die kleinste Oberfläche einnimmt. Folglich bildet er eine Kugel.

Auch bei festen Stoffen ist die Oberflächenspannung vorhanden, kann aber wegen der großen Festigkeitsmoduln kaum einen Einfluß auf ihre äußere Form ausüben.

In Abb. 9.12 und Gl. (9.16) bezog sich die Oberflächenspannung auf die Grenzfläche zwischen einem kondensierten Stoff und dem Vakuum. Sie existiert aber im gleichen Sinne auch an der Grenzfläche zwischen zwei beliebigen, verschiedenen Medien, wenn nur die Kräfte, die ein Teilchen im eigenen Medium erfährt, verschieden sind von denen, die das fremde auf sie ausübt. Der Aggregatzustand der Medien spielt dabei im Prinzip keine Rolle.

Ein einfaches Verfahren zur Messung der Oberflächenspannung einer Flüssigkeit bietet der Lenardbügel.

VERSUCH 9.4

Lenardbügel. Man spannt einen Draht der Länge l in einen Bügel, der an einer Federwaage hängt und taucht den Draht in die Flüssigkeit ein. Beim Herausziehen des Drahts bildet sich eine Flüssigkeitslamelle zwischen Draht und Flüssigkeitsspiegel, deren Oberflächenspannung die Federwaage zusätzlich mit der Kraft $\boldsymbol{F}$ belastet (s. Abb. 9.13). Zählt man Vorder- und Rückseite der Lamelle, so beträgt ihre Oberflächenenergie

$$E_\mathrm{p} = A\sigma = 2lh\sigma\,,$$

zu deren Aufbau die Arbeit

$$W_\mathrm{a} = F \cdot h = E_\mathrm{p}$$

geleistet werden mußte. Daraus bestimmen wir die Oberflächenspannung zu

$$\sigma = \frac{F}{2l}\,. \tag{9.17}$$

Während das Gewicht des freien Bügels natürlich einzubeziehen ist, kann das der dünnen Lamelle gegenüber der Kontraktionskraft der Oberfläche vernachlässigt werden.

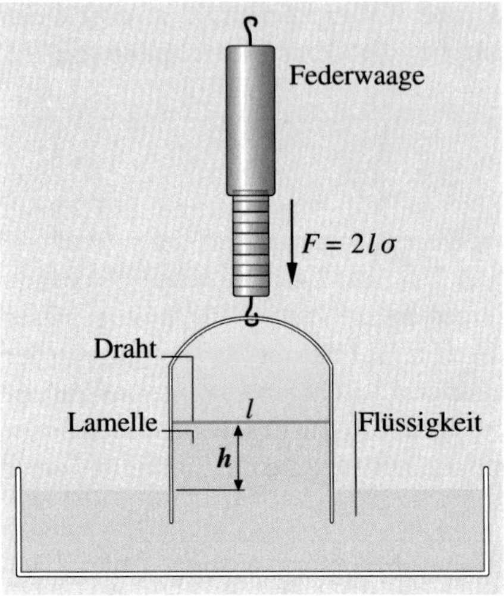

Abb. 9.13. Messung der Oberflächenspannung mit Hilfe des Lenardbügels

Minimalflächen

Man beachte, daß die Lamelle unter dem Lenardbügel sich zu einer Ebene spannt, also zur minimalen Fläche, die von dem Bügel umrandet werden kann; sie nimmt somit das Minimum ihrer potentiellen Energie ein. Die entsprechenden Zugkräfte sind dabei parallel zur Oberfläche und senkrecht zum Rand gerichtet wie bei einer gespannten Gummimembran. Dies sei an folgenden Beispielen demonstriert:

VERSUCH 9.5

Minimalflächen

- Im Innern eines ebenen Drahtrings hängt ein schlaffer Fadenring geringeren Umfangs. Wir tauchen das Objekt in eine Seifenlösung und ziehen es wieder heraus, wobei sich eine ebene Lamelle innerhalb des Drahtrings bildet, die auch den nach wie vor schlaff herunterhängenden Fadenring enthält. Dann stechen wir die Lamelle im Innern des Fadenrings mit einer Nadel auf, woraufhin die äußere Lamelle augenblicklich den Fadenring zu einem Kreis aufweitet, um damit ihre eigene Fläche zu minimieren (s. Abb. 9.14).
- Interessante Minimalflächen werden von Flüssigkeitslamellen zwischen dreidimensionalen Drahtkörpern eingenommen. Innerhalb eines Drahtwürfels können sie z. B. einen

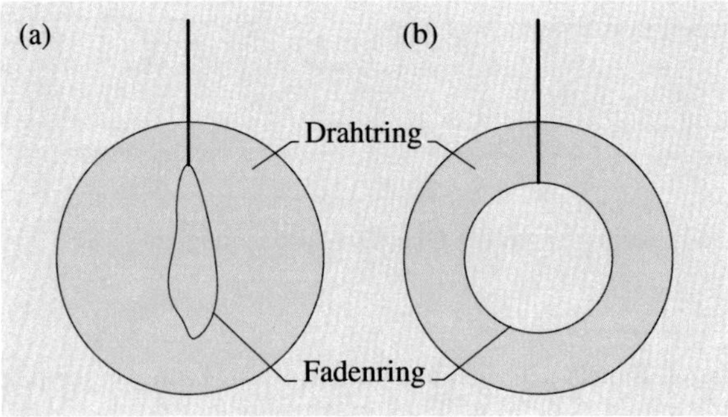

Abb. 9.14. Fadenring in einer von einem Drahtring aufgespannten Seifenlamelle; (**a**) vor, (**b**) nach dem Aufstechen der inneren Lamelle

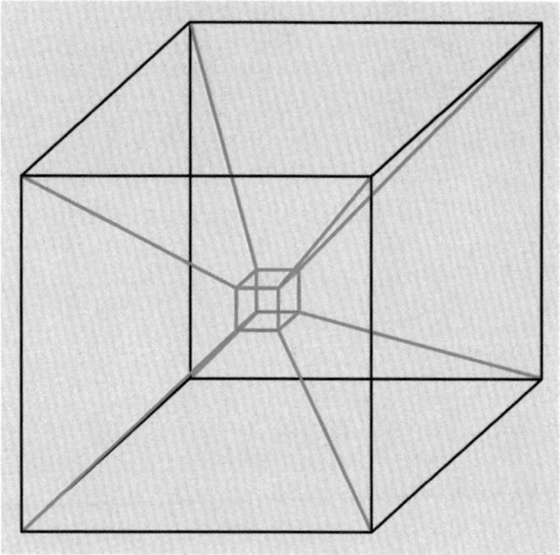

Abb. 9.15. Beispiel einer Anordnung von Minimalflächen von Seifenblasen im Innern eines Drahtwürfels

kleineren Würfel ausbilden, der an 12 diagonalen Lamellen zu den Drahtkanten hin aufgehängt ist (s. Abb. 9.15).

Jeder Schaum ist ein kompliziertes Gebilde von Minimalflächen. Platzt eine Lamelle, so arrangiert sich die ganze Umgebung um. Minimalflächen sind interessante Elemente zur Lösung bestimmter statischer Aufgaben, wenn Biegekräfte vermieden werden sollen.

9.7 Kapillardruck und kapillare Steighöhe

Eine gekrümmte Oberfläche übt unter dem Zwang der Oberflächenspannung, sich zu verkleinern, einen nach innen gerichteten Druck aus, der mit der Stärke der Krümmung wächst, wie im folgenden Versuch demonstriert wird.

VERSUCH 9.6

Kommunizierende Seifenblasen. Wir stellen mit einem Blasrohr gleichzeitig zwei Seifenblasen her, die über eine Kanüle miteinander verbunden sind (s. Abb. 9.16). Nach Verschließen

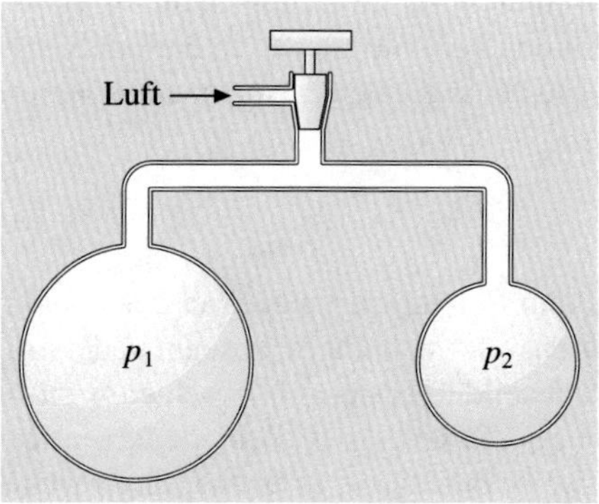

Abb. 9.16. Bei kommunizierenden Seifenblasen schrumpft die kleinere zugunsten der größeren wegen $p_1 < p_2$

des Hahns beobachten wir, daß die kleinere der beiden Luftblasen zusammenschrumpft, d. h. ihren Luftinhalt in die größere preßt. Offensichtlich übt die kleinere, stärker gekrümmte Blase einen höheren Druck aus.

Wir gewinnen den quantitativen Zusammenhang zwischen Krümmung der Oberfläche und kapillarem Druck aus einer Energiebetrachtung für eine kugelförmige Luftblase inmitten einer Flüssigkeit (s. Abb. 9.17).

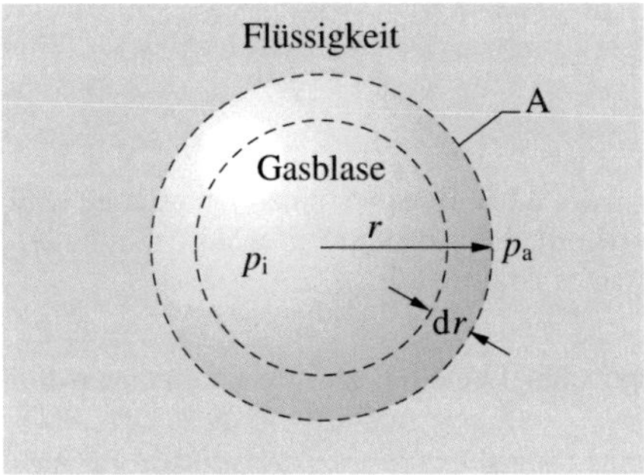

Abb. 9.17. Skizze zur Berechnung des Kapillardrucks einer Flüssigkeit auf eine eingeschlossene Luftblase

Preßt die Flüssigkeit die Gasblase vom Radius r um dr zusammen, so leistet sie gegen die Druckdifferenz $p = p_i - p_a$, die wir **Kapillardruck** nennen, die Arbeit

$$\mathrm{d}W = p\,\mathrm{d}V = pA\,\mathrm{d}r = p4\pi r^2\,\mathrm{d}r\,. \tag{9.18}$$

Sie wird aus dem Verlust an Oberflächenenergie bezahlt

$$\mathrm{d}E_\mathrm{p} = \sigma\,\mathrm{d}A = \sigma\frac{\mathrm{d}A}{\mathrm{d}r}\,\mathrm{d}r = -\sigma\frac{\mathrm{d}}{\mathrm{d}r}(4\pi r^2)\,\mathrm{d}r = -\sigma 8\pi r\,\mathrm{d}r\,. \tag{9.19}$$

Die Kontraktion kommt zum Stillstand, wenn (9.18) und (9.19) sich die Waage halten. Daraus berechnet sich der Kapillardruck zu

$$p = \frac{2\sigma}{r}\,. \tag{9.20}$$

Bei einem kreisförmigen Zylinder führt die gleiche Rechnung zum halben Wert

$$p = \frac{\sigma}{r}\,. \tag{9.21}$$

Die Krümmung des Zylinders ist im Querschnitt $1/r$, im Längsschnitt ist sie 0. Bei der Kugel ist sie dagegen in beiden Schnitten $1/r$. Sie ist also in diesem Sinne doppelt so stark gekrümmt wie der Zylinder und bewirkt einen entsprechend höheren Kapillardruck.

Randwinkel

Die Oberflächenspannung bewirkt, daß sich ein Flüssigkeitsspiegel an einer senkrecht darin stehenden Wand ein wenig hochzieht oder sich vor ihr absenkt und dabei eine konkave bzw. eine konvexe Oberfläche ausbildet. Ersteres beobachten wir bei **benetzenden Flüssigkeiten** (z. B. Seifenlauge), letzteres bei **nicht benetzenden** (z. B. Quecksilber). Benetzung oder auch teilweise Benetzung geschehen dann, wenn die Anziehungskräfte der Flüssigkeitsmoleküle untereinander schwächer sind als zu denen der Wand. Bei Nichtbenetzung ist es umgekehrt. Genau genommen treten an der Grenzlinie zwischen Flüssigkeit und Wand drei Medien in Konkurrenz, die Luft, die Flüssigkeit und die Wand. Sie alle wollen mit Hilfe ihrer relativen Oberflächenspannungen σ_{FW} zwischen Flüssigkeit und Wand, σ_{FL} zwischen Flüssigkeit und Luft und σ_{WL} zwischen Wand und Luft ihre jeweilige gemeinsame Oberfläche verkleinern. Sie zerren an einem Grenzlinienstück der Länge l (vgl. (9.17) und Abb. 9.18) mit den Kräften

$$F_{\mathrm{WL}} = \sigma_{\mathrm{WL}} l$$

nach oben, mit

$$F_{\mathrm{FW}} = \sigma_{\mathrm{FW}} l$$

nach unten und mit

$$F_{\mathrm{FL}} = \sigma_{\mathrm{FL}} l$$

in Richtung des Grenzwinkels φ, den die Flüssigkeitsoberfläche mit der Wand bildet. Die Normalkomponente von F_{FL} wird von der Wand aufgenommen und steht hier nicht zur Debatte. Ihre Tangentialkomponente muß sich dagegen ins Gleichgewicht mit den beiden übrigen Kräften stellen

$$F_{\mathrm{WL}} = F_{\mathrm{WF}} + F_{\mathrm{FL}} \cos\varphi \tag{9.22}$$

und liefert somit die Bestimmungsgleichung für den Grenzwinkel

$$\cos\varphi = \frac{\sigma_{\mathrm{WL}} - \sigma_{\mathrm{WF}}}{\sigma_{\mathrm{FL}}} . \tag{9.23}$$

Diskutieren wir zunächst die Fälle, die im Wertebereich des Cosinus liegen

$$1 \geq \cos\varphi \geq -1 \qquad \curvearrowright$$

$$0 \leq \varphi \leq 180^\circ .$$

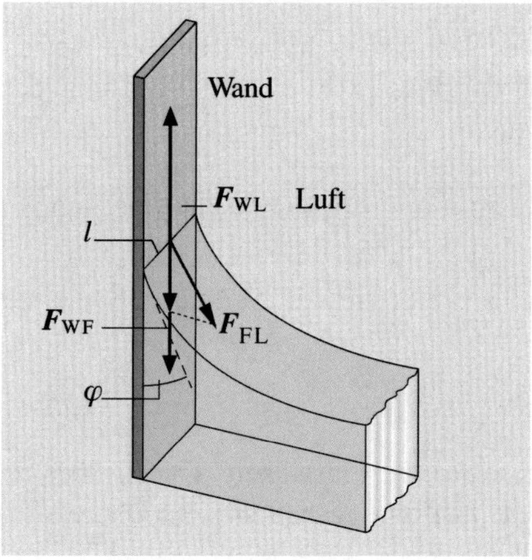

Abb. 9.18. Im Gleichgewicht der Oberflächenkräfte zwischen Flüssigkeit, Luft und Wand stellt sich ein Grenzwinkel φ der Flüssigkeitsoberfläche zur Wand ein

Bei Grenzwinkeln zwischen 0 ° und 90 ° sprechen wir von einer teilweise benetzenden Flüssigkeit, zwischen 90 ° und 180 ° von einer teilweise nichtbenetzenden Flüssigkeit.

Dominiert die Oberflächenspannung zwischen Wand und Luft derart, daß (9.23) den Wert +1 übersteigt, so können die Kräfte für *keinen* Winkel ins Gleichgewicht gebracht werden. Die Flüssigkeit kriecht dann an der Wand hoch und benetzt sie total mit einem Film. Unterschreitet anderseits (9.23) den Wert −1, so bildet sich umgekehrt ein Film zwischen Flüssigkeit und Wand in Form einer adsorbierten Luftschicht. Natürlich gelten alle obigen Schlußfolgerungen auch dann, wenn statt der Luft eine zweite Flüssigkeit im Spiel ist.

Die Oberflächenspannung an der Grenzfläche zweier kondensierter Stoffe variiert sehr stark mit der chemischen Affinität der Stoffe zueinander. Gegenüber einem so dünnen Medium wie Luft allerdings liegt die Oberflächenspannung kondensierter Stoffe nahe beim Vakuumwert.

Kapillare Steighöhe

In einem engen Rohr (Kapillare) vom Radius r führt der Grenzwinkel φ dazu, daß die Flüssigkeitsoberfläche darin eine Minimalfläche bildet, die näherungsweise durch eine Kugel vom Radius

$$R = \frac{r}{\cos\varphi}$$

beschrieben wird (s. Abb. 9.19a). Wegen ihrer linsenförmigen Gestalt wird sie auch Meniskus genannt. Beim Übergang von Luft in Flüssigkeit muß bei konkav angenommener Krümmung des Meniskus der Druck nach (9.20) um

$$\Delta p = \frac{2\sigma_{\mathrm{FL}}}{R} = \frac{2\sigma_{\mathrm{FL}}\cos\varphi}{r}$$

abnehmen. Da aber sowohl über dem Meniskus wie über dem übrigen Wasserspiegel der gleiche Luftdruck p_L herrscht, ist dies nur möglich, indem die Flüssigkeit in der Kapillare hochsteigt, bis sich am Meniskus ein negativer hydrostatischer Druck

$$\Delta p = -\varrho g h\,,$$

gemessen gegen den äußeren Flüssigkeitsspiegel, aufgebaut hat. Mit anderen Worten trägt der konkave Meniskus das Gewicht der Wassersäule. Die Auflösung der Gleichungen ergibt für die kapillare Steighöhe

$$h = \frac{2\sigma_{\mathrm{FL}}\cos\varphi}{\varrho g r}\,, \tag{9.24}$$

die im Grenzfall einer total benetzenden Flüssigkeit (wie z. B. Seifenlauge in einer sauberen Glaskapillare) übergeht in

$$h = \frac{2\sigma_{\mathrm{FL}}}{\varrho g r}\,, \tag{9.24'}$$

Bei einer nicht- oder teilweise nichtbenetztenden Flüssigkeit (Quecksilber an Glas) bildet sich ein konvexer Meniskus und demzufolge nach (9.24) eine Depression des Spiegels um $-h$ (s. Abb. 9.19b).

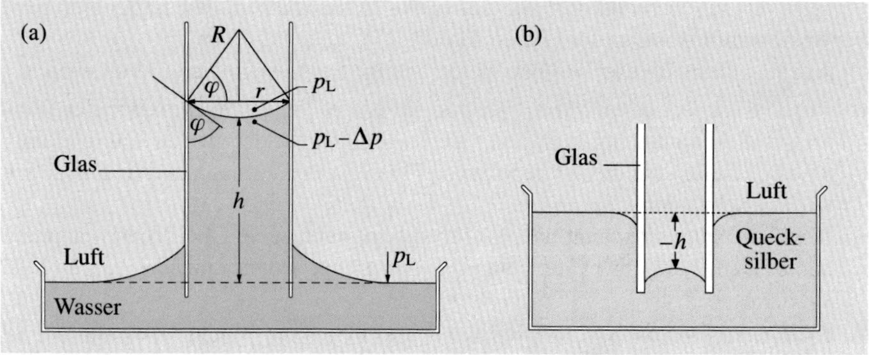

Abb. 9.19. Der Druckunterschied einer Flüssigkeit in einer Kapillare führt bei konkavem Meniskus (z. B. Wasser) zum Aufsteigen der Flüssigkeit in der Kapillare (**a**), bzw. bei konvexem Meniskus (z. B. Quecksilber) zu einer Depression (**b**)

Die Kapillarwirkung ist natürlich nicht auf Rohre beschränkt, sondern tritt in allen engen Strukturen auf. Zum Beispiel findet man nach den gleichen Überlegungen wie oben für die kapillare Steighöhe für zwei eng, im Abstand d aufgestellte Platten

$$h = \frac{2\sigma_{FL}\cos\varphi}{\varrho g d} \,. \tag{9.25}$$

Hierzu folgender Versuch:

VERSUCH 9.7

Kapillare Steighöhe zwischen verkeilten Platten. Wir schütten in ein dreieckiges Glasgefäß, dessen Längsseiten einen kleinen Keilwinkel α bilden, Quecksilber und darüber gefärbtes Wasser und schauen uns den Verlauf der Flüssigkeitsspiegel entlang des Keils an (s. Abb. 9.20). Der Wasserspiegel bildet eine zur Keilspitze hin aufsteigende Hyperbel, der Quecksilberspiegel eine abfallende

$$\begin{aligned} h(H_2O) &\propto \frac{1}{d} \\ h(Hg) &\propto -\frac{1}{d} \,. \end{aligned} \tag{9.26}$$

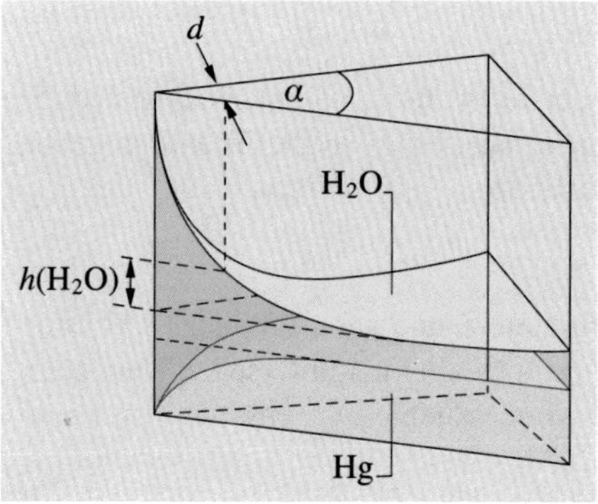

Abb. 9.20. Zwischen zwei verkeilten Platten wächst die kapillare Steighöhe des benetzenden H_2O bzw. die Depression des nicht benetzenden Hg hyperbolisch in Richtung auf die Keilspitze zu

Der Versuch demonstriert die reziproke Abhängigkeit der Steighöhe bzw. Depression vom Abstand der Platten nach (9.25).

Auf **Kapillarwirkung** beruhen viele wichtige Prozesse in Natur und Leben:

- *Wassertransport*: Der Wassertransport im Boden, in Pflanzen, sowie der Blutkreislauf durch die engen Kapillargefäße beruhen auf der großen Saugwirkung, die enge Gefäßsysteme auf benetzende Flüssigkeiten ausüben und sie aufsaugen wie ein Schwamm.
- *Waschen*: Seife entspannt das Wasser, d. h. es setzt seine Oberflächenspannung herab. Damit erlaubt es der Lauge, auch in enge Poren einzudringen und sie auszuwaschen.
- *Kapillarwellen*: Streicht ein leichter Wind über eine ruhige Wasserfläche, so kräuselt sich die Oberfläche in sehr kurzen Wellen. Im Gegensatz zu den langen Wellen bei hohem Seegang ist ihre Energie nicht durch die Schwerkraft dominiert, sondern durch die Spannung ihrer vermehrten Oberfläche. Ihre abwechselnd konvexe und konkave Krümmung erzeugt periodische Kapillardrucke im Wasser, die sich wellenartig entlang der Oberfläche fortpflanzen.
- *Monomolekulare Ölfilme*: Schüttet man einen Tropfen ungesättigten oder verseiften Öls auf eine Wasseroberfläche, so zieht er sich zu einem großen Ölfilm auseinander, der schließlich nur noch eine einzige Molekülschicht dick ist. Der Grund liegt darin, daß die hydrophile OH-Gruppe den Kontakt mit dem Wasser sucht, während der hydrophobe, gesättigte Kohlenwasserstoffrest sich lieber an seinesgleichen anlagert. So entsteht schließlich eine geordnete Molekülschicht mit der OH-Gruppe an der Wasseroberfläche und dem Rest senkrecht davon abstehend. Man kann dieses Verhalten durch eine sehr kleine Oberflächenspannung des Öls relativ zum Wasser beschreiben, die zwar zur Benetzung der Wasseroberfläche führt, doch nicht zur Auflösung des Öls im Wasser. Hat die Ölhaut ihre minimale, monomolekulare Dicke erreicht, so kann sie sich nicht weiter dehnen, es sei denn sie zerreißt. Sie legt sich daher wie ein festes Tuch auf die Wasseroberfläche und glättet dadurch die Wellen.

!

9.8 Ruhende Gase

Grundtatsachen

Wir hatten schon festgestellt, daß Gase weder form- noch volumenstabil sind. Sie füllen jedes vorgegebene Volumen gleichmäßig aus. Folglich ist für eine gegebene Zahl N von Gasmolekülen die **Teilchenzahldichte**

$$n = \frac{\mathrm{d}N}{\mathrm{d}V} = \frac{N}{V} \tag{9.27}$$

umgekehrt proportional zum jeweiligen Volumen V und auch im ganzen Volumen räumlich konstant, sofern darin nicht Temperatur- und Druckunterschiede auftreten. Aus der Teilchenzahldichte erhalten wir die Massendichte

$$\varrho = m \cdot n \tag{9.28}$$

durch Multiplikation mit der Molekülmasse m.

Da Gasmoleküle freie Teilchen sind, ist die Gesamtenergie je zweier Teilchen relativ zueinander

$$E = E_p + E_k > 0 \tag{9.29}$$

immer positiv im Gegensatz zu gebundenen Systemen (mit der Konvention $E_p(r = \infty) = 0$). Das gilt auch noch während eines elastischen Stosses zweier Teilchen, währenddessen E_p und E_k sich im Lenard-Jones-Potential (8.22) ineinander umwandeln, aber ihre Summe konstant bleibt (s. Abb. 9.21).

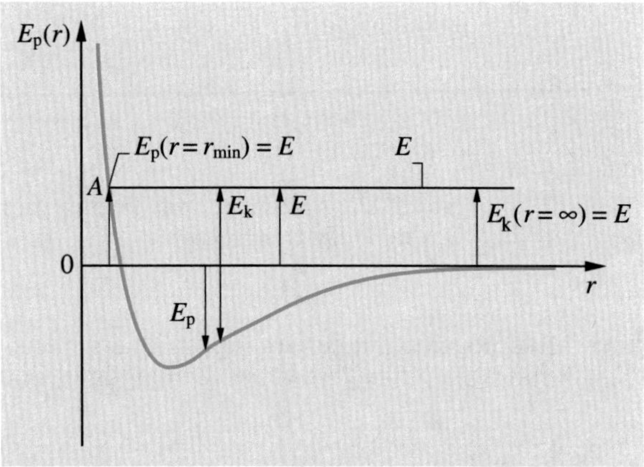

Abb. 9.21. Verlauf von E_p und E_k im elastischen, gaskinetischen Stoß als Funktion des Abstandes r. A ist der Punkt größter Annäherung im zentralen Stoß, also der Umkehrpunkt, an dem $E_k = 0$ und $E_p = E$ gilt. Man denke an eine Kugel, die, von außen mit endlicher Energie $E = E_k$ $(r = \infty)$ kommend, in die Potentialmulde rollt, zum Umkehrpunkt hochsteigt und dann wieder zurückrollt

Boyle-Mariottesches Gesetz

Im Gegensatz zu festen Stoffen sind Gase sehr leicht komprimierbar, und – was noch viel wichtiger ist – es gibt einen *fundamentalen* Zusammenhang zwischen dem Volumen V eines Gases und dem Druck p, den es auf die Wände ausübt. Wir untersuchen ihn in folgendem Versuch:

VERSUCH 9.8

Boyle-Mariottesches Gesetz. Wir sperren eine bestimmte Menge Luft in den geschlossenen Schenkel eines U-Rohres ein, indem wir es etwa zur Hälfte mit einer Flüssigkeit auffüllen (s. Abb. 9.22). Zusätzlich zum äußeren Luftdruck $p_L \approx 1$ bar, unter dem das Gasvolumen ohnehin schon steht, setzen wir jetzt die Flüssigkeit im rechten, offenen Schenkel unter einen zusätzlichen Druck Δp bis zu einigen bar, den wir an einem Manometer ablesen können. Wir messen zu jedem Druckwert die Meßhöhe h der Gassäule, die zum Gasvolumen proportional ist. Wir stellen fest, daß für alle Meßpunkte das Produkt aus h und dem Gesamtdruck $p_L + \Delta p$ konstant ist

$$(p_L + \Delta p)h = ph = \text{const}\,. \tag{9.30}$$

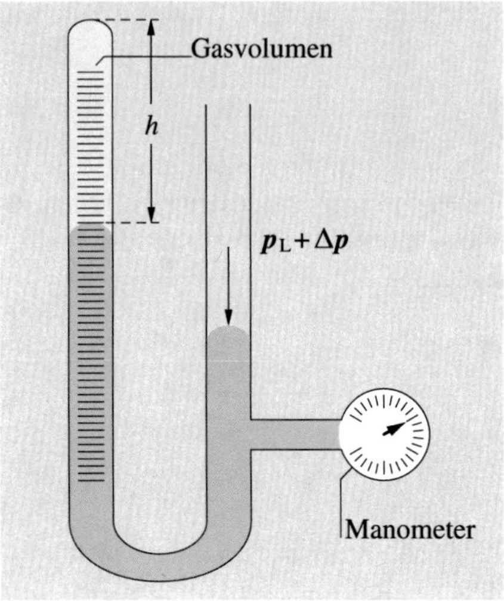

Abb. 9.22. Anordnung zur Prüfung des Boyle-Mariotteschen Gesetzes

Aus (9.30) erhalten wir durch Multiplikation mit der konstanten Querschnittsfläche des Rohres das von *Robert Boyle* und *Edme Mariotte* gefundene **Boyle-Mariottesche Gesetz**:

> Das Produkt aus Druck und Volumen einer bestimmten Gasmenge ist bei konstanter Temperatur eine Konstante
>
> $$p \cdot V = \text{const} . \tag{9.31}$$

! Die Nebenbedingung konstanter Temperatur, die im Versuch recht gut erfüllt war, ist wichtig; denn die Konstante auf der rechten Seite von (9.31) wächst ihrerseits proportional zur Temperatur, wie wir in der Wärmelehre sehen werden. Weiterhin muß die Temperatur genügend hoch, bzw. der Druck genügend niedrig sein, damit das Gas weit weg von dem Zustand ist, in dem es kondensieren könnte. Das Produkt pV eines Gases nimmt nämlich schon vor Erreichen seines Kondensationspunktes stark ab, wie wir bei der Behandlung realer Gase erfahren werden (s. Kap. 18). Die Gleichung (9.31) gilt also in aller Strenge nur für sogenannte **ideale Gase**, die nicht kondensierbar sind.

Kompressionsmodul idealer Gase

Laut (8.12) ist der Kompressionsmodul eines Stoffes durch die Gleichung

$$K = -V \frac{\mathrm{d}p}{\mathrm{d}V}$$

definiert. Er ist für kondensierte Stoffe in guter Näherung eine Materialkonstante. Ganz anders für Gase! Aus (9.31) folgt für das vollständige Differential

$$\mathrm{d}(p \cdot V) = V\,\mathrm{d}p + p\,\mathrm{d}V = 0 ,$$

woraus sich durch Auflösung nach p sofort der **Kompressionsmodul idealer Gase** ergibt

$$K = -V\frac{\mathrm{d}p}{\mathrm{d}V} = p\,. \tag{9.32}$$

Gleichung (9.32) gilt unter den gleichen Vorbehalten wie (9.31). Wir können also den Satz formulieren:

Ideale Gase haben bei konstanter Temperatur den *universellen* Kompressionsmodul $K = p$.

Bei $p \approx 1$ bar ist der Kompressionsmodul eines idealen Gases ca. 10^6 mal kleiner als der kondensierter Stoffe. Das liegt natürlich daran, daß er nicht aus den starken, interatomaren Bindungskräften resultiert, sondern lediglich aus den Wandstößen der freien Atome (s. Abschn. 14.2), deren Rate mit zunehmender Kompression, d. h. Teilchendichte wächst.

Barometrische Höhenformel

Bei der Berechnung von Druck- und Dichteverteilung unserer Atmosphäre müssen wir die starke Kompressibilität der Luft beachten, die dazu führt, daß die unteren Luftschichten unter der Last der darüberliegenden zu höherer Dichte komprimiert werden. Deswegen kann der hydrostatische Druck eines Gases nicht direkt proportional mit der Höhe variieren, wie in (9.8) für eine inkompressible Flüssigkeit abgeleitet wurde, sondern muß einer komplizierteren Funktion folgen. Um sie zu finden, müssen wir unseren Ansatz verfeinern und zunächst nur von einem differentiellen Beitrag zum hydrostatischen Druck ausgehen, den eine sehr dünne Luftschicht im Intervall zwischen h und $h + \mathrm{d}h$ verursacht (s. Abb. 9.23)

$$\mathrm{d}p = -\varrho(h)g\,\mathrm{d}h\,. \tag{9.33}$$

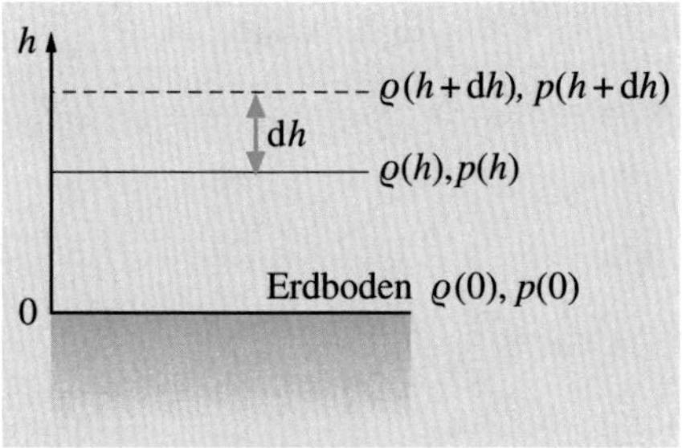

Abb. 9.23. Skizze zum Ansatz der barometrischen Höhenformel

Das Minuszeichen in (9.33) berücksichtigt, daß der Druck mit wachsender Höhe abnimmt. Außerdem ist jetzt auch die Dichte $\varrho(h)$ als eine Funktion der Höhe angesetzt. Um (9.33) integrieren zu können, stellen wir eine Beziehung zwischen Druck und Dichte auf. Für eine gegebene Gasmenge und bei Annahme konstanter Temperatur sind beide umgekehrt proportional zum Volumen (die Dichte ist es per definitionem und der Druck wegen (9.31)). Das Verhältnis aus Dichte und Druck ist also in jeder Höhe konstant

$$\frac{\varrho(h)}{p(h)} = \frac{\varrho_0}{p_0} = \text{const}\,, \qquad (9.34)$$

wobei ϱ_0 und p_0 Dichte und Druck am Erdboden seien. Damit gewinnen wir durch Eliminieren von $\varrho(h)$ in (9.33) eine Differentialgleichung für den Druck

$$\frac{\mathrm{d}p}{\mathrm{d}h} = -\frac{\varrho_0}{p_0} g p\,, \qquad (9.35)$$

in der die Ableitung des Drucks nach der Höhe proportional zum Druck selbst ist. Einer DGL dieser Form sind wir schon in Abschn. 4.9 bei der Behandlung der Reibung begegnet und haben sie durch eine Exponentialfunktion gelöst. Entsprechend gewinnen wir als Lösung von (9.35) die barometrische Höhenformel

$$p(h) = p_0 \mathrm{e}^{-(\varrho_0/p_0)gh}\,, \qquad (9.36)$$

von deren Richtigkeit man sich durch Differenzieren und Einsetzen in (9.35) sofort überzeugen kann. Der Vorfaktor p_0 ist so gewählt, daß am Erdboden ($h = 0$) nach Voraussetzung der Luftdruck p_0 herrscht.

In Abb. 9.24 ist der exponentielle Abfall des Luftdrucks mit der Höhe graphisch dargestellt. Bei 5,5 km Höhe ist er auf die Hälfte abgesunken entsprechend bei 11 km auf 1/4 usw. Er erreicht nur asymptotisch den Wert 0.

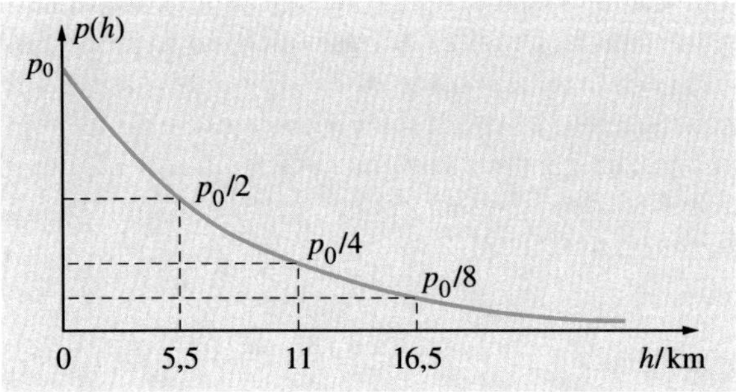

Abb. 9.24. Graphische Darstellung der barometrischen Höhenformel. Der Luftdruck fällt exponentiell mit einer Halbwertshöhe von ca. 5,5 km ab

10. Strömende Flüssigkeiten und Gase

INHALT

Das Interesse der Physik an Strömungen von deformierbaren Medien, nämlich Flüssigkeiten und Gasen, konzentriert sich in erster Linie darauf, mechanische Bewegungsgesetze hierfür zu finden. Mit dieser Aufgabe hatten wir uns in früheren Kapiteln bereits für Massenpunkte und starre Körper auseinandergesetzt. Das hier zur Debatte stehende Feld, die sogenannte Hydrodynamik ist freilich sehr viel komplexer. Dennoch können wir mit elementaren Mitteln ein grundlegendes Gesetz über das Druck- und Geschwindigkeitsfeld gewinnen, mit dem sich viele wichtige Strömungsphänomene erklären lassen. Auch können wir etwas Quantitatives über innere Reibungen von Strömungen lernen. Bei dem vielseitigen und komplizierten Gebiet der *turbulenten* Strömungen beschränken wir uns allerdings auf Demonstrationsversuche und qualitative Diskussionen. Auch wollen wir das strömende Medium meistens als inkompressibel betrachten ($\varrho = \text{const}$). Das ist eine gute Näherung für Flüssigkeiten, nicht so für Gase, wenn nicht die relativen Druckunterschiede im Medium $\Delta p/p = \Delta\varrho/\varrho$ recht klein sind.

10.1 Strom und Stromdichte

Zunächst müssen wir aber einige allgemeine Definitionen zum Begriff des Stroms und der Stromdichte treffen und ihre Relationen studieren.

Im allgemeinsten Wortsinn bezeichnet ein **Strom** eine pro Zeiteinheit zu- oder abfließende Menge, wobei das, was da fließt, beliebiger Natur sein kann.

Wichtige Beispiele sind: Flüssigkeits- oder Gasstrom, Teilchenstrom, Massenstrom, elektrischer Strom, Energiestrom, Wärmestrom, Lichtstrom, usw. Der Strom trägt dabei jeweils die physikalische Einheit des transportierten Guts pro Sekunde. Flüssigkeiten und Gase messen wir in der Regel in Einheiten ihres Volumens; ihr

E. W. Otten, *Repetitorium Experimentalphysik*,
https://doi.org/10.1007/978-3-662-59730-9_10

Strom ist also ein **Volumenstrom**

$$[I_{\text{Vol}}] = \text{m}^3\,\text{s}^{-1}\,. \tag{10.1}$$

Geht es aber um die transportierte *Masse*, und herrsche in dem transportierten Volumen die Massendichte ϱ_m, so erhalten wir den **Massenstrom** durch Multiplikation von (10.1) mit ϱ_m

$$I_{\text{Masse}} = \varrho_m I_{\text{Vol}}\,; \quad [I_{\text{Masse}}] = \text{kg}\,\text{s}^{-1}\,. \tag{10.2}$$

Interessieren wir uns für die im Volumen transportierte *Teilchenzahl*, so ist mit der Teilchenzahldichte n zu multiplizieren

$$I_{\text{Teilchen}} = n I_{\text{Vol}} = \frac{\text{d}N}{\text{d}V} I_{\text{Vol}}\,; \quad [I_{\text{Teilchen}}] = \text{s}^{-1}\,. \tag{10.3}$$

Wird mit dem Volumenstrom eine *Energiemenge* transportiert, so erhalten wir den **Energiestrom** durch Multiplikation mit der Energiedichte im Volumen ϱ_E

$$I_{\text{Energie}} = \varrho_E I_{\text{Vol}} = \frac{\text{d}E}{\text{d}V} I_{\text{Vol}}\,; \quad [I_{\text{Energie}}] = \text{Joule}\,\text{s}^{-1}\,. \tag{10.4}$$

In allen diesen Beispielen hatte der Strom letztlich die *geometrische* Bedeutung eines transportierten Volumens. Wir wollen daher auch den o. g. Begriff des „Zufließens" oder „Abfließens" noch geometrisch *einengen* und für den Strom folgende Definition treffen:

> Ein Strom bezeichnet eine pro Zeiteinheit durch eine vorgegebene Querschnittsfläche hindurchtretende Menge.

Anstelle von Strom wird auch häufig das Wort **Fluß** benutzt und statt I das Symbol Φ.

Es kann sich dabei wie gesagt um eine Flüssigkeitsmenge, Energiemenge, Teilchenmenge usw. handeln. Wir beschränken uns aber vorerst auf den Volumenstrom und suchen seinen Zusammenhang mit der **Strömungsgeschwindigkeit** $\boldsymbol{v}$ der Flüssigkeit oder des Gases (s. Abb. 10.1). Im einfachsten Fall treffe die Strömung senkrecht auf die Querschnittsfläche A auf und $\boldsymbol{v}$ sei auch dem Betrage nach konstant über die ganze Fläche. Dann tritt im Zeitintervall Δt durch A das Volumen:

$$\Delta V = A \Delta s = A v \Delta t\,.$$

Daraus folgt im $\lim \Delta t \to 0$ der Volumenstrom:

$$I_{\text{Vol}} = \frac{\text{d}V}{\text{d}t} = A \cdot v\,. \tag{10.5}$$

Bildet die Flächenormale $\hat{\boldsymbol{n}}$ jedoch einen Winkel φ zu $\boldsymbol{v}$, so erfaßt die angeströmte Fläche den gleichen Strom, wie ihre senkrechte Projektion auf $\boldsymbol{v}$ (s. Abb. 10.2). Umgekehrt können wir auch sagen: Von $\boldsymbol{v}$ trägt nur die zu A senkrechte Komponente zum Strom bei. Die tangentiale Komponente fließt an der Fläche vorbei. Beide Betrachtungsweisen führen zum gleichen Ergebnis

$$I_{\text{Vol}} = A v \cos\varphi = A(\boldsymbol{v} \cdot \hat{\boldsymbol{n}}) = (\boldsymbol{A} \cdot \boldsymbol{v})\,. \tag{10.6}$$

In der letzten Schreibweise von (10.6) haben wir die Fläche $\boldsymbol{A}$ vektoriell geschrieben und ihr neben dem Betrag A die Richtung der Normalen $\hat{\boldsymbol{n}}$ gegeben.

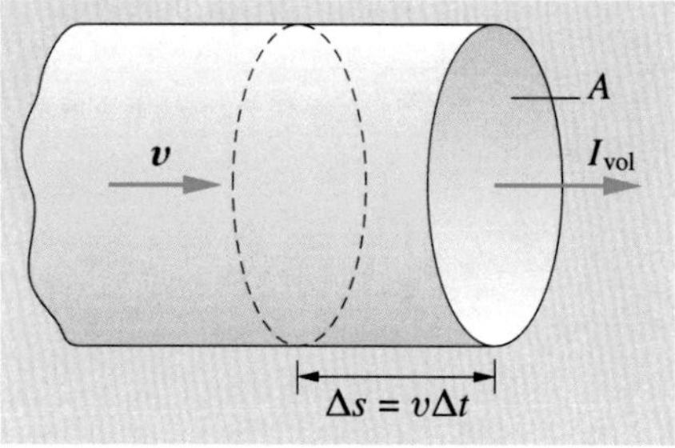

Abb. 10.1. Skizze zur Berechnung des Volumenstroms I_{Vol} durch eine mit der homogenen Geschwindigkeit $\boldsymbol{v}$ senkrecht angeströmte Fläche A

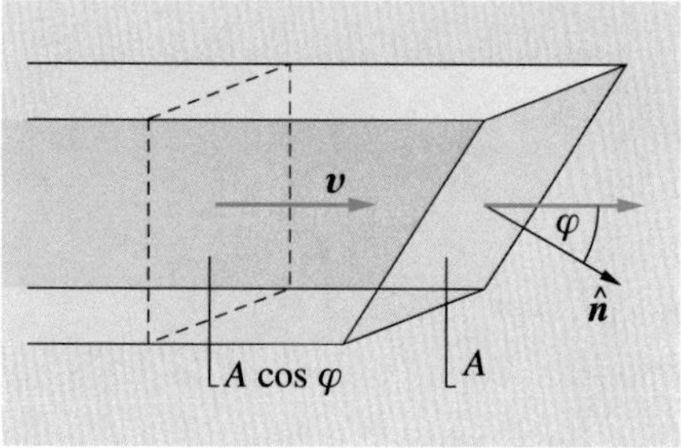

Abb. 10.2. Skizze zur Berechnung des Stroms durch eine schräg angeströmte Fläche

Transportiert das Volumen eine Masse, Ladung, Energie, etc., und interessieren wir uns für einen derartigen Strom, so schreiben wir ihn ganz allgemein als

$$I = (\boldsymbol{A} \cdot \varrho \boldsymbol{v}) = (\boldsymbol{A} \cdot \boldsymbol{j})\,. \tag{10.7}$$

Darin steht ϱ jetzt für die Dichte der transportierten Substanz. Das Produkt

$$\boldsymbol{j} = \varrho \boldsymbol{v} \tag{10.8}$$

nennen wir ganz allgemein die **Stromdichte**.

Die Schreibweise (10.7) ist für die meisten Anwendungen zu eng gefaßt und muß erweitert werden für Situationen, in denen die Querschnittsfläche A nicht unbedingt eben, sondern beliebig gestaltet sein kann und wo auch die Geschwindigkeit der Strömung nicht konstant, sondern von Ort zu Ort nach Betrag und Richtung variieren kann. Ebenso wollen wir der Allgemeinheit halber eine ortsabhängige Dichte zulassen. Dann müssen wir, wie in allen solchen Fällen, differentiell vorgehen und die Fläche in kleine Teilflächen ΔA_i und den Strom in die entsprechenden Teilströme

$$\Delta I_i = \varrho_i (\Delta \boldsymbol{A}_i \cdot \boldsymbol{v}_i)$$

einteilen (s. Abb. 10.3). Den exakten Gesamtstrom durch die Fläche A erhalten wir dann durch Summation über alle Teilströme und Übergang zum $\lim \Delta A_i \to 0$

$$\begin{aligned} I &= \lim_{\Delta A_i \to 0} \sum_{i=0}^{\infty} \varrho_i\, (\Delta \boldsymbol{A}_i \cdot \boldsymbol{v}_i) = \int_A \varrho(\boldsymbol{r}) \big(\boldsymbol{v}(\boldsymbol{r}) \cdot \hat{\boldsymbol{n}}(\boldsymbol{r})\big)\, \mathrm{d}A' \\ &= \int_A \varrho(\boldsymbol{r}) \big(\boldsymbol{v}(\boldsymbol{r}) \cdot \mathrm{d}\boldsymbol{A}'\big) = \int_A \big(\boldsymbol{j}(\boldsymbol{r}) \cdot \mathrm{d}\boldsymbol{A}'\big)\,. \end{aligned} \tag{10.9}$$

In (10.9) haben wir neben der expliziten Aufführung des ortsabhängigen Normalenvektors $\hat{\boldsymbol{n}}(\boldsymbol{r})$ auch eine verkürzte Schreibweise eingeführt, in der der Ausdruck $\hat{\boldsymbol{n}}\, \mathrm{d}A'$ zu einem vektoriellen Flächenelement $\mathrm{d}\boldsymbol{A}'$ zusammengefaßt ist.

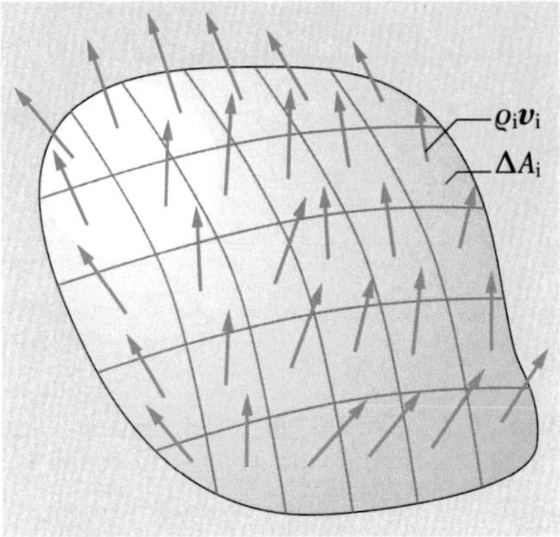

Abb. 10.3. Skizze zur Aufteilung des Stroms (10.9) durch eine vorgegebene Fläche in differentielle Teilströme $\Delta I = \varrho_i(\boldsymbol{v}_i \cdot \Delta\boldsymbol{A}_i)$

Über die mathematischen Schwierigkeiten, die bei der Lösung solcher Flußintegrale (10.9) auftreten, können und wollen wir uns hier nicht auslassen, sondern es bei der allgemeinen mathematischen Formulierung des Flusses bewenden lassen. Der Vorteil, den man beim Operieren mit solch allgemeinen mathematischen Ausdrücken genießt, ist der gleiche, wie bei einer Lösung von Gleichungen mit allgemeinen statt mit expliziten Zahlen: Man findet zu allgemeinen Sätzen und somit zum wesentlichen Ziel der Physik!

Stromlinien

Ähnlich wie wir in Kap. 6 Kraftfelder durch Kraftlinien zeichnerisch dargestellt haben, so wollen wir das Geschwindigkeitsfeld $\boldsymbol{v}(\boldsymbol{r})$, oder allgemeiner die Stromdichte $\boldsymbol{j}(\boldsymbol{r})$ durch Stromlinien darstellen und zwar mit der gleichen Konvention:

> Die Anzahl der **Stromlinien**, die senkrecht durch eine Flächeneinheit treten, wird proportional zum Wert der Geschwindigkeit $\boldsymbol{v}(\boldsymbol{r})$ bzw. der Stromdichte $\boldsymbol{j}(\boldsymbol{r})$ gewählt.

Damit ist die Anzahl der Stromlinien ein direktes Maß für den Strom selbst, ein großer praktischer Vorteil! Demzufolge entspringen auch alle Stromlinien in einer Quelle und enden in einer Senke, vorausgesetzt, daß keine Wirbel auftreten. Ist der Strom erhalten, wie z. B. beim Transport einer Flüssigkeit, so ist es auch die Zahl der Stromlinien, die wir durch das führende Rohr zeichnen müssen; sie führen vom Anfang zum Ende. Ändert sich zwischendurch der Durchmesser, so auch im gleichen Maßstab der Abstand der Stromlinien voneinander und zeigt uns so unmittelbar die Änderung der Geschwindigkeit an (vgl. Abb. 10.6 und Versuch 10.5).

Quelldichte und Kontinuitätsgleichung

Wir wollen uns jetzt genauer mit den Quellen und Senken einer Strömung befassen und suchen ein Maß für die Quellstärke. Wir gewinnen es aus der Bilanz der aus einem bestimmten Volumen herausfließenden und hineinfließenden Menge. Da wir uns auch

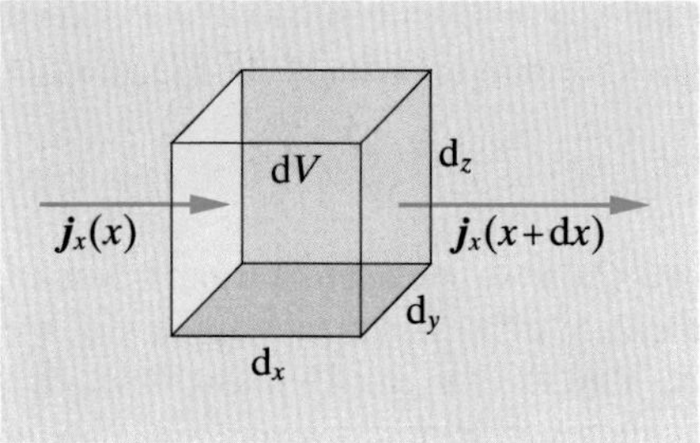

Abb. 10.4. Skizze zur Berechnung der Quelldichte aus der Strombilanz

für die *lokale* Quellstärke, oder genauer **Quelldichte**, interessieren, ziehen wir diese Bilanz in einem differentiellen Volumenelement $\mathrm{d}V = \mathrm{d}x\,\mathrm{d}y\,\mathrm{d}z$. Betrachten wir zunächst die x-Komponente der Stromdichte j_x (s. Abb. 10.4). Sie transportiert in der Zeit $\mathrm{d}t$ durch das Flächenelement $\mathrm{d}y\,\mathrm{d}z$ die Menge

$$\mathrm{d}Q_x^+ = j_x(x+\mathrm{d}x)\,\mathrm{d}y\,\mathrm{d}z\,\mathrm{d}t$$

aus $\mathrm{d}V$ heraus und

$$\mathrm{d}Q_x^- = j_x(x)\,\mathrm{d}y\,\mathrm{d}z\,\mathrm{d}t$$

hinein; Q steht neutral für „quantity". Ihre Differenz ist

$$\begin{aligned}\mathrm{d}Q_x &= \mathrm{d}Q_x^+ - \mathrm{d}Q_x^- = [j_x(x+\mathrm{d}x) - j_x(x)]\,\mathrm{d}y\,\mathrm{d}z\,\mathrm{d}t\\ &= \frac{\partial j_x}{\partial x}\,\mathrm{d}x\,\mathrm{d}y\,\mathrm{d}z\,\mathrm{d}t\,.\end{aligned}$$

Nach Division durch die Differentiale erhalten wir für die Quelldichte in x-Richtung

$$\frac{\mathrm{d}^2 Q_x}{\mathrm{d}V\,\mathrm{d}t} = \frac{\partial j_x}{\partial x}\,.$$

Die gleiche Überlegung gilt für y- und z-Komponente der Stromdichte, so daß für die gesamte **Quelldichte** folgt

$$\frac{\mathrm{d}^2 Q}{\mathrm{d}V\,\mathrm{d}t} = \frac{\partial j_x}{\partial x} + \frac{\partial j_y}{\partial y} + \frac{\partial j_z}{\partial z} = \mathbf{div}\,\boldsymbol{j}\,. \qquad (10.10)$$

Sie bezeichnet die pro Volumen- und Zeiteinheit ausgestoßene Menge am betrachteten Quellpunkt (bzw. die aufgenommene Menge bei negativen Vorzeichen).

Die Summe der Ableitungen der Komponenten von $\boldsymbol{j}$ in Richtung dieser Komponenten heißt in der Vektoranalysis allgemein **Divergenz des Vektorfeldes $\boldsymbol{j}$**, abgekürzt mit **div**$\boldsymbol{j}$.

Die Quelldichte hat die Dimension einer Menge pro Volumen- und Zeiteinheit. Das führt uns auf die Frage nach ihrem Ursprung. Woraus wird die Quelle gespeist? Sie könnte externen Ursprungs sein, irgendeine Produktions- oder Verlustrate.

Schließen wir externe Quellen und Senken aus, so ist die Quelldichte eines *inkompressiblen*, strömenden Mediums ($\varrho = \text{const}$) auf jeden Fall Null

$$\mathbf{div}\,\boldsymbol{j} \equiv 0\,. \qquad (10.11)$$

Wir nennen ein solches **Strömungsfeld quellenfrei**.

Ist aber das Medium *kompressibel*, so kann eine Quelle auch ohne externen Ursprung auf Kosten der lokalen Dichte gespeist werden. Gleichung (10.11) gewinnt dann die Form

$$\mathbf{div}\boldsymbol{j} = -\dot{\varrho} \qquad \text{oder} \qquad \mathbf{div}\boldsymbol{j} + \dot{\varrho} = 0\,. \tag{10.12}$$

Sie garantiert die Erhaltung der Gesamtmenge Q der strömenden Substanz, worauf insbesondere die rechte Schreibweise von (10.12) aufmerksam macht; sie wird daher **Kontinuitätsgleichung** genannt. Sie leuchtet unmittelbar ein: Herausströmen aus einem Volumen ($\mathbf{div}\boldsymbol{j} > 0$) bedeutet Verdünnung und Hineinströmen Verdichtung des Mediums ($\mathbf{div}\boldsymbol{j} < 0$). Man kann selbstverständlich im Bedarfsfall (10.12) auf der rechten Seite um eine externe Quelldichte $\dot{\varrho}_\mathrm{e}$ ergänzen.

Gaußscher Satz

Die Bilanz, die wir oben zwischen Stromdichte und Quelldichte im *Kleinen* gezogen haben, gilt natürlich auch im *Großen*. Integrieren wir also die Quelldichte (10.10) über ein bestimmtes Volumen V auf, so erhalten wir per definitionem die integrale **Quellstärke** dieses Gebiets

$$\frac{\mathrm{d}Q}{\mathrm{d}t} = \int_V \mathbf{div}\boldsymbol{j}\,\mathrm{d}V'\,.$$

Sie muß durch die *geschlossene* Oberfläche O, die das Volumen V umrandet, abfließen. Diesen Fluß können wir mit (10.9) als Integral der Stromdichte über die Oberfläche gewinnen und erhalten durch Gleichsetzung den **Gaußschen Satz**

$$I = \frac{\mathrm{d}Q}{\mathrm{d}t} = \int_V \mathbf{div}\boldsymbol{j}\,\mathrm{d}V' = \oint_O (\boldsymbol{j}\cdot\mathrm{d}\boldsymbol{A})\,. \tag{10.13}$$

Der Satz ist trotz oder gerade wegen seiner selbstverständlichen Aussage von großer Tragweite. (Das ist das Geheimnis vieler wichtiger Sätze.)

Zeichnerisch können wir die Aussage des Gaußschen Satzes im *Stromlinienbild* interpretieren, indem wir die Differenz der ein- und austretenden Linien bilden (s. Abb. 10.5).

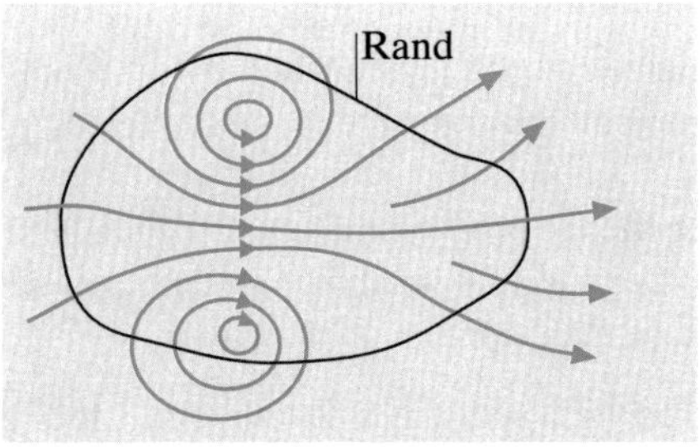

Abb. 10.5. Interpretation des Gaußschen Satzes im Stromlinienbild, hier der Einfachheit halber um eine Dimension reduziert (Quell*fläche* und Rand*linie* statt Quell*volumen* und Rand*fläche*). Der resultierende Fluß aus dem Gebiet ist proportional zur Differenz der ein- und austretenden Linien, im gezeichneten Fall gleich +2

10.2 Bernoullische Gleichung

Wir wollen in einem ersten Versuch einen qualitativen Eindruck vom Zusammenspiel zwischen dem Druck in einer Flüssigkeit p und ihrer Strömungsgeschwindigkeit $\boldsymbol{v}$ gewinnen. Das Ergebnis wird von einem Unbefangenen nur schwer erraten.

VERSUCH 10.1

Bernoullischer Druck. Wir lassen Wasser durch ein Glasrohr strömen, das in der Mitte vom Querschnitt A_0 zu A_1 aufgeweitet ist (s. Abb. 10.6). Da der Strom an jeder Stelle des Rohrs erhalten ist, ist die Strömungsgeschwindigkeit im Zentrum nach (10.5) um das Verhältnis der Querschnitte reduziert:

$$v_1 = \frac{A_0}{A_1} v_0 .$$

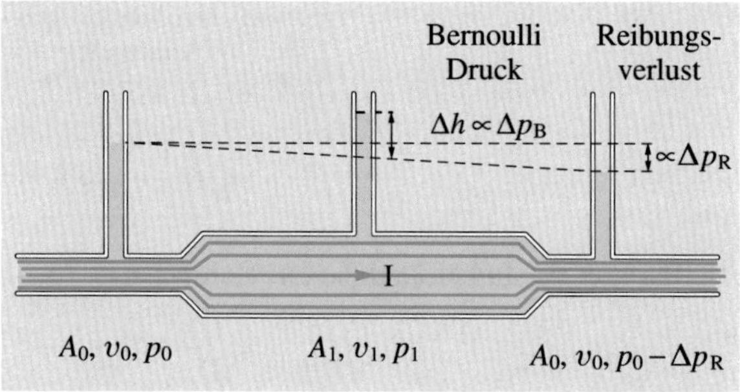

Abb. 10.6. Demonstration des Druckanstiegs Δp_B (Bernoullidruck) bei reduzierter Strömungsgeschwindigkeit im aufgeweiteten Rohrabschnitt

Zwischen dem ersten und dritten Abschnitt, in denen die gleiche Geschwindigkeit v_0 herrscht, erkennen wir einen Druckabfall Δp_R, der auf innere Reibung in der Flüssigkeit zurückzuführen ist (s. Abschn. 10.3). Bei der reduzierten Geschwindigkeit v_1 im mittleren Abschnitt dagegen beobachten wir eine kräftige Druckerhöhung Δp_B, die wir den **Bernoullidruck** nennen.

Als Ergebnis des Versuchs konstatieren wir: In einem strömenden Medium ändert sich der Druck im umgekehrten Sinne wie die Geschwindigkeit.

Eine Erklärung und quantitative Beschreibung des Bernoulli-Phänomens finden wir im Energiesatz (4.26). Hierzu betrachten wir ein Volumenelement der Strömung $\mathrm{d}V$ im Übergang vom engen zum weiten Rohr, wo es von v_0 nach v_1 abgebremst wird (s. Abb. 10.7). Die hierzu erforderliche Kraft muß aus der Differenz der Druckkräfte auf seine vordere und hintere Stirnseite aufgebracht werden

$$\mathrm{d}F_x = (p(x) - p(x + \mathrm{d}x))\,\mathrm{d}A = -\frac{\mathrm{d}p}{\mathrm{d}x}\,\mathrm{d}x\,\mathrm{d}A = -\frac{\mathrm{d}p}{\mathrm{d}x}\,\mathrm{d}V .$$

Sie beschleunigt die im Volumenelement enthaltene Masse $\mathrm{d}m = \varrho \mathrm{d}V$ zufolge

$$\mathrm{d}F_x = \frac{\mathrm{d}}{\mathrm{d}t}(\mathrm{d}m\, v) = (\dot{\varrho} v + \varrho \dot{v})\mathrm{d}V ,$$

woraus wir bei konstanter Dichte ($\dot{\varrho} = 0$) nach Division durch $\mathrm{d}V$ die Differentialgleichung

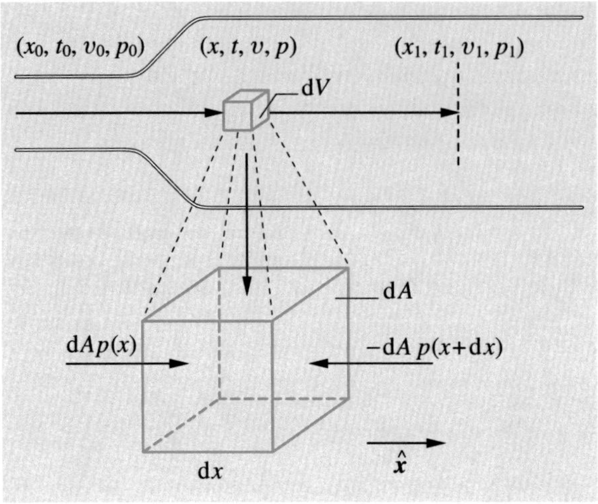

Abb. 10.7. Skizze zur Ableitung der Bernoulligleichung. Die Kraft zur Beschleunigung eines Volumenelementes $\mathrm{d}V$ resultiert aus dem Druckunterschied an seinen Stirnflächen

$$-\frac{\mathrm{d}p}{\mathrm{d}x} = \varrho \dot{v} \tag{10.14}$$

gewinnen. Die Integration von (10.14) ergibt linkerhand die Druckdifferenz

$$-\int_{x_0}^{x_1} \frac{\mathrm{d}p}{\mathrm{d}x}\,\mathrm{d}x = p_0 - p_1$$

und rechterhand mit Hilfe der Substitutionen $\mathrm{d}x = v\,\mathrm{d}t$ und $\mathrm{d}v = \dot{v}\,\mathrm{d}t$

$$\int_{x_0}^{x_1} \varrho \dot{v}\,\mathrm{d}x = \int_{t_0}^{t_1} \varrho \dot{v} v\,\mathrm{d}t = \int_{v_0}^{v_1} \varrho v\,\mathrm{d}v = \frac{1}{2}\varrho(v_1^2 - v_0^2)\,.$$

Damit ist die gesuchte **Bernoullische Gleichung** zwischen Druck- und Strömungsgeschwindigkeit gefunden, die wir nach Umstellen in Form eines *Erhaltungssatzes* schreiben können

$$p_0 + \frac{1}{2}\varrho v_0^2 = p_1 + \frac{1}{2}\varrho v_1^2 = \text{const}\,. \tag{10.15}$$

Die Bernoullische Gleichung hat die Dimension einer Energie pro Volumeneinheit, besagt also die Konstanz der Energiedichte, wobei p die potentielle und $(\varrho/2)v^2$ die kinetische Energiedichte darstellt.

Natürlich kann die Bernoullische Gleichung nur für eine **reibungsfreie**, **ideal** genannte **Flüssigkeit** streng gelten, wie aus der gegenteiligen Erfahrung im Versuch 10.1 klar wurde. Die Annahme konstanter Dichte ist für *Flüssigkeiten* in allen praktischen Fällen eine sehr *gute* Näherung; sie ist aber auch noch für strömende *Gase akzeptabel*, solange die relativen Druckänderungen im Vergleich zum Gesamtdruck gering bleiben.

! Die Bernoullische Gleichung spielt eine vielfältige, wichtige Rolle in Natur und Technik und führt auch zu überraschenden Effekten, die wir als erstes demonstrieren wollen.

VERSUCH 10.2

Hydrodynamisches Paradoxon. Wir hängen zwei leicht gebogene Platten Rücken an Rücken in geringem Abstand zueinander auf und blasen Luft in den sich verjüngenden Zwischenraum in der Erwartung, die Platten auf diese Weise auseinander zu blasen (s. Abb. 10.8). Das Gegenteil tritt ein, die Platten ziehen sich an! Die Erklärung liegt im Bernoulli-Effekt: Die ruhende Luft an den Außenseiten steht unter einem höheren Druck als die bewegte im Zwischenraum!

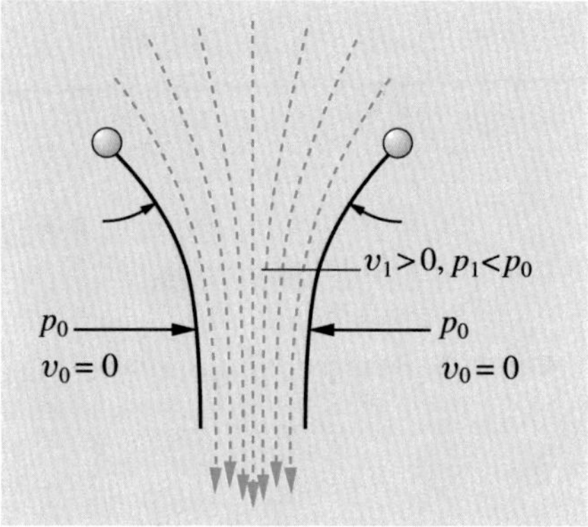

Abb. 10.8. Hydrodynamisches Paradoxon. Blasen wir einen Luftstrom zwischen zwei aufgehängte Platten, führt dies zur Anziehung, nicht zur Abstoßung der Platten

Man kann mit diesem Prinzip der Druckerniedrigung **Vakuumpumpen** betreiben, wie der folgende Versuch zeigt:

VERSUCH 10.3

Wasserstrahlpumpe. Wir lassen Wasser aus dem Netz, das unter dem Druck von einigen bar steht, durch eine feine Düse in eine kleine Kammer eintreten, an die der zu evakuierende Rezipient angeschlossen ist (s. Abb. 10.9). Durch die große Beschleunigung in der Düse wurde der hydrostatische Druck des Wassers nach (10.15) völlig aufgezehrt, so daß die Luft aus dem Rezipienten in den Wasserstrahl eindringen kann und mit ihm durch die Mündungsdüse nach außen transportiert wird. Dabei überwindet das Wasser zusammen mit den eingeschlossenen Luftblasen den Druckanstieg nach außen um 1 bar mühelos dank seiner kinetischen Energie, die es zuvor aus einem viel höheren Druckabfall von einigen bar erhalten hat. Der minimal erreichbare Druck liegt bei ca. 10^{-2} bar, dem Sättigungdampfdruck des Wassers.

Während die **Wasserstrahlpumpe** heute durch viel leistungfähigere mechanische Pumpen im Fein- und Vorvakuumbereich ($10^{-6} \leq p/\text{bar} \leq 10^{-2}$) verdrängt ist, lebt das *Prinzip* in Form der **Diffusionspumpe** fort, die Restgasdrucke im Hochvakuumbereich ($10^{-11} \leq p/\text{bar} \leq 10^{-8}$) erreicht. Dabei übernimmt ein Dampfstrahl (in der Regel Öldampf) die Rolle des Wasserstrahls (s. Abb. 10.10).

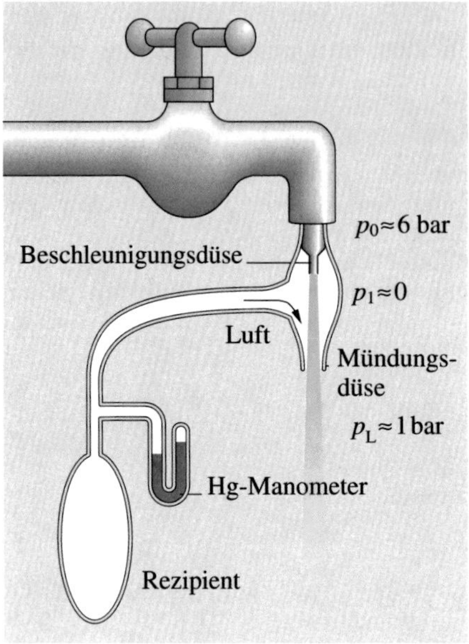

Abb. 10.9. Prinzip der Wasserstrahlpumpe

Sturmschaden

Wenn ein Sturm ein Hausdach abdeckt, so ist das ebenfalls eine Konsequenz des Bernoulli-Drucks. Über dem Dach drängen sich die Stromlinien zusammen, zeigen also eine erhöhte Geschwindigkeit und damit einen Druckabfall ($p_1 < p_0$) an (s. Abb. 10.11). In den Winkeln vor und hinter dem Haus kommt die Luft zur Ruhe, begleitet von einem Druckanstieg ($p_2 > p_0$). Steht nun in diesem Bereich ein Fenster offen, so dringt der Überdruck ins Haus ein und drückt das Dach hoch.

Das Zusammenspiel von Bernoulli-Druck und Luftwiderstand ermöglicht es, einen Ball in einem Luftstrom stabil schweben zu lassen, wie folgender Versuch zeigt:

VERSUCH 10.4

Ball schwebt im Luftstrom. Mit einem Gebläse erzeugen wir einen kräftigen, nach oben gerichteten Luftstrom und setzen einen Ball hinein (s. Abb. 10.12). Der Ball schwebt in einiger Höhe über dem Gebläse, wobei der Luftwiderstand $\boldsymbol{F}_R$ das Gewicht $\boldsymbol{G}$ kompensiert. Stößt man ihn seitlich ein wenig an, so schwingt er wie eine Feder hin und her. Der Grund: Im Zentrum des Luftstroms ist die Geschwindigkeit am höchsten und folglich der Bernoulli-Druck am niedrigsten. Gerät der Ball aus diesem Zentrum heraus, so drückt ihn das Druckgefälle zwischen außen und innen zurück.

Tragflügel

Der Bernoulli-Effekt ermöglicht das Fliegen eines Vogels oder Flugzeugs. Hierzu schauen wir uns das Stromlinienbild eines **Tragflügels** an (s. Abb. 10.13). Aufgrund der Wölbung drängen sich die Stromlinien auf der Oberseite zusammen, während

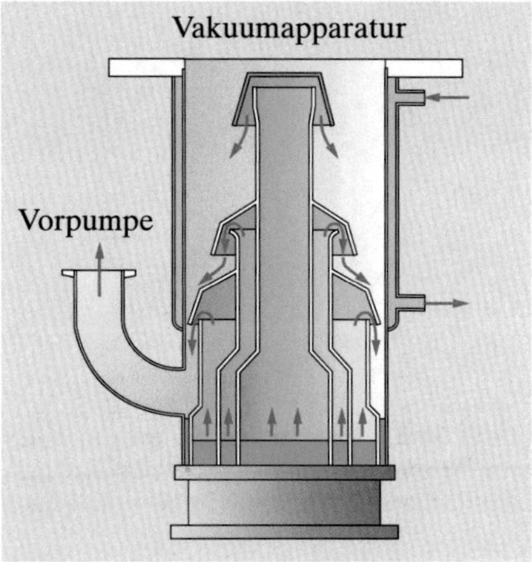

Abb. 10.10. Prinzip der Diffussionspumpe. Aus einem Bad am Boden der Pumpe verdampft Öl bei einem Sättigungsdampfdruck von einigen 10^{-3} bar. Beim Austritt aus den nach unten gerichteten Düsen entspannt sich der Dampf auf einen Restdruck, der dem Sättigungsdampfdruck des Öls bei der Temperatur des Kühlmantels entspricht ($p_{\mathrm{Rest}} \approx 10^{-11}$ bar). Das restliche Gas aus dem Vakuumrezipienten diffundiert in den Dampfstrahl ein und wird mit ihm nach unten gerissen, wo es erheblich verdichtet zur Vorpumpe abgeht. Das Öl hingegen kondensiert am Kühlmantel aus und fließt über einen engen Schlitz in das Ölbad zurück, wobei der hydrostatische Druck des im Schlitz stehenden Öls seinen Dampfdruck im Siederaum kompensiert. Die Staffelung der Düsen erlaubt das Ansaugen des Restgases über einen großen Querschnitt und anschließende Verdichtung, ohne ihm die Chance der Rückdiffusion zu geben. Große Pumpen mit einem Durchmesser von 50 cm saugen ein Restgasvolumen von mehreren Kubikmetern/Sekunde an.

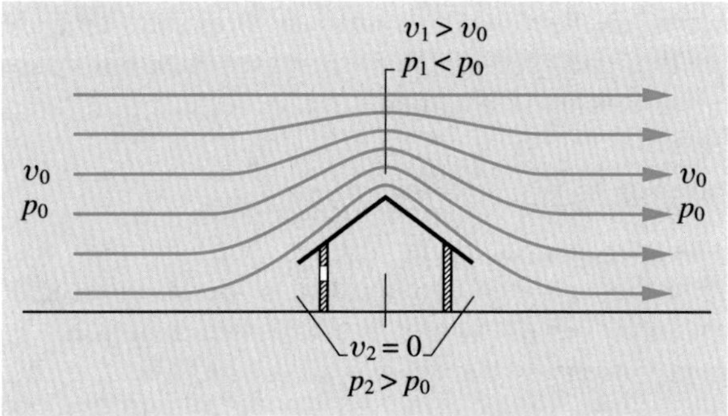

Abb. 10.11. Bei Sturm drückt der erhöhte Bernoullidruck im Haus das Dach hoch

sie auf der Unterseite auseinander gezogen sind. Folglich umströmt die Luft den Flügel oben schneller als unten, woraus ein Überdruck auf der Unterseite resultiert, der den Flügel mit der Auftriebskraft $\boldsymbol{F}_{\mathrm{A}}$ hebt, genau wie im Fall des Dachs im Sturm. Bei einem ökonomischen Flügel soll die Auftriebskraft $\boldsymbol{F}_{\mathrm{A}}$ sehr viel größer als der Luftwiderstand $\boldsymbol{F}_{\mathrm{R}}$ sein. Ein gutes *Segelflugzeug* sinkt in ruhiger Luft auf einer Strecke von 50 m um einen Meter. In diesem Verhältnis stehen auch Auftrieb und

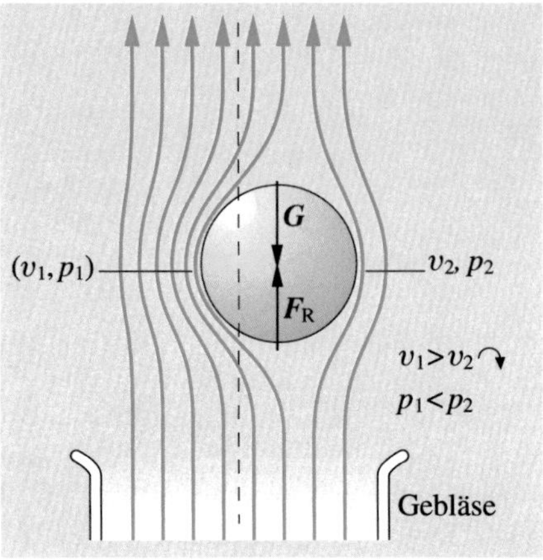

Abb. 10.12. Ein aus dem Zentrum eines Luftstroms ausgelenkter Ball erfährt aufgrund eines Unterschieds im Bernoullidruck eine rücktreibende Kraft

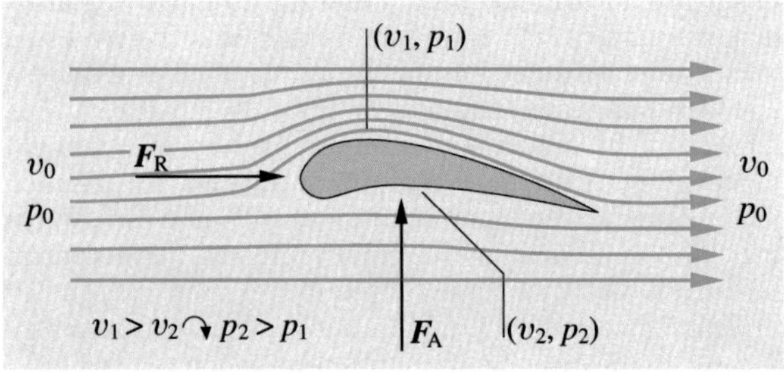

Abb. 10.13. Strömungs- und Druckverhältnisse in der Umgebung eines Tragflügels

Widerstand zueinander, wie man sich überlegen kann. Der Luftwiderstand resultiert im wesentlichen aus Wirbelbildung, die die glatte Schichtung der Strömung (laminare Strömung) zerstört und unnütze Bewegungsenergie in der durchströmten Luftmasse hinterläßt. Wir kommen darauf in Abschn. 10.4 zurück.

Anregung von Grenzschichtwellen

Streicht Wind über Wasser oder lockeren Sand oder Wasser über Sand oder eine wärmere Luftschicht an einer kälteren vorbei, so werden an der Grenzschicht zwischen den beiden Medien durch den Bernoulli-Effekt Wellen angefacht. Er verstärkt nämlich eine zufällig entstandene Ausbuchtung, weil sich im Wellenberg die Stromlinien zusammen- und im Wellental auseinanderdrängen (s. Abb. 10.14). Die hieraus entstehende Druckdifferenz hebt den Wellenberg an und drückt das Wellental nieder, hat also die Tendenz die Ausbuchtung weiter zu verstärken. Man spricht von einem **Mitkopplungseffekt**, der für die Entfachung von Schwingungen oder Wellen wichtig ist (s. Kap. 11). **Grenzschichtwellen** zwischen wärmeren und kälteren Luftmassen bilden sich insbesondere in den mittleren geographischen Breiten aus, wo die südlichere, aus Westen strömende Warmluft auf die nördlichere aus Osten strömende Kaltluft stößt. Diese Wellen sind sehr weiträumig und verwandeln sich schließlich in Wirbel unter dem Einfluß der **Coriolis-Kraft** (s. Abschn. 3.8).

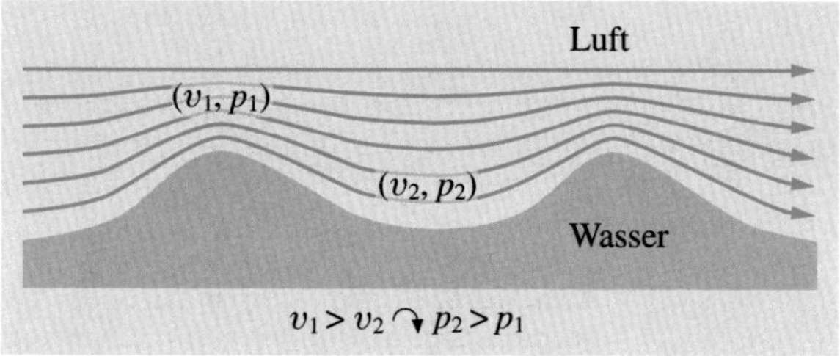

Abb. 10.14. Geschwindigkeits- und Druckverhältnisse bei einer Luftströmung über einer Wasserwelle. Der Unterschied im Bernoullidruck hebt den Wellenberg und drückt das Wellental

Interessant ist auch das oben erwähnte Beispiel der Sanddünen. Offensichtlich kann der Bernoulli-Effekt auch eine *ruhende*, periodische Struktur aufbauen im Gegensatz zu den eigentlichen Wellen, die ja *räumlich und zeitlich* periodisch sind.

Ein weiteres, sehr bekanntes Beispiel zur Anregung von Grenzschichtwellen ist das *Flattern der Fahnen* im Wind.

Schwingungsanfachung durch Bernoulli-Effekt

Der Bernoulli-Effekt ist auch behilflich bei der **Tonerzeugung**, beim Sprechen, beim Pfeifen und bei Blasinstrumenten aller Art. Greifen wir das Beispiel der Pfeife heraus (s. Abb. 10.15). Der Pfeifton beruht auf der Erregung einer Schwingung der Luftsäule der Pfeife in Form einer stehenden Welle mit einem Bauch der Schwingungsamplitude am offenen Ende der Pfeife (s. Kap. 12). Die Pfeife wird durch einen Luftstrom entlang der Pfeifenöffnung angeblasen. In derjenigen Schwingungsphase, in der zusätzlich Luft aus der Pfeife ausströmt, erhöht sich die Stromlinienzahl vor der Öffnung entsprechend einer höheren Strömungsgeschwindigkeit und folglich niedrigerem Druck. Als Folge wird noch mehr Luft aus der Pfeife gesaugt. In der umgekehrten Phase verschwinden Stromlinien in die Pfeifenöffnung, wodurch sich an der Mündung der Druck erhöht und weitere Luft nachschiebt. Es gibt also wieder **Schwingungsanfachung** durch **Mitkopplungseffekt** wie im vorigen Abschnitt.

Den gleichen Effekt erzielt man in einem Zungeninstrument durch eine bewegliche Zunge, die man in den Luftstrom eines in Längsrichtung angeblasenenen Instruments stellt (z. B. eine Oboe). Abbildung 10.16 zeigt das Prinzip. Bewegt sich

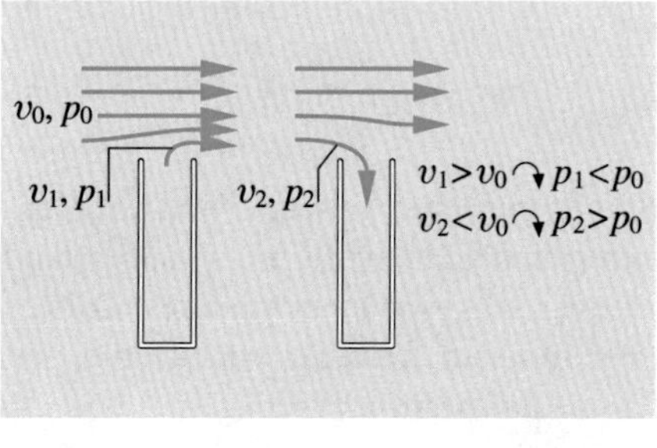

Abb. 10.15. Verdichtung der Stromlinien in der Ausströmphase und Verdünnung in der Einströmphase einer seitlich angeblasenen Pfeife

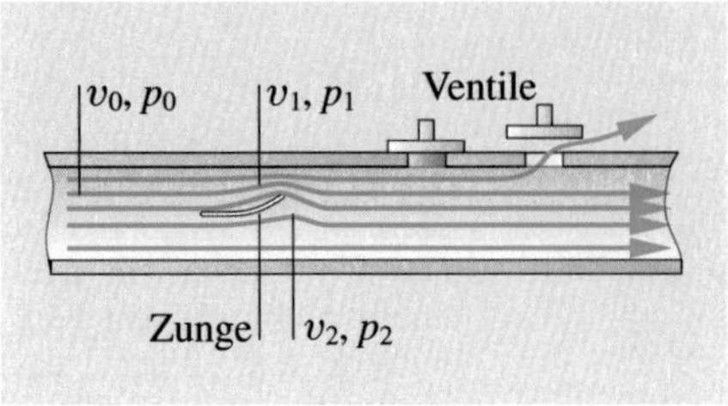

Abb. 10.16. Prinzip eines mittels schwingender Zunge angeblasenen Instruments

die Zunge auf die obere Wandung zu, engt also den Luftkanal ein, so wird die Strömung schneller. Folglich erniedrigt sich der Druck dort und zieht die Zunge weiter nach oben. Schwingt die Zunge jedoch nach unten und erweitert den oberen Luftkanal, so steigt dort der Druck aufgrund der sinkenden Geschwindigkeit und drückt die Zunge weiter herab. So wird die Zunge zu Schwingungen angeregt, deren Frequenz sich auf die Resonanzfrequenzen der Luftsäule im Rohr abstimmt. (Die wirksame Rohrlänge wird durch geeignet angebrachte Auslaßventile definiert, die die Lage des Schwingungsbauchs fixieren (s. Kap. 12). Das gleiche leisten unsere **Stimmbänder** im **Kehlkopf** und sehr niederfrequent und ohne Resonanz auch unsere Zunge (oder das Zäpfchen) beim Sprechen des „r".

Abschließend müssen wir allerdings bemerken, daß der Bernoulli-Effekt *nicht allein* verantwortlich ist für die hier besprochenen Beispiele von Wellen- und **Schwingungsanfachung**. Bei der Standardbehandlung der angefachten Schwingung (s. Abschn. 11.7) geht man nämlich davon aus, daß die mitkoppelnde Kraft nach Betrag und Richtung proportional zur jeweiligen *Geschwindigkeit* des schwingenden Körpers ist und nicht zur *Schwingungsamplitude*, wie im Bernoullifall; denn im letzteren Fall würde die Kraft den Schwinger ja immer weiter auslenken und damit das Rückschwingen verhindern. Im ersteren Fall dagegen verschwindet die mitkoppelnde Kraft am Umkehrpunkt wegen $v = 0$ und erlaubt das Rückschwingen. Es muß also in unserem Beispiel noch ein zweiter Effekt hinzukommen, der im geeigneten Augenblick das Zurückschwingen forciert. Dieser Effekt ist die **Wirbelbildung**, die bei zu hoher Geschwindigkeit in den Engpässen einsetzt (s. Abschn. 10.4) und einen starken Druckanstieg bewirkt.

Es ist also der periodische Wechsel zwischen **laminarer** und **turbulenter Strömung**, der die Schwingung anfacht.

10.3 Laminare Strömung, innere Reibung

Wir hatten schon im vorigen Kapitel den Gegensatz zwischen laminarer und turbulenter Strömung im Zusammenhang mit deren unterschiedlichem Strömungswiderstand erwähnt. Wir wollen jetzt die **laminare Strömung** etwas genauer definieren und ihren **Strömungswiderstand** aus einem Modell der **inneren Reibung** von strömenden Flüssigkeiten und Gasen herleiten, dessen Ansatz auf *Newton* zurückgeht.

Laminare Strömungen sind durch folgende Charakteristika gekennzeichnet:

- Sie sind *wirbelfreie Strömungen*, d. h. es gibt keine geschlossenen Stromlinien.
- Die *Schichtung einer Strömung* bleibt erhalten, d. h. die Schichten werden nicht durchmischt und die Stromlinien kreuzen sich nie.
- Benachbarte Schichten haben in der Regel unterschiedliche Geschwindigkeiten, verscheren sich also gegeneinander; dabei treten Reibungsverluste auf.

Die oben genannten Charakteristika wollen wir in einem Modellversuch demonstrieren:

VERSUCH 10.5

Stromlinienbild einer laminaren Strömung. Wir stellen eine ebene Strömung zwischen zwei senkrechten Glasplatten in engem Abstand her, wobei die seitliche Begrenzung eine starke Einschnürung in der Mitte aufweist (s. Abb. 10.17). Wir lassen von oben aus zwei Düsenreihen unterschiedlich gefärbtes Glycerin einfließen, das ein sauber getrenntes Streifenmuster von Stromlinien ausbildet. Da die Schichten sich nicht durchmischen, bleibt die Zahl der Streifen streng erhalten und ihre Breite paßt sich dem jeweiligen Querschnitt an; sie steht im umgekehrten Verhältnis zur Strömungsgeschwindigkeit.

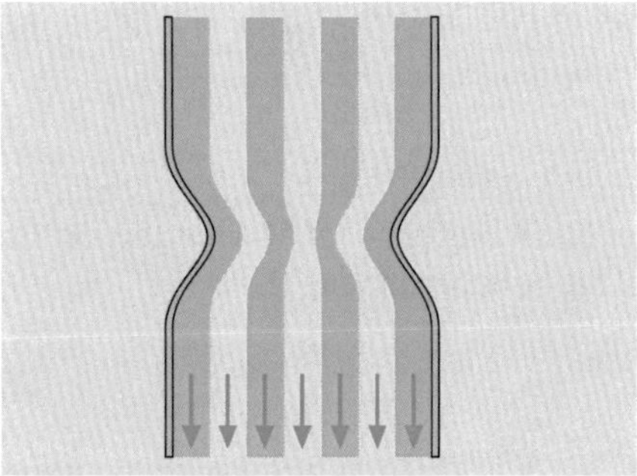

Abb. 10.17. Stromlinienbild einer laminaren Strömung durch einen Engpaß, dargestellt durch unterschiedlich gefärbte Glycerinstreifen

Newtonscher Reibungsansatz

Ist das Geschwindigkeitsprofil quer zur Strömungsrichtung nicht konstant, verscheren sich also die Schichten gegeneinander, so tritt bei **realen Flüssigkeiten** und **Gasen** Reibung zwischen den Schichten in Form von Scherkräften auf, die die Verscherung behindern. Zur Veranschaulichung der Situation legen wir einen Stoß Spielkarten auf den Tisch, beschweren ihn ein wenig, um die Reibung zwischen den einzelnen Karten einigermaßen anzugleichen und drücken die oberste Karte mit einer Tangentialkraft F_x und einer Geschwindigkeit v_x zur Seite (s. Abb. 10.18). Dabei verschert sich der ganze Stapel gleichmäßig. Der Grund liegt darin, daß zwischen je zwei Karten die gleiche Scherkraft F_x als Reibungskraft wirksam wird. Die Reibungskraft zwischen je zwei Karten ist aber proportional zur Relativgeschwindigkeit Δv_x zwischen ihnen. Es entsteht also ein lineares Geschwindigkeitsgefälle entlang der Höhe h des Kartenstoßes, wobei die oberste Karte die schnellste ist, während die unterste auf dem Tisch kleben bleibt.

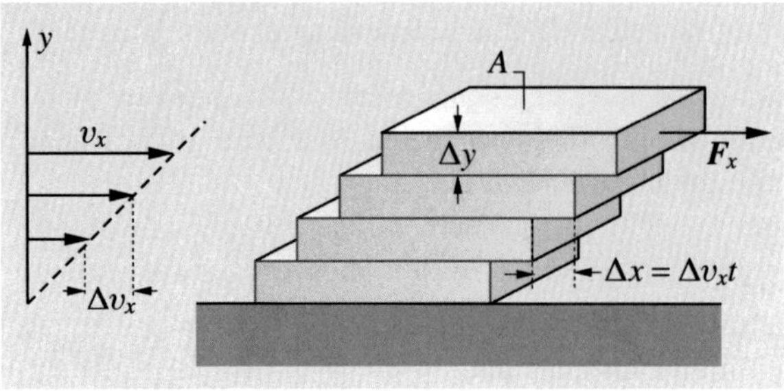

Abb. 10.18. *Rechts:* Verscherung eines Kartenstapels unter der Schubspannung $\tau = F_x/A$ als Modell der Verscherung eines zähen, strömenden Mediums. *Links:* Zugehöriges Geschwindigkeitsprofil als Funktion der Stapelhöhe y

Zwecks Übertragung dieses Modells auf eine sich verscherende, kontinuierliche Strömung definieren wir den Limes

$$\lim_{\Delta y \to 0} \frac{\Delta v_x}{\Delta y} = \frac{\mathrm{d}v_x}{\mathrm{d}y} . \tag{10.16}$$

als die **Schergeschwindigkeit**. Dann wäre im Sinne dieses Modells die durch eine tangentiale Schubkraft zu überwindende Reibung anzusetzen als Produkt aus der Schergeschwindigkeit $\mathrm{d}v_x/\mathrm{d}y$, der Fläche A, an der sie angreift, und einer spezifischen Materialkonstanten η, die wir als die **Zähigkeit** des Mediums bezeichnen

$$F_x = \eta \frac{\mathrm{d}v_x}{\mathrm{d}y} A .$$

Dieser Ansatz für die innere Reibung in einer Strömung geht auf *Newton* zurück. Es ist zwecksmäßig, statt der Schubkraft die lokale Schubspannung (8.8)

$$\tau_x = \frac{\mathrm{d}F_x}{\mathrm{d}A}$$

einzuführen, wodurch der Ansatz die Form annimmt

$$\tau_x = \eta \frac{\mathrm{d}v_x}{\mathrm{d}y} . \tag{10.17}$$

Der **Newtonsche Reibungsansatz** besagt, daß Scherspannung und Schergeschwindigkeit in einer Strömung zueinander proportional sind, was mit der Erfahrung sehr gut übereinstimmt.

Die SI-Einheit der **Zähigkeit** ist

$$[\eta] = \mathrm{N\,s\,m^{-2}} = 10\,\mathrm{g\,cm^{-1}\,s^{-1}} = 10\,\mathrm{Poise} , \tag{10.18}$$

wobei auch die cgs-Einheit mit dem Namen **Poise** nach wie vor in Gebrauch ist.

In Strömungen durch Rohre etc. haftet die Grenzschicht an den Wänden. Das führt notwendigerweise zur Ausbildung eines Geschwindigkeitsprofils, das vom Rand zum Zentrum der Strömung hin anwächst. Die Verscherung der Flüssigkeit erfordert Schubspannungen, die in der Regel von einem Druckabfall Δp entlang der Strömung aufgebracht werden. Im Gegensatz zum Bernoullidruck (10.15) dient dieser Druckabfall jedoch nicht zur Beschleunigung der Flüssigkeit sondern wird als Reibungsleistung verzehrt. Ein lineares Geschwindigkeitsprofil wie in

Abb. 10.18 entsteht z. B. im Ölfilm zwischen den Flächen eines Gleitlagers. Schergeschwindigkeit und Zähigkeit bestimmen dabei den Reibungswiderstand des Lagers.

Für **Gase** läßt sich der Newtonsche Ansatz im Modell harter, stoßender Kugeln für die Gasmoleküle quantitativ verifizieren; man gewinnt für die **Zähigkeit** die Formel

$$\eta = \frac{m\overline{v}}{4\pi d^2}, \tag{10.19}$$

wobei m die Masse, d der Durchmesser und $\overline{v}$ die *mittlere Geschwindigkeit* der Moleküle sind. Gleichung (10.19) wird aus der **Diffusion** der Moleküle zwischen benachbarten Gasschichten mit unterschiedlicher Strömungsgeschwindigkeit abgeleitet. Dabei kommt es zu Stößen, die die Strömungsgeschwindigkeit der eindiffundierten Teilchen an die lokale angleichen. Das führt zur Abbremsung der Relativgeschwindigkeit der Schichten. Es überrascht in (10.19), daß darin die *Teilchendichte n nicht* vorkommt, und mehr noch, daß der Molekülquerschnitt, der für die Stoßzahl verantwortlich ist, nicht im Zähler sondern im *Nenner* steht. In der Tat läßt sich (10.19) auch in der Form schreiben

$$\eta = \frac{1}{3} n m \overline{v} \overline{l}, \tag{10.19'}$$

worin $\overline{l}$ die **mittlere freie Weglänge** zwischen zwei Stößen bedeutet, die natürlich umgekehrt proportional zur Querschnittsfläche des Moleküls und zur Teilchendichte ist. Je größer nun $\overline{l}$ ist, umso weiter entfernte Schichten mit umso größeren Relativgeschwindigkeiten treten miteinander in Stoßwechselwirkung. Sie zehren dabei die kinetische Energie ihrer Relativbewegung auf, die mit dem *Quadrat* der Relativgeschwindigkeit wächst. Das gibt den Ausschlag zugunsten $\overline{l}$.

Hagen-Poiseuille-Gesetz

Als Anwendungsbeispiel von (10.17 und 10.9) berechnen wir das Geschwindigkeitsprofil und den Volumenstrom durch ein kreiszylindrisches Rohr mit Radius R und Länge l bei einem Druckunterschied Δp für ein Medium der Zähigkeit η (s. Abb. 10.19 links). Greifen wir im Innern einen Zylinder mit Radius r heraus, so greift an seiner Mantelfläche

$$A_\mathrm{M} = 2\pi r l$$

die Schubkraft

$$F = \Delta p A_\mathrm{S} = \Delta p r^2 \pi$$

an, die aus dem Druckunterschied an den Stirnflächen A_S resultiert. Somit folgt nach (10.17) für die radiale Schergeschwindigkeit

$$-\frac{\mathrm{d}v(r)}{\mathrm{d}r} = \frac{\tau}{\eta} = \frac{F}{A_\mathrm{M}\eta} = \frac{\Delta p r}{2\eta l}.$$

Das Minuszeichen berücksichtigt die Abnahme von v mit wachsendem r. Die Integration ergibt

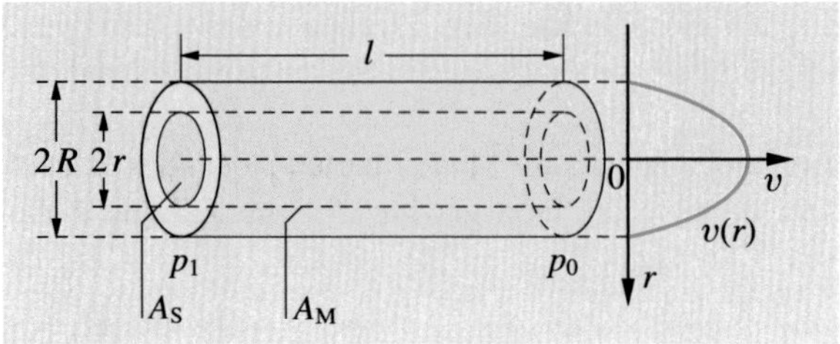

Abb. 10.19. *Links:* Skizze zur Berechnung der Strömung einer zähen Flüssigkeit durch ein Rohr unter dem Einfluß eines Druckgefälles $\Delta p = p_1 - p_0$. *Rechts:* Resultierendes, parabolisches Geschwindigkeitsprofil $v(r)$

$$v(r) = C + \int \frac{\mathrm{d}v(r)}{\mathrm{d}r}\,\mathrm{d}r = \frac{\Delta p(R^2 - r^2)}{4\eta l},$$

wobei die Integrationskonstante C so gewählt wurde, daß v an der Rohrwand nach Voraussetzung Null wird. Das Geschwindigkeitsprofil hat also die Form einer Parabel, die ihren Scheitel in der Rohrmitte hat (s. Abb. 10.19 rechts). Den Volumenstrom durch das Rohr erhalten wir mit (10.9) durch Integration der Stromdichte $\boldsymbol{j}(r) = \boldsymbol{v}(r)$ über den Rohrquerschnitt mit dem Ergebnis

$$I_{\mathrm{Vol}} = \int_A \left(\boldsymbol{v}(r)\,\mathrm{d}\boldsymbol{A}'\right) = \int_0^R \frac{\Delta p(R^2 - r^2)}{4\eta l}\,2\pi r\,\mathrm{d}r = \frac{\pi R^4 \Delta p}{8\eta l}. \qquad (10.20)$$

Gleichung (10.20) wird das **Hagen-Poiseuillesche Gesetz** genannt. Bemerkenswert ist die *hohe* Potenz des Radius, mit der der Durchsatz durch das Rohr wächst. Das hat große physiologische Bedeutung beim Blutkreislauf. Bei gegebenem Blutdruck sinkt die Blutversorung durch krankhaft verengte Gefäße rapide mit dem Radius ab, was die Leistung der betroffenen Organe bis hin zum Infarkt schädigt.

10.4 Wirbel

In allen Strömungen, in denen Ränder oder Hindernisse in der Strömung Geschwindigkeitsgradienten erzeugen, treten oberhalb einer bestimmten mittleren Geschwindigkeit **Wirbel** auf, die sich in einer zylindrischen Drehbewegung um eine Achse durch das strömende Medium wälzen. Es schließen sich Stromlinien innerhalb des Mediums und dessen laminare Schichtung geht verloren. So unübersichtlich und kaum vorhersagbar in ihrem detaillierten Ablauf eine verwirbelte Strömung auch sein mag, so ist sie doch durch wichtige Charakeristika und strenge Gesetzmäßigkeiten gekennzeichnet, von denen wir hier einige demonstrieren und kennenlernen wollen. Die mathematische Behandlung von Wirbelfeldern, die insbesondere die Methoden der Vektoranalysis voraussetzt, werden wir in Abschn. 10.5 berühren.

Wirbelbildung und Reynolds Zahl

Wir kommen nochmal auf das Beispiel einer Strömung zwischen einer unteren ruhenden und einer oberen, nach rechts bewegten Platte zurück, wobei sich in Abb. 10.20a eine laminare und in Abb. 10.20d **turbulente Strömung** ausgebildet haben. Auf den ersten Blick scheint der charakteristische Unterschied zwischen beiden zu sein, daß letztere einen inneren Drehimpuls in Form der Wirbel mit sich trägt und erstere nicht. Dieser Schein trügt aber! Das lineare Geschwindigkeitsprofil der laminaren Strömung hat in Wirklichkeit den gleichen Drehsinn wie die Wirbel. Wählen wir z. B. ein Bezugssystem, das sich mit der mittleren Schicht, also mit dem Schwerpunkt, nach rechts bewegt, so wird sich demgegenüber eine obere Schicht im Abstand $+y$ von der Mittelebene mit der Geschwindigkeit $v_x^+ = +y\,\mathrm{d}v_x/\mathrm{d}y$ nach rechts bewegen und eine untere Schicht im Abstand $-y$ mit entgegengesetzter Geschwindigkeit v_x^- nach links (Abb. 10.20b). Die beiden Schichten bilden also bezüglich eines Punkts auf der Mittelebene einen Drehimpuls, der in die gleiche Richtung zeigt wie die Wirbel. Er ist im wesentlichen proportional zur Schergeschwindigkeit. Beim Übergang in die turbulente Strömung kann sich dieser Drehimpuls in Wirbel umsetzen. Der Übergang kann durch eine zufällige wellenförmige Störung der Strömung ausgelöst werden, wobei der **Bernoullidruck** nach Abschn. 10.2 die vertikale Auf- und Abbewegung weiter anfacht, so daß sich die Stromlinen zum Wirbel schließen (s. Abb. 10.20c).

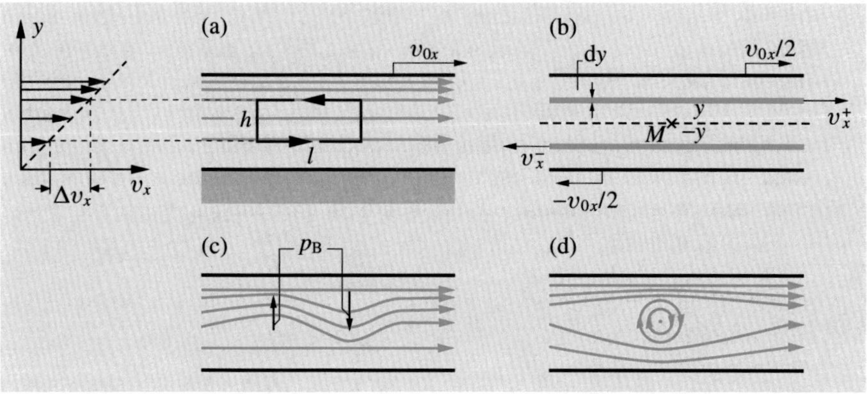

Abb. 10.20. (**a**) Laminare Strömung und (**d**) verwirbelte Strömung zwischen einer unteren, ruhenden und einer oberen, mit der Geschwindigkeit v_{0x} nach rechts bewegten Platte. (**b**) Skizze zur Erläuterung des Drehimpulses, den Schichten im Abstand $\pm y$ von der Mittelebene bezüglich eines in der Mittelebene mitbewegten Punktes M aufweisen. (**c**) Anfachung der Vertikalbewegung durch Bernoullidruck p_B in einer Strömung, die sich zum Wirbel entwickelt. *Links oben:* Lineares Geschwindigkeitsprofil von (**a**). Das Rechteck in (**a**) beschreibt einen in Abschn. 10.5 diskutierten Integrationsweg

Ob sich eine solche Störung tatsächlich zum Wirbel auswächst oder durch Dämpfung wieder ausstirbt, hängt unter anderem auch von der **Zähigkeit** des Mediums ab; denn es treten ja in der turbulenten Strömung lokal höhere Schergeschwindigkeiten als die mittlere auf, so daß sich dort auch die Reibungsverluste erhöhen.

Je zäher eine Flüssigkeit ist, umso weniger neigt sie zur Turbulenz. Bei jeder berandeten Strömung setzt aber irgendwann die Turbulenz ein und zwar bei Überschreiten einer charakteristischen **Reynoldszahl**.

Die Reynoldszahl ist im wesentlichen proportional zur Schichtdicke und der mittleren Geschwindigkeit $\overline{v}$ der Strömung, sowie dem Quotienten aus Dichte ϱ und Zähigkeit η des Mediums. Setzt man in einem kreisrunden Rohr den Radius R als Maß für die Schichtdicke ein, so geschieht der Übergang von laminarer zu turbulenter Strömung, wenn die Reynoldszahl den Wert

$$R_\mathrm{e} = R\overline{v}(\varrho/\eta) > 1160 \tag{10.21}$$

überschreitet. Die Reynoldszahl ist *dimensionslos*, wie man sich leicht überzeugt. Für andere Geometrien gelten andere Reynoldszahlen; aber die Struktur von (10.21) bleibt die gleiche. Die theoretische Berechnung von Reynolszahlen ist eine große Herausforderung an die mathematische Physik. In neuerer Zeit sind rechnergestützte, numerische Methoden zur Lösung von Turbulenzproblemen erfolgreich.

Wirbelgesetze

Wirbel folgen strengen Gesetzmäßigkeiten, die wir hier *ohne* Beweis aufführen:

- **Wirbel** haben ein charakteristisches *Geschwindigkeitsprofil* als Funktion des Abstands r von der Wirbelachse (s. Abb. 10.21). Wir unterscheiden einen **Wirbelkern**, in dem der Wirbel wie ein starrer Körper mit $\omega = \text{const}$ rotiert. Außerhalb des Wirbelkerns im sogenannten **Zirkulationsbereich** nimmt die Geschwindigkeit mit $1/r$ ab. Diese Gesetzmäßigkeit gilt vom kleinsten Wirbel im Teeglas bis zum größten **Taifun**. Im Zentrum des Taifuns, dem sogenannten „Auge“ ist es windstill! Die Geschwindigkeitsverteilung in einem Wasserwirbel, der an die Oberfläche stößt, kann man sehr schön erkennnen, wenn man etwas Staub darauf schüttet.

!

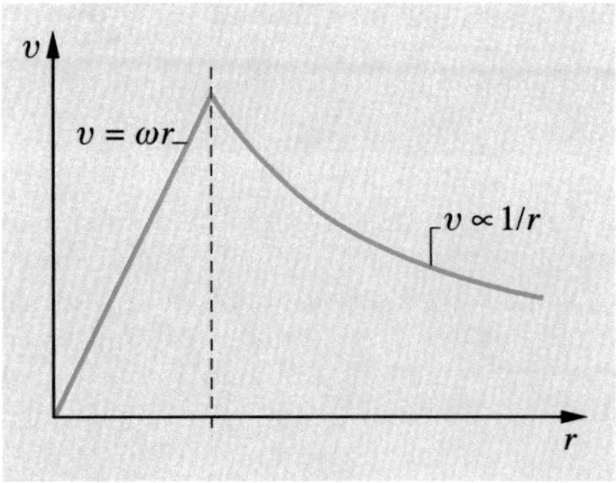

Abb. 10.21. Profil der Rotationsgeschwindigkeit einer Wirbelströmung als Funktion des Abstands von der Wirbelachse

- Die **Wirbelachse** kann *nicht* in dem strömenden Medium enden, sondern nur an dessen Grenzschicht, andernfalls ist sie in sich geschlossen und bildet einen **Wirbelring**, wie z. B. bei einem **Rauchring** zu sehen ist.
- Wirbel enstehen und zerfallen durch innere Reibung im Medium.

- In idealen, d. h. reibungsfreien Flüssigkeiten können Wirbel weder entstehen, noch solche, die a priori vorhanden waren, aussterben. Vielmehr durchwandert die Wirbelachse mit konstanter Geschwindigkeit das Medium und kann auch an dessen Grenzfläche reflektiert werden. In der Tat kann ein Wirbel in einem Medium mit sehr geringer Zähigkeit, wie etwa Luft, sehr weit wandern, bevor die erhebliche kinetische Energie, die in seiner Drehbewegung gespeichert ist, sich durch innere Reibung aufgezehrt hat. Typische Beispiele sind Windhosen oder auch der folgende Versuch.

VERSUCH 10.6

Rauchringe. In einem Kasten mit einem großen kreisrunden Loch bilden wir Rauch und klopfen gegen die elastische Rückwand. Dadurch setzt sich ein Luftschwall in Richtung auf das Loch in Bewegung, der an dessen Rand gebremst wird. Dadurch löst sich dort ein Rauchring ab, der schnell fortwandert und noch nach mehreren Metern Laufstrecke eine Kerze ausbläst (s. Abb. 10.22).

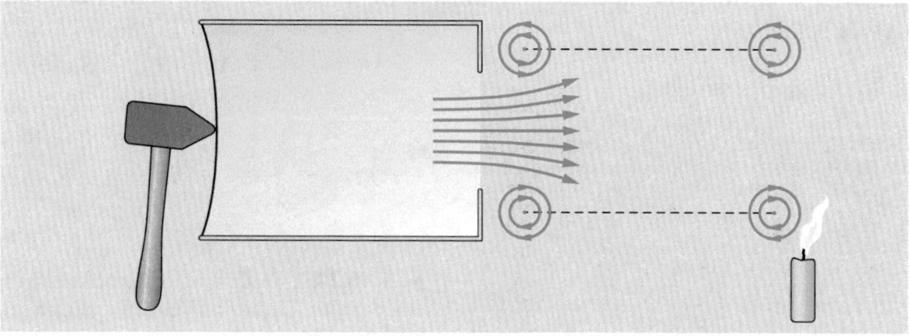

Abb. 10.22. Beim Austreten eines Luftschwalls durch eine Kreisöffnung ensteht ein Wirbelring (Rauchring), der noch in einiger Entfernung eine Kerze ausbläst

Umströmung von Hindernissen

Umströmt eine *reibungsfreie*, also **ideale Flüssigkeit** ein Hindernis, z. B. eine in den Weg gestellte Platte (s. Abb. 10.23), so bildet sich in jedem Falle eine *laminare* Strömung um das Hindernis herum aus, die *keine* resultierende Kraft darauf ausübt.

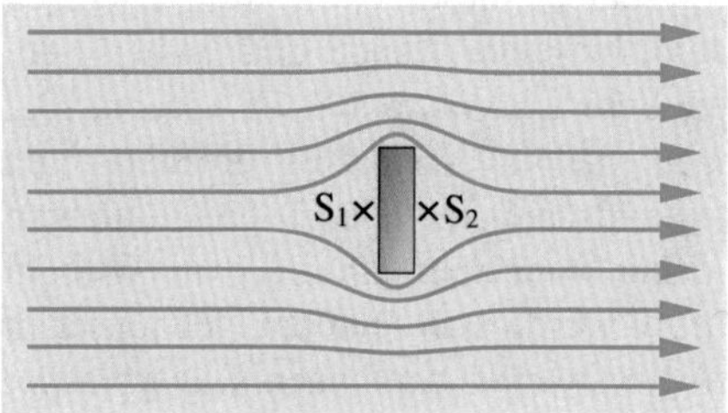

Abb. 10.23. Laminare Umströmung einer Platte durch eine ideale Flüssigkeit

Zwar entsteht im Zentrum auf der Vorderseite der Platte ein Staupunkt S_1 mit $v = 0$ und entsprechend hohem Bernoulli-Druck; aber auf der Rückseite geschieht das gleiche bei S_2, so daß die resultierende Druckkraft auf die Platte verschwindet.

Das gilt wie gesagt auch für ein beliebig geformtes Hindernis; denn erführe es eine resultierende Kraft, so würde es ja einen Strömungswiderstand erzeugen entgegen der Voraussetzung. Eine **reale Flüssigkeit** kann zwar ein solches Hindernis im Prinzip noch laminar umströmen, jedoch ändert sich das Geschwindigkeitsprofil in der Nähe des Hindernisses sehr stark durch Wandhaftung und Zähigkeit. Insbesondere an den Kanten treten starke Geschwindigkeitsgradienten auf, die zu großen Reibungsverlusten führen. Folglich kommt die Flüssigkeit hinter der Platte in einer sogenannten toten Zone mehr oder weniger zur Ruhe, und der Staupunkt erweitert sich zu einem ganzen Gebiet mit $v \simeq 0$. An der Grenzschicht zur toten Zone lösen sich Wirbel ab und zwar abwechselnd oben ein rechtsdrehender und unten ein linksdrehender (s. Abb. 10.24). Sie bilden hinter dem Hindernis die sogenannte **v. Karmansche Wirbelstraße**. Der abwechselnde Drehsinn der Wirbel ist letztlich eine Folge der Drehimpulserhaltung in der Strömung, die ja vor dem Anströmen der Platte im Gegensatz zum Fall der Abb. 10.20 keinen inneren Drehimpuls hatte und auch vom Hindernis keinen aufnehmen kann. Dieser Umstand ist als **Satz von Kelvin** bekannt.

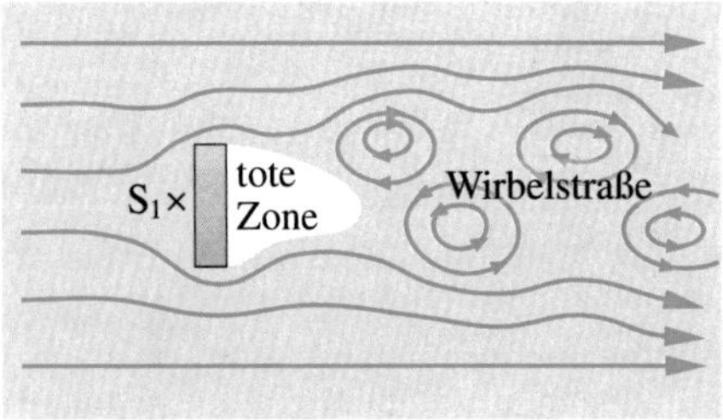

Abb. 10.24. Tote Zone und Wirbelstraße in einer realen Flüssigkeit hinter einer angeströmten Platte

Strömungswiderstand

> Bei der Wirbelbildung wird viel Translationsenergie in Rotationsenergie umgewandelt, die dann durch erhöhte innere Reibung der Wirbel schnell in Wärme dissipiert wird. Folglich erhöht sich der Strömungswiderstand sprunghaft beim Übergang von laminarer in turbulente Strömung.

Beim Anblasen eines Blasinstruments geschieht dieser Übergang periodisch im Rhythmus der Schwingung der Luftsäule, bzw. der Zunge und facht so im Zusammenspiel mit dem Bernoulli-Druck die Schwingung an, wie in Abschn. 10.2 besprochen. Man kann sich leicht überlegen, daß in den relativ großräumigen *Strömungen von Winden* oder *Flüssen* die Reynoldszahl um viele Größenordnungen überschritten ist, und diese Strömungen daher von einer Unzahl von Wirbeln durchsetzt sind. Wären sie weiterhin laminar, so würde man mit dem Newtonschen Ansatz (10.17) absurd hohe Strömungsgeschwindigkeiten berechnen. Ein typischer Fluß mit 1 m Tiefe und einem Gefälle von 1 m auf einem Kilometer würde bei laminarer Strömung bei einer Zähigkeit des Wassers von $10^{-3}\,\mathrm{Ns/m^2}$ an seiner Oberfläche mit einer Geschwindigkeit von 5000 m/s fließen, während wir in Wirklichkeit ca. 1 m/s beobachten.

Eine **angeströmte Platte**, hinter der sich die tote Zone und eine Wirbelstraße bilden, stellt einen *maximalen* Strömungswiderstand dar. Er läßt sich ungefähr damit abschätzen, daß der gesamte Impuls, mit dem die Strömung die Querschnittsfläche A der Platte anströmt, verloren geht. Diese Impulsänderung wird als Widerstandskraft an der Platte wirksam und beträgt

$$F_\mathrm{W} \approx \frac{\mathrm{d}p}{\mathrm{d}t} \approx \varrho v^2 A\,, \tag{10.22}$$

wie man sich leicht überlegen kann (vgl. die Ableitung des gaskinetischen Drucks in Abschn. 14.2).

Der Widerstand eines laminar umströmten Hindernisses unterscheidet sich dagegen gründlich von (10.22). Eine mit der Geschwindigkeit v laminar umströmte Kugel erfährt z. B. die **Stokessche Reibungskraft**

$$\boldsymbol{F}_\mathrm{s} = -6\pi\eta r \boldsymbol{v}\,. \tag{10.22a}$$

Im turbulenten Fall geht die angeströmte *Fläche* in den Widerstand ein, im laminaren nur deren *Rand*. Außerdem unterscheidet sich die Potenz von v. Die Zähigkeit fällt im turbulenten Fall heraus.

Bei Schiffskörpern, Autos, Tragflügeln etc. ist man daran interessiert, bei vorgegebener Querschnittsfläche einen möglichst geringen Strömungswiderstand zu erreichen. Das gelingt am besten durch eine gut abgerundete Bugform und ein langes, mit einer Spitze ausgezogenes Heck, dem sogenannten **Stromlinienprofil**. Dann können sich die Stromlinien am Bug ohne allzu große Scherkraft teilen und am Heck wieder zusammen laufen. Das ergibt günstige Reynoldszahlen, so daß der Körper normalerweise laminar umströmt werden kann (s. Abb. 10.25). Wölbt man das Stromlinienprofil zum **Tragflügel**, so daß die Oberseite eine konvexe, die Unterseite eine konkave Oberfläche aufweist, so entsteht an der jetzt schräg gestellten hinteren Kante beim Anfahren nach links (s. Abb. 10.26) zunächst einmal ein linksdrehender **Anfahrwirbel**, der sich aber vom Tragflügel ablöst. Ihm folgt

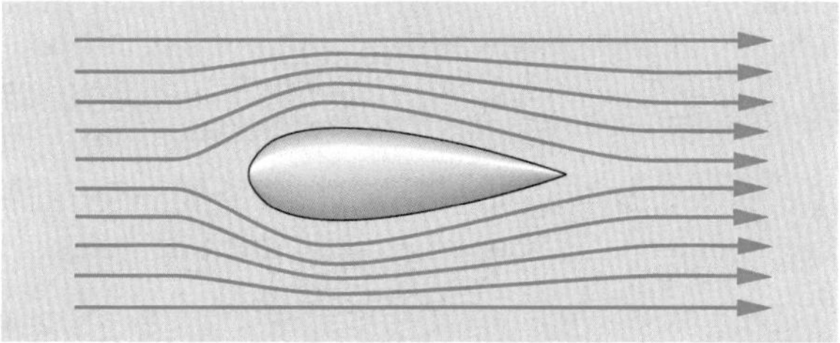

Abb. 10.25. Laminare Umströmung eines Stromlinienprofils

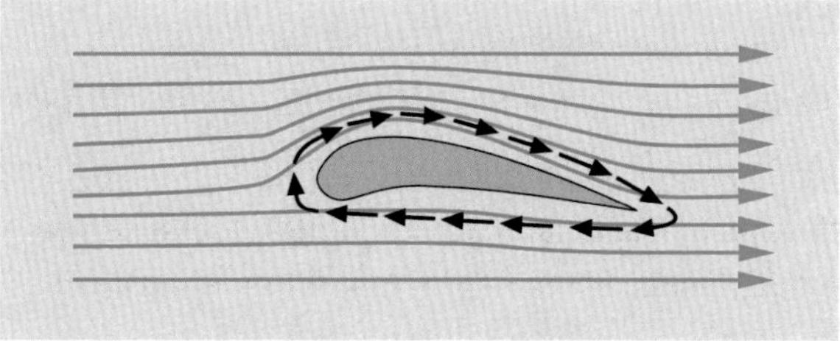

Abb. 10.26. Rechtsdrehende, mitgeführte Zirkulation um einen nach links bewegten Tragflügel

nach dem Satz von Kelvin eine rechtsdrehende Bewegung, die sich, allerdings ohne Wirbelkern, also nur als **Zirkulationsbereich** um den Tragflügel legt und damit oben die resultierende Strömungsgeschwindigkeit erhöht und unten erniedrigt. Daraus resultiert nach dem Bernoullischen Gesetz (10.15) ein Auftrieb. Diese Zirkulation wird vom Tragflügel mitgenommen; sie ist stabil und stirbt nicht aus. Nur bei zu geringer Fluggeschwindigkeit kann sie zusammenbrechen und der Auftrieb verloren gehen; ansonsten wächst der Auftrieb mit der Fluggeschwindigkeit.

VERSUCH 10.7

Wirbelmaschine. Die in den Abb. 10.24–26 gezeigten Phänomene können wir in Demonstrationsexperimenten zeigen. Dabei wird eine mit Flocken versetzte Flüssigkeit im Kreislauf zwischen zwei Glasplatten gepumpt und die entsprechenden Hindernisse in die Strömung gestellt. An den Bewegungen der Flocken erkennen wir die Strömungsbilder.

* 10.5 Zirkulation, Rotation und Stokesscher Satz, Elemente der Vektoranalysis

Wir wollen im folgenden nach einer *mathematischen* Charakterisierung der Drehbewegungen einer Strömung suchen. Es läge nahe, hierbei an den inneren Drehimpuls der Strömung anzuknüpfen, den wir bereits eingangs von Abschn. 10.4 bei der Wirbelentstehung aus einer verscherten, laminaren Strömung diskutiert hatten. So wichtig der Drehimpuls für den speziellen Fall einer Massenströmung auch ist, so wenig läßt er sich jedoch auf den allgemeinen Fall von Strömungen und von beliebigen Vektorfeldern $\boldsymbol{v}(\boldsymbol{r})$, wie z. B. Kraftfeldern, verallgemeinern.

Zirkulation

Einfacher und allgemeiner läßt sich die Drehbewegung eines Vektorfeldes vielmehr durch den Wert des Ringintegrals

$$Z = \oint (\boldsymbol{v} \cdot \mathrm{d}\boldsymbol{s}) \tag{10.23}$$

entlang eines geschlossenen Weges R charakterisieren, das in der Strömungslehre sinngemäß die **Zirkulation** Z genannt wird. Besonders instruktiv ist die Anwendung von (10.23) auf einen Wirbel. Wir führen das Ringintegral z. B. entlang des Randes des **Wirbelkerns** beim Radius r_0 entlang der Stromlinie mit der maximalen Geschwindigkeit v_0 aus (s. Weg 2 in Abb. 10.27). Dort erreicht (10.23) den Wert

$$\oint_{r=r_0} (\boldsymbol{v}(\boldsymbol{r}) \cdot \mathrm{d}\boldsymbol{s}) = Z_0 = 2\pi r_0 v_0 \,, \tag{10.24}$$

den wir als Maß der **Wirbelstärke** nehmen. Führen wir den Weg stattdessen entlang einer Stromlinie innerhalb des Wirbelkerns bei $r < r_0$ (s. Kurve 1 in Abb. 10.27), so gilt wegen des linearen Anstiegs der Geschwindigkeit mit $v = v_0 r / r_0$

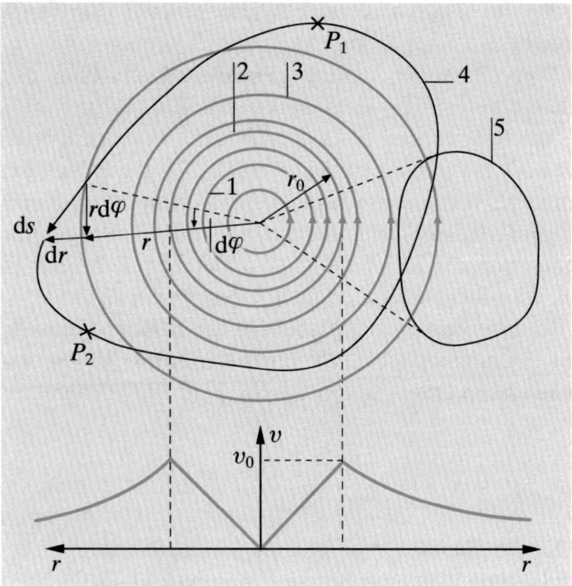

Abb. 10.27. Stromlinienbild eines Wirbels mit Kerndurchmesser r_0. Die geschlossenen Kurven (*1*) bis (*5*) sind die im Text besprochenen Integrationswege in (10.23). *Unten:* Geschwindigkeitsprofil des Wirbels

$$Z(r < r_0) = 2\pi \frac{v_0}{r_0} r^2 = \frac{2v_0}{r_0} A\,. \tag{10.25}$$

Die Zirkulation wächst dort quadratisch mit r bzw. proportional zur eingeschlossenen Fläche A.

Besonders interessant ist das Ergebnis für einen Weg entlang einer Stromlinie außerhalb des Kerns, also im **Zirkulationsbereich** des Wirbels bei $r > r_0$ (Kurve 3 in Abb. 10.27). Weil dort die Geschwindigkeit mit $v = v_0 r_0/r$ umgekehrt proportional zu r abnimmt, bleibt der Wert des Ringintegrals *konstant* bei dem Wert der Wirbelstärke (10.24).

$$\oint_{r>r_0} (\boldsymbol{v}(\boldsymbol{r}) \cdot \mathrm{d}\boldsymbol{s}) = (v_0 r_0/r)\, 2\pi r = 2\pi r_0 v_0 = Z_0\,. \tag{10.24a}$$

! Das gilt nicht nur für kreisförmige, um die Wirbelachse zentrierte Wege, sondern auch für *beliebige geschlossenen* Wege, die den Wirbelkern voll einschließen (Kurve 4 in Abb. 10.27). Zum *Beweis* zerlegen wir ein Wegelement $\mathrm{d}\boldsymbol{s}$ in eine radiale Komponente $\mathrm{d}\boldsymbol{r}$ senkrecht zur Stromlinie und eine azimutale $r\mathrm{d}\boldsymbol{\varphi}$ entlang der Stromlinie. Dann gilt für das differentielle Skalarprodukt

$$(\boldsymbol{v} \cdot \mathrm{d}\boldsymbol{s}) = (\boldsymbol{v} \cdot \mathrm{d}\boldsymbol{r}) + (\boldsymbol{v} \cdot r\mathrm{d}\boldsymbol{\varphi}) = 0 + \frac{v_0 r_0}{r} r\mathrm{d}\varphi = v_0 r_0 \mathrm{d}\varphi$$

und folglich entlang einem Weg von P_1 nach P_2

$$\int_{P_1}^{P_2} (\boldsymbol{v} \cdot \mathrm{d}\boldsymbol{s}) = \int_{\varphi_1}^{\varphi_2} v_0 r_0 \mathrm{d}\varphi = v_0 r_0 (\varphi_2 - \varphi_1)\,.$$

Es hängt also nicht mehr von r ab, sondern ist schlicht proportional zum überstrichenen Bogenmaß und erreicht den Wert Z_0 für eine volle Umdrehung um 2π, q.e.d. Natürlich wechselt das Vorzeichen von Z bei umgekehrtem Umlaufsinn des Wirbels oder des Ringintegrals.

Ebenso schließen wir, daß das Ringintegral entlang einer geschlossenen Kurve, die den Kern weder umschließt noch berührt (Kurve 5 in Abb. 10.27), gleich Null ist; denn dabei wandert das bezüglich der Wirbelachse zu messende Bogenmaß φ auf und ab und kommt an den Ausgangspunkt zurück. Folglich verschwindet der insgesamt zurückgelegte Winkel und damit auch die Zirkulation, q.e.d. Umfängt andererseits der gewählte Weg den Wirbelkern n-fach, so nimmt auch Z den Wert nZ_0 an.

Wir werden allen diesen Besonderheiten von Wirbeln in der **Elektrodynamik** wieder begegnen, weil sowohl das **magnetische Feld eines stromdurchflossenen Leiters** wie auch das **durch Induktion erzeugte elektrische Feld** Wirbelcharakter haben.

Schergeschwindigkeit und Rotation, Stokesscher Satz

Während die Zirkulation (10.23) die *globale* Drehbewegung einer Strömung erfaßt, eignet sich die **Schergeschwindigkeit** (10.16) zur Beschreibung der *lokalen* Drehbewegung, die wir eingangs von Abschn. 10.14 bereits angesprochen hatten. Wir wollen das hier weiter ausbauen und einen wichtigen Zusammenhang zwischen *lokaler* und *globaler* Drehung aufstellen (ähnlich wie im Gaußschen Satz (10.13) zwischen lokaler und globaler Quellstärke). Wir gehen noch einmal von dem einfachen Beispiel einer Strömung in x-Richtung mit konstanter Schergeschwindigkeit $\mathrm{d}v_x/\mathrm{d}y$ aus. Bilden wir darin das Ringintegral (10.23) entlang eines Rechtecks der Höhe h und der Länge l (s. Abb. 10.20a), so geben nur die beiden zu den Stromlinien parallelen Strecken einen Beitrag, und zwar entsprechend dem gewählten Umlaufsinn

$$Z = -l\Delta v_x = lh\frac{\mathrm{d}v_x}{\mathrm{d}y} = -A\frac{\mathrm{d}v_x}{\mathrm{d}y}\,. \tag{10.26}$$

Damit ist der gesuchte Zusammenhang bereits in rudimentärer Form gefunden: Das Ringintegral über die Stromdichte $\boldsymbol{v}$ ist gleich dem Produkt aus der (konstant angenommenen) Schergeschwindigkeit und der vom Ringintegral eingeschlossenen Fläche. Wir müssen die Aussage nur noch auf *allgemeinere* Voraussetzungen ausdehnen. Als nächsten Schritt auf diesem Wege lassen wir auch eine y-Komponente der Strömung v_y zu, und die Schergeschwindigkeiten $\partial v_y/\partial y$, $\partial v_y/\partial x$ mögen räumlich veränderlich sein. Jetzt geben auch die senkrechten Seiten des Integrationswegs einen Beitrag zur Zirkulation und zwar entsprechend dem gewählten Umlaufsinn (s. Abb. 10.28)

$$(v_y(x+\mathrm{d}x) - v_y(x))\mathrm{d}y = \frac{\partial v_y}{\partial v_x}\mathrm{d}x\mathrm{d}y\,.$$

Wir haben wegen der mehrdimensionalen und örtlich veränderlichen Strömungsgeschwindigkeit jetzt partielle Ableitungen gebildet und nurmehr ein differentielles Flächenstück $\mathrm{d}A = \mathrm{d}x\mathrm{d}y$ umlaufen. Addieren wir den Anteil entlang $\mathrm{d}x$ hinzu, so erhalten wir insgesamt für die differentielle Zirkulation um $\mathrm{d}A$

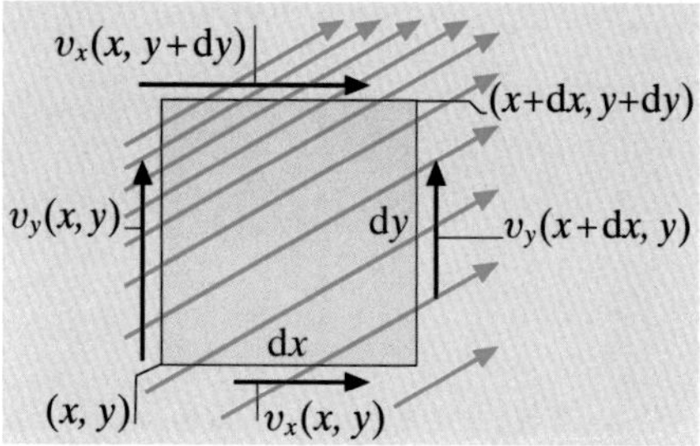

Abb. 10.28. Skizze zur Berechnung der Zirkulation einer zweidimensionalen Strömung entlang eines differentiellen Flächenstücks dA

$$\mathrm{d}Z = \left(\frac{\partial v_y}{\partial x} - \frac{\partial v_x}{\partial y}\right)\mathrm{d}A\,. \tag{10.27}$$

Den Klammerausdruck in (10.27) nennen wir sinngemäß die **Rotation** des Vektorfeldes in *zwei* Dimensionen.

Als nächste Verallgemeinerung lassen wir einen *beliebigen*, *krummlinigen* Rand zu. Wir teilen jetzt die umrandete Fläche in ein Netz differentieller Teilflächen dA ein, am einfachsten Dreiecke, und summieren deren Zirkulationen (10.27) zum Integral. Dann sehen wir, daß alle *inneren* Netzlinien *zweimal* mit jeweils *umgekehrten* Vorzeichen durchlaufen werden (s. Abb. 10.29) und folglich *keinen* resultierenden Beitrag liefern. Nur der *Rand* des Netzes wird *einmal* und *gleichsinnig* durchlaufen.

Das Flächenintegral über die Rotation eines Vektorfeldes reduziert sich daher auf seine Zirkulation entlang der Randlinie

$$\int_A \left(\frac{\partial v_y}{\partial x} - \frac{\partial v_x}{\partial y}\right)\mathrm{d}A' = \oint_{\text{Rand}} (\boldsymbol{v}(x, y)\cdot \mathrm{d}\boldsymbol{s}) = Z\,. \tag{10.28}$$

Das ist die Aussage des **Stokesschen Satzes** (in *zwei* Dimensionen).

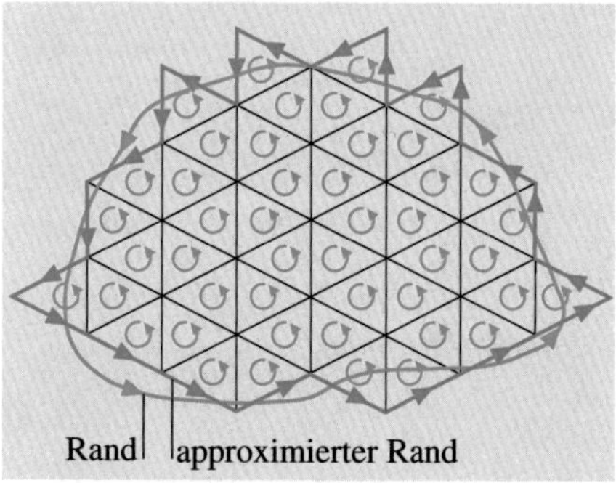

Abb. 10.29. Skizze zum Stokesschen Satz: Die Summe der differentiellen Zirkulationen entlang der einzelnen Maschen reduziert sich im Grenzfall unendlich feiner Maschenweite auf die Zirkulation entlang des Randes der gesamten Fläche A

! Der obige, rein geometrische Beweis des Stokesschen Satzes bleibt auch in *drei* Dimensionen gültig, wenn die Randkurve nicht mehr eben und die umrandete Fläche gewölbt ist.

Mit Hilfe der Vektorrechnung finden wir eine geeignete dreidimensionale Form für die differentielle Zirkulation dZ um eine Masche dA. Hierzu schieben wir ein

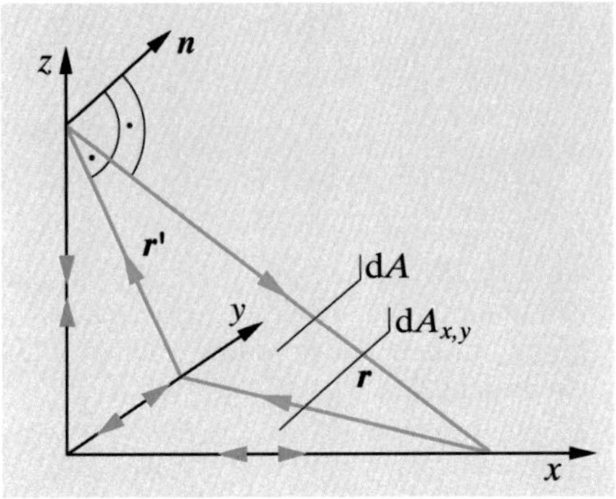

Abb. 10.30. Projektion des Ringwegs um ein in Richtung $\hat{\boldsymbol{n}}$ orientiertes Dreieck d$\boldsymbol{A}$ auf orthogonale (x, y)-, (y, z)- und (z, x)-Ebenen

rechtwinkliges Koordinatensystem an ein solches dreieckiges Maschenelement dA derart, daß die Ecken auf die Achsen fallen und zusammen mit dem Ursprung ein Tetraeder bilden (s. Abb. 10.30). Wir sehen jetzt, daß die Zirkulation um dA gleich der Summe der Zirkulationen entlang der drei übrigen Dreiecke ist; denn die Wege entlang der Achsen werden in *beiden* Richtungen durchlaufen und heben sich auf. Nun ist z. B. das Dreieck in der (x, y)-Ebene die Projektion von dA und hat die Fläche

$$\mathrm{d}A_{x,y} = \hat{z} \cdot \hat{\boldsymbol{n}} \mathrm{d}A = \hat{z} \cdot \mathrm{d}\boldsymbol{A} ,$$

wobei sich das Vorzeichen des Normalvektors $\hat{\boldsymbol{n}}$ auf dA wie üblich nach dem Umlaufsinn entsprechend der Rechte-Hand-Regel richtet (s. Abschn. 2.6). Mit (10.27) ergibt sich für die Zirkulation um d$A_{x,y}$ der Wert

$$\mathrm{d}Z_{x,y} = \left(\frac{\partial v_y(\boldsymbol{r})}{\partial x} - \frac{\partial v_x(\boldsymbol{r})}{\partial y} \right) \mathrm{d}A_{x,y} = \left(\frac{\partial v_y(\boldsymbol{r})}{\partial x} - \frac{\partial v_x(\boldsymbol{r})}{\partial y} \right) \left(\hat{z} \cdot \hat{\boldsymbol{n}} \right) \mathrm{d}A .$$

Unter Beachtung des Umlaufsinns liefern die beiden übrigen Projektionen analog die Beiträge

$$\mathrm{d}Z_{y,z} = \left(\frac{\partial v_z(\boldsymbol{r})}{\partial y} - \frac{\partial v_y(\boldsymbol{r})}{\partial z} \right) \left(\hat{\boldsymbol{x}} \cdot \hat{\boldsymbol{n}} \right) \mathrm{d}A \qquad \text{und}$$

$$\mathrm{d}Z_{z,x} = \left(\frac{\partial v_x(\boldsymbol{r})}{\partial z} - \frac{\partial v_z(\boldsymbol{r})}{\partial x} \right) \left(\hat{\boldsymbol{y}} \cdot \hat{\boldsymbol{n}} \right) \mathrm{d}A .$$

Die Summe der drei Beiträge können wir in dem Skalarprodukt

$$\mathrm{d}Z = \left(\mathbf{rot}\, \boldsymbol{v} \cdot \hat{\boldsymbol{n}} \right) \mathrm{d}A = \left(\mathbf{rot}\, \boldsymbol{v} \cdot \mathrm{d}\boldsymbol{A} \right) , \tag{10.27a}$$

zusammenfassen. Dabei haben wir in Verallgemeinerung von (10.27) den Vektor

$$\mathbf{rot}\, \boldsymbol{v} = \left(\frac{\partial v_z}{\partial y} - \frac{\partial v_y}{\partial z} \right) \hat{\boldsymbol{x}} + \left(\frac{\partial v_x}{\partial z} - \frac{\partial v_z}{\partial x} \right) \hat{\boldsymbol{y}} + \left(\frac{\partial v_y}{\partial x} - \frac{\partial v_x}{\partial y} \right) \hat{z} \tag{10.29}$$

als die **Rotation** des Vektorfeldes $\boldsymbol{v}$ eingeführt. Damit können wir den *wichtigen* **Stokesschen Satz** jetzt in der allgemeinen dreidimensionalen Form schreiben

$$Z = \oint_{\text{Rand}} (\boldsymbol{v} \cdot \mathrm{d}\boldsymbol{s}) = \int_{\text{Fläche}} (\mathbf{rot}\,\boldsymbol{v} \cdot \mathrm{d}\boldsymbol{A}) \; . \tag{10.30}$$

In Worten: Die Zirkulation eines Vektorfeldes $\boldsymbol{v}$ entlang eines geschlossenen Weges ist gleich dem Fluß der Rotation von $\boldsymbol{v}$ durch eine von diesem Weg berandete Fläche.

Bemerkung: Nach Abb. 10.30 waren Lage und Orientierung des Koordinatenkreuzes dem Dreieck dA angepaßt. Man kann aber nachrechnen, daß die Summe der drei Projektionen in (10.27a) invariant gegen Translation und Drehung der Koordinaten ist. Selbst bei Projektion auf schiefwinklige Koordinaten gilt (10.27a); denn die Schlußfolgerung aus Abb. 10.30 gilt für jedes Tetraeder.

Als *Beispiel* wenden wir die **Rotation** auf einen **Wirbel** an. Im Kernbereich ist laut Abb. 10.27

$$\boldsymbol{v} = \frac{v_0}{r_0} r\hat{\boldsymbol{v}} \qquad \text{mit} \qquad \hat{\boldsymbol{v}} \perp \hat{\boldsymbol{r}} \, .$$

Folglich ist der Vektor $r\hat{\boldsymbol{v}}$ der um 90° gedrehte Ortsvektor mit den Komponenten (s. Abb. 10.31)

$$\boldsymbol{r}' = r\hat{\boldsymbol{v}} = x'\hat{\boldsymbol{x}} + y'\hat{\boldsymbol{y}} = -y\hat{\boldsymbol{x}} + x\hat{\boldsymbol{y}} \qquad \curvearrowright$$

$$\boldsymbol{v} = \frac{v_0}{r_0}\left(-y\hat{\boldsymbol{x}} + x\hat{\boldsymbol{y}}\right) .$$

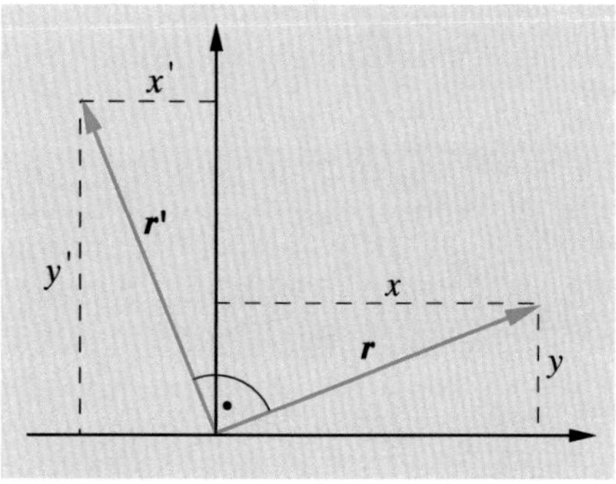

Abb. 10.31. Skizze zur Bestimmung der Komponenten des um 90° gedrehten Ortsvektors

Bilden wir davon die Rotation (10.29), so folgt

$$\mathbf{rot}\,\boldsymbol{v}(r < r_0) = \frac{2v_0}{r_0}\hat{\boldsymbol{z}} = \text{const}$$

und folglich

$$Z = \int_A (\mathbf{rot}\,\boldsymbol{v} \cdot \mathrm{d}\boldsymbol{A}) = \frac{2v_0}{r_0} A$$

in Übereinstimmung mit (10.25). Die Rotation im Kern zeigt in Richtung der Wirbelachse und ist gleich der doppelten Winkelgeschwindigkeit. Sie hat also einen anschaulichen Sinn.[1]

Außerhalb des Kerns ist $\boldsymbol{v}$ in kartesischen Koordinaten gegeben durch (vgl. Abb. 10.27)

$$\boldsymbol{v}(r > r_0) = \frac{v_0 r_0}{r}\hat{\boldsymbol{v}} = v_0 r_0 \frac{r\hat{\boldsymbol{v}}}{r^2} = v_0 r_0 \left(\frac{-y\hat{\boldsymbol{x}}}{x^2+y^2} + \frac{x\hat{\boldsymbol{y}}}{x^2+y^2} \right) .$$

Man rechnet leicht nach, daß die Rotation von diesem Ausdruck verschwindet. Folglich liefert der Bereich der Zirkulationsströmung keinen Beitrag zum Flußintegral (10.30), und es bleibt beim Beitrag des eingeschlossenen Kerns

$$\int_A (\mathbf{rot}\,\boldsymbol{v} \cdot \mathrm{d}\boldsymbol{A}) = \int_{\text{Kern}} (\mathbf{rot}\,\boldsymbol{v} \cdot \mathrm{d}\boldsymbol{A}) = \frac{2v_0}{r_0}\pi r_0^2 = 2\pi v_0 r_0 = Z_0$$

in Übereinstimmung mit (10.24) und (10.24a).

Vektoranalysis

Wir fassen unsere Kenntnis über **Vektorfelder** zusammen: Wir haben jetzt *drei* **Differentialoperatoren** kennengelernt:

- Den Gradienten eines skalaren Feldes $V(\boldsymbol{r})$ (eines Potentials) (4.41)
  $$\mathbf{grad}\,V = \frac{\partial V}{\partial x}\hat{\boldsymbol{x}} + \frac{\partial V}{\partial y}\hat{\boldsymbol{y}} + \frac{\partial V}{\partial z}\hat{\boldsymbol{z}}\,;$$
  er ist ein Vektorfeld.
- Die Divergenz eines Vektorfeldes $\boldsymbol{v}(\boldsymbol{r})$ (10.10)
  $$\mathbf{div}\,\boldsymbol{v} = \frac{\partial v_x}{\partial x} + \frac{\partial v_y}{\partial y} + \frac{\partial v_z}{\partial z}\,;$$
  sie ist eine skalares Feld.
- Die Rotation eines Vektorfeldes $\boldsymbol{v}(\boldsymbol{r})$ (10.29)
  $$\mathbf{rot}\,\boldsymbol{v} = \left(\frac{\partial v_z}{\partial y} - \frac{\partial v_y}{\partial z}\right)\hat{\boldsymbol{x}} + \left(\frac{\partial v_x}{\partial z} - \frac{\partial v_z}{\partial x}\right)\hat{\boldsymbol{y}} + \left(\frac{\partial v_y}{\partial x} - \frac{\partial v_x}{\partial y}\right)\hat{\boldsymbol{z}}\,;$$
  sie ist wiederum ein Vektorfeld.

Alle drei sind mit wichtigen *Integralsätzen* verknüpft:

- Die Potentialdifferenz zwischen zwei Punkten P_1, P_2 gewinnen wir aus dem **Wegintegral des Gradienten** auf einem beliebigen Weg von P_1 nach P_2 (vgl. (4.21) und (4.41))
  $$V(P_2) - V(P_1) = \int_{P_1}^{P_2} (\mathbf{grad}\,V \cdot \mathrm{d}\boldsymbol{s}) \,. \tag{10.31}$$

[1] Eleganter löst man diese Aufgabe mit dem Nablaoperator (10.33) und (10.36): Im Wirbelkern gilt $\mathbf{rot}\,\boldsymbol{v} = (\boldsymbol{\nabla} \times \boldsymbol{v}) = (\boldsymbol{\nabla} \times (\boldsymbol{\omega} \times \boldsymbol{r})) = (\boldsymbol{\nabla} \cdot \boldsymbol{r})\boldsymbol{\omega} - \boldsymbol{\nabla}(\boldsymbol{r} \cdot \boldsymbol{\omega}) = 3\boldsymbol{\omega} - \boldsymbol{\omega} = 2\boldsymbol{\omega}$

- Den Fluß (Strom) eines Vektorfeldes durch eine geschlossene Oberfläche gewinnen wir als Integral der Divergenz im eingeschlossenen Volumen (**Gaußscher Satz** (10.13))

$$\Phi = I = \oint_{\text{Oberfläche}} (\boldsymbol{v} \cdot \mathrm{d}\boldsymbol{A}) = \int_{\text{Volumen}} \mathbf{div}\, \boldsymbol{v}\, \mathrm{d}\tau\,.$$

- Das Wegintegral eines Vektorfeldes entlang einer geschlossenen Kurve ist gleich dem Fluß der Rotation dieses Feldes durch eine von der Kurve berandete Fläche (**Stokesscher Satz** (10.30))

$$\oint_{\text{Rand}} (\boldsymbol{v} \cdot \mathrm{d}\boldsymbol{s}) = \int_{\text{Fläche}} (\mathbf{rot}\, \boldsymbol{v} \cdot \mathrm{d}\boldsymbol{A})\,.$$

Die *strenge* mathematische Gültigkeit all dieser Sätze ist wie üblich an Stetigkeits- und Differenzierbarkeitsbedingungen geknüpft, die wir hier nicht diskutieren. In der Physik treten Unstetigkeiten typischerweise an Grenzflächen zwischen verschiedenen Medien auf und müssen beachtet werden.

Wir nennen noch eine wichtige Voraussetzung, die schon in Abschn. 4.4 bei der Definition **konservativer Kraftfelder** eine entscheidende Rolle spielte; sie lautet allgemein formuliert:

> Ein Vektorfeld läßt sich genau dann als Gradient eines **skalaren Feldes** (Potential) darstellen, wenn in dem betrachteten Gebiet das Wegintegral (10.23) über einen beliebigen geschlossenen Weg verschwindet. Mit dem Stokesschen Satz läßt sich diese Bedingung auch umformulieren zur Forderung
>
> $$\mathbf{rot}\, \boldsymbol{v} \equiv 0\,. \qquad (10.32)$$

In der **Hydrodynamik** werden Strömungen, die (10.32) erfüllen, daher auch **Potentialströmungen** genannt. Als *Beispiel* hierfür hatten wir den Außenbereich eines Wirbels, den **Zirkulationsbereich**, kennengelernt. Dabei war es wichtig, den **Wirbelkern** wegen $\mathbf{rot}\, \boldsymbol{v} \neq 0$ *auszuschließen*.

Nablaoperator

Die drei Differentialoperationen **grad** V, **div** $\boldsymbol{v}$ und **rot** $\boldsymbol{v}$ können durch Einführen eines vektoriellen Differentialoperators, des **Nablaoperators**

$$\boldsymbol{\nabla} = \frac{\partial}{\partial x}\hat{\boldsymbol{x}} + \frac{\partial}{\partial y}\hat{\boldsymbol{y}} + \frac{\partial}{\partial z}\hat{\boldsymbol{z}}, \qquad (10.33)$$

in einheitlicher vektorieller Kurzschrift dargestellt werden. Einen Operator definiert man allgemein so, daß die betreffende Operation (hier eine Differentiation) mit der dem Operationssymbol *nachgestellten* Größe (hier ein skalares oder Vektorfeld) vorgenommen werden soll. So bezeichnet

$$\boldsymbol{\nabla} V = \left(\frac{\partial}{\partial x}\hat{\boldsymbol{x}} + \frac{\partial}{\partial y}\hat{\boldsymbol{y}} + \frac{\partial}{\partial z}\hat{\boldsymbol{z}}\right) V = \frac{\partial V}{\partial x}\hat{\boldsymbol{x}} + \frac{\partial V}{\partial y}\hat{\boldsymbol{y}} + \frac{\partial V}{\partial z}\hat{\boldsymbol{z}} = \mathbf{grad}\, V \qquad (10.34)$$

die **Gradientenbildung** von V. Analog können wir die **Divergenz** eines Vektorfeldes $\boldsymbol{v}$ als Skalarprodukt des Nablaoperators mit $\boldsymbol{v}$ ausdrücken

$$(\boldsymbol{\nabla} \cdot \boldsymbol{v}) = \mathbf{div}\, \boldsymbol{v}\,, \tag{10.35}$$

weiterhin die **Rotation** als Vektorprodukt von $\boldsymbol{\nabla}$ und $\boldsymbol{v}$

$$(\boldsymbol{\nabla} \times \boldsymbol{v}) = \mathbf{rot}\, \boldsymbol{v}\,, \tag{10.36}$$

wie man sich an Hand (10.10) und (10.29) leicht überzeugen kann. Will man letzteres in Komponenten ausschreiben, so ordnet man sie zweckmäßigerweise in eine Determinante ein

$$(\boldsymbol{\nabla} \times \boldsymbol{v}) = \begin{vmatrix} \hat{\boldsymbol{x}} & \hat{\boldsymbol{y}} & \hat{\boldsymbol{z}} \\ \frac{\partial}{\partial x} & \frac{\partial}{\partial y} & \frac{\partial}{\partial z} \\ v_x & v_y & v_z \end{vmatrix}\,. \tag{10.36a}$$

So läßt es sich am besten merken.

Von den Sätzen der Vektoranalysis werden wir insbesondere bei der Behandlung elektrischer und magnetischer Kraftfelder, die enge mathematische Analogien zu Strömungsfeldern aufweisen, Gebrauch machen. Mit ihrer Hilfe gelingt es nämlich, die Quellen, Senken und Wirbel elektromagnetischer Felder in fundamentaler Weise durch die **Maxwellschen Gleichungen** zu verknüpfen.

11. Schwingungen

INHALT

Periodische Vorgänge hatten wir bisher im wesentlichen in Form von Drehbewegungen kennengelernt; ein anderes Beispiel waren die geschlossenen Bahnen der Planeten um die Sonne als Zentrum des Schwerkraftfeldes. Sehr verschieden davon sind die Typen periodischer Bewegungen, die wir Schwingungen, bzw. Wellen nennen; sie sind Gegenstand dieses und des nächsten Kapitels.

Schwingungen und **Wellen** entstehen grundsätzlich als Folge von **rücktreibenden Kräften**, die einen Körper oder ein Medium an eine Ruhelage binden, die das Minimum der potentiellen Energie darstellt. Beim Zurückschnellen in die Ruhelage gewinnt der Körper an kinetischer Energie, dank derer er über die Ruhelage hinausschießt. Danach wechselt die Kraft ihr Vorzeichen, bremst den Körper bis zum Stillstand ab und beschleunigt ihn schließlich wieder in Richtung des Potentialminimums zurück. Charakteristisch für die Bewegung ist also der periodische Wechsel zwischen potentieller und kinetischer Energie. Deren Summe ist dabei zu jedem Zeitpunkt dank des **Energiesatzes** konstant, solange die Schwingung nicht reibungsgedämpft ist oder sonstige äußere Kräfte am Werk sind.

Feder- und Pendelschwingung sind einfache, anschauliche Beispiele dieses Sachverhalts. Über diese Schulbeispiele hinaus sind Schwingungen ganz *fundamentale Bewegungsformen*, denen wir in unzähligen Situationen und Modifikationen und auf allen Größenskalen vom Makro- bis zum Mikrokosmos begegnen. Der Grund

E. W. Otten, *Repetitorium Experimentalphysik*,
https://doi.org/10.1007/978-3-662-59730-9_11

ist sehr einfach: Da jedes System ins Minimum seiner potentiellen Energie strebt und dort durch Reibung oder irgendwelche anderen Energieverlustprozesse mehr oder weniger zur Ruhe kommt, reagiert es auf jede Störung aus dieser Ruhelage mit einer Schwingung um dieselbe, falls das System gebunden bleibt ($E_p+E_k < 0$). Ein Baum schwingt im Wind um die Senkrechte hin und her. Ein Schiff schaukelt um seine stabile Schwimmlage. Ein Wassertropfen an einem Zweig zittert um das Minimum aus Schwerkraft und Oberflächenspannung. Die Atome eines Moleküls schwingen um den mittleren Abstand r_0 im Minimum des Lenard-Jones-Potentials (8.22); sie werden angeregt und gedämpft durch Absorption und Emission infraroter Wärmestrahlung. Das gleiche gilt für die Gitterbausteine (Atome) eines Festkörpers; dessen *Wärmeinhalt ist Schwingungsenergie* der Atome um ihre Ruhelage. Schwingen sie über größere Bereiche in gleicher Phase (kohärent), so beobachten wir makroskopische Schwingungen elastischer Körper.

Eine Saite schwingt unter dem Einfluß der Zugspannung, die Luftsäule in einer Orgelpfeife aufgrund innerer Druckschwankungen usw. Schwingungen, die ausgedehnte Medien aufgrund innerer Spannungen ausführen, wie in den letztgenannten Beispielen haben immer auch Wellencharakter, d. h., sie pflanzen sich im Medium fort (s. Kap. 12). Ein reiches Feld bilden die elektrischen Schwingungen, die in einem Stromkreis durch Verschieben der Ladungen entstehen.

In *mikroskopischen Systemen* (Molekülen, Atomen, Atomkernen) sind Schwingungsbewegungen *quantisiert*, wobei aber viele Charakteristika der klassischen Schwingung erhalten bleiben. Im wichtigen Unterschied zur klassischen Schwingungslehre wird die Schwingungsenergie eines quantenmechanischen Oszillators nicht mehr kontinuierlich gedämpft, sondern in Form diskreter Energiequanten abgegeben (s. Abschn. 11.5).

Alle diese Beispiele genügen folgender Definition: Schwingungen sind periodische Bewegungen eines gebundenen Systems um den Tiefpunkt seiner potentiellen Energie.

Wegen der fundamentalen Bedeutung von Schwingungen und Wellen, behandeln wir diesen Themenkreis in den Kapiteln 11 und 12 sehr ausführlich.

11.1 Ungedämpfte Federschwingung

Unsere Aufgabe wird es vor allem sein, Bewegungsgleichungen von Schwingungen zu finden und unter den verschiedensten Voraussetzungen zu lösen. Dies gelingt am einfachsten, wenn sich die Schwingung im parabolischen Federpotential der Form

$$E_p = \frac{1}{2}Dx^2 \tag{11.1}$$

abspielt, aus dem sich eine zur Auslenkung x proportionale Rückstellkraft

$$\boldsymbol{F}(x) = -\mathbf{grad}\,E_p(x) = -\frac{\partial E_p}{\partial x}\hat{\boldsymbol{x}} = -D\boldsymbol{x} \tag{11.2}$$

ableitet; vgl. (4.30) und (4.29). Der Fall ist auch faktisch sehr wichtig; denn immer, wenn ein Potentialminimum bei x_0 stetig und differenzierbar ist, dann läßt sich seine nähere Umgebung durch eine Parabel als zweites Glied einer **Taylor-Entwicklung**

$$\frac{1}{2}\frac{\partial^2 E_\mathrm{p}}{\partial x^2}(x - x_0)^2 \tag{11.3}$$

darstellen. Somit können wir zumindest für *kleinere* Auslenkungen aus der Ruhelage als Näherung mit einer linearen Rückstellkraft rechnen, die wir auch Federkraft nennen. Ein wichtiges Beispiel dieser **harmonischen Näherung** haben wir bereits für das Lenard-Jones-Potential in Abschn. 8.4 bei der Besprechung der interatomaren Kräfte kennengelernt.

Federkraft

Federkraft (11.2) und **Federpotential** (11.1) werden auch **harmonische Kraft**, bzw. **harmonisches Potential** genannt, weil der zeitliche Ablauf der Schwingung einer reinen Sinusfunktion folgt, wie der folgende Versuch demonstriert:

VERSUCH 11.1

Sinusförmiger Verlauf der Federschwingung. Wir spannen eine Kugel zwischen zwei Federn und lenken sie um $x_0 = r$, den Radius einer danebenstehenden Kreisscheibe aus, auf der wir einen Punkt markiert haben (s. Abb. 11.1). Die Kreisscheibe rotiere mit konstanter Winkelgeschwindigkeit ω, die auf die Frequenz der Federschwingung abgestimmt sei. Die Feder lassen wir in dem Moment los, wo der Markierungspunkt im Scheitel steht. Wir beobachten, daß die schwingende Kugel exakt der senkrechten Projektion der Kreisbewegung in x-Richtung folgt. Mit

$$\sin\alpha(t) = \sin\omega t$$

gilt also für die Federschwingung

$$x(t) = x_0 \sin\omega t \tag{11.4}$$

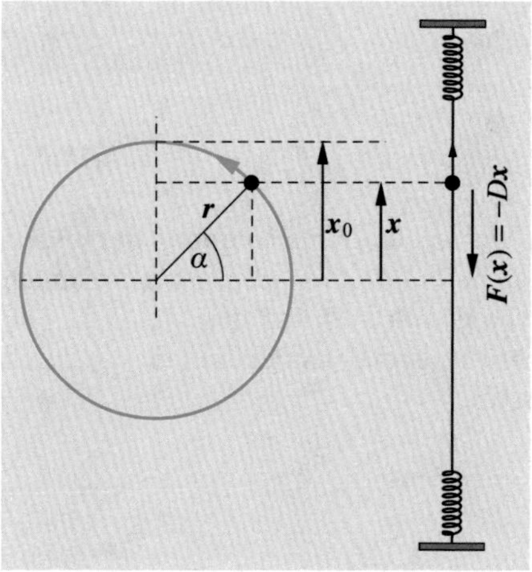

Abb. 11.1. Eine Kugel zwischen zwei Federn schwingt synchron zur senkrechten Projektion einer Kreisbewegung

Das gleiche demonstrieren wir noch einmal mit einer eingespannten Bandfeder, an deren offenem Ende ein Spiegel montiert ist, von dem ein Lichtstrahl auf die Wand reflektiert wird. Versetzen wir die Feder in Schwingung und lassen sie um ihre Achse rotieren, so schreibt der Lichtstrahl auf der Wand eine Sinuskurve auf (s. Abb. 11.2).

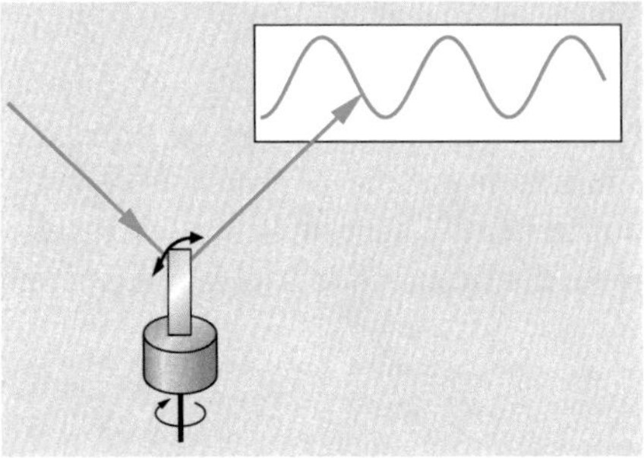

Abb. 11.2. Ein rotierender, auf einer federnden Achse schwingender Spiegel schreibt einen sinusförmig wandernden Lichtfleck auf die Wand

Wir wollen diesen Befund anhand der Bewegungsgleichung im harmonischen Potential mathematisch verifizieren. Die Rückstellkraft (11.2) erteilt der schwingenden Masse m die Beschleunigung

$$\ddot{x} = \frac{F}{m} = -\frac{D}{m}x\,, \tag{11.5}$$

wobei wir auf die vektorielle Schreibweise verzichtet haben, da wir vorerst nur eindimensionale Schwingungen behandeln wollen. Dabei wollen wir hier der Einfachheit halber die entlang der Federn verteilte Masse gegenüber der des eingespannten Körpers vernachlässigen, und es sei x die Koordinate seines Schwerpunkts. In der Bewegungsgleichung (11.5) begegnen wir zum ersten Mal einer Differentialgleichung (DGL) zweiter Ordnung. Definitionsgemäß stellt sie eine Verknüpfung einer Funktion mit ihren Ableitungen bis hin zur zweiten Ableitung dar.

Die DGL (11.5) ist das allereinfachste Beispiel dieses Typs: Die zweite Ableitung ist bis auf einen konstanten Proportionalitätsfaktor $(-D/m)$ mit der Funktion selbst identisch. Allerdings ist dieser Vorfaktor *negativ definit*; das ist die Spezialität der Schwingungsgleichung! Ihre allgemeinste Lösung ist die Winkelfunktion

$$x(t) = x_0 \cos(\omega_0 t + \varphi_0)\,, \quad \text{mit} \quad \omega_0 = \sqrt{\frac{D}{m}}\,. \tag{11.6}$$

Von ihren drei Bestimmungsgrößen ist nur ω_0, die **Kreisfrequenz der freien ungedämpften Schwingung**, durch die DGL (11.5) fest vorgegeben, nämlich als Wurzel aus dem Quotienten der **Federkonstanten** D und der Masse m. Die beiden übrigen, x_0 und φ_0, sind *frei wählbare* **Integrationskonstanten**, die durch **Randbedingungen** festgelegt werden müssen.[1]

[1] Häufig wird die allgemeinste Lösung auch als Linearkombination der zwei linear unabhängigen Lösungen $\cos\omega t$ und $\sin\omega t$ angegeben:

$$x(t) = a\cos\omega t + b\sin\omega t\,. \tag{11.6'}$$

Wir überprüfen die Richtigkeit der Lösung (11.6) durch zweimaliges Differenzieren und Einsetzen in (11.5):

$$\begin{aligned}\dot{x}(t) &= -\omega_0 x_0 \sin(\omega_0 t + \varphi_0) = \omega_0 x(t + T/4)\\ \ddot{x}(t) &= -\omega_0^2 x_0 \cos(\omega_0 t + \varphi_0) = -\frac{D}{m} x(t) = \omega_0^2 x(t + T/2)\,; \quad \text{q.e.d.}\end{aligned} \tag{11.7}$$

Wie schon bei der mathematisch identischen Behandlung der Kreisbewegung (s. Abschn. 2.5) bemerkt, wird die äußere Ableitung der Winkelfunktion jeweils durch Vorrücken der Phase um eine Viertelperiode ($T/4$) gebildet, und bei der inneren Ableitung tritt jeweils der Faktor ω_0 vor.

In der Schwingungslehre wollen wir entsprechend der Lösung (11.6) die Randbedingungen in der Regel durch Vorgabe der Maximalamplitude x_0 und der Anfangsphase φ_0 geben. Mit Hilfe von (11.6) und (11.7) lassen sie sich aber auch in der ansonsten üblichen Form als Anfangsort

$$x(t = 0) = x_0 \cos \varphi_0 \tag{11.8}$$

und Anfangsgeschwindigkeit

$$\dot{x}(t = 0) = -\omega_0 x_0 \sin \varphi_0 \tag{11.9}$$

des schwingenden Körpers ausdrücken.

Weiterhin können wir mit diesen Formeln den schon mehrfach angesprochenen periodischen Wechsel von potentieller und kinetischer Energie in der Schwingung quantitativ formulieren. Mit (11.1) und (11.6) erhalten wir für die potentielle Energie

$$E_\text{p} = \frac{1}{2} D x_0^2 \cos^2(\omega_0 t + \varphi_0) = \frac{1}{4} D x_0^2 \,(1 + \cos 2(\omega_0 t + \varphi_0)) \tag{11.10}$$

und mit (11.7) für die kinetische Energie

$$E_\text{k} = \frac{1}{2} m \omega_0^2 x_0^2 \sin^2(\omega_0 t + \varphi_0) = \frac{1}{4} D x_0^2 \,(1 - \cos 2(\omega_0 t + \varphi_0)) \tag{11.11}$$

Wir hatten diese Zusammenhänge schon in Abschn. 4.1 bei der Behandlung des Energiesatzes andiskutiert.

In der zweiten Zeile von (11.10) und (11.11) haben wir das Quadrat der Winkelfunktion mit Hilfe des Additionstheorems in einen Cosinus zum doppelten Winkel verwandelt. Wir sehen also, daß potentielle und kinetische Energie mit der doppelten Frequenz der Amplitude zwischen Null und ihrem Maximalwert hin und her schwingen und zwar in Gegenphase zueinander ($\pm \cos 2(\omega_0 t + \varphi_0)$), so daß ihre Summe zu allen Zeiten konstant ist, wie verlangt. Daß ihre Maximalwerte

$$\frac{1}{2} D x_0^2 = \frac{1}{2} m \omega_0^2 x_0^2$$

übereinstimmen, erkennen wir aus der Definition von ω_0 in (11.6). Weiterhin zeigen (11.6) und (11.11), daß ihre zeitlichen Mittelwerte

---

Sie läßt sich aber mit der Transformation

$$a = x_0 \cos \varphi_0\,, \quad b = x_0 \sin \varphi_0$$

über das Additionstheorem des Cosinus in (11.6) überführen.

$$\overline{E}_{\mathrm{p}} = \overline{E}_{\mathrm{k}} = \frac{1}{4}Dx_0^2 \qquad (11.12)$$

gleich groß sind, weil der zeitliche Mittelwert der Winkelfunktion prinzipiell 0 ist, wie man sich leicht überzeugen kann. Gleichung (11.12) ist ein Spezialfall eines allgemeineren Satzes, der in der theoretischen Physik unter dem Namen **Virialsatz** bekannt ist und vor allem auch in der statistischen Physik wichtige Konsequenzen hat. Abbildung 11.3 zeigt die hier besprochenen Größen x, $\dot{x}$, E_{p} und E_{k} im zeitlichen Verlauf und relativer Phasenlage.

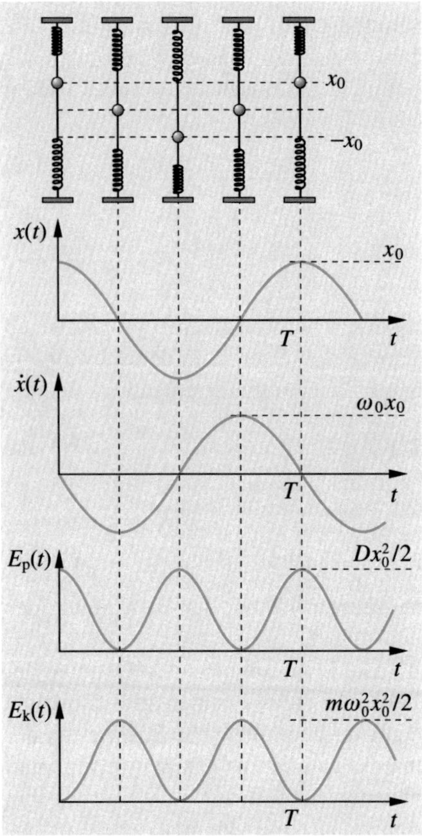

Abb. 11.3. Zeitlicher Verlauf von Amplitude, Geschwindigkeit, potentieller und kinetischer Energie der Federschwingung

Die in diesem Abschnitt erarbeiteten Gesetzmäßigkeiten der Federschwingung sind für alle ungedämpften, harmonischen Schwingungen gültig, in welcher Form sie auch immer auftreten. Es bedarf allenfalls einer Umbenennung der Symbole.

11.2 Ungedämpfte Pendelschwingung

Zweifellos ist die **Pendelschwingung** die bekannteste elementare Schwingungsform. Zum einen läßt sie sich jederzeit mit einem Gewicht an einem Faden ohne irgendwelche Gerätschaften realisieren, zum anderen sind nach diesem Prinzip die ersten genauen Uhren im ausgehenden Mittelalter gebaut worden. Allerdings ist die strenge Lösung der Pendelgleichung mit elementaren Funktionen *nicht* möglich, sondern wir müssen von der schon eingangs erwähnten harmonischen Näherung Gebrauch machen.

Mathematisches Pendel

Wir behandeln zunächst den idealisierten Fall eines Massenpunkts der Masse m, der an einem masselos angenommenen Pendelstab der Länge l um den Drehpunkt D pendelt (s. Abb. 11.4). Ein **mathematisches Pendel** wird in guter Näherung durch einen relativ klein bemessenen Pendelkörper an einem langen, dünnen Faden realisiert. Wir wollen uns auf eine ebene Pendelschwingung beschränken, bei der das Pendel im Punkt größter Auslenkung völlig zur Ruhe kommt. Dann genügt es, als Koordinate der Pendelbewegung den Winkelauschlag φ gegen das Lot zu wählen. Zerlegen wir die Gewichtskraft mg in Komponenten parallel und senkrecht zum Pendelstab, so wird die parallele Komponente

$$F_{\parallel} = mg\cos(-\varphi)$$

als Zwangskraft vom Drehpunkt aufgenommen. Die senkrechte Komponente

$$F_{\perp} = mg\sin(-\varphi) = -mg\sin\varphi \tag{11.13}$$

steht dagegen als rücktreibende Kraft zur Beschleunigung

$$a = l\ddot{\varphi} = \frac{1}{m}F_{\perp} = -g\sin\varphi \tag{11.14}$$

entlang der vorgegebenen Kreisbahn zur Verfügung. (Man beachte den Vorzeichenwechsel in φ nach Abb. 11.4.)

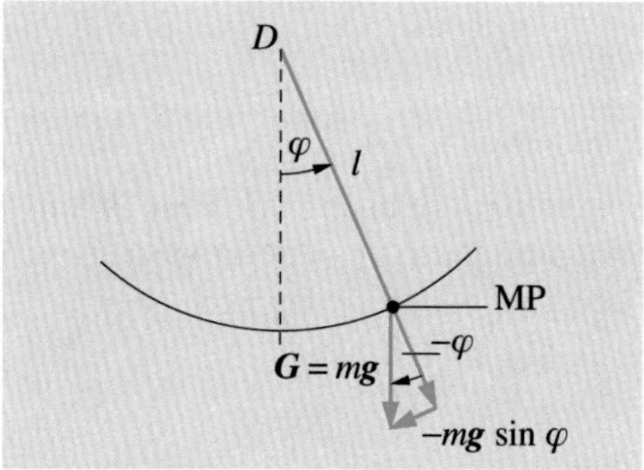

Abb. 11.4. Skizze zum mathematischen Pendel

Gleichung (11.14) ist eine Differentialgleichung zweiter Ordnung im Ausschlag φ des Pendels. Sie ist allerdings *nicht linear* in φ und wird im Gegensatz zu (11.5) nicht von einer elementaren Funktion der Zeit gelöst. Wir machen daher von der Taylor-Entwicklung des Sinus Gebrauch

$$\sin\varphi = \varphi - \frac{\varphi^3}{6} + \dots . \qquad (11.15)$$

Brechen wir sie nach dem ersten Glied ab, so gewinnen wir in dieser Näherung auch für das Pendel die DGL einer harmonischen ungedämpften Schwingung

$$ml\ddot{\varphi} = -mg\varphi$$

oder aufgelöst nach der zweiten Ableitung

$$\ddot{\varphi} = -\frac{g}{l}\varphi . \qquad (11.16)$$

Ihre Lösung lautet in Analogie zu (11.6)

$$\varphi(t) = \varphi_0 \cos(\omega_0 t + \alpha_0)\,, \quad \text{mit} \quad \omega_0 = \frac{2\pi}{T} = \sqrt{\frac{g}{l}} . \qquad (11.17)$$

Sie ist wiederum durch zwei Anfangsbedingungen charakterisiert, den Maximalausschlag φ_0 und die Anfangsphase α_0. (Im Gegensatz zu (11.6) bezeichnen wir jetzt den Phasenwinkel der Schwingung mit α, weil φ die Rolle der Schwingungsamplitude eingenommen hat.) Interessanterweise hebt sich in der Schwingungsgleichung des mathematischen Pendels die Masse heraus; der Grund liegt wie beim Fallgesetz in der Äquivalenz von träger und schwerer Masse.

Folglich hängt die Schwingungsdauer nur von der Länge des Pendels und der Fallbeschleunigung g ab.

Man merke sich: Ein Pendel der Länge 1 m hat mit guter Genauigkeit eine Schwingungsdauer von 2 Sekunden. Dieser Umstand hat bei der Einführung des Meters als einer natürlichen, von jedermann leicht reproduzierbaren Einheit eine Rolle gespielt.

Wir wollen uns jetzt noch Rechenschaft über die **harmonische Näherung** geben und ihren Fehler bei gegebenem Maximalausschlag φ_0 abschätzen. Da $\sin\varphi < \varphi$ gilt, überschätzt die harmonische Näherung die Rückstellkraft; die Pendelfrequenz ist also in Wirklichkeit kleiner als (11.17). Nach (11.15) wächst die *relative* Abweichung der Rückstellkraft wie

$$\frac{\Delta F}{F} = \frac{\varphi - \sin\varphi}{\varphi} \approx \frac{\varphi^3/6}{\varphi} = \frac{\varphi^2}{6} . \qquad (11.18)$$

Um mathematische Komplikationen zu vermeiden, nehmen wir diese *relative* Abweichung als konstant während der Schwingungsdauer an, verlagern sie also auf die Federkonstante, und schätzen sie durch den Maximalausschlag nach oben ab.

$$\frac{\Delta F}{F} = \frac{\Delta D}{D} = \text{const} < \frac{\varphi_0^2}{6} . \qquad (11.19)$$

Da die Frequenz proportional zur Wurzel aus der Federkonstaante ist, gewinnen wir für die relative Frequenzabweichung $\Delta\omega/\omega_0$ mit Hilfe einer Taylorentwicklung die Gleichung

$$\frac{\Delta\omega}{\omega_0} \approx \frac{1}{\omega_0}\frac{d\omega_0}{dD}\Delta D = \frac{1}{2}\frac{\Delta D}{D} < \frac{\varphi_0^2}{12} . \qquad (11.20)$$

Für einen Maximalausschlag von $\varphi_0 = 0{,}1\,\mathrm{rad}$ bleibt nach (11.20) die Frequenzabnahme unter 0,1%. Das mag wenig erscheinen, bedeutet aber für eine Pendeluhr immerhin schon ein Nachgehen von einer Minute am Tag. Da man ihren Ausschlag nicht beliebig klein halten kann, muß man wenigstens dafür sorgen, daß er möglichst konstant ist. Auch muß die Pendellänge einer Präzisionsuhr gegen Änderungen durch Temperaturschwankungen stabilisiert werden. Das führt zu den ausgetüftelten, auffälligen Konstruktionen der Pendelstäbe, die man an alten Uhren studieren kann.

Physikalisches Pendel

Wir wollen jetzt die Idealisierung des mathematischen Pendels verlassen und die Pendelschwingung eines beliebig gestalteten Körpers um eine horizontale Drehachse durch den Punkt D gewinnen (s. Abb. 11.5). Da wir jetzt die Massenverteilung berücksichtigen müssen, greifen wir auf die Grundgleichung der Drehbewegungen starrer Körper (7.10) zurück.

$$N = \theta\ddot{\varphi}\,,$$

die das Drehmoment N mit dem Trägheitsmoment θ verknüpft. Das Drehmoment rührt wiederum aus der Schwerkraft her, die jetzt aber an allen Massenelementen Δm_i im Abstand $\boldsymbol{r}_i$ von der Drehachse angreift und nach (6.15) das resultierende Drehmoment

$$\begin{aligned}\boldsymbol{N} &= \sum_i (\boldsymbol{r}_i \times \Delta m_i \boldsymbol{g}) = \sum_i ((\boldsymbol{R} + \boldsymbol{r}_{\mathrm{s}i}) \times \Delta m_i \boldsymbol{g}) \\ &= \left(\boldsymbol{R} \times \left(\sum_i \Delta m_i\right)\boldsymbol{g}\right) + \left(\left(\sum_i \boldsymbol{r}_{\mathrm{s}i}\Delta m_i\right) \times \boldsymbol{g}\right) \\ &= (\boldsymbol{R} \times M\boldsymbol{g}) \end{aligned} \tag{11.21}$$

bilden. Indem wir $\boldsymbol{r}_i$ in den Abstandsvektor $\boldsymbol{R}$ des Schwerpunkts S von der Drehachse und den Vektor $\boldsymbol{r}_{\mathrm{s}i}$ vom Schwerpunkt zum Ort von Δm_i aufgespalten haben (vgl. Abschn. 6.4), zeigt sich, daß der zweite Term in (11.21), das resultierende Drehmoment, das die Schwerkraft um den Schwerpunkt ausübt, verschwindet; denn für Schwerpunktskoordinaten $\boldsymbol{r}_{\mathrm{s}i}$ gilt per definitionem

$$\sum_i \boldsymbol{r}_{\mathrm{s}i}\Delta m_i = 0\,.$$

Folglich wirkt die Schwerkraft bezüglich des Drehmoments so, als ob sie als Ganzes im Schwerpunkt angreift. Unter Beachtung des gewählten Drehsinns von φ, nämlich von $\boldsymbol{g}$ nach $\boldsymbol{R}$, folgt für N (als skalare Funktion von φ geschrieben)

$$N(\varphi) = -RMg\sin\varphi\,, \tag{11.21$'$}$$

wobei das Minuszeichen die rücktreibende Wirkung ausdrückt. Benutzen wir wiederum die harmonische Näherung $\sin\varphi \approx \varphi$, so lautet die Gleichung der ungedämpften Schwingung des **physikalischen Pendels**, aufgelöst nach der zweiten Ableitung,

$$\ddot{\varphi} = -\frac{RMg}{\theta}\varphi = -\frac{D_\varphi}{\theta}\varphi = -\omega_0^2\varphi\,, \tag{11.22}$$

mit der uns schon vom mathematischen Pendel her bekannten Lösung

$$\varphi(t) = \varphi_0 \cos(\omega_0 t + \alpha_0)\,. \tag{11.23}$$

In (11.22) haben wir das Produkt RMg zur sogenannten **Richtgröße** D_φ in Analogie zu (11.5) zusammengefaßt. Sie ist der Proportionalitätsfaktor zwischen rücktreibendem Drehmoment und Winkelausschlag.

Allerdings hängt die Frequenz des physikalischen Pendels

$$\omega_0 = \frac{2\pi}{T} = \sqrt{\frac{RMg}{\theta}} \tag{11.24}$$

jetzt explizit von der Masse des Körpers, seiner Schwerpunktslage und seinem Trägheitsmoment bezüglich der Drehachse ab.

Man überzeugt sich leicht, daß für ein mathematisches Pendel mit $\theta = MR^2$ die Frequenz wieder die einfache Form $\omega_0 = \sqrt{g/R}$ aus (11.17) annimmt.

* Zur Ergänzung wollen wir noch die potentielle Energie der Pendelschwingung, ihre harmonische Näherung und ihren Zusammenhang mit dem Rückstellmoment untersuchen. Aus Abb. 11.5 ergibt sich ohne weiteres, daß die potentielle Energie aus der Anhebung des Schwerpunkts um die Höhe h resultiert:

$$E_\mathrm{p} = Mgh = MgR(1 - \cos\varphi)\,. \tag{11.25}$$

Benutzen wir für den Cosinus die Taylor-Entwicklung bis zum zweiten Glied

$$\cos\varphi = 1 - \frac{\varphi^2}{2} + \ldots\,, \tag{11.26}$$

so haben wir bereits die harmonische Näherung der potentiellen Energie

$$E_\mathrm{p}(\varphi) = \frac{MgR\varphi^2}{2}\,, \tag{11.27}$$

mit der gewohnten quadratischen Abhängigkeit von der Koordinate gewonnen. Sie ist in diesem Fall allerdings keine Weg- sondern eine Winkelkoordinate. Ihr

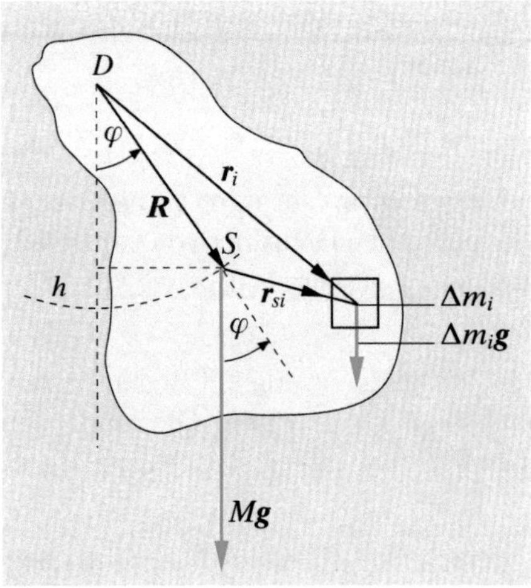

Abb. 11.5. Prinzip des physikalischen Pendels. Die Drehachse durch D stehe senkrecht auf der Zeichenebene

Zusammenhang mit der vom Potential bei Drehung geleisteten Arbeit dW ist daher nicht durch die Kraft sondern durch das Drehmoment gegeben (s. (7.13)).

$$\mathrm{d}W(\varphi) = -\mathrm{d}E_\mathrm{p}(\varphi) = N\mathrm{d}\varphi \quad \curvearrowright \quad N = -\frac{\mathrm{d}E_\mathrm{p}(\varphi)}{\mathrm{d}\varphi}. \tag{11.28}$$

Wenden wir (11.28) auf (11.25) bzw. die harmonische Näherung (11.26) an, so gewinnen wir das Drehmoment in der exakten Form (11.21′) bzw. in der harmonischen Form (11.22) zurück:

$$N = -RMg\varphi = -D_\varphi \varphi\,. \tag{11.29}$$

Allgemeine Drehschwingungen

Eine **Richtgröße** D_φ, die zu **harmonischen Drehschwingungen** Anlaß gibt, können wir – abgesehen von der Pendelbewegung – auch ganz allgemein aus elastischen Verformungen gewinnen, z. B. aus der Torsion, d. h. Verdrillung eines Drahts, oder dem Aufwickeln einer Spiralfeder. Die Gleichung der ungedämpften Drehschwingung nimmt dann die allgemeine Form

$$\ddot{\varphi} = -\frac{D_\varphi}{\theta}\varphi\,, \tag{11.30}$$

mit der Lösung

$$\varphi = \varphi_0 \cos\left(\sqrt{\frac{D_\varphi}{\theta}}\,t + \alpha_0\right) \tag{11.31}$$

an.

Drehschwingungen eignen sich zur experimentellen Bestimmung von Trägheitsmomenten aus der Schwingungsdauer T bei gegebener Richtgröße D_φ. Benutzt man hierzu die Pendelbewegung, so muß man entsprechend (11.29) die Masse des Körpers und den Abstand seines Schwerpunkts vom Drehpunkt bestimmen. Wir können den Körper aber auch auf einen Drehtisch legen, dessen Achse mit einer Spiralfeder bekannten Richtmoments verbunden ist (s. Abb. 11.6a). Das Trägheitsmoment

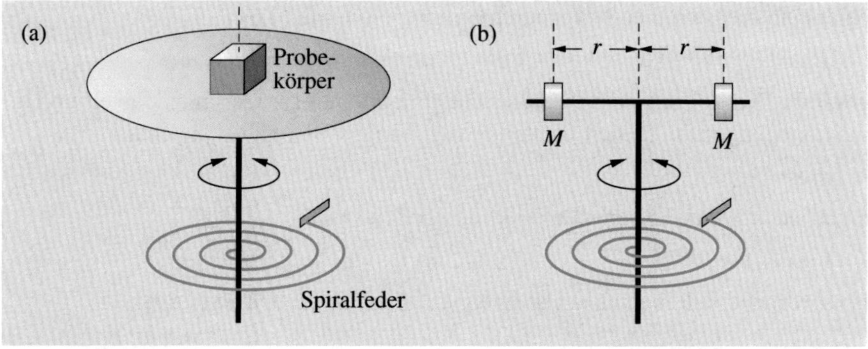

Abb. 11.6. (**a**) Schema eines Drehschwingtisches zur Messung des Trägheitsmoments aufgelegter Probekörper. (**b**) Versuchsanordung zur Prüfung der Drehschwingungsgleichung (11.32)

bestimmen wir dann aus der gemessenen Schwingungsdauer

$$\theta = D_\varphi \frac{T^2}{4\pi^2} - \theta_{\text{Tisch}} , \tag{11.32}$$

wobei das zuvor gemessene Trägheitsmoment des Tisches θ_{Tisch} in Abzug kommt. In beiden Verfahren messen wir natürlich das Trägheitsmoment bezüglich der jeweiligen Drehachse. Der Zusammenhang zum charakteristischen Trägheitsmoment θ_{S} bezüglich einer parallelen Achse im Abstand R durch den Schwerpunkt ist durch den Steinerschen Satz (7.8) gegeben:

$$\theta = \theta_{\text{S}} + MR^2 .$$

VERSUCH 11.2

Drehschwingung. Wir demonstrieren den Zusammenhang (11.32) zwischen dem Trägheitsmoment und der Schwingungsdauer mit der Anordung der Abb. 11.6b, mit der wir schon das sogenannte Grundgesetz der Drehbewegung (7.10) geprüft hatten, allerdings mit dem Unterschied, daß wir jetzt das konstante Drehmoment durch das rücktreibende Richtmoment einer Spiralfeder ersetzen. Vernachlässigen wir das Trägheitsmoment des leichtgebauten Tragarms und der Achse gegen das der beiden Bleigewichte M, die jeweils im Abstand r von der Drehachse aufgehängt sind, so gilt für das Trägheitsmoment in dieser Näherung

$$\theta = 2Mr^2 . \tag{11.33}$$

Dabei haben wir die beiden Gewichte als Massenpunkte im Abstand r idealisiert. Setzen wir (11.33) in (11.32) ein, so erwarten wir eine lineare Beziehung zwischen Abstand und Schwingungsdauer

$$T \propto r , \tag{11.34}$$

die wir mit einer Meßreihe bei verschiedenen r nachprüfen.

11.3 Gedämpfte freie Schwingung

Wir hatten schon in Abschn. 4.9 diskutiert, wie **Reibungskräfte** eine ansonsten kräftefreie Bewegung zum Erliegen bringen, indem sie ihre kinetische Energie durch Umwandlung in Wärme aufzehren. Als einfachsten Ansatz für die Reibungskraft bei einer eindimensionalen Bewegung hatten wir die Form (4.64)

$$F_\varrho = -\varrho v = -\varrho \dot{x}$$

gewählt. Die Reibungskraft wachse also proportional zur Geschwindigkeit und sei ihr entgegengerichtet. Die Lösung der zugehörigen Bewegungsgleichung

$$m\dot{v} = -\varrho v$$

ergab sich als eine Exponentialfunktion der Zeit (4.67)

$$v(t) = v_0 \mathrm{e}^{-(\varrho/m)t} .$$

Entsprechend fällt die kinetische Energie doppelt so schnell ab (4.69)

$$E_{\text{k}}(t) = \frac{m}{2} v^2(t) = \frac{m}{2} v_0^2 \mathrm{e}^{-(2\varrho/m)t} = E_{\text{k}\,0} \mathrm{e}^{-(t/\tau)} ,$$

wobei wir im Exponenten die charakteristische Zerfallszeit τ der Energie eingeführt haben.

Ganz ähnlich verhalten sich Schwingungen, die unter dem Einfluß einer solchen Reibungskraft gedämpft sind: Der periodischen Bewegung ist ein exponentieller Abfall der Amplitude überlagert. Im Weg-Zeit-Diagramm des Schwingungsvorgangs stellt sich die Dämpfung als Einhüllende der Maximalamplituden dar (s. Abb. 11.7). Dieser Sachverhalt gilt im wesentlichen für alle freien, gedämpften Schwingungen, für die vielen Typen mechanischer Schwingungen ebenso wie für elektrische. Den Ablauf einer gedämpften elektrischen Schwingung können wir sehr schön im Oszillographenbild darstellen (s. Abb. 11.7).

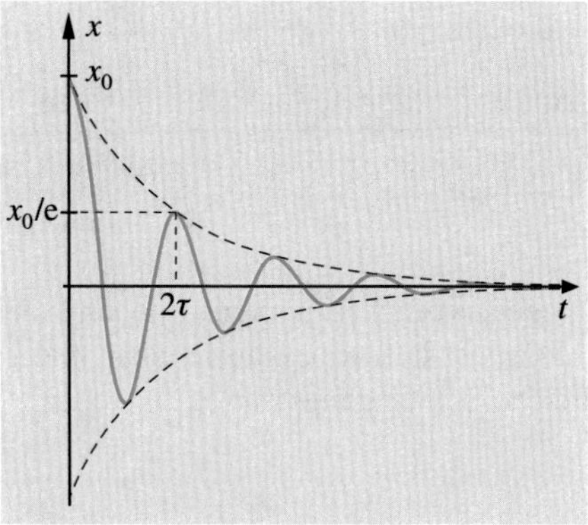

Abb. 11.7. Weg-Zeitdiagramm einer gedämpften Schwingung (*durchgezogene Linie*) mit einer abfallenden Exponentialfunktion als Einhüllenden (*gestrichelte Linie*). Eine solche Kurvenform zeichnet z. B. ein Oszillograph von einer gedämpften elektrischen Schwingung auf, die zum Zeitpunkt $t = 0$ durch einen plötzlichen Spannungsstoß angeregt wurde

Wir wählen daher als Lösungsansatz für die **gedämpfte Schwingung** das Produkt aus einer Exponentialfunktion und einer harmonischen Schwingung

$$x(t) = x_0 e^{-(t/2\tau)} \cos(\omega t + \varphi_0) . \tag{11.35}$$

Sie muß der Newtonschen Kraftgleichung

$$F = -Dx - \varrho \dot{x} = m\ddot{x} \tag{11.36}$$

genügen, die jetzt neben der Rückstellkraft auch die Reibungskraft enthält. Aufgelöst nach der zweiten Ableitung lautet sie

$$\ddot{x} = -\frac{D}{m} x - \frac{\varrho}{m} \dot{x} . \tag{11.37}$$

Zur Bestimmung ihrer charakteristischen Parameter τ und ω differenzieren wir (11.35) zweimal nach der Zeit, ordnen die Terme um und vergleichen sie mit (11.37). Die Schritte lauten im einzelnen

$$\begin{aligned} \dot{x} &= -\frac{1}{2\tau} x_0 e^{-(t/2\tau)} \cos(\omega t + \varphi_0) - \omega x_0 e^{-(t/2\tau)} \sin(\omega t + \varphi_0) \\ &= -\frac{1}{2\tau} x - \omega x_0 e^{-(t/2\tau)} \sin(\omega t + \varphi_0) \quad \curvearrowright \end{aligned} \tag{11.38}$$

$$\ddot{x} = -\frac{1}{2\tau} \dot{x} + \frac{1}{2\tau} \omega x_0 e^{-t/2\pi} \sin(\omega t + \varphi_0) - \omega^2 x_0 e^{-t/2\pi} \cos(\omega t + \varphi_0) . \tag{11.39}$$

Den zweiten Term auf der rechten Seite von (11.39) können wir mit Hilfe von (11.38) durch x und $\dot{x}$ ausdrücken, ebenso den letzten Term in (11.39) durch x, und erhalten

$$\ddot{x} = -\frac{1}{2\tau}\dot{x} - \frac{1}{2\tau}(\dot{x} + \frac{1}{2\tau}x) - \omega^2 x = -\left(\omega^2 + \frac{1}{4\tau^2}\right)x - \frac{1}{\tau}\dot{x}\,. \tag{11.40}$$

Dieses Ergebnis hat in der Tat die gesuchte Form von (11.37).

Durch Koeffizientenvergleich erhalten wir den gesuchten Zusammenhang zur Federkonstanten D, zum Reibungskoeffizient ϱ und zur Masse m

$$\frac{1}{\tau} = \frac{\varrho}{m} \tag{11.41}$$

$$\omega^2 = \frac{D}{m} - \frac{\varrho^2}{4m^2} = \omega_0^2 - \frac{1}{4\tau^2}\,, \quad \text{bzw.} \quad \omega = \sqrt{\omega_0^2 - \frac{1}{4\tau^2}}\,. \tag{11.42}$$

Umgekehrt wollen wir (11.37) in der **Normalform der gedämpften Schwingungsgleichung** ausdrücken

$$\omega_0^2 x + \frac{\dot{x}}{\tau} + \ddot{x} = 0\,. \tag{11.43}$$

Darin kommen nur noch die Frequenz der ungedämpften Schwingung ω_0 und die Zeitkonstante der Dämpfung τ vor. In dieser Form ist sie generell anwendbar, und x kann für irgendeine mechanische oder elektrische Schwingungsamplitude stehen.

Diskussion der Lösungen

Schwingfall. Unser Lösunganſatz (11.35) ist offensichtlich nur beschränkt gültig; denn es darf das Quadrat der Frequenz nach (11.42) nicht kleiner als 0, d. h. die Dämpfung nicht zu groß werden. Eine wirkliche Schwingung mit endlicher, reeller Frequenz beobachten wir nur im Fall

$$\omega_0^2 > \frac{1}{4\tau^2}\,, \tag{11.44}$$

den wir als **Schwingfall** bezeichnen. Wir erkennen aus (11.42), daß mit wachsender Dämpfung die Schwingungsfrequenz absinkt. Das leuchtet anschaulich ein, weil die Reibung den Bewegungsablauf bremst.

Die *Zeitkonstante* der Dämpfung τ ist gegenüber dem Fall der schlichten Dämpfung ohne Schwingung ($D = \omega_0 = 0$), die wir eingangs rekapituliert hatten, um den Faktor 2 länger; die Schwingung klingt also *langsamer* aus. Auch das ist anschaulich einsichtig, weil in der Nähe der Umkehrpunkte die Geschwindigkeit v und damit auch die Reibungskraft F_ϱ jeweils verschwinden. Dadurch ist der Reibungseffekt im zeitlichen Mittel reduziert. Mit anderen Worten: Die Reibung greift unmittelbar nur an der kinetischen Energie der Schwingung an, nicht aber an der potentiellen.

Häufig interessiert man sich für die *relative* Dämpfungskonstante im Verhältnis zur Schwingungsdauer T.

In diesem Sinne führt man das **logarithmische Dekrement**

$$\delta = \frac{T}{2\tau} \tag{11.45}$$

ein. Es ist der Logarithmus des relativen Amplitudenverlusts pro Schwingungsdauer

$$\frac{x(t+T)}{x(t)} = e^{-\delta} . \tag{11.46}$$

Da die Schwingungsenergie nach (11.10 und 11.11) quadratisch in der Amplitude ist, fällt sie doppelt so schnell ab wie die Amplitude:

$$\frac{E(t+T)}{E(t)} = e^{-2\delta} = e^{-T/\tau} . \tag{11.47}$$

Sehen wir von dem oben diskutierten periodischen Auf und Ab des Energieverlusts ab, so nimmt jedenfalls im zeitlichen Mittel die Schwingungsenergie nach dem Exponentialgesetz

$$E(t) = E_0 e^{-(t/\tau)} = E_0 e^{-\lambda t} \tag{11.48}$$

ab. Die **Dämpfungskonstante** τ heißt im anderen Zusammenhang auch **Relaxationszeit** oder in Analogie zum radioaktiven Zerfallsgesetz **Lebensdauer**. Ihr Reziprokwert $1/\tau$ heißt **Zerfallskonstante** und wird synonym mit den Symbolen λ, γ oder Γ belegt. Während der Zeit τ ist die Phase der Schwingung (im Bogenmaß) um den Betrag

$$\varphi(t+\tau) - \varphi(t) = \omega\tau = Q \tag{11.49}$$

vorgerückt. Wir nennen diesen Wert die **Güte** Q des Schwingers. Der Name erklärt sich dadurch, daß $Q/2\pi = \tau/T$ die Anzahl der während τ ausgeführten Schwingungsperioden angibt. Hohe Güte bedeutet also geringe relative Dämpfung. In diesem Falle können wir auch näherungsweise schreiben

$$Q \approx \omega_0 \tau . \tag{11.49$'$}$$

! Die Güte charakterisiert weitgehend die Dynamik eines Schwingers und spielt daher eine große Rolle.

Kriechfall. Im Bereich

$$\omega_0^2 < \frac{1}{4\tau^2} , \tag{11.50}$$

den wir als **überkritische Dämpfung** bezeichnen, hat die Lösung der Schwingungsgleichung (11.43) *keinen* periodischen Anteil mehr, sondern besteht aus der Summe *zweier* abfallender Exponentialfunktionen

$$x(t) = x_{01} e^{-\lambda_1 t} + x_{02} e^{-\lambda_2 t} \qquad \text{mit}$$

$$\lambda_{1(2)} = \frac{1}{2\tau} \overset{+}{\underset{(-)}{}} \sqrt{\frac{1}{4\tau^2} - \omega_0^2} \tag{11.51}$$

und den Randwerten x_{01}, x_{02}. Den Beweis kann man wiederum durch Einsetzen der Lösung in (11.43) führen. Die Randwerte bestimmen Anfangs*auslenkung* und Anfangs*geschwindigkeit* des Schwingers. Sei $\omega_0^2 \ll 1/4\tau^2$, so können wir die Wurzel in (11.51) entwickeln und erhalten zwei sehr unterschiedliche Zerfallskonstanten

$$\begin{aligned}\lambda_1 &\approx \frac{1}{\tau}(1-\omega_0^2\tau^2) \approx \frac{1}{\tau} \\ \lambda_2 &\approx \omega_0^2\tau \ll \lambda_1 \,.\end{aligned} \tag{11.51'}$$

Während λ_1 sich wie erwartet dem Grenzwert $1/\tau$ bei verschwindender Federkonstanten ($D = 0$) nähert, ist λ_2 demgegenüber um einen Faktor $\omega_0^2\tau^2 \ll 1$ kleiner, entspricht also einer sehr viel längeren Zerfallszeit $1/\lambda_2 \gg \tau$. Erteilt man z. B. einem überkritisch gedämpften Schwinger in der Ruhelage durch einen Stoß eine gewisse Anfangsgeschwindigkeit $\dot{x}_0$, so beschreibt λ_1 im wesentlichen den ansteigenden Ast der Auslenkung und λ_2 den abfallenden, auf dem der Schwinger durch die vergleichsweise schwache Federkraft langsam in die Ruhelage zurückgezogen wird (s. Abb. 11.8).

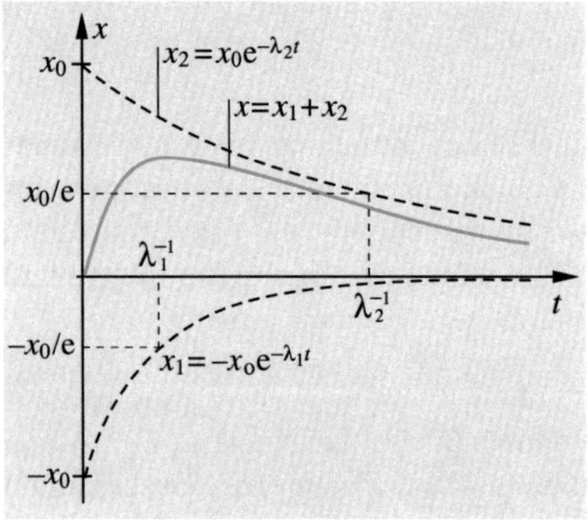

Abb. 11.8. An- und Rückschwingen eines überkritisch gedämpften Schwingers (*blaue Linie*). Die Kurve ist die Differenz aus einer langsam und einer schnell abklingenden e-Funktion (*gestrichelte Linien*)

Kritische Dämpfung. Beim Übergang vom Schwing- zum Kriechfall

$$\omega_0^2 = \frac{1}{4\tau^2} \tag{11.52}$$

sprechen wir von **kritischer Dämpfung**. Jetzt gilt nach wie vor die Lösung (11.51). Jedoch nehmen die beiden Zerfallskonstanten den gleichen Wert an

$$\lambda_1 = \lambda_2 = \lambda = \frac{1}{2\tau}\,,$$

so daß sich (11.51) mit $x_{01} + x_{02} = x_{0\alpha}$ auf eine einzige Lösungsfunktion zusammenzieht. Mit der Funktion $\dot{x}_{0\beta}te^{-t/2\tau}$ findet man auch hier noch eine zweite, unabhängige Lösung (Beweis durch Einsetzen in 11.43), so daß für diesen **aperiodischen Grenzfall** die Gesamtheit der Lösungen beschrieben wird durch

$$x(t) = (x_{0\alpha} + \dot{x}_{0\beta}t)\mathrm{e}^{-t/2\tau} \tag{11.53}$$

mit Randwerten $x_{0\alpha}$, $\dot{x}_{0\beta}$.

! Die kritische Dämpfung spielt in der *Technik* eine erhebliche Rolle. Es stellt sich nämlich häufig die Frage: Wie bedämpft man einen Federkörper z. B. die Stoßdämpfer am Auto bei gegebener abzufedernder Masse des Autos (m) und „Härte“ der Federung D derart, daß nach einem Stoß möglichst schnell die Ruhelage zurückgewonnen wird? Bedämpft man unterkritisch, schwingt das Auto lange nach; bedämpft man aber überkritisch, so wird λ_2 klein und das Auto findet nur langsam in die Ausgangslage zurück. Zwischen diesen Fällen stellt die kritische Dämpfung das Optimum dar. Während einer Schwingungsdauer $T = 2\pi/\omega_0$ der ungedämpften Schwingung erfährt die kritisch gedämpfte laut (11.53) und (11.51) eine Dämpfung um den Faktor $e^{-2\pi} = 1/535$. Kritische Dämpfung ist auch bei Zeigerinstrumenten jeglicher Art erwünscht. Sie alle sind nämlich – was den mechanischen Teil anbetrifft – Kraft- oder Drehmomentmesser, die auf dem Federprinzip beruhen, also schwingungsfähig sind. Auch hier verlangt man, daß der Zeiger die Gleichgewichtsstellung des anzuzeigenden Meßwerts möglichst rasch einnimmt. Bei Ampèremetern nach dem Drehspulprinzip, das auf der magnetischen Kraftwirkung des Stroms beruht, erreicht man die kritische Dämpfung am einfachsten durch „elektrische Reibung", indem man das Instrument mit einem geeigneten Ohmschen Nebenschluß überbrückt.

Wir demonstrieren die hier besprochenen Phänomene in folgenden Versuchen:

VERSUCH 11.3

Gedämpfte Schwingungen

a) Pohlsches Rad. Abbildung 11.9 zeigt das Prinzip des Pohlschen Rads, mit dem man sowohl gedämpfte Drehschwingungen, wie auch durch äußeren Antrieb erzwungene Schwingungen (s. Abschn. 11.5) demonstrieren kann. Wir beschränken uns zunächst auf das erstere. Der Hauptwitz liegt in der variablen Wirbelstrombremse, mit der man die Dämpfung von nahezu Null bis auf stark überkritisch variieren kann, indem man den Elektromagnet, zwischen dessen Polschuhen die ringförmige Kupferscheibe hindurchschwingt, mehr oder weniger stark erregt. Beim Bewegen des Kupferrings durch das Magnetfeld entstehen Wirbelströme, die eine Bremskraft verursachen, die strikt proportional zur Geschwindigkeit und zur Stärke des Magnetfelds ist. Wir demonstrieren damit Schwing- und Kriechfall und suchen den aperiodischen Grenzfall. Im Schwingfall messen wir das logarithmische Dekrement (11.45).

b) Gedämpfte elektrische Schwingungen. Wir regen einen elektrischen Schwingkreis durch einen Spannungsstoß zu einer gedämpften Schwingung an und verändern die Dämpfung von unterkritisch nach überkritisch durch einen variablen Widerstand im Schwingkreis. Die am Kondensator anliegende Spannungsamplitude wird von einem Oszillographen als Funktion der Zeit aufgezeichnet. Auf dem Schirm beobachten wir unmittelbar die in Abb. 11.7 und 11.8 gezeigten Kurvenformen. Auf Details der Schaltelemente und ihre Funktionen gehen wir

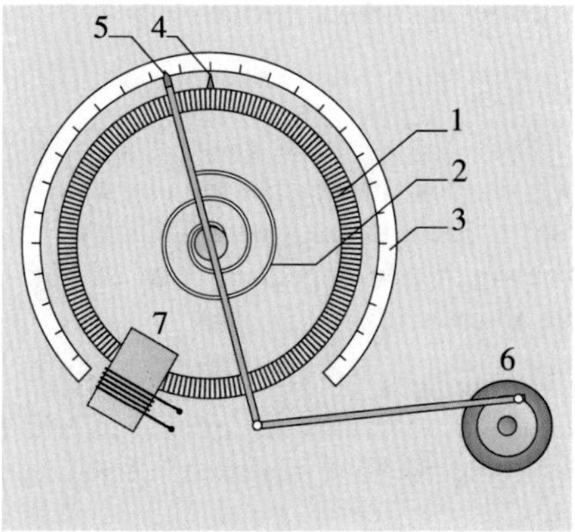

Abb. 11.9. Pohlsches Rad zur Demonstration von Drehschwingungen. Es bedeuten: (*1*) Kupferring als Schwungrad. (*2*) Torsionsfeder; sie koppelt Schwungradachse mit Antrieb. (*3*) Winkelmaß. (*4*) Amplitudenanzeige des Schwungrads, (*5*) Amplitudenanzeige der Antriebswelle, (*6*) Exzenter mit Motor zum periodischen Antrieb. (*7*) Wirbelstrombremse mit variabler Bremskraft

in Kap. 24 ein. Hier genügt es festzustellen, daß die Normalform der Schwingungsgleichung (11.43) auch elektrische Schwingungsphänomene vollständig beschreibt.

Superpositionsprinzip

Wir wollen jetzt die *mathematische* Diskussion der Schwingungsgleichung weiterführen und zunächst auf eine ganz wichtige Eigenschaft **linearer Differentialgleichungen** aufmerksam machen, die als **Superpositionsprinzip** bekannt ist. Es besagt, daß sich Lösungen einer linearen Differentialgleichung ungestört superponieren; d. h. seien $x_1(t)$ und $x_2(t)$ Lösungen einer **linearen, homogenen DGL**, so ist auch ihre Summe

$$x(t) = x_1(t) + x_2(t) \tag{11.54}$$

eine Lösung dieser DGL. Den Beweis führt man ganz einfach durch Einsetzen von (11.54) in die DGL (11.55), die man ganz allgemein als lineare homogene DGL N-ter Ordnung mit zeitabhängigen Koeffizienten (also wesentlich allgemeiner als die Schwingungsgleichung) ansetzen darf:

$$\sum_{n=0}^{N} a_n(t) \frac{\mathrm{d}^n x}{\mathrm{d}t^n} = 0 \,. \tag{11.55}$$

Man erkennt sofort, daß (11.54) eingesetzt in (11.55) in getrennte Differentialgleichungen für x_1 und x_2 zerfällt, die nach Voraussetzung jeweils erfüllt sind. Dabei spielt eine Rolle, daß auf der rechten Seite von (11.55) eine Null steht, daß es also kein von x freies Glied gibt, was mit dem Wort *homogen* ausgedrückt wird. Die freie, gedämpfte Schwingungsgleichung (11.43) ist von diesem Typ. Ist die DGL aber *inhomogen*, d. h. steht auf der rechten Seite von (11.55) eine Konstante oder auch eine Funktion der Zeit $F(t)$, so gilt das Superpositionsprinzip in folgender Modifikation: Löse $x_1(t)$ die **lineare, inhomogene DGL**

$$\sum_{n=0}^{N} a_n(t) \frac{\mathrm{d}^n x}{\mathrm{d}t^n} = F_1(t)$$

und löse $x_2(t)$ die gleiche lineare DGL jedoch mit einer anderen Inhomogenität $F_2(t)$ auf der rechten Seite, so löst die Summe der beiden Lösungen $X(t) = x_1(t) + x_2(t)$ die betreffende DGL bezüglich der Summe der beiden Inhomogenitäten

$$\sum_{n=0}^{N} a_n(t) \frac{\mathrm{d}^n X}{\mathrm{d}t^n} = F_1(t) + F_2(t) \,.$$

Der Beweis dieses Satzes ist ebenso trivial wie der des vorhergehenden und schließt diesen übrigens mit $F_i(t) \equiv 0$ ein. Wir werden solchen inhomogenen DGLn weiter unten bei der Behandlung erzwungener Schwingungen begegnen, wo die $F_i(t)$ *äußere Kräfte* darstellen, die die Schwingung antreiben.

Die Bedeutung des Superpositionsprinzips ist immens. Es gilt auch für Wellen (s. Kap. 12) und ist Grundlage aller Interferenzerscheinungen. Es ist aber in dem Moment verletzt, wo in der DGL x oder eine seiner Ableitungen in einer höheren Potenz vorkommt.

Führt man nämlich diese Potenz bezüglich der Summenlösungen $x_1(t)+x_2(t)$ aus, so treten notwendigerweise Produkte von $x_1(t)$ und $x_2(t)$ (bzw. von deren Ableitungen) auf, die am Ende übrigbleiben.

Beispiele für die *Verletzung* des Superpositionsprinzips bieten anharmonische Schwingungen, wo die Rückstellkraft nicht mehr proportional zum Ausschlag ist, sondern höhere Potenzen ins Spiel kommen wie im Fall des weit ausschlagenden Pendels (vgl. (11.15)).

Wir werden darauf weiter unten zurückkommen.

Komplexe Lösung der freien, gedämpften Schwingungsgleichung

Das **Superpositionsprinzip** erlaubt uns, auf einen *mathematischen Kunstgriff* zurückzugreifen, mit dem wir lineare Schwingungsgleichungen einfacher und genereller lösen können. Er besteht darin, **komplexe Lösungen** von der Form

$$z(t) = x(t) + \mathrm{i}y(t) \tag{11.56}$$

zu suchen, wobei der Realteil $x(t)$ und der Imaginärteil $y(t)$ jeweils für sich Lösungen der Schwingungsgleichungen seien. Solange die DGL linear bleibt, mischen sich die beiden Anteile nicht, sondern bleiben unabhängig voneinander Lösungen der DGL. Wir können daher den Realteil *oder* den Imaginärteil als Lösung unseres physikalischen Problems akzeptieren und den jeweils anderen sozusagen als Statisten mitführen, der uns aber Zugang zu Rechenmethoden im Komplexen verschafft.

Wir wollen z als zweikomponentigen Vektor in die komplexe Ebene eintragen und durch die **Eulersche Formel** darstellen,

$$z(t) = \sqrt{x^2(t) + y^2(t)}(\cos\varphi(t) + \mathrm{i}\sin\varphi(t)) = |z(t)|\mathrm{e}^{\mathrm{i}\varphi(t)}, \tag{11.57}$$
$$\text{mit} \quad \varphi = \arctan\left(\frac{y}{x}\right).$$

Die e-Funktion mit dem rein imaginären Argument $\mathrm{i}\varphi$ ist ein Einheitsvektor auf dem Einheitskreis der komplexen Ebene im Winkel φ zur reellen Achse (s. Abb. 11.10). (Die Charakterisierung als Vektor mit Fettdruck lassen wir bei komplexen Zahlen in der Regel weg, um Verwechslungen mit üblichen Vektoren zu vermeiden.)

Wir suchen jetzt Lösungen der Schwingungsgleichung von der Form

$$A(t) = A_0\mathrm{e}^{-\lambda t}, \tag{11.58}$$

wobei jetzt A allgemein für die Amplitude der Schwingung stehen soll. Den Eigenwert λ, der im allgemeinen komplex ist, gewinnen wir durch Einsetzen von (11.58) in die Normalform (11.43)

$$\omega_0^2 A + \frac{1}{\tau}\dot{A} + \ddot{A} = \omega_0^2 A - \frac{\lambda}{\tau}A + \lambda^2 A = \left(\omega_0^2 - \frac{\lambda}{\tau} + \lambda^2\right)A = 0.$$

Nullsetzen des Klammerausdrucks führt auf die sogenannte **charakteristische Gleichung**, in diesem Fall eine quadratische, mit den beiden Lösungen

$$\lambda_{1(2)} = \frac{1}{2\tau} \overset{+}{\underset{(-)}{}} \sqrt{\frac{1}{4\tau^2} - \omega_0^2}. \tag{11.59}$$

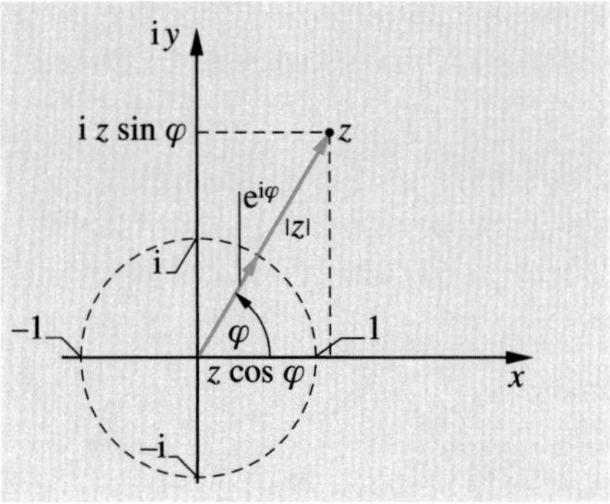

Abb. 11.10. Darstellung einer komplexen Zahl (11.57) als Ortsvektor in der komplexen Zahlenebene

Bei überkritischer Dämpfung (11.50) sind die Eigenwerte reell und wir haben mit geeigneten Startwerten A_{01}, A_{02} die Lösungen des Kriechfalls (11.51) wiedergewonnen.

Im Fall unterkritischer Dämpfung (11.44) sind die Wurzeln imaginär und führen auf den Schwingfall. Nach Multiplikation von (11.58) mit einem Phasenfaktor

$$\Phi_{1(2)} = \mathrm{e}^{\overset{-}{(+)}\mathrm{i}\varphi_0} ,$$

der die Anfangsphase der Schwingung bestimmt, gewinnen wir die komplexen Lösungen des Schwingfalls in der Form

$$A_{1(2)}(t) = A_0 \mathrm{e}^{-(t/2\tau)} \mathrm{e}^{\overset{-}{(+)}\mathrm{i}(\omega t+\varphi_0)} , \quad \text{mit} \quad \omega = \sqrt{\omega_0^2 - \frac{1}{4\tau^2}} . \tag{11.60}$$

Die beiden Lösungen unterscheiden sich im Vorzeichen der Phase $\varphi = \omega t + \varphi_0$. Für den Realteil von (11.60) ist das wegen $\cos(-\varphi) = \cos\varphi$ bedeutungslos und für den Imaginärteil bedeutet es wegen $\sin(-\varphi) = -\sin\varphi$ lediglich eine Phasenverschiebung um π. Da die beiden Lösungen zueinander konjugiert komplex sind, gewinnen wir rein reelle Lösungen durch Superposition

$$A_\mathrm{r} = A_1 + A_2 .$$

! Man kann mit dem komplexen Ansatz in Schwierigkeiten kommen, wenn man z. B. eine anharmonische Federkraft zuläßt, weil dann das Superpositionsprinzip verletzt wird und Real- und Imaginärteil sich mischen, entgegen unserer Annahme. Auch im Rahmen der harmonischen Näherung kann es schon zu Ungereimtheiten kommen, wenn man z. B. quadratische Formen, wie die Schwingungsenergie betrachtet. Setzt man sie proportional zum Absolutquadrat der komplexen Schwingungsamplitude (11.60), so verschwindet ihre periodische Zeitabhängigkeit. Will man solchen Überraschungen prinzipiell aus dem Wege gehen und dennoch die Vorteile des komplexen Rechnens genießen, so geht man von vornherein von einem reellen Lösungsansatz

$$A_\mathrm{r}(t) = A(t) + A^\star(t)$$

als Summe einer komplexen und dazu konjugiert komplexen Amplitude aus.

11.4 Erzwungene Schwingung, Resonanz

Wir wollen jetzt untersuchen, wie ein Schwinger auf äußere Krafteinwirkung reagiert, und beschränken uns dabei auf eine rein periodische Kraft der Form

$$F(t) = F_0 \cos \omega t \,. \tag{11.61}$$

Sie möge z. B. an der Masse bei einer eindimensionalen Federschwingung angreifen und ergänzt damit die homogene Differentialgleichung der gedämpften Schwingung (11.36) zur inhomogenen **DGL der erzwungenen Schwingung**

$$Dx + \varrho\dot{x} + m\ddot{x} = F_0 \cos \omega t \,. \tag{11.62}$$

Bevor wir uns mit der exakten Lösung von (11.62) befassen, wollen wir die interessanten Phänomene der erzwungenen Schwingung im Versuch studieren und zusammenfassen.

VERSUCH 11.4

Erzwungene Schwingung. Als Versuchsobjekt wählen wir wieder die Drehschwingungen des Pohlschen Rads (s. Abb. 11.9), das wir jetzt mit Hilfe der Erregerwelle, die über die Torsionsfeder am Schwungrad angreift, zu Schwingungen anregen. Die Erregerwelle wird vom Motor über einen Exzenter periodisch mit der Frequenz ω um einen bestimmten Winkel hin und her gedreht. Wir beobachten mit Hilfe der Zeiger die Amplitude des Schwungrads und ihre relative Phase zur erregenden Kraft als Funktion von ω und der Dämpfung.

Im vorstehenden Versuch beobachten wir folgende Phänomene:

- Nach einer **Einschwingzeit** von der Größenordnung der Zeitkonstanten τ der freien, gedämpften Schwingung stellt sich allmählich eine *stationäre*, stabile Schwingung auf der *Frequenz des Erregers* ein. Während dieser Einschwingzeit klingen *freie* Schwingungen, die beim Einschalten der Erregung überlagert sind, ab.
- Die Amplitude der stationären Schwingung erreicht als Funktion der Erregerfrequenz ω ein Maximum in der Nähe (genau genommen kurz *unterhalb*) der Schwingungsfrequenz ω_0 der freien, ungedämpften Schwingung. Zu beiden Seiten dieses Maximums fällt die Amplitude in Form einer glockenförmigen Kurve ab. Dieses Phänomen heißt **Resonanz** (s. Abb. 11.11).
- Die Resonanzamplitude ist umso höher je schwächer die Dämpfung ist. Das leuchtet unmittelbar ein, wenn man bedenkt, daß die Dämpfung die dem Schwinger kontinuierlich zugeführte Energie dissipiert. Im gleichen Maße, wie die Resonanzamplitude als Funktion der Dämpfung wächst, wird sie auch schärfer; d. h. ihre **charakteristische Breite** $\Delta\omega$ (s. Abb. 11.11) nimmt ab.
- Die **Schwingung** hat eine **Phasenverschiebung** gegenüber dem Erreger. Sie hinkt in der Phase nach, weit unterhalb der Resonanz sehr wenig, in der Resonanz um $\pi/2$ und weit oberhalb der Resonanz um π (s. Abb. 11.12). Dieser Phasengang ist qualitativ verständlich aus der Trägheit des Systems. Genau wie bei der Resonanzamplitude ist der Phasengang von Null nach $-\pi$ umso

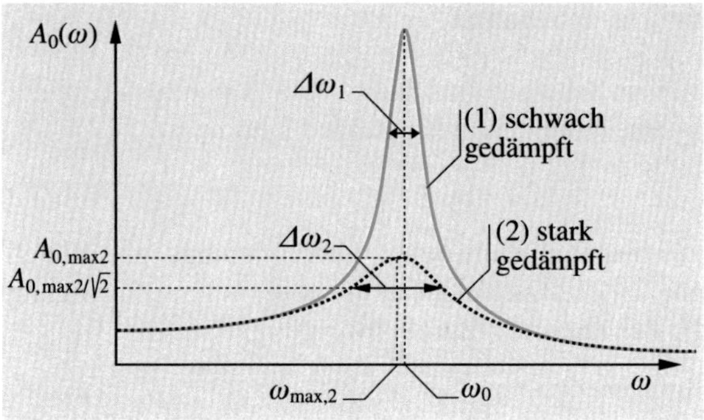

Abb. 11.11. Stationäre Amplitude der erzwungenen Schwingung als Funktion der Erregerfrequenz ω beim Resonanzdurchgang bei schwächerer *(1)* und stärkerer Dämpfung *(2)*

schärfer, je weniger der Schwinger gedämpft ist. Da die erregende *Kraft in Resonanz* der Schwingung um $\pi/2$ in der Phase vorauseilt, ist sie dort exakt *in Phase mit der Geschwindigkeit* des Schwingers, also zu ihr parallel gerichtet. Folglich schiebt sie den Schwinger optimal an, während sie weit außerhalb der Resonanz um $\pm\pi/2$ gegenüber der Geschwindigkeit phasenverschoben ist und deswegen dem Schwinger kaum Energie zuführen kann. Das ist im Einklang mit der Überhöhung der Resonanzamplitude.

Die hier diskutierten Resonanzphänomene sind allgemeingültig für jede Art von erzwungenen Schwingungen.

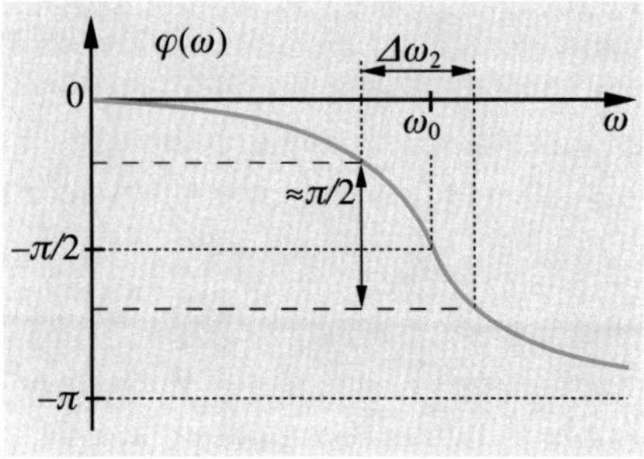

Abb. 11.12. Phasenverschiebung (11.66) eines Schwingers gegenüber dem Erreger beim Resonanzdurchgang. Die Güte ist wie im Fall (2) in Abb. 11.11 gewählt, d. h. relativ klein

Beim elektrischen Schwingkreis können wir sie besonders gut in graphischer Form mit Hilfe eines Zweistrahloszillographen verfolgen (s. Abb. 11.13). Auf der einen Spur schreiben wir die anregende Wechselspannungsamplitude, auf der anderen die Resonanzamplitude des Schwingkreises und beobachten beim Durchstimmen der Frequenz durch die Resonanz das Amplituden- und Phasenverhalten.

Stationäre Lösung der erzwungenen Schwingung

Die weitere Diskussion der **Resonanzphänomene** wollen wir anhand einer expliziten Lösung für die **stationäre erzwungene Schwingung** führen, die wir

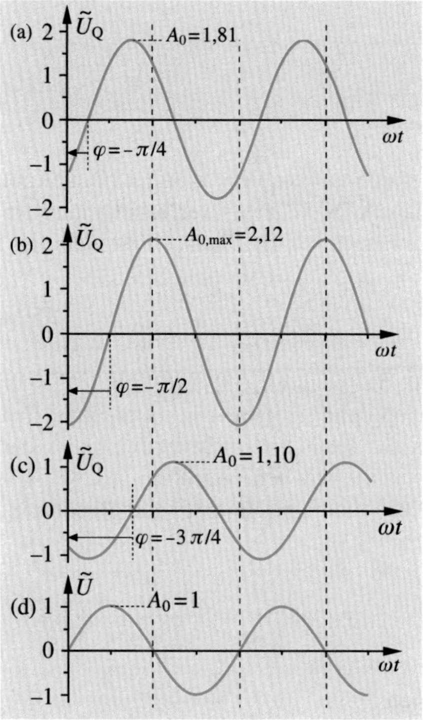

Abb. 11.13. Oszillographenbild einer erzwungenen, elektrischen Schwingung (Spannungsamplitude U_Q am Kondensator eines Serienkreises (s. Abschn. 24.2)): (**a**) unterhalb, (**b**) bei der Resonanzfrequenz, (**c**) oberhalb derselben. Man beachte auch den Verlauf der Phasenverschiebung gegenüber der angelegten Wechselspannung U (**d**) entsprechend Abb. 11.12. Wir haben in diesem Beispiel mit $\omega_0\tau = 2$ eine relativ starke Dämpfung gewählt, sodaß Amplituden- und Phasenverlauf noch recht unsymmetrisch sind. Der Oszillograph stellt U und U_Q im gleichen Maßstab dar

zweckmäßigerweise wieder im *Komplexen* suchen. Zu diesem Zweck setzen wir auch die Zeitabhängigkeit der Kraft komplex an und schreiben die **DGL der erzwungenen Schwingung** (11.62) in der Normalform

$$\omega_0^2 A + \frac{1}{\tau}\dot{A} + \ddot{A} = f_0 e^{i\omega t}\,, \qquad (11.63)$$

in der sie für *jede* Art erzwungener Schwingung gilt (für den Fall der Federschwingung (11.62) wäre $f_0 = F_0/m$ zu setzen). Entsprechend unserer Beobachtung wählen wir für die stationäre Schwingungsamplitude den Lösungsansatz

$$A(\omega, t, \varphi) = A_0(\omega)e^{i(\omega t+\varphi)}\,, \qquad (11.64)$$

wobei wir eine frequenzabhängige Amplitude $A_0(\omega)$ und eine Phasenverschiebung φ gegenüber der anregenden Frequenz einführen. Einsetzen von (11.64) in (11.63) führt auf eine Bestimmungsgleichung für $A_0(\omega, \varphi)$

$$\left(\omega_0^2 + \frac{i\omega}{\tau} - \omega^2\right) A_0(\omega)e^{i(\omega t+\varphi)} = f_0 e^{i(\omega t)}\,,$$

oder nach Umformen

$$A_0(\omega) = \frac{f_0}{\left((\omega_0^2 - \omega^2) + \mathrm{i}(\omega/\tau)\right)\mathrm{e}^{\mathrm{i}\varphi}}$$
$$= \frac{f_0}{\left((\omega_0^2 - \omega^2)^2 + (\omega^2/\tau^2)\right)^{1/2} \mathrm{e}^{i(\alpha+\varphi)}}, \qquad (11.65)$$

wobei wir auf der rechten Seite die eingeklammerte, komplexe Zahl im Nenner mit der Eulerschen Formel (11.57) umgeformt haben. Da A_0 und f_0 reell sind, muß auch der Nenner von (11.65) reell sein. Daraus gewinnen wir die **Phasenverschiebung**

$$\varphi = -\alpha = -\arctan\frac{\omega/\tau}{\omega_0^2 - \omega^2}. \qquad (11.66)$$

(Dabei haben wir davon Gebrauch gemacht, daß nach (11.57) und Abb. 11.10 der Tangens des komplexen Phasenwinkels gleich dem Quotienten aus Imaginär- und Realteil ist.) Abbildung 11.12 zeigt den Verlauf der Phase; insbesondere ist an der Polstelle $\omega = \omega_0$ die Phasenverschiebung $\varphi = -\pi/2$ wie beobachtet.

Mit $\mathrm{e}^{\mathrm{i}(\alpha+\varphi)} = 1$ gibt (11.65) unmittelbar die Gleichung für die **Resonanzamplitude**

$$A_0(\omega) = \frac{f_0}{\sqrt{(\omega_0^2 - \omega^2)^2 + \omega^2/\tau^2}}, \qquad (11.67)$$

die wir im folgenden näher diskutieren wollen:

- Das *Maximum der Resonanzkurve* liegt bei

  $$\omega_{\max} = \sqrt{\omega_0^2 - \frac{1}{2\tau^2}} \qquad (11.68)$$

  und erreicht den Wert

  $$A_{0\max} = f_0\frac{\tau}{\sqrt{\omega_0^2 - 1/4\tau^2}}. \qquad (11.69)$$

  Bei Verschwinden der Dämpfung $\tau \to \infty$ divergiert sie, weil der Schwinger vom Erreger dauernd Energie aufnimmt, ohne sie durch Dämpfung dissipieren zu können. Natürlich hält dem kein physikalisches System stand; man spricht daher von der **Resonanzkatastrophe**, die ein schwingungsfähiges System bei ungenügender Dämpfung erfährt. Es ist daher ein wichtiges technisches Prinzip, die Erregung gefährlicher, scharfer Resonanzen zu vermeiden.

!

- Als **Resonanzüberhöhung** bezeichnet man das Verhältnis der maximalen Resonanzamplitude (11.69) und der statischen Auslenkung des Schwingers bei der Erregerfrequenz $\omega = 0$ (s. auch Abb. 11.11)

  $$\frac{A_{0\max}}{A_0(\omega = 0)} = \frac{\omega_0^2\tau}{\sqrt{\omega_0^2 - 1/4\tau^2}} \approx \omega_0\tau \approx Q. \qquad (11.70)$$

Bei schwacher Dämpfung ($\omega_{max} \simeq \omega_0$) ist sie in guter Näherung durch die **Güte** Q des Schwingers gegeben (vgl. 11.49′). Um diesen Faktor belastet also eine resonante Kraft einen Schwinger stärker als eine statische. Ein Glas hält z. B. einem erheblichen statischen Druck stand. Bringt man es aber durch eine resonante Schallwelle zum Klirren, so genügt schon ein relativ geringer Schalldruck, um es aufgrund seiner sehr hohen Güte zu sprengen. (Dieses Kunststück wurde dem berühmten Tenor Caruso nachgesagt. Man beachte, daß es nicht nur auf die Kraft der Stimmbänder, sondern auch darauf ankommt, den richtigen Ton zu treffen.)

- Die **vom Schwinger aufgenommene** mittlere **Leistung** erhalten wir, indem wir den Integralmittelwert des Produkts aus Kraft und Geschwindigkeitsamplitude über eine Periode bilden. Für den konkreten Fall der **erzwungenen Federschwingung** (11.62) folgt nach etwas Rechnung

$$\overline{P}(\omega) = \frac{1}{T}\int_0^T P\,\mathrm{d}t = \frac{1}{T}\int_0^T F\dot{x}\,\mathrm{d}t$$
$$= \frac{F_0^2}{2m}\frac{1/\tau}{((\omega_0^2-\omega^2)^2/\omega^2)+(1/\tau^2)}\,, \tag{11.71}$$

wobei der zweite, frequenz- und dämpfungsabhängige Term *allgemeingültig* ist. Auch die Leistungsaufnahme durchläuft eine Resonanz. Im Gegensatz zur Amplitudenresonanz liegt ihr Maximum unabhängig von der Dämpfung immer bei der Frequenz der ungedämpften freien Schwingung ω_0. Man achte auf diesen Umstand, um die Verwechselung von Amplituden- und Leistungsresonanz zu vermeiden. Bei der Behandlung elektrischer Schwingkreise und auch bei vielen anderen Resonanzphänomen der Physik steht meistens die Leistungsresonanz im Vordergrund.

- Bei hoher Güte können wir die Kurve der Leistungsresonanz näherungsweise in die einfachere, zur Resonanzmitte symmetrische Form

$$\overline{P} \approx \frac{F_0^2}{2m}\frac{\tau}{1+(2\tau(\omega-\omega_0))^2} \tag{11.72}$$

umrechnen. Sie heißt **Lorentzkurve** (s. Abb. 11.14) und spielt eine große Rolle in der gesamten Physik; z. B. haben Spektrallinien im Prinzip diese Kurvenform. Die Halbwerte der Lorentzkurve rechts und links vom Maximum werden im Abstand

$$\omega - \omega_0 = \pm\frac{1}{2\tau}$$

vom Zentrum erreicht. Die Amplitudenresonanz ist dort in dieser Näherung um $\sqrt{2}$ abgefallen (s. Abb. 11.11). Der Frequenzabstand zwischen den beiden Halbwerten der Lorentzkurve

$$\Delta\omega = \frac{1}{\tau} \tag{11.73}$$

heißt (volle) **Halbwertsbreite**. Als **Resonanzschärfe** oder **Auflösung** bezeichnet man das Verhältnis aus Resonanzfrequenz und Halbwertsbreite

$$\frac{\omega_0}{\Delta\omega} = \omega_0\tau \approx Q\,. \tag{11.74}$$

Es ist in der betrachteten Näherung durch die Güte (11.49′) gegeben.

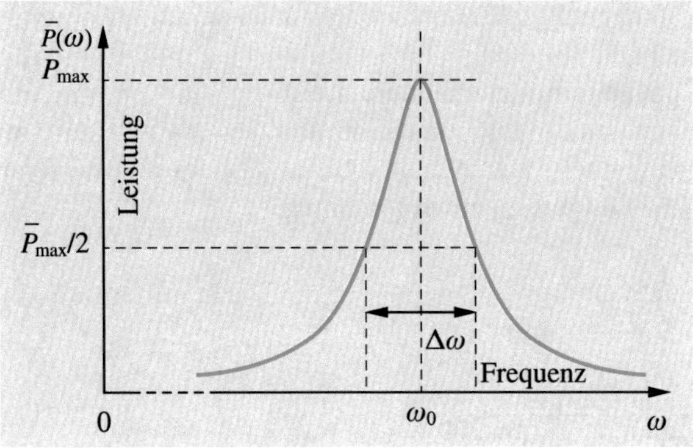

Abb. 11.14. Graphische Darstellung der Leistungsresonanz, auch **Leistungsspektrum** genannt, in der Näherung einer Lorentzkurve (11.72)

* 11.5 Quantenmechanische Resonanzen und Spektroskopie

Nach dem bahnbrechenden **Bohrschen Modell** besitzen mikroskopische, gebundene Systeme eine Folge von quantisierten Bindungsenergien E_i, $i = 0, 1, 2, 3\ldots$, die für das betreffende Atom oder Molekül charakteristisch sind. Jedoch ist nur der am tiefsten gebundene Zustand mit der niedrigsten Energie E_0 stabil. Zustände mit höherer Energie E_i zerfallen in solche mit geringerer E_k unter Emission eines **Lichtquants**, das die Differenzenergie wegträgt

$$E_i - E_k = h\nu_{ik} = \frac{h}{2\pi}\,\omega_{ik}\,. \tag{11.75}$$

Der Proportionalitätsfaktor h zwischen Energiedifferenz und emittierter Frequenz ν_{ik} ist das **Plancksche Wirkungsquantum**. Je höher die Anregungsstufe, desto größer ist der Radius der Elektronenbahn um den Atomkern. Im klassischen Atommodell würde ein solches umlaufendes Elektron wie ein **Hertzscher Dipol** kontinuierlich elektromagnetische Wellen mit der Frequenz ν_0 auf seiner Umlaufbahn emittieren und dabei wie ein **gedämpfter Oszillator** an Energie verlieren. Mit klassischer Elektrodynamik berechnet man für die Dämpfungskonstante den Wert (s. (27.55))

$$\tau = \frac{6\pi\varepsilon_0 c^3 m_e}{e^2\omega_0^2}\,. \tag{11.76}$$

Bei einer Frequenz im Bereich vom sichtbaren Licht $\nu_0 \simeq 5\cdot 10^{14}\,\mathrm{s}^{-1}$ ergibt sich

$$\tau \approx 3\cdot 10^{-8}\,\mathrm{s}\,.$$

Im Bohrschen Modell müssen wir die Vorstellung einer kontinuierlichen Dämpfung wegen der **Quantisierung der Energie** aufgeben und durch eine **spontane Emission** des gesamten Energiequants $h\nu_{ik}$ nach dem statistischen Verteilungsgesetz des radioaktiven Zerfalls ersetzen. Demnach ist die *Wahrscheinlichkeit*, das Elektron zur Zeit t nach seiner Anregung noch im angeregten Zustand zu finden, durch eine Exponentialfunktion

$$W_i(t) = \mathrm{e}^{-(t/\tau_i)} \tag{11.77}$$

gegeben. τ_i ist die für den betreffenden Zustand charakteristische **Lebensdauer**, zu deren Berechnung das Bohrsche Modell allerdings keine Handhabe liefert. Das gelingt erst im Rahmen einer vollständigen Quantentheorie der Atome und deren Wechselwirkung mit Lichtquanten, die aber den klassischen Wert (11.76) im Prinzip bestätigt.

Es ist daher korrekt, die spontane Emission als eine *quantenmechanisch gedämpfte Schwingung* anzusehen. Ebenso läßt sich ein quantisiertes System zu erzwungenen Schwingungen anregen, indem man z. B. Atome mit **Laserlicht** der passenden **Übergangsfrequenz** ν_{i0} zwischen dem **Grundzustand** und einem angeregten Zustand bestrahlt. Dabei absorbiert es Lichtquanten aus dem Laserstrahl und reemittiert sie spontan als sogenanntes **Fluoreszenzlicht**. Variiert man die Laserfrequenz im Bereich von ν_{i0}, so folgt die absorbierte Leistung wie im klassischen Fall, dem Spektrum der Abb. 11.14, wobei auch weiterhin die **Halbwertsbreite** $\Delta\omega$ durch die reziproke Lebensdauer $1/\tau_i$ entsprechend (11.73) gegeben ist. Man kann also mit vollem Recht von **quantenmechanischen Resonanzen** sprechen. Die **Güte** kann man aus (11.76) abschätzen und erhält für das obige Beispiel den sehr hohen Wert 10^8. [2]

Nicht nur die *Leistungs-* sondern auch die *Amplitudenresonanz* von Atomen ist beobachtbar, sie macht sich in der **Dispersion des Brechungsindex** bemerkbar (s. Abschn. 27.7).

Der klassische Zusammenhang (11.73) zwischen Halbwertsbreite und Zerfallszeit einer Resonanz

$$\Delta\omega \cdot \tau = 1$$

nimmt in der Quantenmechanik die Form der **Heisenbergschen Unschärferelation** an, indem wir mit $h/2\pi$ multiplizieren. Das Produkt $\Delta\omega h/2\pi$ ist dann die **Energieunschärfe** ΔE, mit der die Anregungsenergie aufgrund ihrer begrenzten Lebensdauer τ behaftet ist. Sie gibt das zeitliche Intervall Δt oder anders gesagt die **zeitliche Unschärfe** an, innerhalb derer das Zerfallsereignis zu erwarten ist. Wir gewinnen also die Heisenbergsche Unschärferelation in der Form

$$\Delta E \cdot \Delta t = \frac{h}{2\pi} . \tag{11.78}$$

[2] An einem Gas freier Atome beobachtet man allerdings eine ca. 100 mal größere Halbwertsbreite und auch eine andere Linienform, nämlich die einer Gaußkurve. Sie rührt aus der thermischen Bewegung der Atome relativ zu der Lichtquelle her, die eine Verbreiterung der Linie durch **Dopplereffekt** verursacht (s. Abschn. 14.6 und (14.41)).

Sie gibt den Spielraum der Genauigkeit an, mit der in einem einzelnen Meßereignis gleichzeitig die Energie und der Zeitpunkt des Ereignisses gemessen werden können. (Zufolge (11.78) kann man die durch die reziproke Lebensdauer gegebene, sogenannte natürliche Linienbreite einer Spektrallinie im Experiment durchaus unterschreiten, wenn man durch einen meßtechnischen Trick nur den Zerfall der Atome im Schwanz des Zerfallgesetzes (11.77) registriert, die zufällig länger als durchschnittlich gelebt haben; auch das Umgekehrte gilt.)

Abgesehen von diesen prinzipiellen Zusammenhängen ist über die Bedeutung quantenmechanischer Resonanzen folgendes zu sagen: Die meisten und genauesten Informationen über gebundene, quantenmechanische Systeme erhalten wir aus der Spektroskopie ihrer Resonanzen! Dabei ist nicht nur an die klassische, **optische Spektralanalyse** der Elemente und Moleküle nach *Gustav Kirchhoff* und *Robert Wilhelm Bunsen* zu denken, sondern auch an Spektroskopie in allen übrigen Frequenzbereichen, angefangen von Radiofrequenzen (10^6 Hertz) bis zu den γ-Quanten ($\nu \gtrsim 10^{20}$ Hz), den Resonanzfrequenzen der Atomkerne und ihrer Nukleonen. Bei sehr hohen Energien werden im Zerfall- und Absorptionsprozeß nicht nur Lichtquanten erzeugt und vernichtet, sondern auch andere, massebehaftete Teilchen, wenn die zur Verfügung stehende Energie die zur Erzeugung notwendige Ruheenergie m_0c^2 dieser Teilchen überschreitet.

11.6 Anharmonische Schwingungen und Fourierzerlegung

Wie ändert sich die Schwingungsform, wenn wir die harmonische Näherung verlassen? Kehren wir zurück zum Beispiel des mathematischen Pendels bei *größerem* Winkelausschlag. Laut (11.15) war die Rückstellkraft in nächst höherer Näherung gegeben durch

$$F = -mgl\left(\varphi - \frac{\varphi^3}{6}\right) .$$

Die nachlassende Rückstellkraft vermindert die Beschleunigung im Bereich der Umkehrpunkte und damit die Krümmung der Bahnkurve im Weg-Zeit-Diagramm im Vergleich zur reinen Sinusschwingung. Das führt nicht nur zu der bereits diskutierten, verlängerten Schwingungsdauer, sondern auch zu einer *Verformung* der Schwingungskurve.

Generell bezeichnen wir alle periodischen Bewegungen mit nicht sinusförmigem Verlauf als **anharmonische Schwingungen**.

Ein eklatantes Beispiel einer anharmonische Schwingung wäre ein hüpfender Ball, dessen Schwingungskurve im Weg-Zeit-Diagramm eine Folge aneinander gesetzter Parabelbögen ist (s. Abb. 11.15). Sei die Kurvenform einer anharmonischen Schwingung so kompliziert wie sie wolle, allerdings periodisch und stetig (!), so gilt nach dem Satz von der **Fourierzerlegung**, daß man sie dennoch durch eine Superposition harmonischer Schwingungen darstellen kann, deren Frequenzen ganze Vielfache $n = 0, 1, 2, 3 \ldots$ der Grundfrequenz $\omega = 2\pi/T$ sind. Die Komponenten mit $n \geq 2$ nennt man **Oberschwingungen** oder auch **Harmonische**

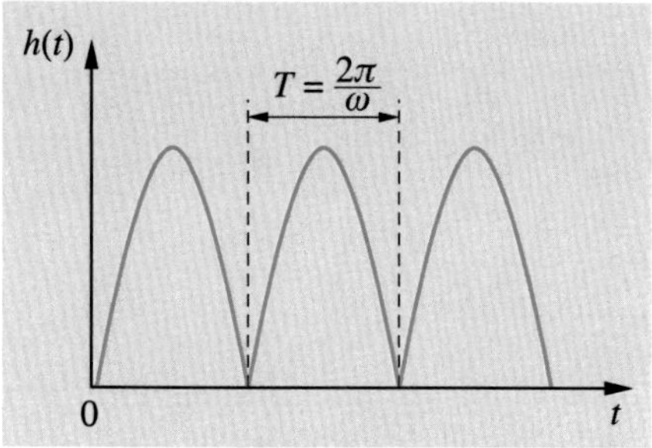

Abb. 11.15. Weg-Zeitdiagramm eines senkrecht hüpfenden Balls als Beispiel einer extrem anharmonischen Schwingung

der Grundschwingung. Die nullte Oberschwingung $n = 0$ bezeichnet den zeitlichen Mittelwert der Amplitude, der (z. B. durch Einwirken einer zusätzlichen konstanten Kraft) keineswegs Null sein muß.

Der **Satz von Fourier** besagt explizit: Sei die Funktion $\mathrm{f}(t)$ periodisch in $T = 2\pi/\omega$, dann kann sie durch folgende Reihenentwicklung dargestellt werden:

$$\mathrm{f}(t) = \sum_{n=1}^{\infty} (a_n \sin(n\omega t) + b_n \cos(n\omega t)) + C \,, \tag{11.79}$$

mit den **Fourierkoeffizienten**

$$a_n = \frac{2}{T} \int_0^T f(t) \sin(n\omega t)\, \mathrm{d}t$$

$$b_n = \frac{2}{T} \int_0^T f(t) \cos(n\omega t)\, \mathrm{d}t$$

$$C = \frac{1}{T} \int_0^T f(t)\, \mathrm{d}t = \text{Integralmittelwert}\,.$$

Als Beispiel sei die Fourierzerlegung einer mäanderförmigen **Rechteckfunktion** (s. Abb. 11.16)

$$\mathrm{f}(t) = \sum_{n=0}^{\infty} \frac{4}{(2n+1)\pi} \sin\left(\frac{2\pi(2n+1)t}{T}\right) \tag{11.80}$$

genannt. Aufgrund der scharfen Ecken der Rechteckfunktion konvergiert diese Reihe nur sehr langsam.

Die Fourierzerlegung hat eine überragende Bedeutung in vielen Bereichen der Physik; besonders aufschlußreich ist ihre Anwendung in der *Akustik*.

! Akustische Schwingungen sind in der Regel anharmonisch. Wären sie es nicht, so würden alle Stimmen und Musikinstrumente bei gleicher Tonhöhe gleich klingen (sogenannter reiner Sinuston). Sie unterscheiden sich im Anteil ihrer

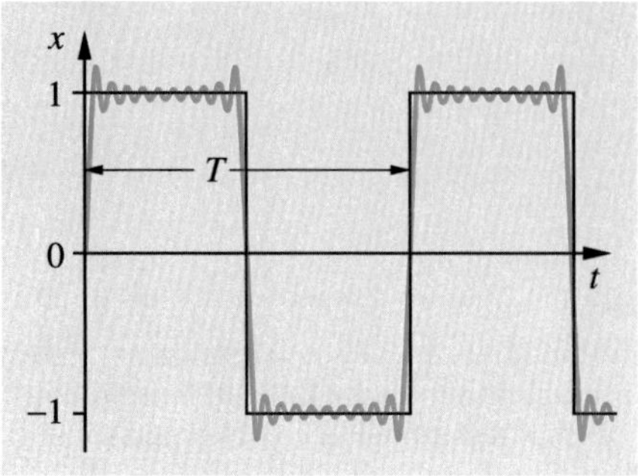

Abb. 11.16. Rechteckfunktion (*schwarz*) und ihre Anpassung durch die ersten zehn Glieder einer Fourierreihe (11.80) (*blau*)

Oberschwingungen, d.h. in der Anzahl und Größe ihrer Fourierkoeffizienten. Mit anderen Worten sind Ohr und Gehirn in der Lage, nicht nur die Tonhöhe, sondern auch deren Oberwellenanteil zu analysieren, zu speichern und wiederzuerkennen. Mit Hilfe moderner elektronischer Geräte ist es heute kein Problem, die Fourierkomponenten einer Schwingung direkt zu messen. Auch kann ein Computer aus einer digitalisierten Aufzeichnung einer periodischen Bewegung, also einer Meßwerttabelle, die Fourierzerlegung sehr schnell nach (11.79) berechnen. Umgekehrt kann man mit elektronischen Mitteln oder auch per Computer beliebige Klänge durch Zumischen entsprechender Oberschwingungen synthetisieren. Die elektronische *Hammondorgel* war das erste musikalische Instrument auf der Basis synthetischer Klänge.

Andererseits können durch mangelhafte Übertragung Klänge *verzerrt* werden. Beim Telefon schneidet man das Frequenzspektrum aus Gründen der Übertragungskapazität ab einer bestimmten, für die Verständlichkeit der Stimme noch zuträglichen Grenze ab. Ebenso verzerrt ein minderwertiger Verstärker oder Lautsprecher den Klang bei hoher Lautstärke wegen Übersteuerung, d.h. er kann die Amplitudenspitzen nicht mehr linear wiedergeben, sondern drückt sie platt. Wichtig für die Klangreinheit ist auch, daß die *Eigenschwingungen* eines Lautsprechers sehr stark gedämpft sind, bzw. weit oberhalb des übertragenen Frequenzbandes liegen, damit seine erzwungene Schwingungsamplitude relativ frequenzunabhängig ist. Entsprechend hoch ist der Leistungsbedarf.

Wird ein anharmonischer Oszillator mit verschiedenen Grundfrequenzen ω_1, ω_2 erregt, so enthält seine resultierende Schwingung nicht nur Oberwellen der beiden Erregerfrequenzen; vielmehr führt die Verletzung des Superpositionsprinzips dazu, daß außer Oberwellen auch **Mischfrequenzen** $\omega_1 \pm \omega_2$ auftreten; denn die höheren Potenzen der resultierenden Amplitude, die in der DGL der nichtharmonischen Schwingung logischerweise vorkommen, führen zum Auftreten von Produkten von Winkelfunktionen, etwa $\cos \omega_1 t \cdot \cos \omega_2 t$, die sich nach den Additionstheoremen in $\cos((\omega_1 \pm \omega_2)t)$ zerlegen lassen.

Häufig mischt man eine relativ hohe Trägerfrequenz ω_1 mit einer sehr viel niedrigeren Signalfrequenz ω_2, die die zu übermittelnde Information trägt. In diesem Fall nennt man die auftretenden Mischfrequenzen $\omega_1 \pm n\omega_2$ **Seitenbänder** (s. Abb. 11.17). Frequenzmischung und Seitenbanderzeugung sind entscheidende Hilfsmittel in

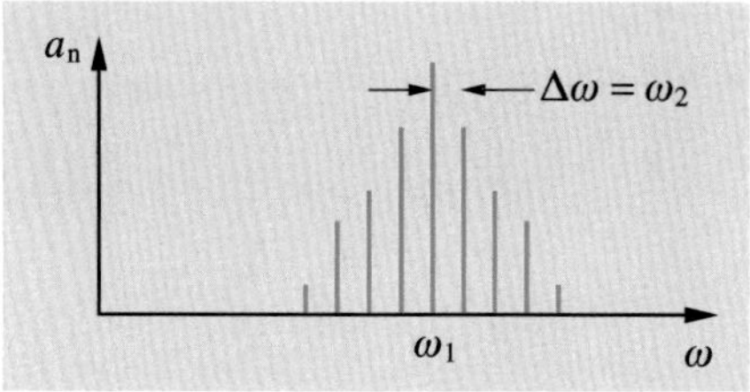

Abb. 11.17. Typisches Seitenbandspektrum, entstanden durch Mischung einer hohen Trägerfrequenz ω_1 mit einer niedrigen Frequenz ω_2

der elektronischen Nachrichtentechnik zur Modulation und Demodulation der Trägerfrequenz, zur Verstärkung schwacher Signale durch Mischen mit starken (Heterodynverfahren) etc. Als Mischer kann jedes nichtlineare Übertragungselement dienen, z. B. eine Gleichrichterdiode, die offensichtlich nicht linear ist, weil sie Signale der falschen Polarität überhaupt nicht überträgt.

Schließlich ergänzen wir, daß auch eine *nichtperiodische* Funktion $f(t)$ durch eine Superposition harmonischer Schwingungen wiedergegeben werden kann. Allerdings beschränkt sich das Spektrum der Fourierkoeffizienten jetzt nicht auf eine Reihe von Oberschwingungen, sondern ist eine kontinuierliche Funktion der Frequenz $g(\omega)$, die sich im Prinzip über alle Frequenzen $-\infty \leq \omega \leq +\infty$ erstreckt. Der Übergang von $f(t)$ zu $g(\omega)$ geschieht mittels einer **Fouriertransformation**, auf die wir in der Optik näher eingehen wollen (s. Abschn. 29.4 und 29.10).

Ein uns schon bekanntes Beispiel einer zwar *fast*, aber streng genommen doch nicht periodischen Funktion ist durch eine gedämpfte Schwingung (11.35) mit der Frequenz ω_0 und dem Dämpfungsfaktor $e^{t/2\tau}$ gegeben. Das zugehörige Fourierspektrum $g(\omega)$ ist (in guter Näherung bei hoher Güte) gerade durch die Lorentzkurve (11.72) mit der Breite $\Delta\omega = 1/\tau$ gegeben, die wir als Leistungsresonanz der erzwungenen Schwingung kennengelernt haben.

11.7 Selbsterregte Schwingung durch Entdämpfung

Wir wollen verstehen, wie es zur *Anfachung von Schwingungen* durch Kräfte kommt, die *nicht* periodisch sind, sondern im wesentlichen immer in die gleiche Richtung wirken, wie z. B. das Streichen einer Saite, der Luftstrom durch eine Pfeife, im Kehlkopf etc. Die Frage ist nicht leicht zu beantworten. Zunächst erinnern wir uns aus der Behandlung der erzwungenen Schwingung (Abschn. 11.4), daß in Resonanz die periodische Kraft immer parallel zur *Geschwindigkeit* gerichtet ist und auf diese Weise den Oszillator anschiebt. Ohne Vorgabe einer äußeren Kraft mit fester Periode läßt sich dieses Prinzip mathematisch am einfachsten durch Einführung einer *„umgekehrten"* Reibungskraft

$$F_\varrho = +\varrho v\,, \quad \varrho > 0 \tag{11.81}$$

erreichen, die nicht *gegen*, sondern *in* die Richtung der Geschwindigkeit zeigt. Folglich wird die DGL (11.36) zu

$$\frac{D}{m}x - \frac{\varrho}{m}\dot{x} + \ddot{x} = 0\,. \tag{11.82}$$

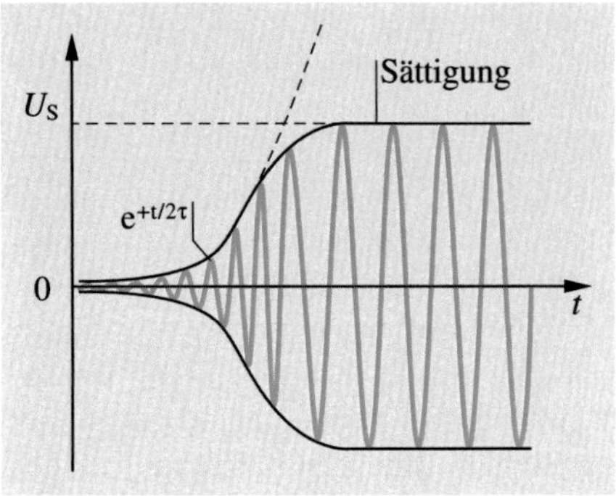

Abb. 11.18. Exponentielles Anwachsen der Schwingspannung eines selbsterregten elektrischen Oszillators (Sender) bis zur Sättigungsamplitude U_s

Der Vorzeichenwechsel des Dämpfungsterms in der Schwingungsgleichung hat eine exponentiell *wachsende* Amplitude (s. Abb. 11.18) zur Folge

$$x(t) = x_0 e^{+(t/2\tau)} \cos(\omega t + \varphi_0)\,, \quad \text{mit} \quad \tau = \frac{m}{\varrho}\,, \tag{11.83}$$

zeigt also die gewünschte Anfachung der Schwingung. Dazu bedarf es nur des geringsten zufälligen Anstoßes.

Physikalisch läßt sich die „umgekehrte" Reibung, die wir auch **negative Widerstandscharakteristik** nennen, in Reinkultur durch elektronische Schaltungen realisieren. Dabei koppelt man (zufällig entstandene) Schwingungsamplituden in einem elektrischen Schwingkreis in einen Verstärker ein und führt sie verstärkt und in geeigneter Phase dem Schwingkreis als antreibende Kraft wieder zu. Natürlich wächst die Amplitude nicht über alle Grenzen, sondern ist durch den Aussteuerbereich des Verstärkers beschränkt (s. Abb. 11.18). Wir kommen auf solche Schaltungen in der Elektrodynamik zurück (s. Abschn. 25.4).

* Schwingungsanfachung bei Musikinstrumenten

Beim *Streichen einer Saite* gibt es einen solchen negativen Reibungswiderstand im strengen Sinne von (11.81) nicht; der resultierende Widerstand bleibt *immer* der Relativgeschwindigkeit zwischen Saite und Bogen *entgegengesetzt*. Es gibt aber einen wichtigen Übergang von dem *hohen* Haftwiderstand bei Relativgeschwindigkeit *Null*, zu dem *kleineren* Gleitwiderstand bei *endlicher* Relativgeschwindigkeit. So ist wenigstens die *Änderung* des Widerstands *negativ*. Das genügt zur Schwingungsanfachung! Anschaulich stelle man sich vor, daß mittels der **Haftreibung** die Saite vom Bogen ausgelenkt wird, bis ihre Spannung die Haftreibung überwindet. Dann schnellt sie zurück, haftet in der entgegengesetzten Phase wieder an, drückt dann zunächst den Bogen bis zum Nulldurchgang und wird dann wieder neu gespannt. Trägt man in einem Diagramm die auf die Saite wirkende, äußere Kraft gegen die Auslenkung auf, so wird darin während einer Periode eine geschlossene Kurve durchlaufen. Der Übergang von Haft- zu **Gleitreibung** und umgekehrt – wobei wir letztere wie üblich mit $F_\varrho = -\varrho v$ ansetzen können – führt nun dazu, daß Hin- und Rückweg in diesem

Kraft-Weg-Diagramm *verschieden* sind, die Kurve also eine Fläche einschließt. Man nennt diese Erscheinung **Hysterese**. Der Flächeninhalt stellt definitionsgemäß eine am Körper geleistete Arbeit dar, die je nach Umlauf positiv oder negativ sein kann. Beim Streichen der Saite wird eine Kurve, die etwa die Form einer 8 hat, durchlaufen, wobei die im positiven Sinn umlaufene Fläche größer ist als die im negativen Sinn umlaufene (s. Abb. 11.19). Die Energiebilanz ist also für die Saite positiv und facht ihre Schwingung an.

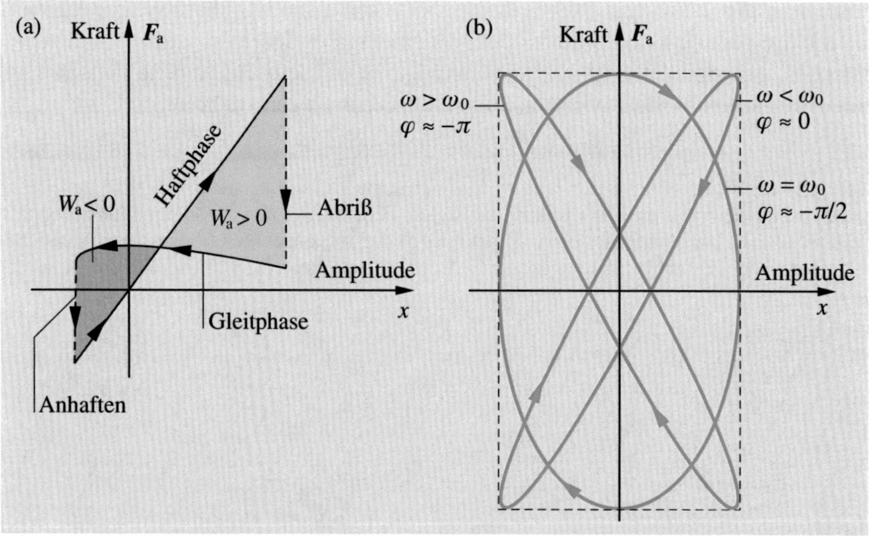

Abb. 11.19. (**a**) Qualitatives Modell der Hystereseschleife, die im Kraft-Wegdiagramm beim Streichen einer schwingenden Saite in die positive x-Richtung durchlaufen wird. (**b**) Zum Vergleich sind die Hysteresen gezeigt, die bei den verschiedenen Phasenlagen der erzwungenen Schwingung (s. Abschn. 11.4) in Form von Lissajous-Figuren durchlaufen werden. (Die Amplitude wurde dabei für alle ω gleich groß gewählt, da in erster Linie hier der Einfluß der *Phasenlage*, nicht aber der Resonanzamplitude auf die Hysteresefläche gezeigt werden soll.) Die eingeschlossene Fläche ist maximal bei $\varphi = -\pi/2$

Ähnlich liegt der Fall bei der **Schwingungsanregung in einer Luftströmung** z. B. durch eine Zunge im Luftkanal eines Blasinstruments, die wir bereits in der Strömungslehre besprochen hatten (s. Abschn. 10.2 und 10.4 und Abb. 10.16). Eine zufällige, geringe Auslenkung der Feder aus der Mitte teilt die Strömung in eine schnellere und eine langsamere, wodurch ein Unterschied im **Bernoullidruck** zu beiden Seiten der Feder entsteht, der die Auslenkung weiter verstärkt. Dieser Effekt genügt aber alleine nicht zur Schwingungsanfachung, weil die antreibende Kraft exakt in Phase mit der Amplitude ist und daher nur zu einer statischen Auslenkung führen würde. Es kommt aber hinzu, daß in der schnelleren Strömung ab einem gewissen Punkt die **Reynoldszahl** überschritten wird und **Turbulenz** einsetzt, wodurch der Strömungswiderstand stark ansteigt. Dann verlangsamt sich plötzlich die Strömung und der Bernoullidruck schlägt um und drückt die Feder zurück. Auch hier entsteht eine *Hysterese* im Wechsel von laminarer zu turbulenter Strömung und umgekehrt, die zur Energieaufnahme im Kreisprozeß der Schwingung führt.

11.8 Gekoppelte Schwingungen, Schwebung

In der Physik treten häufig Situationen auf, in denen mehrere Oszillatoren nicht unabhängig voneinander schwingen, sondern durch ihre Relativbewegung elastische Kräfte aufbauen, die ihre Bewegung koppeln. So ist zum Beispiel in einem Festkörper die Schwingung eines jeden Atoms an seinen Nachbarn gekoppelt, weil die rücktreibenden Kräfte, die bei der Auslenkung aus dem Gleichgewichtsabstand auftreten, prinzipiell Relativkräfte sind. Wir wollen diese Phänomene zunächst an einem einfachen Modell zweier **gekoppelter Oszillatoren** studieren.

VERSUCH 11.5

Gekoppelte Pendel. Zwei gleich lange und gleich schwere, im Abstand d aufgehängte Pendel seien durch eine Feder mit einer relativ schwachen Federkonstanten D miteinander gekoppelt (s. Abb. 11.20). Die Pendel sollen in der mit der Feder aufgespannten Ebene schwingen, und wir nehmen der Einfachheit halber an, die Feder sei bei paralleler Stellung der Pendel entlastet.

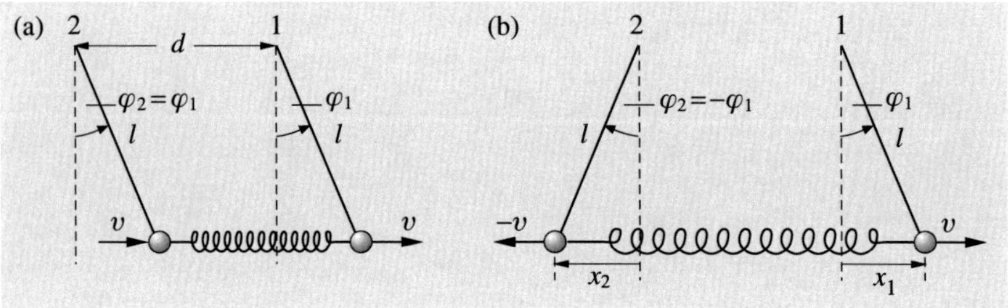

Abb. 11.20. Gekoppelte Pendel in symmetrischer (**a**) und antisymmetrischer (**b**) Schwingung

Im ersten Versuch lenken wir beide Pendel um den gleichen Winkel aus und lassen sie aus dieser Ruhelage losschwingen. Da beide Pendel die gleiche Frequenz haben, bleiben sie bei der Schwingung weiterhin parallel und beanspruchen die Kopplungsfeder in keiner Phase. Wir nennen dies die **symmetrische Schwingung**, deren Frequenz $\nu_{sy} = 1/T_{sy}$ natürlich gleich der Originalfrequenz der ungekoppelten Pendel ist.

Im zweiten Versuch lenken wir die Pendel um den gleichen Winkel aber in entgegengesetzter Phase aus und lassen sie anschwingen. Jetzt wird die Feder beansprucht und übt ein zusätzliches Drehmoment auf die beiden Pendel aus, das sie elastisch an den Gleichgewichtsabstand d bindet. Es addiert sich zu denjenigen aus der Schwerkraft und verkürzt daher die Schwingungsdauer T_a. Da die Pendel zu jedem Zeitpunkt exakt in Gegenphase $\varphi_1 = -\varphi_2$ sind, nennen wir diese **Schwingung antisymmetrisch**.

Im dritten Versuch seien zunächst beide Pendel in der Ruhelage; wir erteilen einem der beiden Pendel durch einen Stoß eine Anfangsgeschwindigkeit v_0. Während es zunächst ungestört zu schwingen scheint, baut sich allmählich eine Schwingung des zweiten Pendels auf, das schließlich die volle Schwingungsamplitude des ersten übernimmt, wobei dieses zur Ruhe kommt. Es hat seinen Partner über die Feder auf Kosten seiner eigenen Schwingungsenergie angeschoben. Danach wiederholt sich das Spiel mit umgekehrten Rollen. Die Zeit zwischen zwei Stillständen ein und desselben Pendels nennen wir die halbe Schwebungsdauer $T_{sch}/2$. Wir messen in den drei Versuchen T_{sy}, T_a und T_{sch}.

Für die symmetrische Schwingung gilt wie gesagt (vgl. (11.22) und (11.24))

$$\omega_{sy} = \omega_0 = \sqrt{\frac{D_\varphi}{\theta}} = \sqrt{\frac{mgl}{\theta}} . \tag{11.84}$$

Im antisymmetrischen Fall werden beide Pendel zusätzlich mit dem Koppelmoment (gerechnet in harmonischer Näherung)

$$\begin{aligned} N_{k1} = -N_{k2} &= -D(x_1 - x_2)l \cos\varphi_1 \\ &= -2Dl^2 \sin\varphi_1 \cos\varphi_1 \approx -2Dl^2\varphi_1 \end{aligned}$$

belastet, woraus sich die höhere, antisymmetrische Frequenz

$$\omega_a = \sqrt{\frac{mgl + 2l^2 D}{\theta}} \tag{11.85}$$

ergibt.

Bezüglich der Schwebung ergibt sich aus unseren Meßergebnissen ein einfacher Zusammenhang zwischen den gemessenen Schwingungsdauern

$$\frac{1}{T_{sch}} = \frac{1}{2}\left(\frac{1}{T_a} - \frac{1}{T_{sy}}\right)$$

oder einfacher noch, daß die Schwebungsfrequenz gleich der halben Differenz aus antisymmetrischer und symmetrischer Frequenz ist

$$\omega_{sch} = \frac{1}{2}(\omega_a - \omega_{sy}) . \tag{11.86}$$

! Sie ist also umso *langsamer*, je *schwächer* die Kopplung ist.

Um das Phänomen der **Schwebung** genauer zu verstehen, betrachten wir ihr graphisches Bild in Abb. 11.21 (a). Man erkennt offensichtlich eine doppelte Periodizität, eine schnelle, die auf den ersten Blick nahe bei der normalen Pendelfrequenz liegt, und eine langsame Schwebungsfrequenz ω_s, die die Einhüllende der Amplituden bildet. Aus dieser Einhüllenden wird auch deutlich, daß die Zeit zwischen zwei Stillständen ein und desselben Pendels nur die halbe Schwingungsdauer ist.

Darunter haben wir in Abb. 11.21 (b) und 11.21 (c) die antisymmetrische und die symmetrische Schwingung abgebildet und zwar jeweils mit der gleichen Anfangsphase. Nach der Zeit $T_s/4$ sind die beiden durch ihren Frequenzunterschied in Gegenphase zueinander geraten; bei $T_s/2$ sind sie wieder in Phase, weil die antisymmetrische Schwingung gerade eine Periode gegenüber der symmetrischen gewonnen hat. Aus dieser Gegenüberstellung können wir ohne weiteres schließen, daß sich die Schwebung als Superposition aus antisymmetrischer und symmetrischer Schwingung mit jeweils gleicher Amplitude darstellen läßt: Sind die beiden in Phase, so ist die Schwingungsamplitude maximal, sind sie in Gegenphase, so durchläuft sie den Nullpunkt. Wir setzen also an

$$\varphi_1(t) = \varphi_1^{(s)}(t) + \varphi_1^{(a)}(t) \propto \sin\omega_{sy}(t) + \sin\omega_a(t) \tag{11.87}$$

und versuchen, diesen Ansatz in eine Gleichung umzuformen, die unmittelbar die Schwebung erkennen läßt. Hierzu führen wir neben der Schwebungsfrequenz (11.86) auch das arithmetische Mittel

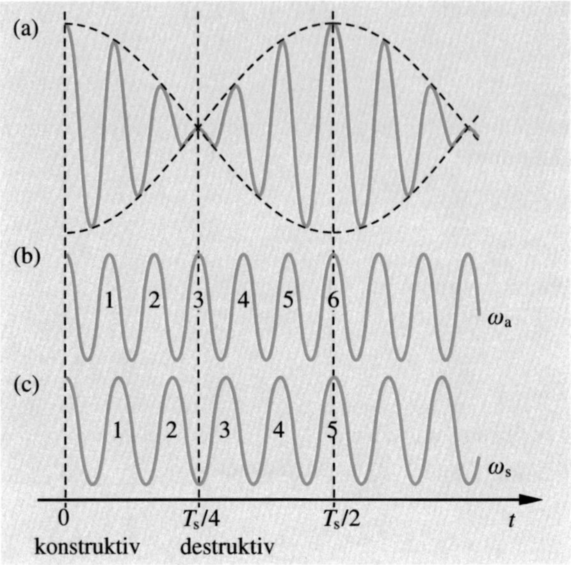

Abb. 11.21. (**a**) Schwebung gekoppelter Pendel als Superposition aus (**b**) antisymmetrischer und (**c**) symmetrischer Schwingung

$$\omega_m = \frac{1}{2}(\omega_a + \omega_{sy}) , \tag{11.88}$$

ein, das wir die Trägerfrequenz nennen wollen. Mit diesen Transformationen folgt

$$\sin \omega_{sy}(t) = \sin(\omega_m - \omega_{sch}) = \sin \omega_m t \cos \omega_{sch} t - \cos \omega_m t \sin \omega_{sch} t$$
$$\sin \omega_a(t) = \sin(\omega_m + \omega_{sch}) = \sin \omega_m t \cos \omega_{sch} t + \cos \omega_m t \sin \omega_{sch} t$$

und daraus schließlich das gesuchte Ergebnis

$$\varphi_1(t) = \sin \omega_{sy} t + \sin \omega_a t = 2 \cos \omega_{sch} t \sin \omega_m t . \tag{11.89}$$

Analog folgt mit einer Phasenversetzung von $T_{sch}/4$ für das zweite Pendel

$$\varphi_2(t) = 2 \sin \omega_{sch} t \cos \omega_m t$$

in Übereinstimmung mit dem experimentellen Befund. Das Produkt der beiden Winkelfunktionen läßt unmittelbar die *doppelte Periodizität der Schwebung* erkennen, wobei ω_{sch} als eine *Modulation* der Amplitude von ω_a interpretiert werden kann.

Gekoppelte Bewegungsgleichungen

Die gekoppelten, ungedämpften Bewegungsgleichungen der beiden Pendel können wir mit (11.22), (11.84) und (11.85) auf die *Normalform* bringen

$$\begin{aligned} \omega_{sy}^2 \varphi_1 + (\omega_a^2 - \omega_{sy}^2)(\varphi_1 - \varphi_2) + \ddot{\varphi}_1 &= 0 \\ \omega_{sy}^2 \varphi_2 - (\omega_a^2 - \omega_{sy}^2)(\varphi_1 - \varphi_2) + \ddot{\varphi}_2 &= 0 . \end{aligned} \tag{11.90}$$

Man kann die Kopplung zwischen diesen beiden Gleichungen durch *Summation* oder durch *Subtraktion* aufheben und erhält dann je eine Schwingungsgleichung für die resultierenden Amplituden mit der allgemeinen *symmetrischen* Lösung

$$\varphi_{sy} = \varphi_1 + \varphi_2 = \varphi_{0,sy} \cos(\omega_{sy} t + \alpha_{0,sy}) ,$$

und der allgemeinen *antisymmetrischen* Lösung

$$\varphi_a = \varphi_1 - \varphi_2 = \varphi_{0,a} \cos(\omega_a t + \alpha_{0,a}) .$$

Summieren oder subtrahieren wir wieder diese beiden Lösungen, so bekommen wir die *allgemeinste* Lösung für φ_1 oder φ_2 als Linearkombination der symmetrischen und der antisymmetrischen Lösung

$$\varphi_{1(2)} = \frac{1}{2} \left(\varphi_{0,sy} \cos(\omega_{sy} t + \alpha_{0,sy}) \underset{(-)}{+} \varphi_{0,a} \cos(\omega_a t + \alpha_{0,a}) \right) . \tag{11.91}$$

Die Lösung hat insgesamt *vier* frei wählbare Randwerte, mit denen die Startorte und Startgeschwindigkeiten der beiden Pendel bestimmt werden können. Wichtig ist die Feststellung, daß die Gesamtheit dieser komplizierten, gekoppelten Bewegungsformen durch genau *zwei* Frequenzen ω_{sy} und ω_a charakterisiert werden, die wir **Eigenwerte** nennen. Die zugehörigen Lösungen heißen **Eigenschwingungen** oder **Fundamentalschwingungen**, was ihrem *grundsätzlichen* Charakter Ausdruck verleiht. Sie sind die einzigen schwebungsfreien Schwingungsformen des Systems und sind daran auch in komplizierteren Fällen mit vielen gekoppelten Oszillatoren leicht zu erkennen. Wir kommen darauf zurück.

* 11.9 Chaotisches Doppelpendel

Das bisher Gesagte über gekoppelte Schwingungen gilt klarerweise nur für harmonische Schwingungen. Bei Kopplungen **anharmonischer Schwingungen** treten bei hohen Amplituden sehr komplizierte, überraschende und kaum vorhersagbare Bewegungsformen auf. Ein typischer Vertreter ist das Doppelpendel (s. Abb. 11.22), das als modernes physikalisches Spielzeug in vielen Ausführungsformen auf dem Markt ist. Nur bei geringen Schwingungsamplituden lassen sich die Bewegungsgleichungen dieses Systems *linearisieren* und durch (harmonische) Fundamentalschwingungen lösen. Der wüste Bewegungsablauf bei hohen Amplituden mit Überschlagen der Pendel etc. raubt einem allerdings jede Hoffnung, ihn durch irgendwelche analytische Funktionen beschreiben zu können. Man nennt diese Bewegungen daher chaotisch. Sie sind typisch für nicht lineare DGLn. Dennoch steht der Mathematiker solchen Problemen nicht hilflos gegenüber. Schon *Henri Poincaré* hat sich damit beschäftigt und Sätze gefunden, mit denen solche Bewegungen charakterisiert und klassifiziert

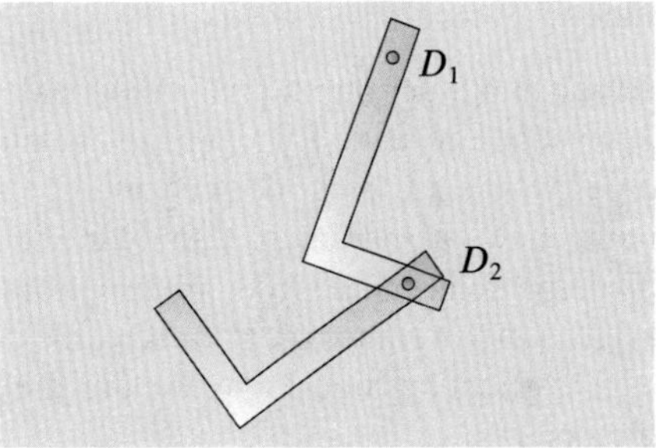

Abb. 11.22. Beispiel eines chaotischen Doppelpendels mit einem festen Drehpunkt D_1 und einem freien relativen Drehpunkt D_2

werden können. Typisch ist z. B., daß als Funktion der Anfangsbedingungen getrennte Gebiete fast periodischen und stark chaotischen Bewegungsablaufs auftreten. Das Doppelpendel durchläuft aufgrund seiner Dämpfung in der Regel mehrere solcher Gebiete, ehe es zur Ruhe kommt.

Mit einem leistungsfähigen Computer können chaotische Bewegungsgleichungen heutzutage mit guter Präzision numerisch integriert werden. Dabei hat man (ursprünglich durch Zufall) gelernt, daß der Bewegungsablauf auf längere Sicht extrem empfindlich von den ursprünglichen Anfangsbedingungen abhängen kann. Schon die geringste Änderung kann zu einer völlig anderen Zukunft führen. Da auch die Bewegungsgleichungen von Luftmassen (Navier-Stokes-Gleichungen) *nichtlinear* sind, hat die **Wettervorhersage** trotz des dichten Netzes von Eingabedaten, die von Wetterstationen oder auch von Satelliten zur Verfügung stehen, mit diesem Problem zu kämpfen, vor allem, wenn es um langfristige Vorhersagen geht. Wie sehr die Dinge auf des Messers Schneide stehen, wird in dem bekannten bon mot ausgedrückt, „der Flügelschlag einer Mücke könne über die Auslösung eines Tornados entscheiden".

Das Studium **nichtlinearer Differentialgleichungen** ist heute unter dem Namen **nichtlineare Dynamik** oder **Chaostheorie** ein großes Arbeitsgebiet geworden, dessen Modelle auch außerhalb der Physik Anwendung gefunden haben, z. B. in den Gesellschafts- und Wirtschaftswissenschaften. Dort ist Chaos, d. h. Unvorhersagbarkeit der Entwicklung wohl häufiger angesagt, als man gemeinhin geglaubt hatte.

11.10 Schwingungen in mehreren Dimensionen und von Vielteilchensystemen

Wir wollen unsere bisherigen Erfahrungen aus der Schwingungslehre auf *mehrere Dimensionen* und *viele* gekoppelte Massenpunkte verallgemeinern. Obwohl wir uns dabei im wesentlichen auf qualitative Beobachtungen und Aussagen beschränken müssen, gewinnen wir doch erste, wesentliche Einblicke in die Vielkörperdynamik. Sie leitet unter anderem in die Wellendynamik kontinuierlicher Medien über. Aber auch die statistische, atomistische Physik greift auf diese Vorstellungen zurück, z. B. bei der Berechnung der spezifischen Wärme von Molekülen und Festkörpern (s. Kap. 14).

Harmonischer Oszillator in drei Dimensionen

Wir betrachten zunächst einen einzelnen Massenpunkt, der durch drei orthogonale Federpaare mit Federkonstanten D_x, D_y, D_z elastisch an seine Ruhelage gebunden sei (s. Abb. 11.23). Wenn die Federn nicht vorgespannt sind, (siehe den gegenteiligen Fall unten!) und wir uns auf kleine Auslenkungen Δx beschränken, dann wird bei einer Bewegung in Richtung eines der drei Federpaare in erster Ordnung nur dieses beitragen, während der Beitrag der beiden übrigen um den Faktor $\Delta x^2/l^2$ unterdrückt ist. Somit haben wir in dieser Näherung bereits Richtung und Frequenz der drei Eigenschwingungen des Massenpunktes gefunden mit

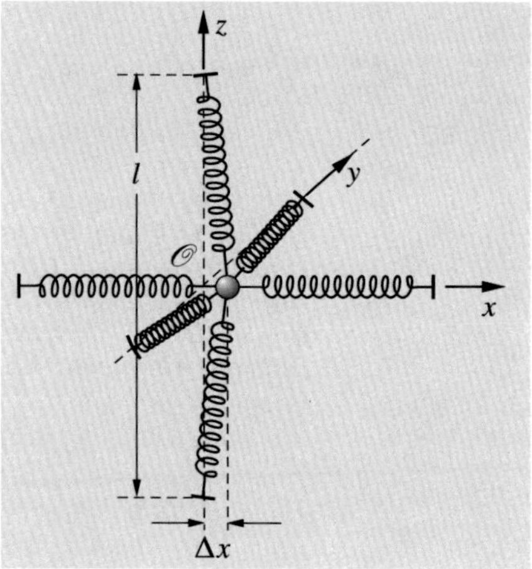

Abb. 11.23. Massenpunkt, eingespannt zwischen drei orthogonalen Federpaaren, als Modell des dreidimensionalen, harmonischen Oszillators, hier ausgelenkt in x-Richtung

$$\omega_{x(y)(z)} = \sqrt{\frac{D_{x(y)(z)}}{m}}\,. \tag{11.92}$$

Es sind auch die einzigen schwebungsfreien Schwingungsformen des Massenpunkts. Denn in jede andere Richtung werden mindestens zwei Federpaare beansprucht mit normalerweise verschiedenen **Eigenfrequenzen**. Die Bewegung des Massenpunktes wird also im allgemeinen eine Superposition dieser drei Eigenschwingungen sein, was zu einer Art dreidimensionaler Lissajousfigur führt, die schon recht kompliziert sein kann. Nur wenn alle drei Federkonstanten gleich groß sind, die Eigenfrequenzen also *entartet* (d. h. gleich) sind, werden die Bewegungen durch einfache, ebene Ellipsen beschrieben. Das ist der Fall des isotropen, harmonischen Oszillators.

Wir halten fest, daß die *dreidimensionale* harmonische Schwingung eines Massenpunkts durch genau *drei* **Fundamentalschwingungen** charakterisiert ist, d. h. eine für jeden **Freiheitsgrad der Bewegung**.

Lassen wir große Schwingungsamplituden zu, so werden alle drei Federpaare wesentlich beansprucht und koppeln in nichtlinearer Weise miteinander. Die Bewegung des Massenpunkts gewinnt dann chaotischen Charakter.

VERSUCH 11.6

Dreidimensionaler harmonischer Oszillator. Wir demonstrieren anhand des Modells entsprechend Abb. 11.23 die drei harmonischen Fundamentalschwingungen sowie chaotische Schwingungen bei großen Amplituden.

* Transversale Eigenschwingungen

Wir können den dreidimensionalen harmonischen Oszillator auch mit einem einzigen Federpaar realisieren (s. Abb. 11.24), wenn wir es mit einer Kraft $F_{\parallel}$ kräftig vorspannen. Bei einer Bewegung *in* Federrichtung beobachten wir dann die **longitudinale**

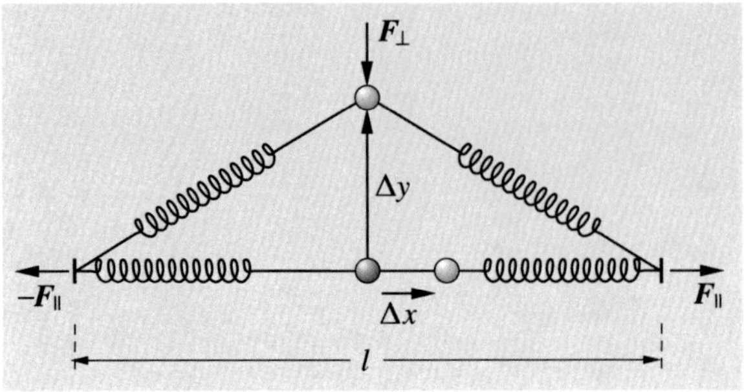

Abb. 11.24. Longitudinale (Δx) und transversale Eigenschwingung (Δy) eines Massenpunktes, der mit der Kraft $F_\parallel$ in einem Federpaar eingespannt ist

Eigenschwingung mit der Frequenz

$$\omega_\mathrm{L} = \sqrt{\frac{D}{m}}\,,$$

die *unabhängig* von der Vorspannung ist. Die beiden **transversalen Eigenschwingungen** in y- und z-Richtung sind aus Symmetriegründen entartet, treten also in jeder beliebigen Schwingungsrichtung in der y-z-Ebene mit gleicher Frequenz $\omega_\perp$ auf. Berechnen wir die hierfür verantwortliche Rückstellkraft, so finden wir nach einigen Zeilen Rechnung, die Glieder bis zur dritten Ordnung in Δy berücksichtigt,

$$F_\perp = -\left(\frac{4F_\parallel}{l} + \frac{1}{2}D\frac{\Delta y^2}{l^2}\right)\Delta y\,. \tag{11.93}$$

Obwohl die transversale Schwingung ohne *zusätzliche* Streckung der Feder nicht möglich ist, geht ihre Federkonstante erst in dritter Ordnung der transversalen Auslenkung ein. In harmonischer Näherung wird also die transversale Eigenfrequenz ausschließlich von der Federspannung bestimmt und beträgt

$$\omega_\perp = 2\sqrt{F_\parallel/(ml)}\,. \tag{11.94}$$

Wir werden auf diesen Umstand bei der Schwingung einer gespannten Saite zurückkommen (s. Abschn. 12.2).

Kette von *N* gekoppelten Oszillatoren

Wir bilden jetzt eine Kette von mehreren, gleichschweren Massen, die wir untereinander und zu den beiden Festpunkten am Ende mit identischen Federn koppeln und vorspannen. Bei zwei Massen beobachten wir in der longitudinalen x-Richtung, wie im Fall gekoppelter Pendel, zwei Eigenschwingungen, eine symmetrische, wo beide mit gleicher Amplitude und Phase schwingen, und eine antisymmetrische mit entgegengesetzter Phase. Das gleiche beobachten wir für die transversalen Schwingungen in y- und z-Richtung (s. Abb. 11.25). Gehen wir zu drei Kettengliedern über, so gibt es auch je drei Eigenschwingungen für die drei Freiheitsgrade, bei vier je vier usw.

> Bei N Massenpunkten kann man insgesamt $3N$-**Eigenschwingungen** abzählen, jeweils N für die 3 **Freiheitsgrade der Schwingung**.

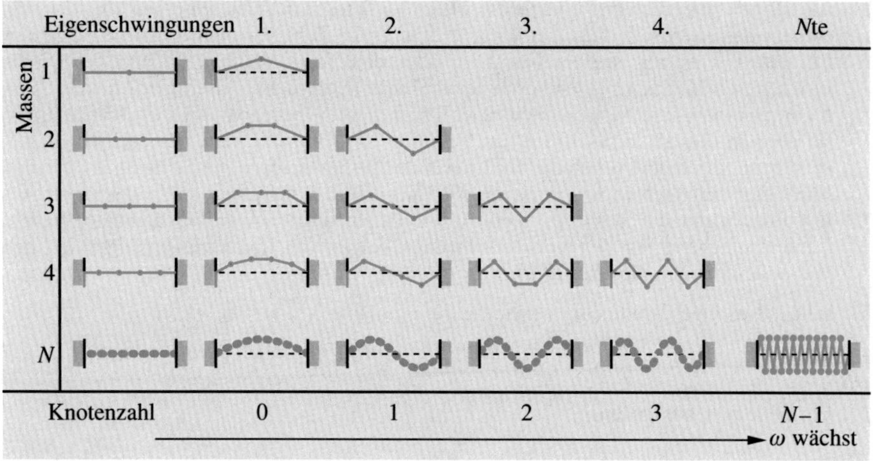

Abb. 11.25. Diagramm der transversalen Eigenschwingungen einer Kette gekoppelter Massenpunkte

Studieren wir die transversalen Schwingungsformen und ihre Frequenzen noch ein wenig genauer (für die longitudinalen gilt das gleiche, läßt sich aber nicht so gut beobachten und darstellen): Die niedrigste Eigenfrequenz beobachten wir bei der total symmetrischen Schwingung, bei der alle in Phase schwingen allerdings mit wachsender Amplitude zur Mitte hin. Bei der nächst höheren Schwingung ruht die mittlere Masse, während die äußeren in Gegenphase schwingen. Bei der höchsten Eigenfrequenz schwingt jede Masse in Gegenphase zu ihrem Nachbarn; wir nennen das die *total antisymmetrische Schwingung*.

Bei sehr vielen gekoppelten Massen geht die Schwingungsform in das Bild einer **stehenden Welle** mit *ortsabhängigen* Schwingungsmaxima (**Bäuche**) und -minima (**Knoten**) über, vgl. Abschn. 12.5. Wir zählen dann die Eigenschwingungen nach Knoten ab; die erste mit null Knoten zwischen den Enden, die zweite mit einem, ... die n-te mit $n-1$. Die Einhüllende der einzelnen Amplituden hat eine Wellenform mit der Wellenlänge (vgl. (12.46)) der n-ten Eigenschwingung

$$\lambda_n = 2\frac{l}{n} \,. \tag{11.95}$$

Die zugehörigen Eigenfrequenzen ergeben sich in diesem Fall aus der Phasengeschwindigkeit c der Welle (12.1) zu

$$\nu_n = \frac{c}{\lambda_n} = n\frac{c}{2l} \,. \tag{11.96}$$

Wir wollen den Übergang von gekoppelten Schwingungen weniger Oszillatoren auf die stehenden Wellen sehr vieler Oszillatoren im Versuch demonstrieren:

VERSUCH 11.7

Eigenschwingungen mehrerer und sehr vieler gekoppelter Oszillatoren

a) Wir spannen eine Kette von mehreren federverbundenen Kugeln und erregen mit steigender Frequenz nach und nach die in Abb. 11.25 gezeigten Eigenschwingungen.

b) Als Modell einer dichten Folge gekoppelter Oszillatoren nehmen wir einen Torsionsstab, entlang dessen Achse dicht beieinander eine große Zahl von Schwingarmen befestigt ist, wobei jeder mit seinem Nachbarn über den Torsionsstab gekoppelt ist. Dieses Instrument heißt auch Wellenmaschine, weil man an ihr beim einseitigen Anstoßen sehr schön das langsame Fortschreiten einer Torsionswelle beobachten kann. Wir benutzen sie aber in diesem Versuch, um als Funktion der Frequenz ihre Eigenschwingungen anzuregen, die sehr deutlich das Bild stehender Wellen zeigen. Die Schwingungsformen sind unterschiedlich je nachdem, ob die Enden fest eingespannt sind oder nicht. Am fest eingespannten Ende beobachten wir jeweils einen Knoten, am offenen einen Bauch. Dementsprechend ergeben sich verschiedene Folgen von Eigenschwingungen mit den Wellenlängen (vgl. Abschn. 12.5):

1) Beidseitig eingespannte oder beidseitig freie Enden

$$\lambda_n = 2\frac{l}{n}\,. \tag{11.97}$$

2) Ein Ende fest, ein Ende frei

$$\lambda_n = \frac{4l}{2n-1}\,, \tag{11.98}$$

mit $n = 1, 2, \ldots$ Abbildung 11.26 zeigt das Schwingungsbild der jeweils ersten Oberwelle für die drei Fälle.

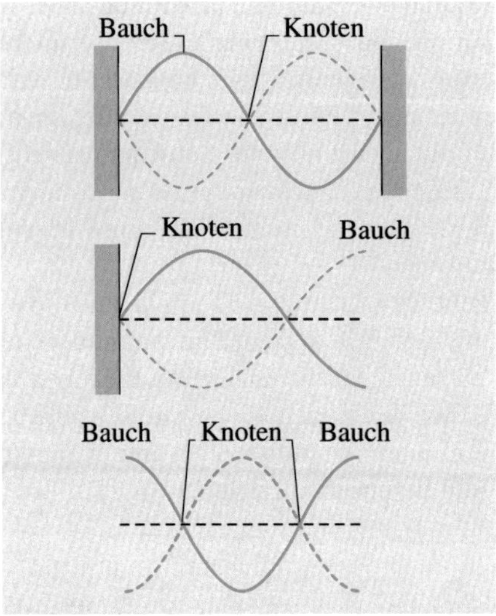

Abb. 11.26. Schwingungsbild der jeweils ersten Oberwelle der drei Typen stehender Wellen: bei beidseitig eingespannten Enden (*oben*), einem eingespannten und einem freien Ende (*Mitte*) und beidseitig freien Enden (*unten*). Volle und gestrichelte Linien sind die um eine halbe Schwingungsperiode zeitlich gegeneinander versetzten Maxima bzw. Minima der örtlichen Schwingungsamplitude

Die Amplitude einer stehenden Welle ist eine Funktion vom Ort x und der Zeit t und kann (im Gegensatz zu laufenden Wellen (s. Kap. 12)) als Produkt einer örtlich veränderlichen Funktion $\mathrm{f}(x)$ und einer zeitlich veränderlichen Funktion $\mathrm{g}(t)$ dargestellt werden. Für den hier betrachteten Fall eindimensionaler stehender Wellen sind beides einfache Winkelfunktionen

$$A_n(x,t) = \mathrm{f}_n(x)\cdot \mathrm{g}_n(t) = A_{0,n}\sin\left(\frac{2\pi}{\lambda_n}(x-x_0)\right)\cdot\sin(\omega_n(t-t_0))\,. \tag{11.99}$$

Die *Separation* in eine *räumliche* und eine *zeitliche* Funktion charakterisiert eine stehende Welle als **Eigenschwingung** des Systems. Auch bei flächenhaft oder räumlich ausgedehnten, schwingenden Medien ist die ortsabhängige Amplitudenfunktion von der Berandung des Mediums geprägt:

Ist die Berandung z. B. ein Quader, so sind die Eigenfunktionen in allen drei Raumrichtungen einfache Winkelfunktionen wie in (11.99); ist es ein Kreiszylinder, so ist die axiale Eigenfunktion wieder sinusförmig, während sie auf der kreisförmigen Querschnittsfläche durch **Besselfunktionen** charakterisiert werden, die aus diesem Grunde auch Zylinderfunktionen genannt werden. Ebenso heißen die Eigenfunktionen einer Kugelschwingung **Kugelfunktionen**. Obwohl mehrdimensionale Eigenschwingungen je nach Art der Berandung mathematisch wesentlich komplizierter sind als der einfache Sinus, bewahren sie doch gewisse Ähnlichkeiten, nämlich den wellenförmigen Charakter, wenn auch nicht mehr mit strenger Konstanz von räumlicher Periode und Amplitude. Bei einer flächenhaften Eigenschwingung beobachten wir statt eines Knotenpunkts **Knotenlinien** und bei einer räumlichen Eigenschwingung **Knotenflächen**, die jeweils Bereiche positiver und negativer Amplitude trennen. Die Frequenz der Eigenschwingung wächst auch hier mit der Zahl der Knotenlinien oder Knotenflächen, allerdings nicht mehr nach dem einfachen Proportionalgesetz (11.96). In jedem Fall wird der *zeitliche* Ablauf einer Eigenschwingung wie in (11.99) durch eine *einzige* Sinusfunktion zur zugehörigen Eigenfrequenz ω_n beschrieben. Alle übrigen Schwingungsformen können in harmonischer Näherung als Superposition solcher Eigenschwingungen mit resultierenden Schwebungen etc. dargestellt werden. Die Knotenlinien flächenhafter Eigenschwingungen können wir in folgendem Versuch demonstrieren:

VERSUCH 11.8

Chladnische Klangfiguren. Wir bestäuben eine im Zentrum befestigte quadratische oder kreisförmige Glasplatte mit einem feinkörnigen Sand und streichen sie am Rand mit einem Bogen an. Dabei erregen wir eine Eigenschwingung der Platte, die den Sand in die Knotenlinien treibt. Abbildung 11.27 zeigt einige Bespiele.

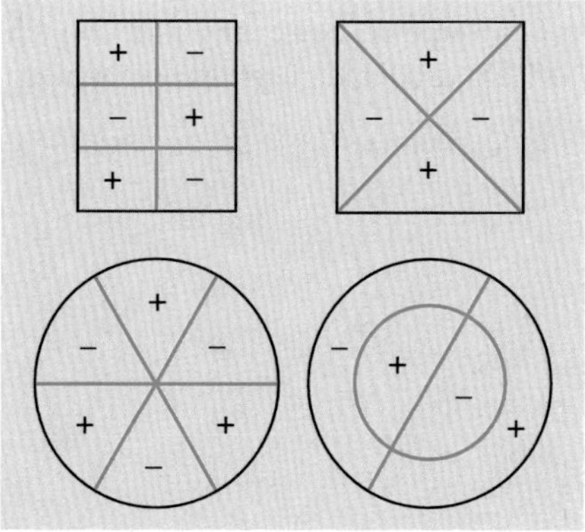

Abb. 11.27. Knotenlinien (*blau*) von Eigenschwingungen einer quadratischen und einer kreisrunden Platte. Die relative Phase ist durch Vorzeichen angedeutet. Im Beispiel rechts unten ist die azimutale Grundschwingung mit der ersten radialen Oberwelle kombiniert

Im zweiten Versuchsabschnitt wählen wir statt der Selbsterregung eine erzwungene, akustische Anregung der Eigenschwingungen, indem wir einen Lautsprecher dicht an der Platte aufstellen und die Tonhöhe variieren. Auf diese Weise können mehrere Eigenschwingungen erregt werden, wobei die Zahl der Knotenlinien mit der Frequenz wächst.

Zum Schluß kommen wir noch einmal auf die Zahl der möglichen Eigenschwingungen zurück. Bei einem streng kontinuierlichen Schwingkörper ist sie im Prinzip unbegrenzt; zumindest gibt es keine mathematische Grenze für einen minimalen Abstand der Knotenflächen. Die Anzahl der möglichen Eigenschwingungen ist daher abzählbar unendlich. Wir werden auf solche Abzählverfahren noch in Abschn. 12.6 zurückkommen. Bei einem realistischen, physikalischen Körper ist dieser minimale Abstand aber sehr wohl begrenzt und zwar auf den Abstand der von den Atomen des Kristalls aufgebauten Gitterebenen. Im äußersten Falle einer maximal antisymmetrischen Schwingung schwingt jede Gitterebene in Gegenphase zu den jeweiligen Nachbarebenen. Aus dieser Vorstellung leitet sich auch eine obere **Grenzfrequenz** der möglichen Eigenschwingungen ab, die sogenannte **Debye-Frequenz** (s. Abschn. 12.6 und 14.5). Die Gesamtzahl der Eigenschwingungen ist ganz einfach das Dreifache der Anzahl der Atome im Körper.

Bei allen unseren Versuchen und Überlegungen zu gekoppelten Schwingungen von Massenpunkten hatten wir nämlich erfahren, daß auf *jeden* **Freiheitsgrad** der Bewegung des Systems *genau eine* **Eigenschwingung** entfällt. Da jedes Atom, als Massenpunkt aufgefaßt, drei Freiheitsgrade der Bewegung hat, besitzt also ein Körper aus N Atomen $3N$ Eigenschwingungen.

! Dieser Satz ist vor allem in der statistischen Theorie der Wärme wichtig, weil dort gezeigt wird, daß auf jeden Schwingungsfreiheitsgrad eines Systems im statistischen Mittel ein bestimmter Energiebetrag vom Wert kT (k = Boltzmannsche Konstante, T = absolute Temperatur) an Wärmeenergie entfällt (s. Abschn. 14.6).

Besteht das System nur aus wenigen Massenpunkten und ist es frei beweglich, also z. B. ein freies Gasmolekül, so müssen wir darauf achten, daß wir nur die *inneren* Freiheitsgrade der *Relativbewegung* der Atome zueinander zählen dürfen. Bei einem zweiatomigen Molekül bleibt dann nur der Freiheitsgrad der antisymmetrischen Schwingung übrig, bei drei und mehr Atomen kommen insgesamt sechs Freiheitsgrade in Abzug, drei für die Schwerpunktsbewegung und drei für die Orientierung des Moleküls im Raum. Die Zahl der Fundamentalschwingungen beträgt dann $3N - 6$.

12. Wellen

INHALT

Wir hatten schon im vorhergehenden Kapitel bei den Schwingungen gekoppelter Oszillatoren das Phänomen kennengelernt, daß die Schwingungsenergie nicht auf einen Oszillator lokalisiert bleibt, sondern sich auf die *Gesamtheit* verteilt. Wir hatten uns dabei vor allem auf die Eigenschwingungen solcher Systeme konzentriert, die im Grenzfall sehr vieler Oszillatoren die Form von stehenden Wellen einnahmen. **Stehende Wellen** sind aber nur ein Spezialfall der Bewegungsformen schwingungsfähiger Medien und setzen vor allem eine bestimmte *Umrandung* des Mediums voraus. Allgemeiner ist der Fall **fortlaufender Wellen**. Sie breiten sich in der Regel von einem Störzentrum her mit bestimmter Geschwindigkeit aus, in dem Maxima und Minima der Amplitude im Rhythmus der Wellenlänge durch das Medium wandern. Wir wollen im folgenden zunächst die Phänomenologie fortlaufender Wellen kennenlernen.

12.1 Phänomenologisches über Wellen

Wird in einem schwingungsfähigen Medium an einem bestimmten Ort, der *Quelle*, durch äußere Einwirkung eine Schwingungsamplitude ausgelöst, so pflanzt sie sich durch elastische Kopplung innerhalb des Mediums fort und wandert nach außen mit einer für das Medium charakteristischen **Wellengeschwindigkeit** c. Ist die Erregung im Zentrum periodisch im Sinne einer Sinusfunktion, so ist es auch die emittierte Welle, d. h. am Beobachtungsort im Abstand $\boldsymbol{r}$ von der Quelle wird die Amplitude wie $\sin \omega t$ variieren. Da nun die Welle sich mit der Geschwindigkeit c ausbreitet, folgt aus der zeitlichen Periodizität an einem festen Ort r auch eine **räumliche Periodizität** zu einem festen Zeitpunkt t und zwar mit der Periode

E. W. Otten, *Repetitorium Experimentalphysik*,
https://doi.org/10.1007/978-3-662-59730-9_12

$$\lambda = cT = \frac{c}{\nu} = \frac{2\pi c}{\omega}\,, \tag{12.1}$$

die wir die **Wellenlänge** nennen. Ist das Medium homogen, so breitet sich die Welle von der punktförmig gedachten Quelle in alle Raumrichtungen mit der gleichen Geschwindigkeit c aus und bildet eine **Kugelwelle**, deren Amplitude wir nach oben gesagtem als eine Funktion von Ort und Zeit in der Form ansetzen müssen:

$$A(\boldsymbol{r}, t) = A(\boldsymbol{r}) \sin\left(2\pi\left(\nu t - \frac{r}{\lambda}\right)\right) = A(\boldsymbol{r}) \sin(\omega t - kr)\,. \tag{12.2}$$

Der Kürze wegen bevorzugen wir die zweite Schreibweise von (12.2), wo wir im Argument der Winkelfunktion die Frequenz durch die **Kreisfrequenz** und die Wellenlänge durch die **Wellenzahl**

$$k = \frac{2\pi}{\lambda} \tag{12.3}$$

ersetzt haben. Verfolgen wir einen Ort konstanter Phase, so als wollten wir auf der Welle reiten, z. B. am Nulldurchgang der Amplitude, so muß für das Argument des Sinus in (12.2) gelten

$$\omega t - kr = 0\,.$$

Der Punkt konstanter Phase bewegt sich also mit der Geschwindigkeit

$$\frac{r}{t} = \frac{\omega}{k} = \nu\lambda = c_\varphi = c \tag{12.1'}$$

fort. In Übereinstimmung mit unserer Grundannahme (12.1). Die in (12.1′) definierte Geschwindigkeit heißt korrekterweise **Phasengeschwindigkeit** und trägt daher häufig den Index φ im Unterschied zur weiter unten diskutierten Gruppengeschwindigkeit einer Welle c_g, die unter Umständen von c_φ verschieden ist. Fehlt der Index und spricht man von der Wellengeschwindigkeit schlechthin, so ist immer die Phasengeschwindigkeit gemeint.

Wird ein Volumenelement $\mathrm{d}V$ von der Wellenamplitude $A(\boldsymbol{r})$ erfaßt, so ist damit auch eine lokale **Dichte der Schwingungsenergie**

$$\varrho_\mathrm{E} = \frac{\mathrm{d}E}{\mathrm{d}V} \propto A^2(\boldsymbol{r}) \tag{12.4}$$

verknüpft, die ebenso wie im Fall der üblichen Schwingung proportional zum Quadrat der Amplitude ist. Bei einer **Schallwelle** hat diese Energie einen *potentiellen* Anteil aus der lokalen Kompression, sowie einen *kinetischen* aus der lokalen Bewegung des Mediums. Bei **elektromagnetischen Wellen** (z. B. sichtbarem Licht), die nicht an ein Medium gebunden sind, sondern sich auch im Vakuum ausbreiten können, ist die Energiedichte an die elektrische und magnetische Feldamplitude der Welle geknüpft und ebenfalls proportional zu deren Quadrat. Im Gegensatz zur Schwingung und auch zur stehenden Welle bleibt diese Energiedichte nicht an Ort und Stelle, sondern wird mit der Wellenamplitude selbst, also mit deren Fortpflanzungsgeschwindigkeit fortgetragen. Folglich kann man jeder Welle eine **Energiestromdichte** (vgl. die allgemeine Definition einer Stromdichte in Abschn. 10.2) zuschreiben:

$$\boldsymbol{j}_{\mathrm{E}} = \varrho_{\mathrm{E}} \cdot \boldsymbol{c} \propto A^2(\boldsymbol{r})\boldsymbol{c}\,, \quad [j] = \mathrm{Joule\,m^{-2}\,s^{-1}}\,. \tag{12.5}$$

Sie ist ein Vektor in Richtung der Ausbreitungsgeschwindigkeit $\boldsymbol{c}$; ihren Betrag nennen wir die **Intensität der Welle** j. Bilden wir ihr Integral über eine Kugeloberfläche im Abstand r von der Quelle

$$\oint (\boldsymbol{j} \cdot \mathrm{d}\boldsymbol{A}) = \int_0^{2\pi} \int_{-\pi/2}^{+\pi/2} j(\vartheta, \varphi, r) r^2 \sin\vartheta \, \mathrm{d}\vartheta \, \mathrm{d}\varphi = \Phi_{\mathrm{E}} = P_{\mathrm{Q}}\,, \tag{12.6}$$

so muß dieser Energiefluß Φ_{E} gleich der gesamten von der Quelle abgestrahlten Leistung P_{Q} sein (vgl. den Gaußschen Satz (10.13)). Dabei ist vorausgesetzt, daß das Medium selbst die Welle nicht dämpft, also keine Leistung absorbiert. Dann gilt (12.6) in jedem Abstand r. Folglich muß der Integrand unabhängig von r sein und es gilt für jede Kugelwelle

$$j(\vartheta, \varphi, r) \propto A^2(r) \propto \frac{1}{r^2} \quad \curvearrowright$$

$$A(r) \propto \frac{1}{r}\,. \tag{12.7}$$

Die Amplitude einer ungedämpften Kugelwelle nimmt mit $1/r$ ab.

Das bisher gesagte ist in Abb. 12.1 illustriert.

Schneiden wir in *großer Entfernung* von der Quelle ein kleines Beobachtungsgebiet aus, so ist die Welle dort *quasi eben* und hat eine *konstante* Am-

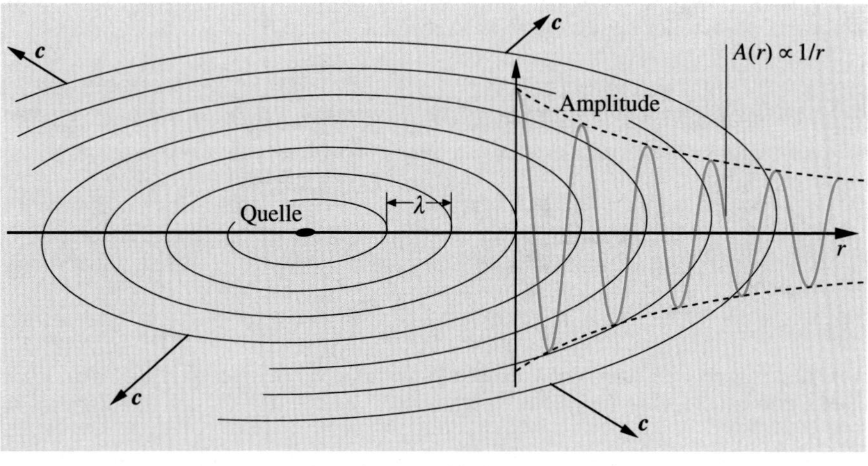

Abb. 12.1. Ebener Schnitt einer ungedämpften Kugelwelle. Die Amplitude ist umgekehrt proportional zum Abstand von der Quelle im Zentrum. Die Ausbreitungsgeschwindigkeit $\boldsymbol{c}$ steht jeweils senkrecht auf den Wellenfronten (hier Kreise im Abstand der Wellenlänge)

plitude. Typische Beispiele sind das Licht eines Sterns oder die Dünung der Ozeane.

Eine **ebene, harmonische Welle**, die sich in die positive x-Richtung ausbreitet, genügt also der Gleichung

$$A(\boldsymbol{r}, t) = A_0 \sin(\omega t - kx) , \tag{12.8}$$

oder allgemeiner bei Ausbreitung in eine beliebige Richtung $\hat{\boldsymbol{k}}$

$$A(\boldsymbol{r}, t) = A_0 \sin(\omega t - (\boldsymbol{k} \cdot \boldsymbol{r})) , \tag{12.8'}$$

mit dem Wellenvektor

$$\boldsymbol{k} = k\hat{\boldsymbol{c}} = \frac{2\pi\hat{\boldsymbol{c}}}{\lambda} . \tag{12.8''}$$

Das Skalarprodukt $(\boldsymbol{k} \cdot \boldsymbol{r})$ in (12.8′) macht klar, daß sich die räumliche Phase in der Ebene senkrecht zu $\boldsymbol{k}$, d. h. senkrecht zur Ausbreitungsrichtung, nicht ändert, erfüllt also das Kriterium der ebenen Welle.

An der Grenzfläche zwischen verschiedenen Medien können **Grenzflächenwellen** entlanglaufen; die bekanntesten sind die **Wasserwellen**. **Erdbebenwellen** breiten sich vom Epizentrum sowohl als Kugelwellen durchs Innere der Erde aus, wie auch als Grenzwellen entlang der Erdoberfläche. Da letztere einen Umweg läuft, erreicht sie den Seismographen später. Auch die Amplitude von Grenzflächenwellen nimmt mit dem Abstand r von der Quelle ab. Die Erhaltung der Leistung auf dem Umfang $2\pi r$ verlangt hier ein $1/\sqrt{r}$-Verhalten der Amplitude. Seitlich begrenzte ebene Wellen können sich in zylindrischen Körpern ausbreiten, z. B. in Stäben, Drähten, oder in der Luftsäule innerhalb eines Rohrs.

In festen Medien kann die Amplitude der **Welle** entweder **longitudinal** gerichtet sein, d. h. in Richtung von $\boldsymbol{c}$ oder **transversal** (Scherwelle). In Stäben kann die **Scherwelle** auch die Form einer **Torsionswelle** annehmen. Welcher Typ auftritt, hängt von der Art der Anregung ab (s. Abb. 12.2).

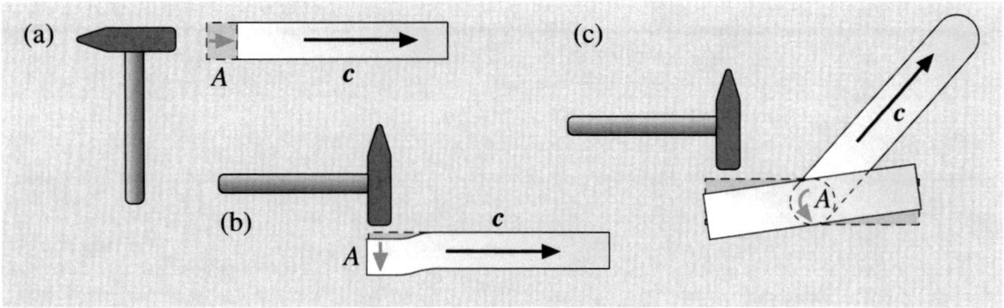

Abb. 12.2. Anschlagen einer longitudinalen Welle (**a**), einer transversalen Welle (**b**), sowie einer Torsionswelle (**c**) in einem Stab

12.2 Wellengleichung

Bevor wir weitere Eigenschaften von Wellen diskutieren, wollen wir zunächst die *Bewegungsgleichung* einer Welle ableiten. Wir wollen uns dabei auf mechanische Wellen beschränken, wo also Kräfte, Massen und Beschleunigungen im Spiel sind. Das Spezifische elektromagnetischer Wellen können wir erst in der Elektrodynamik behandeln.

Heuristischer Weg zur Wellengleichung

Die formale Ähnlichkeit einer harmonischen Welle, etwa der ebenen Welle (12.8) und auch ihr ursächlicher Zusammenhang mit gekoppelten Schwingungen (s. Abschn. 11.10) lassen uns vermuten, daß den Wellen eine ähnliche Bewegungsgleichung zugrunde liegt wie den Schwingungen. Demnach sollte also die zweite Ableitung der Amplitude nach der Zeit proportional zur Amplitude selbst sein. Da sie aber auch periodisch im Ort ist, wäre das gleiche für die zweite räumliche Ableitung zu verlangen. In der Tat erfüllt die harmonische, ebene Welle (12.8) diese Erwartung

$$\frac{\partial^2 A(x,t)}{\partial t^2} = -\omega^2 A_0 \sin(\omega t - kx) = -\omega^2 A(x,t)$$
$$\frac{\partial^2 A(x,t)}{\partial x^2} = -k^2 A_0 \sin(\omega t - kx) = -k^2 A(x,t)\,.$$

Durch Eliminieren von $A(x,t)$ rechterhand können wir eine Differentialgleichung zwischen der zweiten zeitlichen und zweiten räumlichen Ableitung der Amplitude gewinnen, die wir **allgemeine Wellengleichung** nennen

$$\frac{\partial^2 A(x,t)}{\partial t^2} = \frac{\omega^2}{k^2}\frac{\partial^2 A(x,t)}{\partial x^2} = c^2\frac{\partial^2 A(x,t)}{\partial x^2}\,. \tag{12.9}$$

Als Proportionalitätsfaktor tritt das Quadrat der Wellengeschwindigkeit ein. Ebene Wellen sind nicht die einzigen, wohl aber die einfachsten, nicht trivialen Lösungen der Wellengleichung. Ohne weitere, einschränkende Randbedingungen zu machen, ist ihre Lösungsmannigfaltigkeit unübersehbar groß. In der Tat ist dann jede zweimal differenzierbare Funktion $f(a)$ zum Argument

$$a = x \pm ct$$

Lösung von (12.9). Der Beweis ist trivial, weil bei der zweimaligen, inneren Ableitung nach t der Faktor c^2 heraustritt.

Wir wollen nun versuchen, die allgemeine Wellengleichung (12.9) für einige Beispiele von mechanischen Wellen abzuleiten und die Wellengeschwindigkeit c auf die mechanischen Eigenschaften des Mediums zurückführen. Dabei sei A eine Bewegungsamplitude; folglich ist die linke Seite von (12.9) eine *Beschleunigung* und die rechte Seite muß die zugehörige *Kraft* enthalten, die mittels der zweiten Ableitung nach dem Ort aus der elastischen Verzerrung des Mediums herrührt und das betreffende Volumenelement beschleunigt.

Als erstes, anschauliches Beispiel wählen wir die **transversale Seilwelle**, eines mit der Kraft F gespannten Seils (oder einer Saite) in **harmonischer Näherung**. Wir setzen also relativ kleine Auslenkungen voraus

$$A_0 \ll \lambda \quad \curvearrowright \quad \mathcal{O}(A_0^2/\lambda^2) = 0 \,.$$

Das hat genau wie bei der transversalen Federschwingung (vgl. 11.93) zur Folge, daß wir rücktreibende Kräfte, die aus der Verlängerung des Seils herrühren, gegenüber der Spannkraft F vernachlässigen können. Da das Seil selbst keine Biegesteifigkeit besitzen soll, wirkt F immer tangential zum Seil (s. Abb. 12.3). Die gewünschte, transversale, rücktreibende Kraft kann daher nur aus der Krümmung des Seils herrühren. An einem Seilstückchen der Länge $\mathrm{d}x$ greift demzufolge die Resultierende der bei x und $x + \mathrm{d}x$ angreifenden Spannkräfte $\boldsymbol{F}(x)$ und $\boldsymbol{F}(x + \mathrm{d}x)$ an:

$$|\mathrm{d}\boldsymbol{F}'(x)| = |\boldsymbol{F}(x + \mathrm{d}x) + \boldsymbol{F}(x)| = F\,\mathrm{d}\alpha \,.$$

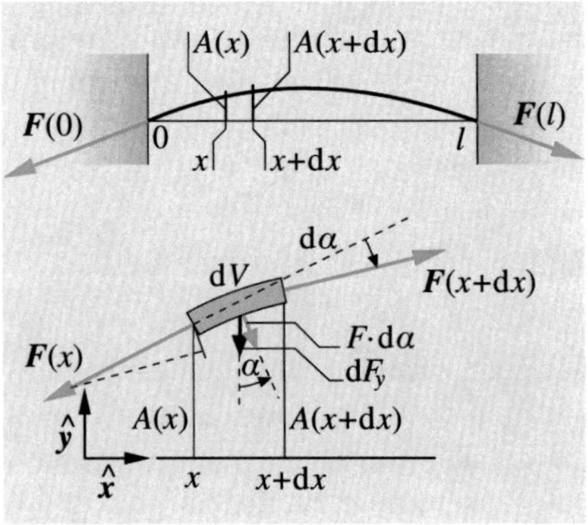

Abb. 12.3. Skizze zur Berechnung der rücktreibenden Kraft $\mathrm{d}F_y$ aus der Spannkraft F eines gespannten Seils und der Amplitude $A(x)$ einer Seilwelle mit Ausschnittvergrößerung (*unten*)

Ihre Komponente in y-Richtung ist

$$\mathrm{d}F_y = \mathrm{d}F' \cos\alpha = F \cos\alpha \,\mathrm{d}\alpha = F\,\mathrm{d}(\sin\alpha) \,.$$

In der gewählten Näherung gilt

$$\sin\alpha \approx \tan\alpha = \frac{\partial A(x,t)}{\partial x} \,,$$

wobei die rechte Seite aus der Definition der Steigung einer Kurve folgt. Somit ist die rücktreibende Kraft auf das Seilstückchen $\mathrm{d}x$

$$\mathrm{d}F_y(x) = F\,\mathrm{d}(\sin\alpha) = F\frac{\partial \sin\alpha}{\partial x}\,\mathrm{d}x = F\frac{\partial^2 A(x,t)}{\partial x^2}\,\mathrm{d}x \,. \tag{12.10}$$

Sie ist proportional zur zweiten räumlichen Ableitung der Amplitude wie vermutet. Sie beschleunigt das zugehörige Massenelement

$$\mathrm{d}m = \varrho q \,\mathrm{d}x$$

mit der Massendichte ϱ und dem Querschnitt q des Seils. Somit gewinnen wir die Newtonsche Kraftgleichung

$$\mathrm{d}F_y = F\frac{\partial^2 A_y(x,t)}{\partial x^2}\,\mathrm{d}x = \ddot{y}\,\mathrm{d}m = \frac{\partial^2 A_y(x,t)}{\partial t^2}\varrho q\,\mathrm{d}x \,. \tag{12.11}$$

Nach Division durch $\varrho q\,\mathrm{d}x$ nimmt sie die Form der Wellengleichung an

$$\frac{\partial^2 A(x,t)}{\partial t^2} = c^2 \frac{\partial^2 A(x,t)}{\partial x^2}, \quad \text{mit} \quad c^2 = \frac{F}{\varrho q}. \tag{12.12}$$

Wir sehen, daß die Phasengeschwindigkeit c in dieser Näherung unabhängig von den elastischen Konstanten des Seils oder der Saite ist, sondern nur von der Spannung und Massenbelegung ϱq abhängt. In diesem Sinne ist es gleichgültig, ob man eine Geige mit einer hoch dehnbaren Darmsaite oder einer kaum dehnbaren Stahlsaite bespannt.

Im Gegensatz dazu hängt die Schallgeschwindigkeit in einem bestimmten *Medium* von dessen elastischen Konstanten und seiner Dichte ab. Wir berechnen daher als zweites Beispiel die **longitudinale Schallgeschwindigkeit** in einem *elastischen Stab* vom Querschnitt q. Dazu müssen wir uns als erstes über die longitudinale Bewegung eines Volumenelements $\mathrm{d}V = q\,\mathrm{d}x$ im Stab Klarheit verschaffen (s. Abb. 12.4). Dessen linke Kante wird durch die Wellenbewegung aus seiner Ruhelage bei x um die Amplitude $A(x)$ in die x-Richtung parallel zu $\boldsymbol{c}$ verschoben. Die rechte Kante, die in Ruhe bei $x + \mathrm{d}x$ liegt, wird um $A(x + \mathrm{d}x)$ verschoben, also etwas mehr oder weniger als die linke, je nachdem ob das Volumenelement sich in einer Phase der Streckung ($\mathrm{d}x' > \mathrm{d}x$) oder der Stauchung ($\mathrm{d}x' < \mathrm{d}x$) befindet. Die *Normalspannung*

$$\sigma = \frac{F}{q}$$

ergibt sich nach dem **Hookeschen Gesetz** (8.1a) aus dem **Elastizitätsmodul** E und der relativen Streckung (Stauchung) zu

$$\tilde{\sigma} = -E\frac{\mathrm{d}x' - \mathrm{d}x}{\mathrm{d}x} = -E\frac{A(x+\mathrm{d}x,t) - A(x,t)}{\mathrm{d}x} \quad \curvearrowright$$

$$\tilde{\sigma} = -E\frac{\partial A(x,t)}{\partial x}. \tag{12.13}$$

Die Tilde auf dem Symbol der Normalspannung soll ihren periodischen Charakter

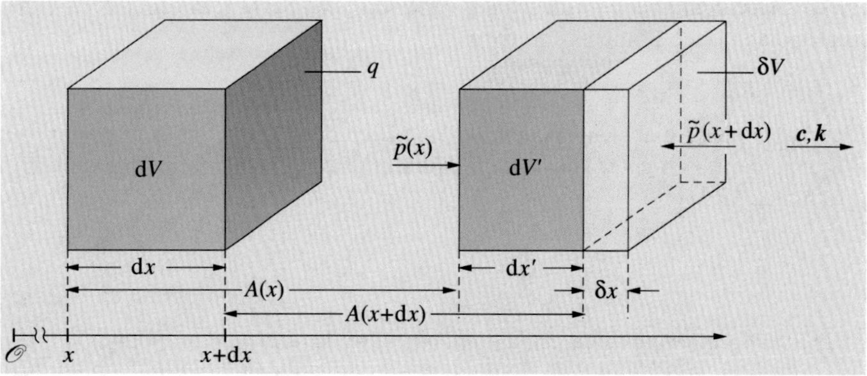

Abb. 12.4. Skizze zur Ableitung der Wellengleichung einer longitudinalen Schallwelle in einem Stab

unterstreichen. Eine statische Vorspannung bleibt außer Betracht. Denn bei einer gleichmäßigen, statischen Streckung der ganzen Länge wäre σ überall konstant, und das Volumenelement würde keine resultierende beschleunigende Kraft erfahren. Sie kann nur aus einer *Änderung* der Spannung entlang x resultieren und zwar aus der Differenz der Spannungen an den Stirnseiten von $\mathrm{d}V$

$$\mathrm{d}F_x = q(\tilde{\sigma}(x) - \tilde{\sigma}(x + \mathrm{d}x)) = -q\frac{\partial\tilde{\sigma}}{\partial x}\,\mathrm{d}x = qE\frac{\partial^2 A(x,t)}{\partial x^2}\,\mathrm{d}x\,. \tag{12.14}$$

Sie ist wiederum proportional zur zweiten räumlichen Ableitung der Amplitude. Ersetzen wir die linke Seite von (12.11) durch (12.14) und kürzen durch das Massenelement $\varrho q\,\mathrm{d}x$, so gewinnen wir die

Wellengleichung einer **longitudinalen Schallwelle** in einem elastischen Stab

$$\frac{\partial^2 A(x,t)}{\partial t^2} = \frac{E}{\varrho}\frac{\partial^2 A(x,t)}{\partial x^2}\,, \quad \text{mit} \quad \sqrt{\frac{E}{\varrho}} = c\,. \tag{12.15}$$

Für *transversale* **Scherwellen** gilt analog

$$\sqrt{\frac{G}{\varrho}} = c\,, \qquad G = \text{Schubmodul} \tag{12.16}$$

und für *longitudinale* **Druckwellen**

$$\sqrt{\frac{K}{\varrho}} = c\,, \qquad K = \text{Kompressionsmodul}\,. \tag{12.17}$$

Wie erwartet wächst die Schallgeschwindigkeit mit der Größe der elastischen Konstanten, die für die Beschleunigung verantwortlich sind, und fällt mit der Massendichte ϱ, die die Trägheit des Mediums bestimmt.

In *Gasen* und *Flüssigkeiten* können nur *longitudinale* **Druckwellen** auftreten, weil $E = G = 0$ gilt. In Gasen ist bei isothermer Kompression der Modul K nach (9.32) gleich dem Druck p. Im schnell veränderlichen Schallfeld liegt jedoch in der Regel adiabatische Kompression vor mit (s. (15.9))

$$K = \gamma p\,.$$

Darin ist γ der Adiabatenexponent; er ist gleich dem Verhältnis der spezifischen Wärmen, gemessen unter konstantem Druck (C_p) bzw. konstantem Volumen (C_V) (s. Abschn. 15.3)

$$\gamma = \frac{C_p}{C_V}\,.$$

Die Schallgeschwindigkeit in Gasen genügt also der *universellen* Formel

$$c = \sqrt{\frac{\gamma p}{\varrho}}\,. \tag{12.18}$$

Für die zweiatomigen Moleküle der Luft gilt in guter Näherung $\gamma = 1,4$ (s. Abschn. 14.5), entsprechend einer Schallgeschwindigkeit von 331,3 m/s unter Normalbedingungen.

Bei Flüssigkeiten und Festkörpern liegt die Schallgeschwindigkeit für alle drei Wellentypen im Bereich von

$$1\,\mathrm{km\,s^{-1}} \lesssim c \lesssim 5\,\mathrm{km\,s^{-1}}\,.$$

* Druck- und Geschwindigkeitsamplitude; Energietransport im Schallfeld

In der Regel interessiert man sich im Schallfeld weniger für die Amplitude der Bewegung als für ihre Geschwindigkeit und den **Schalldruck**. Wir beschränken uns in der folgenden Diskussion auf reine Druckwellen. Analog zu (12.13) erhalten wir den Schalldruck aus der räumlichen Ableitung der Amplituden, multipliziert mit dem Kompressionsmodul. Dann folgt für eine ebene Welle (12.8)

$$\tilde{p} = -K\frac{\partial A(x,t)}{\partial x} = KkA_0\cos(\omega t - kx) = \tilde{p}_0\cos(\omega t - kx)\,, \tag{12.19}$$

$$\text{mit} \quad \tilde{p}_0 = KkA_0\,.$$

Der Schalldruck eilt der Amplitude zeitlich um $\pi/2$ voraus (s. Abb. 12.5).

Welche potentielle Energie ist mit der Kompression des Mediums verknüpft? Aus (8.21) wissen wir, daß bei der Kompression eines Volumens V_0 um δV die Arbeit

$$W_\mathrm{a} = \frac{1}{2}K\frac{\delta V^2}{V_0} = E_\mathrm{p}$$

geleistet werden muß, die als Kompressionsenergie E_p in V gespeichert ist. Wegen der räumlichen Variation in der Schallwelle können wir diese Gleichung wie im Ansatz (12.13) nur lokal auf ein kleines Volumenelement

$$\mathrm{d}V = q\,\mathrm{d}x$$

und dessen differentielle Änderung

$$\delta V = q(\mathrm{d}x' - \mathrm{d}x) = q\frac{\partial A(x,t)}{\partial x}\,\mathrm{d}x$$

anwenden (s. Abb. 12.4). Dies oben eingesetzt ergibt für die Kompressionsenergie in $\mathrm{d}V$

$$\mathrm{d}\tilde{E}_\mathrm{p} = \frac{1}{2}\frac{K}{q\,\mathrm{d}x}\left(q\frac{\partial A}{\partial x}\,\mathrm{d}x\right)^2 = \frac{1}{2}K\left(\frac{\partial A}{\partial x}\right)^2\mathrm{d}V$$

und für die potentielle Energiedichte

$$\tilde{\varrho}_{E_\mathrm{p}} = \frac{\mathrm{d}\tilde{E}_\mathrm{p}}{\mathrm{d}V} = \frac{1}{2}K\left(\frac{\partial A}{\partial x}\right)^2 = \frac{1}{2}Kk^2A_0^2\cos^2(\omega t - kx) = \frac{\tilde{p}^2}{2K}\,. \tag{12.20}$$

Dabei haben wir auf der rechten Seite (12.19) benutzt. Die potentielle Energiedichte in einer Druckwelle ist also proportional zum Quadrat des Schalldrucks und umgekehrt proportional zum Kompressionsmodul.

Aus der Geschwindigkeit $\tilde{v}$ der Schallamplitude, die auch **Schallschnelle** genannt wird, erhalten wir die kinetische Energiedichte zu

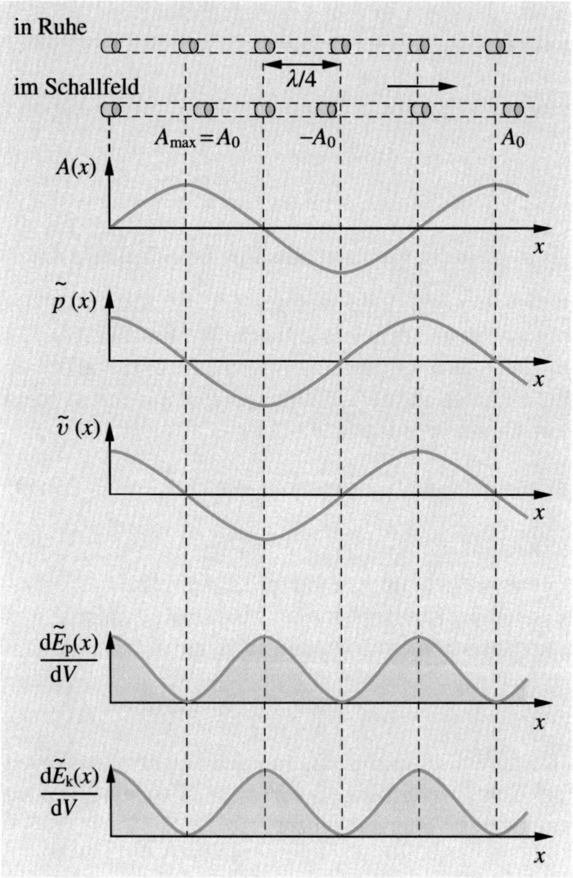

Abb. 12.5. Wellenbild von Amplitude $A(x)$, Druck $\tilde{p}$, Geschwindigkeit $\tilde{v}$, potentieller und kinetischer Energie $\tilde{E}_p$ bzw. $\tilde{E}_k$ in einer nach rechts wandernden Schallwelle. *Oben:* Zugehörige Verrückung eines Volumenelements im Schallfeld gegenüber der Ruhelage

$$\tilde{\varrho}_{E_k} = \frac{dE_k}{dV} = \frac{\varrho\tilde{v}^2}{2} = \frac{1}{2}\varrho\omega^2 A_0^2 \cos^2(\omega t - kx)\,, \tag{12.21}$$

$$\text{mit} \quad \tilde{v} = \frac{\partial A(x.t)}{\partial t} = \omega A_0 \cos(\omega t - kx)\,.$$

Der Vergleich mit (12.19) und (12.20) zeigt, daß $\tilde{p}$ und $\tilde{v}$ ebenso wie $\tilde{\varrho}_{E_p}$ und $\tilde{\varrho}_{E_k}$ in Phase sind. Letztere sind gebündelt zu „Energiepaketen“ im Abstand $\lambda/2$ mit ihrem Maximum jeweils beim Nulldurchgang der Amplitude, d. h. wo Schalldruck und -schnelle maximal sind (s. Abb. 12.5). Mit

$$\frac{K}{\varrho} = c^2 = \frac{\omega^2}{k^2}$$

gilt weiterhin, daß beide Energiedichten gleichgroß sind

$$\tilde{\varrho}_{E_p} = \tilde{\varrho}_{E_k}\,. \tag{12.22}$$

Folglich können wir die gesamte Energiedichte umschreiben zu

$$\tilde{\varrho}_E = \tilde{\varrho}_{E_\mathrm{p}} + \tilde{\varrho}_{E_\mathrm{k}} = 2\sqrt{\tilde{\varrho}_{E_\mathrm{p}}\tilde{\varrho}_{E_\mathrm{k}}} = \sqrt{\frac{\varrho}{K}}\tilde{p}\tilde{v} = \frac{\tilde{p}\tilde{v}}{c} \, .$$

Multiplikation mit c gibt nach (12.5) die **Intensität der Schallwelle** als Produkt aus Schalldruck und -schnelle

$$\boldsymbol{j}_E(\boldsymbol{r}, t) = \tilde{\varrho}_E \boldsymbol{c} = \tilde{p}\tilde{v}\hat{\boldsymbol{c}} = \tilde{p}_0\tilde{v}_0 \cos^2(\omega t - kx)\hat{\boldsymbol{c}} \, , \tag{12.23}$$

bzw. für ihren räumlichen oder zeitlichen Mittelwert

$$\bar{j}_E = \frac{1}{2}\tilde{p}_0\tilde{v}_0 \, . \tag{12.23'}$$

Die obigen Relationen zwischen Schalldruck, -schnelle und -energie hängen nicht mehr explizit von der Frequenz ab (wohl aber, wenn wir sie als Funktion der Amplitude A schreiben!). Daher beschreibt man das Schallfeld einfacher durch die Variablen Druck und Schnelle statt durch die Amplitude. Gleichung (12.23) hat ein Analogon bei den elektromagnetischen Wellen und heißt dort **Poynting-Vektor**.

Die **Hörschwelle** des menschlichen Ohrs liegt bei der äußerst kleinen Schallintensität von nur

$$j_{\mathrm{min}} = 10^{-12}\,\mathrm{W\,m^{-2}} \, .$$

Das entspricht einer Amplitude von nur wenigen Ångström, auf die die Schallrezeptoren im Ohr reagieren müssen. Eine weitere Steigerung brächte wenig ein, da die Hörschwelle schon kurz oberhalb der *Rauschgrenze* beginnt, die durch statistische, thermische Schwankungen von Schalldruck und -schnelle im Ohr gegeben ist. Hier würde nur eine bessere Energiesammlung durch *größere* Ohren weiterhelfen. Die *Schmerzschwelle* wird dagegen erst bei einer Intensität von

$$j_{\mathrm{max}} = 1\,\mathrm{W\,m^{-2}}$$

erreicht.

Zwischen Hör- und Schmerzschwelle liegt eine *riesige* Spanne von zwölf Dekaden. Man führt daher für die Lautstärke eine *logarithmische* Skala, gemessen in **Phon**, ein. Da die Empfindlichkeit des Ohrs frequenzabhängig ist, beschränkt man sich zunächst nur auf eine bestimmte Frequenz $\nu = 1000\,\mathrm{Hz}$, bei der die Empfindlichkeit maximal ist und trifft folgende Definition der **Lautstärke** L

$$L(1000\,\mathrm{Hz}) = 10\log\frac{j_\mathrm{E}(1000\,\mathrm{Hz})}{j_{\mathrm{min}}(1000\,\mathrm{Hz})} \, . \tag{12.24}$$

Die Lautstärke ist somit eine dimensionslose Zahl und wird in Phon angegeben mit den Eckdaten Null Phon für die Hörschwelle und 120 Phon für die Schmerzschwelle.

Mißt man andere Frequenzen in Phon, so vergleicht man zunächst mit einem als gleich laut *empfundenen* 1000 Hz-Ton und verfährt dann nach (12.24), also

$$L(\nu) = 10\log\left(\frac{\varepsilon(\nu)}{\varepsilon(1000\,\mathrm{Hz})}\frac{j_\mathrm{E}(\nu)}{j_{\mathrm{min}}(1000\,\mathrm{Hz})}\right) , \tag{12.25}$$

wobei $\varepsilon(\nu)$ die spektrale Empfindlichkeit des Ohres ist. Sie erstreckt sich im Normalfall von ca. 15 Hz bis 15000 Hz.

Unabhängig von der *subjektiven* Empfindlichkeit benutzt man in der Physik *objektive* logarithmische Skalen für Leistungs- oder Intensitätsverhältnisse V und mißt sie wie im Fall des Phons in der dimensionslosen Einheit **Bel** oder häufiger **Decibel** (dB)

$$\log_{10} V = \log_{10}\left(\frac{j_1}{j_2}\right) \cdot \text{Bel} = 10 \log_{10}\left(\frac{j_1}{j_2}\right) \cdot \text{Decibel}\,. \tag{12.26}$$

Für 1000 Hz sind Phon- und dB-Skala identisch.

* Wellenimpuls

Eine Welle transportiert nicht nur Energie, sondern auch Impuls, wie folgende Überlegung zeigt. Jedes Volumenelement dV trägt aufgrund seiner Bewegung mit der Schallschnelle $\tilde{\boldsymbol{v}}$ einen Impuls

$$\mathrm{d}\boldsymbol{p} = \tilde{\boldsymbol{v}}\,\mathrm{d}m = \varrho\tilde{\boldsymbol{v}}\,\mathrm{d}V\,.$$

Folglich ist die Impulsdichte

$$\frac{\mathrm{d}\boldsymbol{p}}{\mathrm{d}V} = \varrho\tilde{\boldsymbol{v}} = (\varrho_0 + \tilde{\varrho})\tilde{v}\,.$$

Rechterhand haben wir berücksichtigt, daß auch die Dichte ϱ im Rhythmus der Welle pulsiert, und haben daher ihre Schwingungsamplitude $\tilde{\varrho}$ abgespalten. Sie ist über den Kompressionsmodul K an den Schalldruck gekoppelt (vgl. Abschn. 12.6)

$$\tilde{\varrho} = (\varrho_0/K)\tilde{p} = \tilde{p}/c^2\,.$$

Die lokale Impulsdichte wird wie die Energiedichte (12.23) mit der Schallgeschwindigkeit c durchs Medium transportiert. Somit erhalten wir für die *Impulsstromdichte* (oder *Impulsintensität*) den Wert

$$\boldsymbol{j}_p = \varrho_0\tilde{v}\boldsymbol{c} + \tilde{p}\cdot\tilde{v}\hat{\boldsymbol{c}}/c = \varrho_0\tilde{v}\boldsymbol{c} + \boldsymbol{j}_\mathrm{E}/c\,. \tag{12.27}$$

Der erste Term oszilliert mit $\tilde{v}$, ist daher im Mittel Null und wird nicht weiter beachtet. Der zweite Term ist jedoch positiv definit, weil $\tilde{p}$ und $\tilde{v}$ *in Phase* sind und damit auch $\tilde{\varrho}$ und $\tilde{v}$. Die Vorwärtsbewegung in Richtung $\hat{\boldsymbol{c}}$ geschieht also bei höherer Dichte als die Rückwärtsbewegung (vgl. Abb. 12.5); das bringt den resultierenden Effekt!

Interessant ist die enge Verknüpfung von Energie- und Impulsstromdichte in (12.27)

$$\boldsymbol{j}_p = \boldsymbol{j}_\mathrm{E}/c\,. \tag{12.27$'$}$$

Diese Beziehung gilt auch für elektromagnetische Wellen und auch für die Quanten von Licht- und Schallwellen, die **Photonen** und **Phononen**. Ein Wellenquant der Energie $E = h\nu$ trägt daher auch einen quantisierten Impuls

$$\boldsymbol{p}_\mathrm{Quant} = h\nu/c\,. \tag{12.27$''$}$$

Wird eine Welle von einem Hindernis absorbiert oder reflektiert, so muß dieses zwecks Impulserhaltung – wie bei den Stoßgesetzen – die Änderung des Wellenimpulses übernehmen. Daraus resultiert ein Druck auf die getroffene Fläche (vgl. Abschn. 14.2), der z. B. als **Lichtdruck** bekannt ist.

12.3 Reflexion; Brechung; Totalreflexion

Wir wollen in diesem Kapitel das Verhalten von Wellen an der Grenzfläche zweier Medien studieren, die sich in Dichte und elastischen Eigenschaften und damit im allgemeinen auch in der Phasengeschwindigkeit unterscheiden. Der einfachste Fall ist die **Reflexion** an einer „harten“ Wand, in die die Welle nicht oder so gut wie nicht eindringen kann. Wir demonstrieren diesen Fall am Beispiel der Wasserwelle, in der sogenannten Wellenwanne mit folgendem Versuch:

VERSUCH 12.1

Reflexion in der Wellenwanne. Die Wellenwanne besteht aus einer flachen, ebenen Plexiglaswanne, die mit einer ca. 1 cm dicken Wasserschicht gefüllt ist. Mit einem mechanischen Erreger, der periodisch in die Wasseroberfläche eintaucht, können kreisförmige oder ebene Wellen erzeugt werden, je nachdem ob der Erreger eine Nadel oder eine längere Schiene darstellt. Die Wanne wird von unten von einer punktförmigen Lichtquelle durchschienen, wobei sich das Licht an den Wellenfronten bricht, deren Krümmung eine Linsenwirkung erzeugt. Dadurch entstehen an der Hörsaaldecke dunkle und helle Streifen im Rhythmus der Wellenlänge.

Wir erzeugen in diesem Versuch eine ebene Welle und lassen sie schräg auf eine feste, reflektierende Wand zulaufen. Einlaufende und reflektierte Wellenfronten überlagern sich vor dem Reflektor zu einem Rautenmuster von Parallelogrammen (s. Abb. 12.6). Daraus erkennen wir, daß zwischen dem Einfallswinkel der Welle α und ihrem Ausfallswinkel α' (jeweils gemessen von der Normalen $\hat{\boldsymbol{n}}$ auf den Reflektor aus) die einfache Beziehung

$$\alpha' = -\alpha$$

besteht. Tritt die Welle senkrecht auf den Reflektor auf ($\alpha = 0°$), so bildet sich davor das Bild einer stehenden Welle aus.

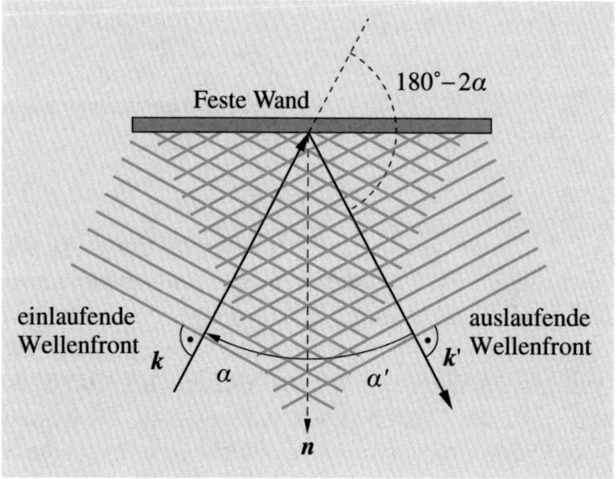

Abb. 12.6. Aus- und einlaufende Wellenfronten bei Reflexion an einer festen Wand

In den nächsten Versuchen wollen wir das Reflexionsverhalten detaillierter, bezüglich der Wellenamplitude studieren und dabei auch das andere Extrem, sozusagen die Reflexion an der Grenzfläche zum Vakuum mit einschließen, in das eine Schallwelle nicht eindringen kann.

VERSUCH 12.2

Reflexion einer Seilwelle am festen und offenen Ende. Wir binden ein Seil an der Wand fest, spannen es mit der Hand und erzeugen durch eine ruckartige Bewegung eine pulsförmige transversale Seilwelle, die auf das feste Ende zuläuft und von ihm reflektiert wird (s. Abb. 12.7 oben). Wir beobachten, daß die Amplitude des reflektierten Pulses das umgekehrte Vorzeichen hat. Würden wir statt eines kurzen Wellenzugs eine ebene Welle am festen Ende reflektieren, so entspräche die Vorzeichenumkehr der Amplitude einem Phasensprung um π. Wir wiederholen den gleichen Versuch mit einer Reflexion am offenen Ende, wo das Seil frei ausschwingen kann. Da wir aber ein freies Seil nicht spannen können, binden wir das sogenannte „freie" Ende des relativ schweren Seils an einen langen, dünnen, vergleichsweise gewichtslosen Faden an und machen ihn an der Wand fest (s. Abb. 12.7 unten). Das Seilende wird also durch die vernachlässigbare Trägheit des Fadens in seiner Schwingung nicht behindert, nach wie vor aber durch die Spannung *elastisch* an seine Ruhelage gebunden. Wir beobachten jetzt, daß die Amplitude des Wellenimpulses ungeändert mit gleichem Vorzeichen reflektiert wird. Bezogen auf eine ebene Welle würde also bei Reflexion am offenen Ende kein Phasensprung auftreten.

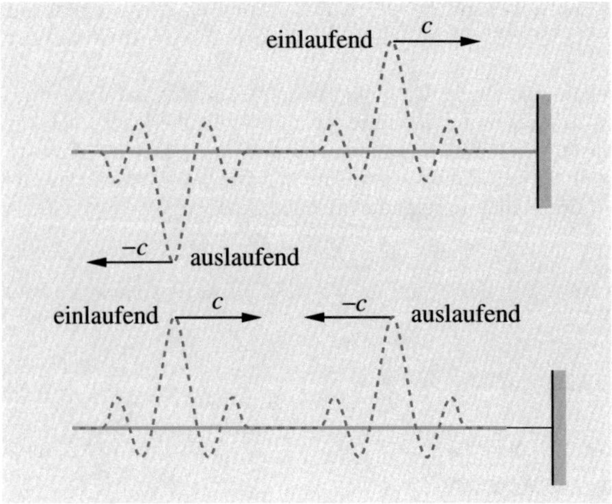

Abb. 12.7. Amplitudenumkehr bei Reflexion einer Seilwellengruppe am festen Ende (*oben*) und Amplitudenerhaltung bei Reflexion am offenen Ende (*unten*)

In beiden Extremfällen, der **Reflexion** am **festen** oder **offenen Ende**, ist der **Reflexionsgrad** $R = 100\,\%$. Im allgemeinen ist die Reflexion an Grenzflächen aber kleiner als $100\,\%$. Ein Teil der Intensität dringt in das angrenzende Medium ein und pflanzt sich darin fort. Dies hängt ab vom Verhältnis von Schalldruck zur Schallschnelle in den jeweiligen Medien, das wir als **Wellenwiderstand** W definieren. Je größer der Unterschied der Wellenwiderstände W_1, W_2 der beiden Medien ist, umso größer ist der Reflexionsgrad an ihrer Grenzfläche (die Berechnung von R gelingt mit Hilfe von Stetigkeitsforderungen von $\tilde{v}$ und $\tilde{p}$, sowie der Erhaltung der Schallenergie an der Grenzfläche.) Speziell für senkrechten Einfall gilt

$$R = \frac{(W_1 - W_2)^2}{(W_1 + W_2)^2} \tag{12.28}$$

mit $W_{1(2)} = \sqrt{K_{1(2)} \cdot \varrho_{1(2)}}$.

An der Grenzfläche zweier sehr verschiedener Medien wie etwa Luft und Wasser oder Luft und feste Wand ist der Reflexionsgrad in beiden Richtungen sehr hoch. Weiterhin gilt ganz allgemein die Beobachtung des Versuchs 12.2:

Wird eine Welle an der Grenzfläche zu einem *dichteren* Medium reflektiert, so kehrt die Amplitude der reflektierten Welle ihr Vorzeichen um, entsprechend einem Phasensprung von π bei einer ebenen Welle; bei der Reflexion an einer Grenzfläche zu einem *dünneren* Medium tritt keine Vorzeichenumkehr und kein Phasensprung auf.

Die Schallschnelle verhält sich bei Reflexion wie die Amplitude. Beides ist aus der Anschauung einigermaßen verständlich. Am festen Ende ist die Bewegung des Mediums per definitionem unmöglich. Durch den Phasensprung um π an dieser Stelle wird sichergestellt, daß die resultierende Schallamplitude und -schnelle dort verschwinden. Beide haben bei Reflexion am festen Ende einen Knoten.

Umgekehrt verhält sich der Schalldruck. Er muß am offenen Ende identisch verschwinden, hat also bei Reflexion dort einen Knoten durch Phasensprung um π. Am festen Ende kann er sich dagegen zum Bauch aufbauen.

Zusammenfassend ergibt sich für **Reflexion**

- am **dichteren Medium**

$$A' = -A\,, \quad \tilde{v}' = -\tilde{v}\,, \quad \Delta\varphi = \pi$$
$$\tilde{p}' = \tilde{p}\,, \qquad \Delta\varphi = 0 \tag{12.29}$$

- am **dünneren Medium**

$$A' = A\,, \quad \tilde{v}' = \tilde{v}\,, \quad \Delta\varphi = 0$$
$$\tilde{p}' = -\tilde{p}\,, \qquad \Delta\varphi = \pi\,. \tag{12.30}$$

Brechung

Wir interessieren uns im folgenden nicht nur für die reflektierte, sondern vor allem auch für die von Medium 1 nach Medium 2 hindurchtretende Wellenamplitude. Seien die Phasengeschwindigkeiten in den beiden c_1 und c_2, so müssen die Wellenlängen der einfallenden und der durchtretenden Welle im Verhältnis dieser Phasengeschwindigkeit stehen

$$\frac{\lambda_1}{\lambda_2} = \frac{c_1/\nu}{c_2/\nu} = \frac{c_1}{c_2}\,, \tag{12.31}$$

weil die Frequenz der Welle ja nur durch den Erreger und nicht das Medium bestimmt ist, also ungeändert bleibt. Diese *sprunghafte* Änderung der Wellenlänge führt zum Phänomen der **Brechung**, das wir im folgenden Versuch demonstrieren.

VERSUCH 12.3

Brechung von Wasserwellen. Wir legen in die Wellenwanne (s. Versuch 12.1) eine flache Glasplatte und verringern dadurch den Wasserstand über dieser Platte. Lassen wir zunächst eine ebene Wasserwelle senkrecht auf die Grenzfläche zulaufen, so beobachten wir ein Zusammenrücken der Wellenfronten im flachen Wasser (offensichtlich ist dort ihre Phasengeschwindigkeit geringer). Treffen die Wellenfronten jedoch schräg auf die Grenzfläche auf, so knickt die transmittierte Welle ab und zwar je stärker, je schräger sie auftrifft. Der Knick ist so gerichtet, daß die Ausbreitungsrichtung, gekennzeichnet durch den Wellenvektor (12.8′) (s. Abb. 12.8), beim Eintritt in das Medium mit der geringeren Phasengeschwindigkeit zum Lot hin gebrochen wird.

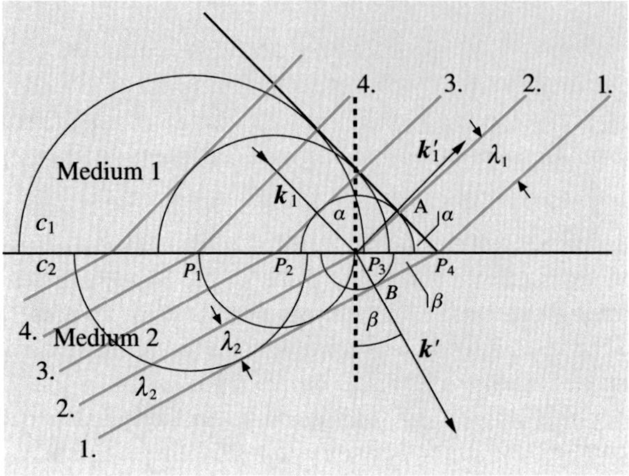

Abb. 12.8. Auftreffende und gebrochene Wellenfronten an der Grenzfläche zweier Medien mit den Phasengeschwindigkeiten c_1 und c_2. Konstruktion der gebrochenen und reflektierten Wellenfront durch Überlagerung der von jedem Punkt in der Grenzfläche ausgehenden Huygensschen Elementarwellen

Die Beziehung zwischen Einfallswinkel α und Ausfallswinkel β bei der Brechung ergibt sich unmittelbar aus der Änderung der Wellenlänge. Die Strecke $\overline{P_3P_4}$ in Abb. 12.8 bezeichnet den Abstand zweier aufeinanderfolgender Wellenfronten, gemessen entlang der Grenzfläche. Dann gelten in den Dreiecken P_3, P_4, A bzw. P_3, P_4, B

$$\sin\alpha = \frac{\lambda_1}{\overline{P_3P_4}} \quad \text{bzw.} \quad \sin\beta = \frac{\lambda_2}{\overline{P_3P_4}} \quad \curvearrowright \quad \frac{\sin\alpha}{\sin\beta} = \frac{\lambda_1}{\lambda_2} = \frac{c_1}{c_2}\,. \tag{12.32}$$

Dies ist das **Snelliussche Brechungsgesetz**. Reflexions- und Brechungsgesetz können beide aus dem **Huygensschen Prinzip** gewonnen werden. Huygens stellte die Überlegung an, daß jeder von der Welle erfaßte Raumpunkt auch gleichzeitig ein Erregerzentrum darstellt, von dem eine *Kugelwelle* ausgeht. Dieser Schluß wurde durch die Beobachtung der Beugung nahegelegt, die eine Welle erfährt, wenn sie z. B. auf eine kleine Lochblende mit Lochdurchmesser $d \ll \lambda$ auftritt und sich hinter dieser Blende in der Tat kugelförmig ausbreitet (s. Abschn. 12.4).

Das Huygenssche Prinzip gilt grundsätzlich im *ganzen* Medium, in dem sich eine Welle ausbreitet. Addiert man also alle von den einzelnen Raumpunkten emittierten Kugelwellen an einem bestimmten Empfangsort phasenrichtig auf, so resultiert daraus wiederum die ursprüngliche Welle. In allen übrigen Richtungen interferiert sich die Summe aus allen diesen Kugelwellen weg. Nur an Grenzschichten und Hindernissen, wo die Wellenausbreitung sich ändert oder verhindert wird, führt das Huygenssche Prinzip zu den auffälligen Erscheinungen von Brechung und Beugung, weil sich die betroffenen Raumgebiete mit veränderter Phasengeschwindigkeit oder bei einem Hindernis überhaupt nicht an dem Huygensschen Prinzip der Wellenausbreitung beteiligen. In Abb. 12.8 ist schematisch dargestellt, wie die von den Raumpunkten in der Grenzfläche ausgehenden **Huygensschen Elementarwellen** die reflektierte und die transmittierte, gebrochene Wellenfront aufbauen. Danach erreicht die erste einfallende Wellenfront im zeitlichen Abstand der Schwingungsdauer nacheinander die Punkte P_1, P_2, P_3 und P_4 auf der Grenzfläche. Folglich sind die von diesen Punkten ausgehenden Huygensschen Elementarwellen jeweils um eine Periode gegeneinander verzögert, wobei sich die Halbkugeln im Medium 2 nach Voraussetzung langsamer ausbreiten. Man sieht, daß diese Halbkugeln in beiden Medien jeweils eine gemeinsame Tangente haben, sie bezeichnet die resultierende Wellenfront der reflektierten, bzw. gebrochenen Welle. Aus der Konstruktion wird klar, daß Reflexions- und Brechungsgesetz erfüllt sein müssen.

VERSUCH 12.4

Grenzwinkel und Totalreflexion. Wir lassen jetzt die Wasserwelle umgekehrt vom langsameren Medium 2 auf die Grenzfläche zum schnelleren Medium 1 zulaufen. Ist der Einfallswinkel nicht zu groß, so beobachten wir wiederum eine reflektierte und eine gebrochene Teilwelle, wobei letztere gemäß (12.32) vom Lot weggebrochen wird. Mit wachsendem Einfallwinkel β wächst der Anteil der reflektierten Welle auf Kosten der transmittierten, die schließlich ausstirbt, wenn sie den Ausfallwinkel $\alpha = 90°$ erreicht, also parallel zur Grenzfläche läuft. Den zugehörigen Einfallswinkel β_{Gr} nennen wir den **Grenzwinkel der Totalreflexion**. Für $\beta > \beta_{\text{Gr}}$ stellt eine solche Grenzfläche daher einen idealen Spiegel dar.

Aber auch im Bereich der **Totalreflexion** beobachten wir im schnelleren Medium noch eine Welle, die parallel zur Grenzfläche verläuft und **Grenzwelle** heißt. Ihre Amplitude ist aber senkrecht zur Ausbreitungsrichtung nicht mehr konstant, wie wir das von einer ebenen Welle erwarten, sondern schwächt sich mit wachsendem Abstand d von der Grenzfläche stark ab. Bei $d \gtrsim \lambda$ ist sie schon nicht mehr zu erkennen. Schaffen wir in dem Bereich, in dem die Grenzwelle existiert, eine zweite Grenzfläche, indem wir eine zweite Platte in die Wellenwanne legen, so daß dort wieder c_2 herrscht, so wird die Grenzwelle in das Medium 2 hineingebrochen und pflanzt sich dort in der ursprünglichen Einfallsrichtung $\boldsymbol{k}$ fort (s. Abb. 12.9). Die Amplitude der vom Medium 2 wieder aufgefangenen Welle entspricht

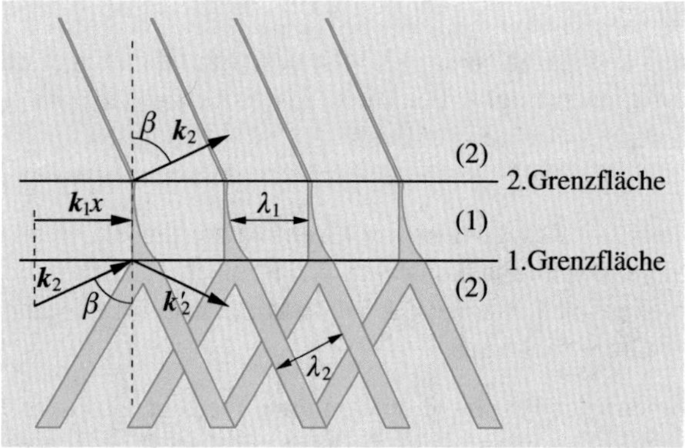

Abb. 12.9. Von links unten einfallende Welle ($\boldsymbol{k}_2$) trifft die erste Grenzfläche (2)→(1) mit $c_2 < c_1$ unter einem Winkel $\beta > \beta_{\text{Gr}}$, wird dort reflektiert ($\boldsymbol{k}_2'$) und bildet im Medium (1) eine Grenzwelle aus ($\boldsymbol{k}_1$). An der zweiten Grenzfläche (1)→(2) wird die restliche Amplitude der Grenzwelle ins Medium (2) zurückgebrochen ($\boldsymbol{k}_2$). Die Breite der eingezeichneten Wellenfronten soll als Maß ihrer Amplitude gelten

der Restamplitude, die die Grenzwelle noch an der 2. Grenzfläche hat. Entsprechend sinkt jetzt der Reflexionsgrad an der ersten Grenzfläche und wird letztlich 0 für $d \ll \lambda$. In diesem Limit werden die beiden Grenzflächen von der Welle ignoriert.

* Wir möchten das Phänomen der **Totalreflexion** jetzt auch mathematisch behandeln. Zunächst folgt aus dem Brechungsgesetz (12.32) für den **Grenzwinkel der Totalreflexion** β_{Gr} mit $\alpha = 90°$ und $c_2 < c_1$

$$\frac{\sin\beta_{\mathrm{Gr}}}{\sin\alpha} = \sin\beta_{\mathrm{Gr}} = \frac{c_2}{c_1}\,. \tag{12.33}$$

Zugang zur Grenzwelle gewinnen wir durch einen mathematischen Kunstgriff, indem wir die einfallende Welle wie in Abschn. 11.3 komplex ansetzen

$$A_2(\boldsymbol{r}, t) = A_{2\,0}\mathrm{e}^{\mathrm{i}(\omega t - \boldsymbol{k}_2\boldsymbol{r})} = A_{2\,0}\mathrm{e}^{\mathrm{i}(\omega t - k_{2x}x - k_{2y}y)} \tag{12.34}$$

und das Brechungsgesetz für den Wellenvektor $\boldsymbol{k}$ formulieren. Dessen Betrag k, die Wellenzahl, verhält sich bei der Brechung umgekehrt wie die Wellenlänge

$$\frac{k_1}{k_2} = \frac{\lambda_2}{\lambda_1} = \frac{c_2}{c_1} = \frac{\sin\beta}{\sin\alpha}\,.$$

Daraus folgt für die Komponente parallel zur Grenzfläche (s. Abb. 12.9)

$$k_{2x} = k_2\sin\beta = k_1\sin\alpha = k_{1x}\,.$$

Sie bleibt also bei der Brechung unverändert. Für die Komponente senkrecht zur Grenzfläche schließen wir dagegen

$$k_{1y} = \sqrt{k_1^2 - k_{1x}^2} = \sqrt{(c_2^2/c_1^2)k_2^2 - \sin^2\beta k_2^2}\,.$$

Die Wurzel hat mit (12.33) eine reelle Lösung im Bereich $\beta \le \beta_{\mathrm{Gr}}$

$$k_{1y} = k_2\sqrt{(c_2^2/c_1^2) - \sin^2\beta}\,. \tag{12.35a}$$

Im Bereich der Totalreflexion $\beta \ge \beta_{\mathrm{Gr}}$ erhalten wir dagegen die imaginäre Lösung

$$k_{1y} = \pm\mathrm{i}k_2\sqrt{\sin^2\beta - (c_2^2/c_1^2)}\,. \tag{12.35b}$$

Wählen wir die negative Lösung und setzen sie in (12.34) ein, so führt die imaginäre Wellenzahl zu einem *reellen* Argument der e-Funktion, das einen *exponentiellen Dämpfungsfaktor* der Amplitude in y-Richtung darstellt:

$$A_1(\boldsymbol{r}, t) = A_{2\,0}\mathrm{e}^{\mathrm{i}(\omega t - k_2(\sin\beta)x)} \cdot \mathrm{e}^{-|k_{1y}|y}\,. \tag{12.36}$$

Das ist die gesuchte *mathematische Darstellung* der **Grenzwelle**, die die Beobachtungen exakt beschreibt. Die Dämpfungskonstante k_{1y} ist nach (12.35b) von der Größenordnung der reziproken Wellenlänge; die Welle klingt also im Abstand weniger Wellenlängen von der Grenzfläche aus.

Die hier betrachteten Phänomene der Brechung spielen eine überragende Rolle in der Optik; denn fast alle optischen Instrumente beruhen auf dem Prinzip der Brechung, der Interferenz und der Beugung. Sie sind aber allen Wellen – gleich welcher Natur – gemeinsam.

Wir demonstrieren daher zum Abschluß noch die fokussierende Wirkung einer Linse in der Wellenwanne.

VERSUCH 12.5

Fokussierung einer Wasserwelle durch eine Linse. Wir legen eine linsenförmige Glasplatte in die Wellenwanne und erniedrigen damit im Bereich dieser Linse die Phasengeschwindigkeit. Lassen wir jetzt eine ebene Wasserwelle auf die Linse auftreffen, so werden die Wellenfronten daran so gebrochen, daß sie auf einen Brennpunkt auf der anderen Seite der Linse zulaufen. Dabei schnürt sich das Wellenbündel im Bereich des Brennpunkts zu einer Taille mit einem Durchmesser von nur wenigen Wellenlängen zusammen. Dort ist die Wellenamplitude stark überhöht. Hinter dem Brennpunkt läuft das Wellenbündel in Form eines relativ scharf begrenzten Kegels auseinander.

12.4 Interferenz und Beugung

Wir sind schon bei der Diskussion des Huygensschen Prinzips im vorigen Abschnitt mit den *Grundgedanken* der **Interferenz** und **Beugung** von Wellen konfrontiert worden und wollen sie in diesem Abschnitt vertiefen. Am Anfang der Überlegungen steht das **Superpositionsprinzip**, das wir schon bei den Schwingungen (s. Abschn. 11.3) kennengelernt hatten. Genau wie die Schwingungsgleichung, ist auch die Wellengleichung (12.8) *linear* in der Amplitude und deren zeitlichen und räumlichen Ableitungen. Folglich überlagern sich verschiedene Lösungen der Wellengleichung wie im Fall der Schwingung *ungestört*, indem sich die Teilamplituden am gleichen Ort und zu gleicher Zeit addieren. Mit anderen Worten nehmen die Teilwellen keine Notiz voneinander. Die Wellenausbreitung ist unabhängig davon, ob im durchlaufenen Gebiet eine weitere Welle kreuzt. Wir demonstrieren dies wieder in der Wellenwanne.

VERSUCH 12.6

Ungestörte Superposition von Wasserwellen. Wir lassen in größerem Abstand voneinander zwei Steinchen in die Wellenwanne fallen und beobachten die von den Einschlagstellen auslaufenden, kurzen, kreisförmigen Wellengruppen. Im Kreuzungsgebiet überlagern sich die beiden zu einem rautenförmigen Interferenzmuster. Im weiteren Verlauf trennen sich die Wellengruppen wieder voneinander und laufen ungestört wie vor der Kreuzungsstelle weiter, ohne ein Zeichen gegenseitiger Wechselwirkung zu zeigen (s. Abb. 12.10).

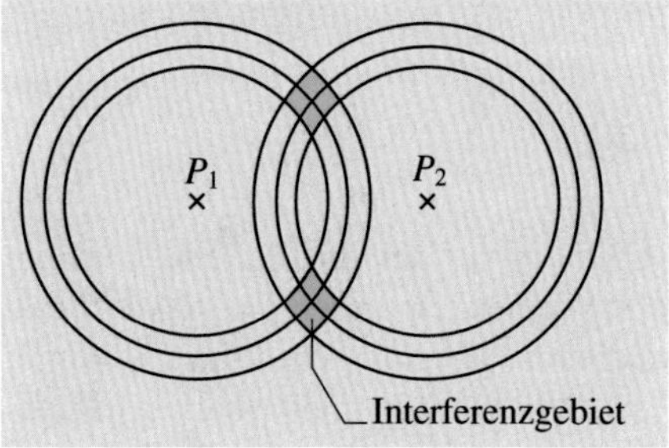

Abb. 12.10. Ungestörte Überlagerung zweier Wasserwellengruppen, die von den Zentren P_1 und P_2 ausgegangen sind

Wir nennen die ungestörte Überlagerung verschiedener Wellen in einem Raumgebiet ganz allgemein **Interferenz**.

Als einfachsten Fall wollen wir die Interferenz zweier ebener, gleichgerichteter Wellen gleicher Frequenz aber unterschiedlicher Phase und Amplitude berechnen. Die Rechnung ist mit *reellen* Amplituden umständlich, gelingt aber leicht mit dem *komplexen* Ansatz

$$A_1 = A_{1\,0}\mathrm{e}^{\mathrm{i}(\omega t - kx)}, \quad A_2 = A_{2\,0}\mathrm{e}^{\mathrm{i}(\omega t - kx + \varphi_0)}.$$

Wir klammern darin den gemeinsamen zeit- und ortsabhängigen Phasenfaktor aus

$$A_1 + A_2 = \left(A_{1\,0} + A_{2\,0}\mathrm{e}^{\mathrm{i}\varphi_0}\right)\mathrm{e}^{\mathrm{i}(\omega t - kx)}$$

und addieren die beiden konstanten Amplituden in der Klammer unter Berücksichtigung des komplexen, relativen Phasenwinkels $\mathrm{e}^{\mathrm{i}\varphi_0}$ vektoriell in der komplexen Zahlebene (s. Abb. 12.11). Aus dem Dreieck der betreffenden Amplituden erschließt man Maximalamplitude $A_{0\mathrm{r}}$ und Phase $\varphi_{0\mathrm{r}}$ der resultierenden Welle zu

$$\begin{aligned} A_{0\mathrm{r}} &= \sqrt{A_{1\,0}^2 + A_{2\,0}^2 + 2A_{1\,0}A_{2\,0}\cos\varphi_0} \\ \varphi_{0\mathrm{r}} &= \arctan\frac{A_{2\,0}\sin\varphi_0}{A_{1\,0} + A_{2\,0}\cos\varphi_0}\,. \end{aligned} \tag{12.37}$$

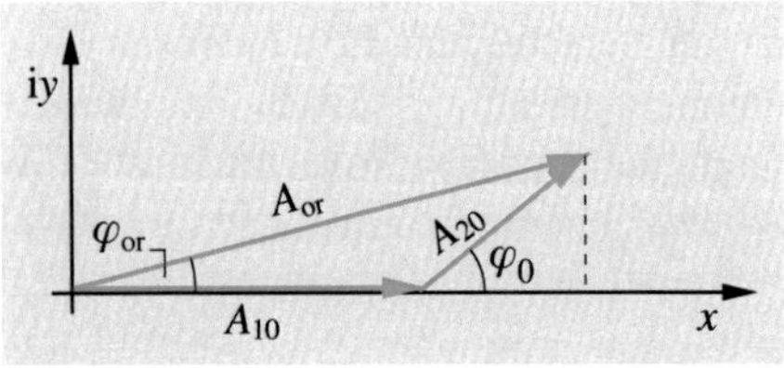

Abb. 12.11. Vektorielle Addition der komplexen Amplituden zweier interferierender Wellen in der komplexen Zahlenebene

Aus der Interferenz der beiden Teilwellen resultiert also wiederum eine ebene Welle gleicher Richtung und Frequenz

$$A_\mathrm{r} = A_{0\mathrm{r}}\mathrm{e}^{\mathrm{i}(\omega t - kx + \varphi_0')},$$

aber mit veränderter Amplitude und Phase. Wir interessieren uns vor allem für die resultierende *Amplitude* als Funktion des Phasenunterschieds φ_0 zwischen den interferierenden Teilwellen. Sie variiert entsprechend dem Wertebereich des Cosinus zwischen den Grenzen

$$\begin{aligned} &|A_{1\,0} - A_{2\,0}| \quad \leq A_{0\mathrm{r}} \leq \quad A_{1\,0} + A_{2\,0} \quad \text{mit} \\ &\varphi_0 = (2n+1)\pi \quad \text{bzw.} \quad \varphi_0 = 2n\pi \end{aligned} \tag{12.38}$$

an der unteren bzw. oberen Grenze. Das Minimum auf der linken Seite wird bei der Interferenz *gegenphasiger* Wellen erreicht; wir nennen diesen Fall **destruktive Interferenz**. Bei *gleichphasigen* Wellen wird die resultierende Amplitude maximal; das ist der Fall **konstruktiver Interferenz**. Im Schulbeispiel gleichstarker interferierender Wellen $A_{10} = A_{20}$ wird im Interferenzminimum völlige Auslöschung der Amplitude und im Interferenzmaximum ihre Verdopplung erreicht (s. Abb. 12.12).

Als nächstes behandeln wir die **räumliche Interferenz von Kugelwellen** und betrachten Wellen gleicher Frequenz, Amplitude und Phase, die von zwei Zentren im Abstand d von einigen Wellenlängen ausgehen mögen (s. Abb. 12.13). Es genügt,

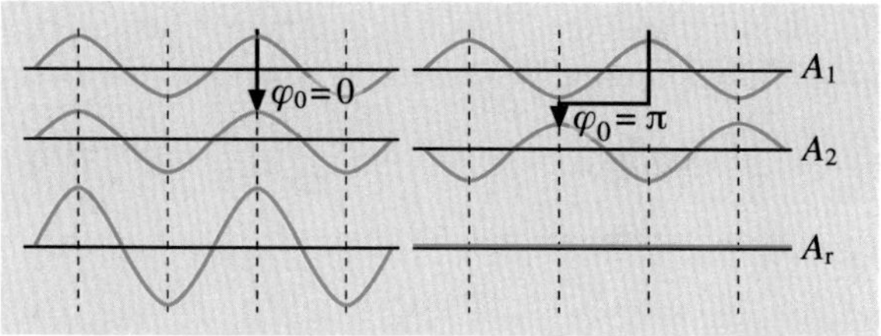

Abb. 12.12. Konstruktive (*links*) und destruktive Überlagerung (*rechts*) zweier gleich starker Wellen A_1, A_2 zur resultierenden Amplitude A_r. Im ersteren Fall sind A_1 und A_2 gleichphasig und es ist $A_r = 2A_1$, im letzteren sind sie gegenphasig mit der Folge $A_r \equiv 0$

die Interferenz in einer Schnittebene durch die beiden Erreger zu diskutieren, die wir experimentell anhand kreisförmiger Wasserwellen demonstrieren wollen:

VERSUCH 12.7

Interferenz kreisförmiger Wasserwellen. Wir erzeugen in der Wellenwanne mit Hilfe zweier periodisch und synchron im Abstand d voneinander eintauchender Nadeln zwei Wasserwellen, die im Zuge ihrer kreisförmigen Ausbreitung miteinander interferieren (s. Abb. 12.13). Gezeichnet sind Linien destruktiver Interferenz; sie liegen auf Hyperbelästen, deren Brennpunkte die Erregerzentren S_1 und S_2 bilden.

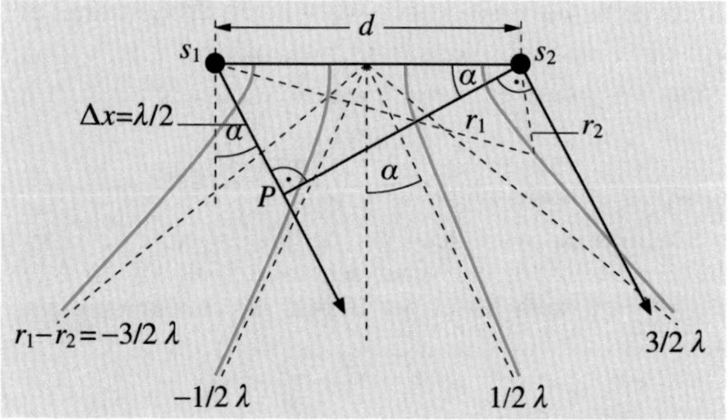

Abb. 12.13. Hyperbeläste destruktiver Interferenz zweier von S_1 und S_2 ausgehenden, synchron erregten Kugelwellen (bzw. Kreiswellen bei Wasserwellen)

Die hyperbolische Form der Interferenzfiguren folgt aus der mathematischen Definition von Hyperbeln als dem geometrischen Ort aller Punkte, deren Abstandsdifferenz $r_1 - r_2$ von den Brennpunkten eine Konstante ist. Im Fall von Interferenzminima muß diese Differenz gerade gleich einem ungeraden Vielfachen der halben Wellenlänge sein.

$$\Delta x = r_1 - r_2 = \pm(2n+1)\frac{\lambda}{2}, \tag{12.39}$$

Fragen wir nach dem Asymptotenwinkel α der Hyperbeln, also der Interferenz *quasi paralleler* Wellen, die sich in sehr großem Abstand von den Quellen S_1, S_2 ergibt, so erkennen wir aus der Konstruktion in Abb. 12.13, daß der Gangunterschied gleich der Länge der Gegenkathete im Dreieck S_1, S_2, P gegeben ist (gezeichnet für den Fall des ersten Interferenzminimums mit $\Delta x = \lambda/2$).

Bei der Interferenz zweier Kugelwellen, die von Quellen im Abstand d ausgehen, treten *asymptotische Interferenzminima* bei den Winkeln

$$\sin(\alpha_{n,\min}) = \pm(2n+1)\frac{\lambda}{2d}, \quad (n = 0, 1, 2, \ldots) \tag{12.40}$$

auf. Dazwischen liegen *asymptotische Interferenzmaxima* bei

$$\sin(\alpha_{n,\max}) = \pm n\frac{\lambda}{d}, \quad (n = 0, 1, 2, \ldots). \tag{12.41}$$

Die Interferenz paralleler Wellenbündel, die sich im *asymptotischen* Bereich abspielt, heißt **Fraunhofersche Interferenz**; in der Optik wird sie in der Regel in der Brennebene einer Linse beobachtet. Das Interferenzmuster, das in der *näheren Umgebung der Quellen* entsteht, heißt **Fresnelsche Interferenz**.

Beugung

Wir hatten bisher im wesentlichen die ungestörte Wellenausbreitung in einem unbegrenzten Medium behandelt; auch bei Reflexion und Brechung war die betreffende Grenzfläche als unbegrenzt groß im Vergleich zur Wellenlänge angenommen worden. Wir interessieren uns jetzt aber für die Frage, wie die Wellenausbreitung durch *kleinere Hindernisse* beeinflußt wird, die wir ihr in den Weg stellen. Ebenso interessieren wir uns für die komplementäre Situation, wo wir die Welle durch ein sehr großes Hindernis in Form einer Blende blockieren bis auf ein *kleines Loch*, durch das sie hindurchtreten kann. Wir studieren zunächst die letztere Situation im Versuch.

VERSUCH 12.8

Wellenausbreitung hinter einer Lochblende. Wir erzeugen in der Wellenwanne eine ebene Welle und lassen sie auf eine Blende einfallen, die nur einen schmalen Spalt mit der Breite $d \ll \lambda$ freigibt. Wir beobachten im Halbraum hinter der Blende die Ausbreitung einer halbkreisförmigen Welle (s. Abb. 12.14).

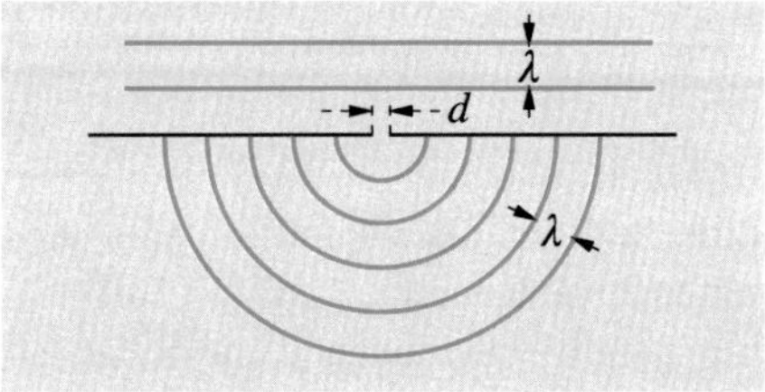

Abb. 12.14. Kreisförmige Beugungswelle hinter einem Spalt mit Breite $d \ll \lambda$, der von einer ebenen, einfallenden Wasserwelle getroffen wird

Ersetzen wir Blende und Spalt durch ein kleines Hindernis vom gleichen Durchmesser d, so geht auch von ihm eine Kreiswelle aus, die mit der einfallenden Welle interferiert. Im dreidimensionalen Analogon würden von einer Lochblende, bzw. von einem punktförmigen Hindernis Kugel- statt Kreiswellen ausgehen.

Die im obigen Versuch beobachtete Änderung der Wellenrichtung beim Auftreffen auf eine Blende oder ein Hindernis haben dieser Erscheinung singngemäß den

Namen **Beugung** gegeben. Die Beugung ist eine unmittelbare Folge des schon in Abschn. 12.3 ausgesprochenen **Huygensschen Prinzips**, das wir hier noch einmal wiederholen: Jeder von einer einlaufenden Welle betroffene Raumpunkt ist Quellpunkt einer von ihm ausgehenden Kugelwelle, der **Huygensschen Elementarwelle**. Das *resultierende* Wellenbild entsteht durch *Interferenz* aller Huygensschen Elementarwellen.

Die erste dieser beiden Aussagen wird besonders augenfällig von der Kugelwelle bestätigt, die wir hinter der Lochblende beobachtet haben. Hier blenden wir im wörtlichen Sinne eine Huygenssche Elementarwelle aus. Aber auch den zweiten Teil der Aussage, die *Interferenz* der Elementarwellen können wir in Beugungsversuchen bestätigen:

VERSUCH 12.9

Beugung am Doppelspalt und breiten Spalt in der Wellenwanne. Wir blenden mit Hilfe zweier Spalte im Abstand einiger Wellenlängen *zwei* Elementarwellen aus einer ebenen Welle aus. Die hinter den Spalten sich ausbreitenden Kreiswellen (im dreidimensionalen Fall Kugelwellen) interferieren nach dem gleichen Muster wie die beiden Originalsender im Versuch 12.7 (s. Abb. 12.13).

Wir nehmen jetzt die Blende zwischen den beiden Spalten heraus und ersetzen sie somit durch einen einzigen Spalt, der die volle Breite $d \gg \lambda$ zwischen den ursprünglichen Spalten einnimmt. Im großen Abstand beobachten wir nach wie vor eine Kreiswelle. Jedoch ist ihre Amplitude stark winkelabhängig; insbesondere stirbt sie bei größeren Beugungswinkeln α aus. Verringern wir die Wellenlänge weiter im Verhältnis zur Spaltbreite d, so beschränkt sich die durchtretende Welle auf einen immer engeren Winkelbereich. Im Grenzfall $d \gg \lambda$ wirft die Spaltblende schließlich einen relativ scharfen Schatten. Der Übergang von einem Intensitätsmaximum bei $\alpha = 0$ zu den relativ toten Zonen bei großen Beugungswinkeln ist durch eine Folge von Interferenzminima und abklingenden Interferenzmaxima charakterisiert (s. Abb. 12.15).

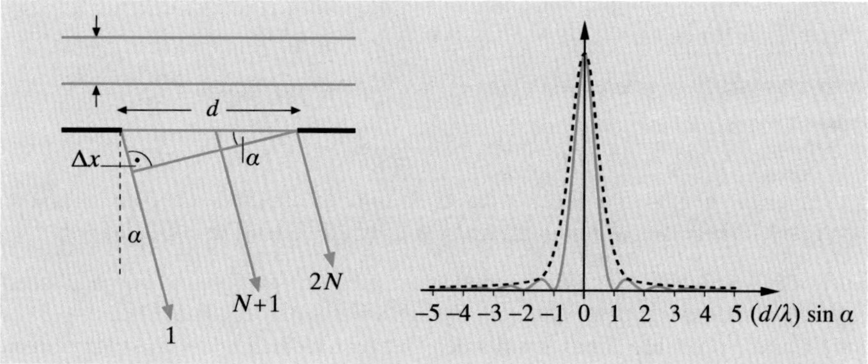

Abb. 12.15. Eine ebene, senkrecht auf einen Spalt mit Breite $d \gg \lambda$ auftreffende Wasserwelle wird daran gebeugt und erzeugt im unteren Halbraum ein Interferenzmuster, das aus der Überlagerung Huygensscher Elementarwellen im Spalt resultiert (*links*). Fraunhofersche Beugungsintensität als Funktion des Sinus des Beugungswinkels nach (12.43) und (12.44) mit gestrichelter Einhüllenden (*rechts*)

Wir ersetzen den breiten Spalt durch ein ebenso breites Hindernis und entfernen die Blende. Das Hindernis wirft einen Schatten unmittelbar hinter sich, in den die gebeugten Wellen erst in größerer Entfernung vom Hindernis eindringen und dort Interferenzmuster erzeugen. Der Schatten ist umso schärfer, je kleiner λ im Verhältnis zum Durchmesser des Hindernisses ist.

Wir versuchen hier eine erste, *elementare* Deutung der Beobachtungen im Sinne des Huygensschen Prinzips und beschränken uns dabei auf den breiten Spalt. Betrachten wir die asymptotische **Fraunhofersche Beugung** paralleler Strahlenbündel, die erst im Unendlichen zur Interferenz kommen, so ist der durch Beugung um den Winkel α entstandene **Gangunterschied** zwischen den äußersten Teilbündeln an den Rändern des Spalts (s. Abb. 12.15) wiederum gegeben durch

$$\Delta x = d \sin\alpha \,.$$

Sei der volle Gangunterschied zwischen dem linken und dem rechten Rand gerade eine Wellenlänge

$$d \sin\alpha = \lambda \,, \tag{12.42}$$

so beobachten wir unter diesem Winkel ein **Interferenzminimum** der am breiten Einzelspalt gebeugten Welle. Das erklärt sich durch eine *elementare* Überlegung aus dem Huygensschen Prinzip: Teilen wir das Wellenbündel in $2N$-Elementarbündel auf, so ist unter diesem Beugungswinkel das erste in Gegenphase zum N-ten Elementarbündel, sowie das Zweite mit dem $(N+1)$-ten usw. Alle Teilbündel löschen sich paarweise aus. Auf die gleiche Weise schließen wir, daß bei einem n-fachen Gangunterschied $n\lambda$ (n ganzzahlig) ebenfalls ein Interferenzminimum vorliegt; denn dann kann man den Spalt in n Teilspalte mit der Breite d/n aufteilen, die jeder für sich die Minimumsbedingung (12.42) erfüllen.

Insgesamt ist das Fraunhofersche Beugungsbild am breiten Einzelspalt charakterisiert durch Interferenzminima bei den Beugungswinkeln $\alpha_{n,\min}$ mit

$$\sin(\alpha_{n,\min}) = \pm n \frac{\lambda}{d} \,, \quad (n = 1, 2, \ldots) \tag{12.43}$$

und dazwischen liegenden Maxima bei den Winkeln $\alpha_{n,\max}$ mit

$$\sin(\alpha_{n,\max}) \approx \left(n + \frac{1}{2}\right) \frac{\lambda}{d} \,, \quad (n = 1, 2, \ldots) \,, \tag{12.44}$$

sowie einem zentralen Maximum bei $\alpha = 0$. Die Amplitude der Maxima fällt umgekehrt proportional zur Ordnungszahl n ab, ihre Intensität also mit $1/n^2$.

Auch die Amplitude der Zwischenmaxima ergibt sich aus obiger, anschaulichen Erklärung, indem wir den Spalt zunächst in n Teilspalte der Breite $d/(n + 1/2)$ aufteilen, die über ihre Breite jeweils den Gangunterschied λ (s. (12.44)) erzeugen und daher jeder für sich weginterferieren. Übrig bleibt ein Teilspalt der Breite $d/(2n + 1)$, aus dem die restliche Amplitude resultiert.

! Das Huygenssche Prinzip hat seine endgültige mathematische Form erst im 19. Jahrhundert in der Kirchhoffschen Beugungstheorie gewonnen. Sie schließt auch die komplementäre Beugung an Öffnung und Hindernis ein, die im sogenannten

Babinetsche Theorem (s. Abschn. 29.9) ausgesprochen ist. Wir wollen es hier bei dieser elementaren und rudimentären Behandlung der Beugung bewenden lassen und werden sie in der Optik noch einmal gründlicher aufgreifen.

12.5 Stehende Wellen als Interferenz gegenläufiger Wellen

Beim Versuch 12.1 hatten wir bei der **Reflexion** einer Wasserwelle an einer Wand beobachten können, daß sich bei senkrechter Inzidenz vor dem Reflektor **stehende Wellen** ausbilden, die offensichtlich aus der Interferenz der ein- und auslaufenden Welle resultieren.

Wir wollen dieses Beispiel hier genauer analysieren und dann die Ausbildung **stehender Wellen** in begrenzten Medien allgemeiner behandeln. Falle also eine ebene Welle

$$A = A_0 \cos(\omega t + kx)$$

von rechts kommend auf eine senkrechte Wand bei $x = 0$ ein und werde dort mit *umgekehrter* Phase und *voller* Amplitude reflektiert (s. Abb. 12.16). Dann erhalten wir Phase und Amplitude der reflektierten Welle an der Stelle x *vor* der Wand, indem wir im Argument um den doppelten Abstand vom Reflektor, also um $-2x$ bis hin zum Spiegelbild bei $-x$ fortfahren und das Vorzeichen umkehren. Die reflektierte Welle hat somit Amplitude und Argument

$$-A_0 \cos(\omega t + k(x - 2x)) = -A_0 \cos(\omega t - kx)\,.$$

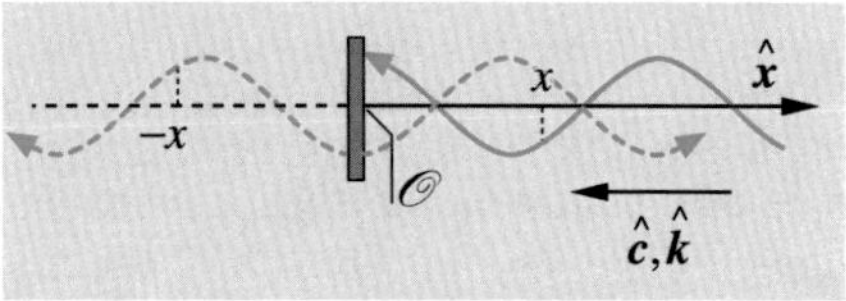

Abb. 12.16. Skizze zur Ermittlung von Phase und Amplitude einer Welle an der Stelle x, nachdem sie von rechts kommend bei $x = 0$ reflektiert wurde

Demnach folgt für die *resultierende* Amplitude

$$A_\mathrm{r} = A_0 \cos(\omega t + kx) - A_0 \cos(\omega t - kx) = -2A_0 \sin kx \sin \omega t\,. \tag{12.45}$$

In der zweiten Gleichung von (12.45) haben wir das Additionstheorem des Cosinus benutzt, wobei sich die Terme $\pm \cos \omega t \cos kx$ herausheben. Bei Reflexion am offenen Ende *ohne Phasenumkehr* ist es gerade umgekehrt, und es gilt

$$A'_\mathrm{r} = 2A_0 \cos kx \cos \omega t\,, \tag{12.45'}$$

so daß an der reflektierenden Schicht ein *Maximum* der Schwingungsamplitude statt eines Minimums auftritt, wie bereits in Abschn. 12.3 besprochen.

Stellen wir nun bei $x = l$ einen zweiten, gleichartigen Reflektor auf, fangen also die Welle sozusagen zwischen den beiden Reflektoren ein, und sei die Länge der Laufstrecke zwischen beiden ein Vielfaches der *halben* Wellenlänge λ_n

$$l = n\frac{\lambda_n}{2}\,, \qquad n = 1, 2, 3, \ldots\,, \tag{12.46}$$

so ist nach der *zweiten* Reflexion die Welle wieder in Phase mit der ursprünglichen, weil der gesamte Gangunterschied ein Vielfaches von λ ist. Das ist evident, wenn beide Spiegel ohne Phasenumkehr reflektieren, gilt aber auch im gegenteiligen Fall, weil die *doppelte* Phasenumkehr sich aufhebt.

! Wollen wir dagegen bei *unterschiedlichen* Reflektoren, einer mit, der andere ohne Phasenumkehr, konstruktive Interferenz der mehrfach reflektierten mit der ursprünglichen Welle erreichen, so müssen wir die Länge gegenüber (12.46) um $\lambda/4$ ändern, um den Phasensprung von π entsprechend $2\lambda/4$ auszugleichen. Wir wählen also

$$l' = n\frac{\lambda_n}{2} - \frac{\lambda}{4} = (2n-1)\frac{\lambda}{4}\,, \qquad n = 1, 2, 3, \ldots\,. \tag{12.46'}$$

In diesem Fall tritt eine stehende Welle also schon bei einer minimalen Länge von $l = \lambda/4$ auf.

Den Fall $n = 1$ nennen wir in beiden Fällen die *Grundwelle*, die folgenden $(n > 1)$ **Oberwellen** oder auch **Harmonische**. Jede andere Wellenlänge würde zu **Schwebungen** zwischen einlaufender und reflektierter Welle führen, also keine *stabile* stehende Welle zwischen den Spiegeln aufbauen können. In Abschn. 11.10 über **gekoppelte Schwingungen** hatten wir aber die *schwebungsfreien* Bewegungsformen als das *Charakteristikum* einer **Eigenschwingung** des Systems erkannt. Also können wir die stehenden Wellen (12.46) und (12.46′) als die Eigenschwingungen eines begrenzten kontinuierlichen Mediums interpretieren. Die charakertistischen Wellenlängen werden dabei ausschließlich von den Randbedingungen an den Grenzen des Mediums bestimmt. Das wären in diesem einfachen Fall Abstand und Beschaffenheit der Reflektoren. Allgemeinere Fälle werden wir weiter unten diskutieren.

Wir nennen ein solches Reflektorsystem, in dem man stehende Wellen erzeugen kann (s. u.), **Resonator**. Die drei verschiedenen Fälle sind in Abb. 12.17 für das Beispiel der ersten Oberwelle in einem akustischen Resonator dargestellt.

Nach (12.45) können wir die stehende Welle als eine Schwingung des Mediums mit der Zeitabhängigkeit $\sin\omega t$ und dem ortsabhängigen Amplitudenfaktor $-2A_0 \sin kx$ interpretieren. In der Tat ist (12.45) ja auch identisch mit der Gleichung für gekoppelte Schwingungen (11.99) für ein System sehr vieler **gekoppelter Oszillatoren**. Bereiche maximaler Schwingungsamplitude der stehenden Welle wie dort nennen wir Schwingungsbäuche, die Punkte minimaler Amplitude Schwingungsknoten.

Nach (12.19) erhalten wir aus (12.45) den **Schalldruck** zu

$$\tilde{p} = -K\frac{\partial A}{\partial x} = 2KkA_0 \cos kx \sin\omega t\,. \tag{12.47}$$

Seine Ortabhängigkeit ist gegenüber der Amplitude um $\lambda/4$ versetzt; an der Stelle eines **Schwingungsbauchs** haben wir also einen **Druckknoten** und beim **Schwingungsknoten** den **Druckbauch** (s. Abb. 12.17). Durch zeitliche Ableitung von (12.45) erhalten wir ebenso die **Schallschnelle** der stehenden Welle zu

$$\tilde{v} = \frac{\partial A}{\partial t} = -2\omega A_0 \sin kx \cos\omega t\,. \tag{12.48}$$

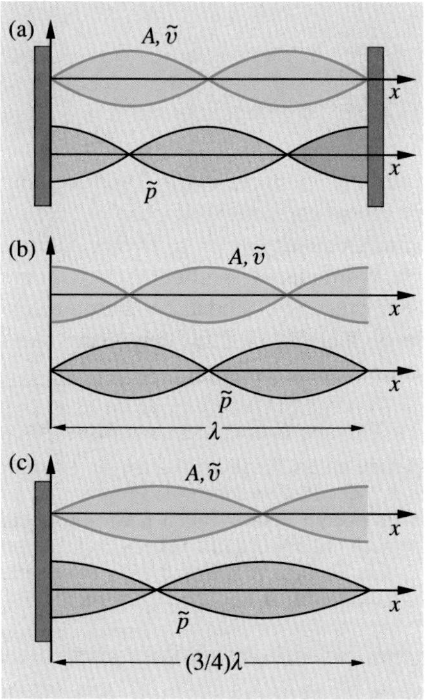

Abb. 12.17. Stehende Wellen in (**a**) beidseitig geschlossenem, (**b**) beidseitig offenem, (**c**) halbseitig offenem akustischen Resonator. Gezeigt ist am Beispiel der ersten Oberwelle jeweils die Ortsabhängigkeit der Schallamplitude A, der Schallschnelle $\tilde{v}$ und des Schalldrucks $\tilde{p}$ (die beiden ersteren auf gleiche Größe normiert). Sie schwingen innerhalb der getönten Flächen auf und ab

Gegenüber dem Schalldruck ist die Schallschnelle sowohl zeitlich wie auch räumlich um eine viertel Periode versetzt, im Gegensatz zur laufenden Welle, wo beide in Phase sind (s. Abb. 12.5). Aus dieser relativen Phasenverschiebung können wir mit (12.23) sofort erkennen, daß die stehende Welle im zeitlichen Mittel keine Energie transportiert; denn es ist

$$\overline{j}_E = \overline{\tilde{p}\tilde{v}} \propto \frac{1}{T}\int_0^T \sin\omega t \cos\omega t \, \mathrm{d}t = \frac{1}{\omega T}\int_0^T \sin\omega t \, \mathrm{d}(\sin\omega t) = 0 \,. \qquad (12.49)$$

Das war nach Voraussetzung klar, weil die reflektierte Welle gleichstark wie die ankommende sein sollte, so daß sich die entgegengesetzten Energieströme kompensieren. Ist der Reflexionsgrad dagegen kleiner als 1, so wird der stehenden Welle in einem Resonator Energie entzogen, und sie klingt wie ein gedämpfter Oszillator exponentiell ab.

Musikinstrumente

Bei fast allen **Musikinstrumenten** geht die Tonerzeugung und -abstimmung auf *stehende Wellen* zurück. Bei *Saiteninstrumenten* sind es die Seilwellen auf der gespannten Saite, bei *Blasinstrumenen* sind es Luftsäulen, die in einseitig oder beidseitig geschlossenen Rohrstücken zum Schwingen angeregt werden. Nach (12.46) sind die Eigenfrequenzen für beidseitig geschlossene Pfeifen gegeben durch

$$\nu_n = \frac{c}{\lambda_n} = \frac{c}{2l}\,n\,, \qquad n = 1, 2, 3, \ldots \tag{12.50}$$

und entsprechend für halbseitig offene durch

$$\nu_n = \frac{c}{4l}\,(2n-1)\,, \qquad n = 1, 2, 3, \ldots . \tag{12.51}$$

Im ersteren Fall kommen als Eigenfrequenzen alle Vielfachen der Grundfrequenz $\nu_1 = c/2l$ in Frage, im letzteren aber nur die ungeraden Vielfachen $\nu_3, \nu_5, \ldots$ usw. Bei gleicher Länge liegt dann die Grundfrequenz $\nu_1 = c/4l$ eine Oktave unterhalb derjenigen der geschlossenen Pfeife. Normalerweise klingt nicht nur eine Eigenschwingung an, sondern mehrere; die Schwingungen sind also anharmonisch. Anzahl und Intensitätsabstufung der einzelnen Obertöne sind für den Klang eines Instruments verantwortlich, wie in Abschn. 11.6 bereits diskutiert.

VERSUCH 12.10

Anblasen von Orgelpfeifen. Wir blasen Orgelpfeifen unterschiedlicher Länge mit Preßluft an und hören den Anstieg des Tons beim Verkürzen der Pfeifenlänge. Die Pfeifen sind an sich beidseitig offen, nämlich an der Lippe und am oberen Ende. Schließen wir das obere Ende mit einem Deckel ab, sinkt die Tonhöhe wie nach (12.50) und (12.51) erwartet. Blasen wir die Pfeife stärker an, so wechselt sie plötzlich ihre Tonlage vom Grundton in einen jetzt überwiegenden Oberton, der bei stärkerem Luftstrom offenbar besser angeregt wird.

VERSUCH 12.11

Ringresonator. Ein Rohr ist zu einem geschlossenen Ring gebogen und besitzt eine seitlich Anblasöffnung, mit der wir die geschlossene Luftsäule im Rohr zu Eigenfrequenzen anregen können. Da keine Reflexionen stattfinden, bildet sich allerdings keine stehende, sondern eine umlaufende Welle. Eigenschwingungen treten dann auf, wenn der gesamte Umfang des Rohres ein Vielfaches der Wellenlänge ist.

Mundgeblasene Instrumente wie Trompeten und Flöten haben im Gegensatz zur Orgel nur *eine einzige* Luftsäule als Resonator zur Verfügung, dessen effektive Länge durch Klappen oder Ventile entlang des Rohres variiert wird. Wird eins dieser Ventile geöffnet, so entsteht an dieser Stelle ein Druckknoten in der Luftsäule. Bei der Posaune ändert man die Länge der Luftsäule durch Verschieben ineinandergesteckter Rohre.

Saiteninstrumente werden entsprechend (12.12) über die *variable* Spannung abgestimmt. Während z. B. beim Klavier für jeden Ton eine Saite zur Verfügung steht, muß bei Streichinstrumenten die Tonhöhe jeder Saite durch Änderung ihrer effektiven Länge mittels Fingerdruck am Griffbrett variiert werden.

Während die Erzeugung *kurzer*, also gedämpfter Töne, z. B. durch *Anschlagen* einer Saite, aus physikalischer Sicht relativ trivial ist, bedarf es bei der Erregung eines *kontinuierlichen* Tons, wie sie Blas- und Streichinstumente erzeugen, eines Selbsterregungsmechanismus bei kontinuierlicher Energiezufuhr. Wir hatten diese Dinge bereits in Abschn. 11.7 besprochen.

! Ebenso wichtig wie die Tonerzeugung ist bei Musikinstrumenten auch die *Umsetzung der Schwingungsenergie* in einen *frei abgestrahlten Schall*, damit man auch etwas hört. Dazu folgender Versuch:

VERSUCH 12.12

Stimmgabelresonator. Wir schlagen eine Stimmgabel an; ihr Ton ist kaum hörbar. Setzen wir sie aber auf einen akustischen, beidseitig offenen Resonator auf, so überträgt sich ihre Schwingungsenergie über das Resonatorgehäuse auf die Luftsäule und regt diese zu einer Eigenschwingung an, da der Resonator auf die Stimmgabel abgestimmt ist (s. Abb. 12.18). Jetzt füllt der Stimmgabelton den ganzen Raum, weil der Resonator die Schwingungsenergie der Stimmgabel in Schallenergie umsetzt, die von seinen offenen Enden abgestrahlt wird.

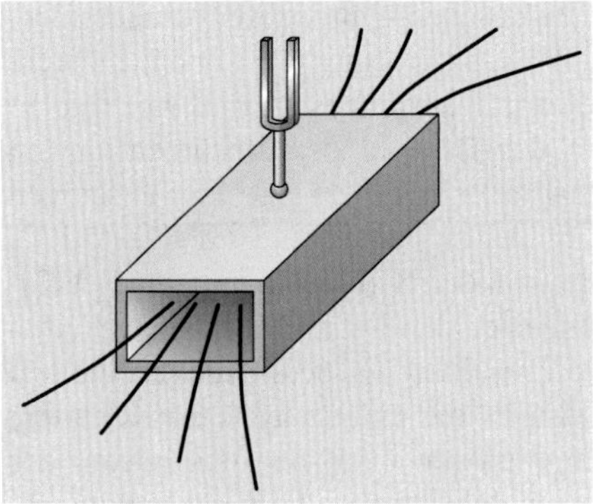

Abb. 12.18. Umsetzung der Schwingungsenergie einer Stimmgabel in abgestrahlte Schallenergie durch Ankoppeln an einen akustischen Resonator

Auf diesem Prinzip der *indirekten* Schallabstrahlung bauen alle Saiteninstrumente auf, da die direkte Kopplung der Saitenschwingung an die Luft ebensowenig wie bei der Stimmgabel zur Erzeugung eines kräftigen Tons ausreicht. Hier spielt der *Geigenkasten* die Rolle des Resonators, dessen eingeschlossene Luft zu Eigenschwingungen angeregt wird, deren Schallenergie durch die Spalte im Kasten abgestrahlt wird. Gleichzeitig werden aber auch die dünnen, elastischen Holzwände des Kastens zu Eigenschwingungen im Sinne von **Chladnischen Klangfiguren** (s. Versuch 11.8) angeregt und beteiligen sich an der Schallabstrahlung. Dies und die komplizierte Formgebung des Geigenkastens ermöglicht eine große Zahl miteinander gekoppelter, obertonreicher Eigenschwingungen, die den charakteristischen Klang von Streichinstrumenten ausmachen.

12.6 Wellengleichung und Eigenschwingungen in mehreren Dimensionen

Zweidimensionale Eigenschwingungen hatten wir bereits in Versuch 11.8 über Chladnische Klangfiguren in Form von Biegeschwingungen an einer Glasplatte kennengelernt. Die Resonanzen des Luftvolumens in einem Geigenkasten waren ein Besipiel für **dreidimensionale Eigenschwingungen** eines Mediums. Die Folge der **Eigenfrequenzen** und die räumliche Verteilung der Amplitude mit **Bäuchen** und **Knotenflächen** werden dabei *allein* von der Berandung des Mediums bestimmt. Bei einfacher Berandung wie Quader-, Zylinder- oder Kugelflächen findet man analytische Lösungen für die Eigenschwingungen; bei einem so komplizierten Gebilde wie einem Geigenkasten führt allenfalls eine numerische Berechnung zum Ziel. Die Berechenbarkeit ist aber *nicht* der wichtigste Punkt, sondern die Tatsache, daß ein begrenztes Medium *in jedem Fall* Eigenschwingungen hat, sei es nun einfach oder kompliziert berandet. Ebenso haben feste Körper ihre gestaltsabhängigen Eigenschwingungen, wobei hier im Gegensatz zu eingeschlossenen Gasvolumina der Schalldruck am Rande zu verschwinden hat.

* Dreidimensionale Wellengleichung

Um in der Behandlung mehrdimensionaler Eigenschwingungen weiterzukommen, brauchen wir zunächst die Erweiterung der Wellengleichung (12.15) auf mehrere Dimensionen, müssen aber jetzt einen mathematisch anspruchsvolleren Weg wählen als im eindimensionalen Fall. Wir wählen das Beispiel der dreidimensionalen **Kompressionswelle**, also der üblichen Schallwelle, weil sie mit dem allseitigen Schalldruck eine *skalare* Variable hat, die leichter zu behandeln ist als vektorielle Wellenamplituden. Unser Ansatz geht wieder von der Beschleunigung eines Volumenelements aus, das wir aus einer dreidimensionalen Schallwelle herausgreifen (s. Abb. 12.19). Die beschleunigende Kraft $\mathrm{d}\boldsymbol{F}$ resultiert aus dem Druckgefälle und zeigt in Richtung abnehmenden Drucks, also in die entgegengesetzte Richtung des Druckgradienten $\mathrm{grad}\, p$. Sie steht somit senkrecht auf der Wellenfront des Schalldrucks, und folglich schwingen die Massenelemente parallel zur Ausbreitungsrichtung. Das ist das Charakteristikum einer longitudinalen Welle.

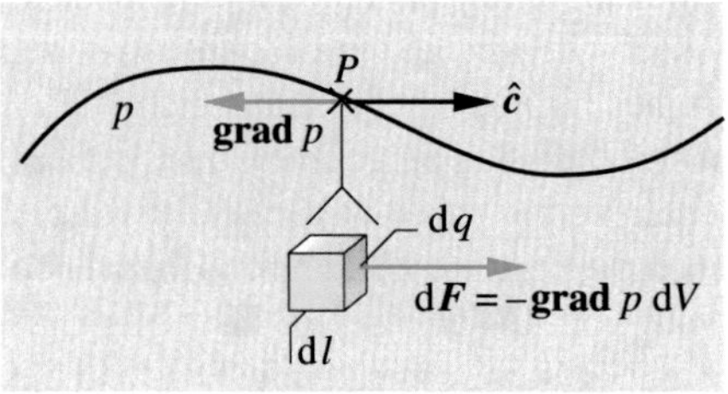

Abb. 12.19. Kraft $\mathrm{d}\boldsymbol{F}$ auf ein Volumenelement $\mathrm{d}l\,\mathrm{d}q$ beim Punkt P im Druckgefälle einer dreidimensionalen Schallwelle

Die resultierende Kraft auf das Volumenelement (dessen Stirnseiten wir der Einfachheit halber parallel zur Wellenfront gelegt haben) ist

$$\mathrm{d}\boldsymbol{F} = -\mathbf{grad}\, p\, \mathrm{d}l\, \mathrm{d}q = -\mathbf{grad}\, p\, \mathrm{d}V\,.$$

Sie ist gleich der Änderung des in $\mathrm{d}V$ enthaltenen differentiellen Impulses

$$\frac{\partial}{\partial t}\,\mathrm{d}\boldsymbol{p} = \frac{\partial}{\partial t}(\varrho \boldsymbol{v})\,\mathrm{d}V\,.$$

Gleichsetzen und Division durch $\mathrm{d}V$ ergibt die Beziehung

$$-\mathbf{grad}\, p = \frac{\partial}{\partial t}\,(\varrho \boldsymbol{v}) \tag{12.52}$$

zwischen Druck, Dichte und Geschwindigkeit. Mit weiteren Beziehungen zwischen diesen Größen gelingt es uns, ϱ und $\boldsymbol{v}$ aus (12.52) zu eliminieren: Die Impulsdichte $\varrho \boldsymbol{v}$ ist eine Stromdichte, die mit der Dichte selbst durch die Kontinuitätsgleichung (10.12)

$$\mathbf{div}\boldsymbol{j} = \mathbf{div}\, \varrho \boldsymbol{v} = -\dot{\varrho}$$

verknüpft ist.

Bilden wir davon die zeitliche Ableitung und vertauschen auf der linken Seite räumliche und zeitliche Ableitung, was erlaubt ist,

$$\frac{\partial}{\partial t}\,\mathbf{div}\,(\varrho \boldsymbol{v}) = \mathbf{div}\,\frac{\partial}{\partial t}\,(\varrho \boldsymbol{v})\,,$$

so erhalten wir

$$\mathbf{div}\,\frac{\partial}{\partial t}\,(\varrho \boldsymbol{v}) = -\ddot{\varrho}\,.$$

Linkerhand steht die Divergenz der rechten Seite von (12.52). Wir ersetzen sie durch deren linke Seite

$$\mathbf{div\,grad}\,p = \ddot{\varrho}$$

und haben damit $\boldsymbol{v}$ eliminiert. Druck und Dichte sind über das Volumen und den Kompressionsmodul miteinander verknüpft. Zum einen gilt

$$\varrho V = M = \text{const.} \quad \curvearrowright \quad \varrho \mathrm{d}V + V\mathrm{d}\varrho = 0 \quad \curvearrowright$$
$$\frac{\partial \varrho}{\partial V} = -\frac{\varrho}{V}\,.$$

Zum anderen gilt nach (8.12a)

$$\frac{\partial V}{\partial p} = -\frac{V}{K}\,.$$

Auf diesem Weg können wir über die Kettenregel $\ddot{\varrho}$ ersetzen

$$\ddot{\varrho} = \frac{\partial \varrho}{\partial V}\frac{\partial V}{\partial p}\,\ddot{p} = \left(-\frac{\varrho}{V}\right)\left(-\frac{V}{K}\right)\ddot{p} = \frac{\varrho}{K}\ddot{p}\,.$$

Damit sind wir am Ziel und erhalten die **dreidimensionale Wellengleichung des Schalldrucks** in der Form

$$\mathbf{div\,grad}\,\tilde{p} = \frac{\partial^2 \tilde{p}}{\partial x^2} + \frac{\partial^2 \tilde{p}}{\partial y^2} + \frac{\partial^2 \tilde{p}}{\partial z^2} = \frac{\overline{\varrho}}{K}\ddot{\tilde{p}} = \frac{1}{c^2}\ddot{\tilde{p}}\,, \tag{12.53}$$

mit $\tilde{p} = p - \overline{p}$ und $\varrho = \overline{\varrho} + \tilde{\varrho} \approx \overline{\varrho}$. Bezüglich p brauchen wir die Ableitung nur von der eigentlichen Schalldruckamplitude $\tilde{p}$ zu bilden, um die p von seinem Mittelwert $\overline{p}$ abweicht. Auf der rechten Seite ersetzen wir die momentane Dichte ϱ näherungsweise durch ihren Mittelwert $\overline{\varrho}$, um den Proportionalitätsfaktor zwischen zeitlicher und räumlicher Ableitung in (12.53), das Quadrat der Schallgeschwindigkeit, als eine *Konstante* behandeln zu können. Wir dürfen also nur relativ *geringe* Dichteamplituden $\tilde{\varrho}$ der Schallwelle zulassen. Andernfalls kommen wir in den Bereich der **Schockwellen**, deren Ausbreitung *nicht* mehr unabhängig von der Amplitude ist.

Die Struktur der dreidimensionalen Wellengleichung (12.53) ist für alle Wellentypen charakteristisch. Sie gilt auch für vektorielle Amplituden, wie etwa die Schallschnelle oder die Transversalauslenkung einer Scherwelle oder die Feldstärke einer elektromagnetischen Welle. Jedoch ist sie für eine skalare Amplitude wie in (12.53) in der Regel leichter zu lösen.

Eigenschwingungen eines Quaders

Die einfachsten Eigenschwingungen erwarten wir in einem Medium, das von ebenen Rändern begrenzt wird, z. B. einem Quader, und vermuten, daß sie, wie schon im eindimensionalen Fall, eben sind. Für den zweidimensionalen Fall können wir uns davon im folgenden Versuch überzeugen.

VERSUCH 12.13

Stehende Wasserwellen im Rechteck. Wir grenzen in der Wellenwanne ein Rechteck ein und erregen die Wasseroberfläche mit veränderlicher Frequenz. Bei bestimmten Resonanzfrequenzen beobachten wir stehende Wellen im Rechteck in Form eines Karomusters (s. Abb. 12.20). Die Resonanzfrequenz wächst mit der Zahl der waagrechten und senkrechten Knotenlinien. Auch nach Stoßanregung der Wasseroberfläche beobachten wir, wie sich nach anfänglichem Chaos von Interferenzen manchmal im Zuge der Dämpfung eine bestimmte Eigenschwingung durchsetzt und langsam ausklingt.

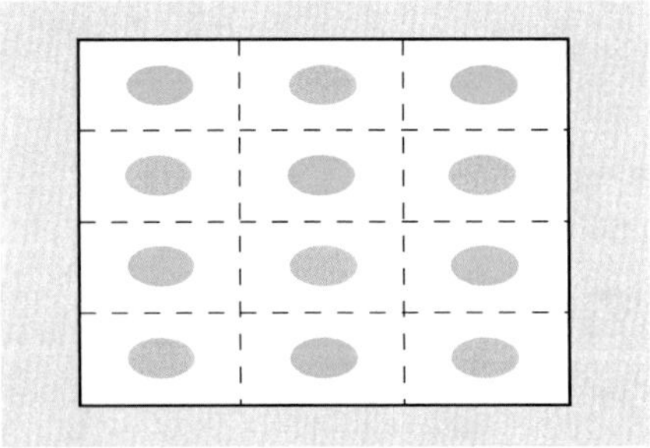

Abb. 12.20. Momentanaufnahme einer zweidimensionalen Wasserwelle im rechteckigen Rand mit Knotenlinien (*gestrichelt*) parallel zu den Kanten. An jeder Knotenlinie wechselt das Vorzeichen der Amplitude, z. B. *blau* = positiv, *grau* = negativ

Die Eigenschwingungen eines Quaders sind nicht so leicht zu visualisieren, jedoch können wir sie hörbar machen.

VERSUCH 12.14

Akustische Resonanzen im Quader. In einem quaderförmigen Hohlraum regen wir mittels eines Lautsprechers Eigenschwingungen der eingeschlossenen Luft an und hören ihre Resonanzen als Funktion der anregenden Frequenz mit einem Mikrophon ab. Mit wachsender Frequenz wird die Folge der Resonanzen dichter (im Gegensatz zur äquidistanten Folge im eindimensionalen Fall).

Die Beobachtung der zweidimensionalen stehenden Welle in der Wellenwanne legt nahe, einen solchen Ansatz auch für den dreidimensionalen Fall eines Quaders mit Kantenlängen a, b, d zu versuchen, indem wir das Produkt (12.47) um je eine Schwingung in y- und z-Richtung erweitern

$$\tilde{p}_{mnq} = \tilde{p}_0 \cos(\omega_{mnq} t) \cos(k_m x) \cos(k_n y) \cos(k_q z) , \tag{12.54}$$

$$\text{mit} \quad k_m = m\frac{\pi}{a} , \quad k_n = n\frac{\pi}{b} , \quad k_q = q\frac{\pi}{d} , \quad m, n, q = 0, 1, 2, 3, \ldots$$

Der Ansatz (12.54) und die Wahl der Wellenzahlen garantieren, daß der Schalldruck an den Wänden Bäuche hat, die durch ebene Knotenflächen getrennt sind (analog zu Abb. 12.17a). Die Anzahl der Knotenebenen parallel zur y, z-Ebene ist gleich m, parallel zur x, z-Ebene gleich n und parallel zur x, y-Ebene gleich q. Wir prüfen, daß der Ansatz (12.54) der Wellengleichung (12.53) genügt und bestimmen daraus auch die Resonanzfrequenzen ω_{mnq}. Durch Einsetzen und zweimaliges Differenzieren folgt

$$\frac{\partial^2 \tilde{p}_{mnq}}{\partial x^2} + \frac{\partial^2 \tilde{p}_{mnq}}{\partial y^2} + \frac{\partial^2 \tilde{p}_{mnq}}{\partial z^2} = (-k_m^2 - k_n^2 - k_q^2)\tilde{p}_{mnq}$$
$$= \frac{1}{c^2}\frac{\partial^2 \tilde{p}_{mnq}}{\partial t^2} = -\frac{\omega_{mnq}^2}{c^2}\tilde{p}_{mnq}\,.$$

Durch Eliminieren von $\tilde{p}_{mnq}$ und Wurzelziehen gewinnen wir für die Frequenz der Eigenschwingung

$$\omega_{mnq} = c|k_{mnq}| = c\sqrt{k_m^2 + k_n^2 + k_q^2} = c\pi\sqrt{\frac{m^2}{a^2} + \frac{n^2}{b^2} + \frac{q^2}{d^2}}\,. \tag{12.55}$$

Unser Ansatz löst in der Tat die Wellengleichung und genügt gleichzeitig den Randbedingungen. Wellenbild und Frequenz der Eigenschwingung sind vollständig durch die Dimensionen des Quaders und die Anzahl der Knotenflächen in den einzelnen Richtungen bestimmt. Es ist daher sinnvoll, die Eigenschwingungen mit diesen Zahlen zu indizieren.

Mit Hilfe der Additionstheoreme kann man auch die dreidimensionale stehende Welle (12.54) in eine Summe hin- und rücklaufender ebener Wellen zerlegen, die alle die gleiche Frequenz ω_{mnq}, aber unterschiedlich gerichtete Wellenvektoren

$$\boldsymbol{k} = \left\{\pm k_m, \pm k_n, \pm k_q\right\}$$

haben, wie sie sich aus den acht Vorzeichenkombinationen ergeben.

* Abzählen und Dichte der Eigenfrequenzen

Wir diskutieren die **Eigenfrequenzen** (12.55) für den Fall **eines Würfels** ($a = b = d$), für den gilt

$$\nu_{mnq} = \frac{c}{2a}\sqrt{m^2 + n^2 + q^2}\,. \tag{12.55'}$$

Klarerweise haben die eindimensionalen Grundschwingungen $\tilde{p}_{100}$, $\tilde{p}_{010}$, $\tilde{p}_{001}$ die tiefste Resonanzfrequenz, gefolgt von der zweidimensionalen Grundschwingung $\tilde{p}_{110}$ (und deren Permutationen), dann die dreidimensionale Grundschwingung $\tilde{p}_{111}$, dann die erste Oberschwingung $\tilde{p}_{200}$ usw. Sie stehen im Verhältnis $1 : \sqrt{2} : \sqrt{3} : 2$ usw. zueinander. Man erkennt, wie mit wachsenden Indices ihr Abstand aufgrund der geometrischen Addition schrumpft. Wollen wir uns einen Überblick verschaffen, wie sich die **Dichte der Eigenschwingungen** bei sehr hohen Indices entwickelt, so empfiehlt es sich, das Abzählen durch ein Mittelungsverfahren zu ersetzen, das nunmehr die mittlere Anzahl der Eigenschwingungen $\mathrm{d}Z$ pro Frequenzintervall $\mathrm{d}\nu$ angibt.

Das gelingt auf anschauliche Weise, indem wir die Indizes m, n, q in ein kartesisches Koordinatensystem eintragen (s. Abb. 12.21) und damit jeder Eigenfrequenz einen Punkt in diesem Raum V_Z zuordnen. Dort bilden sie ein kubisches Gitter. Die

$\nu_{m,n,q}$ sind laut (12.55′) proportional zum Abstand

$$r = \sqrt{m^2 + n^2 + q^2}$$

vom Ursprung, und es gilt

$$\mathrm{d}\nu = \frac{c}{2a}\mathrm{d}r\,. \tag{12.56}$$

In diesem Raum gibt es laut Konstruktion pro Volumeneinheit genau einen Gitterpunkt, also eine Eigenschwingung. Die Anzahl $\mathrm{d}Z$, die in einer Kugelschale zwischen r und $r + \mathrm{d}r$ liegen, ist demnach gerade gleich ihrem Volumen

$$\mathrm{d}Z = \mathrm{d}V_Z = \frac{1}{8}4\pi r^2 \mathrm{d}r\,.$$

Der Vorfaktor $1/8$ kommt daher, daß wir uns auf den Oktanten positiver m, n, q beschränken müssen (s. Abb. 12.21). Substituieren wir mit (12.56) r durch ν, so sind wir am Ziel

$$\mathrm{d}Z = \frac{4\pi\nu^2}{c^3}a^3\mathrm{d}\nu = \frac{4\pi\nu^2}{c^3}V\mathrm{d}\nu\,. \tag{12.57}$$

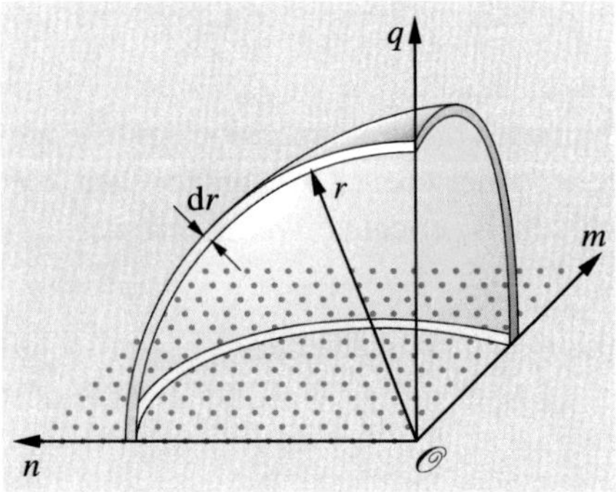

Abb. 12.21. Darstellung der Eigenschwingungen $\nu_{m,n,q}$ eines Kubus im Raum V_Z seiner Indices m, n, q. Die entsprechenden Gitterpunkte sind nur in der m, n-Ebene angedeutet

Wir hatten (12.57) für einen Kubus abgeleitet; man kann aber zeigen, daß bei sehr hohen Knotenzahlen, die wir hier voraussetzen (12.57) auch *unabhängig* von der speziellen Form des Resonators gültig ist. Man dividiert daher in der Regel das Volumen V aus (12.57) heraus und erhält eine

Dichte der Eigenschwingung pro Volumen- und Frequenzeinheit

$$\varrho_{Z,\mathrm{long}} = \frac{\mathrm{d}Z}{\mathrm{d}\nu\,\mathrm{d}V} = \frac{4\pi\nu^2}{c_{\mathrm{long}}^3}\,. \tag{12.58}$$

Wir haben (12.58) mit einem Index für Longitudinalwellen indiziert; denn bei Transversalwellen erhöht sich die Dichte noch einmal um einen Faktor 2, weil die beiden orthogonalen Schwingungsrichtungen jede als getrennter Freiheitsgrad der Bewegung eingehen, wie wir schon in Abschn. 11.10 diskutiert hatten. Somit gilt für Transversalwellen

$$\varrho_{Z,\mathrm{trans}} = \frac{8\pi\nu^2}{c_{\mathrm{trans}}^3}\,. \tag{12.59}$$

Man fragt sich nun mit Recht, warum wir uns die Mühe gemacht haben, die asymptotische Dichte von Eigenschwingungen auszurechnen. Wir finden die Antwort auch nicht in der eigentlichen Wellenlehre sondern in der statistischen Physik, in der sie eine überragende Rolle spielt und Zustandsdichte genannt wird. Wir hatten schon bei der Diskussion gekoppelter Eigenschwingungen in Abschn. 11.10 auf den statistischen Inhalt an Wärmeenergie, den jede Eigenschwingung besitzt, verwiesen; wir kommen darauf in Kap. 14 ausführlich zurück.

Bei einem festen Körper, bei dem die Atome einen Gitterabstand d haben, gibt es eine obere Grenze der Eigenschwingungen, genau dort, wo zwischen jede Gitterebene eine Knotenebene fällt, und das für jede der drei Raumrichtungen.

Dann schwingt jedes Atom gegenphasig zum nächsten Nachbarn, und es ist die total antisymmetrische Schwingung mit der höchsten Eigenfrequenz erreicht. Die maximale Knotenzahl entlang jeder Achse ist demzufolge gleich der Anzahl der Atome entlang der Würfelkante a, also

$$m_{\max} = n_{\max} = q_{\max} = \frac{a}{d} . \tag{12.60}$$

Folglich ist die Zahl der longitudinalen Eigenschwingungen im Würfel

$$Z_{\text{long}} = \left(\frac{a}{d}\right)^3 = N ,$$

also gleich der Zahl der Atome im Würfel. Die gleiche Anzahl entfällt jeweils auf die beiden transversalen Schwingungsrichtungen, womit wir die Gesamtzahl gewinnen

$$Z_{\text{gesamt}} = 3N . \tag{12.61}$$

Sie ist gleich der Anzahl der Freiheitsgrade der N Atome im Würfel, worauf wir schon in Abschn. 11.10 aufmerksam gemacht haben.

Streng genommen folgt die Zustandsdichte nur bis zur maximalen Knotenzahl (12.60) entsprechend

$$\nu = \frac{c}{2d}$$

dem parabolischen Anstieg von (12.57). Dort stößt nämlich die Kugelschale (s. Abb. 12.21) an die Grenzflächen des Würfels, den die Eigenschwingungen in V_Z einnehmen. Jenseits dieser Grenze füllt das vom Würfel überdeckte Kugelschalenvolumen nicht mehr den vollen Oktanten, wodurch sich zunächst der Anstieg der Zustandsdichte abflacht, bis sie ein Maximum erreicht hat und dann schließlich auf Null absinkt, wenn die äußerste Würfelecke erreicht wird (s. Abb. 12.22). In der **Debyeschen Theorie der spezifischen Wärme**, deren Ergebnisse wir in Abschn. 14.5 diskutieren, ersetzt man diesen analytisch unbequemen Zweig der Kurve näherungsweise durch eine Fortsetzung des ursprünglichen, quadratischen Anstiegs bis zur **Debyeschen Grenzfrequenz** ν_{gr}, die dadurch bestimmt ist, daß die Fläche unter der Kurve wie verlangt die Gesamtzahl $3N$ der Eigenschwingungen ergibt.

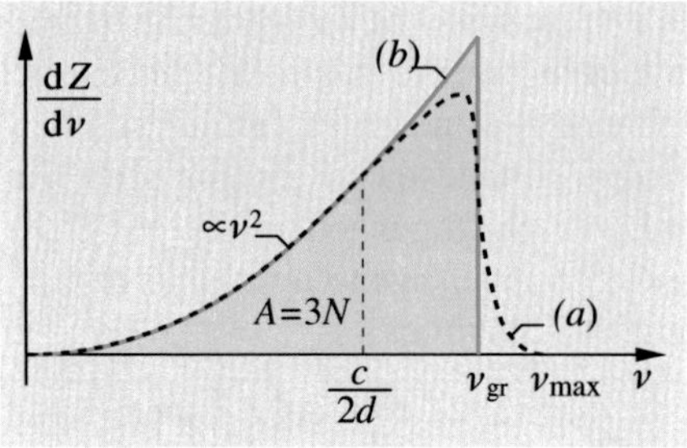

Abb. 12.22. Zustandsdichte der Eigenschwingungen eines Festkörpers von N Atomen als Funktion der Frequenz. (a) Berechneter Verlauf für den idealiserten Fall $c_{\text{long}} = c_{\text{trans}}$, ($b$) zugehörige Debyesche Approximation

! Einem kontinuierlichen, beliebig teilbaren Medium ist keine natürliche obere Grenze der Eigenschwingungen gesetzt. Ein solches Medium stellt das Vakuum für elektromagnetische Wellen dar, die folglich in einem spiegelnden Hohlraum im Prinzip die Möglichkeit zu beliebig hochfrequenten Eigenschwingungen haben. Dieser Umstand führte die klassische, statistische Theorie der Wärmestrahlung (die ja elektromagnetischer Natur ist) in grundlegenden Widerspruch zur Erfahrung! Nur durch Einführung der **Lichtquantenhypothese** konnte es *Max Planck* gelingen, diesen Widerspruch aufzulösen.

12.7 Wellengruppen und Gruppengeschwindigkeit

Wellen dienen häufig zur Übertragung von Signalen, z. B. von akustischen, optischen oder Funksignalen. Dies ist mit konstanter Amplitude und Frequenz nicht möglich; denn ein Dauerton übermittelt zwar akustische Energie an den Empfänger aber keine weitere Information. Dazu müssen wir den Ton in Amplitude und/oder Frequenz variieren, so daß einzelne **Wellengruppen** (Pakete) entstehen, die als Morse- oder Sprachzeichen Informationen übermitteln. Wir reduzieren diese Diskussion auf die rein physikalische Ebene mit folgendem Beispiel: Werfen wir einen Stein am Ort P_0 ins Wasser, so wird die Wirkung an einem entfernten Ort P_1 spürbar, wenn die vom Stein ausgelöste Wellengruppe P_1 erreicht (s. Abb. 12.23). Genaugenommen setzt die Wirkung in dem Moment ein, wo der Fußpunkt der ersten Wellenfront der Gruppe bei P_1 ankommt und ein Signal auslöst. Dies geschehe zum Zeitpunkt t_1 nach dem Steinwurf. Die Signalfront wandere weiter in Richtung auf P_2 und erreiche diesen Punkt zur Zeit $t_2 = t_1 + \Delta t_s$. Dann definieren wir als **Signalgeschwindigkeit** c_s den Quotienten

$$c_s = \frac{\overline{P_1 P_2}}{t_2 - t_1} = \frac{\overline{P_1 P_2}}{\Delta t_s}\,.$$

> Mit **Gruppengeschwindigkeit** c_g wollen wir dagegen diejenige Geschwindigkeit bezeichnen, mit der sich der *Schwerpunkt* der Wellengruppe fortbewegt.

Sie kann im Prinzip von der Signalgeschwindigkeit verschieden sein, wenn sich nämlich die Wellengruppe auf ihrem Weg verformt. Beide sind auch im allgemeinen *verschieden* von der **Phasengeschwindigkeit** $c_\varphi = \omega / k$, ausgenommen z. B. im Fall

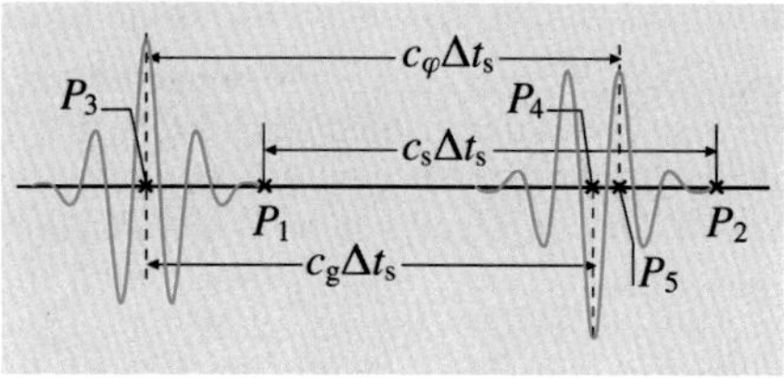

Abb. 12.23. Ausbreitung einer Wellengruppe von P_1 nach P_2 in der Zeit Δt_s mit der **Signalgeschwindigkeit** c_s für die erste Wellenfront. Währenddessen bewegt sich der Schwerpunkt der Gruppe mit der **Gruppengeschwindigkeit** c_g von P_3 nach P_4 und die Phase mit der **Phasengeschwindigkeit** c_φ von P_3 nach P_5. Bei $c_g \neq c_\varphi$ verschiebt sich die Phasenlage in der Gruppe im Lauf der Zeit

der Lichtgeschwindigkeit im Vakuum. Hier gilt

$$c_\varphi = c_s = c_g = c_0 \approx 3 \cdot 10^8 \,\mathrm{m\,s^{-1}} \,. \tag{12.62}$$

Die Vakuumlichtgeschwindigkeit spielt eine zentrale Rolle in der Physik, weil sie die *maximale* Ausbreitungsgeschwindigkeit einer Wirkung und damit eines Signals ist. Alle prinzipiellen Überlegungen und Versuche, die man zur Begründung und Prüfung der Relativitätstheorie angestellt hat (Uhren- und Längenvergleiche etc., s. Abschn. 3.6) betreffen die Übertragungsgeschwindigkeit optischer Signale im Vakuum.

Bewegt sich eine Signalgruppe jedoch durch ein Medium, so gilt prinzipiell, daß sie nicht schneller als die Vakuumlichtgeschwindigkeit fortschreitet:

$$c_g, c_s \leq c_0 \,. \tag{12.63}$$

Für die **Phasengeschwindigkeit** trifft diese Einschränkung *nicht* zu. Für die Ausbreitung von Röntgenstrahlen in einem Medium gilt z. B. (vgl. Abschn. 27.7)

$$c_\varphi > c_0 \,.$$

(Das heißt der Brechungsindex ist im Röntgenbereich < 1). Die detaillierte Prüfung von (12.63) in komplizierteren Situationen ist eine mühevolle Aufgabe der theoretischen Elektrodynamik, der man sich vor allem in den Jahren nach Entdeckung der Relativitätstheorie unterzogen hat.

In der **Quantenmechanik** sind Ort und Impuls eines Teilchens nicht beliebig scharf definiert. Das führt dazu, daß man den Ort eines freien Teilchens in Form einer **Wellengruppe** darstellen muß, deren Gruppengeschwindigkeit die mittlere Geschwindigkeit des Teilchens ist.

Darstellung von Wellengruppen

Wellengruppen entstehen als **Schwebungssignal** aus der Interferenz von Wellen unterschiedlicher Frequenz. Der einfachste Fall einer *periodischen* Wellengruppe resultiert aus der Interferenz nur *zweier* Teilwellen. Wir realisieren ihn im Versuch.

VERSUCH 12.15

Wellengruppen in der Wellenwanne. Wir stellen zwei Erreger dicht nebeneinander auf, d. h. im Abstand $d \ll \lambda$ und erregen Wasserwellen mit leicht unterschiedlichen Frequenzen ω_1, ω_2. Die resultierende Amplitude schwebt periodisch zwischen Maxima und Minima, wie wir es schon in Versuch 11.5 bei gekoppelten Pendeln kennengelernt hatten. Die allmählich fortschreitende Phasenverschiebung zwischen den beiden Wellen führt abwechselnd zu konstruktiven und destruktiven Interferenzen (vgl. Abb. 11.21). Die Gruppe von Wellenzügen zwischen zwei Minima sprechen wir als eine Wellengruppe an. Bei aufmerksamer Beobachtung des Wellenbildes erkennen wir, daß die Gruppe etwas langsamer fortschreitet als die einzelnenen Wellenzüge, also $c_g < c_\varphi$ gilt.

Mathematisch können wir das Versuchsergebnis nachvollziehen. Dazu gehen wir von der Summe der beiden Teilwellen aus

$$A_1 + A_2 = A_0 \left[\sin(\omega_1 t - k_1 x) + \sin(\omega_2 t - k_2 x)\right] ,$$

die wir der Einfachheit halber als parallele, ebene Wellen gleicher Amplitude annnehmen. Mit Hilfe der Additionstheoreme formen wir sie in ein Produkt aus einer langwelligen **Schwebungswelle** und einer kurzwelligen **Trägerwelle** um (vgl. (11.89)).

$$A_1 + A_2 = 2A_0 \cos\left(\frac{\Delta\omega}{2}t - \frac{\Delta k}{2}x\right) \sin(\omega_m t - k_m x) , \tag{12.64}$$

mit

$$\frac{\Delta\omega}{2} = \frac{\omega_1 - \omega_2}{2} , \quad \omega_m = \frac{\omega_1 + \omega_2}{2}$$
$$\frac{\Delta k}{2} = \frac{k_1 - k_2}{2} , \quad k_m = \frac{k_1 + k_2}{2} .$$

Abbildung 12.24 zeigt im Diagramm (a) die beiden Komponenten im Frequenzbild, also das Spektrum, und in (b) die resultierende Welle im Zeitbild.

Es liegt jetzt nahe als Gruppengeschwindigkeit die Phasengeschwindigkeit der Schwebungswelle zu definieren

$$c_g = \frac{\Delta\omega/2}{\Delta k/2} \longrightarrow \left.\frac{d\omega}{dk}\right|_{\omega_m} . \tag{12.65}$$

Dabei haben wir im 2. Schritt den Differenzenquotienten $\Delta\omega/\Delta k$ durch die Ableitung von ω nach k an der Stelle der Trägerfrequenz ω_m ersetzt. Das macht Sinn, wenn diese Ableitung im Intervall $\Delta\omega$ relativ stabil ist. Im Bereich starker Änderungen der Phasengeschwindigkeit, wie sie z. B. in der Optik an Stellen scharfer Absorptionslinien auftreten, ist (12.65) *keine* brauchbare Definition der Gruppengeschwindigkeit mehr.

Im allgemeinen ist c_g immer dann verschieden von c_φ, wenn ω als Funktion von k keine Gerade durch den Nullpunkt ist (s. Abb. 12.25). Man spricht dann von **Dispersion** in Anlehnung an die bekannte Dispersion des Lichts in seine Farben im Prisma.

Definieren wir den Brechungsindex n als den Quotienten aus der Vakuumlichtgeschwindigkeit c_0 und der Phasengeschwindigkeit im Medium c_φ

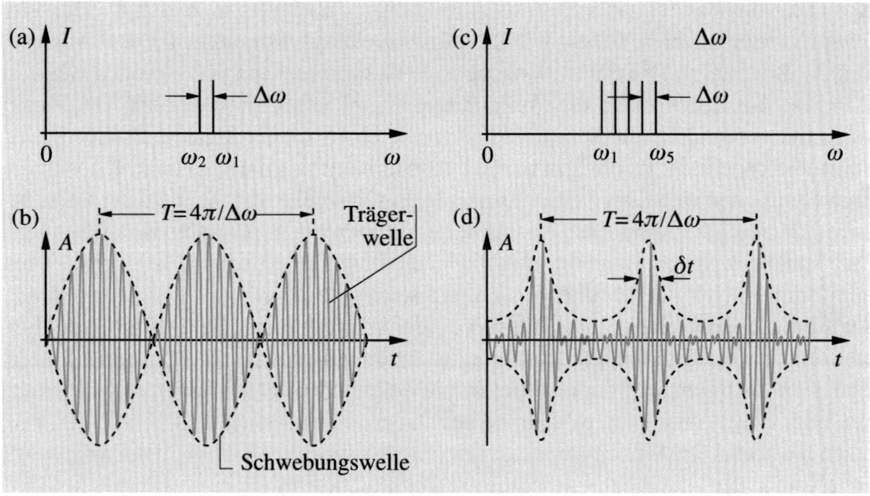

Abb. 12.24a–d. Erzeugung von Wellengruppen durch Überlagerung von Wellen unterschiedlicher Frequenz. Das zweikomponentige Spektrum (**a**) führt zum Schwebungsbild (**b**), das fünfkomponentige Spektrum (**c**) zu den engeren und schon recht gut getrennten Wellengruppen (**d**). Für das Verhältnis aus Halbwertsbreite zu Abstand der Wellengruppe gilt in etwa $\delta t/(T/2) \approx 1/n$, wobei n die Anzahl der spektralen Komponenten ist

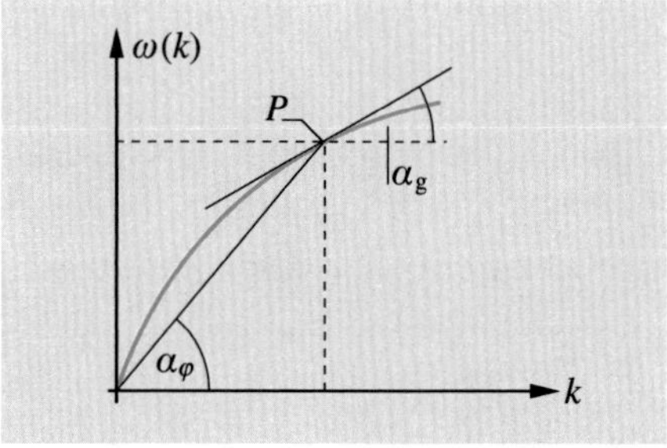

Abb. 12.25. Gruppen- und Phasengeschwindigkeit bei einer sich abflachenden $\omega(k)$-Kurve, entsprechend dem Fall der sogenannten normalen Dispersion. Es gilt hier $c_g = d\omega/dk = \tan\alpha_g < c_\varphi = \omega/k = \tan\alpha_\varphi$

$$n = \frac{c_0}{c_\varphi}\,, \tag{12.66}$$

so bezeichnet die Dispersion des Lichts die Ableitung von n nach der Wellenlänge

$$\text{Lichtdispersion} = \frac{dn(\lambda)}{d\lambda}\,. \tag{12.67}$$

Man überzeugt sich anhand der Kettenregel leicht, daß mit diesen Definitionen die Gruppengeschwindigkeit (12.65) als Funktion von λ die Formen annimmt

$$c_g = c_\varphi - \lambda\frac{dc_\varphi}{d\lambda} = c_\varphi\left(1 + \frac{\lambda}{n}\frac{dn}{d\lambda}\right)\,. \tag{12.65'}$$

Zum Abschluß wollen wir noch darauf eingehen, wie man Wellenpakete zu **kurzen Wellenpulsen** einengen kann, die durch einen relativ großen zeitlichen

Abstand voneinander isoliert sind. Abbildung 12.24c und d zeigen hierfür ein Beispiel. Statt zweier, haben wir hier fünf spektrale Komponenten im Abstand von $\Delta\omega$ überlagert. Die Schwebungsperiode ist entsprechend (12.64) nach wie vor $T = 4\pi/\Delta\omega$. Jedoch sind die Wellengruppen viel schmaler geworden. Die Phase konstruktiver Interferenz beschränkt sich auf einen relativ kleinen Bruchteil der Schwebungsperiode; im übrigen Bereich interferieren sich die Spektralkomponenten im wesentlichen weg. Das Verhältnis aus Halbwertsbreite und Abstand der Pulse ist ungefähr gleich der reziproken Anzahl der interferierenden spektralen Komponenten. Die Situation ist ganz analog zum Fall des Beugungsgitters in der Optik: Dort interferieren viele Teilstrahlen mit äquidistantem *räumlichen Gangunterschied*; das führt zu einer *räumlichen Bündelung* der resultierenden Beugungswelle. Hier interferieren viele Teilwellen mit äquidistantem *Frequenzunterschied* und führen eine *zeitliche Bündelung* der resultierenden Welle herbei. In der Laserphysik können heute auf diese Weise Lichtpulse mit einer Dauer von nur wenigen fs ($1\,\text{fs} = 10^{-15}\,\text{s}$) erzeugt werden. Die Wellengruppe ist demzufolge nur einige Lichtwellenlängen lang.

II

Wärme und Statistik

13. Grundtatsachen der Wärmelehre

INHALT

13.1 Wärmebegriff

Der **Wärmebegriff** existiert nur für *makroskopische Systeme*, oder genauer gesagt, für Systeme, die aus sehr vielen *mikroskopischen* Objekten (Atomen, Molekülen) zusammengesetzt sind.

Die **Wärme** ist ein makroskopisches Maß für den statistischen Mittelwert der kinetischen Energie der mikroskopischen Objekte. Ist mit deren Relativbewegung auch eine potentielle Energie verknüpft, so tritt sie zur Wärmeenergie hinzu.

Die makroskopisch beobachtbare Energie eines Körpers, die etwa aus der Bewegung und der Lage seines Schwerpunkts resultiert, und die wir bisher schlechthin als die mechanische Energie bezeichnet hatten, bleibt jedoch unberücksichtigt. Bei der Wärme handelt es sich also um eine **innere Energie** des Körpers.

Wärme tritt immer im Zusammenhang mit physikalischen und chemischen Prozessen auf, die auf statistische Art und Weise, d.h. als Summe von vielen, unkorrelierten Einzelreaktionen (Stößen) der beteiligten Atome oder Moleküle deren kinetische Energie ändern. Wir werden über den statistischen Charakter der Wärme in späteren Kapiteln mehr erfahren.

Typische Prozesse der **Wärmeenergiezufuhr** sind:

- mechanische Reibung
- „elektrische Reibung“ (Strom durch Widerstand)
- Absorption von Strahlung aller Art (Schall, elektromagnetische, radioaktive)
- exothermische chemische Reaktionen
- gewisse Phasenumwandlungen (Kondensieren, Gefrieren).

E. W. Otten, *Repetitorium Experimentalphysik*,
https://doi.org/10.1007/978-3-662-59730-9_13

Entzug von Wärmeenergie geschieht durch:

- Abstrahlung von elektromagnetischen Wellen (Wärmestrahlung)
- endotherme chemische Reaktionen
- gewisse Phasenumwandlungen (Schmelzen, Verdampfen)
- Umwandlung in mechanische oder elektrische Arbeit.

Manche dieser Mechanismen können (mehr oder weniger reversibel) in beiden Richtungen ablaufen.

13.2 Temperaturbegriff

Es zeigt sich, daß der Wärmeinhalt eines Körpers als Funktion einer anderen makroskopischen Größe, der **Temperatur**, dargestellt werden kann.

Solange die Verknüpfung des Wärmeinhalts mit der Mechanik noch nicht quantitativ hergestellt ist, müssen wir uns mit einer mehr heuristischen Definition der Temperatur begnügen. Da wir durch unseren Wärmesinn ein Wahrnehmungsvermögen für Temperaturunterschiede (warm, kalt) besitzen, ist uns der Temperaturbegriff von Natur aus wohlbekannt. Für physikalische Zwecke ist der Wärmesinn jedoch zu ungenau und zu beschränkt. Daher benutzt man in der Wärmelehre für die Definition der **Temperaturskala** bestimmte **Fixpunkte** und davon ausgehend Unterteilungen in *Grade*, die sich im Fall der Fixpunkte an diskontinuierlichen, im Fall der Grade an kontinuierlichen Zustandsänderungen von Stoffen bei Wärmezufuhr orientieren. Gebräuchlich sind zwei Skalen:

a) Die **Celsius-Skala** (°C) benutzt als Fixpunkte die beiden Phasenübergänge des Wassers (H_2O), die beim sogenannten **Normaldruck**

$$p_N = 1\,\text{Atmosphäre} = 1{,}01325 \cdot 10^5\,\text{Pa(Pascal)} = 760\,\text{Torr}$$

gemessen werden. Es bezeichnen

$\vartheta = 0\,^\circ\text{C}$ den Gefrierpunkt,

$\vartheta = 100\,^\circ\text{C}$ den Siedepunkt des Wassers.

Die Wahl von Phasenübergängen als Fixpunkte hat den Vorteil einer sehr klaren und meßtechnisch gut reproduzierbaren Definition. Schwieriger stellt sich das Problem einer eindeutigen Unterteilung und Extrapolation dieser Skala dar.

b) In der reinen Physik ist die **Kelvin-Skala** (**absolute Temperatur**) gebräuchlich. Deren Nullpunkt

$$T = 0\,\text{K}$$

bedeutet den Zustand totaler Erstarrung der Bewegung der Atome und Moleküle im Sinne der klassischen Physik. (Quantenmechanisch gesehen, sind bei $T = 0\,\text{K}$ alle Partikel im energetisch absolut tiefsten Zustand; die Elektronen kreisen aber weiterhin um die Kerne, und die Atome schwingen im Kristall noch gegeneinander. Es gibt aber keine Anregungen in höherenergetische Zustände mehr.)

Als zweiten Fixpunkt benutzt die Kelvin-Skala den sogenannten **Tripelpunkt** des Wassers (s. Abschn. 18.5), bei dem alle drei Phasen des Wassers (fest, flüssig und gasförmig) miteinander im Gleichgewicht stehen, so daß Gefrier- und Siedepunkt zusammenfallen. Dieser Zustand wird bei einem Druck von $p = 613\,\text{Pa}$ erreicht. Der Tripelpunkt hat den Vorteil, noch besser reproduzierbar zu sein, als Gefrier- oder Siedepunkt bei 1 Atmosphäre. Sein Temperaturwert wird auf der Kelvin-Skala mit

$$T_{\text{Trip}}(\text{H}_2\text{O}) = 273{,}16\,\text{K}$$

festgelegt. Auf der Celsius-Skala erscheint er bei $\vartheta = +0{,}0098\,^\circ\text{C}$.
Als Symbol der absoluten Temperatur benutzen wir T im Gegensatz zu ϑ für die Celsius-Skala. Die Einheit von T ist das „Kelvin" (K). Bei diesen Festsetzungen wurden praktischerweise die Temperaturintervalle auf beiden Skalen gleichgesetzt

$$\Delta\vartheta\ (^\circ\text{C}) = \Delta T\ (\text{K})\,, \qquad (13.1)$$

d. h. man findet den absoluten Nullpunkt auf der Celsius-Skala bei

$$\vartheta_0 = -273{,}1502\,^\circ\text{C}\,. \qquad (13.2)$$

Zum Messen der Temperatur dient ein **Thermometer**. Man nutzt dabei die *kontinuierliche* Änderung von Materialeigenschaften mit der Temperatur aus (Tabelle 13.1).

Tabelle 13.1. Gebräuchliche Temperatureffekte und zugehörige Thermometer

Temperaturabhängige Materialeigenschaft	Thermometerbezeichnung
Länge	Bimetallthermometer
Volumen	Flüssigkeitsthermometer, Gasthermometer
Gasdruck	Gasthermometer
Elektrischer Widerstand	Widerstandthermometer
Kontaktspannung zwischen elektrischen Leitern	Thermoelement

13.3 Wärmeausdehnung von Stoffen, Eichung der Temperaturskala

Durch Erwärmung eines *festen* Stoffes werden dessen Atome und Moleküle zu größeren Schwingungsamplituden angeregt. Die Kristallbausteine benötigen dazu mehr Raum, d.h. ihr Abstand vergrößert sich und das Material dehnt sich aus. Wir erkennen dies aus der Form des **Lenard-Jones-Potentials** (s. Abb. 8.9), das vom Minimum aus gesehen zu größeren Abständen hin flacher ansteigt als zu kleineren. Daher wächst der mittlere Abstand der Atome mit wachsender Schwingungsamplitude.

Mißt man die *relative* Längenänderung eines festen Stoffes, z. B. in Form eines Stabes, so ist sie von Stoff zu Stoff zwar sehr verschieden; jedoch ist das Verhältnis der relativen Längenausdehnung unabhängig vom Temperaturintervall annähernd konstant. Messen wir also zwischen zwei Temperaturen ϑ und ϑ_0 die Längenausdehnung $\Delta l = l - l_0 = l(\vartheta) - l(\vartheta_0)$ für zwei verschiedene Stoffe a und b, so gilt:

$$\frac{(\Delta l / l_0)_a}{(\Delta l / l_0)_b} = \frac{\alpha_{l_0 a}}{\alpha_{l_0 b}} \approx \text{const}\,. \tag{13.3}$$

In (13.3) bezeichnet α_{l_0} den auf ϑ_0 bezogenen **Längenausdehnungskoeffizient** des betreffenden Stoffes. Den gleichen Zusammenhang finden wir für die **Volumenausdehnung fester** und **flüssiger Stoffe**

$$\frac{(\Delta V / V_0)_a}{(\Delta V / V_0)_b} = \frac{\alpha_{V_0 a}}{\alpha_{V_0 b}} \approx \text{const}\,. \tag{13.4}$$

Mit (13.3) und (13.4) haben wir einen ersten, vorläufigen Hinweis erhalten, wie man die Temperaturskala zwischen den Fixpunkten und außerhalb derselben sinnvollerweise unterteilen könnte. Dazu markieren wir das Volumen der Flüssigkeit jeweils beim Gefrierpunkt (0 °C) und beim Siedepunkt (100 °C) des Wassers bei Normaldruck und teilen den Volumenzuwachs dazwischen in 100 gleiche Teile, entsprechend je ein Grad Celsius Temperaturänderung. Die gleiche Teilung setzen wir außerhalb der Fixpunkte fort, soweit die Flüssigkeit nicht verdampft oder gefriert oder sogar eine chemische Änderung erfährt. Bei diesem Verfahren haben wir die Temperaturänderung proportional zur *relativen* Volumenänderung gesetzt. Eichen wir auf diese Weise verschiedene Thermometer, etwa ein **Quecksilber-** und ein **Alkoholthermometer**, so stimmt deren Temperaturanzeige im großen und ganzen, d. h. im Rahmen der Gültigkeit von (13.4) überein. Da (13.4) jedoch nicht streng gilt, wächst die gegenseitige Abweichung der Anzeige mit dem Abstand von den beiden Fixpunkten; in der Mitte bei 50 °C beträgt sie ca. 5 %. Abbildung 13.1 zeigt dies im Vergleich der beiden Thermometer, deren Skalen bereits auf diesen Effekt der *nichtlinearen* Ausdehnung korrigiert wurden. (Durchmesser der Vorratskugel und der Steigrohre seien hier so aufeinander abgestimmt, daß die Steighöhe zwischen den Fixpunkten für beide gleich hoch ist.)

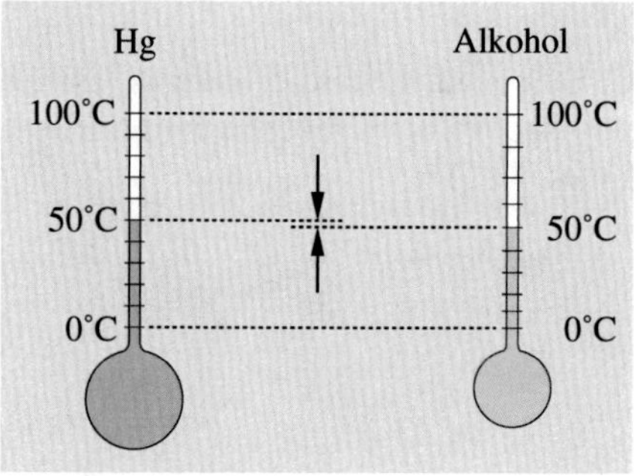

Abb. 13.1. Quecksilber- und Alkoholthermometer mit gleicher Steighöhe zwischen 0 °C und 100 °C. Die Diskrepanz bei 50 °C zeigt den Effekt der unterschiedlich nichtlinearen Ausdehnung

Einen Ausweg aus dieser bisher noch unbefriedigenden Situation weist uns die **Volumenausdehnung von Gasen**. Messen wir sie bei konstantem Druck und *weitab* vom Punkt einer Phasen- oder chemischen Umwandlung, so finden wir, daß das Verhältnis der Volumenausdehnungskoeffizienten (13.4) für *alle* Gase nicht nur streng *konstant*, sondern auch exakt gleich *Eins* ist (s. Abschn. 13.4). Gase folgen offensichtlich einem *universellen* Ausdehnungsgesetz. Wir vereinbaren daher, daß die Unterteilung der Temperaturskala analog dem obigen Verfahren mit einem **Gasthermometer** erfolgen soll. Die so gewonnene Temperaturskala ist auch im Einklang mit der **thermodynamischen Temperaturskala**, die unabhängig von Modellsubstanzen allein aus der Kenntnis allgemeingültiger Gesetze der Thermodynamik gewonnen wird (s. Abschn. 16.7).

Mit dieser Temperaturskala können wir jetzt Längen- und Volumenänderung für einen beliebigen Stoff *explizit* als Funktion der Temperatur ausmessen und durch Taylor-Reihen darstellen.

$$l = l_0 \left[1 + \alpha_{l_0}(\vartheta - \vartheta_0) + \beta_{l_0}(\vartheta - \vartheta_0)^2 + \ldots\right] \tag{13.5}$$

$$V = V_0 \left[1 + \alpha_{V_0}(\vartheta - \vartheta_0) + \beta_{V_0}(\vartheta - \vartheta_0)^2 + \ldots\right] . \tag{13.6}$$

Das zweite Glied gibt die Abweichung von der linearen Ausdehnung an. In Abb. 13.2 ist die Volumenausdehnung von Quecksilber und Alkohol graphisch dargestellt; bei letzterem ist auch das quadratische Glied erkennbar.

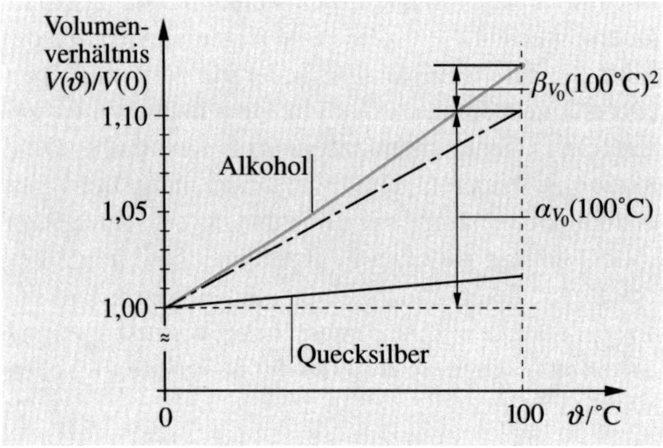

Abb. 13.2. Volumenausdehnung von Alkohol und Quecksilber im Intervall $0\,°\text{C} \le \vartheta \le 100\,°\text{C}$. Für Alkohol ist der lineare Anteil gesondert als strichpunktierte Linie gezeichnet

! Da die Koeffizienten in (13.5) und (13.6) klein sind, kann man *näherungsweise* folgenden Zusammenhang zwischen Längen- und Volumenausdehnung herleiten: Für einen Würfel mit der Kantenlänge l gilt laut (13.5)

$$V = l^3 \approx \left[l_0(1+\alpha_{l_0}(\vartheta-\vartheta_0))\right]^3 \approx V_0\left[1+3\alpha_{l_0}(\vartheta-\vartheta_0)+3\alpha_{l_0}^2(\vartheta-\vartheta_0)^2\right]. \tag{13.7}$$

Daraus folgt durch Vergleich mit (13.6)

$$\alpha_{V_0} \approx 3\alpha_{l_0}$$
$$\beta_{V_0} \approx 3\alpha_{l_0}^2 . \tag{13.8}$$

Auch die *Gesamtausdehnung* kondensierter Stoffe über den zugänglichen Bereich ist gering. Sie erreicht einige Prozent zwischen absolutem Nullpunkt und Schmelzpunkt; ähnlich viel ist es bis zum Siedepunkt. Trotzdem übersteigt sie deutlich den elastischen Bereich fester Stoffe, in dem das Hookesche Gesetz gilt (s. Kap. 8). Das zeigt folgender Versuch:

VERSUCH 13.1

Zerreißen einer eingespannten Hantel beim Abkühlen. Eine erhitzte Hantel aus Eisen wird genau passend in einen Bock eingespannt. Beim Abkühlen schrumpft sie so stark, daß sie zwischen den Backen des unnachgiebigen Bocks zerreißt (s. Abb. 13.3).

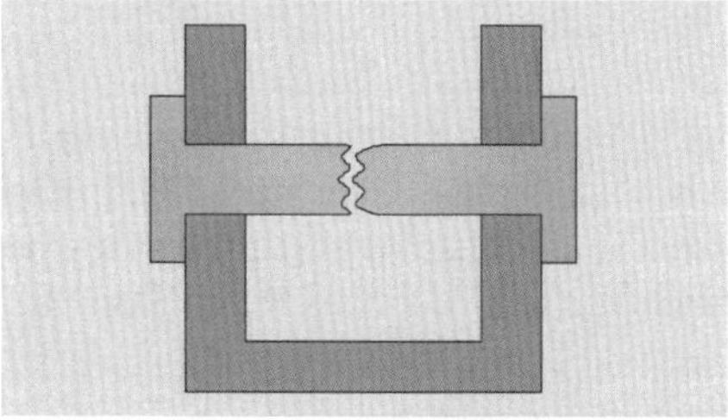

Abb. 13.3. Zerreißen einer fest eingespannten Hantel beim Abkühlen

In Tabelle 13.2 sind Längen- und Volumenausdehnungskoeffizienten einiger fester Stoffe und Flüssigkeiten eingetragen. Die Werte streuen über mehrere Zehnerpotenzen, sind aber in der Regel für Flüssigkeiten deutlich größer als für feste Stoffe.

Tabelle 13.2. Ausdehnungskoeffizienten bezogen auf $\vartheta_0 = 0\,°\mathrm{C}$

Längenausdehnung von Feststoffen	α_{l_0} (10^{-6} / °C)	Volumenausdehnung von Flüssigkeiten	α_{V_0} (10^{-4} / °C)
Stahl	16	Wasser	1,9
Quarz	0,6	Alkohol	11
Phosphor (weiß)	125	Äther	16
Invar	0,2	Quecksilber	1,8

13.4 Wärmeausdehnung von Gasen, Gay-Lussacsches und Boyle-Mariottesches Gesetz, ideale Gasgleichung

Bei Gasen ist die Volumenänderung bei Erwärmung wesentlich größer als bei festen und flüssigen Stoffen. Da aber Gase gleichzeitig auch sehr leicht komprimierbar sind, müssen wir bei der Messung dieser Volumenänderung den Druck sehr genau konstant halten. Die Prozesse, die bei *konstantem* Druck ablaufen, nennt man **isobare Prozesse**.

Das Überraschende ist nun, daß für alle Gase ein und derselbe Ausdehnungskoeffizient gemessen wird, wenn nur die Temperatur genügend hoch und der Druck genügend klein sind, d. h. wenn das Gas weit von dem Punkt entfernt ist, an dem es sich verflüssigen oder verfestigen könnte.

(Auch eine chemische Umwandlung des Gases muß ausgeschlossen bleiben). Wir hatten diese universelle Eigenschaft der Gase schon im vorigen Abschnitt erwähnt und mit ihrer Hilfe eine Temperaturskala definiert. Dazu hatten wir die Temperaturintervalle zwischen und außerhalb der Fixpunkte proportional zur isobaren Volumenänderung des Gases gesetzt. Wir fassen diese Erfahrung zusammen im **Gesetz von Gay-Lussac**

$$V(\vartheta) = V_0(1+\alpha\vartheta) \quad \text{mit} \quad \alpha = \alpha_{V_0} = (273{,}15\,°\text{C})^{-1}\,. \tag{13.9}$$

Gase, die obige Voraussetzungen und damit (13.9) erfüllen, nennen wir **ideale Gase**. Helium (He) und Wasserstoff (H_2) erfüllen sie am besten. Gleichung (13.9) gibt einen ersten, wichtigen Hinweis auf die Existenz eines **absoluten Nullpunktes**, da bei Extrapolation auf $\vartheta = -273{,}15\,°\text{C}$ offensichtlich das Volumen idealer Gase Null werden würde, wie in Abb. 13.4 gezeigt.

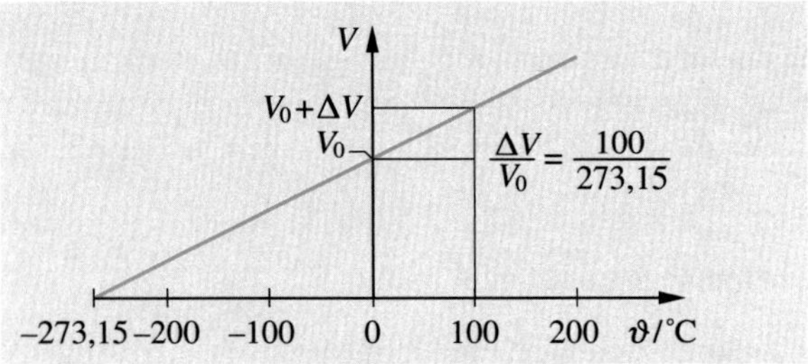

Abb. 13.4. Isobare Volumenänderung idealer Gase als Funktion der Temperatur

! Zwar kondensieren alle bekannten Gase schon vorher (als letztes He bei 4,2 K); jedoch weisen sie, von höheren Temperaturen aus *extrapoliert*, alle auf den gleichen Nullpunkt.

Wir führen jetzt zusätzlich den Druck p als Variable ein und betrachten V als Funktion von p *und* ϑ. Halten wir zunächst ϑ *konstant* (wir nennen dies einen **isothermen Prozeß**), so ist nach dem **Boyle-Mariotteschen Gesetz** (9.31) das Produkt aus Volumen und Druck eine Konstante

$$p \cdot V(p,\vartheta) = p_0 \cdot V(p_0,\vartheta)\,.$$

$V(p_0,\vartheta)$ kann andererseits mit Hilfe des Gay-Lussacschen Gesetzes auf $V(p_0, \vartheta = 0\,°\text{C})$ zurückgeführt werden

$$V(p_0,\vartheta) = V(p_0,\vartheta = 0\,°\text{C}) \cdot (1+\alpha\vartheta)\,.$$

Dies oben eingesetzt, ergibt dann die **allgemeine Zustandsgleichung eines idealen Gases** als Funktion der Variablen *Volumen*, *Druck* und *Temperatur*, das **Boyle-Mariotte-Gay-Lussacsche Gesetz**

$$p \cdot V = p_0 \cdot V(p_0,\vartheta = 0°) \cdot (1+\alpha\vartheta) = p_0 V_0 \cdot (1+\alpha\vartheta) \tag{13.10}$$
$$\text{mit } V_0 = V(p_0, \vartheta = 0\,°\text{C})\,.$$

Das Produkt aus Druck und Volumen ändert sich proportional zur Temperatur mit einem für **ideale Gase** einheitlichen Koeffizienten $\alpha = (273{,}15\,°\text{C})^{-1}$.

Hierzu folgender Versuch:

VERSUCH 13.2

Gasthermometer. Wir bestimmen die Konstante α in (13.10) mit dem *isochoren* Gasthermometer (s. Abb. 13.4). Da in einem isochoren Prozeß V konstant gehalten wird, kürzt es sich aus (13.10) heraus. Daraus folgt

$$p(\vartheta) = p_0(1 + \alpha\vartheta) \qquad \text{mit } p_0 \stackrel{\text{def}}{=} p(\vartheta = 0\,^\circ\text{C})$$

bzw. aufgelöst nach α

$$\alpha = (p(\vartheta) - p_0)\,/(p_0 \cdot \vartheta)\,.$$

Wir tauchen zunächst die Gaszelle in Eiswasser ($\vartheta = 0\,^\circ$C) und stellen bei dieser Temperatur durch Öffnen eines Ventils den Druckausgleich mit dem äußeren Luftdruck p_0 her, den wir an einem Barometer ablesen. Dann schließen wir den Hahn, erhitzen das eingeschlossene Gasvolumen auf 100 °C, den Kochpunkt des Wassers, und lesen jetzt den Höhenunterschied Δh der Quecksilbersäulen zwischen den beiden Schenkeln des Hg-Manometers ab. Daraus bestimmen wir den Druckzuwachs zu

$$p(100\,^\circ\text{C}) - p_0 = \Delta h\,\varrho \cdot g \qquad \curvearrowright \qquad \alpha = \frac{\Delta h\,\varrho\,g}{(p_0 100\,^\circ\text{C})}\,.$$

Diese Messung erreicht selbst im einfachen Demonstrationsversuch eine relative Genauigkeit von besser als 1 %.

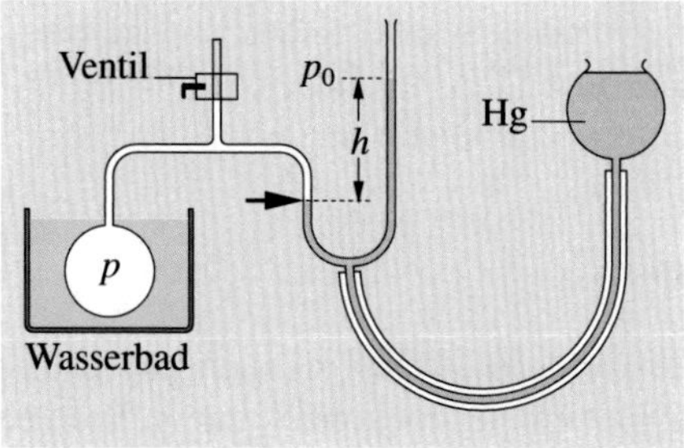

Abb. 13.5. Isochores Gasthermometer. Das Gas im Ballon hat die Temperatur des Wasserbades und ist über eine enge Kapillare mit einem Quecksilbermanometer verbunden. Durch Heben oder Senken des Hg-Spiegels im Vorrat rechts kann man den Hg-Spiegel im linken Schenkel des Manometers auf die schwarze Marke justieren, um V konstant zu halten

Ideale Gase haben weiterhin die Eigenschaft, daß die gleiche Anzahl von Molekülen, gleich welcher Sorte, bei gleichem Druck und gleicher Temperatur stets das gleiche Volumen einnimmt.

Folglich ist es zweckmäßig, Gasmengen in Einheiten fester Molekülzahlen zu messen. Als solche ist in Physik und Chemie das **Mol** als die Menge von N_A Molekülen eines Stoffes eingeführt mit der **Avogadrozahl**

$$N_A = 6{,}02214179 \cdot 10^{23}\,\text{mol}^{-1}\,. \qquad (13.11)$$

Bei **Normalbedingungen**

$$p = p_N = 1{,}01325 \cdot 10^5\,\text{N/m}^2\,, \qquad \vartheta = 0\,^\circ\text{C}$$

nimmt also ein Mol eines idealen Gases nach oben gesagtem unabhängig von seiner chemischen Natur ein ganz bestimmtes Volumen ein, das **Molvolumen**; sein Meßwert ist

$$V_M = 22{,}4\,\text{dm}^3\,.$$

Nunmehr können wir (13.10) für eine beliebige Menge von n-Molen eines idealen Gases umschreiben zu

$$p \cdot V = n p_{\mathrm{N}} V_{\mathrm{M}} (1 + \vartheta / 273{,}15\,^{\circ}\mathrm{C}) \,.$$

Durch Übergang zur absoluten Temperatur folgt mit $T_0 = 273{,}15\,\mathrm{K}$ das **allgemeine Gasgesetz** in der allgemeinen Form

$$p \cdot V = n \frac{p_{\mathrm{N}} \cdot V_{\mathrm{M}}}{T_0} T = nRT \,. \tag{13.12}$$

Das Produkt $p_{\mathrm{N}} V_{\mathrm{M}} / T_0$ nennen wir die **allgemeine Gaskonstante** R mit dem Wert

$$R = 8{,}314472\ \mathrm{J/(K \cdot mol)} \,. \tag{13.13}$$

R hat die Dimension einer Energie pro Mol und Kelvin. In der statistischen Physik bezieht man diese Energie in der Regel auf ein einziges Atom oder Molekül und führt dazu die Boltzmann-Konstante k ein

$$k = R / N_{\mathrm{A}} = 1{,}3806504 \cdot 10^{-23}\ \mathrm{J/K} \,. \tag{13.14}$$

Wir wiederholen:

Das allgemeine Gasgesetz (13.12) enthält *keine* materialspezifischen Konstanten, wie Masse oder Zahl der Atome im Molekül usw. Dies ist ein Zeichen für seine *fundamentale Bedeutung*, die wir in den folgenden Kapiteln ausbeuten werden.

13.5 Wärmemenge und Wärmetransport

Wir stellen uns jetzt die Frage, wie Stoffe reagieren, wenn sie sich auf unterschiedlicher Temperatur befinden und miteinander in Wärmekontakt treten. Hierbei hat man grundsätzlich folgendes beobachtet: Körper der verschiedensten Art, die untereinander, aber nicht nach außen wechselwirken, nehmen die *gleiche* Temperatur an, sofern man nur lange genug wartet. Dieser **Temperaturausgleich** wird durch mehrere **Wärmetransportmechanismen** bewirkt:

- *Wärmeleitung* (innerhalb eines Körpers und bei direktem Kontakt mit anderen)
- *Wärmestrahlung* (auch im Vakuum)
- *Konvektion* (nur bei Gasen und Flüssigkeiten).

Sprechen wir also in der Wärmelehre von einem **abgeschlossenen System**, so muß nicht nur der Austausch mechanischer Energie, sondern auch der Wärmetransport von und zur Außenwelt unterbunden sein.

Letztere Funktion wird in der Praxis recht gut durch ein **Kalorimeter** (im Haushalt als Thermoskanne bekannt) erfüllt. Ein Kalorimeter ist ein geschlossenes Gefäß mit evakuierter Doppelwand, die Wärmeleitung und Wärmekonvektion blockiert. Eine Verspiegelung der Innenwände verhindert zusätzlich Absorption und Emission von Wärmestrahlung (s. Abb. 13.6).

Bringt man verschieden warme Körper im Kalorimeter zusammen (z. B. einen festen Stoff mit einer Flüssigkeit), so kühlt sich der wärmere ab und der kältere erwärmt sich. Welches ist die **Mischungstemperatur**? Hierzu gilt folgendes: Beim Temperaturausgleich wird eine bestimmte physikalische Größe vom Wärmeren zum Kälteren transportiert, wobei diese Größe erhalten bleibt. Sie heißt **Wärmemenge** (Q) und ist proportional zum Produkt aus der Stoffmenge, dem erlittenen Temperaturunterschied ΔT und einer Materialkonstanten, die wir **spezifische Wärmekapazität** (c) nennen. Die Mischungstemperatur stellt sich nun so ein, daß die vom Wärmeren *abgegebene* gleich der vom Kälteren *aufgenommenen* Wärmemenge ist (s. Abb. 13.6).

Die Maßeinheit für die Wärmemengen bezieht man in der Praxis auf die *Masse* eines Körpers.

Die heute nicht mehr gesetzliche *Einheit der Wärmemenge*, die **Kalorie** (cal), hatte noch keinen Bezug zu der Tatsache, daß Wärme eine Energie ist. Sie war durch folgende Definition an das *Wasser* geknüpft, wie so viele ältere Einheiten:

$$1\,\text{cal} \quad \text{erwärmt} \quad 1\,\text{g}\,H_2O \quad \text{von} \quad 14{,}5\,°\text{C} \quad \text{auf} \quad 15{,}5\,°\text{C}\,. \tag{13.15}$$

Grundlegende Versuche haben gezeigt, daß die Wärmemenge eine Energie ist und z. B. durch Umwandlung von mechanischer Energie durch Reibung oder elektrischer Energie in einem Widerstand entsteht.

Damit wurde die Kalorie an die Einheit der elektrischen Energie (Joule) angeschlossen, woraus sich das **elektrische Wärmeäquivalent** einer Kalorie ergab zu

$$1\,\text{cal} = 4{,}1868\,\text{Joule (J)}\,. \tag{13.16}$$

Für die Wärmeaufnahme einer Stoffmenge ΔQ können wir jetzt schreiben

$$\Delta Q = c \cdot m \cdot \Delta T\,. \tag{13.17}$$

mit der Einheit der **spezifischen Wärmekapazität** c (s. Tabelle 13.3)

$$[c] = \text{J}/(\text{kg} \cdot \text{K})\,. \tag{13.18}$$

Tabelle 13.3. Spezifische Wärmekapazität einiger Stoffe bei 25 °C

Stoffe	cal/g K	J/kg K
Wasser	0,99828	4179,6
Kupfer	0,0924	386
Gold	0,031	129
Kochsalz	0,21	879

! Wie aus dem allgemeinen Gasgesetz (13.12) schon zu vermuten, wird es aus physikalischer Sicht viel sinnvoller sein, die Wärmemenge unmittelbar auf die Zahl der Atome oder Moleküle in einem Stoff zu beziehen. Man spricht dann von der **molaren Wärmekapazität** oder kurz **Molwärme** C_M. Es ist

$$C_\text{M} = M \cdot c\,, \qquad [C_\text{M}] = \text{J}/\,(\text{mol} \cdot \text{K})\;; \tag{13.19}$$

M ist die **Molmasse**.

Mit (13.17) können wir die Frage nach der Mischungstemperatur (T_m), die sich beim Wärmeaustausch (ΔQ) zwischen Körpern unterschiedlicher Ausgangstemperaturen des Probekörpers (T_k) und des Wassers (T_w) im Kalorimeter einstellt, in dem Sinne beantworten, daß wir den **Energieerhaltungssatz** als **Kalorimetergleichung** formulieren. Es gilt demnach

$$\Delta E = \Delta Q_\mathrm{k} + \Delta Q_\mathrm{w} = 0 \quad \curvearrowright$$

$$(T_\mathrm{k} - T_\mathrm{m}) c_\mathrm{k} m_\mathrm{k} + (T_\mathrm{w} - T_\mathrm{m}) c_\mathrm{w} m_\mathrm{w} = 0 \quad \curvearrowright$$

$$T_\mathrm{m} = \frac{T_\mathrm{k} c_\mathrm{k} m_\mathrm{k} + T_\mathrm{w} c_\mathrm{w} m_\mathrm{w}}{c_\mathrm{k} m_\mathrm{k} + c_\mathrm{w} m_\mathrm{w}} . \qquad (13.20)$$

Auflösen von (13.20) nach c_k liefert die Bestimmungsgleichung einer zu messenden spezifischen Wärmekapazität.

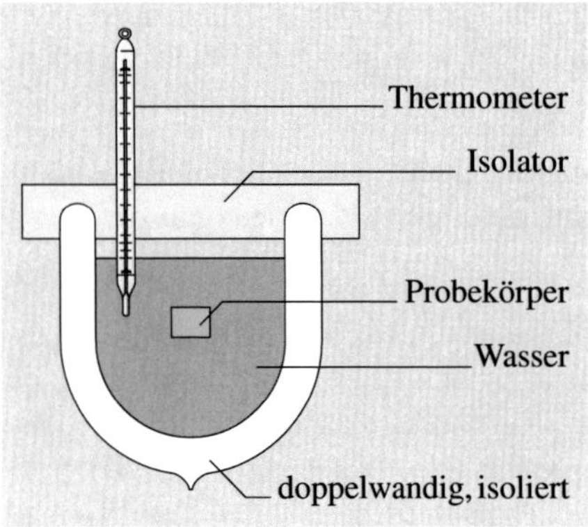

Abb. 13.6. Versuchsanordnung zur Messung der spezifischen Wärmekapazität im Kalorimeter

Nachdem der Begriff der Wärmemenge eingeführt und gedeutet ist, sollen hier einige Grundgleichungen zum Wärmetransport zitiert werden. Mehr dazu erfahren wir in den Kap. 17 und 30.

Wärmeleitungsgleichung

Gegeben sei ein langer, entlang der Mantelfläche wärmeisolierter Stab. Es sei $I_Q = \dot{Q}$ der **Wärmestrom**, d. h. die Wärmemenge, die pro Zeiteinheit von einem Stabende auf der Temperatur T_1 zum anderen auf T_2 fließt. Dann beobachtet man folgenden Zusammenhang zwischen I_Q und der Temperaturdifferenz

$$I_Q = \lambda \frac{q}{l} (T_2 - T_1) , \qquad [\lambda] = \mathrm{W/(K\,m)} . \qquad (13.21)$$

Der **Wärmestrom** ist proportional zur Temperaturdifferenz, dem Verhältnis aus Querschnitt q und Länge l des Stabes, sowie einer Materialkonstante λ, der **spezifischen Wärmeleitfähigkeit**.

! Gleichung (13.21) steht in strikter Analogie zum **Ohmschen Gesetz** (s. Kap. 17 und 20), wo statt dessen auf der linken Seite der elektrische Strom und auf der rechten die spezifische elektrische Leitfähigkeit und die Spannungsdifferenz stehen.

Tabelle 13.4. Spezifische Wärmeleitfähigkeit einiger Stoffe in W/(m K) bei 20 °C

Art	Stoff	Wärmeleitfähigkeit W/(m K)
Wärmeleiter	Diamant	2000
	Kupfer	390
Isolierstoffe	Glas	1,0
	Styropor	0,035

Stefan-Boltzmann-Gesetz

Alle Körper emittieren und absorbieren **Wärmestrahlung**. Da es sich dabei um **elektromagnetische Wellen** handelt, funktioniert dieser Wärmetransport auch im Vakuum und im Weltraum, z. B. von der Sonne zur Erde. Handelt es sich um einen sogenannten **schwarzen Strahler**, so wird das Spektrum und die Intensität der Strahlung durch das **Plancksche Strahlungsgesetz** beschrieben, das wir in Kap. 30 ausführlich behandeln. Aus ihm leitet sich das

Stefan-Boltzmann-Gesetz ab, das die *gesamte*, von der Oberfläche (A) eines schwarzen Körpers abgestrahlte Leistung (P) als eine einfache, universelle Funktion der absoluten Temperatur beschreibt

$$P = \sigma \cdot A \cdot T^4 \qquad (13.22)$$

mit der **Stefan-Boltzmann-Konstante**

$$\sigma = 5{,}6705 \cdot 10^{-8}\,\mathrm{W/(m^2 \cdot K^4)}\,.$$

(Die Fläche A ist dabei eben angenommen und gemeint ist die Abstrahlung in den Halbraum zu einer Seite von A. Ansonsten sind geometrische Korrekturfaktoren unter Berücksichtigung der Abstrahlungscharakteristik anzubringen.)

Wie schon beim allgemeinen Gasgesetz beobachtet, ist auch die universelle Gültigkeit von (13.22) an idealisierte Bedingungen geknüpft. Hier wird eine *schwarze Oberfläche* verlangt, d. h. sie muß auch umgekehrt das ganze Spektrum der einfallenden Wärmestrahlung total absorbieren. Spiegelnde oder graue Flächen emittieren nach dem **Kirchhoffschen Gesetz** um den Bruchteil weniger, den sie umgekehrt auch nicht absorbieren (s. Kap. 30).

Weiterhin ist die *steile* Temperaturabhängigkeit von (13.22) bemerkenswert. Bei Zimmertemperatur ($T \approx 300$ K) beträgt die abgestrahlte Leistung ca. 300 W/m^2. Bei der Wärmestrahlung handelt es sich um elektromagnetische Strahlung mit breiter spektralen Verteilung. Zur Wärmestrahlung folgender Versuch:

VERSUCH 13.3

Wärmeaustausch durch Strahlung. Zwei Wärmequellen stehen in den Brennpunkten zweier Hohlspiegel und tauschen durch gegenseitige Zuspiegelung Wärmestrahlung untereinander aus. Sie trägt zum Temperaturausgleich in dem Sinne bei, daß sich die temperaturempfindliche **Thermosäule** (s. Kap. 20) im Strahlungskontakt mit der wärmeren Hand oder einer Kerze erwärmt; steht ihr jedoch das kältere Eiswasser gegenüber, so kühlt sie sich ab (s. Abb. 13.7).

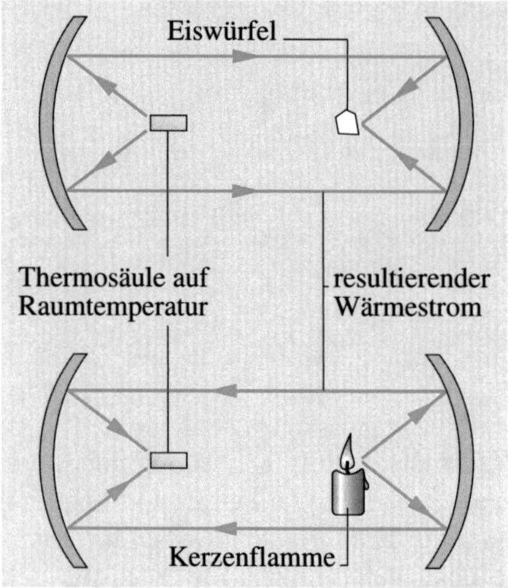

Abb. 13.7. Versuch zum Wärmeaustausch durch Strahlung

Wärmetransport durch Konvektion

Die Ursache der **Konvektion** liegt in der *Bewegung* eines materiellen Wärmeträgers, z. B. Strömungen von Flüssigkeiten, Winden usw. Falls nicht unmittelbare mechanische Antriebe durch Pumpen oder Gebläse im Spiel sind, ist sie an die *Schwerkraft* gebunden. Sie erzeugt dann vertikale Strömungen aufgrund des **Auftriebs**, den die wärmere und daher spezifisch leichtere Schicht erfährt. Die wichtigsten Beispiele zur Konvektion finden wir in der *Meteorologie*. Konvektion tritt bei Schwerelosigkeit nicht auf, wohl aber im Potential der Zentrifugalkraft (vgl. Versuch 3.11), auf der ja das Zentrifugenprinzip beruht, wonach die spezifisch schwerere Fraktion nach außen wandert, die leichtere nach innen.

14. Grundzüge der kinetischen Gastheorie

INHALT

Wir wollen in diesem Kapitel die Wärmelehre auf eine *mikroskopische* Grundlage stellen, d. h. auf die *statistische* Bewegung der einzelnen Atome und Moleküle zurückführen, und zwar zunächst nur für ideale Gase. Dies ist im Prinzip ein Lehrgebiet der statistischen Mechanik, dessen strenge, theoretische Behandlung mit elementaren Methoden nicht möglich ist. Trotzdem können wir hier einige wichtige Resultate erschließen und andere auch ohne Beweis sinnvoll diskutieren.

Statistische Aussagen werden immer als *Durchschnittswerte* über viele Einzeldaten gewonnen. Wir werden uns im Verlauf dieses Kapitels z. B. für die statistische Verteilung der Geschwindigkeit oder der kinetischen Energie der Moleküle im Gas interessieren. Hierzu müssen wir als erstes die Begriffe des **Histogramms** und der **Verteilungsfunktion** diskutieren.

14.1 Histogramm und Verteilungsfunktion

Wie sollen wir z. B. an die Frage nach der Geschwindigkeitsverteilung eines bestimmten Ensembles von Molekülen herangehen? Jedenfalls dürfen wir die Frage nicht so stellen: Wie viele Moleküle besitzen *genau* die Geschwindigkeit $v = 200{,}37158\ldots$ m/s? Die Antwort wäre *Null*, weil es nur endlich viele Atome gibt und damit nur endlich viele verschiedene Geschwindigkeiten, die die Zahlengerade nicht dicht abdecken können.

Beispiel. Wenn man im Hörsaal fragt: „Wer ist jetzt *genau* 20 Jahre alt?“, dann zeigt niemand auf, weil niemand exakt in diesem Zeitpunkt vor 20 Jahren geboren wurde. Fragt man aber: „Wer ist 20?“, so versteht jeder die Frage richtig im Sinne einer vernünftigen **Verteilungsfunktion**, nämlich: Wessen Alter liegt im

E. W. Otten, *Repetitorium Experimentalphysik*,
https://doi.org/10.1007/978-3-662-59730-9_14

Intervall zwischen 20 und 21 Jahren. Es werden viele aufzeigen. Fragt man: „Wer wird in diesem Monat 20 Jahre alt?“, so melden sich sehr viel weniger, weil das Intervall kleiner geworden ist. Außerdem werden die relativen Schwankungen mit abnehmender Ereigniszahl größer, die Aussage wird unsicherer (Problem der Demoskopie). Wir fassen das Ergebnis einer Altersauszählung im Hörsaal in einem **Histogramm** zusammen (s. Abb. 14.1). Darin bedeutet

$$\frac{\Delta N(t)}{\Delta t} = \text{Zahl der Ereignisse im Zeitintervall } \Delta t \text{ zwischen } t \text{ und } (t + \Delta t)\,.$$

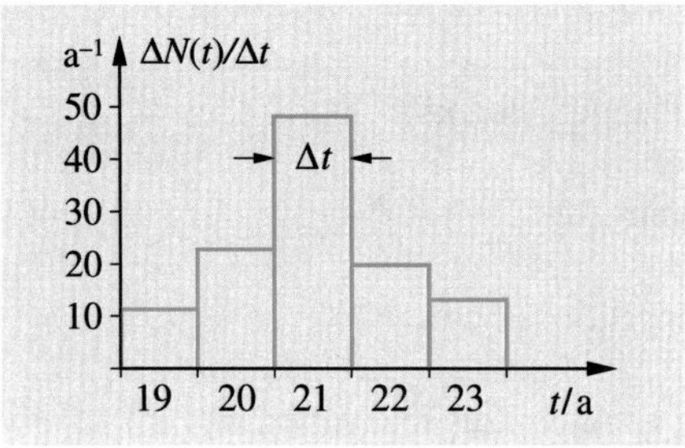

Abb. 14.1. Histogramm einer Altersauszählung im Hörsaal mit der Intervallbreite von einem Jahr

Ein anderes Histogramm hatten wir bereits in Abschn. 1.8 in Form der Verteilung der Kugeln auf die Fächer des **Galtonschen Fallbretts** als Beispiel für statistische Gesetzmäßigkeiten vorgestellt.

Alle Statistiken sind Histogramme, alle physikalischen Messungen von Verteilungen erfolgen als Histogramme mit endlicher Intervallbreite. Die Gründe hierfür sind:

- Meßfehler und Auflösungsvermögen der Apparaturen lassen keine beliebig kleinen Intervalle zu.
- Eine geringe Zahl der Meßereignisse (schlechte Zählstatistik) zwingt dazu, mehr Ereignisse in größeren Intervallen zusammenzufassen, damit die Schwankungen nicht zu groß werden.

Hat man ein **Histogramm** *als Funktion einer Variablen x* genügend gut ausgemessen, so findet man bei physikalisch sinnvollen, d. h. reproduzierbaren Messungen, daß die Meßwerte $\Delta N(x)/\Delta x$ statistisch um einen Mittelwert schwanken, der durch eine bestimmte **Verteilungsfunktion** $\mathrm{f}(x)$ gegeben ist

$$c\,\mathrm{f}(x) = \lim_{\substack{\Delta x \to 0 \\ Z \to \infty}} \frac{\Delta N(x)}{\Delta x} = \frac{\mathrm{d}N(x)}{\mathrm{d}x}\,. \tag{14.1}$$

Sie wird im Grenzfall verschwindend kleiner Intervalle Δx und einer unendlich großen Zahl Z wiederholter Messungen erreicht. Die Gesamtzahl N aller gemessenen Ereignisse erhalten wir in diesem Grenzfall als das Integral von $c\,\mathrm{f}(x)$ über alle x:

$$N = \int_{-\infty}^{+\infty} c\,\mathrm{f}(x)\,\mathrm{d}x\,.$$

Setzen wir darin den Proportionalitätsfaktor $c = N$, so folgt andererseits

$$\int_{-\infty}^{+\infty} \mathrm{f}(x)\,\mathrm{d}x = 1\,. \tag{14.2}$$

Unter der Bedingung (14.2) nennen wir $\mathrm{f}(x)$ eine **normierte Verteilungsfunktion** (s. Abb. 14.2). $\mathrm{f}(x)\,\mathrm{d}x$ ist dann die differentielle **Wahrscheinlichkeit**, das Ereignis im Intervall von x bis $x + \mathrm{d}x$ anzutreffen.

$$\mathrm{d}W(x) = \mathrm{f}(x)\,\mathrm{d}x\,. \tag{14.3}$$

Mit Hilfe der normierten Verteilungsfunktion können wir jetzt auch **Mittelwerte** bilden. Sie sind allgemein als **Integralmittelwerte** definiert, also z. B. ist der Mittelwert $\overline{x}$ der Variablen x selbst

$$\overline{x} = \frac{\int_{-\infty}^{+\infty} x\,\mathrm{f}(x)\,\mathrm{d}x}{\int_{-\infty}^{+\infty} \mathrm{f}(x)\,\mathrm{d}x} = \int_{-\infty}^{+\infty} x\,\mathrm{f}(x)\,\mathrm{d}x\,. \tag{14.4}$$

In (14.3) haben wir rechterhand von der Normierung von $\mathrm{f}(x)$ Gebrauch gemacht. Entsprechend gilt für den Mittelwert einer Funktion $\mathrm{g}(x)$

$$\overline{\mathrm{g}(x)} = \int_{-\infty}^{+\infty} \mathrm{g}(x)\mathrm{f}(x)\,\mathrm{d}x\,. \tag{14.4'}$$

Wir werden auf Beispiele im Verlauf des Textes zu sprechen kommen.

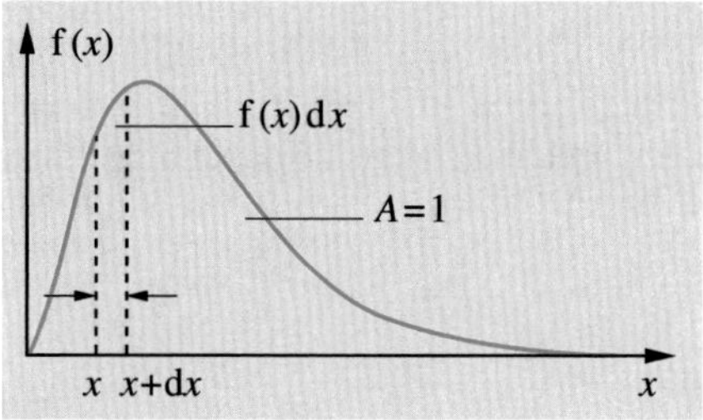

Abb. 14.2. Beispiel einer normierten Verteilungsfunktion einer Variablen x. Die Fläche unter der Funktion ist auf 1 normiert

14.2 Gasdruck als dynamischer Druck stoßender Moleküle

Wir wollen in diesem Abschnitt eine mikroskopische, statistische Deutung des Gasdrucks gewinnen und dabei auch den o. g. Begriff der Verteilungsfunktion benutzen. Zur Einführung betrachten wir folgenden Modellversuch:

VERSUCH 14.1

Kraftübertragung auf Fläche durch Kugelregen. Auf eine zuvor austarierte Waage trifft auf eine der Waagschalen ein Kugelregen und prallt von ihr ab (s. Abb. 14.3). Die Impulsumkehr bei der Reflexion übt eine Kraft auf die Waagschale aus. Treffen im Mittel gleich viele Kugeln pro Flächeneinheit auf, so kann man von einem *dynamischen* Druck auf die Fläche sprechen:

$$p = \frac{\overline{F}}{A}, \tag{14.5}$$

mit $\overline{F}$ als zeitlichem Mittelwert dieser Kraft.

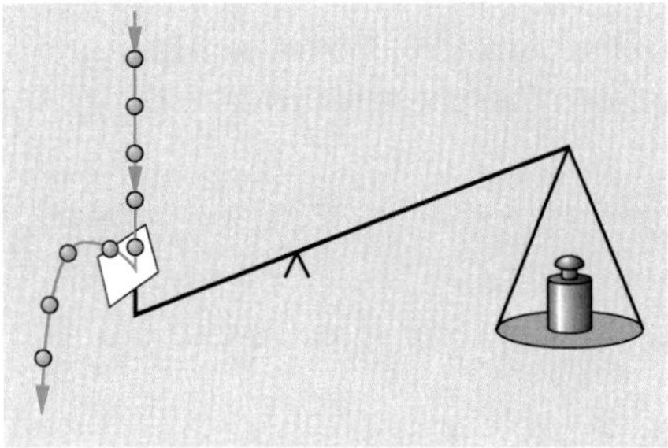

Abb. 14.3. Kraftübertragung auf Waagschale durch auftreffenden Kugelregen

Es liegt nahe, das Modell des „Kugelregens“ zur Erklärung des Gasdrucks zu benutzen und die Kugeln mit den auftreffenden Molekülen und Atomen zu identifizieren.

In der Tat sind solche Versuche auch zu Beginn des 20. Jahrhunderts mit **Atomstrahlen** im Vakuum durchgeführt worden: Ein Atomstrahl dampft aus der Öffnung eines Ofens, wird durch eine Blende kollimiert und trifft auf einen Auffänger, der als Waagschale funktioniert, indem er den Impuls der auftreffenden Atome aufnimmt und in eine mittlere Kraft $\overline{F}$ umsetzt (s. Abb. 14.4). Bei bekannter Dichte des Strahls kann man hieraus z. B. auf seine mittlere Geschwindigkeit schließen.

Von dieser Vorstellung geleitet, wenden wir uns nun der Berechnung des Gasdrucks in einem geschlossenen Gefäß zu. Treffen in einer Zeit Δt auf ein Wandstück ΔA eine Anzahl von ΔN Molekülen und übertragen sie dabei insgesamt den **Impuls** ΔP auf die Wand, so muß die Wand zur Kompensation von ΔP im

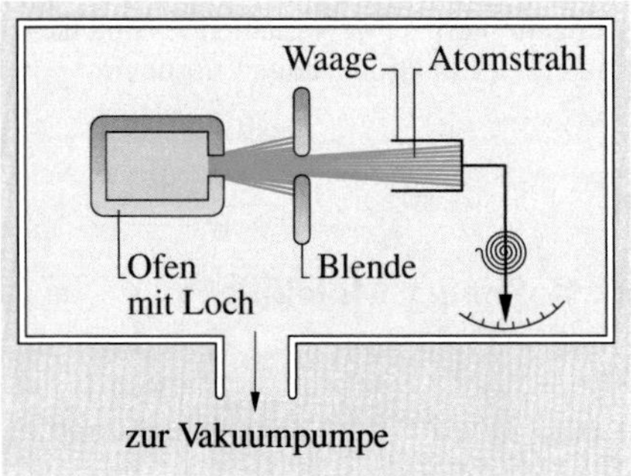

Abb. 14.4. Versuchsanordnung zur Messung des mittleren Impulses eines Atomstrahls

zeitlichen Mittel von Δt eine entgegengerichtete **Zwangskraft** aufbringen. Sie ist dem Betrag nach gleich

$$\Delta F = \frac{\Delta P}{\Delta t} . \tag{14.6}$$

Somit folgt für den Druck

$$p = \frac{\Delta F}{\Delta A} = \frac{\Delta P}{\Delta t \cdot \Delta A} . \tag{14.6'}$$

Bei den Wandstößen gehen wir von der realistischen Vorstellung aus, daß die Atome mit einem Impuls $m\boldsymbol{v}$ aus einer beliebigen Richtung auf die Wand auftreffen und von dieser reflektiert werden oder nach einer kurzen Verweilzeit mit einem Impuls $m\boldsymbol{v}'$ wieder abdampfen. Zur resultierenden Kraft auf die Wand trägt nur die Normalkomponente der Impulse in x-Richtung bei (siehe Abb. 14.5). Die Tangentialkomponenten, die eine Schubspannung verursachen würden, heben sich im Mittel auf. Ziehen wir zunächst nur die *auftreffenden* Moleküle in Betracht, von denen jedes den Normalimpuls mv_x auf die Wand überträgt. Wie viele solcher Stöße gibt es im Zeitintervall Δt? Sei die Zahl der Moleküle pro Volumeneinheit

$$n = \frac{\mathrm{d}N}{\mathrm{d}V} , \quad [n] = \mathrm{m}^{-3} ,$$

und nehmen wir zunächst *vereinfachend* an, die Hälfte dieser Moleküle bewege sich mit ein- und derselben Geschwindigkeit v_x auf die Wand zu, so ist der Teilchenstrom ΔI auf die Fläche ΔA gleich (vgl. Abschn. 10.1)

$$\Delta I = \boldsymbol{j}\Delta\boldsymbol{A} = \left(\frac{n}{2}\right) v_x \Delta A . \tag{14.7}$$

Somit erhalten wir für die gesuchte Zahl der Wandstöße im Intervall Δt

$$\Delta Z = \Delta I \Delta t = \left(\frac{n}{2}\right) v_x \Delta A \Delta t . \tag{14.8}$$

Multipliziert mit dem jeweiligen Impulsübertrag mv_x so erhalten wir für den resultierenden Impulsübertrag im Intervall Δt

$$\Delta P = \Delta Z m v_x = \left(\frac{n}{2}\right) m v_x^2 \Delta A \Delta t$$

und somit für den Druck auf die Wand nach (14.6′)

$$p_{(\mathrm{a})} = \left(\frac{n}{2}\right) m v_x^2 = m v_x j_x . \tag{14.9}$$

(Der Index (a) erinnert daran, daß wir bisher nur den Impulsübertrag beim *Auftreffen* der Moleküle berücksichtigt haben.)

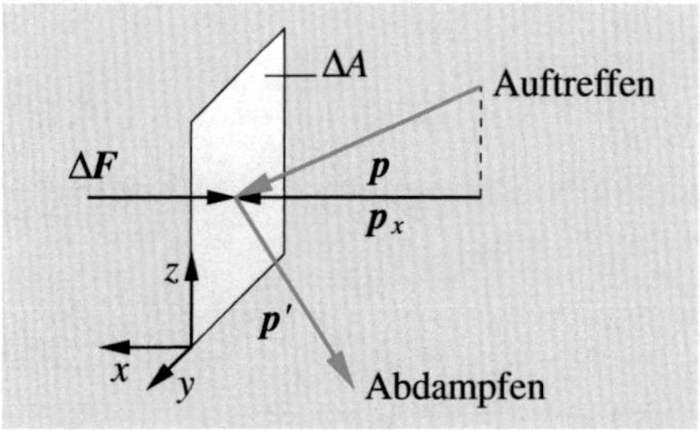

Abb. 14.5. Wandstoß eines Moleküls

An dieser Stelle wollen wir jetzt auf den *wahren*, komplizierteren Sachverhalt übergehen, daß nämlich die Atome eine bestimmte **Geschwindigkeitsverteilung** $\mathrm{d}n(v_x)/\mathrm{d}v_x$ in x-Richtung haben. Deren Integral über alle Geschwindigkeiten ergibt die gesamte Teilchenzahl n pro Volumeneinheit

$$n = \int_{-\infty}^{+\infty} \frac{\mathrm{d}n(v_x)}{\mathrm{d}v_x}\mathrm{d}v_x = \int_{-\infty}^{+\infty} nf(v_x)\mathrm{d}v_x\,, \tag{14.10}$$

wobei wir auf der rechten Seite auch die normierte Schreibweise (14.2) aufgeführt haben.

Wir müssen jetzt die Stromdichte j_x auf die Oberfläche in (14.9) differentiell als Funktion von v_x betrachten

$$\mathrm{d}j_x(v_x) = v_x\mathrm{d}n(v_x) = v_x\frac{\mathrm{d}n(v_x)}{\mathrm{d}v_x}\mathrm{d}v_x\,. \tag{14.11}$$

Dazu trägt der Bruchteil $\mathrm{d}n(v_x)$ der Geschwindigkeitsverteilung bei, der im Intervall zwischen v_x und $v_x + \mathrm{d}v_x$ liegt. Anstelle von (14.9) tritt dann der differentielle Druck

$$\mathrm{d}p_{(\mathrm{a})} = mv_x\mathrm{d}j_x(v_x) = mv_x^2\frac{\mathrm{d}n}{\mathrm{d}v_x}\mathrm{d}v_x\,.$$

Daraus erhalten wir den gesamten Druck durch Integration über alle *positiven* v_x, also über die auf die Wand zufliegenden Atome

$$p_{(\mathrm{a})} = \int_0^{+\infty} mv_x^2\frac{\mathrm{d}n}{\mathrm{d}v_x}\,\mathrm{d}v_x = \frac{1}{2}\int_{-\infty}^{+\infty} mv_x^2\frac{\mathrm{d}n}{\mathrm{d}v_x}\,\mathrm{d}v_x = \frac{nm\overline{v_x^2}}{2}\,. \tag{14.12}$$

Dabei haben wir von der Symmetriebeziehung

$$\frac{\mathrm{d}n(-v_x)}{\mathrm{d}v_x} = \frac{\mathrm{d}n(v_x)}{\mathrm{d}v_x}$$

! Gebrauch gemacht, die für ein ruhendes Gas zutrifft. Gleichung (14.12) unterscheidet sich von (14.9) lediglich durch die Mittelwertbildung über v_x^2 entsprechend (14.4), steht aber jetzt auf einer *soliden* statistischen Grundlage.

Bisher hatten wir nur den Impulsübertrag seitens der *auftreffenden* Moleküle berücksichtigt. Steht aber die Wand im thermischen Gleichgewicht mit dem Gas, so werden die Atome die Wand mit der gleichen v_x-Verteilung, aber umgekehrter Richtung, verlassen, mit der sie aufgetroffen sind. Dabei erleidet die Wand im Mittel noch einmal den gleichen Impulsübertrag. Demnach erhalten wir für den gesamten **dynamischen Druck**

$$p = nm\overline{v_x^2}\,. \tag{14.13}$$

Nun ist aber die translatorische (d. h. in der Fortbewegung enthaltene) kinetische Energie der Moleküle

$$E_\mathrm{k} = \frac{m}{2}v^2 = \frac{m}{2}(v_x^2 + v_y^2 + v_z^2)$$

gleichverteilt auf die drei Raumachsen. Daraus folgt für die Mittelwerte

$$\frac{m}{2}\overline{v_x^2} = \frac{1}{3}\overline{E_k}$$

und somit folgt

$$p = \frac{2}{3} n \overline{E_k} . \tag{14.14}$$

Der **Druck eines idealen Gases** ist also streng proportional zur mittleren kinetischen Energie $\overline{E_k}$ der Moleküle. Da er andererseits proportional zur Temperatur ist, sind auch $\overline{E_k}$ und T zueinander proportional.

! *Beachte*: Obige Ergebnisse beziehen sich *nur* auf den Integralmittelwert der kinetischen Energie. Bei der Ableitung brauchten wir keinerlei Annahmen über die Geschwindigkeitsverteilung $\mathrm{d}n(v_x)/\mathrm{d}v_x$ im einzelnen zu machen außer, daß sie symmetrisch in $\pm v_x$ sei. Wir kommen in Abschn. 14.6 darauf zurück.

Den Zusammenhang erhalten wir durch Multiplikation mit dem Volumen V

$$p \cdot V = \frac{2}{3} n V \overline{E_k} = \frac{2}{3} N \overline{E_k} .$$

Für ein Mol mit $N = 1\,\mathrm{Mol} \cdot N_A = 6{,}022\,1367 \cdot 10^{23}$ folgt unter Rückgriff auf das allgemeine Gasgesetz (13.12)

$$p \cdot V = \frac{2}{3} N_A \overline{E_k} = RT . \tag{14.15}$$

Gleichung (14.15) führt die Summe der translatorischen, kinetischen Energien der Moleküle eines Mols auf die allgemeine Gaskonstante R und die absolute Temperatur T zurück

$$N_A \overline{E_k} = \frac{3}{2} RT . \tag{14.16}$$

Pro Molekül ist die mittlere kinetische Energie der Translation demnach

$$\overline{E_k} = \frac{m}{2}\overline{v^2} = \frac{3}{2}\frac{R}{N_A} T = \frac{3}{2} kT , \tag{14.17}$$

wobei an Stelle von R die **Boltzmannsche Konstante** $k = R/N_A$ $= 1{,}3806504 \cdot 10^{-23}\,\mathrm{J/K}$ eintritt. Ferner erhalten wir für jeden Freiheitsgrad x, y, z der Fortbewegung den gleichen Mittelwert der kinetischen Energie

$$\frac{m}{2}\overline{v_x^2} = \frac{m}{2}\overline{v_y^2} = \frac{m}{2}\overline{v_z^2} = \frac{1}{2} kT . \tag{14.18}$$

! (14.17) und (14.18) erklären die fundamentale Rolle, die die Boltzmannsche Konstante in der statistischen Mechanik spielt, in der es kaum eine Gleichung gibt, in der k nicht vorkommt!

Da in der mikroskopischen Physik der Atome und Moleküle die Wechselwirkung im Wesentlichen elektromagnetischer Natur ist und an einzelnen Elementarladungen der Größe $e = 1{,}602176487 \cdot 10^{-19}\,\mathrm{As}$ (s. Abschn .19.1) angreift, ist es sinnvoll, dort neben dem thermischen Energiemaß kT auch ein mikroskopisches elektrisches

Energiemaß, das **Elektronenvolt** [eV], zu benutzen. Hierzu ersetzt man im SI-Energiemaß, dem Joule [AsV], die Ampèresekunde [As] durch die Elementarladung. Die Umrechnung von eV in Joule ist dann

$$1\ \text{eV} = 1{,}602176487 \cdot 10^{-19}\ \text{J}\,.$$

Gemessen in dieser Einheit ist die Boltzmannsche Konstante $k = 8{,}61734 \cdot 10^{-5}$ eV/K.

14.3 Satz über die Summe von Partialdrücken

Mischen wir zwei ideale Gase (1) und (2) miteinander, so stellt sich die Frage, welchen *Gesamtdruck* sie ausüben, nachdem sie die gleiche Temperatur angenommen haben. Aus dem Vorstehenden wissen wir, daß dann die Moleküle jedenfalls die gleiche mittlere kinetische Energie haben. Da die Moleküle der Sorte (1) und (2) unabhängig voneinander Wandstöße ausführen, *addieren* sich die dynamischen Partialdrucke, die jede Molekülsorte für sich alleine auf die Wand ausübt, unabhängig von der Gegenwart des anderen Gases

$$p = p_1 + p_2\,, \tag{14.19}$$

bzw. nach (14.14) und (14.18) als Funktion von Teilchendichte und Temperatur

$$p = \frac{2}{3} n_1 \overline{E_{k_1}} + \frac{2}{3} n_2 \overline{E_{k_2}}$$

$$= \frac{2}{3}(n_1 + n_2)\overline{E_k} \qquad \curvearrowright$$

$$p = (n_1 + n_2)kT = nkT\,. \tag{14.20}$$

In einem Gemisch idealer Gase ist unabhängig von ihrer Sorte (i) der Druck gleich dem Produkt aus der Boltzmannkonstante k, der absoluten Temperatur T und der Gesamtteilchenzahldichte $n = \mathrm{d}N/\mathrm{d}V = \sum_i n_i$.

14.4 Mittlere thermische Molekülgeschwindigkeit und Brownsche Bewegung

Aus (14.17) können wir einen Wert für die **mittlere thermische Geschwindigkeit** von Gasmolekülen erhalten.

$$v_{\text{rms}} = \sqrt{\overline{v^2}} = \sqrt{\frac{2\overline{E_k}}{m}} = \sqrt{\frac{3kT}{m}}\,. \tag{14.21}$$

Der Index *rms* bezeichnet den Charakter der Mittelung, nämlich „*r*oot *m*ean *s*quare“, was bedeutet, daß man die Wurzel aus dem Mittelwert des Quadrats zieht. Dieses Mittel ist ein wenig verschieden vom Mittelwert über den Betrag

$$\overline{|v|} = \overline{\sqrt{v_x^2 + v_y^2 + v_z^2}} = \sqrt{\frac{8kT}{\pi m}}\,, \tag{14.22}$$

den man aus der expliziten Maxwell-Boltzmannschen Geschwindigkeitsverteilung (14.42) gewinnt (s. auch Abb. 14.13). Da letzterer geläufiger ist, führen wir hierfür in Tabelle 14.1 einige Beispiele auf. Die Werte sind vergleichbar mit der Schallgeschwindigkeit in den betreffenden Gasen.

Tabelle 14.1. Mittlerer thermischer Geschwindigkeitsbetrag einiger Gase bei $T = 273\,\mathrm{K}$

Gas	$\overline{\lvert v \rvert}$(m/s)
H_2	1694
N_2	453
Cl_2	302

Auch in Flüssigkeiten und Festkörpern haben die Moleküle bzw. Atome die *gleiche* kinetische Energie $\overline{E_\mathrm{k}} = (3/2)kT$ der Translationsbewegung, obwohl sie sich dort nicht frei bewegen können, sondern durch zusätzliche potentielle Energie an ihre nächsten Nachbarn gebunden sind.

Das ist theoretisch nicht leicht zu zeigen, aber letztlich doch plausibel wenn wir z. B. bei unseren Überlegungen zum dynamischen Druck (s. Abschn. 14.2) mit bedenken, daß der Impulsübertrag im Stoß, mikroskopisch gesehen, ja gar nicht auf eine unendlich schwere, starre Wand erfolgt, sondern zunächst einmal auf ein einzelnes Wandatom oder -molekül. Dabei tauscht es mit diesem kinetische Energie nach den Stoßgesetzen (s. Kap. 5) aus. Dieser Austausch führt unabhängig von Bindungsstärke und Masse der Wandatome wie auch der Gasatome immer zur Gleichverteilung der kinetischen Energie der Gasatome. Das legt in der Tat den Schluß nahe, daß auch die *kinetische* Energie der Wandatome nach (14.17) bzw. (14.18) gleichverteilt ist.

Brownsche Bewegung

Frage: Kann man an sichtbaren Objekten, etwa unter dem Mikroskop, die thermische Bewegung direkt beobachten? Hierzu folgende Überlegung: Es handele sich um einen kleinen Körper, z. B. ein Rußteilchen, mit einem Durchmesser von 10 µm. Das enthält ca. 10^{14} C-Atome; folglich ist seine mittlere Geschwindigkeit im Vergleich zu der eines einzelnen C-Atoms nach (14.21)

$$v_\mathrm{rms}^\mathrm{Ruß} \approx v_\mathrm{rms}^\mathrm{C}\sqrt{\frac{m^\mathrm{C}}{m^\mathrm{Ruß}}} \approx \frac{700\,\mathrm{m\,s^{-1}}}{10^7} \approx 70\,\mathrm{\mu m\,s^{-1}}\,.$$

Die Bewegung ist also im Prinzip gut beobachtbar, wenn das Teilchen selbst sichtbar ist. Allerdings bewegt sich das Rußteilchen in einem dichten Medium, z. B. einer Flüssigkeit, nicht mit dieser Geschwindigkeit geradlinig von der Stelle, sondern ändert dauernd seine Richtung durch Stöße und beschreibt einen vielfach verschlungenen **Zufallsweg** (s. Abschn. 17.1 und Abb. 18.12).

1827 entdeckte *Robert Brown*, ein Botaniker, wie Pollen sich im Wasser unregelmäßig bewegten. Er war kritisch genug, um herauszufinden, daß diese Bewegung nicht auf Lebensvorgänge zurückzuführen sei. In der Tat hatte er die statistische thermische Bewegung dieser kleinen Teilchen entdeckt, deren Gesetzmäßigkeiten erst 1905 endgültig von *Einstein* aufgeklärt wurden. Die **Brownsche Molekularbewegung** können wir im Demonstrationsversuch unter dem Mikroskop mit einer Fernsehkamera gut beobachten. Wir erkennen unter anderem, daß sich kleinere Teilchen schneller bewegen als größere.

14.5 Innere Energie, Freiheitsgrade, Äquipartitionstheorem und spezifische Wärmekapazität C_V

Wir wollen in diesem Abschnitt unsere Kenntnisse über die molekularen Grundlagen der Wärmeenergie vertiefen und daraus Gesetzmäßigkeiten über die spezifische Wärmekapazität gewinnen. Hierzu wollen wir als erstes den Begriff der **inneren Energie** U einführen:

Unter der **inneren Energie** U verstehen wir die gesamte Energie, die aus der Wärmebewegung der Moleküle resultiert; sie umfaßt sowohl deren kinetische wie auch gegebenenfalls potentielle Energie, falls die Bewegung in Kraftfeldern erfolgt.

Letzteres betrifft vor allem die *Schwingungen der Atome* untereinander, die im Molekül- oder Kristallverband durch das **Lenard-Jones-Potential** (s. Abschn. 8.2) gebunden sind. Es betrifft aber *auch* den Einfluß des Lenard-Jones-Potentials auf die Relativbewegung *freier* Atome oder Moleküle, der zu Abweichungen vom idealen Gasgesetz führt (s. Abschn. 18.1ff). Da wir uns zunächst auf ideale Gase beschränken, vernachlässigen wir den letztgenannten Anteil der potentiellen Energie, berücksichtigen aber wohl den Schwingungsanteil. Diese Annahmen entsprechen einer mechanischen *Modellvorstellung*, bei der die einzelnen Atome des Moleküls durch *harte Kugeln* charakterisiert sind, deren relative Abstände durch *Federkräfte* stabilisiert sind. Für ein ideales Gas müssen wir weiter voraussetzen, daß das **Eigenvolumen der Moleküle** im Vergleich zum Gasvolumen vernachlässigbar sei, damit das ideale Gasgesetz erfüllt ist (Volumen verschwindet bei $T = 0$). Unter diesen Prämissen diskutieren wir im folgenden *innere Energie* und *spezifische Wärmekapazität* verschiedener Klassen *idealer Gase*.

Einatomige Gase

Nach unserer Voraussetzung wird beim Stoß zweier Atome deren kinetische Energie nur für beliebig kurze Zeit in potentielle umgesetzt (entsprechend dem Stoß harter Kugeln); letztere spielt also im zeitlichen Mittel in der Energiebilanz keine Rolle. Somit beschränkt sich die innere Energie auf die Summe der translatorischen Energien der N-Atome im Gas. Dann gilt laut (14.17)

$$U = \sum_{i=1}^{N} \frac{1}{2} m_i \overline{v_i^2} = \frac{3}{2} NkT . \qquad (14.23)$$

Dabei entfällt auf jeden der drei **translatorischen Freiheitsgrade** laut (14.18) die gleiche mittlere Energie pro Atom von $(1/2)kT$. Das ist die einfachste Form des **Äquipartitionstheorems** (zu deutsch: **Gleichverteilungssatz**).

Zweiatomige Gase

In einem Molekül aus zwei Atomen, die elastisch aneinander gebunden sind, verfügen im Prinzip beide über je drei Freiheitsgrade der Translation, wenn auch die Amplitude der Relativbewegung durch die Bindung eingeschränkt ist. Statistische Überlegungen führen zu dem schon erwähnten Schluß, daß *trotz* der Bindung und unabhängig von ihrer Stärke nach wie vor der **Gleichverteilungssatz** für die *kinetische* Energie gilt. Wir erwarten also für das Molekül insgesamt die kinetische Energie

$$\overline{E_\mathrm{k}} = 6 \cdot \frac{1}{2}kT = 3kT ,$$

d. h. für jede der drei kartesischen Koordinaten der beiden Atome je $(1/2)kT$.

Um den Einfluß der *Relativschwingung* zu diskutieren, ist es zweckmäßig, auf Koordinaten der *äußeren* Schwerpunktsbewegung und der *inneren* Bewegung um den Schwerpunkt des Moleküls zu transformieren (s. Abb. 14.6). Man kann zeigen, daß dann auch wieder auf jede der 6 neuen Koordinaten die gleiche mittlere kinetische Energie $(1/2)kT$ entfällt, also im einzelnen:

- für die *Translation des Schwerpunkts*

$$\overline{E}_\mathrm{k,trans} = \frac{m}{2}\overline{v_\mathrm{s}^2} = \frac{3}{2}kT ,$$

- für die *Rotation* um zwei Drehachsen a, b, senkrecht auf der Verbindungslinie und senkrecht zueinander

$$\overline{E}_\mathrm{k,rot} = \frac{1}{2}\theta\overline{\omega_a^2} + \frac{1}{2}\theta\overline{\omega_b^2} = \frac{2}{2}kT ,$$

- für die Schwingung entlang der Verbindungsachse

$$\overline{E}_\mathrm{k,s} = \frac{1}{2}kT .$$

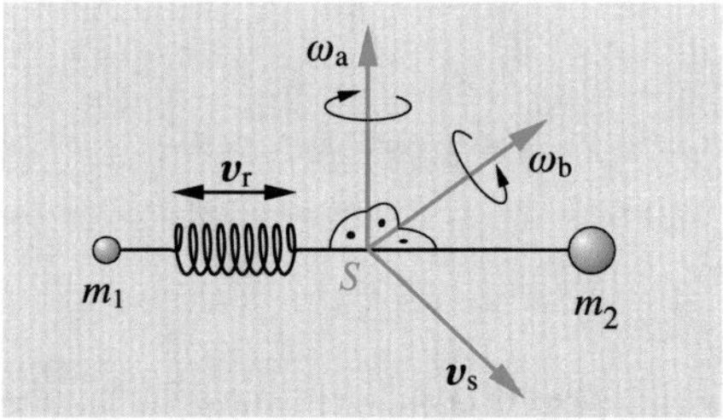

Abb. 14.6. Modell und Freiheitsgrade eines zweiatomigen Moleküls

> Eine elastische Schwingung enthält aber im zeitlichen Mittel genauso viel potentielle wie kinetische Energie. Deswegen enthalten **Schwingungsfreiheitsgrade** doppelt so viel innere Energie wie die übrigen. Also gilt
>
> $$\overline{E}_\mathrm{s} = \overline{E}_\mathrm{k,s} + \overline{E}_\mathrm{p,s} = kT . \qquad (14.24)$$

Wir zählen zusammen: Für N zweiatomige Moleküle beträgt die innere Energie einschließlich Schwingungsfreiheitsgrad

$$U = \frac{7}{2} NkT .$$

! Daß dieser Wert in Wirklichkeit häufig nicht erreicht wird, darüber später mehr!

Allgemein können wir die innere Energie eines idealen Gases von N Molekülen mit je r Freiheitsgraden schreiben als

$$U = \frac{r}{2} NkT \qquad (14.25)$$

mit

$$r = f_{\text{tr}} + f_{\text{rot}} + 2f_{\text{s}} .$$

Hierin bezeichnet r die Gesamtzahl der Freiheitsgrade als Summe von **Translations-** (f_{tr}), **Rotations-** (f_{rot}) und **Schwingungsfreiheitsgraden** (f_{s}), wobei letztere wegen der zusätzlichen potentiellen Energie doppelt gezählt werden.

Drei- und mehratomige Gase

Die insgesamt 9 Freiheitsgrade dreiatomiger Moleküle verteilen sich in *Schwerpunktskoordinaten* auf (s. Abb. 14.7):

- Translation des Schwerpunkts: $f_{\text{trans}} = 3$.
- Rotation um die drei Hauptträgheitsachsen a, b, c : $f_{\text{rot}} = 3$.
- 3 Fundamentalschwingungen entlang der Verbindungsachsen s_1, s_2, s_3: $2f_{\text{s}} = 6$.

Folglich ist $r = 12$.

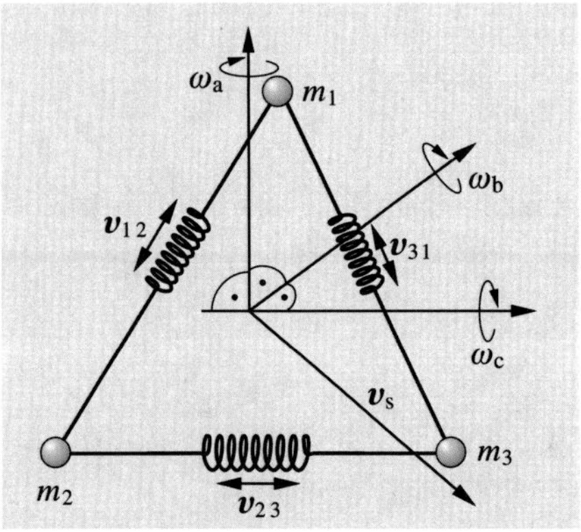

Abb. 14.7. Modell und Freiheitsgrade eines dreiatomigen Moleküls

Allgemein gilt für l-atomige Gase mit $l \geq 3$: Die $3l$-Freiheitsgrade verteilen sich auf je drei für die Translation und Rotation; der Rest wird durch die Fundamentalschwingungen beschrieben (s. Abschn. 11.9). Folglich ist

$$r = 6 + 2(3l - 6) = 6(l - 1) ; \quad l = 3, 4, \ldots$$

und

$$U = 3(l - 1)NkT \approx 3lNkT , \quad \text{für großes } l . \qquad (14.26)$$

! *Merke*: Zum Druck p tragen die Rotations- und Schwingungsfreiheitsgrade *nichts* bei! Er resultiert nach wie vor ausschließlich aus der Reflexion des Schwerpunktsimpulses. Gleichungen (14.15) und (14.20) bleiben für *alle* idealen Gase gültig!

Spezifische Wärme bei konstantem Volumen

Wir wollen jetzt den Zusammenhang zwischen **innerer Energie** und **spezifischer Wärmekapazität** herstellen. Führen wir einem Gas eine Wärmemenge ΔQ zu, so erhöht sich seine innere Energie um den gleichen Betrag

$$\Delta U = \Delta Q = mc_V \Delta T \,,$$

wenn nicht noch gleichzeitig mit der zugeführten Wärme andere Energieumsetzungen geschehen, z. B. durch mechanische Arbeit in Form von Expansion gegen den äußeren Druck, chemische Reaktionen etc.

Um insbesondere die Arbeit gegen den Druck auszuschließen, muß das Volumen *konstant* bleiben (isochorer Prozeß). Die unter diesen Umständen gemessene spezifische Wärme bezeichnen wir, bezogen auf die Masse, mit c_V bzw., bezogen auf ein Mol, mit C_V (**Molwärme**). Im folgenden betrachten wir *grundsätzlich* Substanzmengen von 1 Mol. Dann gilt

$$U = \frac{r}{2} N_A kT = \frac{r}{2} RT = C_V T \,, \tag{14.27}$$

mit

$$C_V = \frac{r}{2}\, R \approx \frac{r}{2} \cdot 8{,}3\,\mathrm{J\,K^{-1}\,Mol^{-1}} \,. \tag{14.27'}$$

Die **Molwärmen** haben also nicht irgendwelche, elementspezifischen Werte, sondern sind diskrete Vielfache der Gaskonstanten R, wobei der ganzzahlige Vorfaktor r durch die Zahl der Freiheitsgrade nach (14.25) und (14.26) nur durch die Zahl der Atome im Molekül bestimmt ist.

Wir *erwarten* also für alle **Edelgase** He, Ne, Ar, ...

$$C_V = \frac{3}{2} R \,, \tag{14.28}$$

für alle **zweiatomigen Gase** H_2, N_2, O_2, Cl_2, CO, NO, ...

$$C_V = \frac{7}{2} R \,, \tag{14.28'}$$

für alle **dreiatomigen Gase** H_2O, NO_2, CO_2, ...

$$C_V = \frac{12}{2} R \,, \tag{14.28''}$$

usw.

! *De facto* ist bei Zimmertemperatur nur (14.28) sehr gut erfüllt, während man für zweiatomige Moleküle statt (14.28′) in der Regel näherungsweise den Wert

$$C_V = \frac{5}{2} R$$

findet! (Siehe auch Tabelle 15.1). C_V ist also um $1\,R$ kleiner als erwartet oder bezogen auf das einzelne Molekül um den Energiewert $1kT$. Das ist die Energie, die im **Schwingungsfreiheitsgrad** stecken sollte; er scheint durch gaskinetische Stöße offensichtlich *nicht* angeregt zu werden! Das Molekül verhält sich wie eine **starre Hantel**.

> Eine Erklärung hierfür können wir nur in der **Quantenmechanik** finden. Danach sind die Energien gebundener Systeme gequantelt. Insbesondere gilt für die möglichen Energiestufen einer harmonischen Schwingung die **Plancksche Formel**
>
> $$E_n = nh\nu\,, \quad n = 0, 1, 2, \ldots\,, \tag{14.29}$$
>
> mit dem **Planckschen Wirkungsquantum**
>
> $$h = 6{,}626\,075 \cdot 10^{-34}\,\mathrm{J\,s}\,.$$
>
> Die Anregungsstufen sind ganze Vielfache des Planckschen Wirkungsquantums h multipliziert mit der Frequenz ν.

Für Molekülschwingungen hat die erste Anregungsstufe den typischen Wert von

$$h \cdot \nu \approx 0{,}1\,\mathrm{eV}\,,$$

während an thermischer Stoßenergie für die Anregung im Mittel nur

$$k \cdot 300\,\mathrm{K} \approx 0{,}025\,\mathrm{eV}$$

zur Verfügung stehen. Ereignisse, bei denen die im Stoß übertragene Energie den statistischen Mittelwert um fast eine Größenordnung überschreitet, sind aber außerordentlich selten (s. Abschn. 14.6).

! Wir sehen hier zum ersten Mal, wie die *Quantenmechanik* massiv in die *klassische Physik* hineinregiert und sie außer Kraft setzt. Denn in der klassischen Physik gibt es diese Energieschwellen nicht. Zwar wäre bei festerer Bindung die Schwingungsfrequenz höher und bei gegebener Schwingungsenergie die mittlere Amplitude kleiner, aber an dem statistischen Mittelwert von $\overline{E_s} = kT$ ist mit den Mitteln der klassischen Physik nicht zu rütteln!

Dieser Widerspruch zwischen klassischer Physik und Erfahrung war zu Ende des 19. Jahrhunderts klar erkannt. *Max Planck* (1900) wies für ein ähnliches Problem in der Theorie der Wärmestrahlung als erster einen Ausweg, indem er einem harmonischen Oszillator die diskreten Energieniveaus (14.29) vorschrieb. *Einstein* und später *Peter Debye* erweiterten die Plancksche Überlegung auf die spezifischen Wärmen fester Stoffe (s. u.).

Bemerkung: Da wir bisher die Atome im Molekül als Massenpunkte angesehen haben, haben wir keine Koordinaten für deren *innere* Bewegung eingeführt. Erst wenn beim Stoß *sehr* hohe Energien übertragen werden, einige eV, werden auch die **Valenzelektronen** und damit weitere Freiheitsgrade angeregt; die *Kerne*, die Zentren der Massen, sind aber auch dann noch als Massenpunkte bzw. harte Kugeln anzusehen. Erst bei thermischen Energien von ca. 10^6 eV entsprechend einer Temperatur von ca. 10^{10} K würde auch deren innere Bewegung angeregt.

Dulong-Petit-Regel

Man könnte einen **Festkörper** als 1 Riesenmolekül auffassen, bestehend aus einer großen Zahl von N Atomen. Seine innere Energie wäre dann nach (14.26) (mit entsprechender Umbenennung von l und N)

$$U = 3NkT\,,$$

oder bezogen auf ein Mol

$$U = 3RT = C_V T\,, \quad \text{mit} \quad C_V = 3R \approx 25\,\mathrm{J\,K^{-1}\,Mol^{-1}}\,. \tag{14.30}$$

Auch die Festkörper haben im klassischen Modell eine *universelle* **Molwärme**! Diese **Dulong-Petit-Regel** ist bei hohen Temperaturen im allgemeinen gut erfüllt.

Wie verhalten sich hier die Schwingungen, die ja bei kleinen Molekülen offensichtlich nicht angeregt waren? Die Frage ist berechtigt, denn auch im Festkörper ist die Bindung ans Nachbaratom ähnlich stark wie im Molekül. Trotzdem sind Schwingungen angeregt! Der *Grund:* Die **Eigenschwingungen** von sehr vielen **gekoppelten Oszillatoren** beginnen bei sehr niedrigen Frequenzen, nämlich mit der Grundschwingung (s. Abschn. 11.10 und 12.6) $\nu_1 = c/2l$ (c = Schallgeschwindigkeit, l = Kantenlänge des Körpers). Erst bei höchster Knotenzahl wirkt die Federkraft nur auf das Nachbaratom und erreicht die **Grenzfrequenz**, die im wesentlichen gegeben ist durch (s. auch Abschn. 12.6 und Abb. 12.22)

$$\nu_{\text{grenz}} \approx \frac{c}{2d} \tag{14.31}$$

(mit der Gitterkonstanten d, dem Abstand benachbarter Atome im Festkörper). Sie ist vergleichbar mit der Schwingungsfrequenz eines 2-atomigen Moleküls.

C_V bleibt umso mehr hinter $3R$ zurück, je höher ν_{grenz} ist, d. h. je fester die Bindung und je kleiner die Masse der Gitterbausteine sind. Wir sehen dies sehr schön am Beispiel zweier Extreme, Blei und Diamant (s. Abb. 14.8). Mit wachsender Temperatur streben aber alle Stoffe dem Grenzwert von $3R$ zu. In diesem Befund liegt der Beweis für die Gültigkeit des **Gleichverteilungssatzes**.

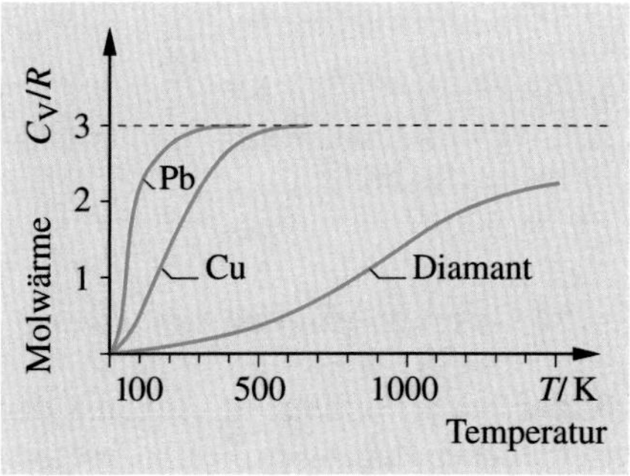

Abb. 14.8. Molwärme einiger Feststoffe als Funktion der Temperatur entsprechend der Debyeschen Theorie. Die Debye-Temperatur θ_D beträgt für Blei 88 K und für Diamant 2000 K

Nach *Debye* folgt die **Molwärme fester Stoffe** bei *niedrigen* Temperaturen $T \ll \theta_D$ näherungsweise der analytischen Formel

$$C_V = \frac{12}{5}\pi^4 R \frac{T^3}{\theta_D^3} , \tag{14.32}$$

mit der **Debye-Temperatur**

$$\theta_D = \frac{h\nu_{grenz}}{k} .$$

Sie bestimmt als einziger, stoffspezifischer Parameter auch den weiteren Temperaturverlauf von C_V bis zum klassischen Limes von $3R$ (s. Abb. 14.8), allerdings nach einer nichtanalytischen Funktion. Besonders bemerkenswert an (14.32) ist, daß C_V bei tiefen Temperaturen mit der dritten Potenz von T gegen Null strebt. Die **Debyesche Theorie der spezifischen Wärme** ist analog zu der des **Planckschen Strahlungsgesetzes** mit den Unterschieden, daß dort anstelle der Schallgeschwindigkeit die Lichtgeschwindigkeit eintritt und es für elektromagnetische Wellen keine obere Grenzfrequenz gibt (s. Abschn. 30.5). Beide Ableitungen gehen von der in der Wellenlehre gefundenen Frequenzverteilung von Eigenschwingungen (12.58) aus (s. auch Abb. 12.22). Wir demonstrieren die Dulong-Petitsche Regel qualitativ in folgendem Versuch:

VERSUCH 14.2

Spezifische Wärme von Metallen. Wir erhitzen drei gleich große Kugeln aus Blei (Pb), Kupfer (Cu) und Aluminium (Al) auf 100 °C und lassen sie in einen Paraffinblock einschmelzen. Die Aluminiumkugel sinkt entgegen der naiven Erwartung tiefer ein als das Blei (s. Abb. 14.9). Sie stellt beim Abkühlen offenbar mehr Wärme zum Aufschmelzen des Paraffins zur Verfügung als das Blei, obwohl es das geringere spezifische Gewicht hat. Grund: Aluminium enthält mehr Atome pro Volumen, das Al-Gitter ist dichter gepackt als das Pb-Gitter, allerdings weniger dicht als das Kupfergitter; denn die Kupferkugel sinkt am tiefsten ein. Das entscheidende Verhältnis aus Dichte und Molmasse, die Moldichte beträgt in den drei Fällen in cgs-Einheiten: Pb: 11,34/207,2 = 0,0547; Al: 2,70/26,98 = 0,100; Cu: 8,93/63,55 = 0,141.

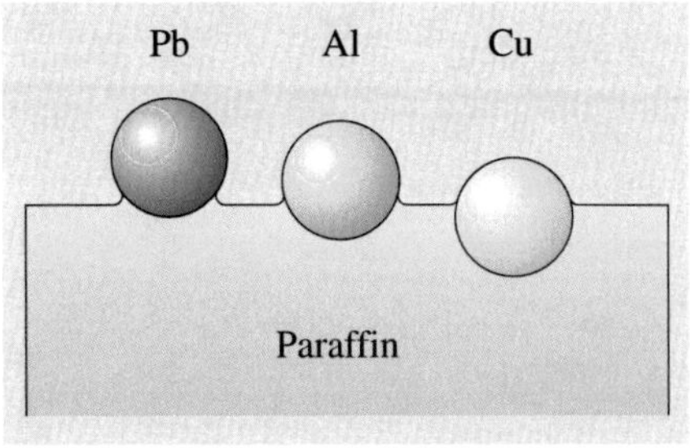

Abb. 14.9. Schmelzversuch zur Dulong-Petitschen Regel

14.6 Boltzmann-Faktor und Maxwellsche Geschwindigkeitsverteilung

Die allgemeine Herleitung der hier zu diskutierenden Formeln ist Aufgabe der Theoretischen Physik. Wir finden aber einen elementaren Zugang zu diesen Gesetzen über das Beispiel der **barometrischen Höhenformel**.

Barometrische Höhenformel als Boltzmann-Faktor

Nach (9.36) folgt der Luftdruck als Funktion der Höhe h einer Exponentialfunktion

$$p(h) = p_0 \mathrm{e}^{-(h\varrho_0 g/p_0)} .$$

Desgleichen gilt für die Teilchendichte

$$\frac{\mathrm{d}N(h)}{\mathrm{d}V} = n(h) = n_0 \mathrm{e}^{-(h\varrho_0 g/p_0)} .$$

Erweitern wir den Exponenten mit dem Molvolumen V_M und wählen als p_0 den Normaldruck p_N, so erhalten wir das interessante Ergebnis:

$$\frac{V_M \varrho_0 g h}{V_M p_N} = \frac{N_\mathrm{A} m g h}{V_M p_N} = \frac{N_\mathrm{A} m g h}{RT} = \frac{mgh}{kT} . \tag{14.33}$$

! Der Exponent ist also das Verhältnis aus potentieller Energie des Moleküls in der Höhe h und der mittleren thermischen Energie kT.

Damit ist die **barometrische Höhenformel** umgeschrieben zu

$$n(h) = n_0 \mathrm{e}^{-(mgh/kT)} = n_0 \mathrm{e}^{-(E_\mathrm{p}/kT)} . \tag{14.34}$$

Die Exponentialfunktion in (14.34) heißt **Boltzmann-Faktor** und tritt hier als Funktion der *potentiellen Energie* der Gasmoleküle auf (s. Abb. 14.10).

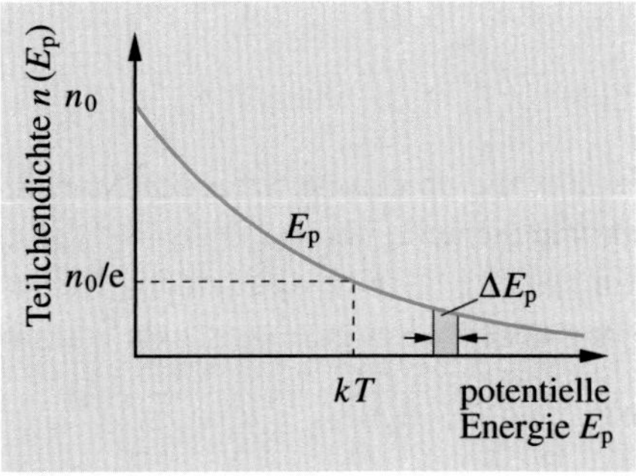

Abb. 14.10. Barometrische Höhenformel als Boltzmann-Faktor der potentiellen Energie

Führen wir anstelle von n_0 den *Normierungsfaktor* $(kT)^{-1}$ ein, so können wir den Ausdruck

$$\Delta W(E_\mathrm{p}) = (kT)^{-1} \mathrm{e}^{-(E_\mathrm{p}/kT)} \Delta E_\mathrm{p} = \mathrm{f}(E_\mathrm{p}) \Delta E_\mathrm{p} \tag{14.35}$$

! als **Wahrscheinlichkeit** dafür interpretieren, ein Molekül mit einer potentiellen Energie im Intervall E_p bis $E_\mathrm{p} + \Delta E_\mathrm{p}$ anzutreffen. Der Boltzmann-Faktor spielt also die Rolle einer Verteilungsfunktion entsprechend (14.2).

* Zusammenhang zwischen Höhen- und Geschwindigkeitsverteilung

Gleichung (14.35) gilt viel allgemeiner, als hier abgeleitet. Zunächst ziehen wir daraus Konsequenzen für die **Geschwindigkeitsverteilung von Gasmolekülen** in der Vertikalen durch folgende Betrachtung: Wir wählen in beliebiger Höhe ein kleines Intervall 0 bis h; es sei klein genug, bzw. das Gas dünn genug, damit auf dem Weg

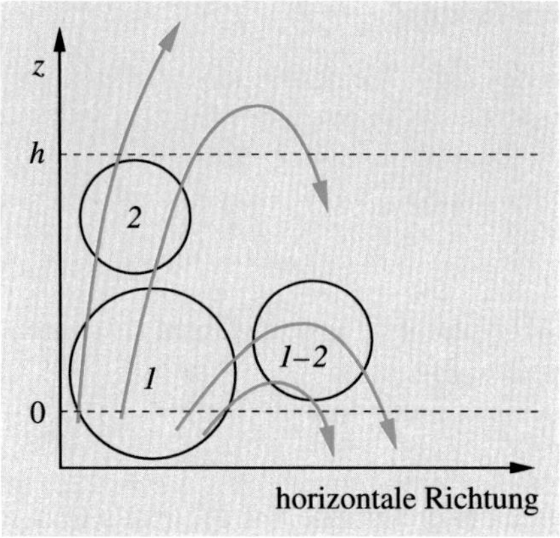

Abb. 14.11. Wurfparabeln von Molekülen, die eine untere (*1*) bzw. auch die obere Höhenmarke (*2*) überwinden

von 0 nach h und zurück keine Stöße passieren und die Moleküle sich auf ungestörten Wurfparabeln bewegen (s. Abb. 14.11).

Wir betrachten jetzt die **Stromdichten** derjenigen Moleküle, die durch die untere ($z = 0$) bzw. auch durch die obere Höhenmarke ($z = h$) aufsteigen und bezeichnen sie mit

$$j_{z1} = j_z(z = 0, v_z > 0)\,,$$

bzw.

$$j_{z2} = j_z(z = h, v_z > 0)\,.$$

Sie umfassen nach Voraussetzung alle Moleküle, die an den betreffenden Marken eine nach oben gerichtete Geschwindigkeitskomponente v_z haben.

Die Moleküle in j_{z2} müssen nach Voraussetzung auch die untere Marke durchquert haben und dort eine Mindestgeschwindigkeit von

$$v_z(0) > u\,, \quad \text{mit} \quad \frac{1}{2}mu^2 = mgh\,, \quad \text{bzw.} \quad u = \sqrt{2gh}$$

gehabt haben. Es gilt also auch

$$j_{z2} = j_z(z = 0, v_z > u)\,.$$

Die Differenz $j_{z1} - j_{z2}$ betrifft alle Moleküle, die mangels kinetischer Energie unterwegs haben umkehren müssen. Wir bilden jetzt das Verhältnis der aufwärts gerichteten Stromdichten ($v_z > 0$) bei den *Höhen h* und 0

$$\frac{j_{z2}}{j_{z1}} = \frac{j_z(z = h, v_z > 0)}{j_z(z = 0, v_z > 0)} = \frac{n(h)}{n(0)} = \mathrm{e}^{-(mgh/kT)}\,.$$

Es muß gleich dem Verhältnis der Teilchenzahldichten an den beiden Marken sein, wenn dort die *gleiche* Geschwindigkeitsverteilung $\mathrm{d}n/\mathrm{d}v_z$ herrscht. Letzteres entspricht aber der Voraussetzung konstanter Temperatur entlang der Höhe z, unter der die barometrische Höhenformel abgeleitet wurde.

Das gleiche Verhältnis muß aber nach Voraussetzung bei $z = 0$ als Funktion der *Geschwindigkeit* vorliegen

$$\frac{j_{z2}}{j_{z1}} = \frac{j_z(z=0, v_z > u)}{j_z(z=0, v_z > 0)} = \mathrm{e}^{-(mgh/kT)} = \mathrm{e}^{-(mu^2/2kT)} .$$

Die gleiche Überlegung führt zum selben Ergebnis für einen abwärts gerichteten Strom; außerdem war die Wahl der Höhe $z = 0$ willkürlich. Wir können jetzt in *jeder* Höhe und für *alle* u eine Formel für die Stromdichte in der symmetrischen, aber noch vorläufigen Form angeben

$$j_z(v_z > u) = j_z(v_z < -u) = C \cdot \mathrm{e}^{-(mu^2/2kT)} . \tag{14.36}$$

Die Stromdichte (14.36) resultiert nach Voraussetzung aus allen Molekülen mit einer Mindestgeschwindigkeit u. Sie ist also als Funktion der unteren Grenze des Integrals über die Stromdichteverteilung $\mathrm{d}j/\mathrm{d}v_z$ definiert.

$$j_z(v_z > u) = \int_u^\infty \frac{\mathrm{d}j}{\mathrm{d}v_z}\,\mathrm{d}v_z = \int_u^\infty v_z \frac{\mathrm{d}n}{\mathrm{d}v_z}\,\mathrm{d}v_z , \tag{14.37}$$

wobei wir den Zusammenhang (14.11)

$$\mathrm{d}j_z = v_z \frac{\mathrm{d}n}{\mathrm{d}v_z}\,\mathrm{d}v_z$$

zwischen der Geschwindigkeitsverteilung von Strom- und Teilchendichte benutzt haben. Mit (14.36) und (14.37) sind wir fast am Ziel, denn wir kennen jetzt das Integral der gesuchten Geschwindigkeitsverteilung als Funktion der unteren Integrationsgrenze u. Differenzieren wir das Integral nach dieser Grenze, so erhalten wir den Integranden an der Stelle $v_z = u$, den wir mit der Ableitung von (14.36) gleichsetzen können

$$\frac{\mathrm{d}}{\mathrm{d}u} \int_u^\infty v_z \frac{\mathrm{d}n(v_z)}{\mathrm{d}v_z}\,\mathrm{d}v_z = u \left.\frac{\mathrm{d}n}{\mathrm{d}v_z}\right|_u = -\frac{mu}{kT} C\,\mathrm{e}^{-(mu^2/2kT)} . \tag{14.38}$$

Kürzen wir durch u und absorbieren alle Konstanten in eine neue Konstante C', so erhalten wir für beliebige, also auch negative Werte von $v_z = u$

$$\frac{\mathrm{d}n(v_z)}{\mathrm{d}v_z} = C' \cdot \mathrm{e}^{-(mv_z^2/2kT)} .$$

Um das Ergebnis in der Form von (14.2) bzw. (14.10) als

$$\frac{\mathrm{d}n(v_z)}{\mathrm{d}v_z} = n \cdot \mathrm{f}(v_z)$$

mit der *Gesamtteilchendichte* $n = \mathrm{d}N/\mathrm{d}V$ und einer **normierten Geschwindigkeitsverteilung** $\mathrm{f}(v_z)$ schreiben zu können, muß man C' durch Integration über alle v_z bestimmen. Dazu braucht man den Wert des Integrals (ohne Beweis)

$$\int_{-\infty}^{+\infty} \mathrm{e}^{-\alpha x^2}\mathrm{d}x = \sqrt{\frac{\pi}{\alpha}} . \tag{14.39}$$

Damit erhalten wir die gesuchte thermische Verteilung der z-Komponente der Geschwindigkeit zu (s. Abb. 14.12)

$$\frac{\mathrm{d}n}{\mathrm{d}v_z} = n \cdot \mathrm{f}(v_z) = n\sqrt{\frac{m}{2\pi kT}} \cdot \mathrm{e}^{-(mv_z^2/2kT)} \,. \tag{14.40}$$

$\mathrm{f}(v_z)$ ist eine um $v_z = 0$ symmetrische **Gaußkurve**. Der *wahrscheinlichste Wert* für v_z ist $v_z = 0$. Wegen der Gleichverteilung von $|v|$ auf alle Richtungen nehmen auch v_x und v_y die gleiche **Verteilungsfunktion** (14.40) an.

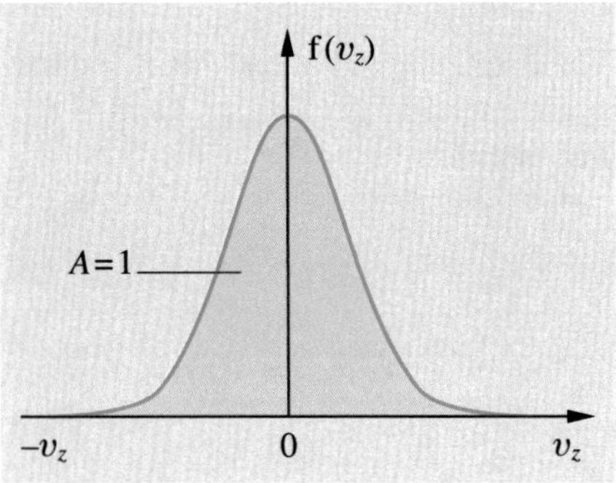

Abb. 14.12. Normierte thermische Verteilung einer Geschwindigkeitskomponente eines Gases

Resümee: Wir haben zunächst festgestellt, daß die Höhenverteilung eines Gases durch einen **Boltzmann-Faktor der potentiellen Energie** gegeben ist. Daraus hatten wir unter geschickter Benutzung des Energiesatzes für die im Schwerefeld frei beweglichen Moleküle eine **Geschwindigkeitsverteilung** abgeleitet, die durch einen **Boltzmann-Faktor der kinetischen Energie** $E_\mathrm{k} = mv_z^2/2$ bestimmt ist.

Beispiel: **Dopplerprofil von Spektrallinien.** Freie Atome senden nahezu **monochromatische Spektrallinien** aus. Jedoch verursacht die thermische Bewegung für einen Beobachter in z-Richtung eine **Dopplerverschiebung** (s. Abschn. 29.4) der Frequenz von der Größe

$$\nu - \nu_0 = \nu_0 \frac{v_z}{c}$$

(ν_0 = Emissionsfrequenz des ruhenden Atoms, c = Lichtgeschwindigkeit). Dies in (14.40) eingesetzt, ergibt das ebenfalls Gaußförmige **Dopplerprofil einer Spektrallinie**

$$\mathrm{f}(\nu) = \frac{c}{\nu_0}\sqrt{\frac{m}{2\pi kT}} \cdot \mathrm{e}^{-(\nu-\nu_0)^2 mc^2/2v_0^2 kT} \,. \tag{14.41}$$

Es wird bei allen leuchtenden Gasen (Plasmen) beobachtet. Bei sichtbarem Licht und Zimmertemperatur ist die Halbwertsbreite des Dopplerprofils von der Größenordnung 1000 MHz.

Maxwell-Boltzmann-Verteilung

Häufig interessiert man sich nicht für die Komponenten, sondern den Betrag der Geschwindigkeit ▶

$$v = \sqrt{v_x^2 + v_y^2 + v_z^2}\,.$$

Dessen Verteilungsfunktion kann man durch Umformung aus derjenigen der Komponenten gewinnen. Das ist die **Maxwell-Boltzmann-Verteilung**

$$\mathrm{f}(v) = \frac{4v^2}{\sqrt{\pi}(2kT/m)^{3/2}}\,\mathrm{e}^{-(mv^2/2kT)}\,. \tag{14.42}$$

Sie hat bei $v = 0$ einen parabolischen Anstieg proportional v^2 und bei höheren v eine abfallende Flanke, die durch die Gaußfunktion bestimmt ist (s. Abb. 14.13).

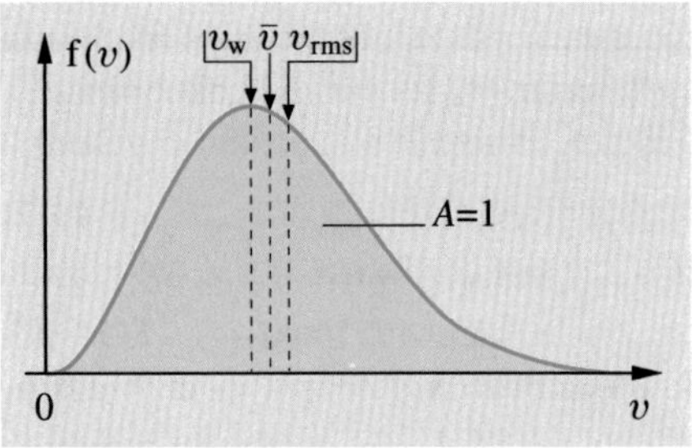

Abb. 14.13. Maxwell-Boltzmannsche Geschwindigkeitsverteilung des Betrags der Geschwindigkeit. Das Maximum gibt die wahrscheinlichste Geschwindigkeit $v_\mathrm{w} = \sqrt{2kT/m}$ an. Weiterhin sind die mittlere Geschwindigkeit $\overline{v} = \sqrt{8kT/\pi m}$ sowie der „root mean square" Wert (14.21) $v_\mathrm{rms} = (\overline{v^2})^{1/2} = \sqrt{3kT/m}$ eingezeichnet

Wir skizzieren hier kurz die Ableitung von (14.42) aus (14.40). Die *Wahrscheinlichkeit*, ein Molekül im Geschwindigkeitsintervall zwischen v_z und $v_z + dv_z$ vorzufinden, ist nach (14.3)

$$\mathrm{d}W(v_z) = \mathrm{f}(v_z)\,\mathrm{d}v_z\,.$$

Ebenso gilt für die beiden anderen Komponenten

$$\mathrm{d}W(v_x) = \mathrm{f}(v_x)\,\mathrm{d}v_x\,, \qquad \mathrm{d}W(v_y) = \mathrm{f}(v_y)\,\mathrm{d}v_y\,.$$

Die Wahrscheinlichkeit, es in allen drei Intervallen *zugleich* anzutreffen, ist gleich dem *Produkt* der Einzelwahrscheinlichkeiten

$$\begin{aligned}\mathrm{d}W(v_x, v_y, v_z) &= \mathrm{f}(v_x)\mathrm{f}(v_y)\mathrm{f}(v_z)\,\mathrm{d}v_x\,\mathrm{d}v_y\,\mathrm{d}v_z \\ &= \left(\frac{2\pi kT}{m}\right)^{-\frac{3}{2}} \mathrm{e}^{-m(v_x^2+v_y^2+v_z^2)/2kT}\,\mathrm{d}v_x\,\mathrm{d}v_y\,\mathrm{d}v_z\,.\end{aligned}$$

Wir erkennen, daß die e-Funktion nur von v^2 abhängt. Deswegen ersetzen wir das kartesische Volumenelement durch das in Kugelkoordinaten

$$\mathrm{d}v_x\,\mathrm{d}v_y\,\mathrm{d}v_z \longrightarrow 4\pi v^2\,\mathrm{d}v\,.$$

Letzteres enthält alle Moleküle, deren Geschwindigkeitsbetrag in eine *Kugelschale* vom Radius v und der Dicke $\mathrm{d}v$ im Geschwindigkeitsraum fällt. Damit erhalten wir

$$\mathrm{d}W(v)\,\mathrm{d}v = \mathrm{f}(v)\,\mathrm{d}v = \left(\frac{2\pi kT}{m}\right)^{-\frac{3}{2}} \mathrm{e}^{-(mv^2/2kT)} 4\pi v^2\,\mathrm{d}v\,; \qquad \text{q.e.d.}$$

Die Verteilungen (14.40) und (14.42) spielen eine große Rolle in *Physik und Chemie*. Die Flanken bei *hohem* v sorgen u. a. dafür, daß:

- kleine Himmelskörper (z. B. der Mond) ihre Atmosphäre verlieren, weil die Fluchtgeschwindigkeit überschritten wird,
- chemische Reaktionen eingeleitet werden, bei denen ein Potentialberg überwunden werden muß (Zünden einer Reaktion, Explosion),
- die Temperaturabhängigkeit von chemischen Gleichgewichten und Reaktionsgeschwindigkeiten exponentielles Verhalten zeigt (Arrheniusgesetz).

* Boltzmann-Faktor gebundener Teilchen

Wir stellen uns jetzt folgende Frage: Mit welcher Wahrscheinlichkeit $\mathrm{d}W$ trifft man ein Gasmolekül *zugleich* in einem vorgegebenen *räumlichen* Volumenelement $\mathrm{d}x\,\mathrm{d}y\,\mathrm{d}z$ am Ort $\boldsymbol{r} = \{x, y, z\}$ an, wie auch in einem vorgegebenen *Impulsintervall* $\mathrm{d}p_x\,\mathrm{d}p_y\,\mathrm{d}p_z$ um einen Impuls $\boldsymbol{p} = \{p_x, p_y, p_z\}$ herum? (z sei die Höhenkoordinate). Die Antwort wird durch das *Produkt* aller 6 Einzelwahrscheinlichkeiten gegeben

$$\mathrm{d}W = \mathrm{f}(x)\mathrm{f}(y)\mathrm{f}(z)\mathrm{f}(p_x)\mathrm{f}(p_y)\mathrm{f}(p_z) \cdot \mathrm{d}x\,\mathrm{d}y\,\mathrm{d}z\,\mathrm{d}p_x\,\mathrm{d}p_y\,\mathrm{d}p_z\,, \tag{14.43}$$

d. h. als Produkt der sechs normierten Verteilungsfunktionen mit den entsprechenden Intervallen. Der hier angesprochene 6-dimensionale Raum aus Impuls- *und* Ortskoordinaten wird in der theoretischen Physik **Phasenraum** genannt, in dem das 6-fache Differential in (14.43) ein Volumenelement darstellt. Die Verteilungsfunktion für die Höhe war durch (14.34), die für die Impulskomponenten durch (14.40) gegeben (nach trivialer Substitution von v durch p/m). In der Horizontalen sind die Atome gleichverteilt. Fassen wir alle Normierungskonstanten in einer einzigen, C, zusammen, so wird (14.43) zu

$$\begin{aligned}\mathrm{d}W &= C \cdot \mathrm{e}^{-(mgz+(p_x^2+p_y^2+p_z^2)2m)/kT)} \cdot \mathrm{d}x\,\mathrm{d}y\,\mathrm{d}z\,\mathrm{d}p_x\,\mathrm{d}p_y\,\mathrm{d}p_z \\ &= C \cdot \mathrm{e}^{-(E/kT)}\,\mathrm{d}x\,\mathrm{d}y\,\mathrm{d}z\,\mathrm{d}p_x\,\mathrm{d}p_y\,\mathrm{d}p_z\,.\end{aligned} \tag{14.44}$$

Sie hängt also nur vom **Boltzmann-Faktor der Gesamtenergie** des Moleküls $E = E_\mathrm{p} + E_\mathrm{k}$ am gegebenen Ort und bei gegebenem Impuls ab.

! Die statistische Physik bestätigt (14.44) ganz allgemein als *fundamentale* Verteilungsfunktion eines Systems von Teilchen im thermischen Gleichgewicht. Also gilt (14.44) nicht nur für frei bewegliche Teilchen, sondern auch für solche, die durch ein Potential an ein Zentrum gebunden sind, z. B. für Atome, die durch chemische Bindung an ihren Gitterplatz im Festkörper oder Molekül gebunden sind. E ist dann die *totale* Anregungsenergie ihrer Schwingung, die nach (14.24) gleich verteilt mit den übrigen Freiheitsgraden wäre, wenn die klassische Physik gelten würde, d. h. wenn beliebige Anregungsenergien erlaubt wären, die eine dichte, stetige Energieverteilung bilden würden. Wir könnten dann auch mit (14.44) das Verhältnis der Wahrscheinlichkeiten bilden, ein Molekül mit der Schwingungsenergie E_1 bzw. E_2 anzutreffen. Bezogen auf gleich große Volumenelemente des Phasenraums $\Delta x\,\Delta y\,\Delta z$, $\Delta p_x\,\Delta p_y\,\Delta p_z$ wäre es gleich dem Verhältnis der Boltzmann-Faktoren

$$\frac{\Delta W(E_1)}{\Delta W(E_2)} = \mathrm{e}^{-(E_1-E_2)/kT}\,. \tag{14.45}$$

In dessen Exponent tritt jetzt die *Differenz* der Energien auf.

Die **Quantenmechanik** erlaubt für gebundene Zustände aber nur *diskrete* Energiewerte E_m. Folglich zählen wir die Teilchen jetzt nicht in Raum- und Impulsintervallen ab, sondern in jedem **Quantenzustand** E_n[1]. Diese Zahlen stehen wieder im *Verhältnis der* **Boltzmann-Faktoren** zueinander

$$\frac{N(E_n)}{N(E_m)} = \mathrm{e}^{-(E_n - E_m)/kT} . \tag{14.46}$$

Speziell sind bei einer **harmonischen Bindung** die Anregungsstufen äquidistant im Abstand $h\nu$ (s. 14.29)

$$E_n = nh\nu .$$

Die Besetzungszahlen folgen dann im thermischen Gleichgewicht einer Exponentialfunktion

$$N(E_n) = N(E_0)\,\mathrm{e}^{-(nh\nu/kT)} . \tag{14.47}$$

Sie sind in Abb. 14.14 als Ordinaten bei den diskreten Anregungsstufen eingezeichnet.

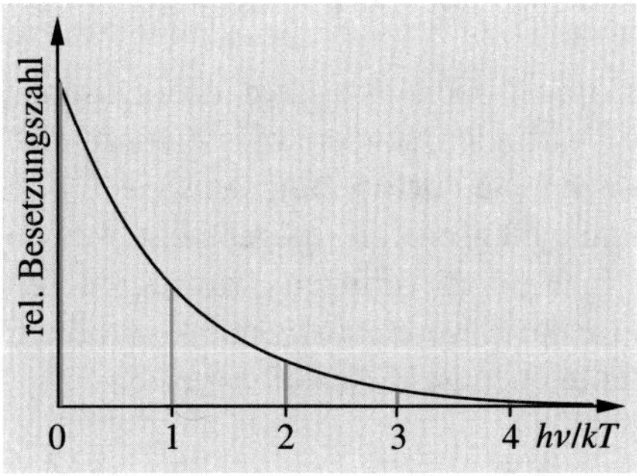

Abb. 14.14. Relative Besetzungszahlen $N(E_n)/N(E_0)$ der quantisierten Anregungsstufen einer harmonischen Schwingung im thermischen Gleichgewicht (für $h\nu = kT$)

Sei insbesondere: $h\nu \gg kT$ so ist praktisch nur der **Grundzustand** E_0 *besetzt*. Das System enthält dann kaum Schwingungsenergie, jedenfalls sehr viel weniger als kT pro Freiheitsgrad, wie klassisch erwartet würde. Mit Hilfe des Boltzmann-Faktors für die Besetzungszahlen quantisierter Zustände kann man die Defizite in den spezifischen Wärmen von Gasen und Festkörpern vollständig erklären (vgl. Abschn. 14.5).

Zum Vergleich: Bei $T = 300\,\mathrm{K}$ ist $kT \approx 0{,}025\,\mathrm{eV}$, hingegen ist die Schwingungsenergie eines leichteren Moleküls $h\nu \approx 0{,}1\,\mathrm{eV}$. Ist umgekehrt $kT \gg h\nu$, so liegen die Quantenzustände dicht genug auf der Exponentialkurve, um die klassische Verteilung anpassen zu können. Wir sprechen dann vom klassischen Hochtemperaturlimit.

! Nach den Gesetzen der Quantenmechanik sind auch **Rotationsenergien** gequantelt, weil nämlich der **Drehimpuls** eines (abgeschlossenen) Systems von Teilchen um

[1] Die Quantenstatistik zeigt im übrigen, daß jeder Quantenzustand auch ein quantisiertes Phasenraumvolumen von h^3 einnimmt.

den gemeinsamen Schwerpunkt ebenfalls in Einheiten des **Planckschen Wirkungsquantums** gequantelt ist. Danach kann das Quadrat des Drehimpulses nur die diskreten Werte

$$L^2 = \left(\frac{h}{2\pi}\right)^2 l(l+1)\,, \quad \text{mit} \quad l = 0, 1, 2, 3, \ldots \tag{14.48}$$

annehmen. Setzen wir diese Werte in (7.11) mit $\omega = L/\theta$ nach (7.3) ein, so erhalten wir für die *Rotationsenergien*

$$E_{\text{rot}} = \frac{L^2}{2\theta} = \frac{(h/2\pi)^2}{2\theta} l(l+1)\,. \tag{14.49}$$

Der Quantensprung ist umso größer, je kleiner das **Trägheitsmoment** θ ist. Das Molekül mit dem kleinsten θ ist H_2. Hier gilt bei Zimmertemperatur für den charakteristischen Vorfaktor in etwa:

$$\frac{h^2}{8\pi^2\theta} \approx kT\,.$$

Folglich sind nur die niedrigsten Rotationszustände besetzt. C_V von H_2 liegt daher noch etwas unterhalb von $(5/2)R$, dem Wert für klassische, starre, zweiatomige Moleküle.

Chemische Reaktionen können in der Regel nicht aus dem energetischen Grundzustand der beteiligten Partner heraus stattfinden, sondern müssen dazu eine Potentialschwelle überwinden, die als so genannte **Aktivierungsenergie** E_a im gegenseitigen Stoß oder auch als innere Anregungsenergie aufgebracht werden muss. Die Wahrscheinlichkeit, über diese Energie zu verfügen, wird durch den Boltzmannfaktor bestimmt, der somit die Reaktionsgeschwindigkeit kontrolliert, ausgedrückt durch das Arrheniusgesetz für eine chemische Reaktionsrate K:

$$K = K_0\,\mathrm{e}^{-\frac{E_a}{kT}}\,. \tag{14.50}$$

Bei hoher Temperatur strebt sie gegen einen reaktionsspezifischen Grenzwert K_0 (mit der Dimension s^{-1}). Viele andere Prozesse folgen ebenfalls dem **Arrheniusgesetz**, z. B. die Diffusionsgeschwindigkeit im Festkörper, weil beim Platzwechsel auf einen benachbarten Gitterplatz auch eine Potentialschwelle überwunden werden muss.

15. Erster Hauptsatz der Wärmelehre

INHALT

Wir kehren zurück zur makroskopischen Darstellung der Wärmelehre und untersuchen den Zusammenhang zwischen innerer Energie U eines idealen Gases und dessen spezifischen Wärmen. Wir wollen insbesondere den Satz von der Energieerhaltung als 1. Hauptsatz der Wärmelehre formulieren und auf ideale Gase anwenden. Seine wichtigen Konsequenzen werden uns auch im 16. Kapitel beschäftigen.

15.1 Formulierung des 1. Hauptsatzes für ideale Gase

Wir gehen von 1 Mol eines **idealen Gases** aus und erwärmen es bei *konstantem* Volumen (**isochore Zustandsänderung**) um das Temperaturintervall $\mathrm{d}T$. Wenn ansonsten keine Arbeit am oder im Gas geleistet wird (also auch keine chemische Reaktion, Dissoziation von Molekülen, Ionisation etc.), erhöht sich nach (14.27) die **innere Energie** um die zugeführte **Wärmemenge** $\mathrm{d}Q$

$$\mathrm{d}U = \mathrm{d}Q = C_\mathrm{V}\,\mathrm{d}T\,.$$

Außer durch Erwärmen ist Energiezufuhr auch durch **mechanische Arbeit** möglich, etwa durch Komprimieren des Volumens V mit einem Stempel, auf den eine äußere Kraft F_a wirke, hervorgerufen durch den äußeren Druck p_a auf dessen Querschnitt q,

$$F_\mathrm{a} = p_\mathrm{a} q\,.$$

Die Volumenänderung ist laut Abb. 15.1

$$\mathrm{d}V = -q\,\mathrm{d}x\,.$$

Wir vereinfachen im folgenden unsere Rechnungen durch die Annahme, daß der *innere* Druck p_i gleich dem *äußeren* sei

$$p_\mathrm{i} = p_\mathrm{a} = p\,.$$

E. W. Otten, *Repetitorium Experimentalphysik*,
https://doi.org/10.1007/978-3-662-59730-9_15

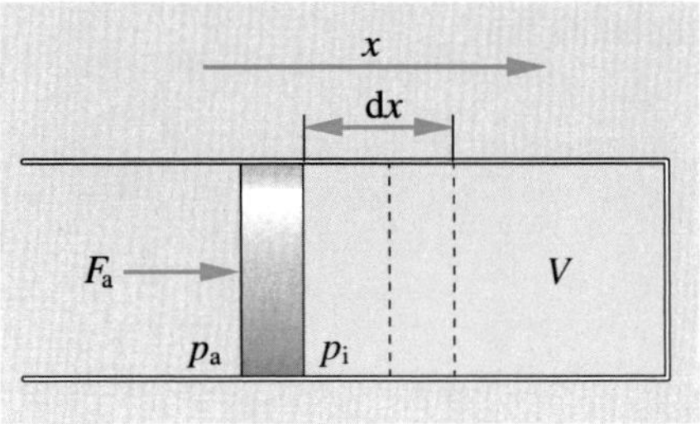

Abb. 15.1. Skizze zur Kompressionsarbeit an einem Gas

Folglich wird am Stempel *keine* Arbeit geleistet, da auf ihn keine resultierende Kraft wirkt. Die äußere Arbeit kommt also voll dem Gas zugute. Damit handeln wir uns den für praktische Anwendungen hinderlichen Nachteil ein, daß der Prozeß ohne Beschleunigung des Stempels, d. h. beliebig langsam abläuft. Wir nennen diesen idealisierten Grenzfall einen **quasistatischen Prozeß**. Die am Gas geleistete mechanische Arbeit ist demnach (vgl. auch die allgemeinere Ableitung in Abschn. 8.2, (8.20))

$$\mathrm{d}W_a = F_a\,\mathrm{d}x = p_a q\,\mathrm{d}x = -p\,\mathrm{d}V\,.$$

Da diese Arbeit das Gas als Ganzes nach Voraussetzung nicht beschleunigt hat, muß sie dessen innerer Energie zugute gekommen sein.

Die Zufuhr von Wärme- und mechanischer Energie ändert also die innere Energie insgesamt um

$$\mathrm{d}U = \mathrm{d}Q - p\,\mathrm{d}V \tag{15.1}$$

(15.1) ist bereits die hier gesuchte spezielle Form des **ersten Hauptsatzes der Wärmelehre**, die die thermische und mechanische Energiezufuhr in der inneren Energie eines Gases bilanziert.

Der 1. Hauptsatz gilt jedoch viel allgemeiner als in (15.1) formuliert. Er ist weder auf ideale Gase beschränkt, noch an quasistatische Prozesse gebunden, noch an spezielle Energieformen. Chemische, elektrische und jede andere Energie einbezogen, gilt die generelle Aussage:

In einem abgeschlossenen System ist die Summe aller Energien konstant. Die Gesamtenergie ist erhalten.

Der 1. Hauptsatz besagt insbesondere, daß es kein **perpetuum mobile 1. Art** gibt, d. h. keine Maschine, die mehr Energie produziert, als man hineinsteckt, gleichgültig ob es sich um mechanische oder Wärmeenergie handelt.

Wir benutzen den 1. Hauptsatz im folgenden in seiner Formulierung (15.1) und wenden ihn auf ideale Gase an.

15.2 Isobare Zustandsänderung

Wir führen einem Mol eines idealen Gases bei *konstantem Druck* die Wärme $\mathrm{d}Q$ zu. Dabei dehnt es sich zufolge des allgemeinen Gasgesetzes $p \cdot V = RT$ aus, drückt den Stempel heraus und leistet dabei mechanische Arbei nach außen ($\mathrm{d}W_\mathrm{a} < 0$). Die Änderung der inneren Energie $\mathrm{d}U$ ist also laut (15.1) mit $\mathrm{d}V > 0$ um den Betrag dieser Arbeit kleiner als die zugeführte Wärme. Wir lösen (15.1) nach letzterer auf

$$\mathrm{d}Q = \mathrm{d}U + p\,\mathrm{d}V\,.$$

Wir wollen in dieser Gleichung die Variablen U und V durch T ersetzen. Bezüglich U gilt nach (14.27)

$$\mathrm{d}U = C_\mathrm{V}\,\mathrm{d}T\,.$$

Bezüglich V benutzen wir das allgemeine Gasgesetz und erhalten für $p = \mathrm{const}$

$$p\,\mathrm{d}V = R\,\mathrm{d}T\,.$$

Wir fassen zusammen

$$\mathrm{d}Q = (C_\mathrm{V} + R)\,\mathrm{d}T = C_\mathrm{p}\,\mathrm{d}T \quad \text{oder} \quad C_\mathrm{p} - C_\mathrm{V} = R\,. \tag{15.2}$$

C_p ist per def. die **isobare Molwärme**. Sie ist um R größer als C_V. Der Mehrbedarf an Wärme wird in mechanische Arbeit umgesetzt.

Laut (14.27) ist weiterhin

$$C_\mathrm{V} = \frac{r}{2}R\,.$$

Daraus folgt

$$C_\mathrm{p} = \frac{r+2}{2}R \tag{15.3}$$

und schließlich für das Verhältnis aus *isobarer* und *isochorer* Molwärme

$$\frac{C_\mathrm{p}}{C_\mathrm{V}} = \frac{r+2}{r} = \gamma\,. \tag{15.4}$$

Nicht nur die isochore, sondern auch die isobare Molwärme eines idealen Gases ist alleine durch die Zahl r der Freiheitsgrade seiner Moleküle bestimmt. Ihr Verhältnis (15.4) wird auch **Adiabatenexponent** genannt. Er ist im Idealfall (r = natürliche Zahl) ein einfacher Bruch und gibt über den Typ des Gases Aufschluß.

15.3 Adiabatische Zustandsänderung

Wie wir oben gesehen haben, kommt es in der Thermodynamik entscheidend auf die *genaue* Wahl der Versuchsbedingungen an; die Ergebnisse einer Erwärmung bei konstantem Druck sind sehr verschieden von denen bei konstantem Volumen.

Die Zustandsgleichung $pV = RT$ enthält die *drei* Variablen p, V, T. Nur *zwei* von ihnen sind unabhängig voneinander wählbar. Deren Wahl bestimmt den Wert der dritten. Halten wir eine der drei Variablen konstant, so stehen die beiden übrigen in linearem (oder reziprokem) Zusammenhang miteinander. Das haben wir bei isochoren und isobaren Zustandsänderungen schon mit Vorteil ausgenutzt, um zu einfachen Ergebnissen zu kommen.

Der 1. Hauptsatz enthält eine *vierte* Variable, die zugeführte Wärmemenge Q. Ein Prozeß, der dem System *keine* Wärme zuführt ($\mathrm{d}Q = 0$), heißt **adiabatisch**. Wir realisieren ihn durch Isolation des Systems von der Außenwelt.

Man gewinnt die wichtigsten Aussagen der Thermodynamik durch geschicktes Manipulieren mit den vier charakteristischen **Zustandsänderungen**:

- **isochor**: $\mathrm{d}V = 0$
- **isobar**: $\mathrm{d}p = 0$
- **adiabatisch**: $\mathrm{d}Q = 0$
- **isotherm**: $\mathrm{d}T = 0$.

Adiabatengleichung

Wir suchen zunächst unter der *Bedingung* $\mathrm{d}Q = 0$ aus dem 1. Hauptsatz und der Gasgleichung einen Zusammenhang zwischen p und V. Unser Ausgangspunkt ist also

$$\mathrm{d}U = \mathrm{d}Q - p\,\mathrm{d}V = -p\,\mathrm{d}V\,. \tag{15.5}$$

Andererseits gilt für 1 Mol eines idealen Gases laut (14.27)

$$U = C_\mathrm{V}T = \frac{1}{2}rRT\,.$$

Ersetzen wir darin RT durch pV, so folgt

$$U = \frac{r}{2}pV\,. \tag{15.6}$$

Damit ist die Temperatur aus den Gleichungen eliminiert. Einsetzen von (15.6) in (15.5) ergibt

$$\mathrm{d}U = \frac{r}{2}\mathrm{d}(pV) = \frac{r}{2}(p\,\mathrm{d}V + V\,\mathrm{d}p) = -p\,\mathrm{d}V \quad \curvearrowright$$

$$\frac{(r/2)+1}{(r/2)}\frac{\mathrm{d}V}{V} = \gamma\frac{\mathrm{d}V}{V} = -\frac{\mathrm{d}p}{p}\,. \tag{15.7}$$

Wir lösen diese Differentialgleichung durch Integration

$$\gamma \ln V = -\ln p + \mathrm{const}\,.$$

Übergang vom Logarithmus zum Numerus führt zu

$$V^\gamma = \mathrm{const}/p$$

oder

$$pV^\gamma = p_0V_0^\gamma = \mathrm{const}\,, \quad \text{mit} \quad \gamma = \frac{r+2}{r} = \frac{C_\mathrm{p}}{C_\mathrm{V}}\,. \tag{15.8}$$

Gleichung (15.8) ist die gesuchte **Adiabatengleichung** zwischen Druck und Volumen eines idealen Gases. Sie ist durch den **Adiabatenexponenten** $\gamma > 1$ gekennzeichnet, um den sie sich vom Boyle-Mariotteschen Gesetz (9.31) unterscheidet. Er verursacht einen steileren Abfall von p bei wachsendem V.

Schallgeschwindigkeit und Adiabatenexponent

Kompressionswellen haben nach Abschn. 12.2 die **Schallgeschwindigkeit**

$$c = \sqrt{\frac{K}{\varrho}},$$

mit dem *Kompressionsmodul* (8.12a),

$$K = -V\,\frac{\mathrm{d}p}{\mathrm{d}V}.$$

Entnehmen wir $\mathrm{d}p/\mathrm{d}V$ aus (15.7), so folgt für den **adiabatischen Kompressionsmodul**

$$K = \gamma p. \tag{15.9}$$

Er ist um den Faktor γ größer als im isothermen Fall des Boyle-Mariotteschen Gesetzes, für den $K = p$ gilt. Daraus ergibt sich die **Schallgeschwindigkeit** zu (12.18)

$$c = \sqrt{\frac{\gamma p}{\varrho}}.$$

Dabei ist vorausgesetzt, daß die Zustandsänderung im *schnellveränderlichen* Schallfeld adiabatisch sei. Das ist richtig, weil die **Wärmeleitung** im Gas so schlecht ist, daß innerhalb der kurzen Zeit einer Schwingungsperiode kaum Wärmetransport zu irgendwelchen Wänden oder zwischen Wellental und Wellenberg stattfinden kann. Andererseits ist die Schallgeschwindigkeit sehr gut meßbar und liefert deswegen die besten Werte für γ. In Tabelle 15.1 ist $C_\mathrm{p}/C_\mathrm{V}$ nach Fällen (s. Abschn. 14.5) klassifiziert und mit Meßwerten nach (12.18) verglichen.

Tabelle 15.1. Theoretische und experimentelle Adiabatenexponenten

Theoretische γ-Werte

Fall	γ_th
(1) einatomig	5/3 = 1,666
(2) zweiatomig ohne Schwingung	7/5 = 1,4
(3) zweiatomig mit Schwingung	9/7 = 1,286
(4) mehratomig mit Schwingung	$1 < \gamma < 9/7$

Experimentelle γ-Werte

Gas	He	Ar	H_2	O_2	HI	I_2	C_2H_6
$t/°\mathrm{C}$	−180	15	100	100	100	185	15
γ_ex	1,66	1,668	1,404	1,399	1,40	1,3	1,22
Fall	(1)	(1)	(2)	(2)	(2)	(3)	(4)

Die Meßwerte zeigen, daß erst bei schweren, zweiatomigen Molekülen, z. B. I_2 die Schwingung angeregt ist ($\gamma < 1{,}4$), während bei H_2 nicht einmal die Rotation voll angeregt ist ($\gamma > 1{,}4$).

Temperaturänderung und Arbeit bei adiabatischen Prozessen

Bei **adiabatischer Kompression** wird äußere Arbeit W_a am Gas geleistet, ohne daß Wärme abgeführt werden könnte. Deswegen erhöhen sich innere Energie und Temperatur des Gases. Nach (15.5) gilt mit $\mathrm{d}Q = 0$ für ein Mol

$$\mathrm{d}W_\mathrm{a} = -p\,\mathrm{d}V = \mathrm{d}U = C_\mathrm{V}\,\mathrm{d}T = \frac{1}{2} r R\,\mathrm{d}T\,.$$

Wir erhalten daraus unmittelbar den Zusammenhang zwischen äußerer Arbeit und Temperaturänderung im adiabatischen Prozeß

$$W_{\mathrm{a},1\to 2} = C_\mathrm{V}(T_2 - T_1) = \frac{1}{2} r R (T_2 - T_1)\,. \tag{15.10}$$

Interessiert man sich für die adiabatische Temperaturänderung als Funktion des Volumens oder Drucks, so ersetzt man in der Adiabatengleichung (15.8) p oder V durch T mit Hilfe von $pV = RT$ und erhält

$$T V^{\gamma-1} = \text{const}\,, \tag{15.11}$$

oder

$$\frac{T^\gamma}{p^{\gamma-1}} = \text{const}\,. \tag{15.12}$$

Zu (15.12) bringen wir zwei Beispiele im Versuch

VERSUCH 15.1

Erzeugung von Kohlensäureschnee. Kohlensäure steht unter hohem Druck in einer Stahlflasche. Beim Ausströmen entspannt es sich adiabatisch auf Atmosphärendruck und kühlt dabei so stark ab, daß es zu Schnee gefriert. Hierbei spielt allerdings nicht nur (15.12), sondern auch der Joule-Thomson-Effekt eine große Rolle (s. Kap. 17). Demzufolge leistet das Gas bei seiner Entspannung nicht nur Arbeit gegen den äußeren Luftdruck durch Verdrängung von Luft, sondern auch gegen die inneren Anziehungskräfte seiner Moleküle untereinander.

VERSUCH 15.2

Pneumatische Zündung. Beim Dieselmotor wird die Zündtemperatur durch starke, adiabatische Kompression im Zylinder erreicht. Bei einer Verdichtung von 20 : 1 und $\gamma - 1 \approx 0{,}4$ (Luft) erhöht sich die Temperatur um den Faktor $20^{0{,}4} \approx 3{,}3$, also schätzungsweise von 300 K auf 1000 K und überschreitet damit den Flammpunkt der im Zylinder suspendierten Dieselöltröpfchen. Wir können auch diesen Effekt im Schauversuch demonstrieren, indem wir ein Luft-Äther-Gemisch in einem kleinen Gaskolben durch Kompression per Hand zum Zünden bringen.

15.4 Wärme und Arbeit bei isothermer Zustandsänderung

Die **isotherme Kompression** eines idealen Gases hatten wir in Kap. 9 bereits als **Boyle-Mariottesches Gesetz** (9.31) kennengelernt und in Kap. 13 als Spezialfall der allgemeinen Gasgleichung (13.12) mit der Nebenbedingung $T = \text{const}$ behandelt:

$$pV = RT = \text{const}\,.$$

Um $T = \text{const}$ zu realisieren, muß das eingeschlossene Gas in wärmeleitenden Kontakt mit einem **Wärmebad** *gleicher* Temperatur gebracht werden, das die umgesetzte Wärmemenge aufnimmt oder abgibt (s. Abb. 15.2).

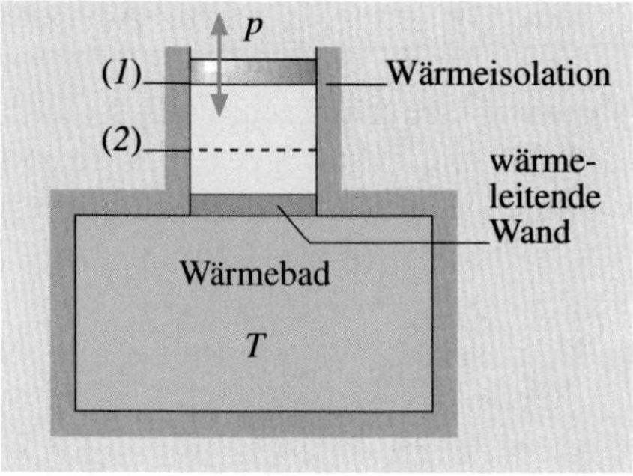

Abb. 15.2. Isotherme Kompression eines Gases in Kontakt mit einem Wärmebad

Wir wollen diese Wärmemenge jetzt über den **1. Hauptsatz** mit der Kompressionsarbeit verknüpfen. Wegen $\mathrm{d}T = 0$, ändert sich auch die innere Energie nicht.

$$\mathrm{d}U = C_\mathrm{V}\,\mathrm{d}T = \mathrm{d}Q - p\,\mathrm{d}V = 0 \quad \curvearrowright \quad \mathrm{d}Q = p\,\mathrm{d}V\,. \tag{15.13}$$

Folglich wird die bei der Kompression aufgewandte mechanische Arbeit *völlig* in Wärme umgesetzt, die an das Wärmebad abgegeben wird. Umgekehrt wird bei isothermer Expansion die *gesamte*, dem Wärmebad entnommene Wärme in mechanische Arbeit umgesetzt. Wir berechnen diese Arbeit. Es gilt:

$$\mathrm{d}W_\mathrm{a} = -p\,\mathrm{d}V = -\frac{RT}{V}\,\mathrm{d}V \quad \curvearrowright$$

$$W_{\mathrm{a}(1)\to(2)} = -\int\limits_{V_1}^{V_2} \frac{RT}{V}\,\mathrm{d}V = -RT(\ln V_2 - \ln V_1)$$

oder

$$W_{\mathrm{a}(1)\to(2)} = RT\ln\left(\frac{V_1}{V_2}\right)\,. \tag{15.14}$$

Mit der Herleitung der **adiabatischen** (15.10) und **isothermen Arbeit** (15.14) haben wir die entscheidende Vorarbeit geleistet, um in Kap. 16 den Wirkungsgrad einer Wärmekraftmaschine ausrechnen zu können. Das wird uns über deren technische Bedeutung hinaus auch zu fundamentalen physikalischen Erkenntnissen führen.

15.5 Isothermen und Adiabaten im pV-Zustandsdiagramm

Es ist hilfreich, Zustandsänderungen als Kurven oder Kurvenscharen in **Zustandsdiagrammen** zu veranschaulichen. In einer zweidimensionalen Darstellung wählen wir z. B. Druck und Volumen als Variable der Zustandsgleichungen (p, V-**Diagramm**). **Isothermen** tragen wir darin als Hyperbeln

$$pV = RT = \text{const}$$

ein. Die Temperatur ist dabei der Parameter der isothermen Kurvenschar (s. Abb. 15.3). Die **Adiabaten**

$$pV^{\gamma} = \text{const}$$

! bilden im pV-Diagramm wegen $\gamma > 1$ *steilere* Hyperbeln, d. h. *jede* Adiabate schneidet *alle* Isothermen. Sie läuft daher bei der Kompression zu immer höheren Temperaturen. Anschaulich ist klar: Die Adiabaten müssen steiler sein als die Isothermen, weil die bei der Kompression auftretende Erhitzung nicht weggekühlt wird und daher zu der isothermen Druckerhöhung noch diejenige durch Temperaturerhöhung tritt.

Weiter erkennen wir:

Die unter einer Kurve im p, V-Diagramm liegende Fläche

$$A = \int_{P_1}^{P_2} p\,\mathrm{d}V = -W_{\mathrm{a}\,1\to 2} \tag{15.15}$$

entspricht der **mechanischen Arbeit**, die das Gas auf dem Wege von P_1 nach P_2 geleistet hat.

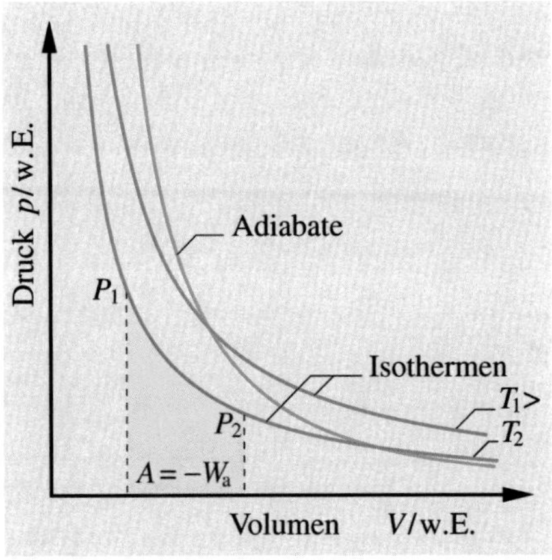

Abb. 15.3. pV-Diagramm von 2 Isothermen bei den Temperaturen T_1 und T_2 ($T_1 > T_2$) sowie von einer Adiabate eines einatomigen Gases mit $\gamma = 5/3$

16. Kreisprozesse und zweiter Hauptsatz der Wärmelehre

INHALT

Wir haben in Kap. 15 mit dem Studium der vier Modellprozesse isochor, isobar, isotherm und adiabatisch alle Vorbereitungen getroffen, um eine Wärmekraftmaschine und deren Wirkungsgrad zu untersuchen. Das führt uns weiter zur Diskussion irreversibler und reversibler Prozesse und damit zum 2. Hauptsatz der Wärmelehre und zum Begriff der Entropie.

16.1 Carnotscher Kreisprozeß

Kraftmaschinen (Motoren) arbeiten in der Regel in einem *periodischen Rhythmus*, der sie immer wieder in die Ausgangssituation zurückbringt. Man denke an eine Dampfmaschine. In der Wärmelehre spricht man in diesem Zusammenhang von einem **Kreisprozeß**. Genauer gesagt, verlangt man beim Kreisprozeß, daß nicht nur die mechanischen Teile des Motors, z. B. die Kolben, sondern auch das **Medium**, mit dem er arbeitet, also z. B. der Wasserdampf einer Dampfmaschine, wieder im Ausgangszustand ist.

> Folglich durchläuft das Medium im pV-Diagramm eine geschlossene Kurve; daher der Name Kreisprozeß.

Die **Carnotmaschine** ist eine Modellmaschine, die einen *idealisierten Kreisprozeß* mit einem **idealen Gas** auf zwei **Isothermen** und zwei **Adiabaten** durchläuft (s. Abb. 16.1 und 16.2). Die Maschine soll *ohne* Reibungs- und Wärmeverluste laufen. Weiterhin sollen der Druckunterschied zu beiden Seiten des Kolbens ebenso wie die Temperaturdifferenz zwischen dem Arbeitsgas und den angekoppelten Wärmebädern verschwindend klein sein (**quasistatischer Prozeß**). Unter solchen

E. W. Otten, *Repetitorium Experimentalphysik*,
https://doi.org/10.1007/978-3-662-59730-9_16

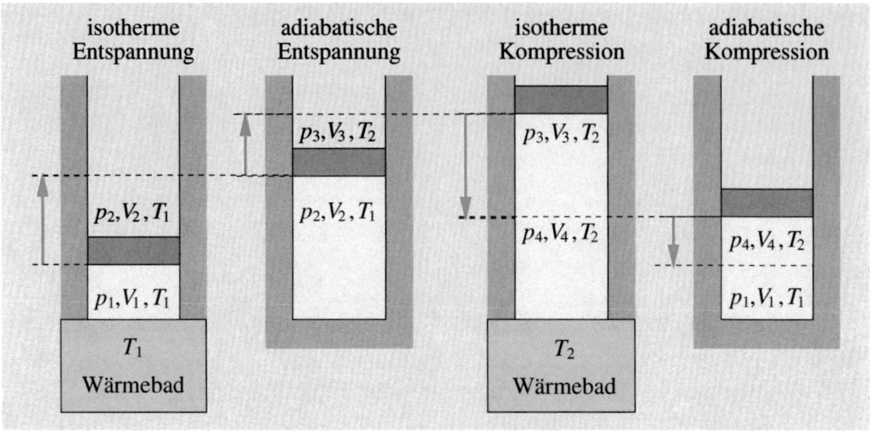

Abb. 16.1. Schema der vier Phasen des Carnotschen Kreisprozesses (Erläuterung im Text)

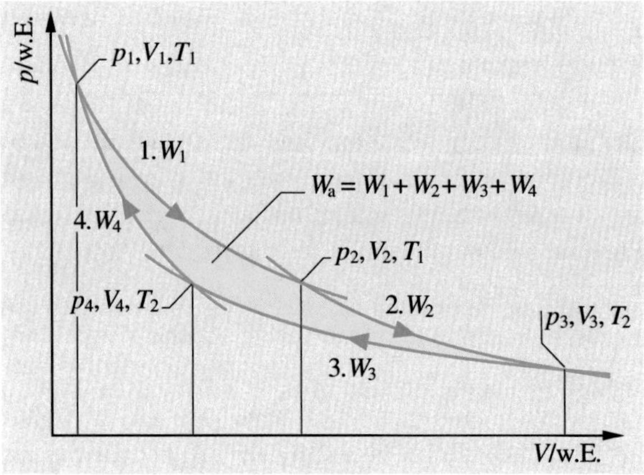

Abb. 16.2. Carnotscher Kreisprozeß im pV-Diagramm (Erläuterung im Text)

Bedingungen ist der **Kreisprozeß reversibel**, eine Eigenschaft, deren Bedeutung wir in Abschn. 16.4 diskutieren werden. Im folgenden wählen wir als Arbeitsmedium 1 Mol eines idealen Gases.

Über die vier Phasen des **Carnotschen Kreisprozesses** ziehen wir die Bilanz der beteiligten Wärmemengen Q_i und mechanischen Arbeiten $W_i \equiv W_{a_i}$, wobei ein positives Vorzeichen wie üblich bedeutet, daß die Maschine Wärme bzw. Arbeit aufgenommen hat und umgekehrt. Die Indizes beziehen sich auf die verschiedenen Phasen der Maschine (vgl. Abb. 16.1 und 16.2).

1) *Isotherme Entspannung*: Laut (15.14) gilt

$$W_1 = -Q_1 = RT_1 \ln\left(\frac{V_1}{V_2}\right) \quad (< 0 \quad \text{wegen} \quad V_1 < V_2)\,.$$

Q_1 ist die dem wärmeren Bad bei der Temperatur T_1 *entnommene* Wärme.

2) *Adiabatische Entspannung*: Laut (15.10) gilt

$$W_2 = C_V(T_2 - T_1) \quad (< 0 \quad \text{wegen} \quad T_2 < T_1)\,.$$

3) *Isotherme Kompression*:

$$W_3 = -Q_2 = RT_2 \ln\left(\frac{V_3}{V_4}\right) \quad (> 0 \quad \text{wegen} \quad V_3 > V_4)\,.$$

Q_2 ist die vom kälteren Bad bei der Temperatur T_2 *weggekühlte* Wärme.

4) *Adiabatische Kompression*:

$$W_4 = C_V(T_1 - T_2) = -W_2 \quad (> 0 \quad \text{wegen} \quad T_1 > T_2)\,.$$

Da die beiden adiabatischen Arbeiten W_2 und W_4 sich aufheben, erhalten wir für die gesamte äußere *Arbeit*

$$\begin{aligned} W_a &= W_1 + W_2 + W_3 + W_4 = W_1 + W_3 \\ &= RT_1 \ln\left(\frac{V_1}{V_2}\right) + RT_2 \ln\left(\frac{V_3}{V_4}\right) = -Q_1 - Q_2 < 0\,. \end{aligned} \tag{16.1}$$

W_a ist *negativ*, d. h., die Maschine hat mechanische Arbeit abgegeben. Sie ist gleich der Differenz der aufgenommenen zur abgegebenen Wärmemenge und erfüllt damit den Energiesatz. Die W_i sind die Flächen unter den entsprechenden Wegstücken im p, V-Diagramm der Abb. 16.2.

Unter Beachtung der Vorzeichen erkennen wir, daß die *resultierende Arbeit* W_a gleich der vom Kreisprozeß eingeschlossenen Fläche ist. Wird er im Uhrzeigersinn durchlaufen, so hat die Maschine mechanische Arbeit abgegeben, umgekehrt hätte sie welche aufgenommen.

Wir können V_3 und V_4 aus (16.1) eliminieren, indem wir für die Phasen 2 und 4 die **Adiabatengleichung** (15.11) benutzen

$$T_1 V_2^{\gamma-1} = T_2 V_3^{\gamma-1} \qquad \text{und}$$

$$T_1 V_1^{\gamma-1} = T_2 V_4^{\gamma-1} \qquad \curvearrowright \qquad \text{durch Division}$$

$$\left(\frac{V_2}{V_1}\right)^{\gamma-1} = \left(\frac{V_3}{V_4}\right)^{\gamma-1} \curvearrowright \frac{V_2}{V_1} = \frac{V_3}{V_4} \curvearrowright$$

$$W_a = -R(T_1 - T_2) \ln\left(\frac{V_2}{V_1}\right)\,. \tag{16.2}$$

Als **Wirkungsgrad η der Wärmekraftmaschine** bezeichnen wir das Verhältnis aus der von der Maschine geleisteten Arbeit zu der primär hineingesteckten Wärme aus dem Reservoir bei der *höheren* Temperatur T_1

$$\eta_i = \frac{-W_a}{Q_1} = \frac{|W_a|}{|Q_1|} = \frac{R(T_1 - T_2)\ln(V_2/V_1)}{RT_1 \ln(V_2/V_1)} = \frac{T_1 - T_2}{T_1}\,. \tag{16.3}$$

Die Schlußformel ist verblüffend einfach: Der Wirkungsgrad einer Carnotmaschine ist gleich dem relativen Temperaturunterschied der Wärmebäder.

Das ist anschaulich auch aus den Flächenverhältnissen im pV-Diagramm (Abb. 16.2) plausibel: Der Wirkungsgrad

$$\eta_\mathrm{i} = \frac{W_1 - W_3}{W_1}$$

ist umso größer, je größer der relative Flächenunterschied zwischen W_1 und W_3 ist; folglich sollte die erste Isotherme bei sehr hohem T_1, die zweite bei sehr niedrigem T_2 verlaufen.

! Wir werden später zeigen, daß der Wirkungsgrad einer Carnotmaschine nach dem 2. Hauptsatz eine *obere Grenze* für jeden *beliebigen* Kreisprozeß darstellt, insofern auch als **idealer Wirkungsgrad** η_i mit dem Index i für ideal bezeichnet wird. Verzichten wir auf die Kreisprozeßbedingung, so gilt dieser Satz nicht! Beschränken wir uns z. B. auf die isotherme Entspannung (15.14), so ist in diesem Prozeß der Wirkungsgrad offensichtlich 100 %.

16.2 Wärmekraftmaschinen, Wärmepumpen und Kühlmaschinen

Die technische Bedeutung von (16.3) ist immens. Wir diskutieren im folgenden mehrere Beispiele.

Dampfkraftwerk

Würden wir z. B. $T_1 = 600\,\mathrm{K}$, $T_2 = 300\,\mathrm{K}$ wählen, so wäre $\eta_\mathrm{i} = 0,5$. De facto wird in modernen Kraftwerken $\eta \approx 0,45$ erreicht, allerdings bei einer sehr viel höheren Temperatur $T_1 \approx 900\,\mathrm{K}$. Man geht mit T_1 an die Grenze der Belastbarkeit der Stähle in den Dampfkesseln und Turbinen, die bei leichter Rotglut arbeiten. Bei $T_1 = 900\,\mathrm{K}$ wäre $\eta_\mathrm{i} \approx 2/3$. Die Differenz zum erreichten Wert geht auf das Konto *irreversibler Verluste*. Daß das Medium „Wasserdampf" kein ideales Gas ist, sondern im Gegenteil während des Kreisprozesses je einmal verdampft und wieder kondensiert wird, spielt dabei keine prinzipielle Rolle! Man kann zeigen, daß auch mit **realen Gasen** η_i erreicht würde, wenn der Prozeß reversibel geführt wäre.

Automotor

Der Automotor arbeitet bei noch höheren Primärtemperaturen im Zentrum der Explosion des Benzin-Luft-Gemisches. Allerdings geht ein hoher Anteil der Verbrennungswärme wegen der forcierten Kühlung an den Zylinderwänden verloren. Man erreicht $\eta \approx 0,3$. Trotzdem beruht der Vorteil des Dieselmotors gegenüber dem Benzinmotor gerade darauf, daß aufgrund des höheren Flammpunktes des Dieselöls eine höhere Arbeitstemperatur durch höhere Verdichtung möglich ist. Im übrigen durchläuft der Automotor *keinen echten* Kreisprozeß, weil das Arbeitsgas chemisch verändert und nicht in den Ausgangszustand zurückgeführt, sondern abgeblasen wird.

Wärmepumpen

Durchläuft eine Wärmekraftmaschine einen Kreisprozeß im pV-Diagramm (Abb. 16.2) entgegen dem Uhrzeigersinn, so nimmt sie mechanische Arbeit auf. Diese wird in Wärme umgesetzt, die dem Bad auf der höheren Temperatur zugute kommt. Das könnte man durch Umsetzen in Reibungs- oder Joulesche Wärme oder Verbrennung im Sinne von Heizwärme auch direkt erreichen. Der Witz, den Umweg über die *rückwärts* laufende Wärmekraftmaschine zu gehen, liegt aber darin, daß dabei *zusätzlich* dem kälteren Reservoir Wärme *entzogen* wird, die ebenfalls dem wärmeren zugute kommt. Das ist das Prinzip der **Wärmepumpe**. Ihre Bedeutung liegt in der Beheizung von Räumen, indem man der kälteren Außenwelt weitere Wärme entzieht. Da es jetzt um die dem wärmeren Bad zugeführte Wärme Q_1 geht, steht sie im Zähler und die mechanische Arbeit im Nenner des Wirkungsgrades

$$\eta_{\text{i,Wärmep.}} = \frac{|Q_1|}{|W_a|} = \frac{T_1}{T_1 - T_2} = \frac{1}{\eta_i} > 1 . \tag{16.4}$$

Er ist per definitionem gleich dem Reziprokwert des Wirkungsgrades einer normallaufenden Carnotmaschine und daher umso *größer*, je *kleiner* die relative Temperaturdifferenz ist. Es kommt also darauf an, den Wärmeträger (Heizwasser) bei möglichst *tiefer* Temperatur T_1 zu fahren; folglich braucht man große Radiatoren, am besten Fußbodenheizung, um dennoch genügend Wärmeaustausch zu haben.

Der Wirkungsgrad ist in der Regel $\gg 1$. Beispiel:

$$T_1 = 300\,\text{K}, \quad T_2 = 270\,\text{K} \quad \curvearrowright \quad \eta_{\text{i,Wärmep.}} = 10 .$$

Es wäre also viel sparsamer, mit elektrischer Energie Wärmepumpen zu betreiben, statt sie in einem elektrischen Widerstand direkt zu verheizen. Unter diesem Gesichtspunkt wäre es auch lohnend, primäre Wärmeenergie (Öl, Gas, Kohle, Kernkraft) nicht direkt zu Heizzwecken zu benutzen, sondern zunächst in Motorleistung umzusetzen oder zu verstromen und dann über eine Wärmepumpe wieder in Wärme zu verwandeln. Dabei ließe sich ein Gesamtwirkungsgrad von

$$\eta \approx \eta_{\text{Kraftwerk}} \cdot \eta_{\text{Wärmep.}} \approx 0,4 \cdot 10 \approx 4$$

erreichen. (In Anbetracht der Investitionskosten von Wärmepumpen ist das Verfahren jedoch bei den gegenwärtigen, zu niedrigen Primärenergiepreisen nicht sonderlich rentabel.)

VERSUCH 16.1

Stirlingmotor. Als Modell einer Wärmekraftmaschine, die vom Konzept her der Carnotmaschine recht nahe kommt, gilt der Stirlingmotor. Er arbeitet mit einer abgeschlossenen Luftmenge, die sich mit Hilfe eines Arbeits- und eines Verdrängerkolbens zwischen einem erhitzten Entspannungs- und einem wassergekühlten Kompressionsraum hin und her bewegt und dabei am Arbeitskolben Arbeit abgibt. Im pV-Diagramm bewegt sich das Gas (näherungsweise) entlang von zwei Isothermen und zwei Isochoren (s. Abb. 16.3). Mittels einer sinnreichen Mechanik zeigt ein Lichtzeiger den periodischen Durchlauf des pV-Diagramms auf der Leinwand an. Treibt man den Stirlingmotor von außen an, so arbeitet er als Kühlmaschine und gefriert z. B. Wasser im jetzt nicht beheizten Entspannungsraum. Auf eine Beschreibung der mechanischen Details sei an dieser Stelle verzichtet.

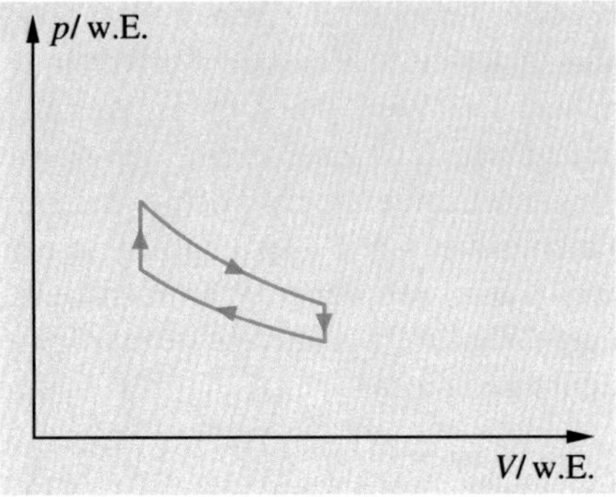

Abb. 16.3. Kreisprozeß des Stirlingmotors im p, V-Diagramm

Kühlmaschinen

Auch eine **Kühlmaschine** ist eine rückwärtslaufende Wärmekraftmaschine. Im Gegensatz zur Wärmepumpe interessieren wir uns hier aber nicht für die dem wärmeren Bad zugeführte, sondern die dem kälteren *entzogene* Wärmemenge. Als *Wirkungsgrad der Kühlmaschine* bezeichnen wir demnach das Verhältnis

$$\eta_{\mathrm{i,Kühlm.}} = \frac{|Q_2|}{|W_a|} = \frac{RT_2 \ln(V_2/V_1)}{R(T_1 - T_2)\ln(V_2/V_1)} = \frac{T_2}{T_1 - T_2} . \tag{16.5}$$

Ebenso wie bei der Wärmepumpe ist der Wirkungsgrad umso *höher*, je *kleiner* die zu überbrückende Temperaturdifferenz ist. Tiefkühlen kostet also unverhältnismäßig mehr mechanische Energie als schwache Kühlung. In der Regel ist aber $\eta_{\mathrm{Kühlm.}} > 1$.

16.3 Grenzwert des Wirkungsgrads und zweiter Hauptsatz der Wärmelehre

Wir werden in diesem Abschnitt zeigen, daß der Wirkungsgrad der **Carnotmaschine**

$$\eta_i = \frac{T_1 - T_2}{T_1}$$

eine obere Grenze des Wirkungsgrads einer *jeden* Wärmekraftmaschine – welcher Art auch immer – bildet.

Wir wollen den Beweis so führen, daß wir die entgegengesetzte Annahme zum Widerspruch mit der Erfahrung führen.

Wir nehmen also an, wir hätten eine Super-Carnotmaschine mit einem Wirkungsgrad

$$\eta_s > \eta_i .$$

Wir koppeln sie mit einer Carnotmaschine derart, daß erstere als Wärmekraftmaschine und letztere als Wärmepumpe zwischen zwei Bädern bei den Temperaturen

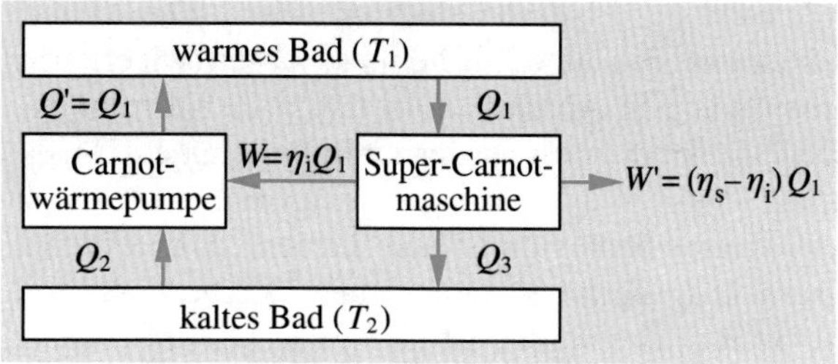

Abb. 16.4. Flußdiagramm einer Super-Carnotmaschine gekoppelt mit einer Carnotwärmepumpe

T_1 und T_2 mit $T_1 > T_2$ arbeiten. Der Prozeß ist in Abb. 16.4 als Flußdiagramm dargestellt, wobei wir die beteiligten Wärmemengen und Arbeiten alle *positiv* zählen und ihre Flußrichtung durch *Pfeile* charakterisieren.

Die Super-Carnotmaschine leistet nach Voraussetzung die Arbeit

$$W_s = \eta_s Q_1 > \eta_i Q_1 .$$

Hiervon führen wir den Bruchteil

$$W = \eta_i Q_1$$

der Carnotwärmepumpe zu. Diese gibt an das wärmere Bad (T_1) die ihm entnommene Wärme Q_1 zurück gemäß:

$$Q' = \frac{W}{\eta_i} = \frac{\eta_i Q_1}{\eta_i} = Q_1 .$$

Das wärmere Bad bleibt also im Endeffekt unberührt. Die Carnotwärmepumpe entnimmt aber dem kälteren Bad die Wärme

$$Q_2 = (1 - \eta_i) Q_1 ,$$

während die Super-Carnotmaschine darin lediglich die Wärme

$$Q_3 = (1 - \eta_s) Q_1 < Q_2$$

einspeist. Die Differenz

$$W' = (\eta_s - \eta_i) Q_1 = Q_2 - Q_3$$

wäre die gewonnene Arbeit, die letztlich *nur* aus der Abkühlung des kälteren Bades resultierte.

! Die Gewinnung von Arbeit aus bloßer Abkühlung eines Wärmereservoirs widerspricht zwar nicht dem ersten Hauptsatz von der Energieerhaltung, aber dennoch jeder physikalischen Erfahrung. Letztere wird auch von der statistischen Physik untermauert, aus der wir zu diesem Thema einige Überlegungen anführen:

Zwar ist es möglich, ja sogar unvermeidlich, daß sich *makroskopische*, mechanische Energie (durch Reibung) in *mikroskopische*, statistisch auf alle Atome verteilte Wärmeenergie umwandelt, aber nicht umgekehrt in dem Sinne, daß dieser statistische Prozeß spontan rückgängig gemacht würde wie ein rückwärts laufender Film. Das sei an folgendem Reibungsmodell erläutert: Wirft man einen großen Puck auf eine Eisfläche mit vielen kleinen Pucks, dann wird der große den kleinen seinen Impuls in vielen Einzelstößen übertragen und dabei zur Ruhe kommen. Das gilt auch dann, wenn diese primären Stöße und alle folgenden der Pucks untereinander und mit den reflektierenden Banden der Eisfläche elastisch wären. Die Kleinen werden zwar den Großen in Sekundärstößen ein wenig herumschubsen (wir erinnern an die Brownsche Molekularbewegung in Abschn. 14.4), ihm aber nie mehr den Originalimpuls voll zurückgeben und dabei selber wieder zur Ruhe kommen. Um das zu erreichen, müßten nämlich *alle* Pucks ihre Impulse zu einem *scharfen* Zeitpunkt *exakt* umkehren, etwa durch senkrechte Reflexion an den Banden. Dann würde in der Tat dieser Prozeß wieder zum Ausgangspunkt zurücklaufen (**Zeitumkehr**, vgl. Abschn. 5.7). Die Erzeugung von Reibungswärme ist also deswegen *irreversibel*, weil eine solche simultane Impulsumkehr wegen der großen Zahl der Teilchen völlig unwahrscheinlich ist.

Die **Irreversibilität** des physikalischen Geschehens prägt dem Ablauf der Zeit eine *unverkennbare Richtung* auf, also eine eindeutige Unterscheidung zwischen einem früheren und einem späteren Zeitpunkt.

Hierzu ein weiteres Beispiel: Es mögen sich einige wenige Gasatome in einem Gefäß befinden. Wir öffnen den Hahn zu einem zweiten, völlig leeren. Dann werden diese Atome gelegentlich durch die Öffnung fliegen, hin und her, und sich statistisch auf beide Volumina verteilen. Sind es nur wenige, so wird die Chance nicht schlecht sein, sie zu einem gewissen Zeitpunkt wieder alle im ersten Gefäß anzutreffen. Sind es aber viele Atome, z. B. $10^{24} \approx 1$ Mol, so ist nach Erreichen der Gleichgewichtsdichte die **statistische Schwankung** um dieses Gleichgewicht *beliebig* klein. Das Gas ist *irreversibel* in das zweite Gefäß eingeströmt!

Das ist die Grundaussage des **2. Hauptsatzes der Wärmelehre**. Er läßt sich auf viele verschiedene, äquivalente Weisen ausdrücken. Wir haben hier folgende gewonnen:

Der Wirkungsgrad einer Wärmekraftmaschine ist auf

$$\eta \leq \eta_i = \frac{T_1 - T_2}{T_1} \tag{16.6}$$

beschränkt. Oder: Es gibt kein **perpetuum mobile 2. Art**, das mechanische Arbeit aus der bloßen Abkühlung eines Wärmebades schafft.

Wir werden diese Betrachtungen im Zusammenhang mit dem Entropiebegriff in Abschn. 16.6 und 16.7 weiterführen.

16.4 Reversible Kreisprozesse

Reversible Kreisprozesse müssen nicht unbedingt Carnotprozesse sein. Aber sie müssen unter allen Umständen vermeiden, daß die statistische Gleichverteilung der Atome – sei es bezüglich ihres Ortes oder ihrer Energie oder sonst einer Verteilungsgröße – zunimmt. Man muß alle Prozesse, die in diese Richtung wirken, ausschließen, z. B. Reibung, Wärmeleitung, Diffusion etc.

Habe eine reversible Wärmekraftmaschine den Wirkungsgrad η_r, so arbeitet sie als Wärmepumpe notwendigerweise mit dem Wirkungsgrad $1/\eta_r$; ansonsten wäre der Prozeß nicht umkehrbar.

Daraus können wir aber weiter schließen, daß *jeder* reversible Kreisprozeß *genau* den Wirkungsgrad des Carnotschen hat.

$$\eta_r = \eta_i = \frac{T_1 - T_2}{T_1} . \tag{16.7}$$

Den Beweis führen wir wie im vorigen Abschnitt, indem wir die Maschine unter der Annahme eines kleineren Wirkungsgrads

$$\eta_r < \eta_i$$

diesmal als Wärmepumpe einsetzen, mit einer Carnotmaschine kombinieren und dadurch die Annahme zum Widerspruch mit dem 2. Hauptsatz führen. Wir betrachten hierzu das Flußdiagramm in Abb. 16.5. Die von der Carnotmaschine aus der Wärme Q_1 gewonnene Arbeit teilen wir wieder auf in einen Anteil

$$W = \eta_r Q_1 ,$$

den wir der reversiblen Wärmepumpe zuführen, und den Rest

$$W' = (\eta_i - \eta_r) Q_1 ,$$

den wir als Arbeitsgewinn verbuchen können. Denn zur Rücklieferung der Wärme $Q' = Q_1$ an das wärmere Bad genügt der reversiblen Maschine der Bruchteil W, weil sie im Rückwärtsgang ja mit einem höheren Wirkungsgrad

$$\frac{1}{\eta_r} > \frac{1}{\eta_i}$$

als eine Carnotmaschine arbeitet und eine „Super-Wärmepumpe" darstellt. Sie entzieht dem kälteren Bad die Wärme:

$$Q_2 = (1 - \eta_r) Q_1 ,$$

während die Carnotmaschine nur den Betrag

$$Q_3 = (1 - \eta_i) Q_1$$

einspeist und den Rest

$$W' = Q_2 - Q_3 = (\eta_i - \eta_r) Q_1$$

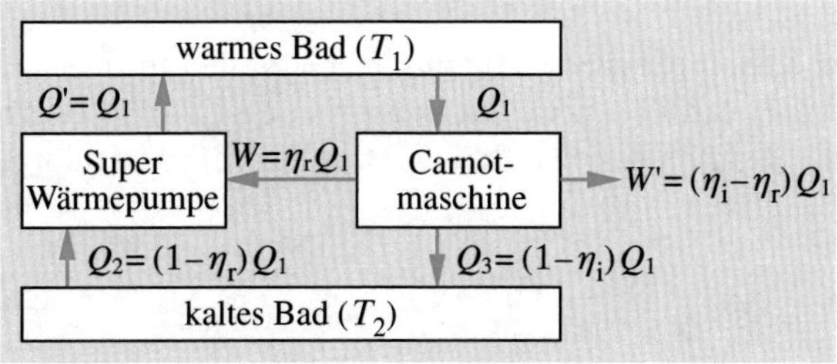

Abb. 16.5. Flußdiagramm einer reversiblen „Super-Wärmepumpe" mit Wirkungsgrad $1/\eta_r > 1/q_i$, gekoppelt mit einer Carnotmaschine

als Arbeit zur Verfügung stellen kann im Widerspruch zum 2. Hauptsatz. Im vorigen Abschnitt war aber auch der umgekehrte Fall $\eta > \eta_\mathrm{i}$ grundsätzlich ausgeschlossen worden. Also bleibt nur die Möglichkeit $\eta_\mathrm{r} = \eta_\mathrm{i}$ übrig, q.e.d.

16.5 Reduzierte Wärmemengen und Entropiebegriff

Wir suchen nach einem Maß, einer Funktion, womit man feststellen kann, ob ein Prozeß reversibel abläuft oder wie weit er davon abweicht. Dieses Maß finden wir in der sogenannten **reduzierten Wärme**; sie ist folgendermaßen definiert:

Wird bei der Temperatur T_1 eines Bades eine Wärmemenge Q_1 zwischen dem Bad und einer Prozeßsubstanz ausgetauscht, so nennen wir den Bruch Q_1/T_1 die mit dem Bad ausgetauschte, reduzierte Wärmemenge.

! Wir halten fest, daß die Temperatur des Bades gemeint ist, nicht die der Prozeßsubstanz! Die beiden können bei irreversiblen (insbesondere nicht-quasistatistischen) Prozessen durchaus verschieden sein.

Im Carnotprozeß gilt (mit korrektem Vorzeichen) nach (16.1) und (16.3)

$$-W_\mathrm{a} = Q_1 + Q_2 = \frac{T_1 - T_2}{T_1} Q_1 \, .$$

Daraus folgt durch Auflösen

$$\frac{Q_{1r}}{T_1} + \frac{Q_{2r}}{T_2} = 0 \, . \qquad (16.8)$$

Die Summe der reduzierten Wärmemengen ist im reversiblen Carnotprozeß gleich Null.

Wir haben in (16.8) den Index r zur Kennzeichnung der *Reversibilität* hinzugefügt.

Arbeitet die Wärmekraftmaschine jedoch aufgrund irgendwelcher Mängel irreversibel mit einem kleineren Wirkungsgrad $\eta_\mathrm{ir} < \eta_\mathrm{i}$, so gilt die Ungleichung

$$\frac{Q_{1\mathrm{ir}}}{T_1} + \frac{Q_{2\mathrm{ir}}}{T_2} < 0 \, , \qquad (16.9)$$

wobei jetzt der Index „ir" die *Irreversibilität* des Prozesses kennzeichnet. Für letzteren Fall führen wir zwei *Beispiele* an:

Wärmeleitungsverluste

Wir nehmen an, während des Kreisprozesses werde zusätzlich zu den im idealen Prozeß umgesetzten Wärmen Q_{1r} und Q_{2r} noch der Wärmebetrag $Q_\mathrm{L} > 0$ durch **Wärmeleitung** vom wärmeren (T_1) zum kälteren Bad (T_2) transportiert. Dann folgt für die Bilanz der reduzierten Wärmen

$$\frac{Q_{1\mathrm{ir}}}{T_1} + \frac{Q_{2\mathrm{ir}}}{T_2} = \frac{Q_{1\mathrm{r}} + Q_\mathrm{L}}{T_1} + \frac{Q_{2\mathrm{r}} - Q_\mathrm{L}}{T_2} = \frac{Q_\mathrm{L}}{T_1} - \frac{Q_\mathrm{L}}{T_2} < 0 \quad \text{wegen} \quad T_1 > T_2 \, .$$

Reibungsverluste

Wir nehmen an, auf den beiden isothermen Zweigen werde außer den reversibel umgesetzten Wärmen $Q_{1\mathrm{r}}$, $Q_{2\mathrm{r}}$ noch jeweils ein Bruchteil der mechanischen Arbeit in Reibungswärme $Q_{1\mathrm{R}}$, $Q_{2\mathrm{R}}$ umgesetzt und bei den Temperaturen T_1 bzw. T_2 an die entsprechenden Bäder abgeführt. Das verkleinert den Betrag von Q_1 und vergrößert den von Q_2 und führt zur negativen Bilanz der reduzierten Wärmen (durch Betragszeichen verdeutlicht)

$$\frac{|Q_{1\mathrm{ir}}|}{T_1} - \frac{|Q_{2\mathrm{ir}}|}{T_2} = \frac{|Q_{1\mathrm{r}}| - |Q_{1\mathrm{R}}|}{T_1} - \frac{|Q_{2\mathrm{r}}| + |Q_{2\mathrm{R}}|}{T_2} = -\frac{|Q_{1\mathrm{R}}|}{T_1} - \frac{|Q_{2\mathrm{R}}|}{T_2} < 0\,.$$

Wir wollen jetzt diese Bilanz der reduzierten Wärmen auf *beliebigen* **Kreisprozessen** ziehen, bei denen Wärmemengen ΔQ_k bei unterschiedlichen Badtemperaturen T_k ausgetauscht werden mögen. Wir bilden wie oben die Summe der reduzierten Wärmen über den *gesamten* Kreisprozeß

$$\sum_k \frac{\Delta Q_k}{T_k}\,,$$

die wir, um möglichst allgemein zu bleiben, als Integral über einen geschlossenen Weg s (s. Abb. 16.6) formulieren

$$\lim_{\Delta Q_k \to 0} \sum_k \frac{\Delta Q_k}{T_k} = \oint \frac{\mathrm{d}Q}{T} = \oint \frac{1}{T(s)} \frac{\mathrm{d}Q(s)}{\mathrm{d}s}\,\mathrm{d}s\,. \tag{16.10}$$

Für (16.10) gelten in Analogie zu (16.8) und (16.9) folgende Sätze:

1) Das Integral der **reduzierten Wärmen** über einen geschlossenen *reversiblen* Weg ist Null

$$\oint \frac{\mathrm{d}Q_\mathrm{r}}{T} = 0\,. \tag{16.11}$$

2) Das Integral der reduzierten Wärmen über einen geschlossenen *irreversiblen* Weg ist negativ

$$\oint \frac{\mathrm{d}Q_{ir}}{T} < 0\,. \tag{16.12}$$

Wir wollen (16.11) und (16.12) wieder in Form eines Gedankenexperiments durch Kopplung an eine Carnotmaschine beweisen (s. Abb. 16.6) und dabei nichts weiter über den zu untersuchenden Kreisprozeß voraussetzen, als daß er reversibel oder irreversibel sei. Er kann also mit beliebigen, realen Substanzen geführt werden und ist nicht auf ideale Gase beschränkt.

Auf dem in Abb. 16.6 eingezeichneten Teilstück Δs_k soll die Wärmemenge ΔQ_k bei der Badtemperatur T_k ausgetauscht werden. Sie wird dem Bad von einer, den ganzen Kreisprozeß begleitenden *reversiblen* Carnotmaschine zur Verfügung gestellt und zwar durch Zufuhr von ΔQ_{0k} aus einem anderen Bad mit fester Temperatur T_0 sowie von äußerer Arbeit $\Delta W_{\mathrm{a}k}$. Zufolge des Energiesatzes und (16.8) gelten

$$\Delta Q_k = \Delta Q_{0k} + \Delta W_{\mathrm{a}k} \quad \text{und} \quad \frac{\Delta Q_k}{T_k} = \frac{\Delta Q_{0k}}{T_0}\,. \tag{16.13}$$

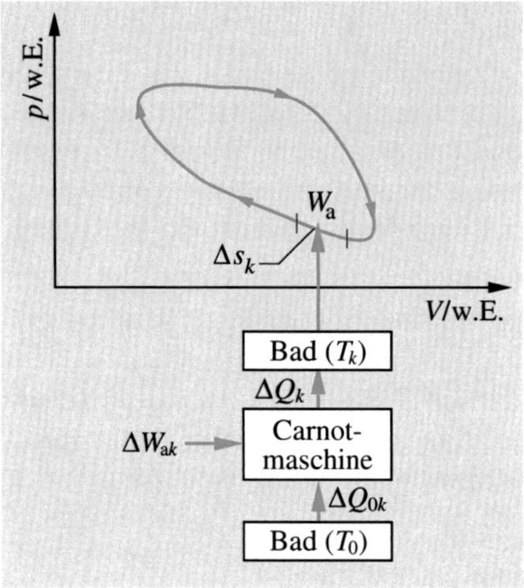

Abb. 16.6. Gedankenexperiment zur Messung der reduzierten Wärmen in einem beliebigen Kreisprozeß

Wir summieren die reduzierten Wärmen über alle Teilstücke im Kreis und gehen zum Grenzwert des Integrals über, das wir mit Hilfe von (16.13) leicht auswerten können. (Das war der Sinn der zwischengeschalteten Carnotmaschine.)

$$\oint \frac{\mathrm{d}Q}{T} = \lim_{\Delta Q_k \to 0} \sum_k \frac{\Delta Q_k}{T_k} = \lim_{\Delta Q_{0k} \to 0} \sum_k \frac{\Delta Q_{0k}}{T_0}$$

$$= \frac{1}{T_0} \oint \mathrm{d}Q_0 = \frac{Q_0}{T_0} \,. \tag{16.14}$$

Die im Kreisprozeß aufintegrierten reduzierten Wärmemengen fallen im Bad (T_0) als resultierende, reduzierte Wärmemenge Q_0/T_0 an.

Jetzt gelten folgende Fallunterscheidungen:

1) $\oint \frac{\mathrm{d}Q}{T} = 0 \,.$

Dann ist auch $Q_0 = 0$. Das angekoppelte Bad hat also insgesamt weder Wärme aufgenommen noch abgegeben. Da aber der Kreisprozeß nach außen die mechanische Arbeit W_a geleistet hat, muß diese aus Gründen der Energieerhaltung dem Betrage nach exakt gleich der gesamten in die Carnotmaschine hineingesteckten Arbeit W_{aC} sein

$$|W_a| = \left| \lim_{\Delta W_{ak} \to 0} \sum_k \Delta W_{ak} \right| = |W_{aC}| \,.$$

Das ist der *reversible* Fall! Denn bei gegensinnigem Umlauf, für den ebenfalls Q_0 verschwindet, wird die gleiche Arbeit an der Carnotmaschine zurückgewonnen, q.e.d.

2) $\oint \frac{\mathrm{d}Q}{T} < 0 \,.$

Dann ist auch $Q_0 < 0$, was bedeutet, daß dem Bad insgesamt Wärme zugeführt wurde, und zwar als Differenz zwischen der in die Carnotmaschine hineingesteckten und der im Kreisprozeß geleisteten mechanischen Arbeit; sie hat den Betrag

$$|Q_0| = |W_{aC}| - |W_a| .$$

Wir können Q_0 z. B. als **Reibungswärme** ansprechen, die im Kreisprozeß entstanden ist und dem *Verlust an mechanischer Energie* entspricht. Dies ist ein *irreversibler Kreisprozeß*; denn wäre er reversibel, so wäre bei umgekehrtem Umlaufsinn $Q_0 > 0$, d. h. dem angekoppelten Bad wäre ohne Wärmetransport zu einem zweiten, kälteren Bad Wärme entzogen und direkt in mechanische Arbeit umgewandelt worden und zwar vom Betrage

$$|\Delta W| = |W_a| - |W_{aC}| = |Q_0| .$$

Das widerspricht aber dem 2. Hauptsatz; q.e.d.

Entropiebegriff

Mit Hilfe des Ringintegrals über die reduzierte Wärme $\oint \mathrm{d}Q/T$ haben wir für Kreisprozesse nicht nur ein *Kriterium* für die Reversibilität gewonnen, sondern im gegenteiligen Fall auch ein *Maß* für seine Irreversibilität. Wir wollen letzteren Gesichtspunkt erweitern auf beliebige, nicht geschlossene Wege vom Punkt P_1 nach P_2 im p, V-Diagramm oder einem anderen Koordinatensystem von Zustandsvariablen, die den Zustand des Systems beschreiben mögen (s. Abb. 16.7).

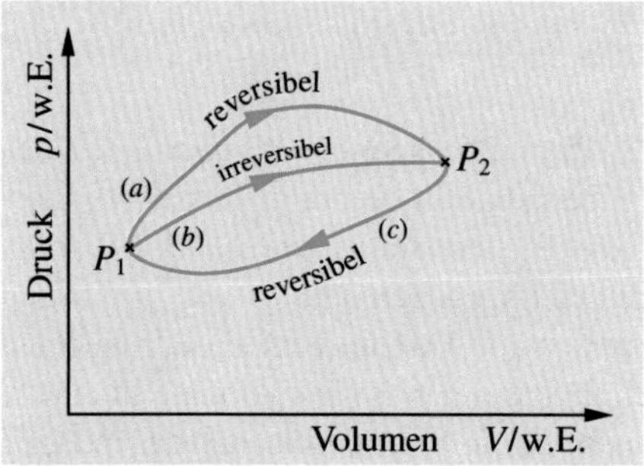

Abb. 16.7. Reversible und irreversible Wege zwischen zwei Punkten im Zustandsdiagramm eines Systems zwecks Erläuterung des Entropiebegriffs (s. Text)

Führen wir das System auf irgendeinem *reversiblen Weg* (a) von P_1 nach P_2, so ist das Integral über die reduzierten Wärmen

$$\Delta S = S(P_2) - S(P_1) = \int_{P_1}^{P_2} \frac{\mathrm{d}Q_\mathrm{r}}{T} \tag{16.15}$$

unabhängig von der speziellen Wahl des Weges, sondern hängt nur von den Punkten P_1, P_2 im Zustandsdiagramm ab.

Denn führen wir das System auf einem anderen reversiblen Weg (c) nach P_1 zurück, so gilt wegen $\oint \mathrm{d}Q/T = 0$:

$$\int_{P_1,\mathrm{a}}^{P_2} \frac{\mathrm{d}Q_\mathrm{r}}{T} + \int_{P_2,\mathrm{c}}^{P_1} \frac{\mathrm{d}Q_\mathrm{r}}{T} = \int_{P_1,\mathrm{a}}^{P_2} \frac{\mathrm{d}Q_\mathrm{r}}{T} - \int_{P_1,\mathrm{c}}^{P_2} \frac{\mathrm{d}Q_\mathrm{r}}{T} = 0 ; \qquad \text{q.e.d.}$$

Wir nennen die in (16.15) eingeführte Funktion des Orts im Zustandsdiagramm eines Systems **Entropie**. Die Entropieänderung $S_2 - S_1$ ist gleich dem Integral der von P_1 nach P_2 reversibel zugeführten reduzierten Wärmen.

! Die Definition der Entropie als vom speziellen Weg unabhängiges Wegintegral erinnert uns an die analoge Definition des Potentials in der Mechanik.

Sei nun der Weg (b) von P_1 nach P_2 *irreversibel* (s. Abb. 16.7), so messen wir den *Grad* der Irreversibilität, indem wir den Weg *reversibel* von P_2 nach P_1 zurückgehen und bilanzieren

$$\oint \frac{\mathrm{d}Q}{T} = \int_{P_1,\mathrm{b}}^{P_2} \frac{\mathrm{d}Q_{\mathrm{ir}}}{T} + \int_{P_2,\mathrm{c}}^{P_1} \frac{\mathrm{d}Q_{\mathrm{r}}}{T}$$

$$= \int_{P_1,\mathrm{b}}^{P_2} \frac{\mathrm{d}Q_{\mathrm{ir}}}{T} + (S(P_1) - S(P_2)) < 0\,, \tag{16.16}$$

oder

$$S(P_2) - S(P_1) > \int_{P_1}^{P_2} \frac{\mathrm{d}Q_{\mathrm{ir}}}{T}\,. \tag{16.17}$$

Die obigen Formeln sind äquivalent mit (16.12) und besagen noch einmal, daß bei *irreversiblen* Prozessen die *Bilanz* der von außen zugeführten reduzierten Wärmen negativ ist. Das heißt im allgemeinen, daß das System selbst *irreversibel* Wärme (etwa durch Reibung) produziert und nach außen abgegeben hat.

In der Natur verlaufen aus genannten Gründen alle Vorgänge mehr oder weniger irreversibel ab. Sei nun der Weg von P_1 nach P_2 ein *irreversibler* Vorgang in einem **abgeschlossenen System**, so ist per definitionem $\mathrm{d}Q \equiv 0$ und damit auch das Integral über die irreversibel zugeführten, reduzierten Wärmemengen. Folglich ist

$$S(P_2) - S(P_1) > 0\,. \tag{16.18}$$

Damit ist folgender Satz bewiesen:

In allen abgeschlossenen Systemen nimmt die Entropie im Laufe der Zeit prinzipiell zu.

Wenn der Kosmos ein abgeschlossenes System ist, dann nimmt darin die Entropie dauernd zu.

Da die Entropiezunahme im wesentlichen aus Produktion und Gleichverteilung von Wärme auf Kosten anderer Energieformen besteht, spricht man in diesem Zusammenhang auch schlagwortartig vom **Wärmetod** der Welt. Im Sinne der statistischen Physik heißt das:

Alle makroskopisch zur Verfügung stehenden Energien werden statistisch auf die **mikroskopischen Freiheitsgrade** des Systems verteilt.

16.6 Beispiele zur Entropie

Entropie eines idealen Gases

Wir wollen die Entropie für ein Mol eines idealen Gases als Funktion des Volumens und der Temperatur berechnen und es dazu reversibel vom Punkt der **Normalbedingungen** p_0, V_M, T_0 zu einem anderen Punkt p_1, V_1, T_1 im Zustandsdiagramm führen. Wir teilen den Weg in zwei Schritte auf, einen isothermen bis zum Punkt p', V', T_0 und dann einen adiabatischen bis zum Endpunkt (s. Abb. 16.8).

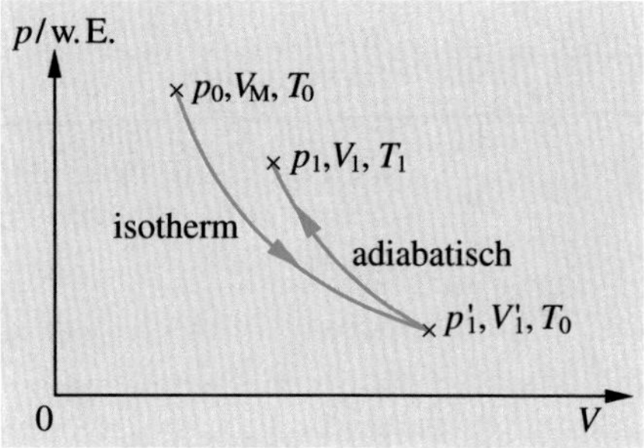

Abb. 16.8. Wahl des reversiblen Weges zwecks einfacher Berechnung der Entropieänderung eines idealen Gases

Beim *isothermen* Schritt ändert sich die Entropie laut (16.15) und (15.14) um

$$S' - S_0 = \int_{p_0, V_M}^{p', V'} \frac{\mathrm{d}Q_\mathrm{r}}{T_0} = \frac{Q}{T_0} = R \ln \frac{V'}{V_M} . \tag{16.19}$$

Im zweiten, *adiabatischen* Schritt ändert sich die Entropie wegen $\mathrm{d}Q = 0$ nicht mehr. Wir benutzen ihn aber, um mit der Adiabatengleichung (15.11)

$$T_0 V'^{\gamma-1} = T_1 V_1^{\gamma-1} ,$$

das Volumen V' aus (16.19) zu eliminieren. Es folgt

$$\begin{aligned} S_1 - S_0 = S' - S_0 &= R \ln \left[\frac{V_1}{V_M} \left(\frac{T_1}{T_0} \right)^{1/(\gamma-1)} \right] \\ &= R \left[\ln \frac{V_1}{V_M} + \left(\frac{1}{\gamma - 1} \right) \ln \frac{T_1}{T_0} \right] . \end{aligned}$$

Da die Entropie in einem Punkt laut ihrer Definition (16.15) nur bis auf eine willkürliche Konstante bestimmt ist, setzen wir sie bei Normalbedingungen V_0, T_0 gleich Null und erhalten die Entropie eines Mols eines idealen Gases zu

$$S(V, T) = R \left(\ln \frac{V}{V_M} + \frac{1}{\gamma - 1} \ln \frac{T}{T_0} \right) = R \ln \frac{V}{V_M} + C_V \ln \frac{T}{T_0} . \tag{16.20}$$

(Dabei haben wir die Beziehungen $(\gamma - 1)^{-1} = r/2$ und $C_V = R(r/2)$ benutzt.) Sie ist eine *logarithmische* Funktion von V und T und divergiert bei $T \to 0$ gegen $-\infty$ (und zwar unabhängig von der Integrationskonstanten). Es gibt also keinen Minimalwert der Entropie für ein klassisches, ideales Gas.

Entropiezuwachs bei irreversibler Volumenvergrößerung

Ein abgeschlossenes System bestehe aus zwei Kammern mit den Volumina V_1 und V_2 und einem Ventil dazwischen (s. Abb. 16.9). Im Ausgangszustand befinde sich ein Mol eines idealen Gases in V_1, V_2 sei vollständig evakuiert. Nach Öffnen des Ventils strömt das Gas *irreversibel* in die zweite Kammer ein und verteilt sich im Endzustand gleichmäßig auf das gesamte Volumen $V_1 + V_2$. Da das Gas von der Außenwelt abgeschlossen ist, ändert sich bei der Ausdehnung seine innere Energie und damit seine Temperatur nicht. (Im Gegensatz zur adiabatischen Entspannung mittels eines Stempels leistet das Gas hier aufgrund der starren Wände keine Arbeit!)

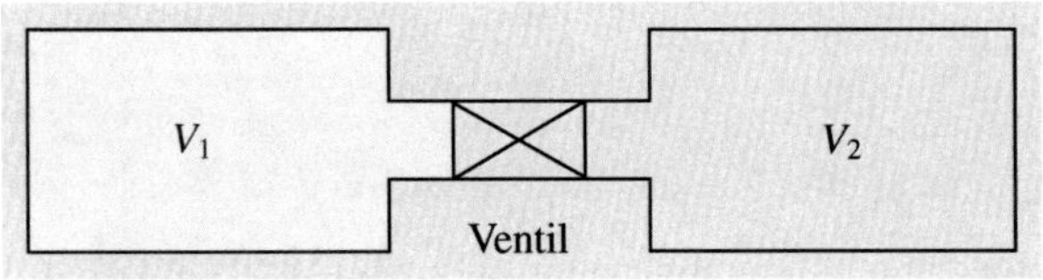

Abb. 16.9. Skizze zur irreversiblen Entspannung eines Gases von V_1 in die Summe der Volumina V_1 und V_2

Der Entropiezuwachs ist daher laut (16.20)

$$S_2 - S_1 = R \ln \frac{(V_2 + V_1)}{V_1} . \tag{16.21}$$

! Ausdehnung und Entropiezuwachs erfolgten *spontan*, ohne äußeres Zutun. Der *umgekehrte Prozeß*, das Zurückführen auf V_1 erfolgt jedoch nicht spontan, sondern kann *nur* durch Zufuhr äußerer Arbeit geschehen (etwa durch isotherme Kompression mittels eines Stempels und eines Wärmebades (vgl. Abb. 15.2)).

Entropiezuwachs durch Reibungswärme

Erhitzt sich ein ideales Gas durch Reibungswärme von T_1 auf T_2, so erhöht sich nach (16.20) die Entropie um

$$S_2 - S_1 = C_V \ln \frac{T_2}{T_1} . \tag{16.22}$$

Weder können die Ausgangstemperatur T_1 noch die Ausgangsentropie S_1 auf einem reversiblen Weg zurückgewonnen werden, ohne wiederum *mechanische* Energie aufzuwenden (etwa mit Hilfe einer Kühlmaschine entsprechend (16.5)).

Zwar könnte man die Reibungswärme wieder abführen durch Wärmeleitung in ein kälteres Bad, aber dann erhöht sich dessen Entropie, und die Summe beider Entropien wächst weiter, wie wir im folgenden Beispiel sehen.

Entropiezuwachs durch Temperaturausgleich

Je ein Mol des gleichen idealen Gases mögen im Ausgangszustand (*a*) jeweils die Temperaturen T_1 und T_2 haben und nach außen und untereinander isoliert sein (s. Abb. 16.10). Lassen wir jetzt durch Wärmeleitung zwischen den beiden einen *irreversiblen* Temperaturausgleich auf die Mischungstemperatur

$$T_m = \frac{T_1 + T_2}{2}$$

im Endzustand (e) zu, so erhöht sich die Gesamtentropie laut (16.20) um

$$\Delta S = S_e - S_a = C_V \left(2 \ln \left(\frac{T_1 + T_2}{2} \right) - \ln T_1 - \ln T_2 \right)$$
$$= C_V \ln \frac{(T_1 + T_2)^2}{4T_1T_2} = C_V \ln \left(1 + \frac{(T_1 - T_2)^2}{4T_1T_2} \right) > 0\,. \qquad (16.23)$$

Die reversible Rückführung auf den Ausgangszustand wäre nur mittels einer Kühlmaschine möglich, die zwischen beiden Gasen arbeitet, bedeutete also Arbeit!

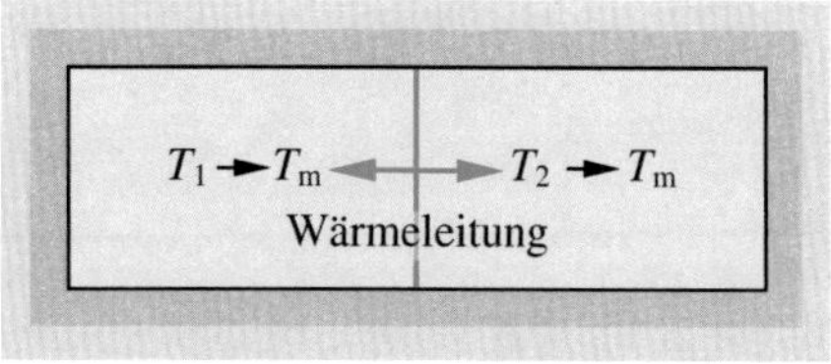

Abb. 16.10. Skizze zum Entropiezuwachs durch Temperaturausgleich (s. Text)

Unerreichbarkeit des absoluten Nullpunkts

! Die Unmöglichkeit, im Rahmen der klassischen Physik eine Substanz auf den absoluten Nullpunkt abzukühlen, hängt eng mit der Divergenz der Entropie im limes $T \to 0\,\mathrm{K}$ zusammen. Es divergiert nämlich auch der hierzu notwendige Arbeitsaufwand einer Kühlmaschine logarithmisch, weil deren **Wirkungsgrad** gegen Null strebt. Befinde sich nämlich 1 Mol der abzukühlenden Substanz auf der Temperatur T und will man ihr die Wärme $\mathrm{d}Q$ mit einer (idealen) Kühlmaschine entziehen, die zwischen T und der festen Temperatur $T_1 > T$ arbeitet, so erfordert das laut (16.5) die Arbeit

$$\mathrm{d}W_\mathrm{a} = \frac{1}{\eta_{\mathrm{i,Kühlm.}}} \mathrm{d}Q = -\frac{T_1 - T}{T} C_V \,\mathrm{d}T\,. \qquad (16.24)$$

(Das Minuszeichen auf der rechten Seite berücksichtigt, daß die Temperatur der Substanz abnimmt ($\mathrm{d}T < 0$), wenn sie Wärme abgibt ($\mathrm{d}Q > 0$)). Das Integral über (16.24) lautet

$$W_{a,T_1 \to T} = -\int_{T_1}^{T} C_V \frac{T_1 - T'}{T'} \mathrm{d}T' = C_V \left(T_1 \ln \frac{T_1}{T} + T - T_1 \right)\,. \qquad (16.25)$$

Es weist im ersten Term die besagte, logarithmische Divergenz für $T \to 0$ auf.

! Es gibt allerdings einen Vorbehalt gegen (16.25) für quantisierte Systeme. Sie können sehr wohl in den tiefsten Quantenzustand „eingefroren“ werden, wenn die thermische Energie der Freiheitsgrade kT sehr viel kleiner als die Energie der ersten Anregungsstufe des Systems wird (vgl. Abschn. 14.6). Das System hat dann keinen Wärmeinhalt mehr, weil der **Boltzmann-Faktor** so klein ist, daß die Wahrscheinlichkeit, einen angeregten Zustand zu finden, für ein System mit endlich vielen Teilchen sehr klein wird.

Entropiezuwachs durch Diffusion

Wir entfernen eine Zwischenwand zwischen je einem Mol zweier *verschiedener* Gase, die zuvor die Volumina V_1 bzw. V_2 eingenommen hatten (s. Abb. 16.11). Durch **Diffusion** mischen sie sich *irreversibel* bis zur Gleichverteilung. Aus (16.20) berechnen wir in Analogie zu (16.23) den resultierenden Entropiezuwachs zu

$$\Delta S = 2R\ln(V_1 + V_2) - R(\ln V_1 + \ln V_2) = R\ln\left(\frac{(V_1+V_2)^2}{V_1 \cdot V_2}\right) > 0\,.$$

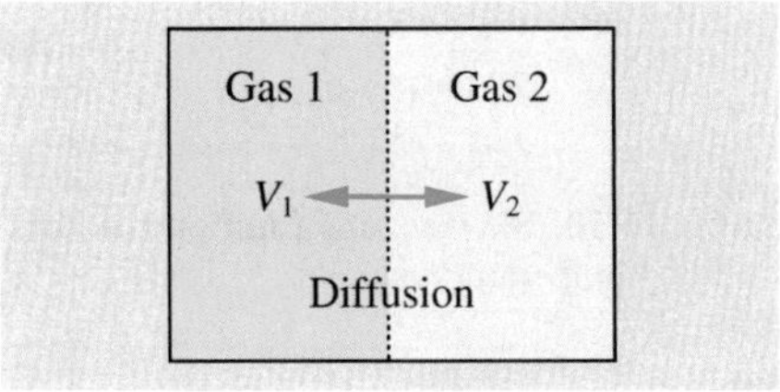

Abb. 16.11. Skizze zum Entropiezuwachs durch gegenseitige Diffusion (s. Text)

Entropie, Wahrscheinlichkeit und Ordnungsgrad

In den vorhergehenden Beispielen wurde klar, wie in *abgeschlossenen* Systemen *irreversible* Prozesse die Entropie erhöhen. Sie alle liefen spontan in Richtung auf eine **statistische Gleichverteilung** von Ort und Energie der mikroskopischen Teilchen hin und zwar auf Kosten eines zuvor bestehenden makroskopischen Ungleichgewichts in der Verteilung von Ort und Energie: **Reibung** zerstört die geordnete, gleichsinnige Bewegung der Teilchen, **Wärmeleitung** und **Diffusion** zerstören die Ordnung, d. h. Trennung, von wärmerem und kälterem Gas bzw. die räumliche Trennung verschiedener Gase usw.

Wir sagen allgemein: **Irreversible Prozesse** zerstören den **Ordnungsgrad** des Systems, gleichbedeutend mit einer Erhöhung der Entropie.

Zwar kann man innerhalb eines abgeschlossenen Systems *lokal*, d.h. für einen Teilbereich eine Absenkung der Entropie durch Arbeitsaufwand oder Abkühlung in ein kälteres Bad oder sonstwie erreichen. Das geht aber immer nur auf Kosten eines Entropiezuwachses in anderen Bereichen des Systems. *Insgesamt* wächst die Entropie wegen (16.18) immer. Lokal erhöht sich beim Gefrieren einer Substanz deren Ordnungsgrad in Form eines Kristallgitters zwar wesentlich, wodurch ihre Entropie abnimmt; die freiwerdende Schmelzwärme erhöht jedoch die Entropie des benutzten Kühlmittels.

In einem abgeschlossenen System strebt die Entropie einem Maximalwert zu, der bei völliger statistischer Gleichverteilung der inneren Energie auf die mikroskopischen Freiheitsgrade erreicht ist. Es finden dann keine makroskopischen Prozesse mehr statt, sondern nur noch statistische Schwankungen um den Mittelwert.

! Die **Gleichverteilung** wird deswegen angestrebt, weil sie im Vergleich zu allen möglichen anderen Zuständen des Systems die *höchste* **Wahrscheinlichkeit** besitzt.

Hierzu ein Beispiel: Zwei Gasatome, 1 und 2, mögen sich unabhängig voneinander auf zwei gleich große Volumina, V_a und V_b, verteilen und durch eine Öffnung von einem zum andern wechseln. Die Chance, 1 in V_a und 2 in V_b anzutreffen, ist genau so groß wie umgekehrt und auch ebenso groß wie die Chance, beide in V_a anzutreffen. Somit ist die Chance, *je eins* in V_a und V_b anzutreffen, entsprechend der Gleichverteilung, doppelt so groß, wie diejenige, beide in V_a anzutreffen. Die Chancen der Gleichverteilung wachsen entsprechend der **Binominalverteilung** rasch mit der Teilchenzahl. Die Chancen, $k = 2$ Atome von insgesamt $n = 4$ Atomen in V_a anzutreffen, kann man leicht abzählen: 1 und 2, 1 und 3, 1 und 4, 2 und 3, 2 und 4, 3 und 4. Es sind insgesamt sechs oder allgemein $\binom{n}{k}$ Chancen. Dagegen gibt es nur *eine* Chance, sie alle vier in V_a anzutreffen.

Die Wahrscheinlichkeit eines Zustands und seine Entropie hängen daher eng miteinander zusammen.

Die statistische Physik lehrt, daß die **Entropie** proportional zum Logarithmus der **Wahrscheinlichkeit** wächst.

16.7 Thermodynamische Temperaturskala

In Kap. 13 hatten wir die Temperaturskala an Fixpunkten und dazwischen mit dem Gasthermometer geeicht. Das ist insofern etwas unbefriedigend, als es in Wirklichkeit (zumal bei tiefen Temperaturen) keine idealen Gase gibt, auf deren Eigenschaften aber dieser Temperaturbegriff abzielt. Mit dem *Wirkungsgrad einer reversiblen Wärmekraftmaschine* (16.3)

$$\eta_\mathrm{i} = \frac{T_1 - T_2}{T_1}$$

haben wir eine einfache, *universelle* Funktion der Temperatur gefunden, die wir zur Grundlage der Eichung der Temperaturskala machen können. Zu diesem Zweck müßte man η_i mit einer Maschine messen, die zwischen einem Fixpunkt, z. B. dem Eispunkt, und der zu bestimmenden Temperatur arbeitet, und die Temperaturdifferenz aus (16.3) berechnen. Diese sogenannte **thermodynamische Temperaturskala** ist auch die gesetzlich verankerte. In der Praxis ist zu sagen, daß diese Skala zwar keine „idealen" Ansprüche an die Substanzen stellt, wohl aber an die Prozeßführung (Reversibilität!), was noch schwerer wiegt.

Der **Boltzmann-Faktor** (14.45) ist ebenfalls eine universelle Funktion der Temperatur. In der Tat beruhen die meisten praktischen Temperaturmeßprinzipien mehr oder weniger versteckt und an Materialeigenschaften gekoppelt, gelegentlich aber auch direkt, auf dem Boltzmann-Faktor.

17. Statistische Transportphänomene

INHALT

Wir knüpfen in diesem Kapitel noch einmal an Fragestellungen des Kap. 14 an. Dort hatten wir bei der Brownschen Molekularbewegung unmittelbar beobachten können, wie Partikel sich unter dem Einfluß statistischer Stöße auf einem Zufallsweg fortbewegen. Das Studium der Gesetzmäßigkeiten solcher Zufallswege führt unter anderem zum Verständnis wichtiger, mikroskopischer Transportphänomene, wie Diffusion und Osmose, die in Natur und Technik wichtige Rollen spielen.

(Die Behandlung dieses Stoffs fällt in den Kursvorlesungen häufig der Zeitnot zum Opfer. Wir empfehlen ihn zum Selbststudium, weil man in der Physik doch sehr häufig mit diesen oder ähnlichen Fragestellungen konfrontiert wird. Der Stoff ist – zumindest aus der Sicht des jüngeren Studenten – nicht ganz leicht; insbesondere verlangt das Verständnis der Ableitung der Diffusionsgleichung aus statistischen Überlegungen einige Konzentration.)

17.1 Grundtatsachen der Diffusion

Diffusion geschieht in Gasen und Flüssigkeiten in Form der Brownschen Molekularbewegung (s. Abschn. 14.4). Aufgrund der vielen Stöße beschreiben die Moleküle wie gesagt einen „Zufallsweg" im Medium, der sie im Lauf der Zeit mit wachsender Wahrscheinlichkeit immer weiter vom Ursprungsort wegführt, wobei die *Richtung* willkürlich ist. Abbildung 18.12 in Abschn. 18.6 zeigt eine zweidimensionale Rechensimulation dieses Problems (das dort auch unter dem Stichwort Fraktale diskutiert wird).

Einstein hat (1905) gezeigt, daß der Mittelwert des Quadrats des Abstands $\overline{R^2}$ eines diffundierenden Teilchens vom Ursprungsort proportional zur Zeit wächst.

$$\overline{R^2} = \overline{X^2} + \overline{Y^2} + \overline{Z^2} = 6Dt\,. \tag{17.1}$$

E. W. Otten, *Repetitorium Experimentalphysik*,
https://doi.org/10.1007/978-3-662-59730-9_17

Die Proportionalitätskonstante D heißt **Diffusionskonstante**. Auf jede der drei Koordinaten entfällt der Wert $2Dt$. Wir werden sie unten für einen eindimensionalen Spezialfall herleiten.

17.2 Diffusion durch Poren und Diffusionsgleichung

Eine spezielle Form der **Diffusion** ist die eines Gases durch enge Kanülen oder Poren. Abb. 17.1 zeigt den Modellfall eines Gases, das durch eine poröse Wand in zwei Volumina V_1 und V_2 getrennt sei. Die Dichten der Moleküle seien $n_1 = N_1/V_1$ auf der einen und $n_2 = N_2/V_2$ auf der anderen Seite. Die Kommunikation zwischen V_1 und V_2 erfolgt durch die Poren, die so eng sein sollen, daß Wandstöße viel häufiger sind als Stöße der Moleküle untereinander (man nennt diesen Fall **molekulare Strömung**).

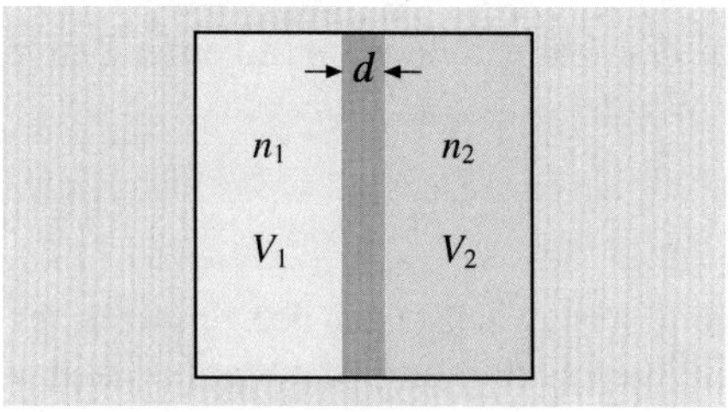

Abb. 17.1. Diffusion eines Gases durch eine poröse Trennwand

Zum Vergleich: In atmosphärischer Luft beträgt die **mittlere freie Weglänge** $\bar{l}$ zwischen zwei Stößen zweier Moleküle ca. 10^{-8} m, im Bereich des Hochvakuums bei 10^{-9} Bar dagegen schon 10 m. Letztere ist groß gegen typische Rohrdurchmesser von Vakuumapparaturen. Der Transport des Restgases in einer Hochvakuumapparatur genügt also den Diffusionsgesetzen der molekularen Strömung.

Bei einem Wandstoß wird das Gasatom in der Regel nicht elastisch reflektiert, sondern mit den thermisch bewegten Wandatomen Impuls austauschen und in beliebiger Richtung wieder abdampfen. Es beschreibt also einen Zufallsweg entlang der Röhre, wie in Abb. 17.2 skizziert. Wir wollen im folgenden diesen speziellen Diffusionsvorgang genauer analysieren und daraus Diffusionsgleichungen gewinnen.

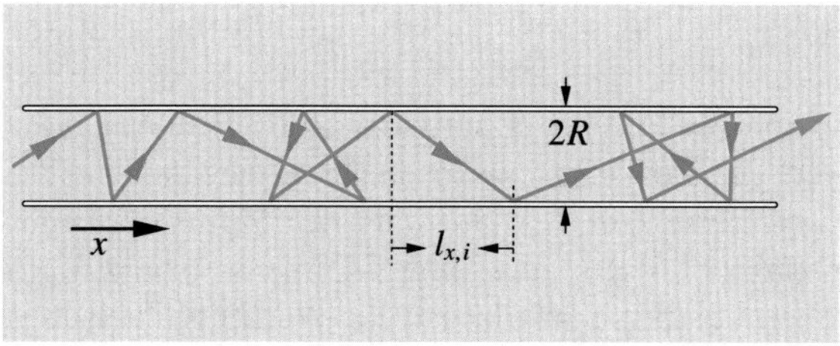

Abb. 17.2. Zufallsweg eines Gasmoleküls durch eine langgestreckte Pore

Obwohl jedes einzelne Molekül seinen Zufallsweg durch die Pore unabhängig von den andern beschreibt und über die resultierende Richtung dieses Weges nichts ausgesagt werden kann, ist im Mittel der Strom dennoch von der höheren zur niedrigeren Teilchendichte hin gerichtet. Denn die Anzahl derjenigen, die von rechts nach links wandern ist proportional der Molekülzahl in der rechten Kammer und umgekehrt. Das führt zu dem phänomenologischen Ansatz, daß der resultierende Diffusionsstrom proportional zum Dichtegefälle sein soll. Wir kommen darauf später zurück, wollen aber zuvor die mikroskopischen Betrachtungen fortführen, um daraus die (eindimensionalen) **Diffusionsgleichungen** explizit zu gewinnen.

Zwischen zwei Wandstößen wird sich ein Teilchen in Richtung der x-Achse im Mittel über sehr viele Stöße um eine Strecke vom Betrag

$$l_{\mathrm{rms}} = (\overline{l_x^2})^{1/2} = \lim_{N\to\infty}\left(\frac{1}{N}\sum_{i=1}^{N} l_{xi}^2\right)^{1/2} \tag{17.2}$$

fortbewegen, die von der Größenordnung des Porendurchmessers $d = 2R$ ist. (Zur Definition von l_{rms} vgl. (14.21).) Sei die zugehörige mittlere Geschwindigkeit in x-Richtung $v_{x\ \mathrm{rms}} = (\overline{v_x^2})^{1/2}$, dann ist die Zahl der Wandstoße während einer Zeit τ (bei Vernachlässigung der Haftzeiten an der Wand)

$$Z = \frac{v_{x,\mathrm{rms}}}{l_{\mathrm{rms}}}\tau\,. \tag{17.3}$$

Da die Richtung der einzelnen l_x statistisch verteilt ist, wächst nach den Gesetzen der Wahrscheinlichkeitslehre das Quadrat der mittleren Entfernung vom Startpunkt, das resultierende **mittlere Schwankungsquadrat** $\overline{X^2}$ proportional zur Zahl der Stöße. Bilden wir nämlich das Quadrat des nach Z Stößen zurückgelegten Gesamtweges in x-Richtung

$$\overline{X^2} = \left(\sum_{i=1}^{Z} l_{xi}\right)^2 = \sum_{i=1}^{Z} l_{xi}^2 + \sum_{i=1}^{Z}\ \sum_{j=1,j\neq i}^{Z} l_{xi}l_{xj}\,, \tag{17.4}$$

so hebt sich die Doppelsumme der gemischten Glieder für großes Z wegen statistisch wechselnder Vorzeichen im wesentlichen auf, gibt aber Anlaß zu statistischen Schwankungen von X für jedes einzelne Molekül. Die Summe der quadratischen Glieder wächst jedoch proportional zu Z und strebt, gemittelt über viele Moleküle, mit (17.2) und (17.3) nach einer Diffusionszeit τ den Mittelwert an

$$\overline{X^2} = Z\overline{l^2} = l_{\mathrm{rms}}v_{x,\mathrm{rms}}\tau = 2D\tau\,. \tag{17.5}$$

Damit haben wir für diesen speziellen Fall das **Einsteinsche Diffusionsgesetz** und auch einen ungefähren Wert für die Diffusionskonstante D gewonnen. Ihre wesentliche Aussage ist, daß der Mittelwert des Quadrats des Diffusionsweges proportional zur Zeit ist. Gleichung (17.5) gilt auch in drei Dimensionen, z. B. in Gasen mit $D = (1/3)\,\overline{l}\,\overline{v}$, wobei $\overline{l}$ jetzt die **mittlere freie Weglänge** zwischen zwei gaskinetischen Stößen und $\overline{v}$ der mittlere Geschwindigkeitsbetrag (14.22) sind. Die statistische Verteilung der *einzelnen* Moleküle um den Startpunkt x_0 nach der Diffusionszeit τ ist durch die normierte **Gaußsche Fehlerkurve**

$$\mathrm{f}(x) = \mathrm{f}(x-x_0) = (2\pi\overline{X^2})^{-1/2}\,\mathrm{e}^{-(x-x_0)^2/2\overline{X^2}} \tag{17.6}$$

gegeben (ohne Beweis), der wir schon bei der Geschwindigkeitsverteilung (14.40) begegnet waren.

17.3 Ficksche Gesetze

Man kann aus (17.1) auch die allgemeine **makroskopische Diffusionsgleichung** ableiten; sie führt die *zeitliche* Änderung der Dichten diffundierender Teilchen auf deren *räumliche* Ableitungen zurück

$$\frac{\partial n}{\partial t} = D\left(\frac{\partial^2 n}{\partial x^2} + \frac{\partial^2 n}{\partial y^2} + \frac{\partial^2 n}{\partial z^2}\right) = D\,\mathbf{div}\,\mathbf{grad}\,n = D\boldsymbol{\nabla}^2 n\,. \tag{17.7}$$

Sie heißt auch **2. Ficksches Gesetz**. Wir beschränken uns bei der Ableitung von (17.7) wie oben auf die Diffusion in x-Richtung, d. h., n sei in dem dazu senkrechten Querschnitt A konstant, folglich gelte

$$\frac{\partial^2 n}{\partial y^2} = \frac{\partial^2 n}{\partial z^2} = 0\,.$$

Wir interessieren uns für die Teilchenzahl

$$\mathrm{d}N(x_1, t) = n(x_1, t)A\,\mathrm{d}x$$

in einem Volumenelement $\mathrm{d}V_1 = A\,\mathrm{d}x$ an der Stelle x_1 zur Zeit t (s. Abb. 17.3). Wir fragen nach der Wahrscheinlichkeit $\mathrm{d}W(x)$ dafür, daß Teilchen aus einem benachbarten Volumenelement $\mathrm{d}V_2 = A\,\mathrm{d}X$ bei $x_2 = x_1 - X$ um die Strecke $+X$, d.h. in $\mathrm{d}V_1$ hinein diffundiert sind, und zwar während eines kurzen Zeitintervalls τ. Diese Wahrscheinlichkeit sei durch die **Verteilungsfunktion** $\mathrm{f}_\tau(X)$ charakterisiert. Da die Gesamtzahl aller Teilchen im ganzen Gebiet V erhalten ist, müssen alle Teilchen aus $\mathrm{d}V_2$ nach der Zeit τ irgendwo in V zu finden sein. Daher ist das Integral aller Teilwahrscheinlichkeiten über alle möglichen Diffusionsstrecken X gleich 1.

$$\int\limits_{W(X=-\infty)}^{W(X=+\infty)} \mathrm{d}W(X) = \int\limits_{-\infty}^{+\infty} \mathrm{f}_\tau(X)\,\mathrm{d}X = 1\,. \tag{17.8}$$

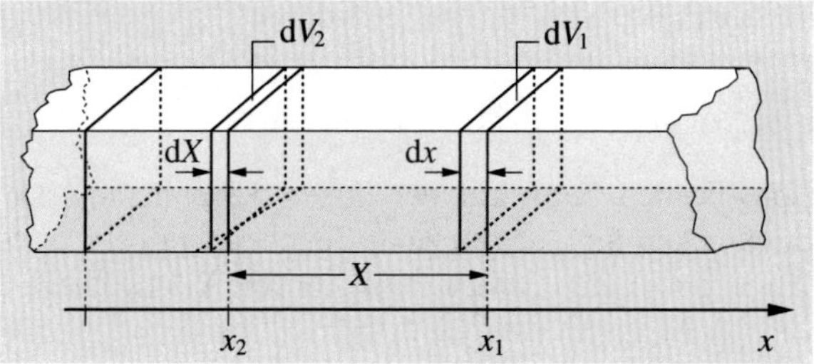

Abb. 17.3. Skizze zur Berechnung der Diffusion in x-Richtung zwischen den Volumenelementen $\mathrm{d}V_1$ und $\mathrm{d}V_2$

Für kleine τ bleibt $\mathrm{f}_\tau(X)$ auf einen X-Bereich beschränkt, der sehr viel kleiner als die Gesamtlänge sei. Daher konnten in (17.8) die Grenzen des Integrals ohne weiteres ins Unendliche geschoben werden.

Zum Zeitpunkt t befinden sich im Volumenelement $\mathrm{d}V_2$

$$\mathrm{d}N(x_2, t) = n(x_2, t)A\,\mathrm{d}X = n(x_1 - X, t)A\,\mathrm{d}X$$

Teilchen. Von ihnen ist zum Zeitpunkt $t + \tau$ der Bruchteil

$$\mathrm{d}N(x_2, t)\,\mathrm{d}W(X) = n(x_1 - X, t)A\,\mathrm{f}_\tau(X)\,\mathrm{d}X\,\mathrm{d}x \tag{17.9}$$

in das Volumenelement $\mathrm{d}V_1$ eindiffundiert. Die Gesamtzahl der Teilchen, die wir zum Zeitpunkt $t + \tau$ in $\mathrm{d}V_1$ antreffen, resultiert aber aus der Zahl aller Teilchen, die sich kurz vorher zum Zeitpunkt t *irgendwo* befunden haben und im Zeitintervall τ in $\mathrm{d}V_1$ *eingewandert* sind. (Die Teilchen, die vorher in $\mathrm{d}V_1$ waren, sind inzwischen ausgewandert, wenn $\mathrm{d}x \ll \overline{(X^2)}^{1/2}$ gilt.) Wir erhalten sie also als Integral von (17.9) über alle X

$$\begin{aligned}\mathrm{d}N(x_1, t + \tau) &= n(x_1, t + \tau)A\,\mathrm{d}x \\ &= \left(\int_{-\infty}^{+\infty} n(x_1 - X, t)\mathrm{f}_\tau(X)\,\mathrm{d}X\right) A\,\mathrm{d}x\end{aligned} \tag{17.10}$$

(17.10) verknüpft die Teilchendichte an verschiedenen *Orten* mit derjenigen zu verschiedener *Zeit*. Wir wollen daher diese räumlichen und zeitlichen Differenzen durch eine Taylor-Entwicklung der Dichte am Ort x_1 und Zeitpunkt t überbrücken. Auf diese Weise kommen die Ableitungen der Dichte ins Spiel, so daß sich (17.10) in eine Differentialgleichung der Dichte umwandelt. Während wir uns bei der zeitlichen Entwicklung mit der *ersten* Ordnung zufrieden geben können, müssen wir die räumliche bis zur *zweiten* Ordnung treiben, wie wir unten einsehen werden. Wir erhalten somit

$$\begin{aligned}n(x_1, t + \tau) &= n(x_1, t) + \frac{\partial n(x_1, t)}{\partial t}\tau \\ &= \int_{-\infty}^{+\infty} \left(n(x_1, t) + \frac{\partial n(x_1, t)}{\partial x}(-X) + \frac{1}{2}\frac{\partial^2 n(x_1, t)}{\partial x^2}X^2\right) \mathrm{f}_\tau(X)\,\mathrm{d}X\,.\end{aligned} \tag{17.11}$$

Es ist wie gesagt nicht weiter kritisch, daß über den Entwicklungsparameter X bis ins Unendliche integriert wird, weil $\mathrm{f}_\tau(X)$ nach Voraussetzung für größere X-Werte sehr schnell verschwindet. Für das Integral des ersten Terms auf der rechten Seite von (17.11) gilt mit (17.8)

$$\int_{-\infty}^{+\infty} n(x_1, t)\mathrm{f}_\tau(X)\,\mathrm{d}X = n(x_1, t)\,.$$

Es hebt sich gegen den entsprechenden Term auf der linken Seite heraus. Da positive wie negative Diffusionsstrecken für jedes einzelne Teilchen a priori gleich wahrscheinlich sind, ist $\mathrm{f}_\tau(-X) = \mathrm{f}_\tau(X)$ eine *gerade* Funktion von X.[1] Deswegen verschwindet das Integral

$$\int_{-\infty}^{+\infty} (-X)\mathrm{f}_\tau(X)\,\mathrm{d}X\,,$$

[1] $\mathrm{f}_\tau(X)$ ist natürlich die in (17.6) genannte Gaußsche Fehlerkurve. Da wir (17.6) aber nicht bewiesen hatten, wollen wir hier nicht mehr voraussetzen, als daß $\mathrm{f}_\tau(X)$ normiert und gerade sei.

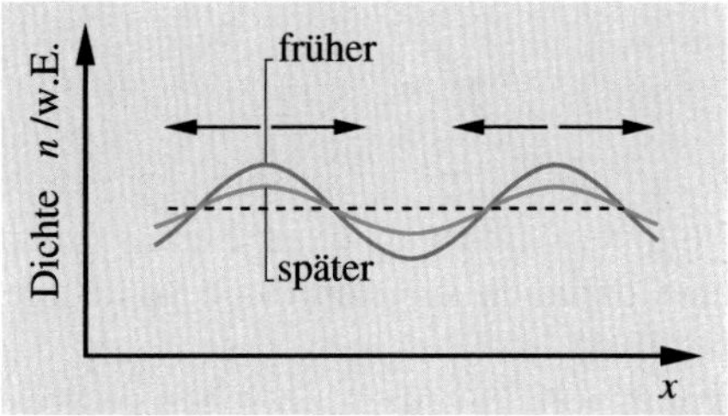

Abb. 17.4. Richtung des Diffusionsstroms zwischen Maxima und Minima einer Dichteverteilung sowie deren zeitliche Änderung

nicht aber das Integral über die zweite Ordnung der Taylor-Entwicklung. Das ist der Grund, warum wir sie mitgeführt haben. Da laut (14.4′) per definitionem gilt

$$\int_{-\infty}^{+\infty} X^2 \mathrm{f}_\tau(X)\,\mathrm{d}X = \overline{X^2} \tag{17.12}$$

erhalten wir somit nach Division durch τ

die Diffusionsgleichung in der expliziten Form

$$\frac{\partial n}{\partial t} = \frac{\overline{X^2}}{2\tau}\frac{\partial^2 n}{\partial x^2} = D\frac{\partial^2 n}{\partial x^2}\,. \tag{17.13}$$

Sie führt die **Diffusionskonstante** D auf das **mittlere Verschiebungsquadrat** pro Zeiteinheit zurück. Für die **Diffusionsgleichung** (17.13) oder allgemeiner (17.7) ist charakteristisch, daß die *erste* Ableitung der Dichte nach der *Zeit* proportional zu ihrer *zweiten räumlichen* Ableitung ist.

So nimmt z. B. die Dichte in einem relativen Maximum, d. h. $\partial^2 n/\partial x^2 < 0$, im Lauf der Zeit ab zugunsten derjenigen in einem benachbarten Mininum ($\partial^2 n/\partial x^2 > 0$). Der resultierende Diffusionsstrom ist also von der höheren zur niedrigeren Dichte gerichtet, wie auch anschaulich klar ist (vgl. Abb. 17.4).

Wir wollen uns an dieser Stelle nicht um Lösungen der Diffusionsgleichung (17.13) (oder allgemeiner (17.7)) bemühen. Sie sind – wie in allen Fällen partieller Differentialgleichungen – sehr vielfältig und durch die jeweiligen Randbedingungen geprägt. Wir machen aber darauf aufmerksam, daß sie große formale Ähnlichkeit mit der **Wellengleichung** (12.9)

$$\frac{\partial^2 A}{\partial t^2} = \mathrm{c}^2\frac{\partial^2 A}{\partial x^2}$$

hat. Sie unterscheiden sich nur in der Ordnung der zeitlichen Ableitung. Das hat zur Konsequenz, dass die zeitlichen Lösungen der Diffusionsgleichung nicht periodisch, sondern exponentiell gedämpft sind, während unter bestimmten Voraussetzungen die Lösungen als Funktion des Orts identisch sind.

Erstes Ficksches Gesetz

Wir wollen auf die Frage nach dem **Diffusionsstrom** zurückkommen und hierfür aus (17.13) eine Gleichung ableiten. Hierzu können wir auf die in der Strömungslehre abgeleitete **Kontinuitatsgleichung** (10.12)

$$\frac{\partial n}{\partial t} = -\left[\frac{\partial j_x}{\partial x} + \frac{\partial j_y}{\partial y} + \frac{\partial j_z}{\partial z}\right] = -\mathbf{div}\,\boldsymbol{j}$$

zurückgreifen, die den Strom aus einem Volumenelement $\mathrm{d}x\,\mathrm{d}y\,\mathrm{d}z$ heraus (oder herein) mit der Änderung der Teilchendichte darinnen verknüpft und somit die Erhaltung der Teilchenzahl garantiert (s. Abb. 10.4).

Durch Vergleich der Kontinuitätsgleichung mit (17.13) erhalten wir den gesuchten Zusammenhang zwischen der Dichte des Diffusionsstroms und der Teilchendichte

$$\frac{\partial j_x}{\partial x} = -D\frac{\partial^2 n}{\partial x^2}\,. \tag{17.14}$$

Wir können (17.14) einmal nach x integrieren zum Endresultat

$$j_x = -D\frac{\partial n}{\partial x}\,. \tag{17.15}$$

Auch (17.15) läßt sich auf drei Dimensionen erweitern zu

$$\boldsymbol{j} = -D\,\mathbf{grad}\,n\,. \tag{17.16}$$

Der Diffusionsstrom ist proportional zum Gradienten der Dichte, ein anschauliches Resultat!

In der Form (17.15) bzw. (17.16) wird die Diffusionsgleichung in der deutschen Literatur auch **1. Ficksches Gesetz** genannt.

Wir diskutieren im folgenden Abschnitt einige Beispiele zur Diffusion.

17.4 Beispiele für Diffusionsprozesse

Die Diffusionsgleichungen finden reiche Anwendung in der Physik und erstrecken sich auch auf Phänomene, die wir auf den ersten Blick nicht als Diffusion im engeren Sinne ansprechen würden. Wir führen zunächst einige typische Beispiele für Diffusionskonstanten an.

Diffusion in Flüssigkeiten

Dies ist der Fall der Brownschen Molekularbewegung und war Ausgangspunkt unserer Überlegungen. Für Teilchen mit dem Radius a, die in einem Lösungsmittel mit der **Zähigkeit** η gelöst sind, gilt (ohne Beweis)

$$D = \frac{kT}{6\pi\eta a}\,. \tag{17.17}$$

Diffusion in Gasen

Bei der Diffusion in Gasen steigt D mit der Temperatur und ist umgekehrt proportional zum Druck bzw. der Teilchendichte, wie verständlich ist, da auch die freie Weglänge diese Abhängigkeit hat. Für den Fall der Selbstdiffusion, d.h. innerhalb der gleichen Molekülsorte, gilt die Formel (ohne Beweis)

$$D = \frac{1}{3}\overline{v}\overline{l}\,, \tag{17.18}$$

mit der **mittleren thermischen Geschwindigkeit** (14.22)

$$\overline{v} = \sqrt{\frac{8kT}{\pi m}}$$

und der **mittleren freien Weglänge**

$$\overline{l} = \frac{1}{\sigma n\sqrt{2}}\,. \tag{17.19}$$

σ ist der **Stoßquerschnitt**. Für harte Kugeln mit Radius r ist

$$\sigma = (2r)^2\pi\,. \tag{17.20}$$

Das ist die Kreisfläche um den Mittelpunkt der *gestoßenen* Kugel, innerhalb derer sich der Mittelpunkt der *stoßenden* Kugel bewegen muß, um zu treffen.[2] Im Fall der Fremddiffusion gilt wegen unterschiedlichem $\overline{v}$ und r der Molekülsorten eine leicht modifizierte Formel. Bei Raumtemperatur beträgt in atmosphärischer Luft die mittlere Diffusionsstrecke der Luftmoleküle nach 1s ca. 1cm.

Diffusion in Festkörpern

Auch in Festkörpern können Atome von einem Gitterplatz zum andern hüpfen und dadurch Diffusion herbeiführen. Voraussetzung dafür ist allerdings eine genügend hohe Temperatur, damit die kinetische Energie ausreicht, um den dazwischen liegenden Potentialberg zu überwinden (**Aktivierungsenergie**). Das Temperaturverhalten folgt daher dem Arrheniusgesetz (14.50). Ersetzt man darin die Konstante K_0 durch die Schwingungsfrequenz eines Atoms an seinem Gitterplatz $\nu_0 \approx 10^{12}$ Hz, so gibt es jetzt die Hüpffrequenz an und heißt **Frenkelsches Gesetz**. Bei einer Gitterkonstante g wäre die Diffusionskonstante dann von der Größenordnung

$$D \approx g^2\,\nu_0\,\exp\left(-E_\mathrm{a}/kT\right).$$

Im Einzelnen kann die Diffusion in Festkörpern aber sehr komplex und z. B. weitgehend von Fehlstellen im Kristallgitteraufbau kontrolliert sein.

Bei hochschmelzenden Stoffen (z. B. Wolfram, Tantal, Graphit, Keramiken) wird die Diffusion schon vor dem Schmelzpunkt ein relativ schneller Prozeß, der Form und Dichte des Guts verändert; er heißt **Sinterung**. Staub sintert zu einem polykristallinen Festkörper zusammen, (ein Verfahren, das z. B. bei der Herstellung von Aluminiumoxidkeramik aus Al_2O_3-Pulver Anwendung findet). Werkstücke können durch Sinterung an den Grenzflächen miteinander verschweißen. Die *Dotierung von Halbleitern* (Silizium) mit Fremdatomen zur Herstellung von Transistoren erfolgt, indem man das Fremdmaterial gezielt mit Hilfe von Masken auf die Oberfläche des Siliziums aufdampft und dann bei erhöhter Temperatur ins Material eindiffundieren läßt.

---

[2] Eine einfache geometrische Überlegung zeigt, daß eine bewegte Kugel sich innerhalb von N *ruhenden* Kugeln, die statistisch auf das Volumen V verteilt sind, mit der freien Weglänge $\overline{l} = V/N\sigma = (n\sigma)^{-1}$ bewegt. Die Reduktion um $1/\sqrt{2}$ in (17.19) kommt daher, daß das Molekül im Gas nicht nur stößt, sondern von den anderen auch gestoßen wird.

* **Integration der Diffusionsgleichung**

Wir kommen wieder zurück auf die Diffusion durch eine poröse Wand (s. Abb. 17.1) und nehmen an, daß durch Abpumpen rechts und Gaszufuhr links ein konstanter Dichteunterschied $n_1 - n_2$ zwischen den Kammern aufrecht erhalten wird. Vorausgesetzt die Wand sei überall gleich dick (d) und von homogener Struktur, dann ist die Diffusionsstromdichte über den ganzen Querschnitt A der Wand konstant und senkrecht zur Wand gerichtet. Wenn nach einer gewissen Versuchsdauer sich ein *stationärer* Diffusionsstrom eingestellt hat, dann folgt aus der **Kontinuitätsgleichung** (10.10) zusätzlich

$$\frac{\mathrm{d}j}{\mathrm{d}x} = -\dot{n} = 0\,.$$

Die Stromdichte ist also auch über die gesamte Dicke der Wand konstant. Daraus schließen wir mit der Diffusionsgleichung (17.15), daß die Dichte entlang der Dicke d der Wand mit *konstantem* Gradienten, also linear von n_1 nach n_2 abfällt. Damit erhalten wir für den gesamten **Diffusionsstrom** durch die Wand

$$I_{\text{Diff}} = (\boldsymbol{j} \cdot \boldsymbol{A}) = -((D\,\mathbf{grad}\,n) \cdot \boldsymbol{A}) = \frac{DA}{d}(n_1 - n_2)\,. \tag{17.21}$$

Den Quotienten DA/d können wir als eine Art *Diffusionsleitfähigkeit* ansehen.

In der Tat ist (17.21) identisch mit der Gleichung für die **Wärmeleitung** (13.21) eines Wärmestroms durch einen Wärmeleiter vom Querschnitt A und Dicke d über das Temperaturgefälle $(T_1 - T_2)$

$$I_{\text{Wärme}} = \frac{\lambda A}{d}(T_1 - T_2)\,. \tag{17.22}$$

Der Diffusionskoeffizient ist hier durch die spezifische **Wärmeleitfähigkeit** λ und der Dichteunterschied durch den Temperaturunterschied ersetzt.

Den gleichen Zusammenhang finden wir noch einmal für den elektrischen Strom

$$I_{\text{el.}} = \frac{\sigma A}{d}(U_1 - U_2)\,, \tag{17.23}$$

wo entsprechend die **spezifische elektrische Leitfähigkeit** σ und der Spannungsunterschied $U_1 - U_2$ eintreten.

Für Wärme- wie für elektrische Leitung gilt daher auch die differentielle Transportgleichung (17.16) in der Form

$$\boldsymbol{j}_{\text{Wärme}} = -\lambda\,\mathbf{grad}\,T\,, \tag{17.24}$$

für die Wärmestromdichte bzw.

$$\boldsymbol{j}_{\text{el.}} = -\sigma\,\mathbf{grad}\,V = \sigma\boldsymbol{E} \tag{17.25}$$

für die elektrische Stromdichte.

Bei letzterer bedeuten σ die spezifische elektrische Leitfähigkeit, V das elektrische Potential und $\boldsymbol{E}$ die elektrische Feldstärke; (s. Kap. 19 und 20). Auf die *differentielle* Form der **Transportgleichungen** muß man immer dann zurückgreifen, wenn die Leiter ! komplizierter geformt sind, so daß keine konstante Stromdichte mehr herrscht. Wärmeleitung und elektrische Leitung sind also Transportmechanismen, die einen ähnlichen statistischen Charakter wie die Diffusion haben. In der Tat beschreiben elektrische Ladungen in Ohmschen Leitern auch Zufallswege infolge vieler Stöße. Der physikalische Unterschied zum reinen Diffusionsstrom besteht aber darin, dass sich die Zufallswege der Ladungen unter dem Einfluss einer äußeren Kraft, der elektrischen Feldstärke, zu einer resultierenden Driftgeschwindigkeit v_D in Kraftrichtung summieren, während der Diffusionsstrom lediglich dem Dichtegradienten in Richtung auf die wahrscheinlichere Gleichverteilung folgt.

Die **barometrische Höhenformel** (14.34) bietet ein, aufschlussreiches Beispiel für obige Zusammenhänge. Hier wirkt einem vom Dichtegradienten getriebenen, aufsteigenden Diffusionsstrom eine durch die Schwerkraft getriebene, absteigende Teilchendrift entgegen und hebt erstere im Gleichgewicht auf. Wendet man das 1.Ficksche Gesetz (17.15) auf (14.34) an so erhält man für die aufsteigende Diffusionsstromdichte

$$\boldsymbol{j}_{\uparrow} = -D\frac{\partial n}{\partial h}\hat{\boldsymbol{h}} = D\frac{mg}{kT}n\hat{\boldsymbol{h}}\,. \tag{17.26}$$

Die Stromdichte der absteigenden Teilchendrift definieren wir laut (10.8) als Produkt aus Teilchendichte und Driftgeschwindigkeit

$$\boldsymbol{j}_{\downarrow} = -nv_{\mathrm{D}}\hat{\boldsymbol{h}}\,. \tag{17.27}$$

Die Gleichgewichtsbedingung führt zur Gleichung für die Driftgeschwindigkeit:

$$\boldsymbol{j}_{\uparrow} + \boldsymbol{j}_{\downarrow} = n\left(D\frac{mg}{kT} - v_{\mathrm{D}}\right)\hat{\boldsymbol{h}} = 0 \;\rightarrow\; v_{\mathrm{D}} = D\frac{mg}{kT}\,. \tag{17.28}$$

(17.28) gilt nicht nur für die Schwerkraft mg, sondern allgemein für jede äußere Kraft $\boldsymbol{F}$, die auf diffundierende Teilchen einwirkt. Sie führt zum Vektor der **Driftgeschwindigkeit**

$$v_{\mathrm{D}} = \frac{D}{kT}\boldsymbol{F}\,. \tag{17.29}$$

Die Struktur dieser einfachen Formel wird klar, wenn wir den Vorfaktor D/kT mit Hilfe von (17.18) und (14.22) umrechnen und die Proportionalität $v_{\mathrm{D}} \propto (\bar{l}/m\bar{v})F = (\bar{\tau}/m)\,F$ erkennen. Die Driftgeschwindigkeit ist also im Wesentlichen gleich dem Geschwindigkeitszuwachs in Kraftrichtung, den ein Teilchen während der mittleren freien Flugzeit erfährt. Beim nächsten Stoß geht er wieder verloren. Andererseits können wir sagen, dass das Teilchen der äußeren Kraft eine gleich große Reibungskraft entgegensetzt, die proportional zur Driftgeschwindigkeit ist, so wie wir im Abschnitt 4.9 und auch im Newtonschen Reibungsansatz (10.17) angenommen hatten. Ein weiteres Beispiel zu diesem Thema behandeln wir bei der Ionenleitung in Kap. (20.9)

Wir können die vom Dichtegefälle und der äußeren Kraft gemeinsam verursachte Stromdichte (s. (17.16) und (17.29) zusammenfassen zur so genannten **Nernst-Einstein Relation**

$$\boldsymbol{j} = D(-\mathbf{grad}n + \frac{n}{kT}\boldsymbol{F})\,. \tag{17.30}$$

mit der man allgemein Transportprobleme unter dem Einfluss von Dichtegradienten und äußeren Kräften behandelt.

17.5 Osmose

Die **Osmose** ist ein interessanter Diffusionseffekt, der unter folgenden Umständen eintritt (s. Abb. 17.5).

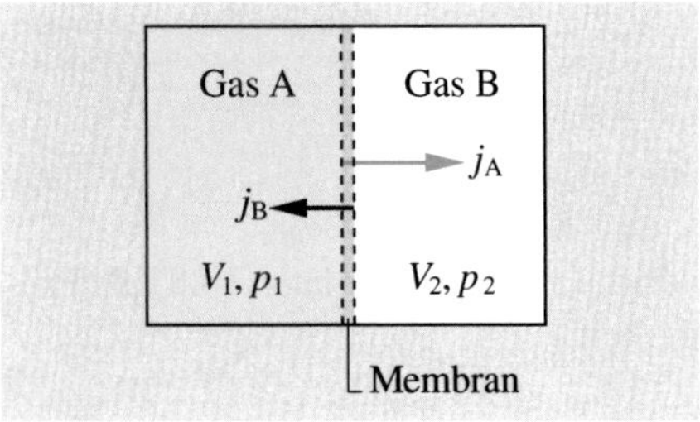

Abb. 17.5. Unterschiedliche Diffusion durch eine Membran (s. Text)

In V_1 befinde sich das Gas A, in V_2 das Gas B, beide getrennt durch eine Wand, die das Gas A sehr viel leichter diffundieren läßt als das Gas B. Wir nennen eine solche Diffusionswand **Membran** und im Grenzfall, daß B überhaupt nicht durchgelassen wird, eine *semipermeable* Membran. Es strömt daher das Gas A sehr viel schneller in V_2 ein als umgekehrt B in V_1. Daher steigt in V_2 der Gesamtdruck p_2 entsprechend der Summe der Partialdrücke der Gase A und B, und er sinkt entsprechend in V_1. Die Druckdifferenz $p_2 - p_1$ wäre bei einer semipermeablen Membran im stationären Gleichgewicht gleich dem Partialdruck des Gases B in V_2. Das ist der sogenannte **osmotische Druck**.

VERSUCH 17.1

Osmotischer Druck. Als Membran zwischen zwei Kammern wählen wir eine Tonwand. In der ersten Kammer verdrängen wir die Luft durch Erdgas (d. i. im wesentlichen Methan). Es diffundiert wesentlich schneller durch die Tonwand als Luft. Wir beobachten daher einen vorübergehenden Druckanstieg in der zweiten Kammer bis auch die Luft sich gleichmäßig auf beide Kammern verteilt hat.

! Der osmotische Druck spielt eine große Rolle in Flüssigkeiten, wenn die Membran durchlässig für das Lösungsmittel, nicht aber für den gelösten Stoff ist. Dieses Phänomen ist beim Stoffwechsel in der Natur von zentraler Bedeutung.

Überraschenderweise übt der gelöste Stoff bei nicht zu hoher Dichte n an der Membran nach der **van't Hoffschen Regel** (im Gleichgewicht) den gleichen Partialdruck aus, den er als ideales Gas ausüben würde, also z. B. für ein Mol nach (13.12)

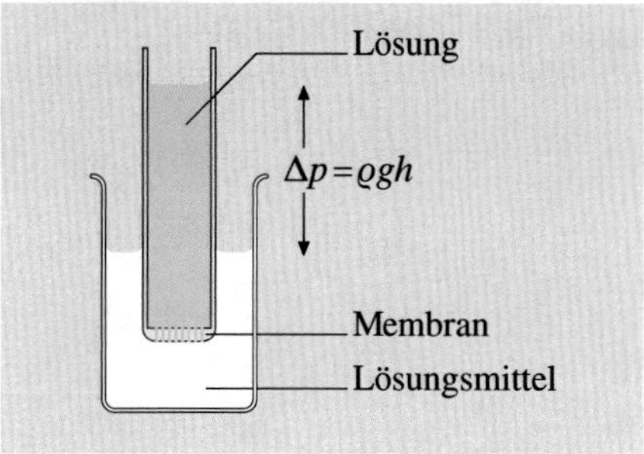

Abb. 17.6. Anordnung zur Demonstration des osmotischen Drucks

$$p_{\mathrm{Osm.}} = \frac{RT}{V}$$

(V = Volumen der Lösung). Er addiert sich auf einer Seite der Membran zum hydrostatischen Druck und läßt sich durch die Steighöhe der Flüssigkeitssäule in einem Rohr, das die Lösung enthält und durch eine semipermeable Membran vom Lösungsmittel getrennt ist, leicht demonstrieren (s. Abb. 17.6). Es diffundiert so viel Lösungsmittel in das Rohr nach, bis der zusätzliche hydrostatische Druck den osmotischen erreicht.

18. Stoffe in verschiedenen Aggregatzuständen

INHALT

18.1 Reale Gase und van der Waals-Gleichung

Wir wollen in diesem Kapitel die Vorstellung von Atomen und Molekülen als „harten Billardkugeln oder Hanteln", die dem idealen Gas zugrunde liegt, verlassen. Es gilt jetzt, die *Bindungskräfte* zwischen ihnen zu berücksichtigen. Bei entsprechend niedrigen Temperaturen gewinnen sie die Oberhand und führen die *Kondensation* des Gases zur Flüssigkeit und schließlich die *Erstarrung* zum Festkörper herbei. Bezüglich dieser Bindungskräfte werden wir uns wieder an dem schon mehrfach benutzten **Lenard-Jones-Potential** (8.22) orientieren

$$V(r) = V_0 \left[\left(\frac{r_0}{r} \right)^{12} - 2 \left(\frac{r_0}{r} \right)^6 \right] .$$

In diesem ersten Abschnitt geht es zunächst nur um eine *Korrektur* der idealen Gasgleichung, die diese Bindungskräfte und darüber hinaus auch das **Eigenvolumen der Moleküle** im gasförmigen Zustand berücksichtigt. Es ist offensichtlich, daß diese Korrekturen umso stärker sein müssen, je mehr sich die Temperatur dem Kondensationspunkt nähert und je höher die Dichte ist.

! *Johannes van der Waals* hat eine dergestalt korrigierte Gasgleichung aufgestellt, die trotz vereinfachender Annahmen ein gutes Stück weiter führt, sogar bis hin zum Übergang auf die flüssige Phase. Sie lautet für ein Mol

$$\left(p + \frac{a}{V^2} \right) (V - b) = RT \; ; \quad a, b > 0 , \tag{18.1}$$

oder aufgelöst nach p

$$p = \frac{RT}{V - b} - \frac{a}{V^2} . \tag{18.1'}$$

E. W. Otten, *Repetitorium Experimentalphysik*,
https://doi.org/10.1007/978-3-662-59730-9_18

Die Konstante b heißt **Kovolumen** und ist etwa gleich dem Vierfachen des Eigenvolumens der Moleküle. Um diesen Bruchteil ist der stoßfreie Bewegungsspielraum der Moleküle eingeschränkt; er kommt daher in Abzug. Bei Auflösung nach p (18.1′) erkennen wir, daß bei gegebener Temperatur das Kovolumen den Druck erhöht, und zwar weil der Verlust an freiem Volumen die Zahl der Wandstöße erhöht; denn bei einem Stafettenlauf über die verschiedenen Molekülstöße im Gas wird der Teilchenimpuls schneller fortgetragen als im freien Flug und erreicht daher die Wand im Mittel häufiger. Bei jedem Stoß rückt er nämlich (im Grenzfall harter Kugeln) ohne Zeitverlust um den doppelten Moleküldurchmesser voran. (Wir erinnern hierzu an Versuch 5.3 mit der Übertragung des Impulses in einer Kugelkette.) Das Kovolumen trägt also dem *rücktreibenden* Kern des Lenard-Jones-Potentials schematisch im Sinne einer starren Molekülwand Rechnung.

Der Korrekturterm a/V^2 in der van der Waals-Gleichung erniedrigt den gemessenen Druck im Vergleich zum idealen Gas und wird **Binnendruck** genannt. Er trägt mit $a > 0$ dem längerreichweitigen, *anziehenden* Zweig des Lenard-Jones-Potentials Rechnung. Da das Gas gegen diesen inneren „Kohäsionsdruck" bei Expansion Arbeit leisten muß, resultiert daraus ein *negativer*, volumenabhängiger Beitrag zur **inneren Energie**

$$U(V) = \int_0^V p_{\text{Binnen}} \mathrm{d}V' = \int_0^V \frac{a}{V'^2} \mathrm{d}V' = -\frac{a}{V} . \qquad (18.2)$$

! Die $1/V$-Abhängigkeit von (18.2) zeigt an, daß bei gegebener Teilchenzahl (ein Mol) diese potentielle Energie proportional zur Dichte und damit zur Stoßrate ist. Das leuchtet ein; denn wegen seiner extrem kurzen Reichweite ist das Lenard-Jones-Potential nur während der im Vergleich zum freien Flug kurzen Stoßzeit präsent. Für die innere Energie des van der Waals Gases gilt somit in Erweiterung von (14.27)

$$U = C_{\mathrm{V}} T - \frac{a}{V} . \qquad (18.3)$$

18.2 Joule-Thomson-Effekt und Enthalpie

Der Unterschied zwischen *realem* und *idealem* Gas wird deutlich, wenn wir ein Gas in einem *abgeschlossenen System* expandieren lassen, also z. B. aus einer festen, isolierten Kammer in eine zweite, wie in Abb. 18.1 gezeigt (**Gay-Lussac Versuch**). Dabei wird am Gas weder mechanische Arbeit geleistet, noch ihm Wärme zugeführt. Daraus folgt nach dem ersten Hauptsatz (15.1)

$$\mathrm{d}U(T, V) = \mathrm{d}Q - p\,\mathrm{d}V = 0 .$$

Für ein ideales Gas würde sich unter diesen Umständen wegen (14.27)

$$\mathrm{d}U = C_V\,\mathrm{d}T = 0$$

auch die Temperatur nicht ändern.

Ein **reales Gas** ändert dagegen seine Temperatur unter diesen Versuchsbedingungen. Für ein van der Waals Gas gilt mit (18.2) und (18.3)

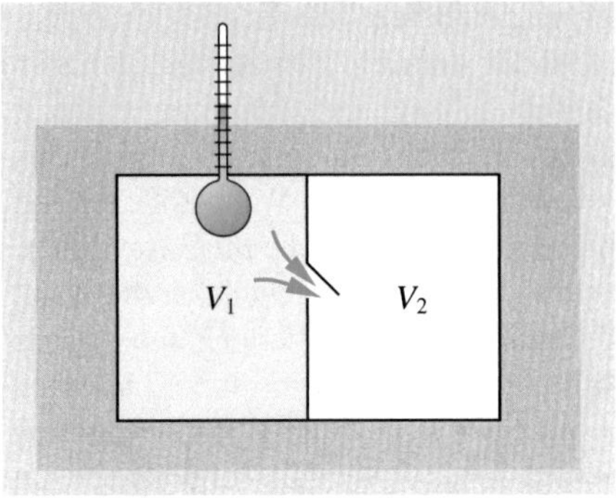

Abb. 18.1. Gay-Lussac Versuch zur Temperaturänderung eines nach außen abgeschlossenen Gases bei Vergrößerung seines Volumens von V_1 auf $V_1 + V_2$

$$0 = \mathrm{d}U = \frac{\partial U}{\partial T}\mathrm{d}T + \frac{\partial U}{\partial V}\mathrm{d}V = C_\mathrm{V}\mathrm{d}T + \frac{a}{V^2}\mathrm{d}V \quad \curvearrowright$$

$$\mathrm{d}T = -\frac{a}{C_\mathrm{V}V^2}\mathrm{d}V\,. \tag{18.4}$$

Der Binnendruck a/V^2 des van der Waals Gases würde demnach im Gay-Lussac Versuch *grundsätzlich* zur Temperaturabsenkung führen im Einklang mit der Erfahrung bei üblichen Gasen und Temperaturen. Wir nennen das den **Joule-Thomson-Effekt**. Allerdings wird bei *nahezu idealen* Gasen, wie He und H_2, die erst bei 4 K bzw. 20 K kondensieren, der umgekehrte Effekt, also eine *Erwärmung*, gemessen. Das deutet auf ein überwiegend abstoßendes Potential hin. Erst wenn man diese Gase stark vorkühlt, gewinnt auch hier der Joule-Thomson-Effekt sein übliches *negatives* Vorzeichen zurück.

Wir können dieses Verhalten aus der gegenseitigen **Streuung von Molekülen** im Lenard-Jones-Potential qualitativ erklären (s. Abb. 18.2).

Im Fall (1) eines schnellen Teilchens mit einer Gesamtenergie E_1, entsprechend einer hohen Temperatur, bleibt das schwächere, anziehende Potential weitgehend

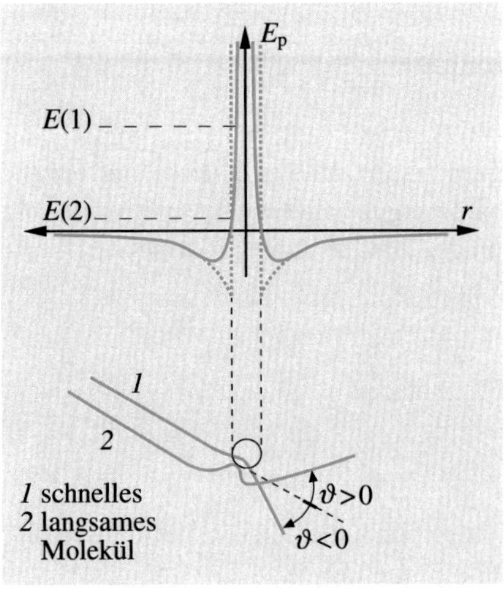

Abb. 18.2. Molekülstreuung im Lenard-Jones-Potential (8.22). *Oben*: potentielle Energie als Funktion des Abstands (*volle Linie*) sowie Gesamtenergie eines schnellen (*1*) und eines langsamen Moleküls (*2; gestrichelt*). Punktiert ist zum Vergleich das Potential im van der Waals-Modell mit „hartem" Molekülkern ($\hat{=}$ senkrechte Potentialwand) eingezeichnet. *Unten*: Bahnen der Teilchen (*1*) und (*2*) während der Streuung im Lenard-Jones-Potential (qualitativ)

unwirksam, und der Stoß führt zu einem negativen Streuwinkel, d. h. zu einem vom Stoßpartner abgewandten Impulsübertrag dank der abstoßenden Kräfte im Potentialkern, die im zeitlichen Mittel überwiegen. Ein langsames Molekül (2), entsprechend einer niedrigen Temperatur, kann aufgrund seiner geringen Energie E_2 kaum in den abstoßenden Kern eindringen und erfährt daher im äußeren, anziehenden Bereich im Endeffekt einen positiven Streuwinkel entsprechend einem Impulsübertrag in Richtung auf seinen Streupartner. Es überwiegen also die anziehenden Kräfte. Ähnlich wie das zeitliche Mittel der Kraft verhält sich im Lenard-Jones Fall auch das der potentiellen Energie (der Unterschied um eine Potenz im Abstandsgesetz tut nicht viel zur Sache). Damit ist die Abkühlung der üblichen realen Gase im Gay-Lussac Versuch erklärt ebenso wie die Erwärmung der fast idealen Gase He, H_2, deren bindende Potentialmulde sehr flach ist.

Das Modell des van der Waals Gases kann dagegen den positiven Joule-Thomson-Effekt eines fast idealen Gases unter den Versuchsbedingungen der Abb. 18.1 ($\mathrm{d}U = 0$) *nicht* reproduzieren, weil die Moleküle unter der Voraussetzung eines starren Kerns gar nicht in den Bereich positiven Potentials eindringen können und daher der Volumenbeitrag zur inneren Energie (18.3) prinzipiell negativ bleibt. Aber unter etwas veränderten Versuchsbedingungen, die auch der Praxis näher kommen und dem eigentlichen **Versuch von Joule und Thomson** entsprechen (s. Abb. 18.3), zeigt auch das van der Waals Gas die Vorzeichenumkehr der Temperaturänderung bei der sogenannten **Inversionstemperatur** T_I.

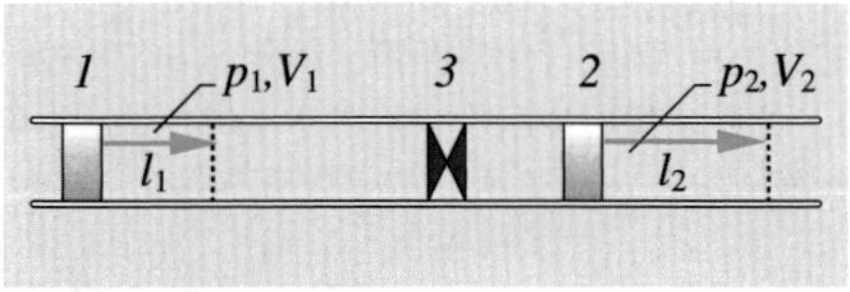

Abb. 18.3. Entspannung eines Gases im Joule-Thomson-Versuch, wobei die Kolben (*1*) und (*2*) beim Verschieben um l_1, l_2 einen konstanten Druckunterschied $p_1 - p_2$ am Drosselventil (*3*) aufrechterhalten

Wir führen jetzt die Entspannung *kontrolliert* über ein Drosselventil durch und halten dabei mittels zweier Kolben (1) und (2) eine konstante Druckdifferenz $p_1 - p_2$ zwischen beiden Seiten aufrecht. Es sei aber nach wie vor $\mathrm{d}Q = 0$ (adiabatisch). Dann ändert sich die innere Energie des Gases nach dem ersten Hauptsatz (15.1) um die Differenz der äußeren Arbeiten zu beiden Seiten

$$U_1 - U_2 = \Delta W_\mathrm{a} = -p_1 V_1 + p_2 V_2 \,. \tag{18.5}$$

Anders ausgedrückt, bleibt bei diesem Prozeß die Summe aus innerer Energie und äußerer Arbeit konstant

$$H = U_1 + p_1 V_1 = U_2 + p_2 V_2 = \mathrm{const}\,. \tag{18.6}$$

Sie heißt **Enthalpie** und spielt bei vielen thermodynamischen Prozessen eine Rolle.

Für ein Mol eines idealen Gases folgt bei konstantem H

$$\mathrm{d}H = \mathrm{d}(U + pV) = \mathrm{d}(C_\mathrm{V} T + RT) = (C_\mathrm{V} + R)\mathrm{d}T = 0$$

$$\curvearrowright \qquad \mathrm{d}T = 0\,. \tag{18.7}$$

Die Temperatur bleibt wiederum konstant und somit auch U; folglich ist auch die äußere Arbeit $\Delta W_a = 0$, und der Prozeß führt exakt zum gleichen Endzustand wie im Gay-Lussac Versuch der Abb. 18.1.

* Nicht so für das van der Waals Gas! Hier gilt mit (18.3) und (18.1′) für die Enthalpie nach Elimination von p

$$H = C_V T - \frac{a}{V} + \left(\frac{RT}{V-b} - \frac{a}{V^2}\right) V \,. \tag{18.8}$$

Aus der Bedingung konstanter Enthalpie

$$\mathrm{d}H = \frac{\partial H}{\partial T}\mathrm{d}T + \frac{\partial H}{\partial V}\mathrm{d}V = 0$$

folgt dann nach etwas Rechnung für die Volumenabhängigkeit der Temperatur

$$\frac{\mathrm{d}T}{\mathrm{d}V} = \frac{\frac{Tb}{(V-b)^2} - \frac{2a}{RV^2}}{\frac{C_V}{R} - \frac{V}{V-b}} \approx \frac{RTb - 2a}{(C_V + R)V^2} \tag{18.9}$$

(mit der Näherung $(V/(V-b)) \approx 1$). Der Zähler von (18.9) kehrt sein Vorzeichen bei der **Inversionstemperatur**

$$T_I \approx \frac{2a}{Rb} \tag{18.10}$$

! um. Unter Versuchsbedingungen $H = \text{const}$ liefert also auch das Modell des van der Waals Gases einen Übergang vom negativen zum positiven Joule-Thomson-Effekt oberhalb T_I. In (18.9) wird jetzt auch die Konkurrenz zwischen anziehendem Binnendruck (a-Term) und repulsivem Kovolumen (b-Term) im erwarteten Sinne deutlich.

Der Joule-Thomson-Effekt spielt eine wichtige Rolle bei der technischen **Verflüssigung von Gasen**. Das *Lindeverfahren* beruht darauf. Dabei wird das Gas zunächst isotherm (d. h. unter Wasserkühlung) auf sehr hohen Druck komprimiert. Anschließend entspannt es sich über ein Drosselventil in ein Gefäß, wobei es sich durch den Joule-Thomson-Effekt unter den Kondensationspunkt abkühlt. Das Verfahren funktioniert problemlos für Luft, weil dort die Inversionstemperatur weit ! über Zimmertemperatur liegt. Für H_2 liegt sie jedoch bei $-80\,°\mathrm{C}$, für He noch darunter. Man muß diese Gase also erst vorkühlen!

Bei Atmosphärendruck verflüssigt sich N_2 bei $-184\,°\mathrm{C} \mathrel{\hat{=}} 89{,}2\,\mathrm{K}$, He bei $-269\,°\mathrm{C} \mathrel{\hat{=}} 4{,}2\,\mathrm{K}$. Pro 1 bar Druckunterschied am Drosselventil kühlt sich Luft um $(1/4)\,°\mathrm{C}$, Kohlendioxid (CO_2) um $(3/4)\,°\mathrm{C}$ ab. Hierzu folgender Versuch:

VERSUCH 18.1

Erzeugung von Kohlendioxidschnee. Der Joule-Thomson-Effekt läßt sich sehr schön an CO_2 demonstrieren. Wenn es unter hohem Druck aus einer Stahlflasche ausströmt, sublimiert es zu Schnee, weil die Temperatur unter den Gefrierpunkt absinkt. Dabei spielt der Joule-Thomson-Effekt die Hauptrolle. Energieentzug durch Entspannungsarbeit, die beim Verdrängen der äußeren Luft geleistet wird, ist aber mit im Spiel, weil sie im Gegensatz zu Abb. 18.3 nicht durch Zufuhr äußerer Arbeit auf der Hochdruckseite kompensiert wird.

18.3 Isothermen realer Gase, Verflüssigung und Verdampfung

Hochtemperaturverhalten

Die **van der Waals-Gleichung** (18.1) geht für großes Volumen oder hohe Temperatur in die **ideale Gasgleichung** (13.12) über, weil sich der Einfluß von Binnendruck und Kovolumen verliert. Obwohl (18.1) eine Gleichung dritten Grades in V ist, hat sie deswegen bei hohen Temperaturen nur *eine* reelle Wurzel. Die Isothermen haben dann zu jedem Druck einen *eindeutigen* Wert für V, entsprechend einer monoton fallenden Kurve (s. Abb. 18.4).

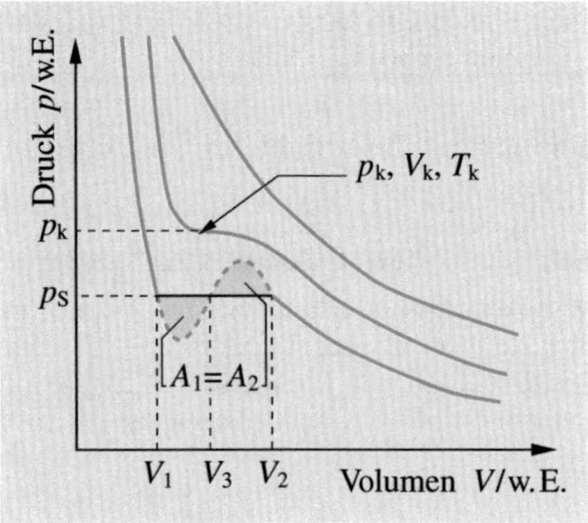

Abb. 18.4. Isothermen eines realen Gases im $p\,V$-Diagramm. Die Kurvenschar ist in der Näherung der van der Waals-Gleichung gezeichnet. Statt des gestrichelten Bereichs durchlaufen die Isothermen die Geraden $p_s = \text{const}$, entlang derer sich das Gas (von rechts nach links) verflüssigt. Die mittlere Kurve zeigt den kritischen Punkt des Gases mit den stoffspezifischen kritischen Größen p_k, T_k, V_k

Verflüssigung

Bei tiefen Temperaturen gibt es jedoch *drei* Lösungen V_1, V_2, V_3, die ein Minimum und ein Maximum von p einschließen. De facto wird der Teil der van der Waals Isotherme zwischen V_1 und V_2 im thermischen Gleichgewicht nicht durchlaufen. Bei isothermer Kompression beginnt nämlich das Gas bei V_2 zu kondensieren, verliert dabei an Volumen bei *konstantem* **Sättigungsdampfdruck** p_s bis bei V_1 alles Gas verflüssigt ist. Beim Sättigungsdampfdruck stehen Gas und Flüssigkeit im Gleichgewicht miteinander, d. h. die Verdampfungsrate ist gleich der Kondensationsrate. Er stellt sich daher in einem abgeschlossenen Gefäß automatisch zwischen Flüssigkeit und Dampf ein. Man spricht dann von einem **gesättigten Dampf**. Man findet die Gerade $p_s = \text{const}$ mit Hilfe der **Maxwellschen Konstruktion**, indem man sie so zeichnet, daß sie zusammen mit der Isotherme zwei gleich große Flächenstücke A_1 und A_2 berandet (s. Abb. 18.4).

Grenzkurve

Zu jeder Isotherme findet man mit der Maxwellschen Konstruktion ein Punktepaar $V_2(T)$, $V_1(T)$, bei dem die Verflüssigung beginnt und endet. Sie rücken mit wachsender Temperatur näher aneinander, bis sie am **kritischen Punkt** in einer Dreifachwurzel zusammenfallen (s. Abb. 18.4). Sie bilden als Funktion von T die sogenannte **Grenzkurve** (s. Abb. 18.5). Der Sättigungsdampfdruck p_s steigt also

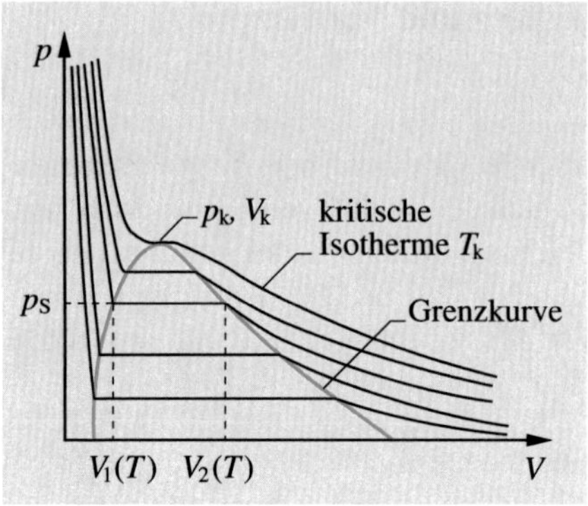

Abb. 18.5. Isothermen eines realen Gases. Entlang des horizontalen Verlaufs innerhalb der blauen Grenzkurve verflüssigt sich das Gas von rechts nach links

mit der Temperatur. Bei Gasgemischen addiert sich p_s als Partialdruck zum übrigen Druck, also z. B. zum äußeren Luftdruck. Hierzu folgender Versuch:

VERSUCH 18.2

Sättigungsdampfdruck von Äther und Wasser. Wir lassen Äthyläther und Wasser in abgeschlossenen Gefäßen verdampfen und beobachten jeweils den Druckanstieg bis zum Sättigungsdampfdruck mit einem Manometer. Bei 20 °C beträgt er für Wasser ca. 23 mb, für Äthyläther jedoch schon 580 mb.

Kritischer Punkt

Am **kritischen Punkt** im Maximum der **Grenzkurve** hat die zugehörige **kritische Isotherme** einen waagrechten Wendepunkt (s. Abb. 18.4 und 18.5). Die zugehörigen kritischen Werte der Zustandsvariablen T_k, p_k, V_k sind charakteristisch für das betreffende Gas und können für ein van der Waals Gas aus (18.1) mit den Bedingungen

$$\frac{\mathrm{d}p_k}{\mathrm{d}V_k} = \frac{\mathrm{d}^2 p_k}{\mathrm{d}^2 V_k} = 0$$

berechnet werden. Man erhält dann für die kritische Temperatur

$$T_k = \frac{8a}{27Rb} = \frac{4}{27}T_I \,. \qquad (18.11)$$

Sie ist ebenso wie die Inversionstemperatur (18.10), durch das Verhältnis aus Binnendruck und Kovolumen bestimmt, liegt jedoch um rund einen Faktor 7 niedriger.

Isothermen mit $T > T_k$ haben für *alle* Drucke nur noch genau *eine* reelle Wurzel für V und schneiden die Grenzkurve nicht mehr. Die Substanz ist dann bei *allen* Drucken gasförmig.

! Am kritischen Punkt verschwindet weiterhin die Verdampfungswärme (s. u.). Die Substanz kann dort spontan, ohne Zufuhr äußerer Wärme oder Arbeit ihren Aggregatzustand wechseln.

Tabelle 18.1. Kritischer Druck und kritische Temperatur einiger Stoffe. Zum Vergleich der Siedepunkt bei 1 at

	p_k (at)	T_k (K)	Siedetemperatur (K)
H_2O	217	647	373
CO_2	73	304	194
N_2	35	126	77
H_2	13	33	20
He	2,3	5,3	4,2

Sieden und Verdunsten

Ist bei gegebener Temperatur der **Sättigungsdampfdruck** einer Substanz höher als der **äußere Luftdruck**, dann bildet die verdampfende Flüssigkeit Gasblasen, die die darüber liegende Flüssigkeit und das Gas verdrängen. Diesen Vorgang bezeichnet man als **Sieden**.

Ist jedoch der Sättigungsdampfdruck geringer als der äußere Luftdruck, so kann die verdampfende Substanz keine Gasblasen bilden, die dem Druck standhielten. In dem Falle können nur einzelne Moleküle von der Oberfläche der Flüssigkeit in die darüber liegende Luft eintreten. Dieser Vorgang heißt **Verdunsten**. Die Luft kann sich hierbei mit einem Partialdruck der Substanz anreichern, der deren **Sättigungsdampfdruck** entspricht. Im Fall von gesättigtem Wasserdampf in Luft spricht man von 100 % **relativer Luftfeuchtigkeit**; oder man sagt, die Luft befinde sich am **Taupunkt**.

! Da der Sättigungsdampfdruck mit der Temperatur wächst, steigt auch die Temperatur des Siedepunktes mit wachsendem äußeren Luftdruck an. Wir demonstrieren dies in zwei Versuchen.

VERSUCH 18.3

Sieden bei Unterdruck. Aus einem geschlossenen Glasgefäß, dessen Boden mit Wasser bedeckt ist, wird die Luft evakuiert. Unterhalb eines Luftdrucks von 20 mb beginnt das Wasser schon bei Zimmertemperatur zu sieden (s. Abb. 18.6). Da der Wasserdampf eben-

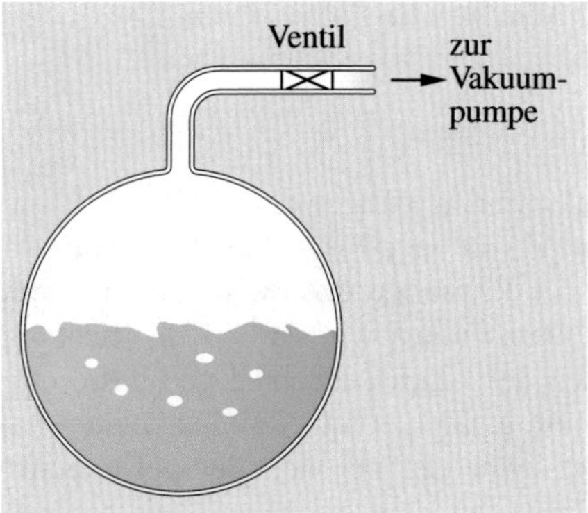

Abb. 18.6. Sieden im Vakuum bei Zimmertemperatur

falls abgepumpt wird, verliert das Wasser soviel Verdampfungswärme, daß es schließlich gefriert.

VERSUCH 18.4

Geisireffekt. Die Erhöhung des Siedepunktes mit dem Druck kann man sehr schön am Modell eines Geisirs demonstrieren. Ein Geisir ist eine hohe Wassersäule, die unten erhitzt wird, oben aber relativ kalt ist, eine typische Situation in vulkanischen Gebieten. Erreicht das Wasser unten die Temperatur des Siedepunktes, die dem *Gesamtdruck* aus äußerem Luftdruck und hydrostatischem Wasserdruck entspricht, also deutlich über 100 °C liegt, dann verdrängen die aufsteigenden Gasblasen das Wasser in dem langen Hals. Sobald das Wasser aus dem Hals herausgeblasen ist, verschwindet dessen hydrostatischer Druck, und der Siedepunkt fällt auf 100 °C zurück, unterhalb der aktuellen Temperatur des Wassers am Boden. Folglich verdampft das *überhitzte* Wasser explosionsartig, und zwar solange, bis es sich wieder auf 100 °C abgekühlt hat. Danach fließt das ausgeblasene Wasser in den Hals zurück, baut den hydrostatischen Druck wieder auf, und das Spiel beginnt von neuem (s. Abb 18.7).

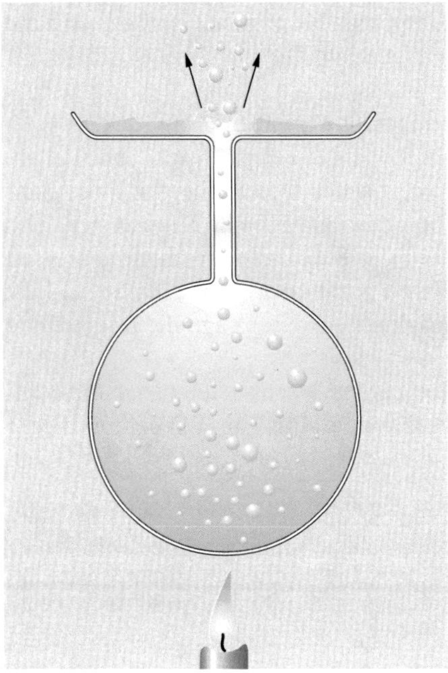

Abb. 18.7. Geisir-Modell

Dampfdruckkurve

Für jede Temperatur $T < T_\mathrm{k}$ gibt die Grenzkurve den Sättigungsdampfdruck p_s an. Übertragen wir diesen Parameter aus einem pV- in ein pT-Diagramm, so erhalten wir die **Sättigungsdampfdruckkurve** an der **Phasengrenze** zwischen flüssigem und gasförmigem Zustand (s. Abb. 18.8). Durchstoßen wir sie z. B. in Richtung höheren Druckes von a nach b, so wechselt der Aggregatzustand von gasförmig nach flüssig. Die Kurve existiert nur in einem *endlichen* Intervall; sie beginnt am Gefrierpunkt und endet am kritischen Punkt. Jedoch ist hier nicht der Gefrierpunkt bei Normaldruck gemeint, sondern der Punkt, an dem die Flüssigkeit gefriert,

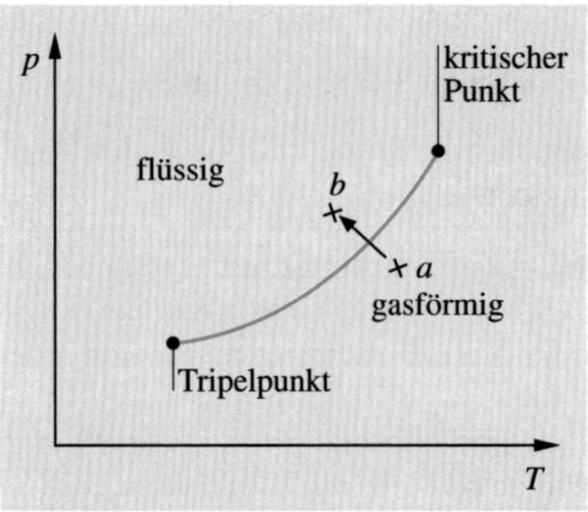

Abb. 18.8. Qualitativer Verlauf des Sättigungsdampfdrucks an der Phasengrenze gasförmig – flüssig zwischen Tripelpunkt und kritischem Punkt

wenn *gleichzeitig* der Sättigungsdampfdruck vorliegt. Wir nennen diesen Punkt den **Tripelpunkt** (s. Abschn. 18.5).

Der Sättigungsdampfdruck zeigt einen *exponentiellen* Anstieg mit der Temperatur. Wir werden diesen Zusammenhang im nächsten Abschnitt genauer untersuchen. Tabelle 18.2 gibt den Sättigungsdampfdruck von Wasser für einige Temperaturen an. Wir erkennen daraus, daß bei 100 % relativer Luftfeuchtigkeit der molare Anteil des Wassers an der Gesamtluft bei 0 °C nur 0,6 %, bei 30 °C jedoch schon 4,3 % beträgt. Kühlt die Luft unter den **Taupunkt** ab und kommt es zu Niederschlag, so ist er also im Sommer viel ergiebiger als im Winter.

Tabelle 18.2. Sättigungsdampfdruck von Wasser zwischen 0 °C und kritischem Punkt

$T/°C$	0	20	50	100	250	374
p/bar	$6{,}104 \cdot 10^{-3}$	$23{,}37 \cdot 10^{-3}$	0,1233	1,013	39,75	220,6

18.4 Verdampfungswärme, Clausius Clapeyronsche Gleichung

Äußere und innere Verdampfungswärme

Beim Verdampfen entlang der Geraden $p_s = \mathrm{const}$ muß der Substanz die **Verdampfungswärme** Λ zugeführt werden. Sie hat zwei Anteile, die **äußere** und die **innere** Verdampfungswärme. Die äußere ist gleich der mechanischen Ausdehnungsarbeit W_a gegen den äußeren Druck und ist durch die Fläche unter der Grenzkurve zwischen den Volumina V_1 und V_2 gegeben.

$$W_a = p_s(V_2 - V_1)\,. \tag{18.12}$$

Sie beträgt bei Wasser ca. 3 kJ/Mol beim Siedepunkt $t_s = 100\,°C$. Den weitaus größeren Anteil (bei Wasser ca. 38 kJ/Mol) bildet

> die innere Verdampfungswärme, die die Arbeit gegen den anziehenden Teil des Lenard-Jones-Potentials darstellt.

Latente Wärmen

Die Verdampfungswärme ist das erste Beispiel **latenter Wärme**, das uns begegenet.

> Die Bezeichnung latent (= verborgen) besagt, daß die Substanz Wärme ohne die sonst übliche Temperaturänderung aufnimmt oder abgibt.

Auch beim **Schmelzen** tritt latente Wärme auf, die in diesem Fall fast ausschließlich aus innerer Arbeit resultiert, weil sich das Volumen beim Schmelzen nur unwesentlich ändert. Auch Wärmemengen, die bei chemischen Umsetzungen auftreten, sind in diesem Sinne latente Wärmen.

Die Verdampfungswärme des Wassers ist überraschend hoch, mehr als der 500 fache Betrag dessen, was nötig wäre, um dieselbe Menge bei Zimmertemperatur um ein Grad zu erwärmen. Eine Dampfheizung, bei der der Wasserdampf im Heizkörper kondensiert, ist daher ein wesentlich ergiebigerer Wärmeträger als eine Warmwasserheizung und wird deswegen auch bei großen Heizkomplexen bevorzugt.

! Aus demselben Grunde führt der Kontakt mit 100 °C heißem Wasserdampf, der auf der Haut kondensiert, sofort zu schweren Verbrennungen, während man 100 °C heiße, trockene Luft in der Sauna ohne weiteres erträgt.

* Clausius Clapeyronsche Gleichung

Wir suchen jetzt einen Zusammenhang zwischen der **Verdampfungswärme** Λ und anderen Zustandsgrößen, insbesondere der Temperatur und dem **Sättigungsdampfdruck**. Hierzu führen wir einen *reversiblen* **Kreisprozeß** mit einem Mol auf den Wegen a, b, c, d der Abb. 18.9 durch, bei dem die Substanz bei der Temperatur T kondensieren und bei $T + \Delta T$ wieder verdampfen soll. Wir bilden die Bilanz der im Kreisprozeß zugeführten Wärmemengen.

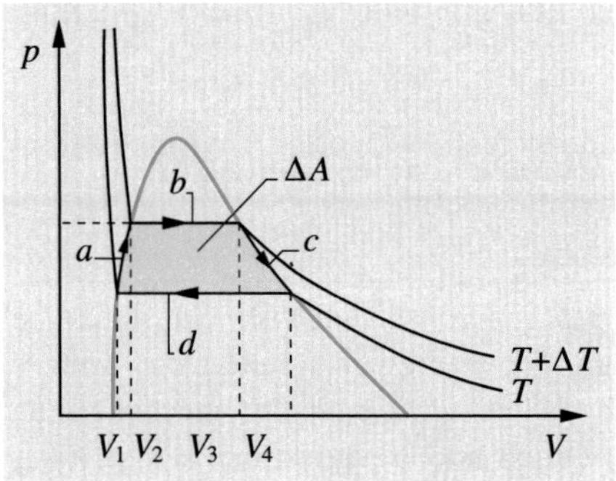

Abb. 18.9. Kreisprozeß aus Verdampfen und Kondensation zur Herleitung der Clausius Clapeyron Gleichung

- Erhitzen entlang der linken Grenzkurve um ΔT erfordert

  $\Delta Q_a = C_{\text{fl}} \Delta T$

  mit C_{fl} = molare Wärme der Flüssigkeit bei a.
- Isotherme Verdampfung bei $T + \Delta T$ erfordert die molare Verdampfungswärme bei der Temperatur $T + \Delta T$

  $\Delta Q_b = \Lambda(T + \Delta T)\,.$

- Abkühlen des Dampfes entlang der rechten Grenzkurve gewinnt

  $\Delta Q_c = -C_g \Delta T\,,$

  mit C_g = molare Wärme des Gases bei c.
- Kondensation des Dampfes bei der Temperatur T gewinnt

  $\Delta Q_d = -\Lambda(T)\,.$

Daraus folgt für die im Kreisprozeß geleistete Arbeit ΔA

$$\Delta A = \sum \Delta Q_i = (C_{fl} - C_g)\Delta T + (\Lambda(T + \Delta T) - \Lambda(T))\,. \qquad (18.13)$$

Andererseits ist für $\Delta T \to 0$ mit $V_3 \to V_1 = V_{fl}$, $V_4 \to V_2 = V_g$

$$\Delta A = \Delta p_s (V_g - V_{fl})\,,$$

wobei V_g das gasförmige und V_{fl} das flüssige Volumen bei der gewählten Temperatur darstellen.

In (18.13) wollen wir jetzt den Term $(C_{fl} - C_g)\Delta T$ eliminieren, indem wir ausnutzen, daß es sich um einen *reversiblen* Kreisprozeß handeln soll, bei dem die Summe der **reduzierten Wärmemengen**

$$\sum_i \frac{\Delta Q_i}{T_i} = 0 \qquad (18.14)$$

ist. Die Summe der reduzierten Verdampfungswärmen auf den Wegen b und d gewinnen wir im $\lim \Delta T \to 0$ aus einer Taylorentwicklung

$$\frac{\Delta Q_b}{T_b} + \frac{\Delta Q_d}{T_d} = \frac{\Lambda(T + \Delta T)}{T + \Delta T} - \frac{\Lambda(T)}{T} = \frac{\mathrm{d}}{\mathrm{d}T}\left(\frac{\Lambda}{T}\right)_T \Delta T$$
$$= \left[\frac{1}{T}\frac{\mathrm{d}\Lambda}{\mathrm{d}T} - \frac{1}{T^2}\Lambda\right]\Delta T\,. \qquad (18.15)$$

Auf den Wegen a und c erhalten wir in der gleichen Näherung

$$\frac{\Delta Q_a}{T_a} + \frac{\Delta Q_c}{T_c} = \frac{\Delta T}{T}(C_{fl} - C_g)\,. \qquad (18.16)$$

Da die Summe aus (18.16) und (18.15) wegen (18.14) verschwindet, folgt

$$C_{fl} - C_g = -\frac{\mathrm{d}\Lambda}{\mathrm{d}T} + \frac{\Lambda}{T}\,. \qquad (18.17)$$

Mit (18.17) können wir die Molwärmen C_{fl}, C_g aus (18.13) eliminieren. Benutzen wir weiterhin die Entwicklung

$$\Lambda(T + \Delta T) - \Lambda(T) = \frac{\mathrm{d}\Lambda}{\mathrm{d}T}\Delta T\,,$$

so wird (18.13) zu

$$\Delta p_s (V_g - V_{fl}) = \left[-\frac{\mathrm{d}\Lambda}{\mathrm{d}T} + \frac{\Lambda}{T} + \frac{\mathrm{d}\Lambda}{\mathrm{d}T}\right]\Delta T$$

und im $\lim \Delta T \to 0$

$$\frac{\Lambda}{T} = \frac{\mathrm{d}p_s}{\mathrm{d}T}(V_g - V_{fl})\,. \qquad (18.18)$$

Das ist die gesuchte **Clausius Clapeyronsche Gleichung**, die die Verdampfungswärme mit dem Temperaturgradienten des Sättigungsdampfdrucks verbindet.

Nehmen wir in erster Näherung Λ als *temperaturunabhängig* an, vernachlässigen V_{fl} gegen V_{g} und ersetzen V_{g} durch RT/p_{s} entsprechend dem idealen Gasgesetz, dann lautet (18.18)

$$\frac{1}{p_{\mathrm{s}}}\frac{\mathrm{d}p_{\mathrm{s}}}{\mathrm{d}T} = \frac{\Lambda}{RT^2}$$

und deren Integral

$$p_{\mathrm{s}} = C \cdot \mathrm{e}^{-\Lambda/RT} \tag{18.19}$$

! mit einer zu bestimmenden Konstante C. Der **Sättigungsdampfdruck** ist also im wesentlichen durch einen **Boltzmann-Faktor** (14.44) bestimmt, der (nach Division mit der Avogadrozahl im Exponenten) die *Verdampfungsarbeit* eines Moleküls ins Verhältnis zu seiner thermischen Energie kT setzt. In dieser Form ist das Ergebnis unserer Ableitung qualitativ einleuchtend, weil es die Wahrscheinlichkeiten, ein Molekül gasförmig oder flüssig anzutreffen, nach dem Boltzmann-Faktor aufteilt.

18.5 Schmelzen, Sublimieren, Phasendiagramm

Schmelzdruckkurve

Weiteres Abkühlen einer Flüssigkeit führt zur Erstarrung. Auch beim Phasenübergang flüssig–fest wird die Frage nach der latenten **Schmelzwärme** λ durch die Clausius Clapeyronsche Gleichung (18.18) beantwortet, da ihre Ableitung ohne weiteres verallgemeinert werden kann.

$$\frac{\lambda}{T} = \frac{\mathrm{d}p_{\mathrm{f,fl}}}{\mathrm{d}T}(V_{\mathrm{fl}} - V_{\mathrm{f}})\,. \tag{18.20}$$

Für Wasser beträgt sie 80 cal/g. Sie ist zwar bedeutend kleiner als die Verdampfungswärme, aber doch noch beträchtlich. Da andererseits $V_{\mathrm{fl}} - V_{\mathrm{f}}$ im Vergleich zu $V_{\mathrm{g}} - V_{\mathrm{fl}}$ sehr klein ist, muß die Steilheit der **Schmelzdruckkurve** $\mathrm{d}p_{\mathrm{f,fl}}/\mathrm{d}T$ umso größer sein. Der Druck $p_{\mathrm{f,fl}}$ bezeichnet im **pT-Diagramm** (analog zu p_{s}) die Phasengrenze zwischen festem und flüssigem Zustand (s. Abb. 18.10). In der Regel ist $V_{\mathrm{fl}} - V_{\mathrm{f}} > 0$, d. h. das Volumen nimmt bei der Erstarrung ab. Da aber die Schmelzwärme immer positiv ist ($\lambda > 0$), muß dann auch $\mathrm{d}p_{\mathrm{f,fl}}/\mathrm{d}T$ positiv sein.

Üben wir oberhalb der Schmelztemperatur einen genügend hohen Druck auf eine Flüssigkeit aus, so verkleinert sie ihr Volumen, indem sie erstarrt. Man sagt, die Natur gehe den **„Weg des geringsten Zwangs“**.

! Wasser bildet eine Ausnahme insofern, als das Volumen sich beim Gefrieren um ca. 10 % *ausdehnt*. Das hat Konsequenzen für die winterliche Natur. Nach (18.20) ist bei Wasser jetzt $\mathrm{d}p_{\mathrm{f,fl}}/\mathrm{d}T$ negativ. Eis schmilzt unter hohem Druck! Hierauf beruht im Prinzip das Wandern der Gletscher, das Schlittschuhlaufen, etc. An der Druckstelle bildet sich ein Schmierfilm. Hierzu folgender Versuch:

VERSUCH 18.5

Regelation des Eises. Wir versuchen, einen Eisblock zu *durchschneiden*, indem wir einen Stahldraht über den Block legen und mit Hilfe von Gewichten langsam *durch den Block ziehen*. Letzteres gelingt, ersteres nicht! Der Block bleibt beieinander, ohne eine Schneidspur aufzuweisen. Zwar schmilzt das Eis auf der Druckseite des Drahtes, aber dieser Vorgang ist reversibel. Folglich verfestigt es sich wieder (= „regeliert“) auf der gegenüberliegenden Seite. Allerdings setzen diese Gleitprozesse wohl schon bei wesentlich geringeren Drucken ein, als nach (18.20) berechnet. Das Phänomen ist im Detail noch nicht aufgeklärt.

Sublimieren

Unterhalb des Gefrierpunkts ist der **Sättigungsdampfdruck** einer Substanz keineswegs null. Die direkte Verdampfung aus dem festen Zustand heraus heißt **Sublimation**. Das bekannteste Beispiel für die umgekehrte Phasenumwandlung ist das **Schneien**. Am Phasenübergang fest–gasförmig tritt die **Sublimationswärme** als latente Wärme auf. Sie ist die Summe aus der Verdampfungswärme aus dem flüssigen Zustand Λ und der Schmelzwärme λ. Sie bestimmt über die Clausius Clapeyronsche Gleichung den Verlauf der **Sublimationskurve**, also des Sättigungsdampfdrucks an der Phasengrenze fest – gasförmig.

Phasendiagramm und Tripelpunkt

In Abb. 18.10 sind die drei Grenzkurven, Verdampfungs-, Schmelz- und Sublimationskurve, für das Beispiel des Wassers in ein pT-Diagramm eingetragen. Sie bilden das **Phasendiagramm** der Substanz. Sie teilen die pT-Ebene in die Existenzbereiche der einzelnen Phasen ein.

Alle drei Grenzkurven gehen von einem gemeinsamen Punkt, dem **Tripelpunkt**, aus. Dort stehen alle *drei Phasen miteinander im Gleichgewicht*.

Am Tripelpunkt kann man durch entsprechend gerichtete Druck- oder Temperaturänderung die Substanz von jeder Phase in jede andere überführen. Die Pfeile an den Phasengrenzen geben die Richtung der Temperatur- oder Druckänderung an, die zum Sieden, Schmelzen oder Sublimieren führen. Bei Wasser fällt die anomale,

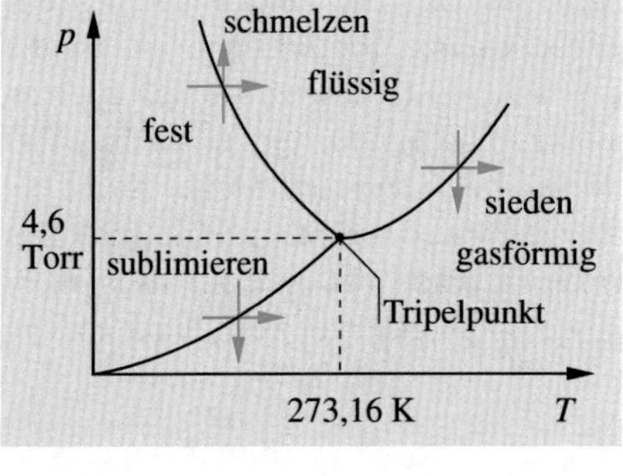

Abb. 18.10. Phasendiagramm von Wasser (qualitativ). Man beachte die anomale *negative* Steigung der Schmelzdruckkurve

negative Steigung der Schmelzkurve auf, die zum Schmelzen des Eises unter hohem Druck führt, wie oben besprochen.

Der **Tripelpunkt des Wassers** läßt sich besonders gut in der Versuchsanordnung der Abb. 18.6 realisieren. Pumpt man den Wasserdampf über dem Wasser ab, so kühlt sich das Wasser durch Entzug von Verdampfungswärme ab, wobei der Dampfdruck der Verdampfungskurve folgt und schließlich den Tripelpunkt erreicht, wo sich Eis bildet. Schließt man jetzt das Ventil zur Vakuumpumpe, so bleibt das Gemisch aus Eis, Wasser und Dampf solange exakt am Tripelpunkt, bis – etwa durch Zufuhr von Wärme – alles Eis wieder geschmolzen ist. Die große latente Schmelzwärme puffert dabei das System nach außen ab und stabilisiert die Temperatur am Tripelpunkt. Das ist u. a. der Grund, warum er als **Fixpunkt der Kelvin-Skala** gewählt wurde.

Viele Stoffe weisen *mehrere feste Phasen*, auch **Modifikationen** genannt, auf. Beim Übergang können latente Wärmen auftreten (**Phasenübergänge 1. Art**) oder auch nicht (**Phasenübergänge 2. Art**). Am bekanntesten sind die zwei Modifikationen des Kohlenstoffs als **Graphit** und **Diamant** mit sehr verschiedener Kristallstruktur und sehr verschiedenen Materialeigenschaften.

Übersättigter Dampf und Siedeverzug

> Überschreitet eine Substanz eine Phasengrenze, so vollzieht sich die Phasenumwandlung nicht immer spontan. Sie muß häufig durch äußere Einwirkung aktiviert werden.

So kann z. B. der **Sättigungsdampfdruck** durchaus überschritten werden, ohne daß das Gas kondensiert. Man spricht dann von **übersättigtem Dampf**. Das Phänomen ist umso ausgeprägter, je reiner die Substanzen sind. Es bedarf bestimmter Keime, an denen die Kondensation ausgelöst wird und weiter wächst. Das können z. B. Staubpartikel sein, aber auch Ionen, die beim Durchgang radioaktiver Strahlung entlang der Teilchenspur entstehen. Darauf beruht das Prinzip der **Wilsonschen Nebelkammer**, wo entlang der Spur eines Teilchens in einem übersättigten Dampf Nebeltröpfchen entstehen.

Auch das Überschreiten des Siedepunktes ist möglich, ohne daß die Substanz spontan verdampft. Auch hier muß die Gasbildung durch äußere Keime aktiviert werden, um den **Siedeverzug** aufzuheben. Auch die Kristallisation aus der flüssigen Phase kann über die Phasengrenze hinaus verzögert sein.

Der *metastabile* Zustand einer Phase, d. h. die Existenz einer Phase jenseits ihrer Grenze, ist umso labiler, je weiter diese Grenze überschritten ist. Ist die Phasenumwandlung aber einmal durch Keime ausgelöst, so setzt sie sich spontan fort, bis das System sein Gleichgewicht an der Phasengrenze gefunden hat. Das gilt nicht unbedingt für die verschiedenen Modifikationen fester Stoffe. So ist bei Normalbedingungen der Graphit die einzig stabile Phase des Kohlenstoffs. Trotzdem ist die Metastabilität der Diamantphase so ausgeprägt, daß sie praktisch nicht aufzuheben ist, weder durch Graphiteinschlüsse im Diamanten, noch durch äußere Einwirkung.

18.6 Ausblick

Ebenso wie in der Mechanik, so mußten wir uns auch hier in der Wärmelehre auf eine elementare Einführung in die wichtigsten Phänomene und Gesetze beschränken. Thermodynamik und Statistik haben ein riesiges Anwendungsfeld, das außer der Physik alle Naturwissenschaften anspricht, vor allem die Chemie. Um diese reichen Anwendungsfelder nutzen zu können, bedarf es einer Vertiefung der theoretischen Grundlagen, die dem Fortgeschrittenen-Studium vorbehalten bleibt. Wir skizzieren hier nur kurz einige wichtige Entwicklungsstufen dieses bis in unsere Tage sehr fruchtbaren Gebiets.

Zunächst gilt es, die klassische Thermodynamik weiter auszubauen sowie eine systematische, statistische Grundlage dafür zu gewinnen. Das ist vor allem den Arbeiten von *Ludwig Boltzmann* im letzten Drittel des 19. Jahrhunderts zu verdanken. Erste Ansätze dazu haben wir im 14. und 17. Kapitel kennengelernt, z. B. in Form des **Boltzmann-Faktors**. Obwohl die Boltzmannsche Statistik ihre Objekte als klassische Teilchen behandelt, ist sie doch im Bereich des statistischen Verhaltens von Atomen und Molekülen – für den sie auch von Boltzmann ausdrücklich konzipiert war – vielerorts gültig. Nur bei tiefen Temperaturen werden Freiheitsgrade der Bewegung durch die Quantisierung der Energie eingefroren, wie wir gesehen haben.

Es gibt aber noch einen weiteren, prinzipiellen Unterschied zwischen **klassischer** und **quantenmechanischer Statistik**. Will man den Zustand vieler **identischer Teilchen** quantenmechanisch beschreiben, so muß man dem Umstand Rechnung tragen, daß sie prinzipiell *ununterscheidbar* sind. Wechseln also zwei identische Teilchen ihren Platz aus, oder genauer gesagt ihre Wellenfunktion, so bleibt der *quantenmechanische* Gesamtzustand des Systems *ungeändert*. In der *klassischen* Physik werden dagegen identische Teilchen, also z. B. Atome einer Sorte, prinzipiell als *unterscheidbar* angesehen. Man hätte also im Prinzip ihren Platzwechsel beobachten können, zumindest in einem Gedankenexperiment. Die Quantenmechanik belehrt einen aber, daß man sich bei diesem Gedankenexperiment in die Tasche lügt. Die *Unschärferelation*, also die endliche Größe des Planckschen Wirkungsquantums, gestattet es nämlich nicht, ein Teilchen in seinem Quantenzustand zu beobachten, ohne ihn dabei zu ändern. Diese verschärfte Sicht der Quantenmechanik hat gravierende statistische Konsequenzen bei der Abzählung der möglichen, unterschiedlichen Mikrozustände eines Teilchensystems.

Dazu kommt, daß quantenmechanische Teilchen in zwei Klassen zerfallen, was die Besetzung ein und desselben Quantenzustands durch *mehrere* Teilchen anbelangt. Die eine ist die sogenannte Klasse der **Fermionen**, zu der alle Teilchen gehören, deren Eigendrehimpuls, auch Spin (S) genannt, ein halbzahliges Vielfaches des durch 2π dividierten Planckschen Wirkungsquantums $\hbar = h/(2\pi)$ ist

$$S = (1/2)\hbar, (3/2)\hbar, (5/2)\hbar, \ldots .$$

In diese Klasse fallen die Bausteine der Materie, Elektronen, Protonen und Neutronen mit $S = (1/2)\hbar$. Für sie gilt, daß sie jeden Quantenzustand nur mit maximal *einem* Teilchen besetzen können, was z. B. zum Aufbau der Elektronenschalen im Atom führt und allgemein als **Pauli-Prinzip** bekannt ist.

Die zweite Klasse ist die der **Bosonen** und betrifft Teilchen mit ganzzahligem Spin

$$S = 0\hbar, 1\hbar, 2\hbar, \ldots .$$

Zu ihnen zählen die Lichtquanten mit $S = 1\hbar$, aber auch Teilchen, die sich aus einer geradzahligen Anzahl von Fermionen zusammensetzen, wie z. B. das Heliumatom aus je zwei Protonen, Neutronen und Elektronen mit einem resultierenden Spin $S = 0$. Sie können in beliebig hoher Anzahl ein und denselben Quantenzustand bevölkern, bevorzugen dies sogar unter bestimmten physikalischen Voraussetzungen (**Bose-Einstein Kondensation**). Beispiele hierfür sind das kohärente Licht eines Lasers, die Supraleitung gepaarter Leitungselektronen in Metallen und der ebenfalls reibungsfreie suprafluide Zustand des flüssigen Heliums bei Temperaturen unter 2 K. In den letzten Jahren ist es sogar gelungen, ein Gas freier Atome im konzentrischen Lichtdruck (Abschn. 12.2; (12.27″)) allseitiger Laserbestrahlung im Vakuum zu speichern und so weit abzukühlen, daß es eine Bose-Einstein Kondensation erfährt.

Im Grunde genommen ist die ganze bunte Welt der Vielteilchensysteme trotz der unüberschaubaren Fülle ihrer verschiedenen physikalischen und chemischen Ausprägungen von einer handvoll grundlegender thermodynamischer und statistischer Sätze kontrolliert. Diese Bemerkung schließt auch neuere Entwicklungen aus den letzten 30 Jahren ein, die tiefe und sehr allgemeingültige Einblicke darin verschafft haben, wie sich Vielteilchensysteme in verschiedenen Phasen organisieren, kurz das Phänomen der Phasenübergänge. Hierzu gehört z. B. der Fragenkomplex, wie in Systemen, die sich nicht im thermodynamischen Gleichgewicht befinden, die statistische Bewegung von Einzelmolekülen in eine kollektive umschlägt (sogenannte kooperative Phänomene), z. B. die Entstehung einer Konvektion in einer Flüssigkeit zwischen zwei verschieden heißen Wänden (s. Abb. 18.11). Vielen dieser Dinge liegen recht simple Beobachtungen zugrunde, die lange bekannt und beschrieben waren, sich aber einem prinzipiellen Verständnis bisher entzogen hatten.

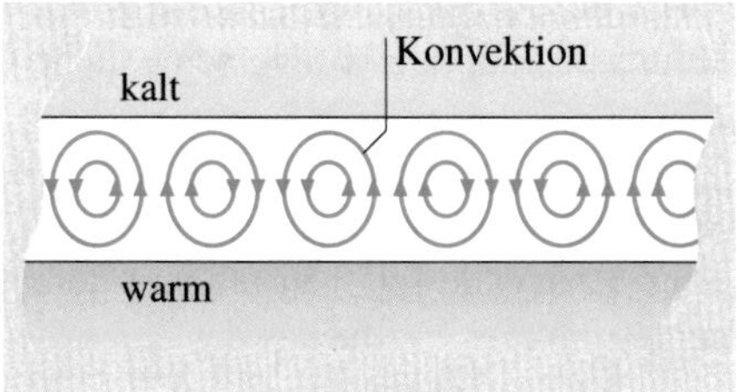

Abb. 18.11. Eine Flüssigkeitsschicht werde von der Bodenplatte geheizt und von der Deckplatte gekühlt. Dadurch entsteht eine Instabilität, weil die wärmere, spezifisch leichtere Bodenschicht aufsteigen und die kältere, spezifisch schwerere Deckschicht absinken will (Bénardsche Instabilität). Dann genügt eine geringfügige Fluktuation in der lokalen Dichteverteilung, um eine Konvektion in Form von Rollen auszulösen, die die Flüssigkeit umwälzen. Das gleiche geschieht in der Atmosphäre, wenn sich bei Sonneneinstrahlung die Luft am Boden einseitig aufwärmt

Ein ganz wichtiger Durchbruch gelang *R. Wilson* 1970 in der Beschreibung von **Phasenübergängen** in der Nähe eines kritischen Punkts, z. B. der Verdampfung einer Flüssigkeit. Wir hatten gesehen, daß am kritischen Punkt die Verdampfungswärme gegen Null geht, somit also Flüssigkeit spontan in Dampf übergehen kann und umgekehrt. Benachbarte Bereiche fluktuieren dabei zwischen dem einen und anderen Zustand, und die Ausdehnung dieser Fluktuationen wächst, je näher sich die Substanz am kritischen Punkt befindet. Charakteristisch für solche Fluktuationen ist, daß sie, auf jeder Größenskala betrachtet, ähnliche Strukturen aufweist. Man spricht in diesem Zusammenhang von **Selbstähnlichkeit**. Die konsequente (und schwierige!) mathematische Behandlung dieses Skalenverhaltens hat sich als außerordentlich fruchtbar erwiesen, weit über den engeren Rahmen der Probleme der statistischen Thermodynamik hinaus.

Ein bekanntes Beispiel solcher Selbstähnlichkeit ist die Brownsche Bewegung, also der Zufallsweg, auf dem ein Teilchen durch eine Flüssigkeit oder ein Gas diffundiert. Betrachten wir den Weg in einem relativ großen Gesichtsfeld und geringer räumlicher Auflösung, so erscheint er in der gleichen Weise strukturiert, d. h. gezackt und verschlungen, wie auf einem kurzen Teilstück, das man sich mit entsprechend höherer Auflösung anschaut. Abbildung 18.12 zeigt dies für das einfache Beispiel eines Hüpfmodells. Aus der Einsteinschen Diffusionsgleichung (17.1) wissen wir, daß auf einem solchen Zufallsweg die Diffusionszeit mit dem Quadrat der mittleren Entfernung vom Ursprungsort anwächst. Erstere ist aber proportional zur Gesamtlänge des verschlungenen Diffusionsweges. Er wächst also im statistischen Mittel im Quadrat mit der Entfernung vom Ursprungsort.

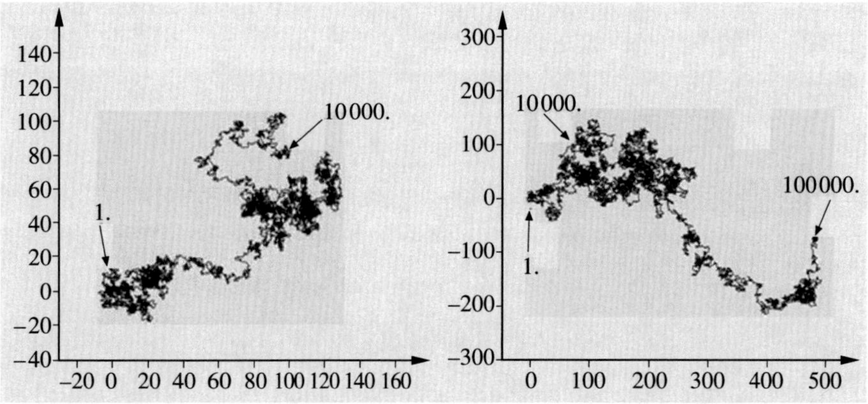

Abb. 18.12. Simulation von Zufallswegen in einer Ebene, die beim Fortschreiten um jeweils einen Einheitsvektor zufälliger Richtung entstehen, (**a**) die ersten 10 000, (**b**) der volle Weg von 100 000 Schritten. Bei (**b**) verbindet die Grafik nur jeden zehnten Punkt (0, 10, 20, 30, ..., 100 000). Man erkennt, daß der Abstand zwischen Start bei (0, 0) und den beiden Endpunkten (im Rahmen statistischer Schwankungen) auf die Wurzel aus der Zahl der Schritte beschränkt bleibt (vgl. (17.1)). Die Struktur der Zufallswege mit zufälligen Abfolgen von mehr oder weniger gestreckten und stark verschlungenen Zonen ist auf beiden Skalen ähnlich, ebenso der Bedeckungsgrad der überstrichenen Fläche

Man kann ihm deswegen formal die *Dimension einer Fläche* zuordnen. Das gilt auch für unser zweidimensionales Modell in Abb. 18.12. Ändern wir das Modell aber so ab, daß der Zufallsweg keine Schlingen bilden darf, so muß bei gleicher Gesamtweglänge die Entfernung zum Ursprungsort notgedrungen schneller wachsen. Die mathematische Behandlung des Problems zeigt, daß auch unter dieser Nebenbedingung ein Potenzgesetz zwischen Entfernung vom Ursprungsort und Gesamtlänge des Zufallswegs existiert, allerdings mit einem gebrochenen Exponenten. Man bezeichnet ihn als die **fraktale Dimension** des Problems („fraktal" heißt gebrochen). Auf dem Rechner lassen sich Fraktale von hohem ästhetischen Reiz generieren, der durch die augenfällige Selbstähnlichkeit auf allen Skalen erzeugt wird. Insbesondere die nichtlineare Dynamik (s. Abschn. 11.9) ist in diesem Zusammenhang zu nennen. Trägt man die Lösungsmannigfaltigkeiten nichtlinearer Bewegungsgleichungen als Funktion ihrer Anfangsbedingungen in Diagramme ein, dann trennen sich Gebiete chaotischer und quasi periodischer Bewegung in charakteristische, selbstähnliche Figuren.

Der große Aufschwung, den die moderne statistische Physik genommen hat, ist nicht zuletzt auf die gewaltigen Fortschritte zurückzuführen, die in der numerischen Lösung ihrer Probleme mit Hilfe der Computersimulation erzielt wurden.

In der natürlichen Umgebung finden wir Fraktale in der Verzweigung eines Baumes in seine Äste oder eines Stromes in seine Nebenflüsse.

III

Elektromagnetismus

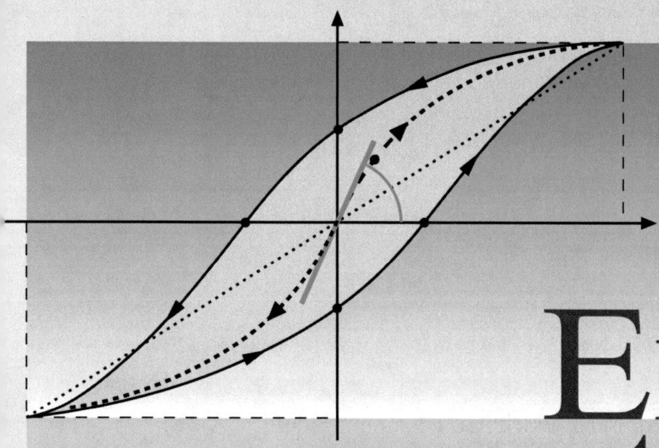

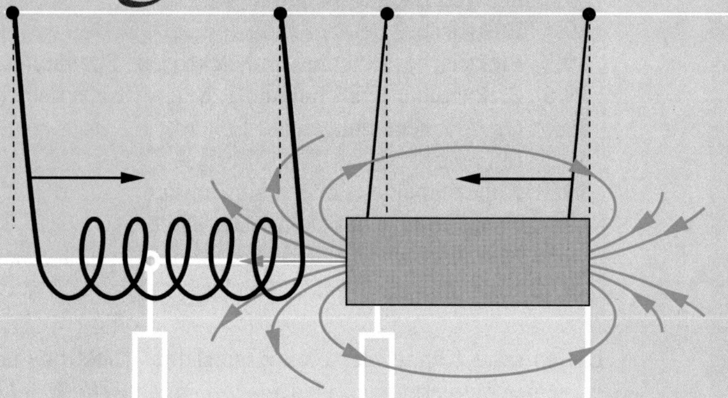

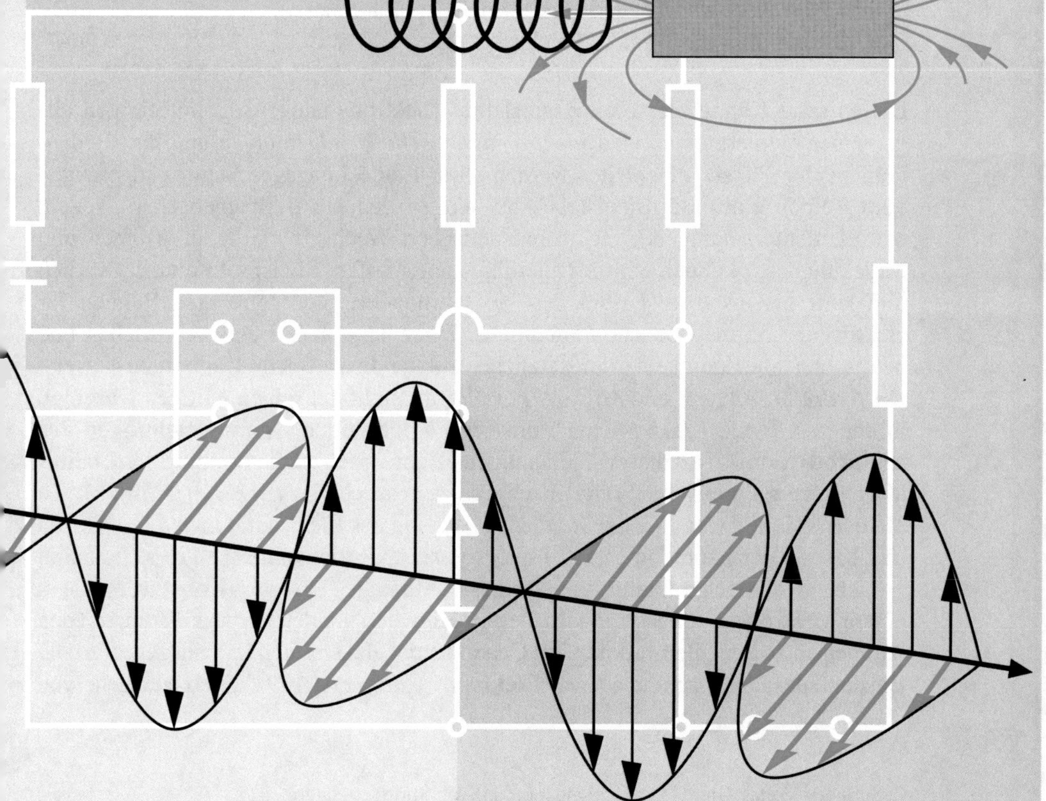

19. Elektrostatik

INHALT

Dieses erste Kapitel der Elektrizitätslehre (Elektrodynamik) soll mit einigen allgemeinen Bemerkungen über *elektromagnetische Erscheinungen* und ihre Bedeutung in der Physik eingeleitet werden. Ihre Entdeckungsgeschichte, angefangen vom Reiben eines Bernsteinstabes bis hin zu den elektromagnetischen Wellen, der Elementarladung, der elektromagnetischen Wechselwirkung in Atomen und Molekülen etc., können wir hier allerdings nur streifen. Sie ist sehr unübersichtlich und läuft bis ins erste Drittel des 19. Jahrhunderts auf getrennten Bahnen für elektrische und magnetische Phänomene. Zwar hatte man vieles beschrieben und beobachtet, aber kaum ein grundsätzliches Verständnis erreicht. Das bahnte sich erst mit *André M. Ampère* und *Michael Faraday* an und fand seinen gültigen Abschluß in den von *James Clark Maxwell* um 1860 aufgestellten **Grundgleichungen der Elektrodynamik**. Mit diesen Gleichungen gelang *Maxwell* die Deutung des **Lichtes als elektromagnetische Welle**, nachgewiesen durch *Heinrich Hertz* (1886). Zu *Maxwells* Zeiten war aber der *stoffliche* Ursprung der Elektrizität in den Elektronen und Kernen der Atome noch keineswegs geklärt. Jedoch hatte die Proportionalität zwischen elektrischer Ladungsmenge und Stoffmenge (**Faraday-Konstante**), die in einem Elektrolyten umgesetzt wird, bereits Hinweise auf den korpuskularen, mit den Atomen und Molekülen verknüpften Charakter der elektrischen Ladung gegeben. Die Existenz des elektrisch geladenen **Elektrons** wurde erst 1894 durch Versuche von

E. W. Otten, *Repetitorium Experimentalphysik*,
https://doi.org/10.1007/978-3-662-59730-9_19

Joseph J. Thomson endgültig bestätigt. Daß sich die Elementarladung des Protons nochmals in die drittelzahligen Ladungen seiner Bestandteile, den **Quarks**, aufteilt, ist eine Erfahrung der letzten Jahrzehnte.

Der Schleier über den Ursprung der elektromagnetischen Wechselwirkung und ihre Rolle in der Natur lüftete sich erst, als Atomkern und Elektronen als Träger der elektromagentischen Ladungen erkannt wurden. Das erste **Atommodell** das dieser Erkenntnis Rechnung trug stammt von *Thomson* (1898). Es ging von einem schweren Atomkern aus, dessen positive Ladung über den ganzen Durchmesser des Atoms, der schon damals zu ca. 1 Å bestimmt worden war, verteilt sein sollte. In dieser positiven Ladungswolke sollten die negativ geladenen und vergleichsweise leichten Elektronen, die als punktförmig angenommen wurden, gebunden sein. Durch Absorption von Licht oder durch Stöße sollten sie zu Schwingungen im Potential der Kerne angeregt werden können, die durch Ausstrahlung von Fluoreszenzlicht oder wiederum durch Stöße gedämpft wurden. Bei Zufuhr genügend hoher Energie werden Elektronen abgelöst und hinterlassen den Kern mit den restlichen Elektronen als positiv geladenes **Ion**. Somit war auch für den neutralen Normalzustand der Stoffe und für ihre entgegengesetzt polarisierte Aufladung durch Ladungstrennung ein atomistisches Modell gefunden. Das **Thomsonsche Atommodell** hatte also auf dem Boden der klassischen Physik in vieler Hinsicht eine befriedigende Deutung der Materie ermöglicht, bei dem auch erstmals die entscheidende Rolle der elektromagnetischen Kräfte im mikroskopischen Bereich verständlich wurde. Aber schon 1911, nach *Ernest Rutherfords* Entdeckung, daß auch der Atomkern praktisch punktförmig ist, stürzte das Thomsonsche Atommodell und mit ihm das Gebäude der klassischen Physik buchstäblich ein; denn die Elektronen hätten als beschleunigte Ladungsträger kleine Hertzsche Dipole bilden müssen, die, wie oben gesagt, Licht abstrahlen, dabei Energie verlieren und schließlich im punktförmigen Kern landen. Diese Konsequenzen bewogen *Niels Bohr* 1913, den Elektronen quantisierte Bahnen um den Atomkern vorzuschreiben (**Bohrsches Atommodell**). Nicht der Kern, sondern die Elektronenbahnen bestimmten jetzt das Volumen der Atome! Ihre Spektrallinien waren als Emission und Absorption von Lichtquanten der Energie $h\nu$ beim Sprung des Elektrons zwischen **Quantenbahnen** unterschiedlicher Energie E_m, E_n nach der **Bohrschen Beziehung**

$$h\nu = E_m - E_n$$

verstanden.

Parallel zur Entdeckung der Quantenphysik leitete das Verständnis der elektromagnetischen Erscheinungen auch die zweite große physikalische Revolution im 20. Jahrhundert ein, die **Relativitätstheorie** (*Einstein*, 1905). *Einstein* konnte damit unter anderem den damals schon gefundenen Massenzuwachs der Elektronen bei hohen Geschwindigkeiten erklären. *Hendrik A. Lorentz* hatte schon 1899 gefunden, daß die Maxwellschen Gleichungen im Gegensatz zum Newtonschen Kraftgesetz gegenüber Galilei-Transformationen *nicht* invariant sind, wohl aber gegenüber der von ihm aufgestellten **Lorentz-Transformation** (1899).

Wir können diese Einführung mit folgender Bemerkung abschließen:

Ebenso wie die klassische Physik ihren Ursprung in der Entdeckung des Gravitationsgesetzes genommen hat, so ist die moderne Physik aus dem Verständnis der elektromagnetischen Erscheinungen hervorgegangen.

19.1 Atomistische Struktur der Elektrizität, Elementarladung

Die Elektrostatik handelt von **elektrischen Ladungen** und den *Kräften*, die sie aufeinander im *Ruhezustand* ausüben. Das Wort *Ladung* hängt mit ihrer Entdeckungsgeschichte zusammen, nämlich dem „*Beladen*" eines Körpers, wodurch andere, ebenfalls „*beladene*" Körper angezogen oder abgestoßen werden. Das Beladen geschah durch intensive Berührung, also am besten durch *Reiben* verschiedener Stoffe gegeneinander, z. B ein Wolltuch an Bernstein oder ein Blatt Papier an einer Metalloberfläche. Nach dem Reiben spürt man eine schwache, anziehende Kraft zwischen den geriebenen Objekten. Lädt man aber zwei Objekte auf die gleiche Weise auf, z. B. zwei Papierblätter an der gleichen Metalloberfläche, so stoßen sich hinterher die beiden Blätter voneinander ab.

Alle diese Erscheinungen ließen sich dadurch deuten, daß man *zwei* Sorten von Ladungen annahm, wobei sich solche der gleichen Sorte voneinander abstoßen und solche verschiedener Sorte sich anziehen. Mathematisch läßt sich das am einfachsten durch ein *positives* Vorzeichen für den einen und ein *negatives* für den anderen Ladungstyp ausdrücken, die die Richtung der Kraft durch das Produkt ihrer Vorzeichen festlegen. Diese Definition lag umso näher, weil sich herausstellte, daß auch der Betrag der Kraft proportional zum Produkt der beiden Ladungsmengen ist.

Man muß annehmen, daß ein Körper normalerweise gleich viele positive wie negative Ladungen besitzt und somit auf einen dritten *elektrisch neutral* wirkt, also keine Kraft ausübt. Beim Reiben zweier Körper werden dann Bruchteile der Ladung (im allgemeinen der negativen) des einen auf den anderen übertragen, so daß beide hinterher ungleichnamig geladen sind und sich anziehen. Zu den elementaren Beobachtungen gehört weiterhin, daß in manchen Stoffen, den **Leitern**, die elektrischen Ladungen beweglich sind, und in anderen, den **Isolatoren**, nicht. Zu ersteren gehören insbesondere die Metalle, auch wässrige Lösungen, zu letzteren praktisch alle mineralischen und organischen Stoffe, soweit sie kein Wasser enthalten; auch Gase sind unter normalen Umständen Nichtleiter.

Unsere *heutige* Kenntnis über die Natur der elektrischen Ladung fassen wir in folgenden Stichworten zusammen:

- Ladungen q kommen als *freie* Ladungen nur in Form ganzzahliger Vielfacher einer *positiven* oder *negativen* **Elementarladung** e vor

$$\begin{aligned} Q &= \pm ne \quad n = 1, 2, 3 \ldots \\ e &= 1{,}602176487 \cdot 10^{-19}\ \text{Ampèresekunden (As)}, \end{aligned} \tag{19.1}$$

auch Coulomb (C) genannt. (Zu den Einheiten As, C s. u.)

- Ladungen sind die Quellen und Angriffspunkte der elektromagnetischen Kräfte (so, wie die Massen Quellen und Angriffspunkte der Gravitation sind). Ruhende Ladungen üben anziehende oder abstoßende Kräfte aufeinander aus (**Coulomb-Kraft**); ungleichnamige Ladungen ziehen sich an, gleichnamige stoßen sich ab. Das Abstandsverhalten dieser elektrischen Kräfte entspricht dem des **Gravitationsgesetzes**. Bei bewegten Ladungen treten zusätzlich geschwindigkeitsabhängige Kräfte auf; sie sind der Ursprung des **Magnetismus** und der **Lorentz-Kraft**.
- Ladungen sind immer an **Elementarteilchen** geknüpft. Zum Beispiel tragen die einzigen stabilen freien Teilchen, das Proton und das Elektron die Ladungen $+e$ bzw. $-e$. Daneben gibt es ungeladene Teilchen, z. B. das Neutron, ein neutraler Baustein der Atomkerne.
- Der Wert der Elementarladung ist eine Naturkonstante. Insbesondere hängt er *nicht* vom Bewegungszustand des Teilchens ab im Gegensatz zur Masse, die sich relativistisch ändert.
- Die Zahl der Elementarladungen befolgt einen strikten *Erhaltungssatz* bezüglich der Summe aus positiven q_i^+ und negativen q_j^- Ladungen

$$\sum_{i,j} \left(q_i^+ + q_j^- \right) = \text{const} . \tag{19.2}$$

Das gilt auch für elementare Zerfalls- und Erzeugungsprozesse z. B. im **β-Zerfall** des freien Neutrons

$$n \overset{T_{1/2}=16\,\text{min}}{\longrightarrow} p + e^- + \overline{\nu} + E_\text{k} .$$

Das Neutron wandelt sich in ein Proton um; gleichzeitig entsteht ein Elektron und ein weiteres neutrales Teilchen, das **Antineutrino** $\overline{\nu}$. E_k ist die beim Zerfall freigesetzte kinetische Energie der Zerfallsprodukte. Die Bilanz der Ladungen ist vor und nach dem Zerfall gleich Null.

Ein weiteres Beispiel ist die **Paarvernichtung** (s. Abb. 19.1). Ein Elektron und sein Antiteilchen, das positiv geladene **Positron**, treffen aufeinander und vernichten sich in zwei Gammaquanten (das sind Lichtquanten sehr hoher Energie), die zuzüglich zur kinetischen Energie des Paares auch noch das

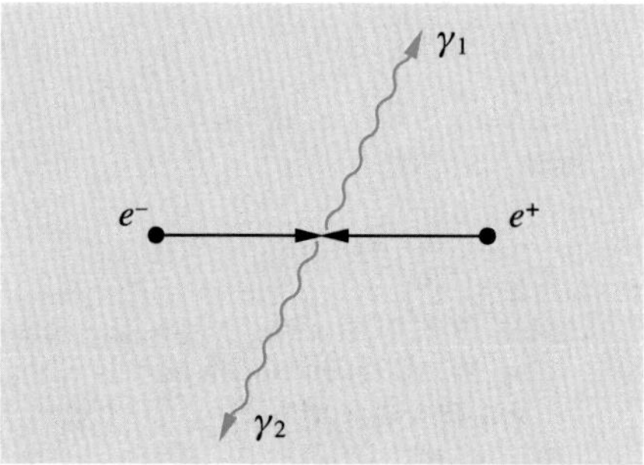

Abb. 19.1. Vernichtung eines Elektron-Positronpaares in $2\,\gamma$-Quanten unter Erhaltung von Gesamtenergie, -impuls und -ladung

Energieäquivalent der beiden Ruhemassen $E = 2m_0c^2$ forttragen. Auch hier ist die Summe der Ladungen vor und nach dem Prozeß gleich Null.

! Folglich ist die resultierende Ladung (19.2) im Weltall seit dem Urknall konstant geblieben und wahrscheinlich gleich Null. Auf jeden Fall ist sie verschwindend klein; andernfalls hätte die resultierende elektrische Abstoßung zu einer rasanten Explosion des Kosmos geführt.

- Ladungen können in der Quantenphysik als **Quantenzahlen** der Teilchen angesehen werden und sind auch mit ähnlichen Quantenzahlen dieser Art verknüpft, z. B. der **Teilchenzahl** selbst, die auch zweiwertig ist. Einem **Teilchen** ordnet man die Teilchenzahl $+1$, einem **Antiteilchen** -1 zu. Trägt ein Teilchen eine Ladung, so hat das Antiteilchen die entgegengesetzte Ladung wie beim Elektron-Positron-Paar oder bei Proton und Antiproton.
- Man hat viele Beweise dafür, daß die Klasse der *stark wechselwirkenden Teilchen*, die **Hadronen**, noch eine Substruktur aus sogenannten **„Quarks“** mit *drittelzahliger* Ladung haben. So ist ein Proton zusammengesetzt aus zwei „*Up-Quarks*“ mit Ladung $q = +2/3e$, sowie einem „*Down-Quark*“ mit Ladung $q = -1/3e$. Alle Versuche, Quarks als isolierte, freie Teilchen nachzuweisen, sind fehlgeschlagen. Sie kommen nur in Kombinationen vor, bei denen die Summe der Quarkladungen ganzzahlig oder Null ist.

Die Quantelung der Ladung läßt sich sehr schön im **Millikan-Versuch** (1909) demonstrieren. Er liefert auch einen ungefähren Wert für die Elementarladung:

VERSUCH 19.1

Millikan-Versuch. Man zerstäubt feine Öltröpfchen mit Radius $r \lesssim 0,1$ µm und beobachtet im Mikroskop bei seitlicher Beleuchtung ihre Sinkgeschwindigkeit v in Luft. Sie ist durch das Gleichgewicht zwischen Stokesscher Reibungskraft F_S (10.22a) und Schwerkraft gekennzeichnet

$$F_S = 6\pi\eta r v = mg = \frac{4\pi}{3} r^3 \varrho g\,, \tag{19.3}$$

(η = Zähigkeit der Luft, ϱ = Dichte des Öls). So kann man die Masse m des Tröpfchens durch Eliminieren des Radius bestimmen, der zu klein ist, um mit dem Mikroskop gemessen werden zu können; das Tröpfchen ist nur als Lichtpunkt erkennbar. Dann erzeugt man durch Anlegen einer elektrischen Spannung U zwischen zwei metallischen Platten im Abstand d ein senkrecht gerichtetes Feld (s. Abschn. 19.4), das bei geeigneter Polung eine aufwärts gerichtete elektrische Gegenkraft auf die resultierende Ladung des Tröpfchens ausübt

$$F_e = QE = neE\,.$$

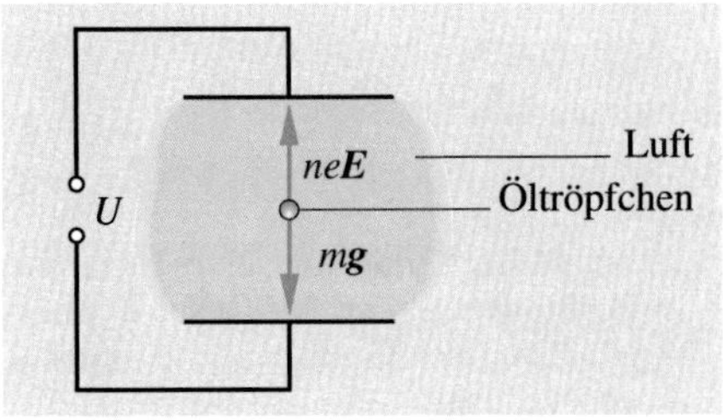

Abb. 19.2. Bestimmung der Elementarladung im Millikanversuch mittels Kompensation der Schwerkraft mg durch eine elektrische Gegenkraft neE

Man regelt nun E (bzw. U) auf den Wert ein, der das Tröpfchen in Schwebe hält und die Schwerkraft kompensiert (s. Abb. 19.2). Löst man nach der Ladung auf

$$Q = \frac{mg}{E} = ne\,, \tag{19.4}$$

so stellt man fest, daß sie immer ein ganzzahliges Vielfaches n einer ganz bestimmten Ladung, nämlich der Elementarladung ist. Bei so kleinen Tröpfchen ist n eine relativ kleine Zahl $\lesssim 10$, so daß die Stufen gut meßbar sind. (Wir haben bei der Analyse des Versuchs auf einfache Formeln der Elektrostatik (s. Abschn. 19.4, 19.5, 19.9) vorgegriffen).

Einheiten elektrischer Ladung und des Stroms

! Natürlich rechnet man im mikroskopischen Bereich in Einheiten der Elementarladung; sie ist aber viel zu klein für den praktischen Gebrauch in der makroskopischen Elektrizitätslehre. Dort ist als elektrische Grundgröße die Einheit für die **elektrische Stromstärke**, das **Ampère** (A) eingeführt. Daraus wird die **Einheit der Ladung**, die **Ampèresekunde** (As), auch **Coulomb** (C) genannt, *abgeleitet*: Es ist also

$$1\,\text{Coulomb (C)} = 1\,\text{Ampèresekunde (As)}\,. \tag{19.5}$$

Die heute gültige SI-Einheit der Stromstärke, das sogenannte absolute Ampère (A), orientiert sich an der magnetischen Kraft, die stromführende Leiter aufeinander ausüben (s. Abschn. 21.2). Demnach entspricht ein absolutes Ampère derjenigen Stromstärke durch zwei parallele, unendlich lang und beliebig dünn angenommene Leiter, die im Abstand von einem Meter voneinander eine magnetische Kraft von $2 \cdot 10^{-7}$ N pro Meter Leiterlänge aufeinander ausüben würden. Damit ist die Einheit der elektrischen Stromstärke unmittelbar an die mechanischen Einheiten gekoppelt; dennoch wird sie in der SI-Normenklatur als eine der sechs Basisgrößen geführt.

Bei der Verifikation dieser Einheit im Versuch muß man natürlich von endlichen Leiterkonfigurationen, z. B. einem Spulenpaar, ausgehen und entsprechende Umrechnungen der Kräfte vornehmen. Da dies im Einzelfall schwierig ist, wurde 1908 das sogenannte internationale Ampère (A_{int}) als die dem absolutem Ampère entsprechende elektrolytische Abscheidung von Silber, die leicht reproduzierbar ist, eingeführt (s. Abb. 19.3). Demnach entsprach 1 A_{int} einer Abscheidung von 1,118 mg Silber pro Sekunde. Bei einer präzisen Nachmessung ergab sich aber eine leichte Diskrepanz zwischen beiden Einheiten entsprechend

$$A_{int} = 0{,}99985\,A\,,$$

weswegen man die elektrolytisch gebundene Einheit A_{int} schließlich aufgegeben hat.

Die elektrolytische Strommessung steht in Zusammenhang mit der Elementarladung e und der **Avogadrozahl** (13.11)

$$N_A = 6{,}02214179 \cdot 10^{23}\,\text{mol}^{-1}\,,$$

d. h. der Zahl der Moleküle in einem Mol eines Stoffes. Das Produkt beider ist die **Faraday-Konstante**

$$F = eN_A = 9{,}64853399 \cdot 10^4\,\text{As mol}^{-1}\,. \tag{19.6}$$

Das ist diejenige Ladungsmenge, die ein mol eines einwertigen Ions trägt. Da die **Molmasse** von Silber 107,9 g beträgt, ergäbe sich aus der Silberelektrolyse für F

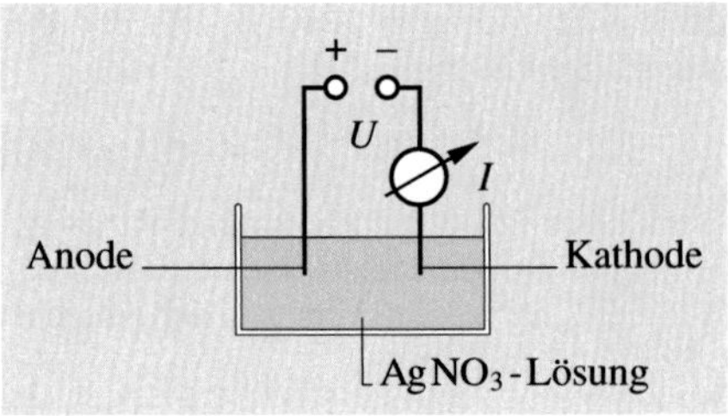

Abb. 19.3. Prinzip des Voltameters zur Messung von Ladungsmengen oder Stromstärken durch **Elektrolyse** von Silbernitrat. In wäßriger Lösung dissoziert es in Ag^+- und $(NO_3)^-$-Ionen, die jeweils *eine* freie positive bzw. negative Elementarladung tragen. Unter dem Einfluß des elektrischen Feldes zwischen den beiden eingetauchten Elektroden wandern die Ag^+-Kationen zur negativen Elektrode (Kathode) und scheiden sich dort als metallisches Silber ab, während die $(NO_3)^-$Anionen in Lösung bleiben und zur Ladungsbilanz nicht beitragen

der Meßwert

$$F = \frac{107{,}9\,\mathrm{g/mol}}{1{,}118\,\mathrm{mg/As}}\,, \tag{19.7}$$

der allerdings die Genauigkeit von (19.6) nicht erreicht.

19.2 Coulomb-Gesetz

Wir wollen in diesem Kapitel die Kraftwirkung freier Ladungen aufeinander demonstrieren und hierfür ein Kraftgesetz gewinnen, das nach seinem Entdecker *Charles Coulomb* (1785) benannt ist. Hierzu brauchen wir zunächst ein Gerät, um Körper wirkungsvoll aufzuladen. Wir bedienen uns hierzu der schon eingangs erwähnten elektrostatischen Aufladung durch Reiben einer isolierenden gegen eine metallische Oberfläche. Diese Methode ist im elektrostatischen **Bandgenerator nach van de Graaff** perfektioniert (s. Abb. 19.4).

Ein isolierendes Band lädt sich im Kontakt mit den unteren metallischen, geerdeten Rollen durch Ladungstrennung an seiner Oberfläche auf und transportiert diese Ladungen ins Innere einer metallischen Hohlkugel, wo sie über eine weitere Rolle an die Oberfläche der Kugel abfließen. (Der Effekt wird durch Influenz und Feldemission an den metallischen Spitzen wesentlich verstärkt, worauf hier im Detail nicht eingegangen wird). Nach und nach lädt sich die Kugel auf sehr hohe Spannungen, i. a. negative, von über 100 000 V auf (Der Begriff der elektrischen Spannung als Differenz des elektrischen Potentials zwischen zwei Punkten (s. Abschn. 19.5) sei hier vorweggenommen). Dennoch ist die Maschine ungefährlich, da die gespeicherte Ladung sehr klein ist; bei der Entladung über den Körper verursacht sie nicht mehr als ein erschrecktes Zucken. Wir werden mit diesem Instrument die meisten elektrostatischen Versuche bestreiten und beginnen mit der Demonstration der *abstoßenden* Wirkung *gleichnamiger* Ladungen.

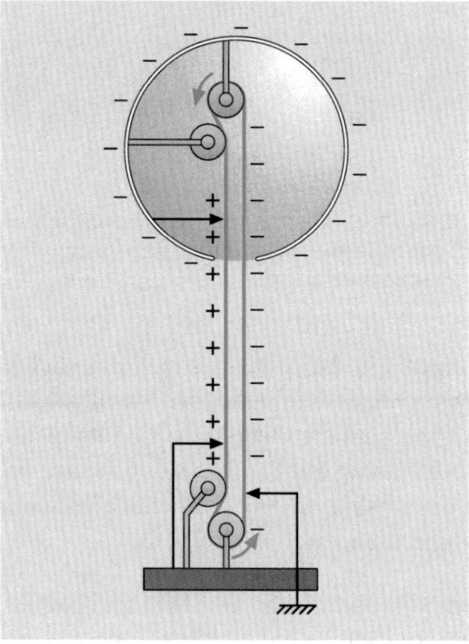

Abb. 19.4. Elektrostatischer Bandgenerator nach van de Graaff. Die Pfeile bedeuten metallische Spitzen, mit denen durch Influenz und Feldemission die Aufladung des Bandes gesteigert wird

VERSUCH 19.2

Abstoßung gleichnamiger Ladungen. Wir legen einen Büschel aus Papierschnitzeln auf die Kugel des Bandgenerators, laden sie auf und beobachten, wie die jetzt ebenfalls geladenen Papierschnitzel sich von der Kugel und voneinander abstoßen und zu einem kegelförmigen Büschel aufrichten (s. Abb. 19.5). Der Effekt läßt sich auch mit dem Kopfhaar bei Aufladung des Körpers demonstrieren. So etwas kann in starken elektrischen Feldern passieren, die bei gewittrigem Wetter auf Bergspitzen entstehen; die Haare stehen einem sprichwörtlich zu Berge, begleitet von dem nicht unbegründeten Schrecken eines drohenden Blitzschlags.

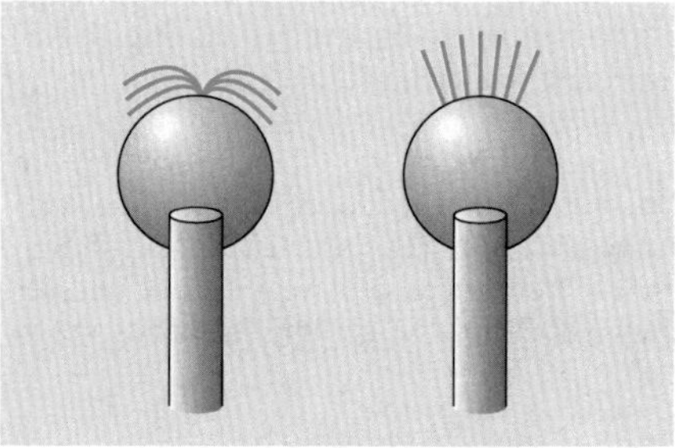

Abb. 19.5. Papierbüschel auf ungeladener (*links*) und geladener (*rechts*) Metallkugel

Wir demonstrieren den gleichen Effekt mit dem **Elektrometer**, einem einfachen elektrostatischen Spannungsmeßgerät (s. Abb. 19.6). Eine metallische Nadel ist drehbar an einem senkrecht stehenden metallischen Stab befestigt und hängt in der Ruhelage nach unten. Werden beide gemeinsam über den Kontaktknopf aufgeladen, so stößt sich die Nadel mit wachsender Ladung, die ein Maß für die anliegende Spannung ist, immer weiter vom Stab ab. Auf der Skala wird die Spannung abgelesen.

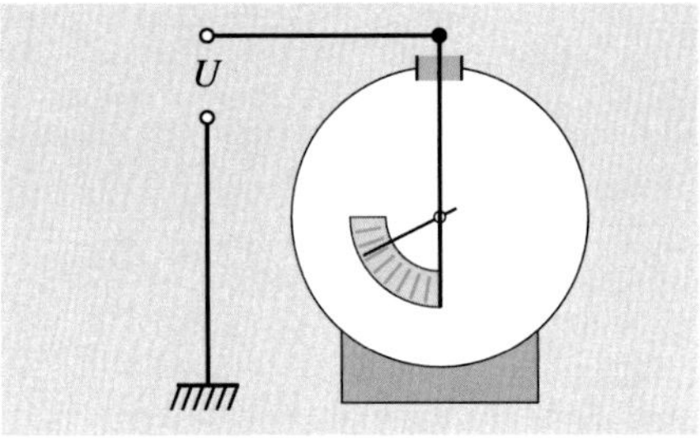

Abb. 19.6. Prinzip der elektrostatischen Spannungsmessung durch Ausschlag der Elektrometernadel

Die *Anziehung ungleichnamiger* Ladungen ist im Prinzip eine alltägliche Erfahrung: Ziehen wir trockenes Papier über eine saubere Glas- oder Metallplatte, so bleibt es daran haften, weil die Ladungstrennung an der Oberfläche zu entgegengesetzter Aufladung führt. Wir wollen diese Anziehung mit der Spannungswaage in einer etwas anderen physikalischen Situation demonstrieren, wo die unterschiedliche Polarität durch den Effekt der **Influenz** hervorgerufen wird.

VERSUCH 19.3

Spannungswaage als elektrostatisches Voltmeter. Der eine Arm einer Balkenwaage ist als eine Metallplatte ausgeführt, die mit Hilfe des anderen Arms in eine waagrechte Position über einer zweiten, festen und isolierten Platte austariert wird (s. Abb. 19.7). Laden wir die isolierte Platte mit dem Bandgenerator auf, so zieht sie die obere nach unten. Die anziehende Kraft kann durch ein Gegengewicht auf der anderen Seite kompensiert und somit gemessen werden.

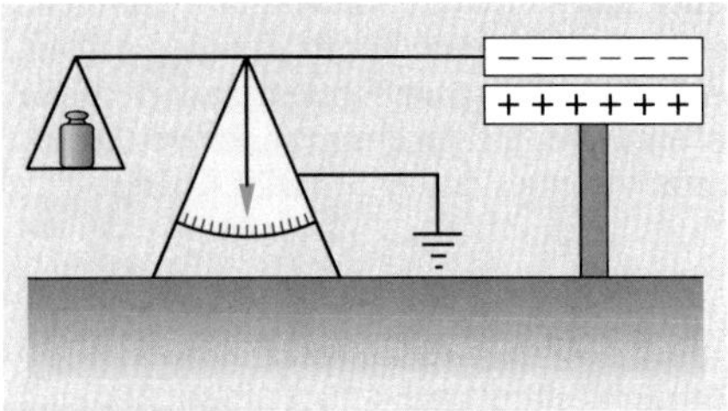

Abb. 19.7. Prinzip einer Spannungswaage zur Demonstration der gegenseitigen Anziehung ungleichnamiger Ladungen

Unter Vorgriff auf die Theorie des Kondensators (s. Abschn. 19.9) sei hier gesagt, daß die Kraft zwischen beiden Platten proportional zum Quadrat der anliegenden Spannung ist. Daher hat das Instrument den Namen „**elektrische Spannungswaage**". (Die praktische Ausführung fällt allerdings handlicher aus: Man wählt eine Art Drehkondensator und spannt mit der elektrischen Kraft eine Torsionsfeder, deren Drehwinkel mittels Zeiger und Skala abgelesen werden).

Wie kommt die Kraftwirkung zwischen der aufgeladenen und der primär ungeladenen, geerdeten Metallplatte zustande? Nehmen wir an, erstere sei positiv aufgeladen worden. (Die Polung erweist sich im übrigen als gleichgültig.) Dann wirkt eine anziehende Kraft auf die negativen, beweglichen Ladungsträger in der zunächst ungeladenen gegenüberliegenen Leiterplatte. Sie suchen den kürzesten Abstand zu den überschüssigen positiven Ladungsträgern auf der anderen Platte. Im Gleichgewicht wird sich gleichviel positive wie negative Ladung auf den einander zugewandten Seiten der Platten versammeln und gegenseitig anziehen. Den Effekt der Verschiebung von Ladungsträgern auf leitenden Oberflächen unter dem Einfluß von Anziehung oder Abstoßung durch andere, gegenüberliegende Ladungen, nennen wir **Influenz**. Im Fall des obigen Versuchs sind die negativen Ladungen auf der oberen Platte über die Erdleitung zugeflossen. Entladen wir die untere Platte, so fließen sie wieder zurück und beide Platten sind wieder neutral. Wir kommen auf die Influenz in Abschn. 19.8 ausführlicher zurück. Hier sind wir zunächst einmal daran interessiert, einen quantitativen Zusammenhang zwischen den Ladungen und den elektrischen Kräften zwischen ihnen zu finden. Dies gelingt mit Hilfe der Coulombschen Spannungswaage.

VERSUCH 19.4

Prüfung des Coulomb-Gesetzes mit der Coulombschen Spannungswaage. Zwei isolierte, metallische Kugeln stehen sich im Abstand r gegenüber, die eine auf einer festen Unterlage, die andere am Ende eines Torsionsarms, der die elektrische Kraft in ein Drehmoment auf den Torsionsfaden (in der Regel ein Quarzfaden) umsetzt, an dem der Arm hängt (s. Abb. 19.8). Seine Verdrillung wird mittels Spiegel und Lichtzeiger angezeigt. Die gleichnamige Aufladung der Kugeln geschieht mit dem Bandgenerator. Wir messen:

- Die Kraft ist abstoßend, weil beide Kugeln gleichnamig geladen sind.
- Bei konstanter Ladung auf den Kugeln sinkt die Kraft umgekehrt proportional zum Quadrat ihres Abstands.
- Die Kraft ist proportional zum Produkt der beiden Ladungsmengen Q_1, Q_2 auf den Kugeln. Letzteres prüfen wir mittels einer Metallkugel an einem isolierten Stab (elektrostatischer Löffel), mit dem wir nach und nach abwechselnd die eine, dann die andere Kugel der Spannugswaage entladen. Haben alle drei Kugeln den gleichen Durchmesser, so wird bei jeder Berührung mit dem (zuvor entladenen!) Löffel sich die Ladung halbieren und somit auch die Kraft zwischen den Kugeln.

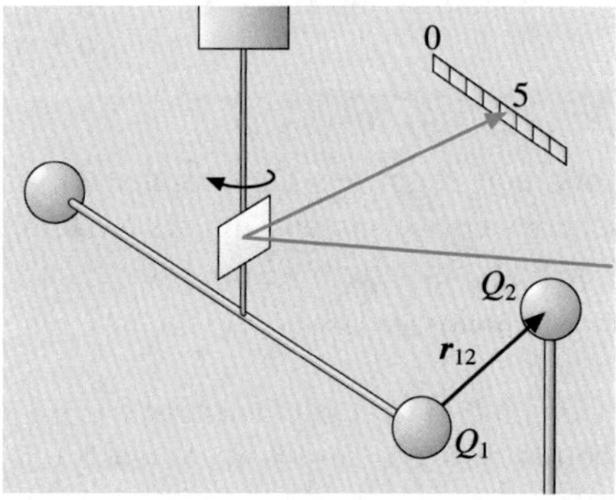

Abb. 19.8. Prinzip der Coulombschen Spannungswaage zur Prüfung des Coulomb-Gesetzes

Wir fassen die Erfahrungen des Versuchs im **Coulombschen Kraftgesetz** zusammen:

Die Kraft zwischen zwei Punktladungen Q_1, Q_2 ist proportional zu ihrem Produkt und umgekehrt proportional zum Quadrat ihres Abstands r_{12}

$$\boldsymbol{F}_2 = -\boldsymbol{F}_1 = f\,\frac{Q_1 Q_2}{r_{12}^2}\hat{\boldsymbol{r}}_{12} = \frac{Q_1 Q_2}{4\pi\varepsilon\varepsilon_0 r_{12}^2}\hat{\boldsymbol{r}}_{12}\,. \tag{19.8}$$

! Es hat exakt die Form des Gravitationsgesetzes mit dem einzigen Unterschied, daß das Vorzeichen sich nach der Polarität der Ladungen richtet, abstoßend für gleichnamige, anziehend für ungleichnamige Ladungen Q_1, Q_2. Natürlich befolgt es auch das Prinzip „actio = reactio". Wollen wir die Kraft in Newton und die Ladungen in Amperesekunden messen, so ist der Proportionalitätsfaktor f in (19.8) durch die Messung vollständig festgelegt. Man schreibt ihn aus formalen Gründen in die Form um

$$f = \frac{1}{4\pi\varepsilon\varepsilon_0}\,.$$

Wir diskutieren zunächst den Schwächungsfaktor $1/\varepsilon$ (mit $\varepsilon \geq 1$) der Coulombkraft (19.8), der dann eintritt, wenn die Ladungen in neutrale, nicht leitende Materie eingebettet sind, ein sogenanntes **Dielektrikum**. Für Luft ist ε um weniger als 10^{-3} von 1 verschieden, für Wasser findet man jedoch $\varepsilon = 81$. Wir kommen in Abschn. 19.12 ausführlich darauf zurück und schleppen vorläufig den Faktor ε ohne weitere Diskussion in allen Gleichungen mit. Im Vakuum ist ε definitionsgemäß gleich 1, die dazugehörige, sogenannte **elektrische Feldkonstante** ε_0 hat den Wert

$$\varepsilon_0 = 8{,}854187817 \cdot 10^{-12}\,\mathrm{As\,V^{-1}\,m^{-1}}\,. \qquad (19.9)$$

Dieser Zahlenwert von ε_0 ist heute nicht mehr an eine direkte Messung der Coulombkraft geknüpft, sondern über (26.14) $\varepsilon_0 = 1/(\mu_0 c_0^2) = 1/(4\pi \cdot 10^{-7}\,\mathrm{Vs\,A^{-1}m^{-1}}c_0^2)$ direkt an die Vakuumlichtgeschwindigkeit c_0 ebenso wie das Meter und ist insofern ein exakter Wert.

Im cgs-System setzt man dagegen $f = 1$ (dimensionslos) und legt auf diese Weise die Einheit der Ladung fest

$$\begin{aligned}[Q]_{\mathrm{cgs}} &= [\sqrt{Fr_{12}^2}]_{\mathrm{cgs}} = \sqrt{\mathrm{dyn}}\,\mathrm{cm} \\ &= 1\,\text{elektrostatische Ladungseinheit} \mathrel{\hat{\approx}} \frac{1}{2{,}998 \cdot 10^9}\,\mathrm{C}\,.\end{aligned} \qquad (19.10)$$

Die Einsparung einer elektrischen Grundgröße und damit des Dimensionsfaktors (19.9) führt zu einer wesentlich ökonomischeren Formelsprache im cgs-System, weswegen es in der theoretischen Physik häufig bevorzugt wird. Andererseits sind die cgs-Einheiten für den Gebrauch in der makroskopischen Mechanik und Elektrotechnik undiskutabel klein.

Kritische Analyse von Versuch 19.4: Das Coulomb-Gesetz gilt in der Form (19.8) für punktförmige Ladungen. Andererseits hatten wir das Gesetz im Versuch mit Ladungen geprüft, die über relativ große Kugeloberflächen verteilt waren. Vor einem ähnlichen Problem standen wir bei der Bestimmung der Gravitationskonstante im Versuch 4.4. Hier wie dort könnte im Prinzip folgender Satz über die Klippe hinweg helfen: Kugelsymmetrische Ladungs- bzw. Massenverteilungen, die sich nicht überlappen, üben die gleichen Kräfte aufeinander aus, als seien die Ladungen bzw. Massen in den entsprechenden Kugelmittelpunkten konzentriert (s. Abschn. 19.6). Allerdings verschieben sich die freibeweglichen Ladungen auf den Metallkugeln durch gegenseitige Influenz und verlieren ihre kugelsymmetrische Verteilung. Das ist eine Fehlerquelle in diesem Versuch!

Das Coulomb-Gesetz (19.8) ist im makroskopischen wie im mikroskopischen Bereich hervorragend bestätigt. Im Spektrum des Wasserstoffatoms ebenso wie in hochenergetischen Stößen von Elektronen gegen Protonen sind Abweichungen erst unterhalb von Abständen $r < 10^{-15}$ m erkennbar. Die Ursache für die Abweichung liegt aber nicht im Coulomb-Gesetz sondern in der ausgedehnten Struktur des Protons, dessen Bestandteile, die Quarks sich innerhalb einer Sphäre $r \approx 10^{-15}$ m bewegen. Bei Streuversuchen zwischen Elementarteilchen mit den höchsten, heute in Beschleunigern zur Verfügung stehenden Relativenergien von ca. 10^{11} eV (in den Laboratorien CERN/Genf, DESY/Hamburg) hat man festgestellt, daß das Coulomb-Gesetz im Elektron-Positron-Stoß und im Elektron-Quark-Stoß bis zu Abständen von 10^{-18} m gültig ist. Die Punktförmigkeit dieser Teilchen ist also bis in diese Größenordnung hinein gesichert.

19.3 Potentielle Energie einer Anordnung von Punktladungen und von Ladungsverteilungen

In Abschn. 4.5 hatten wir gezeigt, daß die Gravitationskraft ein **konservatives Kraftfeld** darstellt; aufgrund der identischen Struktur gilt das gleiche für die Coulomb-Kraft. So gewinnen wir auch die potentielle Energie zweier Punktladungen Q_1, Q_2 genau wie im Schwerefeld (vgl. (4.51)) als die Arbeit, die gegen die Coulomb-Kraft zu leisten ist, wenn man eine der beiden Ladungen aus dem Unendlichen in den Abstand r zur zweiten führt

$$\begin{aligned} E_\mathrm{p}(r) - E_\mathrm{p}(\infty) = E_\mathrm{p}(r) = W_{\mathrm{a},\infty\to r} &= -\int_\infty^r (\boldsymbol{F}(\boldsymbol{r}') \cdot \mathrm{d}\boldsymbol{r}') \\ &= -\int_\infty^r \frac{Q_1 Q_2}{4\pi\varepsilon\varepsilon_0 r'^2}\mathrm{d}r' = \frac{Q_1 Q_2}{4\pi\varepsilon\varepsilon_0 r} . \end{aligned} \tag{19.11}$$

Dabei haben wir wie in (4.51) die Konvention

$$E_\mathrm{p}(\infty) = 0$$

und auch den einfachsten Integrationsweg entlang des Abstandsvektors der beiden Ladungen gewählt. Abbildung 19.9 zeigt den radialen Verlauf von E_p als positiven Hyperbelast für gleichnamige und negativen für ungleichnamige Ladungen.

Mehrere Punktladungen

Wir können (19.11) ohne Schwierigkeiten auf mehrere Punktladungen erweitern. Denken wir uns z. B. drei Punktladungen in einer beliebigen relativen Anordnung zueinander (s. Abb. 19.10).

Dann können wir die gesamte potentielle Energie *sukzessive* aufbauen, indem wir zunächst die zweite Ladung an die erste heranführen und dabei

$$E_{\mathrm{p}1,2} = \frac{Q_1 Q_2}{4\pi\varepsilon\varepsilon_0 r_{12}}$$

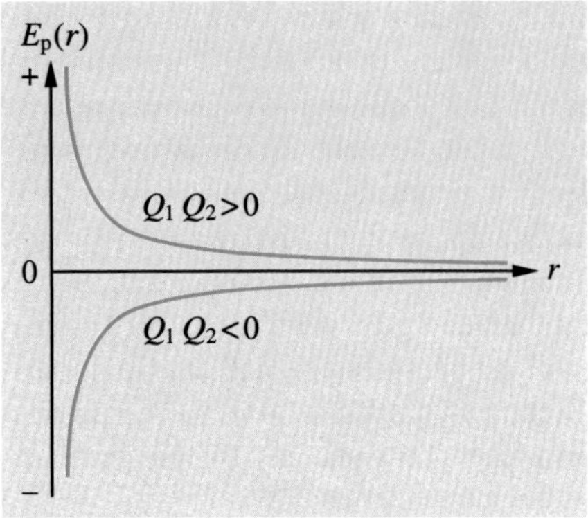

Abb. 19.9. Potentielle Energie zweier Punktladungen als Funktion des Abstands für gleichnamige ($Q_1 Q_2 > 0$) und ungleichnamige Ladungen ($Q_1 Q_2 < 0$)

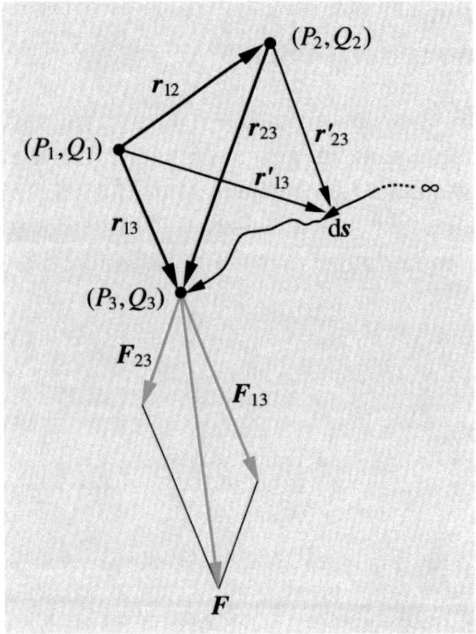

Abb. 19.10. Skizze zur Berechnung der potentiellen Energie einer Konfiguration von 3 Punktladungen

aufbauen. Sodann führen wir die dritte Ladung aus dem unendlichen an ihren Ort P_3 und leisten dabei gegen die Summe der Coulomb-Kräfte der beiden übrigen Ladungen die Arbeit

$$\begin{aligned} W_{a,\infty \to P_3} &= -\int_{\infty}^{P_3} (\boldsymbol{F} \cdot d\boldsymbol{s}) \\ &= -\frac{1}{4\pi\varepsilon\varepsilon_0} \int_{\infty}^{P_3} \left[\left(\frac{Q_1 Q_3 \hat{\boldsymbol{r}}'_{13}}{(r'_{13})^2} + \frac{Q_2 Q_3 \hat{\boldsymbol{r}}'_{23}}{(r'_{23})^2} \right) \cdot d\boldsymbol{s} \right] \\ &= +\frac{1}{4\pi\varepsilon\varepsilon_0} \left(\frac{Q_1 Q_3}{r_{13}} + \frac{Q_2 Q_3}{r_{23}} \right) . \end{aligned}$$

Bei der Berechnung dieser beiden Wegintegrale haben wir davon Gebrauch gemacht, daß die Kraftfelder konservativ sind, die Arbeit also auf *jedem* Weg zwischen zwei Punkten die gleiche ist. Sie kann also für jeden der beiden Summanden im Integranden durch die leicht zu berechnende Arbeit entlang der Verbindungslinie der jeweiligen Punktladungen ersetzt werden. Somit erhalten wir für die gesamte potentielle Energie dieser Ladungskonfiguration den übersichtlichen Ausdruck

$$E_\mathrm{p} = \frac{1}{4\pi\varepsilon\varepsilon_0}\left(\frac{Q_1Q_2}{r_{12}} + \frac{Q_1Q_3}{r_{13}} + \frac{Q_2Q_3}{r_{23}}\right),$$

der durch die Relativabstände der Punktladungen vollständig bestimmt ist. Bringen wir weitere Punktladungen hinzu, so müssen sie nach dem gleichen Prinzip gegen die Summe der Coulomb-Kräfte der schon jeweils vorhandenen Ladungen herangeschafft werden. Daraus resultiert für die gesamte **potentielle Energie von** N **Punktladungen** die Doppelsumme

$$E_\mathrm{p} = \sum_{i=1}^{N}\sum_{j=1}^{i-1} \frac{Q_iQ_j}{4\pi\varepsilon\varepsilon_0 r_{ij}}\,. \tag{19.12}$$

Kontinuierliche Ladungsverteilungen

Gleichung (19.12) läßt sich auch verallgemeinern auf den Fall **kontinuierlicher Ladungsverteilungen**. Dazu teilen wir das Gebiet, über das die Ladung mit einer örtlichen **Ladungsdichte** $\varrho(\boldsymbol{r})$ verteilt sein möge, in kleine Volumenelemente $\Delta\tau_j$ auf, (s. Abb. 19.11) und nähern E_p durch die Summe (19.12) bezüglich aller Teilladungen ΔQ_i, ΔQ_j an

$$E_\mathrm{p} \approx \sum_{i=1}^{N}\sum_{j=1}^{i-1} \frac{\Delta Q_i \Delta Q_j}{4\pi\varepsilon\varepsilon_0 |\boldsymbol{r}_i - \boldsymbol{r}_j|}\,.$$

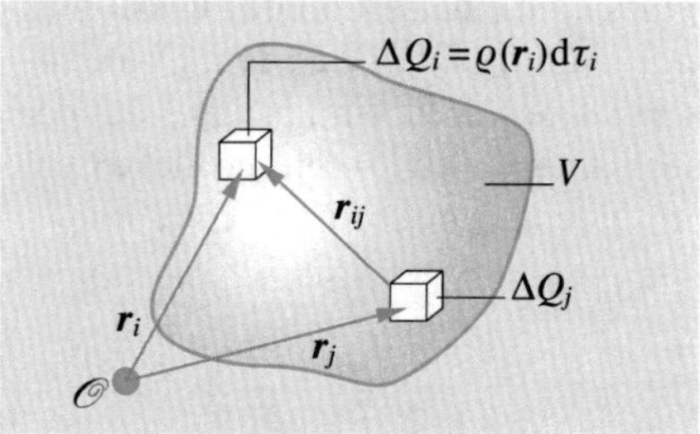

Abb. 19.11. Skizze zur Berechnung der potentiellen, elektrostatischen Energie einer über ein Gebiet V kontinuierlich verteilten Ladung der Dichte $\varrho(\boldsymbol{r})$

Gehen wir zum Limes $\Delta\tau_i, \Delta\tau_j \to 0$ über, so stellt diese Summe per definitionem das doppelte Volumenintegral

$$E_\mathrm{p} = \int\limits_V\int\limits_V \frac{\varrho(\boldsymbol{r}')\varrho(\boldsymbol{r}'')}{4\pi\varepsilon\varepsilon_0|\boldsymbol{r}' - \boldsymbol{r}''|}\mathrm{d}\tau'\mathrm{d}\tau'' \tag{19.13}$$

dar. Die Ausführung eines solchen Integrals mag im einzelnen Fall recht schwierig oder gar nur auf numerischem Weg möglich sein; darauf kommt es uns hier nicht an. Wir sind zunächst einmal daran interessiert, einen klaren *mathematischen Begriff* von der potentiellen Energie einer Ladungsverteilung zu gewinnen. Das ist mit (19.13) ohne größere Anstrengungen gelungen.

Wir beschränken uns im folgenden auf eine kurze *physikalische* Diskussion von (19.12) und (19.13). Angenommen, die Ladungen seien frei beweglich, dann suchen sie ein Minimum ihrer gesamten potentiellen Energie. Sind alle Ladungen positiv, so sind auch alle Summanden in (19.12) bzw. der Integrand in (19.13) positiv definit. Folglich wird das Minimum, $E_\mathrm{p} = 0$, dann erreicht, wenn alle Teilladungen sich unendlich weit voneinander entfernt haben. Sind aber Ladungsträger beiderlei Vorzeichens vorhanden, so wird das Minimum der potentiellen Energie unter den Umständen erreicht, daß sie sich soweit wie möglich neutralisiert, d. h. den gleichen Ort eingenommen haben und die überschüssigen Ladungen wie gehabt sich ins Unendliche abgestoßen haben. Sind bei der Neutralisation Punktladungen im Spiel, so stürzt die potentielle Energie nach Abb. 19.9 nach minus Unendlich ab. Das wäre das Schicksal eines Atoms, wenn nicht die Quantenmechnik die Ausdehnung der Elektronenbahnen stabilisieren würde. Interessante Konsequenzen hat das Prinzip vom Minimum der potentiellen Energie, wenn sich die Ladungen nur in einem begrenzten Raum bewegen können, z. B. im Innern und an der Oberfläche eines Leiters. Das Minimum wird unter diesen Umständen erst dann erreicht, wenn alle überschüssigen Ladungen auf der Metalloberfläche sitzen (Abschn. 19.7). Welche Verteilung sie an der Oberfläche annehmen und wie sie sich dort durch die Nachbarschaft anderer Leiter verschieben (Influenz, s. Abschn. 19.8), wird ebenfalls durch das Minimum der Energie der Ladungsverteilung unter diesen speziellen Randbedingungen bestimmt.

19.4 Elektrisches Feld

Eine beliebige Anordnung von Ladungen Q_i möge auf eine bestimmte Punktladung q eine resultierende Coulomb-Kraft ausüben (s. Abb. 19.12). Nach dem Coulomb-Gesetz muß diese Kraft auf jeden Fall proportional zu q sein. Wir können q aus den Teilkräften $F_{\mathrm{q}i}$, die von den Q_i ausgehen, ausklammern und somit die elektrische Kraft auf q als ein Produkt aus q und einem resultierenden Feld $\boldsymbol{E}(\boldsymbol{r})$ schreiben

$$\boldsymbol{F}_\mathrm{q} = \sum_{i=1}^{N} \boldsymbol{F}_{i\mathrm{q}} = q \sum_{i=1}^{N} \frac{Q_i \hat{\boldsymbol{r}}_{i\mathrm{q}}}{4\pi\varepsilon\varepsilon_0 r_{i\mathrm{q}}^2} = q\boldsymbol{E}(\boldsymbol{r})\,. \tag{19.14}$$

Das Vektorfeld $\boldsymbol{E}(\boldsymbol{r})$ nennen wir die **elektrische Feldstärke**, die von besagter Ladungsanordnung am Punkte $\boldsymbol{r}$ ausgeübt wird. Sie hängt nur von diesen, nicht aber von q selbst ab; letzteres wird daher auch als **Probeladung** bezeichnet, die zur Ausmessung von $\boldsymbol{E}(\boldsymbol{r})$ dient. Sei die Quelle des elektrischen Feldes eine einzige Punktladung q_1 und sei q_2 die Probeladung im Abstand $\boldsymbol{r}_1$ von q_1, so ist die von q_1 ausgehende Feldstärke bei $\boldsymbol{r}_1$

$$\boldsymbol{E}_1(\boldsymbol{r}_1) = \frac{q_1 \hat{\boldsymbol{r}}_1}{4\pi\varepsilon\varepsilon_0 r_1^2}\,. \tag{19.15}$$

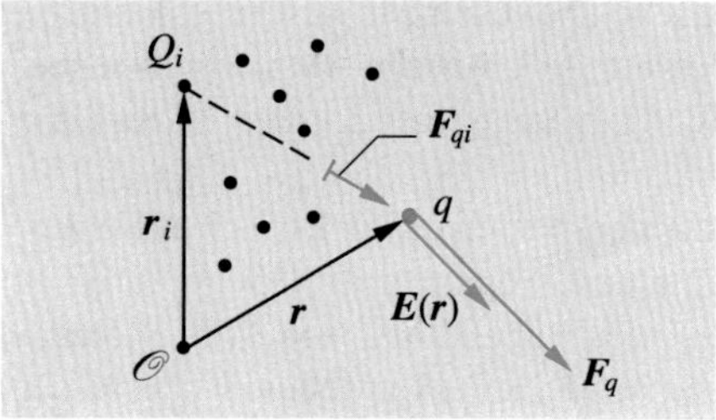

Abb. 19.12. Eine Ladungsanordnung (z. B. von N Punktladungen, schwarze Punkte) übt auf eine bestimmte Punktladung q (blauer Punkt) am Ort $\boldsymbol{r}$ die resultierende Coulomb-Kraft $\boldsymbol{F}_q = \boldsymbol{E}(\boldsymbol{r})q$ aus. $\boldsymbol{E}(\boldsymbol{r})$ heißt elektrische Feldstärke

Umgekehrt können wir natürlich auch q_1 als Probeladung auffassen, an deren Ort q_2 das Feld

$$\boldsymbol{E}_2(\boldsymbol{r}_2) = \frac{q_2\hat{\boldsymbol{r}}_2}{4\pi\varepsilon\varepsilon_0 r_2^2} = -\frac{q_2\hat{\boldsymbol{r}}_1}{4\pi\varepsilon\varepsilon_0 r_1^2}, \tag{19.15'}$$

ausübt, wobei $\boldsymbol{r}_2$ jetzt von q_2 nach q_1 zeigt. Das Feld einer positiven Punktladung läuft radial nach außen, das einer negativen nach innen auf die Punktladung zu. Es nimmt ebenso wie die Coulomb-Kraft umgekehrt proportional zum Quadrat des Abstands ab.

Bei der Ermittlung der elektrischen Feldstärke darf dasjenige Feld, das von der Probeladung selbst ausgeht wie gesagt nicht mitgerechnet werden; das geht aus der Definition der elektrischen Feldstärke ganz klar hervor. Andernfalls würde ein elektrisches Feld eine resultierende Kraft auf seine eigene Quelle ausüben, was nach dem Prinzip von „actio = reactio“ ausgeschlossen ist.

Wirbelfreiheit des elektrostatischen Feldes

Da die Coulomb-Kraft ebenso wie die Gravitationskraft *konservativ* ist, muß es nach (19.14) auch das elektrische Feld sein. Führen wir also eine Probeladung q auf einem geschlossenen Weg durch ein Feld $\boldsymbol{E}(\boldsymbol{r})$ so ist nach (4.23) die resultierende Arbeit gleich 0. Nach Division durch q folgt also

$$\frac{W_{\mathrm{el}}}{q} = \frac{1}{q}\oint [\boldsymbol{F}(\boldsymbol{r}) \cdot \mathrm{d}\boldsymbol{s}] = \oint [\boldsymbol{E}(\boldsymbol{r}) \cdot \mathrm{d}\boldsymbol{s}] = 0\,. \tag{19.16}$$

Diese Gleichung beschreibt eine fundamentale Eigenschaft des elektrostatischen Feldes: Das Integral des elektrischen Feldes, das von ruhenden Ladungen ausgeht, ist entlang eines geschlossenen und ansonsten beliebig gewählten Weges gleich 0 (s. Abb. 19.13).

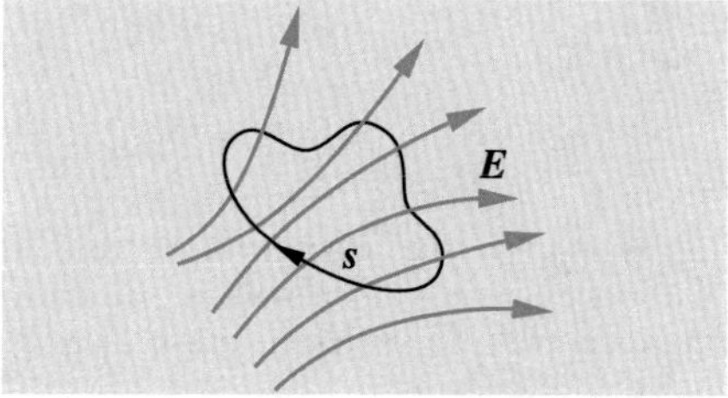

Abb. 19.13. Illustration von (19.16): Geschlossener Weg durch ein elektrostatisches Feld

Mit anderen Worten gibt es im elektrostatischen Feld keine in sich geschlossenen Feldlinien, wie sie etwa bei einer Wirbelströmung (vgl. Abschn. 10.5) vorkommen. Andernfalls würde nämlich das Integral (19.16) entlang einer solchen Wirbellinie *nicht* verschwinden.

Die **Wirbelfreiheit** eines Vektorfeldes, und hier speziell des **elektrischen Feldes**, läßt sich ganz allgemein außer in der Form des Wegintegrals (19.16) auch in differentieller Form formulieren, wie wir bei der Behandlung von Wirbelfeldern festgestellt hatten. Demnach muß im gesamten betrachteten Gebiet die Rotation der elektrischen Feldstärke (vgl. (10.32)) identisch verschwinden

$$\mathbf{rot}\,\boldsymbol{E}(\boldsymbol{r}) \equiv 0\,. \tag{19.17}$$

Die integrale Darstellung (19.16) ist aber anschaulicher und daher für die Begriffsbildung wie auch für viele praktische Anwendungen geeigneter.

VERSUCH 19.5

Darstellung elektrischer Feldlinien. Wir können das elektrische Kraftfeld in der Umgebung von Ladungen sichtbar machen, indem wir kleine, längliche Isolatoren (z. B. Leinsamen) auf eine Glasplatte streuen in deren Bohrungen wir Metallkugeln legen, die wir elektrostatisch aufladen. Infolge dieser Ladungen polarisieren sich die isolierenden, dielektrischen Samenkörner zu kleinen Dipolen, richten ihre Achse in Feldrichtung aus und bilden Ketten, die die Feldlinien nachzeichnen. Liegt nur eine Kugel auf der Platte, so beobachten wir die Feldlinien einer Punktladung, die strahlenförmig von der Kugel ausgehen. Bei zwei entgegengesetzt geladenen Kugeln ist das Feld in der unmittelbaren Umgebung der Kugeln immer noch radial symmetrisch. Im weiteren Abstand biegen die Feldlinien jedoch ab, nehmen Kurs auf die gegenüberliegende, entgegengesetzte Ladung, in die sie alle einmünden, falls die Ladungen dem Betrage nach gleich groß sind. Die Richtung der Feldlinien müssen wir im Einklang mit (19.14) von Plus nach Minus wählen, damit die Coulomb-Kraft auf eine Probeladung das richtige Vorzeichen hat. Wir nennen das so entstandene Feld „Dipolfeld". Seine Feldlinien drängen sich in der Umgebung der Dipolachse zusammen. Laden wir die beiden Kugeln gleichnamig und zwar jeweils mit der gleichen Ladungsmenge auf, so werden die elektrischen Feldlinien von der Achse verdrängt und verschwinden in der Mitte zwischen beiden Kugeln vollständig; die resultierende Coulomb-Kraft auf eine Probeladung verschwindet dort klarerweise. In einer Entfernung, die groß gegen den Abstand der

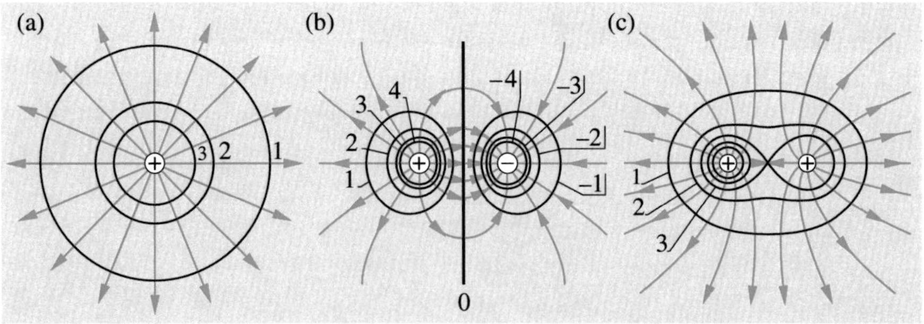

Abb. 19.14. Qualitativer Verlauf von Feldlinien (*blau*) und Äquipotentiallinien (*schwarz*, in äquidistanten Potentialschritten) in der Umgebung (**a**) einer positiv geladenen Kugel (**b**), eines Dipols, gebildet aus zwei entgegengesetzt geladenen Kugeln (**c**) zweier gleichnamig geladener Kugeln. Gezeichnet ist jeweils ein Querschnitt durch die Mittelpunkte

beiden Kugeln ist, nähert sich das Feldlinienbild wieder dem einer einzigen Punktladung im Schwerpunkt der beiden Ladungen an.

In Abb. 19.14 sind die Feldlinienbilder der drei obigen Fälle graphisch im Querschnitt dargestellt. Im Vorgriff auf den folgenden Abschnitt sind auch die zugehörigen Äquipotentiallinien mit eingezeichnet.

So wie wir das elektrische Feld eingeführt haben, scheint es nichts weiter als eine mathematische Manipulation der Coulomb-Kraft zu sein, der allenfalls rechnerische Bedeutung zukommen mag. In Wirklichkeit kommt dem elektrischen Feld aber eine *fundamentale* physikalische Interpretation zu: es läßt sich nämlich zeigen, daß die elektrostatische Energie einer Ladungsverteilung (19.12) oder (19.13) vollständig durch das von ihr ausgehende elektrische Feld beschrieben werden kann (s. Abschn. 19.10). Man kann daher das elektrische Feld als den Sitz der elektrischen Energie bezeichnen. Diese Interpretation ist besonders sinnfällig am Beispiel elektromagnetischer Wellen, die mit ihren elektrischen und magnetischen Feldamplituden zwar Energie aber keine Ladungen transportieren.

19.5 Elektrisches Potential und elektrische Spannung

Der praktische Umgang mit elektrischen Feldern wird wesentlich erleichtert – insbesondere in Gegenwart von Leitern – , wenn wir noch zusätzlich die Begriffe des **elektrischen Potentials** (φ) und der **elektrischen Spannung** (U) einführen. Bewegen wir eine Probeladung q auf einem beliebigen Weg s durch ein elektrisches Feld $\boldsymbol{E}(\boldsymbol{r})$ von Punkt 1 nach Punkt 2 (s. Abb. 19.15), so ist die von einer äußeren Kraft F_a an q geleistete Arbeit W_a gleich der Differenz der potentiellen Energien, weil das elektrostatische Feld konservativ ist.

Dividieren wir diese Arbeit durch q, so erhalten wir die Definitionsgleichung für das elektrische Potential φ als Wegintegral der elektrischen Feldstärke $\boldsymbol{E}$

$$\frac{W_{a,1\to 2}}{q} = \frac{1}{q}\int_1^2 (\boldsymbol{F}_a \cdot d\boldsymbol{s}) = -\int_1^2 (\boldsymbol{E}\cdot d\boldsymbol{s}) = \int_2^1 (\boldsymbol{E}\cdot d\boldsymbol{s}) = \frac{1}{q}(E_{p_2} - E_{p_1})$$
$$= \varphi_2 - \varphi_1 = U_{21} \qquad \text{mit} \qquad \boldsymbol{F}_a = -q\boldsymbol{E}(\boldsymbol{r})\,. \qquad (19.18)$$

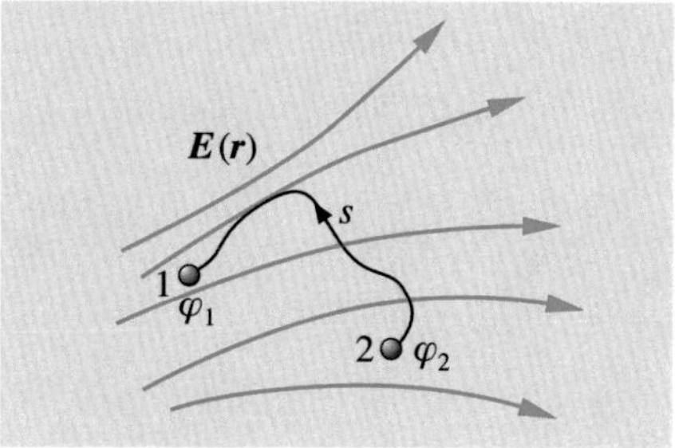

Abb. 19.15. Die Potentialdifferenz $\varphi_2 - \varphi_1$ zwischen den Punkten 1 und 2 ist gleich dem Wegintegral der elektrischen Feldstärke $\boldsymbol{E}(\boldsymbol{r})$ zwischen 2 und 1

In der Mechanik hatten wir gesehen (s. Abschn. 4.4), daß man den Spieß auch umdrehen kann. Das soll heißen, daß man bei vorgegebener potentieller Energie als Funktion des Orts, die Kraft durch Gradientenbildung (4.41) gewinnt. Der gleiche Zusammenhang gilt zwischen elektrischem Potential und elektrischer Feldstärke, den wir in folgendem wichtigen Satz festhalten:

Bei vorgegebenem elektrischen Potential $\varphi(\boldsymbol{r})$ als Funktion des Orts gewinnt man die elektrische Feldstärke als dessen negativen Gradienten

$$\boldsymbol{E}(\boldsymbol{r}) = -\mathbf{grad}\varphi(\boldsymbol{r})\,. \tag{19.19}$$

Der differentielle Zusammenhang (19.19) ist äquivalent zu dem integralen (19.18). Beide sind in der Anwendung gleichermaßen wichtig.

Wie die potentielle Energie selbst, so ist auch das elektrische Potential nur eine Funktion des Orts und nur als Differenz $\varphi_2 - \varphi_1$ meßbar, die wir als die elektrische Spannung U_{21} bezeichnen

(die Indizes an U werden in der Regel weggelassen). Als Nullpunkt des Potentials wählt man in der Regel die Erdoberfläche, die eine Äquipotentialfläche darstellt, weil sie leitend ist (s. Abschn. 19.7).

Einheiten des elektrischen Potentials und Feldes

Aus obigen Definitionen gewinnen wir die SI-Einheit des elektrischen Potentials und der Spannung, nämlich das **Volt** (V)

$$[\varphi] = \left[\frac{W_{\text{el}}}{Q}\right] = \frac{\text{Joule (J)}}{\text{Ampèresekunde (As)}} = \text{Volt (V)}\,. \tag{19.20a}$$

und weiter für die elektrische Feldstärke

$$[\boldsymbol{E}] = \left[\frac{\varphi}{s}\right] = \frac{\text{Volt (V)}}{\text{Meter (m)}}\,. \tag{19.20b}$$

Punktladungspotential

Als erstes Beispiel berechnen wir das **Potential einer Punktladung** im Abstand r. Analog zum gleichartigen Fall des Schwerepotentials (4.54) und analog zu (19.11) folgt

$$\begin{aligned}\varphi(r) = \varphi(r) - \varphi(\infty) &= \int_r^\infty (\boldsymbol{E}(\boldsymbol{r})\cdot \mathrm{d}\boldsymbol{r}) = \int_r^\infty \frac{Q\,(\hat{\boldsymbol{r}}\cdot \mathrm{d}\boldsymbol{r})}{4\pi\varepsilon\varepsilon_0 r^2} \\ &= +\frac{Q}{4\pi\varepsilon\varepsilon_0 r}\end{aligned} \tag{19.21}$$

mit $\varphi(\infty) = 0$. Da der Proportionalitätsfaktor (im Vakuum)

$$\frac{1}{4\pi\varepsilon_0} \approx 9\cdot 10^9\,\frac{\text{Vm}}{\text{As}}$$

laut (19.9) außerordentlich groß ist, genügen schon sehr geringe, freie Ladungsmengen, um sehr hohe Spannungen zu erreichen. Würde man 1 mol einer Substanz einfach ionisieren, wie es z. B. in einem Becherglas voll Salzwasser als Na^+ vorliegt, und würde man daraus die kompensierenden Anionen Cl^- entfernen, so würden diese Ionen in 1 m Entfernung mit (19.7) das unvorstellbare große Potential von

$$\varphi = \frac{eN_A}{4\pi\varepsilon_0} \approx 9 \cdot 10^{14}\,\mathrm{V}$$

erzeugen. Wir erkennen daraus, daß bei normalen elektrostatischen Aufladungen, wo Spannungen der Größenordnung 10^5 V auftreten, nur ein verschwindend kleiner Bruchteil der Atome eine überschüssige Ladung besitzt. Darin liegt auch das Problem, elektrostatische Versuche zuverlässig durchzuführen, da schon geringste Kriechströme von der Größenordnung nA entlang verschmutzter oder feuchter Isolatoren oder durch ionisierte Luft die Aufladung abbauen.

Abbildung 19.14 zeigt neben den Feldlinienbildern auch den Querschnitt durch die **Äquipotentialflächen** für die Beispiele einer Punktladung, eines Dipols und zweier gleichnamiger, getrennter Punktladungen. Beim Dipol ist bemerkenswert, daß die Mittelebene senkrecht auf der Verbindungsachse eine Äquipotentialfläche mit $\varphi = 0$ darstellt und Bereiche positiven und negativen Potentials voneinander trennt. Bei zwei gleichnamigen Punktladungen bildet das resultierende Potential in der Mitte zwischen beiden einen Sattelpunkt aus; d. h. es wächst (bei positivem Q) auf der Verbindungsachse in beide Richtungen und es fällt in der Ebene senkrecht dazu. In unmittelbarer Nähe der Ladungszentren gewinnen Äquipotentialflächen und Feldlinien die sphärische Symmetrie einer isolierten Punktladung zurück.

Potential von Ladungsverteilungen

Die in Abb. 19.14 dargestellten Potentiale eines Dipols oder zweier gleichnamiger Punktladungen werden einfach durch Addition der Potentiale gewonnen, die die einzelnen Punktladungen für sich genommen am Aufpunkt erzeugen würden. Das folgt daraus, daß die Potentiale skalare Funktionen des Ortes sind und insofern viel einfacher zu handhaben sind als die vektoriellen elektrischen Felder. Sei also eine Menge von Punktladungen Q_i an Orten $\boldsymbol{r}_i$ $(i = 1, 2, \dots N)$ gegeben, so bauen sie in einem Aufpunkt P mit dem Ortsvektor $\boldsymbol{r}_P$ das Potential

$$\varphi(\boldsymbol{r}_P) = \sum_{i=1}^{N} \frac{Q_i}{4\pi\varepsilon\varepsilon_0|\boldsymbol{r}_i - \boldsymbol{r}_P|} \tag{19.22}$$

auf. Diese Formel läßt sich auf **kontinuierliche Ladungsverteilungen** erweitern, indem man sie in kleine Volumenelemente $\Delta\tau_i$ aufteilt, deren Potentiale addiert und zum Limes $\Delta\tau_i = 0$ übergeht

$$\varphi(\boldsymbol{r}_P) = \lim_{\Delta\tau\to 0, N\to\infty} \sum_{i=1}^{N} \frac{\varrho(\boldsymbol{r}_i)\Delta\tau_i}{4\pi\varepsilon\varepsilon_0|\boldsymbol{r}_i - \boldsymbol{r}_P|} = \int_V \frac{\varrho(\boldsymbol{r})\mathrm{d}\tau}{4\pi\varepsilon\varepsilon_0|\boldsymbol{r} - \boldsymbol{r}_P|}\,, \tag{19.23}$$

wobei jedes Volumenelement die Ladung

$$\Delta q_i = \varrho(\boldsymbol{r}_i)\Delta\tau_i$$

trägt (vgl. Abb. 19.11).

Die Vorgehensweise war hier ganz analog zur Berechnung der elektrostatischen Energie einer Ladungsverteilung (19.12), (19.13). Man beachte jedoch, daß das hier berechnete Potential nur die elektrostatische Energie bezüglich einer *anderen* Probeladung q_P am Ort $\boldsymbol{r}_\mathrm{P}$ (nach Multiplikation mit q_P) berücksichtigt, nicht aber die Energie wiedergibt, die notwendig war, um die *betreffende* Ladungsverteilung selbst aufzubauen. (In (19.12) bzw. (19.13) ging es uns dagegen um die *gesamte* elektrostatische Energie der Ladungsverteilung als Summe der Coulomb-Energie einer jeden Teilladung gegenüber *allen* übrigen, die sich folglich als Doppelsumme beziehungsweise Doppelintegral darstellte im Gegensatz zur einfachen Integration in (19.23).)

! Das bekannteste Beispiel der Coulomb-Wechselwirkung im strengen $1/r$-Potential (19.21) ist das **Wasserstoffatom**, wo sich das punktförmige Elektron im Kraftfeld des nahezu punktförmigen Protons bewegt. Der einfachen Struktur dieses Systems ist es zu danken, daß anhand seiner Spektrallinien die wichtigsten Gesetze der Quantenmechanik und der Quantenelektrodynamik entdeckt und mit höchster Präzision bestätigt werden konnten. Bei schweren Atomen und Molekülen ist man mit den Potentialen der ausgedehnten Ladungsverteilungen, die die Elektronenhüllen darstellen, konfrontiert. Das erschwert die Berechnung ihrer Spektren ganz wesentlich, so daß nur noch numerische Methoden zum Ziel führen.

Berechnet man die gesamte (repulsive) **elektrostatische Energie eines Atomkerns** nach (19.12) bzw. (19.13), so wächst sie mit dem Quadrat der Anzahl der Protonen (also der Ordnungszahl Z des Elements), während die (attraktive) Kernbindungsenergie, die aus der starken Wechselwirkung der Nukleonen untereinander resultiert, nur proportional zur Massenzahl A wächst. Das unterschiedliche Verhalten beruht auf der *großen* Reichweite der Coulomb-Kraft einerseits, die alle Protonen untereinander in Wechselwirkung bringt, und auf der *kurzen* Reichweite der starken Wechselwirkung andererseits, bei der nur die nächsten Nachbarn eines jeden Nukleons zählen. Das stärkere Anwachsen der Coulomb-Energie führt schließlich zur **Kernspaltung** der schwersten Elemente wie Uran oder Plutonium, wobei rund 200 MeV pro Kern, bzw. ca. $2 \cdot 10^{13}$ Joule/mol an Coulomb-Energie frei werden. Das ist viele Millionen mal mehr, als bei chemischen Reaktionen umgesetzt wird, wobei es sich auch um Coulomb-Energie handelt. Der Faktor läßt sich qualitativ leicht erklären: Zum einen ist der Atomkern einige 10000 mal kleiner als ein Molekül; das macht sich im Nenner von (19.13) bezahlt. Zum anderen betrifft die Kernspaltung *alle* Protonen, während bei chemischen Prozessen nur *einige* Valenzelektronen umgelagert werden; das wird im Zähler der Coulomb-Energie wirksam.

19.6 Elektrischer Kraftfluß und 1. Maxwellsche Gleichung

Wir kehren zurück zur elektrischen Feldstärke im Abstand $\boldsymbol{r}$ einer Punktladung Q (19.15)

$$\boldsymbol{E}(\boldsymbol{r}) = \frac{Q\hat{\boldsymbol{r}}}{4\pi\varepsilon\varepsilon_0 r^2} .$$

Aus deren strikter $1/r^2$-Abhängigkeit wollen wir mit Hilfe des Gaußschen Satzes (s. Abschn. 10.5) eine mathematische Beziehung zwischen Ladungs- und Feldverteilung herleiten, die ein Äquivalent für das Coulomb-Gesetz darstellt und 1. Maxwellsche Gleichung heißt. Sie ist von großem praktischen Nutzen bei der Lösung elektrostatischer Aufgaben; wir werden daher häufig auf sie zurückgreifen.

Elektrischer Kraftfluß

Zur Ableitung der 1. Maxwellschen Gleichung brauchen wir zunächst den Begriff des **elektrischen Kraftflusses**. Hierzu wollen wir das Vektorfeld des elektrischen Feldes ganz allgemein als eine Strom- oder Flußdichte im Sinne der Strömungslehre (Abschn. 10.1) auffassen. Demnach wäre dann der elektrische Kraftfluß Φ_E durch eine gegebene Fläche A nach (10.9) als das Integral

$$\Phi_\mathrm{E} = \int_A (\boldsymbol{E} \cdot \mathrm{d}\boldsymbol{A}') = \int_A (\boldsymbol{E} \cdot \hat{\boldsymbol{n}})\,\mathrm{d}A' = \int_A E \cos\alpha \,\mathrm{d}A' \qquad (19.24)$$

zu definieren (s. Abb. 19.16). Wir benutzen bewußt die Wortwahl elektrischer Kraft*fluß* statt Kraft*strom*, um Verwechslungen mit dem elektrischen Strom, der den tatsächlichen Transport elektrischer Ladungen beschreibt, zu vermeiden.

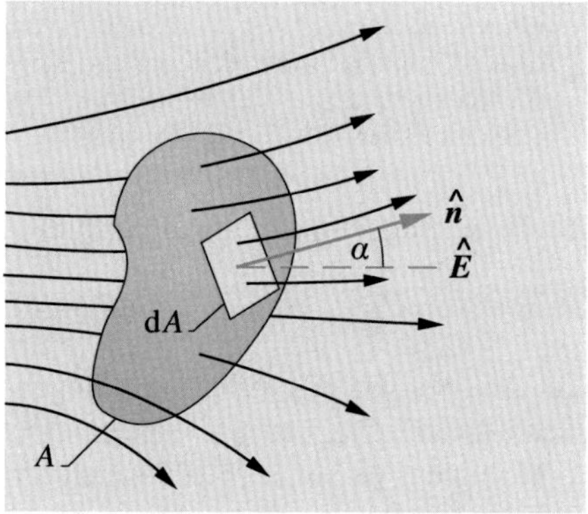

Abb. 19.16. Der elektrische Kraftfluß Φ durch eine Fläche A ist proportional zur Zahl der durch A hindurchtretenden Feldlinien. Er berechnet sich durch Integration über den differentiellen Kraftfluß $\mathrm{d}\Phi_\mathrm{E} = E\mathrm{d}A\ \cos\alpha = (\boldsymbol{E}\cdot\mathrm{d}\boldsymbol{A})$, wobei α der Winkel zwischen $\hat{\boldsymbol{E}}$ und der Flächennormalen $\hat{\boldsymbol{n}}$ auf $\mathrm{d}A$ ist

Berechnen wir nun den elektrischen Kraftfluß durch eine geschlossene Kugelschale in beliebigem Abstand r um *eine* Punktladung Q, so erhalten wir unabhängig von r immer den gleichen Wert

$$\begin{aligned}\Phi_{\mathrm{E}} &= \oint\limits_{\text{Kugelschale}} (\boldsymbol{E} \cdot \mathrm{d}\boldsymbol{A}) = \int\limits_0^{2\pi} \int\limits_0^{\pi} \frac{Q}{4\pi\varepsilon\varepsilon_0 r^2} r^2 \sin\vartheta \,\mathrm{d}\vartheta \,\mathrm{d}\varphi \\ &= \frac{Q}{4\pi\varepsilon\varepsilon_0} \oint\limits_{\text{Raumwinkel}} \mathrm{d}\Omega = \frac{Q}{\varepsilon\varepsilon_0} .\end{aligned} \tag{19.25}$$

Der Grund liegt ganz einfach darin, daß der Abfall der Feldstärke mit $1/r^2$ gerade durch den Zuwachs der Kugeloberfläche mit r^2 kompensiert wird. Zudem ist die Flächennormale $\hat{\boldsymbol{n}}$ auf der Kugelschale immer parallel zu $\boldsymbol{E}$, so daß sich das Skalarprodukt (19.24) auf das Produkt der Beträge von Feldstärke und Fläche reduziert. Dieser letztere Umstand ist aber im Grunde genommen unwesentlich. Auch wenn wir die Punktladung mit einer *beliebig* geformten, aber geschlossenen Fläche umgeben, so bleibt der gesamte Kraftfluß durch diese Fläche dennoch ungeändert. Wir können nämlich jedes Element ΔA aus dieser Fläche auf ein Kugelflächenelement ΔA_{Kugel} projizieren, das von dem Kegel, den ΔA mit der Punktladung bildet, umrandet wird (s. Abb. 19.17).

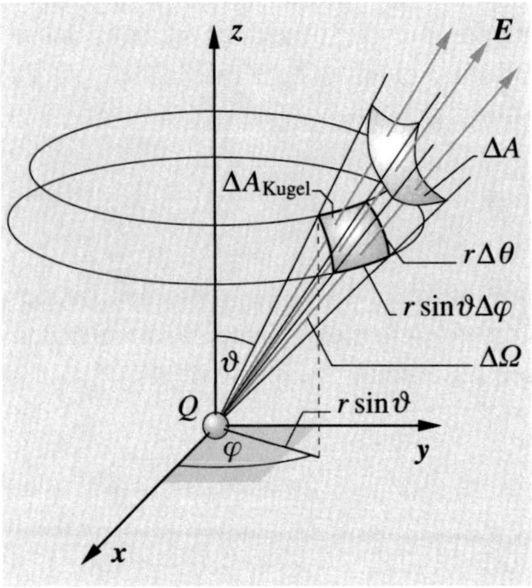

Abb. 19.17. Ein von einer Punktladung Q im Ursprung ausgehender Kegel mit dem Raumwinkel $\Delta\Omega = \sin\vartheta\,\Delta\vartheta\,\Delta\varphi$ schneide aus einer Q einschließenden Fläche ein beliebig gerichtetes Flächenelement heraus. Dann ist die Zahl der durch ΔA durchtretenden elektrischen Feldlinien die gleiche, wie die, die durch ein von $\Delta\Omega$ begrenztes Kugelflächenelement ΔA_{Kugel} im beliebigen Abstand r hindurchtritt; d. h. der differentielle elektrische Kraftfluß ist nach (19.25) in beiden Fällen $\Delta\Phi_{\mathrm{E}} = (Q/4\pi\varepsilon_0)\Delta\Omega$

Aus (19.24) erkennt man, daß beide Flächenelemente vom gleichen Kraftfluß

$$\Delta\Phi_{\mathrm{E}} = \frac{Q}{4\pi\varepsilon\varepsilon_0}\Delta\Omega \tag{19.26}$$

durchsetzt werden, der nur vom Raumwinkel $\Delta\Omega$ des von ΔA gebildeten Kegels abhängt. Er ist gleich groß für jede beliebige Schnittfläche durch diesen Kegel. Durch Integration über den vollen Raumwinkel 4π gewinnen wir somit (19.25) auch für jede *beliebige*, *Q umschließende* Fläche. Graphisch können wir diesem Umstand im **Feldlinienbild** dadurch Rechnung tragen, daß wir alle Feldlinien in der Punktladung entspringen und radial ins Unendliche laufen lassen, wobei wir ihre Anzahl pro Raumwinkelelement proportional zur Ladung wählen. Ihre Anzahl pro senkrecht durchsetztem Flächenelement nimmt dann mit $1/r^2$ ab, wie verlangt.

Wenn nun der Kraftfluß durch eine Q umgebende, geschlossene Fläche, unabhängig von ihrer Gestalt ist, dann ist er ebenso unabhängig vom speziellen Ort der Punktladung Q innerhalb dieser Fläche. Das ist der Ansatzpunkt, um den integralen Kraftfluß auszurechnen, der von einer kontinuierlichen Ladungsverteilung $\varrho_{\mathrm{E}}(\boldsymbol{r})$ ausgeht. Jedes Volumenelement $\mathrm{d}\tau$ kann demnach als differentielle Punktladung

$$\mathrm{d}Q = \varrho_{\mathrm{E}}(\boldsymbol{r})\mathrm{d}\tau$$

aufgefaßt werden, die zum Kraftfluß durch die sie umgebende Fläche den Beitrag

$$\mathrm{d}\Phi_{\mathrm{E}} = \frac{\mathrm{d}Q}{\varepsilon\varepsilon_0}$$

beiträgt. Integrieren wir nun über das ganze, von A eingeschlossene Volumen,

so folgt für den gesamten elektrischen Kraftfluß durch A

$$\Phi_{\mathrm{E}} = \int_V \frac{\mathrm{d}Q}{\varepsilon\varepsilon_0} = \frac{1}{\varepsilon\varepsilon_0}\int_V \varrho_{\mathrm{E}}(\boldsymbol{r})\mathrm{d}\tau = \frac{Q}{\varepsilon\varepsilon_0} = \oint_A (\boldsymbol{E}\cdot\mathrm{d}\boldsymbol{A}') \; . \tag{19.27}$$

Damit haben wir die **1. Maxwellsche Gleichung**[1] in *integraler Form* gewonnen (vgl. (19.73) und (26.4)). Durch die Integration über das Volumen entsteht linkerhand die gesamte eingeschlossene Ladung Q. Beim Flächenintegral rechterhand wird über die von dieser Ladungsverteilung ausgehende resultierende Feldstärke am Ort der umgebenden Fläche integriert.

Bei der Integration über die Feldstärke brauchen wir übrigens zwischen Beiträgen von Ladungen, die sich *innerhalb* oder *außerhalb* der geschlossenen Fläche befinden, *nicht* zu unterscheiden. Wir können einfach über die totale Feldstärke integrieren! Feldlinien, die von äußeren Ladungen in die Fläche eintreten, verlassen sie nämlich auch wieder und tragen daher zum resultierenden Fluß nichts bei.

Das Integral über die Ladungsverteilung in (19.27) beachtet selbstverständlich das Vorzeichen der Ladungen. Sind gleichzeitig positive und negative eingeschlossen, so wird die Differenz bilanziert. Umgibt die Fläche z. B. einen Dipol (s. Abb. 19.14b), so ist der resultierende Fluß Null. Aus dem Feldlinienbild leuchtet dies anschaulich sofort ein: Alle Feldlinien, die in der positiven Ladung entspringen, müssen in die negative einmünden und deswegen die umgebende Fläche entweder gar nicht oder zweimal (d. h. einmal von innen, und einmal von außen) durchstoßen.

Bevor wir uns Anwendungen der 1. Maxwellschen Gleichung zuwenden, wollen wir mit Hilfe des **Gaußschen Satzes** (10.13) noch ihre differentielle Form gewinnen. In der Strömungslehre hatten wir ja den Fluß durch eine geschlossene Oberfläche als das Integral über die **Quelldichte** im eingeschlossenen Volumen definiert. Letztere konnten wir aber durch die Divergenz des betreffenden Vektorfeldes darstellen. Somit können wir (19.27) umschreiben zu

$$\oint_A (\boldsymbol{E}\cdot\mathrm{d}\boldsymbol{A}') = \int_V \mathbf{div}\,\boldsymbol{E}\,\mathrm{d}\tau \; . \tag{19.28}$$

[1] Die Numerierung der Maxwellschen Gleichungen ist in der Literatur nicht einheitlich. Wir wählen sie entsprechend unserer textlichen Abfolge.

Die Allgemeingültigkeit dieser Formel verlangt, daß die Integranden in den Volumenintegralen von (19.27) und (19.28) identisch sind.

Somit erhalten wir die **erste Maxwellsche Gleichung** in der *differentiellen Form*

$$\varepsilon\varepsilon_0 \mathbf{div}\,\boldsymbol{E} = \varrho\,. \tag{19.29}$$

Sie besagt, daß die **Quelldichte** des elektrischen Feldes proportional zur **Ladungsdichte** ist (vgl. (19.74) und (26.4)).

Mit (19.19) können wir in (19.29) die Feldstärke durch den Gradienten des Potentials ersetzen und gewinnen die sogenannte **Poissonsche Gleichung**

$$-\mathbf{div}\,\mathbf{grad}\varphi = -\Delta\varphi = -\frac{\partial^2\varphi}{\partial x^2} - \frac{\partial^2\varphi}{\partial y^2} - \frac{\partial^2\varphi}{\partial z^2} = \frac{\varrho}{\varepsilon\varepsilon_0}\,. \tag{19.29'}$$

Wir werden im folgenden meist die integrale Form (19.27) benutzen. Mit ihr lassen sich besonders leicht elektrische Felder von Ladungsverteilungen berechnen, die eine gewisse Symmetrie aufweisen und somit die Ausführung der Integrale erleichtern. Aber auch bei komplizierten Ladungsverteilungen ist sie in der Regel der Ausgangspunkt für numerische, approximative Feldberechnungen.

Abschließend sei erwähnt, daß im engeren Sprachgebrauch der Elektrodynamik häufig nicht die für allgemeinere Vektorfelder gültige Beziehung (19.28), sondern die explizite integrale Form der Maxwellschen Gleichung (19.27) als **Gaußscher Satz** angesprochen wird. Die differentielle Form (19.29) wird in Anlehnung an die analoge Formel (10.12) aus der Strömungslehre auch **Kontinuitätsgleichung** genannt. In (19.29) steht rechterhand allerdings ϱ statt $-\dot{\varrho}$, da die Ladungen in der Elektrostatik ja nicht wirklich abfließen und der von ihnen ausgehende elektrische Kraftfluß nichts transportiert.

Kugelsymmetrische Ladungsverteilung

Als erste Anwendung des Gaußschen Satzes diskutieren wir elektrisches Feld und Potential einer **kugelsymmetrischen Ladungsverteilung**

$$\varrho(\boldsymbol{r}) = \varrho(r)\,.$$

Wir können aus dieser Voraussetzung auch auf Kugelsymmetrie des resultierenden elektrischen Feldes schließen

$$\boldsymbol{E}(\boldsymbol{r}) = E(r)\hat{\boldsymbol{r}}\,.$$

Wir nehmen weiterhin an, die Ladungsverteilung sei auf ein Gebiet innerhalb eines bestimmten Radius R beschränkt, d. h.

$$\varrho(r) = 0 \qquad \text{für} \quad r > R\,.$$

Wir interessieren uns zunächst für das elektrische Feld im Außenraum $r > R$ (s. Abb. 19.18a).

Dazu bilden wir den elektrischen Kraftfluß durch eine entsprechende Kugelschale

$$\oint\limits_{A_{\text{Kugel},r>R}} (\boldsymbol{E}\cdot \mathrm{d}\boldsymbol{A}') = \int\limits_{A_{\text{Kugel}}} E(r)\,(\hat{\boldsymbol{r}}\cdot\hat{\boldsymbol{r}})\,\mathrm{d}A = E(r)4\pi r^2\,. \tag{19.30}$$

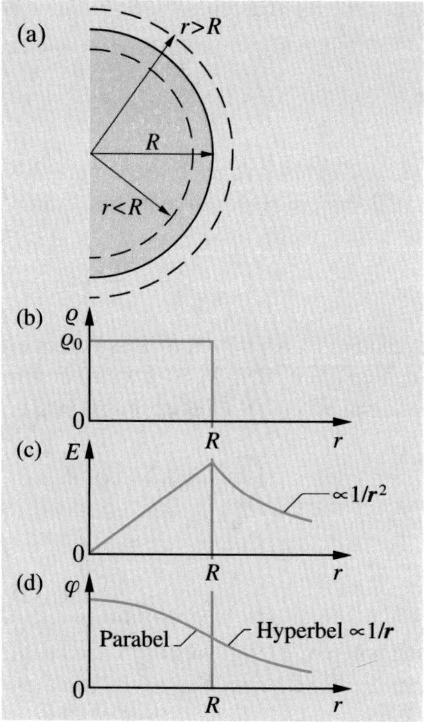

Abb. 19.18. (**a**) Schnitt durch eine kugelsymmetrische Ladungsverteilung $\varrho(r)$ innerhalb eines Radius R. (**b**) Ladungsdichte einer *homogen* geladenen Kugel, (**c**) zugehöriges Feld, (**d**) Potential

Die eingeschlossene Ladung ist nach Voraussetzung die Gesamtladung

$$\int\limits_{\text{Kugel},r>R} \varrho(r)\mathrm{d}\tau = Q\,.$$

Beides in (19.27) eingesetzt ergibt für die elektrische Feldstärke

$$\boldsymbol{E}(\boldsymbol{r}) = \frac{Q\hat{\boldsymbol{r}}}{4\pi\varepsilon\varepsilon_0 r^2}\,, \qquad (r \geq R)\,. \tag{19.31}$$

Das Feld einer kugelsymmetrischen Ladungsverteilung mit der Gesamtladung Q ist also im Außenraum *identisch* mit dem einer gleichstarken Punktladung im Mittelpunkt (19.15) (s. Abb. 19.18c). Entsprechend gilt in diesem Bereich auch für das Potential weiterhin (19.21)

$$\varphi(\boldsymbol{r}) = \varphi(r) = \frac{Q}{4\pi\varepsilon\varepsilon_0 r}\,, \qquad (r \geq R)\,. \tag{19.32}$$

Interessieren wir uns auch für das Feld im Innenraum, so müssen wir uns dort natürlich auf einen *konkreten* Verlauf der Ladungsdichte als Funktion des Radius festlegen. Das einfachste Beispiel wäre die homogen geladene Kugel (s. Abb. 19.18b) mit konstanter Ladungsverteilung im Innenraum

$$\varrho(r) = \varrho_0 = \text{const.}\,, \qquad (r \leq R)\,.$$

Die entsprechende Kugelschale schließt dann nur einen Bruchteil der Gesamtladung ein

$$q = \int\limits_{\text{Kugel}, r<R} \varrho(r)\mathrm{d}\tau = \varrho_0 \frac{4\pi r^3}{3} = Q\frac{r^3}{R^3}\,.$$

Da für den elektrischen Kraftfluß durch die innere Kugelschale nach wie vor (19.30) gilt, gibt uns die 1. Maxwellsche Gleichung (19.27) für die Feldstärke im Innenraum jetzt das Resultat

$$\boldsymbol{E}(\boldsymbol{r}) = \frac{q\hat{\boldsymbol{r}}}{4\pi\varepsilon\varepsilon_0 r^2} = \frac{Q\boldsymbol{r}}{4\pi\varepsilon\varepsilon_0 R^3}\,. \tag{19.33}$$

Sie steigt linear mit dem Radius bis zum Kugelrand an (s. Abb. 19.18c). Das Potential im Innenraum gewinnen wir, indem wir zu dem Wert, den es nach (19.32) am Kugelrand bereits erreicht hat, noch das Wegintegral bis zum Radius r mittels (19.21) dazunehmen

$$\begin{aligned} r \le R : \varphi(r) = \varphi(R) - \int_R^r (\boldsymbol{E}(\boldsymbol{r}') \cdot \mathrm{d}\boldsymbol{r}') &= \frac{Q}{4\pi\varepsilon\varepsilon_0 R} + \int_r^R \frac{Qr'\mathrm{d}r'}{4\pi\varepsilon\varepsilon_0 R^3} \\ &= \frac{Q}{4\pi\varepsilon\varepsilon_0 R}\left(\frac{3}{2} - \frac{r^2}{2R^2}\right)\,. \end{aligned} \tag{19.34}$$

Das Potential setzt sich im Innern in einer nach unten offenen Parabel fort und steigt bis zum Scheitel bei $r = 0$ noch einmal um die Hälfte des Wertes am Rand an (s. Abb. 19.18d).

Das wichtigste Beispiel für eine homogen geladene Kugel in der Natur bietet in recht guter Näherung der **Atomkern**, weil die Packungsdichte seiner Bestandteile, der Protonen und Neutronen, wie bei einem Tropfen kondensierter Materie nahezu konstant ist. Die Kernkräfte wirken nämlich ähnlich wie das Lenard-Jones-Potential, d. h. sie stabilisieren den relativen Abstand der Nukleonen untereinander auf einen Wert von ca. 3 Femtometern, wie man aus der Zunahme des Kernradius mit der Massenzahl A nach dem Gesetz

$$R \approx 1{,}2\,\mathrm{fm}\,A^{\frac{1}{3}} \tag{19.35}$$

weiß. Die so zusammengepferchten Protonen bauen also ein Coulomb-Potential nach (19.34) mit $Q = Z \cdot e$ auf. Es ist am Kernrand von der Größenordnung 10^6 Volt und hält daher Atomkerne auf Distanz voneinander, so daß sie nicht miteinander reagieren – z. B. verschmelzen können – es sei denn, sie besitzen eine genügend hohe kinetische Relativenergie, um diesen **Coulomb-Wall** zu durchstoßen.

19.7 Oberflächenladungen auf Leitern

> Wenn wir einen **Leiter** mit freien, überschüssigen Ladungen beladen, dann verteilen sich diese im elektrostatischen Gleichgewicht *grundsätzlich* auf der Oberfläche des Leiters unabhängig von der Polarität der Ladungen und der speziellen Natur des Leiters. Sein Inneres bleibt neutral.

Wie ist das zu erklären? Dazu müssen wir wissen (s. Kap. 20), daß ein Leiter zwar, *makroskopisch* gesehen, im ganzen normalerweise elektrisch neutral ist, daß er aber, *mikroskopisch* gesehen, über eine ungeheure Dichte von **freibeweglichen Ladungsträgern** verfügt. Bei Metallen sind das von der Größenordnung 10^{23} **Leitungselektronen** pro cm^3, entsprechend einer Ladungsdichte von ca. 15 000 Coulomb pro cm^3. Sie wird kompensiert durch die entgegengesetzt gleich große Dichte der *raumfesten* **Metallionen** im Verband des Kristallgitters. Befindet sich nun im Innern des Leiters irgendwo eine nicht kompensierte, überschüssige Ladung Q, so müßte sie notwendigerweise um sich herum ein elektrisches Feld erzeugen. In diesem Kraftfeld würden sich aber sofort die freien Ladungsträger in Bewegung setzen und ihre Konstellation solange verschieben, bis die elektrische Feldstärke wieder verschwunden, d. h. die freie Ladung kompensiert ist.

Im elektrostatischen Gleichgewicht, in dem der Leiter stromlos ist, ist er also auch notwendigerweise im Innern feldfrei. In einem feldfreien Raum verschwindet aber zufolge der 1. Maxwellschen Gleichung (19.27) auch die resultierende Ladungsdichte identisch.

Wir haben zwar jetzt bewiesen, daß die überschüssigen Ladungsträger alle auf der Oberfläche des Leiters sitzen, wissen aber noch nicht, wie sie sich darauf verteilen. Dazu müssen wir uns Gedanken über die elektrische Feldstärke im Außenraum des Leiters machen. Dort kann das $\boldsymbol{E}$-Feld natürlich nicht verschwinden, weil sein Fluß durch die Leiteroberfläche nach außen gemäß (19.27) die eingeschlossene überschüssige Ladung Q wiedergeben muß. Aber dieses Feld muß senkrecht auf der Leiteroberfläche stehen; denn andernfalls hätte es eine Komponente in Richtung der leitenden Oberfläche, würde also Ströme entlang der Oberfläche in Bewegung setzen entgegen der Voraussetzung.

Die überschüssige Ladung Q des Leiters muß sich also auf seiner Oberfläche so verteilen, daß ihr Feld im Außenraum senkrecht auf der Leiteroberfläche steht. Diese Forderung legt bei gegebener Leitergeometrie die Ladungsverteilung eindeutig fest.

Leiter als Äquipotentialfläche

Stehen die elektrischen Feldlinien wie verlangt überall senkrecht auf der Leiterooberfläche, dann ist diese notwendigerweise eine Äquipotentialfläche;

denn jeder Weg $\boldsymbol{s}$ in der Oberfläche steht immer senkrecht auf $\boldsymbol{E}$ und damit ist die Potentialänderung entlang eines solchen Weges entsprechend (19.18) identisch Null (vgl. auch Abschn. 4.6).

$$d\varphi = -(\boldsymbol{E} \cdot d\boldsymbol{s}) \equiv 0 .$$

Das feldfreie Innere des Leiters befindet sich dann wegen $\boldsymbol{E} \equiv 0$ in Innern klarerweise auch auf dem Potential seiner Oberfläche und somit stellt das ganze Leitervolumen im elektrostatischen Gleichgewicht ein Äquipotentialgebiet dar. Anders ausgedrückt, befindet sich jede Stelle eines Leiters auf der gleichen Spannung gegenüber der Erde oder einem anderen Leiter. Das ist als tägliche Erfahrung aus der Elektrotechnik hinlänglich bekannt.

Elektrische Feldstärke und Oberflächenladungsdichte

Da die Oberflächenladung auf einem Leiter verantwortlich für den Sprung der elektrichen Feldstärke beim Durchgang durch die Leiteroberfläche ist, muß es zwischen beiden einen engen Zusammenhang geben. Wir können ihn aus dem Gaußschen Satz (19.27) leicht erschließen, indem wir ihn auf ein differentielles Volumen $\mathrm{d}\tau$ anwenden, das von zwei differentiellen Flächenstücken $\mathrm{d}A$ kurz unterhalb und kurz oberhalb der Leiteroberfläche eingeschlossen wird, (s. Abb. 19.19). Es möge die differentielle Ladung

$$\mathrm{d}Q = \sigma\,\mathrm{d}A \tag{19.36a}$$

einschließen. Wir nennen

$$\sigma = \frac{\mathrm{d}Q}{\mathrm{d}A}, \qquad [\sigma] = \frac{\mathrm{As}}{\mathrm{m}^2} \tag{19.36b}$$

die Oberflächenladungsdichte. Der elektrische Kraftfluß aus $\mathrm{d}\tau$ heraus gibt nach (19.27) die differentielle eingeschlossene Ladung $\mathrm{d}Q/\varepsilon\varepsilon_0$ wieder; er beschränkt sich auf die Außenfläche, weil im Innern die Feldstärke verschwindet. Es gilt also mit $\boldsymbol{E} \upuparrows \mathrm{d}\boldsymbol{A}$

$$\mathrm{d}\Phi = (\boldsymbol{E}\cdot\mathrm{d}\boldsymbol{A}) = E\,\mathrm{d}A = \frac{\mathrm{d}Q}{\varepsilon\varepsilon_0}\,. \tag{19.37}$$

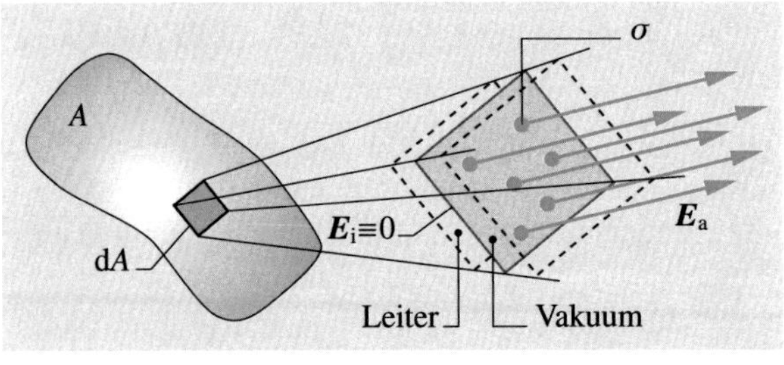

Abb. 19.19. Oberflächenladungsdichte σ auf der Grenzfläche A zwischen Leiter und Vakuum mit den Feldstärken $E_\mathrm{i} \equiv 0$ und $E_\mathrm{a} = \sigma/\varepsilon\varepsilon_0$. Zur Berechnung von E_a schließen wir $\mathrm{d}Q = \sigma\mathrm{d}A$ mit 2 benachbarten Flächenstücken (gestrichelt im vergrößerten Ausschnitt) ein und benutzen den Gaußschen Satz

> Durch Vergleich mit (19.36) erhalten wir zwischen der **Oberflächenladungsdichte** auf einem Leiter und der nach außen ins Vakuum gerichteten **elektrischen Feldstärke** die einfache Beziehung
>
> $$\sigma = \varepsilon\varepsilon_0 E\,. \tag{19.38}$$

Es bleibt noch die Frage offen, wie σ und E bei gegebenem Leiterpotential φ von der Geometrie des Leiters abhängen. Hierzu können wir wenigstens qualitativ zeigen, daß sie umso größer sind, je stärker die Leiteroberfläche *gekrümmt* ist. Das zeigt sich am Beispiel einer leitenden Kugel vom Radius R, die sich auf dem Potential φ befindet. Ihre Ladung

$$Q = 4\pi R^2 \sigma \tag{19.39}$$

ist gleichmäßig auf die Oberfläche verteilt. Ihr Zusammenhang mit φ ist durch (19.32) gegeben

$$\varphi = \varphi(R) = \frac{Q}{4\pi \varepsilon \varepsilon_0 R} .$$

Durch Vergleich mit (19.39) und (19.38) erhalten wir für die elektrische Feldstärke bzw. die Oberflächenladungsdichte in Abhängigkeit von Potential und Krümmungsradius der Kugel die Gleichung

$$E = \frac{\sigma}{\varepsilon \varepsilon_0} = \frac{\varphi}{R} . \tag{19.40}$$

Je kleiner der Krümmungsradius ist, je größer sind elektrische Feldstärke und Oberflächenladungsdichte.

Das gleiche gilt für eine leitende Spitze auf einer leitenden Ebene; Abb. 19.20 zeigt qualitativ das zugehörige Äquipotentialflächenbild im Schnitt. Sie drängeln sich an der Spitze zusammen; entsprechend wächst dort die Feldstärke. Es leuchtet auch rein geometrisch ein, daß der Gradient einer Funktion umso größer ist, je stärker deren Äquipotentialflächen gekrümmt sind. Abbildung 19.20 zeigt in der gegenüberliegenden Leiterplatte zusätzlich die *influenzierte*, gegenpolige Oberflächenladung, auf die wir in Abschn. 19.8 zurückkommen werden.

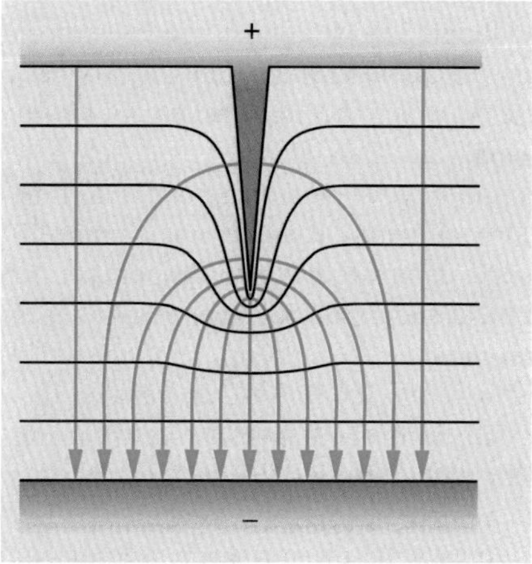

Abb. 19.20.
Qualitative Skizze des Querschnitts durch Äquipotentialflächen (*schwarz*) in der Umgebung einer leitenden Spitze zwischen zwei leitenden Platten mit Potentialunterschied φ. Die zugehörigen Feldlinien (*blau*) verbinden positive und negative Oberflächenladungen

Feldemission, Tunneleffekt

An sehr scharfen Spitzen kann bei entsprechend hoher Spannung die Feldstärke so hoch werden, daß Elektronen spontan aus der Leiteroberfläche ins Vakuum oder die angrenzende Luft austreten (**Feldemission**) und einen Strom, bzw. eine Gasentladung (**Spitzenentladung**) hervorrufen. Das Phänomen ist im Rahmen

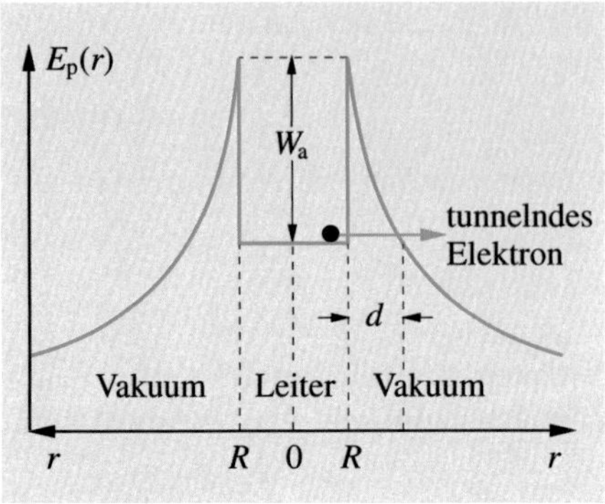

Abb. 19.21. Feldemission durch Tunneleffekt. Gezeigt ist die potentielle Energie von Elektronen innerhalb ($r < R$) und außerhalb ($r > R$) einer stark negativ aufgeladenen Leiterspitze mit Radius R. Beim Austritt ins Vakuum müßte klassisch die Austrittsarbeit von der Größenordnung $1\,\text{eV} \lesssim W_a \lesssim 5\,\text{eV}$ aufgebracht werden, die den Leitungselektronen als thermische, kinetische Energie jedoch bei niedrigen Temperaturen nicht zur Verfügung steht. Quantenmechanisch kann die Schwelle bei geeignet hoher Feldstärke $E \approx W_a/ed \gtrsim 10^9\,\text{V/cm}$ durchtunnelt werden

! der klassischen Physik nicht erklärlich, da die Leitungselektronen im Leiter in einer Art Potentialtopf gebunden sind, der einige eV tief ist und an der Leiteroberfläche eine sehr steile Schwelle bildet (s. Abb. 19.21). Sei nun die Spitze stark negativ aufgeladen, so erreicht zwar die potentielle Energie der Elektronen aufgrund des scharfen Abfalls außerhalb der Spitze schon dicht vor der Leiteroberfläche tiefere Werte als im Potentialtopf; jedoch können die Elektronen klassisch gesehen nach wie vor nicht über die Randschwelle hinweg, sondern bleiben im Potentialtopf gefangen wie Wasser in einem hochgelegenen Kratersee. Die Quantenmechanik erlaubt aber sehr wohl das Durchdringen der Schwelle aufgrund der **Heisenbergschen Unschärferelation** oder präziser gesagt, aufgrund der **Wellennatur der Teilchenbewegung**. Danach wird die Welle eines Teilchens an einer Potentialschwelle, die höher ist als seine darauf gerichtete Komponente der kinetischen Energie, total reflektiert. Das ist nicht anders als bei einer gwöhnlichen Welle, die aus einem dichteren Medium mit entsprechend hohem Einfallswinkel auf die Grenzfläche zu einem dünneren trifft (s. Abschn. 12.3). Der Versuch 12.4 in der Wellenwanne hat uns aber gezeigt, daß auch oberhalb des Grenzwinkels der **Totalreflexion** das dünnere Medium sehr wohl von der Welle durchdrungen werden kann, wenn es sich auf eine geringe Schichtdicke $d \lesssim \lambda$ beschränkt. Der Grund liegt in der exponentiell abklingenden **Grenzwelle**, die auch in den verbotenen Bereich bis zu einer Schichtdicke von der Größenordnung der Wellenlänge eindringt. Da dieses Phänomen allen Wellen, unabhängig von ihrer Natur, gemeinsam ist, tritt es auch bei quantenmechanischen Teilchenwellen auf. Auch hier nimmt die Wahrscheinlichkeit, die Schwelle zu durchdringen, exponentiell mit dem Produkt aus deren Höhe und Breite ab. Die Höhe ist hier durch die Tiefe des Potentialtopfs (eine Materialkonstante des Leiters) vorgegeben; die Breite verringert sich proportional zur äußeren elektrischen Feldstärke und dem Krümmungsradius der Spitze. Die hier gegebene Erklärung der Feldemission wird sinngemäß **Tunneleffekt** genannt, weil die Potentialschwelle von den Teilchen sozusagen durchtunnelt wird. Zur Feldemission seien folgende Demonstrationsversuche beschrieben:

VERSUCH 19.6

Rückstoß durch Spitzenentladung. Ein S-förmiger Leiter sei in seinem Schwerpunkt drehbar gelagert, und seine beiden Enden seien zu scharfen Spitzen ausgezogen (s. Abb. 19.22). Bei hoher negativer Aufladung setzt die Feldemission ein, und der Leiter beginnt sich entgegen der Spitzenrichtung zu drehen. Es liegt nahe, hierfür den Rückstoß der feldemittierten Elektronen verantwortlich zu machen. Was an dieser Erklärung allerdings stutzig macht, ist die Tatsache, daß der Versuch auch mit positiver Aufladung der Spitzen funktioniert. In diesem Fall werden umgekehrt Luftmoleküle im starken Feld der Leiterspitze durch Tunneleffekt ionisiert und anschließend von der Spitze wegbeschleunigt. Aufgrund ihrer sehr viel größeren Masse ist bei gegebener Potentialdifferenz auch ihr Rückstoßimpuls sehr viel größer als bei den sehr viel leichteren Elektronen. De facto wird auch bei negativer Polung das feldemittierte Elektron sofort von einem Luftmolekül eingefangen und dieses als negatives Ion wegbeschleunigt.

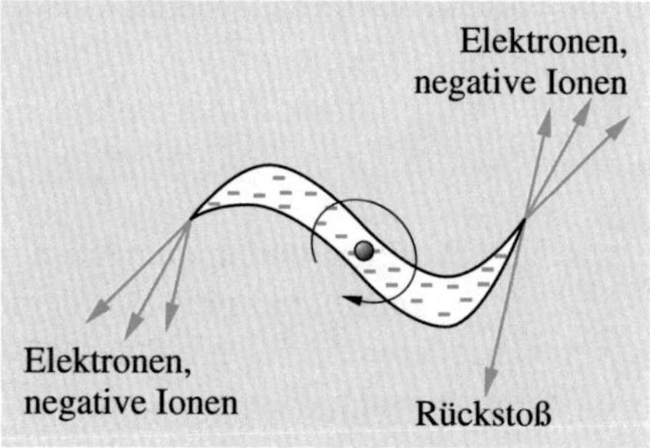

Abb. 19.22. S-förmiger, drehbar gelagerter Leiter rotiert unter negativer Hochspannung infolge des Rückstoßes der an den Spitzen durch Feldemission bzw. Feldionisation entstandenen Ladungsträger

VERSUCH 19.7

Müllersches Feldelektronenmikroskop. Aus einer negativ aufgeladenen Wolframspitze mit dem Radius $r \approx 100\,\text{Å}$ treten Feldelektronen aus und folgen den radialen Feldlinien durch den evakuierten Zwischenraum zum Leuchtschirm mit Radius $R \approx 10\,\text{cm}$ (s. Abb. 19.23). Dabei bilden sie die Spitze im Vergrößerungsmaßstab

$$V = \frac{R}{r} \approx 10^7$$

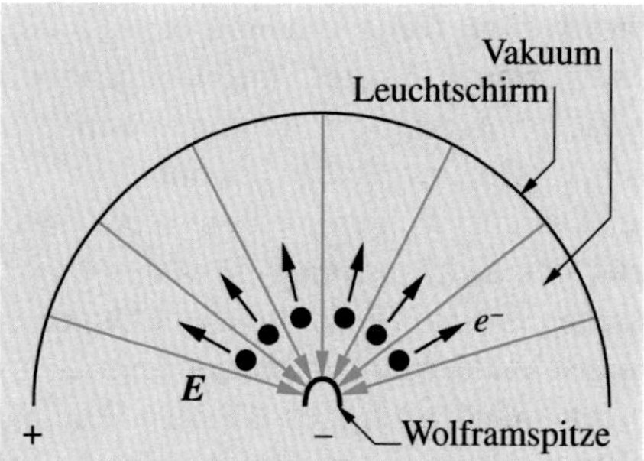

Abb. 19.23. Prinzip des Müllerschen Feldelektronenmikroskops

ab. Wir erkennen regelmäßige Muster, die dadurch entstehen, daß die Ebenen des Kristallgitters mit der Kugeloberfläche geschnitten werden. Der Kontrast auf dem Leuchtschirm entsteht dadurch, daß die Feldemissionswahrscheinlichkeit am Ort der Gitteratome verschieden ist von der in den Zwischenräumen.

Das Gerät funktioniert auch mit umgekehrter Polarität als Feldionenmikroskop, wobei Restgasatome an der Oberfläche der Spitze feldionisiert werden und dann zum Schirm fliegen. Das ergibt eine bessere Auflösung, weil die de Broglie-Wellenlänge für die schweren Ionen sehr viel kleiner ist als die der Elektronen. Letztere ist nämlich im Bereich der Spitze von der Größenordnung der Atomdurchmesser und behindert daher die Auflösung im atomaren Maßstab. Mit diesem verblüffend einfachen Instrument gelang es schon in den dreißiger Jahren, erstmals Mikroskopie in atomaren Dimensionen zu treiben und z. B. adsorbierte, einzelne Moleküle auf Oberflächen anhand der veränderten Feldemissionswahrscheinlichkeit zu erkennen.

In den achtziger Jahren wurde von *Binning* und *Roscher* eine inzwischen mit dem Nobelpreis ausgezeichnete Variante dieses Prinzips, das Rastertunnelmikroskop, entwickelt, das wesentlich vielseitiger ist und heute zur Standardausrüstung in der Oberflächenphysik gehört. Hierbei führt man eine Spitze mit piezoelektrisch bewegten Stellelementen ganz dicht an die zu untersuchende Oberfläche heran und mißt den Tunnelstrom in Abhängigkeit von der Verschiebung auf der Oberfläche. Auch hierbei kann man die Oberfläche im atomaren Maßstab im Rasterverfahren abtasten und erkennt Gitterdefekte, Stufen, adsorbierte Moleküle, etc. an der Oberfläche.

Faradayscher Käfig

Wir hatten oben festgestellt, daß sich elektrische Feldlinien und Ladungen an *konvexen* Krümmungen und Spitzen von Leitern *zusammendrängen* aus dem einfachen Grunde, weil die Geometrie dort einen schnelleren Abfall des Potentials erzwingt. Aus dem umgekehrten Grund werden Feldlinien und Ladungen aus *konkav* gekrümmten Leiteroberflächen *verdrängt*.

> Im Fall einer geschlossenen inneren Leiteroberfläche kann in dem eingeschlossenen Volumen kein elektrostatisches Feld existieren, falls der Innenraum selbst ungeladen ist.

Denn eine von der inneren Metalloberfläche startende Feldlinie müßte in einer eingeschlossenen Ladung münden entgegen der expliziten Voraussetzung (s. Abb. 19.24a). Diese Überlegung gilt unabhängig davon, ob die Außenhaut des Leiters irgendwelchen elektrischen Feldern von äußeren Ladungen ausgesetzt ist oder gar selbst resultierende Ladung trägt. Der Innenraum bleibt davon auf jeden Fall isoliert. Eine solche, leitende Umhüllung wird **Faradayscher Käfig** genannt; er wird bei empfindlichen elektrischen Messungen zur Abschirmung äußerer Störfelder genutzt. Aus diesem Grunde braucht z. B. ein Autoradio eine *äußere* Antenne, weil die geschlossene, leitende Karosserie die einfallenden Radiowellen abschirmt.

In der Praxis genügt zur Abschirmung elektrischer Felder auch ein mehr oder weniger feinmaschiges Netz. Der **Durchgriff des elektrischen Feldes** durch ein solches Netz ist im Abstand von einigen Maschenweiten vollständig abgeklungen.

! Hat die metallische Hülle ein Loch (**Faradayscher Becher**), so können Feldlinien dadurch eindringen und auf inneren Ladungen münden (s. Abb. 19.24b). Dieser **Felddurchgriff** wird sich aber im wesentlichen auf Bereiche in der Umgebung des

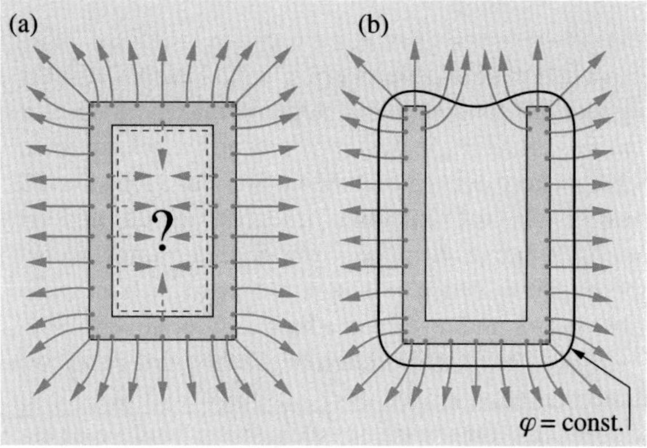

Abb. 19.24. (**a**) Geschlossener, geladener Hohlleiter als Faradayscher Käfig. Wäre der Innenraum nicht feldfrei, so müßte der resultierende Fluß dort in eine eingeschlossene Ladung münden entgegen der Voraussetzung. (**b**) Teilweiser Durchgriff des $\boldsymbol{E}$-Feldes eines geladenen Faradayschen Bechers in dessen konkave Öffnung; die Äquipotentialflächen sind dort eingedellt

Lochs beschränken; denn die inneren Oberflächenladungen streben auch nach außen, um auf diese Weise die Feldlinien zu *verkürzen*. Genau das ist die Tendenz der Coulomb-Kraft.

VERSUCH 19.8

Faraday-Becher. Wir setzen einen Faraday-Becher auf ein Elektrometer (s. Abb. 19.25) und führen ihm mit einem elektrostatischen Löffel (einer isolierten Metallkugel) Ladungen zu. Berühren wir damit den Außenmantel des Bechers, so fließt Ladung auf ihn über, bis beide gleiches Potential haben. Da der Löffel Teil der gemeinsamen Oberfläche des Leiters ist, bleibt restliche Oberflächenladung auf ihm, wenn man ihn vom Becher wieder trennt. Entlädt man den Löffel aber im *Innern* des Bechers, so fließt *alle* Ladung auf die *äußere* Oberfläche des Bechers ab. Man kann so dem Becher Löffel für Löffel beliebig viel Ladung zuführen, so daß die Elektrometerspannung proportional zur Anzahl der Löffelgaben wächst.

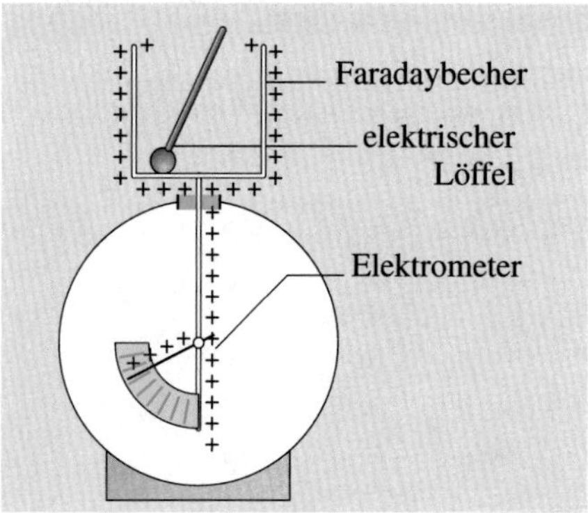

Abb. 19.25. Aufladen eines Elektrometers mittels Faraday-Becher und elektrostatischem Löffel

19.8 Influenz

Wir hatten im Vorstehenden gesehen, daß eine Leiteroberfläche im elektrostatischen Gleichgewicht zwar eine Äquipotentialfläche ist, die Belegung mit Oberflächenladungen allerdings von der *Geometrie* abhängt; sie ist stärker an konvex gekrümmten, exponierten Stellen und schwächer an konkaven, geschützten. So ist es auch klar, daß bei gegenüber stehenden Leitern die Oberflächenladung des einen, die des anderen beeinflußt. Dieses Phänomen heißt Influenz. Bringen wir z. B. einen ungeladenen Leiter in die Umgebung einer positiv geladenen Kugel, so wird sich negative Oberflächenladung auf der zugewandten und positive Ladung auf der abgewandten Seite des Leiters ansammeln (s. Abb. 19.26). Die Leiteroberfläche wird dabei von *genau einer* **Äquipotentialfläche** berührt, die sich dort aufspaltet und den Leiter als **Äquipotentialgebiet** einschließt. Im Innern ist das elektrische Feld verdrängt worden.

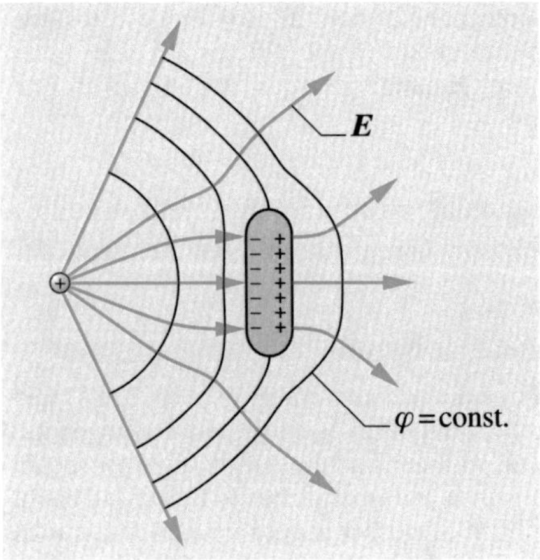

Abb. 19.26. Influenzierte Ladung, sowie ungefährer Verlauf von Feld und Potential bei einem ungeladenen Leiter im ***E***-Feld einer positiven Punktladung

Hierzu folgende Versuche:

VERSUCH 19.9

Ladungstrennung im elektrischen Feld. Wir bringen zwei aufeinander gelegte Leiterplatten in das elektrische Feld zwischen zwei ungleichnamig aufgeladene Platten (Kondensatorfeld).

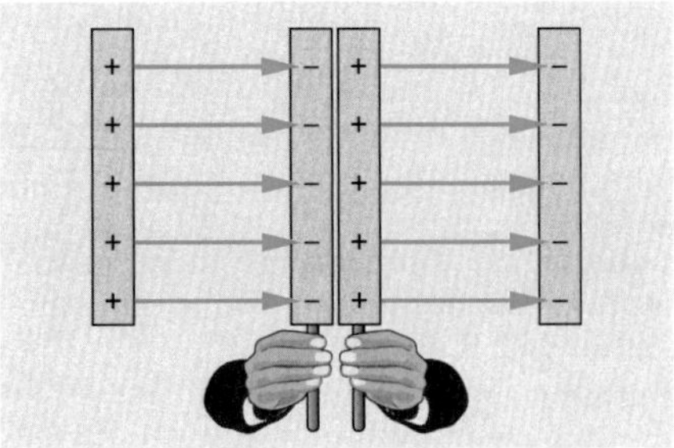

Abb. 19.27. Ladungstrennung im Kondensatorfeld durch Influenz

Auf ihren nach außen gewandten Oberflächen werden hierdurch entgegengesetzt geladene Oberflächenladungen influenziert. Trennen wir die Platten innnerhalb des Kondensatorfelds (s. Abb. 19.27) und führen eine der Platten zu einem Elektrometer, so zeigt es Ladung an. Führen wir jetzt auch noch die zweite Platte zum Elektrometer, so wird die Ladung wieder gelöscht; sie waren entgegengesetzt gleich! Auf diesem Prinzip der Ladungstrennung durch Influenz beruhten die alten Influenzmaschinen und letztlich auch die modernen elektrostatischen Hochspannungsgeneratoren, wie der schon erwähnte Van-de Graaff-Generator (s. Abb. 19.4).

VERSUCH 19.10

Influenz auf dem Elektrometer. Wir können auch auf dem Elektrometer selbst Ladungen influenzieren, indem wir z. B. eine positiv geladene Kugel in die Nähe des Elektrometerkopfes bringen (s. Abb. 19.28), es aber nicht berühren, so daß keine Ladung auf es abfließt. Dennoch zeigt es einen Ausschlag durch Ladungstrennung zwischen Kopf und Anzeigebereich. Letzterer ist nämlich jetzt positiv geladen. Entfernen wir die Kugel wieder, so geht auch der Ausschlag zurück. Im Elektrometer ist durch die äußere Ladung also ein Dipol influenziert worden.

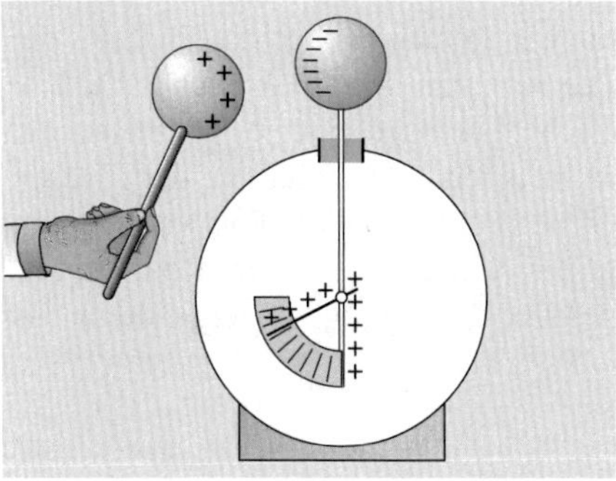

Abb. 19.28. Nachweis der Influenz auf einem Elektrometer

Spiegelladung

Befindet sich eine einzelne Punktladung im Abstand d vor einer ebenen Leiterplatte, so influenziert sie an deren Oberfläche in summa eine gleich große Gegenladung, weil alle Feldlinien, die von ihr ausgehen schließlich auf der Leiterplatte münden, wenn diese nur groß genug im Verhältnis zu d ist. Aber wie sind diese Ladungen verteilt? Diese Frage beantwortet sich aus der Forderung, daß alle Feldlinien senkrecht auf die Leiterebene auftreffen müssen. Das entspricht aber genau derjenigen Feldkonfiguration, die entsteht, wenn man statt der Leiterebene eine entgegengesetzte Punktladung $-Q$ ins Spiegelbild von Q setzen würde (s. Abb. 19.29). Dabei entstünde nämlich das Dipolfeld der Abb. 19.14, das in der Mittelebene eine Äquipotentialfläche mit $\varphi = 0$ aufweist, genau wie die leitende Ebene. Man spricht daher von **Spiegel-** oder **Bildladung**. Aus dieser Überlegung folgt auch, daß sich Ladung und Leiterplatte anziehen müssen und zwar exakt mit der Coulomb-Kraft (19.8) zweier Ladungen $\pm Q$ im Abstand $2d$. Bildladungen und **Bildladungskräfte** spielen eine bedeutende Rolle in der Oberflächenphysik bei Wechselwirkung von Ionen und Elektronen mit leitenden Oberflächen.

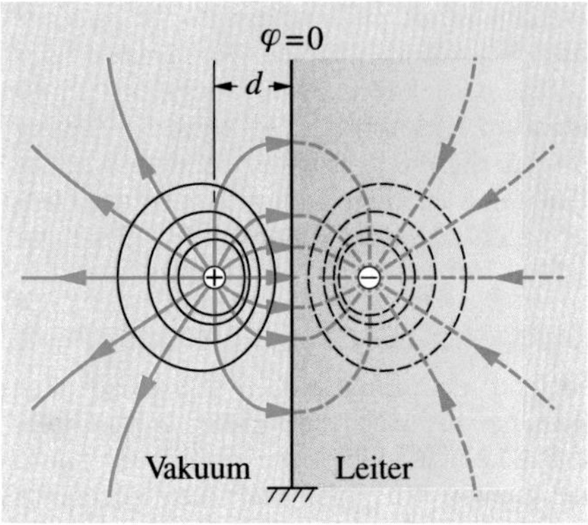

Abb. 19.29. Ungefährer Verlauf des durch Spiegelladung erzeugten Dipolfeldes und Potentials einer Punktladung vor einer Leiterebene (vgl. Abb. 19.14)

Feldverdrängung durch Influenz

Bei Oberflächenladungen auf Leitern haben wir immer beobachtet, daß sie die Tendenz haben, die elektrischen Feldlinien zu *verkürzen* und elektrisches Feld zu *verdrängen*. Andererseits nimmt die Oberflächenladung diejenige Verteilung an, die die elektrostatische Energie zum Minimum macht. Das folgt aus dem Wesen jeder potentiellen Energie, wie wir in Kap. 4 besprochen haben. Feldverdrängung und Potentialminimierung sind also miteinander verknüpft, eine Tatsache, die uns besser einleuchten wird, wenn wir in Abschn. 19.10 die Coulomb-Energie durch das elektrische Feld selbst ausdrücken werden.

!

19.9 Kapazität eines Leiters, Kondensator

Vorbemerkung: In diesem und den beiden folgenden Abschnitten 19.10, 19.11 setzen wir *grundsätzlich* voraus, daß sich die betrachteten Leiter oder freien Ladungen im *Vakuum* befinden, also einer Umgebung mit $\varepsilon = 1$ (in unseren Experimenten de facto Luft, vgl. die Diskussion des Coulombgesetzes 19.8). Wir tun dies aus dem Grunde, weil wir hier u. a. die physikalischen Grundlagen legen, mit deren Hilfe wir in Abschn. 19.12 die Effekte einer dielektrischen Umgebung demonstrieren und verstehen wollen.

Wir interessieren uns jetzt dafür, *wieviel* Ladung bei gegebenem Potential tatsächlich auf einem Leiter sitzt. Das hängt zum einen von seinen Dimensionen und seiner speziellen Geometrie, zum anderen aber auch von seiner Umgebung ab. Sind z. B. andere Leiter in der Nähe, so spielt **Influenz** eine wichtige Rolle, wie wir oben gesehen haben.

In jedem Fall wird aber das Potential eines Leiters $\varphi(Q)$ streng proportional zu der darauf befindlichen Ladungsmenge Q wachsen. Wir definieren daher die **Kapazität eines Leiters** als den Quotienten aus der gespeicherten Ladung Q und der durch sie hervorgerufenen Potentialdifferenz

$$C = \frac{Q}{\varphi(Q) - \varphi(Q=0)} = \frac{Q}{U} = \frac{\mathrm{d}Q}{\mathrm{d}U} = \text{const}\,. \tag{19.41}$$

Die Potentialdifferenz messen wir in der Regel als die Spannung U des Leiters gegenüber seiner Umgebung, z. B. der Erde. Die hier getroffene Definition der Kapazität eliminiert zweckmäßigerweise den im Prinzip willkürlichen Absolutwert des Potentials des Leiters. Die SI-Einheit der Kapazität

$$[C] = \left[\frac{Q}{U}\right] = \frac{\mathrm{As}}{\mathrm{V}} = \text{Farad (F)} \tag{19.42}$$

trägt den Namen Farad, nach dem englischen Physiker und Chemiker *Faraday*, der im 19. Jahrhundert entscheidend zur Entwicklung des Elektromagnetismus und der Elektrochemie beigetragen hat.

Als einfachstes Beispiel berechnen wir die **Kapazität einer leitenden Kugel**. Sie befinde sich wie gesagt im *Vakuum* und es seien keine weiteren Leiter in der Nähe, so daß ihr Coulomb-Feld ungestört ist. Hat sie den Radius R und trägt die Ladung Q, so ist ihr Potential gegenüber dem Unendlichen nach (19.32)

$$\varphi(R, Q) = \frac{Q}{4\pi\varepsilon_0 R}\,.$$

Somit folgt für ihre Kapazität im Vakuum

$$C = 4\pi\varepsilon_0 R = \frac{110\,\mathrm{pF}}{\mathrm{m}} R\,. \tag{19.43}$$

Sie ist streng proportional zum Radius. Mit nur rund 100 pF/m ist ihr Wert überraschend klein! Die Kapazität der Erdkugel ist demnach nur ein knappes mF. Würde man nur 1 mol eine Stoffes (einfach) ionisieren und die zugehörigen $6 \cdot 10^{23}$ Elektronen von der Erde wegschaffen, so würde sich diese auf mehr als 100 Millionen Volt aufladen, eine ungeheuerliche Spannung! Wir erkennen jetzt also, daß wir bei allen unseren elektrostatischen Versuchen mit äußerst *kleinen* Ladungsmengen experimentiert haben. Der elektrostatische Löffel mit einem Radius von ca. 1 cm transportiert bei einer Spannung von 10^5 V gerade einmal 10^{-7} As. Damit läßt sich im elektrotechnischen Bereich wahrlich kein Staat machen. Diese geringen Ladungsmengen erklären auch die Schwierigkeit quantitativer elektrostatischer Versuche, weil sie bei mangelhafter Isolation sofort abfließen. So belegen sich z. B. bei feuchter Luft die Oberflächen von Isolatoren mit einer Wasserhaut und werden schwach leitend; es entstehen Kriechströme, wobei restliche, isolierende Barrieren durch kleine Funken (Sprühentladungen) überbrückt werden; denn auch die Spannungsfestigkeit der Luft (bei trockener Luft ca. 1000 V/mm) geht bei Feuchtigkeit stark zurück. Bei Nebel hört man diese Sprühentladungen unter Hochspannungsmasten sehr deutlich.

Kondensator

Eine gewaltige Steigerung der Kapazität eines Leiters kann man mit Hilfe der **Influenz** erreichen, indem man in kurzem Abstand d eine zweite Leiterfläche gegenüberstellt und sie z. B. mit dem Erdpotential verbindet; Abb. 19.30 zeigt eine solche Anordnung in Form des ebenen **Plattenkondensators**.

Das Wort Kondensator deutet schon darauf hin, daß darin Ladung kondensiert, sich also zusammendrängt. Wie kommt das zustande? Die Influenz sorgt dafür, daß bei z. B. positiver Aufladung der einen Platte mit der Ladungsmenge $+Q$ sich auf der erdverbundenen Gegenplatte eine dem Betrage nach gleich große, entgegengesetzte Ladung $-Q$ ansammelt. Beide suchen ihren kürzesten Abstand und bilden folglich eine Oberflächenladung auf den Innenseiten der Leiterplatten. Dort suchen die *gleichnamigen* Ladungen auf der *jeweiligen* Platte aber auch die größtmöglichste mittlere Entfernung *untereinander*, was bei konstantem Plattenabstand d zu einer *gleichmäßigen* Verteilung auf den Innenseiten führt. Mit der Beziehung (19.38) zwischen Ladungsdichte und Feldstärke an einer ans Vakuum grenzenden Leiteroberfläche gilt also über die gesamte Innenfläche A des ebenen Plattenkondensators

$$\sigma = \varepsilon_0 E = \frac{Q}{A} = \text{const}\,. \tag{19.44}$$

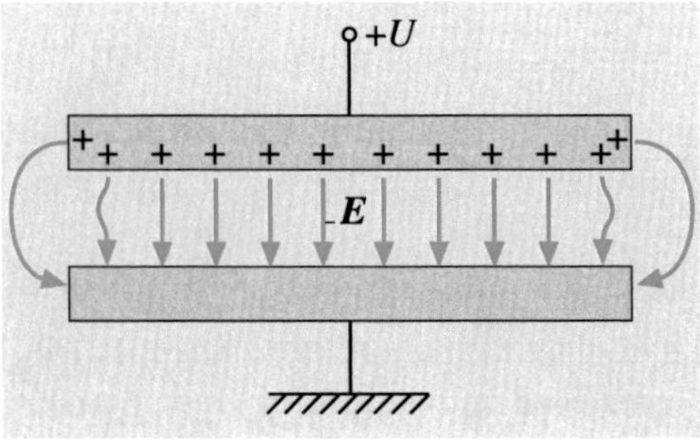

Abb. 19.30. Querschnitt durch Ladungs- und Feldverteilung eines Plattenkondensators (Randfeld qualitativ)

Die Konstanz des $\boldsymbol{E}$-Feldes hätten wir natürlich auch aus der Symmetrie der sich als Äquipotentialflächen gegenüberliegenden Leiterflächen schließen können. Sind sie eben und parallel, wie vorausgesetzt, so ist das $\boldsymbol{E}$-Feld als Gradient nach (19.19) zwischen beiden konstant und bei gegebener Potentialdifferenz U dem Betrage nach gleich

$$E = \frac{U}{d}\,. \tag{19.45}$$

Durch Vergleich mit (19.44) gewinnen wir für die Kapazität des Plattenkondensators im Vakuum

$$C = \frac{Q}{U} = \varepsilon_0 \frac{A}{d}\,. \tag{19.46}$$

Bei gegebener Plattenfläche A kann man vor allem durch Verkleinerung ihres Abstands d an Kapazität gewinnen; denn dadurch erhört sich bei vorgegebener Spannung U die Feldstärke und damit auch die Oberflächenladungsdichte. Wir prüfen (19.46) im Versuch.

VERSUCH 19.11

Kapazität des Plattenkondensators. Wir laden einen Kondensator mit variablem Plattenabstand d auf unterschiedliche Spannungen U auf und prüfen zunächst bei festem d die Proportionalität

$$Q \propto U\,,$$

indem wir Q durch Entladung über ein Stromstoßgalvanometer (s. Abschn. 21.4) messen (s. Abb. 19.31). Schaltfolge: S_1 und S_2 schließen und U messen, dann S_1 und S_2 öffnen, S_3 schließen und Q messen. Mit der gleichen Schaltfolge prüfen wir die Beziehung

$$Q \propto \frac{1}{d}$$

als Funktion von d bei festem U. Schließlich prüfen wir bei festem Q das Anwachsen der Spannung beim Auseinanderziehen der Platten. Dabei muß S_2 nach Ein- und Ausschalten von S_1 geschlossen bleiben. Folglich addiert sich die beträchtliche Kapazität C_V des Voltmeters zu der des Plattenkondensators und zieht daher bei großem d viel Ladung auf sich. Deswegen wächst U nur für kleine Abstände proportional zu d und geht für große in einen konstanten, durch C_V bestimmten Wert über, gemäß der korrekten Formel

$$U = \frac{Qd}{\varepsilon_0 A + C_V d}\,.$$

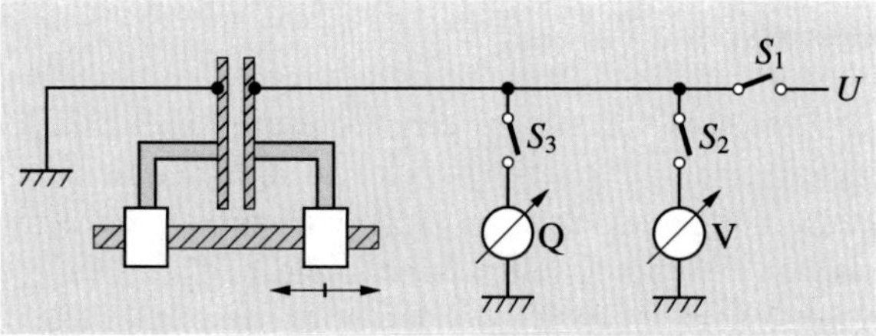

Abb. 19.31. Aufbau zur Prüfung der Kondensatorgleichung (19.46). Das Instrument Q ist ein ladungsempfindliches Stromstoßgalvanometer, V ein elektrostatisches Voltmeter. Betätigung der Schalter S_1, S_2, S_3 wie im Text beschrieben

In Wahrheit ist die Kapazität des Plattenkondensators etwas größer als nach (19.46) berechnet. Wir haben nämlich die Ladungen an den Rändern und Rückseiten der Platten vernachlässigt. Sie sind für das nach außen dringende *Streufeld* des Plattenkondensators verantwortlich (s. Abb. 19.30). Bei großem Verhältnis von Durchmesser und Abstand der Platte, ist die Näherung aber sehr gut erfüllt.

Kondensatorschaltungen

Schließen wir zwei getrennte Kondensatoren parallel an die gleiche Spannungsquelle an (s. Abb. 19.32a), so addieren sich ihre Kapazitäten C_1 und C_2 definitionsgemäß nach (19.41) zur resultierenden Kapazität

$$C = C_1 + C_2\,. \tag{19.47}$$

Schließen wir sie jedoch in Serie an die Spannungsquelle an (s. Abb. 19.32b), so teilt sich die Gesamtspannung im umgekehrten Verhältnis der Kapazitäten auf beide auf

$$U = U_1 + U_2\,;$$

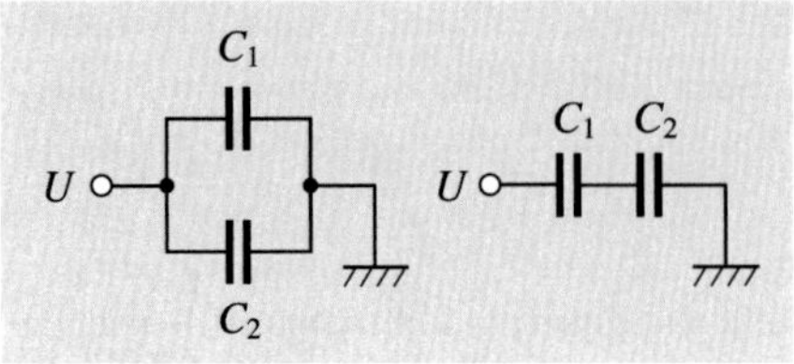

Abb. 19.32. (**a**) Parallel- und (**b**) Reihenschaltung zweier Kondensatoren

denn beide Kondensatoren müssen nun die gleiche Ladung Q tragen (man beachte, daß die Ladung auf den beiden mittleren, von der Außenwelt isolierten Platten nur auf Ladungstrennung, also auf Influenz beruht.) Somit folgt für den Kehrwert der resultierenden Kapazität

$$\frac{U}{Q} = \frac{U_1}{Q} + \frac{U_2}{Q} = \frac{1}{C_1} + \frac{1}{C_2} = \frac{1}{C}\,. \tag{19.48}$$

Er ist gleich der Summe der Kehrwerte der Einzelkapazitäten. Sei z. B. $C_1 = C_2$, so verdoppelt sich die Kapazität im ersteren und halbiert sich im letzteren Fall.

19.10 Energiedichte des elektrischen Feldes

Die Gleichungen des Plattenkondensators (19.44–46) geben uns die Möglichkeit, den schon oben vermuteten Zusammenhang zwischen der elektrostatischen Energie einer Ladungskonfiguration, die ganz allgemein durch (19.13) gegeben war, und dem von ihr hervorgerufenen elektrischen Feld herzustellen. In unserem Beispiel geht es also um die Ladungen $\pm Q$ auf den Innenflächen des Kondensators, die sich mit den Kräften

$$\boldsymbol{F}^+ = (+Q)\boldsymbol{E}^- = -\boldsymbol{F}^- = (-Q)\boldsymbol{E}^+$$

gegenseitig anziehen. Die Feldstärken $\boldsymbol{E}^+$, $\boldsymbol{E}^-$ sind diejenigen, die *allein* von der positiven, bzw. von der negativen Ladung ausgehen und die *jeweils andere* anziehen. Ihre Summe muß gleich der resultierenden Feldstärke im Innenraum (19.44) sein

$$|\boldsymbol{E}^+ + \boldsymbol{E}^-| = E = \frac{Q}{\varepsilon_0 A}\,.$$

Da beide zu gleichen Teilen dazu beitragen, gilt

$$|\boldsymbol{E}^+| = |\boldsymbol{E}^-| = \frac{Q}{2\varepsilon_0 A} \quad \curvearrowright \quad |\boldsymbol{F}^+| = \frac{Q^2}{2\varepsilon_0 A}\,. \tag{19.49}$$

Abbildung 19.33 veranschaulicht diesen Sachverhalt. Laut (19.49) ist die Anziehungskraft der Kondensatorplatten unabhängig von deren Abstand; das gilt jedenfalls für relativ kleinen Plattenabstand im Vergleich zum Durchmesser, so daß das Feld im wesentlichen auf den Innenraum beschränkt bleibt und nicht nach außen quillt. Fahren die Platten unter dem Einfluß dieser Coulomb-Kraft vom Abstand d auf Null zusammen, so leisten sie dabei die Arbeit

$$W_{d\to 0} = |\boldsymbol{F}^+|d = \frac{Q^2 d}{2\varepsilon_0 A} = E_\mathrm{p}(d) - E_\mathrm{p}(0)\,. \tag{19.50}$$

Sie ist gleich dem Verlust ihrer potentiellen Energie. Den Nullpunkt dieser Coulomb-Energie setzen wir zweckmäßigerweise beim Abstand Null fest, wo die beiden Ladungen sich kompensiert und das elektrische Feld aufgezehrt haben. Im letzten Schritt ersetzen wir in (19.50) die Ladung wieder durch das $\boldsymbol{E}$-Feld mit Hilfe von (19.44) und erhalten damit einen einfachen

Zusammenhang zwischen der Coulomb-Energie des Plattenkondensators und seinem Feld im Vakuum

$$E_\mathrm{p} = \frac{(\varepsilon_0 A E)^2 d}{2\varepsilon_0 A} = \frac{1}{2}\varepsilon_0 E^2 A d = \frac{1}{2}\varepsilon_0 E^2 V\,. \tag{19.51}$$

Sie ist proportional zum Quadrat der elektrischen Feldstärke und dem von ihr eingenommenen Volumen.

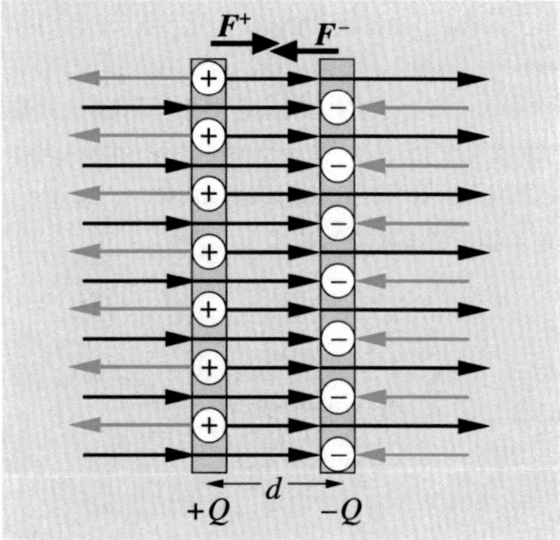

Abb. 19.33. Ebene Oberflächenladungen $+Q$, $-Q$ im Abstand d. Betrachtet man sie unabhängig voneinander, so quellen aus den positiven Ladungen nach rechts und links Feldlinien; ebenso viele münden von rechts und links in den negativen. Sie sind nach rechts schwarz und nach links blau gezeichnet. Sie addieren sich gleichsinnig im Zwischenraum zum resultierenden Feld (19.44) und annullieren sich außerhalb

Es hat sich gezeigt, daß (19.51) universelle Gültigkeit besitzt, also auch für beliebige, lokal veränderliche Felder, wenn wir sie lokal auf ein Volumenelement beziehen

$$\frac{\mathrm{d}E_\mathrm{p}}{\mathrm{d}V} = \varrho_\mathrm{E} = \frac{1}{2}\varepsilon_0 \boldsymbol{E}^2\,. \tag{19.52}$$

Somit können wir jetzt dem elektrischen Feld im Vakuum eine Energiedichte zuschreiben, die proportional zu ihrem Quadrat ist.

Diese Feldenergie wird beim Zusammenfahren der Kondensatorplatten durch Reduktion des felderfüllten Volumens schlicht aufgezehrt; das ist recht anschaulich!

Auch die Coulomb-Energie zweier Punktladungen (19.11) ließe sich im Prinzip mit (19.52) durch das *resultierende* **Dipolfeld** (s. Abb. 19.14 und Abschn. 19.11) darstellen, wenn wir über den ganzen, felderfüllten Raum integrieren würden

$$E_\mathrm{p} = \int \frac{1}{2}\varepsilon_0 E^2(\boldsymbol{r})\mathrm{d}\tau\,; \tag{19.52$'$}$$

das wäre allerdings recht umständlich. Die fundamentale Bedeutung der Beziehung (19.52) kommt auch darin zum Ausdruck, daß sie selbst dann noch richtig bleibt, wenn die Feldlinien nicht in Ladungen entspringen, sondern es sich um die schnellveränderlichen, in sich geschlossenen Feldlinien einer elektromagnetischen Welle (z. B. Licht) handelt. Wir werden ihr daher in Kap. 26 wieder begegnen, wenn es darum geht, die Intensität einer elektromagnetischen Welle zu beschreiben.

Kondensator als Energiespeicher

Wir wenden uns wieder der Kapazität zu und schreiben die potentielle Energie (19.51) mit Hilfe von (19.44) bis (19.46) als Funktion von C, Q, U um. Wir erhalten die äquivalenten Formeln

$$E_{\mathrm{p}}(C, Q, U) = \frac{1}{2}\frac{Q^2}{C} = \frac{1}{2}U^2 C = \frac{1}{2}QU\,. \tag{19.53}$$

Sie gelten in dieser Form für *jede* Kapazität, nicht nur für den Plattenkondensator. Wir zeigen dies, indem wir diesmal E_{p} nicht als Funktion eines variablen Plattenabstands bei festem Q, sondern bei festem C als Funktion von Q ausrechnen. Hierzu *entladen* wir den Kondensator über einen Widerstand (s. Abb. 19.34) und berechnen den Verlust an potentieller Energie während der Entladung. Sie wird im Widerstand als Wärme frei, was wir hier aber gar nicht explizit in die Gleichungen einbringen müssen. Es genügt festzustellen, daß durch eine differentielle Ladungsmenge $\mathrm{d}Q$ beim Entladen der Kapazität nach (19.18) die potentielle Energie

$$\mathrm{d}E_{\mathrm{p}} = U\mathrm{d}Q = \frac{Q}{C}\mathrm{d}Q \tag{19.54}$$

verloren geht. Wir können die rechte Seite von (19.54) über den gesamten Entladungsvorgang integrieren und erhalten für die Änderung von E_{p}

$$\int\limits_{Q}^{0} \frac{Q'}{C}\mathrm{d}Q' = -\frac{1}{2}\frac{Q^2}{C} = E_{\mathrm{p}}(0) - E_{\mathrm{p}}(Q)\,,$$

bzw. mit $E_{\mathrm{p}}(0) = 0$

$$E_{\mathrm{p}}(Q) = \frac{1}{2}\frac{Q^2}{C} \qquad \text{q.e.d.} \tag{19.55}$$

! Man beachte den Faktor 1/2, der durch die Integration über die *variable* Spannung bzw. Ladung (19.54) entstanden ist. Er besagt, daß die Ladung im Mittel beim halben Maximalwert der Spannung transportiert wurde, wie man auch auf der rechten Seite von (19.53) sieht. Der Faktor 1/2 ist typisch für solche quadratischen Mittelwerte.

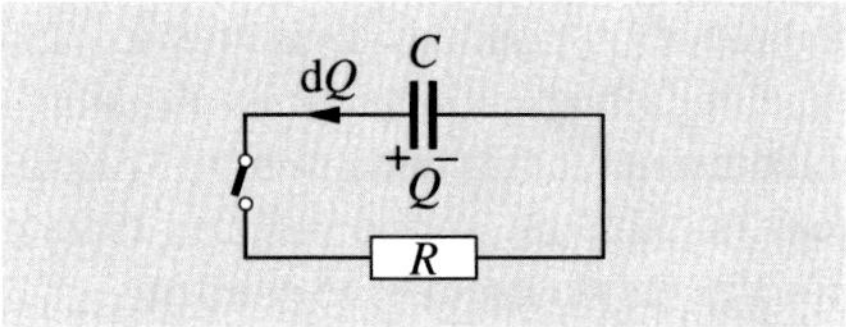

Abb. 19.34. Schaltung zum Energieverlust des Kondensators durch Entladung

19.11 Elektrischer Dipol und elektrisches Dipolmoment

Wir hatten den **idealisierten elektrischen Dipol**, bestehend aus zwei Punktladungen $+Q$ und $-Q$ im Abstand d bereits in Abschn. 19.4 kennengelernt und uns in Abb. 19.14 ein qualitatives Bild über das resultierende Feld und Potential gemacht. Wir wollen das hier vertiefen und dann vor allem das Verhalten von Dipolen in einem äußeren elektrischen Feld studieren und dabei den Begriff des **Dipolmoments** finden. Ein Blick auf Abb. 19.35 zeigt uns sofort, daß das resultierende **Dipolpotential** aus den unterschiedlichen Abständen $\boldsymbol{r}^{\pm}$ des Aufpunkts P von den Punktladungen $\pm Q$ herrührt. Es gilt also im umgebenden Vakuum

$$\varphi(\boldsymbol{r}) = \frac{1}{4\pi\varepsilon_0}\left(\frac{+Q}{\boldsymbol{r}^+} + \frac{-Q}{\boldsymbol{r}^-}\right). \qquad (19.56)$$

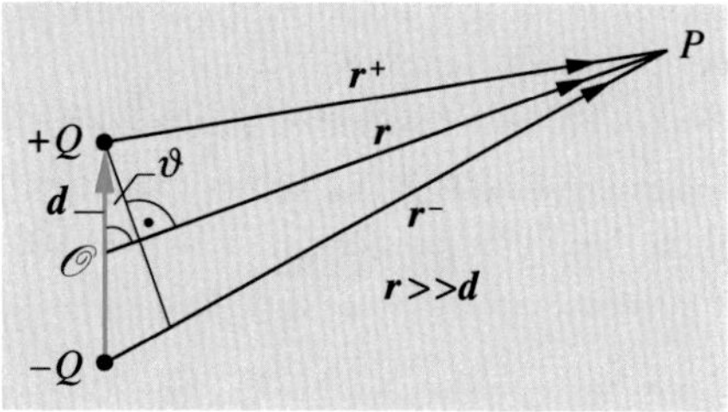

Abb. 19.35. Skizze zur Berechnung des Dipolpotentials

Wir interessieren uns im folgenden für eine Näherung von (19.56), die im großen Abstand vom Dipol ($r \gg d$) Gültigkeit gewinnt (s. Abb. 19.35). Dann sind $\boldsymbol{r}^+$ und $\boldsymbol{r}^-$ nahezu parallel, und ihr Betrag kann näherungsweise aus dem Abstand r vom Aufpunkt P zum Mittelpunkt $\mathcal{O}$ und dem Winkel ϑ zwischen $\boldsymbol{r}$ und dem Verbindungsvektor $\boldsymbol{d}$ ausgedrückt werden. Es folgt

$$\varphi(r, \vartheta) \approx \frac{Q}{4\pi\varepsilon_0}\left(\frac{1}{r - \frac{d}{2}\cos\vartheta} - \frac{1}{r + \frac{d}{2}\cos\vartheta}\right).$$

Bringen wir das auf einen Nenner und vernachlässigen d^2 gegen r^2, so sind wir bereits am Ziel:

$$\varphi(r, \vartheta) \approx \frac{Qd\cos\vartheta}{4\pi\varepsilon_0\left(r^2 - \frac{d^2}{4}\cos^2\vartheta\right)} \approx \frac{Q\left(\boldsymbol{d}\cdot\hat{\boldsymbol{r}}\right)}{4\pi\varepsilon_0 r^2} = \frac{\left(\boldsymbol{p}\cdot\hat{\boldsymbol{r}}\right)}{4\pi\varepsilon_0 r^2}. \qquad (19.57)$$

Das Potential des Dipols fällt mit dem Quadrat des Abstands ab, eine Potenz stärker als das einer einzelnen Punktladung.

(Eine einzelne Punktladung wird in dieser Nomenklatur „**Monopol**" genannt). Wir haben in (19.57) den Vektor des **elektrischen Dipolmoments** $\boldsymbol{p}$ eingeführt. Er ist für unseren idealisierten Dipol als Produkt aus dem Betrag der Ladung Q und dem Verbindungsvektor $\boldsymbol{d}$ von der negativen zur positiven Punktladung definiert

$$\boldsymbol{p} = Q\boldsymbol{d}. \qquad (19.58)$$

Wir werden den Begriff des elektrischen Dipolmoments weiter unten auf allgemeine Ladungsverteilungen ausdehnen.

Das elektrische Feld des Dipols gewinnt man durch Gradientenbildung des Potentials aus (19.57). Dabei benutzt man zweckmäßigerweise die Darstellung des **Gradienten** einer Funktion f in **Kugelkoordinaten**

$$\mathbf{grad}\, f(r, \vartheta, \varphi) = \frac{\partial f}{\partial r}\hat{\boldsymbol{r}} + \frac{1}{r}\frac{\partial f}{\partial \vartheta}\hat{\boldsymbol{\vartheta}} + \frac{1}{r\cos\vartheta}\frac{\partial f}{\partial \varphi}\hat{\boldsymbol{\varphi}} . \tag{19.59}$$

Die Einheitsvektoren $\hat{\boldsymbol{r}}$, $\hat{\boldsymbol{\vartheta}}$, $\hat{\boldsymbol{\varphi}}$ zeigen in Richtung von wachsendem r, ϑ, φ. Damit erhält man die Feldstärke zu

$$\boldsymbol{E}(r, \vartheta) = -\mathbf{grad}\, \varphi(r, \vartheta) = \frac{Qd}{4\pi\varepsilon_0 r^3}\left(2\cos\vartheta\,\hat{\boldsymbol{r}} + \sin\vartheta\,\hat{\boldsymbol{\vartheta}}\right) . \tag{19.60}$$

An (19.57) und (19.60) erkennen wir folgende Charakteristika:

- Potential und Feld des elektrischen Dipols sind nicht mehr kugelsymmetrisch, sondern nur mehr rotationssymmetrisch um die Dipolachse $\boldsymbol{d}$.
- Beide fallen jeweils eine Potenz stärker ab als bei einer isolierten Punktladung.
- Das Potential durchläuft als Funktion des Polarwinkels ϑ zwischen Dipol und Aufpunkt eine $\cos\vartheta$-Kurve, folglich bildet die Symmetrieebene bei $\vartheta = 90°$ eine Äquipotentialfläche mit $\varphi = 0$.

Dipolmoment im E-Feld

Setzen wir den idealen elektrischen Dipol einem *homogenen* $\boldsymbol{E}$-Feld aus, so kompensieren sich zwar die entgegengesetzten Kräfte auf die Punktladungen $\pm Q$ (s. Abb. 19.36)

$$\boldsymbol{F}^{\pm} = \pm Q\boldsymbol{E} ;$$

es addieren sich jedoch die beiden Drehmomente um den Mittelpunkt $\mathcal{O}$

$$\boldsymbol{N} = \boldsymbol{N}^{+} + \boldsymbol{N}^{-} = \left(\frac{\boldsymbol{d}}{2} \times \boldsymbol{F}^{+}\right) + \left(\frac{-\boldsymbol{d}}{2} \times \boldsymbol{F}^{-}\right) \curvearrowright$$

$$\boldsymbol{N} = Q\,(\boldsymbol{d} \times \boldsymbol{E}) = (\boldsymbol{p} \times \boldsymbol{E}) . \tag{19.61}$$

Das **Drehmoment auf einen Dipol** ist gleich dem Kreuzprodukt aus Dipolmoment und Feldstärke.

Als Funktion des Orientierungswinkels ϑ zwischen $\boldsymbol{p}$ und $\boldsymbol{E}$ durchläuft es eine Sinuskurve, ist maximal bei senkrechter Orientierung und verschwindet bei paralleler bzw. antiparalleler.

Dreht sich der Dipol im $\boldsymbol{E}$-Feld, z. B. aus der Senkrechten in den Winkel ϑ zwischen $\hat{\boldsymbol{p}}$ und $\hat{\boldsymbol{E}}$, so ändert sich seine potentielle Energie gemäß der Verschiebung seiner Ladungen um die Strecke $\pm\boldsymbol{x}$ im Feld (s. Abb. 19.36)

$$E_{\mathrm{p}}(90°) - E_{\mathrm{p}}(\vartheta) = \left(\boldsymbol{x} \cdot \boldsymbol{F}^{+}\right) + \left(-\boldsymbol{x} \cdot \boldsymbol{F}^{-}\right) = d\cos\vartheta\, QE = pE\cos\vartheta .$$

Wählen wir den Nullpunkt von E_{p} bei 90°, so folgt

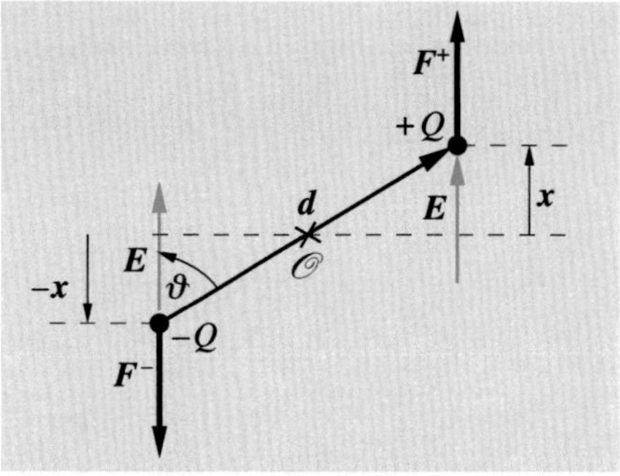

Abb. 19.36. Skizze zur Berechnung des Drehmoments auf einen Dipol im homogenen $\boldsymbol{E}$-Feld

$$E_\mathrm{p}(\vartheta) = -pE\cos\vartheta = -(\boldsymbol{p}\cdot\boldsymbol{E})\,. \qquad (19.62)$$

Die **potentielle Energie eines Dipols** im $\boldsymbol{E}$-Feld ist gleich dem negativen Skalarprodukt aus Dipolmoment und Feldstärke.

Das Drehmoment (19.61) können wir auch umgekehrt aus der potentiellen Energie (19.62) durch Ableitung nach dem Winkel entsprechend (7.13) gewinnen

$$N = -\frac{\mathrm{d}E_p}{\mathrm{d}\vartheta} = -pE\frac{\mathrm{d}\cos\vartheta}{\mathrm{d}\vartheta} = pE\sin\vartheta \qquad (19.63)$$

Dipolmoment einer Ladungsverteilung

Drehmoment (19.61) und Energie (19.62) eines elektrischen Dipolmoments im $\boldsymbol{E}$-Feld spielen eine wichtige Rolle in der Physik, weil viele Moleküle ein permanentes Dipolmoment besitzen, das sich im äußeren Feld ausrichten will und zum elektrischen Verhalten der Materie führt (s. Abschn. 19.12). Allerdings kann man diese Dipolomente in der Regel nicht auf zwei isolierte Punktladungen $\pm Q$ zurückführen, sondern sie resultieren aus einer Unsymmetrie der Ladungsverteilung um den Massenschwerpunkt S_M derart, daß die elektrischen Kräfte ein resultierendes Drehmoment um S_M erzeugen (s. Abb. 19.37), das gemäß (19.61) von der Orientierung der Ladungsverteilung relativ zum $\boldsymbol{E}$-Feld abhängt.

Wir können daher das *Drehmoment* (19.61) oder die dazu äquivalente **Orientierungsenergie** (19.62) als Definitionsgleichungen und Meßvorschriften für das **Dipolmoment einer** *allgemeinen* **Ladungsverteilung** machen.

Daraus gewinnen wir den Zusammenhang zwischen Ladungsverteilung $\varrho(\boldsymbol{r})$ und Dipolmoment $\boldsymbol{p}$ wie folgt: Im Volumenelement $\mathrm{d}\tau$ im Abstand $\boldsymbol{r}_\mathrm{S}$ vom Massenschwerpunkt S_M sei die Ladung

$$\mathrm{d}Q = \varrho(\boldsymbol{r}_\mathrm{S})\mathrm{d}\tau$$

eingeschlossen.

Sie übt bezüglich S_M das differentielle Drehmoment

$$\mathrm{d}\boldsymbol{N} = (\boldsymbol{r}_\mathrm{S}\times\mathrm{d}\boldsymbol{F}) = (\boldsymbol{r}_\mathrm{S}\times\boldsymbol{E})\varrho\mathrm{d}\tau$$

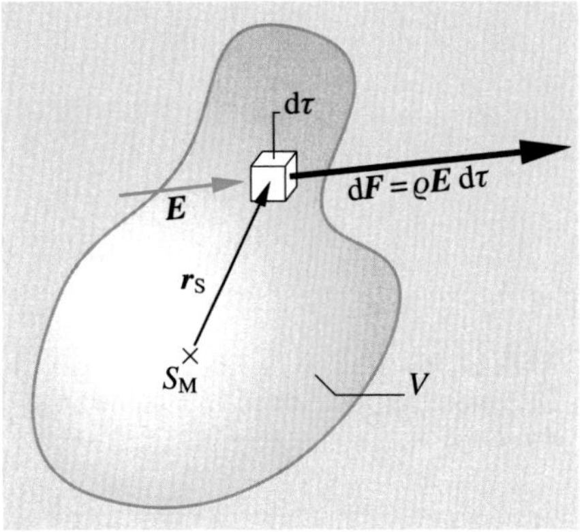

Abb. 19.37. Skizze zur Berechnung des elektrischen Dipolmoments einer allgemeinen Ladungsverteilung

aus. Das resultierende Drehmoment erhalten wir durch Integration über das Volumen V

$$\boldsymbol{N} = \int_V (\boldsymbol{r}_S \times \boldsymbol{E})\, \varrho(\boldsymbol{r}_S)\mathrm{d}\tau = \left(\int_V \boldsymbol{r}_S \varrho(\boldsymbol{r}_S)\mathrm{d}\tau \times \boldsymbol{E}\right) . \tag{19.64}$$

Auf der rechten Seite von (19.64) haben wir das als konstant angenommene $\boldsymbol{E}$-Feld aus dem Integral ausgeklammert. Das verbliebene Integral ist per definitionem (vgl. 19.61) das resultierende **Dipolmoment einer Ladungsverteilung**

$$\boldsymbol{p} = \int_V \boldsymbol{r}_S \varrho(\boldsymbol{r}_S)\mathrm{d}\tau . \tag{19.65}$$

Bei dieser allgemeinen Definition des Dipolmoments wird *nicht* danach gefragt, ob der Körper im ganzen elektrisch neutral sei; wir haben uns ja *nur* für das *Drehmoment* interessiert, das um seinen *Massenschwerpunkt* wirksam wird. Daß in diesem Schwerpunkt bei nichtverschwindender Gesamtladung Q noch eine resultierende Kraft

$$\boldsymbol{F} = \boldsymbol{E}Q = \boldsymbol{E}\int_V \varrho(\boldsymbol{r}_S)\mathrm{d}\tau \tag{19.66}$$

angreift, steht auf einem anderen Blatt.

! Andererseits ist das Dipolmoment einer *neutralen* Ladungsverteilung dennoch ausgezeichnet; es ist nämlich *unabhängig* von der Lage des *Massen*schwerpunkts S_M! Hierzu integrieren wir (19.64) getrennt über die positive und negative Ladungsverteilung und lassen die elektrischen Kräfte in deren jeweiligem *Ladungs*schwerpunkt S^+, S^- an den jeweiligen Gesamtladungen $+Q$, $-Q$ angreifen. Dann gilt laut Abb. 19.38 für das resultierende Drehmoment

$$\begin{aligned} \boldsymbol{N} &= (\boldsymbol{r}_S^+ \times \boldsymbol{F}^+) + (\boldsymbol{r}_S^- \times \boldsymbol{F}^-) \\ &= ((\boldsymbol{r}_S^+ - \boldsymbol{r}_S^-) \times Q\boldsymbol{E}) = (Q\boldsymbol{d} \times \boldsymbol{E}) \quad \curvearrowright \\ \boldsymbol{p} &= Q\boldsymbol{d} . \end{aligned} \tag{19.67}$$

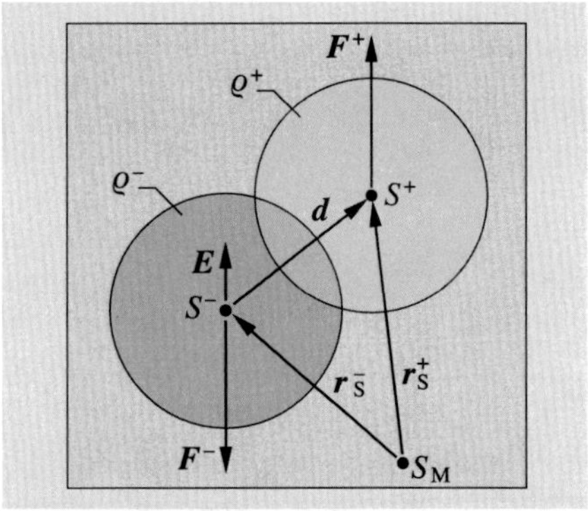

Abb. 19.38. Skizze zur Berechnung des resultierenden elektrischen Dipolmoments zweier ungleichnamiger Ladungsverteilungen ϱ^+, ϱ^-. Die Gesamtladung sei Null $Q^+ + Q^- = 0$

Das Dipolmoment hängt also nur von den beiden Ladungsverteilungen selbst ab, nämlich von ihrem jeweiligen Gesamtbetrag Q und vom Abstand ihrer Schwerpunkte $\boldsymbol{d}$. Damit haben wir das Dipolmoment einer insgesamt neutralen Ladungsverteilung in der einfachen Form des Moments eines idealen Dipols (19.58) zurückgewonnen. Auch sind Dipolpotential und -feld einer neutralen Ladungsverteilung in großem Abstand wiederum durch (19.57) und (19.60) gegeben.

Die hier gewonnenen Ergebnisse bezüglich der Dipoleigenschaften einer neutralen Ladungsverteilung sind wichtig für den Fall, daß wir es mit der großen Zahl $\boldsymbol{p}_{0i}$ von Dipolmomenten neutraler Moleküle einer Substanz zu tun haben. Ihr resultierendes Moment stellt sich einfach als Summe der einzelnen Momente dar

$$\boldsymbol{p} = \sum_{i=1}^{N} \boldsymbol{p}_{0i} \,. \tag{19.68}$$

Es hängt nicht vom Ort der Moleküle oder ihrer Massenschwerpunkte ab, wohl aber vom Orientierungsgrad ihrer Momente (s. Abb. 19.39). Sind sie völlig ungeordnet, so verschwindet es.

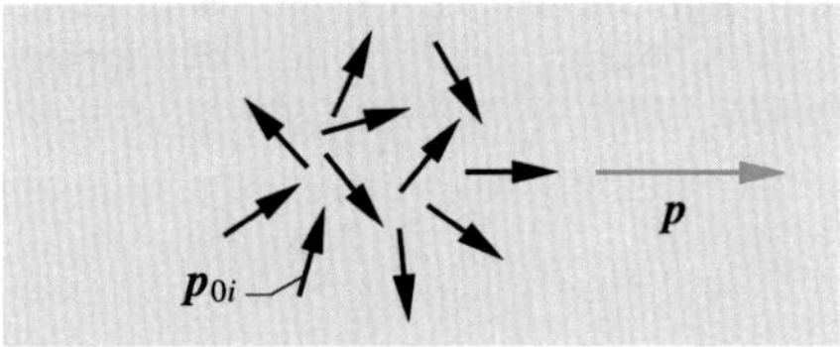

Abb. 19.39. Beispiel einer im Mittel nach rechts orientierten Verteilung molekularer Dipole $\boldsymbol{p}_{0i}$ mit dem resultierenden Moment $\boldsymbol{p} = \sum_{i=1}^{N} \boldsymbol{p}_{0i}$

Abbildung 19.40 zeigt schematisch einige Beispiele **molekularer Dipolmomente** für polare und kovalente, sowie für neutrale und geladene Moleküle.

Als Produkt eines räumlichen Vektors mit einem Skalar, der Ladung, ist das **elektrische Dipolmoment** (wie der räumliche Vektor) ein **polarer Vektor** entsprechend der in Abschn. 2.7 getroffenen Unterscheidung zwischen polaren und axialen Vektoren. Dagegen ist das **magnetische Dipolmoment** (s. Abschn. 21.2) ein **axialer Vektor**, ein wichtiger Unterschied bei Symmetriebetrachtungen!

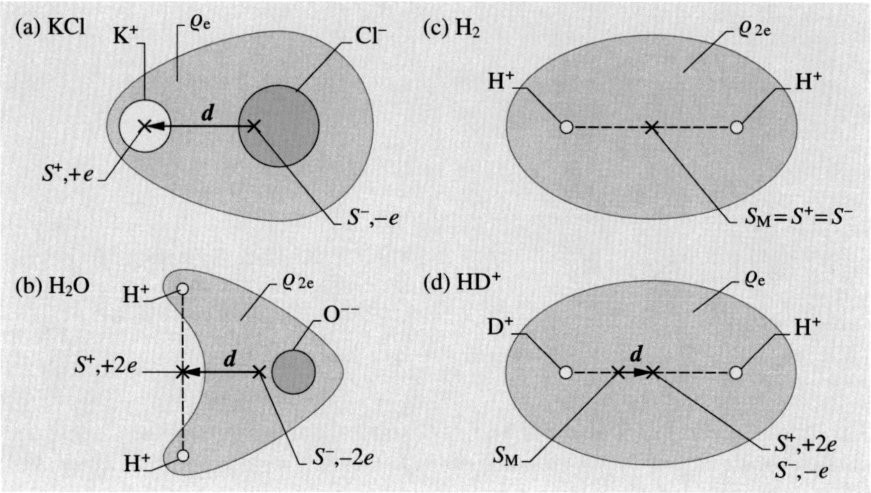

Abb. 19.40. Beispiele molekularer Dipolmomente (schematisch): (**a**) Polares KCl: Die Ladungsdichte ϱ_e des Valenzelektrons des Kaliums hat sich großen Teils zum Chlor hin verlagert, bildet dort ein negatives Chlorion und hinterläßt ein positives Kaliumion. Die Schwerpunkte dieser Ladungen liegen bei S^+, S^- im Abstand $\boldsymbol{d}$ und bilden ein Dipolmoment $p = e \cdot \boldsymbol{d}$. (**b**) Polares H_20: Das Sauerstoffatom hat die zwei Elektronen der beiden Wasserstoffatome im wesentlichen an sich gezogen. Sie bilden eine Ladungsverteilung ϱ_{2e}, deren Schwerpunkt S^- um 0,92 Å von dem der beiden H^+-Kerne, S^+, entfernt ist, sein Dipolmoment beträgt demnach $p = 2e \cdot 0,92\,\text{Å} = 1{,}84\,e\,\text{Å}$. Die Einheit Elementarladung · Ångström hat sich als Maß für molekulare Dipolmomente eingebürgert und wird **Debye** genannt. Das Dipolmoment von Wasser ist sehr groß, woraus sich die gute Löslichkeit von Salzen in Wasser durch Dissoziation von Kat- und Anionen erklärt. (**c**) Kovalentes H_2: Im Fall des symmetrischen Wasserstoffmoleküls fallen Massen- und Ladungsschwerpunkte zusammen. Folglich ist $p = 0$. (**d**) Kovalentes $(HD)^+$-Ion: Im Wasserstoffmolekül sei jetzt eines der beiden Protonen durch eine Deuteron, den Kern des schweren Wasserstoffisotops ersetzt; außerdem sei das Molekül einfach ionisiert. Dann fallen die Ladungsschwerpunkte S^+, S^- nach wie vor zusammen und zwar in der Mitte zwischen beiden Kernen, jedoch mit einer resultierenden Ladung $+e$. Da aber der Massenschwerpunkt aus der Mitte zum schwereren Deuteron hin verlagert ist, ensteht ein Dipolmoment $\boldsymbol{p} = e \cdot \boldsymbol{d}$

19.12 Isolatoren im E-Feld, Dielektrika

Wir wollen in diesem Abschnitt genauer untersuchen, wie das elektrische Feld auf die Gegenwart von **Isolatoren** reagiert. Bei der Diskussion der Coulombkraft zwischen Punktladungen (19.8) hatten wir schon erwähnt, daß sie durch ein umgebendes neutrales nichtleitendes Medium, ein **Dielektrikum**, um den Faktor $1/\varepsilon$ abgeschwächt wird, und wir haben in der Folge diesen Faktor durch alle Grundgleichungen durchgeschleppt. Zwar kann ein Dielektrikum nicht das ganze $\boldsymbol{E}$-Feld in seinem Innern kurzschließen, wie ein Leiter, aber doch einen Bruchteil. Wenn schon seine elementaren Ladungsträger nicht *frei* beweglich sind, wie in einem

Leiter, so könnten sich dennoch unter dem Einfluß des $\boldsymbol{E}$-Feldes positive gegen negative Ladungen *verschieben*, indem sich z. B. die **molekularen elektrischen Dipole** im $\boldsymbol{E}$-Feld ausrichten, wie im vorangehenden Abschnitt diskutiert. Welche *makroskopischen* Effekte sich aus dieser *mikroskopischen* Überlegung ergeben, wollen wir zunächst im Versuch studieren.

VERSUCH 19.12

Dielektrikum im Kondensatorfeld. Wir laden einen Plattenkondensator auf die Spannung U_0 auf und trennen ihn von der Spannungsquelle. Dann schieben wir in den Zwischenraum ein Dielektrikum, z. B. eine Scheibe aus Glas oder Plastik, und beobachten auf dem angeschlossenen Elektrometer, daß die Spannung um einen beträchtlichen Faktor ε auf den Wert

$$U_D = \frac{U_0}{\varepsilon} \tag{19.69}$$

absinkt (s. Abb. 19.41a). Dabei hat sich der Kondensator keineswegs entladen; denn wenn wir das Dielektrikum herausziehen, stellt sich die ursprüngliche Spannung wieder ein.

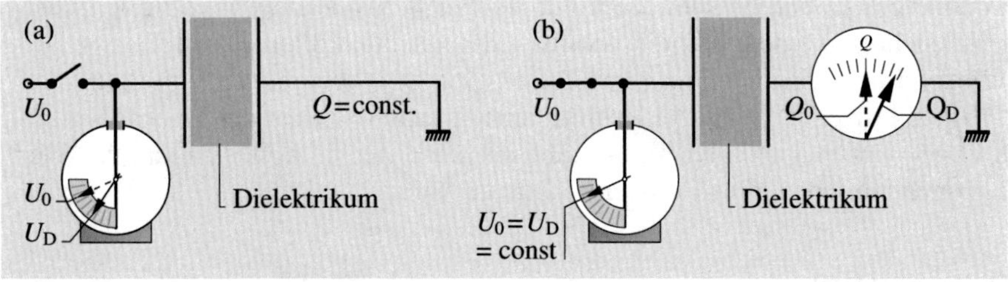

Abb. 19.41. Versuchsskizze zum Einfluß eines Dielektrikums im Kondensatorfeld, (**a**) bei konstanter Ladung Q_0, (**b**) bei konstanter Spannung U_0. Instrumente: *Links*: Elektrometer; *rechts*: Stromstoßgalvanometer

In einer zweiten Variante des Versuchs vergleichen wir mit Hilfe eines Stromstoßgalvanometers die Ladungsmengen Q_D und Q_0, die auf den Kondensator auffließen, wenn wir ihn einmal ohne und einmal mit Dielektrikum auf die gleiche Spannung U_0 aufladen (s. Abb. 19.41b). Wir finden jetzt in Gegenwart des Dielektrikums einen Zuwachs der Ladung um einen Faktor ε auf

$$Q_D = \varepsilon Q_0 \,. \tag{19.70}$$

Beide Ergebnisse des Versuchs 19.12 führen zum gleichen Schluß:

Füllen wir ein Kondensatorfeld mit einem Dielektrikum aus, so erhöht sich die Kapazität um den materialspezifischen Faktor der Dielektrizitätskonstante ε

$$C_D = \frac{Q_0}{U_D} = \frac{Q_D}{U_0} = \varepsilon \frac{Q_0}{U_0} = \varepsilon C_0 \,. \tag{19.71}$$

Für den Plattenkondensator gilt dann statt (19.46)

$$C_D = \varepsilon \varepsilon_0 \frac{A}{d} \,. \tag{19.71'}$$

Tabelle 19.1. Dielektrizitätskonstanten einiger Isolatoren

Stoff	ε-Wert
Luft bei Normalbedingungen (0°C, 1 atm)	1,000576
Glas, Kunststoffe, übliche Isolatoren	$5 \lesssim \varepsilon \lesssim 10$
Äthylalkohol (C_2H_5OH), (20°C)	26
Wasser (H_2O), (18°C)	81
Bariumtitanat ($BaTiO_3$) und verwandte Spezialkeramiken für den Kondensatorbau (sogenannte Ferroelektrika)	$10^3 \lesssim \varepsilon \lesssim 10^4$
Vakuum	1 (per def.)

In Tabelle 19.1 sind ε-Werte für einige charakteristische Stoffe aufgeführt. Der ε-Wert von Luft ist gegenüber dem Vakuumwert von eins nur um ein halbes Promille erhöht und braucht daher nur bei Präzisionsmessungen (z. B. optischen) berücksichtigt werden. Für die polaren Lösungsmittel Alkohol und Wasser ist ε auffallend hoch. Bariumtitanat und damit verwandte keramische Stoffe fallen mit ε-Werten größer 10^3 aus dem Rahmen analog zum Verhalten des Eisens (Ferrum) in Gegenwart magnetischer Felder. Sie werden daher in Anlehnung an das Wort „ferromagnetisch" **ferroelektrische** Stoffe genannt.

Kondensatorbau

Da Bariumtitanat auch ein recht spannungsfester Isolator ist, wird es als hochwirksames Dielektrikum zum Bau von Hochspannungskondensatoren verwendet. Im übrigen steht man in der Elektrotechnik fast immer vor dem Problem, genügend Kapazität auf kleinem Raum unterzubringen. Hierzu rollt man z. B. zwei lange, dünne Isolatorfolien mit der Fläche A und Dicke d, die einseitig mit einer noch viel dünneren Leiterschicht (Aluminium) beschichtet sind zu einem kompakten Zylinder mit dem Volumen

$$V \approx 2Ad$$

zusammen. Dann tragen beide Oberflächen des Aluminiumfilms Ladung, und die Kapazität ist nach (19.71′)

$$C \approx 2\frac{\varepsilon\varepsilon_0 A}{d} \approx \varepsilon\varepsilon_0 \frac{V}{d^2}\,.$$

Sei z. B.

$$\varepsilon = 6\,, \quad V = 4\,\mathrm{cm}^3\,, \quad d = 15\,\mu\mathrm{m}\,,$$

so folgt

$$C \approx 1{,}1\,\mu\mathrm{F}\,.$$

Im Vergleich dazu hätte eine etwa gleich große Metallkugel vom Radius $R = 1\,\mathrm{cm}$ nach (19.43) eine Kapazität von nur

$$C = 4\pi\varepsilon_0 R \approx 1{,}1\,\mathrm{pF}\,.$$

Dazwischen liegt ein gewaltiger Faktor von 10^6!

Eine weitere große Steigerung der Kapazität erreicht man im **Elektrolytkondensator**. Dabei verzichtet man auf eine getrennte Isolatorfolie und nutzt aus, daß sich Aluminium mit einer dichten Haut von Aluminiumoxyd ($Al_2 0_3$) überzieht, was ein ausgezeichneter Isolator ist. Allerdings ist die Haut, die an Luft entsteht, zu dünn, um nennenswerte Spannungen zu halten. Man benetzt daher die beiden Aluminiumfolien vor dem Zusammenrollen mit einem Elektrolyten, z. B. Borsäure. Legt man dann Gleichspannung an, so bildet sich am Pluspol eine kräftige Oxydschicht aus, die je nach Dicke Gleichspannungen bis zu einer Größenordnung von 100 V aushält. Allerdings muß die einmal gewählte Polung beibehalten werden, andernfalls würde sich die Oxydhaut wieder abbauen. Auf diese Weise bringt man in daumengroßen Elektrolytkondensatoren Kapazitäten von etlichen mF unter.

Dielelektrische Verschiebung

Schauen wir uns bei unveränderter Spannung U_0, also konstanter Feldstärke im Plattenkondensator

$$E = \frac{U_0}{d}\,,$$

die Oberflächenladung σ an, so erhöht sie sich laut (19.71′) um den Faktor ε.

> Somit gilt für die Beziehung zwischen der Oberflächenladung σ auf den Leiterplatten und der elektrischen Feldstärke im Dielektrikum statt (19.44)
>
> $$\sigma = |\varepsilon\varepsilon_0 \boldsymbol{E}| = |\boldsymbol{D}|\,. \qquad (19.72)$$
>
> Auf der rechten Seite haben wir ein neues Feld, das $\boldsymbol{D}$-Feld, die sogenannte **dielektrische Verschiebung**, eingeführt, die der Wirkung des dielektrischen Mediums auf das elektrische Feld Rechnung trägt.

Umgekehrt sinkt bei konstanter Ladung auf dem Kondensator mit der Spannung auch die Feldstärke um den Faktor ε ab. Auch das wird durch den Faktor ε in (19.72) bzw. das D-Feld ausgeglichen.

Es stellt sich heraus, daß unsere Erfahrungen mit einem Dielektrikum im Kondensatorfeld Allgemeingültigkeit haben:

> Tauchen freie Ladungen in ein dielektrisches Medium ein, so schwächt sich das von ihnen ausgehende elektrische Feld um den Faktor der Dielektrizitätskonstanten ε ab.

Das hatten wir in der Formulierung des Coulombgesetzes (19.8) bereits vorweggenommen und in allen seinen Konsequenzen bis hin zum Zusammenhang zwischen Oberflächenladung und Feldstärke (19.38) (identisch mit (19.72)) berücksichtigt.

Durch die Einführung des dielektrischen Verschiebungsfeldes $\boldsymbol{D}$ werden die lästigen Faktoren $\varepsilon\varepsilon_0$ in der Schreibweise (19.27) bzw. (19.29) der **1. Maxwellschen Gleichung** unterdrückt. Ihre integrale wie auch ihre differentielle Schreibweise erhalten jetzt eine rationellere Form, in der die Eigenschaften des Mediums nicht mehr explizit vorkommen (vgl. 26.4)):

1. Maxwellsche Gleichung

a) Integrale Form (**Gaußscher Satz**):

$$\oint_A (\boldsymbol{D} \cdot \mathrm{d}\boldsymbol{A}') = \int_V \varrho \,\mathrm{d}\tau = Q\,. \tag{19.73}$$

b) Differentielle Form (**Kontinuitätsgleichung**):

$$\mathbf{div}\,\boldsymbol{D} = \varrho\,. \tag{19.74}$$

mit $\boldsymbol{D} = \varepsilon\varepsilon_0 \boldsymbol{E}$.

Die Einführung von $\boldsymbol{D}$ hat u. a. folgende Konsequenz: Zeichnen wir ein Feldlinienbild von $\boldsymbol{D}$, so müssen alle D-Linien in *freien* positiven Ladungen entspringen und in *freien* negativen Ladungen münden unabhängig von einem dielektrischen Medium dazwischen. *Frei* ist hier im Sinne eines lokalen Ladungsüberschusses gedacht, mikroskopisch gesehen also ein Überschuß der positiven Kernladungen über die negativen Elektronenladungen oder umgekehrt.

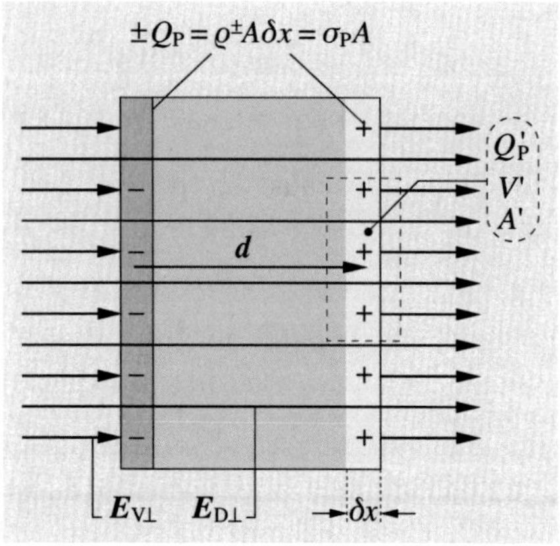

Abb. 19.42. Schnittbildskizze zur Entstehung und Berechnung der durch dielektrische Polarisation entstehenden Oberflächenladung σ_P auf den Grenzflächen eines Dielektrikums im äußeren, senkrecht einfallenden $\boldsymbol{E}$-Feld

Man kommt natürlich auch ohne das $\boldsymbol{D}$-Feld aus. Die physikalisch wichtigen Größen sind allein dessen Bestandteile, nämlich das $\boldsymbol{E}$-Feld und die Materialkonstante ε. Deswegen wird in der neueren angelsächsischen Literatur häufiger auf die Einführung des $\boldsymbol{D}$-Feldes verzichtet. Dennoch ist es auch in der physikalischen Diskussion hilfreich, wenn wir nämlich das $\boldsymbol{D}$-Feld im Verlauf der folgenden Überlegungen aufspalten in einen Vakuumsanteil $\varepsilon_0\boldsymbol{E}$ und ein Dipolfeld $\boldsymbol{P}$, das sich unter dem polarisierenden Einfluß des $\boldsymbol{E}$-Feldes durch eine gegenseitige *Verschiebung* positiver und negativer Ladungsträger im Dielektrikum aufbaut. Diese Verschiebung geschieht allerdings nicht frei, sondern gegen den Widerstand rücktreibender Kräfte. Auf deren Ursachen gehen wir zunächst nicht ein, nehmen aber in Übereinstimmung mit der Erfahrung an, daß sie sich *elastisch* verhalten; das heißt, die Verschiebung der Ladungsträger sei proportional zur wirkenden elektrischen Kraft. Als Folge einer relativen Verschiebung zwischen positiver ϱ^+ und negativer Ladungsdichte ϱ^- um eine Strecke

$$\delta x \propto E$$

tritt an den beiden, dem Feld zugewandten Grenzflächen des Mediums (s. Abb. 19.42) eine entgegengesetzte, überschüssige Ladung $\pm Q_\mathrm{P}$ auf, die pro Flächeneinheit den Betrag

$$\sigma_\mathrm{P} = \frac{\mathrm{d}Q_\mathrm{P}}{\mathrm{d}A} = \varrho\,\delta x \propto E$$

mit $|\varrho^+| = |\varrho^-| = \varrho$. hat. Wir haben ihr den Index $_\mathrm{P}$ gegeben, um auf ihren Ursprung aus der Polarisation des Mediums aufmerksam zu machen. In ihr endet jetzt ein Teil der einlaufenden $\boldsymbol{E}$-Feldlinien, um in der gegenüberliegenden Oberflächenladung wieder zu entspringen. Sie trägt also der Abschwächung des $\boldsymbol{E}$-Felds im Innern des Dielektrikums um den Faktor

$$\frac{E_{\mathrm{D}\perp}}{E_{\mathrm{V}\perp}} = \frac{1}{\varepsilon} \tag{19.75}$$

Rechnung. Wir haben das Feld außen mit $_\mathrm{V}$ für Vakuum und innen mit $_\mathrm{D}$ für Dielektrikum indiziert, außerdem mit $\perp$, um den senkrechten Einfall auf die Grenzfläche zu verdeutlichen. Wir können den Zusammenhang zwischen ε und σ_P mit Hilfe des Gaußschen Satzes in der *Originalform* (19.27) mit $\varepsilon = 1$ gewinnen, wie er im Vakuum gelten würde (In der verallgemeinerten Form von (19.73) ist σ_P bereits durch Einführung des $\boldsymbol{D}$-Feldes mitberücksichtigt). Hierzu schließen wir z. B. einen Bruchteil $(Q'_\mathrm{P})^+$ der positiven Polarisationsladung im Volumen V' mit einer quaderförmigen Oberfläche ein, deren Stirnseiten A' senkrecht zum Feld seien (s. Abb. 19.42). Der Fluß aus diesem Volumen heraus ist die Differenz zwischen aus- und einlaufenden $\boldsymbol{E}$-Linien; er beschränkt sich auf die beiden Stirnflächen A'

$$\phi = (E_{\mathrm{V}\perp} - E_{\mathrm{D}\perp})\,A' = \frac{Q'_\mathrm{P}}{\varepsilon_0} = \frac{\sigma_\mathrm{P} A'}{\varepsilon_0}\,.$$

Die übrigen Randflächen verlaufen tangential zum Feld und tragen nichts bei. Eliminieren wir $E_{\mathrm{V}\perp}$ mit Hilfe von (19.75) und lösen nach dem gesuchten σ_P auf, so folgt

$$\sigma_\mathrm{P} = (\varepsilon - 1)\varepsilon_0 E_{\mathrm{D}\perp} = P_\perp\,. \tag{19.76}$$

Damit haben wir die **Oberflächenladung** *auf* dem **Dielektrikum** auf das elektrische Feld *im* Dielektrikum zurückgeführt. Sie erzeugt im Innern ein Gegenfeld vom Betrag

$$\frac{\sigma_\mathrm{P}}{\varepsilon_0} = (\varepsilon - 1)\,E_{\mathrm{D}\perp}\,,$$

das das einfallende Feld $\boldsymbol{E}_{\mathrm{V}\perp}$ um den Faktor ε abschwächt, wie man sich leicht überzeugen kann.

Auf der rechten Seite von (19.76) haben wir σ_P mit einem weiteren Vektorfeld

$$\boldsymbol{P} = (\varepsilon - 1)\varepsilon_0 \boldsymbol{E} = \chi\varepsilon_0 \boldsymbol{E} \tag{19.77}$$

▶

verknüpft, das **dielektrische Polarisation** genannt wird. Es bezeichnet das im Dielektrikum hervorgerufene elektrische Dipolmoment pro Volumeneinheit

$$\boldsymbol{P} = \frac{\mathrm{d}\boldsymbol{p}}{\mathrm{d}V} . \tag{19.78}$$

Den Faktor $(\varepsilon - 1)$ nennt man auch die **dielektrische Suszeptibilität** χ_{E}. Von der Richtigkeit der Interpretation (19.78) überzeugen wir uns durch Multiplikation mit dem Volumen V des Dielektrikums in der in Abb. 19.42 gewählten Geometrie:

$$\boldsymbol{P} \cdot V = P_{\perp} V \hat{\boldsymbol{P}} = \sigma_{\mathrm{P}} A \, \boldsymbol{d} = Q_{\mathrm{P}} \boldsymbol{d} = \boldsymbol{p} . \tag{19.79}$$

Rechterhand ist laut (19.67) das resultierende Dipolmoment der Oberflächenladung des Dielektrikums entstanden, q.e.d. Es ist parallel zum $\boldsymbol{E}$-Feld gerichtet und erzeugt seinerseits das entgegengerichtete Gegenfeld, wie oben gesagt. Führen wir schließlich mit (19.70) das $\boldsymbol{D}$-Feld wieder ein, so gewinnen wir mit (19.77) den

allgemeinen Zusammenhang zwischen den drei relevanten Feldern der *dielektrischen Verschiebung*, der *dielektrischen Polarisation* und der *elektrischen Feldstärke*

$$\boldsymbol{D} = \varepsilon\varepsilon_0 \boldsymbol{E} = \boldsymbol{P} + \varepsilon_0 \boldsymbol{E} . \tag{19.80}$$

Brechung von E- und D-Feld an Grenzflächen

Wir hatten in (19.75) festgehalten, daß beim Eintreten des elektrischen Feldes vom Vakuum ins **Dielektrikum** die *Normalkomponente* $E_{\mathrm{D}\perp}$ durch die Oberflächenladung um den Faktor ε geschwächt wird. Daraus folgt unmittelbar, daß die *Normalkomponente* des $\boldsymbol{D}$-Feldes beim Durchgang unverändert bleibt

$$\frac{D_{\mathrm{V}\perp}}{D_{\mathrm{D}\perp}} = \frac{\varepsilon_0 E_{\mathrm{V}\perp}}{\varepsilon\varepsilon_0 E_{\mathrm{D}\perp}} = 1 ; \tag{19.81}$$

denn so hatten wir das $\boldsymbol{D}$-Feld ja gerade eingeführt.

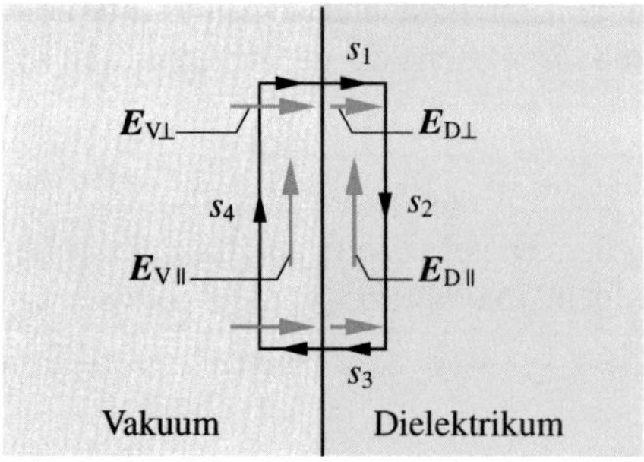

Abb. 19.43. Integrationswege s_1 bis s_4 des Ringintegrals $\oint(\boldsymbol{E} \cdot \mathrm{d}\boldsymbol{s})$ zu beiden Seiten einer Grenzfläche zum Beweis der Stetigkeit von $E_{\parallel}$

Anders verhalten sich die *tangentialen* Komponenten der beiden Felder. Wir prüfen dies für das $\boldsymbol{E}$-Feld, indem wir ihr Integral entlang eines rechteckigen geschlossenen Wegs gemäß Abb. 19.43 bilden. Da das elektrostatische Feld konservativ ist, muß dieses Integral nach (19.16) verschwinden

$$\oint (\boldsymbol{E} \cdot \mathrm{d}\boldsymbol{s}) = \int\limits_{s_1} E_{\perp}(s)\mathrm{d}s + \int\limits_{s_2} E_{\mathrm{D}\parallel}(s)\mathrm{d}s + \int\limits_{s_3} E_{\perp}(s)\mathrm{d}s + \int\limits_{s_4} E_{\mathrm{V}\parallel}(s)\mathrm{d}s = 0\,.$$

Der erste und der dritte Beitrag heben sich auf, da die Wege s_1 und s_3 entgegengesetzt gleich sind, $E_{\perp}(s)$ aber auf beiden Wegen das gleiche ist, den Sprung an der Grenzfläche eingeschlossen. Wir setzen nämlich das Feld in dem betrachteten, sehr kleinen Gebiet als homogen voraus. Folglich müssen sich auch die Beiträge entlang der Strecken s_2 und s_4, die in entgegengesetzter Richtung parallel zur Grenzfläche im Vakuum bzw. im Dielektrikum durchlaufen werden, aufheben. Also sind die Tangentialkomponenten der elektrischen Feldstärke zu beiden Seiten der Grenzfläche gleich groß

$$E_{\mathrm{D}\parallel} = E_{\mathrm{V}\parallel}\,. \tag{19.82}$$

Aus der Stetigkeit von $E_{\parallel}$ an der Grenzfläche müssen wir für die Tangentialkomponente des $\boldsymbol{D}$-Feldes umgekehrt schließen, daß sie beim Übergang ins Dielektrikum sprunghaft um den Faktor ε wächst

$$D_{\mathrm{D}\parallel} = \varepsilon\varepsilon_0 E_{\mathrm{D}\parallel} = \varepsilon\varepsilon_0 E_{\mathrm{V}\parallel} = \varepsilon D_{\mathrm{V}\parallel}\,. \tag{19.83}$$

Wir fassen zusammen: Beim Übergang vom Vakuum ins Dielektrikum sind die Tangentialkomponente des $\boldsymbol{E}$- und die Normalkomponente des $\boldsymbol{D}$-Feldes stetig

$$E_{\mathrm{D}\parallel} = E_{\mathrm{V}\parallel}\,, \quad D_{\mathrm{D}\perp} = D_{\mathrm{V}\perp}\,. \tag{19.84}$$

Dagegen sind die Normalkomponente des $\boldsymbol{E}$- und die Tangentialkomponente des $\boldsymbol{D}$-Feldes unstetig und verändern sich sprunghaft um die Faktoren

$$\frac{E_{\mathrm{D}\perp}}{E_{\mathrm{V}\perp}} = \frac{1}{\varepsilon}\,, \quad \frac{D_{\mathrm{D}\parallel}}{D_{\mathrm{V}\parallel}} = \varepsilon\,. \tag{19.85}$$

Die Stetigkeit der einen und die Unstetigkeit der jeweils anderen Komponente hat zur Folge, daß $\boldsymbol{E}$- und $\boldsymbol{D}$-Feld bei schrägem Einfall auf das Dielektrikum gebrochen werden und zwar weg vom Einfallslot in Richtung eines mehr tangentialen Verlaufs (s. Abb. 19.44) zufolge

$$\frac{\tan\beta}{\tan\alpha} = \varepsilon\,. \tag{19.86}$$

Atomistische Deutung der dielektrischen Polarisation

Wir hatten in Abschn. 19.11 von den Dipolmomenten polarer Moleküle gesprochen, wie etwa dem des Wassermoleküls. Es liegt daher nahe, die dielektrische Polarisation auf die teilweise Ausrichtung dieser Dipolmomente $\boldsymbol{p}_{0i}$ in Richtung auf $\boldsymbol{E}$ zurückzuführen; denn in Parallelstellung zum $\boldsymbol{E}$-Feld ($\vartheta = 0$) erreichen sie das Minimum ihrer potentiellen Energie (19.62)

$$E_{\mathrm{p}}(\vartheta = 0^{\circ}) = -p_0 E\,.$$

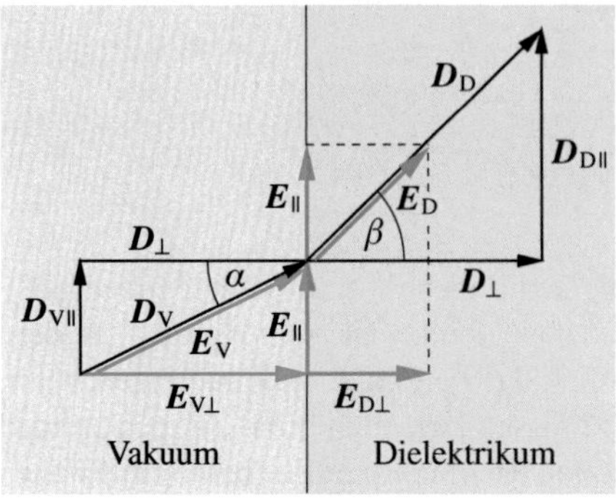

Abb. 19.44. Brechung von $\boldsymbol{E}$- und $\boldsymbol{D}$-Linien an der Grenzfläche zu einem Dielektrikum

Fragen wir genauer nach der Wahrscheinlichkeit $W(\vartheta)$, das Dipolmoment unter dem Winkel ϑ anzutreffen, so wird sie im thermischen Gleichgewicht mit dem Boltzmannfaktor (s. Abschn. 14.6) aus Dipolenergie und mittlerer thermischer Energie kT gewichtet sein

$$W(\vartheta) \propto \exp\left(\frac{-E(\vartheta)}{\mathrm{k}T}\right) = \exp\left(\frac{p_0 E \cos\vartheta}{\mathrm{k}T}\right) \tag{19.87}$$

und zwar zugunsten kleiner ϑ. Daher wird die Vektorsumme (19.68) über alle $\boldsymbol{p}_{0i}$ ein resultierendes Moment $\boldsymbol{p}$ in $\boldsymbol{E}$-Richtung haben

$$\sum_{i=1}^{N} \boldsymbol{p}_{0i} = \boldsymbol{p} = N p_0 \overline{\cos\vartheta}\, \hat{\boldsymbol{E}} \,. \tag{19.88}$$

Rechterhand von (19.88) haben wir die Vektorsumme durch die Summe über alle Momentbeträge p_0 (die ja identisch sind) und ihren Orientierungsgrad, d. h. den Mittelwert ihres Richtungcosinus in die Feldrichtung, ersetzt. Hierfür liefert die **Langevinsche Theorie** in der Näherung, daß die Dipolenergie sehr viel kleiner als die thermische sei

$$p_0 E \ll kT \tag{19.89}$$

den Wert

$$\overline{\cos\vartheta} = \frac{p_0 E}{3kT} \,. \tag{19.90}$$

Setzen wir dies in (19.88) ein, so ergibt sich schließlich für die dielektrische Polarisation, die laut (19.78) das Dipolmoment pro Volumeneinheit angibt, die Schlußformel

$$\boldsymbol{P} = \chi \varepsilon_0 \boldsymbol{E} = \frac{\mathrm{d}\boldsymbol{p}}{\mathrm{d}V} = \frac{\mathrm{d}N}{\mathrm{d}V}\frac{p_0^2}{3kT}\boldsymbol{E} = \frac{\mathrm{d}N}{\mathrm{d}V}\alpha\boldsymbol{E} \,. \tag{19.91}$$

Der Proportionalitätsfaktor α ist die aus der Orientierung herrührende **molekulare Polarisierbarkeit**. $\boldsymbol{P}$ und α wachsen mit dem Quadrat des molekularen Dipolmoments und sind umgekehrt proportional zur Temperatur. Für typische Werte

$$p_0 = 1\,\mathrm{e\AA}, \quad E = 100\,\mathrm{kV/m}, \quad T = 300\,\mathrm{K}$$

ergibt sich der Orientierungsgrad zu

$$\overline{\cos\vartheta} \approx 1\,\%$$

im Einklang mit der Voraussetzung (19.89).

Ein analoges Gesetz hatte *Pierre Curie* 1895 empirisch für die paramagnetische Suszeptibilität gefunden (s. Abschn. 23.3). Deswegen heißt (19.91) auch **Curiesches Gesetz**

Ableitung des Curieschen Gesetzes

Die Ableitung von (19.91) ist ein gutes Übungsbeispiel in elementarer Statistik. Bevor wir den Einfluß des $\boldsymbol{E}$-Feldes diskutieren können, müssen wir uns erst überlegen, wie wir die *Gleichverteilung* der $\boldsymbol{p}_{0i}$ auf alle Richtungen, die *ohne* $\boldsymbol{E}$-Feld vorliegt, mathematisch ausdrücken. Hierzu betrachten wir die Einheitsvektoren $\hat{\boldsymbol{p}}_{0i}$. Ihre Spitzen liegen auf der Oberfläche der Einheitskugel. Gleichverteilung heißt, daß sie auf jedem Flächenelement $\mathrm{d}A$ der Einheitskugel mit gleicher Häufigkeit vorkommen. In Kugelkoordinaten ist dieses Flächenelement gegeben durch

$$\mathrm{d}A = \sin\vartheta\,\mathrm{d}\vartheta\,\mathrm{d}\varphi = \mathrm{d}\Omega\,;$$

es wird auch Raumwinkelelement $\mathrm{d}\Omega$ genannt. Sind nun alle Richtungen gleichberechtigt (d. h. ohne $\boldsymbol{E}$-Feld), so ist die Wahrscheinlichkeit, $\hat{\boldsymbol{p}}_{0i}$ im Raumwinkelelement $\mathrm{d}\Omega$ zu finden

$$\mathrm{d}W_{E=0}(\vartheta,\varphi) = \frac{\mathrm{d}\Omega}{\int_0^{2\pi}\int_0^{\pi}\sin\vartheta\,\mathrm{d}\vartheta\,\mathrm{d}\varphi} = \frac{\sin\vartheta\,\mathrm{d}\vartheta\,\mathrm{d}\varphi}{4\pi} \curvearrowright$$

$$\frac{\mathrm{d}W(\vartheta,\varphi)}{\mathrm{d}\Omega} = \frac{1}{4\pi} = \text{const}\,. \tag{19.92}$$

Die Gesamtoberfläche 4π der Einheitskugel im Nenner von (19.92) normiert diese Wahrscheinlichkeit so daß sie, integriert über alle Winkel, den Wert 1 ergibt.

Sind die Positionen auf der Einheitskugel aber auf Grund des $\boldsymbol{E}$-Feldes energetisch nicht mehr gleichwertig, so ändert sich ihre Besetzungswahrscheinlichkeit um den Boltzmann-Faktor (19.87). Anstelle (19.92) tritt jetzt

$$\mathrm{d}W(\vartheta,\varphi) = \frac{\sin\vartheta\,\exp\left(\frac{p_0E}{kT}\cos\vartheta\right)\mathrm{d}\vartheta\,\mathrm{d}\varphi}{\int_0^{2\pi}\int_0^{\pi}\sin\vartheta\,\exp\left(\frac{p_0E}{kT}\cos\vartheta\right)\mathrm{d}\vartheta\,\mathrm{d}\varphi}\,. \tag{19.93}$$

Das Normierungsintegral im Nenner, das jetzt den Boltzmannfaktor enthält, hängt nicht vom Azimut φ ab; die Integration darüber liefert also den Faktor 2π. Die Integration über ϑ gelingt mit der Substitution

$$\sin\vartheta\,\mathrm{d}\vartheta = -\mathrm{d}(\cos\vartheta)\,. \tag{19.94}$$

Die Ausführung des Integrals ergibt für den Nenner von (19.93) schließlich den Wert

$$2\pi\frac{kT}{p_0E}\left[\exp\left(\frac{p_0E}{kT}\right) - \exp\left(-\frac{p_0E}{kT}\right)\right]. \tag{19.95}$$

Unter der Voraussetzung (19.89) können wir die Boltzmann-Faktoren durch eine Taylor-Entwicklung bis zur ersten Ordnung entwickeln und erhalten für (19.95)

$$2\pi\frac{kT}{p_0E}\left[1 + \frac{p_0E}{kT} - \left(1 - \frac{p_0E}{kT}\right)\right] = 4\pi\,.$$

Der Nenner von (19.93) bleibt also in dieser Näherung unverändert gleich 4π. Wir entwickeln jetzt auch den Boltzmann-Faktor im Zähler von (19.93) bis zur ersten Ordnung und erhalten damit für die normierte, gewichtete Wahrscheinlichkeit, $\hat{\boldsymbol{p}}_{0i}$ im Raumwinkelelement $\mathrm{d}\Omega$ zu finden, die Formel

$$\mathrm{d}W(\vartheta,\varphi) = \frac{1}{4\pi}\sin\vartheta\left(1+\frac{p_0E}{kT}\cos\vartheta\right)\mathrm{d}\vartheta\,\mathrm{d}\varphi\,. \tag{19.96}$$

Gefragt war in der Langevinschen Formel nach dem Mittelwert von $\cos\vartheta$. Den erhalten wir per definitionem durch Multiplikation mit der differentiellen Wahrscheinlichkeit (19.96) und Integration über den vollen Raumwinkel. Benutzen wir wieder die Substitution (19.94), so erhalten wir das Integral

$$\overline{\cos\vartheta} = -\int\limits_0^{2\pi}\int\limits_1^{-1}\frac{1}{4\pi}\left(\cos\vartheta+\frac{p_0E}{kT}\cos^2\vartheta\right)\mathrm{d}(\cos\vartheta)\,\mathrm{d}\varphi\,.$$

Die Integration über φ liefert wieder den Faktor 2π, der sich mit dem Nenner zu $1/2$ wegkürzt. Mit der Integration über $\cos\vartheta$ gewinnen wir schließlich die Schlußformel

$$\overline{\cos\vartheta} = -\frac{1}{2}\left[\frac{1}{2}(\cos\vartheta)^2+\frac{p_0E}{3kT}(\cos\vartheta)^3\right]_{+1}^{-1} = \frac{p_0E}{3kT}\quad\text{q.e.d.} \tag{19.97}$$

* Atomare Polarisierbarkeit

Nicht alle Moleküle haben ein originäres, permanentes Dipolmoment; ein Beispiel war H_2 (s. Abb. 19.40). Insbesondere haben alle *freien* Atome *kein* permanentes Dipolmoment. Dennoch reagieren solche Stoffe im elektrischen Feld mit einer dielektrischen Polarisation. Das Dipoloment wird in diesen Fällen erst durch *Ladungstrennung* im elektrischen Feld hervorgerufen.

Die quantitative Berechnung atomarer Polarisierbarkeiten gelingt natürlich nur im Rahmen der Quantenmechanik; dennoch können wir das Wesentliche schon in einem semiklassischen Modell gewinnen. Hierzu denken wir uns z. B. ein Wasserstoffatom als ein punktförmiges Proton mit der Ladung $+e$ im Zentrum seiner Elektronenwolke, die wir durch eine homogen geladene Kugel mit dem **Bohrschen Radius**

$$a_0 = 5{,}2917720859\cdot 10^{-11}\,\mathrm{m} \tag{19.98}$$

approximieren (s. Abb. 19.45). Sie erzeugt im Inneren nach (19.33) eine elektrische Feldstärke

$$\boldsymbol{E}_e = \frac{-e\,\boldsymbol{r}}{4\pi\varepsilon_0 a_0^3}\,,$$

die das Proton elastisch an das Zentrum bindet. Im äußeren Feld $\boldsymbol{E}$ finden Proton- und Elektronenwolke ihr relatives Gleichgewicht bei

$$\boldsymbol{E} = -\boldsymbol{E}_e\,.$$

Daraus gewinnen wir das atomare, durch das $\boldsymbol{E}$-Feld hervorgerufene Dipolmoment zu

$$P_{\mathrm{H}} = e\,\boldsymbol{r} = 4\pi\varepsilon_0 a_0^3\boldsymbol{E} = \alpha\boldsymbol{E}\,. \tag{19.99}$$

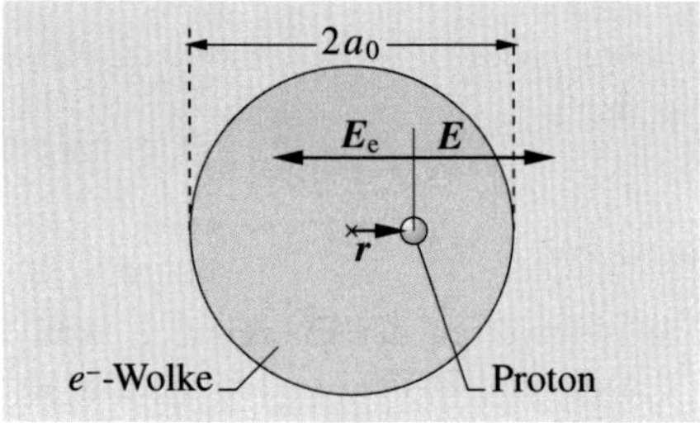

Abb. 19.45. Modell des H-Atoms im äußeren $\boldsymbol{E}$-Feld zwecks Berechnung seiner Polarisierbarkeit

Der Proportionalitätsfaktor α ist hier die aus der Ladungstrennung herrührende Polarisierbarkeit des Atoms oder Moleküls. Die quantenmechanische Rechnung liefert für den atomaren Wasserstoff den exakten Wert

$$\alpha = 4\pi\varepsilon_0 \frac{9}{2} a_0^3 \tag{19.99'}$$

in qualitativer Übereinstimmung mit unserem einfachen Modell. Der Schwachpunkt unseres Modells liegt u. a. in der Annahme einer starren Elektronenwolke, wodurch α unterschätzt wird. In Wahrheit verformt sie sich unter dem Einfluß des Feldes. Die Polarisierbarkeit eines Atoms ist also proportional zu seinem Volumen. Die dielektrische Polarisation gewinnen wir aus (19.99) definitionsgemäß durch Multiplikation mit der atomaren Dichte[2]

$$\boldsymbol{P} = \chi\varepsilon_0\boldsymbol{E} = \frac{\mathrm{d}N}{\mathrm{d}V}\alpha\boldsymbol{E}\,. \tag{19.100}$$

Energiedichte im Dielektrikum

Wir kommen zurück auf unsere Beobachtung im Versuch (19.12), daß ein mit Dielektrikum angefülltes Kondensatorfeld die ε-fache Ladung auf sich zieht. Die beim Aufladen aus der Spannungsquelle entnommene elektrische Energie (19.53)

$$E_\mathrm{p} = \frac{1}{2}QU$$

ist daher auch um den Faktor ε größer als im Fall des evakuierten Kondensatorfelds. Schreiben wir diese Energie wiederum dem Feld im Kondensator zu, so müssen wir auch seine Energiedichte um den Faktor ε korrigieren und erhalten statt (19.52) jetzt

[2] Die Beziehungen (19.91) und (19.100) zwischen χ und α gelten in dieser einfachen Form nur für schwache Polarisation $\chi \ll 1$, also z. B. in Gasen. Andernfalls wirkt am Ort des Atoms ein lokales Feld $\boldsymbol{E}_\mathrm{lok}$, das deutlich verschieden ist von dem makroskopischen mittleren Feld $\boldsymbol{E}$ im Dielektrikum, mit dem wir ansonsten rechnen. Es gilt nach *Lorentz* $\boldsymbol{E}_\mathrm{lok} = \boldsymbol{E} + \boldsymbol{P}/(3\varepsilon_0)$ (ohne Beweis). Setzen wir dies rechterhand von (19.91) oder (19.100) ein und lösen nach χ auf, so folgt die **Clausius-Mosotti-Beziehung**

$$\chi = \frac{\alpha\,\mathrm{d}N/\mathrm{d}V}{\varepsilon_0 - 3\alpha\,\mathrm{d}N/\mathrm{d}V}\,; \tag{19.100'}$$

sie mündet im limes $\mathrm{d}N/\mathrm{d}V \to 0$ in (19.100) ein.

$$\frac{\mathrm{d}E_\mathrm{p}}{\mathrm{d}V} = \varrho_\mathrm{E} = \frac{1}{2}\varepsilon\varepsilon_0 E^2 = \frac{1}{2}\,(\boldsymbol{E}\cdot\boldsymbol{D}) \\ = \frac{1}{2}\varepsilon_0 E^2 + \frac{1}{2}\,(\boldsymbol{P}\cdot\boldsymbol{E}) \\ = \text{Vakuumanteil} + \text{Polarisationsanteil}\,. \tag{19.101}$$

Wir haben rechterhand noch zwei weitere Schreibweisen der Energiedichte aufgeführt, nämlich einmal als Skalarprodukt von $\boldsymbol{E}$- und $\boldsymbol{D}$-Feld und weiterhin als Summe aus einem Vakuumanteil und einem Polarisationsanteil. Multiplizieren wir letzteren mit dem Volumen

$$E^{(\mathrm{p})} = \frac{1}{2}\,(\boldsymbol{P}\cdot\boldsymbol{E})\,V = \frac{1}{2}\sigma_\mathrm{P}|\boldsymbol{E}|Ad = \frac{1}{2}Q_\mathrm{P}U\,, \tag{19.102}$$

so erhalten wir analog zu (19.53) diejenige Energie, die notwendig war, um die Polarisationsladung Q_P beim Hochfahren der Kondensatorspannung von Null auf U aufzubauen. Es ist die im Dipol $\boldsymbol{P}\cdot V$ gespeicherte Feldenergie.

* Elektrische Kraftwirkungen auf Dielektrika

Ähnlich wie ein Leiter die elektrische Feldenergiedichte ϱ_E aus seinem Innern durch influenzierte Oberflächenladung verdrängt (vgl. Abschn. 19.8), so auch ein Dielektrikum durch seine Polarisation, allerdings nicht komplett wie ein Leiter, sondern nur um den Faktor ε gemäß

$$\varrho_\mathrm{EV} = \frac{1}{2}\varepsilon_0 E_\mathrm{V}^2 \quad \text{und} \quad \varrho_\mathrm{eD} = \frac{1}{2}\varepsilon\varepsilon_0 E_\mathrm{D}^2 = \frac{1}{2}\varepsilon\varepsilon_0 (E_\mathrm{V}^2/\varepsilon)^2 = \varrho_\mathrm{EV}/\varepsilon\,. \tag{19.103}$$

So wie ein Leiter baut also auch ein Dielektrikum an seiner Oberfläche eine Bildladung gegenüber einer äußeren Ladung auf mit der zugehörigen Bildkraft zwischen beiden. Sie zieht folglich auch das Dielektrikum in Richtung des Feldgradienten ins stärkere Feld hinein, weil dort durch Polarisation nach (19.103) mehr Feldenergie abgebaut wird als im schwachen Feld. Hierzu folgender Versuch.

VERSUCH 19.13

Kraftwirkung auf Dielektrikum im inhomogenen $\boldsymbol{E}$-Feld. Wir erzeugen ein inhomogenes $\boldsymbol{E}$-Feld zwischen einer Platte und einer gegenüberliegenden Kegelspitze und hängen ein dielektrisches Stäbchen (z. B. aus Kunststoff) an einem Faden waagerecht dazwischen auf (s. Abb. 19.46). Beim Einschalten des Feldes dreht es sich aus der gestrichelt gezeichneten Lage in die Verbindungsachse hinein und auf die Spitze zu (im Sinne der Pfeile), umso den Raum maximalen $\boldsymbol{E}$-Feldes einnehmen zu können. Auf die gleiche Weise wird ein Stück Eisen

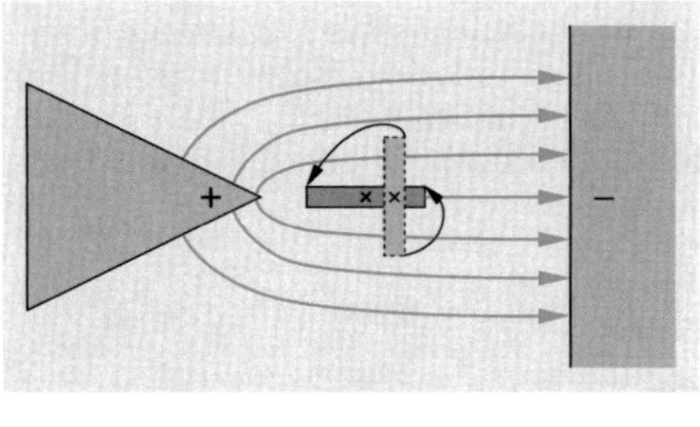

Abb. 19.46. Hineinziehen eines an einem Faden aufgehängten, dielektrischen Stäbchens in das Gebiet maximalen $\boldsymbol{E}$-Feldes

durch Magnetisierung ins Magnetfeld gezogen (s. Kap. 23), wobei allerdings sehr viel stärkere Kräfte erreicht werden.

Wir können die Kraftwirkung eines inhomogenen Feldes auf ein Dielektrikum am Beispiel der Abb. 19.47a ableiten, wo wir ein kleines Probestück der Dicke d ins inhomogene Feld einer (positiven) Punktladung gesetzt haben. Die ihr zugewandte Oberflächenladung wird stärker angezogen, als die abgewandte abgestoßen und die Differenz der Kräfte ist

$$\begin{aligned} \boldsymbol{F} &= \boldsymbol{F}_- - \boldsymbol{F}_+ \\ &= [-Q_\mathrm{P}E(r) + Q_\mathrm{P}E(r+d)]\hat{\boldsymbol{r}} \approx Q_\mathrm{P}d\frac{\mathrm{d}E}{\mathrm{d}r}\hat{\boldsymbol{r}} = p\,\mathbf{grad}E\,, \\ &= PV\,\mathbf{grad}E = \chi\varepsilon_0 VE\,\mathbf{grad}E\,. \end{aligned} \tag{19.104}$$

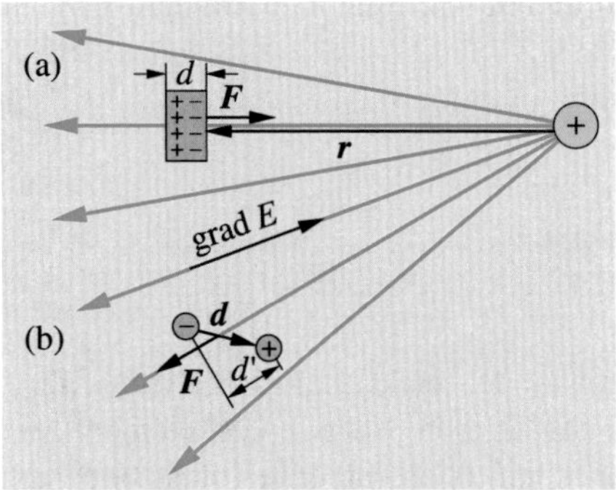

Abb. 19.47. Resultierende Kraftwirkung auf elektrische Dipolmomente im inhomogenen Feld einer Punktladung. (**a**) bei Polarisation eines Dielektrikums, (**b**) für einen permanenten Dipol mit der Projektion $(\boldsymbol{p}\cdot\hat{\boldsymbol{E}}) = Qd'$ auf das $\boldsymbol{E}$-Feld

Natürlich gilt diese geometrische Überlegung nicht nur für einen durch Polarisation entstandenen, sondern auch für einen permanenten Dipol $\boldsymbol{p}$; allerdings müssen wir auf seine im Prinzip freie Orientierung zum $\boldsymbol{E}$-Feld achten, die nach (19.62) mit der Orientierungsenergie

$$E_\mathrm{p}(\vartheta) = -pE\cos\vartheta = -(\boldsymbol{p}\cdot\boldsymbol{E})$$

verknüpft ist. Die Kraft im Feldgradienten ist demnach

$$\boldsymbol{F} = -\mathbf{grad}E_\mathrm{p} = +\mathbf{grad}(\boldsymbol{p}\cdot\boldsymbol{E}) = (\boldsymbol{p}\cdot\hat{\boldsymbol{E}})\mathbf{grad}|\boldsymbol{E}|\,. \tag{19.105}$$

Je nach Orientierung ist sie anziehend oder abstoßend.

Das gleichzeitig wirkende Drehmoment (19.61) ist allerdings bestrebt, den Dipol in Feldrichtung ($\vartheta = 0$) zu drehen, sodaß er von der freien Ladung angezogen wird, d. h. in Richtung $\mathbf{grad}|\boldsymbol{E}|$. So geschieht es ja auch laut (19.104) mit den permanenten molekularen Dipolen eines Dielektrikums.

Die Wechselwirkung von Dipolen mit elektrischen Feldern, insbesondere mit hochfrequenten Wechselfeldern bis hin zum Licht, spielt eine überragende Rolle in Atom- und Molekülphysik.

20. Gleichströme

INHALT

Wir behandeln in diesem Kapitel Phänomene der **elektrischen Leitung**, Zusammenhänge zwischen Strom und Spannung in den Netzwerken elementarer Schaltungen etc. Wir beschränken uns dabei auf **Gleichströme** im stationären Gleichgewicht; d. h. Ein- und Ausschaltvorgänge sowie Wechselströme bleiben vorläufig ausgeklammert, obwohl viele der hier behandelten Dinge auch auf Wechselströme verallgemeinert werden können. Wir werden auch auf die Ursachen der elektrischen Leitung in den verschiedenen Leitertypen eingehen, soweit sie einer elementaren Behandlung zugänglich sind.

20.1 Elektrischer Strom und elektrischer Widerstand

Wir hatten schon in Abschn. 19.7 einen Leiter dadurch charakterisiert, daß er über eine schier unerschöpfliche Menge **freier Ladungsträger** im Innern verfügt, die durch entgegengesetzte Ladungen im wesentlichen kompensiert sind. Allerdings müssen wir die Bezeichnung „frei“ jetzt doch einschränken insofern, als der Leiter der Bewegung seiner Ladungsträger einen bestimmten, mehr oder weniger großen **elektrischen Widerstand** R entgegensetzt. Wir können ihn als einen Reibungswiderstand verstehen; denn er führt beim Stromfluß zur Erwärmung des Leiters, wie die übliche mechanische Reibung auch. Zur Überwindung dieser Reibungskraft bedarf es also jetzt im Gegensatz zum Fall der Elektrostatik einer **elektrischen Feldstärke** im *Innern* des Leiters, die wir durch Anlegen einer **elektrischen Spannung** U_0 an den Leiterenden erzeugen. Hierzu folgender Versuch:

E. W. Otten, *Repetitorium Experimentalphysik*,
https://doi.org/10.1007/978-3-662-59730-9_20

VERSUCH 20.1

Potentialabfall und Feld im stromdurchflossenen Leiter. Wir verbinden eine Stromquelle auf dem Potential φ_0 mit einem widerstandsbehafteten Leiter R der Länge l_0, zur Erde, d. h. $\varphi = 0$. Wir messen zum einen mit einem Voltmeter die anliegende Gesamtspannung $U_0 = \varphi_0$, sowie mit einem zweiten über einen Abgriff (d. h. einen beweglichen Kontakt) den Potentialverlauf entlang des Leiters (s. Abb. 20.1). Sei der Leiterquerschnitt konstant und das Material homogen über die ganze Länge, so messen wir

$$\varphi(l) = U(l) = \frac{l}{l_0} U_0 , \tag{20.1}$$

d. h. eine lineare Abnahme des Potentials entlang des Leiters.

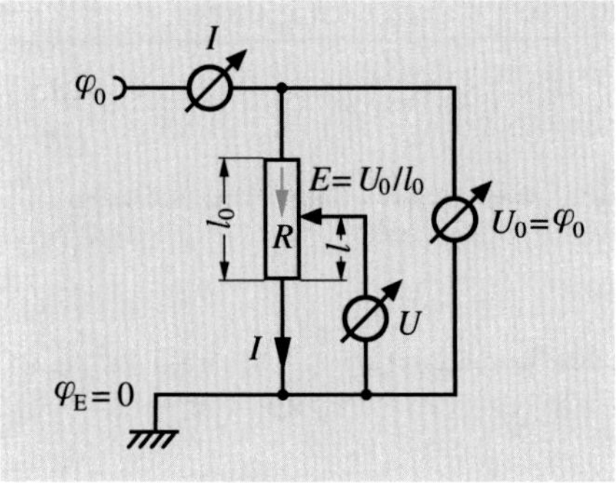

Abb. 20.1. Schaltung zum Nachweis des Potentialabfalls in Stromrichtung entlang eines stromdurchflossenen Leiters

Aus (20.1) schließen wir:

Liegt an einem langgestreckten homogenen Leiter der Länge l_0 die Spannung U_0 an, so herrscht im Innern eine konstante Feldstärke

$$E = \frac{U_0}{l_0} , \tag{20.2}$$

die den Strom antreibt.

Die potentielle Energie $q \cdot \varphi_0$, die die Ladungsträger beim Austritt aus der Stromquelle besitzen, geht entlang des Leiters kontinuierlich verloren, indem sie in Reibungswärme umgesetzt wird. Die Ladungsträger werden also im Leiter unter dem Einfluß der elektrischen Feldstärke nicht beschleunigt, wie im freien Fall (das würde im Vakuum geschehen) sondern „sickern" – bildlich gesprochen – langsam mit konstanter mittlerer Geschwindigkeit zum unteren Potentialwert, wie Wasser durch eine mit Sand gefüllte, aufrecht gestellte Röhre. Im einen Fall treibt die elektrische Kraft, im anderen die Schwerkraft die Strömung an.

Im folgenden interessieren wir uns für den elektrischen Strom durch den Leiter, der im Versuch 20.1 durch ein Strommeßgerät angezeigt wurde, auf dessen Funktionsweise wir vorläufig nicht eingehen wollen.

Entsprechend unserer allgemeinen Stromdefinition (s. Abschn. 10.1) bezeichnet der **elektrische Strom** I die pro Zeiteinheit durch den Leitungsquerschnitt hindurch tretende Ladungsmenge

$$I = \frac{dQ}{dt}, \qquad [I] = \text{Ampère (A)}. \qquad (20.3)$$

Es sei bemerkt, daß im SI-System die Einheit des Stroms, das Ampère als eine der sieben Grundgrößen (s. Abschn. 19.1) eingeführt ist und nicht die Einheit der Ladungsmenge. Das **Coulomb** C gilt also als abgeleitete Einheit

$$\mathrm{C} = \mathrm{As}$$

und heißt strenggenommen **Ampèresekunde** (As).

Weiterhin erinnern wir an die wichtigen, in Abschn. 10.1 diskutierten Zusammenhänge zwischen dem **Strom** I durch eine Querschnittsfläche A, der **Stromdichte** j, der **Ladungsdichte** ϱ_e und der **Geschwindigkeit** v der Ladungsträger

$$I = \int_A (\boldsymbol{j} \cdot d\boldsymbol{A}') \; ; \qquad \boldsymbol{j} = \varrho_e \cdot \bar{\boldsymbol{v}} \, . \qquad (20.4)$$

Wir hatten schon in Abschn. 19.7 die Dichte der **Leitungselektronen** in einem Metall zu

$$\varrho_e \approx 10^{23}\, e/\mathrm{cm}^3 \approx 10^4\, \mathrm{C/cm}^3 \qquad (20.5)$$

abgeschätzt. Sei der Strom $I = 1\,\mathrm{A}$ und der Leiterquerschnitt $A = 1\,\mathrm{mm}^2$, so erhalten wir nach (20.4 u. 20.5) die mittlere **Driftgeschwindigkeit** der Elektronen in Stromrichtung zu

$$v_D = \frac{I}{A\varrho_e} = \frac{1\,\mathrm{A}}{10^{-2}\,\mathrm{cm}^2\, 10^4\,\mathrm{As/cm}^3} = 10^{-2}\,\frac{\mathrm{cm}}{\mathrm{s}} \quad . \qquad (20.6)$$

Wir sprechen hier von einer *mittleren* Driftgeschwindigkeit der Elektronen im Gegensatz zu ihrer *momentanen* Absolutgeschwindigkeit. Letztere wäre in einem klassischen Elektronengas durch die mittlere thermische Geschwindigkeit nach (14.22)

$$\overline{|v_{\text{therm}}|} = \sqrt{\frac{8kT}{\pi m_e}} \approx 10^6\,\frac{\mathrm{cm}}{\mathrm{s}} \qquad (20.7)$$

! gegeben. Dazwischen liegen acht Größenordnungen! Diese überraschend langsame Drift will so gar nicht zu unserer Erfahrung passen, daß sich elektrische Erscheinungen sehr schnell – in der Tat mit Lichtgeschwindigkeit – auf Leitern ausbreiten. Dabei handelt es sich aber um die Ausbreitungsgeschwindigkeit des elektrischen Feldes entlang des Leiters, das nach Einschalten der Spannung in der Tat schon nach kurzer Laufzeit $t = l/c$ den Strom entlang des gesamten Leiters in Bewegung gesetzt hat. Die Leitungselektronen selber kommen nur im Schneckentempo in einer Art Springprozession vom Fleck, in der sie im Kristallgitter von Stoß zu Stoß hüpfen und dabei ihre im $\boldsymbol{E}$-Feld gewonnene kinetische Energie an das Gitter in Form von Wärme verlieren.

Sie heißt **Joulesche Wärme** und ist gleich dem Verlust an potentieller Energie, d. h. gleich der elektrischen Arbeit, die eine Ladungsmenge Q beim Durchfallen einer Potentialdifferenz U an einem Leiter als Reibungsarbeit geleistet hat. Ihr Zusammenhang mit dem Strom ist definitionsgemäß

$$W = (\varphi_0 - \varphi_1)\, Q = U \cdot Q = \int_{t_0}^{t_1} U \cdot I \mathrm{d}t\,. \tag{20.8}$$

Die SI-Einheit der **elektrischen Arbeit** ist das **Joule**

$$[W] = \mathrm{As} \cdot \mathrm{Volt} = \mathrm{Joule\,(J)}\,. \tag{20.9}$$

Die zeitliche Ableitung der elektrischen Arbeit (20.8)

$$P = \frac{\mathrm{d}W}{\mathrm{d}t} = U \cdot I \tag{20.10}$$

ist per definitionem die elektrische Leistung. Sie ist das Produkt aus Spannung und Strom. Ihre SI-Einheit ist das Watt

$$[P] = \mathrm{Joule/s} = \mathrm{Watt\,(W)}\,. \tag{20.11}$$

Elektrischer Widerstand und spezifischer Widerstand

Wir hatten den Begriff des **Widerstands eines Leiters** schon allgemein als *Behinderung* des Stroms eingeführt.

Es liegt daher nahe, als Definition des Widerstands das Verhältnis aus Spannung und Strom durch einen Leiter zu definieren

$$R = \frac{U}{I}\,, \tag{20.12}$$

mit der SI-Einheit

$$[R] = \frac{\mathrm{V}}{\mathrm{A}} = \mathrm{Ohm}\,(\Omega)\,. \tag{20.13}$$

Sie trägt den Namen Ohm.

Somit können wir alternativ zu (20.11) die im Widerstand verheizte Leistung auch als Funktion von R schreiben

$$P = I^2 R = \frac{U^2}{R}\,. \tag{20.14}$$

Selbstverständlich hängt der Widerstand eines Leiters von den spezifischen Eigenschaften des Materials ab, aber auch von seiner Geometrie, d. h. seiner Länge und seinem Querschnitt.

Um von letzteren abstrahieren zu können, definieren wir einen **spezifischen Widerstand** ϱ bzw. dessen Reziprokwert, die **elektrische Leitfähigkeit** σ, als Proportionalitätsfaktoren zwischen der in einem Leiter herrschenden **elektrischen Feldstärke** und der dadurch hervorgerufenen **Stromdichte**

$$\boldsymbol{j} = \frac{1}{\varrho}\boldsymbol{E} = \sigma \boldsymbol{E} = -\sigma\, \mathbf{grad}\, \varphi \quad \text{mit} \quad [\varrho] = \frac{[E]}{[j]} = \frac{\mathrm{V/m}}{\mathrm{A/m^2}} = \Omega\mathrm{m} \tag{20.15}$$

$$[\sigma] = \Omega^{-1}\mathrm{m}^{-1}\,.$$

Die Verknüpfung von Stromdichte und Gradient des Potentials charakterisiert (20.15) als diffusive Transportgleichung entsprechend dem 1. Fickschen Gesetz (17.16) bzw. (17.25). Es ist evident, daß ϱ und σ vom Material bestimmt sind. Aber damit ist keineswegs gesagt, daß sie echte Materialkonstanten sind in dem Sinne, daß ihr Wert unabhängig von E und j sei. Darüber kann nicht die Definitionsgleichung (20.15) sondern nur das Experiment (s. Abschn. 20.2) entscheiden. Aber wenn der elektrische Widerstand wirklich den Charakter einer Reibung hat, dann ist die Definition (20.15) in Analogie zur mechanischen Reibung sicherlich sinnvoll; denn j ist proportional zur Geschwindigkeit der Ladungsträger und E zu der Kraft auf sie. Beide sind in der Mechanik ebenfalls durch einen Reibungskoeffizienten miteinander verknüpft (s. Abschn. 4.8).

Von ϱ finden wir zurück zum Widerstand R durch Integration über das Leitervolumen, das wir der Einfachheit halber als einen homogenen Zylinder der Länge l und der Querschnittsfläche A annehmen (s. Abb. 20.2). Dann gilt offensichtlich

$$R = \frac{U}{I} = \frac{El}{jA} = \varrho\frac{l}{A} = \frac{l}{\sigma A} = \frac{1}{L}\,. \tag{20.16}$$

Der Vorteil der differentiellen Widerstandsdefinition (20.15) gegenüber der pauschalen (20.12) liegt darin, daß man mit ihr auch den resultierenden Widerstand bei komplizierter Leitergeometrie berechnen kann. Den Reziprokwert des Widerstandes nennen wir den **elektrischen Leitwert** (L). Mit (20.14–16) können wir auch die elektrische Leistung differentiell als lokale Leistungsdichte angeben

$$\mathrm{d}P^{(\mathrm{e})}/\mathrm{d}V = (\boldsymbol{E}\cdot\boldsymbol{j}) = \sigma\boldsymbol{E}^2 = \varrho\boldsymbol{j}^2\,. \tag{20.14'}$$

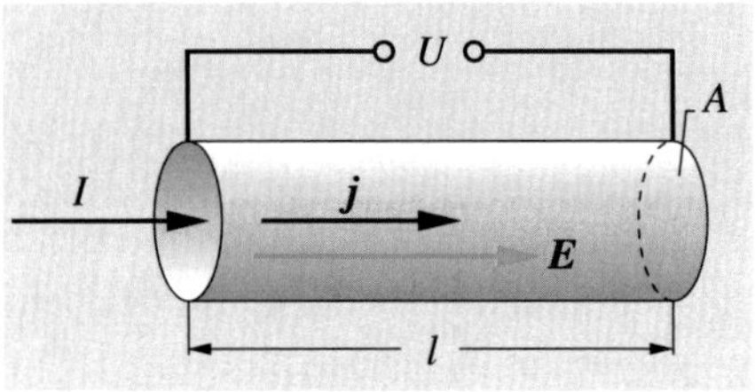

Abb. 20.2. Skizze zur Berechnung des Widerstandes eines zylindrischen Leiters mit Gleichung (20.15)

* Elektrisches Feld eines stromführenden Leiters

Wir wollen am Ende dieses Abschnitts noch einmal auf das Feld eines stromdurchflossenen Leiters zurückkommen und es auch *außerhalb* des Leiters diskutieren, obwohl es im Kontext von Gleichströmen eher ein Seitenthema ist.

Wir hatten in Versuch (20.1) beobachtet, daß die Spannung entlang eines homogenen Leiters einen linearen Verlauf hat, die elektrische Feldstärke im Innern also konstant auf der ganzen Länge ist. Bei veränderlichem Querschnitt gilt das zwar nicht mehr, weil sich dann die Stromdichte und damit auch die Feldstärke nach (20.15) ändern. Nach wie vor gilt aber, daß die elektrische Feldstärke an der *inneren* Leiteroberfläche unter allen Umständen *parallel* zu ihr laufen muß. Denn eine Vertikalkomponente würde nach (20.15) zwangsläufig Ladung auf die Oberfläche treiben und dort immer weiter anhäufen entgegen der Voraussetzung *stationärer* Strom- und Spannungsverhältnisse im Leiter (s. Abb. 20.3). Diese Tangentialkomponente setzt sich auch zufolge (19.82) stetig in den Außenraum fort.

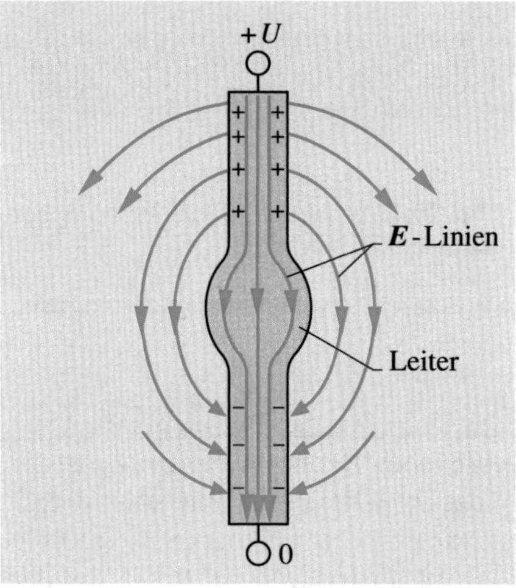

Abb. 20.3. Qualitative Skizze des ***E***-Feldes im Innen- und Außenraum eines Leiters, der unter dem Spannungsabfall U steht. Das Feld im Innern entspricht nach (20.15) auch dem der Stromdichte. Die lokale Oberflächenladung ist schematisch durch + und − angedeutet

Außerdem hat das ***E***-Feld auf der Leiteraußenseite eine Normalkomponente, die auf eine **Oberflächenladung** zurückgeht, wie bei jedem unter Spannung stehenden Leiter. Diese Feldlinien laufen zum Teil wieder auf den Leiter zurück, nämlich zu einem Punkt tieferen Potentials entsprechend dem Spannungsabfall entlang des Leiters. Somit wechselt die Oberflächenladung auch ihr Vorzeichen, bildet also eine Art Dipol.

Bei Gleichströmen sind diese Oberflächenladungen stationär und daher eigentlich belanglos. Bei hochfrequenten *Wechselströmen* führt ihr schneller Wechsel jedoch zu *kapazitiven Strömen* und schließlich zur *Abstrahlung* des von ihnen erzeugten Feldes, wie der **Hertzsche Dipol** zeigt (s. Abschn. 26.5, 26.6).

20.2 Ohmsches Gesetz

Der besondere Wert der Definitionen des Widerstands (20.12) und des spezifischen Widerstands (20.15) liegt darin, daß sie für die meisten Leiter in weiten Grenzen von Spannung und Strom *unabhängig*, also wirkliche Materialkonstanten sind! Es gilt also

$$\frac{U}{I} = R = \text{const}\,. \qquad (20.17)$$

Dies ist die Aussage des **Ohmschen Gesetzes**.

Wir prüfen das Ohmsche Gesetz in folgender Schaltung:

VERSUCH 20.2

Ohmsches Gesetz. Ein Widerstand R_V mit variablem Abgriff ist an eine Gleichspannungsquelle mit der Spannung $U = U_0$ angeschlossen (s. Abb. 20.4). Mit Hilfe des Abgriffs erzeugen wir eine variable Spannung U an dem zu prüfenden Widerstand R. Wir messen den Strom I

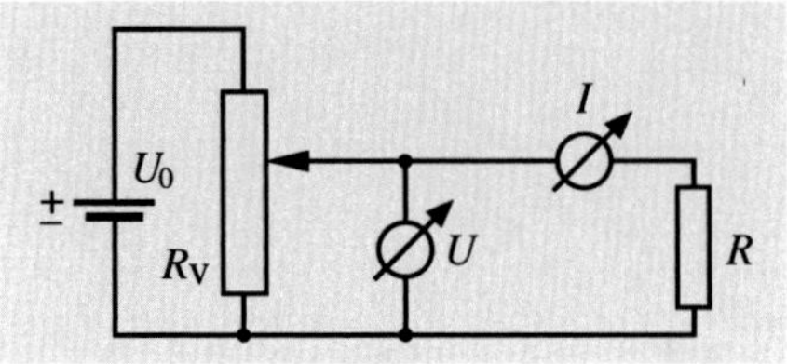

Abb. 20.4. Schaltskizze zur Prüfung des Ohmschen Gesetzes

durch den Widerstand als Funktion der anliegenden Spannung U und konstatieren die Konstanz des Quotienten $U/I = R$.

Wichtige *Ausnahmen* vom Ohmschen Gesetz bilden die **Plasmen** ionisierter Gase. Hier sinkt der Widerstand mit wachsendem Strom, weil die Zahl der Ionisationsprozesse und damit die Dichte der Ladungsträger mit wachsender Stromdichte zunimmt. Aber auch der Widerstand Ohmscher Leiter, die also (20.17) befolgen, ist nicht unter allen Umständen konstant. Er hängt in der Regel von der *Temperatur* des Leiters ab, manchmal sogar in extremer Weise (s. Abschn. 20.5). Das Temperaturverhalten ist dabei charakteristisch für die verschiedenen Leiterklassen. In Tabelle 20.1 haben wir den **spezifischen Widerstand** einiger typischer Metalle, Elektrolyte und Isolatoren aufgeführt.

Tabelle 20.1. Spezifischer Widerstand ϱ einiger Stoffe bei Zimmertemperatur

Stoff	ϱ / Ωm	Klassifizierung
Ag	$1{,}5 \cdot 10^{-8}$	metallische Leiter
Cu	$1{,}55 \cdot 10^{-8}$	
Graphit	$3 \cdot 10^{-5}$	Halbleiter
HCl, (1 normal)	0,033	Elektrolyt
Glas	10^{11}–10^{12}	Isolatoren
Bernstein	$> 10^{16}$	
Trolitul	$> 10^{16}$	
Polystyrol	$> 10^{16}$	

20.3 Kirchhoffsche Gesetze

Jede nicht triviale Schaltung weist in der Regel **Verzweigungspunkte** auf und bildet **Maschen** mit den verschiedensten Bauelementen: Spannungsquellen, Widerständen, Kapazitäten, Induktivitäten etc. Im Zusammenhang mit Gleichströmen beschränken wir uns auf *Spannungsquellen* und *Widerstände*. Wie berechnet man Spannungs- und Stromverlauf in solchen **Netzwerken**? Hierzu hat *Gustav Kirchhoff* zwei Gesetze formuliert, mit deren Hilfe diese Aufgaben *eindeutig* gelöst werden können.

Das **1. Kirchhoffsche Gesetz** bezieht sich auf einen Verzweigungspunkt, auch Knotenpunkt genannt. Es besagt: In einem **Verzweigungspunkt** ist die Summe der zufließenden gleich der Summe der abfließenden Ströme.

Es ist eigentlich trivial; denn es konstatiert nichts weiter als die Erhaltung der Ladung. Wäre die Bilanz nämlich nicht ausgeglichen, so müßte im Verzweigungspunkt Ladung vernichtet oder erzeugt werden, was ausgeschlossen ist. Bliebe nur noch, daß sie sich dort anhäuft. Aber dann müßte sich dieser Punkt immer weiter aufladen entgegen der Voraussetzung *konstanter* Strom- und Spannungsverhältnisse im Leitersystem. Man prüft das 1. Kirchhoffsche Gesetz am einfachsten in folgender Schaltung:

VERSUCH 20.3

1. Kirchhoffsches Gesetz. Wir schalten zwei variable Widerstände R_1 und R_2 parallel an eine Spannungsquelle an (s. Abb. 20.5). Sie bilden eine Masche mit zwei Knotenpunkten an den Anschlußstellen der Spannungsquelle. Wir messen den zufließenden Strom I_0 und die beiden abfließenden I_1, I_2, die wir mit R_1 und R_2 beliebig variieren können. Wir bestätigen für alle Wertepaare

$$I_0 = I_1 + I_2 \,. \tag{20.18}$$

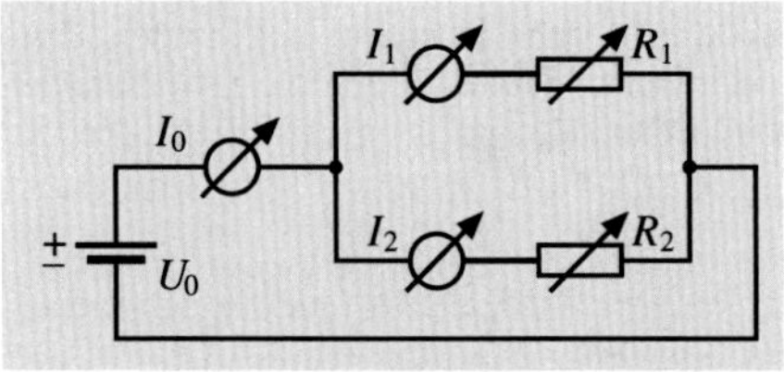

Abb. 20.5. Schaltskizze zur Prüfung des 1. Kirchhoffschen Gesetzes

Das **2. Kirchhoffsche Gesetz** bezieht sich auf Maschen. Greifen wir aus einem beliebigen Netzwerk aus Spannungsquellen und Widerständen irgendeine geschlossene Masche heraus (s. Abb. 20.6) und zählen beim Umlauf um diese Masche eine Zahl von M-Widerständen R_i, die jeweils von Strömen I_i durchflossen sind und enthalte die Masche ferner N-Spannungsquellen mit den eingeprägten Spannungen $U_k^{(e)}$, so gilt folgende Balance zwischen Strömen und Spannungen

$$\sum_{i=1}^{M} I_i R_i = \sum_{k=1}^{N} U_k^{(e)} \,. \tag{20.19}$$

Die Summe der an den Widerständen einer **Masche** erlittenen Spannungsverluste ist gleich der Summe der in dieser Masche aus Spannungsquellen zur Verfügung gestellten **eingeprägten Spannungen**.

Als eingeprägte Spannungsquellen gelten solche, die dem Stromkreis aktiv elektrische Energie zuführen, wie etwa eine chemische Batterie. In ihnen wird die im Stromkreis umlaufende Ladung wieder auf ein höheres Potential gehoben und somit ihr in den Widerständen erlittener Energieverlust ausgeglichen. Das mechanische Analogon hierzu wäre z. B. ein künstlicher Wasserfall, bei dem das herabgeflossene Wasser wieder auf die Ausgangshöhe zurückgepumpt wird. Dort verträte die Pumpe die Rolle der Spannungsquelle. Auch im elektrischen Feld bedarf es hierzu einer äußeren Kraft, die wir sinngemäß **elektromotorische Kraft** nennen. Bei der Batterie leitet sie sich aus der chemischen Energie her, die bei den

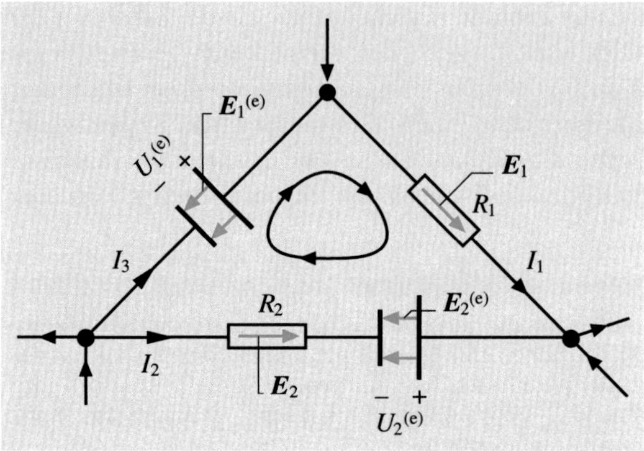

Abb. 20.6. Masche in einem Netzwerk aus Spannungsquellen und Widerständen. An den Knotenpunkten mögen weitere Ströme in die Masche ein- oder ausfließen. Bei der Bilanzierung nach dem 2. Kirchhoffschen Gesetz (20.19) wird die Masche in einem bestimmten Umlaufsinn, z. B. wie gezeichnet, durchlaufen. Die schwarzen Pfeile mögen die *tatsächlichen* Stromrichtungen anzeigen. Im Maschensinne wären dann I_3 und I_1 positiv, I_2 negativ zu rechnen

Reaktionen zwischen Elektrolyt und Elektroden frei wird. Beim Generator sind es veränderliche Magnetfelder, die die Ladungen antreiben, dann allerdings in der Regel als Wechselströme.

Das 2. Kirchhoffsche Gesetz folgt aus dem konservativen Charakter des elektrischen Feldes; denn auch in Gleichstromkreisen muß nach wie vor das Ringintegral über die elektrische Feldstärke (s. (19.16)) verschwinden. Wir teilen hierzu das Ringintegral auf in die Teilstücke (s. Abb. 20.6)

$$E_i s_i = U_i = R_i I_i \,,$$

die in den Widerständen durchlaufen werden, und in die Teilstücke

$$E_k^{(e)} s_k = -U_k^{(e)} \,,$$

die in den eingeprägten Spannungsquellen durchlaufen werden. Erstere sind positiv, wenn die jeweilige Stromrichtung parallel zum Umlaufsinn ist, letztere negativ, wenn die Spannungsquelle vom Minus- zum Pluspol durchlaufen wird. (In (20.19) zählt eine in diesem Sinn durchlaufene eingeprägte Spannung allerdings als positiv, weil sie auf die rechte Seite geschrieben ist.) Verlangen wir nun, daß die Summe aller Teilstücke verschwindet

$$0 = \oint_{\text{Masche}} (\boldsymbol{E} \cdot \mathrm{d}\boldsymbol{s}) = \sum_{i=1}^{M} E_i s_i + \sum_{i=1}^{N} E_k^{(e)} s_k = \sum_{i=1}^{M} R_i I_i - \sum_{k=1}^{N} U_k^{(e)} \,,$$

so ist das gerade die Aussage des 2. Kirchhoffschen Gesetzes (20.19). Diese Überlegung muß unabhängig davon gelten, ob und wie sich die Ströme an den Knotenpunkten in das umgebende Netzwerk verzweigen.

> Wendet man die beiden Kirchhoffschen Gesetze auf alle Knoten und Maschen in einem Netzwerk an, so entsteht ein lineares Gleichungssystem, aus dem alle Ströme im Netzwerk berechnet werden können, gleichgültig wie kompliziert es sei!

Das trivialste Beispiel zu (20.19) ist die **Serienschaltung zweier Widerstände** R_1, R_2. Da sie vom gleichen Strom durchflossen werden, können wir sie zum resultierenden Gesamtwiderstand zusammenaddieren

$$R = R_1 + R_2 \,. \tag{20.20}$$

Ein einfaches Netzwerk ist auch die **Parallelschaltung zweier Widerstände** an eine Spannungsquelle (s. Abb. 20.7). Wie teilen sich die Ströme auf ? Da die Masche der beiden Widerstände keine Spannungsquelle enthält, liefert (20.19) das Resultat

$$I_1 R_1 - I_2 R_2 = 0 \quad \curvearrowright \quad \frac{I_1}{I_2} = \frac{R_2}{R_1} \,. \tag{20.21}$$

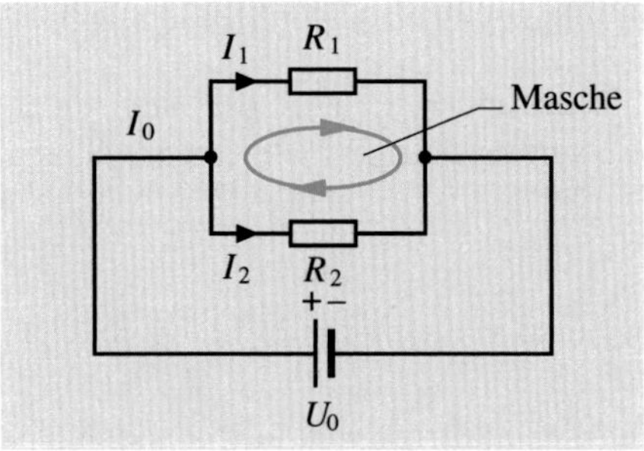

Abb. 20.7. Parallelgeschaltete Widerstände an einer Spannungsquelle

Die Ströme stehen also im umgekehrten Verhältnis der Widerstände. Weiterhin fragen wir nach dem resultierenden Leitwert der parallelen Widerstände, definiert durch (s. Abb. 20.7)

$$L = \frac{I_0}{U_0} \,.$$

Es gilt nach der Knotenregel

$$\frac{I_0}{U_0} = \frac{I_1}{U_0} + \frac{I_2}{U_0} = L_1 + L_2 = L \,. \tag{20.22}$$

Die Leitwerte der beiden Widerstände addieren sich also zum resultierenden Leitwert, folglich auch die Reziprokwerte der Widerstände:

$$\frac{1}{R_1} + \frac{1}{R_2} = \frac{1}{R} \,. \tag{20.22'}$$

Im übrigen gelten (20.20) und (20.22) natürlich auch für mehr als 2 Widerstände.

Innenwiderstand von Meßinstrumenten

Jedes Meßinstrument zur Strom- oder Spannungsmessung hat eine gewisse wenn auch kleine Leistungsaufnahme, ausgenommen das elektrostatische Voltmeter. Bei empfindlichen Messungen kann das sehr störend wirken und die Meßwerte ohne entsprechende Korrektur erheblich verfälschen. Das Meßwerk eines Drehspulinstruments (s. Abschn. 21.4) nimmt bei Vollausschlag typischerweise einen Strom von 100 μA und einen Spannungsabfall von 100 mV, entsprechend einer Leistung von 10 μW in Anspruch. (Ein Oszillograph begnügt sich bei 100 mV mit 100 nA, ebenso moderne elektronische Handmeßgeräte mit digitaler Anzeige.) Das genannte Drehspulinstrument stellt daher einen Widerstand

$$R_\mathrm{i} = \frac{100\,\mathrm{mV}}{100\,\mu\mathrm{A}} = 1000\,\Omega = 1\,\mathrm{k}\Omega\,,$$

dar, den wir **Innenwiderstand** nennen. (beim Oszillographen entsprechend 1 MΩ). Wollen wir mit zwei Instrumenten Strom und Spannung an einem Widerstand R messen und benutzen wir das genannte Instrument als Ampèremeter in der Schaltung der Abb. 20.8a, so erhöht, bzw. verfälscht es die Spannungsanzeige am Voltmeter um

$$\delta U = R_\mathrm{i} I$$

bzw. relativ um

$$\frac{\delta U}{U} = \frac{R_\mathrm{i}}{R}\,.$$

Es ist also nur zur Messung an *hochohmigen* Widerständen geeignet. Benutzen wir es andererseits als Voltmeter nach Abb. 20.8b, so verfälscht es den gemessenen Strom um

$$\delta I = \frac{U}{R_\mathrm{i}}$$

bzw. relativ um

$$\frac{\delta I}{I} = \frac{R}{R_\mathrm{i}}\,.$$

Als Voltmeter eignet es sich also umgekehrt nur an relativ *kleinen* Widerständen.

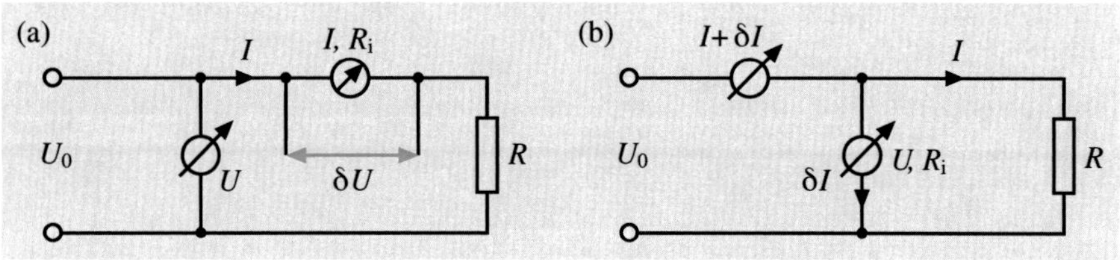

Abb. 20.8. (**a**) Spannungsfehler δU bei korrekter Strommessung durch R. (**b**) Stromfehler δI bei korrekter Spannungsmessung. Der Innenwiderstand der Instrumente sei jeweils R_i

Will man den Meßbereich des genannten Instruments z. B. als Voltmeter um den Faktor 10 auf 1 V Vollausschlag erhöhen, so schaltet man einen Vorwiderstand

$$R_\mathrm{V} = 9R_\mathrm{i}$$

in Reihe, wodurch sich, von außen gesehen, auch der Innenwiderstand des Voltmeters um den Faktor 10 erhöht. Entsprechendes gilt für die Umschaltung in noch höhere Meßbereiche für 10 V, 100 V etc.

Will man andererseits den Meßbereich als Ampèremeter um den Faktor 10 erhöhen, so schaltet man den 9-fachen Leitwert

$$L_P = \frac{1}{R_P} = \frac{9}{R_i}$$

parallel dazu. Dadurch erniedrigt sich der Innenwiderstand des Ampèremeters um den Faktor 10.

Brückenschaltungen

Wichtige Anwendungsbeispiele der Kirchhoffschen Gesetze sind sogenannte **Brückenschaltungen**, die sehr empfindliche und (je nach Qualität der Bauelemente) auch sehr präzise Meßverfahren für Spannungen, Ströme und Widerstände darstellen. Je nach Anwendungszweck gibt es verschiedene Varianten. Sie alle haben gemeinsam, daß man zwei Knotenpunkte in einer Masche mit einem empfindlichen Instrument überbrückt und andere Elemente der Masche, Widerstände oder Spannungen so variiert, daß die *Brücke stromlos* wird. Daraus gewinnt man dann eine Bestimmungsgleichung für die gesuchte Größe. Wir besprechen zwei Beipiele im Versuch.

VERSUCH 20.4

Wheatstone-Brücke zur Widerstandsmessung. Wir schalten den unbekannten Widerstand R_x in ein Dreieck mit einem bekannten Widerstand R_2 und einem homogenen Widerstandsdraht der Länge L (s. Abb. 20.9). Ein empfindliches Meßinstrument überbrückt den Knoten zwischen R_x und R_2 zu einem variablen Abgriff auf dem Widerstandsdraht, der an die Spannungsquelle U_0 angeschlossen ist. Wir variieren den Abgriff solange, bis die Brücke stromlos ist ($I_3 = 0$). Dann gilt in der 1. Masche

$$R_x I_1 - R_3 I_2 = 0$$

und in der zweiten Masche

$$R_2 I_1 - R_4 I_2 = 0 .$$

Der Quotient dieser beiden Gleichungen ergibt die Bestimmungsgleichung für R_x

$$\frac{R_x}{R_2} = \frac{R_3}{R_4} = \frac{l}{L-l} . \tag{20.23}$$

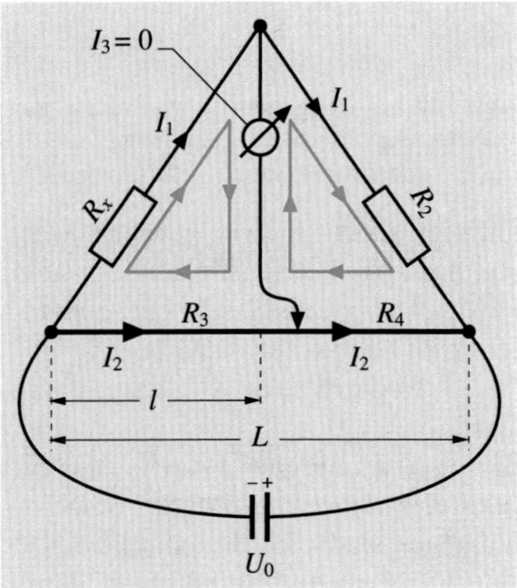

Abb. 20.9. Wheatstone-Brücke, abgeglichen auf $I_3 = 0$

Je empfindlicher das Meßgerät in der Brücke, umso schärfer ist auch der Abgleich! Der Fehler in R_x ist dann allein durch den Fehler der Vergleichswiderstände bestimmt. Bei sehr genauen Messungen ersetzt man daher den Schleifdraht durch einen Satz abgestufter Präzisionswiderstände, die über 4 bis 5 Dekaden die Einstellung jeden Zwischenwerts erlauben, wobei jede Dekade in vier Widerstände im Verhältnis 1 : 2 : 3 : 4 mit Überbrückungsschaltern aufgeteilt ist (s. Abb. 20.10).

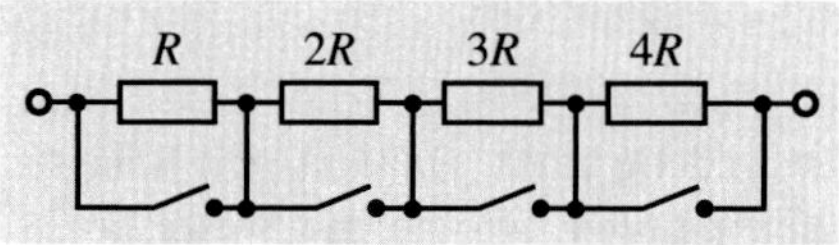

Abb. 20.10. Widerstandsdekade für das Intervall $0 \leq R \leq 10\,R$ in Schritten von $1\,R$

VERSUCH 20.5

Kompensationsspannungsmessung nach Poggendorf. In der Poggendorfschen Brücke (s. Abb. 20.11) bestimmt man eine unbekannte Spannung U_x durch Vergleich mit einer bekannten Eichspannung U_0 und den Widerständen R_1, R_2 bei abgeglichener Brücke $I_1 = 0$. In der unteren Masche aus U_x, R_1 und R_2 gilt nach (20.19)

$$U_x = (R_1 + R_2)I_2$$

und in der oberen aus U_0 und R_1

$$U_0 = R_1 I_2 \,.$$

Wiederum erhalten wir durch Division der beiden Gleichungen die Bestimmungsgleichung für U_x

$$\frac{U_x}{U_0} = \frac{R_1 + R_2}{R_1} = \frac{L}{l} \,. \qquad (20.24)$$

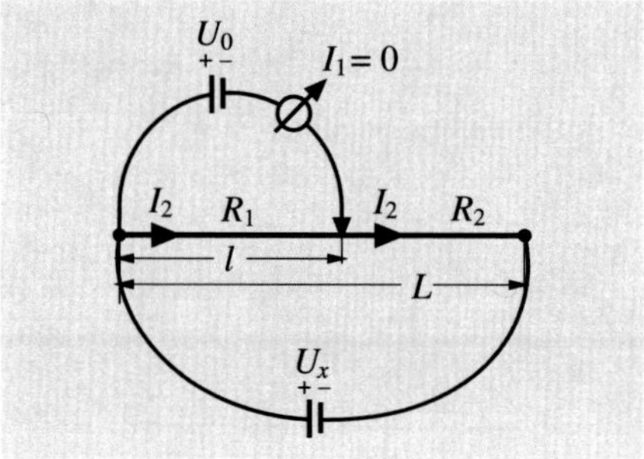

Abb. 20.11. Poggendorfsche Brücke zur Kompensationsspannungsmessung

Als Spannungsnormale in Brückenschaltungen dient bei sehr genauen Messungen das **Wheatstonesche Normalelement**, das zwischen einer Cadmium- und Quecksilberelektrode in einem Cadmiumsulphatelektrolyten eine sehr gut reproduzierbare Spannung von 1,0830 V liefert. Wichtig ist hierbei auch, daß bei abgeglichener Brücke das Spannungsnormal stromlos ist, wodurch seine Klemmspannung unbeeinflußt von seinem Innenwiderstand bleibt.

Brückenschaltungen finden auch in modernen elektronischen Präzisionsinstrumenten Verwendung, wobei elektronische und elektromechanische Servomechanismen den Abgleich besorgen. Brückenschaltungen sind auch das entscheidende Kontrollglied in allen **Regelverstärkern**, z. B. in sogenannten **Netzgeräten**, deren

Zweck es ist, eine konstante Ausgangsspannung U_A oder Stromstärke I_A zu liefern, deren Wert gegen Lastschwankungen, also Widerstandsveränderungen des Verbrauchers R_A stabilisiert sind (s. Abb. 20.12).

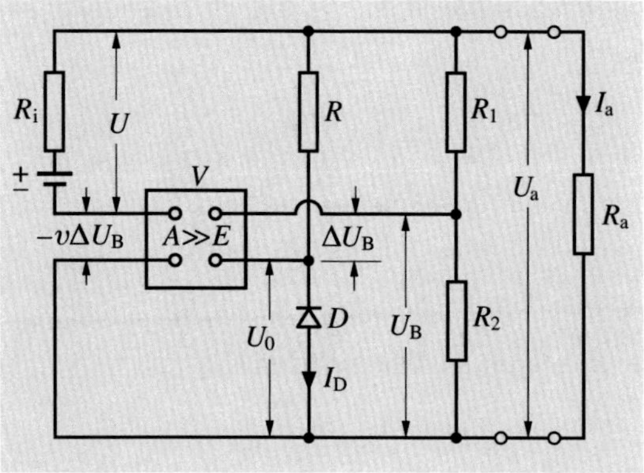

Abb. 20.12. Prinzipschaltung eines spannungsstabilisierten Netzgerätes. Die Ausgangsspannung U_A wird durch einen Spannungsteiler aus R_1 und R_2 auf einen Bruchteil $U_B = U_A \cdot R_1/(R_1 + R_2)$ geteilt und mit einer konstanten Normalspannung U_0 verglichen. In der Brücke liegt der Eingang E eines Verstärkers V, der die Aufgabe hat, eine dort auftretende Abweichung ΔU_B wegzuregeln. Hierzu verstärkt er sie um einen möglichst großen Faktor $v \gg 1$ und addiert sie am Ausgang A mit umgekehrten Vorzeichen als $-v\Delta U_B$ zur ungeregelten Spannung $U \approx U_a$ der primären Spannungsquelle hinzu. Ändere diese ihren Spannungswert U um ΔU_a, so reduziert der Regelverstärker diese Abweichung auf den Bruchteil $\delta U_a/\Delta U_a = 1/[1 + vR_1/(R_1 + R_2)] \ll 1$. Ein Spannungsabfall $\Delta U_a = \Delta I_a \cdot R_i$ wird z. B. durch die Änderung des Laststroms ΔI_a hervorgerufen, wenn die primäre Spannungsquelle einen endlichen Innenwiderstand R_i (s.u.) hat. Als Spannungsnormal U_0 dient in der Regel die Durchbruchspannung einer in Sperrichtung betriebenen Halbleiterdiode, D (s. Abschn. 25.2), die relativ unabhängig vom Diodenstrom I_D sehr konstant und reproduzierbar ist

Innenwiderstand einer Spannungsquelle

In der Regel hat eine Spannungsquelle wie z. B. eine Batterie, einen bestimmten, endlichen **Innenwiderstand** R_i, der bei Belastung mit dem Strom I_a zur Abnahme der Ausgangsspannung U_a

$$U_a = U_{a0} - I_a R_i \qquad (20.25)$$

führt (s. Abb. 20.13a). Bei $R_a = 0$ wird der **Kurzschlußstrom**

$$I_{max} = \frac{U_{a0}}{R_i}$$

erreicht. Die an den Verbraucher abgegebene Leistung

$$P_a = U_a I_a$$

ist gleich der in Abb. 20.13b eingezeichneten Rechteckfläche. Als Funktion des Arbeitspunkts (U_a, I_a) erreicht sie ihr Maximum bei $U_{a0}/2$ entsprechend $R_a = R_i$.

Bei **elektronischen Bauelementen** wie Röhren, Transistoren, Dioden etc. wird die Stromspannungscharakteristik nicht mehr durch einen konstanten Ohmschen

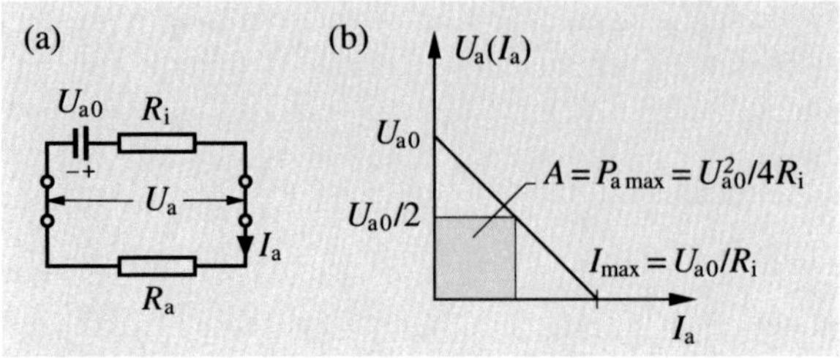

Abb. 20.13. (**a**) Spannungsquelle U_{a0} mit Ohmschem Innenwiderstand R_i und Lastwiderstand R_a; (**b**) zugehörige (U_a, I_a)-Kennlinie

Innenwiderstand nach (20.25) beschrieben. Man begnügt sich dann mit einer Taylor-Entwicklung in der Umgebung eines bestimmten Arbeitspunkts (U_{aA}, I_{aA})

$$U_a = U_{aA} + \left.\frac{\partial U_a}{\partial I_a}\right|_A (I_a - I_{aA}) = U_{aA} - R_i\,(I_a - I_{aA}) \qquad \text{mit}$$

$$R_i = -\left.\frac{\partial U_a}{\partial I_a}\right|_A , \tag{20.26}$$

wobei jetzt in Anlehnung an (20.25) die negative partielle Ableitung von U_a nach I_a am Arbeitspunkt A als Innenwiderstand des Bauelements definiert wird (vgl. Abschn. 25.3). (Man wählt die partielle Ableitung, weil U_a noch von anderen Variablen abhängen kann, z. B. der Ansteuerung eines Transistors mit dem Basisstrom, was hier nicht zur Debatte steht.)

20.4 Elektrische Leitung im Bändermodell

Wir hatten schon mehrfach darauf hingewiesen, daß in metallischen Leitern ca. 1 Elektron pro Gitteratom als freibewegliche Ladung zur Verfügung steht, während die zugehörigen Metallionen fest an ihre Gitterplätze gebunden sind. Wie kommt das zustande? Eine befriedigende Erklärung liefert das **Bändermodell**, das nur im Rahmen einer quantenmechanischen Theorie des Festkörpers beweisbar ist. Erste Hinweise darauf können wir aber schon aus den elementaren Quantenvorstellungen des **Bohrschen Atommodells** gewinnen. Wir haben dazu in Abb. 20.14 linker Hand ein sogenanntes **Termschema** eines freien Atoms schematisch aufgezeichnet. Die Energie seiner Elektronen ist in der Vertikalen aufgetragen. Die nach dem Bohrschen Modell erlaubten Quantenzustände, auch Terme genannt, sind in dieser Energieskala durch waagerechte Striche dargestellt. Sie bilden eine Folge *scharf* definierter Energiezustände, die zur Ionisationsgrenze ($E = 0$) hin konvergiert. Die Zustände werden nach dem Schalenmodell aufgefüllt, angefangen mit zwei Elektronen in der am tiefsten gebundenen K-Schale, dann acht Elektronen in der folgenden L-Schale usw. Nehmen wir den Fall des Natriums ($Z = 11$), so befindet sich ein Elektron in der dritten, der M-Schale. Oberhalb der Ionisierungsenergie ist das Elektron frei und kann jeden beliebigen Energiewert $E > 0$ annehmen. In der Horizontalen ist der Abstand

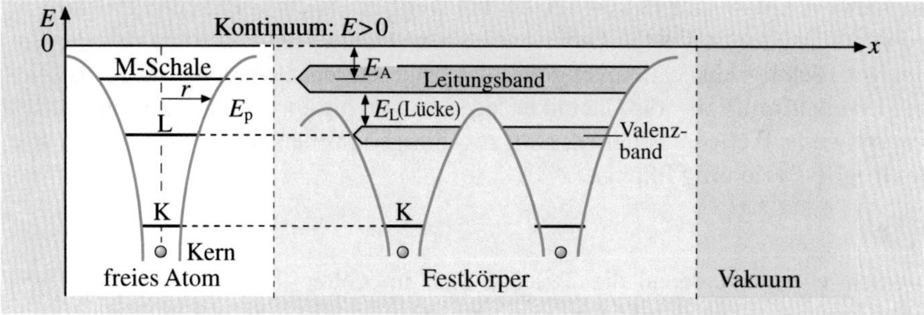

Abb. 20.14. *Links*: Termschema und Coulombpotential eines freien Atoms, *rechts*: Entsprechendes Bänderschema im periodischen Potential der Ionen an den Gitterplätzen des Kristalls

vom Atomkern aufgezeichnet; die eingezeichneten Hyperbeläste entsprechen der Coulomb-Energie $E_p(r)$ der Elektronen nach (19.21) und begrenzen den maximalen Abstand, bis zu dem sich das Elektron bei gegebener Energie vom Kern entfernen kann.

Fügen sich die Atome nun zum Festkörper zusammen, so erreicht das Coulombpotential im Innern wegen der dichten Packung der Atome nicht mehr den Wert 0, sondern biegt schon *vorher* zum nächsten Nachbarn wieder ab. Das kann dazu führen, daß das am schwächsten gebundene Elektron nicht mehr am einzelnen Gitteratom gebunden ist, sondern sich oberhalb der Potentialberge *frei* im sogenannten **Leitungsband** bewegen kann. Erst an der Oberfläche, außerhalb der letzten Atomlage strebt das Coulombpotential wieder gegen 0 und bindet diese sogenannten **Leitungselektronen** mit einer **Austrittsarbeit** in der Größenordnung von

$$1\,\text{eV} \lesssim E_a \lesssim 6\,\text{eV}\,.$$

Gegenüber dem letzten, vollbesetzten Band, dem sogenannten **Valenzband**, ist das **Leitungsband** durch eine **Energielücke** E_L abgesetzt. Sie variiert im Bereich

$$1\,\text{eV} \lesssim E_L \lesssim 5\,\text{eV}\,.$$

Bei unbesetztem Leitungsband ist die untere Grenze typisch für Halbleiter, die obere für Isolatoren.

Die Lücke ist eine *verbotene* Energiezone, innerhalb derer keine Elektronenzustände existieren. Sie korrespondiert in etwa zu der entsprechenden Lücke im *atomaren* Termschema, in unserem Beispiel also der zwischen M- und L-Schale im Natrium.

Innerhalb der Bänder nehmen die Elektronen eine sehr dichte Folge von Energiezuständen an. Jedoch ist ihre Zahl nach dem Pauli-Prinzip beschränkt auf einige Plätze pro Gitteratom, genau wie im freien Atom auch! Dasselbe gilt im Prinzip für das Leitungsband; es ist aber nie voll, sondern höchstens mit 1–2 Elektronen pro Gitteratom besetzt. Bei Halbleitern und Isolatoren ist das Leitungsband so gut wie unbesetzt, das Valenzband dagegen voll besetzt, wie gesagt. Das Zustandekommen von Bändern und Lücken und deren Breiten kann nur im

Rahmen der Quantenmechanik verstanden werden. Da die Elektronen ebenso wie die periodisch angeordneten Gitterionen *ununterscheidbar* sind, kann nicht einem einzigen Elektron ein bestimmter Gitterplatz zugeschrieben werden, sondern es kann seine **Wellenfunktion** – die Chemiker sagen sein **Orbital** – über den ganzen Kristall wie **stehende Wellen** ausbreiten. Den zugehörigen Wellenlängen werden nach der **de Broglie-Beziehung** Impulse

$$p = \frac{h}{\lambda} \tag{20.27}$$

zugeschrieben, mit denen die Teilchen sich im Gitter fortbewegen. Mit diesen Impulsen ist eine translatorische kinetische Energie

$$E_\mathrm{k} = \frac{p^2}{2m}$$

verknüpft, um die sich die einzelnen Zustände innerhalb eines Bandes unterscheiden von $p = 0$ am Boden des Bandes bis zu einem vom Gitter bestimmten p_max an dessen oberer Energiegrenze. Das sind die Grundgedanken des von *Felix Bloch* begründeten **Bändermodells**, das in viele Verästelungen durchexerziert werden muß, um dem großen Formenreichtum kristalliner Bindung gerecht werden zu können.

! Zwar sind im Valenzband die Elektronen delokalisiert, dennoch kommt im *vollen* Valenzband *keine* elektrische Leitung zustande; denn dann müßten die Elektronen *zusätzlichen* Impuls in Richtung der elektrischen Kraft aufnehmen. Das können sie aber nicht, weil *alle* erlaubten Impulszustände bereits besetzt sind! Der Zustand des Elektronensystems kann sich daher unter dem Einfluß des elektrischen Feldes nicht ändern und daher *unterbleibt* die Leitung. ! Für die Elektronen im Leitungsband trifft dieses Argument nicht zu, weil es per definitionem *nie* voll besetzt ist. Schafft man aber im Valenzband Platz, indem man z. B. einem Elektron von außen so viel Energie zuführt, daß es über die Energielücke hinweg ins Leitungsband gehoben wird, so kann das hinterbliebene Loch im Valenzband genauso zur Leitung beitragen, wie das jetzt ins Leitungsband befreite Elektron, allerdings mit umgekehrtem Vorzeichen im Sinne einer positiven Ladung. Wir sprechen von einem **Elektron-Lochpaar** und von **Elektronen-** und **Löcherleitung**. Wollen wir uns ein *anschauliches* Bild von diesen Phänomenen machen, so müssen wir uns hier auf eine rein räumliche Interpretation dieses Lochs zurückziehen und das im Impulsraum, nämlich in der Besetzung der Impulszustände des Valenzbandes entstandene Loch außen vor lassen. Dann sind wir bei einem Modell der Löcherleitung nach Abb. 20.15 angelangt (das aber wohl gemerkt seine Schwächen hat). Greifen wir uns eine Perlenschnur von Gitteratomen heraus und nehmen an, ein bestimmtes habe sein Valenzelektron ins Leitungsband abgegeben und sei als positives Ion hinterblieben. Dann könnte unter dem Einfluß

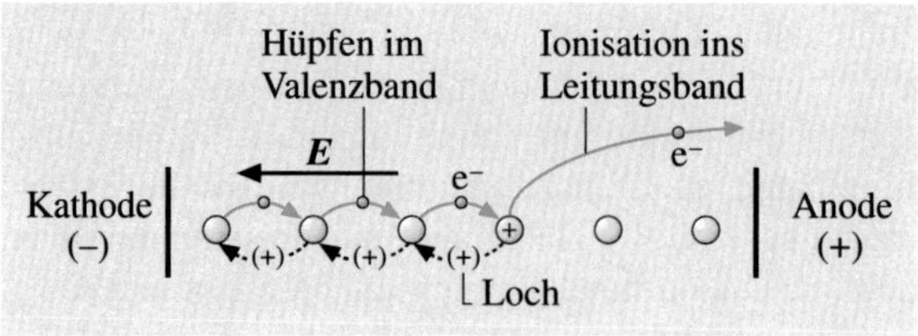

Abb. 20.15. Räumliches Modell der Leitung durch Elektron-Lochpaare in einem Kristall

der nach links gerichteten Feldstärke, d. h. nach rechts gerichteten Kraft ein Elektron des linken Nachbarn in das Loch hüpfen, was den sehr leichten Elektronen durch den **Tunneleffekt** ermöglicht wird. Damit ist das Loch in Richtung der elektrischen Feldstärke weitergegeben und wandert so von Gitterplatz zu Gitterplatz durch den Kristall, wobei eine resultierende positive Ladung bewegt wird. Es geschieht also, oberflächlich gesehen, ähnliches wie in einer Ionisationskammer. Das ist ein Gas zwischen zwei Kondensatorplatten, in dem einige Atome ionisiert sind. Dann wandern die Elektronen auf die positiv geladene Platte (Anode), die entstandenen Ionen dagegen auf die negative (Kathode).

20.5 Leitertypen und ihr Temperaturverhalten

Die Mechanismen der elektrischen Leitung sind je nach Materialtyp sehr verschieden. Das betrifft nicht nur ihre Leitfähigkeit, sondern auch deren Temperaturverhalten. Die wichtigste Klasse von Leitern sind die **Metalle**. Sie haben auch aufgrund ihrer sehr hohen Dichte an Leitungselektronen die größte Leitfähigkeit, wie schon erwähnt. Sie folgen auch ziemlich einheitlich einem Temperaturgesetz, das wir am einfachsten am Wolframfaden einer Glühbirne studieren können.

VERSUCH 20.6

Widerstand einer Wolfram- und einer Kohlefadenlampe. Wir untersuchen in der Schaltung der (Abb. 20.16) die Stromspannungscharakteristik eines Wolframfadens mit einer Glühlampe und im Vergleich dazu die einer Kohlefadenlampe, dem Vorläufer der heutigen Glühlampe. Beim Wolfram beobachten wir mit wachsender Spannung nur eine schwache Zunahme des Stroms, also eine starke Zunahme des Widerstands als Funktion der elektrischen Heizleistung und damit der Temperatur. Sie beträgt etwa einen Faktor 10 zwischen Zimmertemperatur und der üblichen Arbeitstemperatur von ca. 2500 K. Beim Kohlefaden ist es genau umgekehrt. Mit wachsender Heizleistung steigt der Strom stark an bei gleichzeitig sinkendem Spannungsabfall am Faden. Wir müssen daher die Kohlefadenlampe mit einem Vorwiderstand schützen, um bei gegebener Netzspannung den Strom zu begrenzen.

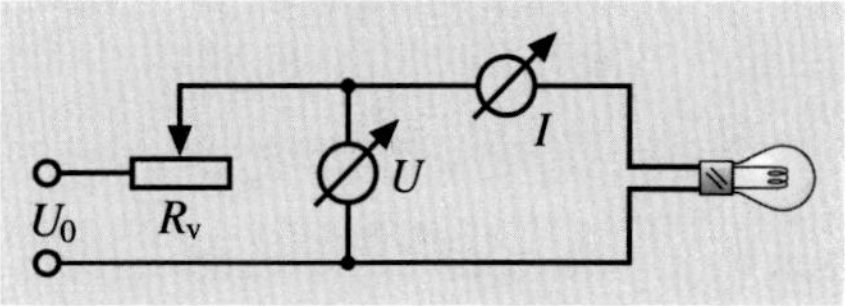

Abb. 20.16. Schaltskizze zur Prüfung des temperaturabhängigen Widerstands von Glühlampen mit Wolfram- bzw. Kohlefaden

> Die Zunahme des Widerstands mit wachsender Temperatur ist charakteristisch für alle metallischen Leiter, die Abnahme für alle Halbleiter.

Bei genauerer Prüfung zeigt sich für viele metallische Leiter, insbesondere für reine, einfach strukturierte Metalle, eine Proportionalität zwischen spezifischem Widerstand und absoluter Temperatur

$$\varrho(T) = \varrho_T T \tag{20.28}$$

mit einem spezifischen Widerstandskoeffizienten ϱ_T. Der Widerstand würde also am absoluten Nullpunkt verschwinden, genauso wie Druck und Volumen eines idealen Gases. An diese Beobachtung knüpfte die erste klassische Theorie der metallischen Leitung von *Drude* und *Lorentz* an. Es sprach die Leitungselektronen als ein **Elektronengas** an, das sich durch das Ionengitter bewegen kann. Bei höherer Temperatur nimmt nun aufgrund der höheren Geschwindigkeit sowohl die Häufigkeit, wie auch die Heftigkeit der Stöße mit dem Ionengitter zu, und der Wärmeaustausch zwischen Elektronengas und Gitter beschleunigt sich. Das führt zum schnelleren Verlust der im $\boldsymbol{E}$-Feld aufgenommenen Driftgeschwindigkeit und erhöht damit den Widerstand. Das Modell konnte auch den empirischen Zusammenhang zwischen Wärmeleitfähigkeit λ und elektrischer Leitfähigkeit σ von Metallen richtig wiedergeben, der als **Wiedemann-Franz-Gesetz** bekannt ist

$$\frac{\lambda}{\sigma} = aT \,, \tag{20.29}$$

mit der universellen Konstante

$$a \approx 3\left(\frac{k}{e}\right)^2 ,$$

k = Boltzmannsche Konstante, e = Elementarladung. Dieser Zusammenhang erklärt auch die hohe Wärmeleitfähigkeit der Metalle im Vergleich zu Isolatoren, denen die Wärmeleitung über das Elektronengas fehlt und nur der langsamere Transportmechanismus durch atomare Stöße bleibt.

* Leitungselektronen als Fermi-Gas

Die Vorstellung der metallischen Leitungselektronen als eine Art Elektronengas hält auch einer quantemechanischen Prüfung stand, allerdings mit einer Geschwindigkeitsverteilung, die *radikal verschieden* von der klassischen **Boltzmann-Verteilung** (14.42) ist. Der Grund ist in der Wellennatur der Elektronenbahnen zu suchen, wie bereits im vorigen Abschnitt bemerkt. Wir schauen uns das jetzt etwas genauer an:

In einem begrenzten Körper z. B. einem Würfel der Kantenlänge a, bilden sich für die eingeschlossenen, aber immer frei beweglichen Teilchen **stehende Wellen** aus, deren Wellenzahlen entlang jeder Würfelkante i der Beziehung (12.54)

$$k_{n_i} = \frac{n_i \pi}{a}$$

genügen müssen. Jede dieser stehenden Wellen stellt *einen* Quantenzustand dar, der nach dem **Pauli-Prinzip** maximal mit 2 Elektronen besetzt werden kann und zwar mit entgegengesetztem Spin. Wir hatten in der Wellenlehre auch gelernt, wie man die stehenden Wellen in einem Körper vom Volumen V nach wachsendem ν bzw. k *abzählen* kann. Diese Zahl ist nach (12.58), integriert bis zu einer bestimmten Grenze ν_F, k_F

$$Z = \frac{4\pi \nu_F^3}{3c^3} V = \frac{k_F^3}{6\pi^2} V \,.$$

Packen wir in jeden dieser Zustände 2 Elektronen und gehen von einer freien Elektronendichte von $10^{23}\,/\text{cm}^3$ aus, so müssen wir bis zu einer Grenze von $k_F = 1{,}4 \cdot 10^8\,/\text{cm}$ gehen. Andererseits ist diese Wellenzahl nach (20.27) mit einem Teilchenimpuls

$$p_{\mathrm{F}} = \frac{h}{\lambda_{\mathrm{max}}} = \frac{hk_{\mathrm{F}}}{2\pi}$$

verknüpft, entsprechend einer kinetischen Grenzenergie

$$E_{\mathrm{F}} = \frac{p_{\mathrm{F}}^2}{2m} \approx 8\,\mathrm{eV} \gg kT\,. \tag{20.30}$$

Aufgrund seiner hohen räumlichen Dichte muß das Elektronengas also Quantenzustände einnehmen, deren Energie *weit* über die mittlere thermische Energie kT hinausreicht (in diesem Falle fast 3 Größenordnungen). Es sind dann alle tieferliegenden Energiezustände bis nahe an die Grenzenergie E_{F} mit einer Wahrscheinlichkeit von nahezu 1 besetzt. E_{F} heißt **Fermi-Energie** oder **Fermi-Grenze**, nach *Enrico Fermi*, der zum ersten Mal ein solches, quantisiertes Gas beschrieben hat. Er hat für die Besetzungswahrscheinlichkeit die nach ihm benannte **Fermi-Verteilung** angegeben.

$$f(E) = \frac{1}{\mathrm{e}^{(E-E_{\mathrm{F}})/kT} + 1}\,. \tag{20.31}$$

Ihren Verlauf zeigt Abb. 20.17. Der **Boltzmann-Faktor** im Nenner von (20.31) bewirkt den raschen Abfall der Besetzungswahrscheinlichkeit innerhalb eines Intervalls von der Größenordnung kT in der Umgebung der Fermigrenze E_{F}. Innerhalb dieses Intervalls können Elektronen durch thermische Energiezufuhr aus Energiezuständen unterhalb E_{F} in solche oberhalb E_{F} wechseln. Nur dieser Bruchteil der Elektronen in der Umgebung der Fermi-Kante kann sich an der elektrischen und thermischen Leitfähigkeit beteiligen. Elektronen in vollbesetzten Zuständen am Boden des Leitungsbandes ($E \ll E_{\mathrm{F}}$) beteiligen sich daran ebensowenig wie diejenigen in den tieferliegenden, vollbesetzten Schalen. Die Herleitung der elektrischen und Wärmeleitfähigkeit und deren Temperaturabhängigkeit aus der Fermi-Verteilung (20.31) ist allerdings keine leichte Aufgabe.

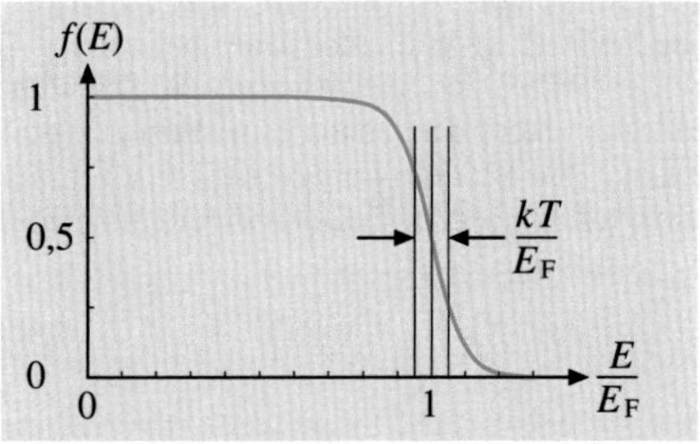

Abb. 20.17. Besetzungswahrscheinlichkeit (20.31) eines quantisierten Energiezustandes in einem Fermigas als Funktion seiner Energie E, gemessen in Einheiten der Fermienergie E_{F}. Die mittlere thermische Energie kT wurde in diesem Beispiel zu $0{,}05\,E_{\mathrm{F}}$ angenommen

Temperaturverhalten von Halbleitern

Die geringe **Leitfähigkeit** von reinen **Halbleitermaterialien** bei niedrigen Temperaturen erklärt sich wie gesagt aus dem Mangel an **Elektron-Lochpaaren**. Um sie anzuregen, muß die Energielücke E_{L} ($\approx 1\,\mathrm{eV}$) überwunden werden. Das ist im thermischen Gleichgewicht mit einer Wahrscheinlichkeit

$$W(E_{\mathrm{L}}) \propto \mathrm{e}^{-E_{\mathrm{L}}/kT} \ll 1 \tag{20.32}$$

▶

stark unterdrückt, die im wesentlichen durch den **Boltzmann-Faktor** bestimmt wird.

Für das Beispiel

$$E_\mathrm{L} = 1\,\mathrm{eV}\,, \qquad T = 300\,\mathrm{K}$$

folgt

$$kT = 0{,}026\,\mathrm{eV} \qquad \text{und} \qquad \mathrm{e}^{-E_\mathrm{L}/kT} = 1{,}6 \cdot 10^{-17}\,.$$

Bei 1000 K wäre er dagegen schon auf ca. 10^{-6} angewachsen. Allerdings wird diese extreme Temperaturabhängikeit de facto immer durch Gitterdefekte und Verunreinigungen (wodurch geringere Ablösearbeiten ins Spiel kommen) zugunsten einer erhöhten Leitfähigkeit bei tiefen Temperaturen verwaschen.

Die sehr starke Widerstandsabnahme von Halbleitern mit der Temperatur hat diverse technische Anwendungen. Man nennt sie in diesem Zusammenhang **NTC-Widerstände**; die Abkürzung steht für „Negative Temperature Coefficient". Typische Anwendungen sind:

- Temperaturmessung und -regelung: Man baut hierzu den NTC-Widerstand z. B. als Glied einer **Wheatstone-Brücke** ein, gleicht sie bei der gewünschten Temperatur ab und benutzt den bei Abweichung vom Sollwert auftretenden Brückenstrom als Regelsignal.
- Strombegrenzer bei Einschaltvorgängen: Bei Einschaltvorgängen treten oft hohe Stromspitzen auf, z. B. bei Motoren, solange die Solldrehzahl noch nicht erreicht ist. Man kann diese Spitzen durch einen NTC-Widerstand abfangen, wie folgendes Beispiel zeigt.

VERSUCH 20.7

Strombegrenzung mit NTC-Widerstand. Wir schalten einen NTC-Widerstand in Serie mit einer Glühlampe und messen Strom und Spannung nach Abb. 20.18. Beim Einschalten hat er im Vergleich zur kalten Glühlampe einen hohen Widerstand und zieht daher bei zunächst geringem Strom den ganzen Spannungsabfall und die elektrische Leistung auf sich. Dadurch erwärmt er sich, senkt seinen Widerstand ab und gibt dabei den Strom zum Erhitzen der Glühlampe langsam frei, wobei deren Widerstand auf den Betriebswert anwächst, während der Restwiderstand des NTC vernachlässigbar klein wird. Ohne den NTC-Vorwiderstand wäre beim Einschalten eine um den Faktor 10 erhöhte Stromspitze aufgetreten.

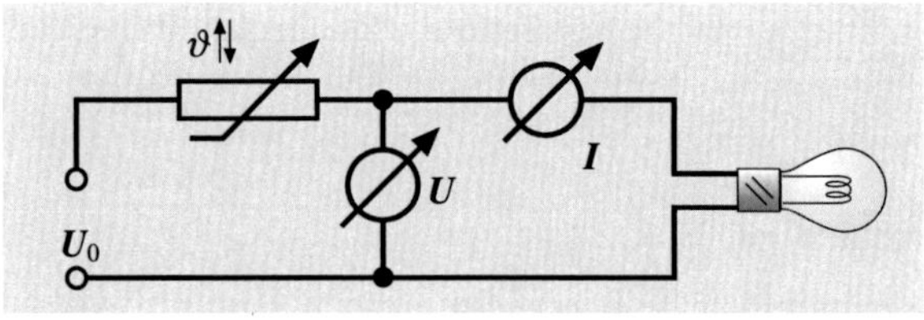

Abb. 20.18. NTC-Widerstand als Strombegrenzer in Serie mit einer Glühlampe

Temperaturunabhängige Widerstände

In der Meß- und Regeltechnik werden häufig Präzisionswiderstände verlangt, wobei ein Temperaturgang dieser Widerstände stören würde. Man benutzt daher Speziallegierungen, die die relative Temperaturänderung des Widerstands auf Werte im Bereich von

$$\frac{1}{R}\frac{\mathrm{d}R}{\mathrm{d}T} \approx 10^{-6}/\mathrm{K}$$

beschränken.

20.6 Leitung durch Photoeffekt

Außer durch Temperaturerhöhung kann man die Zahl der Elektron-Lochpaare in einem Halbleiter auch durch Absorption von Licht erhöhen (**innerer Photoeffekt**) (s. Abb. 20.19). Hierzu muß die Energie des Lichtquants allerdings größer als die **Energielücke** sein

$$h\nu > E_{\mathrm{L}} . \tag{20.33}$$

Sei z. B. $E_{\mathrm{L}} = 1\,\mathrm{eV}$, so setzt Absorption *unterhalb* einer Grenzwellenlänge von $\lambda_{\mathrm{Gr}} = 1{,}2\,\mu\mathrm{m}$ ein. Im Grunde handelt es sich bei (20.33) wieder um die **Bohrsche Beziehung** für Absorption und Emission von Spektrallinien (11.75), die aber jetzt für ein breites spektrales Band unterhalb λ_{Gr} erfüllt ist, entsprechend der Summe der Breiten des Valenz- und Leitungsbandes. Dieser **Photoeffekt im Halbleiter** führt zu folgenden Beobachtungen:

VERSUCH 20.8

Photowiderstand und Photozelle. Wir legen eine Spannung an einen speziell als **Photowiderstand** konstruierten Halbleiter und beobachten einen Stromanstieg bei Bestrahlung mit Licht (s. Schaltskizze der Abb. 20.19). Der Zuwachs an Elektron-Loch-Paaren durch Lichtabsorption hat die Leitfähigkeit erhöht.

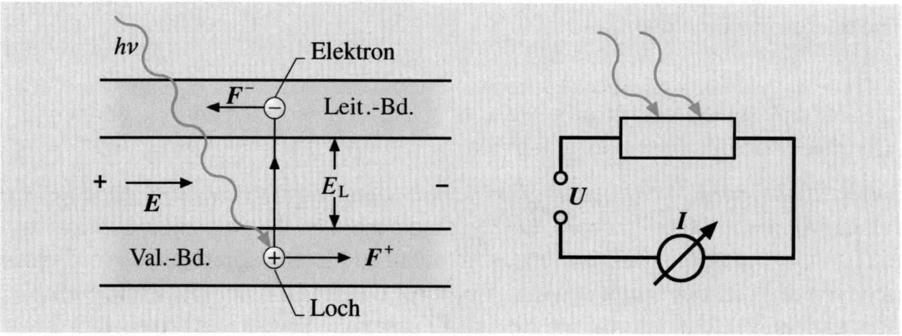

Abb. 20.19. Erzeugung eines Elektron-Lochpaares im Halbleiter durch Absorption eines Lichtquants (*links*); Nachweis mit Photowiderstand (*rechts*)

Ein anderer Typ von Halbleiter (**Photozelle**) nutzt nicht nur den Photo*strom*, der durch die Elektron-Lochpaare freigesetzt wurde, sondern vor allem auch die darin gespeicherte *elektrische Energie*, die gerade gleich der Energielücke E_{L} ist. Um das zu erreichen, muß man allerdings Leitungselektronen und Löcher voneinander trennen. Das gelingt an der Grenzschicht zwischen unterschiedlich dotierten Halbleitern, die wir in Kap. 25 unter dem Titel „Aktive Bauelemente“ im Zusammenhang behandeln werden. Wir begnügen uns hier damit, die Umwandlung von Licht- in elektrische Energie in einer Photozelle zu demonstrieren (s. Abb. 20.20).

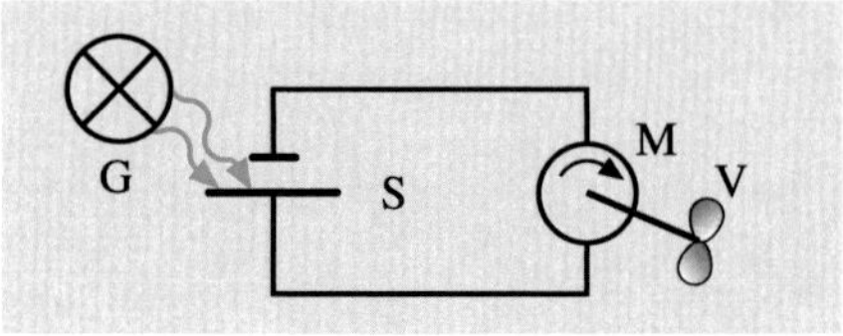

Abb. 20.20. Schaltskizze zum Fotozellenversuch 20.8: Eine handtellergroße Solarzelle (S), beleuchtet von einer Glühlampe (G), treibt einen kleinen Elektromotor (M) mit Ventilator (V) an

Photowiderstände finden in der Elektrotechnik vorwiegend Anwendung als Kontroll- und Schaltelemente, z. B. als **Sensor** in Lichtschaltern. **Photozellen**, heute meistens **Solarzellen** genannt, erreichen Wirkungsgrade in der Größenordnung von 10 bis 20 %, der insbesondere auch vom Herstellungsaufwand abhängt. Sie eignen sich für Kleinverbraucher, die *isoliert vom Netz* arbeiten sollen, z. B. Taschenrechner. Auch den Strombedarf eines Haushalts kann man mit großflächigen Solarzellen als Dachelementen ohne weiteres decken. Man beachte hierzu, daß die Sonne der Erde eine Lichtleistung von 1353 W/m^2 bei senkrechtem Einfall zustrahlt. Im Kraftwerksmaßstab sind Solarzellen allerdings heute noch nicht konkurrenzfähig und wären dann in dicht besiedelten Gebieten auch ökologisch bedenklich aufgrund ihres hohen Flächenbedarfs.

Bei manchen Halbleitern, z. B. Bleisulfit (PbS), ist die Energielücke so klein, daß sie bis weit in den infraroten Spektralbereich hin ($\approx 10\,\mu$m) empfindlich sind. Sie dienen u. a. als Sensoren für Wärmestrahlung.

Photoeffekt in einer Vakuumröhre

Absorbiert ein Elektron *dicht* unter der Oberfläche eines Festkörpers ein genügend energiereiches Lichtquant

$$h\nu > E_A$$

derart, daß seine Austrittsarbeit E_A überschritten ist, so kann es durch die Oberfläche hindurch ins Vakuum treten.

! Dieser Effekt wurde 1902 von *Philipp Lenard* beim Bestrahlen der Kathode einer Vakuumröhre mit Licht entdeckt. *Lenard* fand auch, daß die *Grenzwellenlänge*, unterhalb derer der Photoeffekt einsetzt, von Metall zu Metall variiert und diese Grenze *nicht* von der Lichtintensität abhängt. Letzteres war im Bild der klassischen Physik nicht zu deuten! *Einstein* erkannte 1905 den Zusammenhang dieses **Photoeffekts** mit der von *Max Planck* 1900 aufgestellten Strahlungsformel, in der postuliert wurde, daß ein erhitzter Strahler elektromagnetische Strahlung *nur* in Form von **Energiequanten** $E = h \cdot \nu$ *abstrahlt*. *Einstein* sah im Photoeffekt die gleiche Quantisierung auch bei der *Absorption* am Werke. Daraus schloß er auf den Teilchencharakter des Lichts. Diese **Lichtquantenhypothese**, für die *Einstein* später mit dem Nobelpreis ausgezeichnet wurde, hat *Planck* zunächst nicht akzeptieren wollen; dagegen setzte er sich sofort für *Einsteins* ebenso revolutionäre und auch im Jahre 1905 veröffentlichte spezielle Relativitätstheorie ein. Wir demonstrieren den Photoeffekt in folgenden Versuchen:

VERSUCH 20.9

Vakuumphotodiode. Eine Vakuumphotodiode besteht aus einer evakuierten Glasröhre mit zwei eingeschmolzenen, metallischen Elektroden, der Kathode am Minuspol und der Anode am Pluspol der äußeren Spannung (s. Abb. 20.21). Die Kathode ist mit einer besonders lichtempfindlichen Schicht, z. B. einem Alkali-Metall, bedeckt, deren Grenzwellenlänge schon im sichtbaren Bereich liegt. Wir führen die Diode durch das Spektrum einer Bogenlampe, das von einem Quarzprisma entworfen wird. Wir erkennen den Einsatz des Photostroms und finden sein Maximum im grün-blauen Bereich; er setzt sich ins Ultraviolette fort, so weit wie die Transmission der UV-Strahlung durch das Glas der Röhre reicht (s. Abb. 20.21b).

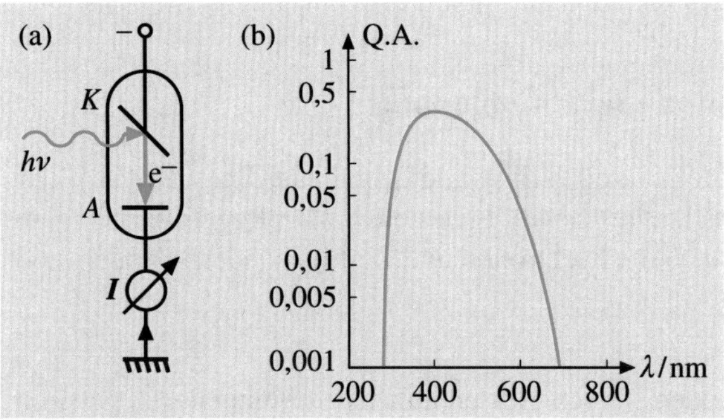

Abb. 20.21. (**a**) Prinzip der Vakuumphotodiode, (**b**) Beispiel ihrer spektralen Empfindlichkeit. Aufgetragen gegen die Wellenlänge ist die Wahrscheinlichkeit, daß ein einfallendes Lichtquant ein Fotoelektron auslöst, die sogenannte Quantenausbeute Q.A. Der Ordinatenmaßstab ist logarithmisch

VERSUCH 20.10

Nachweis von Lichtquanten mit dem Photomultiplier. Die Auslösung eines Elektrons an einer Photokathode durch Absorption eines Lichtquants läßt sich in Form *einzelner* Ereignisse nachweisen, indem man das primäre Photoelektron mit einem **Sekundärelektronenvervielfacher** (**Multiplier**) zu einer Lawine verstärkt. Dazu wird das Photoelektron mit etwa 200 V auf die erste, gegenüberliegende Elektrode, Dynode genannt, beschleunigt. Es schlägt aus der Dynodenoberfläche ca. drei bis vier Sekundärelektronen heraus, die ihrerseits auf die nächse Dynode beschleunigt werden und sich weiter vervielfachen. Je nach Zahl der Dynoden enthält die Schauer auf der letzten Elektrode, der Anode, ca. 10^6 bis 10^8 Elektronen, zusammengedrängt auf eine Pulsbreite von ca. 5 ns. Wir weisen den resultierenden Stromstoß bzw. den am Ableitwiderstand R entstehenden Spannungsstoß mit einem schnellen Oszillographen nach (s. Abb. 20.22). Wir beobachten unterschiedliche Pulshöhen, weil die Zahl der emittierten Sekundärelektronen statistischen Schwankungen unterworfen ist. Seien z. B. die Verstärkung $V = 10^7$, die mittlere Pulsbreite $\Delta t = 5\,\mathrm{ns}$ und der Widerstand $R = 50\,\Omega$, dann folgt

$$U_{\mathrm{Puls}} = I_{\mathrm{Puls}} R \approx \frac{V \cdot eR}{\Delta t} = \frac{10^7 \cdot 1{,}6 \cdot 10^{-19}\,\mathrm{As}\,50\,\Omega}{5 \cdot 10^{-9}\,\mathrm{s}} = 16\,\mathrm{mV}\,.$$

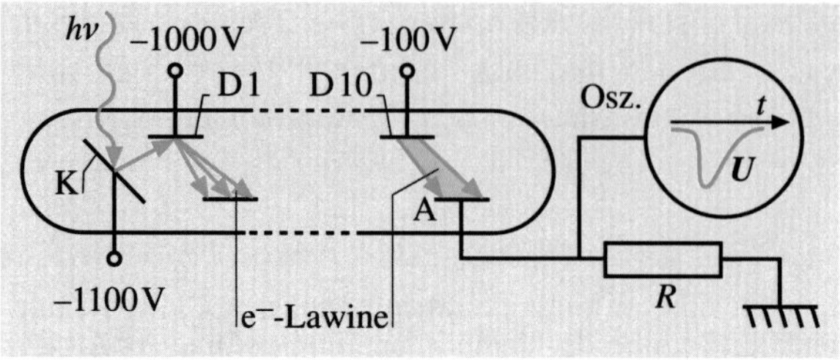

Abb. 20.22. Prinzip des Photomultipliers: Das in der Photokathode (K) ausgelöste Primärelektron wird in der Kaskade von Dynoden (D1 bis D10) durch Sekundäremission zur Lawine verstärkt, die an der Anode (A) als Spannungsstoß mit einem Oszilloskop (Osz) nachgewiesen wird. Die Pulsdauer ist typisch 5 ns

20.7 Glühelektronenemission und Raumladung

Im Prinzip ist das *Vakuum* der ideale, weil verlustfreie Leiter; allerdings fehlt es in der Regel an freien Ladungsträgern. Das restliche Gas besteht in aller Regel aus neutralen Atomen und Molekülen, und auch die Elektronen in den umgebenden Wänden sind mit einer Austrittsarbeit von

$$1\,\mathrm{eV} \lesssim E_\mathrm{A} \lesssim 5\,\mathrm{eV}$$

gegenüber dem Vakuum gebunden. Durch Heizen auf hohe Temperaturen gewinnt aber schließlich doch ein meßbarer Bruchteil der Leitungselektronen eine genügend hohe kinetische Energie, um den Potentialberg zu überwinden und ins Vakuum austreten zu können. Wir demonstrieren dies am Beispiel der **Vakuumdiode**.

Den aus einer Glühkathode austretenden **Sättigungsstrom** können wir qualitativ aus der Vorstellung ableiten, die Leitungselektronen in der Kathode seien ein Gas mit **Maxwell-Boltzmannscher Geschwindigkeitsverteilung**, deren hochenergetischer Schwanz die Schwelle der Austrittsarbeit E_a überwinden kann. Zwar hatten wir die Vorstellung eines klassischen Elektronengases in einem Leiter in Abschn. 20.5 aufgrund seiner hohen Dichte als unrealistisch verwerfen und durch das quantisierte Fermigas ersetzen müssen. Dennoch wird in der folgenden klassischen Rechnung die wesentliche *exponentielle* Temperaturabhängigkeit der Sättigungsstromdichte zutreffend herausgearbeitet. Nehmen wir also an, die positive x-Richtung zeige senkrecht auf die zu durchstoßende Kathodenwand, dann tritt genau der Anteil der Maxwellschen Geschwindigkeitsverteilung (14.40)

$$\frac{\mathrm{d}n(v_x)}{\mathrm{d}v_x} = n\sqrt{\frac{m}{2\pi kT}}\mathrm{e}^{-mv_x^2/2kT}$$

(n = totale Leitungselektronendichte) ins Vakuum, dessen kinetische Energie in x-Richtung die Austrittsarbeit übertrifft

$$\frac{mv_x^2}{2} > \frac{mv_{0x}^2}{2} = E_\mathrm{A}\,.$$

Das ist nur ein verschwindender Bruchteil, weil der Exponent im Boltzmann-Faktor auf jeden Fall sehr viel größer als eins ist

$$\frac{E_A}{kT} \gg 1 .$$

VERSUCH 20.11

Glühemission, Raumladung und Gleichrichtereffekt einer Vakuumdiode. Wir *heizen* die Kathode einer Vakuumdiode und beobachten bei voller Spannung ($U_a \simeq 100\,\text{V}$) zwischen den gegenüberliegenden Elektroden (Kathode und Anode) den Strom durch die Diode als Funktion der Temperatur (s. Abb. 20.23a und 23b). Bei heller Rotglut wird ein Strom meßbar, der bei weiter steigender Temperatur rasch auf einige mA anwächst. Senken wir jetzt die Spannung ab, so bleibt der Strom zunächst konstant auf dem sogenannten Sättigungswert I_S, sinkt dann aber schließlich nach einem Potenzgesetz auf Null ab (s. Abb. 20.23c). In diesem sogenannten Raumladungsgebiet ist die Dichte der durch Glühemission freigesetzten Elektronen vor der Kathode so hoch, daß ihr abstoßendes Feld sich gegenüber dem anziehenden Feld der Anode durchsetzt und einen zunehmenden Bruchteil der emittierten Elektronen wieder auf die Kathode zurückwirft. Polen wir die Spannung um, so fließt kein Strom, weil aus der *kalten* Anode keine Elektronen austreten können. Wir demonstrieren diesen **Gleichrichtereffekt**, indem wir eine Wechselspannung anlegen und Spannung und Strom auf einem Zweistrahloszillographen darstellen (s. Abb. 20.23e).

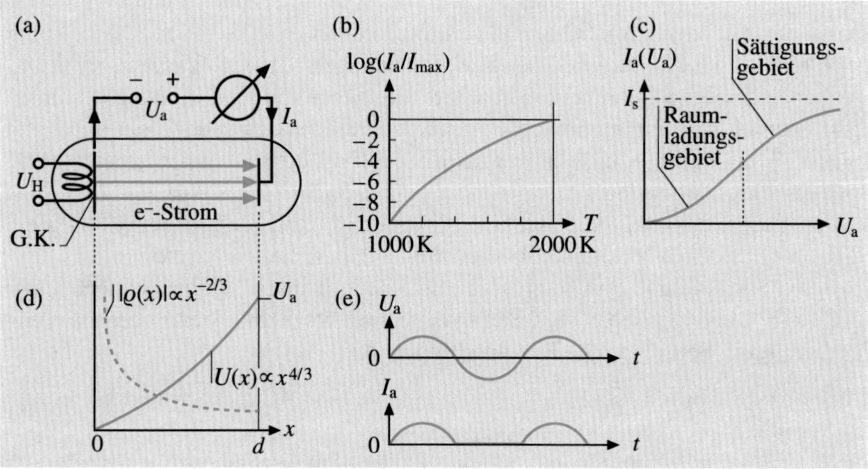

Abb. 20.23. (**a**) Skizze einer Vakuumdiode (**b**) Anstieg des Sättigungsstroms als Funktion der Temperatur nach (20.34). (**c**) Stromverlauf als Funktion der Diodenspannung. (**d**) Verlauf von Potential $U(x)$ (20.39) und Raumladungsdichte $|\varrho(x)|$ (20.39a) weit unterhalb des Sättigungsstroms. (**e**) Gleichrichtung einer Wechselspannung mit der Vakuumdiode

Um diesen Bruchteil ausintegrieren zu können, müssen wir zunächst nach (10.8) und (14.11) die differentielle Stromdichte bei der Geschwindigkeit v_x bilden

$$\mathrm{d}j(v_x) = v_x \mathrm{d}n(v_x) = v_x \frac{\mathrm{d}n(v_x)}{\mathrm{d}v_x} \mathrm{d}v_x .$$

Setzen wir darin die Maxwellsche Geschwindigkeitsverteilung ein, so können wir das gesuchte Integral über die differentielle Stromdichte oberhalb der kritischen

Geschwindigkeit v_{0x} sofort ausführen

$$j = n\sqrt{\frac{m}{2\pi kT}}\int_{v_{0x}}^{\infty} v_x \mathrm{e}^{-mv_x^2/2kT}\,\mathrm{d}v_x = n\sqrt{\frac{kT}{2\pi m}}\mathrm{e}^{-mv_{0x}^2/2kT}\,.$$

Fassen wir alle Konstanten in einem Faktor C zusammen, so erhalten wir für die Temperaturabhängigkeit der Sättigungstromdichte der Glühelektronenemission das **Richardsonsche Gesetz**

$$j = C\sqrt{T}\mathrm{e}^{-E_\mathrm{A}/kT}\,. \tag{20.34}$$

Es ist vom Boltzmann-Faktor der Austrittsarbeit dominiert.

Das quantenmechanisch korrekte Fermigas-Modell würde statt $\sqrt{T}$ den Faktor T^2 ergeben. Angesichts der viel stärkeren exponentiellen Abhängigkeit führt dieser kleine Unterschied in der Potenz von T zu kaum meßbaren Abweichungen.

Raumladung

Wir wenden uns jetzt der überraschenden Beobachtung in Versuch 20.11 zu, daß die elektrische Leitung im Vakuum zwar reibungsfrei, aber dennoch behindert ist. Die Vakuumdiode hat also einen endlichen Widerstand, der entsprechend der Strom-Spannungscharakteristik in Abb. 20.23c wohl definiert ist. (Die elektrische Leistung $U \cdot I$ wird an der Anode durch den Aufprall der Elektronen in Wärme umgesetzt.) Wir hatten für diese Behinderung qualitativ die gegenseitige Abstoßung der freien Elektronen im Vakuum verantwortlich gemacht. Der Effekt ist in der Elektronen- und Ionenoptik als **Raumladungsbegrenzung** des Stroms bekannt und spielt eine große Rolle in allen Anwendungen, wo nennenswerte Ströme im Vakuum transportiert werden sollen, also bei jeder Art von Elektronenröhren, Elektronenmikroskopen, elektromagnetischen Massenseparatoren, Teilchenbeschleunigern etc.

Seien Kathode und Anode eben und in relativ kleinem Abstand d zueinander aufgestellt, so gilt zwischen dem Betrag der Stromdichte und der Anodenspannung das **Langmuir-Schottkysche Raumladungsgesetz**

$$j = \frac{4}{9}\varepsilon_0\sqrt{2e/m}\frac{U_\mathrm{a}^{3/2}}{d^2}\,. \tag{20.35}$$

Seine Gültigkeit ist beschränkt auf das Raumladungsgebiet weit unterhalb des Sättigungsstroms (s. Abb. 20.23c).

* Die *Ableitung von* (20.35) sei hier kurz skizziert: Wir brauchen zunächst einen Zusammenhang zwischen der Raumladungsdichte $\varrho(x)$ im Abstand x von der Kathode und dem zugehörigen Feld $E(x)$ der allgemein durch den Gaußschen Satz (19.27) bzw. die äquivalente Poissonsche Gleichung (19.29′) gegeben ist. In ebener Geometrie vereinfacht sich letztere zu

$$-\frac{\mathrm{d}^2U}{\mathrm{d}x^2} = \frac{\mathrm{d}E}{\mathrm{d}x} = \frac{\varrho(x)}{\varepsilon_0}\,. \tag{20.36}$$

Weiterhin können wir annehmen, daß unter dem Einfluß der *bereits durchfallenen* Beschleunigungsspannung $U(x)$ alle Elektronen am Ort x eine einheitliche Geschwindigkeit $v(x)$ haben, die schon groß genug sei, um die thermische Geschwindigkeitsverteilung dagegen vernachlässigen zu können. Erstere berechnet sich dann allein aus der Umwandlung von potentieller in kinetische Energie

$$\frac{m}{2}v_x^2 = \Delta E_\mathrm{p} = eU(x)$$

zu

$$v(x) = \sqrt{2eU(x)/m}\,. \tag{20.37}$$

Andererseits ist $v(x)$ mit $\varrho(x)$ über die Stromdichte j verknüpft

$$\varrho(x) = \frac{j}{v(x)}\,;$$

$j(x)$ ist die bei ebener Geometrie unabhängig von x. Über diese Gleichungskette können wir $\varrho(x)$ in (20.36) eliminieren und gewinnen eine Differentialgleichung für den Spannungsverlauf zwischen den beiden Elektroden

$$\frac{\mathrm{d}^2U}{\mathrm{d}x^2} = \frac{-j}{\varepsilon_0\sqrt{2e/m}}U^{-1/2}\,. \tag{20.38}$$

Ihre Lösung lautet unter Beachtung von $-j = |j|$ wegen negativer Raumladung $\varrho(x)$

$$U(x) = \left(\frac{9}{4}\frac{|j|}{\varepsilon_0\sqrt{2e/m}}\right)^{2/3} x^{4/3}\,. \tag{20.39}$$

(Beweis durch Einsetzen und Differenzieren). Unter dem Einfluß der Raumladung ist der Spannungsverlauf zwischen den beiden Elektroden nicht mehr linear wie im Fall des Plattenkondensators, sondern entsprechend $x^{4/3}$ gekrümmt. Setzen wir (20.39) in (20.36) ein, so erkennen wir, daß die Raumladungsdichte zur Kathode hin hyperbolisch ansteigt (s. Abb. 20.23a).

$$\varrho(x) \propto x^{-2/3}\,. \tag{20.39a}$$

Lösen wir (20.39) nach j auf und setzen

$$x = d \qquad \text{bzw.} \qquad U(d) = U_\mathrm{a}\,,$$

so folgt (20.35).

Elektronenröhren

Die Diode ist die einfachste Form einer **Elektronenröhre** und übernimmt in der Elektrotechnik in der Regel die Funktion eines Gleichrichters. Bei sehr hoher Anodenspannung oberhalb einiger kV lösen die Elektronen beim Aufprall auf die Anode **Röntgenstrahlung** aus, die vor allem medizinische Anwendung findet.

Baut man zwischen Kathode und Anode (relativ dicht vor der Kathode) ein Steuergitter ein, so kann man über dessen Spannung den Strom durch das Gitter hindurch zur Anode steuern. Feld- und Raumladungsverteilung spielen hierbei die entscheidenden Rollen gemäß dem **Raumladungsgesetz** (20.35) bzw. seiner geometriebedingten Varianten. Eine solche **Triode** dient zur Verstärkung von Spannungssignalen am Steuergitter (**Verstärkerröhre**), wobei in der Regel sowohl Eingangsspannung wie auch Eingangsleistung verstärkt werden. In elektronischen

Geräten sind Verstärkerröhren im Verlauf der 60er Jahre fast vollständig von **Transistoren** und später von **integrierten Halbleiterbauelementen** verdrängt worden. In der Hochfrequenztechnik haben sie sich als Senderöhren zur Erzeugung hoher Hochfrequenzleistungen eine gewisse Bedeutung erhalten. Sehr wichtig sind nach wie vor die schon andernorts besprochenen **Bildröhren** für Oszillographen und Fernsehgeräte.

20.8 Kontaktspannungen und Thermoelemente

In den vorangegangenen Abschnitten hatten wir uns mit der elektrischen Leitung über die Grenzfläche vom Leiter zum Vakuum beschäftigt. Jetzt wollen wir studieren, was an der Grenzfläche zwischen *verschiedenen* Leitern (1) und (2) geschieht. Wir nehmen an, sie hätten verschiedene **Austrittsarbeiten**

$$E_{A1} > E_{A2}$$

und die Leiterenden seien zum geschlossenen Stromkreis zusammengefügt (s. Abb. 20.24). Da wir vorausgesetzt hatten, die Elektronen seien in (1) tiefer gebunden als in (2), werden einige über die Kontaktstellen von (2) nach (1) fließen und somit den Leiter (1) negativ gegen den Leiter (2) aufladen und zwar solange, bis an der Grenzfläche ein Potentialunterschied U_K aufgetreten ist, der die Differenz der Austrittsarbeiten kompensiert

$$eU_K = E_{A2} - E_{A1} . \qquad (20.40)$$

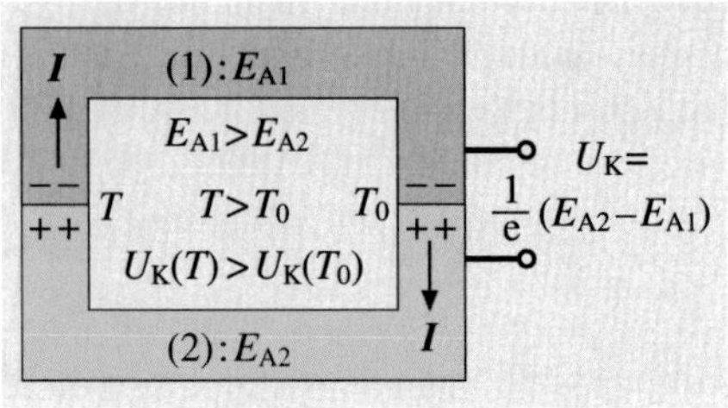

Abb. 20.24. Kontaktspannung zwischen unterschiedlichen Leitern und Prinzip des Thermoelements

Wir nennen diese Relativspannung zweier verschiedener Leiter zueinander die **Kontaktspannung**. An den Kontaktstellen selbst tritt dabei eine *Dipolschicht* auf, die die Kontaktspannung aufrechterhält. Die Kontaktspannung zwischen verschiedenen Materialien ist auch die Ursache für die *Reibungselektrizität*, die man beobachtet, wenn mindestens eins der beiden ein Isolator ist; darauf bleiben nämlich die beim Kontakt übergetretenen Ladungen an der Oberfläche haften, wenn der Kontakt wieder gelöst wird.

Trotz der Kontaktspannung fließt aber im geschlossenen Stromkreis der beiden Leiter in Abb. 20.24 aufgrund des 2. Kirchhoffschen Gesetzes (20.19) in der Regel kein Strom, weil die beiden Kontaktspannungen in diesem Stromkreis in jeweils umgekehrter Richtung durchlaufen werden. Das ändert sich aber, wenn die beiden Kontakte auf *unterschiedlichen* Temperaturen T, T_0 sind. Die beiden Austrittsarbeiten haben nämlich im allgemeinen eine unterschiedliche Temperaturabhängigkeit, und somit wird auch die Kontaktspannung U_K temperaturabhängig.

Auf diese Weise kommt eine resultierende, eingeprägte Spannung im Stromkreis zustande, die den sogenannten **Thermostrom** antreibt

$$I = \frac{\Delta U(T, T_0)}{R} = \frac{U_K(T) - U_K(T_0)}{R} . \tag{20.41}$$

Man nennt $\Delta U(T, T_0)$ die **Thermospannung** zwischen den betreffenden Leitern. Sie ist eine ziemlich glatte Funktion der Temperatur, und es genügt daher, sie durch eine Taylorentwicklung bis zum zweiten Glied anzunähern:

$$\Delta U(T, T_0) = \alpha(T - T_0) + \beta(T - T_0)^2 \tag{20.42}$$

mit linearem Temperaturkoeffizienten α und quadratischem β.

Thermospannungen sind *klein*; α ist von der Größenordnung $10\,\mu\text{V/K}$. Trotzdem eignen sie sich sehr gut zur Temperaturmessung mit Hilfe eines empfindlichen Voltmeters (s. Abb. 20.25). Man kann die Empfindlichkeit von Thermoelementen wesentlich steigern, indem man viele von ihnen in Serie zur **Thermosäule** zusammenschaltet und die Kontaktstellen abwechselnd auf die beiden Meßstellen verteilt (s. Abb. 20.26). Die Thermospannung multipliziert sich dann mit der Anzahl der Elemente. Sei die eine Meßstelle als eine schwarze, total absorbierende Fläche ausgebildet, so spricht man von einem **Bolometer**, das einfallende Wärme oder Lichtstrahlung mit einer Empfindlichkeit bis zu einem μW *wellenlängenunabhängig* nachweist.

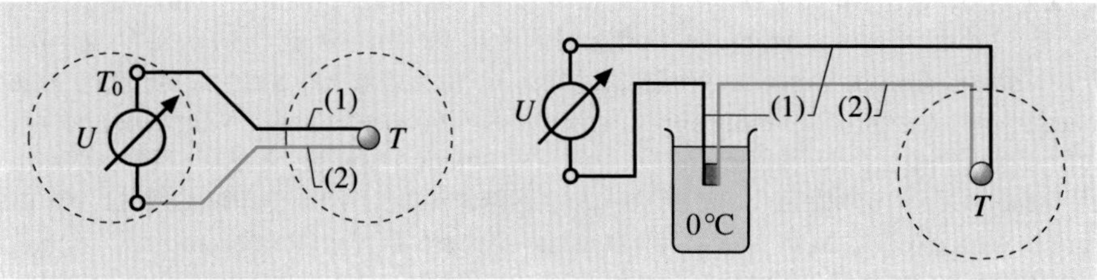

Abb. 20.25. Temperaturmessung mit dem Thermoelement, links relativ zur Temperatur T_0 an den Kontaktstellen des Voltmeters, rechts relativ zu Eiswasser

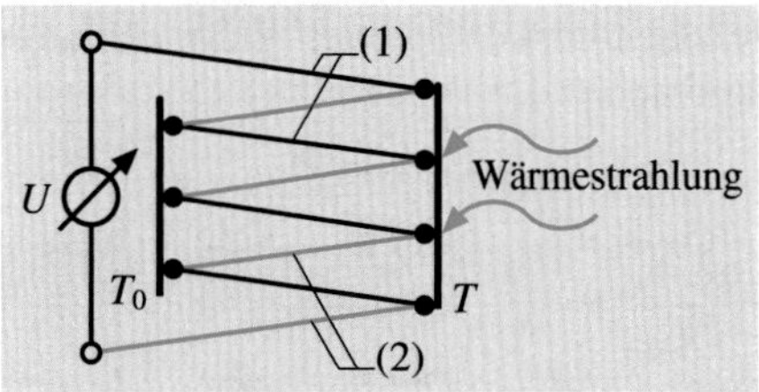

Abb. 20.26. Prinzip des Bolometers zur thermoelektrischen Messung der einfallenden Strahlungsleistung

Thermoelemente und Bolometer haben wir in Vorlesungsversuchen häufiger benutzt und vorgeführt. Der folgende Versuch zeigt, daß hierbei auch ein sehr *starker* Strom zustande kommen kann.

VERSUCH 20.12

Thermostrommagnet. Ein kräftiger Kupferbügel ($\phi \approx 1\,\text{cm}^2$) ist mit ebenso starken Stiften aus Konstantan kurz geschlossen (s. Abb. 20.27). Die eine Kontaktstelle wird mit einem

Bunsenbrenner erhitzt, die andere mit Wasser gekühlt. In der Schlaufe liegt ein Eisenkern, der vom Thermostrom so stark magnetisiert wird, daß er ohne weiteres ein 10 kg schweres Eisengewicht trägt.

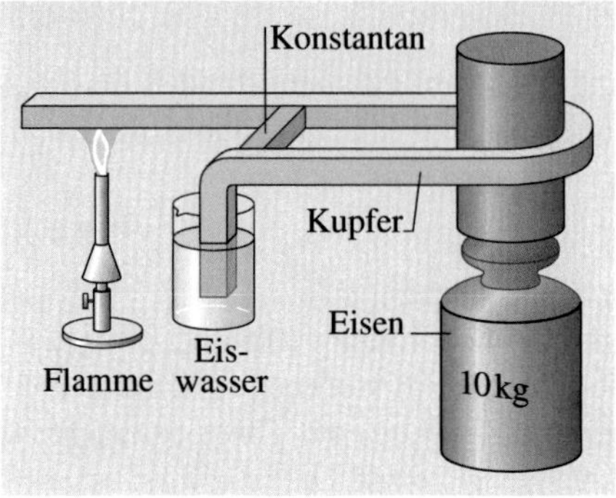

Abb. 20.27. Skizze zur magnetischen Wirkung eines starken Thermostroms

Peltier-Effekt

Schließt man ein **Thermoelement** an eine *äußere* Spannungsquelle an, so daß ein Strom fließt, dann kühlt sich die eine Kontaktstelle ab, während sich die andere erhitzt und zwar im *umgekehrten* Sinn wie in der Funktion als Thermoelement. Die Erklärung des sogenannten **Peltier-Effekts** finden wir im *zweiten Hauptsatz der Wärmelehre* (s. Abschn. 16.3). In diesem Sinne ist ein Thermoelement eine Wärmekraftmaschine, die an der wärmeren Kontaktstelle eine Wärmemenge Q_1 aufnimmt und an der kälteren $Q_2 < Q_1$ wieder abgibt. Die Differenz wird in diesem Fall in elektrische Arbeit umgewandelt. Beim Peltier-Effekt ist es gerade umgekehrt. Man steckt elektrische Arbeit in das Peltierelement hinein, um Wärme von der kälteren zur wärmeren Kontaktstelle zu transportieren; es arbeitet also als **Wärmepumpe** bzw. **Kühlmaschine**. Zum letzteren Zweck findet es auch praktische Verwendung. Als Peltierelemente eignen sich Halbleiter, bei denen sich im Gegensatz zu metallischen Leitern gute elektrische mit schlechter Wärmeleitfähigkeit kombinieren läßt. Letzteres ist notwendig, weil Wärmeleitung als irreversibler Prozeß den Wirkungsgrad heruntersetzt.

20.9 Ionenleitung

Bei Elektrolyten kommt die elektrische Leitung durch die Drift der darin gelösten positiv und negativ geladenen **Ionen** unter dem Einfluss eines elektrischen Feldes $\boldsymbol{E}$ zustande. Sie seien je mit einer überschüssigen positiven $(+e)$ bzw. negativen $(-e)$ Elementarladung belegt, erfahren also die Kraft $+e\boldsymbol{E}$ bzw. $-e\boldsymbol{E}$, die ihnen eine **Driftgeschwindigkeit** verleiht laut (17.30); sie ist proportional zum Produkt ihrer Diffusionskoeffizienten und Teilchendichten $D^+ n^+$ bzw. $D^- n^-$ sowie umgekehrt proportional zum Boltzmannfaktor kT. Das führt zur resultierenden elektrischen Stromdichte

$$\boldsymbol{j}_{\text{el}} = en^+ v_{\text{D}}^+ + (-e)n^- v_{\text{D}}^- = \frac{1}{kT}\left(D^+ en^+ e\boldsymbol{E} + D^-(-e)n^-(-e\boldsymbol{E}\right)$$

$$= \frac{e^2}{kT}\left(D^+ n^+ + D^- n^-\right)\boldsymbol{E}\,. \tag{17.31}$$

Durch Vergleich mit (17.25) erhalten wir schließlich die spezifische elektrische Leitfähigkeit des Elektrolyten zu

$$\sigma = \frac{e^2}{kT}\left(D^+ n^+ + D^- n^-\right). \tag{17.32}$$

Klassische Elektrolyten sind salzhaltige Lösungen. Hierzu gehören als besonders wichtige Klasse die **Batterien**, die durch chemische Umwandlung der in den Elektrolyten eintauchenden Elektroden elektrische Energie liefern. Aber auch typische **Isolatoren**, z.B. **Glas**, leiten bei starker Erhitzung recht gut, weil die Diffusionskonstante der ionischen Gitterbausteine mit der Temperatur steil ansteigt entsprechend dem zum **Arrheniusgesetz** (14.50) analogen **Frenkelschen Gesetz** (s. Abschn. 17.4). Obige elementare Theorie versagt aber wie gesagt bei der metallischen Leitung durch freie Elektronen (s. Kap. 20.5), weil deren Verhalten aufgrund ihrer geringen Masse gänzlich von der Quantenmechanik geprägt ist.

21. Stationäre Magnetfelder

INHALT

Magnetische Kräfte sind seit dem Altertum bekannt. Sie wurden an magnetischen Mineralien (Magnetit, Magneteisenstein, Eisenerz) entdeckt, die sich im Magnetfeld der Erde zu **Permanentmagneten** ausgebildet haben. Ihre Natur und Gesetzmäßigkeiten konnten erst im 19. Jahrhundert aufgeklärt werden, als ihr Zusammenhang mit elektrischen Strömen entdeckt wurde. Wir wollen im folgenden einige Grundtatsachen über Magnetfelder zusammenstellen.

21.1 Grundtatsachen über Magnetfelder

Wie im elektrischen Fall gibt es anziehende und abstoßende **magnetische Kräfte**. Jedoch haben die Kraftfelder, die man im Außenraum von **Permanentmagneten** mißt, grundsätzlich den Charakter eines **Dipolfeldes**. Sie *scheinen* von „magnetischen Ladungen" an den Polenden des Magneten auszugehen wie beim elektrischen **Dipolfeld**. Ein Pol eines **Stabmagneten** zieht von den beiden Polen eines zweiten Magneten den einen an und stößt den anderen ab. Wie im elektrischen Fall sind wir also zunächst geneigt, an den Polenden „magnetische Ladungen" entgegengesetzten Vorzeichens anzunehmen, die bei gleichnamiger Ladung Abstoßung und bei ungleichnamiger Anziehung bewirken (s. Abb. 21.1). Da auch die Erde ein riesiger, im wesentlichen entlang der Erdachse ausgerichteter magnetischer Dipol ist, richtet sich ein Stabmagnet im **Magnetfeld der Erde** aus (Prinzip des **Kompasses**). Denjenigen Pol, der in die Nordrichtung zeigt, nennen wir den **magnetischen Nordpol**, den gegenüberliegenden den **magnetischen Südpol**. Man hat diese Bezeichnungen anstatt der Zuordnung von Plus- und Minus-Zeichen gewählt. Da also der Nordpol eines Stabmagneten definitionsgemäß nach Norden zeigt, muß dort der magnetische

E. W. Otten, *Repetitorium Experimentalphysik*,
https://doi.org/10.1007/978-3-662-59730-9_21

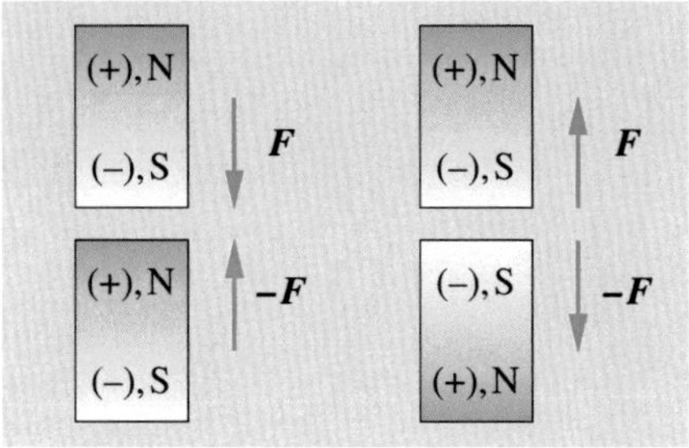

Abb. 21.1. Anziehende (*links*) und abstoßende Kraftwirkung (*rechts*) zweier magnetischer Dipole, deren ungleichnamige (*links*) bzw. gleichnamige Pole (*rechts*) sich gegenüberstehen

Südpol der Erde liegen, der ihn anzieht. Er liegt bei etwa 79° nördlicher Breite und 70° westlicher Länge im hohen Norden Kanadas.

Die Vorstellung „**magnetischer Ladungen**" als Ursache dieser Dipolfelder läßt sich aber nicht halten; denn dann müßten sich diese Ladungen genau wie die elektrischen auch trennen lassen, indem man z. B. den Stabmagneten aufschneidet und in den beiden Stücken nur noch „magnetische Ladung" *eines* Vorzeichens übrig behielte. Das ist aber nicht so! An den Schnittstellen treten wiederum entgegengesetzte magnetische Pole auf, so daß jedes Teilstück für sich wieder ein kompletter magnetischer Dipol ist (s. Abb. 21.2b).

Mehr Einblick in die Situation gewann man erst mit *Hans Christian Ørsteds* bahnbrechender Entdeckung (1820), daß auch elektrische Ströme Magnetnadeln ablenken. Messen wir auf diese Weise z. B. das **Magnetfeld einer stromdurchflossenen Spule** aus (s. Abb. 21.2c). Außerhalb der Spule zeigt es den gleichen Dipolcharakter wie ein Stabmagnet. Man führt eine **Kompaßnadel** entlang der magnetischen Kraftlinien von einem zum anderen Pol, wobei sie sich, immer der Richtung der Kraft folgend, um 360° dreht. Das würde auch ein elektrischer Dipol im Feld eines anderen elektrischen Dipols tun. Taucht man nun die Magnetnadel in die Spule ein, so behält sie währenddessen ihre Richtung bei. Ihr Nordpol zeigt also jetzt in Richtung auf den Nordpol der Spule, ebenso ihr Südpol in Richtung des Spulen-Südpols (s. Abb. 21.2). Wären nun die Pole von „magnetischen Ladungen" verursacht, so müßte die Magnetnadel im Innern der Spule umschlagen, damit sich wieder ungleichnamige Ladungen gegenüberstünden, wie im Fall elektrischer Dipole.

> Wir kommen also zu dem Schluß, daß magnetische Kraftlinien *nicht* in irgendwelchen positiven „magnetischen Ladungen" entspringen und in negativen münden, sondern daß sie den Strom in *geschlossenen* Linien umfangen.

Wir werden dieses „Umfangen" in der einfacheren Geometrie eines gestreckten stromführenden Drahtes noch deutlicher erkennen, wobei auch die Unterscheidung zwischen Nord- und Südpol ihren Sinn verliert. Die Ausbildung von Polen ist nur eine Folge der speziellen Geometrie der Spule, wo die magnetischen Kraftlinien mehr oder weniger gebündelt an den beiden Enden ein- und austreten. Ob wir nun von magnetischen Polen sprechen oder nicht, in jedem Fall müssen wir einen Umlaufsinn der geschlossenen Kraftlinien eines Spulenfeldes definieren. Und zwar sollen die

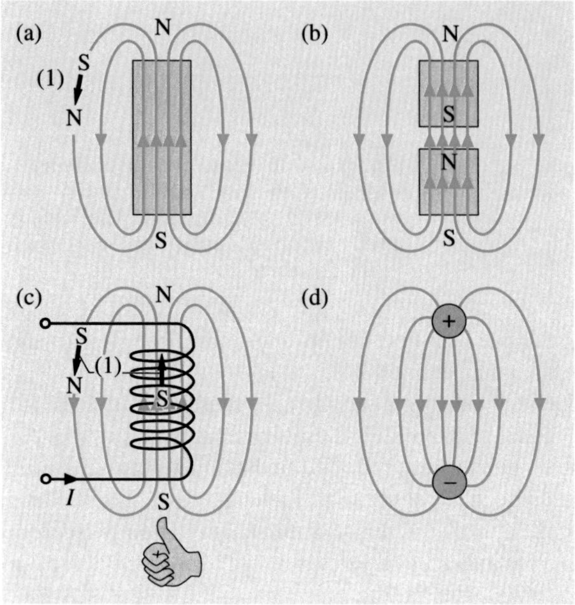

Abb. 21.2. Verschiedene Dipolfelder (**a**) eines Stabmagneten, ausgemessen mit einer Kompaßnadel (*1*), (**b**) eines durchschnittenen Stabmagneten, (**c**) einer stromdurchflossenen Spule, (**d**) eines elektrischen Dipols zum Vergleich. Das magnetische Feldlinienbild kann man mittels Eisenfeilspänen sichtbar machen, die sich, aufgestreut auf eine glatte Unterlage, entlang der Feldlinien ausrichten und zu Strängen zusammenschließen. Man erkennt dabei auch insbesondere, wie sie geschlossene Ringe bilden, die die Spulenwindungen einschließen

Kraftlinien am Nordpol der Spule, also dem Ende, das sich in die Nordrichtung dreht, austreten und am Südpol wieder eintreten. Wir beobachten, daß mit der Umpolung des Stroms sich auch die Richtung seines Magnetfelds umpolt. Für eine Spule gilt folgende **Rechte-Hand-Regel**:

> Umfassen wir die Spule mit der rechten Hand in der Weise, daß die Fingerspitzen in Stromrichtung zeigen, so weist der ausgestreckte Daumen in Richtung des Nordpols der Spule, ist also parallel zum Feld im Innern der Spule (s. Abb. 21.2c).

Wie verlaufen nun die magnetischen Kraftlinien im Innern eines Stabmagneten? Das können wir mit der Kompaßnadel natürlich nicht nachprüfen. Dennoch paßt das Bild geschlossener Kraftlinien auch in diesem Falle zu der Beobachtung, daß beim Durchtrennen des Stabmagneten an den Schnittflächen sich je ein neuer Nordpol und Südpol ausbildet, und zwar in dem Sinne, der dem Bild geschlossener Feldlinien entspricht (s. Abb. 21.2).

> Das Magnetfeld eines Stabmagneten ist also dem einer Spule absolut ähnlich; es ist räumlich so verteilt, als würde entlang der Mantelfläche des Magneten ein Ringstrom fließen. Es hat sich in der Tat gezeigt, daß Magnetfelder prinzipiell

von Strömen verursacht werden, auch die der Permanentmagnete, die auf Kreisströme in den einzelnen Atomen bzw. auf magetische Dipolmomente der Elementarteilchen selbst, vor allem der Elektronen, zurückgeführt werden.

Molekulare Kreisströme als Ursache des permanenten Magnetismus und der Magnetisierung von Stoffen wurde von *André Marie Ampère* schon kurze Zeit nach Ørsteds Entdeckung der magnetischen Wirkung von elektrischen Strömen postuliert. Genaueres über das Verhalten von Magnetfeldern im Innern magnetischer Materialien und an deren Grenzflächen zum Vakuum werden wir in Kap. 23 erfahren. Wir wollen uns in diesem Kapitel im wesentlichen mit Magnetfeldern im Vakuum (bzw. in Luft, was praktisch auf das gleiche hinausläuft) befassen. Insbesondere interessieren uns hier die Magnetfelder, die von stromdurchflossenen Leitern ausgehen sowie die Kraftwirkungen, die diese Felder wiederum auf stromdurchflossene Leiter ausüben.

Zum Abschluß dieser Einführung sei gesagt, daß die Physik keinen zwingenden Grund kennt, der die Existenz „magnetischer Ladungen" ausschließen könnte. Deswegen geht die Suche nach solchen Ladungen, die man **magnetische Monopole** nennt, weiter. Ähnlich wie die elektrische Ladung müßte die magnetische dann eine Eigenschaft bestimmter Elementarteilchen sein, deren Suche aber bisher wie gesagt ergebnislos verlief.

21.2 Magnetische Kräfte und Kraftflußdichte, Magnetfeld gestreckter Stromfäden

Wir müssen uns in diesem Abschnitt um *Meßvorschriften* für Magnetfelder bemühen, aus denen wir auch *Definitionsgleichungen* für die **magnetischen Feldgrößen** gewinnen können. Das kann nur anhand von geprüften Gesetzmäßigkeiten für Magnetfelder geschehen, die wir zunächst auffinden müssen.

Da wir über den Aufbau von Permanentmagneten noch nichts Rechtes wissen, müssen wir uns bei dieser Aufgabe in erster Linie auf die magnetischen Wirkungen von Strömen konzentrieren, auf die Kräfte, die sie ausüben und auf die räumliche Verteilung und Symmetrie ihres Kraftfeldes. Wir hatten schon qualitativ erfahren, daß stromdurchflossene Spulen magnetische Kräfte und Drehmomente auf Kompaßnadeln etc. ausüben. Nach dem Prinzip von actio = reactio müssen diese auch umgekehrt an der Spule angreifen, Hätten wir also 2 stromdurchflossene Spulen, so müßte das Magnetfeld der *einen* Kräfte auf die *andere* ausüben und umgekehrt, genau so wie wir das bei der Schwerkraft und der Coulombkraft (19.8) erfahren haben. Aus gutem Grund hatten wir diese beiden Kraftgesetze an kugelsymmetrichen Massen- bzw. Ladungsverteilungen geprüft, weil es nämlich Zentralkräfte der Form $\boldsymbol{F}(\boldsymbol{r}) = f(r)\hat{\boldsymbol{r}}$ sind. Magnetfelder haben aber eine ganz andere Symmetrie, und wir sollten unsere Leitergeometrie darauf abstimmen, um zu einem möglichst einfachen Kraftgesetz zu kommen. Auch hier haben wir Glück. Die einfachste Leitergeometrie ist offensichtlich die eines langen, gestreckten Drahts mit Zylindersymmetrie. Prüfen wir also die Kräfte zwischen zwei parallelen, langgestreckten, stromdurchflossenen Leitern.

VERSUCH 21.1

Kraft zwischen stromdurchflossenen Leitern. Wir positionieren 2 längere feste Drähte der Länge L horizontal und parallel zueinander im Abstand r_0 von einigen cm, den einen fest verankert als „Teppichstange", den andern als Schaukel mit Pendellänge l (s. Abb. 21.3). Über die Pfosten bzw. die Aufhängung führen wir ihnen die Ströme I_1, I_2 zu. In dieser speziellen Geometrie minimieren wir den störenden Einfluß der Ströme in den Zuleitungen. Bei parallelen Strömen beobachten wir eine Anziehung, bei antiparallelen eine Abstoßung. Im Gleichgewichtsabstand r wird die magnetische Kraft F durch die Rückstellkraft des Pendels

$$F_p \approx -Mg\varphi \approx -Mg(r - r_0)/l$$

kompensiert. Dabei haben wir die Näherung des mathematischen Pendels für kleine Ausschläge benutzt (s. Abschn. 11.2). Durch Variation der Ströme und Messung der Ausschläge bzw. der Kräfte stellen wir folgenden funktionalen Zusammenhang zwischen der magnetischen Kraft F und den Strömen I_1, I_2 fest:

$$F \propto I_1 I_2 L/r\,. \tag{21.1}$$

Sie ist proportional zum Produkt der Ströme und der Länge der Leiter und umgekehrt proportional zu ihrem Abstand (Die Abhängigkeit von L bleibt hier ungeprüft).

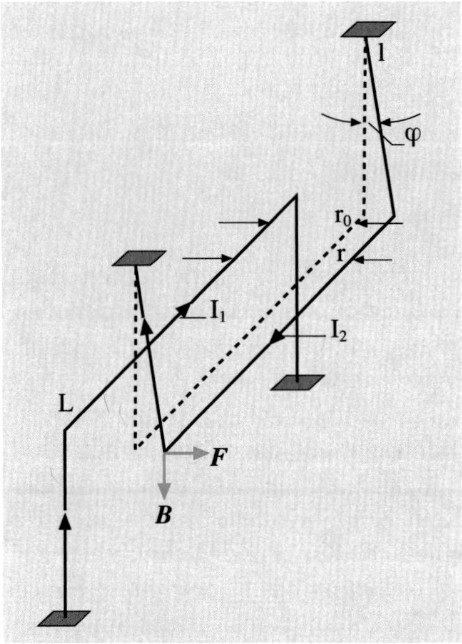

Abb. 21.3. Zwei parallele, stromdurchflossene Leiter der Länge L, der linke als „Teppichstange", der rechte als „Schaukel" aufgebaut zwecks Messung der magnetischen Kraft $\boldsymbol{F}$ zwischen beiden

Der vorstehende Versuch hat uns das fundamentale Wechselwirkungsgesetz zwischen Strömen (oder bewegten Ladungen, wenn man so will) aufgezeigt. Formal ist es dem Coulombgesetz (19.8) recht ähnlich. Statt des Produkts der Ladungen tritt hier das der Ströme ein; auch ein reziprokes Abstandsgesetz finden wir wieder, allerdings bei diesen ausgedehnten Strukturen nur in 1. statt 2. Potenz. Wegen seines fundamentalen Charakters wurde an dieses Kraftgesetz auch die Definition der Einheit des elektrischen Stromes, des Ampère, geknüpft (s. Abschn. 19.1). Zu diesem Zweck hat man den noch offenen Proportionalitätsfaktor in (21.1) im SI-System auf $2 \cdot 10^{-7}\,\mathrm{N/A^2}$ festgesetzt, was man aus formalen Rücksichten als $\mu_0/2\pi$

schreibt mit der **magnetischen Feldkonstanten**

$$\mu_0 = 4\pi \cdot 10^{-7}\mathrm{N/A^2} = 1{,}256... \cdot 10^{-7}\mathrm{N/A^2}\,. \tag{21.2}$$

Damit gewinnt das **magnetische Kraftgesetz zwischen Strömen** I_1, I_2 durch zwei gestreckte, parallele Leiter der Länge L im Abstand r die Form

$$F = \mu_0 I_1 I_2 L/(2\pi r)\,. \tag{21.3}$$

Die Kraft ist anziehend für parallele und abstoßend für entgegengesetzte Ströme.

Strenge Gültigkeit gewinnt (21.3) erst im Limes eines sehr dünnen Stromfadens ($r/L \to 0, r_L/r \to 0$) (r_L = Leiterradius). Außerdem ist eine Vakuumumgebung vorausgesetzt. Innerhalb eines Mediums wird die magnetische Kraft noch um einen materialspezifischen Faktor μ, die sogenannte **Permeabilität** modifiziert. Analog zum elektrischen Fall resultiert er aus einer magnetischen Polarisierbarkeit des Mediums. Für die meisten Materialien und auch für Luft liegt er sehr nahe bei 1; näheres hierzu in Kap. 23.

Genau wie im Fall der Coulombkraft ist es nun formal möglich und physikalisch sinnvoll, die magnetische Kraft (21.3) aufzuspalten in ein Kraftfeld $\boldsymbol{B}(\boldsymbol{r})$, das von dem einen Strom ausgeht, z. B. I_1, und am Ort des andern I_2, entlang der Leiterlänge L und proportional zu I_2 angreift.

Wir definieren also die **magnetische Kraftflußdichte** in der Umgebung eines entlang der Länge L_1 gestreckten, den Strom I_1 führenden Leiters als

$$\boldsymbol{B}_1(\boldsymbol{r}) = \mu\mu_0 \frac{I_1}{2\pi r}(\hat{\boldsymbol{L}}_1 \times \hat{\boldsymbol{r}})\,. \tag{21.4}$$

Darin ist r der senkrechte Abstand vom Leiter; $\hat{\boldsymbol{L}}_1$ zeigt in Richtung von I_1.

Die SI-Einheit der magnetischen Kraftflußdichte B ist das Tesla

$$[B] = \mathrm{T} = \mathrm{N/Am} = \mathrm{Vs/m^2} \tag{21.5}$$

Sie folgt aus (21.4). Um (21.3) nach Betrag *und Richtung* zu erfüllen, muß die Kraft auf ein zweites Leiterstück L_2 mit dem Strom I_2 notwendigerweise der Gleichung

$$\boldsymbol{F}_2 = -\boldsymbol{F}_1 = I_2(\boldsymbol{L}_2 \times \boldsymbol{B}_1) \tag{21.6}$$

genügen, damit die Kraft wie verlangt auf der senkrechten Verbindungslinie zwischen den Strömen liegt. Natürlich gestattet das Wechselwirkungsprinzip, die Indices in (21.4) und (21.6) zu vertauschen, das Feld also I_2 statt I_1 zuzuschreiben. In (21.4) und (21.6) sind wir zwei Schritte weiter gegangen, als unser bisheriges Versuchsergebnis (21.1) bzw. (21.3) hergibt. Zum einen haben wir in (21.4) der Allgemeinheit wegen die schon erwähnte Permeabilität μ des umgebenden Mediums aufgenommen, um die sich die resultierende Kraftwirkung ändert. Zum andern haben wir in (21.4) ein Kreuzprodukt eingeführt, das die Richtung von $\boldsymbol{B}$ relativ zum Strom bestimmt. Daraus folgt dann das Kreuzprodukt in (21.6) zur Festlegung der Kraftrichtung.

Zur Messung der Feldrichtung ist die Kompaßnadel gut geeignet. Aber auch den Feldbetrag kann man damit bestimmen, wenn man das Drehmoment mißt, das $\boldsymbol{B}$ auf sie ausübt. Sei das Magnetfeld relativ homogen, d. h. seine Änderung klein über die Länge der Nadel, so verschwindet wie im elektrischen Fall laut (19.104) die resultierende Kraft auf den Dipol. Es bleibt ein

richtungsabhängiges Drehmoment, das analog zum elektrischen Fall als Vektorprodukt zwischen **magnetischem Dipolmoment** $\boldsymbol{m}$ und $\boldsymbol{B}$-Feld auftritt (vgl. (19.61))

$$\boldsymbol{N} = (\boldsymbol{m} \times \boldsymbol{B}) . \tag{21.7}$$

Der Vektor $\boldsymbol{m}$ ist vom Südpol zum Nordpol gerichtet (s. Abb. 21.4). Es treibt $\boldsymbol{m}$ in die Parallele zu $\boldsymbol{B}$. In dieser Lage wird das Minimum der Orientierungsenergie erreicht (vgl. (19.62))

$$E_p = -(\boldsymbol{m} \cdot \boldsymbol{B}) . \tag{21.8}$$

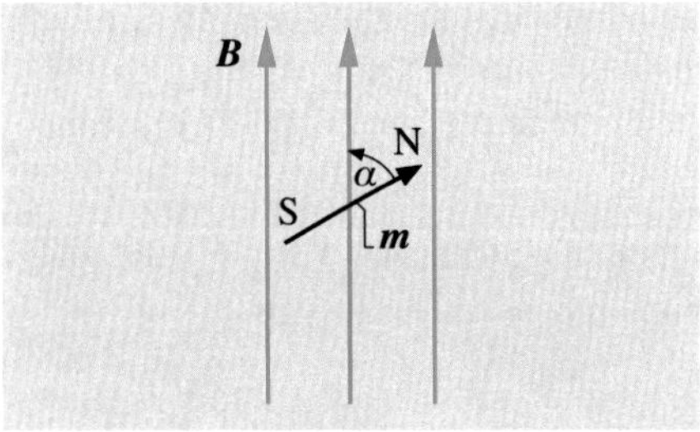

Abb. 21.4. Im homogenen Magnetfeld $\boldsymbol{B}$ ist das Drehmoment auf ein magnetisches Dipolmoment $\boldsymbol{m}$ proportional zum Sinus des eingeschlossenen Winkels α

Jetzt sind wir gerüstet, um das Magnetfeld in der Umgebung eines stromdurchflossenen Drahtes auszumessen.

VERSUCH 21.2

Magnetfeld eines stromdurchflossenen Drahtes. Wir bringen eine Kompaßnadel in die Umgebung eines langen, gestreckten Drahtes, der von einem kräftigen Strom $\boldsymbol{I}$ durchflossen wird. Sie stellt sich immer in die Richtung senkrecht zur Stromrichtung und senkrecht zum Abstand $\boldsymbol{r}$ vom Leiter ein. Führen wir sie also auf einem Kreis um den Leiter, so folgt sie der Kreislinie. Wir schließen daraus, daß die magnetischen Feldlinien Kreise um den Leiter bilden (s. Abb. 21.5a). (Bei diesem Versuch zeigte der Leiter und ebenso die Drehachse der Kompaßnadel in Richtung des Erdmagnetfelds B_{E}, um dessen Einfluß auf die Stellung der Nadel auszuschalten.) Bezüglich der Richtung des Feldes stellen wir fest, daß es wieder einer **Rechte-Hand-Regel** genügt:

Umschließen wir den Leiter mit der rechten Hand und zeige der Daumen in Stromrichtung, so weisen die gekrümmten Finger in Richtung von $\boldsymbol{B}$.

Im zweiten Versuchsteil messen wir die Stärke des vom Leiter erzeugten $\boldsymbol{B}$-Feldes als Funktion von Abstand und Stromstärke. Dazu richten wir über die Spannung einer Torsionsfeder die Nadelspitze zum Draht hin aus, also $\boldsymbol{m} \perp \boldsymbol{B}$, und messen über einen Drehspiegel am anderen Ende der Torsionsfeder den Torsionswinkel φ als Funktion von Stromstärke I und Abstand r vom Draht (s. Abb. 21.5b). Dann gilt für die Drehmomente

$$D_\varphi \varphi = |(\boldsymbol{m} \times \boldsymbol{B})| = mB .$$

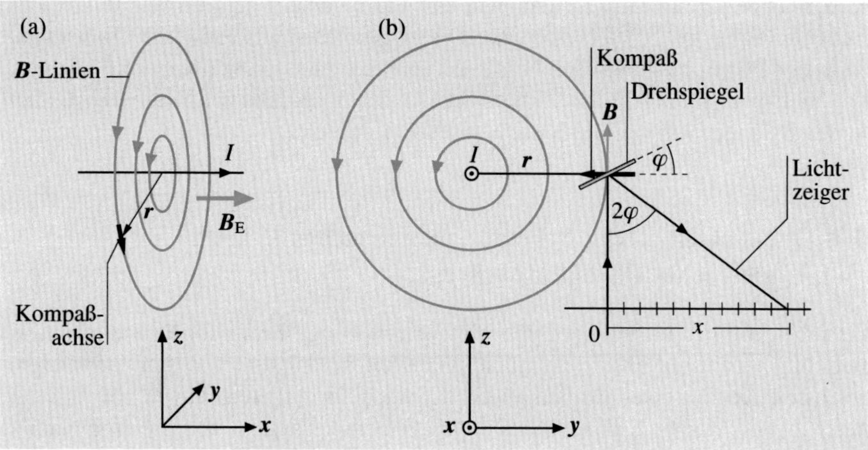

Abb. 21.5. Ausmessen der kreisförmigen Magnetfeldlinien $\boldsymbol{B}$ um einen gestreckten Leiter mit dem Kompaß. (**a**) Erdfeld $\boldsymbol{B}_E$ parallel zum Leiter in x-Richtung; Kompaß dreht sich in der y, z-Ebene frei in die Richtung der vom Strom verursachten $\boldsymbol{B}$-Linien. (**b**) Messung des Drehmoments auf die Nadel durch Auslenkung einer Torsionsfeder um den Winkel φ

In zwei Meßreihen stellen wir fest:

- das B-Feld wächst proportional zur Stromstärke
- das B-Feld nimmt umgekehrt proportional zum Abstand vom Leiter ab.

Das Ergebnis unseres Versuchs lautet:

- das Magnetfeld in der Umgebung eines gestreckten, zylindrischen Leiters bildet geschlossene, kreisförmige Feldlinien um den Leiter.
- das Produkt aus magnetischer Kraftflußdichte und Abstand vom Leiter ist proportional zur Stromstärke.

$$Br \propto I \, . \tag{21.9}$$

Das erste Ergebnis bestätigt die im Kreuzprodukt von (21.4) festgelegte Richtung von $\boldsymbol{B}$, das zweite die Erfahrung aus Versuch 21.1, daß die magnetische Kraftwirkung proportional zum Strom und zum reziproken Abstand ist.

Zum Abschluß dieses Abschnitts wollen wir noch typische Größenordnungen von $\boldsymbol{B}$-Feldern und ihren Kräften erwähnen. Das **Magnetfeld der Erde** erreicht an seinen Polen, an denen es vertikal steht, eine Kraftflußdichte von 62 μT, am magnetischen Äquator, wo es horizontal steht, etwa halb soviel, so als ob es einem punktförmigen Dipol im Erdmittelpunkt entspringen würde. Zwischen den ferromagnetischen Polschuhen (meistens aus Eisen) eines Elektromagneten (s. Abschn. 23.4) erreicht man Feldstärken von ca. 2 T, mit eisenfreien, supraleitenden Spulen ca. 10 T. Trotz der Kleinheit von μ_0 treten dabei ungeheure Anziehungskräfte auf. Nehmen wir als Beispiel ein Ringspulenpaar mit einem Meter Radius und einem Meter Abstand voneinander, so erfordert ein Feld von 10 T einen Strom von ca. 10^7 A durch die Spulenkörper. Daraus schätzt man mit (21.3) eine Anziehungskraft von der Größenordnung von 10^8 N entsprechend einer Gewichtskraft von 10000 Tonnen ab. Diese gewaltigen magnetischen Kräfte bergen auch eine große potentielle Energie; wir kommen darauf in Abschn. 23.6 zurück. An der Oberfläche von Neutronensternen werden $\boldsymbol{B}$-Felder von der Größenordnung 10^9 T erreicht!

21.3 Quellenfreiheit des B-Feldes, magnetisches H-Feld, Ampèresches Durchflutungsgesetz

Wir haben mit den bisherigen Beobachtungen wichtige Erfahrungen über das Magnetfeld gewonnen, die seine räumliche Verteilung und Symmetrie charakterisieren. Sie lassen sich in zwei mathematischen Sätzen formulieren, die Maxwell dann später in sein knappes, aber vollständiges Gleichungssystem der Elektrodynamik aufgenommen hat (s. Kap. 26). Zum einen geht es um die Beobachtung, daß das magnetische Kraftfeld von Strömen *geschlossene* Kraftlinien bildet. Bei gestreckten Leitern sind es Kreise. Aber auch in anderen Geometrien umfaßt das $\boldsymbol{B}$-Feld die Ströme auf geschlossenen Kraftlinien; man vergleiche z. B. das Feld einer Spule in Abb. 21.2.

Greifen wir aus einem solchen Kraftfeld ein beliebiges Volumen heraus und bilden den **magnetischen Kraftfluß** durch die *geschlossene* Oberfläche dieses Volumens, so muß er in summa verschwinden

$$\oint_{\text{Oberfläche}} (\boldsymbol{B} \cdot \mathrm{d}\boldsymbol{A}) = 0\,. \tag{21.10}$$

Denn das Integral (21.10) bildet ja nichts weiter als die Differenz zwischen austretenden und eintretenden Kraftflußlinien (vgl. Abschn. 10.1 und Abb. 10.5). Da nun alle Linien geschlossen sind, treffen sie die Oberfläche entweder überhaupt nicht, d. h. sind ein- oder ausgeschlossen, oder aber sie treten aus und müssen dann notwendigerweise auch wieder eintreten. Ein resultierender Fluß käme nur zustande, wenn in dem Volumen echte magnetische Quellen in Form magnetischer Ladungen eingeschlossen wären in Analogie zum elektrischen Fall (19.27). Solche Ladungen existieren aber nach unserer bisherigen Erfahrung nicht. *Das magnetische Feld ist quellenfrei.* Die Quelldichte eines Vektorfeldes hatten wir in Abschn. 10.1 durch seine Divergenz dargestellt in Form der Kontinuitätsgleichung (10.10) bzw. (10.11).

Für das quellenfreie $\boldsymbol{B}$-Feld gilt demnach

$$\mathrm{div}\boldsymbol{B} \equiv 0\,. \tag{21.11}$$

Nach dem Gaußschen Satz (10.13) sind die integrale Aussage von (21.10) und die differentielle von (21.11) äquivalent. Es gilt also

$$\oint_A (\boldsymbol{B} \cdot \mathrm{d}\boldsymbol{A}') = \int_V \mathbf{div}\boldsymbol{B}\, \mathrm{d}\tau = 0\,. \tag{21.12}$$

Die Quellenfreiheit von $\boldsymbol{B}$, ausgedrückt in der differentiellen Form (21.11) oder der integralen (21.12), ist der Inhalt der **2. Maxwellschen Gleichung** (vgl. (26.5)).

Zum andern wollen wir noch das Versuchsergebnis (21.9) weiter ausbeuten. Das Produkt aus der umgebenden Kraftflußdichte und dem Abstand vom gestreckten Leiter kann man durch das Wegintegral von $\boldsymbol{B}$ über eine geschlossene Kreislinie im Abstand r vom Leiter ausdrücken. Es läßt sich leicht ausführen, da das Feld parallel zum Weg und auf dem ganzen Umfang konstant ist. Mit (21.4) gilt dann

$$\oint \frac{1}{\mu\mu_0}(\boldsymbol{B} \cdot \mathrm{d}\boldsymbol{s}) = \oint \frac{1}{\mu\mu_0} \frac{\mu\mu_0 I}{2\pi r} \, \mathrm{d}s = I \,. \tag{21.13}$$

Einem Vektorfeld mit genau der gleichen räumlichen Verteilung sind wir in der Strömungslehre (Abschn. 10.5) begegnet, nämlich der Strömungsgeschwindigkeit in der Umgebung eines **Wirbelkerns**. Dort hatten wir gezeigt, daß das Ringintegral über die Strömungsgeschwindigkeit, die **Zirkulation**, sogar unabhängig von der Wahl des speziellen Weges ist, wenn er nur den Kern voll umschließt. Das Gleiche muß auch hier gelten. Wir sind hier offensichtlich einem fundamentalen Zusammenhang zwischen Strom und Magnetfeld auf die Spur gekommen, den wir im folgenden noch vertiefen und verallgemeinern wollen.

Zur Vereinfachung von (21.13) wollen wir zunächst rein formal ein weiteres Feld,

das magnetische $\boldsymbol{H}$-Feld einführen mit der Definition

$$\boldsymbol{H}(\boldsymbol{r}) = \frac{1}{\mu(r)\mu_0} \boldsymbol{B}(\boldsymbol{r}) \,. \tag{21.14}$$

Damit gewinnt (21.12) die einfachere Form

$$\oint (\boldsymbol{H} \cdot \mathrm{d}\boldsymbol{s}) = I. \tag{21.15}$$

Es trägt den Namen **Ampèresches Durchflutungsgesetz** und ist Bestandteil der **3. Maxwellschen Gleichung** (vgl. (26.6)).

Durch die Einführung von $\boldsymbol{H}$ oder, genauer gesagt, von $1/\mu$ in das Ringintegral über $\boldsymbol{B}$ haben wir den Einfluß des Mediums auf dessen Wert eliminiert, der jetzt immer wie in Vakuumumgebung den umfangenen *freien* Strom I angibt. „*Frei*“ soll bedeuten, daß die gebundenen Molekularströme, die für die magnetische Polarisation des Mediums verantwortlich sind, nicht mitgezählt werden. Daß $\boldsymbol{B}$ und $\boldsymbol{H}$ sich außerdem noch um den Dimensionsfaktor μ_0 unterscheiden, ist eine Eigentümlichkeit des SI-Systems und physikalisch bedeutungslos, reduziert aber (21.15) auf die kürzest mögliche Form. Das $\boldsymbol{H}$-Feld spielt also im magnetischen Fall die gleiche Rolle wie das $\boldsymbol{D}$-Feld im elektrischen: Indem die *tatsächliche* Änderung der magnetischen bzw. elektrischen Kräfte durch das Medium hinausdividiert wird, reduziert sich das geschlossene Wegintegral über $\boldsymbol{H}$ auf den umfangenen *freien* Strom I, bzw. das geschlossene Oberflächenintegral über $\boldsymbol{D}$ auf die eingeschlossene *freie* Ladung Q (s. (19.73)). Man kann auch ohne diese beiden Hilfsfelder auskommen und arbeitet dann im magnetischen Fall ausschließlich mit (21.13) statt (21.15). Das genügt auch im Prinzip. Die neuere angelsächsische Literatur verzichtet daher häufiger auf diese Hilfsfelder wie schon in Abschn. 19.12 bemerkt. Da es aber in der Regel *freie* Ströme und Ladungen sind, die die Polarisation des Mediums hervorrufen, ist das Arbeiten mit diesen Feldern doch hilfreich. Interessant wird das aber erst bei inhomogenen Medien, wenn z. B. die Integrationswege Grenzflächen zwischen verschiedenen Medien passieren. Auch unter diesen Umständen bleibt (21.15) noch allgemein gültig, weswegen wir in der Definition von $\boldsymbol{H}$ (21.14) die Ortsabhängigkeit von $\mu = \mu(\boldsymbol{r})$ betont haben. Wir kommen auf diese Fragen in Kap. 23 zurück.

Unglücklicherweise ist das eher fiktive $\boldsymbol{H}$-Feld mit dem offiziellen Namen „**Magnetfeld**“ und sein Wert mit "**magnetische Feldstärke**" belegt. Eigentlich gebühren dem physikalisch wirksamen Kraftfeld $\boldsymbol{B}$ diese Prädikate in Analogie zum elektrischen Feld $\boldsymbol{E}$. Tatsächlich trägt die physikalische Umgangssprache dem Rechnung und benutzt diese beiden Begriffe auch für $\boldsymbol{B}$ unabhängig vom Maßsystem.

Laut (21.14) hat das H-Feld die SI-Einheit

$$[H] = \mathrm{A/m}\,, \qquad (21.16)$$

in Worten „*Ampèrewindungen pro Meter*“.[1]

Dabei soll der Zusatz „*Windungen*“ darauf hinweisen, daß sich der Wert von (21.15) um den Faktor der Windungszahl n erhöht, wenn der gewählte Weg den Leiter n-mal umwindet, bzw. wenn der Leiter selbst zu einer Spule von n-Windungen aufgewickelt ist, die vom gewählten Weg gemeinsam umfangen werden.

Die zuletzt gewählte Formulierung läßt schon darauf schließen, daß das Ampèresche Durchflutungsgesetz nicht nur unabhängig von der Geometrie des gewählten Ringweges ist, sondern auch von der des Leiters selbst. Das bestätigt sich in allen Versuchen, die man hierzu anstellen kann. Hierzu folgender Demonstrationsversuch:

VERSUCH 21.3

Magnetfeld bei variablem Leiterquerschnitt. Abbildung 21.6 zeigt einen Leiter, der sich von einem kreiszylindrischen Stab zu einem Rohr aufweitet. Aufgrund der Symmetrie des nach wie vor axial vom Strom durchflossenen Leiters ist auch das Magnetfeld kreiszylindrisch wie schon im Versuch 21.2. Wir messen das Magnetfeld im Außenraum entlang der gesamten Leiterlänge auf einem Radius $r_a > R_0$ und stellen fest, daß es von der Aufweitung des

---

[1] Aus physikalischer Sicht kann man darauf verzichten, für $\boldsymbol{H}$ und $\boldsymbol{B}$ unterschiedliche Dimensionen einzuführen damit μ_0 aus den Gleichungen verschwindet. Dann sollte man aber auch konsequenterweise den dimensionsbehafteten Faktor ε_0 zwischen $\boldsymbol{E}$- und $\boldsymbol{D}$-Feld (s. Abschn. 19.12) unterdrücken. Diesen Weg geht das **Gaußsche System**, das auf **cgs-Einheiten** beruht. Dann tritt in vielen Gleichungen der Elektrodynamik die Lichtgeschwindigkeit explizit auf, wodurch sie in fundamentaler Hinsicht durchsichtiger werden. Dennoch unterscheidet auch das Gaußsche System begrifflich zwischen $\boldsymbol{B}$- und $\boldsymbol{H}$-Feld und zwischen $\boldsymbol{E}$- und $\boldsymbol{D}$-Feld im gleichen Sinn wie das SI-System durch die Faktoren μ bzw. ε. Im Gaußschen System trägt das $\boldsymbol{H}$-Feld die Einheit **Oersted** (Oe) und das $\boldsymbol{B}$-Feld die Einheit **Gauß** (G) beide mit der Dimension ($\mathrm{cm}^{-1/2} \cdot \mathrm{g}^{1/2} \cdot \mathrm{s}^{-1}$). Zu den SI-Einheiten bestehen die Relationen

$$1\,\mathrm{Oe} = \frac{1000}{4\pi}\mathrm{Aw/m} = 79,58\mathrm{Aw/m}$$

und

$$1\,\mathrm{G} = 10^{-4}\,\mathrm{T}\,.$$

Leiterquerschnitts keine Notiz nimmt. Das ist in Übereinstimmung mit (21.15), da ja nach wie vor der gleiche Strom I umfangen wird und die Zylindersymmetrie ungestört ist. Im Innern des Rohrs dagegen erzeugt der Strom kein Magnetfeld, wovon wir uns durch Ein- und Ausschalten überzeugen. Auch das ist in Einklang mit (21.15), da das Ringintegral entlang r_i keinen Strom umfängt, also verschwindet. Dann verschwindet aber auch H_i *identisch* im Innern, da es aus Symmetriegründen entlang eines kreisförmigen Integrationsweges dem Betrage nach konstant und parallel zum Weg sein sollte.[2]

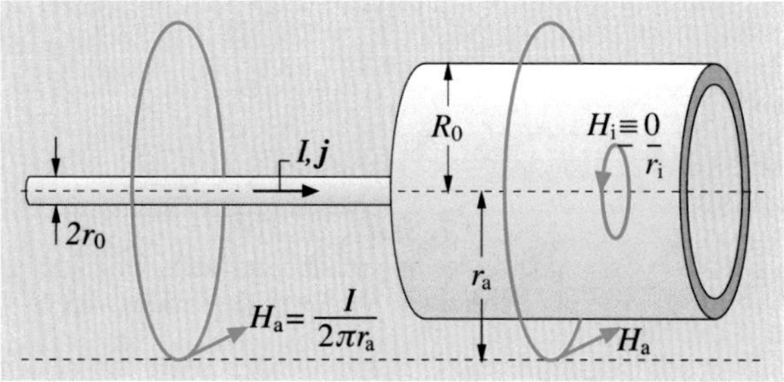

Abb. 21.6. Anordnung zur Messung des Magnetfeldes bei variablem Leiterquerschnitt

Welches Magnetfeld herrscht im Kern des *massiven*, kreiszylindrischen Leiterstabes? Dazu hatten wir mit der Sonde keinen Zugang. Wir wollen es aber aus dem Ampèreschen Durchflutungsgesetz erschließen. Im Innern herrscht die konstante Stromdichte (vgl. Abb. 21.7a)

$$j = \frac{I}{A_0} = \frac{I}{\pi r_0^2}\,.$$

Auf einem Ring mit Radius r_i im Innern des Leiters wird nur ein Bruchteil

$$I_\mathrm{i} = \int_{A_\mathrm{i}} j \mathrm{d}A = j\pi r_\mathrm{i}^2 = I\frac{r_\mathrm{i}^2}{r_0^2}$$

des gesamten Stroms I umfangen. Nur er trägt zum Ringintegral der Feldstärke bei, die aus Symmetriegründen wie gehabt mit konstantem Betrag auf dem Ring umläuft. Es folgt also mit (21.15)

$$H_\mathrm{i} 2\pi r_\mathrm{i} = j\pi r_\mathrm{i}^2 = I\frac{r_\mathrm{i}^2}{r_0^2}\,.$$

Folglich ist das Feld im Innern des Leiterdrahtes

$$H_\mathrm{i} = \frac{I r_\mathrm{i}}{2\pi r_0^2}\,, \tag{21.17a}$$

während (21.15) außerhalb den Wert liefert

$$H_\mathrm{a} = \frac{I}{2\pi r_\mathrm{a}}\,. \tag{21.17b}$$

[2] Zur Messung des Magnetfeldes bedienen wir uns hier der Einfachheit halber eines modernen elektronischen Instruments, der Förster-Sonde. Das Meßprinzip beruht auf der Sättigung eines Transformatorkerns durch das äußere Magnetfeld; sie wird durch die Verzerrung der vom Transformator übertragenen Wechselspannung nachgewiesen. Das Gerät funktioniert im Bereich von ca. $10^{-3} \leq H/(\mathrm{A/m}) \leq 10^3$.

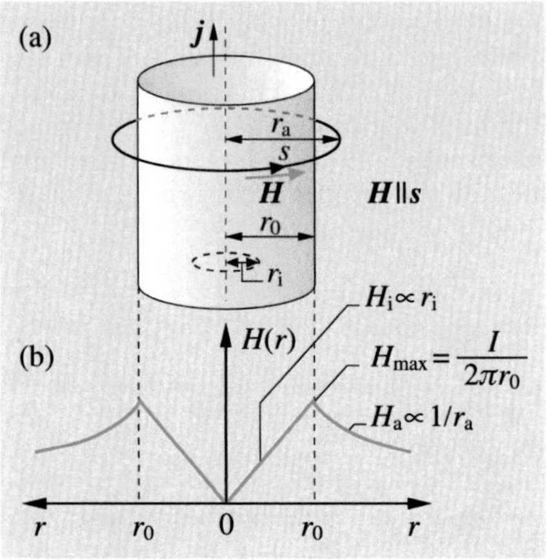

Abb. 21.7. Skizze zur Berechnung des Magnetfeldes innerhalb und außerhalb eines Leiterdrahtes. (**b**) Radialer Verlauf von H

Das Feld wächst im Innern proportional zum Abstand vom Zentrum, erreicht sein Maximum am Leiterrand und fällt im Außenraum hyperbolisch im Einklang mit (21.4) wieder ab (s. Abb. 21.7b). Das Magnetfeld hat also auch im Leiterkern den gleichen Verlauf wie die Strömungsgeschwindigkeit in einem **Wirbelkern** (vgl. Abb. 10.21 oder 10.27). Die Analogie zwischen dem Magnetfeld eines Leiterdrahts und der Geschwindigkeitsverteilung in einem Wirbel ist perfekt!

Stokesscher Satz in der Elektrodynamik

Wenn das **Ampèresche Durchflutungsgesetz** etwas *Fundamentales* aussagen soll, dann darf seine Gültigkeit nicht auf die bisher betrachteten gestreckten, kreiszylindrischen Leiter beschränkt bleiben. Wie können wir hier weiterkommen? Um es in seiner vollen Allgemeingültigkeit formulieren zu können, genügt die Voraussetzung, daß es bei einer gegebenen räumlichen Stromverteilung $\boldsymbol{j}(\boldsymbol{r})$ differentiell für ein beliebig herausgegriffenes Flächenelement $\mathrm{d}\boldsymbol{A}_i = \hat{\boldsymbol{n}}_i \mathrm{d}A_i$ Gültigkeit habe (s. Abb. 21.9). Gleichung (21.15) nimmt hierfür die Form an

$$\sum_{k=1}^{4} \boldsymbol{H}_{ik} \mathrm{d}\boldsymbol{s}_{ik} = [\boldsymbol{j}(\boldsymbol{r}_i) \cdot \mathrm{d}\boldsymbol{A}_i] = \mathrm{d}I_i \,, \tag{21.18}$$

wobei die Zahl der das Flächenstückchen $\mathrm{d}\boldsymbol{A}_i$ einrahmenden Wegstückchen $\mathrm{d}\boldsymbol{s}_{ik}$ laut Abb. 21.8 jeweils 4 sei (man kann auch Dreiecke wählen wie in Abb. 10.29), die wir im differentiellen Maßstab als geradlinig annehmen dürfen. Summieren wir jetzt über alle $\mathrm{d}\boldsymbol{A}_i$, in die wir die Fläche A eingeteilt haben, und gehen zu einem unendlich feinen Netz über, so folgt

$$\lim_{N\to\infty} \left(\sum_{i=1}^{N} \sum_{k=1}^{4} \boldsymbol{H}_{ik} \mathrm{d}\boldsymbol{s}_{ik} \right) = \lim_{N\to\infty} \sum_{i=1}^{N} \boldsymbol{j}(\boldsymbol{r}_i) \mathrm{d}\boldsymbol{A}_i \,. \tag{21.19}$$

Bei der Doppelsumme linker Hand werden alle innen liegenden Wegstücke zweimal und zwar jeweils gegensinnig durchlaufen, tragen also nichts bei. Es bleibt nur die Summe über die äußeren Randstückchen übrig, die A selbst beranden (der

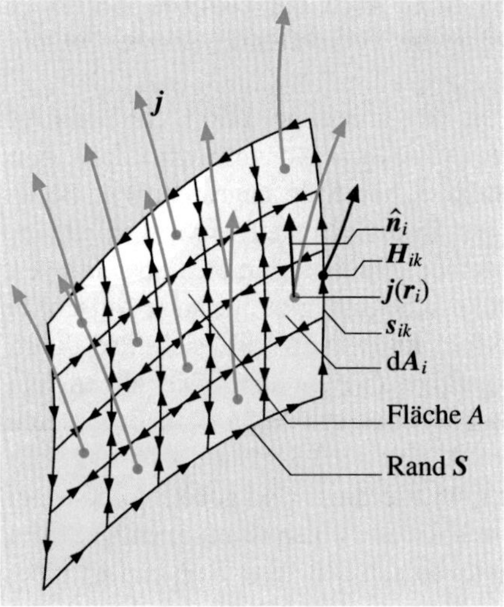

Abb. 21.8. Skizze zur Herleitung des Stokesschen Satzes. Die Richtung der Flächennormale $\hat{n}_i$ ergibt sich nach der rechten Handregel aus dem Umlaufsinn der Umrandung von $\mathrm{d}A_i$

Rand kann auch krummlinig sein, vgl. Abschn. 10.5, Abb. 10.29). Sie bilden per definitionem das Linienintegral von $\boldsymbol{H}$ entlang des Randes von A, das wir in Abschn. 10.5 auch die Zirkulation genannt hatten. Auf der rechten Seite von (21.19) steht definitionsgemäß das Integral der Stromdichte über die betrachtete Fläche, also der gesamte, durch A hindurchtretende Strom I. Damit nimmt (21.19) wieder die Form des **Ampèreschen Durchflutungsgesetzes** (21.15) an, das aber jetzt für *beliebig* geformte Stromverteilungen, Flächen und deren Ränder gilt (vgl. den in dieser Hinsicht allgemeineren Beweis des Stokesschen Satzes in Abschn. 10.5):

$$\oint_{\text{Rand}} (\boldsymbol{H} \cdot \mathrm{d}\boldsymbol{s}) = \int_{\text{Fläche}} (\boldsymbol{j} \cdot \mathrm{d}\boldsymbol{A}) = I \,. \tag{21.20}$$

Insbesondere ist (21.20) bei gegebenem Rand unabhängig von der speziellen Wahl der Fläche A, vorausgesetzt, sie wird vom gleichen Gesamtstrom durchflossen wie der Rand selbst. (Letzteres garantiert im übrigen die Elektrodynamik auf eigentümliche Weise über den Verschiebungsstrom, den wir in Kap. 26 behandeln.)

Vorausgesetzt haten wir beim Beweis von (21.19) die Gültigkeit der differentiellen Gleichung (21.18). Die Summe linker Hand ist aber laut (10.27a) mit der Rotation von $\boldsymbol{H}$ verknüpft

$$\sum_k (\boldsymbol{H}_{ik} \cdot \mathrm{d}\boldsymbol{s}_{ik}) = (\mathbf{rot}\,\boldsymbol{H} \cdot \mathrm{d}\boldsymbol{A}_i) = (\boldsymbol{j} \cdot \mathrm{d}\boldsymbol{A}_i) \,.$$

Wir klammern rechterhand $\mathrm{d}\boldsymbol{A}_i$ aus und

erhalten somit das **Ampèresche Durchflutungsgesetz** in der differentiellen Form

$$\mathbf{rot}\,\boldsymbol{H} = \boldsymbol{j} \,. \tag{21.21}$$

Sie ist Bestandteil der **3. Maxwellschen Gleichung** der Elektrodynamik (26.6).

(Im allgemeinen Fall muß auf der rechten Seite noch die zeitliche Ableitung der dielektrischen Verschiebung $\boldsymbol{D}$, der sogenannte **Verschiebungsstrom**, ergänzt werden (s. Kap. 26).)

Das Ampèresche Durchflutungsgesetz in der integralen Form (21.20) geht aus (21.21) mit Hilfe des Stokesschen Satzes (10.30) hervor und wird deswegen in der Elektrodynamik auch schlicht als **Stokesscher Satz** angesprochen. Beide Formen sind äquivalent. Natürlich haben wir ihre Gültigkeit experimentell nur bei einfachen Geometrien geprüft. Ihre Allgemeingültigkeit hat sich aber in allen physikalischen Situationen bestätigt. Der Stokessche Satz gibt uns auch Aufschluß darüber, in welchen Bereichen ein **Magnetfeld konservativ** ist, sich also durch *Gradientenbildung* aus einem skalaren Potential ableiten läßt. Die allgemeine Voraussetzung dafür war, daß das Ringintegral über das Vektorfeld bzw. seine Rotation identisch verschwinden (s. Abschn. 4.3 bzw. 10.5). Das ist laut (21.20) genau dort erfüllt, wo kein Strom fließt. Man muß allerdings acht geben: Auch wenn der Weg selbst durch stromloses Gebiet führt, sobald er einen resultierenden Strom *I umfaßt*, nimmt das Wegintegral (21.20) automatisch den Wert I an und ist nicht Null.

Magnetfeld einer langgestreckten Spule

Wir kommen noch einmal zurück auf den Fall eines langgestreckten kreiszylindrischen Hohlleiters (s. Abb. 21.6). Allerdings soll der Strom jetzt nicht axial durch den Mantel fließen, sondern azimutal, d. h. als Ringstrom durch den Mantel und zwar mit konstanter Stromdichte über seinen ganzen Querschnitt. In der Praxis entspricht das einer dicht gewickelten, langgestreckten Spule; sie wird in der Fachsprache auch **Solenoid** genannt. Da der Innenraum der Spule *stromlos* ist, ist das Magnetfeld dort nach oben Gesagtem *konservativ*. Es ist aber keineswegs Null wie beim axialen Stromfluß, sondern füllt das Spulenvolumen seinerseits mit axialer Orientierung aus (s. Abb. 21.2). Das einfachste konservative Feld ist aber ein konstantes Feld. Wir überzeugen uns im Versuch davon, daß das Magnetfeld im ganzen Innenraum der Spule in der Tat in guter Näherung konstant ist, solange wir uns nicht den Spulenenden bis auf weniger als deren Durchmesser nähern.[3]

Wir messen weiterhin, daß die Spule im Bereich ihres Außenmantels praktisch kein Feld erzeugt, abgesehen von den Enden wiederum. Aus diesen Beobachtungen können wir jetzt die Feldstärke im Innenraum mit Hilfe des Stokesschen Satzes (21.20) berechnen (s. Abb. 21.9): Wir nehmen an, die Spule habe n Windungen

[3] Für eine unendlich lange Spule läßt sich die Konstanz von H im ganzen Innenraum auch folgendermaßen erschließen: Wegen der unendlichen Spulenlänge müssen Betrag und Richtung des Feldes entlang der Achse konstant sein und wegen der Zylindersymmetrie zusätzlich auch als Funktion der azimutalen Koordinate. Da aber der Innenraum quellen- und wirbelfrei ist, d. h. $\operatorname{div} \boldsymbol{H} = \mathbf{rot}\, \boldsymbol{H} = 0$ gilt, muß auch die Ableitung von $\boldsymbol{H}$ nach der dritten, radialen Koordinate verschwinden. Also ist H in jeder Richtung konstant, bis man auf den stromführenden Spulenkörper trifft, wo $\mathbf{rot}\, \boldsymbol{H} = \boldsymbol{j}$ gilt. Aus Symmetriegründen reduziert sich diese Gl. auf $\partial H_z / \partial r = j = nI/ld = \text{const}$ (ld = Mantelquerschnitt der Spule). Integration über die Manteldicke d ergibt $H_\mathrm{i} - H_\mathrm{a} = jd = nI/l$ in Übereinstimmung mit (21.22) für $H_\mathrm{a} = 0$.

gleichmäßig verteilt auf ihre gesamte Länge l und führe den Strom I. Auf dem gewählten Integrationsweg mit der axialen Länge l' umfassen wir demnach

$$n' = nl'/l$$

Windungen, und das Ringintegral nimmt den Wert $n'I$ an. Hierzu trägt aber nur der axiale Weg im Innern bei, weil das Feld im Außenraum $\boldsymbol{H}_a$ verschwindet und auf den beiden senkrechten Teilstrecken das Feld senkrecht zum Weg steht. Es gilt also

$$\oint (\boldsymbol{H} \cdot \mathrm{d}\boldsymbol{s}) = H_i l' = n'I \qquad \curvearrowright$$

$$H_i = \frac{nI}{l} . \tag{21.22}$$

Wir fassen zusammen: Das Feld im Innenraum einer langgestreckten Spule ist räumlich konstant und dem Betrage nach gleich dem Produkt aus Stromstärke und Windungszahl pro Meter.

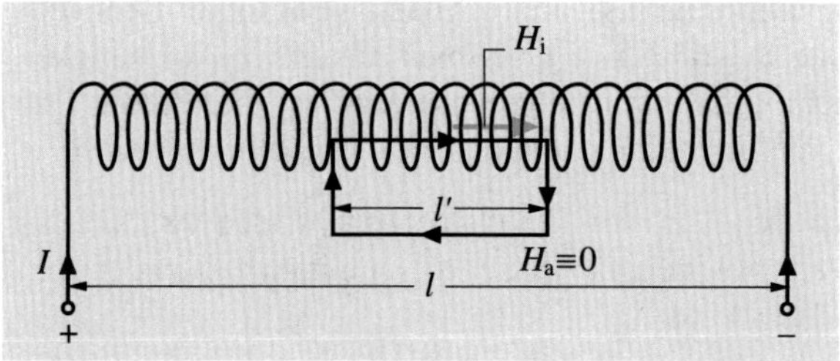

Abb. 21.9. Skizze zur Berechnung des Magnetfelds im Innern eines Solenoiden mit Hilfe des Stokesschen Satzes. (Die Rechnung setzt allerdings im Gegensatz zur Zeichnung eine homogene dichte Wicklung mit j = const im Mantel voraus)

21.4 Biot-Savartsches Elementargesetz

Zur praktischen Berechnung von Magnetfeldern aus gegebenen Stromverteilungen, z. B. irgendwie gestalteter Spulen, ist es in der Regel zweckmäßig, das **Ampèresche Durchflutungsgesetz** in das sogenannte **Biot-Savartsche Elementargesetz** umzuformulieren. Es stellt folgenden Zusammenhang zwischen einem, von der Stromdichte $\boldsymbol{j}$ durchflossenen Volumenelement $\mathrm{d}V$ und der von diesem Stromelement im Aufpunkt P im Abstand $\boldsymbol{r}$ vom Quellpunkt erzeugten Feldstärke $\mathrm{d}\boldsymbol{H}$ her (s. Abb. 21.10)

$$\mathrm{d}\boldsymbol{H} = \frac{(\boldsymbol{j} \times \hat{\boldsymbol{r}})}{4\pi r^2} \mathrm{d}V . \tag{21.23}$$

Handelt es sich um einen relativ dünnen, vom Strom I durchflossenen Leiterdraht, dann läßt sich das Stromelement auch durch $I\mathrm{d}\boldsymbol{l}$ ausdrücken, woraus die gängigere Formel

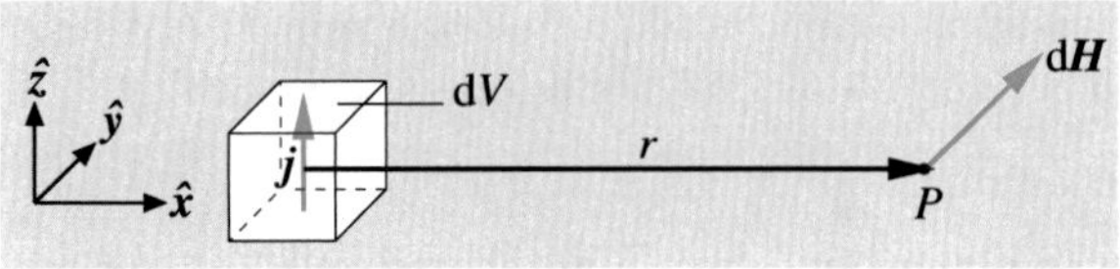

Abb. 21.10. Skizze zur Erläuterung des Biot-Savartschen Elementargesetzes

$$\mathrm{d}\boldsymbol{H} = \frac{I\,(\mathrm{d}\boldsymbol{l} \times \hat{\boldsymbol{r}})}{4\pi r^2} \qquad (21.23')$$

resultiert. Der Vektor $\mathrm{d}\boldsymbol{l}$ ist dabei in Stromrichtung orientiert. (Man gewinnt das Biot-Savartsche Gesetz auf dem Umweg über das sogenannte **Vektorpotential** des Magnetfelds, das man in der theoretischen Elektrodynamik in Analogie zum elektrischen Potential einführt. Wir können das hier nicht nachvollziehen.)

Das *Biot-Savartsche Gesetz* zeigt das typische $1/r^2$-Verhalten von Kraftfeldern, die von einem punktförmigen Zentrum ausgehen. Man hegte im 19. Jahrhundert die Erwartung, daß alle elementaren Kräfte, die man als **Fernkräfte** zwischen materiellen Punkten verstehen wollte, diese quadratische Abhängigkeit zeigen. **Gravitation**, **Elektrizität** und **Magnetismus** waren die damals bekannten Beispiele. Inzwischen wissen wir, daß auch Kräfte mit *prinzipiell* anderer r-Abhängigkeit existieren, nämlich die **schwache** und die **starke Wechselwirkung** (s. Abschn. 1.9). Auch hat sich die Vorstellung von Fernkräften letztlich als unfruchtbar erwiesen.

Seit *Maxwell* betrachtet man die von den Teilchen ausgehenden *Felder* als den eigentlichen Sitz der Wechselwirkungsenergie, die unmittelbar am Ort der wechselwirkenden Teilchen aktiv werden.

Diese modernere Vorstellung hat sich vor allem auch in der Quantentheorie bewährt, in der *auch* die Felder quantisiert werden und die Wechselwirkung zwischen den Teilchen als Austausch von Feldquanten verstanden werden kann.

Das *Biot-Savartsche Gesetz* bewährt sich vor allem bei der numerischen Berechnung von Magnetfeldern aus komplizierten Stromverteilungen. Wir beschränken uns hier auf ein einfaches *Beispiel*, nämlich die Berechnung des Felds im Zentrum einer kreisförmigen, dünnen *Leiterschleife* mit Radius R (s. Abb. 21.11). Man erkennt, daß der Beitrag $\mathrm{d}\boldsymbol{H}$ für alle Stromelemente entsprechend dem Vektorprodukt $(\mathrm{d}\boldsymbol{l} \times \boldsymbol{R})$ in die Richtung der Kreisachse zeigt. Integrieren wir über den Kreisumfang, so erhalten wir den Feldwert zu

$$|\boldsymbol{H}| = \left| \int \frac{I\,(\mathrm{d}\boldsymbol{l} \times \hat{\boldsymbol{R}})}{4\pi R^2} \right| = \frac{I 2\pi R}{4\pi R^2} = \frac{I}{2R}\,. \qquad (21.24)$$

Magnetfeld als Axialvektor

Im Biot-Savartschen Gesetz (21.23) ist das Magnetfeld als Vektorprodukt zweier *polarer* Vektoren, $\boldsymbol{j}$ und $\hat{\boldsymbol{r}}$ ausgedrückt (vgl. auch (21.4)). Damit ist es als ein **axialer Vektor** ausgewiesen (s. Abschn. 2.7), der bei einer Inversion des Koordinatensystems $\boldsymbol{r}' = -\boldsymbol{r}$ sein Vorzeichen *beibehält*. Darin unterscheidet es sich vom

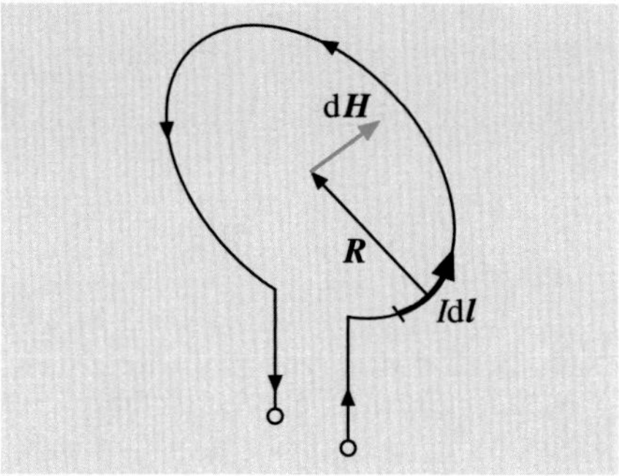

Abb. 21.11. Skizze zur Berechnung des Magnetfelds im Mittelpunkt einer Leiterschleife nach dem Biot-Savartschen Gesetz

elektrischen Feld, das ein *polarer* Vektor ist. Diese Charakterisierungen sind wichtig, wenn man Symmetrieeigenschaften der elektromagnetischen Wechselwirkung untersucht.

21.5 Kräfte auf Ströme im Magnetfeld, Lorentzkraft

Wir kommen in diesem Abschnitt auf unseren Ausgangspunkt, die fundamentale magnetische Kraftwirkung zwischen 2 parallelen Strömen (21.3) zurück, die wir aufgespalten haben in ein $\boldsymbol{B}$-Feld (21.4), das von dem einen Strom ausgeht und eine Kraft (21.6), die an dem zweiten, vom Strom I durchflossenen Leiterstück der Länge $\boldsymbol{l}$ angreift

$$F = I(\boldsymbol{l} \times \boldsymbol{B})\,. \tag{21.25}$$

Dabei ist $\boldsymbol{l}$ in Stromrichtung orientiert. Wir haben (21.25) etwas allgemeiner gefaßt als (21.6), insofern $\boldsymbol{B}$ jetzt nicht unbedingt von einem benachbarten parallelen Strom ausgehen soll, sondern von einer beliebigen Feldquelle, etwa einer Spule, einem Elektro- oder Permanentmagneten oder was auch immer. Natürlich sollte das $\boldsymbol{B}$-Feld über die Länge l im wesentlichen konstant sein; sonst kann (21.25) nicht in dieser einfachen Form gelten. Zur Einführung in diesen Abschnitt wiederholen wir daher noch einmal den Versuch 21.1 mit der Stromschaukel, jetzt aber im starken und recht homogenen Feld zwischen den Polschuhen eines Magneten und bestätigen (21.25).

VERSUCH 21.4

Kraft auf stromdurchflossenen Leiter. Ein Leiter in Form einer Schaukel führt mit seinem horizontalen Stück durch ein vertikales, homogenes Magnetfeld zwischen den ebenen Polschuhen eines Permanent- oder Elektromagneten (s. Abb. 21.12). Schicken wir einen Strom durch die Schaukel, so reagiert sie je nach Stromrichtung mit einem Ausschlag nach rechts oder links, also jeweils senkrecht zur Stromrichtung und zum Magnetfeld $\boldsymbol{B}$. Der Winkelausschlag φ und folglich auch die Kraft $\boldsymbol{F}$ wachsen proportional zur Stromstärke I (gültig für kleine φ in der Näherung $\tan\varphi \approx \varphi$). Außerdem läßt sich zeigen, daß die Kraft proportional zu $\boldsymbol{B}$ und zur Länge l des Leiterstücks ist, auf die $\boldsymbol{B}$ einwirkt.

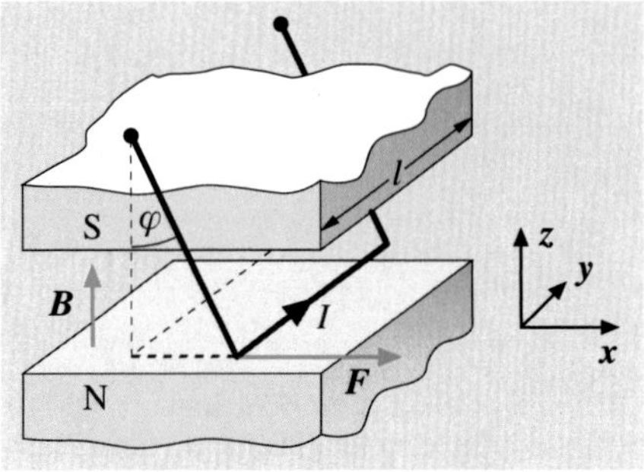

Abb. 21.12. Skizze zur Kraftwirkung eines Magnetfeldes auf einen stromführenden Leiter

Will man magnetische Kräfte auf kompliziertere Stromverteilungen berechnen, so schreibt man (21.14) zweckmäßigerweise auf die Stromdichte um

$$\mathrm{d}\boldsymbol{F} = I(\mathrm{d}\boldsymbol{l} \times \boldsymbol{B}) = (\boldsymbol{j} \times \boldsymbol{B})\mathrm{d}V\,. \tag{21.26}$$

Die vereinfachte Darstellung $I\mathrm{d}\boldsymbol{l}$ des Stromelements empfiehlt sich bei relativ dünnen und ansonsten beliebig gekrümmten Leitern, während die Darstellung $\boldsymbol{j}\mathrm{d}V$ wie in (21.12) auch den allgemeinsten Fall einer Stromverteilung abdeckt. Man gewinnt dann die Gesamtkraft durch Integration über das Leitervolumen, gegebenenfalls mit numerischen Methoden.

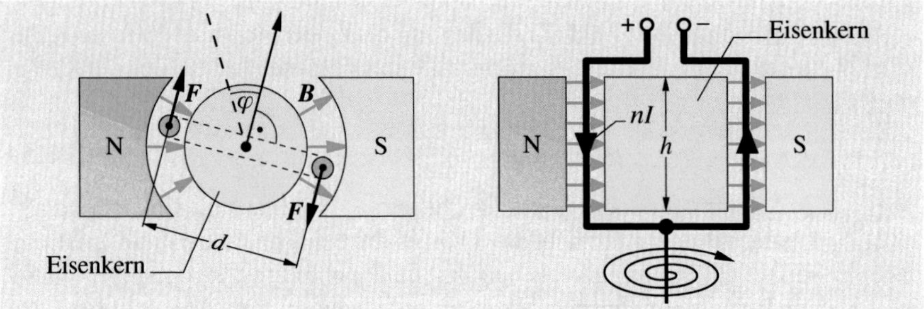

Abb. 21.13. Prinzip des Drehspulgalvanometers im Querschnitt (*links*) und Längsschnitt (*rechts*). Einfache Instrumente haben eine Empfindlichkeit von einigen µA

Drehspulgalvanometer

Die Kraft auf einen stromführenden Leiter im Magnetfeld (21.25) macht sich auch das klassische Instrument zur Strommessung, das Drehspulgalvanometer, zunutze (s. Abb. 21.13). Eine Spule mit n-Windungen dreht sich im $\boldsymbol{B}$-Feld zwischen den zylindrischen Polschuhen eines Permanentmagneten und eines Eisenkerns. Da $\boldsymbol{B}$ in guter Näherung *senkrecht* auf der Oberfläche eines Ferromagneten steht (s. Kap. 23), hat es dank der Formgebung der Polschuhe radialen Verlauf im Zwischenraum. Der Strom durchfließt die axialen Leiterstücke in umgekehrter Richtung; folglich resultiert aus den Kräften ein Drehmoment auf die Achse von

$$N = 2|\boldsymbol{r} \times \boldsymbol{F}| = ndlIB = nAIB\,, \tag{21.27}$$

wobei wir die Orthogonalität aller Vektoren ausgenutzt haben. Das Produkt nA heißt die **Windungsfläche** der Spule. Die Spulenachse ist durch eine Torsionsfeder mit dem Richtmoment D_φ elastisch an ihre Ruhelage gebunden. Folglich ergibt sich ein Winkelausschlag

$$\varphi = \frac{N}{D_\varphi} = \frac{nAB}{D_\varphi} I ,$$

der proportional zum Strom ist.

Ein Galvanometer kann nicht nur Gleichströme messen, sondern auch einen Stromstoß der Dauer $\delta t \ll T$ (T = mechanische Schwingungsdauer des Galvanometers). Es reagiert darauf mit einem einmaligen Maximalausschlag $\varphi_{\max}$, der proportional zur geflossenen Ladungsmenge Q ist

$$\varphi_{\max} \propto Q = \int_0^{\delta t} I(t)\mathrm{d}t .$$

Er ist nämlich in Analogie zum ballistischen Pendel (Versuch 5.1) proportional zum Drehimpuls

$$L_{\max} = \int_0^{\delta t} N(t)\mathrm{d}t = nAB \int_0^{\delta t} I(t)\mathrm{d}t ,$$

den das Galvanometer nach (21.27) und (6.4) als Zeitintegral des Drehmoments aufgenommen hat. In dieser Funktion nennt man es **Stromstoß-** oder **ballistisches Galvanometer**. Solche elektromechanischen Meßinstrumente werden heute zunehmend durch rein elektronische ersetzt, die nicht nur leistungsfähiger, sondern inzwischen auch preiswerter sind. Das Prinzip des magnetischen Antriebs lebt aber in der Starkstromtechnik als **Elektromotor** (und in umgekehrter Funktion als Generator) fort.

Magnetisches Dipolmoment von Stromschleife und -spule

Wir hatten schon eingangs in Analogie zum elektrischen das magnetische Dipolmoment $\boldsymbol{m}$ eines Körpers durch das Drehmoment (21.7) definiert, das es in einem *homogenen* Magnetfeld erfährt

$$\boldsymbol{N} = (\boldsymbol{m} \times \boldsymbol{B}) .$$

Dann können wir aus (21.26) und (21.27) schließen, daß eine vom Strom I durchflossene, ebene Leiterschleife, die die Fläche A einschließt, ein **magnetisches Dipolmoment** hat der Größe

$$\boldsymbol{m} = IA\hat{\boldsymbol{n}} = I\boldsymbol{A} . \tag{21.28}$$

Die Richtung der Flächennormalen bzw. von $\boldsymbol{m}$ ist wiederum durch die Rechte-Hand-Regel festgelegt: Umfassen die gekrümmten Finger die Schlaufe in Stromrichtung, so weist $\boldsymbol{m}$ in Richtung des ausgestreckten Daumens. Man kann leicht zeigen, daß es in der Tat nur auf die *Fläche* der ebenen Schleife, nicht aber auf die Gestalt ihres Randes ankommt.

Das Drehmoment stellt die Schleife senkrecht, d. h. ihr magnetisches Moment parallel zum äußeren Feld. Innerhalb der Schleife stehen dann äußeres und von der

Schleife selbst erzeugtes Feld parallel zueinander, verstärken sich also; das ist gerade umgekehrt wie im Fall des elektrischen Dipols. Überdies sind die Kraftkomponenten in der Ebene der Stromschleife nach außen gerichtet, versuchen sie also aufzublähen und damit ihr Dipolmoment zu maximieren. Wir bestätigen diese Überlegungen mit einer flexiblen Stromschleife im Versuch.

Habe eine ebene Stromschleife n-Windungen, so tritt die Windungsfläche $n\boldsymbol{A}$ in das Dipolmoment ein

$$\boldsymbol{m} = In\boldsymbol{A}\,. \qquad (21.29)$$

Das gilt auch dann noch, wenn die einzelnen Windungen Teil einer langgestreckten Spule sind; denn für das resultierende Dipolmoment ist nur die Orientierung der einzelnen Dipole wichtig, nicht aber ihr Ort. Die Orientierung ist aber für alle Windungen die gleiche.

Ersetzen wir in (21.29) den Strom durch das Magnetfeld im Innern einer sehr langen Spule (21.22)

$$H_\mathrm{i} = \frac{In}{l}\,,$$

so stellt sich das **magnetische Moment der Spule** als Produkt aus ihrem inneren Feld und ihrem Volumen dar

$$\boldsymbol{m} = H_\mathrm{i}\boldsymbol{A}l = \boldsymbol{H}\cdot V\,. \qquad (21.29')$$

Lorentz-Kraft

Da die magnetische Kraft auf einen Leiter nur von der Stromstärke, nicht aber von anderen Eigenschaften des Leiters abhängt, müssen wir annehmen, daß sie unmittelbar an den *bewegten Ladungsträgern* selbst angreift. Um die Kraft pro Ladungsträger herauszurechnen, greifen wir auf ihre differentielle Schreibweise (21.26)

$$\mathrm{d}\boldsymbol{F} = (\boldsymbol{j}\times\boldsymbol{B})\mathrm{d}V$$

zurück und ersetzen darin die Stromdichte durch das Produkt aus Ladungsträgerdichte $\mathrm{d}N/\mathrm{d}V$, Ladungswert q und Transportgeschwindigkeit $\boldsymbol{v}$ mit dem Ergebnis

$$\mathrm{d}\boldsymbol{F} = q\frac{\mathrm{d}N}{\mathrm{d}V}(\boldsymbol{v}\times\boldsymbol{B})\mathrm{d}V = q(\boldsymbol{v}\times\boldsymbol{B})\mathrm{d}N\,.$$

Damit folgt die Kraft pro Ladungsträger zu

$$\frac{\mathrm{d}\boldsymbol{F}}{\mathrm{d}N} = \boldsymbol{F}_\mathrm{L} = q(\boldsymbol{v}\times\boldsymbol{B})\,. \qquad (21.30)$$

Sie ist gleich der Ladung des Teilchens q multipliziert mit dem Vektorprodukt aus seiner Geschwindigkeit und der magnetischen Kraftflußdichte; sie wurde 1895 von *Lorentz* eingeführt und heißt **Lorentz-Kraft**.

In der Regel ist q die Elementarladung e (19.1) und negativ für Elektronen bzw. positiv für Ionen zu nehmen.

Mit der Lorentz-Kraft haben wir neben der Coulomb-Kraft die zweite fundamentale Kraftwirkung gefunden, die elektromagnetische Felder auf Ladungen ausüben. Wir fassen beide zusammen zum vollständigen Kraftgesetz der Elektrodynamik

$$\boldsymbol{F} = q[\boldsymbol{E} + (\boldsymbol{v} \times \boldsymbol{B})] = m\boldsymbol{a}\,. \tag{21.31}$$

Es bleibt uns allerdings noch die Aufgabe, die Lorentzsche Interpretation tatsächlich auch an freien Ladungsträgern zu beweisen. Hierzu folgender Versuch:

VERSUCH 21.5

Lorentz-Kraft auf freie Elektronen. In einer evakuierten Glasröhre treten Elektronen aus einer Glühkathode aus, werden mit einer Spannung von einigen kV auf eine Anode zu beschleunigt und treten durch ein Loch als Elektronenstrahl in den Raum dahinter, der bei geerdeter Anode im wesentlichen frei von elektrischen Feldern ist. Der Elektronenstrahl wird als Leuchtspur sichtbar, erzeugt durch stoßangeregte Fluoreszenz des Restgases. Legen wir mit Hilfe einer großen Spule ein Magnetfeld über die Röhre und zwar senkrecht zum Elektronenstrahl, so krümmt er sich unter dem Einfluß der Lorentz-Kraft kreisförmig (s. Abb. 21.14). Steht das Magnetfeld schräg zum Elektronenstrahl, so bildet er eine Spirale.

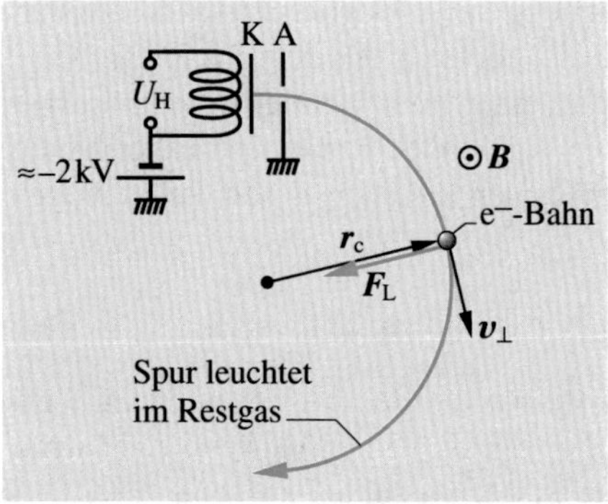

Abb. 21.14. Skizze zur Demonstration der Lorentz-Kraft und zur Berechnung der resultierenden Bahn eines Teilchens im Vakuum. Das ***B***-Feld steht senkrecht zur Zeichenebene

Wir interpretieren den vorstehenden Versuch im Sinne der Lorentz-Kraft wie folgt: Da sie senkrecht auf $\boldsymbol{v}$ wirkt gilt auch für die Beschleunigung

$$\boldsymbol{a} = \dot{\boldsymbol{v}} = -\frac{e}{m}(\boldsymbol{v} \times \boldsymbol{B}) \perp \boldsymbol{v}\,. \tag{21.32}$$

Folglich verschwindet die Ableitung des Geschwindigkeitsquadrats

$$\frac{dv^2}{dt} = \frac{d}{dt}(\boldsymbol{v} \cdot \boldsymbol{v}) = 2\boldsymbol{v}\dot{\boldsymbol{v}} = 0\,.$$

Die Lorentz-Kraft leistet keine Arbeit an der Ladung! Wir können also in (21.32) mit $\dot{\boldsymbol{v}} = v \cdot \dot{\hat{\boldsymbol{v}}}$ den konstanten Geschwindigkeitsbetrag auf beiden Seiten ausklammern und wegkürzen. Dann reduziert sich (21.32) auf eine Bewegungsgleichung für den *Richtungsvektor* der Geschwindigkeit

$$\dot{\hat{\boldsymbol{v}}} = -\frac{e}{m}(\hat{\boldsymbol{v}} \times \boldsymbol{B})\,.$$

Wegen des Kreuzprodukts ist nur der Anteil $\hat{\boldsymbol{v}}_\perp$ senkrecht zu $\boldsymbol{B}$ betroffen und dreht sich dort mit der konstanten Winkelgeschwindigkeit

$$|\dot{\hat{\boldsymbol{v}}}| = |-\frac{e}{m}(\hat{\boldsymbol{v}}_\perp \times \boldsymbol{B})| = \frac{e}{m}B = \omega_c\,. \tag{21.33}$$

Diese sogenannte **Zyklotronfrequenz** ist gleich dem Produkt aus der **spezifischen Ladung** e/m und der magnetischen Kraftflußdichte. Auf der Messung der Zyklotronfrequenz beruhen die genauesten Verfahren zur Bestimmung der spezifischen Ladung, bzw. bei gegebener Elementarladung e zur Bestimmung von Teilchenmassen. Hierbei werden relative Meßfehler $\delta m/m \leq 10^{-10}$ erreicht.

Eine Bewegung mit konstanter Winkel- und Bahngeschwindigkeit ist eine gleichmäßige Kreisbewegung, die das Teilchen in der Ebene senkrecht zu $\boldsymbol{B}$ ausführt. Ihr Radius, der sogenannte **Zyklotronradius**, ist mit (2.49) gegeben zu

$$r_\mathrm{c} = \frac{v_\perp}{\omega_\mathrm{c}} = \frac{mv_\perp}{eB} = \frac{p_\perp}{eB}\,. \tag{21.34}$$

Er ist gleich dem transversalen Impuls des Teilchens dividiert durch seine Ladung und die magnetische Kraftflußdichte.

! Die *Lorentz-Kraft* ist das wichtigste Hilfsmittel, um geladene Teilchen im Vakuum zu führen, durch Magnete abzulenken und mit magnetischen Linsen abzubilden. Beschleunigertechnik, Isotopentrennung und Elektronenmikroskopie sind darauf angewiesen. Weiterhin gibt (21.34) die Möglichkeit, aus dem Zyklotronradius einer Teilchenspur seinen Impuls zu bestimmen, ein extrem wichtiges Hilfsmittel bei der Analyse von Elementarteilchenreaktionen. Spurendetektoren sind daher häufig von großen Magnetfeldern überlagert, was bei hohen Energien zu sehr aufwendigen Konstruktionen führt.

Zyklotron

Die Namen Zyklotronfrequenz und -radius weisen auf den historisch ersten **Teilchenbeschleuniger** hin, das von *Ernest O. Lawrence* 1932 entwickelte **Zyklotron** (s. Abb. 21.15). Im Zentrum eines homogenen Magnetfeldes zwischen den Polschuhen eines großen Elektromagneten (bis zu einigen Metern Durchmesser), wird ein Ionenstrahl (meistens Protonen oder Alpha-Teilchen) eingeschossen und vom Magnetfeld auf eine Kreisbahn geführt. Im Raum zwischen den Polschuhen befinden sich weiterhin zwei Elektroden in Form einer aufgeschnittenen Dose. Zwischen ihnen wird eine hochfrequente Spannung $\tilde{U}$ angelegt, die sich im Rhythmus der

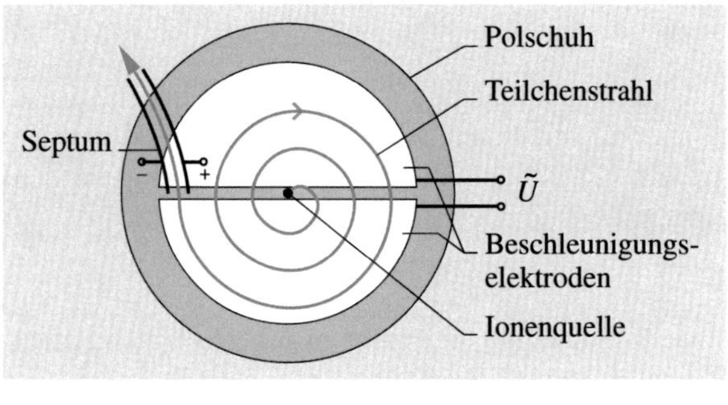

Abb. 21.15. Prinzip des Zyklotronbeschleunigers

Zyklotronfrequenz derart umpolt, daß das Teilchen jedesmal, wenn es in den Zwischenraum zwischen den beiden Dosenhälften gerät, ein beschleunigendes Feld erfährt. Innerhalb der Dosen herrscht nach dem Prinzip des Faradayschen Käfigs kein elektrisches Feld; hier ist nur die Lorentz-Kraft wirksam. Mit jedem Umlauf gewinnt das Teilchen Energie bzw. Impuls, wodurch sich sein Zyklotronradius aufweitet, bis es schließlich in das Feld eines zylindrischen Kondensators gerät, das sogenannte Septum, das den Teilchenstrahl elektrostatisch aus dem Magnetfeld herauslenkt.

Dem Zyklotronprinzip sind dadurch *Grenzen* gesetzt, daß mit wachsender Energie die Teilchen *relativistisch* werden, und sich dadurch ihre Masse erhöht bzw. ω_c abnimmt. Die Teilchen geraten dadurch außer Phase mit $\tilde{U}$ und werden nicht weiter beschleunigt. Man kann diese Obergrenze noch dadurch strecken, daß man den Polschuhabstand am Rande verringert, sodaß sich das Feld entsprechend erhöht. Für Protonen erreicht man mit diesem Prinzip eine maximale Energie von ca. 50 MeV. In der modernen Teilchenphysik sind aber Energien in der Größenordnung 10^9 bis 10^{13} eV verlangt. In diesem Fall ist es zweckmäßiger, die Teilchen auf einem großen Ring mit konstantem Radius (der bei den größten Beschleunigern ca. 5 km erreicht) magnetisch zu führen. Man muß dann die Teilchen gepulst in den Ring einschießen und dieses Teilchenpaket allmählich beschleunigen, wobei man das Magnetfeld im Ring und die Frequenz der Beschleunigungsspannung der wachsenden Energie und Masse der Teilchen anpaßt (**Synchrotronprinzip**).

Isotopentrenner

Zur Isotopentrennung beschleunigt man zunächst einen Ionenstrahl eines Elements mit unterschiedlichen Isotopen auf eine Energie von ca. 50 keV und leitet ihn dann zwischen die Polschuhe eines Elektromagneten. Aufgrund ihrer unterschiedlichen Masse durchlaufen die Isotope im Magnetfeld unterschiedliche Krümmungsradien, so daß die leichteren Isotope einen größeren Ablenkungswinkel erfahren als die schwereren. Die als Ionenlinsen wirkenden Polschuhränder fokussieren die einzelnen Strahlenbündel auf unterschiedliche Punkte in der Brennebene, wo die getrennten Isotope aufgefangen werden (s. Abb. 21.16). Aus ionenoptischer Sicht ähneln Aufbau und Funktionsweise denen eines Prismenspektrometers (s. Abschn. 27.6). Das Gerät

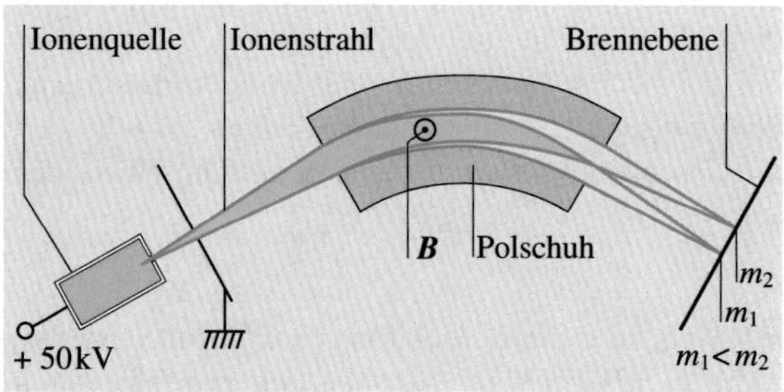

Abb. 21.16. Prinzip des Massentrenners. Das ***B***-Feld steht senkrecht zur Zeichenebene. Durch geschickte Formgebung der Polschuhränder bei Ein- und Austritt des Ionenstrahls erhält der Magnet nicht nur ablenkende, sondern auch fokussierende Wirkung

trägt daher auch den Namen **Massenspektrometer**. Als solches hat es breite Verwendung als analytisches Instrument vor allem in der Chemie bei der Identifikation chemischer (meist organischer) Verbindungen anhand ihrer unterschiedlichen Massen.

* 21.6 Relativistischer Charakter der Lorentz-Kraft

Das Kraftgesetz der Elektrodynamik (21.31) enthält eine *Merkwürdigkeit* aus der Sicht der klassischen Newtonschen Mechanik, weil die *Geschwindigkeit* des Teilchens $\boldsymbol{v}$ darin *explizit* vorkommt. Führen wir also eine **Galilei-Transformation** auf das Ruhesystem des Teilchens aus, so verschwindet die **Lorentz-Kraft**, während aber die Beschleunigung auf der rechten Seite ungeändert bleibt. Wir sehen also, daß die Lorentz-Kraft *nicht Galileiinvariant* ist und zwar schon bei kleinen Geschwindigkeiten. Das Dilemma läßt sich nur lösen, wenn wir auch die elektromagnetischen Felder beim Wechsel zwischen zwei Inertialsystemen transformieren. Prüft man nun das **Transformationsverhalten der Maxwellschen Gleichungen**, so zeigt sich in der Tat, daß sie gegenüber einer Galileitransformation *nicht* invariant sind, wohl aber gegenüber der **Lorentz-Transformation** (s. Abschn. 3.6). Sie liefert auch die korrekte Transformationsgleichung der elektromagnetischen Felder zwischen zwei Bezugssystemen. Wir wollen den Beweis hier nicht vollständig führen und auch die Transformationsgleichung nur in der Näherung der niedrigsten Ordnung von v/c benutzen, in der sie lauten:

$$\boldsymbol{E}' = \boldsymbol{E} + (\boldsymbol{v} \times \boldsymbol{B})\,, \tag{21.35}$$

$$\boldsymbol{B}' = \boldsymbol{B} - \frac{(\boldsymbol{v} \times \boldsymbol{E})}{c^2}\,. \tag{21.36}$$

! Sie zeigen uns bereits den wesentlichen Punkt: Durch die Transformation auf ein anderes Bezugssystem werden $\boldsymbol{E}$- und $\boldsymbol{B}$-Feld miteinander verknüpft! Das löst unser Dilemma; denn bei der Transformation auf das Ruhesystem der bewegten Punktladung wird der Part der Lorentz-Kraft jetzt von einem äquivalenten Zusatzterm in der elektrischen Feldstärke übernommen.

Wir können uns von der Richtigkeit von (21.32) in einem Gedankenexperiment überzeugen, indem wir die Längenkontraktion eines Leiterdrahts, der das B-Feld erzeugen soll, in niedrigster relativistischer Ordnung berücksichtigen. Der Leiter sei im *Laborsystem* nach außen hin *neutral*, d. h. die Ladungsdichten der ruhenden Gitterionen ϱ_+ und der mit der Geschwindigkeit $\boldsymbol{v}$ driftenden Leitungselektronen ϱ_- seien entgegengesetzt gleich

$$\varrho_+ = -\varrho_-\,.$$

Im Abstand $\boldsymbol{r}$ vom Leiter bewege sich ein weiteres Elektron ebenfalls mit $\boldsymbol{v}$ parallel zu den Leitungselektronen (s. Abb. 21.17). Im Magnetfeld des Leiters erfährt es mit (21.17b) und (21.31) eine Lorentz-Kraft

$$\boldsymbol{F} = -evB\hat{\boldsymbol{r}} = -\frac{e\mu\mu_0 v|I|}{2\pi r}\hat{\boldsymbol{r}}\,, \tag{21.37}$$

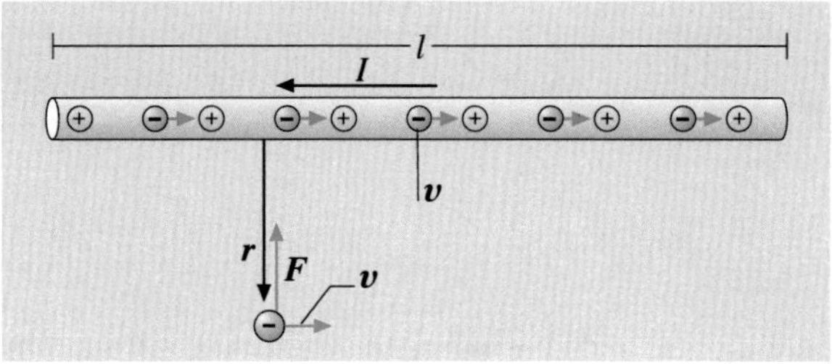

Abb. 21.17. Skizze zur Transformation der Lorentz-Kraft zwischen den Inertialsystemen des ruhenden Leiterdrahts und der mit $\boldsymbol{v}$ bewegten Elektronen

die auf den Leiter zu gerichtet ist. Wir wechseln jetzt auf das Bezugssystem S', in dem die Elektronen ruhen, und beachten dabei die Änderung des Längenmaßstabs in Richtung $\boldsymbol{v}$ gemäß der Lorentz-Transformation (s. Abschn. 3.6). Von S' aus gesehen, hat sich der Abstand der positiven Gitterionen um den Faktor $\sqrt{1-v^2/c^2}$ verkürzt und somit ihre Dichte erhöht auf

$$\varrho'_+ = \frac{\varrho_+}{\sqrt{1-v^2/c^2}}\,.$$

Umgekehrt war der Abstand der Leitungselektronen vom Laborsystem S aus gesehen um den gleichen Faktor verkürzt verglichen zur Sicht aus S', wo sie ihrerseits in Ruhe sind. Also gilt

$$\varrho'_- = \sqrt{1-v^2/c^2}\,\varrho_-\,.$$

Da die Ladungen selbst ihren Wert bei der Transformation nicht ändern, erscheint jetzt der Leiter aufgrund der Kontraktion der positiven Ladungsverteilung einerseits und der Dilatation der negativen andererseits in S' *nicht* mehr neutral, sondern trägt eine resultierende positive Ladungsdichte

$$\delta\varrho' = \varrho'_+ + \varrho'_- = \varrho_+\left(\frac{1}{\sqrt{1-v^2/c^2}} - \sqrt{1-v^2/c^2}\right).$$

Entwickeln wir darin die Wurzel nach Taylor bis zur ersten Ordnung, so folgt

$$\delta\varrho' = \varrho_+\left[\left(1+\frac{v^2}{2c^2}\right) - \left(1-\frac{v^2}{2c^2}\right)\right] = \varrho_+\frac{v^2}{c^2} > 0\,. \tag{21.38}$$

Von $\delta\varrho'$ geht eine elektrische Feldstärke $\boldsymbol{E}'$ aus, die das Elektron mit der Kraft

$$\boldsymbol{F}' = -e\boldsymbol{E}'$$

anzieht. Die Feldstärke berechnen wir mit Hilfe des Gaußschen Satzes (19.27), indem wir im Abstand $\boldsymbol{r}$ des Elektrons einen Zylindermantel um den Leiter legen und den elektrischen Kraftfluß berechnen (s. Abb. 21.18)

$$\phi_\mathrm{e} = \int(\boldsymbol{E}'\cdot\mathrm{d}\boldsymbol{A}) = E' 2\pi r l' = \frac{Q'}{\varepsilon_0} = \frac{A l' \delta\varrho'}{\varepsilon_0} \curvearrowright$$

$$\boldsymbol{E}' = \frac{A\delta\varrho'}{2\pi r\varepsilon_0}\hat{\boldsymbol{r}}\,. \tag{21.39}$$

Dies gilt für einen sehr langen, gestreckten Leiter mit Querschnitt A, bei dem wir den Beitrag der Stirnflächen des Zylinders zum Kraftfluß vernachlässigen können. In (21.39) können wir jetzt $\delta\varrho'$ mit (21.36) und der Beziehung

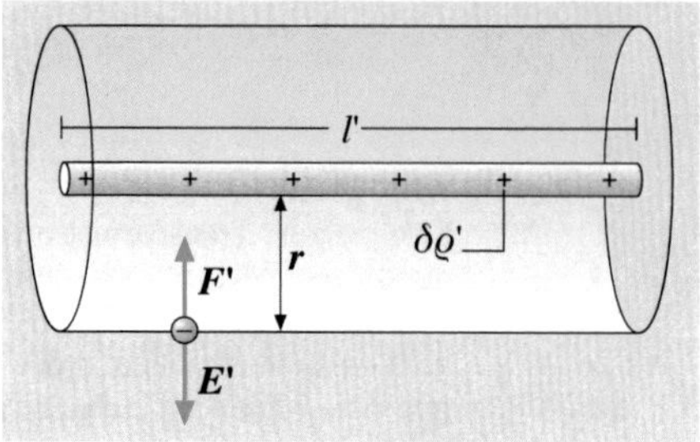

Abb. 21.18. Skizze zur Berechnung des elektrischen Feldes eines geladenen Drahts

$$|I| = |\varrho_- vA| = |\varrho_+ vA|$$

durch den Betrag des Stroms ausdrücken

$$\boldsymbol{F}' = -e\boldsymbol{E}' = \frac{ev|I|}{2\pi\varepsilon_0 rc^2}\hat{\boldsymbol{r}} . \tag{21.40}$$

Erweitern wir Zähler und Nenner auf der rechten Seite von (21.40) mit μ_0 und ersetzen mit (21.37) den Strom wieder durch das $\boldsymbol{B}$-Feld, so folgt

$$\boldsymbol{F}' = -\frac{e\mu_0 v|I|}{2\pi r\varepsilon_0\mu_0 c^2}\hat{\boldsymbol{r}} = -\frac{evB}{\varepsilon_0\mu_0 c^2}\hat{\boldsymbol{r}} = -evB\hat{\boldsymbol{r}} = \boldsymbol{F} \qquad \text{q.e.d.}\,. \tag{21.41}$$

Dabei haben wir die Beziehung benutzt

$$\varepsilon_0\mu_0 = \frac{1}{c^2} . \tag{21.42}$$

Die Kraft auf das Elektron ist also in beiden Bezugssystemen die gleiche, wie vom Relativitätsprinzip verlangt; allerdings wird sie in *einem* System von einem magnetischen, im *anderen* von einem elektrischen Feld hervorgerufen. Wir sehen hier zum ersten Mal, wie stark die spezielle **Relativitätstheorie** in die Gesetze der Elektrodynamik eingreift. Ohne sie wäre die **Lorentz-Kraft** grundsätzlich im Widerspruch zum Relativitätsprinzip.

22. Magnetische Induktion

INHALT

Wir befassen uns in diesem Kapitel mit Spannungen und Strömen, die in Leiterschleifen auftreten, wenn wir sie im Magnetfeld *bewegen*. Wir werden sie auf die **Lorentz-Kraft** zurückführen, von der die beweglichen Ladungsträger im Leiter angetrieben werden. Andererseits treten aber auch die gleichen Spannungen und Ströme in einer *ruhenden* Leiterschleife auf, wenn sich das Magnetfeld, das sie durchsetzt, zeitlich ändert. Obwohl unterschiedlichen Ursprungs, lassen sich *beide* Erscheinungen im *gleichen Gesetz*, dem sogenannten **Induktionsgesetz**, zusammenfassen und werden daher als **magnetische Induktion** bezeichnet. Wir behandeln zunächst den ersten Fall.

22.1 Bewegte Leiter im Magnetfeld

Wir beginnen mit folgendem, sehr durchsichtigen Grundversuch, der uns schon die erste Formulierung des Induktionsgesetzes liefert.

VERSUCH 22.1

Induktionsspannung entlang eines geraden Leiterstücks. Ein Leiterstück der Länge l sei in y-Richtung orientiert und schaukele in x-Richtung senkrecht zu einem homogenen Magnetfeld in z-Richtung (s. Abb. 22.1). Dann treibt die Lorentz-Kraft die beweglichen Ladungsträger im Leiterstück entlang der y-Achse und zwar positive und negative in entgegengesetzte Richtung. Durch diese Ladungstrennung verliert der Leiter seine ursprüngliche Neutralität und baut eine elektrische Spannung U_i zwischen dem positiven Ladungsüberschuß an einem und dem negativen am anderen Ende auf. Wir greifen diese Spannung über die leitende Schaukelaufhängung ab und weisen sie mit einem empfindlichen Spannungsmesser nach. Sie wechselt wie erwartet je nach Schaukelrichtung ihr Vorzeichen und ist proportional zur

E. W. Otten, *Repetitorium Experimentalphysik*,
https://doi.org/10.1007/978-3-662-59730-9_22

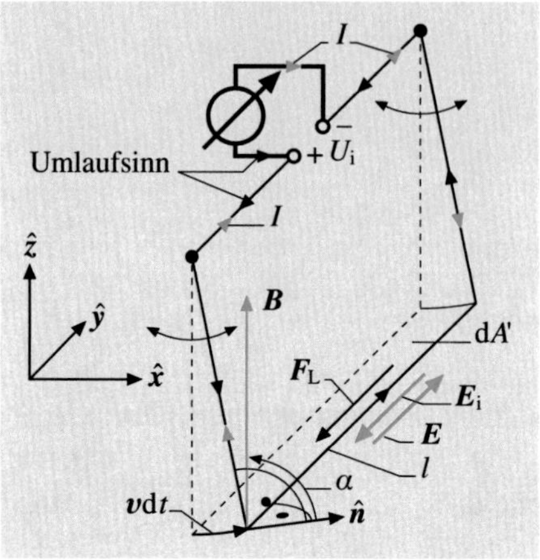

Abb. 22.1. Versuchsskizze zum Nachweis der induzierten Spannung in einem senkrecht zum Magnetfeld schaukelnden Leiterstück der Länge l

Geschwindigkeit der Schaukelbewegung. Entlang der Schaukelaufhängungen baut sich keine Spannung auf, da die Lorentz-Kraft senkrecht dazu wirkt.

Im stromlosen Zustand muß sich der Wert der entlang l induzierten Spannung aus dem Gleichgewicht der Lorentz-Kraft $\boldsymbol{F}_\mathrm{L}$ und der elektrostatischen Kraft $\boldsymbol{F}_\mathrm{e}$, die aus der Ladungstrennung resultiert, ergeben

$$\boldsymbol{F}_\mathrm{e} = q\boldsymbol{E} = -\boldsymbol{F}_\mathrm{L} = -q(\boldsymbol{v} \times \boldsymbol{B})$$

oder nach Division durch die Ladung

$$\boldsymbol{E} = -\boldsymbol{v} \times \boldsymbol{B} = -\boldsymbol{E}_\mathrm{i} \,. \tag{22.1}$$

Die Lorentz-Kraft pro Ladung bezeichnen wir als eine induzierte Feldstärke $\boldsymbol{E}_\mathrm{i}$ in Übereinstimmung mit (21.35). Sie tritt hier als eine elektromotorische Kraft (pro Ladung) im Sinne des 2. Kirchhoffschen Gesetzes (s. Abschn. 20.3) auf und erzeugt die eingeprägte Spannung U_i.

Da die Lorentz-Kraft entlang des gesamten Leiterstücks nach Voraussetzung konstant ist, ist es auch die elektrische Feldstärke. Integrieren wir sie über die Länge l des waagerechten Leiterstücks, so erhalten wir für den Betrag der induzierten Spannung

$$|U_\mathrm{i}| = |lE| = |l(\boldsymbol{v} \times \boldsymbol{B})| \,. \tag{22.2}$$

Wir können U_i auch eine *geometrische* Interpretation geben, nämlich als die Zahl der vom waagerechten Leiterstück pro Zeiteinheit geschnittenen $\boldsymbol{B}$-Linien; denn im Zeitintervall dt überstreicht es die Fläche

$$\mathrm{d}A' = lv\,\mathrm{d}t \,,$$

entsprechend einem differentiellen **magnetischen Kraftfluß**

$$\mathrm{d}\Phi = B\,\mathrm{d}A' = Blv\,\mathrm{d}t \tag{22.3}$$

und folglich

$$|U_\mathrm{i}| = \left|\frac{\mathrm{d}\Phi}{\mathrm{d}t}\right| . \tag{22.4}$$

Gleichung (22.4) besagt nun, daß die induzierte Spannung gleich dem vom waagerechten Leiterstück pro Zeiteinheit überstrichenen magnetischen Kraftfluß ist. Wir hatten bei der Ableitung die Vektoren $\boldsymbol{v}$, $\boldsymbol{l}$ und $\boldsymbol{B}$ der Übersichtlichkeit halber als orthogonal angenommen, lassen diese Einschränkung aber später fallen. Wir erkennen aus Abb. 22.1 ferner, daß der vom waagerechten Leiterstück pro Zeiteinheit überstrichene Kraftfluß identisch ist mit der Kraftflußänderung durch die von der *gesamten* Leiterschleife berandeten Fläche A

$$\frac{\mathrm{d}\Phi}{\mathrm{d}t} = \frac{\mathrm{d}}{\mathrm{d}t}(\boldsymbol{B} \cdot \hat{\boldsymbol{n}} A) . \tag{22.5}$$

Hierbei sei die Richtung der *Flächennormalen* wie üblich über die *Rechte-Hand-Regel* an den *Umlaufsinn* geknüpft, in welchem man den Rand der Fläche umfährt (vgl. Abb. 21.8). Sei dies auch die Richtung, in der die Stromschleife im Sinne des 2. Kirchhoffschen Gesetzes durchfahren wird, so ergibt sich U_i als eine eingeprägte Spannung mit *negativem* Vorzeichen, weil die Schleife als Spannungsquelle vom Plus- zum Minuspol durchlaufen wird (s. Abschn. 20.3), also entgegen dem induzierten Strom I. Unter Beachtung dieses Vorzeichens können wir jetzt das Gesetz formulieren:

Die in einer Stromschleife **induzierte Spannung** ist gleich der negativen Zeitableitung des durch die Schleife durchtretenden **magnetischen Kraftflusses**

$$U_\mathrm{i} = \oint (\boldsymbol{E}_i \, \mathrm{d}\boldsymbol{s}) = -\frac{\mathrm{d}\Phi}{\mathrm{d}t} = -\frac{\mathrm{d}}{\mathrm{d}t}\left[\int_A (\boldsymbol{B} \cdot \mathrm{d}\boldsymbol{A}')\right] . \tag{22.6}$$

Die hier gewählte Schreibweise des Induktionsgesetzes ist viel *allgemeiner*, als im Versuch 22.1 gezeigt. In der Tat kommt es weder auf die Form der Stromschleife noch die des Magnetfeldes an; auch die Art und Weise, wie in ihr die Kraftflußänderung zustande kommt, ist gleichgültig, ob durch Drehen der Stromschleife wie im Versuch 22.1, durch Veränderung ihrer Form oder gar durch Veränderung des Magnetfelds selbst. Wir werden dies im einzelnen nachprüfen. Man beachte auch, daß die induzierte Spannung hier als ein Ringintegral der induzierten Feldstärke $\boldsymbol{E}_\mathrm{i}$ entlang der *geschlossenen* Leiterschleife auftritt! Für das konservative *elektrostatische* Feld $\boldsymbol{E}$ war ein solches Ringintegral immer Null (vgl. (19.16))!

Veränderliche Stromschleifenfläche

Man kann den magnetischen Kraftfluß durch eine Leiterschleife auch durch Veränderung ihrer Fläche ändern, wie in Abb. 22.2 gezeigt. Auch hier gilt für die Spannung, die entlang dem beweglichen Teil der Leiterschleife induziert wird

$$U_\mathrm{i} = [(\boldsymbol{v} \times \boldsymbol{B}) \cdot \boldsymbol{l}] = vBl$$

und für die Kraftflußänderung innerhalb der Leiterschleife im Zeitintervall $\mathrm{d}t$

$$\mathrm{d}\Phi = (\boldsymbol{B} \cdot \hat{\boldsymbol{n}})\,\mathrm{d}A' = B\,\mathrm{d}A' = Blv\,\mathrm{d}t = -U_\mathrm{i}\,\mathrm{d}t$$

in Übereinstimmung mit (22.2) und dem allgemeinen Induktionsgesetz (22.6).

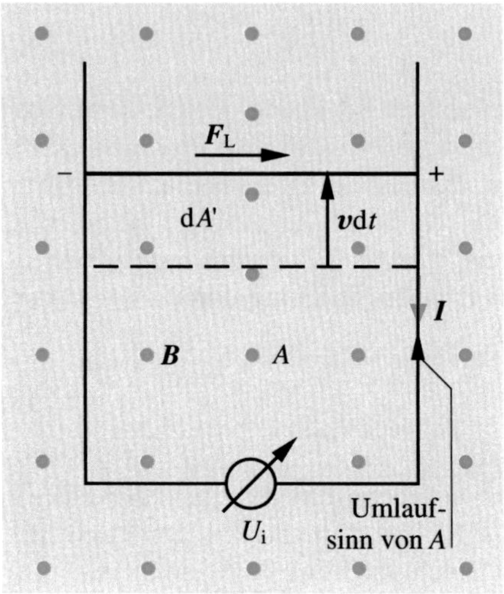

Abb. 22.2. Eine leitende Stange überbrücke die beiden Schenkel eines U-förmigen Leiters über den Abstand l und werde mit der Geschwindigkeit v nach oben gezogen. Dann induziert ein aus der Zeichenebene herauszeigendes B-Feld die Spannung U_i an den Enden der Stange

* Induktion in beliebig bewegter Leiterschleife

Werde nun eine beliebige Leiterschleife in irgendeiner Weise im Magnetfeld bewegt, daß auch räumlich veränderlich sein kann, so müssen wir die *differentielle* Spannung $\mathrm{d}U_i$ berechnen, die entlang eines differentiellen Leiterstücks $\mathrm{d}\boldsymbol{s}$ von der Lorentz-Kraft $\boldsymbol{F}_L$ induziert wird (s. Abb. 22.3). Zum Tragen kommt wiederum nur der zu $\mathrm{d}\boldsymbol{s}$ parallele Anteil von $\boldsymbol{F}_L$

$$\mathrm{d}U_i = (\boldsymbol{E}_i \cdot \mathrm{d}\boldsymbol{s}) = \frac{1}{q}(\boldsymbol{F}_L \cdot \mathrm{d}\boldsymbol{s}) = [(\boldsymbol{v} \times \boldsymbol{B}) \cdot \mathrm{d}\boldsymbol{s}] \,. \tag{22.7}$$

Das Spatprodukt auf der rechten Seite können wir mit Hilfe von (2.30) und (2.33) umordnen zu

$$(\boldsymbol{v} \times \boldsymbol{B}) \cdot \mathrm{d}\boldsymbol{s} = -(\boldsymbol{B} \times \boldsymbol{v}) \cdot \mathrm{d}\boldsymbol{s} = -[\boldsymbol{B} \cdot (\boldsymbol{v} \times \mathrm{d}\boldsymbol{s})] \,.$$

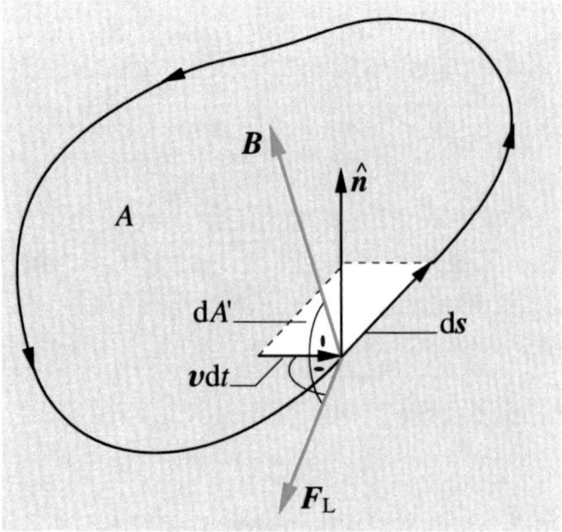

Abb. 22.3. Skizze zur Herleitung des Induktionsgesetzes bei bewegter Stromschleife

Das Vektorprodukt $(\boldsymbol{v} \times \mathrm{d}\boldsymbol{s})$ ist aber mit dem orientierten Flächenelement $\mathrm{d}\boldsymbol{A}'$ verknüpft, das das Wegelement $\mathrm{d}\boldsymbol{s}$ im Zeitintervall $\mathrm{d}t$ überstreicht.

$$\mathrm{d}\boldsymbol{A}' = \hat{\boldsymbol{n}}\,\mathrm{d}A' = (\boldsymbol{v} \times \mathrm{d}\boldsymbol{s})\mathrm{d}t\,,$$

wobei das Vektorprodukt die Richtung der Flächennormalen im richtigen Sinne angibt. Somit trägt die Verschiebung von $\mathrm{d}\boldsymbol{s}$ zur Flußänderung in der Stromschleife den Beitrag

$$\mathrm{d}\Phi = (\boldsymbol{B} \cdot \mathrm{d}\boldsymbol{A}') = [\boldsymbol{B} \cdot (\boldsymbol{v} \times \mathrm{d}\boldsymbol{s})]dt = -[(\boldsymbol{v} \times \boldsymbol{B}) \cdot \mathrm{d}\boldsymbol{s}]\mathrm{d}t = -(\boldsymbol{E}_\mathrm{i} \cdot \mathrm{d}\boldsymbol{s})\mathrm{d}t$$

bei bzw. als Zeitableitung

$$\mathrm{d}\dot{\Phi} = -(\boldsymbol{E}_\mathrm{i} \cdot \mathrm{d}\boldsymbol{s})\,.$$

Integriert über die ganze Schleife ergibt linker Hand die Zeitableitung des gesamten magnetischen Kraftflusses durch die Schleife und rechter Hand die induzierte Ringspannung

$$\dot{\Phi} = -\oint (\boldsymbol{E}_\mathrm{i} \cdot \mathrm{d}\boldsymbol{s}) = -U_\mathrm{i}$$

in Übereinstimmung mit (22.6) q.e.d.

VERSUCH 22.2

Wechselstromgenerator. Zur Induktion in einer bewegten Stromschleife bringen wir noch einen Modellversuch, dessen Prinzip als **Wechselstromgenerator** (**Dynamo**) große technische Bedeutung gewonnen hat: Eine Spule mit n-Windungen und der Querschnittsfläche A drehe sich um eine Achse senkrecht zu einem homogenen $\boldsymbol{B}$-Feld mit der Winkelgeschwindigkeit ω (s. Abb. 22.4). Dann hat der Kraftfluß durch jede Windung die Zeitabhängigkeit

$$\Phi(t) = BA\cos\alpha = BA\cos\omega t\,.$$

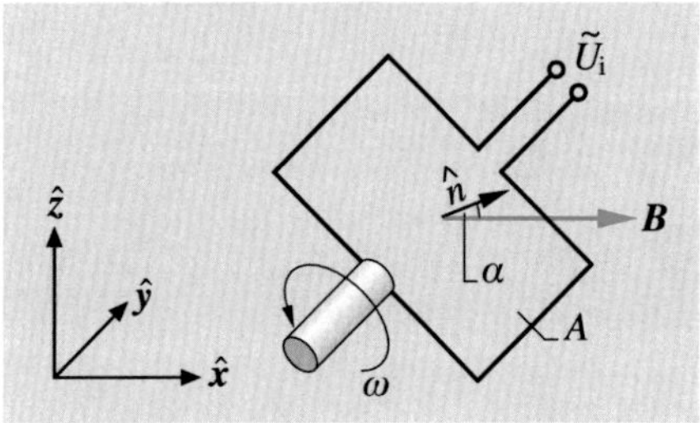

Abb. 22.4. Prinzip des Wechselstromgenerators

Bei der Drehung wird pro Windung jeweils der Spannungswert $-\dot{\Phi}$ induziert, der sich in der Serienschaltung der n-Windungen entsprechend dem 2. Kirchhoffschen Gesetz zur Gesamtspannung

$$U_\mathrm{i} = -n\dot{\Phi} = nAB\omega\sin\omega t \qquad (22.8)$$

aufaddiert, die auf dem Oszillographen nachgewiesen wird. Ihre Amplitude ist das Produkt aus der sogenannten **Windungsfläche** nA, der B-Feldstärke und der Drehfrequenz ω.

In der Praxis versucht man, den Fluß durch die Induktionsspule des Wechselstromgenerators zu maximieren, indem man sie auf einen Eisenkern wickelt (Rotor), der zwischen den Polschuhen eines Elektromagneten (Stator) rotiert.

Moderne, von Dampfturbinen getriebene Generatoren erreichen Leistungen von einigen hundert MW.

22.2 Induktion bei veränderlichem Magnetfeld

Bisher hatten wir nur die von der Lorentz-Kraft verursachte Induktionsspannung in einer *bewegten* Leiterschleife untersucht. Natürlich kann man eine Kraftflußänderung auch bei *ruhender* Leiterschleife durch eine *Änderung des Magnetfeldes* erreichen. Die Frage, ob und wieso auch im letzteren Falle eine Induktionsspannung auftritt, klären wir im folgenden Grundsatzversuch:

VERSUCH 22.3

Induktion mit einem Stabmagneten. Wir lassen eine Spule mit der Geschwindigkeit v_S auf einen der beiden Pole eines längeren Stabmagneten zupendeln und beobachten (wie beim Versuch 22.1) eine Induktionsspannung, deren Vorzeichen und Höhe sich mit Richtung und Betrag von v_S ändert (s. Abb. 22.5). Sie resultiert wiederum aus der Lorentz-Kraft und zwar in diesem Fall aus der Radialkomponente des inhomogenen Dipolfeldes. Ohne auf diese Einzelheiten einzugehen, wissen wir jedenfalls, daß sie laut (22.6) gleich der Zeitableitung des Kraftflusses durch die Spule ist.

Sei jetzt umgekehrt die Spule in Ruhe und bewegen wir stattdessen den Magneten mit der entgegengesetzten Geschwindigkeit

$$v_M = -v_S ,$$

d. h. mit der gleichen Relativgeschwindigkeit zur Spule, so beobachten wir die gleiche Induktionsspannung wie im ersten Versuchsteil!

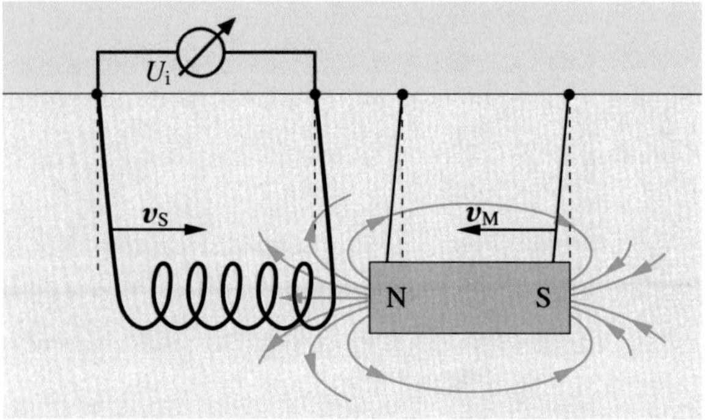

Abb. 22.5. Versuchsskizze zum Nachweis gleicher Induktionsspannung U_i bei Bewegung der Induktionsspule mit v_S wie bei Bewegung des Magneten mit $v_M = -v_S$. Man erzeugt v_S und v_M zweckmäßigerweise mittels einer zweiarmigen Pendelaufhängung

Als grundsätzliches Versuchsergebnis haben wir festgestellt, daß die Induktionsspannung nur von der *Relativgeschwindigkeit* zwischen Spule und Magnet abhängt, also dem **Relativitätsprinzip** genügt.

Das hatten wir nach allen bisherigen Erfahrungen auch so erwartet; dennoch ist es kein triviales Problem, auf welche Weise die Elektrodynamik hier dem

Relativitätsprinzip genügt. Sonst hätte *Einstein* nicht *explizit* auf dieses Beispiel in seiner Originalpublikation zur Begründung der Speziellen Relativitätstheorie 1905 zurückgegriffen. Wir sind dem Problem schon in Abschn. 21.6 begegnet als wir feststellten, daß die Lorentz-Kraft bei Transformation auf das Bezugssystem einer bewegten Ladung zwar verschwindet, aber gleichzeitig durch eine Transformation der elektromagnetischen Felder untereinander (21.35) und (21.36) als gleichwertige elektrische Kraft

$$\boldsymbol{F}'_{\text{el}} = q\boldsymbol{E}' = q(\boldsymbol{v} \times \boldsymbol{B}) = \boldsymbol{F}_{\text{L}}$$

ersetzt wird. So muß es auch hier sein, d. h. die zeitliche Änderung des Magnetfelds am Ort der ruhenden Spule muß dort ein elektrisches Feld induzieren, das die *gleiche* Induktionsspannung hervorruft, wie umgekehrt die Lorentz-Kraft bei ruhendem **B**-Feld und bewegtem Leiter. Bevor wir auf die Eigenschaften dieses **E**-Feldes näher eingehen, halten wir als Versuchsergebnis fest, daß bei ruhendem Leiter und veränderlichem Magnetfeld das Induktionsgesetz (22.6) weiterhin gilt

$$U_{\text{i}} = -\dot{\Phi} = -\int_A (\dot{\boldsymbol{B}} \cdot \text{d}\boldsymbol{A}'), \tag{22.6'}$$

wobei die Zeitableitung sich jetzt aber auf das *Feld* statt auf die Fläche der Leiterschleife bezieht.

Wenn (22.6′) in voller Allgemeinheit gelten soll, darf es keine Rolle spielen, auf welche Weise das Feld am Ort der Induktionsschleife geändert wird, ob durch Bewegen eines Magneten oder z. B. durch Änderung eines Stroms. Letzteres untersuchen wir im folgenden Versuch:

VERSUCH 22.4

Induktion bei Wechselströmen. Wir bringen ins Innere eines mit Wechselstrom erregten Solenoiden mit n_{S} Windungen und Länge l_{S} eine kleinere Empfängerspule mit n_{E} Windungen und Querschnitt A_{E} und beobachten auf einem Zweistrahloszillographen synchron den Verlauf des Stroms im Solenoiden, d. h. laut (21.22) sein Magnetfeld, und die in der Empfängerspule induzierte Spannung (s. Abb. 22.6). Auch unter diesen Versuchsbedingungen erweist sich das Induktionsgesetz (22.6) in allen Punkten als gültig:

- U_{i} ist gegenüber $\boldsymbol{B}$ um 90° phasenverschoben und wächst proportional zur Frequenz, wie es der Zusammenhang

$$\begin{aligned} U_{\text{i}} = -\dot{\Phi} = -n_{\text{E}}A_{\text{E}}\dot{B} &= -n_{\text{E}}A_{\text{E}}\frac{\mu\mu_0 n_{\text{S}}}{l_{\text{S}}}\frac{\text{d}}{\text{d}t}(I_0 \sin\omega t) \\ &= \frac{-n_{\text{E}}A_{\text{E}}\mu\mu_0 n_{\text{S}} I_0\omega}{l_{\text{S}}}\cos\omega t \end{aligned} \tag{22.9}$$

  verlangt. Die Proportionalität von U_{i} zu $\dot{B}$ wird auch deutlich, wenn wir das Feld statt sinusförmig sprunghaft nach einer Rechteckfunktion variieren. An den Sprungpunkten wird $\dot{B}$ sehr groß und führt zu induzierten Spannungsspitzen, deren Vorzeichen mit dem von $\dot{B}$ wechselt.
- Mit unterschiedlichen Empfängerspulen prüfen wir, daß U_{i} proportional zu ihrer Windungszahl n_{E} und zu ihrer Fläche A_{E} ist, solange letztere noch voll von der Kraftflußdichte des Solenoiden ausgefüllt ist.
- Hat umgekehrt die Empfängerspule einen größeren Durchmesser als der Solenoid, umfaßt dessen Kraftfluß also vollständig, so wächst U_{i} nicht weiter mit A_{E}, sondern bleibt bei seinem Maximalwert

$$-U_{\text{i,max}} = \dot{\Phi}_{\text{max}} = A_{\text{S}}\dot{B}. \tag{22.10}$$

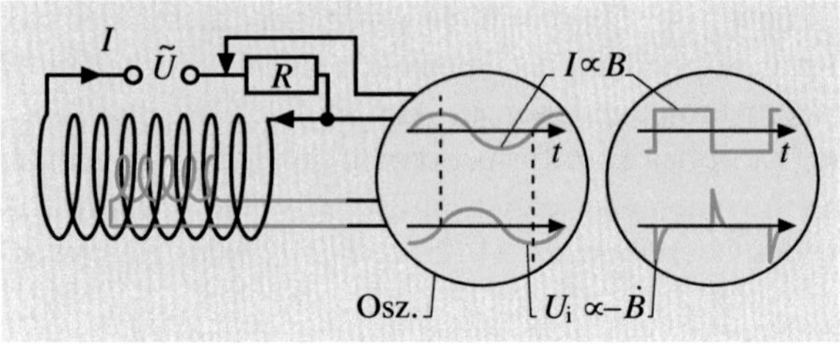

Abb. 22.6. Versuchsskizze zur Prüfung des Induktionsgesetzes bei zeitlich veränderlichem B-Feld. Auf dem Schirm des 2-Strahloszilloskops sind $\boldsymbol{B}$ und U_i für sinus- und rechteckförmige $\boldsymbol{B}$-Änderung dargestellt

Wir fassen zusammen:

Das Induktionsgesetz

$$U_i = -\dot{\Phi} \tag{22.6''}$$

hat sich in allen Variationen der Versuchsbedingungen bestätigt. Diese Erkenntnis geht auf *Faraday* zurück; es wird daher auch **Faradaysches Gesetz** genannt.

22.3 Elektrische Ringfelder

Wir fassen in diesem Abschnitt unsere Erfahrungen aus den Induktionsversuchen zusammen und vertiefen sie mathematisch.

Auch bei ruhendem Leiter und veränderlichem Magnetfeld muß die gemessene Induktionsspannung auf ein induziertes elektrisches Feld $\boldsymbol{E}_i$ zurückgeführt werden, das im Leiter als elektromotorische Kraft wirksam wird, ebenso wie die Lorentz-Kraft. Im letzteren Fall hatten wir bereits mit (22.7ff.) gezeigt, daß das Ringintegral über die Stromschleife (22.6)

$$\oint [(\boldsymbol{v} \times \boldsymbol{B}) \cdot \mathrm{d}\boldsymbol{s}] = \oint (\boldsymbol{E}_i \cdot \mathrm{d}\boldsymbol{s}) = -\dot{\Phi}$$

gleich der negativen Kraftflußänderung durch die Stromschleife ist; dabei hatten wir der Lorentz-Kraft $\boldsymbol{F}_L$ im System des bewegten Leiters eine Feldstärke

$$\boldsymbol{E}_i = \frac{\boldsymbol{F}_L}{q}$$

zugeordnet. Jetzt aber, im Fall des ruhenden Leiters und veränderlichem $\boldsymbol{B}$, müssen wir die gleiche Kraftwirkung auf ein im Laborsystem induziertes, elektrisches Feld $\boldsymbol{E}_i$ zurückführen. Da es dem gleichen Induktionsgesetz genügt, muß sein Ringintegral über die Stromschleife auch wiederum gleich der Kraftflußänderung sein. Das Induktionsgesetz hat unter solchen Versuchsbedingungen die *spezielle* Form:

$$U_i = \oint \boldsymbol{E}\mathrm{d}\boldsymbol{s} = -\int_A (\dot{\boldsymbol{B}} \cdot \mathrm{d}\boldsymbol{A}') \tag{22.11}$$

Die induzierte elektrische Ringspannung ist gleich dem negativen Integral der Zeitableitung der magnetischen Kraftflußdichte über die umfangene Fläche. In Tabelle 26.1 führen wir das Induktionsgesetz als **4. Maxwellsche Gleichung** (26.7) auf, weil *Maxwell* als Folge der Faradayschen Versuche die Existenz dieses induzierten $\boldsymbol{E}$-Feldes gefordert hat. Mit Hilfe des **Stokesschen Satzes** (10.30) können wir sie auch in eine differentielle Form überführen

$$\operatorname{rot}\boldsymbol{E} = -\dot{\boldsymbol{B}}\,. \tag{22.12}$$

Beide Schreibweisen sind äquivalent.

Zusammen mit der Lorentz-Kraft deckt die 4. Maxwellsche Gleichung unsere vielseitigen Erfahrungen mit der Induktion einschließlich der Überlegungen zum Relativitätsprinzip etc. ab. Sie ist eine der Fundamentalgleichungen, auf denen die gesamte Elektrodynamik beruht. Sie verknüpft die elektromagnetischen Felder miteinander, ohne Bezug auf Ladungen zu nehmen. Das war zu Maxwells Zeiten eine sehr neue und kühne Konzeption und der Beginn der modernen Feldtheorie.

Wichtig ist auch folgende Feststellung:

Die Linien des *induzierten* elektrischen Feldes sind grundsätzlich geschlossen, genauso wie die des magnetischen Feldes!

Das unterscheidet sie vom *elektrostatischen* Feld, dessen Linien grundsätzlich in Ladungen entspringen und münden. Aus diesem Grund haben wir in (22.11) und (22.12) auf den Index i zur Charakterisierung des induzierten Feldes auch wieder verzichten können und somit die Formeln auf das gesamte E-Feld bezogen; denn sein konservativer, elektrostatischer Anteil trägt sowieso nichts bei, weil sein Ringintegral bzw. seine Rotation identisch verschwinden. Wir erwarten daher für das induzierte elektrische Feld im konkreten Fall ähnliche räumliche Verteilungen wie wir sie vom magnetischen Feld her kennen.

Elektrisches Ringfeld um zeitlich veränderliches, homogenes Magnetfeld

Speziell interessieren wir uns für das induzierte elektrische Feld im Bereich des (zeitlich veränderlichen) Magnetfeldes eines langgestreckten **Solenoiden** (s. Abb. 22.7); dessen Induktionswirkung kennen wir bereits aus Versuch 22.4. Die *geometrische* Analogie zum Fall des Magnetfeldes, das im Bereich eines stromdurchflossenen, langgestreckten kreisrunden Leiters herrscht, ist perfekt (vgl. Abb. 21.7). In jenem Fall ist der langgestreckte Zylinder mit einer räumlich konstanten Stromdichte $\boldsymbol{j}$ erfüllt, in diesem mit einem räumlich konstanten $\dot{\boldsymbol{B}}$-Feld. In beiden Fällen gilt der Stokessche Satz, der $\boldsymbol{j}$ mit $\boldsymbol{H}$ (21.20) bzw. $\dot{\boldsymbol{B}}$ mit $\boldsymbol{E}$ verknüpft (22.11). Wir haben daher *innerhalb und außerhalb* des Solenoiden ein elektrisches Ringfeld, dessen Wert von der Achse bis zum Spulenradius R linear anwächst

$$E_{\mathrm{i}}(r < R) = -\frac{\dot{B}A}{2\pi r} = -\frac{1}{2}\dot{B}r \tag{22.13}$$

und außerhalb hyperbolisch mit $1/r$ abfällt

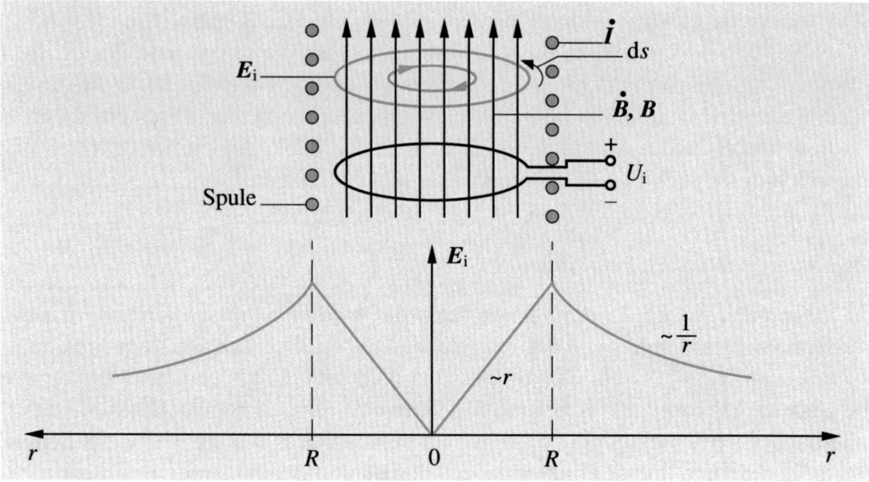

Abb. 22.7. Skizze und radiale Abhängigkeit des elektrischen Ringfeldes, daß sich innerhalb und außerhalb des zeitlich veränderlichen $\boldsymbol{B}$-Feldes einer langgestreckten Spule vom Radius R ausbildet

$$E_i(r \geq R) = -\frac{1}{2}\frac{\dot{B}R^2}{r} \,. \tag{22.14}$$

Das entspricht auch unseren Ergebnissen aus Versuch 22.4, wonach die induzierte Ringspannung im Innenraum proportional zur Induktionsfläche, also proportional zu r^2, ist, im Außenraum dagegen unabhängig vom Radius der Empfängerspule, da der Zuwachs ihres Umfangs gerade vom Abfall des $\boldsymbol{E}$-Feldes kompensiert wird.

22.4 Belastete Induktionsspule und Lenzsche Regel

Belasten wir eine Induktionsspule mit einem äußeren Widerstand R_a und habe sie selbst den Innenwiderstand R_i, so treibt die induzierte Spannung U_i in diesem Stromkreis nach dem 2. Kirchhoffschen Gesetz (20.19) den Strom

$$I_a = \frac{U_i}{R_i + R_a}$$

an. Betrachten wir die Induktionsspule als eine Spannungsquelle (s. Abb. 22.8), so reduziert sich die Klemmspannung U_a um den Spannungsabfall am Eigenwiderstand (vgl. (20.25))

$$U_a = U_i - R_i I_a = U_i \frac{R_a}{R_i + R_a} \,. \tag{22.15}$$

Schließen wir insbesondere die Spule kurz, z. B. ein Ring in einem Induktionsfeld, so fließt darin nach (22.11) der Kurzschlußstrom

$$I_{max} = \frac{U_i}{R_i} \,.$$

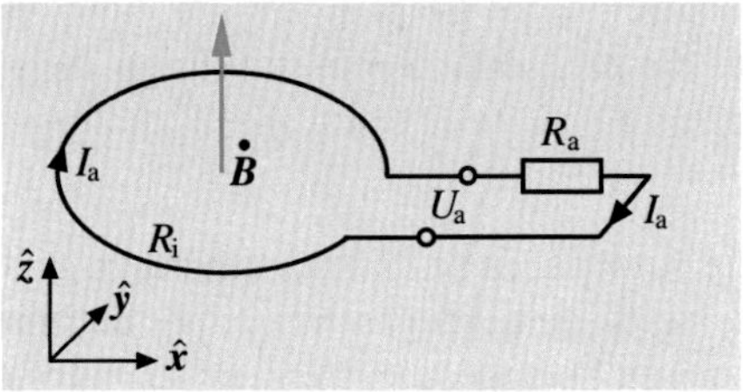

Abb. 22.8. Skizze zum Stromfluß bei Belastung einer Induktionsspule mit einem Außenwiderstand R_a

Lenzsche Regel

Der in einer Spule induzierte Strom ist nun seinerseits der Kraftwirkung des induzierenden $\boldsymbol{B}$-Feldes ausgesetzt. Wir weisen sie im folgenden Versuch nach:

VERSUCH 22.5

Prüfung der Lenzschen Regel. Wir hängen einen Aluminiumring an einem Faden auf und führen mit einer schnellen Bewegung einen Stabmagneten in den Ring (ohne ihn zu berühren). Der Ring weicht in Bewegungsrichtung aus. Der induzierte Ringstrom baut also ein entgegengesetztes Dipolmoment auf, das dem Anwachsen des äußeren Feldes im Ring entgegenwirkt (s. Abb. 22.9). Ziehen wir den Magneten wieder heraus, so folgt der Ring, antwortet also diesmal mit einem parallelen Dipolmoment, das jetzt der Abnahme des Feldes entgegenwirkt. In jedem Fall wirkt der induzierte Strom der *Feldänderung* entgegen.

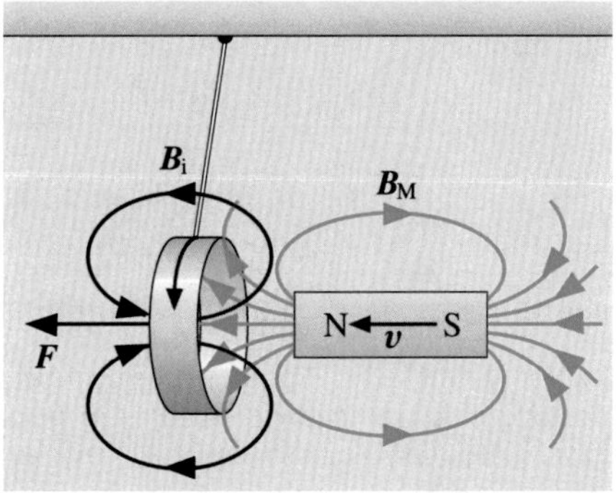

Abb. 22.9. Skizze zur Prüfung der Lenzschen Regel

Wir halten fest: Als Folge des Minuszeichens in der 4. Maxwellschen Gleichung (22.11) wirkt das induzierte Feld $\boldsymbol{B}_i$ der Änderung des erregenden Feldes $\dot{\boldsymbol{B}}$ stets entgegen (**Lenzsche Regel**)

$$\boldsymbol{B}_i \uparrow\downarrow \dot{\boldsymbol{B}} . \tag{22.16}$$

22.5 Selbstinduktion

Baut sich beim Einschalten eines Stroms in einer Spule ein Magnetfeld auf, so umgibt es sich zur Folge der 4. Maxwellschen Gleichung mit einem elektrischen

Ringfeld, das nicht nur auf eine eventuell eingebrachte Empfängerspule einwirkt wie im Versuch 22.4, sondern genauso auf die erregende Spule selbst. An ihren Enden tritt demnach eine induzierte Spannung

$$U_\mathrm{i} = -n\dot{\Phi}$$

auf, die nach der Lenzschen Regel das weitere Anwachsen des Stroms behindert, also der äußeren, an die Spule angelegten Spannung U_0 entgegengesetzt ist. Wir nennen diesen Effekt **Selbstinduktion**. Wir weisen diesen Verzögerungseffekt im folgenden Versuch nach:

VERSUCH 22.6

Strom- und Spannungsverlauf an einer Selbstinduktion bei Schaltvorgängen. Wir schließen eine Spule mit etlichen 1000 Windungen, deren magnetischer Kraftfluß durch einen Eisenkern verstärkt ist, in Serie mit einem Ohmschen Widerstand R und einem Strommeßgerät an eine Gleichspannungsquelle U_0 an (s. Abb. 22.10a). Beim Einschalten mit dem Schalter S_1 beobachten wir, daß der Strom nur allmählich innerhalb mehrerer Sekunden seinen stationären Wert I_0 erreicht (s. Abb. 22.10b). Unterbrechen wir den Stromkreis wieder, so leuchtet plötzlich die parallel zur Spule geschaltete Glimmlampe G auf, die eine Zündspannung von ca. 200 V hat, wesentlich mehr als die angelegte Spannung U_0. Schließen wir dagegen bei geschlossenem S_1 die Spannungsquelle mit S_2 kurz, so fällt der Strom mit der gleichen Zeitkonstante ab, mit der er zuvor angeklungen war.

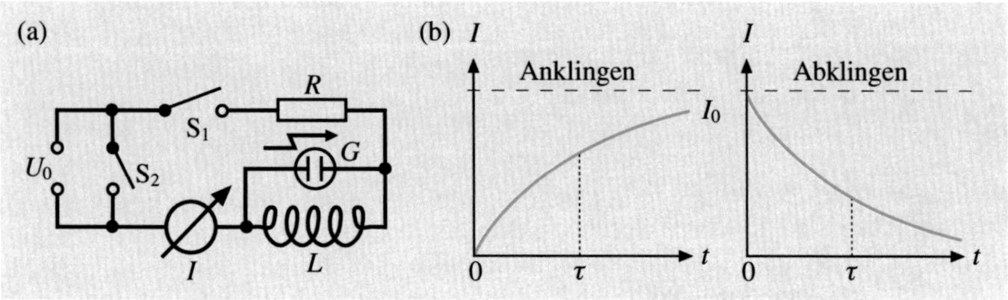

Abb. 22.10. (**a**) Schaltskizze zur Demonstration von Strom- und Spannungsverlauf bei Schaltvorgängen mit Widerstand R und Selbstinduktion L im Stromkreis. (**b**) An- und Abklingen des Stroms beim Einschalten und Kurzschließen der Gleichspannung U_0 jeweils über den gleichen Widerstand R in Reihe

Beide Versuchsergebnisse erklären sich aus der Lenzschen Regel: Beim Einschalten behindert die induzierte Gegenspannung das schnelle Anwachsen des Stromes; beim Ausschalten kehrt sie jedoch ihr Vorzeichen um und versucht, den Strom weiter in Gang zu halten. Dabei führt die abrupte Strom- bzw. Feldabnahme in der Spule zu einer Induktionsspannungsspitze, die die Glimmlampe G zum Zünden bringt. Über diesen Kurzschluß kann dann der Strom in der Spule abklingen. Die Glimmlampe dient auch zum Schutz der Spule. Andernfalls müßte die Induktionsspannung soweit anwachsen, daß der Schalter beim Öffnen einen Funken zieht, entsprechend Spannungen von mehreren Kilovolt, die die Isolation des Spulendrahtes gefährden. Dagegen bewirkt das Kurzschließen der Spannungsquelle bei vollem Strom eine allmähliche Stromabnahme über den Kurzschlußschalter und den Reihenwiderstand R (s. Abb. 22.10b).

Bevor wir den im Versuch beobachteten Einschaltvorgang quantitativ analysieren, wollen wir zunächst die selbstinduzierte Spannung auf die Spuleneigenschaften zurückführen:

Im Innern eines Solenoiden mit der Windungszahl n und der Länge l herrscht nach (21.22) das Magnetfeld

$$H = \frac{nI}{l}\,.$$

Im Spulenquerschnitt A erzeugt es einen magnetischen Kraftfluß von

$$\Phi = BA = \mu\mu_0 HA = \frac{\mu\mu_0 nA}{l} I\,. \tag{22.17}$$

Bilden wir mit (22.17) die Induktionsspannung, so geht die Windungszahl noch einmal als Faktor ein, und es folgt

$$U_\mathrm{i} = -n\dot{\Phi} = -\frac{\mu\mu_0 n^2 A}{l}\dot{I} = -L\dot{I}\,. \tag{22.18}$$

Die Induktionsspannung ist proportional zur negativen Zeitableitung des Stroms. Der Proportionalitätsfaktor L heißt **Induktivität** und ist (genau wie die Kapazität) nur von der Geometrie des Leiters abhängig.

Der Effekt der Selbstinduktion tritt natürlich nicht nur beim Solenoiden, sondern auch bei beliebig geformten Leitern auf. Wir können daher die Gleichung

$$U_\mathrm{i} = -L\dot{I} \tag{22.18'}$$

als allgemeingültige Definitionsgleichung der Induktivität eines Leiters auffassen. Die Induktivität wird im SI-System in **Henry** gemessen und hat die Einheit

$$[L] = \left[\frac{U}{\dot{I}}\right] = 1\,\Omega\mathrm{s} = 1\,\text{Henry (H)}\,. \tag{22.19}$$

Der Zusammenhang (22.18) zwischen selbstinduzierter Spannung und Strom in einer Spule gibt uns die Möglichkeit, mit dem 2. Kirchhoffschen Gesetz (20.19) eine Differentialgleichung für den Strom zu finden, die wir lösen können. Demnach gilt in der Stromschleife aus Spannungsquelle U_0, Widerstand R und Selbstinduktion L (s. Abb. 22.10a)

$$IR = U_0 + U_\mathrm{i} = U_0 - L\dot{I} \qquad \curvearrowright$$

$$\dot{I} = \frac{U_0}{L} - \frac{R}{L}I = -\frac{R}{L}\left(I - \frac{U_0}{R}\right)\,. \tag{22.20}$$

Zur Zeit des Einschaltens sei der Strom $I(t=0) = 0$. Asymptotisch erreicht der Strom einen konstanten Wert I_0, der sich aus (22.20) mit der Bedingung $\dot{I}(t \to \infty) = 0$ ergibt zu $I(t \to \infty) = I_0 = U_0/R$.

Die Spannung fällt dann vollständig am Ohmschen Widerstand R ab, da wir der Einfachheit halber angenommen haben, die Spule selber habe keinen Widerstand, oder er sei zu R hinzuaddiert worden. Die Lösung von (22.20) wird erleichtert durch die Substitution

$$I' = I - I_0 = I - \frac{U_0}{R} \quad \to \quad \dot{I} = \dot{I}' = -\frac{R}{L}I'\,,$$

wodurch wir die Konstante U_0/L in (22.20) eliminiert haben. Damit haben wir (22.20) auf die uns bekannte Differentialgleichung einer Exponentialfunktion zurückgeführt mit der Lösung

$$I' = c\mathrm{e}^{-(R/L)t} \quad \rightarrow \quad I = \frac{U_0}{R} + c\mathrm{e}^{-(R/L)t} .$$

Die Konstante c bestimmt sich aus der Anfangsbedingung zu $-U_0/R$. Damit erhalten wir im Serienkreis aus Widerstand und Selbstinduktion den Strom als Funktion der Zeit nach dem Einschalten der Spannung U_0 zu

$$I = \frac{U_0}{R}(1 - \mathrm{e}^{-(R/L)t}) . \tag{22.21}$$

Für den Ausschaltvorgang (d.h. in diesem Fall nach Kurzschließen der Spannungsquelle in Abb. 22.10 mit dem Schalter S_2) gewinnt man analog

$$I(t) = \frac{-U_0}{R}\,\mathrm{e}^{-(R/L)t} . \tag{22.22}$$

Beide Kurven sind in Abb. 22.10b graphisch dargestellt. Sie sind charakterisiert durch die **induktive Zeitkonstante**

$$\tau = \frac{L}{R} , \tag{22.23}$$

innerhalb derer der Strom sich dem Endwert auf $1/\mathrm{e}$ genähert hat bzw. auf $1/\mathrm{e}$ des Anfangswerts abgeklungen ist. Die Zeitkonstante ist proportional zum Wert der Selbstinduktion L, wie man anschaulich erwartet hat. Der Widerstand steht dagegen im Nenner; der Strom klingt also um so langsamer ab, je kleiner R ist. Bei der Entladung des Kondensators ist es gerade umgekehrt, wie wir in diesem Zusammenhang zeigen wollen.

Zeitkonstante der Kondensatoraufladung

In Analogie zum obigen LC-Kreis liefert das 2. Kirchhoffsche Gesetz beim Anlegen einer Gleichspannung an einen Kondensator in Serie mit einem Widerstand (sogenannter RC-Kreis, s. Abb. 22.11)

$$IR = \dot{Q}R = U_0 - U_\mathrm{C} = U_0 - \frac{Q}{C} \quad \rightarrow \quad \frac{\dot{Q}}{C} = \dot{U}_\mathrm{C} = -\frac{1}{RC}(U_\mathrm{C} - U_0) .$$

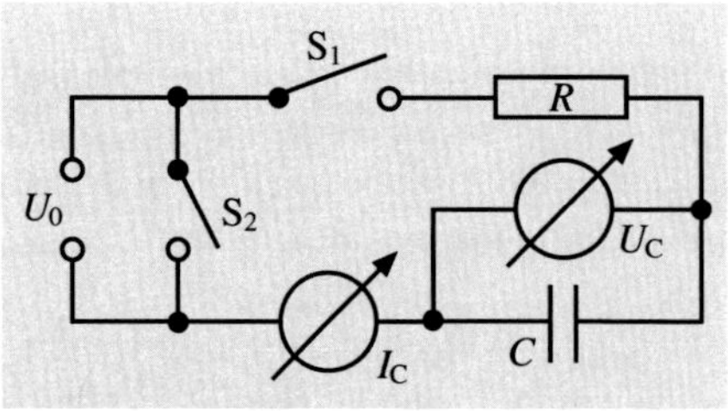

Abb. 22.11. Schaltskizze zur Demonstration der Auf- und Entladungszeitkonstante eines RC-Gliedes

(Man beachte, daß die Spannung am Kondensator $U_\mathrm{C} = Q/C$ in der Masche negativ durchlaufen wird.) Die Lösung für den Einschaltvorgang lautet

$$U_\mathrm{C} = U_0(1 - \mathrm{e}^{-(t/RC)}) \tag{22.24}$$

und beim Kurzschließen der äußeren Spannung

$$U_C = U_0 e^{-(t/RC)} . \tag{22.25}$$

Auch im RC-Kreis werden die Endwerte $U_C = U_0$ bzw. $U_C = 0$ mit exponentieller Asymptotik angestrebt; dabei ist die **kapazitive Zeitkonstante** das Produkt aus Widerstand und Kapazität

$$\tau = RC . \tag{22.26}$$

22.6 Energiedichte im magnetischen Feld

Wir hatten in Abschn. 19.10 gesehen, daß in einem geladenen Kondensator die elektrostatische **kapazitive Energie**

$$E_e = \frac{1}{2} C U^2$$

gespeichert ist. Sie wird offensichtlich beim Entladen des Kondensators nach (22.25) im Widerstand als Joulesche Wärme verheizt. Also muß auch beim Ausklingen des Stroms durch eine Induktivität nach (22.22) Energie in dem kurzschließenden Widerstand verheizt werden; sie war in der Induktivität gespeichert und magnetischen Ursprungs. Wir erhalten sie durch Integration der elektrischen Leistung P im Widerstand über die gesamte Abklingzeit

$$\begin{aligned} W &= \int_0^\infty P(t)\,\mathrm{d}t = \int_0^\infty I U_i\,\mathrm{d}t = \int_0^\infty I(-L\dot{I})\mathrm{d}t \\ &= -\int_{I_0}^0 L I\,\mathrm{d}I = \frac{1}{2} L I_0^2 . \end{aligned}$$

> Durchfließt also ein Strom I eine Induktivität L, so ist die darin gespeicherte **induktive Energie** gegeben durch
>
> $$E_m = \frac{1}{2} L I^2 \tag{22.27}$$
>
> in voller Analogie zu der im Kondensator gespeicherten kapazitiven Energie.

Also werden wir auch hier den Sitz dieser Energie im magnetischen Feld selbst suchen. Um die Relation zwischen magnetischer Energiedichte und Feldstärke zu finden, wählen wir wieder das einfache Beispiel des Solenoiden, wo das Feld im ganzen Spulenraum konstant ist und außerhalb vernachlässigt werden kann. Dann können wir mit (22.18)

$$L = \frac{\mu\mu_0 A n^2}{l} \quad \text{und (21.22)} \quad I = \frac{Hl}{n}$$

die magnetische Energie umschreiben zu

$$\begin{aligned} E_m &= \frac{1}{2}\left(\frac{\mu\mu_0 A n^2}{l}\right)\left(\frac{H^2 l^2}{n^2}\right) = \frac{1}{2}\mu\mu_0 H^2 A l \quad \rightarrow \\ E_m &= \frac{1}{2}\mu\mu_0 H^2 V = \frac{1}{2}(\boldsymbol{H}\cdot\boldsymbol{B})V . \end{aligned}$$

Nach Division durch das Spulenvolumen erhalten wir die

allgemeingültige Formel für die **Energiedichte des magnetischen Feldes**

$$\frac{\mathrm{d}E_\mathrm{m}}{\mathrm{d}V} = \frac{1}{2}\mu\mu_0 H^2 = \frac{1}{2}(\boldsymbol{H}\cdot\boldsymbol{B})\,. \tag{22.28}$$

Sie steht wiederum in völliger Analogie zur Energiedichte des elektrischen Feldes (19.101)

$$\frac{\mathrm{d}E_\mathrm{e}}{\mathrm{d}V} = \frac{1}{2}\boldsymbol{E}\cdot\boldsymbol{D}\,.$$

! Beide elektromagnetischen Felder tragen also eine Energie. Das ist die entscheidende Voraussetzung dafür, daß sie auch einen Energietransport in Form elektromagnetischer Wellen bewerkstelligen können.

In praktischen Fällen kann die in einer Spule gespeicherte, magnetische Energie ganz *erhebliche* Werte annehmen. Nehmen wir als Beispiel eine *supraleitende Spule*, die in einem Volumen von 1 m^3 eine Kraftflußdichte von 5 T einschließe; dann speichert sie (in Luft mit $\mu \approx 1$) eine Energie von

$$E_\mathrm{m} = \frac{1}{2}\frac{B^2}{\mu_0}V = \frac{25\,\mathrm{T}^2\,1\,\mathrm{m}^3}{2\cdot 4\pi\cdot 10^{-7}(\mathrm{N/A}^2)} \approx 10^7\,\mathrm{J} \approx 3\,\mathrm{kWh}\,.$$

Das ist unvergleichlich viel mehr, als man in einer Kondensatorbatterie an elektrostatischer Energie speichern könnte.

22.7 Wirbelströme

Statt in dünnen Leiterschleifen wollen wir jetzt die Induktion in massiven, leitenden Körpern betrachten. Nehmen wir z.B. den Fall eines *massiven Kreiszylinders* in einem räumlich homogenen, aber zeitlich veränderlichen **$\boldsymbol{B}$**-Feld. Dann erzeugt die Kraftflußänderung in dem Zylinder eine Ringfeldstärke, die nach (22.13) und Abb. 22.7 proportional zum Abstand von der Achse anwächst

$$E_\mathrm{i} = \frac{U_\mathrm{i}}{2\pi r} = -\frac{\dot{B}\pi r^2}{2\pi r} = -\frac{\dot{B}r}{2}\,.$$

Sie treibt nach (20.15) eine Wirbelstromdichte

$$\boldsymbol{j}_\mathrm{i} = \sigma\boldsymbol{E}_\mathrm{i}$$

an (σ = spezifische Leitfähigkeit). Daraus resultiert eine Joulesche Wärmeleistung pro Volumenelement

$$\frac{\mathrm{d}P}{\mathrm{d}V} = \boldsymbol{j}_\mathrm{i}\cdot\boldsymbol{E}_\mathrm{i} = \sigma E_\mathrm{i}^2 = \sigma\frac{\dot{B}^2 r^2}{4}\,, \tag{22.29}$$

die zum Rande hin quadratisch anwächst. Den gesamten **Wirbelstromverlust** erhalten wir durch Integration von (22.29) über Länge und Querschnitt des Leiters, resultierend in der 4. Potenz seines Radius. Die Wirbelstromleistung wächst demnach zum Quadrat des vom Feld durchsetzten Leiterquerschnitts! Man kann sie aber reduzieren, indem man den Leiterquerschnitt *segmentiert*, z. B. in dünne gegeneinander isolierte Drähte oder Bleche. Das ist u. a. wichtig für Transformatoren, Elektromotoren und -generatoren, deren leitender Eisenkern das magnetische Wechselfeld führt. Nach (22.29) wachsen die Wirbelstromverluste auch mit dem Quadrat der Frequenz an. Folglich ist man bei Hochfrequenztransformatoren auf nichtleitende, ferromagnetische Kerne angewiesen. Hierzu hat man die sogenannten Ferrite entwickelt, eine isolierende Keramik, der Eisenpulver beigemischt ist, oder die von sich aus ferromagnetisch ist. Wirbelströme treten auch bei *konstantem* Magnetfeld im *bewegten* Leiter auf; hierzu folgender Versuch:

VERSUCH 22.7

Wirbelstrombremse. In Umkehrung des Versuchs 22.6 lassen wir diesmal eine massive Kupferscheibe in das Feld zwischen den Polschuhen eines kräftigen Magneten hineinpendeln (s. Abb. 22.12). Sie wird augenblicklich gebremst und ihre kinetische Energie in Wirbelstromverluste umgesetzt. Nehmen wir stattdessen eine Kupferscheibe, die zu einem feinen Kamm geschlitzt ist, so bemerken wir kaum eine Dämpfung.

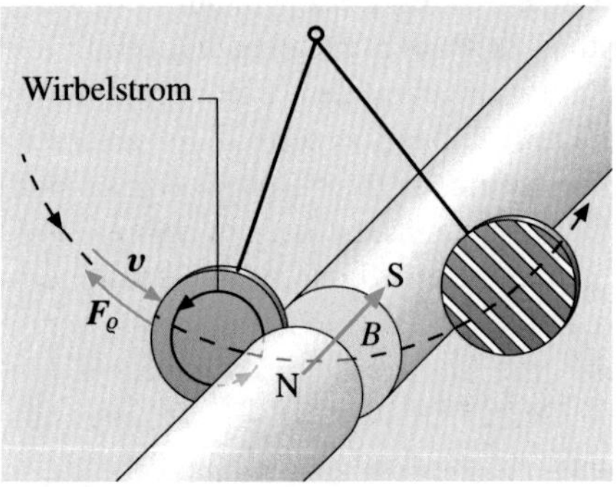

Abb. 22.12. Eine pendelnde Kupferscheibe (*links*) erfährt beim Eintreten in ein Magnetfeld eine Wirbelstrombremsung. Die rücktreibende Kraft $\boldsymbol{F}_\varrho$ wächst proportional zu ihrer Geschwindigkeit $\boldsymbol{v}$. Die geschlitzte Scheibe (*rechts*) wird dagegen kaum gebremst

Wir fragen uns, wie die rücktreibende Kraft bei der Wirbelstrombremse zustande kommt: Solange die Scheibe erst teilweise ins Magnetfeld eingetreten ist, wird nur in diesem Teil die Lorentz-Kraft wirksam, trennt die Ladungen und baut eine induzierte Spannung auf. Diese treibt einen Ringstrom, der sich über den noch nicht ins Feld eingetauchten Teil schließt. Dieser induzierte Wirbelstrom erzeugt seinerseits ein Magnetfeld, das dem des Magneten, das in den Leiter eindringen will, nach der Lenzschen Regel entgegengesetzt ist. Leiter und Magnet stoßen sich also ab. Der Effekt ist umso nachhaltiger, je größer die Leitfähigkeit des Materials ist, weil damit auch die induzierte Stromdichte wächst. Ist die Scheibe *voll* ins *homogene* Feld eingetaucht, verschwinden Wirbelströme und Bremswirkung, weil jetzt die induzierte Feldstärke $\boldsymbol{E}_\mathrm{i} = \boldsymbol{v} \times \boldsymbol{B}$ überall gleich groß und konstant ist, so daß die Ringspannung $\oint \boldsymbol{E}_\mathrm{i}\,\mathrm{d}\boldsymbol{s}$ auf allen Wegen Null ist und keinen Wirbelstrom treiben kann. Es baut sich nur nach (22.1) und (22.2) an den Enden der Scheibe eine induzierte Spannung durch Ladungstrennung auf.

Supraleiter im Magnetfeld

Im Extremfall des **Supraleiters**, dessen spezifischer Widerstand exakt Null ist, führen Wirbelströme dazu, daß ein äußeres Magnetfeld gar nicht in ihn eindringen kann. Vielmehr werden an seiner Oberfläche Ströme induziert, die das äußere Feld im Innenraum exakt und permanent kompensieren (**Meißner-Ochsenfeld-Effekt**). Wäre das nicht so, dann müßte $\dot{\boldsymbol{B}}$ im Innern des Supraleiters irgendwann von Null verschieden sein und somit auch eine endliche elektrische Feldstärke induzieren. Dem steht aber die unbegrenzt hohe Leitfähigkeit im Wege, die bereits an der Leiteroberfläche eine Stromdichte zur Verfügung stellen kann, die das äußere Feld abfängt.

Die Supraleitung wurde 1911 von *Heike Kamerlingh-Onnes* an Quecksilber und anderen Metallen bei der Untersuchung von Materialeigenschaften bei sehr tiefen Temperaturen gefunden. Er war der erste, dem die Verflüssigung des Heliums gelang (Siedepunkt bei 4,2 K) und der bei Temperaturen nahe dem absoluten Nullpunkt experimentieren konnte. Er fand, daß der Widerstand mancher Metalle bei einer charakteristischen **Sprungtemperatur** von wenigen Kelvin abrupt auf den Wert Null absank.

Man versteht heute die Supraleitung als einen makroskopischen Quanteneffekt, bei dem Leitungselektronen sich wie im Atom zu Paaren mit entgegengesetztem Spin koppeln und als sogenannte **Cooper-Paare** entgegen dem Pauli-Prinzip alle den *gleichen*, tiefsten Quantenzustand im Leitungsband besetzen. Es erfordert allerdings erheblichen quantentheoretischen Aufwand, um einzusehen, warum sich ein solcher Zustand bildet und warum er widerstandslos ist. Im Jahre 1985 wurde von *A. Müller* und *J. G. Bednorz* eine neue Klasse von Supraleitern entdeckt – es handelt sich um kompliziert aufgebaute Schichtkristalle –, deren Sprungtemperaturen oberhalb des Siedepunkts von flüssigem Stickstoff (ca. 90 K), einem leicht zugänglichen Kühlmittel, liegen. Darauf gründen sich Hoffnungen auf breitere technische Anwendungen der Supraleitung. Hierzu folgender Versuch:

VERSUCH 22.8

Hochtemperatursupraleiter im Magnetfeld. Wir kühlen ein Stückchen eines Hochtemperatursupraleiters in flüssigem Stickstoff unter seinen Sprungpunkt ab und führen es mit der Pinzette in den Bereich oberhalb eines ringförmigen Permanentmagneten (s. Abb. 22.13). Dort schwebt es, weil die vom Magneten in seiner Oberfläche erzeugten Wirbelströme ein

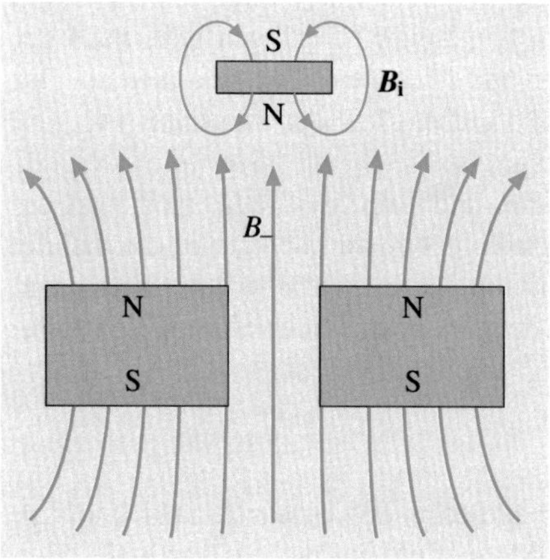

Abb. 22.13. Hochtemperatursupraleiter schwebt über ringförmigen Permanentmagneten (im Querschnitt gezeichnet)

abstoßendes magnetisches Moment haben. Innerhalb kurzer Zeit erwärmt es sich wieder über den Sprungpunkt, die Supraleitung bricht zusammen, und es fällt runter.

Die Anwendung konventioneller Supraleiter konzentriert sich vor allem auf die Erzeugung hoher Magnetfelder im Bereich von 1 bis 10 T. Mit wachsendem Magnetfeld sinkt allerdings die Sprungtemperatur ab; oberhalb eines charakteristischen Maximalfeldes bricht die Supraleitung vollständig zusammen.

22.8 Halleffekt

Selbst bei *ruhendem* Leiter im *zeitlich konstanten* Magnetfeld kann noch der Effekt einer induzierten Spannung beobachtet werden, dann nämlich, wenn er unter Strom steht. In Abschn. 21.5 hatten wir schon von der Kraft gesprochen, die der Leiter unter diesen Umständen erfährt und haben sie als Lorentz-Kraft auf die freien, bewegten Ladungsträger im Leiter zurückgeführt. Sie treibt die Ladungen senkrecht zu $\boldsymbol{I}$ und $\boldsymbol{B}$ auf die Leiteroberfläche und baut in diese Richtung eine elektrische Spannung, die sogenannte **Hallspannung** U_{H}, auf (s. Abb. 21.14), genau wie wir es in Abschn. 22.1 für einen bewegten, aber stromlosen Leiter besprochen hatten. Nach (22.1) und (22.2) stellt diese Spannung das Gleichgewicht der elektrostatischen Kraft gegen die Lorentz-Kraft her

$$qU_{\mathrm{H}} = q(\boldsymbol{E}_{\mathrm{i}} \cdot \boldsymbol{d}) = q[(\boldsymbol{v} \times \boldsymbol{B}) \cdot \boldsymbol{d}] = qvBd\,, \tag{22.30}$$

wenn wir die Stromrichtung $\hat{\boldsymbol{I}} = \hat{\boldsymbol{v}}$, das $\boldsymbol{B}$-Feld und die Dicke d des Leiters jeweils senkrecht zueinander wählen (s. Abb. 22.14). Wir können U_{H} an Ober- und Unterkante des Leiters abgreifen. Da die Transportgeschwindigkeit $\boldsymbol{v}$ der freien Ladungsträger nicht unmittelbar meßbar ist, führen wir sie mittels (20.4) auf den Strom I zurück

$$I = (\boldsymbol{j} \cdot \boldsymbol{A}) = \varrho_{\mathrm{q}} v\, d\, b = q n_{\mathrm{q}} v\, d\, b\,. \tag{22.31}$$

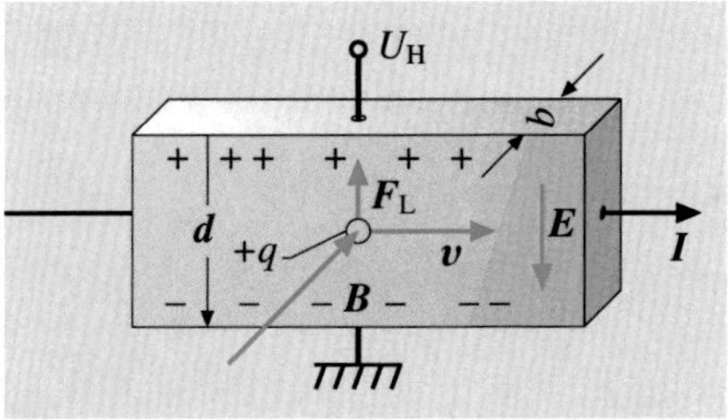

Abb. 22.14. Skizze zum Halleffekt

Darin ist n_{q} die Dichte der freien Ladungsträger und b die Breite des rechteckigen Leiters parallel zu $\boldsymbol{B}$. Eliminieren wir v aus den Gleichungen, so erhalten wir die Hallspannung zu

$$U_{\mathrm{H}} = \frac{I \cdot B}{q n_{\mathrm{q}} b}\,. \tag{22.32}$$

Die Proportionalität zu I und B hatten wir natürlich erwartet. Interessant ist der Nenner. Die Ladung q wird dem Betrage nach in der Regel die Elementarladung sein. Aber ihr *Vorzeichen* bestimmt auch das von U_{H}. Bei einem Halbleiter kann man z. B. auf diese Weise entscheiden, ob er negativ oder positiv leitend ist (vgl. Abschn. 25.1). Weiterhin läßt sich die *Dichte* n_{q} der Ladungsträger aus der Hallspannung bestimmen. Bei Halbleitern ist sie in der Regel klein, U_{H} also relativ groß. Sie werden daher in Hallsonden zur Messung von Magnetfeldern im Bereich $B > 1$ mT eingesetzt.

23. Materie im Magnetfeld

INHALT

Genau wie das elektrische Feld polarisiert auch das Magnetfeld Materie zu resultierenden Dipolmomenten, die nun ihrerseits das ***B***-Feld verändern und uns zur Einführung des ***H***-Feldes (21.14) veranlaßt haben. Daß es hier zu drastischen Effekten kommen kann, haben wir schon bei Permanent- und Elektromagneten mit Eisenkern erfahren. Das sind aber Ausnahmeerscheinungen, die auf wenige Materialien beschränkt sind. Normalerweise reagiert Materie nur schwach auf Magnetfelder, wie wir im folgenden untersuchen werden.

23.1 Grundtatsachen von Para- und Diamagnetismus

Wir lernen in den beiden folgenden Grundversuchen zwei *prinzipiell entgegengesetzte* Reaktionsweisen von Materie auf ein äußeres Magnetfeld kennen, wonach wir die Stoffe klassifizieren können.

VERSUCH 23.1

Para- und Diamagnet im äußeren Magnetfeld. Ein Aluminiumstäbchen sei frei pendelnd im starken, inhomogenen Feld zwischen zwei spitzen Polschuhen aufgehängt. Dabei dreht es sich in die Polschuhachse hinein, sucht also den Platz *höchsten* Feldes (s. Abb. 23.1). Es verhält sich in diesem Sinne wie ein Permanentmagnet, der allerdings ein um viele Größenordnungen stärkeres Drehmoment erfährt. Hier bildet aber der zunächst unmagnetisierte Stoff erst unter

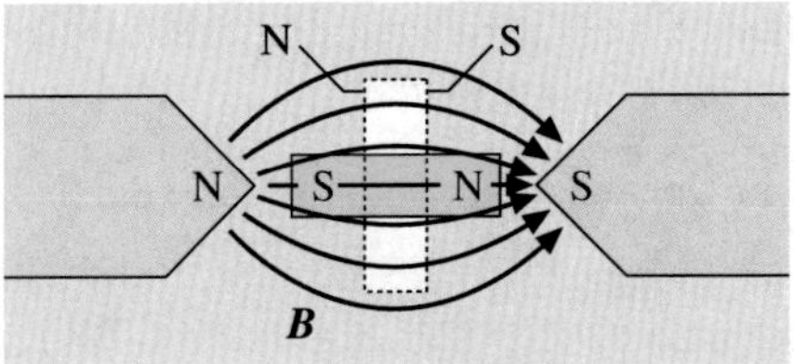

Abb. 23.1. Ausrichtung eines Paramagneten (*blau*) im magnetischen Feld zwischen zwei Polschuhspitzen sowie die dazu senkrechte Ausrichtung eines Diamagneten (*weiß*)

E. W. Otten, *Repetitorium Experimentalphysik*,
https://doi.org/10.1007/978-3-662-59730-9_23

dem polarisierenden Einfluß des äußeren Magnetfeldes ein Dipolmoment aus und zwar in dem Sinne, daß sich ungleichnamige Pole gegenüberstehen und folglich anziehen. Wir nennen diese Erscheinung **Paramagnetismus**.

Wir ersetzen jetzt das Aluminium- durch ein Wismutstäbchen und stellen fest, daß es aus der Polschuhachse herauspendelt in die dazu senkrechte Lage, wo es einen Platz *minimalen* Feldes einnimmt. Es wird offensichtlich von den Polschuhen abgestoßen. Daraus schließen wir, daß es ein entgegengesetzt gerichtetes Magnetfeld aufgebaut hat, genau wie im Fall der Induktion (s. Abschn. 22.4). Jetzt stehen sich also gleichnamige Pole gegenüber. Wir nennen dieses Verhalten **Diamagnetismus**.

Durch Vergleich mit Versuch 19.12 stellen wir fest, daß sich ein *paramagnetischer* Stoff im magnetischen Feld ähnlich verhält wie ein Dielektrikum im elektrischen. Hingegen gibt es für das *diamagnetische* Verhalten im elektrischen Fall keine Parallele (jedenfalls nicht im elektrostatischen Feld).

Welches Feld resultiert im Innern des Stoffs aufgrund des ursprünglichen, magnetisierenden Feldes $\boldsymbol{H}_0$? Hierzu definieren wir zunächst die **Magnetisierung** $\boldsymbol{M}$ als das im Stoff hervorgerufene magnetische Moment pro Volumenelement

$$\boldsymbol{M} = \frac{\mathrm{d}\boldsymbol{m}}{\mathrm{d}V} . \tag{23.1}$$

Zwecks Interpretation von $\boldsymbol{M}$ greifen wir auf das magnetische Moment eines Solenoiden zurück (21.26′)

$$\boldsymbol{m} = \boldsymbol{H} \cdot V .$$

Es ist das Produkt aus dem Spulenvolumen und dem darin herrschenden $\boldsymbol{H}$-Feld. Folglich hat die Magnetisierung eines Stoffes im SI-System die Dimension eines $\boldsymbol{H}$-Feldes, *nicht* aber dessen Bedeutung, weil die mit dem makroskopischen Moment $\boldsymbol{m}$ bzw. seiner Dichte $\boldsymbol{M}$ verknüpfte Kraftflußdichte

$$\boldsymbol{B}_M = \mu_0 \boldsymbol{M} , \tag{23.2}$$

nicht von *freien* Strömen, sondern den *gebundenen* Molekularströmen in der Materie (vgl. Abschn. 21.3) stammt.

Zusammen mit dem $\boldsymbol{B}$-Feld aus den freien Strömen $\boldsymbol{B}_0 = \mu_0 \boldsymbol{H}$ ergibt sich in Materie die resultierende Kraftflußdichte

$$\boldsymbol{B} = \boldsymbol{B}_0 + \boldsymbol{B}_M = \mu_0(\boldsymbol{H} + \boldsymbol{M}) = \mu\mu_0 \boldsymbol{H} , \tag{23.3}$$

wie in (21.14) vorweggenommen. Ebenso wie die elektrische (s. Abschn. 19.12) ist auch die magnetische Polarisation der Materie in weiten Grenzen proportional zum äußeren Kraftfeld, das an der Materie angreift. In diesen Grenzen können wir den Faktor μ, die sogenannte **Permeabilität** als eine Materialkonstante ansehen. In diesem Sinne zieht man häufig den Vakuumanteil 1 von μ ab und

definiert die magnetische Suszeptibilität κ in Übereinstimmung mit (23.3) durch die Gleichung

$$\boldsymbol{M} = (\mu - 1)\boldsymbol{H} = \kappa \boldsymbol{H} . \tag{23.4}$$

Wir müssen aber auf einen formalen Unterschied zwischen (23.4) und dem elektrischen Analogon (19.77) aufmerksam machen. Dort verknüpfte die dielektrische Suszeptibilität χ die Polarisation $\boldsymbol{P}$ mit dem wirksamen Kraftfeld $\boldsymbol{E}$; hier verknüpft κ dagegen $\boldsymbol{M}$ nicht mit $\boldsymbol{B}$, sondern mit dem Hilfsfeld $\boldsymbol{H}$. (Natürlich sind es in beiden Fällen die lokalen Kraftfelder $\boldsymbol{E}_{lok}$ bzw. $\boldsymbol{B}_{lok}$, die an den Molekülen angreifen und sie polarisieren (s. Abschn. 19.12)).

Tabelle 23.1 gibt die Größenordnung der magnetischen Suszeptibilität für die drei verschiedenen Stoffklassen an, die man in der Natur beobachtet. Aus dem Rahmen fallen die **ferromagnetischen Stoffe**, deren Suszeptibilität um viele Größenordnungen über der üblicher Stoffe liegt. Sie führt zu einer enormen Verstärkung der Kraftflußdichte im Innern einer Spule, wie wir im Versuch an der Zunahme der induktiven Wirkung feststellen können.

Tabelle 23.1. Größenordnung der magnetischen Suszeptibilität κ für verschiedene Stoffklassen

Diamagnet	-10^{-5}	$\leq$	κ	$\leq$	0
Paramagnet	0	$\leq$	κ	$\leq$	10^{-3}
Ferromagnet	10^{2}	$\leq$	κ	$\leq$	10^{6}

VERSUCH 23.2

Induktionsverstärkung durch Eisenkern. Einer von zwei übereinander gewickelten Spulen führen wir eine Wechselspannung zu und messen die induzierte Spannung in der zweiten. Sie verstärkt sich um einen riesigen Faktor, wenn wir das Spuleninnere mit einem Eisenkern füllen. Die volle Verstärkung des Kraftflusses um den Faktor μ des Eisens wird aber erst erreicht, wenn wir den Kern zum Ring schließen. Es genügt schon ein Luftspalt von wenigen Millimetern im Ring, um den Kraftfluß deutlich herabzusetzen.

Eine quantitative Interpretation des obigen Versuchs, z. B. welche Rolle die Länge des Eisenkerns und des Luftspalts spielen, gelingt erst, wenn wir das Verhalten von $\boldsymbol{H}$ und $\boldsymbol{B}$ an Grenzflächen genauer studiert haben. Der Versuch hat uns aber schon qualitativ deutlich gemacht, welchen ungeheuren Vorteil die Starkstromtechnik aus der hohen Permeabilität des Eisens zieht; denn ihre wichtigsten Geräte, die Elektrogeneratoren und -motoren sowie die Transformatoren beruhen ja ausschließlich auf magnetischer Induktion. Aus diesem Zusammenhang ist auch der Name „**magnetische Induktion**" zu erklären, mit der die **magnetische Kraftflußdichte** $\boldsymbol{B}$ in der Literatur häufiger belegt wird.

23.2 Verhalten der magnetischen Feldgrößen B und H an Grenzflächen

Analog zur dielektrischen (s. Abschn. 19.12) wird auch die magnetische Polarisation das $\boldsymbol{B}$- und das $\boldsymbol{H}$-Feld an Grenzflächen ändern, z. B. zwischen Materie und Vakuum, worauf wir unsere Diskussion beschränken. Qualitativ begreift man das leicht an Hand der Abb. 23.2. Linkerhand sei eine paramagnetische Probe ($\mu > 1$) in ein ansonsten homogenes $\boldsymbol{B}_0$-Feld eingebracht, das aus irgendwelchen äußeren

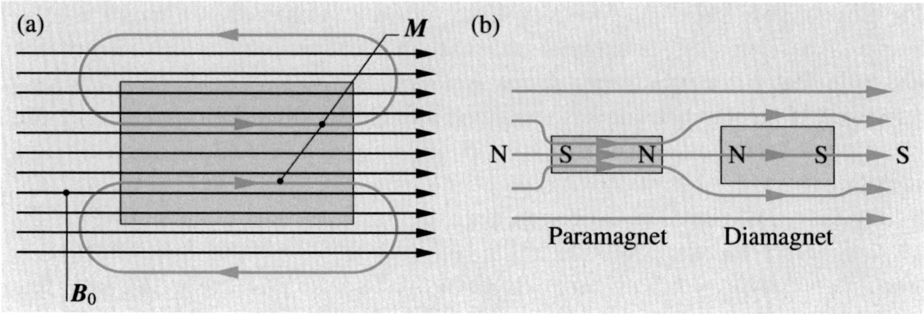

Abb. 23.2. (**a**) Überlagerung von äußerem Feld $\boldsymbol{B}_0$ (*schwarz*) mit dem Dipolfeld $\boldsymbol{M}$ (*blau*) eines Paramagneten (schematisch). (**b**) Resultierendes $\boldsymbol{B}$-Feld (schematisch) innerhalb und außerhalb eines Paramagneten (*links*) und Diamagneten $\mu < 1$ (*rechts*). Der Paramagnet konzentriert die Feldlinien auf sich, der Diamagnet drängt sie aus sich heraus.

Quellen stamme. Im Innern erzeugt es eine Magnetisierung, deren Kraftflußdichte $\boldsymbol{B}_M = \mu_0 \boldsymbol{M}$ das $\boldsymbol{B}_0$-Feld verstärkt, zu sehen an der erhöhten Zahl von $\boldsymbol{B}$-Linien ($\curvearrowright \boldsymbol{B}_i > \boldsymbol{B}_0$). Dieses Zusatzfeld quillt als Dipolfeld auch durch die Stirnflächen nach außen und verstärkt auch in deren Umgebung das $\boldsymbol{B}_0$-Feld ($\curvearrowright \boldsymbol{B}_a > \boldsymbol{B}_0$). Jedoch laufen diese Linien in der weiteren Umgebung der Mantelfläche wieder zurück und schwächen dort $\boldsymbol{B}_0$; folglich gilt dort $\boldsymbol{B}_a < \boldsymbol{B}_0 < \boldsymbol{B}_i$. In Abb. 23.2b ist der resultierende Feldverlauf für einen para- und einen diamagnetischen Probekörper gezeichnet; der paramagnetische konzentriert den Fluß auf sich, der diamagnetische verdrängt ihn nach außen.

Für ein quantitatives Verständnis müssen wir die Maxwellschen Gleichungen (21.10) und (21.20) bemühen.

Die **Quellenfreiheit des $\boldsymbol{B}$-Feldes** belehrt uns sofort, daß die **Normalkomponente von** B an der Grenzfläche stetig sein muß

$$\boldsymbol{B}_{i\perp} = \boldsymbol{B}_{a\perp} \,. \tag{23.5}$$

Ansonsten könnte man die Grenzfläche A mit einer inneren A_i und einer äußeren Oberfläche A_a einhüllen und der resultierende Fluß

$$\oint_{A_i, A_a} (\boldsymbol{B} \cdot d\boldsymbol{A}') = (B_i - B_a)A$$

wäre im Widerspruch zu (21.10) nicht Null. Er müßte mangetische Oberflächenladung einschließen, die es nicht gibt. Für das elektrische Feld führte uns die gleiche Überlegung geradewegs zur elektrischen Oberflächenladung (vgl. Abb. 19.42).

Hingegen kann die Tangentialkomponente von $\boldsymbol{B}$, die z. B. in Abb. 23.2 an den Mantelfächen der Probekörper auftritt, an der Grenzfläche nicht stetig sein. Mit dem Ampèreschen Durchflutungsgesetz können wir nämlich schließen, das Feld $B_M = \mu M$ sei aus einem Mantelstrom entstanden, der den Probekörper umfließt wie bei einem Solenoid. Ist dieser langgestreckt, so tritt das $\boldsymbol{B}_M$-Feld im wesentlichen an den Stirnflächen aus, verschwindet aber sprunghaft außerhalb des

Mantels (vgl. Abb. 21.2 und 21.9). Dort bleibt dann nur die Tangentialkomponente des äußeren, magnetisierenden Feldes $B_{0\|}$ übrig.

Beim Durchtreten der Grenzfläche vom Vakuum zum Medium steigt also die *Tangentialkomponente* des B-Feldes um den Faktor

$$\frac{B_{\mathrm{i}\upuparrows}}{B_{\mathrm{a}\upuparrows}} = \frac{B_{0\upuparrows} + \mu_0 M_{\upuparrows}}{B_{0\upuparrows}} = \frac{\mu B_{0\upuparrows}}{B_{0\upuparrows}} = \mu \tag{23.6}$$

sprunghaft an. Diese Überlegung gilt im übrigen unabhängig von der Formgebung des magnetisierten Stoffs. Auch bei gekrümmten Grenzflächen gilt sie lokal an jeder Stelle.

Die Beweisskizze kann man nach folgender Überlegung führen: Man schneide die magnetisierte Schicht unterhalb der Grenzfläche in differentielle zylindrische Streifen entlang der Tangentialkomponente der Magnetisierung $\boldsymbol{M}_{\|}$, innerhalb derer sie konstant angenommen werden kann (s. Abb. 23.3). Seien die Zylinder schlank ($\mathrm{d}l \gg dx, dy$), so können wir uns mit (21.22) und (23.2)

die Magnetisierung im Innern der Zylinder entstanden denken durch eine **Mantelstromdichte** $\mathrm{d}I_M/\mathrm{d}l$:

$$M_{\|} = \frac{\mathrm{d}I_M}{\mathrm{d}l}\,. \tag{23.7}$$

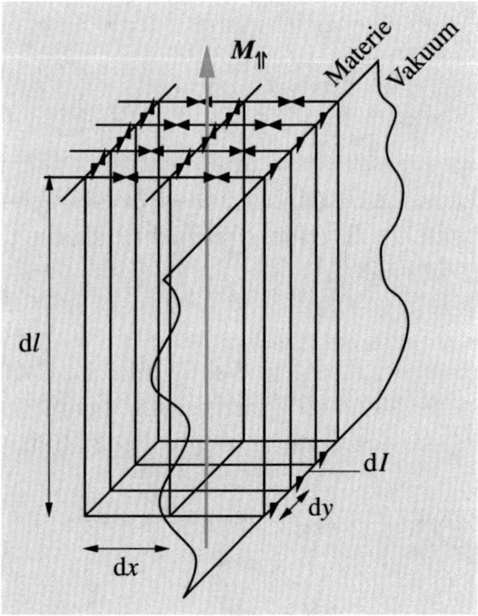

Abb. 23.3. Skizze zur Erläuterung der Mantelstromdichte $\mathrm{d}I/\mathrm{d}l = M_{\|}$ an der Grenzfläche eines tangential magnetisierten Stoffes zum Vakuum

Sie hebt sich an den inneren Zylinderwänden auf, weil sie jeweils gegensinnig durchlaufen wird (vgl. Abb. 21.8). An der Grenzfläche bleibt sie jedoch erhalten und läuft dort senkrecht zur Tangentialkomponente der Magnetisierung. Folglich muß das tangentiale B-Feld dort einen Sprung

$$B_{\mathrm{i}\|} - B_{\mathrm{a}\|} = \mu_0 M_\| = \mu_0 \frac{\mathrm{d}I}{\mathrm{d}l} \tag{23.7'}$$

machen, genau wie an der Mantelfläche eines Solenoids nach (21.22). Die Vorstellung eines solchen Mantelstroms ist auch im Einklang mit der physikalischen Ursache der Magnetisierung, nämlich der Ausrichtung der mikroskopischen Dipolmomente bzw. der gebundenen Kreisströme, aus denen sie hervorgehen. Auch diese Kreisströme heben sich im Innern (bei konstanter Dichte) weg, so daß nur die Randströme übrig bleiben. Dieser aus den *gebundenen* Molekularströmen resultierende, *gebundene* Mantelstrom an der Grenzfläche des Mediums spielt also für das $\boldsymbol{B}$-Feld die gleiche Rolle wie die aus den molekularen elektrischen Dipolmomenten resultierende Oberflächenladung für das $\boldsymbol{E}$-Feld. Ersterer führt zum Sprung der Tangentialkomponente von $\boldsymbol{B}$, letzterer zum Sprung der Normalkomponente von $\boldsymbol{E}$.

Verhalten von H an Grenzflächen, Ampèresches Durchflutungsgesetz im Medium

Während das $\boldsymbol{B}$-Feld auch im Medium und an seinen Grenzen nach wie vor das *physikalisch wirksame* Feld bezeichnet, das also die Lorentzkraft und die Induktion hervorruft, wird das $\boldsymbol{H}$-Feld durch seine Definition (21.14) bzw. (23.3) im Medium ganz wesentlich umfunktioniert zu einer Art mathematischem Hilfsfeld. Das zeigt besonders deutlich sein Verhalten an Grenzflächen. Denn aus der Stetigkeit von $B_\perp$ folgt umgekehrt:

> Die *Normalkomponente* von $\boldsymbol{H}$ macht an der Grenzfläche vom Medium ins Vakuum einen Sprung
>
> $$\frac{H_{\mathrm{a}\perp}}{H_{\mathrm{i}\perp}} = \frac{B_{\mathrm{a}\perp}/\mu_0}{B_{\mathrm{i}\perp}/\mu\mu_0} = \mu\,. \tag{23.8}$$

Dadurch hat es seine Quellenfreiheit *verloren*; seine Feldlinien sind *nicht* mehr geschlossen im Gegensatz zu denen des physikalischen $\boldsymbol{B}$-Feldes! Vielmehr entspringt jetzt aus einem Element $\mathrm{d}A$ der Grenzfläche ein Fluß

$$(H_{\mathrm{a}\perp} - H_{\mathrm{i}\perp})\,\mathrm{d}A = \kappa H_{\mathrm{i}}\,\mathrm{d}A\,,$$

so als säßen auf den Grenzflächen magnetische Ladungen. Es ist also so, daß innerhalb des Mediums diejenigen Feldlinien, die aus der Magnetisierung stammen, nicht zu H_i gezählt werden, wohl aber zu H_a im Außenraum, wenn sie durch die Grenzfläche durchgetreten sind.

Umgekehrt macht die Tangentialkomponente des $\boldsymbol{H}$-Feldes im Einklang mit (23.6) den Sprung von $\boldsymbol{B}$ an den Grenzflächen nicht mit.

> $$\frac{H_{\mathrm{a}\|}}{H_{\mathrm{i}\|}} = \frac{B_{\mathrm{a}\|}/\mu_0}{B_{\mathrm{i}\|}/\mu_0\mu} = \frac{\mu}{\mu} = 1\,. \tag{23.9}$$
>
> Die *Tangentialkomponente* von $\boldsymbol{H}$ ist an der Grenzfläche zweier Medien stetig.

! Welchen Vorteil genießen wir von der Einführung des $\boldsymbol{H}$-Feldes mit seinem etwas gekünstelten Verhalten an Grenzflächen? Wie schon in Abschn. 21.3 bemerkt, liegt er darin, daß das Ampèresche Durchflutungsgesetz, angewandt auf das **H**-Feld (s. (21.15) bzw. (21.20)), nach wie vor den umfangenen *freien* Strom angibt:

$$\oint (\boldsymbol{H} \cdot \mathrm{d}\boldsymbol{s}) = I_{\text{frei}} \,.$$

Wenden wir es dagegen auf das eigentliche Kraftfeld **B** an, so wird der umfangene gebundene Mantelstrom mitgezählt

$$\oint (\boldsymbol{B} \cdot \mathrm{d}\boldsymbol{s}) = \mu_0 (I_{\text{frei}} + I_{\text{Mantel}}) \,. \tag{23.10}$$

Das Hilfsfeld **H** spielt also hier die gleiche Rolle wie das Hilfsfeld **D** in der Elektrostatik: **H** bilanziert mit dem Ampèreschen Durchflutungsgesetz den umfangenen freien Strom (bzw. differentiell mit (21.21) die Stromdichte **j**), **D** bilanziert mit dem Gaußschen Satz (19.73) die eingeschlossene freie Ladung (bzw. differentiell mit (19.74) die Ladungsdichte ϱ).

Daß **H** und **B** diese unterschiedlichen Rollen gerade auch in Gegenwart von Grenzflächen spielen, zeigen die folgenden zwei *Beispiele:*

Magnetische Ringkerne

Ein ringförmiges Material, z. B. Eisen, sei von einer ringförmigen Spule umgeben, die es magnetisiert (s. Abb. 23.4). Aus Symmetriegründen schließen wir, daß die Feldlinien ebenfalls Kreisringe sind. Das hier gewählte Beispiel hat auch große praktische Bedeutung als geometrischer Grundtyp für die Führung von Magnetfeldern und Strömen in Transformatoren, Elektromagneten, Elektromotoren etc. Bilden wir nun das Ringintegral über **H** entlang der Grenzfläche, so ändert sich dessen Wert beim Übergang von einem äußeren zu einem inneren Weg aufgrund der Stetigkeit von $H_{\|}$ nicht. Folglich umfassen beide Wege den gleichen freien Gesamtstrom nI, und es gilt mit $r_{\text{i}} \approx r_{\text{a}}$ für beide Wege

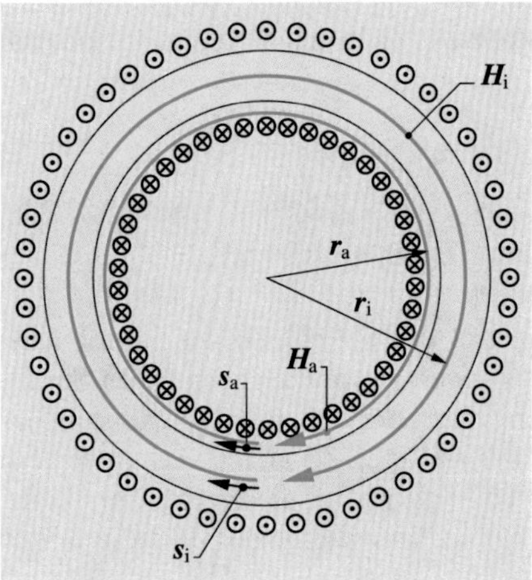

Abb. 23.4. Skizze zur Berechnung des **H**-Feldes innerhalb und außerhalb eines ringförmigen Mediums, eingeschlossen von einer ringförmigen Spule; gezeichnet ist ein Querschnitt in der Ringebene

$$\oint (\boldsymbol{H}_\mathrm{i} \cdot \mathrm{d}\boldsymbol{s}_\mathrm{i}) = 2\pi H_{\mathrm{i}\|} r_\mathrm{i} = 2\pi H_{\mathrm{a}\|} r_\mathrm{a} = \oint (\boldsymbol{H}_\mathrm{a} \cdot \mathrm{d}\boldsymbol{s}_\mathrm{a}) = nI\,. \tag{23.11}$$

Bilden wir dagegen das Ringintegral über das B-Feld im Innern so gilt mit (23.3) und (23.7)

$$\begin{aligned}\oint (\boldsymbol{B}_\mathrm{i} \cdot \mathrm{d}\boldsymbol{s} &= \oint \mu_0 (\boldsymbol{H}_\mathrm{i} \cdot \mathrm{d}\boldsymbol{s}) + \oint \mu_0 (\boldsymbol{M} \cdot \mathrm{d}\boldsymbol{s}) \\ &= \mu_0 nI + \oint \mu_0 \frac{\mathrm{d}I_M}{\mathrm{d}l} \mathrm{d}s = \mu_0 (nI + I_M) \\ &= \mu\mu_0 nI \quad \text{q.e.d.}\end{aligned} \tag{23.12}$$

Der Mantelstrom umfängt hier den ringförmigen Kern bei $\mu > 1$ im gleichen Sinne wie der Spulenstrom und wird seinerseits von der geschlossenen $\boldsymbol{B}_\mathrm{i}$-Linie genau einmal umfangen.

Elektromagnet

Im zweiten Beispiel unterbrechen wir den Eisenkern durch einen Luftspalt der Breite d und erreichen damit die Konfiguraion eines Elektromagneten, der dazu dient, starke Magnetfelder im Luftraum zwischen den Polflächen zu erzeugen. Wir zeigen ihn in Abb. 23.5 in einem einigermaßen realistischen Schnittbild. Die Ringspule ist auf 2 Spulenkörper zu beiden Seiten des Luftspalts mit insgesamt n Windungen konzentriert. Der magnetische Kraftfluß wird durch das Eisenjoch mit der (mittleren) Länge ℓ geschlossen. Der Verzicht auf die Zylindersymmetrie in Abb. 23.4 tut nicht viel zur Sache, weil das hohe μ des Eisens den Kraftfluß gänzlich auf das Joch bzw. den Luftspalt zwischen den Polfächen konzentriert (s. u.). Wir bilden diesmal ein Ringintegral über das $\boldsymbol{B}$-Feld entlang eines Weges (a), der außen am Joch entlang und durch den Luftspalt führt (s. Abb. 23.5). Weil $\boldsymbol{B}$ senkrecht aus den Polfächen austritt, hat es dort wegen der Stetigkeit seiner Normalkomponente (23.5) zu beiden Seiten den gleichen Wert $B_\mathrm{L} = B_\mathrm{i}$. Entlang des Jochs ist es aber wegen der Unstetigkeit seiner Tangentialkomponente (23.6) um den Faktor μ gegenüber $\boldsymbol{B}_\mathrm{i}$ geschwächt. Dieser Weg umfaßt nur den (freien) Spulenstrom nI, nicht den Mantelstrom um das Joch. Deswegen gilt

$$\begin{aligned}\frac{1}{\mu_0} \oint_{(\mathrm{a})} (B \cdot \mathrm{d}s) &= \frac{1}{\mu_0} (B_\mathrm{a} l + B_\mathrm{L} d) = \frac{1}{\mu_0} \left(\frac{1}{\mu} B_\mathrm{i} l + B_\mathrm{L} d \right) \\ &= H_\mathrm{i} l + H_\mathrm{L} \cdot d = \oint_{(\mathrm{a})\ \text{oder}\ (\mathrm{i})} (\boldsymbol{H} \cdot \mathrm{d}\boldsymbol{s}) = nI \quad \text{q.e.d.}\end{aligned} \tag{23.13}$$

Das Ergebnis (23.13) zeigt uns zum einen, daß das H-Feld, so wie es definiert ist, auch im Ringintegral über Grenzflächen hinweg den umfangenen freien Strom ergibt. Das Integral rechterhand hat nämlich wegen der definitionsgemäß stetigen Tangentialkomponente von H auf einem inneren Weg (i) durch das Joch den gleichen Wert wie auf dem äußeren (a). Natürlich mußte dieses Ergebnis kraft der ursprünglichen Definition von $\boldsymbol{H}$ (21.14) so herauskommen; das war ja ihr Zweck.

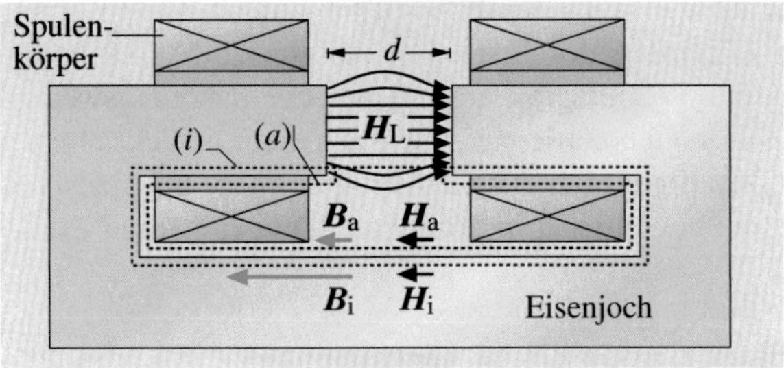

Abb. 23.5. Schnittzeichnung eines Elektromagneten. H_L ist das Feldlinienbild im Luftspalt. B_a, B_i bzw. H_a, H_i sind Kraftflußdichte bzw. magnetische Feldstärke außerhalb und innerhalb des Jochs. Die zugehörigen Pfeillängen symbolisieren die Größenverhältnisse. (a) bzw. (i) sind ein äußerer bzw. innerer Integrationsweg

Zum anderen können wir aus (23.13) die resultierende Kraftflußdichte in Abhängigkeit von Luftspalt- und Jochlänge berechnen, unser eigentliches Ziel!

Lösen wir also (23.13) nach $B = B_i = B_L$ auf, so erhalten wir

$$B = \frac{\mu_0 n I}{(l/\mu) + d} \longrightarrow \begin{cases} \mu\mu_0 n I/l & \text{für } \mu d \ll l \\ \mu_0 n I/d & \text{für } \mu d \gg l \end{cases} . \tag{23.14}$$

Auf der rechten Seite haben wir zwei *Grenzfälle* aufgeführt, in der oberen Zeile den Wert für verschwindend kleinen Luftspalt, in der unteren den typischeren, wo das Produkt aus Luftspalt und Permeabilität sehr viel größer als die Länge des Jochs ist. Im ersteren Fall spielt der Luftspalt sozusagen keine Rolle. Das Feld wird um den Faktor μ verstärkt und entspricht demjenigen, das bei geschlossenem Ringkern (s. Abb. 23.4) nach (23.12) erreicht würde. Im zweiten Fall kann umgekehrt der Beitrag des Wegs innerhalb des Jochs vernachläßigt werden. Statt der gesamten geometrischen Länge einer Feldlinie in einem Solenoiden ohne Eisenkern erscheint jetzt nur noch die Breite des Luftspalts d im Nenner.

Man erkennt den Effekt des Luftspalts am deutlichsten am Integral über das **H**-Feld in (23.13), das in die beiden Anteile

$$\oint (\boldsymbol{H} \cdot d\boldsymbol{s}) = H_i l + H_a d = (l/\mu + d) H_a$$

zerfällt. Bei einem ferromagnetischen Material ist $\mu = \mathcal{O}(10^4)$; dann ist H_i gegenüber H_a so stark unterdrückt, daß sein Beitrag zum Wegintegral vernachlässigbar wird. Das **H**-Feld wird durch einen Ferromagneten praktisch kurzgeschlossen, ähnlich wie das elektrische Feld durch einen Leiter. Wegen dieser Analogie macht es auch Sinn, das Wegintegral über H als **magnetische Spannung** zu bezeichnen. Dabei bleibt natürlich der wesentliche Unterschied erhalten, daß die magnetische Ringspannung nicht Null ist, wie die elektrostatische, sondern den umfangenen freien Strom angibt. Zum Begriff der magnetischen Spannung paßt auch derjenige des **magnetischen Widerstandes**, der dann für Vakuum hoch und für Eisen sehr gering wäre, oder umgekehrt die **magnetische Leitfähigkeit**. Daher rührt auch die Wortwahl **Permeabilität** für μ; es ist das lateinische Wort für Durchlässigkeit.

! Man erreicht mit Elektromagneten eine Kraftflußdichte von $B \approx 2\,\mathrm{T}$. Das entspricht der Sättigungsmagnetisierung des Eisens (s. Abschn. 23.5). Natürlich stimmt die obige Berechnung der Wegintegrale und Felder nur näherungsweise. Streufelder, Einflüsse der speziellen Geometrie etc. sind darin nicht berücksichtigt. Es gelingt aber heute mit aufwendigen numerischen Programmen, magnetische ebenso wie elektrische Feldverteilungen auch in komplizierten Geometrien exakt zu berechnen.

Brechung magnetischer Feldlinien, magnetische Abschirmung

Trifft ein $\boldsymbol{H}$-Feld unter dem Einfallswinkel α aus dem Vakuum auf eine Grenzfläche zu einem Medium mit der Permeabilität μ (s. Abb. 23.6), so wird es wegen der Verkürzung seiner Normalkomponenten im Medium vom Lot weggebrochen. Das zugehörige Brechungsgesetz ergibt sich unmittelbar aus (23.8) und (23.9) zu (vgl. (19.86))

$$\frac{\operatorname{tg}\beta}{\operatorname{tg}\alpha} = \frac{H_{\mathrm{i}\parallel}/H_{\mathrm{i}\perp}}{H_{\mathrm{a}\parallel}/H_{\mathrm{a}\perp}} = \frac{H_{\mathrm{a}\perp}}{H_{\mathrm{i}\perp}} = \mu\,. \tag{23.15}$$

Das gleiche Brechungsgesetz gilt für die $\boldsymbol{B}$-Linien aufgrund der Vergrößerung ihrer Tangentialkomponente um den Faktor μ im Medium. Handelt es sich um einen ferromagnetischen Stoff mit einem μ der Größenordnung 10000, so wird jede einfallende Feldlinie praktisch in die tangentiale Richtung gebrochen und jede ausfallende praktisch in die Richtung des Lots. Das aus Eisen austretende Feld steht also in sehr guter Näherung senkrecht zur Oberfläche, auch wenn diese gekrümmt ist, genau wie das elektrische Feld senkrecht auf einer Leiteroberfläche steht. Das macht man sich zunutze, um bestimmte Magnetfeldgeometrien zu formen, z. B. ein homogenes zwischen ebenen, parallelen Polschuhen oder ein inhomogenes mittels gekrümmter Polflächen.

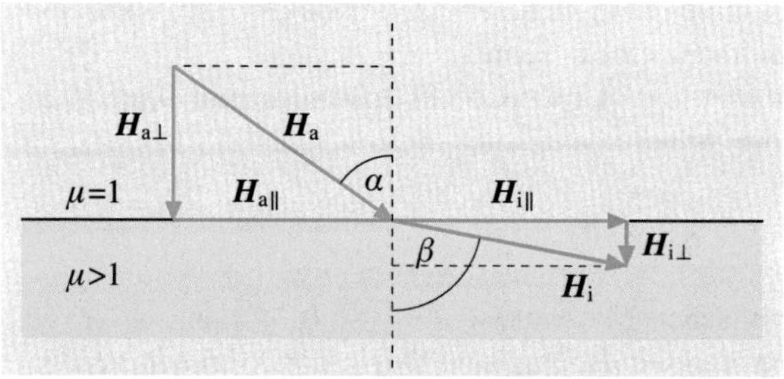

Abb. 23.6. Skizze zur Brechung von $\boldsymbol{H}$-Linien an der Grenzfläche zu einem Medium mit $\mu > 1$

Man kann diese starke Brechung der Feldlinien an Grenzflächen zu Ferromagnetika auch als eine direkte Folge ihrer hohen magnetischen Leitfähigkeit interpretieren. In diesem Sinne kann man mit einer Eisenabschirmung auch eine Art *Faradayscher Käfig für Magnetfelder* realisieren, also einen magnetfeldfreien Innenraum (s. Abb. 23.7). Die Abschirmung magnetisiert sich dabei derart, daß die resultierenden ein- und auslaufenden Feldlinien praktisch senkrecht auf der Außenfläche stehen.

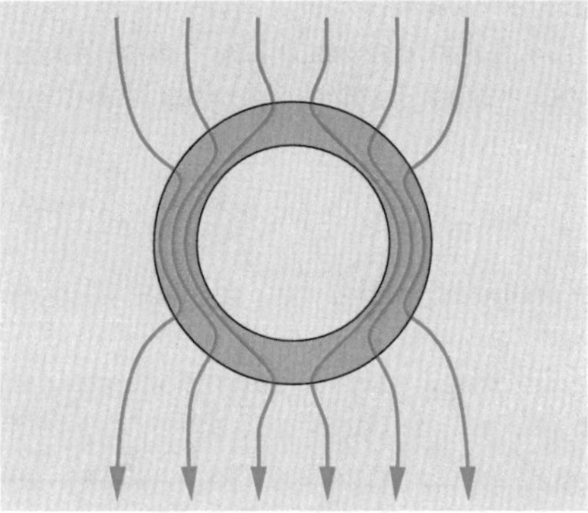

Abb. 23.7. Erzeugung eines magnetfeldfreien Raums durch eine hochpermeable Abschirmung (Eisen oder μ-Metall)

23.3 Atomare Dipolmomente als Ursache des Paramagnetismus

Als eine der beiden Ursachen der *Dielektrizität* hatten wir bereits *permanente elektrische* Dipolmomente der Moleküle kennengelernt.

Ebenso liegt die Ursache des **Paramagnetismus** in **permanenten magnetischen Dipolmomenten von Atomen,**

seltener auch von Molekülen wie im Fall des molekularen Sauerstoffs O_2. Sei m_0 das magnetische Dipolmoment des Atoms, so hat es im äußeren Magnetfeld nach (21.8) eine Orientierungsenergie von

$$E_P(\vartheta) = -(\boldsymbol{m}_0 \cdot \boldsymbol{B}_0) = -m_0 B_0 \cos\vartheta ,$$

die die parallele Einstellung begünstigt. Folglich werden im thermischen Gleichgewicht, in dem die Orientierung durch Stöße dauernd wechselt, Winkel im Bereich $\theta < 90°$ bevorzugt sein, und zwar mit einer Wahrscheinlichkeit, die proportional zum **Boltzmann-Faktor** (vgl. (19.87)) ist

$$W(\vartheta) \propto \mathrm{e}^{-(m_0 B_0 \cos\vartheta / kT)} .$$

Die Mittelung dieser Wahrscheinlichkeit über alle Winkel und das daraus resultierende Dipolmoment, gemittelt über alle Atome in der Volumeneinheit, haben wir bereits in Abschn. 19.12 in einer länglichen Rechnung vorgeführt. Es hatte uns zum **Curieschen Gesetz** (19.91) geführt. Wir können es hier auch für die **paramagnetische Suszeptibilität** κ übernehmen, für die *Pierre Curie* das Gesetz ursprünglich gefunden hatte. Dazu müssen wir lediglich die elektrischen durch magnetische Symbole ersetzen. Dann folgt für die Magnetisierung

$$\kappa \boldsymbol{H} = \boldsymbol{M} = \frac{\mathrm{d}\boldsymbol{m}}{\mathrm{d}V} = \frac{\mathrm{d}N}{\mathrm{d}V}\overline{\boldsymbol{m}_0} = \frac{\mathrm{d}N}{\mathrm{d}V}\frac{m_0^2}{3kT}\mu_0 \boldsymbol{H} \tag{23.16}$$

und folglich für die Suszeptibilität

$$\kappa = \mu - 1 = \mu_0 \frac{\mathrm{d}N}{\mathrm{d}V}\frac{m_0^2}{3kT} . \tag{23.17}$$

Sie ist proportional zur Anzahl der Momente pro Volumeneinheit und zum Quadrat des Moments selbst, sowie umgekehrt proportional zur Temperatur. Die Formel ist im Rahmen der klassischen Physik abgeleitet worden und außerdem nur in der Näherung eines kleinen Ausrichtungsgrades

$$\overline{\cos\vartheta} = |\overline{\boldsymbol{m}_0}|/m_0 = \frac{m_0 B}{3kT} \ll 1 \qquad (23.17')$$

gültig, also weit unterhalb der Sättigungsmagnetisierung, bei der alle Dipole ausgerichtet wären.

Zur Suszeptibilität tragen de facto nur die magnetischen Dipolmomente der Elektronen bei, weil sie ca. 1000mal größer sind als die der Atomkerne. Aufgrund der Quantisierung der Elektronenbahnen im Atom sind auch deren magnetische Dipolmomente quantisiert und zwar proportional zum **Bahndrehimpuls**

$$L = \frac{nh}{2\pi} = n\hbar\,. \qquad (23.18)$$

Dieser ist nämlich in ganzzahlige Vielfache des reduzierten Planckschen Wirkungsquantums $\hbar = h/2\pi$ gequantelt. Die Verbindung zum magnetischen Dipolmoment der Bahn stellen wir über den **Keplerschen Flächensatz** (6.9) her

$$\frac{\mathrm{d}A}{\mathrm{d}t} = \frac{L}{2m_\mathrm{e}} = \text{const.}\,;$$

denn auch das Dipolmoment der Elektronenbahn, das wir nach (21.28) als das Moment einer Stromschleife ansehen können, ist proportional zur Flächengeschwindigkeit (s. Abb. 23.8):

$$m = IA = (-e\nu)A = -e\frac{\mathrm{d}A}{\mathrm{d}t}\,.$$

Hierin ist der Strom das Produkt aus der negativen Elementarladung $(-e)$ und der Umlauffrequenz ν. Statt mit der Ladung haben wir rechterhand die Frequenz mit der Bahnfläche A multipliziert; das ergibt die Flächengeschwindigkeit $\frac{\mathrm{d}A}{\mathrm{d}t}$. Ersetzen wir sie durch den Drehimpuls, so folgt die gesuchte Beziehung zwischen Dipolmoment und Drehimpuls bzw. Drehimpulsquantenzahl n

$$\boldsymbol{m} = -\frac{e}{2m_\mathrm{e}}\boldsymbol{L} = -n\frac{eh}{4\pi m_\mathrm{e}}\hat{\boldsymbol{L}} = -n\mu_\mathrm{B}\hat{\boldsymbol{L}}\,. \qquad (23.19)$$

Das magnetische Dipolmoment der Elektronenbahn ist somit ein ganzes Vielfaches des sogenannten **Bohrschen Magnetons**

$$\mu_\mathrm{B} = \frac{eh}{4\pi m_\mathrm{e}} = \frac{e\hbar}{2m_\mathrm{e}} = 9{,}27400915 \cdot 10^{-24}\,\mathrm{Am}^2\,, \qquad (23.20)$$

das sich nur aus Naturkonstanten zusammensetzt. Es ist dem Drehimpuls entgegengerichtet.

Häufiger ist es aber nicht der Bahndrehimpuls der Elektronen, sondern ihr Eigendrehimpuls, der sogenannte **Elektronenspin**

$$S = \frac{1}{2}\hbar\,, \qquad (23.21)$$

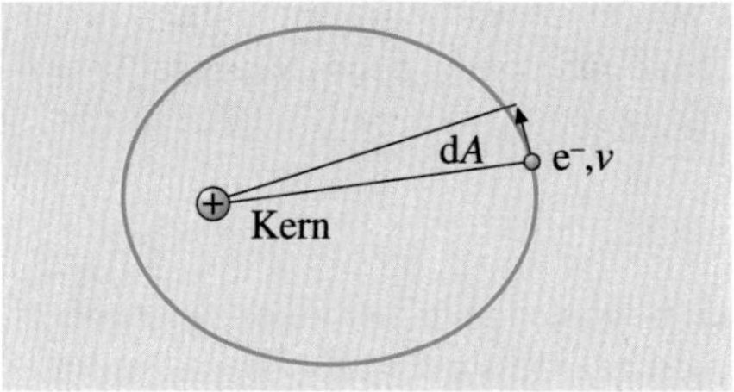

Abb. 23.8. Skizze zur Berechnung des Dipolmoments einer Elektronenbahn

der den Paramagnetismus verursacht; denn er ist ebenfalls mit einem magnetischen Moment der Größe $-\mu_B$ verknüpft.

Die Quantenmechanik verlangt weiterhin, daß nicht nur der Drehimpuls selbst, sondern auch seine *Projektion auf die Magnetfeldachse* quantisiert ist, also folglich die magnetische Dipolenergie selbst. Dadurch erfährt auch das Curiesche Gesetz (23.17) eine Modifikation, die wir hier nicht diskutieren wollen.

Wählen wir typische Werte von

$$m_0 = \mu_B, \quad B_0 = 1\,\mathrm{T}, \quad T = 300\,\mathrm{K},$$

so erhalten wir laut (23.17′) einen Orientierungsgrad von

$$\overline{\cos\vartheta} = \frac{\mu_B 1\,\mathrm{T}}{3k300\,\mathrm{K}} \approx 7 \cdot 10^{-4}.$$

Er ist also normalerweise recht klein und erreicht erst bei Temperaturen unterhalb 1 K hohe Werte.

Alle ungeraden Elemente haben mindestens *ein* **ungepaartes Elektron**, dessen Bahn- oder Eigendrehimpuls sich nicht mit den Drehimpulsen eines zweiten Elektrons im Atom zum Gesamtdrehimpuls Null koppeln kann. Es weist daher notwendigerweise ein magnetisches Dipolmoment auf und ist paramagnetisch.

23.4 Induktion als Ursache des Diamagnetismus

Bei Elementen mit geradem Z und auch bei chemischen Verbindungen sind die Elektronen jedoch meistens derart gepaart, daß die Elektronenhülle keinen resultierenden Drehimpuls hat, weder von der Bahn noch vom Spin her. Folglich haben sie auch kein magnetisches Dipolmoment. Solche Stoffe reagieren **diamagnetisch**, haben also eine negative Suszeptibilität $\kappa < 0$. (Diese Überlegungen gelten nicht für Metalle, bei denen die freien Leitungselektronen die Sache wesentlich komplizieren.)

Wenn wir nach einer **atomistischen Ursache des Diamagnetismus** suchen, gehen wir davon aus, daß in einem Atom beim Einschalten eines Magnetfelds ein resultierender Elektronenstrom *induziert* wird, dessen Dipolmoment nach der **Lenzschen Regel** dem Feld entgegengesetzt ist und es deswegen schwächt wie beobachtet.

Da dieser im Atominnern induzierte Strom aus Gründen der Quantenmechanik nicht gedämpft ist (die Elektronen bleiben im energetisch tiefsten Quantenzustand). klingt sein Gegenfeld im Gegensatz zu demjenigen üblicher Wirbelströme nicht ab, sondern bleibt erhalten, solange auch das Feld nicht wieder abgeschaltet wird. Ein solches Verhalten hatten wir im makroskopischen Maßstab schon beim **Supraleiter** im Versuch 22.8 beobachtet.

* Ableitung der diamagnetischen Suszeptibilität

Wir versuchen hier auf klassischer Basis eine Berechnung des diamagnetischen Effekts, die auch mit dem quantenmechanischen Ergebnis qualitativ übereinstimmt. Wir nehmen vereinfachend an, ein Elektron bewege sich in einer Ebene senkrecht zu $\boldsymbol{B}$ auf einer Bahn mit *festem* Radius r um den Atomkern. Beim Einschalten des Feldes erfährt es von der induzierten, elektrischen Ringfeldstärke (22.12) entlang seiner Bahn (s. Abb. 23.9)

$$\boldsymbol{E}_\mathrm{i} = \frac{U_\mathrm{i}}{2\pi r}\hat{\boldsymbol{E}}_\mathrm{i} = -\frac{\dot{\Phi}}{2\pi r}\hat{\boldsymbol{E}}_\mathrm{i} = -\frac{\pi r^2(\dot{\boldsymbol{B}} \times \boldsymbol{r})}{2\pi r} = -\frac{(\dot{\boldsymbol{B}} \times \boldsymbol{r})}{2}$$

ein Drehmoment

$$\boldsymbol{N} = (\boldsymbol{r} \times \boldsymbol{F}) = [\boldsymbol{r} \times (-e)\boldsymbol{E}_i] = \frac{e\dot{\boldsymbol{B}}r^2}{2}\,.$$

Dieses baut während der Einschaltphase, in der das Feld von 0 auf den vollen Wert $\boldsymbol{B}_0$ gefahren wird, einen zusätzlichen Drehimpuls auf

$$\Delta\boldsymbol{L} = \int_0^{t_0} \boldsymbol{N}\,\mathrm{d}t = \int_0^{t_0} e\dot{\boldsymbol{B}}\frac{r^2}{2}\,\mathrm{d}t = \frac{er^2\boldsymbol{B}_0}{2}\,. \tag{23.22}$$

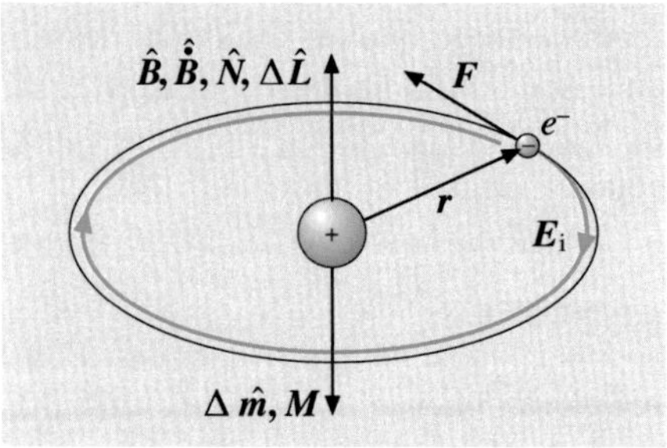

Abb. 23.9. Skizze zur Ableitung des diamagnetischen Dipolmoments $\Delta\boldsymbol{m}$ einer Elektronenbahn

Damit ist nach (23.19) ein magnetisches Moment

$$\Delta\boldsymbol{m} = -\frac{e}{2m_\mathrm{e}}\Delta\boldsymbol{L} = -\frac{e^2r^2\boldsymbol{B}_0}{4m_\mathrm{e}} = -\frac{\mu_0 e^2r^2\boldsymbol{H}_0}{4m_\mathrm{e}} \tag{23.23}$$

verknüpft, das wie gesagt $\boldsymbol{B}_0$ entgegensteht. Aus (23.23) gewinnen wir die Magnetisierung definitionsgemäß als magnetisches Moment pro Volumeneinheit

$$\boldsymbol{M} = \frac{\mathrm{d}\boldsymbol{m}}{\mathrm{d}V} = \frac{\mathrm{d}N_\mathrm{e}}{\mathrm{d}V}\Delta\boldsymbol{m} = -\frac{\mathrm{d}N_\mathrm{e}}{\mathrm{d}V}\frac{\mu_0 e^2 r^2}{4m_\mathrm{e}}\boldsymbol{H}_0 = \kappa\boldsymbol{H}_0 \tag{23.24}$$

und daraus die **diamagnetische Suszeptibilität** zu

$$\kappa = -\frac{\mathrm{d}N_\mathrm{e}}{\mathrm{d}V}\frac{\mu_0 e^2 r^2}{4m_\mathrm{e}}\,, \tag{23.25}$$

die wir definitionsgemäß auf $\boldsymbol{H}$ statt $\boldsymbol{B}$ beziehen (s. (23.4)).

Setzen wir für r als Schätzwert den Bohrschen Radius ein und für die Elektronendichte N_e in einem Festkörper eine typische Größenordnung von $10^{29}/\mathrm{m}^3$, so ergibt sich eine Suszeptibilität von

$$\kappa \approx -2 \cdot 10^{-6}\,,$$

die im beobachteten Bereich liegt. Wird das Feld abgeschaltet, so wird auch $\Delta \boldsymbol{m}$ durch umgekehrte Induktion wieder auf 0 zurückgeführt.

23.5 Ferromagnetismus

Wir hatten schon die überraschend hohe Permeabilität ferromagnetischer Stoffe (s. Tabelle 23.1) als *elektrotechnisch hoch bedeutsame* Materialeigenschaft kennengelernt. Sie ist auch aus physikalischer Sicht eine sehr interessante Erscheinung, die sehr viel experimentelle und theoretische Untersuchungen auf sich gezogen hat. Man hatte schon relativ früh erkannt, daß sich im **Ferromagneten** die ungepaarten Dipolmomente der Valenzelektronen spontan über größere Bezirke von einigen Mikrometern Durchmesser, sogenannte **Weißsche Bezirke**, parallel ausrichten und so gemeinsam ein Dipolmoment beachtlicher Größe aufbauen. Die Existenz solcher Bezirke läßt sich im folgenden Versuch demonstrieren:

VERSUCH 23.3

Barkhausen-Rauschen der Weißschen Bezirke. Eine Induktionsspule mit sehr vielen Windungen ist über einen Verstärker an einen Lautsprecher angeschlossen (s. Abb. 23.10). Führen wir ein Stück Eisen in ihr Magnetfeld, so hören wir ein Rauschen, als wenn man Sand ausschüttete. Man hört nämlich das Umklappen einzelner Weißscher Bezirke in die Feldrichtung, das in der Spule jeweils einen kleinen Induktionsstoß auslöst. Jedes Umklappen wird daher vom Lautsprecher als kurzer Knackton wiedergegeben. Es ist als Barkhausen-Rauschen in der Elektrotechnik bekannt.

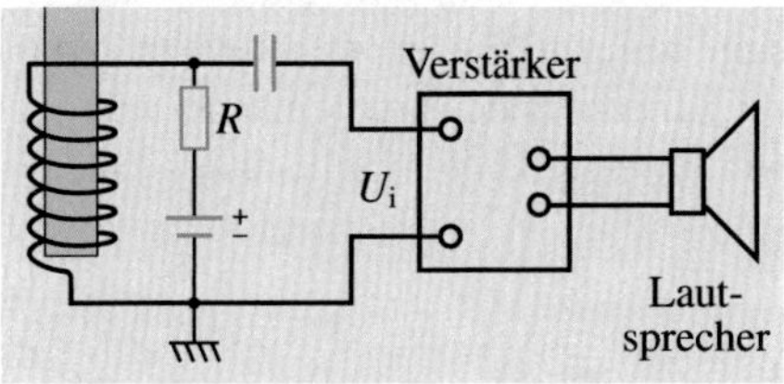

Abb. 23.10. Schaltskizze zur Demonstration des Barkhausen-Rauschens

Man kann die Weißschen Bezirke auch mit dem *Mikroskop* an einer Eisenoberfläche erkennen, indem man z. B. sehr feines Eisenpulver darauf streut, das sich in die jeweilige Polarisationsrichtung der einzelnen Bezirke ausrichtet.

Eine Orientierung *parallel* zu den Kanten der würfelförmigen Kristallite des Eisens (s. Abb. 23.11) ist energetisch bevorzugt gegenüber allen *schrägen* Orientierungen. Das Umklappen von einer bevorzugten Richtung in eine andere kann nur über die Energieschwelle der schrägen Orientierungen führen. Daraus erklärt sich, warum beim Anlegen eines Feldes nicht alle Weißschen Dipole spontan in die Feldrichtung einschwenken, zumal im polykristallinen Material die bevorzugten Achsen der einzelnen Kristallite alle möglichen Winkel zur Feldrichtung einnehmen. Obwohl

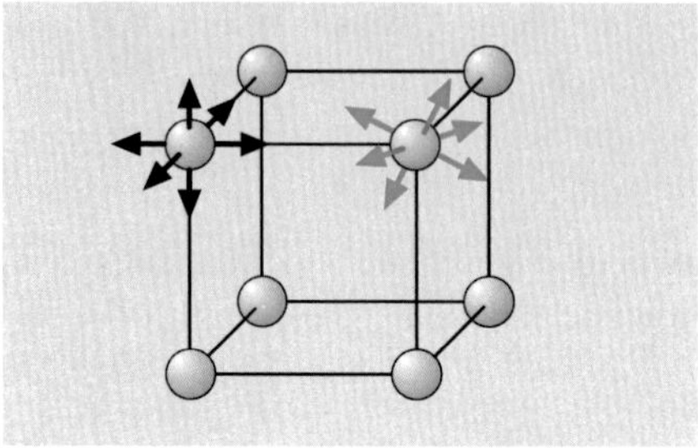

Abb. 23.11. Bevorzugte Magnetisierungsrichtungen (*schwarz*) und benachteiligte (*blau*) im kubischen Kristallgitter des Eisens

die lokale Energiebilanz zugunsten paralleler Nachbarschaft spricht, weil in den Grenzflächen (**Blochwände**) eine Art Oberflächenspannung herrscht, bleiben selbst in einem Einkristall die Weißschen Bezirke auf einige Mikrometer beschränkt; denn eine spontane, *globale* Ausrichtung würde eine starke, resultierende Magnetisierung aufbauen, der nach (22.28) und (23.3) eine Feldenergie von

$$E_{\mathrm{m}} = \frac{1}{2}\mu_0 M^2 V$$

zukommt. Das setzt im thermischen Gleichgewicht ohne äußeres Feld dem Wachstum paralleler Zonen Grenzen, so daß sich die Momente der Weißschen Bezirke entsprechend kleinräumig zu Null koppeln und dadurch die Feldenergie reduzieren können. Erst im äußeren Feld verschiebt sich dieses komplizierte Gleichgewicht allmählich zugunsten einer homogenen Magnetisierung in Feldrichtung, teils durch Umklappen ganzer Bezirke, teils durch Verschieben der Wände zwischen den Bezirken zugunsten derjenigen, die schon in Feldrichtung orientiert sind (s. Abb. 23.12). Es soll noch darauf hingewiesen werden, daß die Ausrichtung innerhalb der Weißschen Bezirke nicht auf magnetischen Kräften zwischen den Elektronen beruht, sondern aus quantenmechanischen Gründen die elektrostatische Bindungsenergie der Valenzelektronen des Eisens und verwandter Elemente begünstigt. Dennoch kann man das Zusammenspiel der Kopplung der Weißschen Elementarzellen untereinander und mit dem äußeren Feld recht schön an einem zweidimensionalen Magnetnadel-Modell qualitativ demonstrieren.

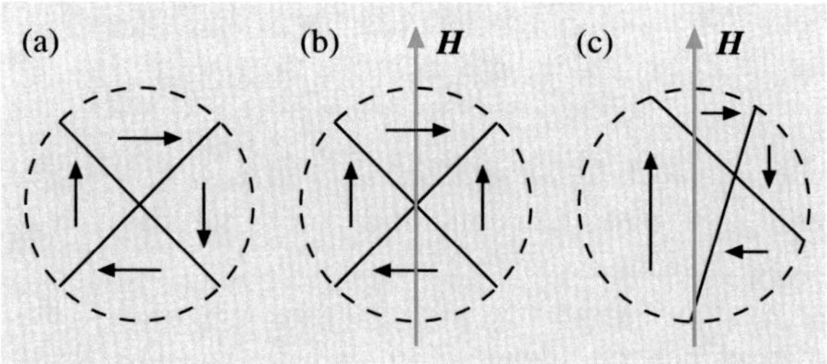

Abb. 23.12. Ausschnitt aus angrenzenden Weißschen Bezirken (**a**) gekoppelt zur resultierenden Magnetisierung $\boldsymbol{M} = 0$, (**b**) teilweise magnetisiert durch Umklappprozesse und (**c**) durch Verschiebung der Blochwände zugunsten des im $\boldsymbol{H}$-Feld orientierten Bezirks

VERSUCH 23.4

Magnetnadel-Modell des Ferromagneten. Auf einer Plexiglasplatte ist eine große Zahl von Magnetnadeln aufmontiert; sie bilden ein quadratisches Muster und sind in der Ebene dieses Quadrats frei drehbar (s. Abb. 23.13). Blasen wir die Nadeln zunächst einmal kräftig durcheinander, so bleibt ein Muster zurück, das zwar im Mittel keine Vorzugsrichtung der Nadeln erkennen läßt, wohl aber eine ausgeprägte *lokale* Ordnung. Führen wir jetzt ein Magnetfeld an die Nadeln heran, so orientieren sie sich zunehmend in dessen Richtung. Nehmen wir den Magneten wieder weg, so geht die globale Magnetisierung zum Teil wieder verloren; es bleibt aber eine Restmagnetisierung zurück.

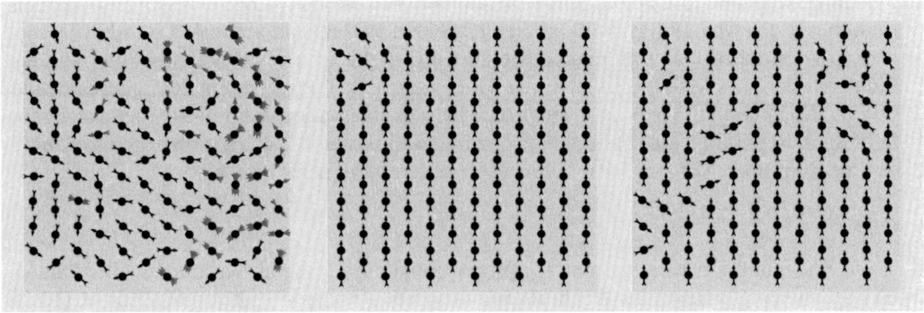

Abb. 23.13. Zweidimensionales Magnetnadel-Modell eines Ferromagneten, *links* mit einer verschwindenden resultierenden Magnetisierung, jedoch relativ starker lokaler Ordnung der Magnetnadeln (entsprechend tiefer Temperatur); *Mitte*: bei nahezu vollständiger Magnetisierung durch ein äußeres Feld; *rechts*: Restmagnetisierung nach Abschalten des Feldes

Der Versuch hat uns neben dem erwarteten Effekt der Magnetisierung auf ein weiteres interessantes Phänomen aufmerksam gemacht, das auch bei realen Ferromagneten auftritt, nämlich die **Remanenz der Magnetisierung** nach Abschalten des äußeren Feldes. Eigentlich sollte sie dabei wieder ins thermische Gleichgewicht zurückfallen. Wir sagten ja bereits, daß beim Umklappen eine Schwellenenergie überwunden werden muß. Sie kann bei entsprechend tiefen Temperaturen nicht mehr unbedingt aus der thermischen Energie des Kristallgitters zur Verfügung gestellt werden, so daß ein Teil des Flusses *eingefroren* bleibt.

Ist die Remanenz sehr stark, also von der Größenordnung der Sättigungsmagnetisierung, so sprechen wir von einem **Permanentmagneten**. Hierzu eignen sich spezielle Legierungen aus Elementen der Eisengruppe, aber auch der Seltenen Erden. Bei erhöhter Temperatur zerfällt die remanente Magnetisierung im Lauf der Zeit.[1]

[1] Bei einem Permanentmagneten ergibt die Definition des $\boldsymbol{H}$-Felds im Sinne von (21.14) und (23.3) keinen rechten physikalischen Sinn mehr, weil keine äußeren Ströme da sind (die inneren zählen ja bei $\boldsymbol{H}$ nicht). Will man selbst in diesem Fall aus rein formalen Gründen am Konzept des $\boldsymbol{H}$-Feldes festhalten, so muß man sein Vorzeichen im Innern des Permanentmagneten umkehren, damit sein Ringintegral verschwindet. Diese Künstlichkeit existiert natürlich für das reale, eingefrorene $\boldsymbol{B}$-Feld nicht, das wegen seiner Permanenz auch nicht über eine nennenswerte Suszeptibilität κ an ein eventuelles äußeres $\boldsymbol{H}$-Feld gekoppelt ist.

Hysterese

Das Umklappen der Magnetisierung eines Ferromagneten im äußeren Wechselfeld einer Spule ist wie gesagt ein technisch wichtiger Vorgang in **Transformatoren**, **Motoren** und **Generatoren**. Wir untersuchen daher das Verhalten von $\boldsymbol{B}$ als Funktion von $\boldsymbol{H}$ in folgendem Versuch:

VERSUCH 23.5

Darstellung der Hysteresisschleife. Wir betreiben einen Transformator mit der Wechselspannung $\tilde{U}$ und stellen den primärseitigen Strom auf der horizontalen Achse eines Oszillographen dar, indem wir den Spannungsabfall an einem kleinen Widerstand abgreifen (s. Abb. 23.14). Der Strom ist proportional zum magnetisierenden $\boldsymbol{H}$-Feld. In der Vertikalen wollen wir das $\boldsymbol{B}$-Feld darstellen. Als Maß hierfür nehmen wir das zeitliche Integral der in der Sekundärspule induzierten Spannung, die ja proportional zu $\dot{\boldsymbol{B}}$ ist. Zur Integration dient in der Elektrotechnik ein RC-Glied. Ist nämlich die charakteristische Integrationszeit τ (22.26) groß gegen die Dauer des zu integrierenden Vorgangs, hier die reziproke Kreisfrequenz $1/\omega$, also

$$\tau = RC \gg \frac{1}{\omega},$$

so ist die Spannung am Kondensator U_C proportional zum Integral der am RC-Glied anliegenden Spannung U_i. Bei einer Wechselspannung bedeutet die Integration das Zurücksetzen

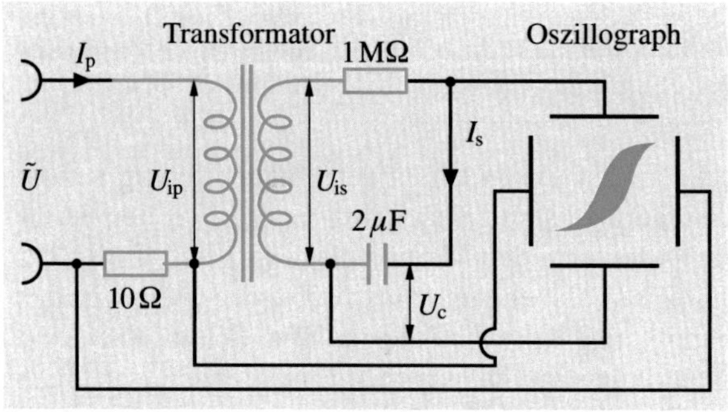

Abb. 23.14. Schaltskizze zur Demonstration der Hysteresisschleife in Transformatoreisen

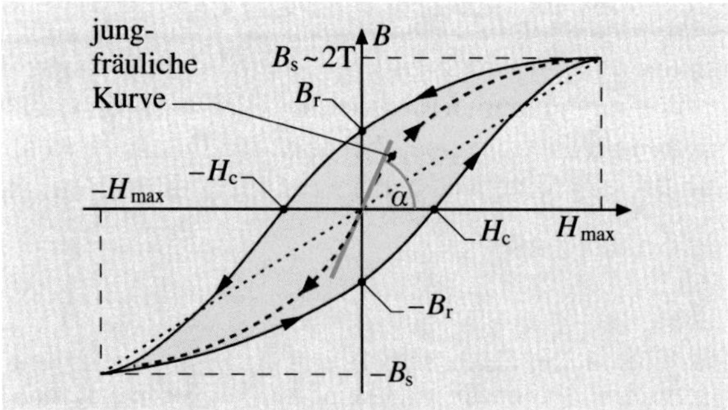

Abb. 23.15. H, B-Hysteresis eines Ferromagneten. Beim erstmaligen Magnetisieren wird die jungfräuliche Kurve mit der Anfangspermeabilität $\mu = (1/\mu_0)\tan\alpha = O(10^3)$ durchlaufen (*gestrichelt*). Bei Sättigung im Bereich $B \approx 2\,\mathrm{T}$ fällt μ asymptotisch auf 1 bzw. κ auf 0 ab. Beim Zurückfahren des $\boldsymbol{H}$-Feldes bleibt bei $\boldsymbol{H} = 0$ das remanente Feld $\boldsymbol{B}_\mathrm{r}$ zurück. Es verschwindet erst bei entgegengesetztem Feld $-\boldsymbol{H}_\mathrm{C}$, der sogenannten Koerzitivkraft

der Phase um 90°. Auf dem Oszillographenbild sehen wir die typische Hysteresisschleife (s. Abb. 23.15). Bei kleiner Erregung folgt das $\boldsymbol{B}$-Feld noch annäherend proportional dem $\boldsymbol{H}$-Feld auf der jungfräulichen Kurve; bei starker Erregung erreicht es seinen Sättigungswert.

Charakteristisch für die H, B-**Hysteresisschleife** sind der **Sättigungswert der Magnetisierung**, der einem $\boldsymbol{B}$-Feld von ca. 2 T entspricht und die **Remanenz**, die die Öffnung der Schleife bestimmt (s. Abb. 23.15). Die Remanenz gibt Anlaß zu einer magnetischen Verlustarbeit beim Durchlaufen der Hysteresisschleife, die als Wärme im Eisen auftritt. Weil nämlich die Magnetisierung dem thermischen Gleichgewichtswert hinterher hinkt, geht beim schließlichen Umklappen der Elementarmagnete in die Feldrichtung die in ihnen gespeicherte Dipolenergie (21.8) jeweils an das Wärmebad verloren. Die pro Umlauf und Volumeneinheit verlorene Arbeit ist gleich der Fläche der Hysteresisschleife

$$\frac{\mathrm{d}W}{\mathrm{d}V} = \oint B\,\mathrm{d}H\,. \tag{23.26}$$

Das Eisen erfährt also einen irreversiblen Kreisprozeß (s. Kap. 16). Bei *konstanter* Permeabilität würde das Integral

$$\int_0^H B\,\mathrm{d}H' = \mu\mu_0 \int_0^H H'\,\mathrm{d}H' = \frac{1}{2}\mu\mu_0 H^2 = \frac{1}{2}BH$$

dagegen die übliche Feldenergiedichte (22.28) ergeben, die dann auch reversibel zugeführt würde.

Um die Magnetisierungsverluste klein zu halten, strebt man eine möglichst schlanke Hysteresisschleife an; man spricht dann von einem **magnetisch weichen** Stoff, wie es reines Eisen darstellt. Ferromagneten mit hoher Remanenz (in der Regel Legierungen) werden dagegen als **magnetisch hart** bezeichnet.

Auch die Wirbelstromverluste im Transformator (22.29) stellen sich im Oszillographenbild der Abb. 23.15 als eine Hysteresisschleife dar, die sich mit wachsender Frequenz aufweitet; sie können wie gesagt nur durch Segmentierung des Eisens reduziert werden.

Magnetisch harte Stoffe spielen als Permanentmagnete und besonders in der *Informationstechnik* als **magnetische Speicher** eine wichtige Rolle. Man wünscht sich hier eine möglichst steile Hysteresisschleife nach Art der Abb. 23.16, die als Informationsinhalt die beiden Zustände positive oder negative Magnetisierung speichert. Sie wird einem Träger (Band oder Platte) von einem darüber gleitenden

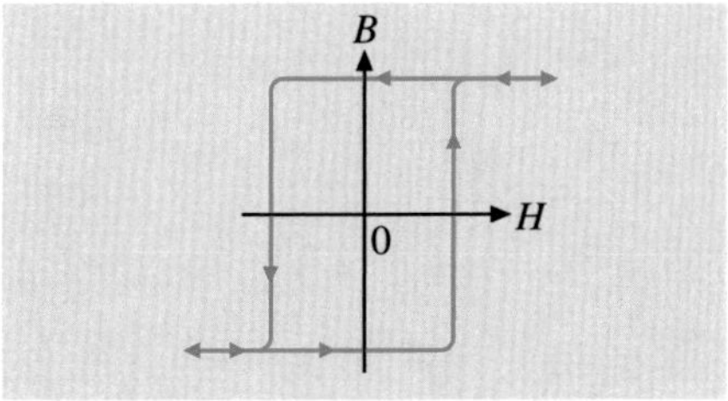

Abb. 23.16. Rechteckige Hysteresisschleife eines magnetisch harten Materials; es eignet sich zur Informationsspeicherung

Magnetkopf durch einen Magnetisierungspuls punktförmig zugeführt und kann umgekehrt vom gleichen Kopf als Induktionsstoß wieder abgefragt werden.

Curiepunkt

Erhitzen wir einen Ferromagneten, so verliert er oberhalb einer bestimmten Temperatur, der **Curietemperatur**, seinen Ferromagnetismus sprunghaft und ist dann ein ganz normaler *Paramagnet*. Wir demonstrieren das in folgendem Versuch:

VERSUCH 23.6

Curiepunkt des Nickels. Wir hängen ein Nickelstäbchen an einem Faden dicht vor einen Permanentmagneten auf, so daß es an den Polschuh gezogen wird. Erhitzen wir das Nickelstäbchen jetzt mit einer Bunsenflamme, so wird es plötzlich losgelassen. Seine Magnetisierung ist sprunghaft auf die eines Paramagneten abgesunken. Der Vorgang ist reversibel. Beim Abkühlen unter die Sprungtemperatur wird es plötzlich wieder vom Magneten angezogen.

Tabelle 23.2 gibt die Curietemperatur der wichtigsten Ferromagneten an. Bei sehr tiefen Temperaturen werden auch viele Salze des Eisens ferromagnetisch. Der sprunghafte Übergang von Para- zum Ferromagnetismus ist ein Paradebeispiel für einen **Phasenübergang zweiter Art**. Dabei wird im Gegensatz zu den **Phasenübergängen erster Art** wie Schmelzen oder Verdampfen *keine* **latente Wärme** frei oder verbraucht, weswegen der *ganze* Körper *sprunghaft* von dem einen in den anderen Zustand übergehen kann. Jedoch ändern sich bestimmte Materialkonstanten unstetig wie in diesem Falle die Suszeptibilität. Ein weiterer bekannter Phasenübergang dieser Art ist der sprunghafte Übergang in die Supraleitung.

Tabelle 23.2. Curietemperaturen einiger Ferromagnete

Stoff	t_C / °C
Eisen	770
Cobalt	1131
Nickel	358

24. Stationäre Wechselströme

INHALT

Wir wollen in diesem Kapitel das Verhalten von **Schaltkreisen** aus **Widerständen**, **Kapazitäten** und **Induktivitäten** unter dem Einfluß von Wechselspannungen untersuchen. Wir werden dabei feststellen, daß in solchen Schaltungen unter Umständen elektrische Schwingungen auftreten. Unser Interesse gilt aber weniger den Ein- und Ausschwingvorgängen beim Schalten der Wechselspannung, sondern konzentriert sich auf die stationären Strom- und Spannungsamplituden. Was die Mathematik der elektrischen Schwingungen anbelangt, so können wir weitgehend auf die mechanischen Schwingungen (s. Kap. 11) zurückgreifen. Trotzdem hat die Praxis der Wechselstromtechnik eine Reihe von eigenen, nützlichen Begriffen entwickelt, die wir hier kennenlernen wollen.

Wir wollen uns auf relativ niedrige Frequenzen bzw. kurze Bauelemente beschränken, deren Abmessungen – die Verbindungsleitungen inbegriffen – kurz gegen die entsprechende Lichtwellenlänge sein sollen

$$l \ll \lambda = \frac{c}{\nu} .$$

Damit ist garantiert, daß das elektromagnetische Feld, das sich ja mit Lichtgeschwindigkeit entlang eines Leiters ausbreitet, in einem verschwindend kleinen Bruchteil einer Wechselspannungsperiode die ganze Schaltung erfaßt. Wir brauchen also Phasenverschiebungen, die durch Laufzeiten innerhalb der Schaltung entstehen, nicht zu berücksichtigen.

24.1 Strom-Spannungsbeziehungen an R, C, L

Wir untersuchen zunächst einzelne Bauelemente, die an einer Wechselspannungsquelle

$$U(t) = U_0 \cos \omega t = \tilde{U}$$

E. W. Otten, *Repetitorium Experimentalphysik*,
https://doi.org/10.1007/978-3-662-59730-9_24

angeschlossen sind, wobei wir in der Regel die anliegende, stationäre Wechselspannung und den resultierenden stationären Strom durch eine Tilde symbolisieren wollen.

Ohmscher Widerstand

Der Strom in einem **Ohmschen Widerstand** ist per definitionem proportional zur anliegenden Spannung. Diese Definition wollen wir auch für Wechselströme beibehalten. Folglich sind Strom und Spannung bei einem Ohmschen Widerstand R *streng* in Phase (s. Abb. 24.1a), und es gilt

$$I(t) = \frac{\tilde{U}}{R} = \frac{U_0}{R} \cos \omega t = I_0 \cos \omega t = \tilde{I}\,. \tag{24.1}$$

Einfache Leitungsdrähte mit $l \ll \lambda$ genügen dieser Forderung in der Regel sehr gut, und der Widerstand ist wie im Gleichstromfall durch (20.16) gegeben. Aber auch ein gestreckter Leiter hat eine Induktivität und eine Kapazität, die sich mit wachsender Frequenz zunehmend bemerkbar machen.

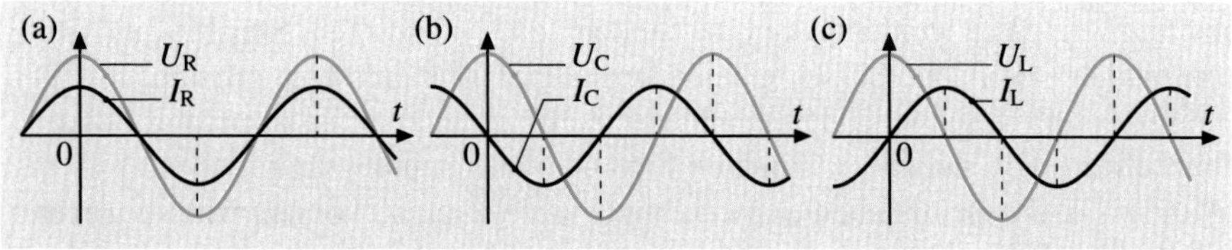

Abb. 24.1. Phasenbeziehungen zwischen Wechselspannung (*blau*) und Wechselstrom (*schwarz*) am Ohmschen Widerstand (**a**), einer Kapazität (**b**) und einer Induktivität (**c**).

Kapazitiver Wechselstromwiderstand

Schließen wir eine **Kapazität** an eine Gleichspannungsquelle an, so kommt der Strom zum Erliegen, sobald sie voll aufgeladen ist. Nicht so unter dem Einfluß einer Wechselspannung, denn die periodische Umladung erzeugt einen periodischen Strom, der proportional zur Kapazität und zur Frequenz wachsen muß. Entsprechend wächst der Leitwert der Kapazität bzw. sinkt der kapazitive Widerstand, den wir ihr zuschreiben. Allerdings verändert dieser Widerstand im Gegensatz zum Ohmschen die Phase zwischen Strom und Spannung, wie wir im folgenden Versuch demonstrieren:

VERSUCH 24.1

Kapazität an Wechselspannungsquelle. Wir schließen eine Kapazität an eine Wechselspannungsquelle und stellen die anliegende Spannung und den Strom auf einem Zweistrahl-Oszillographen dar (s. Abb. 24.2). Da der Oszillograph im Prinzip nur spannungs- und nicht stromempfindlich ist, messen wir den Strom indirekt als Spannungsabfall an einem kleinen Ohmschen Meßwiderstand R_m gemäß (24.1). Der Spannungsabfall an ihm soll vernachlässigbar sein ($U_m \ll U_C$). Wir erkennen, daß der Strom der Spannung um $\pi/2$ in der Phase vorauseilt; wenn die Spannung am Kondensator ihren Scheitelwert erreicht hat,

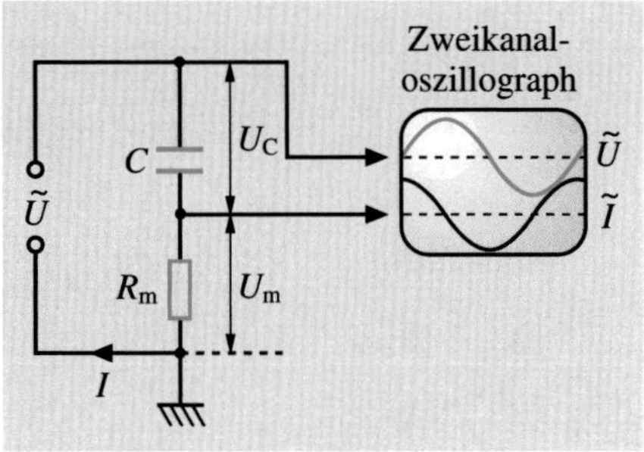

Abb. 24.2. Schaltskizze zur Messung der Beziehung zwischen Wechselstrom und -spannung an einer Kapazität

ist der Strom schon auf Null abgesunken, wie anschaulich klar ist (s. Abb. 24.1b). Wir erhöhen die Frequenz und beobachten, wie der Strom proportional mit der Frequenz wächst.

Wir analysieren Wechselstromschaltungen wie im Fall von Gleichströmen mit den **Kirchhoffschen Gesetzen**, die weiterhin gelten. Für die Masche in Abb. 24.2 gilt nach Voraussetzung

$$\sum_i \tilde{U}_i^{(e)} = \tilde{U} - \frac{\tilde{Q}}{C} = \tilde{U} + \tilde{U}_C = R_m \tilde{I} = \tilde{U}_m \approx 0 \,.$$

Die Kondensatorspannung U_C zählt hier zu den eingeprägten Spannungen so wie die der Spannungsquelle $\tilde{U}$. Der Strom ergibt sich dann (unbeeinflußt von dem sehr kleinen R) allein aus der Ladungs- bzw. Spannungsänderung am Kondensator

$$\tilde{I} = \dot{\tilde{Q}} = C\dot{\tilde{U}} \qquad \curvearrowright$$

$$\tilde{I} = -\omega C U_0 \sin \omega t = -\frac{U_0}{R_C} \sin \omega t = I_0 \cos\left(\omega t + \frac{\pi}{2}\right) . \tag{24.2}$$

> Wir können also der Kapazität einen Wechselstromwiderstand vom Betrage
>
> $$R_C = \frac{U_0}{I_0} = \frac{1}{\omega C} \tag{24.3}$$
>
> zuschreiben, wobei der Strom der Spannung um $\pi/2$ in der Phase vorauseilt.

Induktiver Wechselstromwiderstand

> Tauschen wir die Kapazität in Abb. 24.2 gegen eine **Induktivität** aus, so beobachten wir das entgegengesetzte Verhalten. Der Strom hinkt jetzt der Wechselspannung an der Induktivität um $\pi/2$ hinterher. Außerdem sinkt er mit wachsender Frequenz ab; im Gegensatz zum Kondensator wächst also der induktive Wechselstromwiderstand mit der Frequenz.

Analysieren wir die Masche wieder nach Kirchhoff (vgl. Abschn. 22.5), so folgt mit

$$\sum U_i^{(e)} = \tilde{U} - \dot{\tilde{I}} L = \tilde{U} + \tilde{U}_L = R_m \cdot \tilde{I} \approx 0 \qquad \curvearrowright$$

$$\dot{\tilde{I}} = \frac{\tilde{U}}{L} \,.$$

Durch Integration erhalten wir das Ergebnis

$$\begin{aligned}\tilde{I} &= \frac{1}{L}\int U_0 \cos\omega t \,\mathrm{d}t \\ &= \frac{1}{\omega L} U_0 \sin\omega t \\ &= \frac{U_0}{R_\mathrm{L}} \sin\omega t = I_0 \cos\left(\omega t - \frac{\pi}{2}\right)\end{aligned} \tag{24.4}$$

mit einem induktiven Wechselstromwiderstand vom Betrage

$$R_\mathrm{L} = \frac{U_0}{I_0} = \omega L\,. \tag{24.5}$$

! Die einzige Klippe in unseren Ableitungen von (24.2) und (24.4) lag in der richtigen Wahl des Vorzeichens der eingeprägten kapazitiven und induktiven Spannungen; sie müssen bezüglich des Umlaufsinns des Stroms als $-Q/C$ und $-\dot{I}L$ gewählt werden (s. Abschn. 22.5). Alle drei Fälle sind in Abb. 24.1 zusammenfassend dargestellt.

24.2 Wechselspannung an *RCL*-Kreis, elektrische Resonanz

Schließen wir einen Ohmschen Widerstand in Serie mit einer Kapazität oder einer Induktivität oder auch beiden an eine Wechselspannungsquelle an, so durchlaufen Amplitude und Phase des Stroms als Funktion der Frequenz und der relativen Größen der Schaltelemente charakteristische Kurven. Insbesondere tritt eine Resonanz auf, wenn alle drei Schaltelemente vertreten sind. Wir untersuchen diese Phänomene zunächst qualitativ im folgenden Versuch:

VERSUCH 24.2

Strom-Spannungsverlauf und Resonanz im *RCL*-Kreis. Mit einem Zweistrahl-Oszillographen beobachten wir Amplitude und Phase des Stroms in einem RCL-Serienkreis als Funktion der Wechselspannungsfrequenz ω sowie der relativen Größe der Schaltelemente. Letzteres wird mit einem Regelwiderstand und einer veränderlichen Kapazität in Form eines Drehkondensators erreicht, bei dem halbkreisförmige Kondensatorplatten gegeneinander verdreht werden. Zur Beobachtung der Phasenverschiebung des Stroms wird auf dem Oszillographen synchron auch die anliegende Wechselspannung aufgezeichnet (s. Abb. 24.3). Durch Schließen der Kurzschlußschalter S_L oder S_C können wir zunächst den RC- bzw. den RL-Kreis getrennt untersuchen. Der Meßwiderstand R_m, mit dessen Spannungsabfall wir den Strom auf dem Oszillographen darstellen, sei vernachlässigbar klein.

a) im ***RC*-Kreis** beobachten wir eine Zunahme des Stroms mit wachsender Frequenz wie schon im Versuch 24.1. Darüber hinaus ändert sich jetzt aber auch die Phasendifferenz zwischen Spannung und Strom

$$\varphi = \varphi_\mathrm{U} - \varphi_\mathrm{I}$$

als Funktion der Frequenz. Mit wachsender Frequenz wandert sie von $-\pi/2$ (die Spannung hinkt nach) nach Null:

$$-\frac{\pi}{2} \le \varphi \le 0\,. \tag{24.6}$$

Denselben Phasengang beobachten wir bei fester Frequenz und festem C mit wachsendem Widerstand R, wobei allerdings die Stromamplitude abnimmt.

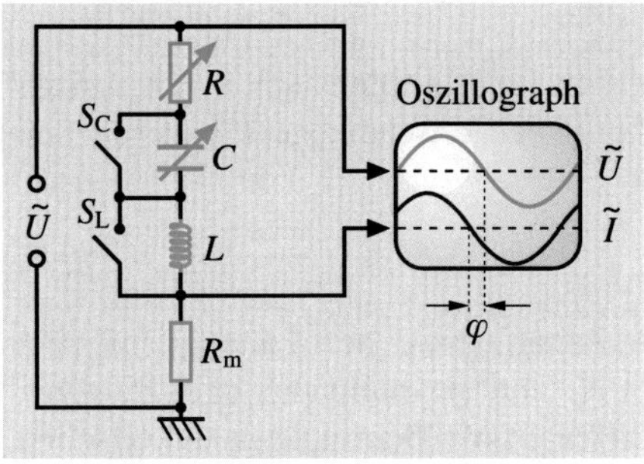

Abb. 24.3. Schaltskizze zur Beobachtung von Strom- und Spannungsverlauf im RCL-Kreis als Funktion der Wechselspannungsfrequenz ω. Widerstand und Kapazität sind regelbar, angedeutet durch den Pfeil

b) im ***RL*-Kreis** sinkt die Stromamplitude mit wachsender Frequenz, während die Phasendifferenz von Null nach $\pi/2$ wandert:

$$0 \leq \varphi \leq \frac{\pi}{2} \, . \tag{24.7}$$

Erhöhen wir den Widerstand bei festem ω und festem L, so wandert auch hier die Phasendifferenz nach Null zurück, und die Stromamplitude nimmt ab.

c) der ***RCL*-Kreis** verhält sich bei kleinen Frequenzen wie ein RC-Kreis: der Strom wächst mit der Frequenz. Bei sehr hohen Frequenzen verhält er sich dagegen wie ein RL-Kreis, d. h. der Strom fällt mit der Frequenz. Dazwischen durchläuft die Stromamplitude eine Resonanz, die umso höher und schärfer wird, je kleiner der Ohmsche Widerstand ist. Die Phase durchläuft dabei den Wertebereich von $-\pi/2$ bis $+\pi/2$ und ist Null bei der Resonanz:

$$\underbrace{-\frac{\pi}{2} \leq \varphi \leq}_{\text{kapazitive}} \quad 0 \quad \underbrace{\leq \varphi \leq \frac{\pi}{2}}_{\text{induktive}} \, . \tag{24.8}$$

Phase

Das hier beobachtete Verhalten des Stroms läßt sich qualitativ leicht deuten: Im ***RC*-Kreis** dominiert bei *niedriger* Frequenz der **kapazitive Widerstand** (24.3) den Ohmschen ($R\omega C \ll 1$). Der Einfluß von R auf Amplitude und Phase des Stroms ist in diesem Bereich vernachlässigbar. Bei *hoher* Frequenz ($R\omega C \gg 1$) ist es gerade umgekehrt; die Kapazität stellt einen Kurzschluß dar, und der Schaltkreis verhält sich wie ein rein Ohmscher Widerstand. Dementsprechend entwickelt sich auch der Phasengang (24.6).

Im ***RL*-Kreis** stellt dagegen bei *niedriger* Frequenz der **induktive Widerstand** (24.5) gegenüber dem Ohmschen einen Kurzschluß dar ($R/\omega L \gg 1$). Andererseits dominiert er ihn bei *hohen* Frequenzen ($R/\omega L \ll 1$); dort nimmt die Phasendifferenz folglich rein induktiven Charakter an. Im gleichen Sinne interpretiert man den Phasengang als Funktion von R bei konstantem ω und C bzw. L.

Auch im vollständigen ***RCL*-Kreis** dominiert bei *kleiner* Frequenz der kapazitive und bei *großer* der induktive Widerstand; dementsprechend sind dort Phasen- und Amplitudenverlauf kapazitiv bzw. induktiv bestimmt. Auch ist klar, daß die Stromamplitude im Zwischenbereich ein Maximum annehmen muß.

Resonanz im RCL-Serienkreis

Die im Versuch beobachtete Resonanz wollen wir im folgenden auch mathematisch nachvollziehen. Hierzu wenden wir die Kirchhoffsche Maschenregel (20.19) auf den vollständigen RCL-Kreis der Abb. 24.3 an:

$$\sum U^{(e)} = U_0 \cos \omega t - \frac{Q}{C} - L\dot{I} = RI\,. \tag{24.9}$$

Ersetzen wir darin den Strom durch die Zeitableitung der Ladung auf dem Kondensator mit $I = \dot{Q}$, dividieren durch L und sammeln die Q-abhängigen Terme auf einer Seite, so erhalten wir die **Differentialgleichung der elektrischen Schwingung**

$$\frac{\tilde{U}}{L} = \frac{U_0}{L}\cos \omega t = \frac{Q}{LC} + \frac{\dot{Q}R}{L} + \ddot{Q} = \omega_0^2 Q + \frac{\dot{Q}}{\tau} + \ddot{Q}$$
$$\text{mit} \quad \omega_0^2 = \frac{1}{LC} \quad \text{und} \quad \tau = \frac{L}{R}\,. \tag{24.10}$$

Genau diese Gleichung hatten wir in Abschn. 11.4 bei erzwungenen Schwingungen behandelt. Wir haben daher (24.10) auf der rechten Seite in deren Normalform (11.43) umgeschrieben. Ihre stationäre Lösung (11.67) (d. h. nach Abklingen aller Einschwingvorgänge) können wir hier sofort übernehmen und erhalten damit für die Ladung auf dem Kondensator des Serienkreises

$$\tilde{Q} = \frac{U_0/L}{\sqrt{(\omega^2-\omega_0^2)^2 + \omega^2/\tau^2}} \cos(\omega t + \alpha)$$
$$\text{mit} \quad \tan\alpha = \frac{\omega}{\tau(\omega^2 - \omega_0^2)}\,. \tag{24.11}$$

Die Wurzel beschreibt den Resonanznenner, der (im Schwingfall) bei $\omega_\mathrm{r} = \sqrt{\omega_0^2 - 1/2\tau^2}$ sein Minimum und folglich die Resonanzamplitude ihr Maximum erreicht. Der Winkel α beschreibt die Phasenverzögerung der Schwingungsamplitude Q gegenüber der anliegenden, äußeren Wechselspannung. All dies ist in Abschn. 11.4 ausführlich besprochen worden, und alle dort genannten Formeln sind auch hier gültig. Insbesondere ist auch die Resonanzspannung am Kondensator $\tilde{U}_\mathrm{C}(\omega_\mathrm{r}) = \tilde{Q}(\omega_\mathrm{r})/C$ gegenüber der treibenden Spannung $\tilde{U}$ (bei schwacher Dämpfung) um den Gütefaktor $\omega_0\tau$ (11.49′) erhöht

$$\frac{U_{\mathrm{C}0}(\omega_\mathrm{r})}{U_0} \approx \omega_0\tau$$

und in der Phase um $\pi/2$ verzögert.

Die DGL (24.10) beschreibt auch die freien gedämpften Lösungen, wenn nämlich auf der linken Seite die anregende Wechselspannung verschwindet oder einen zeitlich konstanten Wert hat. Auch deren Lösungen und deren Zusammenhang mit der erzwungenen Schwingung sind in Kap. 11 genau besprochen worden. Wir führen daher alle dort behandelten Phänomene noch einmal mit Hilfe der Schaltung von Abb. 24.3 für den elektrischen Fall vor: den Resonanzdurchgang der Spannungsamplitude am Kondensator und deren Phasengang, die freie gedämpfte Schwingung nach Anstoßen

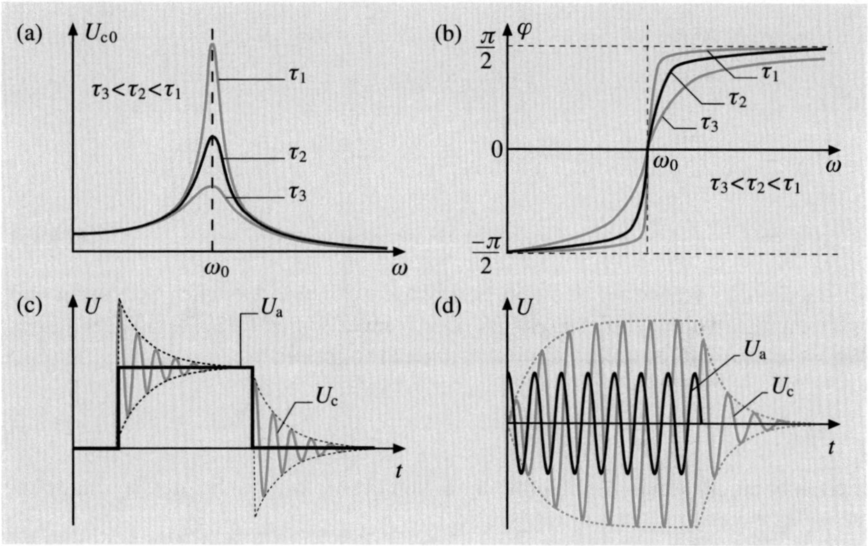

Abb. 24.4. (**a**) Stationäre Resonanzamplitude der Schwingspannung am Kondensator eines RCL-Kreises (24.11) als Funktion der Frequenz ω einer äußeren Wechselspannung. (**b**) Phasenverschiebung des zugehörigen Stroms nach (24.13). (**c**) Gedämpfte Schwingung bei Anlegen einer Rechteckspannung. (**d**) Ein- und Ausschwingen beim Ein- und Ausschalten einer resonanten Wechselspannung U_a

mit einer Rechteckspannung sowie das Ein- und Ausschwingen der stationären Lösung beim Ein- und Ausschalten einer Wechselspannung (s. Abb. 24.4).

24.3 Wechselstromwiderstand

Wir hatten in Versuch 24.2 in erster Linie das Resonanzverhalten des *Wechselstroms* im ***RCL*-Kreis** studiert, dann aber die mathematische Analyse für die *Ladung* auf dem Kondensator durchgeführt, weil sie direkt an die Amplitude einer mechanischen Schwingung anknüpft. In der Wechselstromtechnik diskutiert man aber bei der Analyse eines Netzwerks in der Regel den *stationären Wechselstrom* als Funktion einer *stationären Wechselspannung* und analysiert deren Verhältnis, den **Wechselstromwiderstand** Z als Funktion der Frequenz und der Komponenten im Schaltkreis. Wir erhalten den Strom als Zeitableitung der Ladung auf dem Kondensator (24.11) zu

$$\begin{aligned}\tilde{I} = \dot{\tilde{Q}} &= \frac{U_0(\omega/L)}{\sqrt{(\omega^2-\omega_0^2)^2+\omega^2/\tau^2}}\cos\left(\omega t+\frac{\pi}{2}+\alpha\right)\\ &= \frac{U_0\cos(\omega t-\varphi)}{\sqrt{L^2\left(\omega-\frac{\omega_0^2}{\omega}\right)^2+L^2/\tau^2}} = \frac{U_0\cos(\omega t-\varphi)}{\sqrt{\left(\omega L-\frac{1}{\omega C}\right)^2+R^2}}\end{aligned} \tag{24.12}$$

mit

$$-\varphi = \alpha + \frac{\pi}{2}$$

und

$$\tan\varphi = \frac{\sin(-\alpha - \frac{\pi}{2})}{\cos(-\alpha - \frac{\pi}{2})} = \cot\alpha = \frac{\tau(\omega^2 - \omega_0^2)}{\omega} \quad \curvearrowright$$

$$\tan\varphi = \frac{(\omega L - 1/\omega C)}{R}, \quad \text{bzw.} \quad \varphi = \arctan\left(\frac{\omega L - 1/\omega C}{R}\right). \tag{24.13}$$

Wir haben hier wieder auf den üblichen Phasenwinkel φ zwischen Spannung und Strom anstelle von α zurückgegriffen. Der Nenner von (24.12) ist der Betrag des **Wechselstromwiderstands** Z des **Serienschwingkreises**

$$|Z| = \sqrt{\left(\omega L - \frac{1}{\omega C}\right)^2 + R^2}. \tag{24.14}$$

Er erreicht ein Minimum und (somit der Strom ein Maximum) bei der Resonanzfrequenz des ungedämpften Schwingkreises

$$\omega = \omega_0 = \sqrt{1/LC}.$$

Auch die Jouleschen Verluste im Schwingkreis $P = I^2 R$ durchlaufen eine Resonanzkurve mit einem Maximum bei ω_0, genau wie die Reibungsverluste im mechanischen Schwinger (vgl. Kap. 11).

Komplexer Wechselstromwiderstand

Wie schon bei den mechanischen Schwingungen können wir auch hier durch Hinzufügen eines um 90° phasenverschobenen Imaginärteils zur Wechselspannung

$$U(t) = U_0(\cos\omega t + \mathrm{i}\sin\omega t) = U_0 \mathrm{e}^{\mathrm{i}\omega t}$$

die Wechselstromgleichungen formal vereinfachen. Das trifft insbesondere für alle stationären Lösungen zu. So erhalten wir z. B. im Fall des Serienschwingkreis anstelle von (24.12)

$$I(t) = \frac{U_0 \mathrm{e}^{\mathrm{i}(\omega t - \varphi)}}{|Z|} = I_0 \mathrm{e}^{\mathrm{i}(\omega t - \varphi)}$$

bzw. aufgelöst nach der Spannung

$$U(t) = |Z| \mathrm{e}^{\mathrm{i}\varphi} I(t) = \left[R + \mathrm{i}\left(\omega L - \frac{1}{\omega C}\right)\right] I(t) = Z I(t). \tag{24.15}$$

Mit (24.15) haben wir die simple Proportionalität zwischen Strom und Spannung, die wir bei Gleichströmen als Ohmsches Gesetz kennengelernt hatten, auch auf stationäre Wechselströme erweitern können. Allerdings ist der **Wechselstromwiderstand**

$$Z = \frac{U(t)}{I(t)} = \frac{\tilde{U}}{\tilde{I}} = R + \mathrm{i}\left(\omega L - \frac{1}{\omega C}\right) \tag{24.16}$$

eine *komplexe* Zahl, die sowohl den Betrag wie auch die Phasenverschiebung des Stroms relativ zur Spannung angibt.

Wir können (24.16) mit dem komplexen Ansatz für die stationäre Lösung auch *direkt* aus der Differentialgleichung der RCL-Kette (24.10) gewinnen. Dazu ersetzen wir die Ladungen und ihre Ableitungen durch den Strom wie folgt:

$$Q = \int \tilde{I} \mathrm{d}t + \overline{Q} = \frac{\tilde{I}}{\mathrm{i}\omega} + \overline{Q}$$
$$\dot{Q} = \tilde{I}$$
$$\ddot{Q} = \dot{\tilde{I}} = \mathrm{i}\omega\tilde{I}\,.$$

Das führt unmittelbar zum Wechselstromwiderstand (24.16). Die Integrationskonstante $\overline{Q}$ berücksichtigt einen eventuellen Gleichspannungsanteil der Spannungsquelle $\overline{U} = \overline{Q}/C$; sie wird vom Kondensator abgeblockt und hier nicht weiter beachtet.

In der Wechselstromtechnik ist es üblich, Z **in der komplexen Ebene** darzustellen (s. Abb. 24.5). Dabei wird der reelle Widerstand R entlang der reellen Achse abgetragen, der induktive Widerstand $\mathrm{i}\omega L$ in die positive y-Richtung sowie der kapazitive Widerstand $-\mathrm{i}/\omega C$ in die negative y-Richtung. Man erkennt in dieser Darstellung auch sofort den Phasenwinkel φ [vgl. (24.13)].

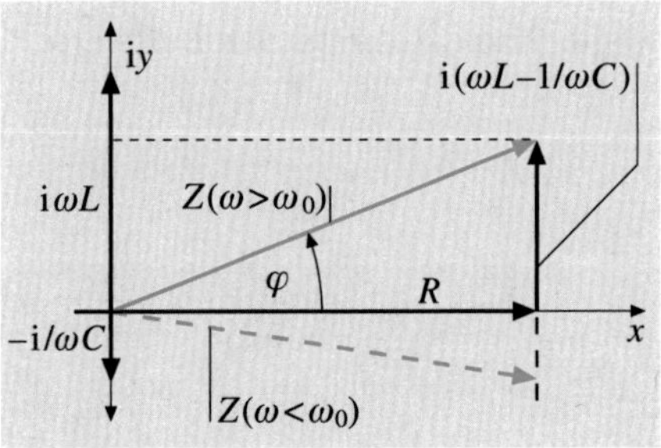

Abb. 24.5. Darstellung des Wechselstromwiderstands Z einer RCL-Kette in der komplexen Ebene. Im fett gezeichneten Fall ist die resultierende Phasenverschiebung induktiv ($\omega > \omega_0$). Mit wachsendem ω läuft der Z-Vektor entlang der Senkrechten bei R von unten nach oben, erreicht bei der Resonanzfrequenz ω_0 sein Minimum $Z = R$ und wechselt dort vom kapazitiven zum induktiven Bereich der Phase φ

Komplexe Netzwerke

Die Definition des Wechselstromwiderstands (24.16) ist nicht auf eine RCL-Kette beschränkt. Vielmehr gilt sie für jedes der drei Elemente einzeln, wie wir in Abschn. 24.1 geprüft haben.

Wir können also einer Kapazität C bzw. einer Induktivität L in Übereinstimmung mit (24.3) und (24.5) die komplexen Wechselstromwiderstände

$$Z_\mathrm{C} = \frac{\tilde{U}_\mathrm{C}}{\tilde{I}_\mathrm{C}} = \frac{-\mathrm{i}}{\omega C} \quad \text{bzw.} \quad Z_\mathrm{L} = \frac{\tilde{U}_\mathrm{L}}{\tilde{I}_\mathrm{L}} = \mathrm{i}\omega L \tag{24.17}$$

zuschreiben, die im *stationären* Fall das Verhältnis aus komplexer Spannungs- und Stromamplitude am betreffenden Element darstellen.

Diese Definitionen bewähren sich bei der Analyse von **Wechselstromnetzwerken.** Wir brauchen nämlich jetzt in der Kirchhoffschen Maschenregel U_C bzw. U_L nicht mehr als eingeprägte Spannungen zu führen, sondern können sie als Produkte $\tilde{I}_\mathrm{C} Z_\mathrm{C}$ bzw. $\tilde{I}_\mathrm{L} Z_\mathrm{L}$ auf der Seite der Ströme führen. Die Kirchhoffsche Maschenregel nimmt somit für stationäre Wechselströme die allgemeine komplexe Form

$$\sum_k \tilde{U}_k = \sum_l \tilde{I}_l Z_l \tag{24.18}$$

an, wobei die $\tilde{U}_k$ jetzt auf die äußeren, *aktiven* Wechselspannungsquellen beschränkt sind. Zusammen mit der unverändert gültigen Kirchhoffschen Knotenregel stellt (24.18) ein lineares, komplexes Gleichungssystem dar, das für beliebig komplizierte Wechselstromnetzwerke eine *eindeutige* Lösung hat, genau wie im Gleichstromfall. Speisen wir also die beiden Klemmen eines beliebigen, komplexen Netzwerks mit einer Wechselspannung $\tilde{U}$, so ist der resultierende stationäre Strom immer durch einen komplexen resultierenden Widerstand Z nach der Gleichung

$$\tilde{I} = I_0 \mathrm{e}^{\mathrm{i}(\omega t - \varphi)} = \frac{U_0 \mathrm{e}^{\mathrm{i}\omega t}}{|Z| \mathrm{e}^{\mathrm{i}\varphi}} = \frac{\tilde{U}}{Z} \tag{24.15'}$$

bestimmt. Es gelten auch weiterhin die Gesetze über Serien- und Parallelschaltungen von Widerständen. Demnach addieren sich komplexe Wechselstromwiderstände in Serie zum resultierenden

$$Z = Z_1 + Z_2 \,, \tag{24.19}$$

bei Parallelschaltung hingegen die Reziprokwerte, also die **komplexen Leitwerte**

$$Y_i = \frac{1}{Z_i} \tag{24.20}$$

zum resultierenden Leitwert

$$Y = Y_1 + Y_2 = \frac{1}{Z} = \frac{1}{Z_1} + \frac{1}{Z_2} \,. \tag{24.21}$$

* Sperrkreise

Ein bekanntes, einfaches Beispiel für ein komplexes Netzwerk ist die Parallelschaltung einer Induktivität und einer Kapazität zum sogenannten Parallel- oder **Sperrkreis** (s. Abb. 24.6a). Hierfür erhalten wir den Leitwert

$$Y(\omega) = \frac{1}{Z(\omega)} = \frac{1}{\mathrm{i}\omega L} + \frac{1}{-\mathrm{i}/\omega C} = \mathrm{i}\left(\omega C - \frac{1}{\omega L}\right) , \tag{24.22}$$

der bei der Resonanzfrequenz $\omega = \omega_0 = 1/\sqrt{LC}$ verschwindet. Der resultierende Widerstand wird also unendlich groß, daher der Name *Sperrkreis*. Das träfe natürlich nur für den idealisierten Fall eines verlustfreien Sperrkreises zu.

De facto hat die Induktivität selbstverständlich einen Ohmschen Widerstand R, den wir im Ersatzschaltbild der Abb. 24.6b in Serie zu L berücksichtigen. Der Leitwert dieser Schaltung ist

$$Y(\omega) = \mathrm{i}\omega C + \frac{1}{R + \mathrm{i}\omega L} \,. \tag{24.23}$$

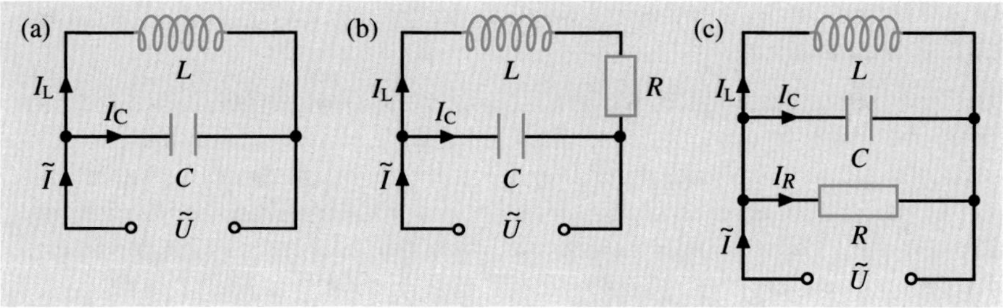

Abb. 24.6. LC-Sperrkreise: Verlustfrei (**a**) sowie Ersatzschaltbilder bei Ohmschen Verlusten in der Induktionsspule (**b**) oder im Kondensator (**c**)

Er wird reell bei

$$\omega_{\mathrm{re}} = \sqrt{\omega_0^2 - \left(\frac{R}{L}\right)^2} = \sqrt{\omega_0^2 - \frac{1}{\tau^2}} \tag{24.24}$$

und beträgt dort

$$Y(\omega_{\mathrm{re}}) = \frac{R \cdot C}{L} \qquad \text{bzw.} \qquad Z(\omega_{\mathrm{re}}) = \frac{L}{R \cdot C} . \tag{24.25}$$

Bei schwacher Dämpfung wird hiermit auch näherungsweise das Maximum des Sperrwiderstands erreicht. Er ist gegenüber dem Gleichstromfall um das Quadrat des Gütefaktors (11.49′) überhöht, wie wir leicht nachrechnen

$$\frac{Z(\omega_{\mathrm{re}})}{Z(\omega = 0)} = \frac{L/RC}{R} = \frac{(L/R)^2}{LC} = \omega_0^2 \tau^2 = Q^2 . \tag{24.26}$$

Andererseits erfährt der Strom in der Sperrkreismasche selbst eine Resonanz. Ihre Überhöhung wird durch das Verhältnis aus dem Strom im induktiven Zweig $\tilde{I}_{\mathrm{L}}$ zu dem aus der Stromquelle entnommenen $\tilde{I}$ bezeichnet

$$\frac{\tilde{I}_{\mathrm{L}}(\omega)}{\tilde{I}(\omega)} = \frac{\tilde{U}/Z_{\mathrm{L}}(\omega)}{\tilde{U}/Z(\omega)} = \frac{Z(\omega)}{R + \mathrm{i}\omega L} .$$

Sie erreicht ihr Maximum bei $\omega_{\mathrm{r}} = \sqrt{\omega_0^2 - 1/2\tau^2}$ wie die Spannungsresonanz im Serienkreis. Bei schwacher Dämpfung können wir die Näherungen

$$\omega_{\mathrm{r}} \approx \omega_{\mathrm{re}} \approx \omega_0 = 1/\sqrt{LC} \qquad \text{und} \qquad R + \mathrm{i}\omega_0 L \approx \mathrm{i}\omega_0 L$$

benutzen und erhalten in Resonanz

$$\frac{\tilde{I}_{\mathrm{L}}(\omega_{\mathrm{r}})}{\tilde{I}(\omega_{\mathrm{r}})} \approx \frac{Z(\omega_{\mathrm{re}})}{\mathrm{i}\omega_0 L} = -\mathrm{i}\frac{L/RC}{\omega_0 L} = -\mathrm{i}\frac{L/R}{\omega_0 LC} = -\mathrm{i}\omega_0\tau = \omega_0 \tau \mathrm{e}^{-\mathrm{i}\pi/2} ,$$

in völliger Analogie zum Serienkreis. Die Knotenregel verlangt nun für den kapazitiven Resonanzstrom

$$I_{\mathrm{C}}(\omega_{\mathrm{r}}) = \tilde{I} - \tilde{I}_{\mathrm{L}}(\omega_{\mathrm{r}}) \approx \tilde{I}(1 - \omega_0 \tau \mathrm{e}^{-\mathrm{i}\pi/2}) .$$

Die Resonanzamplitude $\tilde{I}_{\mathrm{L}}(\omega_{\mathrm{r}})$ erscheint hier mit umgekehrten Vorzeichen und annulliert diese außerhalb der Masche. In der Masche läuft also ein resonanter Ringstrom um. Im Serienkreis wird analog die resonante Spannung am Kondensator

$\tilde{U}_C = -i\tilde{I}/\omega C$ durch die entgegengesetzte an der Induktivität $U_L = i\tilde{I}\omega L$ annulliert. Wir fassen zusammen:

Im *Serienkreis* beobachten wir eine resonante *Spannungsüberhöhung* durch Wegheben der Imaginärteile des resultierenden *Widerstands*, im *Parallelkreis* eine resonante *Stromüberhöhung* durch Wegheben der Imaginärteile des resultierenden *Leitwerts*. Im Serienkreis erreichen der komplexe Widerstand und im Parallelkreis der komplexe Leitwert bei Resonanz ein Minimum ihres Betrags auf der *reellen* Achse.

Die dritte Variante mit R, C, L alle parallel geschaltet (s. Abb. 24.6c) vertritt den Fall, in welchem der Kondensator nicht vollständig isoliert, sondern einen endlichen Ohmschen Widerstand R hat oder dielektrische Verluste im Kondensator auftreten. Man sieht leicht, daß er bei $\omega_0 = \sqrt{1/LC}$ in Resonanz kommt und sein resultierender Widerstand dort ein reelles Maximum

$$Z(\omega_r = \omega_0) = R$$

erreicht.

Wirk- und Blindleistung

Um die Wechselstromleistung

$$\tilde{P}(t) = \tilde{U}(t) \cdot \tilde{I}(t)$$

als Funktion von Z zu diskutieren, beschränken wir uns besser auf den *Realteil* der komplexen Lösung (24.15). Wir erinnern uns hierzu an die Diskussion über komplexe Schwingungsgleichungen in der Mechanik. Dort hatten wir die komplexe Schreibweise auf *lineare* Größen beschränkt, weil sich bei höheren Potenzen Real- und Imaginärteil der Lösung mischen, und man sich leicht in unphysikalische Lösungen verirrt. Mit dieser Maßgabe ergibt sich

$$\begin{aligned}\tilde{P}(t) &= U_0 \cos \omega t \cdot I_0 \cos(\omega t - \varphi) \\ &= U_0 I_0 (\cos^2 \omega t \cdot \cos \varphi + \cos \omega t \sin \omega t \sin \varphi) \\ &= \frac{1}{2} I_0 U_0 [(1 + \cos 2\omega t) \cos \varphi + (\sin 2\omega t) \sin \varphi] .\end{aligned} \tag{24.27}$$

Durch Anwendung des Additionstheorems haben wir die Leistung in zwei Anteile aufgespalten, von denen einer proportional zum Cosinus, der andere proportional zum Sinus des Phasenwinkels φ ist. Beide oszillieren mit der *doppelten* Frequenz 2ω (s. Abb. 24.7), der erstere jedoch um den positiven Mittelwert

$$\bar{P}_{\text{wirk}} = \frac{1}{2} U_0 I_0 \cos \varphi , \tag{24.28}$$

der letztere dagegen um den Mittelwert Null. Wir nennen sie daher Wirk- und Blindleistung. Die **Wirkleistung** rührt aus dem Anteil des Stroms, der *in* Phase mit der Quellenspannung ist (**Wirkstrom**) und der Quelle permanent Energie entzieht, wie es ein rein Ohmscher Widerstand mit $\cos \varphi = 1$ täte. Dagegen resultiert die **Blindleistung** aus dem Stromanteil, der um $\pm\pi/2$ gegenüber der Quellenspannung *phasenverschoben* ist (**Blindstrom**), entsprechend einer induktiven oder kapazitiven

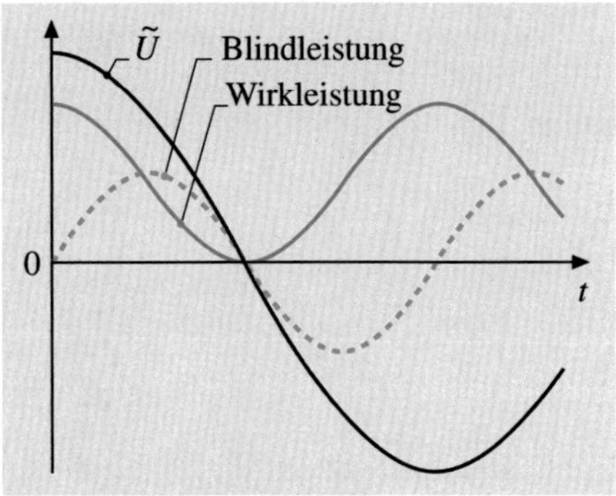

Abb. 24.7. Zeitabhängigkeit von Wirk- und Blindanteil der Wechselstromleistung relativ zur Spannung $\tilde{U}(t)$. Ihr Verhältnis entspricht hier einem Phasenwinkel von ca. 30°

Belastung ($\sin\varphi = \pm 1$). Dieser Anteil der Leistung wechselt dauernd sein Vorzeichen und belastet die Quelle im Endeffekt nicht. Er ist verantwortlich für den periodischen Auf- und Abbau der **Feldenergie** in den Kapazitäten und Induktivitäten des Schaltkreises. In der Tat können wir (24.27) mit

$$U_0 = I_0|Z|$$

auch umschreiben zu

$$\tilde{P}_{\text{wirk}} = \frac{1}{2} I_0^2 |Z| \cos\varphi (1 + \cos 2\omega t)$$

$$\tilde{P}_{\text{blind}} = \frac{1}{2} I_0^2 |Z| \sin\varphi \sin 2\omega t \qquad (24.27')$$

und sehen jetzt explizit, daß für die Wirkleistung der Realteil von Z und für die Blindleistung sein Imaginärteil verantwortlich sind.

Der elektrische Zähler im Haushalt zählt *nur* die Wirkleistung, weil die Blindleistung ja im Prinzip dem Kraftwerk immer wieder zurückgegeben wird und damit auch nicht bezahlt werden muß. Dennoch achtet man bei elektrischen Verbrauchern darauf, daß der Blindstromanteil möglichst klein ist ($\sin\varphi \simeq 0$, $\cos\varphi \simeq 1$). Damit soll die Belastung der Zuleitungen durch den unnützen Blindstrom vermieden werden, der darin nur Ohmsche Verluste erzeugt. Nun haben aber viele Verbraucher, Motoren und Transformatoren, von Natur aus einen hohen induktiven Widerstandsanteil, den man folglich durch geeignete Kapazitäten kompensieren sollte. Das gleiche gilt auch für die Generatoren im Kraftwerk: Nicht nur der Realteil, sondern auch der Imaginärteil ihres Innenwiderstandes sollten möglichst klein sein.

Man möchte in der mittleren Wirkleistung (24.28) nicht immer den Faktor $1/2$ mitschleppen und überhaupt diesen Begriff verallgemeinern auf Fälle, wo an einem Ohmschen Verbraucher R *irgendeine periodische*, aber nicht unbedingt sinusförmige Spannung

$$U(t) = RI(t)$$

anliegt. Dann ist die mittlere Joulesche Leistung ganz allgemein durch ihren Integralmittelwert über eine Periode T gegeben:

$$\bar{P}_\mathrm{J} = R\frac{1}{T}\int_0^T I^2(t)\mathrm{d}t = RI_\mathrm{eff}^2 = \frac{U_\mathrm{eff}^2}{R}\,. \tag{24.29}$$

Dabei haben wir die Begriffe des **Effektivstroms**

$$I_\mathrm{eff} = \left[\frac{1}{T}\int_0^T I^2(t)\mathrm{d}t\right]^{1/2} \tag{24.30}$$

und entsprechend der **Effektivspannung**

$$U_\mathrm{eff} = \left[\frac{1}{T}\int_0^T U^2(t)\mathrm{d}t\right]^{1/2} \tag{24.31}$$

eingeführt. Sie bezeichnen diejenigen Gleichstrom- bzw. Gleichspannungswerte, die die gleiche mittlere Joulesche Leistung hervorrufen würden wie die periodischen $I(t)$ bzw. $U(t)$. Bei rein sinusförmigem Verlauf gelten zwischen *Effektiv-* und *Scheitelwerten* die Beziehungen

$$\frac{I_\mathrm{eff}}{I_0} = \frac{U_\mathrm{eff}}{U_0} = \frac{1}{\sqrt{2}}\,, \tag{24.32}$$

sowie für die mittlere Wirkleistung die praktische Beziehung

$$\overline{P}_\mathrm{wirk} = U_\mathrm{eff} I_\mathrm{eff}\cos\varphi\,. \tag{24.28$'$}$$

! Hierzu sei bemerkt, daß handelsübliche Wechselstrom- und Wechselspannungsinstrumente in der Regel so geeicht sind, daß sie die *Effektivwerte* anzeigen, gleichgültig nach welchem Meßprinzip sie arbeiten. Auf dem Oszillographenbild liest man dagegen die *Scheitelwerte* ab.

* Drehstrom

Unser Stromnetz bietet in der Regel *drei* Wechselspannungen à 220 V gegen Erde an, die in der Phase jeweils um 120° gegeneinander versetzt sind, wie Abb. 24.8a durch Spannungsvektoren in der komplexen Ebene zeigt. Die entsprechenden Pole sind mit L_1, L_2, L_3 bezeichnet. Wird jeder der drei Pole mit einem gleich großen Verbraucher R gegen Erde belastet, wie es die sogenannte **Sternschaltung** in Abb. 24.8b zeigt, so ist die Summe der drei Ströme, die zur Erde fließen, offensichtlich null, weil sie dem Betrage nach gleich und in der Phase um je 120° versetzt sind. Das gleiche gilt, wenn wir die Verbraucher zwischen die jeweiligen Pole schalten, wie in der **Dreiecksschaltung** (Abb. 24.8c) gezeigt. Allerdings haben wir dann entsprechend dem Längenverhältnis der Spannungspfeile U_{21} zu U_1 in Abb. 24.8a eine um $\sqrt{3}$ höhere Spannung U_{21} von ca. 380 V zur Verfügung und folglich die *dreifache* Leistung. Diese Wahlmöglichkeit ist ein Vorteil! Außerdem erspart man sich in beiden Fällen die Rückleitungen, oder kann sich im Fall der Sternschaltung mit einer einzigen schwachen Rückleitung für den Fall leicht unsymmetrischer Belastung der Zweige begnügen.

Die drei Wechselspannungen geben laut Abb. 24.8a einen Drehsinn vor, daher der Name. Vertauscht man zwei Pole, z. B. zwischen den Anschlüssen 1 und 2 (s. Abb. 24.8d), so kehrt sich der Umlaufsinn des Stroms in Dreiecksschaltung um. Darauf reagieren Drehstrommotoren mit der Umkehr ihres Drehsinns, weil die drei

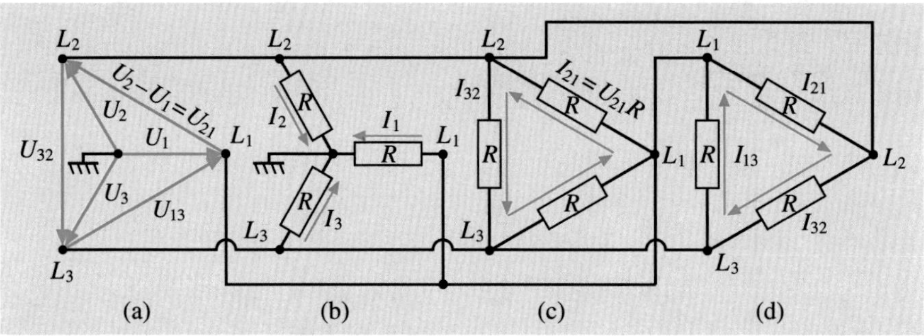

Abb. 24.8a–d. Skizze zu Drehstromschaltungen. *Blau*: Spannungs- und Stromvektoren in der komplexen Ebene. *Schwarz*: Schaltungselemente. (**a**) Drehspannungen an und zwischen den Polen L_1, L_2, L_3, (**b**) Sternschaltung, (**c**) Dreiecksschaltung, (**d**) Dreiecksschaltung mit zwei vertauschten Anschlüssen und invertiertem Umlaufsinn des Drehstroms zwischen den Anschlüssen

Ströme mittels der drei Statorspulen, die ihrerseits im Winkel von 120° zueinander aufgebaut sind, im Zwischenraum ein rotierendes Magnetfeld erzeugen, das den Rotor in seinem Sinne treibt. Wir zeigen dies im Versuch:

VERSUCH 24.3

Modell des Drehstrommotors. Wir stellen um eine drehbar gelagerte Blechdose, die als Rotor dient, drei mit einem Eisenkern gefüllte Spulen im Winkel von jeweils 120° zueinander auf und betreiben die Spulen mit den drei Phasen des Drehstroms. Der Rotor beginnt, sich sofort zu drehen und nimmt ohne Belastung schließlich die Netzfrequenz von 50 Hz an (s. Abb. 24.9). Das Drehmoment kommt aus den Wirbelströmen zustande, die das Wechselfeld in der Blechwand induziert, wodurch ein abstoßendes Gegenfeld entsteht. Ein solcher Rotor heißt Kurzschlußläufer. Vertauschen wir die Polung zwischen zwei Anschlüssen, so kehrt sich jeweils der Drehsinn um.

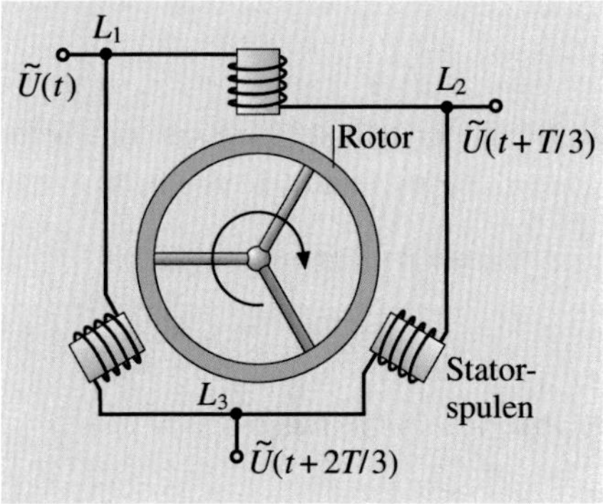

Abb. 24.9. Modell eines Drehstrommotors mit Kurzschlußläufer

24.4 Transformator

Ein bedeutender Vorzug der Wechselstrom- gegenüber der Gleichstromtechnik liegt darin, daß man Wechselspannungen und -ströme *nahezu verlustfrei* in ihren

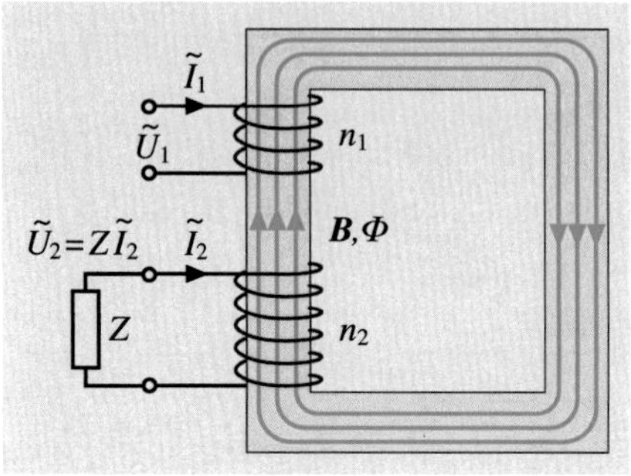

Abb. 24.10. Prinzip des Wechselstromtransformators

Amplituden herauf- oder heruntertransformieren kann. Hierzu wickelt man zwei Spulen, die **Primärspule** (1) und die **Sekundärspule** (2) mit Windungszahlen n_1 und n_2, auf einen Transformatorkern, im allgemeinen ein ferromagnetischer Ring, der den Querschnitt A und die (mittlere) Länge l haben möge (s. Abb. 24.10). Aufgrund seiner hohen Permeabilität μ schließt er im Idealfall den ganzen, von den Spulen erzeugten magnetischen Kraftfluß Φ ohne Streuverluste ein. Auch wollen wir Ohmsche Verluste in den Spulen und Hystereseverluste beim periodischen Umpolarisieren des Kerns vernachlässigen. Wirbelströme seien durch den Schichtaufbau des Kerns aus dünnen, gegeneinander isolierten Eisenblechen weitgehend unterbunden. Auf der Primärseite bieten wir eine Wechselspannungsquelle $\tilde{U}_1$ an, die Sekundärseite sei mit dem Verbraucher Z belastet.

Die Kirchhoffsche Maschenregel liefert für die beiden Stromkreise die Transformatorgleichungen

$$\begin{aligned} \tilde{U}_1 &= n_1\dot{\Phi} \\ 0 &= n_2\dot{\Phi} + Z\tilde{I}_2 = n_2\dot{\Phi} + \tilde{U}_2\,. \end{aligned} \tag{24.33}$$

Sie sind durch die Kraftflußänderung

$$\dot{\Phi} = \frac{\mu\mu_0 A}{l}(n_1\dot{\tilde{I}}_1 + n_2\dot{\tilde{I}}_2)$$

miteinander verknüpft, die aus der Summe der beiden komplexen Stromableitungen

$$\dot{\tilde{I}}_1 = \mathrm{i}\omega\tilde{I}_1\,, \qquad \dot{\tilde{I}}_2 = \mathrm{i}\omega\tilde{I}_2$$

resultiert. Damit gewinnt (24.33) die Form eines linearen Gleichungssystems

$$\begin{pmatrix} \tilde{U}_1 \\ 0 \end{pmatrix} = \mathrm{i}\omega \begin{pmatrix} L_{11} & L_{12} \\ L_{21} & L_{22} + Z/(\mathrm{i}\omega) \end{pmatrix} \begin{pmatrix} \tilde{I}_1 \\ \tilde{I}_2 \end{pmatrix}. \tag{24.33'}$$

Darin sind die Transformatordaten in einer Matrix von Induktivitäten

$$L_{ik} = \frac{\mu\mu_0 A}{l} n_i n_k \tag{24.34}$$

zusammengefaßt. Die Diagonalelemente sind die Induktivitäten der beiden Spulen wie gehabt [s. (22.18)]. Die entscheidende *Kopplung* der Kreise geschieht durch das nicht diagonale Element $L_{12} = L_{21}$, die sogenannte **Gegeninduktivität**. Sie trägt der Tatsache Rechnung, daß beide Spulen vom *gleichen* Fluß Φ durchflossen sind. Bei der Lösung dieses Gleichungssystems interessiert uns in erster Linie die

Spannungs- und **Stromübersetzung** des **Transformators**. Hierfür erhalten wir

$$\frac{\tilde{U}_1}{\tilde{U}_2} = \frac{\tilde{U}_1}{Z\tilde{I}_2} = \frac{n_1}{n_2} \tag{24.35}$$

$$\frac{\tilde{I}_1}{\tilde{I}_2} = -\frac{n_2}{n_1} - \frac{Z}{\mathrm{i}\omega L_{21}} \,. \tag{24.36}$$

Die Formeln sind leicht zu interpretieren: Die Spannung transformiert sich im Verhältnis der beiden Spulen, weil beide aus der gleichen Flußänderung $\dot{\phi}$ resultieren. Aus dem gleichen Grund stehen die Kurzschlußströme (d. h. bei $Z = 0$) im umgekehrten Verhältnis der Windungszahlen; denn dann muß zufolge (24.33) die von der Primär- in der Sekundärspule induzierte Spannung allein durch die vom Sekundärstrom induzierte Gegenspannung kompensiert werden. Folglich ist der Sekundärstrom auch in Gegenphase zum Primärstrom entsprechend der Lenzschen Regel. Mit wachsendem Lastwiderstand Z gewinnt der zweite Term in (24.36) die Oberhand, und der Sekundärstrom geht zurück wie erwartet.

Je nach Wicklungsverhältnis hat der Transformator also unterschiedliche Aufgaben: In einem Fall soll die Spannung hochtransformiert werden, wobei der Strom etwa im gleichen Verhältnis abnimmt. Das ist insbesondere für Überlandleitungen interessant, um bei gleichem Leistungstransport $\tilde{U} \cdot \tilde{I}$ die Jouleschen Verluste $\tilde{I}^2 \cdot R$ in den Leitungen klein zu halten. Bei anderen Aufgaben, wie z. B. beim Elektroschweißen, sind dagegen hohe Ströme verlangt, die man mit niedriger Sekundärwindungszahl auf Kosten der Sekundärspannung erreicht.

Wollen wir die maximale Leistung abschätzen, die ein Transformator bei gegebener Größe übertragen kann, so müssen wir die Sättigung des Eisens beachten, wonach bei zu hohem Fluß erhebliche Streuverluste entstehen. Das setzt der Amplitude der Sekundärspannung eine Obergrenze von

$$U_{2\,\max} \approx n_2 \dot{\phi}_{\max} = n_2 \omega A B_{\max} \,.$$

Aus dem gleichem Grunde ist der Sekundärstrom begrenzt auf

$$I_{2\,\max} \approx H_{\max} l / n_2$$

und somit das Produkt auf die maximale mittlere Leistung

$$P_{2\,\max} \approx \frac{1}{2} U_{2\,\max} I_{2\,\max} \approx \frac{1}{2} \omega l A H_{\max} B_{\max} = \omega V \left(\frac{\mathrm{d}E}{\mathrm{d}V} \right)_{\max} \,. \tag{24.37}$$

Dieser Zusammenhang leuchtet unmittelbar ein, wenn er auch vergröbert ist. Er besagt, daß der Transformator die übertragene Leistung ω-mal pro Sekunde als magnetische Feldenergie (22.28) vom Primärkreis übernimmt und an den Sekundärkreis weitergibt. Der magnetischen Feldenergiedichte $1/2 H_{\max} B_{\max}$ ist durch die Sättigung eine Grenze gesetzt, die uns im praktischen Fall auf $B_{\max} \simeq 1{,}5\,\mathrm{T}$ beschränkt. Darüber sinkt μ so stark ab (vgl. Abb. 23.15), daß der Fluß aus dem Eisenkern herausstreut. Nehmen wir weiter an, die Permeabilität sei $\mu \approx 300$ und das Volumen des Kerns $1\,\mathrm{m}^3$, so folgt aus (24.37) für die übertragene Maximalleistung bei 50 Hz

$$P_{\max} \approx \frac{1}{2} \omega l A B_{\max}^2 / \mu \mu_0 \approx 1\,\mathrm{MW} \,. \tag{24.37'}$$

! Diese Abschätzung gibt uns einen sinnvollen Einblick in das physikalische Geschehen im Transformator und in die Größenordnung der übertragbaren Leistung. Man beachte, daß μ in (24.37′) im Nenner steht, also nicht zu groß sein sollte.

25. Aktive Bauelemente

INHALT

Bauelemente, wie Widerstände, Kapazitäten, Induktivitäten und Transformatoren heißen **passive Bauelemente**, weil sie zwar die Strom-Spannungs-Verhältnisse beeinflussen können, aber nicht in der Lage sind, die Leistung eines vorgegebenen elektrischen Signals zu *verstärken*. Im allgemeinen *schwächen* sie die Signalleistung, und es gilt für die Leistungsverstärkung die Relation

$$V_P \leq 1 \, .$$

Im Gegensatz dazu ist ein **aktives Bauelement** dadurch definiert, daß es die primärseitig angebotene Leistung eines elektrischen Signals *verstärkt*; es gilt also

$$V_P > 1 \, .$$

Als spezielles Beispiel für ein aktives Bauelement hatten wir in Versuch 20.10 den **Sekundärelektronenvervielfacher** (**Multiplier**) kennengelernt. Andere Beispiele aus diesem Kapitel waren **Verstärker-** und **Oszillographenröhren**. Wir wollen in diesem Kapitel uns ganz auf **Halbleiter** konzentrieren, die heute mit Abstand die wichtigste Gruppe von aktiven Bauelementen bilden. Sie haben die Röhren in fast allen Gebieten der Elektronik vollständig verdrängt.

25.1 Dotierte Halbleiter

Wir müssen uns bei diesem Thema auf eine elementare und exemplarische Diskussion beschränken. Die umfangreiche Physik der Halbleiter und deren Anwendung in der Elektronik sind Themen von Kurs- und Spezialvorlesungen im Hauptstudium.

Die Grundstoffe der Halbleitertechnik bilden heute überwiegend Elemente aus der IV. Hauptgruppe, vor allem **Silizium**. Mehr und mehr sind aber auch sogenannte **III-V-Halbleiter**, wie z. B. das **Gallium-Arsenid** im Kommen. Die Kristallstruktur aller Halbleiter ist die des Diamants: Jedes Gitteratom beteiligt sich mit vier (bei den

E. W. Otten, *Repetitorium Experimentalphysik*,
https://doi.org/10.1007/978-3-662-59730-9_25

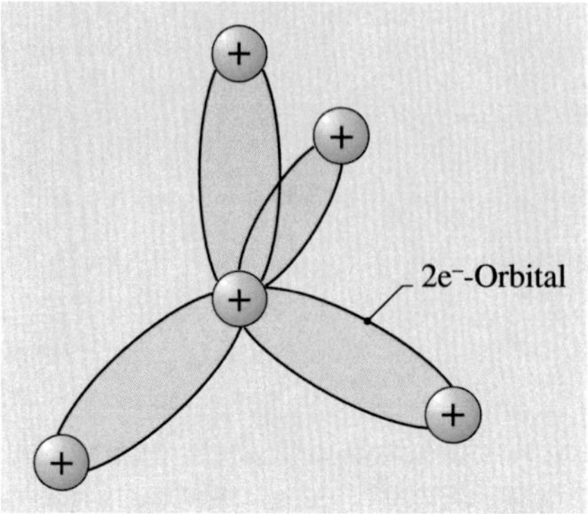

Abb. 25.1. Tetraedrische Orbitale von Halbleitern

III-V-Verbindungen jeweils drei bzw. fünf) Valenzelektronen an einer **kovalenten Bindung**, die zu vier tetraedrisch angeordneten Orbitalen führt (s. Abb. 25.1).

Entsprechend dem Bändermodell (s. Abschn. 20.4) ist das Leitungsband eines chemisch vollkommen reinen Halbleiters bei Zimmertemperatur fast unbesetzt, während das Valenzband voll ist. Wir beobachten folglich einen sehr hohen spezifischen Widerstand des Halbleiters.

n-Leiter (Elektronenleitung)

Dotieren wir dagegen den Halbleiter mit *fünfwertigen* Atomen, z. B. **Phosphor**, so werden sich diese Atome von ihrem regulären Gitterplatz aus mit vieren ihrer fünf Valenzelektronen an der tetraedrischen Bindung beteiligen, das fünfte Elektron wird dazu als „fünftes Rad am Wagen" nicht gebraucht. Es wird im Gegenteil durch die kovalenten Orbitale von der überzähligen Kernladung abgeschirmt, wodurch seine effektive Bindungsenergie an den Phosphorkern stark geschwächt wird. Folglich ist es im thermischen Gleichgewicht schon bei Zimmertemperatur ionisiert, d. h. ins Leitungsband abgegeben worden, in dem es frei beweglich ist. Zurück bleibt die raumfeste, positive Überschußladung des Ions, das an seinen Gitterplatz gebunden ist. Energetisch ist diese Situation im Schema der Abb. 25.2 rechts festgehalten, indem wir das Ion am oberen Ende der Energielücke zwischen Valenz- und Leitungsband plaziert haben. Zwar ist der tiefste Energiezustand nach wie vor derjenige, bei dem

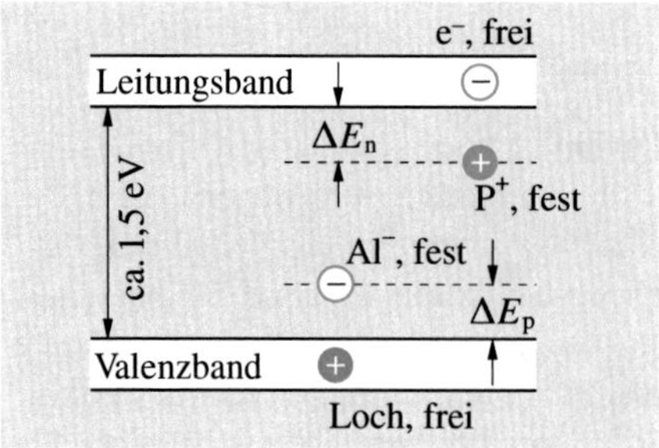

Abb. 25.2. Energieschema dotierter Halbleiter. *Rechts*: Negativ (n) leitend durch Einbau fünfwertiger Phosphoratome. *Mitte*: Positiv (p) leitend durch Einbau dreiwertiger Aluminiumatome

das fünfte Elektron am Phosphoratom gebunden bliebe, jedoch reicht die thermische Energie aus, um die aus statistischen Gründen bevorzugte Ablösung des Elektrons ins Leitungsband zu aktivieren. Wir nennen solche Halbleiter *negativ* leitend (**n-Leiter**).

p-Leiter (Löcherleitung)

Bei Dotierung eines vierwertigen Halbleiters mit einem *dreiwertigen* Element (z. B. **Aluminium**) „leiht" sich das Al-Atom ein viertes Elektron von einem benachbarten Si-Atom und vervollständigt damit seine vierwertige Bindung. Dadurch entsteht ein ortsfestes, negatives Ion. Das im benachbarten Si-Gitter zurückbleibende, positiv geladene Loch kann sich wegbewegen und simuliert einen Strom positiv geladener Teilchen. Diese sogenannte **Löcherleitung** hatten wir schon in Abschn. 20.4 bei der Besprechung der Elektron-Lochpaare im Halbleiter kennengelernt, die sich vermehrt bei hoher Temperatur oder Lichteinstrahlung bilden. Wiederum kostet es nur einen *kleinen* Energiebetrag ΔE von der Größenordnung 0,1 eV, um das Al^--Ion und das Loch zu bilden. Aber auch hier ist der Lochzustand bei normalen Temperaturen statistisch sehr bevorzugt. Man kann sich das ungefähr so vorstellen (Die gleiche Überlegung gilt mit umgekehrten Vorzeichen für den n-Leiter): Ist das Loch erstmal gebildet, z. B. durch einen thermischen Stoß, so kann es sich frei im Gitter bewegen, und es dauert eine Weile, bis es wieder mit dem Al^--Ion rekombiniert. Bei einer statistischen Behandlung des Problems zählt man die Anzahl der möglichen Lochzustände ab und setzt sie ins Verhältnis zu dem einzig möglichen rekombinierten Zustand. Zwar sind erstere um das Gewicht des Boltzmann-Faktors $\exp(-\Delta E/kT)$ gegenüber letzterem benachteiligt, aber dennoch gibt deren große Anzahl den Ausschlag, ausgenommen bei *sehr* tiefen Temperaturen und entsprechend kleinem Boltzmann-Faktor.

Die Namensgebung n- oder p-leitend macht darauf aufmerksam, daß die Leitung durch *negative* oder *positive* Ladungsträger zustande kommt. Um nennenswerte n- oder p-Leitfähigkeit zu erzeugen, genügen geringste Verunreinigungen im ppm-Bereich (parts per million). Deswegen sind gewaltige Anforderungen an die chemische Reinheit des undotierten Grundstoffs gestellt. Es gibt heute Verfahren, um im Silizium die Konzentration kritischer Verunreinigungen auf einen Bruchteil von 10^{-12} zu drücken.

Die Dotierung erfolgt in der Regel durch Aufdampfen des betreffenden Materials auf die Oberfläche und Eindiffundieren bei hohen Temperaturen. Alternativ kann man die Dotierung auch in Form eines hochenergetischen Ionenstrahls direkt an die gewünschte Stelle im Si-Substrat implantieren.

Ein **integrierter Halbleiterbaustein** (**Chip**) ist ein Netzwerk von p- und n-leitenden Zonen an der Oberfläche eines Si-Kristalls, an deren Grenzflächen die im folgenden besprochenen Dioden- und Transistorwirkungen auftreten. Masken beim Aufdampfen bestimmen das Netzmuster und damit die integrierten Funktionen des Chip. In Rechenwerken (Prozessoren, Speichern) werden zwar nur einfache Schaltfunktionen verlangt, dafür aber sehr *schnelle* und sehr *viele*. Typische Schaltfrequenzen bewegen sich heute im Bereich von mehreren GHz, und es finden viele Millionen einzelne Bauelemente auf einem Chip Platz. Ihre Packungsdichte ist im wesentlichen durch das Auflösungsvermögen der optischen Instrumente begrenzt, mit denen man auf lithographischem Wege entsprechend engmaschige Masken erzeugen kann. Der heute angestrebte Schritt in die sogenannte **Nano-Technologie** mit einer Maschenweite $\ll 1\,\mu m$ widmet sich vor allem diesem Problem.

25.2 Leitung über eine p-n-Grenzschicht, Halbleiterdiode

Die Funktionen fast aller Halbleiterbauelemente lassen sich auf *eine* physikalische Grundsituation zurückführen, nämlich das elektrische Verhalten von **Grenzschichten zwischen n- und p-leitendem Material** (s. Abb. 25.3).

Dort treffen Elektronen im Leitungsband des n-Leiters auf Löcher im Valenzband des p-Leiters und rekombinieren miteinander, weil es dabei die **Bandlücke** als Bindungsenergie zu gewinnen gibt. Allerdings können die gitterfesten Ionen nicht folgen und bauen eine positive Raumladung auf der n- und eine negative auf der p-dotierten Seite auf. Im Zwischenraum dieser elektrischen Doppelschicht herrscht eine elektrische Feldstärke, die sich zu einem Potentialunterschied ΔU von der Größenordnung 0,5 V aufintegriert. Dieses **Kontaktpotential** hindert schließlich weitere Elektronen oder Löcher am Grenzübertritt. Zudem verarmt die Grenzschicht an freien Ladungsträgern, wodurch sich ihr Widerstand erhöht.

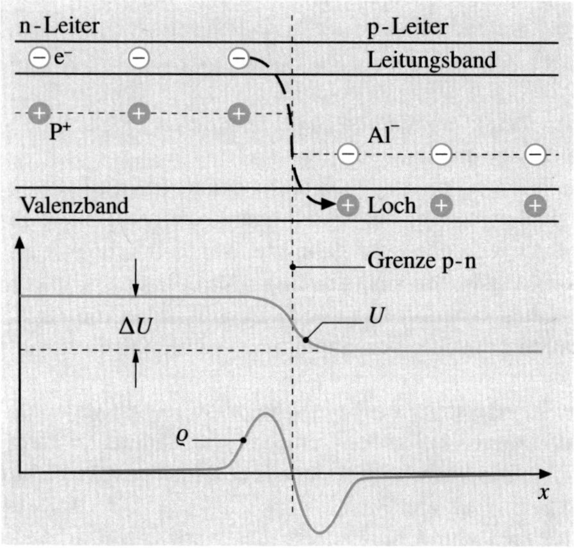

Abb. 25.3. *Oben*: Ausbilden einer elektrischen Doppelschicht an einer p-n-Grenzschicht durch Rekombination. *Unten*: Zugehörige Raumladungsdichte ϱ und Potentialschwelle ΔU

Äußere Spannung in Sperrichtung

Überlagern wir nun dieser Potentialschwelle noch eine *äußere* Spannung U_a *gleicher* Polung (s. Abb. 25.4 links), so werden aus den n-Leitern weitere Leitungselektronen zum Pluspol, der Anode (A), weggezogen und aus dem p-Leiter Löcher zum Minuspol, der Kathode (K). Die Verarmungs- und Raumladungszone wachsen zu

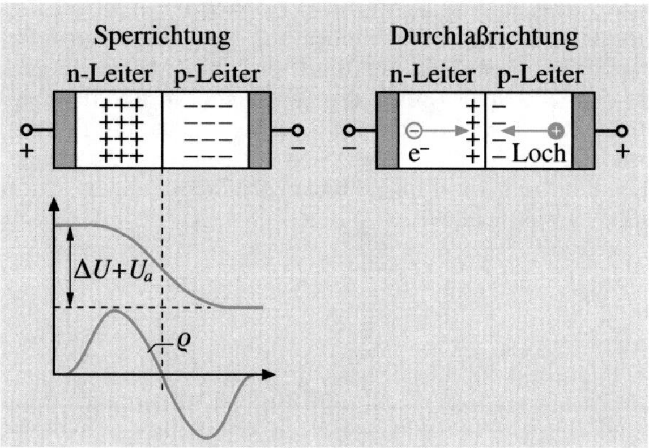

Abb. 25.4. *Links*: Halbleiterdiode unter Sperrspannung. Raumladungs- und Verarmungszone sind verbreitert. *Rechts*: Der umgekehrte Effekt in Durchlaßrichtung

beiden Seiten und die Potentialschwelle erhöht sich insgesamt um die angelegte Spannung. Die stärkere Verarmung an freien Ladungsträgern *erhöht* den Widerstand; die p-n-Grenzschicht *sperrt* den Strom in diese Richtung.

Äußere Spannung in Durchlaßrichtung

Polen wir die äußere Spannung um, so drückt die Kathode Elektronen ins Leitungsband des n-Leiters, die Anode Löcher ins Valenzband des p-Leiters (s. Abb. 25.4 rechts). Beide fließen auf die Grenzfläche zu und rekombinieren dort. Sie bauen dabei die Raumladung und die Kontaktspannung an der Grenzfläche ab, und es fließt oberhalb ΔU ein Strom bei kleinem Widerstand. Die p-n-Grenzschicht hat also Gleichrichterwirkung; das entsprechende Bauelement heißt **Halbleiterdiode**.

VERSUCH 25.1

Halbleiterdiode. Wir untersuchen die Gleichrichterwirkung einer Halbleiterdiode in den Schaltungen der Abb. 25.5, indem wir eine Wechselspannung an die Diode in Serie mit einem Widerstand legen. Unter (a) zeigen wir auf dem Oszillographenbild die Halbwellen des gleichgerichteten Stroms. Unter (b) zeigt die vertikale Auslenkung ebenfalls den Diodenstrom

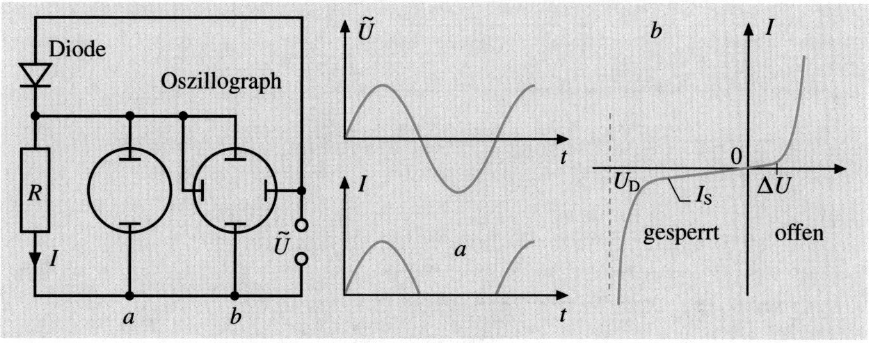

Abb. 25.5. *Links*: (*a*) Schaltskizze zur Demonstration des Gleichrichtereffekts einer Halbleiterdiode und (*b*) zur Messung ihrer Kennlinie mit dem Oszillographen. *Mitte* und *rechts* die zugehörigen Diagramme

an; jedoch legen wir an die horizontalen Ablenkplatten statt der üblichen Kippspannung die an der Diode auftretende Wechselspannung und schreiben auf diese Weise auf dem Oszillographenschirm die **Stromspannungskennlinie der Diode** auf. In Durchlaßrichtung steigt der Strom *exponentiell* mit dem Spannungsabfall über der Diode, in Sperrichtung messen wir einen sehr kleinen, relativ konstanten **Sperrstrom** I_S, allerdings nur bis zu einer bestimmten **Durchbruchspannung** U_D, bei der die Leitfähigkeit der Diode wieder rapide ansteigt. Im einzelnen hängt die Kennlinie sehr von Typ und Bauart der Dioden ab, die in der Elektronik viele verschiedene Aufgaben wahrnehmen.

25.3 Transistor

Der **Transistor** besteht im Prinzip aus zwei aufeinander folgenden Grenzschichten, wobei die Zwischenschicht, die Basis, sehr dünn ist (im Gegensatz zur nicht maßstäblichen Zeichnung in Abb. 25.6). Die angrenzenden Schichten heißen Emitter und Kollektor entsprechend ihrer unterschiedlichen Funktion. Es kann sich um eine n-p-n- oder p-n-p-Schichtfolge handeln. Gezeigt sind Schaltbild und Funktionsweise eines n-p-n-Transistors. Die Emitterbasisstrecke wird mit niedriger Spannung in Durchlaßrichtung betrieben, die Basiskollektorstrecke mit höherer Spannung in Sperrichtung. Durch die hohe Sperrspannung ist die Basis an Löchern verarmt. Deswegen finden die Elektronen, die aus dem Emitter in die Basis eintreten, dort kaum Gelegenheit zur Rekombination, sondern driften unter dem Einfluß der hohen Kollektorspannung ganz überwiegend in den Kollektor über. Bei dieser Aufteilung des Emitterstroms in einen Basis- und einen Kollektorstrom begünstigt auch die geringe Schichtdicke der Basis den Kollektorstrom im Verhältnis von typisch 1 : 100. Im Endeffekt steuert man mit dem EB-Kreis bei niedriger Spannung U_{EB} den Strom im EC-Kreis bei der sehr viel höheren Spannung U_{EC}. Dadurch hat man für das Ausgangssignal im EC-Kreis eine Leistungsverstärkung des Eingangssignals im EB-Kreis und damit das prinzipielle Ziel eines aktiven Bauelements erreicht.

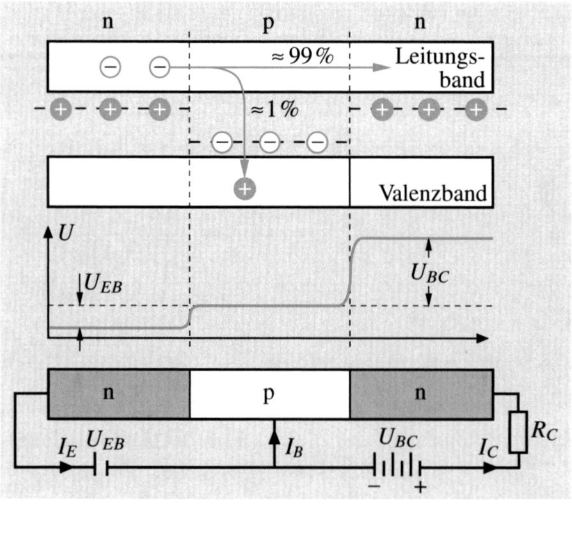

Abb. 25.6. Aufbau und Prinzipschaltbild eines n-p-n-Transistors

Transistorschaltungen und -kennlinien

Wir wollen jetzt die Funktionen eines Transistors etwas genauer untersuchen und führen hierzu einen Versuch mit dem Kennlinienschreiber durch.

VERSUCH 25.2

Transistorkennlinien. In Abb. 25.7 ist noch einmal die Prinzipschaltung eines Transistors aus Abb. 25.6 wiederholt, aber jetzt mit dem typischen Transistorsymbol. Die Pfeilrichtung des Stroms am Emitter zeigt an, daß es sich um einen n-p-n-Transistor handelt, bei einem p-n-p-Transistor wäre sie umgekehrt. Alle Spannungen und Ströme werden von einem kommerziellen Kennlinienschreiber gesteuert, der nach dem Prinzip der Schaltskizze (b) in Abb. 25.5 die gewünschten **Kennlinien** einschließlich der hier gezeigten Beschriftung auf dem Oszillographenschirm darstellt. Auch der Belastungswiderstand R_C kann mit dem Kennlinienschreiber vorgewählt werden. Wir interessieren uns in erster Linie für den Kollektorstrom $I_C(U_{EC}, I_B)$ als Funktion der Kollektorspannung und des Basisstroms. Der Kennlinienschreiber entwirft hierzu eine Kurvenschar von $I_C - U_{EC}$-Kennlinien mit mehreren Festwerten des Basisstroms als Parameter (s. Abb. 25.7 rechts). Dabei sei zunächst $R_C = 0$. Wir erkennen, daß oberhalb einer Minimalspannung U_{EC} die Kennlinien nahezu linear sind und fast horizontal verlaufen. Der Kollektorstrom hängt also kaum von der Kollektorspannung ab, sehr stark aber vom Basisstrom. Die Äquidistanz der Kurvenschar zeigt uns weiterhin einen linearen Zusammenhang zwischen Kollektor- und Basisstrom an.

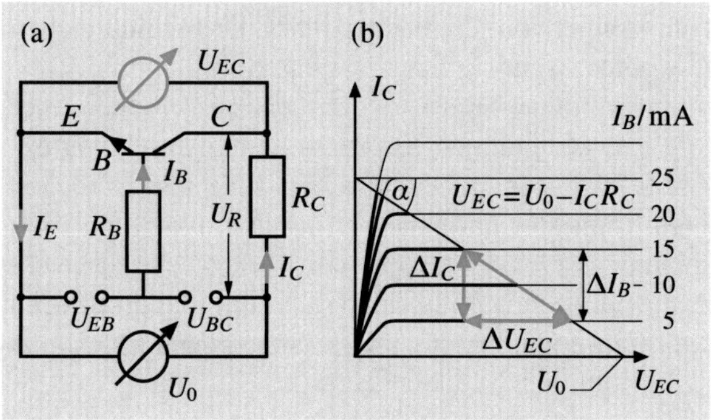

Abb. 25.7. (**a**) Transistorschaltung zur Ausmessung seiner Kennlinien und Verstärkungseigenschaften. (**b**) Kennlinienschar des Kollektorstroms I_C gegen die Kollektorspannung U_{EC} mit verschiedenen Basisströmen I_B als Parameter. Bei einem Eingangssignal ΔI_B bewegen sich die Ausgangssignale ΔU_{EC}, ΔI_C entlang der Arbeitsgeraden mit der Steigung $\tan\alpha \propto -1/R_C$

Wir führen jetzt einen Widerstand R_C in die Kollektorleitung ein, steuern aber den Transistor nach wie vor mit dem gleichen Intervall der Gesamtspannung an

$$0 \le U_0 = U_{EB} + U_{BC} \le 4\,\text{V}\,.$$

Da jetzt ein Teil dieser Spannung am Widerstand abfällt, wird die Kennlinienschar auf das untere Dreieck beschnitten (blaue Linien), das durch die Widerstandsgerade

$$U_{EC} = U_0 - I_C R_C\,, \tag{25.1}$$

auch Arbeitsgerade genannt, begrenzt ist.

Da der Kollektorstrom eines Transistors in einem größeren Arbeitsbereich nahezu *linear* von Kollektorspannung und Basisstrom abhängt, können wir ihn dort durch eine Taylor-Entwicklung in den Variablen U_{EC} und I_B bis zur ersten Ordnung darstellen:

$$\Delta I_C = \frac{\partial I_C}{\partial U_{EC}} \Delta U_{EC} + \frac{\partial I_C}{\partial I_B} \Delta I_B = \frac{1}{R_\mathrm{i}} \Delta U_{EC} + S \Delta I_B \,. \tag{25.2}$$

Der erste Koeffizient ist der reziproke, differentielle **Innenwiderstand** $1/R_\mathrm{i}$ des Transistors, der zweite wird **Steilheit** S genannt. Den Einfluß dieser beiden Kenngrößen auf die Verstärkungseigenschaften eines Transistors erkennen wir, wenn wir mit Hilfe von (25.2) die Änderung der Kollektorspannung ΔU_{EC} als Funktion einer Basisstromänderung ΔI_B bei fester Gesamtspannung U_0 berechnen. Dann folgt mit (25.1)

$$\Delta U_{EC} = -R_C \Delta I_C = -R_C \left(\frac{1}{R_\mathrm{i}} \Delta U_{EC} + S \Delta I_B \right) \quad \curvearrowright$$

$$\Delta U_{EC} \left(1 + \frac{R_C}{R_\mathrm{i}} \right) = -R_C S \Delta I_B \quad \curvearrowright$$

$$\Delta U_{EC} = -\frac{R_C \cdot S}{1 + R_C/R_i} \Delta I_B = -V_{UI} \Delta I_B \,. \tag{25.3}$$

Den Quotienten aus Kollektorspannung- und Basisstromänderung nennen wir die Spannungsstromverstärkung des Transistors V_{UI}, die möglichst hoch sein soll. Dafür ist bei gegebenem R_C in erster Linie eine hohe Steilheit erforderlich, aber auch ein hoher Innenwiderstand, damit der Nenner von (25.3) klein bleibt. Das Minuszeichen in (25.3) berücksichtigt, daß U_{EC} sinkt, wenn I_B bzw. I_C steigen.

Als Funktion der Basisspannung zeigt der Transistor das typische Verhalten einer Halbleiterdiode: in Sperrichtung ein sehr geringer Strom, in Durchlaßrichtung exponentielles Ansteigen wie in Abb. 25.5 gezeigt. Da diese Kennlinie ausgesprochen nichtlinear ist, steuert man einen Transistor daher immer durch ein vorgegebenes Stromsignal ΔI_B statt eines Spannungssignals ΔU_{EB} an der Basis an. Das erreicht man z. B. durch Einbau eines Basiswiderstands R_B in die Basisleitung, der groß gegen den Widerstand der Emitterbasisstrecke sei. Dann wird ein Steuerspannungssignal ΔU_{EB} in ein Stromsignal

$$\Delta I_B = \frac{\Delta U_{EB}}{R_B}$$

umgesetzt. Auf diese Weise können wir mit (25.3) und der Näherung $R_C/R_\mathrm{i} \approx 0$ auch eine Spannungsverstärkung V_U und eine Leistungsverstärkung V_P angeben

$$V_\mathrm{U} = \frac{\Delta U_{EC}}{\Delta U_{EB}} \approx S \frac{R_C}{R_B} \,, \tag{25.4}$$

$$V_\mathrm{P} = \frac{P_\mathrm{out}}{P_\mathrm{in}} \approx \frac{\Delta U_{EC}^2 / R_C}{\Delta I_B^2 \cdot R_B} \approx S^2 \frac{R_C}{R_B} \,. \tag{25.5}$$

25.4 Selbsterregung eines Schwingkreises durch rückgekoppelten Verstärker

Aus der unübersehbaren Fülle heutiger Transistor- und Verstärkeranwendungen wollen wir hier nur ein *Beispiel* explizit behandeln, weil es durch die Kapitel über Schwingungen und Wechselströme gut vorbereitet ist. (Alles übrige bleibt der Spezialliteratur vorbehalten.) Es handelt sich um den **selbsterregten Sender**, einen Modellfall *selbsterregter Schwingungen*. Genau wie mechanische können auch elektrische Schwingungen selbsterregt werden, wenn dem Schwingkreis aus einem Reservoir Energie im Rhythmus der Schwingung zugeführt wird. Bei der mechanischen Schwingung war hierzu eine Kraft verlangt, die immer beschleunigt, also parallel zur Geschwindigkeit ist, und daher am einfachsten durch den Ansatz

$$F = +\varrho v \qquad (\varrho > 0) \tag{25.6}$$

realisiert wird. Sie führt nach Abschn. 11.7 zu einer entdämpften, d. h. exponentiell anwachsenden Schwingungsamplitude

$$x(t) = x_0 \cos \omega t \cdot \mathrm{e}^{t/2\tau} \qquad \text{mit} \qquad \tau = m/\varrho\,. \tag{25.7}$$

Sie unterscheidet sich von der gedämpften Schwingung nur durch eine Umkehr des Vorzeichens des Reibungskoeffizienten ϱ. Wir haben deswegen von einer **negativen Widerstandscharakteristik** der selbsterregten Schwingung gesprochen.

Im elektrischen Fall erreichen wir dieses Ziel mit Hilfe eines aktiven Bauelements, also eines **Verstärkers**. Besonders übersichtlich ist der Fall eines **Serienschwingkreises**, bei dem man einen Bruchteil κ der am Widerstand abfallenden Spannung dem Eingang des Verstärkers zuführt und um den Faktor V verstärkt am Ausgang wieder in den Stromkreis als eine eingeprägte Spannung einspeist (s. Abb. 25.8). Hierfür liefert uns die Kirchhoffsche Maschenregel die Gleichung

$$U_\mathrm{A} = V U_\mathrm{E} = V \kappa R I = \frac{Q}{C} + RI + L\dot{I} = 0\,,$$

die wir mit $I = \dot{Q}$ in die Gleichung einer freien Schwingung mit einem Dämpfungskoeffizienten $R(1 - \kappa V)$ umordnen können

$$\frac{Q}{C} + (1 - \kappa V) R \dot{Q} + L \ddot{Q} = 0\,. \tag{25.8}$$

Wir sehen, daß der rückgekoppelte Verstärker unmittelbar auf den Dämpfungsterm einwirkt.

Überschreitet das Produkt aus Rückkopplungsfaktor κ und Verstärkung V, die sogenannte **Kreisverstärkung**, den Wert 1

$$\kappa V > 1\,, \tag{25.9}$$

so wechselt der Dämpfungsterm sein Vorzeichen von positiv nach negativ mit der Folge, daß der Schwingkreis jetzt nicht länger gedämpft ist, sondern die Schwingung sich exponentiell aufschaukelt.

Die Bedingung (25.9) heißt **Barkhausen-Kriterium** und muß in all den ungezählten Möglichkeiten, die es zur Schwingungsanfachung durch Rückkopplung gibt, erfüllt

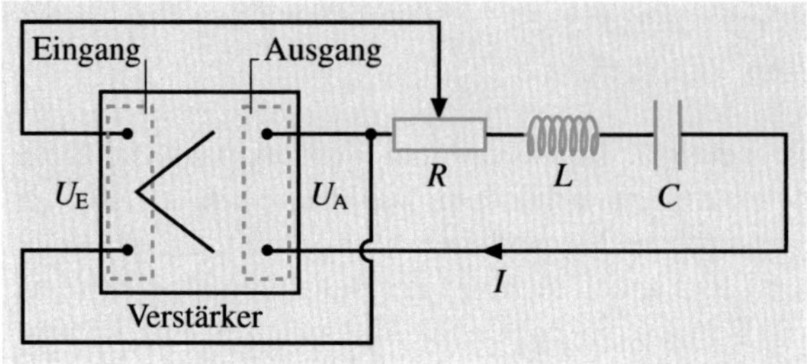

Abb. 25.8. Schaltskizze eines selbsterregten Senders mit RCL-Kreis. Auf den Eingang eines Verstärkers wird ein Bruchteil $U_E = \kappa R I$ der Schwingspannung gegeben und um den Faktor V verstärkt am Ausgang als $U_A = V U_E$ in den Stromkreis rückgekoppelt

sein. Hierzu bedarf es keineswegs immer eines klassischen Schwingkreises. Jedes komplexe, rückgekoppelte Netzwerk gerät in Schwingung, wenn es als Funktion der Frequenz ω an irgendeiner Stelle das Barkhausen-Kriterium nach *Betrag* und *Phase* (!) erfüllt. Eine *mitkoppelnde*, d. h. die Schwingung unterstützende Phasenlage der rückgekoppelten Spannung, ist wichtig; drehen wir nämlich in unserem obigen Beispiel deren Polung um, so erscheint κV in (25.8) mit positivem Vorzeichen und verstärkt die Dämpfung. Wir sprechen in diesem Fall von **Gegenkopplung**, wie man sie in der **Regelungstechnik** benutzt, um Abweichungen von einem Sollwert wegzuregeln (vgl. auch Abb. 20.12). Das Barkhausen-Kriterium hat eine einfache, anschauliche Interpretation: Tritt an der Eingangsseite ein bestimmtes Schwingungssignal auf, so kommt es nach Durchlaufen der Rückkoppelschleife verstärkt an seinen Ausgangspunkt zurück und setzt damit das Aufschaukeln in Gang.

Schwingungsanfachung durch rückgekoppelte Verstärkung tritt oft als *Störfaktor* auf. Ein bekanntes Beispiel bildet eine übersteuerte Lautsprecheranlage, bei der der Rückkopplungsfaktor zwischen Lautsprecher und Mikrofon, multipliziert mit dem Verstärkungsfaktor der Anlage, ebenfalls die Kreisverstärkung eins überschreitet. Daß die Rückkopplung hier den Umweg über *Schallwellen* nimmt, demonstriert die *Allgemeingültigkeit* des Barkhausen-Kriteriums.

Mit zunehmender Schwingungsamplitude nimmt die Verstärkung des aktiven Bauelements ab, wenn es an seine Leistungsgrenzen gerät. Schließlich stellt sich bei $\kappa V = 1$ ein stabiler Sättigungswert ein (vgl. auch Versuch 11.18). Dann wird (25.8) zur Gleichung der freien ungedämpften Schwingung

$$\frac{Q}{C} + L\ddot{Q} = 0\,.$$

Folglich schwingt das System stationär bei der *ungedämpften* Resonanzfrequenz $\omega_0 = (LC)^{-1/2}$. Wir erkennen an (25.8) weiterhin, daß dem aktiven Bauelement im rückgekoppelten Schwingkreis die Rolle eines Elements mit *negativem* **Innenwiderstand**

$$R_i = -\kappa V R \tag{25.10}$$

zukommt, der ganz im Sinne der eingangs definierten negativen Widerstandscharakteristik die Schwingung entdämpft.

26. Maxwellsche Gleichungen und elektromagnetische Wellen

INHALT

Wir wollen in diesem Kapitel die Grundlagen der Elektrodynamik abschließen, indem wir den vollständigen Satz ihrer Grundgleichungen zusammenfassend besprechen. Die meisten hatten wir in den Kap. 19 bis 23 bereits kennengelernt. Es fehlt uns noch das Gesetz über den **Maxwellschen Verschiebungsstrom**, der entscheidend am Auftreten elektromagnetischer Wellen beteiligt ist, dem zweiten zentralen Thema dieses Kapitels. Über die gewaltige Kraft dieses Gleichungssystems hatten wir bereits in der Einführung in die elektromagnetischen Erscheinungen in Kap. 19 gesprochen. Zum einen war es dieser Theorie gelungen, alle bis dahin bekannten elektromagnetischen Erscheinungen unter das gemeinsame Dach von wenigen, grundlegenden Gleichungen zu bringen und diese Physik damit abzuschließen. Zum andern stieß sie aber auch das Tor zu den großen Themen der Physik des 20. Jahrhunderts auf: zu den *elektromagnetischen Wellen*, zur *Relativitätstheorie* und zur *Quantenphysik*.

26.1 Maxwellscher Verschiebungsstrom

Wir suchen zunächst einen Zugang zum Maxwellschen Verschiebungsstrom und gehen hierzu vom Beispiel des Magnetfelds $\boldsymbol{H}$ eines langgestreckten zylindrischen Leiters aus. Dafür gilt das **Ampèresche Durchflutungsgesetz** (21.20)

$$\oint \boldsymbol{H} \mathrm{d}\boldsymbol{s} = \int_A j \mathrm{d}A' \,.$$

Unterbrechen wir nun den Leiter an einer Stelle durch einen isolierenden Spalt, behalten aber die Stromdichte $\boldsymbol{j}$ bei, dann läuft im Zeitintervall $\mathrm{d}t$ auf den beiden

E. W. Otten, *Repetitorium Experimentalphysik*,
https://doi.org/10.1007/978-3-662-59730-9_26

Stirnflächen eine Flächenladung

$$\mathrm{d}\sigma = j\mathrm{d}t = \mathrm{d}D = \varepsilon\varepsilon_0\mathrm{d}E \tag{26.1}$$

auf, die nach (19.72) gleich der **dielektrischen Verschiebung** im Spalt ist (s. Abb. 26.1).

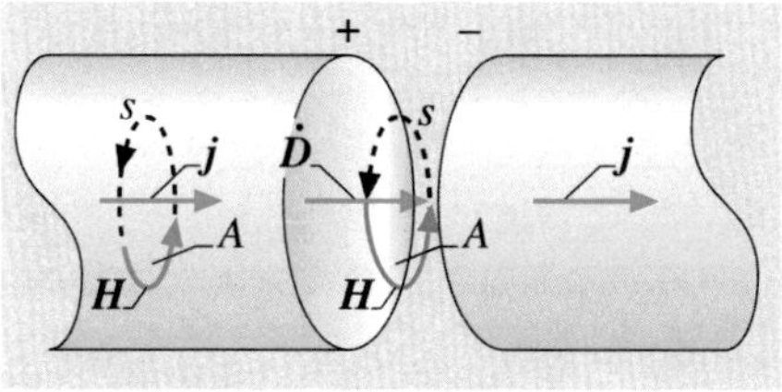

Abb. 26.1. Skizze zur Erläuterung des Maxwellschen Verschiebungsstroms

Die Frage ist nun, *ob* und *wie* sich das Magnetfeld in den Spalt fortsetzt. Aus (23.9) wissen wir, daß die Tangentialkomponente von $\boldsymbol{H}$ an einer Grenzfläche stetig ist. Damit wäre zumindest eine stetige Fortsetzung des Ringfeldes in den Zwischenraum gesichert. Die einfachste Annahme wäre nun, das Feld überhaupt *unverändert* über den ganzen Spalt hinweg fortzusetzen und dafür nach (26.1) die Zeitableitung der dielektrischen Verschiebung

$$\dot{\boldsymbol{D}} = \boldsymbol{j} = \boldsymbol{j}_\mathrm{v} \tag{26.2}$$

als eine Fortsetzung der Stromdichte in den Spalt, sozusagen als eine **Verschiebungsstromdichte** $\boldsymbol{j}_\mathrm{v}$, verantwortlich zu machen. Nehmen wir an, der Spalt sei mit einem Dielektrikum gefüllt. Spalten wir nun $\dot{\boldsymbol{D}}$ nach (19.80) in einen Vakuum- und einen Polarisationsanteil

$$\dot{\boldsymbol{D}} = \varepsilon_0\dot{\boldsymbol{E}} + \dot{\boldsymbol{P}} = \boldsymbol{j}_\mathrm{v} \tag{26.2$'$}$$

auf, so entspricht letzterer in der Tat einem natürlichen Strom im Dielektrikum. Beim Aufbau der Polarisation bewegen sich ja die positiven und negativen Ladungsträger in entgegengesetzte Richtung. Insofern trägt dieser Anteil von $\dot{\boldsymbol{D}}$ auf jeden Fall zum $\boldsymbol{H}$-Feld wie ein üblicher Strom bei.

Maxwell hat nun angenommen, daß auch der Vakuumanteil der Verschiebungsstromdichte, also die Zeitableitung des $\boldsymbol{E}$-Feldes, in gleicher Weise zum $\boldsymbol{H}$-Feld beiträgt. Damit wäre das Problem der Fortsetzung von $\boldsymbol{H}$ in den Spalt auf einfachste Weise und ohne Widerspruch zu unseren bisherigen Sätzen über Magnetfelder gelöst.

! Die Maxwellsche Annahme stellt auch eine enge Analogie zum Induktionsgesetz (22.11) her: So wie sich dort ein veränderliches $\boldsymbol{B}$-Feld mit einem *elektrischen* Ringfeld umgibt, so hier ein veränderliches $\boldsymbol{D}$-Feld mit einem *magnetischen* Ringfeld. Allerdings tritt hier nicht das Minuszeichen auf! Es soll also im Dielektrikum allgemein gelten:

$$\oint(\boldsymbol{H}\cdot\mathrm{d}\boldsymbol{s}) = \int_A(\dot{\boldsymbol{D}}\cdot\mathrm{d}\boldsymbol{A}') = \int_A(\varepsilon\varepsilon_0\dot{\boldsymbol{E}}\cdot\mathrm{d}\boldsymbol{A}')\,. \tag{26.3}$$

Das ist der **Stokessche Satz für den Verschiebungsstrom**, den wir wie gewohnt (vgl. (10.30) und (22.12)), auch in differentieller Form schreiben können

$$\mathbf{rot}\,\boldsymbol{H} = \dot{\boldsymbol{D}} = \varepsilon\varepsilon_0\dot{\boldsymbol{E}}\,. \tag{26.3'}$$

Diese letzte der Maxwellschen Grundgleichungen der Elektrodynamik löst nicht nur unser spezielles Problem, das wir mit dem obigen Gedankenexperiment aufgestellt haben. Es führt auch zwanglos zu den elektromagnetischen Wellen, wie wir sehen werden.

Man würde gerne dieses übersichtliche Gedankenexperiment auch in die Tat umsetzen und damit (26.3) quantitativ prüfen. Das ist aber nicht leicht, weil die sehr kleine Kapazität des Spalts schon bei geringstem Stromfluß zu einer hohen Spannung an den Stirnflächen führt, die eine zuverlässige Messung des kleinen Magnetfeldes kaum zuläßt. Die elektromagnetischen Wellen selbst werden uns aber Beweis genug sein.

26.2 Maxwellsche Gleichungen

Wir haben jetzt alle wesentlichen Gleichungen der Elektrodynamik kennengelernt, die *Maxwell* als erster um 1860 im Zusammenhang gesehen hat und damit allen elektrischen und magnetischen Erscheinungen ein gemeinsames und im Rahmen der klassischen Feldtheorie endgültiges Fundament gelegt hat. Die Maxwellschen Gleichungen sind auch Lorentzinvariant und somit der Ausgangspunkt der Relativitätstheorie.

Wir haben die Maxwellschen Gleichungen in zwei verschiedenen, äquivalenten Formen kennengelernt:

- in *integraler* Form, die wir fast ausschließlich benutzt haben und die sehr anschaulich ist. Sie hat auch für *numerische* Berechnungen von Feldverteilungen große Bedeutung.
- in *differentieller* Form, d. h. in der Sprache und mit den Differentialoperatoren der Vektoranalysis. Sie ist für *analytische* Lösungen der entsprechenden Differentialgleichungen besonders geeignet.

Zusammen mit dem Kraftgesetz für elektrische Ladungen können wir die Grundlagen der Elektrodynamik in der folgenden tabellarischen Form zusammenfassen (s. Tabelle 26.1).

Mit diesen fünf Gleichungen ist alles getan! Wir haben in den vorstehenden Kapiteln konsequent auf diese Gesetze hingearbeitet und sie ausführlich diskutiert. Es mag daher an dieser Stelle genügen, sie noch einmal kurz zu charakterisieren:

1. Die **erste Maxwellsche Gleichung** gibt den Zusammenhang zwischen elektrischen Ladungen und elektrischen Feldern wieder. Die Ladungen erscheinen als die Quellen des elektrischen Feldes. Der Fluß der $\boldsymbol{D}$-Linien durch eine geschlossene Oberfläche ist gleich der Summe der eingeschlossenen ▶

Tabelle 26.1. Grundgleichungen der Elektrodynamik

Maxwellsche Gleichungen der elektromagnetischen Felder a) integral	b) differentiell	
1. $\oint_A (\boldsymbol{D} \cdot \mathrm{d}\boldsymbol{A}') = \oint_A (\varepsilon\varepsilon_0 \boldsymbol{E} \cdot \mathrm{d}\boldsymbol{A}') = \int_V \varrho \, \mathrm{d}V' = Q$	1. $\mathbf{div}\,\boldsymbol{D} = \mathbf{div}\varepsilon\varepsilon_0\boldsymbol{E} = \varrho$	(26.4)
2. $\oint_A (\boldsymbol{B} \cdot \mathrm{d}\boldsymbol{A}') = \oint (\mu\mu_0 \boldsymbol{H} \cdot \mathrm{d}\boldsymbol{A}') = 0$	2. $\mathbf{div}\,\boldsymbol{B} = \mathbf{div}\mu\mu_0\boldsymbol{H} = 0$	(26.5)
3. $\oint (\boldsymbol{H} \cdot \mathrm{d}\boldsymbol{s}) = \int_A [(\boldsymbol{j} + \dot{\boldsymbol{D}}) \cdot \mathrm{d}\boldsymbol{A}']$	3. $\mathbf{rot}\,\boldsymbol{H} = \boldsymbol{j} + \dot{\boldsymbol{D}}$	(26.6)
4. $\oint (\boldsymbol{E} \cdot \mathrm{d}\boldsymbol{s}) = -\int_A (\dot{\boldsymbol{B}} \cdot \mathrm{d}\boldsymbol{A}')$	4. $\mathbf{rot}\,\boldsymbol{E} = -\dot{\boldsymbol{B}}$	(26.7)
Kraftwirkung der elektromagnetischen Felder auf eine Ladung q		
$\boldsymbol{F} = q(\boldsymbol{E} + \boldsymbol{v} \times \boldsymbol{B})$		(26.8)

Ladungen. Mathematisch wird dies in integraler Form durch den **Gaußschen Satz** und in differentieller Form durch die **Kontinuitäts- oder Poissonsche Gleichung** ausgedrückt. Sie ist äquivalent zum **Coulomb-Gesetz**, das die Kraftwirkung zweier Punktladungen aufeinander als Funktion ihres Abstands beschreibt

$$\boldsymbol{F}_{12} = \frac{q_1 q_2}{4\pi\,\varepsilon_0 r_{12}^2}\hat{\boldsymbol{r}}_{12}$$

2. Die **zweite Maxwellsche Gleichung** formuliert den gleichen Zusammenhang für die magnetische Kraftflußdichte mit dem wesentlichen Unterschied, daß es nach bisheriger Erfahrung keine magnetischen Ladungen gibt. Das $\boldsymbol{B}$-Feld ist daher quellenfrei, und alle $\boldsymbol{B}$-Linien sind geschlossen.
3. Die **dritte Maxwellsche Gleichung** beschreibt, wie sich Ströme mit geschlossenen magnetischen Feldlinien umgeben. Neben dem natürlichen Ladungsstrom tritt hier als Ursache auch der **Verschiebungsstrom** durch die vom Feld eingeschlossene Fläche auf; er ist gleich der Zeitableitung des elektrischen Kraftflusses durch diese Fläche. Den Übergang von der integralen zur differentiellen Form der 3. Maxwellschen Gleichung leistet der **Stokessche Satz**. Die integrale Form, nur auf den Ladungsstrom bezogen, hatten wir zunächst unter dem Namen **Ampèresches Durchflutungsgesetz** kennengelernt.
4. Die **vierte Maxwellsche Gleichung** beschreibt in Analogie zur dritten die Entstehung eines elektrischen Ringfeldes aus der zeitlichen Änderung des eingeschlossenen $\boldsymbol{B}$-Feldes. Wir hatten es als einen Teil des **Induktionsgesetzes** kennengelernt. Zu beachten ist das unterschiedliche Vorzeichen zwischen 3. und 4. Maxwellscher Gleichung. Da es keine magnetischen Ladungen gibt, gibt es auch keine magnetischen Ströme und folglich fehlt in der vierten Gleichung der Anteil des elektrischen Ringfeldes, der sich aus einem solchen Strom herleiten würde. Sind keine freien Ladungen und Ströme zugegen,so sind die Beziehungen von elektrischen und magnetischen Feldern zueinander durch die 3. und die 4. Maxwellsche Gleichung *vollständig* beschrieben. Aus ▶

diesen beiden hat *Maxwell* auf die Existenz von **elektromagnetischen Wellen** geschlossen.

5. Das *Kraftgesetz* zwischen Feldern und Ladungen spiegelt bezüglich des elektrischen Feldes das **Coulomb-Gesetz** wider; die magnetische Kraftwirkung wird durch den zweiten Term, die **Lorentz-Kraft**, beschrieben. Da in ihr die Geschwindigkeit vorkommt, verletzt sie schon in erster Ordnung die Galileitransformation. Sie ist aber zusammen mit den übrigen Gleichungen des Elektromagnetismus **Lorentzinvariant**.

26.3 Elektromagnetische Wellengleichung

Als Anwendung der differentiellen Form der **Maxwellschen Gleichungen** wollen wir hier die Maxwellsche Hypothese von der Existenz elektromagnetischer Wellen nachvollziehen. Um allzu abstrakte Formeln der Vektoranalysis zu vermeiden, beschränken wir uns auf eine ebene Welle, die sich in z-Richtung ausbreiten möge. Weiterhin nehmen wir an, daß sich keine freien Ladungen und Ströme im Medium befinden. Dann lauten die 3. und die 4. Maxwellsche Gleichung in Komponenten ausgeschrieben

$$\begin{aligned}\{\dot{E}_x, \dot{E}_y, \dot{E}_z\} &= \frac{1}{\varepsilon\varepsilon_0}\left\{\left(\frac{\partial H_z}{\partial y} - \frac{\partial H_y}{\partial z}\right), \left(\frac{\partial H_x}{\partial z} - \frac{\partial H_z}{\partial x}\right), \left(\frac{\partial H_y}{\partial x} - \frac{\partial H_x}{\partial y}\right)\right\} \\ &= \frac{1}{\varepsilon\varepsilon_0}\left\{-\frac{\partial H_y}{\partial z}, \frac{\partial H_x}{\partial z}, 0\right\}. \end{aligned} \tag{26.9}$$

$$\begin{aligned}\{\dot{H}_x, \dot{H}_y, \dot{H}_z\} &= \frac{-1}{\mu\mu_0}\left\{\left(\frac{\partial E_z}{\partial y} - \frac{\partial E_y}{\partial z}\right), \left(\frac{\partial E_x}{\partial z} - \frac{\partial E_z}{\partial x}\right), \left(\frac{\partial E_y}{\partial x} - \frac{\partial E_x}{\partial y}\right)\right\} \\ &= \frac{1}{\mu\mu_0}\left\{\frac{\partial E_y}{\partial z}, -\frac{\partial E_x}{\partial z}, 0\right\}. \end{aligned} \tag{26.10}$$

Da die ebene Welle sich in z-Richtung ausbreitet, ist ihre Amplitude in der xy-Ebene konstant, und alle Ableitungen nach diesen Koordinaten verschwinden. Das hat insbesondere zur Folge, daß die Zeitableitung beider Felder und damit auch deren Wellenamplituden keine Komponente parallel zur Ausbreitungsrichtung z haben können. Eine elektromagnetische Welle ist also *rein transversal*!

Wir können nun eins der beiden Felder, z. B. das $\boldsymbol{H}$-Feld, aus den Gleichungen eliminieren, indem wir (26.9) noch einmal nach der Zeit differenzieren und für die dabei entstehenden Zeitableitungen von $\boldsymbol{H}$ (26.10) einsetzen. Dabei dürfen wir die Reihenfolge der Differentiationen vertauschen; so gilt z. B. für die y-Komponente des E-Feldes

$$\ddot{E}_y = \frac{1}{\varepsilon\varepsilon_0}\frac{\partial}{\partial t}\left(\frac{\partial H_x}{\partial z}\right) = \frac{1}{\varepsilon\varepsilon_0}\frac{\partial}{\partial z}\left(\frac{\partial H_x}{\partial t}\right) = \frac{1}{\varepsilon\varepsilon_0\mu\mu_0}\left(\frac{\partial^2 E_y}{\partial z^2}\right). \tag{26.11}$$

Das gleiche folgt für die x-Komponente und ebenso für die beiden Komponenten des $\boldsymbol{H}$-Feldes. Damit sind wir schon am Ziel:

Wir sehen, daß die zweiten partiellen Ableitungen der Feldamplitude nach der Zeit und nach dem Ort zueinander proportional sind. Diesen Zusammenhang hatten wir aber in Abschn. 12.2 gerade als das Charakteristikum einer Welle gefunden. Der Proportionalitätsfaktor ist das Quadrat der Phasengeschwindigkeit der Welle

$$\frac{1}{\varepsilon\varepsilon_0\mu\mu_0} = c^2 . \tag{26.12}$$

Wir können also das Ergebnis zusammenfassen zu

$$\ddot{E}_{x,(y)} = c^2 \frac{\partial^2 E_{x,(y)}}{\partial z^2} , \qquad \ddot{H}_{(x),y} = c^2 \frac{\partial^2 H_{(x),y}}{\partial z^2} . \tag{26.13}$$

Die Klammern um die Indices sollen bedeuten, daß nach (26.11) eine y-Komponente des $\boldsymbol{E}$-Feldes *nur* mit der dazu transversalen x-Komponente des H-Feldes verknüpft ist, ebenso E_x nur mit H_y.

Im Vakuum wird die Phasengeschwindigkeit

$$c_0 = \frac{1}{\sqrt{\varepsilon_0\mu_0}} \tag{26.14}$$

erreicht, die nach Einsetzen der schon zu *Maxwells* Zeiten *bekannten* Werte für ε_0 und μ_0 dem Wert der *beobachteten* Vakuumlichtgeschwindigkeit entspricht. Daraus schloß *Maxwell*, daß das Licht elektromagnetischer Natur sein müsse.

! Obwohl in (26.13) das $\boldsymbol{E}$- und $\boldsymbol{H}$-Feld für sich getrennt jeweils die Wellengleichung erfüllen, können sie doch nicht für sich allein als rein elektrische oder rein magnetische Wellen auftreten; denn wie uns die Maxwellschen Gleichungen zeigen, sind die zeitlichen Ableitungen des einen Feldes jeweils durch die räumlichen des anderen gegeben.

Die wellenförmige Fortpflanzung der Felder beruht also auf ihrer *wechselseitigen* Induktion: Die Zeitableitung des magnetischen Kraftflusses ruft ein elektrisches Wirbelfeld hervor und die Zeitableitung des elektrischen Kraftflusses, der Verschiebungsstrom, ein magnetisches Wirbelfeld.

26.4 Elektromagnetische Wellenenergie und Poynting-Vektor

Wir wollen in diesem Abschnitt die Eigenschaften elektromagnetischer Wellen weiter diskutieren und uns insbesondere für ihren Energietransport interessieren. Wir beschränken uns auf ebene Wellen.

Wir nehmen an, eine ebene, elektromagnetische Welle breite sich in z-Richtung aus und sei in x-Richtung polarisiert (s. Abb. 26.2). Darunter versteht man, daß der $\boldsymbol{E}$-Vektor in der xz-Ebene schwingt, und es gilt

$$\boldsymbol{E}(\boldsymbol{r}, t) = E_0 \hat{\boldsymbol{x}} \cos(\omega t - kz) . \tag{26.15}$$

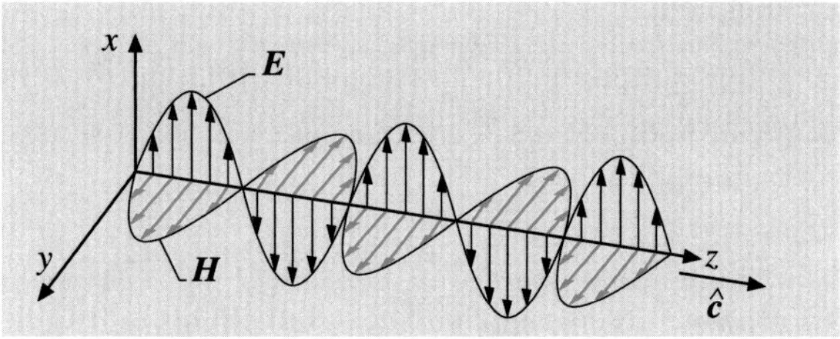

Abb. 26.2. Bild einer ebenen, in z-Richtung laufenden und in x-Richtung polarisierten elektromagnetischen Welle

Nach (26.10) schwingt dann der $\boldsymbol{H}$-Vektor in der yz-Ebene. Bei einer *laufenden* Welle ist er außerdem *in Phase* mit $\boldsymbol{E}$. Zu (26.15) gehört also das H-Feld

$$\boldsymbol{H}(\boldsymbol{r}, t) = H_0 \hat{\boldsymbol{y}} \cos(\omega t - kz) . \tag{26.16}$$

Man gewinnt (26.16) aus (26.15), indem man die räumliche Ableitung des elektrischen und die zeitliche des magnetischen Feldes bildet und beides in (26.10) einsetzt. Dadurch wird auch das Verhältnis der Amplituden festgelegt zu

$$\frac{E}{H} = \mu\mu_0 \frac{\omega}{k} = \mu\mu_0 c = \frac{\mu\mu_0}{\sqrt{\varepsilon\varepsilon_0\mu\mu_0}} = \sqrt{\frac{\mu\mu_0}{\varepsilon\varepsilon_0}} . \tag{26.17}$$

Schauen wir uns jetzt die elektrische und magnetische Energiedichte an [s. (19.101) und (22.28)]

$$\varrho_\mathrm{e} = \frac{1}{2}\varepsilon\varepsilon_0 \boldsymbol{E}^2 ; \qquad \varrho_\mathrm{m} = \frac{1}{2}\mu\mu_0 \boldsymbol{H}^2 ,$$

so erkennen wir durch Vergleich mit (26.17), daß sie gleich groß sind! Diesen Zusammenhang hatten wir auch bei akustischen Wellen gesehen, wo auch gleich viel Kompressionsenergie wie kinetische Energie und beide *in gleicher Phase* transportiert werden (vgl. Abschn. 12.2).

Poynting-Vektor

Wir können mit

$$\varrho_\mathrm{e} = \varrho_\mathrm{m} \tag{26.18}$$

und (26.17) die gesamte Energiedichte ϱ_E umschreiben zu

$$\begin{aligned} \varrho_\mathrm{E} &= 2\varrho_\mathrm{e} = \varepsilon\varepsilon_0 |\boldsymbol{E}| \cdot |\boldsymbol{E}| \\ &= \varepsilon\varepsilon_0 |\boldsymbol{E}| \cdot \sqrt{\frac{\mu\mu_0}{\varepsilon\varepsilon_0}} |\boldsymbol{H}| \\ &= \frac{1}{c} |\boldsymbol{E}| \cdot |\boldsymbol{H}| . \end{aligned} \tag{26.19}$$

Die Energiestromdichte $\boldsymbol{j}_\mathrm{E}$ ist wie jede Stromdichte (s. Abschn. 10.1) definiert als das Produkt aus der Energiedichte und der Transportgeschwindigkeit, für die hier c einzusetzen ist

$$\boldsymbol{j}_\mathrm{E} = \varrho_\mathrm{E} \boldsymbol{c} = \boldsymbol{S} . \tag{26.20}$$

Sie wird in der Wellenlehre allgemein als Intensität bezeichnet und trägt speziell in der Elektrodynamik das Symbol $\boldsymbol{S}$. Nun bilden die drei Vektoren $\boldsymbol{E}$, $\boldsymbol{H}$, $\boldsymbol{c}$ nach

Abb. 26.2 ein rechtwinkliges Dreibein mit

$$\hat{\boldsymbol{E}} \times \hat{\boldsymbol{H}} = \hat{\boldsymbol{c}}\,, \tag{26.21}$$

so daß wir mit (26.19) die Energiestromdichte als Vektorprodukt der elektrischen und der magnetischen Feldstärke schreiben können

$$\boldsymbol{S} = \boldsymbol{E} \times \boldsymbol{H}\,. \tag{26.22}$$

Es heißt **Poynting-Vektor**. Wir erinnern daran, daß auch die Schallintensität sich nach (12.23) als Produkt der Amplituden $\tilde{p}$ und $\tilde{v}$ des Schallfeldes schreiben ließ.

Die durch eine gegebene Fläche A durchtretende Leistung P, d. h. der Energiefluß, ist dann wie üblich durch das Flächenintegral

$$P = \int_A (\boldsymbol{S} \cdot \mathrm{d}\boldsymbol{A}') \tag{26.23}$$

gegeben.

Für unser Beispiel einer fortschreitenden ebenen Welle ergibt sich nach (26.15) und (26.16) der Poynting-Vektor zu

$$\boldsymbol{S} = \hat{\boldsymbol{c}} E_0 H_0 \cos^2(\omega t - kz) = \frac{1}{2}\hat{z} E_0 H_0 \{1 + \cos[2(\omega t - kz)]\} \tag{26.24}$$

mit dem zeitlichen Mittelwert

$$\overline{\boldsymbol{S}} = \frac{1}{2}\boldsymbol{E}_0 \times \boldsymbol{H}_0\,. \tag{26.22$'$}$$

Der Energiestrom einer Welle ist nicht gleichmäßig, sondern pulsiert mit der doppelten Frequenz der Amplitude zwischen null und dem Maximalwert.

Der Poynting-Vektor spielt eine fundamentale Rolle bei allen Berechnungen elektromagnetischer Energieströmungen, weil (26.22) unter sehr allgemeinen Voraussetzungen gültig ist, z. B. auch noch bei zeitlich konstanten Feldern! Bildet man z. B. den Poynting-Vektor an der Oberfläche eines stromdurchflossenen, runden Drahts aus der tangentialen Feldstärke (20.15)

$$E = \varrho\, j$$

(ϱ = spezifischer Widerstand) und dem magnetischen Ringfeld am Rand

$$H = I/2\pi r$$

und integriert ihn über die Mantelfläche des Drahts, so ergibt sich genau die im Draht auftretende Joulesche Leistung

$$P = RI^2\,.$$

* Lichtdruck und Lichtquantenimpuls

Wir hatten in Abschn. 12.2 gezeigt, daß eine Schallwelle nicht nur Energie, sondern auch Impuls transportiert. Die Impulsdichte ging aus der Energiestromdichte durch Division mit der Wellengeschwindigkeit hervor. Dieses Ergebnis gilt auch für elektromagnetische Wellen. Es gilt also ganz allgemein der Zusammenhang (12.27′)

$$\boldsymbol{j}_\mathrm{p} = \frac{1}{c}\boldsymbol{j}_\mathrm{E}\,.$$

Beziehen wir das auf ein einzelnes Lichtquant der Energie $h\nu$, so erhalten wir für seinen Impuls den Wert

$$\boldsymbol{p}_{\text{phot}} = \frac{E_{\text{phot}}}{c}\hat{\boldsymbol{c}} = \frac{h\nu}{c}\hat{\boldsymbol{c}} = \frac{h}{2\pi}\boldsymbol{k}\,. \tag{26.25}$$

Absorption und Reflexion von Licht an einer Oberfläche überträgt also auch einen Impuls auf dieselbe. Wie im analogen Fall der auf eine Wand auftreffenden Moleküle bauen sie einen mittleren Druck auf, der als **Lichtdruck** bezeichnet wird.

Reflexion

Trifft eine elektromagnetische Welle aus einem Isolator auf eine ideal leitende Grenzfläche, so wird sie dort vollständig reflektiert wie eine Schallwelle an einer festen Wand. Der Grund ist der gleiche: Ebenso wie die Schallamplitude nicht in die Wand eindringen kann, so auch nicht die *elektrische* Feldstärke in den Leiter, sondern sie wird an seiner Oberfläche kurzgeschlossen und hat dort einen *Knoten*. Es herrscht also vor der Wand eine **stehende Welle** aus hin- und rücklaufender Welle, wobei die *elektrische* Feldstärke der rücklaufenden Welle einen *Phasensprung* von π erleidet. Wir hatten dies in der Wellenlehre in Abschn. 12.3 behandelt. Verbunden damit war ein **Bauch** des Schalldrucks an der reflektierenden Wand. Das gleiche tritt hier für die magnetische Feldstärke ein. Dafür sorgt der von der einfallenden $\boldsymbol{E}$-Welle in der Leiteroberfläche erzeugte Strom. In der stehenden Welle sind also $\boldsymbol{E}$ und $\boldsymbol{H}$ räumlich und zeitlich um $\pi/2$ gegeneinander phasenverschoben (s. Abb. 26.3). Bilden wir daraus den Poynting-Vektor

$$\boldsymbol{S}(t, z) = (\boldsymbol{E}_0 \times \boldsymbol{H}_0)(\cos\omega t \sin kz)(\sin\omega t \cos kz) \tag{26.26}$$

so sehen wir, daß er mit jedem Nulldurchgang des Sinus oder Cosinus sein Vorzeichen wechselt und folglich im zeitlichen wie im räumlichen Mittel verschwindet. Genau das war zu erwarten, weil ja die einfallende Intensität vollständig reflektiert wird und es somit im Gebiet der stehenden Welle keine *resultierende* Energieströmung gibt.

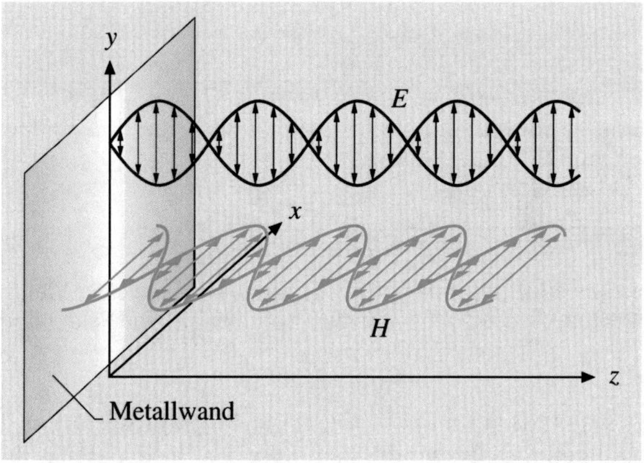

Abb. 26.3. Stehende elektromagnetische Welle vor einer spiegelnden Leiterfläche

26.5 Drahtwellen, Hertzscher Dipol

Wir haben im vorstehenden Abschnitt aus den Maxwellschen Gleichungen die prinzipielle Möglichkeit elektromagnetischer Wellen erkannt, uns dabei aber auf die Ausbreitung einer ebenen Welle in einem *unbegrenzten Dielektrikum* beschränkt. Wenn wir allerdings diese Wellen wirklich erzeugen und anwenden wollen, dann müssen wir lernen, wie sie sich in Gegenwart von Leitern verhalten und wie sie auf Ströme und Ladungen reagieren, die als Quellen und Senken elektromagnetischer Wellen in Frage kommen.

Drahtwellen

Zunächst wollen wir uns überlegen, wie sich eine elektromagnetische Welle in der Umgebung eines langen, gestreckten Leiterdrahts ausbreitet. Als Quelle nehmen wir an einem Ende eine *sehr hochfrequente* Wechselspannung an, derart daß die zugehörige Wellenlänge sehr viel kürzer als die Drahtlänge l sei

$$\lambda = c/\nu \ll l\,. \tag{26.27}$$

(s. Abb. 26.4). Da der Draht aufgrund der anliegenden Wechselspannung eine Flächenladung σ trägt, zeigt er nach außen ein elektrisches Feld, das bei einem *guten* Leiter, an dem kaum ein widerstandsbedingter Spannungsabfall herrscht (vgl. Abschn. 20.1), fast *senkrecht* auf der Oberfläche steht. Andererseits sind elektromagnetische Wellen transversal; folglich führt diese Randbedingung in der unmittelbaren Umgebung des Leiters, die wir die **Nahzone** nennen, zur Ausbreitung einer Welle *entlang* des Leiters mit Lichtgeschwindigkeit c. Man nennt sie **Drahtwellen**. Anders als bei den niederfrequenten Wechselströmen in Kap. 24 ist jetzt die Phase von Strom und Spannung *nicht* mehr entlang des ganzen Leiters konstant, sondern wechselt im Rhythmus der Wellenlänge ganz analog zum Fall einer Welle, die z. B. auf einem gespannten Seil entlang läuft.

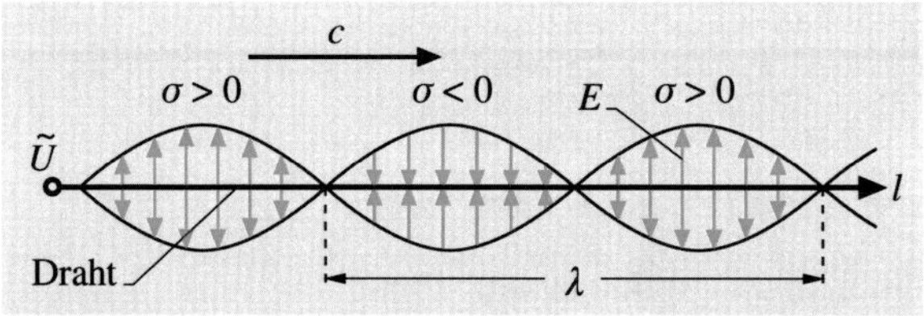

Abb. 26.4. Ausbreitung einer elektrischen Welle entlang eines Drahtes. Die Länge der Pfeile entspricht der Feldstärke an der Drahtoberfläche. Weiter draußen schließen sich die Feldlinien (s. Abb. 26.12)

Dieses wichtige qualitative Ergebnis (exakte Lösungen der Maxwellschen Wellengleichung unter Randbedingungen müssen wir der theoretischen Elektrodynamik überlassen) führt uns schon auf ein erstes Verständnis des Hertzschen Dipols. Nehmen wir nämlich ein relativ kurzes Leiterstück der Länge l, so wird die Drahtwelle an beiden Enden reflektiert genau wie bei einer Seilwelle. Sei nun l

ein Vielfaches der halben Wellenlänge, so bildet sich eine stehende Welle aus, die wir auch Eigenschwingung genannt haben (vgl. Abschn. 12.5).

Der resonante Hertzsche Dipol ist im Prinzip nichts weiter als ein Leiterstück, auf dem sich die Grundschwingung als stehende Drahtwelle mit

$$\lambda = 2l \tag{26.28}$$

ausgebildet hat.

Hierzu folgender Versuch:

VERSUCH 26.1

Gedämpfter Hertzscher Dipol und Ausbreitung einer Drahtwelle. Wir wollen jetzt zum einen mit einem Hertzschen Dipol eine sehr hochfrequente elektrische Schwingung erzeugen und sie zum andern als Drahtwelle entlang einer längeren Leiterschleife laufen lassen (s. Abb. 26.5). Dem Hertzschen Originalrezept folgend, ist der Dipol in der Mitte durch eine Funkenstrecke zwischen zwei kleinen Kugeln unterbrochen. Wir führen jetzt den beiden Teilstücken über einen Hochspannungstransformator eine 50 Hz Wechselspannung von ca. 10 kV zu, wodurch sich die beiden Teilstücke gegeneinander aufladen bis zu dem Punkt, wo der Funke zwischen den Kugeln zündet und die gespeicherte Ladung über den jetzt hergestellten Kurzschluß hin- und herschwingen kann. Die Schwingung ist natürlich gedämpft und reißt ab, wenn die Amplitude zu klein wird, um den Funken zu unterhalten.

Die hochfrequente Schwingung wird nun an einem Ende des Dipols abgegriffen und der Leiterschleife zugeführt, entlang derer sie sich nach beiden Seiten ausbreitet und schließlich ein dazwischen geschaltetes Glühlämpchen erreicht. Sind die beiden Wege zur Glühlampe gleich lang ($l_1 = l_2$), so herrscht an ihren Kontakten jeweils die gleiche Phase der Schwingung und somit *kein* Spannungsunterschied; folglich fließt auch *kein* Strom durch sie. Machen wir die Wege aber ungleich lang, so führt der Laufzeitunterschied zu einer *relativen* Phasenverschiebung an den Kontakten von $\Delta\varphi = 2\pi(l_1 - l_2)/\lambda$, woraus ein Spannungsunterschied resultiert. Die Lampe leuchtet dann auf.

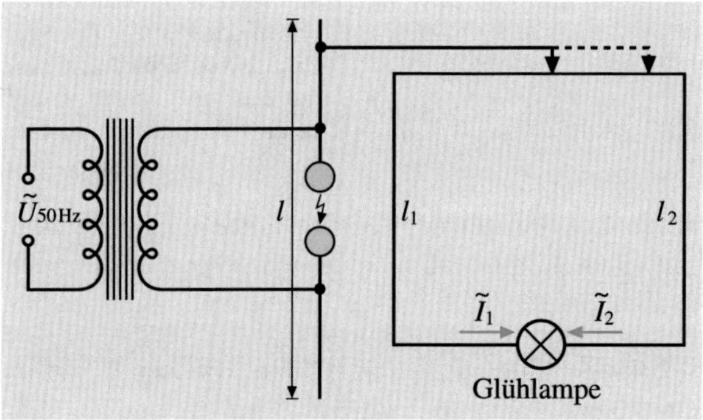

Abb. 26.5. Skizze zur Erzeugung gedämpfter hochfrequenter Schwingungen mit einem Hertzschen Dipol und Demonstration von Drahtwellen auf einer Leiterschleife

Damit ist gezeigt, daß sich auf Leitern in der Tat elektromagnetische Wellen ausbreiten und dort auch stehende Wellen ausbilden.

Es sei noch erwähnt, daß man unter geeigneten Umständen einen Hertzschen Dipol mit einer *Gleichspannung* über eine Funkenstrecke auch zu einer *stationären* Schwingung anregen kann. Elektrische Funken und Lichtbögen haben nämlich eine **negative Widerstandscharakteristik**, d. h. ihr Widerstand sinkt mit wachsendem

Strom. Sie eignen sich daher zur Anfachung selbsterregter Schwingungen, wie in Abschn. 25.4 besprochen. Vor dem Zeitalter der aktiven Bauelemente, der Röhren und Transistoren, dienten solche Schaltungen als Hochfrequenzquellen für die ersten Rund*funk*sender. Daher der Name!

Hertzscher Dipol als Schwingkreis

Wenn wir auf unsere Kenntnisse von Wechselströmen (s. Abschn. 24.2) zurückgreifen, so können wir den **Hertzschen Dipol** auch als eine Art **elektrischer Schwingkreis** anschaulich deuten. Das macht die Bildfolge in Abb. 26.6 deutlich, die gewissermaßen die „topologische" Verwandtschaft zwischen diesen beiden Elementen verdeutlicht. Aus einem üblichen Schwingkreis, bestehend aus Plattenkondensator C und einem ringförmigen Leiter als Induktivität L entsteht durch Aufbiegen und Weglassen der Platten ein Hertzscher Dipol. Die beiden Leiterenden spielen im wesentlichen die Rolle der Kapazität, die Leitermitte die der Induktivität. Allerdings sind C und L jetzt entlang des ganzen Leiters verteilt und sind jeweils proportional zu seiner Länge. Folglich ist die Oberflächenladung σ auch nicht an den Enden konzentriert, sondern über die ganze Länge des Leiters verteilt, und auch der Strom I, der σ transportiert, ist nicht konstant über den Leiter. Während σ an den Enden Bäuche und in der Mitte einen Knoten bildet, ist es beim Strom gerade umgekehrt.

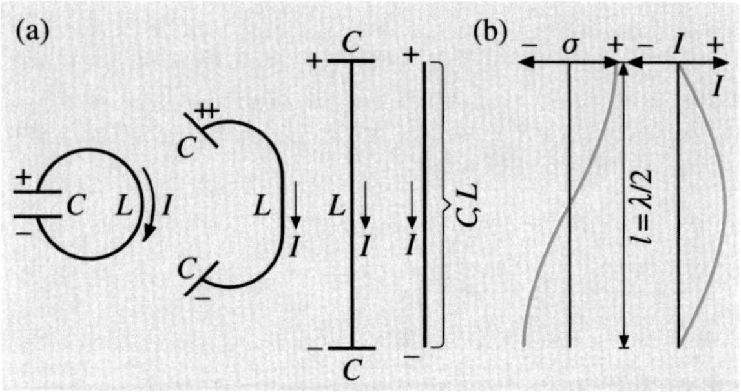

Abb. 26.6. (**a**) Übergang vom elektrischen Schwingkreis zum Hertzschen Dipol durch Aufbiegen und Weglassen der Platten. (**b**) Verteilung von Oberflächenladung σ und Strom I auf einen Hertzschen Dipol in der Grundschwingung

Zum Beweis, daß sich die Drahtwelle mit der für den *umgebenden Isolator* charakteristischen Lichtgeschindigkeit fortpflanzt, machen wir folgenden Versuch mit resonanten Hertzschen **Dipolantennen**.

VERSUCH 26.2

Resonante Dipolantenne im Dielektrikum. Wir stellen einen Sender auf, der eine 100 MHz Welle abstrahlt und fangen sie mit einer resonanten Dipolantenne der Länge $\lambda/2 = 1{,}5\,\text{m}$ auf. Die empfangene Leistung demonstrieren wir durch das Aufleuchten einer Glühlampe im Strombauch in der Antennenmitte. Ein Maximum der empfangenen Leistung beobachten wir, wenn die Antenne parallel zum $\boldsymbol{E}$-Feld der Senderwelle ist. In der Ebene senkrecht dazu nimmt die Dipolantenne keine Leistung auf. Damit ist auch die **Transversalität elektromagnetischer Wellen** demonstriert.

Bei einer neunmal kürzeren Antenne ($l \simeq 17\,\text{cm}$) beobachten wir dagegen in keiner Lage ein Aufleuchten. Tauchen wir sie dagegen in ein Becherglas mit Wasser, so leuchtet sie (falls richtig orientiert) auf und ist jetzt offensichtlich in Resonanz. In der Tat hat

Wasser die Dielektrizitätskonstante $\varepsilon = 81$, und somit verringert sich nach (26.12) die Lichtgeschwindigkeit um den Faktor 9 wie beobachtet.

Zum vorstehenden Versuch ist noch nachzutragen, daß sich der hohe ε-Wert des Wassers *nicht* bis in den optischen Frequenzbereich fortsetzt. Er beruht nämlich auf der Umorientierung der sehr großen, permanenten Dipolmomente der Wassermoleküle im Feld. Die sind aber zu träge, um optischen Frequenzen von der Größenordnung 10^{14} Hz folgen zu können. Andernfalls hätte Wasser im optischen Bereich den riesigen Brechungsindex von

$$n = \frac{c}{c_0} \approx \sqrt{\varepsilon} = 9$$

im Gegensatz zum beobachteten Wert von ca. 1,5.

26.6 Doppel- und Koaxialleitungen

Ein klares Bild über die Feldverteilung einer Drahtwelle haben wir uns nur für die **Nahzone** im Abstandsbereich $r \ll \lambda$ machen können (vgl. Abb. 26.4). Im Bereich größerer Abstände, der sogenannten **Fernzone**, werden die Verhältnisse deutlich schwieriger (s. Abschn. 26.8). Führen wir aber noch innerhalb der Nahzone den Strom auf einem parallelen Rückleiter zurück, so wird das Problem übersichtlicher, weil die elektromagnetischen Felder in der Fernzone dann schnell abklingen. Diesem Prinzip folgen die in der Hochfrequenztechnik üblichen **Doppelleitungen**. Am konsequentesten sind in dieser Hinsicht die **Koaxialleitungen** mit zylindrischem, zentriertem Innen- und Außenleiter (s. Abb. 26.7). Legen wir die *hochfrequente* Wechselspannung $\tilde{U}$ zwischen Innen- und Außenleiter an, so dringt kein elektrisches Wechselfeld nach außen, ebenso kein magnetisches Feld, weil der hin- und rücklaufende Strom dem Betrage nach gleich sind und sich daher ihre Beiträge zum Ringfeld außerhalb des Koaxialleiters nach dem Stokesschen Satz (21.20) bzw. (26.6) aufheben.

Mit etwas Mühe rechnen wir die **differentielle Leitungsinduktivität** $\mathrm{d}L$ bzw. **Kapazität** $\mathrm{d}C$ aus, die ein Koaxialleiter auf einem Längenintervall $\mathrm{d}l \ll \lambda$ aufbringt. Hierzu greifen wir auf die elektromagnetische Energie zurück, die in dem scheibenförmigen Volumenelement

$$\mathrm{d}\tau = A\mathrm{d}l = \left(\int_{r_\mathrm{i}}^{r_\mathrm{a}} 2\pi r \mathrm{d}r\right) \mathrm{d}l$$

gespeichert ist. Die Felder nehmen mit wachsendem Radius ab, deswegen müssen wir die Integration der Energiedichte über die Kreisfläche explizit ausführen. Mit (22.28), (23.17b) und (23.14) erhalten wir somit für den *magnetischen* Anteil

$$\begin{aligned}\mathrm{d}E_\mathrm{m} &= \frac{1}{2}\mu\mu_0 \left(\int_{r_\mathrm{i}}^{r_\mathrm{a}} H^2(r) 2\pi r \mathrm{d}r\right) \mathrm{d}l = \frac{1}{2}\mu\mu_0 \left(\int_{r_\mathrm{i}}^{r_\mathrm{a}} \frac{I^2}{(2\pi r)^2} 2\pi r \mathrm{d}r\right) \mathrm{d}l \\ &= \frac{\mu\mu_0}{4\pi} I^2 \ln(r_\mathrm{a}/r_\mathrm{i}) \mathrm{d}l = \frac{1}{2} I^2 \mathrm{d}L\,.\end{aligned}$$

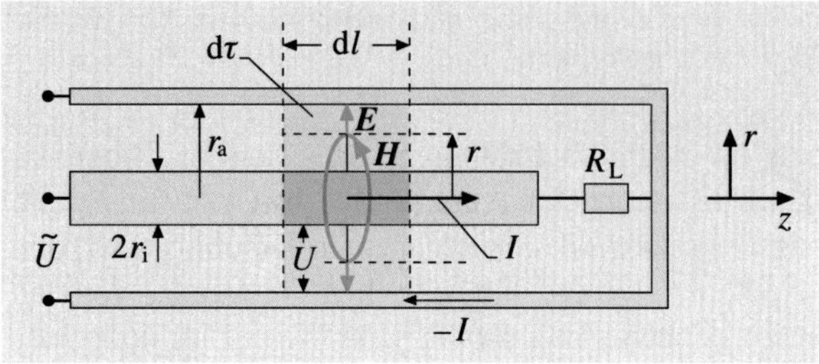

Abb. 26.7. Skizze zur Berechnung des Wellenwiderstands einer Koaxialleitung. Es soll $r_i, r_a \ll \lambda$ gelten

Daraus folgt für die **differentielle Leitungsinduktivität**

$$dL = \frac{\mu\mu_0}{2\pi} \ln(r_a/r_i) dl\,. \qquad (26.29)$$

Dabei haben wir davon Gebrauch gemacht, daß zum Magnetfeld im Zwischenraum nur der Strom durch den Innenleiter beiträgt, da der Außenleiter von dem entsprechenden Wegintegral entlang des magnetischen Ringfelds beim Radius $r < r_a$ gar nicht umschlossen wird. Außerdem haben wir auch keinen Beitrag aus dem Inneren des Innenleiters berücksichtigt, weil bei hohen Frequenzen das Magnetfeld daraus verdrängt wird (s. u.).

Zur Berechnung des *elektrischen* Anteils müssen wir uns zunächst über die radiale Abhängigkeit von $\boldsymbol{E}(\boldsymbol{r})$ klar werden. Die auf dem Innenleiterelement der Länge dl sitzende Ladung dQ erzeugt im Zwischenraum aus Symmetriegründen ein radiales $\boldsymbol{E}$-Feld. Der von dQ ausgehende elektrische Kraftfluß durchsetzt daher im Abstand r die umgebende Mantelfläche

$$dA = 2\pi r dl$$

und ist zu Folge des Gaußschen Satzes (26.4) gleich

$$d\phi = \varepsilon\varepsilon_0 E(r) 2\pi r dl = dQ \quad \curvearrowright$$

$$\varepsilon\varepsilon_0 E(r) = \frac{1}{2\pi r}\frac{dQ}{dl}\,. \qquad (26.30)$$

Genau wie das magnetische, so nimmt auch das elektrische Feld im Zwischenraum mit $1/r$ ab. In Analogie zur vorigen Rechnung erhalten wir daher mit (19.101) und (19.53) für den elektrischen Energiebeitrag

$$\begin{aligned} dE_e &= \frac{1}{2}\varepsilon\varepsilon_0 \left(\int_{r_i}^{r_a} E^2(r) 2\pi r dr\right) dl \\ &= \frac{1}{4\pi\varepsilon\varepsilon_0} \ln(r_a/r_i) \left(\frac{dQ}{dl}\right)^2 dl \\ &= \frac{1}{2} dQ^2/dC\,. \end{aligned}$$

Lösen wir dies nach der gesuchten **differentiellen Leitungskapazität** auf, so erhalten wir

$$dC = \frac{2\pi\varepsilon\varepsilon_0}{\ln(r_a/r_i)} dl\,. \qquad (26.31)$$

Im Gegensatz zur Induktivität steht hier der Logarithmus des Radienverhältnisses im *Nenner*. Es sei noch einmal betont, daß wir uns bei der Ableitung dieser Formeln auf Raumgebiete beschränkt haben, deren Abmessungen sehr viel kleiner als die Wellenlänge sind. Deswegen konnten wir diejenigen räumlichen Änderungen der Feldstärken, die allein auf der *endlichen* Wellenlänge beruhen, unter den Tisch fallen lassen.

Setzt man Zahlen ein, so ergeben sich für die üblichen Koaxialleitungen ($r_a \approx 3\,\text{mm}$, $r_i \approx 0{,}5\,\text{mm}$, $\varepsilon \approx 4$) Werte in der Größenordnung

$$\frac{\mathrm{d}L}{\mathrm{d}l} \approx 0{,}3\,\mu\text{Hy/m}$$

für die Induktivität pro Meter und

$$\frac{\mathrm{d}C}{\mathrm{d}l} \approx 120\,\text{pF/m}$$

für die Kapazität pro Meter. Ähnliche Werte errechnen sich für andere Typen von Doppelleitungen, wie z. B. die **Lecherleitung**, die aus zwei parallelen, in relativ engem Abstand geführten Drähten besteht. Wichtiger als diese Absolutzahlen ist für die Praxis jedoch das *Verhältnis* aus Leitungsinduktivität und -kapazität, wie wir im folgenden Abschnitt sehen werden.

Wellenwiderstand

Will man einem Verbraucher R aus einer Hochfrequenzquelle über eine lange Doppelleitung ($l \gg \lambda$) Hochfrequenzleistung zuführen, so stellt dieses Kabel im allgemeinen einen *komplexen* Widerstand dar, der die Quelle zusätzlich mit *Blindleistung* belastet. Wir suchen jetzt die Bedingung, unter der diese Blindlast verschwindet. In der Wechselstromtechnik war hierfür verlangt, daß Strom und Spannung *in Phase* sind (s. Abschn. 24.3), das gilt auch hier weiter. Zwar ändern sich Spannung und Strom entlang des Kabels im Rhythmus der Wellenlänge, jedoch sollen sie *an jeder Stelle in Phase* miteinander sein. Dann sind auch die elektrische und die magnetische Feldamplitude der im Kabel laufenden Welle miteinander in Phase, und folglich wird am Kabelende, wo der Verbraucher sitzt (s. Abb. 26.7) nichts reflektiert, sondern der gesamte, von der Quelle ausgehende Energiestrom absorbiert. Wir erinnern uns, daß unter diesen Umständen auch der Poynting-Vektor, gemittelt über eine Periode, seinen Maximalwert von

$$\bar{\boldsymbol{S}}_{\text{max}} = \frac{1}{2}\boldsymbol{E}_0 \times \boldsymbol{H}_0$$

erreicht. (Man überzeuge sich auch, daß $\hat{\boldsymbol{S}}$ in Richtung des Verbrauchers zeigt.) In diesem Fall ist dann an jeder Stelle die elektrische gleich der magnetischen Energiedichte

$$\frac{1}{2}\varepsilon\varepsilon_0 E^2 = \frac{1}{2}\mu\mu_0 H^2 \,.$$

Drücken wir dies durch die differentielle Leitungsinduktivität dL und -kapazität dC aus, so ergibt sich für die elektrische und magnetische Wellenenergie auf ►

der Länge dl

$$dE_e = \frac{1}{2}U^2 dC = dE_m = \frac{1}{2}I^2 dL. \qquad (26.32)$$

Daraus bilden wir das Verhältnis von Spannung und Strom und nennen es den **Wellenwiderstand** des Kabels

$$Z_W = \frac{U}{I} = \sqrt{\frac{dL}{dC}}. \qquad (26.33)$$

Speziell für den Koaxialleiter erhalten wir aus (26.29) und (26.31) hierfür den Wert

$$Z_W = \frac{1}{2\pi}\sqrt{\frac{\mu\mu_0}{\varepsilon\varepsilon_0}}\ln(r_a/r_i)$$
$$= 377\,\Omega\sqrt{\mu/\varepsilon}(1/2\pi)\ln(r_a/r_i). \qquad (26.33')$$

Gängig sind Kabel mit $Z_W = 50\,\Omega$ oder $75\,\Omega$. Wählen wir nun den Lastwiderstand R_L am Ausgang des Kabels gleich seinem Wellenwiderstand, so erzeugt die ankommende Spannungswelle dort eine Stromwelle, die erstens in Phase mit der Spannung ist, weil R_L Ohmsch ist, und die zweitens auch dem Betrage nach im gewünschten Verhältnis (26.33) zur Spannung steht. Das gilt dann auch entlang des ganzen Kabels. Somit ist unser Ziel erreicht, daß von der eingespeisten Welle am Ausgang *nichts* reflektiert, sondern die *gesamte* Leistung vom Lastwiderstand absorbiert wird.

Interessant an diesem Ergebnis ist, daß darin weder die Länge des Kabels noch die Frequenz der Quellspannung vorkommen.

Ein mit seinem Wellenwiderstand abgeschlossenes Kabel stellt also für alle Frequenzen und Längen einen reellen Widerstand dar!

! Überträgt man hierdurch z. B. ein kurzes, pulsförmiges Signal, dessen Fourierzerlegung ein breites Spektrum an Frequenzen enthält, so wird es am Empfänger nicht reflektiert. Das ist sehr wichtig für die Nachrichtentechnik; denn mehrfach reflektierte Signale kommen nach der doppelten Laufzeit wieder, könnten also doppelt gezählt werden und stören in jedem Falle.

Stehende Wellen auf Doppelleitungen

Ist eine **Doppelleitung** *nicht* mit ihrem Wellenwiderstand abgeschlossen (**Fehlanpassung**), so wird nach oben Gesagtem immer ein Bruchteil der ankommenden Hochfrequenzwelle am Ende reflektiert. Extreme Fehlanpassungen wären ein Kurzschluß ($R_L = 0$) oder ein offenes Ende ($R_L = \infty$).

! Dann wird die gesamte Leistung reflektiert, und es herrscht dort ein Strom- oder ein Spannungsbauch, jeweils verknüpft mit einem Spannungs- bzw. Stromknoten. Aber auch ein solches Kabel kann einen reellen Widerstand annehmen, wenn es nämlich in Resonanz gerät, seine Länge also ein Vielfaches der halben Wellenlänge ist

$$l = n\lambda/2.$$

Wir nennen dies eine **Leitungsresonanz**; sie kann bei verlustarmen Kabeln sehr scharf und hoch sein. Wir hatten solche **Eigenschwingungen** in Form **stehender Wellen** in der Mechanik in Kap. 11 und 12 ausführlich diskutiert.

Den Unterschied zwischen einem Leitungsresonator und dem üblichen LC-**Schwingkreis** macht folgende Überlegung deutlich: Wir nehmen einmal versuchsweise die gesamte Leitungsinduktivität und -kapazität nach (26.29) und (26.31) und setzen sie in (24.10) für die Resonanzfrequenz des LC-Kreises ein. Es folgt:

$$\nu = \frac{1}{2\pi\sqrt{L\cdot C}} = \frac{1}{\sqrt{\frac{\mathrm{d}C}{\mathrm{d}l}l\frac{\mathrm{d}L}{\mathrm{d}l}l}} = \frac{1}{2\pi\sqrt{\mu\mu_0\varepsilon\varepsilon_0 l^2}} = \frac{c}{2\pi l}\,.$$

Sie ist um den Faktor π kleiner als der korrekte Wert für die Grundschwingung. Der Grund liegt auf der Hand: Die stehende Welle nutzt aufgrund der räumlichen Verteilung von Bäuchen und Knoten für Strom und Spannung nur Bruchteile der vollen Leiterinduktivität bzw. -kapazität aus, während die konzentrierten Schaltelemente L und C des normalen Schwingkreises jeweils den vollen Strom- und Spannungswerten ausgesetzt sind.

VERSUCH 26.3

Stehende Wellen auf Lecherleitung. Wir führen einer längeren **Lecherleitung** an einem Ende eine hochfrequente Spannung von ca. 100 MHz zu und legen in den Zwischenraum ein Glasrohr, das wir bis auf einen Restdruck von einigen mbar evakuieren. In den Spannungsbäuchen zündet das hochfrequente $\boldsymbol{E}$-Feld ein leuchtendes Plasma. Am Ende der Lecherleitung beobachten wir auf diese Weise einen Spannungsbauch oder -knoten je nachdem, ob wir es offen lassen oder kurzschließen (s. Abb. 26.8).

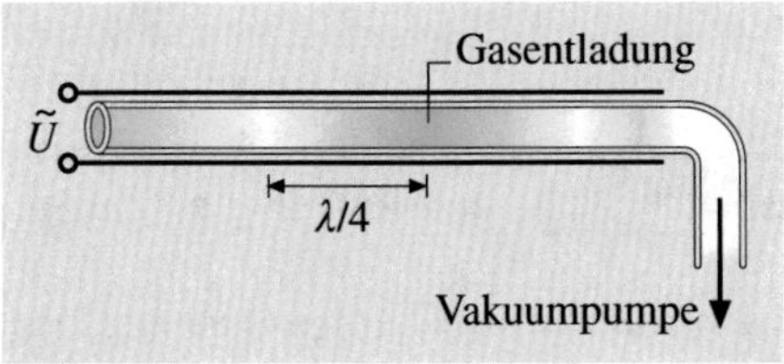

Abb. 26.8. Eine stehende Welle an einer offenen Lecherleitung zündet eine Gasentladung in einem teilevakuierten Glasrohr an den Spannungsbäuchen

Skineffekt

Bei der Berechnung der magnetischen Energie in der Koaxialleitung hatten wir das $\boldsymbol{H}$-Feld im Innern des Innenleiters ($r < r_\mathrm{i}$) vernachlässigt (s. Abb. 26.7). Warum war das erlaubt? Man kann zeigen, daß ein hochfrequenter Strom in einem *guten* Leiter nur in einer *dünnen* Schicht unter der Oberfläche fließt! Man nennt dieses Phänomen daher **Skineffekt**, für das wir folgende Erklärung finden: Mit dem Strom wird auch das Magnetfeld aus dem Innenleiter verdrängt und dadurch der induktive Widerstand der Leitung gesenkt. Aus dem gleichen Grund läuft der Strom auf der Innenseite des Außenleiters (bei r_a) zurück. Nach dem Prinzip des geringsten Zwanges wählt also der Strom den Weg des geringsten Gesamtwiderstandes, wobei ein Kompromiß zwischen dem bei kleinerer Eindringtiefe zunehmendem Ohmschen und abnehmenden induktiven Widerstand geschlossen wird.

Im einzelnen gilt, daß die hochfrequente Stromdichte in einem Leiter exponentiell mit der Tiefe x unterhalb der Oberfläche abnimmt

$$j(x) = j_0 e^{-x/d} \quad \text{mit} \quad d = 1/\sqrt{\pi\mu\mu_0\sigma\omega} \tag{26.34}$$

(σ = spezifische Leitfähigkeit). Die mittlere **Eindringtiefe** d beträgt z. B. für Kupfer bei 100 MHz nur noch 2,5 µm! Durch die zunehmende Verdrängung des Stroms an die Oberfläche wächst der Ohmsche Widerstand einer Hochfrequenzleitung daher mit der Frequenz stark an!

26.7 Hohlraumresonatoren, Hohlleiter und Mikrowellen

Ebenso wie sich in einem Kasten mit festen Wänden akustische Eigenschwingungen ausbilden (s. Abschn. 12.6), so treten in einem von leitenden Wänden umschlossenen **Hohlraum elektromagnetische Eigenschwingungen** auf. Auch hier bilden sich **stehende Wellen** aus, weil die Wände die ankommende Welle reflektieren. Sie müssen also der Randbedingung genügen, daß die *Tangentialkomponente der elektrischen Feldstärke* an den Wänden *verschwindet*, wie wir es bei der Reflexion in Abschn. 26.4 besprochen haben. Die Wände bilden also Knotenflächen der Eigenschwingungen. Am übersichtlichsten ist die Situation bei einem Quader mit Kantenlängen a, b und d in den Raumrichtungen x, y und z (s. Abb. 26.9). Wie schon in der Wellenlehre in Abschn. 12.6 besprochen, können sich in allen drei Raumrichtungen stehende Wellen der Form

$$E_z(x, y) = E_{0z} \sin\left(\frac{l\pi x}{a}\right) \sin\left(\frac{m\pi y}{b}\right) \tag{26.35}$$

ausbilden, wobei wir hier die *Transversalität* der Welle beachtet haben. Die z-Komponente von $\boldsymbol{E}$ kann also nicht eine stehende Welle in z-Richtung ausbilden. Das gleiche gilt für die übrigen Komponenten.

Abbildung 26.9 zeigt die Grundschwingung mit $l = m = 1$ des Quaders. Das $\boldsymbol{E}$-Feld liegt in z-Richtung und hat in der Mitte der xy-Ebene einen Bauch, während die Mantelflächen entlang der a- und b-Kante Knotenflächen bilden. Zwischen den beiden Stirnflächen herrscht die Schwingspannung. In Analogie zum üblichen

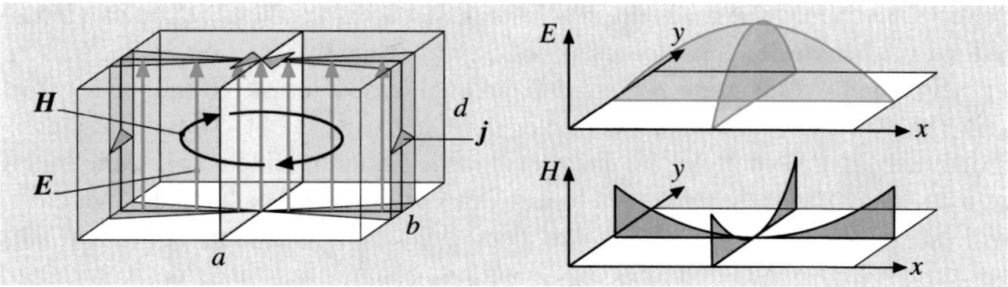

Abb. 26.9. *Links*: Skizze der Feld- und Stromverteilung in der Grundschwingung eines elektromagnetischen Hohlraumresonators. *Rechts*: Profil der E- und H-Feldstärke als Funktion von x und y

Schwingkreis haben sie eine kapazitive Funktion, wo sich die Ladungen sammeln. Sie fließen im Rhythmus der Frequenz über die Mantelflächen hin und her; diesen kommt also die induktive Funktion zu. Das Magnetfeld umschließt nach (26.3) ringförmig den Verschiebungsstrom zwischen den Stirnflächen. Es hat im Zentrum der xy-Fläche einen Knoten und am Rand einen Bauch, ebenso die Stromdichte $\boldsymbol{j}$, deren Anwachsen zum Rand hin durch die zunehmende Breite des blauen Bandes in Abb. 26.9 symbolisiert wird. Werden höhere Eigenschwingungen im Quader angeregt, an denen alle drei Raumrichtungen beteiligt sind, dann schließen sich auch elektrische Feldlinien im Innern.

Genau wie im akustischen Fall lassen sich die Resonanzfrequenzen des elektromagnetischen Hohlraumresonators nach wachsenden Ordnungszahlen l, m, n der stehenden Wellen abzählen, und es gilt (vgl. Abschn. 12.6)

$$\omega_{lmn} = c\sqrt{k_x^2 + k_y^2 + k_z^2} = \pi c\sqrt{\frac{l^2}{a^2} + \frac{m^2}{b^2} + \frac{n^2}{d^2}} \qquad (26.36)$$

$l, m, n = 0, 1, 2, 3 \ldots$ (mindestens zwei Indizes > 0).

VERSUCH 26.4

Hohlraumresonanz. Wir koppeln in einen Hohlraumresonator über ein Kabel mittels einer kleinen Koppelschleife ein hochfrequentes Magnetfeld ein und an der gegenüberliegenden Seite auf die gleiche Weise wieder aus (s. Abb. 26.10). Dort wird die induzierte Hochfrequenzspannung gleichgerichtet und angezeigt. Wir beobachten als Funktion der Frequenz scharfe Resonanzen.

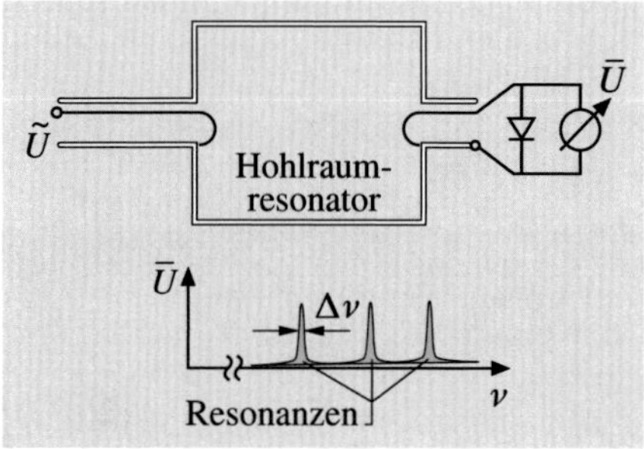

Abb. 26.10. Skizze zur Beobachtung von Hohlraumresonanzen

Bei guter Wandqualität und schwacher Ankopplung können Hohlraumresonanzen eine sehr hohe Güte $Q = \nu/\Delta\nu$ [s. (11.49 u. 74)] erreichen. Bei supraleitenden Wänden kann sie 10^9 und mehr betragen.

Hohlleiter

Im Innern eines leitenden Rohrs kann sich eine elektromagnetische Welle entlang der Achse fortpflanzen, ähnlich wie der Schall im Hörrohr des Arztes. Wegen ihrer *Transversalität* können sich aber elektromagnetische Wellen nur *unterhalb* einer bestimmten **Grenzwellenlänge** λ_{Gr} im Rohr ausbreiten; denn in transversaler Richtung muß sich noch eine stehende Welle ausbilden können. Das erkennt man am einfachsten bei einem rechteckigen Rohrquerschnitt (s. Abb. 26.11). Das $\boldsymbol{E}$-Feld zeigt

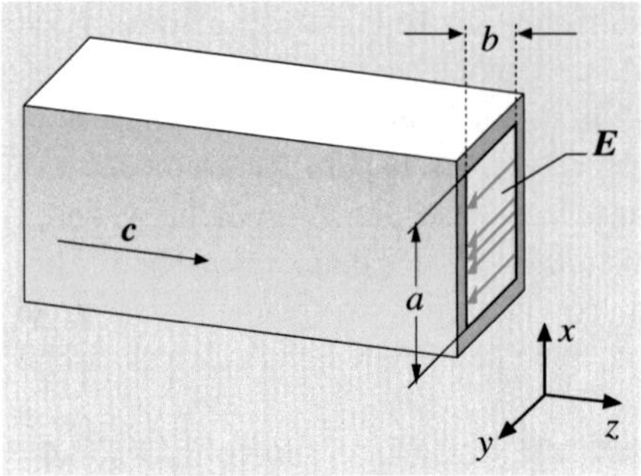

Abb. 26.11. Skizze zur Wellenausbreitung in einem rechteckigen Hohlleiter

parallel zur kürzeren Kante b. Da seine Tangentialkomponente von den leitenden Wänden kurzgeschlossen wird, muß es an der oberen und unteren Wand je einen Knoten haben. Die zugehörige stehende Welle ist als Funktion von x gegeben durch

$$E_y(x) \propto \sin(k_x x) = \sin\left(\frac{l\pi}{a}x\right).$$

In der Laufrichtung z der Welle existiert dagegen keine Randbedingung, die die Wellenzahl k_z einschränken würde. Also ist die Welle insgesamt gegeben durch

$$E_y(x, z, t) = E_0 \sin\left(\frac{l\pi}{a}x\right)\sin(\omega t - k_z z) \tag{26.37}$$

mit beliebigem k_z. Die Frequenz ist allerdings durch (26.36) auf einen Mindestwert festgelegt:

$$\omega_l = c\sqrt{k_x^2 + k_z^2} = c\sqrt{\left(\frac{\pi l}{a}\right)^2 + k_z^2} > \frac{c\pi}{a}l \quad \curvearrowright$$

$$\nu_l > \frac{c}{2a}l\,; \qquad l = 1, 2, 3, \ldots. \tag{26.38}$$

Im Grundmodus $l = 1$, $m = 0$ bewegt sie sich in einem Frequenzband

$$\frac{c}{2a} \leq \nu_{10} \leq \frac{c}{a}. \tag{26.39}$$

Bei höheren Frequenzen können auch höhere Moden $l > 1$ und solche entlang der kurzen b-Kante ($m > 0$) anschwingen und eventuell mit dem Grundmodus interferieren. Das möchte man in der Anwendung ausschließen und beschränkt sich daher auf das durch (26.39) vorgegebene Band, das einen Faktor 2, also eine Oktave, umfaßt.

Es ist interessant, die **Phasengeschwindigkeit** der Wellenausbreitung im **Hohlleiter** zu untersuchen. Mit (26.37) und (26.38) folgt definitionsgemäß

$$c_{\varphi z} = \frac{\omega}{k_z} = c\frac{\sqrt{(\pi l/a)^2 + k_z^2}}{k_z} > c. \tag{26.40}$$

! Sie ist also in jedem Falle *größer* als die Lichtgeschwindigkeit und divergiert sogar an der Unterkante des Bandes wegen $k_z \to 0$. Das ist aber kein Unglück für die Relativitätstheorie; denn die Gruppengeschwindigkeit, mit der ein Signal durch den

Hohlleiter transportiert wird, bleibt immer kleiner als c! Der Beweis ist aber nicht leicht!

Mikrowellen

Unter **Mikrowellen** versteht man in der Regel elektromagnetische Wellen im Bereich

$$1\,\text{mm} \lesssim \lambda \lesssim 10\,\text{cm}\,.$$

Sie können noch mit rein elektrotechnischen Mitteln, d. h. speziellen Röhrentypen, auf die wir hier nicht eingehen, kohärent und monochromatisch hergestellt werden. Eine bekannte Anwendung ist das **Radar**. Der Transport von Mikrowellen geschieht in der Regel über **Hohlleiter**, weil sie die Welle weit weniger dämpfen als Koaxialkabel, bei denen zu den hohen Ohmschen Verlusten auf dem dünnen Innenleiter auch noch dielektrische Verluste im Isolator zwischen den Leitern hinzutreten.

Am offenen Ende eines Hohlleiters wird eine Mikrowelle (zumindest teilweise) in den freien Raum abgestrahlt. Setzt man einen Trichter auf, so geschieht die Abstrahlung gerichtet wie bei einem Sprachrohr. Wir interessieren uns hier für *freie* Mikrowellen, weil sich mit ihnen alle charakteristischen Phänomene der Optik in einem makroskopischen Wellenlängenbereich sehr schön demonstrieren lassen.

VERSUCH 26.5

Versuche mit Mikrowellen. Wir empfangen freie Mikrowellen ($\lambda = 3\,\text{cm}$) mit einer kleinen Dipolantenne und richten die empfangene Spannung mit einer Diode gleich. Wir können das empfangene Signal hörbar machen, indem wir die Mikrowelle genau wie in der Rundfunktechnik mit Frequenzen im akustischen Bereich, z. B. einem Musikstück, modulieren. Damit demonstrieren wir folgende Phänomene:

- An einer großen Metallplatte oder an einem nassen Handtuch beobachten wir die **Reflexion** der Mikrowelle. Letzteres gelingt wegen der hohen Dielektrizitätskonstante des Wassers recht gut ($\varepsilon \approx 80$) (vgl. die Fresnelschen Formeln in Abschn. 27.5).
- Ein Rost aus enggespannten Drähten im Abstand $d < \lambda$ wirkt wie ein **Polarisations**filter. Ist das $\boldsymbol{E}$-Feld parallel zu den Drähten, so wird es reflektiert, weil sich entlang der Drähte ein Strom ausbilden kann, der es kurzschließt. Senkrecht zur Spannrichtung der Drähte kann das $\boldsymbol{E}$-Feld jedoch das Gitter passieren.
- Mit einer großen **Linse** aus Paraffin fokussieren wir die Mikrowellen und suchen mit der Dipolantenne den **Brennpunkt** der Linse. Denn an der Grenzfläche zum Paraffin wird die Mikrowelle gebrochen entsprechend einem **Brechungsindex** $n = \sqrt{\varepsilon}$, genau wie eine Lichtwelle (s. Abschn. 27.4). Ebenso zeigen wir die **Brechung** der Mikrowelle mit einem großen **Prisma** aus Paraffin.
- Wir zeigen auch die Totalreflexion an der Hypotenuse eines rechtwinkligen Prismas, wenn die Mikrowelle senkrecht durch seine Kathete eintritt. Bringen wir die Hypotenuse eines zweiten Prismas in die Nähe der totalreflektierenden des ersten, so fängt es bei Abständen $d \lesssim \lambda$ die restliche Grenzwellenamplitude nach (12.36) und (27.14) wieder auf. Die beiden Prismen wirken als Strahlteiler (vgl. Abschn. 27.4).
- An einer kreisförmigen Öffnung in einem großen Metallschirm zeigen wir die **Beugung** von Mikrowellen und beobachten als Funktion des Blendendurchmessers Maxima und Minima auf der Achse entsprechend der wachsenden Anzahl der Fresnelzonen (s. Abschn. 29.9).

Wir belassen es hier mit diesen Stichworten zur **Mikrowellenoptik**, weil wir in der Lichtoptik genauer darauf zurückkommen.

26.8 Abstrahlung des Hertzschen Dipols

Um wenigstens einen qualitativen Überblick darüber zu erhalten, wie die **Abstrahlung elektromagnetischer Wellen** von ihren Quellen, den Ladungen und Strömen, zustande kommt, wenden wir uns noch einmal dem Hertzschen Dipol zu und versuchen jetzt den Übergang ins Fernfeld zu skizzieren. Hierzu zeigt Abb. 26.12 linkerhand noch einmal die vier charakteristischen Phasen der Dipolschwingung.

Zuerst die Phase *maximaler Aufladung*: Die Oberflächenladung σ hat je einen positiven und negativen Bauch an den Dipolenden und einen Knoten in der Mitte. Der Strom ist zu diesem Zeitpunkt entlang des ganzen Dipols null, beginnt aber jetzt auf die negative Ladung zuzufließen und hat sie nach einer Viertelperiode völlig ausgeglichen. Der Dipol ist dann ungeladen, führt aber *maximalen Strom* mit einem Bauch in der Mitte und zwei Knoten an den Enden. Aufgrund der induktiven Trägheit fließt der Strom zunächst weiter und hat nach einer halben Periode eine *entgegengesetzte Oberflächenladung* aufgebaut. Zu diesem Zeitpunkt hat der Strom wieder einen Nulldurchgang und baut in der nächsten Viertelperiode mit umgekehrtem Vorzeichen die Oberflächenladung wieder ab; sie erreicht nach einer Dreiviertelperiode ihren Nulldurchgang und ist nach einer vollen Periode wieder im Ausgangszustand.

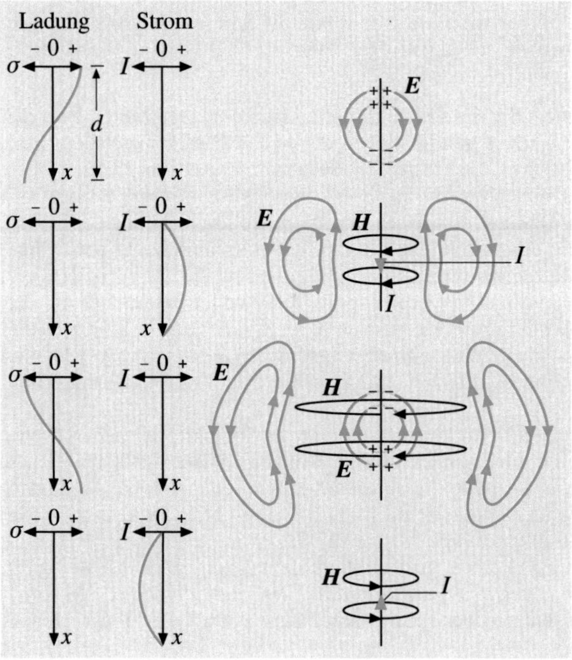

Abb. 26.12. Skizze von Ladungs-, Strom- und Feldverteilung für den resonanten Hertzschen Dipol der Länge $d = \lambda/2$ in verschiedenen Phasen

Wenden wir uns jetzt den *Feldern* zu (s. Abb. 26.12 rechts). In der ersten Phase verbinden *elektrische* Feldlinien die positive mit der negativen Raumladung, während in der *unmittelbaren* Umgebung des Dipols wegen $I = 0$ das *Magnetfeld* verschwindet.

Bei $\varphi = \pi/2$ gehen vom Dipol *keine* elektrischen Feldlinien aus, jedoch hat er sich mit einem *Magnetfeld* umgeben. Das elektrische Feld, das der Dipol vorher im Raum aufgebaut hat, kann nicht plötzlich im ganzen Raum verschwunden sein, weil es sich nur mit Lichtgeschwindigkeit ausbreiten kann. Andererseits sind jetzt definitiv *keine* freien Ladungen mehr im Raum. Folglich müssen sich die *elektrischen* Feldlinien vom Dipol *abgelöst* und in sich *geschlossen* haben.

Bei $\varphi = \pi$ hat sich am Dipol das *elektrische* Feld mit umgekehrtem Vorzeichen wieder aufgebaut, während das *Magnetfeld* in seiner Umgebung wieder verschwunden ist. Es ist ebenfalls mit Lichtgeschwindigkeit nach außen gewandert und bildet jetzt einen größeren Ring, der zwar keinen echten Strom, wohl aber den **Verschiebungsstrom** des zeitlich veränderlichen $\boldsymbol{E}$-Feldes umschließt. Ebenso induziert das veränderliche Magnetfeld wiederum ein $\boldsymbol{E}$-Feld. Es ist diese *Kopplung* zwischen elektrischem und magnetischem Feld, die die elektromagnetische Welle zustande bringt, wie wir es formal in Abschn. 26.3 aus den **Maxwellschen Gleichungen** abgeleitet haben.

Bei $\varphi = 3/2\pi$ hat sich das elektrische Feld zum zweiten Mal vom Dipol abgelöst und einem Magnetfeld umgekehrten Drehsinns Platz gemacht usw.

Wir sehen, daß im **Nahfeld** des Dipols elektrisches und magnetisches Feld um $\pi/2$ *phasenverschoben* sind. Im **Fernfeld** jedoch, wo sich die abgelösten Felder als eine laufende Welle darstellen, müssen sie *in Phase* sein (vgl. Abb. 26.2). Der Übergang ist anschaulich kaum nachzuvollziehen, sondern bleibt der expliziten Rechnung vorbehalten. Hier zeigt sich aber der grundlegende Unterschied zwischen Nah- und Fernfeld. Für das Nahfeld haben wir immer angenommen, es sei so, als ginge es von statischen Ladungen bzw. Strömen aus. Das ist auch annähernd richtig, solange die Entfernung von den Quellen klein gegen die Wellenlänge ist; denn in diesem Bereich haben die sich mit Lichtgeschwindigkeit ausbreitenden Felder noch kaum eine Phasenverschiebung gegenüber den oszillierenden Quellen erlitten.

In der Nahzone eines elektrischen Dipols können wir daher das elektrische Feld (19.60) ansetzen, wie wir es aus der Elektrostatik kennen. Es fällt mit $1/r^3$ ab und ist entlang der Dipolachse rein longitudinal (parallel oder entgegengesetzt zu $\hat{r}$). In Richtung auf die Äquitorialebene zu dreht sich das $\boldsymbol{E}$-Feld in die transversale Richtung. Nun gilt (19.60) seinerseits nur als Näherung im großen Abstand vom Dipol ($r \gg d$). Wollen wir diese Lösung für die Nahzone benutzen, so müssen wir uns doppelt beschränken auf ein Intervall

$$d \ll r \ll \lambda\,, \tag{26.41}$$

also den resonanten Leiter der Länge $\lambda/2$ ausschließen. Die analytische Lösung der Dipolstrahlung, die *Gustav Hertz* gefunden hat, beschränkt sich in der Tat auf relativ kurze Dipole ($d \ll \lambda$). Interessanterweise ist das aber gerade der physikalisch wichtigste Fall, wie wir noch sehen werden.

In der Fernzone, der eigentlichen Wellenzone, müssen die Amplituden mit $1/r$ abfallen, weil wir es mit einer Kugelwelle zu tun haben, deren Energiefluß bei der Ausbreitung über eine mit r^2 anwachsende Kugeloberfläche erhalten bleiben muß (vgl. Abschn. 12.1). Außerdem ist das Fernfeld als reines Wellenfeld streng transversal, hat also keine Komponente in Richtung von $\hat{r}$ mehr. Das Nahfeld ist dort völlig abgeklungen. Am schwierigsten ist die Zwischenzone zu behandeln, wo das Nahfeld noch existiert, aber schon einen erheblichen Phasenverzug gegenüber den Quellen erlitten hat; man spricht dann von **retardierten Feldern**.

Winkelabhängigkeit der Dipolstrahlung

Die Energieerhaltung in einer ungedämpften Kugelwelle verlangt zwar zwingend die $1/r^2$-Abhängigkeit ihrer Intensität, keineswegs aber eine isotrope, d. h. gleichmäßige Abstrahlung über alle Winkel. Hierzu folgender Versuch:

VERSUCH 26.6

Winkelverteilung und Polarisation der Dipolstrahlung. Wir prüfen die **Winkelabhängigkeit der Dipolstrahlung**, indem wir entlang der x-Achse einen *Sender*dipol und einen *Empfänger*dipol aufstellen (s. Abb. 26.13). Zunächst stellen wir den Empfängerdipol in die y-Richtung und drehen den *Sender*dipol in der xy-Ebene. Wir messen ein Maximum bei Orientierung in y-Richtung und eine Nullstelle der Intensität, wenn er in die x-Richtung, also auf den Empfänger zu zeigt. Genaueres Ausmessen ergibt eine $\sin^2\vartheta$-Abhängigkeit der Intensität.

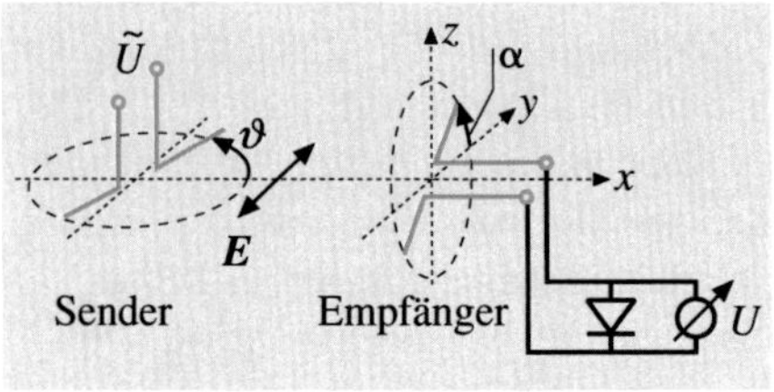

Abb. 26.13. Messung (*a*) der Winkelverteilung der Dipolstrahlung durch Drehen des *Senderdipols* in xy-Ebene, (*b*) der Polarisation durch Drehen des *Empfängerdipols* in der yz-Ebene

Weiterhin beobachten wir eine $\cos^2\alpha$-Abhängigkeit der Intensität, wenn wir den *Empfänger* in der yz-Ebene drehen. Das ist eine Folge der **Polarisation der Dipolstrahlung**. Zur Erregung des Empfängerdipols trägt nämlich nur diejenige Komponente des elektrischen Wellenfeldes bei, die in der Dipolachse schwingt. Da der Senderdipol in der xy-Ebene liegt und das Fernfeld transversal ist, also keine x-Komponente hat, muß der $\boldsymbol{E}$-Vektor der Welle in y-Richtung schwingen. Folglich ist die empfangene Amplitude proportional zum Cosinus des von der y-Achse und dem Dipol eingeschlossenen Winkels, die empfangene Leistung demnach proportional zu $\cos^2\alpha$. Da unser Instrument nach Gleichrichtung die empfangene Spannungsamplitude anzeigt, ist auch unsere Meßgröße jeweils proportional zur empfangenen Wellenamplitude, d. h. zu $\sin\vartheta$ im ersten und zu $\cos\alpha$ im zweiten Fall.

In Abb. 26.14 ist statt der Intensität die Amplitude der abgestrahlten Welle als Polardiagramm dargestellt. Sie ist proportional zu $\sin\vartheta$. Wie können wir uns die Winkelabhängigkeit erklären? Die Abstrahlung von einem kurzen Dipol mit $d \ll \lambda$ wird ganz überwiegend von seinem oszillierenden *elektrischen* Nahfeld verursacht, wie die Theorie ergibt. Das magnetische Nahfeld um den Dipolstrom, so wie wir es in Abb. 26.12 gezeichnet haben, spielt bei einem kurzen Dipol nur eine untergeordnete

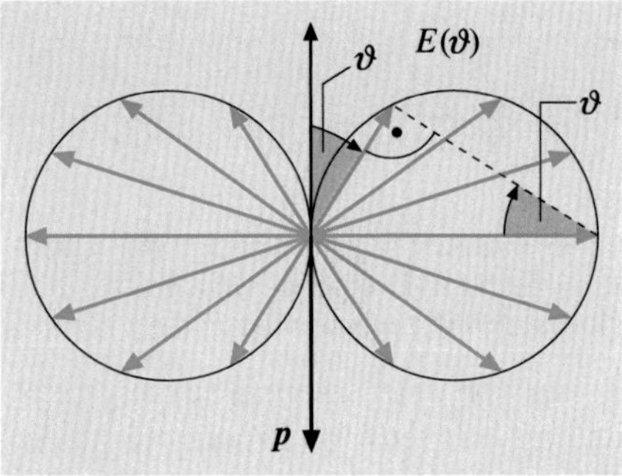

Abb. 26.14. Winkelabhängigkeit der Dipolstrahlung. Die Länge der Pfeile ist proportional zur Wellenamplitude mit $E(\vartheta) \propto \sin\vartheta$. Sie ist Sekante in einem Kreis

Rolle. Mit (19.60) und dem Ansatz

$$\boldsymbol{p} = \boldsymbol{p}_0 \cos \omega t \tag{26.42}$$

für das oszillierende Dipolmoment ist das $\boldsymbol{E}$-Feld der Nahzone gegeben durch

$$\boldsymbol{E}(r, \vartheta, t) = \frac{p_0 \cos(\omega t - kr)}{4\pi \varepsilon_0 r^3}(2\cos\vartheta \hat{\boldsymbol{r}} + \sin\vartheta \hat{\boldsymbol{\vartheta}})\,. \tag{26.43}$$

Die Phase kr berücksichtigt die Retardierung gegenüber der Quelle, die wir hier aber nicht weiter verfolgen. Wichtig ist uns die Winkelabhängigkeit: Die Feldstärke hat eine Komponente in Richtung von $\hat{\boldsymbol{r}}$ proportional zum $\cos\vartheta$. Sie kann zur Abstrahlung der elektromagnetischen Welle nichts beitragen, weil sie longitudinal und nicht transversal ist. Nur der transversale Anteil des Nahfeldes in Richtung $\hat{\boldsymbol{\vartheta}}$ ist für die Abstrahlung verantwortlich. Er hat aber gerade die gesuchte $\sin\vartheta$-Abhängigkeit.

Hertz hat für die **Strahlungsleistung eines** *kleinen* ($d \ll \lambda$) **elektrischen Dipols**, gemittelt über eine Periode, folgende explizite Lösung gefunden:

$$\bar{S}(r, \vartheta) = \frac{\omega^4 p_0^2 \sin^2\vartheta}{8\pi(4\pi\varepsilon_0)c^3 r^2} \qquad [S] = \mathrm{W/m^2}\,. \tag{26.44}$$

Bevor wir sie weiter diskutieren, sei qualitativ begründet, warum sie nur für eine Strahlungsquelle gilt, die sehr viel *kleiner* als die Wellenlänge ist. Dann können nämlich die von verschiedenen Bereichen (1), (2) der Quelle emittierten Teilamplituden sich im Aufpunkt P mit gleicher Phase addieren, weil dann ihr relativer Gangunterschied $\Delta s \ll \lambda$ ist (s. Abb. 26.15). Die Strahlungsquelle ist dann im Sinne der Optik räumlich kohärent (s. Abschn. 29.1). Ist diese Bedingung nicht erfüllt, wird die Sache wesentlich komplizierter. Die theoretische Elektrodynamik behandelt ausgedehnte Strahlungsquellen unter dem Stichwort **Multipolstrahlung**. Wie der Name sagt, beteiligen sich dann auch andere Multipole an der Strahlung, z. B. der magnetische Dipol, der elektrische Quadrupol etc. Das führt in erster Linie zu komplizierteren Winkelverteilungen.

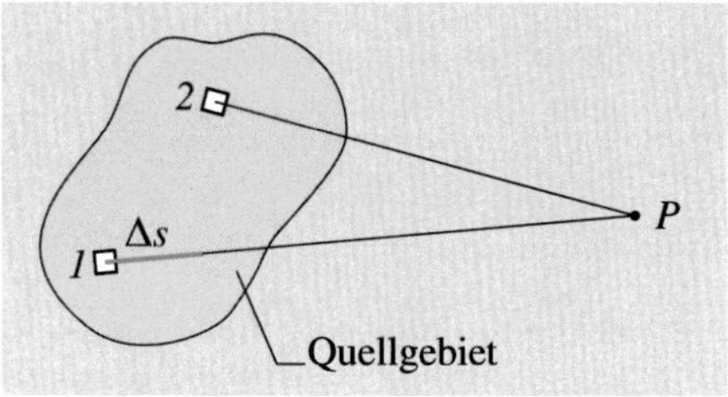

Abb. 26.15. Gangunterschied von Quellpunkten (*1*), (*2*) einer ausgedehnten Strahlungsquelle zum Aufpunkt *P*

Eine *rein* **magnetische Dipolstrahlung** geht von einer kleinen Stromschleife mit $r \ll \lambda$ aus (s. Abb. 26.16). Hier tritt das *magnetische* Dipolmoment der Stromschleife als Strahlungsquelle auf. Die Winkelabhängigkeit ist die gleiche wie bei der elektrischen Dipolstrahlung. Sie unterscheidet sich aber in der Polarisation: Während im elektrischen Fall $\boldsymbol{E}$ parallel zur Dipolachse ist, ist es im magnetischen Fall $\boldsymbol{H}$. Im Fernfeld ist die Polarisationsrichtung also gerade um 90° gedreht.

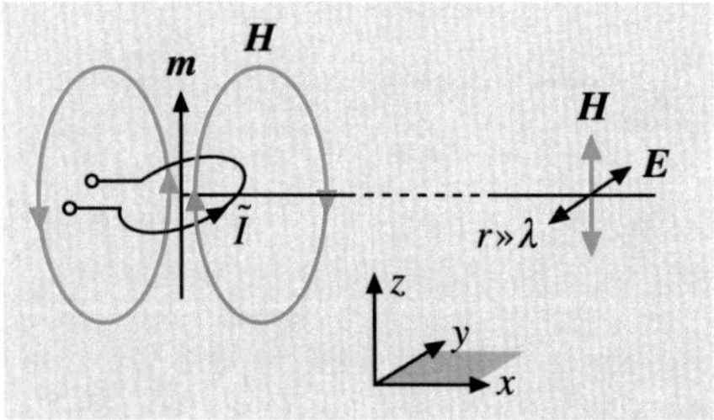

Abb. 26.16. Prinzip eines magnetischen Dipolstrahlers (Stromschleife) und seine Polarisation im Fernfeld

26.9 Strahlung einer beschleunigten Punktladung

Integrieren wir die **Hertzsche Dipolstrahlung** (26.44) über eine Kugeloberfläche, so erhalten wir die gesamte abgestrahlte Leistung

$$P(t) = \frac{2}{3} \frac{p_0^2 \omega^4 \cos^2 \omega t}{(4\pi \varepsilon_0) c^3} , \tag{26.45}$$

wobei wir ihre Zeitabhängigkeit mit $\cos^2 \omega t$ wieder eingeführt haben. Hier fällt vor allem das Anwachsen der Leistung mit der *4. Potenz der Frequenz* auf.

Um daraus weitere Schlüsse zu ziehen, bringen wir sie mit der Zeitabhängigkeit des Dipolmoments (26.42) in Verbindung. Quadrieren wir dessen zweite Ableitung

$$\ddot{p}^2 = \omega_0^4 p_0^2 \cos^2 \omega t , \tag{26.46}$$

so erhalten wir den Zähler von (26.45). Denken wir uns jetzt den Dipol durch eine *schwingende Punktladung* q_0 realisiert, ein physikalisch sehr wichtiger Fall (!),

$$p(t) = q_0 x(t) = q_0 x_0 \cos \omega t ,$$

so können wir seine zweite Zeitableitung durch die Beschleunigung der Punktladung ausdrücken

$$\ddot{p} = q_0 \ddot{x} .$$

Benutzen wir diese Beziehung, so zeigt sich, daß die abgestrahlte Leistung des Dipols proportional zum *Quadrat der Ladung* und zum *Quadrat ihrer Beschleunigung* ist

$$P = \frac{2}{3}\frac{q_0^2\ddot{x}^2}{4\pi\varepsilon_0 c^3}\,. \tag{26.47}$$

Mit diesem Ergebnis sind wir auf einen fundamentalen Zusammenhang zwischen der *Beschleunigung einer Punktladung* und der dadurch hervorgerufenen *Abstrahlung* gestoßen. Er gilt nicht nur für die harmonische Schwingung, die hier den oszillierenden Dipol vertritt, sondern unter ganz allgemeinen Umständen, wann immer eine Ladung beschleunigt wird.

Bremsstrahlung

Ein wichtiges Beispiel für die Abstrahlung elektromagnetischer Wellen durch eine beschleunigte Ladung ist die **Röntgenstrahlung**, die beim Auftreffen hochenergetischer Elektronen auf die Anode einer Röntgenröhre auftreten (s. Abb. 26.17). Dort werden die Elektronen im Coulombfeld eines schweren Elements (z. B. Wolfram) abgelenkt und dabei stark beschleunigt. Der Prozeß spielt sich bei einer Primärenergie der Elektronen von $E \approx 50\,\text{keV}$ ganz dicht am Kern, d. h. innerhalb einer außerordentlich kurzen Zeit von ca. 10^{-19} bis 10^{-18} s ab. Entsprechend hochfrequent ist die abgestrahlte Welle mit ca. 10^{18} bis 10^{19} Hz. Die Quantentheorie verlangt nun die Abstrahlung in Form von **Energiequanten** der Größe

$$E_\text{Q} = h\nu = E - E'$$

(h = Plancksches Wirkungsquantum). Diese Energie ist dem Elektron verloren gegangen. Es wird also bei diesem Prozeß nicht nur abgelenkt, sondern auch abgebremst von der Energie E auf E'. Daher trägt der Prozeß den Namen **Bremsstrahlung**. Im äußersten Fall geht dem Elektron alle Energie verloren, wodurch der Endpunkt des Bremsstrahlungsspektrums zu hohen Quantenenergien hin markiert wird.

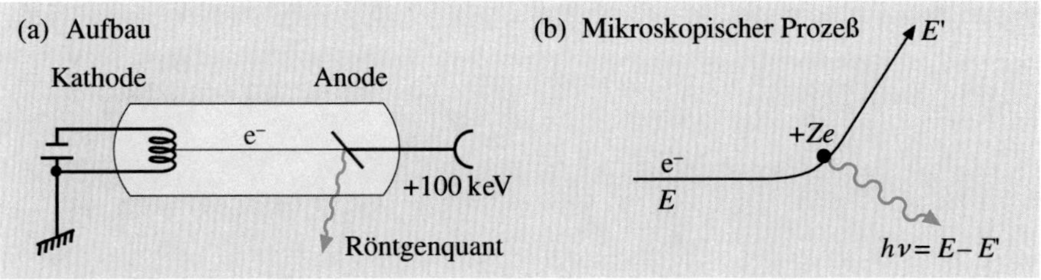

Abb. 26.17. (**a**) Prinzip der Röntgenröhre. (**b**) Mikroskopisches Bild der Entstehung von Bremsstrahlung

Synchrotronstrahlung

In modernen, ringförmigen Beschleunigern erreichen Elektronen Energien von vielen GeV ($1\,\mathrm{GeV} = 10^9\,\mathrm{eV}$), z. B. beim Deutschen Elektronensynchrotron (DESY) in Hamburg. Die Kreisbeschleunigung im Ring, die durch die Lorentz-Kraft von Ablenkmagneten erzeugt wird, ist dabei so groß, daß die Elektronen pro Umlauf einige Promille ihrer Energie in Form von Strahlung verlieren. Elektronensynchrotrons bilden daher heute die stärksten Strahlungsquellen für den UV- und angrenzenden Röntgenbereich ($0{,}1\,\mathrm{nm} \leq \lambda \leq 100\,\mathrm{nm}$) und werden als solche im großen Maßstab in der Forschung eingesetzt.

IV

Licht und Optik

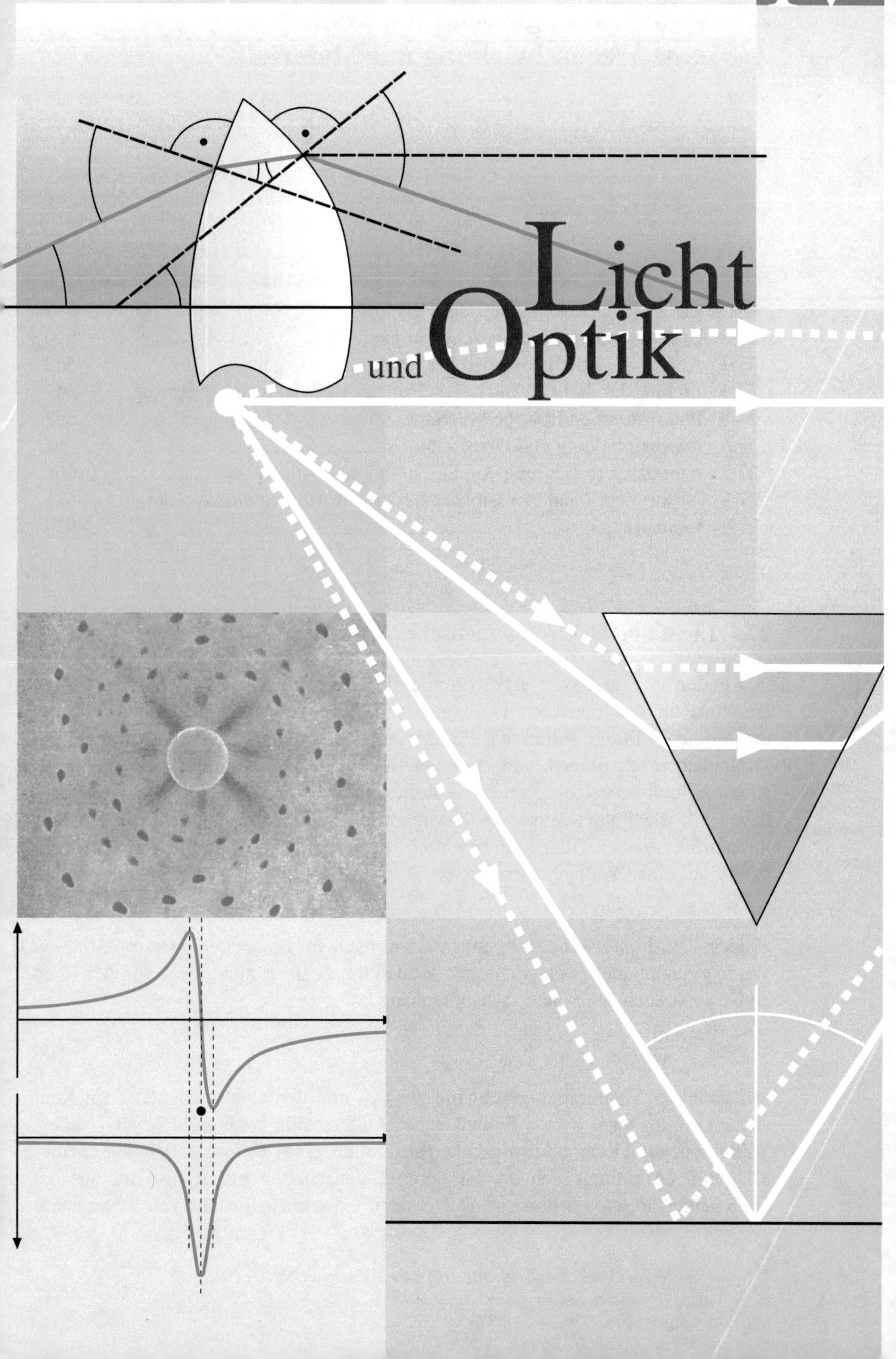

27. Natur und Eigenschaften des Lichts, seine Wechselwirkung mit Materie

INHALT

27.1 Licht und elektromagnetisches Spektrum

Wir hatten in Kap. 26 die **elektromagnetischen Wellen** kennengelernt, die ihren Ursprung in oszillierenden Ladungen und Strömen haben. Mit hochfrequenztechnischen Mitteln hatten wir *kohärente, monochromatische* Mikrowellen mit Wellenlängen im Bereich von Zentimetern erzeugt und damit alle typischen Wellenerscheinungen zeigen können wie Reflexion, Brechung, Beugung etc. Außerdem haben wir die **Polarisation** elektromagnetischer Wellen demonstriert und daraus ihren *transversalen* Charakter bewiesen (s. Versuch 26.5). Daß auch **sichtbares Licht**, das einen Wellenlängenbereich

$$0{,}4\,\mu\text{m} \lesssim \lambda \lesssim 0{,}8\,\mu\text{m}$$

abdeckt, *elektromagnetischer* Natur ist, war nach der Entdeckung der von *Maxwell* vorausgesagten elektromagnetischen Wellen durch *Hertz* nicht mehr von der Hand zu weisen. Auch der exakte Zusammenhang

$$c_0 = \frac{1}{\sqrt{\varepsilon_0 \mu_0}} \tag{27.1}$$

zwischen der Vakuumlichtgeschwindigkeit c_0 und den elektromagnetischen Konstanten ε_0, μ_0 legte diesen Schluß nahe. Andererseits könnten sich auch andere Wellentypen mit Lichtgeschwindigkeit ausbreiten. **Gravitationswellen** würden dies z. B. tun. (Allerdings kennen wir deren Eigenschaften bisher fast nur aus der allgemeinen Relativitätstheorie. Der einzige experimentelle Hinweis stammt aus

E. W. Otten, *Repetitorium Experimentalphysik*,
https://doi.org/10.1007/978-3-662-59730-9_27

der langjährigen Beobachtung eines Doppel-Stern-Systems, dessen Umlaufperiode als Folge der Abstrahlung von Gravitationsenergie langsam abnimmt (Nobelpreis 1993).)

Die elektromagnetische Natur des Lichts wurde letztlich durch seine *Wechselwirkung mit elektrischen Ladungen* bewiesen. Der Elementarprozeß der Emission und Absorption von sichtbarem Licht spielt sich allerdings auf der *mikroskopischen* Ebene von **Atomen** und **Molekülen** ab, deren **Elektronen** beim Wechsel in andere Quantenzustände **Lichtquanten** emittieren oder absorbieren. Diese mikroskopischen Prozesse lassen sich natürlich nicht so einfach in einem gewöhnlichen Demonstrationsversuch zeigen oder beweisen, auch nicht unter einem Mikroskop. Ein recht überzeugender makroskopischer Beweis gelingt mit einem kräftigen, gepulsten Laser, der für einige Nanosekunden eine Lichtleistung von Megawatt bereitstellt. Fokussiert man ihn mit einer Linse, so erreicht die elektrische Feldamplitude im Brennpunkt einen so hohen Wert ($> 10\,\mathrm{kV/mm}$), daß dort in der Luft ein *elektrischer* Funke zündet, der sich mit lautem Knall und Lichtblitz bemerkbar macht.

Als *Röntgen* Ende des 19. Jahrhunderts die nach ihm benannte Strahlung entdeckte, nannte er sie X-Strahlung (im englischen heute noch X-rays), weil ihre Natur unbekannt war. Auch sie wurde dann als elektromagnetische Strahlung erkannt. Bevor wir uns im folgenden auf den optischen Wellenlängenbereich beschränken, sei zunächst auf Tabelle 27.1 verwiesen, in der das gesamte, heute bekannte Spektrum elektromagnetischer Wellen aufgeführt und kurz charakterisiert ist.

Den Bereich **optischer Wellenlängen** unterteilen wir weiter in

$$\begin{aligned} \textbf{nahes Infrarotlicht} &: 0{,}8\,\mu\mathrm{m} \le \lambda \lesssim 10\,\mu\mathrm{m} \\ \textbf{sichtbares Licht} &: 400\,\mathrm{nm} \le \lambda \le 800\,\mathrm{nm} \\ \textbf{ultraviolettes Licht} &: 100\,\mathrm{nm} \le \lambda \le 400\,\mathrm{nm}\,. \end{aligned} \qquad (27.2)$$

Obwohl wir verständlicherweise nur im sichtbaren Bereich experimentieren, gilt alles, wovon hier die Rede ist, einschließlich der optischen Methoden und Instrumente etc. im *ganzen* optischen Bereich; das ist gerade seine Definition. Außerhalb desselben gibt es nämlich keine starkbrechenden und dennoch transparenten Substanzen mehr, aus denen man Linsen und Prismen bauen könnte. Die üblichen **Dielektrika** gewinnen ihre Transparenz erst wieder vom Mikrowellenbereich an aufwärts zurück. Im Zwischengebiet absorbieren **Molekülschwingungen** sehr stark. Am kurzwelligen Ende des optischen Bereichs ist es die **Anregung der Valenzelektronen**, die der Transparenz von Dielektrika ein Ende setzt.

27.2 Bestimmung der Lichtgeschwindigkeit

Es gibt drei berühmte *historische* Versuche zur **Bestimmung der Lichtgeschwindigkeit**, wovon der älteste von *Ole Rømer* aus dem Jahre 1675 der vielleicht eindrucksvollste ist. *Rømer* machte präzise Bestimmungen der Umlaufszeiten der **Jupitermonde**, um – einem Vorschlag *Galileis* folgend – eine zuverlässige und leicht zugängliche astronomische Uhr für die Schiffahrt zur Verfügung zu stellen.

Tabelle 27.1. Elektromagnetisches Spektrum

Wellenlänge λ	Bezeichnung	Quellen
$10^4\,\mathrm{m} < \lambda < \infty$	Wechselstrom	Generatoren
$10^3\,\mathrm{m} < \lambda < 10^4\,\mathrm{m}$ $10^2\,\mathrm{m} < \lambda < 10^3\,\mathrm{m}$ $10^{-1}\,\mathrm{m} < \lambda < 10^2\,\mathrm{m}$	Langwellen Mittelwellen Kurz- und UKW-Wellen	Sender mit Schwingkreisen, Transistoren und Röhren
$10^{-3}\,\mathrm{m} < \lambda < 10^{-1}\,\mathrm{m}$	Mikrowellen	aktive Hohlleiterbauelemente, z. B. Klystron, Magnetron
$10\,\mu\mathrm{m} < \lambda < 1\,\mathrm{mm}$	fernes Infrarot	thermische Strahlungsquellen, Laser und Maser liefern kohärente Strahlung aus Quantenzuständen von Molekülen und Atomen
$100\,\mathrm{nm} < \lambda < 10\,\mu\mathrm{m}$	optische Wellen, umfassen nahes IR sichtbares und UV-Licht. Es gibt transparente Medien und gute optische Instrumente in diesem Bereich	thermische Strahlungsquellen, stochastische Strahlung von Molekülen und Atomen aus der Valenzschale, angeregt in Plasmen; Laser
$10\,\mathrm{pm} < \lambda < 100\,\mathrm{nm}$	Röntgenstrahlen	Bremsstrahlung von Elektronen in Röntgenröhren, Anregung innerer Schalen von Atomen
$\lambda < 10\,\mathrm{pm}$	γ-Strahlen	Anregung von Atomkernen und Elementarteilchen, Bremsstrahlung

Jedoch beobachtete er, daß diese „Jupiteruhr" nachging, wenn die Erde sich auf ihrer Bahn vom Jupiter entfernte, und vorging, wenn sie sich ihm näherte. Die Verspätung summierte sich während des halben Jahres Fluchtbewegung vom Jupiter auf 1000 s auf, die während des Halbjahres der Annäherung wieder gut gemacht wurden (s. Abb. 27.1). *Rømer* schloß daraus richtig, daß dies die Zeit sei, die das Licht brauche, um den Erdbahndurchmesser von 300 000 000 km zu durchmessen und schloß auf die Lichtgeschwindigkeit von 300 000 km/s. Es ist erstaunlich, daß die Bestimmung dieser berühmtesten aller Naturkonstanten, deren unglaublich großer Wert sich unserer täglichen Erfahrung völlig entzieht, schon ganz am Anfang unseres Zeitalters der exakten Naturwissenschaften gelungen ist!

Den Rømerschen Wert von c vor Augen, konnte man sich überlegen, welcher Aufwand notwendig wäre, um sein Resultat mit einer terrestrischen Messung zu bestätigen und zu verbessern. Dies gelang erst *Fizeau* 1849 mit seiner **Zahnradmethode** (s. Abb. 27.2). Ein Zahnrad unterbricht einen Lichtstrahl, der auf eine Reise von mehreren Kilometern geschickt und dann von einem Spiegel reflektiert wird.

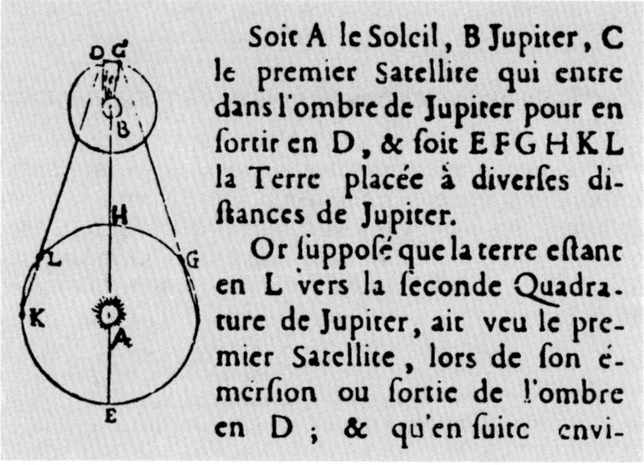

Soit A le Soleil, B Jupiter, C le premier Satellite qui entre dans l'ombre de Jupiter pour en ſortir en D, & ſoit E F G H K L la Terre placée à diverſes diſtances de Jupiter.

Or ſuppoſé que la terre eſtant en L vers la ſeconde Quadrature de Jupiter, ait veu le premier Satellite, lors de ſon émerſion ou ſortie de l'ombre en D ; & qu'en ſuite envi-

Abb. 27.1. Skizze aus *Ole Rømers* Publikation von 1675 zur Bestimmung der Lichtgeschwindigkeit aus dem Jahresgang der Umlaufzeiten der Jupitermonde (*A*: Sonne, *B*: Jupiter, *C*: einer seiner Monde, *E* bis *K*: Erde in verschiedenen Positionen ihrer Bahn)

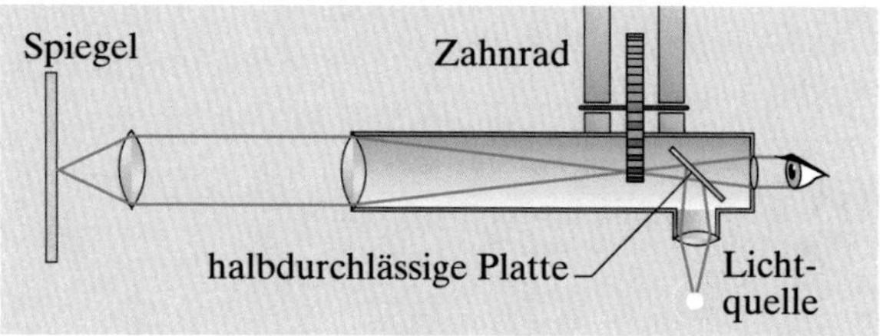

Abb. 27.2. Skizze des **Fizeauschen Versuchs** zur ersten terrestrischen Bestimmung der Lichtgeschwindigkeit

Dreht man das Rad schnell genug, so trifft der Lichtpuls bei seiner Wiederkehr auf die nächste Zahnlücke oder eine der folgenden bei noch höherer Umlauffrequenz. Die Linsen braucht man zur Fokussierung des Lichtstrahls auf seinem langen Weg.

Foucault gelang fast gleichzeitig (1850) mit seiner **Drehspiegelmethode** eine weitere Verbesserung (s. Abb. 27.3). Das Zahnrad ist ersetzt durch einen schnell rotierenden Spiegel. Der nach einer längeren Laufstrecke von einem zweiten Spiegel zurückkehrende Strahl trifft dann den rotierenden unter einem anderen Winkel und

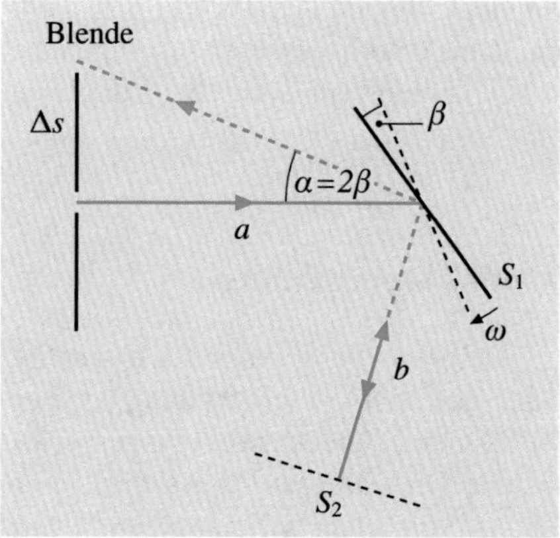

Abb. 27.3. Foucaultsche Drehspiegelmethode zur Messung der Lichtgeschwindigkeit

wird gegenüber dem einfallenden abgelenkt. Aus Ablenkwinkel, Rotationsfrequenz und Laufstrecken errechnet man leicht die Lichtgeschwindigkeit.

VERSUCH 27.1

Bestimmung der Lichtgeschwindigkeit. Alle drei historischen Methoden zur Bestimmung der Lichtgeschwindigkeit gehören zum Typ der **Laufzeitmessung**, die wir heute mit modernen elektronischen Mitteln leicht im Labormaßstab demonstrieren können. Eine Leuchtdiode wird von kurzen Strompulsen zu Lichtblitzen von einigen Nanosekunden Dauer angeregt. Sie werden von zwei Spiegeln mit einem relativen Abstand von 9 m auf eine Photodiode reflektiert, und die beiden Signale auf einem schnellen Oszillographen dargestellt (s. Abb. 27.4). Sie erscheinen dort im Abstand von 60 ns. Daraus ergibt sich die Lichtgeschwindigkeit zu

$$c = \frac{2 \cdot 9\,\mathrm{m}}{6 \cdot 10^{-8}\,\mathrm{s}} = 3 \cdot 10^{8}\,\mathrm{m/s}\,.$$

Natürlich läßt sich diese Methode mit kurzen Laserpulsen und langen Laufstrecken enorm verfeinern.

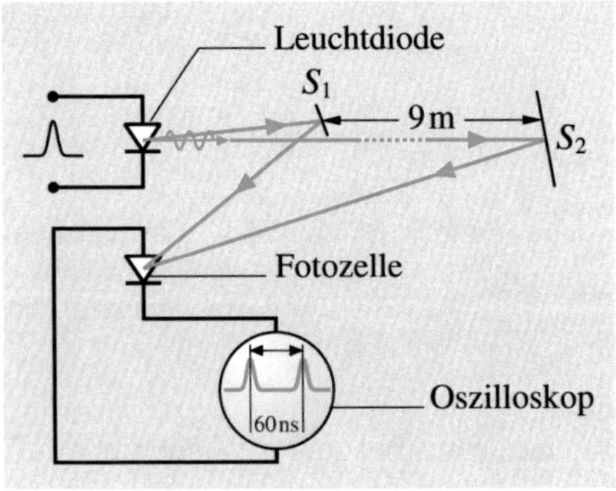

Abb. 27.4. Aufbau zur Messung der Lichtgeschwindigkeit aus der Laufzeit eines kurzen Lichtpulses

Andere Präzisionsmethoden bauen auf der gleichzeitigen Messung von Wellenlänge und Frequenz elektromagnetischer Wellen gemäß der Definition der Phasengeschwindigkeit

$$c_0 = \lambda_0 \nu \tag{27.3}$$

auf. (Der Index „0“ soll explizit auf den Vakuumwert von c hinweisen.)

Durch Beschluß der UPAP (Union for Pure and Applied Physics) hat man 1974 den Spieß umgedreht und aus den genauesten, damals vorliegenden Messungen der Lichtgeschwindigkeit die Einheit des Meters neu definiert (vgl. Abschn. 1.6) als

$$1\,\mathrm{m} = \frac{1\,\mathrm{s} \cdot c_0}{299792458}\,.$$

27.3 Abgrenzung der geometrischen Optik, Laserstrahlen

Man arbeitet in der Optik gerne mit der Modellvorstellung eines **Lichtstrahls**. Darunter versteht man ein **Lichtbündel**, das einerseits einen beliebig kleinen Querschnitt habe, und zum anderen sich geradlinig und ohne Aufweitung ausbreite, also eine *mathematische Gerade* im Raum darstelle. Diese Idealisierung steht aber im prinzipiellen Konflikt zur Wellennatur des Lichts. Versuchen wir eine Realisierung

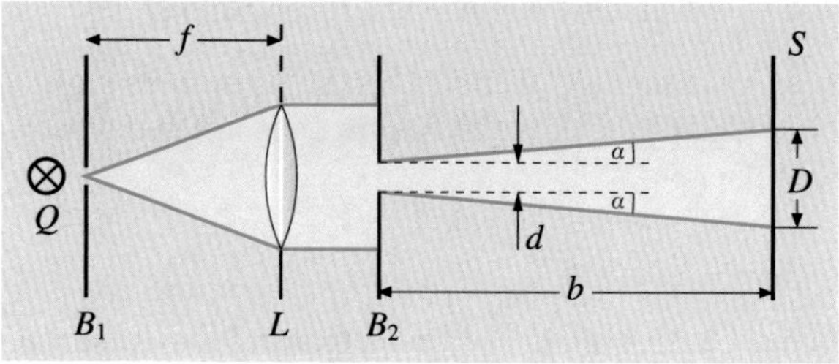

Abb. 27.5. Skizze zur Herstellung eines **beugungsbegrenzten Lichtstrahls** aus Lichtquelle Q, erster Blende B_1 im Brennpunkt der Linse L und zweiter Blende B_2 im parallelen Lichtbündel

nach Abb. 27.5, so beobachten wir bei schärferer Ausblendung des Strahls zunächst eine reale Einschnürung des Bündels wie gewünscht. Unterschreiten wir aber die 1 mm-Grenze, so wird schon nach einer Laufstrecke von wenigen Metern eine deutliche Aufweitung des Strahls sichtbar, die auf die Beugung des Lichts an der Blendenöffnung zurückgeht (vgl. Abschn. 12.4 und 29.1). Als Maß des mittleren Öffnungswinkels nehmen wir den Winkel α, unter dem bei einer Spaltblende das erste **Beugungsminimum** erscheinen würde [s. (12.42)]

$$\alpha \approx \sin\alpha = \frac{\lambda}{d} . \tag{27.4}$$

Soll der Lichtstrahl im Abstand b von der Blende auf dem Schirm S einen möglichst kleinen Fleck vom Durchmesser D erzeugen, so muß man offensichtlich einen Kompromiß schließen: Ist die Blende weit geöffnet, so ist das Lichtbündel zwar gut parallel und scharf begrenzt, aber der Fleck ist mit $D \simeq d$ auch sehr groß. Wählt man d zu klein, so bestimmt die Beugung den Fleckdurchmesser. Insgesamt kann man den Fleckdurchmesser abschätzen zu

$$D \approx d + 2\alpha b \approx d + \frac{2\lambda b}{d} .$$

Das Minimum von D wird erreicht bei

$$d_{\min} \approx \sqrt{2\lambda b} \qquad \curvearrowright$$
$$D_{\min} \approx 2\sqrt{2\lambda b} \approx 2d_{\min} . \tag{27.5}$$

Damit haben wir bereits einen ersten, aber durchaus prinzipiellen Einblick in die Grenze des **Auflösungsvermögens optischer Instrumente** gewonnen, und zwar für das allereinfachste optische Instrument, die **Lochkamera** (s. Abb. 27.6). Sie besteht aus nichts weiter als einem geschlossenen Kasten mit einem winzigen Loch auf der einen und einem Film auf der anderen Seite. Jeder (entfernte) Gegenstandspunkt G erzeugt dann auf dem Film F einen Bildfleck bestehend aus einem Kern K in etwa

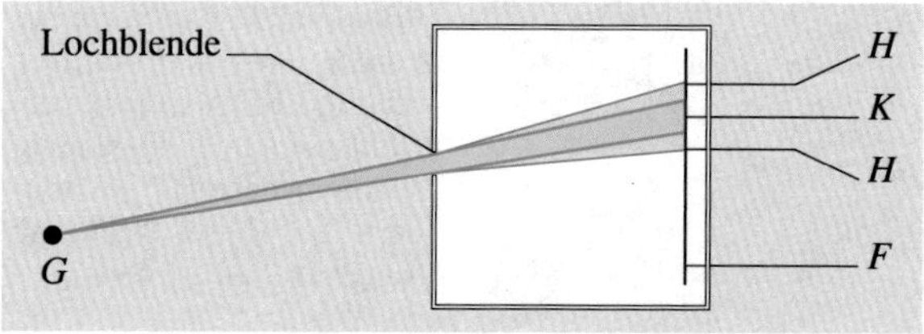

Abb. 27.6.
Prinzip der Lochkamera

von der Größe des Lochs, umgeben von einem beugungsbedingten Halo H.

Wir ziehen ein erstes Resümee: Je kleiner die Wellenlänge ist, umso besser gilt die Näherung der geometrischen Optik (auch **Strahlenoptik** genannt) und umso schärfer gelingen optische Abbildungen.

Laser und Laserstrahlen

Wie die gesamte Optik, so haben auch die grundlegenden Demonstrationsversuche, die hier zur Debatte stehen, gewaltig von der Erfindung des **Lasers** profitiert. Nicht nur, daß das Laserlicht eine *monochromatische* und *kohärente* Welle bildet, so wie wir es z. B. von einem Hochfrequenzsender gewohnt sind; der Laser emittiert darüber hinaus auch **optimal kollimierte Lichtstrahlen** im Sinne der obigen Diskussion (s. (27.4) und Abb. 27.5). Da wir im folgenden häufig auf Laser zurückgreifen werden, soll an dieser Stelle eine kurze Einführung in seine wichtigsten Prinzipien und Eigenschaften folgen.

Abbildung 27.7 zeigt schematisch den *Aufbau des Lasers* aus zwei Hohlspiegeln, die das aktive, die Laserstrahlung erzeugende Medium einschließen. Beide Spiegel sind in der Regel hochreflektierend; einer der beiden transmittiert jedoch ca. 1 % als Laserstrahl in den Außenraum. Im aktiven Medium wird nun eine große Anzahl von Atomen oder Molekülen durch eine Gasentladung oder bei Festkörperlasern durch intensive Bestrahlung mit einer gewöhnlichen Lichtquelle in angeregte Quantenzustände gepumpt. Normalerweise würden diese Atome ihre Anregungsenergie unabhängig voneinander nach kurzer Zeit in alle Richtungen spontan abstrahlen. Neben dieser **spontanen Emission** hat *Einstein* 1917 aber auch den Prozeß der **stimulierten Emission** gefordert. Demnach soll ein Atom A nicht nur aus dem tieferen Energiezustand E_0 heraus eine resonante Lichtwelle absorbieren können und dabei in einen höheren Energiezustand E_1 geraten (s. Abb. 27.8), sondern auch umgekehrt ein Atom A* im höheren Zustand durch eine resonante, eintreffende Welle dazu stimuliert werden, seine Energie *kohärent* mit dieser Welle abzustrahlen. Im Quantenbild läßt sich der Prozeß in etwa so formulieren: Ein eintreffendes Lichtquant trifft ein höher angeregtes Atom A* im Zustand E_1 und stimuliert es zur Emission

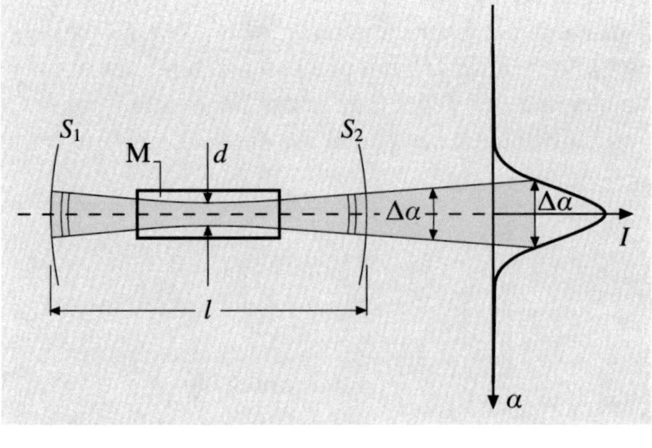

Abb. 27.7. Prinzipieller Aufbau eines Lasers aus dem aktiven Medium M zwischen zwei Hohlspiegeln (davon einer semitransparent). Schraffiert der Laserstrahl mit transversalem Intensitätsprofil

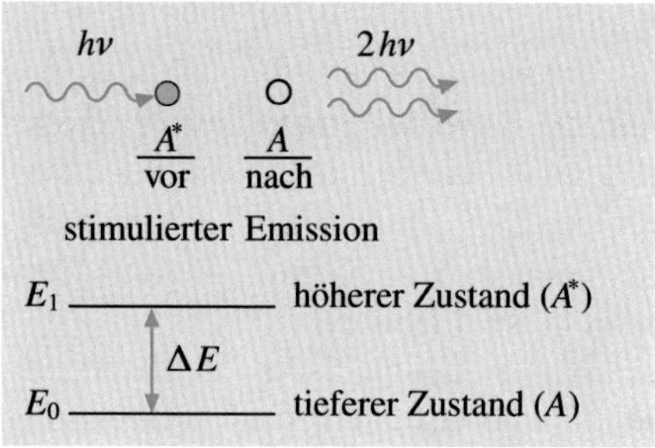

Abb. 27.8. Prinzip der Lichtverstärkung durch stimulierte Emission eines Lichtquants $h\nu = E_1 - E_0$ aus einem höher angeregten Zustand eines Atoms. Damit die stimulierte Emission gegenüber der Absorption und der spontanen, ungerichteten Emission gewinnt, und der Laser anschwingt, bedarf es eines bestimmten Überschusses an Atomen im höheren gegenüber dem tieferen Zustand

eines weiteren Lichtquants, das in Phase mit dem ersten mitläuft und somit die eintreffende Lichtwelle verstärkt. Ein Laser ist also ein *Lichtverstärker* im Sinne der Hochfrequenztechnik. Dies besagt auch der Name Laser als Abkürzung für „**L**ight **A**mplification by **S**timulated **E**mission of **R**adiation". Die beiden Spiegel bilden die Rückkopplung, so wie wir sie beim Sender besprochen haben (s. Abschn. 25.4). Sie bestimmen darüber hinaus auch die genaue Frequenz des Lasers; denn die Verstärkung der Lichtwelle beim wiederholten Durchgang durch das Medium kann nur dann kohärent funktionieren, wenn sich eine stehende Welle (s. Abschn. 12.5) zwischen den Spiegeln ausbildet mit

$$\lambda_m = \frac{2l}{m}, \quad M = 1, 2, 4, \ldots . \tag{27.6}$$

Die **Eigenschwingungen** zwischen gekrümmten Spiegeln sind keine ebenen Wellen, sondern schlanke Lichtbündel, die sich im Fokus zu einer Taille mit einem Durchmesser von 0,1 mm bis 1 mm (je nach Spiegelaufbau) einschnüren und als leicht divergentes Bündel aus dem Laser austreten. Es gibt nicht nur entlang der Laserachse Bäuche und Knoten, sondern auch in transversaler Richtung. Im *transversalen Grundmodus* tritt das jedoch nicht auf; vielmehr fällt die Intensität als Funktion des Winkels α zur optischen Achse nach einer Gaußkurve ab (s. Abb. 27.7)

$$I(\alpha) \propto \mathrm{e}^{-[\alpha^2/(\Delta\alpha/2)^2]} \tag{27.7}$$

mit einer vollen 1/e-Wertbreite von

$$\Delta\alpha \approx \frac{\lambda}{d} . \tag{27.8}$$

Ein solches **Gaußsches Lichtbündel** stellt das physikalisch mögliche *Optimum* der Kollimation einer Welle dar. Es hat zwar den gleichen mittleren Öffnungswinkel $\Delta\alpha$ wie das durch Beugung an einem Spalt entstandene Lichtbündel (vgl. (27.8) mit (27.4)); jedoch ist der *exponentielle* Intensitätsabfall zum Rande hin viel schärfer als der der Beugungsmaxima hinter einem Spalt, deren Intensität nur *quadratisch* mit dem Winkel abfällt (s. (29.38)). Das läßt sich leicht demonstrieren, indem man einen Laserstrahl mit einem Spalt weiter einzuschnüren versucht: Sobald der Spalt an den Kern des Laserstrahls gerät, fächert die Beugung ihn weit auf im Vergleich zum freien Strahl. Nach (27.8) ist der typische **Öffnungswinkel eines Laserstrahls** von der Größenordnung

$$\Delta\alpha \approx \frac{0{,}5\,\mu\text{m}}{0{,}5\,\text{mm}} = 10^{-3} = 1\,\text{mrad}\,.$$

Er weitet sich also pro Meter Flugstrecke um ca. einen Millimeter auf. Wünscht man einen noch kleineren Öffnungswinkel, z. B. zum Transport über weite Strecken, so muß man den Durchmesser der Taille zufolge (27.8) durch optische Abbildung aufweiten, wünscht man hingegen einen schärferen Fokus, so muß man aus dem gleichen Grund einen größeren Öffnungswinkel in Kauf nehmen.

Man kann auch Leuchtdioden zur Lasertätigkeit bringen. Als Miniaturlaser sind sie heute Massenware und werden z.B. zum Abtasten und Beschreiben von Compact Disks (CDs) benutzt.

! Laser erreichen heute in etwa folgende Grenzdaten:

- höchste Monochromasie: $\delta\lambda/\lambda \approx 10^{-14}$
- kürzeste Pulsdauer: $\delta t \simeq 10^{-14}$ s
- höchste Leistung: $p \simeq 10^{15}$ W.

Letzteres entspricht der Leistung von 1 Million großen Kraftwerken; sie steht allerdings nur für eine Pulsdauer von wenigen Femtosekunden zur Verfügung. Für unsere optischen Versuche benutzen wir in der Regel einen He-Ne-Laser, der im Gleichstrombetrieb eine Lichtleistung von ca. 30 mW auf der Wellenlänge $\lambda = 633$ nm abgibt.

27.4 Lichtausbreitung, Fermatsches Prinzip, Reflexion und Brechung

Die **Ausbreitung von Lichtstrahlen** befolgt folgende Grundtatsachen, die alle aus der Wellennatur des Lichts folgen und z. B. genauso für Schallwellen gelten:

- In einem homogenen Medium (z. B. Vakuum) breitet sich Licht geradlinig aus.
- Lichtstrahlen überlagern und durchdringen sich ungestört [entsprechend dem Superpositionsprinzip, das für alle harmonischen Schwingungen gilt (s. Abschn. 11.3 und 12.4)].
- Der Weg eines Lichtstrahls ist umkehrbar [Grund: Ist $f(\omega t - \boldsymbol{kr})$ eine Lösung der Wellengleichung (26.13), so ist es auch die rückwärts laufende Welle $f(\omega t + \boldsymbol{kr})$].
- Ein Lichtstrahl wählt den kürzesten optischen Weg im Vergleich zu benachbarten Wegen (Fermatsches Prinzip).

Die vierte Grundtatsache, das **Fermatsche Prinzip**, bedarf einiger Erläuterungen: Sei s der geometrische Weg entlang des Lichtwegs von der Quelle zum Empfänger im Medium mit dem Brechungsindex n, dann ist der optische Weg definiert als das Produkt aus dem geometrischen Weg und dem Brechungsindex

$$s' = ns = \frac{\lambda_0}{\lambda}s = \lambda_0 m\,. \tag{27.9}$$

Nach dem Fermatschen Prinzip ist also die *Anzahl der Wellenzüge m* entlang des Lichtwegs ein *Minimum* und damit auch die Laufzeit zwischen Quelle und

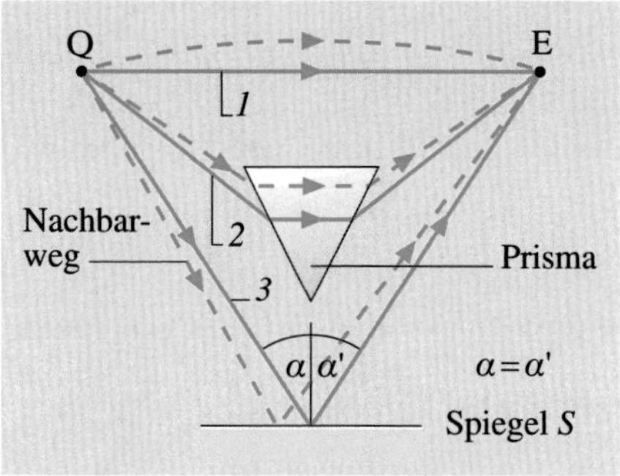

Abb. 27.9. Drei verschiedene, optische Minimalwege (*1*) bis (*3*) zwischen Quelle (Q) und Empfänger (E) entsprechend dem Fermatschen Prinzip

Empfänger. Das Fermatsche Prinzip ist ein anderer Ausdruck dafür, daß die Ausbreitungsgeschwindigkeit einer Welle senkrecht zur Wellenfront steht.

Im Beispiel der Abb. 27.9 sind drei verschiedene Minimalwege zwischen Quelle und Empfänger gezeichnet:

1. der absolut kürzeste Weg entlang der Verbindungsgeraden
2. ein von einem Prisma gebrochener Strahl
3. ein von einem Spiegel reflektierter Strahl.

Entscheidend ist in allen drei Fällen, daß der jeweils gewählte Lichtweg (volle Linie) im Vergleich zu benachbarten (gestrichelten) Wegen ein *relatives* Minimum darstellt; es muß nicht das absolute Minimum sein.

Während im Fall (*1*) und (*3*) geometrischer und optischer Weg identisch sind, und somit der Beweis auf der Hand liegt, verlangt der Fall des Prismas eine genauere Untersuchung. Zweifellos ist der gestrichelt gezeichnete Weg der *geometrisch kürzere*, hat aber die *längere Laufstrecke* durch das *optisch dichtere Medium* mit der *kürzeren Wellenlänge*. Minimiert man nun die Summe der optischen Teilwege, so folgt das **Snelliussche Brechungsgesetz**, das wir in Abschn. 12.3 ganz allgemein aus der Brechung der Wellenfronten an einer Grenzfläche mit Hilfe des Huygensschen Prinzips abgeleitet hatten. Hierzu folgender Versuch.

VERSUCH 27.2

Reflexion und Brechung. Ein Lichtstrahl fällt auf die gerade Kante im Mittelpunkt einer halbkreisförmigen Glasscheibe und wird dort reflektiert und gebrochen (s. Abb. 27.10). Wir

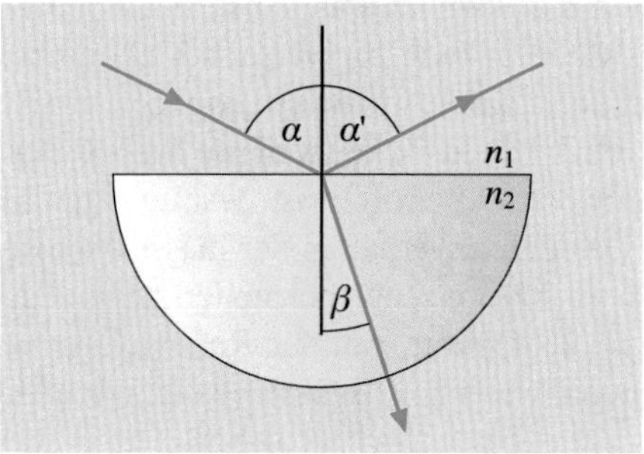

Abb. 27.10. Prüfung des Reflexions- und Brechungsgesetzes mit der optischen Scheibe

erkennen die drei Strahlen auf einer hinterlegten weißen Scheibe, die von ihnen gestreift wird und ein Winkelmaß trägt. Wir prüfen das Reflexionsgesetz:

$$\text{Einfallswinkel}(\alpha) = \text{Ausfallswinkel}(\alpha') \,.$$

Zwischen dem Winkel des einfallenden (α) und dem des gebrochenen Strahls (β) prüfen wir die Beziehung

$$\frac{\sin\alpha}{\sin\beta} = \text{const.}$$

Wir beobachten ferner, daß mit steigendem Einfallswinkel α die Intensität des reflektierten zu Lasten des gebrochenen Strahls zunimmt.
Merke: Alle Winkel werden zum Lot auf die Grenzfläche hin gemessen.

Als Konstante im oben bestätigten **Snelliusschen Brechungsgesetz** hatten wir in Abschn. 12.3 bereits das Verhältnis der Phasengeschwindigkeiten in den beiden Medien erkannt. Mit der Definition des Brechungsindex

$$n = \frac{c_0}{c} = \sqrt{\varepsilon\mu} \approx \sqrt{\varepsilon} \tag{27.10}$$

lautet es nunmehr

$$\frac{\sin\alpha}{\sin\beta} = \frac{c_1}{c_2} = \frac{n_2}{n_1} \,. \tag{27.11}$$

Da der Brechungsindex der Luft sehr nahe bei 1 liegt (s. Tabelle 27.2), können wir im praktisch häufigsten Fall, nämlich der Grenzfläche zwischen Luft und einem dichten Medium, die Konstante im Brechungsgesetz gleich dem Brechungsindex des Mediums setzen.

Tabelle 27.2. Brechungsindex einiger Stoffe für $\lambda = 600\,\text{nm}$

Stoffe	Brechungsindex
Luft	1,00027
H_2O	1,333
Kronglas	1,510
Flintglas	$\approx 1{,}8$
Diamant	2,417

! Bezüglich der **Reflexion** wiederholen wir aus der Wellenlehre Abschn. 12.3, daß die Amplitude bei Reflexion am *dichteren* Medium (wie im Versuch 27.2) einen **Phasensprung** um π erleidet, bei Reflexion am dünneren Medium dagegen nicht. In der Optik bezieht sich das auf die elektrische Feldstärke, weil sie wegen der Änderung von ε in (27.10) von dem Medienwechsel betroffen ist, während μ für alle transparenten Medien so gut wie 1 ist. Das Phasenverhalten der magnetischen Feldamplitude ist dann gerade umgekehrt, was zu den uns schon bekannten stehenden Wellen vor einem Spiegel (s. Abschn. 12.4 und 26.4) führt. Auf den Reflexions*grad* in Abhängigkeit vom Einfallswinkel kommen wir im Zusammenhang mit der Polarisation zu sprechen.

VERSUCH 27.3

Totalreflexion. Kehren wir den Strahlengang in Versuch 27.2 um, so beobachten wir im Fall (1) bei nicht zu großem Einfallswinkel β im dichteren Medium an der Grenzfläche zu Luft wiederum die Aufteilung des Strahls in einen gebrochenen (1″) und reflektierten (1′), die dem Reflexions- bzw. dem Brechungsgesetz folgen (s. Abb. 27.11). Beim Eintritt ins dünnere Medium wird der Strahl vom Lot weg gebrochen. Bei $\alpha = 90^\circ$ erreicht er seinen Maximalwert, und der austretende Strahl läuft tangential zur Grenzfläche (2″). Der zugehörige Einfallswinkel β_{gr} ist laut (27.11) durch

$$\sin\beta_{\mathrm{gr}} = \frac{n_1 \cdot \sin 90^\circ}{n_2} = \frac{n_1}{n_2} \tag{27.12}$$

gegeben und heißt **Grenzwinkel**. Wird er überschritten, so beobachten wir eine vollständige Reflexion des Lichtstrahls (3′), die den Namen **Totalreflexion** trägt.

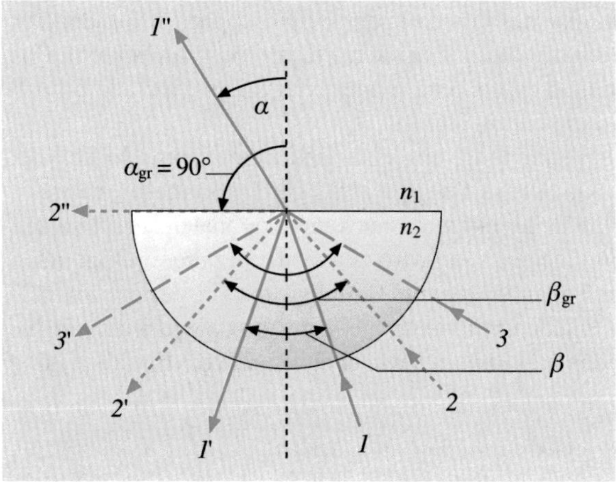

Abb. 27.11. Reflexion und Brechung an der Grenzfläche zum optisch dünneren Medium. Im Bereich $\beta > \beta_{\mathrm{gr}}$ herrscht Totalreflexion

Wir hatten das Phänomen der Totalreflexion bereits in Abschn. 12.3 genauer untersucht und festgestellt, daß auch dann noch eine Wellenamplitude ins dünnere Medium eintritt und zwar in Form der sogenannten **Grenzwelle**, auch **evaneszente Welle** genannt, die *parallel* zur Grenzfläche läuft. Ihre Amplitude nimmt allerdings mit dem Abstand d von der Grenzfläche exponentiell ab [s. (12.36)]

$$E(d) = E(0)\mathrm{e}^{(-2\pi/\lambda_2)\sqrt{\sin^2\beta-(c_2/c_1)^2}\cdot d} = E_0\mathrm{e}^{-d/d_0}\,. \tag{27.13}$$

Ihre Reichweite ins dünnere Medium hinein ist nur von der Größenordnung der Wellenlänge (s. Abb. 12.9).

Umlenkprismen

Bei Glas mit einem Brechungsindex von $n = 1{,}5$ liegt der Grenzwinkel der Totalreflexion an der Grenzfläche zu Luft bei

$$\beta_{\mathrm{gr}} = 41{,}8^\circ < 45^\circ\,.$$

Ein rechtwinkliges Prisma reflektiert also einen Strahl, der senkrecht zur Kathede einfällt, an der Hypotenuse (Basis genannt) total. Solche Prismen werden daher als

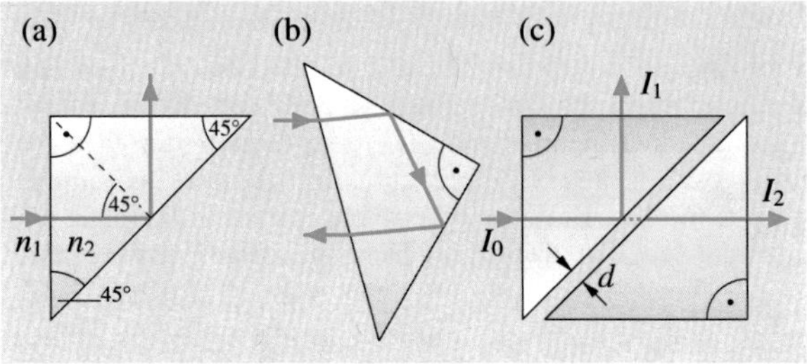

Abb. 27.12. (**a**) Rechtwinkliges Prisma als 90°-Umlenker und (**b**) als 180°-Umkehrprisma. (**c**) Zwei gegenübergestellte Prismen teilen den eintreffenden Strahl als Funktion ihres Abstandes d

90°-Umlenkspiegel eingesetzt (s. Abb. 27.12a). Interessant ist auch die Anwendung als 180°-**Umkehrprisma** (s. Abb. 27.12b). Durch zweimalige Totalreflexion an den Katheden wird der Strahl exakt umgekehrt und zwar unabhängig vom Einfallswinkel auf die Hypotenuse. Dreht man also das Prisma in der Einfallsebene, so wandert der reflektierte Strahl zwar ein wenig aus, wird aber nach wie vor exakt umgekehrt. Das gilt natürlich nicht mehr, wenn man es aus der Einfallsebene herauskippt, derart daß die Katheden nicht mehr senkrecht darauf stehen.

Exakte Strahlumkehr bei Verkippung um eine beliebige Achse leistet der **Retrospiegel**. Das ist ein Prisma in Form einer rechtwinkligen Pyramide, die entsteht, wenn man aus einem Würfel eine Ecke senkrecht zur Raumdiagonalen ausschneidet. Trifft der Strahl durch die Grundfläche ein, so wird er an jeder der drei orthogonalen Seitenflächen total reflektiert und unabhängig vom Einfallswinkel insgesamt um 180° abgelenkt. Im Verkehr dienen Flächen mit vielen kleinen Retrospiegeln als passive Warnlichter, weil sie eintreffendes Scheinwerferlicht unabhängig vom Einfallswinkel rückreflektieren (Katzenauge).

Strahlteiler

Bringen wir ein zweites Prisma in die Nähe der total reflektierenden Fläche eines Umlenkprismas (s. Abb. 27.12c), so tritt bei genügend engem Spalt ein Teil der Intensität in das zweite Prisma über und erscheint als transmittierter Strahl am Ausgang des Doppelprismas. Der restliche Anteil wird um 90° abgelenkt. Man nennt diese Kombination daher einen **Strahlteiler**, der vor allem in der Laseroptik viel Verwendung findet. Die Ursache für diesen Effekt liegt in der **Grenzwelle**. Hat der Spalt die Dicke d, so erreicht nach (27.13) ein Bruchteil

$$\frac{I(d)}{I(0)} = \frac{E^2(d)}{E^2(0)} = \mathrm{e}^{-2d/d_0} \tag{27.14}$$

der Intensität $I(0)$ an der ersten Grenzfläche noch die zweite und wird dort in das dichtere Medium hineingebrochen.

Lichtleiter

Baut man ein **Glasfaserkabel** mit einem *hochbrechenden* Kern und einem *niedrigbrechenden* Mantel, so wird ein Lichtbündel, das an der Stirnfläche in den Kern eintritt, mittels fortgesetzter Totalreflexion durch das Kabel transportiert, folgt

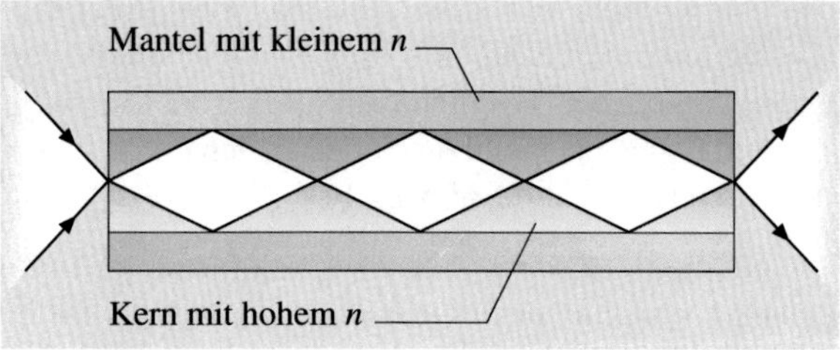

Abb. 27.13. Querschnitt durch einen Lichtleiter. Schwarz sind die steilsten noch transportierten Lichtstrahlen eingezeichnet

seinen Krümmungen und tritt am Ende wieder aus (s. Abb. 27.13). Voraussetzung ist allerdings, daß der Grenzwinkel im Kabel nicht unterschritten wird, das Lichtbündel also genügend schlank ist. In Fasern aus hochreinen Materialien erreichen die Verluste nicht mehr als einige dB/km. Sie eignen sich hervorragend zur *Informationsübermittlung* mittels *frequenz-* oder *amplitudenmodulierter Laserstrahlung*, die man aus **Laserdioden** gewinnt. Man muß aber bedenken, daß ein Lichtstrahl mit einem steileren Auftreffwinkel auf die Grenzfläche eine längere Laufzeit durch das Kabel hat als einer, der parallel zur Achse läuft. Dadurch würden kurze Signalpulse verbreitert und die Signalübertragungskapazität des Kabels stark beeinträchtigt! Deswegen geht man den gleichen Weg wie bei den Hohlleitern in der Mikrowellentechnik: Man engt den Kerndurchmesser auf die Größenordnung der Lichtwellenlänge ein, so daß sich darin nur ein einziger transversaler Schwingungsmodus, der Grundmodus, ausbilden kann (sogenannte Einmodenfaser). Die Welle schreitet dann strikt in axialer Richtung fort und zeigt weniger **Laufzeitdispersion**.

Fata Morgana

In der Luft wächst der Brechungsindex proportional mit ihrer Dichte und diese wiederum umgekehrt proportional zur Temperatur. In diesem Falle kommt es mangels einer exakten Grenzfläche nicht zu einer scharfen Brechung oder Totalreflexion, sondern zu einer *Krümmung* der Wellenfronten und damit des Lichtwegs in Richtung des dichteren Mediums. Dieser Effekt führt bei starker Sonneneinstrahlung dazu, daß die bodennahe Luft sich so stark erwärmt und so viel dünner wird, daß sie streifend einfallendes blaues Himmelslicht reflektiert und am Boden in der Nähe des Horizonts einen blauen See vorspiegelt. Die Erscheinung ist in Wüstenländern unter dem Namen *Fata Morgana* bekannt.

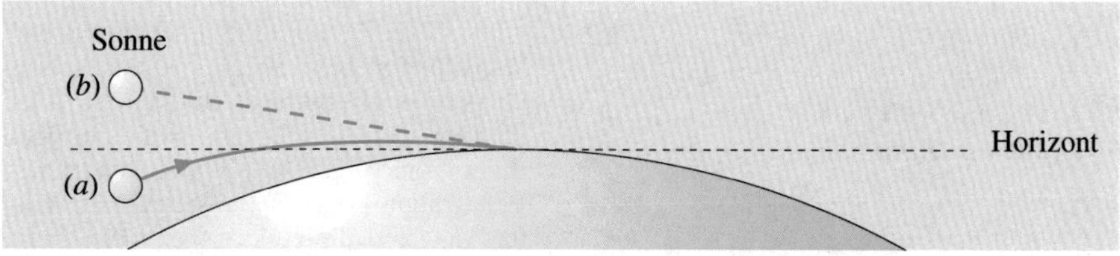

Abb. 27.14. (*a*) tatsächlicher und (*b*) scheinbarer Sonnenstand bei starker Inversionslage

Wächst aber umgekehrt die Temperatur mit dem Abstand vom Erdboden (Inversionslage), so nimmt die Dichte mit der Höhe noch stärker ab, als schon von der barometrischen Höhenformel (9.36) vorgegeben. Folglich krümmt sich der Lichtweg noch stärker zur Erde hin. Aus diesem Grund erscheint die Sonne an den Polen schon deutlich vor Frühlingsanfang über dem Horizont (s. Abb. 27.14).

VERSUCH 27.4

Beispiele zur Totalreflexion. Wir führen **Umlenkprismen**, **Retrospiegel** und **Strahlteiler** im Demonstrationsversuch vor. Bei letzterem legen wir die beiden Prismen einfach aufeinander. Restliche Staubkörner halten sie auf einer Distanz von der Größenordnung der Wellenlänge. Durch Druck verkürzen wir den Abstand und erhöhen die transmittierte Intensität. Der Strahlteiler wurde in Versuch 26.5 auch für Mikrowellen mit zwei großen Paraffinprismen und Spaltbreiten von der Größenordnung cm in besonders klarer und übersichtlicher Form vorgeführt.

Als Lichtleiter führen wir einen gekrümmten Plexiglasstab vor. Mit einer Glühbirne strahlen wir Licht an einem Ende ein und beobachten das austretende Lichtbündel auf einem Schirm. Der Mantel schimmert entlang des ganzen Lichtwegs auf, weil Staubkörner und Politurfehler die Totalreflexion unterbrechen.

27.5 Polarisation und Doppelbrechung

Da sichtbares Licht fast ausschließlich über seine *elektrische* Wellenamplitude mit Materie wechselwirkt, bezeichnet man die Ebene, die diese mit der Phasengeschwindigkeit $\boldsymbol{c}$ bildet als **Polarisationsebene des Lichts**. Das ist sinnvoll, weil fast alle Möglichkeiten, den Polarisationszustand des Lichts zu beeinflussen, am $\boldsymbol{E}$-Vektor angreifen, wie wir sehen werden.

Die üblichen, stochastischen Lichtquellen, wie Glühbirnen, die Sonne, Spektrallampen etc., emittieren unpolarisiertes Licht, d. h. alle Schwingungsebenen $(\hat{\boldsymbol{E}}, \hat{\boldsymbol{c}})$ kommen gleich häufig vor.

Polarisation bei Reflexion und Brechung

Trifft *unpolarisiertes* Licht auf eine *dielektrische Grenzfläche*, so sind der reflektierte und der gebrochene Strahl zumindest *teilweise* polarisiert. Unter einem bestimmten Einfallswinkel, dem **Brewsterwinkel**, ist das *reflektierte* Licht sogar *vollständig* polarisiert in der Richtung senkrecht zur Einfallsebene.

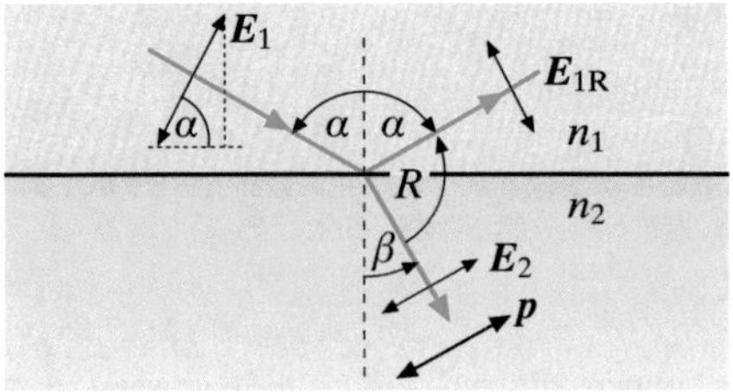

Abb. 27.15. Beim Einfall unter dem Brewsterwinkel stehen reflektierter und gebrochener Strahl senkrecht aufeinander. $\boldsymbol{p}$ ist das von der einfallenden Welle im Medium 2 hervorgerufene Dipolmoment bei Polarisation in der Einfallsebene. E_1, E_{1R} und E_2 sind die elektrischen Feldamplituden von einfallendem, reflektiertem und gebrochenem Strahl

Die Einfallsebene wird aus dem einfallenden Strahl und dem Lot gebildet. Der Brewsterwinkel ist dadurch charakterisiert, daß der gebrochene und der reflektierte Strahl einen Winkel von 90° bilden (s. Abb. 27.15). Damit ergibt sich aus dem Brechungsgesetz (27.11) für den Brewsterwinkel die Bedingung

$$\frac{\sin\alpha}{\sin\beta} = \frac{\sin\alpha}{\cos\alpha} = \tan\alpha = \frac{n_2}{n_1} . \qquad (27.15)$$

VERSUCH 27.5

Brewsterwinkel. Ausgehend von unpolarisiertem Licht demonstrieren wir die Polarisation durch Reflexion an einem Dielektrikum mit Hilfe zweier Glasplatten, an denen wir nacheinander einen Lichtstrahl spiegeln (s. Abb. 27.16). An der ersten fällt der Strahl unter dem Brewsterwinkel ein. Er liegt für Glas mit $n = 1{,}5$ bei 56,3°. Der zweite Spiegel reflektiert in einer Ebene senkrecht zum ersten unter variablem Einfallswinkel. Steht er auch unter dem Brewsterwinkel, so beobachten wir nach der zweiten Reflexion auf dem Schirm keine Intensität mehr. Wir interpretieren wie folgt: Nach der ersten Reflexion war der Strahl senkrecht zur Einfallsebene des ersten und damit in der Einfallsebene des zweiten Spiegels vollständig polarisiert. Diese Komponente wird aber vom zweiten Spiegel unter dem Brewsterwinkel *nicht* reflektiert.

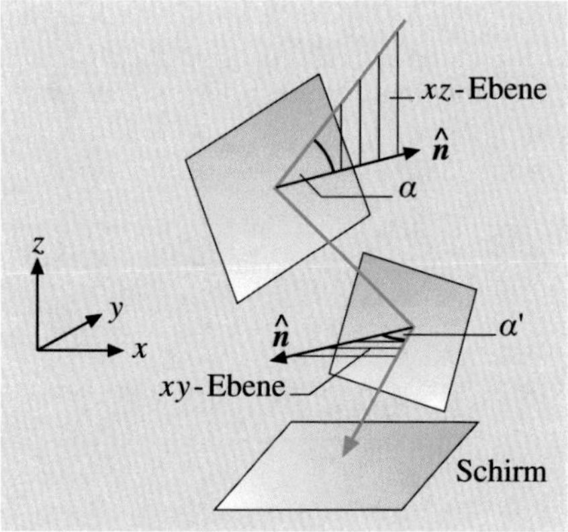

Abb. 27.16. Demonstration der Polarisation bei Reflexion am Dielektrikum durch zweifache Reflexion unter dem Brewsterwinkel in zueinander orthogonalen Einfallsebenen

Eine qualitative, anschauliche Erklärung für die *vollständige* Polarisation unter dem Brewsterwinkel geht von der Polarisation des Mediums durch die gebrochene Lichtwelle aus. Sei das $\boldsymbol{E}$-Feld in der Einfallsebene polarisiert, so schwingen auch die von ihm erzeugten atomaren Dipole $\boldsymbol{p}$ in dieser Ebene (s. Abb. 27.15). Die (kohärente) Abstrahlung dieser Dipole ist aber für das Zustandekommen der reflektierten Welle verantwortlich. Wurde nun der Brewsterwinkel gewählt, so zeigen diese Dipole in Richtung des reflektierten Strahls. Ein Dipol emittiert aber nicht in Richtung seiner Achse (s. 26.44 und Abb. 26.14).

Fresnelsche Formeln

Quantitative Formeln für den Reflexionsgrad an einer dielektrischen Grenzfläche gewinnt man aus den Maxwellschen Gleichungen, genauer gesagt aus den **Ste-**

tigkeitsbedingungen von *E*- und *D*-Feld an Grenzflächen [s. (19.84 u. 85)] und aus dem Brechungsgesetz (27.11) unter Beachtung der Energieerhaltung der Lichtströme an der Grenzfläche. Es sind die **Fresnelschen Formeln**. Danach beträgt der Reflexionsgrad für Licht, das senkrecht zur Einfallsebene polarisiert ist

$$R_\perp(\alpha, \beta) = \frac{I_{\perp \text{refl}}}{I_{\perp \text{ein}}} = \left(\frac{\sin(\alpha - \beta)}{\sin(\alpha + \beta)}\right)^2 \tag{27.16}$$

bzw. für Polarisation in der Einfallsebene

$$R_\parallel(\alpha, \beta) = \frac{I_{\parallel \text{refl}}}{I_{\parallel \text{ein}}} = \left(\frac{\tan(\alpha - \beta)}{\tan(\alpha + \beta)}\right)^2 . \tag{27.17}$$

Die Winkel α und β bezeichnen wie üblich die Winkel des einfallenden bzw. gebrochenen Strahls zum Lot und sind über das Brechungsgesetz (27.11) verknüpft.[1] Für streifenden Einfall ($\alpha, \beta \to 90°$) strebt der Reflexionsgrad in beiden Fällen

* [1] Die etwas länglichen Beweise seien hier kurz skizziert zunächst für (27.16). Hier liegt der $\boldsymbol{E}$-Vektor nach Voraussetzung parallel zur Grenzfläche und ist daher beim Durchtritt vom Medium (1) ins Medium (2) stetig. Sei weiterhin $n_1 < n_2$, so kehrt die Amplitude bei der Reflexion ihr Vorzeichen um. Reflektierte und eintreffende Amplitude stehen dann im Verhältnis

$$E_{1R}/E_1 = -\sqrt{R}$$

zueinander. Die Wurzel aus dem Reflexionsgrad R rechterhand rührt daher, daß sich R auf den Bruchteil der reflektierten Intensität, nicht der Amplitude bezieht. Die resultierende Amplitude im Medium (1) setzt sich nun stetig im Medium (2) fort

$$E_1 + E_{1R} = E_1(1 - \sqrt{R}) = E_2 .$$

Wir ziehen jetzt die Bilanz der an der Grenzfläche pro Flächeneinheit ein- bzw. austretenden Lichtenergieströme. Sei $\hat{\boldsymbol{n}}$ der Normalenvektor auf die Grenzfläche, so lautet sie mit (10.7)

$$(\boldsymbol{S}_1 + \boldsymbol{S}_{1R} + \boldsymbol{S}_2)\hat{\boldsymbol{n}} = 0$$

bzw. in expliziter Form mit (26.19) und den entsprechenden Winkeln

$$\varepsilon_0\varepsilon_1 c_1 E_1^2 \cos\alpha - \varepsilon_0\varepsilon_1 c_1 E_{1R}^2 \cos\alpha - \varepsilon_0\varepsilon_2 c_2 E_2^2 \cos\beta = 0 .$$

Für das Verhältnis der Vorfaktoren ergibt sich nach (27.10) und (27.11)

$$\frac{\varepsilon_0\varepsilon_1 c_1}{\varepsilon_0\varepsilon_2 c_2} = \frac{n_1^2 c_1}{n_2^2 c_2} = \frac{n_1}{n_2} = \frac{\sin\beta}{\sin\alpha} .$$

Drücken wir weiterhin E_{1R} und E_2 durch E_1 aus, so lautet die Bilanzgleichung

$$E_1^2((1 - R)\sin\beta\cos\alpha - (1 - \sqrt{R})^2 \sin\alpha\cos\beta) = 0 .$$

Mit der Darstellung $1 - R = (1 + \sqrt{R})(1 - \sqrt{R})$ können wir den Faktor $E_1^2(1 - \sqrt{R})$ herauskürzen und die Gleichung nach $\sqrt{R}$ auflösen mit dem Ergebnis

$$\sqrt{R} = \frac{\sin\alpha\cos\beta - \sin\beta\cos\alpha}{\sin\alpha\cos\beta + \sin\beta\cos\alpha}, .$$

Quadrieren und Beachtung der Additionstheoreme für den Sinus ergeben dann (27.16).
Ist $\boldsymbol{E}$ aber in der Einfallsebene polarisiert, so müssen wir es bezüglich der Grenzfläche zunächst in Tangential- und Normalkomponente trennen (s. Abb. 27.15). Im Medium resultieren aus einfallender und reflektierter Amplitude dabei

$$E_{1,\tan} + E_{1R,\tan} = E_1 \sin\alpha(1 - \sqrt{R})$$

und

$$E_{1,n} + E_{1R,n} = E_1 \cos\alpha(1 + \sqrt{R}) .$$

gegen 1, wie leicht zu sehen. Nähern wir uns senkrechter Inzidenz, so können wir im Grenzfall (α, $\beta \to 0$) die Winkelfunktionen durch ihre Argumente ersetzen und gewinnen zunächst aus dem Brechungsgesetz

$$\frac{\alpha}{\beta} = \frac{n_2}{n_1}$$

und daraus durch Einsetzen in die Fresnelschen Formeln für beide Fälle

$$R = \left(\frac{n_2 - n_1}{n_2 + n_1}\right)^2 . \qquad (27.18)$$

Die Formeln gelten in beide Richtungen, wie die Umkehrbarkeit eines Lichtstrahls verlangt.

An der Grenzfläche zwischen Glas ($n = 1{,}5$) und Luft ($n \simeq 1$) beträgt der Reflexionsgrad bei senkrechter Inzidenz 4 %, an den beiden Flächen einer Fensterscheibe also 8 %. Bei seitlichem Lichteinfall steigen die Reflexionsverluste stark an. In Abb. 27.17 sind die Fresnelschen Formeln für den Fall $n_1 = 1$, $n_2 = 1{,}5$ graphisch als Funktion des Einfallswinkels α dargestellt. Man erkennt für die parallele Komponente die Nullstelle beim Brewsterwinkel.

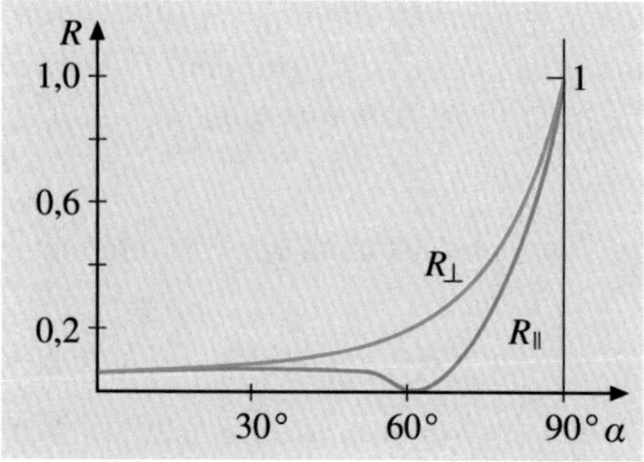

Abb. 27.17. Darstellung der Fresnelschen Formeln. Aufgetragen ist der Reflexionsgrad an einer dielektrischen Grenzfläche ($n_1 = 1$, $n_2 = 1{,}5$) für senkrecht ($R_\perp$) und für parallel ($R_\parallel$) zur Einfallsebene polarisiertes Licht gegen den Einfallswinkel α

Polarisationsfilter

Polarisationsfilter, die nur *eine* Komponente des $\boldsymbol{E}$-Feldes transmittieren, kann man z. B. durch Aufdampfen gestreckter, organischer Kettenmoleküle mit einheitlicher

---

Erstere setzt sich stetig ins Medium 2 fort, letztere mit einem Sprung um den Faktor

$$\varepsilon_1/\varepsilon_2 = n_1^2/n_2^2 = \sin^2\beta/\sin^2\alpha .$$

Damit folgen die Gleichungen

$$E_2 \sin\beta = E_1 \sin\alpha(1 - \sqrt{R})$$

$$E_2 \cos\beta = \frac{\sin^2\beta}{\sin^2\alpha} E_1 \cos\alpha(1 + \sqrt{R}) .$$

Dividieren wir diese Gleichungen durcheinander, so kürzen sich die Feldstärken E_1, E_2 heraus, und wir können wieder nach $\sqrt{R}$) auflösen mit dem Ergebnis

$$\sqrt{R} = \frac{\sin\alpha\cos\alpha - \sin\beta\cos\beta}{\sin\alpha\cos\alpha + \sin\beta\cos\beta} = \frac{\tan(\alpha-\beta)}{\tan(\alpha+\beta)}$$

in Übereinstimmung mit (27.17). Von der Richtigkeit des 2. Schritts in obiger Gleichung überzeugt man sich am besten rückwärts mit $\tan(\alpha \pm \beta) = \sin(\alpha \pm \beta)/\cos(\alpha \pm \beta)$ und Anwenden der bekannten Additionstheoreme für sin und cos.

Orientierung herstellen (**Polaroidfolien**). Diese Moleküle bilden einen großen elektrischen Dipol in Kettenrichtung und absorbieren daher die entsprechende Komponente, genau wie ein Rost aus Gitterstäben im Mikrowellenversuch 26.5.

Ein idealer Polarisator würde eine Feldkomponente vollständig absorbieren und die dazu senkrechte vollständig transmittieren. Das leisten die verschiedenen Polarisationsmechanismen unterschiedlich gut. Im allgemeinen entsteht nur *teilweise* polarisiertes Licht. Es ist daher sinnvoll, ein Maß für den **Polarisationsgrad** zu definieren. Als solchen nehmen wir das Verhältnis aus der Differenz und der Summe der Intensitäten der beiden Komponenten

$$P = \frac{I_\parallel - I_\perp}{I_\parallel + I_\perp} . \tag{27.19}$$

Er nimmt Werte im Bereich

$$-1 \le P \le 1$$

an, wobei die Extremwerte ± 1 vollständige Polarisation zugunsten der einen oder der anderen Komponente bedeuten.

Jeder **Polarisator** kann auch als **Analysator** benutzt werden, um den Polarisationsgrad des Lichts zu messen. Schließt seine Durchlaßrichtung mit dem $\boldsymbol{E}$-Vektor den Winkel φ ein, so wird im Idealfall nur die hierzu parallele Komponente

$$E_{\text{tr}} = E_\parallel = E \cos \varphi$$

transmittiert (s. Abb. 27.18). Die transmittierte Intensität hat dann die Winkelabhängigkeit

$$I_{\text{tr}}(\varphi) = I \cos^2 \varphi . \tag{27.20}$$

Ist das Licht nur teilweise polarisiert, so sucht man das Maximum der transmittierten Intensität $I_\parallel$, mißt senkrecht dazu ihr Minimum $I_\perp$ und berechnet aus diesen Werten den Polarisationsgrad nach (27.19) vorausgesetzt, der Analysator ist ideal, d. h. er blockt die transversale Komponente vollständig ab. Ansonsten ist der Kontrast (27.19) noch um die Analysierstärke A des Analysators geschwächt. Als Polarisator würde er dann auch nur den Polarisationsgrad $P = A$ erzeugen.

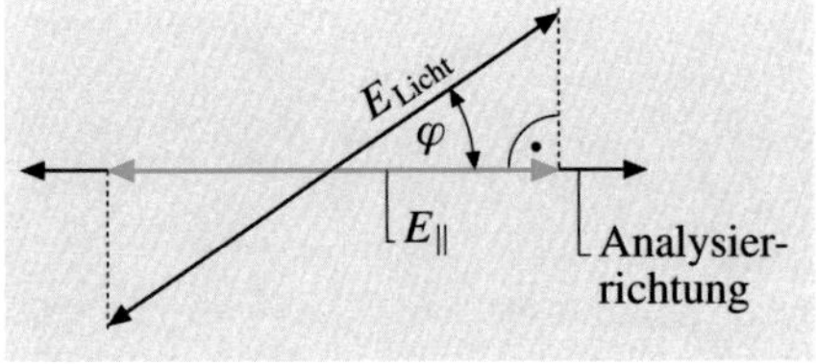

Abb. 27.18. Ein Analysator transmittiert die zu seiner Analysierrichtung parallele Komponente des $\boldsymbol{E}$-Wellenfeldes

Doppelbrechung

Viele Einkristalle, z. B. rhombische, wie der **Kalkspat** $CaCO_3$, oder auch **Quarzkristalle**, zeigen das merkwürdig anmutende Phänomen der **Doppelbrechung**, das wir im folgenden Versuch studieren:

VERSUCH 27.6

Doppelbrechung. Legen wir einen Kalkspatkristall auf ein beschriebenes Blatt Papier, so erscheinen dem Auge zwei Schriftbilder, das eine an der ursprünglichen Stelle, das andere dagegen verschoben. Drehen wir jetzt den Kristall auf der Papierebene, so wandert auch das verschobene Schriftbild im Kreis um das unverschobene herum. Im Hörsaal demonstrieren wir das Phänomen auf dem Folienprojektor.

Wir wiederholen jetzt den Versuch mit einem Laserstrahl, der senkrecht auf die natürlich gewachsene Fläche des Kalkspats auftrifft, und beobachten dahinter, wie er in einen unverschobenen und einen verschobenen aufgespalten ist. Letzterer dreht sich wieder mit dem Kristall um die Richtung des unverschobenen. Mit einem Analysator prüfen wir, daß die beiden Strahlen senkrecht zueinander polarisiert sind, und zwar ist der verschobene Strahl genau in der Richtung polarisiert, in der er verschoben ist. Der unverschobene Strahl heißt **ordentlicher**, der verschobene **außerordentlicher Strahl** (s. Abb. 27.19a).

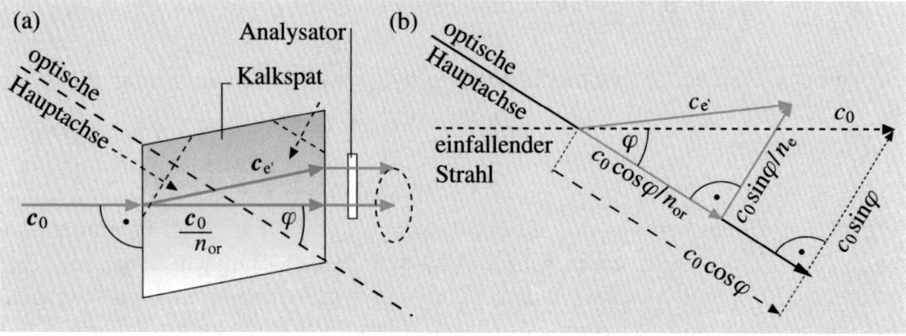

Abb. 27.19. (**a**) Skizze zum Versuch Doppelbrechung. (**b**) Erklärung der Doppelbrechung durch richtungsabhängige Brechungsindizes n_{or}, n_e

Die Aufspaltung in den verschobenen, **außerordentlichen** und den unverschobenen, **ordentlichen Strahl** ist auf einen *richtungsabhängigen* Brechungsindex im doppelbrechenden Kristall zurückzuführen. Im Kalkspat bildet die kurze Diagonale des Rhombus die sogenannte **optische Hauptachse**. Würde man den Kristall *senkrecht* zu ihr anschleifen und den Strahl dann *parallel* zur Hauptachse einstrahlen (gestrichelte Linien in Abb. 27.19a), so würde er im Kristall nicht aufspalten, sondern ganz normal mit einer Lichtgeschwindigkeit

$$c_{or} = \frac{c_0}{n_{or}} \tag{27.21}$$

hindurchlaufen. Entscheidend ist, daß in dieser Richtung die elektrische Feldstärke *keine Komponente* in Richtung der optischen Hauptachse hat. Würden wir dagegen die andere Ecke *parallel* zur optischen Hauptachse abschleifen und *senkrecht* einstrahlen (s. Abb. 27.19a), so müssen wir eine *Fallunterscheidung* treffen:

- Sei der $\boldsymbol{E}$-Vektor *senkrecht* zur Hauptachse polarisiert, so messen wir nach wie vor die Lichtgeschwindigkeit (27.21) wie bei paralleler Einstrahlungsrichtung. Der zugehörige Brechungsindex n_{or} ist der **ordentliche Brechungsindex**.
- Liegt der $\boldsymbol{E}$-Vektor dagegen in der optischen Hauptachse, so gilt ein anderer, der sogenannte **außerordentliche Brechungsindex** mit der dazugehörigen

Lichtgeschwindigkeit

$$c_e = \frac{c_0}{n_e} . \tag{27.22}$$

Die Indizes „or" und „e" stehen für **or**dinary und **e**xtraordinary beam.

Jetzt können wir das Auswandern des außerordentlichen Strahls im Versuch 27.6 deuten: Die $\boldsymbol{E}$-Feldkomponente in der Ebene, die aus der Einfallsrichtung und der optischen Hauptachse gebildet wird, spalten wir auf in eine Komponente in Richtung der optischen Hauptachse und eine senkrecht dazu (s. Abb. 27.19b). Dazu gehört jeweils eine Ausbreitungsgeschwindigkeit $(c_0/n_e)\sin\varphi$ senkrecht zur Hauptachse und $(c_0/n_{or})\cos\varphi$ in Richtung der Hauptachse. Die resultierende Lichtgeschwindigkeit des außerordentlichen Strahls ist die Vektorsumme aus beiden

$$\boldsymbol{c}'_e(\varphi) = c_0 \left(\hat{\boldsymbol{e}} \frac{\sin\varphi}{n_e} + \hat{\boldsymbol{o}} \frac{\cos\varphi}{n_{or}} \right) \tag{27.23}$$

und weicht wegen der unterschiedlichen Brechungsindizes von der Einfallsrichtung ab.

Für Kalkspat gilt

$$n_{or} = 1{,}658 \qquad n_e = 1{,}486 \qquad (\text{für } \lambda = 600\,\text{nm}) .$$

Folglich ist c_e größer als c_{or}. Zeichnen wir $c'_e(\varphi)$ in ein Polardiagramm, so ergibt (27.23) das Bild einer Ellipse mit den beiden Halbachsen c_{or} und c_e (s. Abb. 27.20). Für den senkrecht dazu polarisierten ordentlichen Strahl ist dagegen die Lichtgeschwindigkeit isotrop, also durch einen Kreis dargestellt.

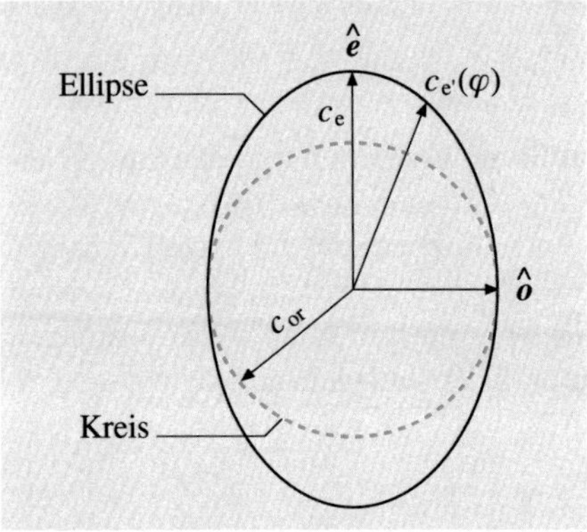

Abb. 27.20. Polardiagramm der Lichtgeschwindigkeit c'_e des außerordentlichen Strahls (*Ellipse*) und des ordentlichen Strahls (*Kreis*) als Funktion des Winkels φ gegen die optische Hauptachse (Beispiel: Kalkspat). Im allgemeinsten Fall noch niedrigerer Kristallsymmetrie ist das Polardiagramm von $\boldsymbol{c}$ ein Ellipsoid mit *drei verschiedenen* Hauptachsen (wie das Trägheitsellipsoid)

λ/4-Plättchen, zirkular polarisiertes Licht

Doppelbrechende Kristalle haben eine vielseitige Anwendung in der Optik, vor allem auch in der modernen nichtlinearen Optik, auf die wir hier nicht eingehen können. Ein bekanntes Beispiel ist das sogenannte **λ/4-Plättchen**, das zur Herstellung von zirkular polarisiertem Licht dient. Hierzu spalten wir einen Einkristall in einer Ebene, die die optische Hauptachse enthält. Das gelingt besonders leicht bei **Glimmer**, wo man ohne weiteres entlang einer solchen Ebene ein dünnes Scheibchen abspalten kann. Wird es jetzt senkrecht von linear polarisiertem Licht durchstrahlt, so pflanzt sich die zur Hauptachse senkrechte Komponente mit c_{or} fort, die parallele dagegen mit c_{e} (s. Abb. 27.21). Dabei entsteht entlang der Dicke d des Plättchens ein Phasenunterschied zwischen den beiden Komponenten von der Größe

$$\Delta\varphi = (k_{\text{or}} - k_{\text{e}})d = \frac{2\pi}{\lambda}(n_{\text{or}} - n_{\text{e}})d \,. \tag{27.24}$$

Wählen wir nun (mit der Annahme $n_{\text{or}} > n_{\text{e}}$) einen Phasenunterschied von

$$\Delta\varphi = \frac{\pi}{2}$$

und außerdem den Winkel α zwischen dem $\boldsymbol{E}$-Vektor und der optischen Achse zu $45°$, so daß beide Komponenten gleich groß werden, so wird die einfallende Welle vor dem Plättchen

$$\boldsymbol{E}_{\text{vor}}(x,t) = \frac{E_{\text{o}}}{\sqrt{2}}(\hat{\boldsymbol{o}} + \hat{\boldsymbol{e}})\cos(\omega t - kx)$$

hinter dem Plättchen verändert zu

$$\boldsymbol{E}_{\text{nach}}(x,t) = \frac{E_{\text{o}}}{\sqrt{2}}[\hat{\boldsymbol{o}}\cos(\omega t - kx) + \hat{\boldsymbol{e}}\sin(\omega t - kx)] \,. \tag{27.25}$$

Jetzt schwingt der $\boldsymbol{E}$-Vektor nicht mehr in einer Ebene, sondern rotiert (im obigen Fall linksdrehend) als Funktion des Arguments $(\omega t - kx)$ auf einem Kreis. Wir nennen dies **zirkular polarisiertes Licht**. Zur Verdeutlichung geben wir daher dem Licht, das fest in einer Ebene schwingt und bisher schlicht als „polarisiertes Licht" bezeichnet war, den Zusatz **linear polarisiert**.

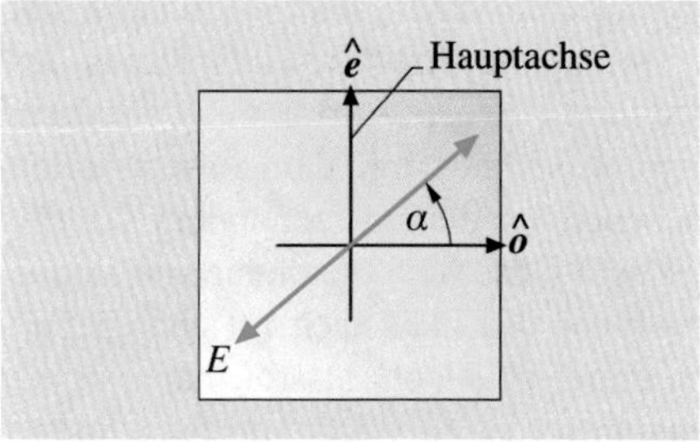

Abb. 27.21. Doppelbrechendes Plättchen (Verzögerungsplatte) mit optischer Hauptachse in der Schnittebene zur Herstellung zirkular und elliptisch polarisierten Lichts

Ist der Gangunterschied $\delta\varphi = \pi$, so entsteht wieder linear polarisiertes Licht, jetzt aber um $90°$ gedreht, weil die $\hat{\boldsymbol{e}}$- gegenüber der $\hat{\boldsymbol{o}}$-Komponente ihr Vorzeichen gewechselt hat. Bei $\delta\varphi = 3/2\pi$ gibt es wieder zirkular polarisiertes Licht, jedoch mit umgekehrtem Umlaufsinn. Bei allen Zwischenwerten entsteht elliptisch polarisiertes Licht, wobei der $\boldsymbol{E}$-Vektor auf einer Ellipse statt einem Kreis umläuft, wie bei einer Lissajousfigur (s. Abschn. 2.5).

Polarisationsprisma

Die in Abb. 27.19 gezeigte Abspaltung des außerordentlichen Strahls wird im **Polarisationsprisma** (ursprünglich von *Nicols* konzipiert) zur Herstellung **linear polarisierten Lichts** ausgenutzt. Hierzu schneidet man z. B. einen Kalkspat schräg zum einfallenden Strahl unter einem Winkel derart, daß die außerordentliche Komponente am Spalt noch transmittiert, die ordentliche jedoch total reflektiert

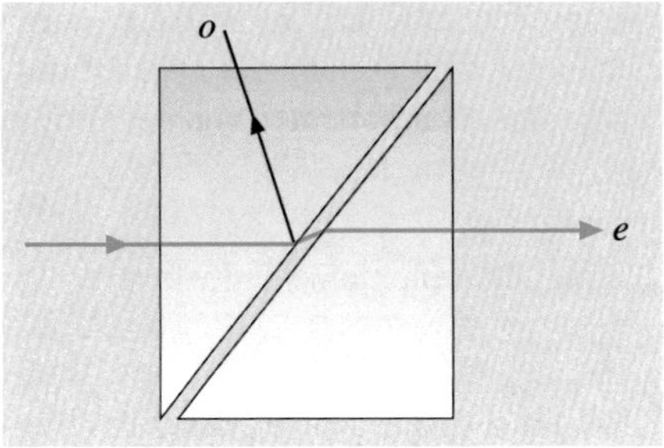

Abb. 27.22. Prinzip des Polarisationsprismas (Glan-Thomson Ausführung) zur Herstellung linear polarisierten Lichts

wird (s. Abb. 27.22). Der Spalt ist zweckmäßigerweise mit einem niedrig brechenden Kleber ausgefüllt.

27.6 Prismenwirkung und Dispersion

Schon *Newton* war aufgefallen, daß ein Sonnenstrahl von einem Prisma in farbige, unterschiedlich stark gebrochene Teilstrahlen aufgespalten wird, wobei mit steigendem Ablenkungswinkel die Farbskala vom tiefen Rot über Orange, Gelb, Grün bis hin zum tiefen Blau durchlaufen wird (s. Abb. 27.23). Die Bedeutung dieser **Spektralfarben** wird klar, wenn man mit einem sehr *feinen* Spalt eine Farbkomponente ausblendet. Dann entsteht nämlich hinter dem Spalt ein Beugungsbild mit *scharfen* Beugungsminima. Sie können nach (27.4) bzw. (12.42) nur dann scharf sein, wenn das Licht monochromatisch ist, also eine einheitliche Wellenlänge hat. Die Aufspaltung des Lichts in Spektralfarben durch das Prisma bedeutet also eine Auftrennung der darin vertretenen Wellenlängen. Der gleiche Beugungsversuch mit dem unseparierten Sonnenstrahl führt dagegen zu einem verwaschenen Streifenmuster auf dem Schirm, wobei neben dem zentralen, ungebeugten Maximum, das weiß bleibt, farbige Säume erscheinen, die mit wachsendem Beugungswinkel von blau nach rot changieren. Im Gegensatz zum Prisma wird hier blau weniger abgelenkt als rot, hat also die kürzere Wellenlänge; denn bei gleicher Beugungsordnung wächst der zugehörige Beugungswinkel proportional zu λ.

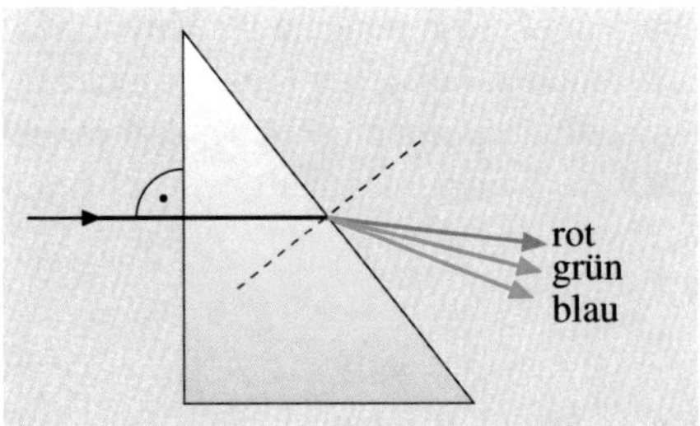

Abb. 27.23. Auspaltung von weißem Sonnenlicht in seine farbigen Komponenten (Spektrum) mittels eines Prismas

VERSUCH 27.7

Prismenwirkung. Wir führen den Newtonschen Grundversuch zur Prismenwirkung mittels einer **Bogenlampe** als Lichtquelle vor. Hierbei brennt eine intensive Gasentladung (elektrischer Bogen) über eine Distanz von einigen Millimetern zwischen den Spitzen zweier Graphitstäbe, wodurch sich diese Spitzen auf ca. 3000 K erhitzen und sehr intensives weißes Licht emittieren. Die Bogenlampe befindet sich im Fokus einer Linse, die das Licht parallel macht (s. Abb. 27.24). Aus diesem parallelen Lichtbündel blenden wir mit einem Spalt einen Strahl von einigen Millimetern Breite aus (breit genug, um den Beugungswinkel klein gegen den Ablenkungswinkel zu halten) und lassen ihn auf das Prisma einfallen. Im Abstand von einigen Metern vom Prisma beobachten wir auf einem Schirm das Band der Spektralfarben, das dort schon einige Zentimeter breit ist. Unmittelbar hinter dem Prisma haben sich die Farben dagegen noch nicht getrennt, d. h. wir beobachten zunächst den weißen Lichtstrahl, der mit wachsendem Abstand einen roten Saum an der Innenkante und einen blauen an der äußeren bekommt, bis sich die Farben schließlich trennen. Wir nennen die Wellenabhängigkeit der Brechung **Dispersion**.

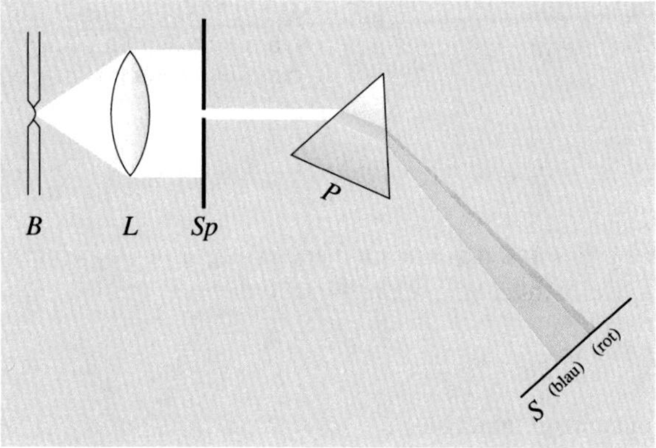

Abb. 27.24. Demonstration der Prismenwirkung auf einen weißen Lichtstrahl (Bogenlampe *B*, Linse *L*, Spaltblende *Sp*, Prisma *P*, Schirm *S*)

Mit diesen einfachen Grundversuchen der Aufspaltung von weißem Licht in seine Komponenten durch Prisma und Spalt sind viele grundlegende Fragen über die Natur des Lichts, sein Wellencharakter, seine Entstehung in Lichtquellen, seine spektrale Verteilung und seine Wechselwirkung mit Materie (z. B. im Prisma) angesprochen.

Bisher hatten wir uns auf die Welleneigenschaften konzentriert, wollen aber von nun an auch die übrigen Aspekte ins Auge fassen, vor allem die Wechselwirkung mit Materie, die uns ein mikroskopisches Verständnis des Brechungsindex und seiner Dispersion erlaubt.

Prismenspektralapparat

Bevor wir uns aber um ein prinzipielles Verständnis der **Dispersion** bemühen, wollen wir sie zunächst rein instrumentell ausbeuten, um einen wirkungsvollen **Spektralapparat** zur möglichst guten Auflösung des Lichts in seine spektralen Komponenten zu bauen. Als erstes berechnen wir den Ablenkungswinkel eines Prismas als Funktion seines Brechungsindex und des Keilwinkels γ, unter dem die beiden brechenden Flächen sich schneiden. Der Einfachheit halber wählen wir einen symmetrischen Strahlengang. Dann gilt laut Abb. 27.25 nach bekannten Sätzen der

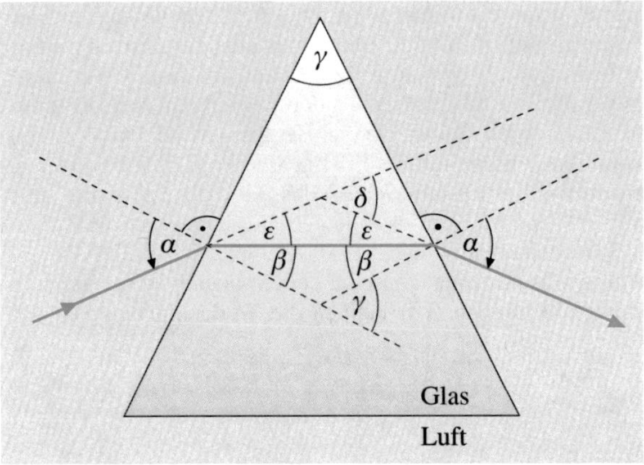

Abb. 27.25. Geometrie des symmetrischen Strahlungsgangs durch ein Prisma

Dreieckslehre

$$\alpha = \beta + \varepsilon = \gamma/2 + \delta/2 .$$

Wenden wir hierauf das Brechungsgesetz $\sin\alpha = n \sin\beta$ an, so folgt eine Beziehung zwischen Ablenkungswinkel δ, Keilwinkel γ und Brechungsindex n

$$\sin\left(\frac{\gamma+\delta}{2}\right) = n \sin\frac{\gamma}{2} .$$

Aufgelöst nach dem Ablenkungswinkel lautet sie

$$\delta = 2 \arcsin\left(n \sin\frac{\gamma}{2}\right) - \gamma \tag{27.26}$$

oder näherungsweise für kleines γ

$$\delta \approx (n-1)\gamma . \tag{27.26'}$$

Der symmetrische Strahlengang stellt wegen seiner Umkehrbarkeit einen *Extremwert* von δ dar. Man überzeugt sich leicht, daß es ein *Minimum* der Ablenkung ist mit $\mathrm{d}\delta/\mathrm{d}\alpha = 0$. Ein solcher Extremwert begünstigt die Optik des Spektralapparats; dann hat nämlich der endliche Öffnungswinkel $\Delta\alpha$ des auf das Prisma einfallenden Strahlenbündels in erster Näherung keinen Einfluß auf den Ablenkungswinkel δ des Prismas, sondern nur sein Brechungsindex bzw. dessen **Dispersion**.

Abbildung 27.26 zeigt den *optischen Aufbau* eines **Prismenspektralapparats**. Die *Lichtquelle Q* wird zunächst über eine *Kondensorlinse* auf einen *Spalt* abgebildet, der im Brennpunkt einer *Sammellinse* steht, so daß annähernd paralleles Licht auf das Prisma auffällt. Eine solche Vorrichtung zum Parallelisieren des Lichts nennt man **Kollimator**. Der restliche Öffnungswinkel des Strahlenbündels ist rein geometrisch (unter Vernachlässigung der Beugung) gleich dem Verhältnis aus Spaltdurchmesser d durch Kollimatorbrennweite f_1. Hinter dem Prisma sammelt eine weitere *Linse* das Licht auf einem *Schirm* oder *Film* in ihrer *Brennebene*. Dort entsteht für monochromatisches Licht ein *Bild* des Kollimatorspalts, das als Funktion der Wellenlänge aufgrund der **Dispersion des Prismas** mit dem Ablenkungswinkel $\delta(\lambda)$ entlang der Brennebene wandert. Bei Linienspektren, wie sie freie Atome

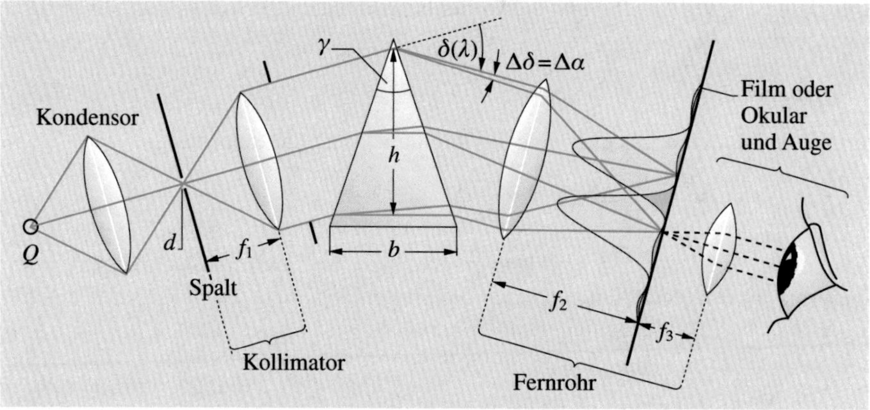

Abb. 27.26. Aufbau eines Prismenspektralapparats. Die beiden Beugungsbilder zweier Spektrallinien im Abstand $\Delta\lambda_{\text{min}}$, die hier der Deutlichkeit halber stark gespreizt gezeichnet sind, markieren das beugungsbegrenzte Auflösungsvermögen

emittieren, entwirft dann jede Spektrallinie ein Spaltbild in der Brennebene – eben eine *Linie*, daher der Name. Zum Ausmessen des Spektrums stellt man entweder einen Film oder einen ortsauflösenden photoelektrischen Detektor in die Brennebene, oder man beobachtet die einzelnen Spektrallinien mit einem **Okular**. Zusammen mit der Sammellinse bildet es ein **Fernrohr**.

Auflösungsvermögen des Prismenspektralapparats

Man bemüht sich, das Prisma des Spektralapparats *voll* auszuleuchten, und zwar aus zwei Gründen:

- um maximale *Intensität* zu gewinnen,
- um maximale *Auflösung* zu erreichen.

Der zweite Punkt bedarf einer Erläuterung. In der Regel ist das Auflösungsvermögen durch die Breite des Kollimatorspalts bzw. dessen Bild auf dem Schirm begrenzt. Im Prinzip können wir ihn aber beliebig fein wählen (in Praxis einige μm), so daß hier von Seiten der *geometrischen Optik* im Prinzip keine Grenze gesetzt ist. Vielmehr setzt die *Wellenoptik* der Parallelität des Strahlenbündels hinter dem Kollimator und damit auch dem Auflösungsvermögen Grenzen, die wir schon am Beispiel der Lochkamera in Abschn. 27.3 diskutiert hatten. Sei h die Breite des Strahlenbündels im Prisma (s. Abb. 27.26), so erscheint das erste Beugungsminimum nach (27.4) und (29.35) unter dem Winkel

$$\Delta\alpha = \frac{\lambda}{h} \, .$$

Erscheint in diesem Winkelabstand hinter dem Prisma das zentrale Maximum einer benachbarten Spektrallinie, so wird hierdurch die *minimale Wellenlängendifferenz* $\Delta\lambda_{\text{min}}$ markiert, die das Prisma noch auflösen kann. Sie ist mit $\Delta\alpha$ über den

Ablenkungswinkel (27.26′) und die Wellenlängenabhängigkeit des Brechungsindex, genauer gesagt die

$$\textbf{Dispersion} = \frac{dn}{d\lambda} \tag{27.27}$$

verknüpft. Sie liefert uns über eine Taylorentwicklung die Beziehung

$$\frac{\lambda}{h} = \Delta\alpha = \Delta\delta = \frac{d\delta}{d\lambda}\Delta\lambda_{min} \approx \gamma\frac{dn}{d\lambda}\Delta\lambda_{min} .$$

Daraus können wir das **Auflösungsvermögen des Prismenspektrographen** bestimmen, d. h. den Quotienten aus der Wellenlänge und dem *minimalen*, noch *auflösbaren* Wellenlängenunterschied

$$A = \frac{\lambda}{\Delta\lambda_{min}} \approx h\gamma\frac{dn}{d\lambda} \approx b\frac{dn}{d\lambda} . \tag{27.28}$$

Wir haben dabei für den Keilwinkel γ wieder die Näherung

$$\sin\gamma \approx \tan\gamma \approx \gamma \approx \frac{b}{h_{max}}$$

benutzt. Außerdem sind wir von *maximaler* Ausleuchtung des Prismas bis zu h_{max} ausgegangen. Die Schlußformel ist bemerkenswert einfach:

Das Auflösungsvermögen des Prismas ist das Produkt aus seiner Dispersion und seiner Basisbreite b.

Seine Höhe bzw. sein Keilwinkel spielen in dieser Näherung keine Rolle.

Abbildung 27.27 zeigt qualitativ den Verlauf des Brechungsindex von Gläsern im Bereich ihrer Transmission, der von der ultravioletten und infraroten Absorptionskante begrenzt ist. Er ist in der Regel etwas breiter als der sichtbare Spektralbereich. Entsprechend der Krümmung von $n(\lambda)$ nimmt nicht nur der Brechungsindex, sondern auch die Dispersion und folglich auch das Auflösungsvermögen eines Prismas zum Ultravioletten hin zu.

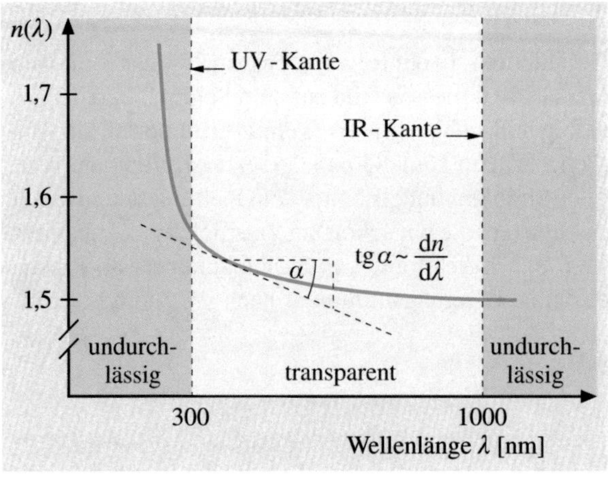

Abb. 27.27. Qualitativer Verlauf des Brechungsindex von Gläsern

27.7 Atomistische Deutung von Dispersion und Absorption

Transparenz im optischen Bereich finden wir in der Regel nur bei **Dielektrika**, also Nichtleitern, zu denen insbesondere auch die **Gase** zu zählen sind. Für Dielektrika hatten wir mit (27.10) den Brechungsindex bereits auf die Dielektrizitätskonstante ε zurückgeführt

$$n = \sqrt{\varepsilon}\,.$$

Für ε hatten wir eine atomistische Deutung gefunden, indem wir die Polarisation des Mediums $\boldsymbol{P}$ (19.77)

$$\boldsymbol{P} = \varepsilon_0(\varepsilon - 1)\boldsymbol{E} = \frac{\mathrm{d}N}{\mathrm{d}V}\boldsymbol{p}_{\text{Atom}} = \frac{\mathrm{d}N}{\mathrm{d}V}\alpha\boldsymbol{E}$$

auf resultierende **atomare Dipolmomente** $\boldsymbol{p}_{\text{Atom}}$ zurückgeführt hatten, die proportional zur Feldstärke $\boldsymbol{E}$ anwachsen. Den Proportionalitätsfaktor, die **Polarisierbarkeit** α, hatten wir allerdings nur für ein statisches $\boldsymbol{E}$-Feld berechnet [vgl. (19.99)]. Hier geht es aber jetzt um den *dynamischen* Fall einer sehr hochfrequenten $\boldsymbol{E}$-Welle, mit der die Polarisation *mitschwingen* muß. Können wir auch im optischen Bereich noch mit der statischen Polarisierbarkeit rechnen, oder sinkt sie aufgrund der Trägheit der Atome ab, oder zeigt sie im Gegenteil Resonanzüberhöhungen? Wir müssen jedenfalls für den Brechungsindex (27.10) eine Frequenz- bzw. Wellenlängenabhängigkeit

$$n^2(\omega) = \varepsilon(\omega) = 1 + \frac{\mathrm{d}N}{\mathrm{d}V}\alpha(\omega) \tag{27.29}$$

zulassen und zunächst Fallunterscheidungen treffen.

Kommt die Polarisierbarkeit durch die Ausrichtung **statischer Dipolmomente der Moleküle**, wie etwa bei H_2O zustande [vgl. (19.91)], so spielen die quantisierten, resonanten **Rotationsfrequenzen** (14.49) in der Größenordnung von 10^{10} Hz, also im *Mikrowellenbereich*, mit. Darüber hinaus können die molekularen Dipole nicht mehr folgen, und ihr Beitrag zu ε klingt schnell ab. Das Umorientieren der Dipole im Wechselfeld geschieht aber weder prompt noch völlig elastisch, sondern ist im Sinne der Thermodynamik ein irreversibler Prozeß, bei der immer ein Bruchteil der dem Medium zugeführten Feldenergie in Wärme umgesetzt wird, wie das Beispiel der Hysterese der Ferromagnete gezeigt hat [vgl. (23.26)]. In der Umgebung von Resonanzfrequenzen ist die dissipierte Leistung besonders groß, wie wir bei den erzwungenen Schwingungen [s. Abschn. 11.4 und Gl. (11.72)] gesehen hatten. Im Fall der polaren Moleküle sind es wie gesagt die quantisierten Rotationsfrequenzen, die im elektrischen Wechselfeld zu Resonanzen angeregt werden. Darum werden Mikrowellen, z. B. von Wasser und wäßrigem Gewebe wie unserem Körper, besonders stark absorbiert (Beispiel: Mikrowellenofen).

Im Bereich des *Infraroten* werden vor allem **Molekülschwingungen** angeregt und sorgen dort für starke Absorption. Im *sichtbaren Spektralbereich* sind sie aber längst abgeklungen und liefern keinen nennenswerten Beitrag mehr zur Absorption und auch nicht zum Brechungsindex. Bei typischen Dielektrika, wie Glas oder auch Wasser, beginnt dann schließlich im *ultravioletten Spektralbereich* die Anregung der **Valenzelektronen** in höherenergetische Zustände. In alle diskutierten Fällen ergibt sich die Resonanzfrequenz aus der Energiedifferenz der beteiligten Quantenzustände nach der **Bohrschen Beziehung** (11.75)

$$E_2 - E_1 = h\nu_0 = \frac{h}{2\pi}\omega_0 .$$

Die elektronische Anregung macht sich zuerst durch einen langsamen Anstieg des Brechungsindex (Dispersion) und schließlich durch eine rapide Zunahme der Absorption an der UV-Kante bemerkbar. Damit wäre der Frequenzverlauf von Absorption und Dispersion elektromagnetischer Strahlung in groben Zügen erklärt.

Im folgenden wollen wir nun den Verlauf von **Dispersion und Absorption** in der Umgebung von **Spektrallinien**, also scharfen Resonanzen von gasförmigen Atomen und Molekülen nach dem Modell der gedämpften erzwungenen Schwingung (s. Abschn. 11.4) genauer behandeln. Demnach sei ein Valenzelektron elastisch an das Zentrum gebunden und stehe unter dem Einfluß der periodischen Kraft des elektrischen Wellenfeldes

$$\boldsymbol{F}(t) = -eE_0 \mathrm{e}^{\mathrm{i}\omega t}\hat{\boldsymbol{x}} ,$$

das wir komplex ansetzen wollen ($-e$ ist die Ladung des Elektrons). Dann erreicht das Elektron nach (11.67) die stationäre Schwingungsamplitude

$$x(t) = x_0 \cdot \mathrm{e}^{\mathrm{i}(\omega t-\varphi)} \quad \text{mit}$$

$$x_0 = \frac{-eE_0}{m_\mathrm{e}}\frac{1}{\sqrt{(\omega_0^2-\omega^2)^2+\omega^2/\tau^2}} \quad \text{und}$$

$$\tan\varphi = \frac{\omega/\tau}{\omega_0^2-\omega^2} . \tag{27.30}$$

Darin wird die Resonanzfrequenz ω_0 mit der *Bohrschen Übergangsfrequenz* gleichgesetzt und die Dämpfungskonstante τ mit der **mittleren Lebensdauer** des angeregten Zustandes. Auf diese Weise ist die Korrespondenz zwischen Quanten- und klassischer Physik hergestellt. Mit der Schwingungsamplitude $x(t)$ des Elektrons gegenüber dem positiven Ionenrumpf ist laut (19.58) das Dipolmoment

$$p_\mathrm{Atom}(t) = -ex(t) \tag{27.31}$$

verknüpft.

Durch Vergleich mit (19.99 u. 100) gewinnen wir daraus die **Polarisation** P bzw. die **dielektrische Suszeptibilität** zu

$$\begin{aligned} P(t) &= \frac{\mathrm{d}N}{\mathrm{d}V}\frac{e^2}{m_\mathrm{e}}\frac{\mathrm{e}^{-\mathrm{i}\varphi}}{\sqrt{(\omega_0^2-\omega^2)^2+\omega^2/\tau^2}}E_0\mathrm{e}^{\mathrm{i}\omega t} \\ &= \frac{\mathrm{d}N}{\mathrm{d}V}\frac{e^2}{m_\mathrm{e}}\frac{1}{(\omega_0^2-\omega^2)+\mathrm{i}\omega/\tau}E_0\mathrm{e}^{\mathrm{i}\omega t} = \chi(\omega)E_0\mathrm{e}^{\mathrm{i}\omega t} = P_0(\omega)\mathrm{e}^{\mathrm{i}\omega t} , \end{aligned} \tag{27.32}$$

die als Funktion der Frequenz den typischen **Resonanznenner** und die **Phasenverschiebung** φ gegenüber der anregenden Welle aufweist. Abbildung 27.28 zeigt in der komplexen Ebene den Frequenzgang der resultierenden dielektrischen Verschiebungsamplitude

$$D_0(\omega) = \varepsilon(\omega)\varepsilon_0 E_0 = \varepsilon_0 E_0 + P_0(\omega) = \varepsilon_0[1+\chi(\omega)]E_0 . \tag{27.33}$$

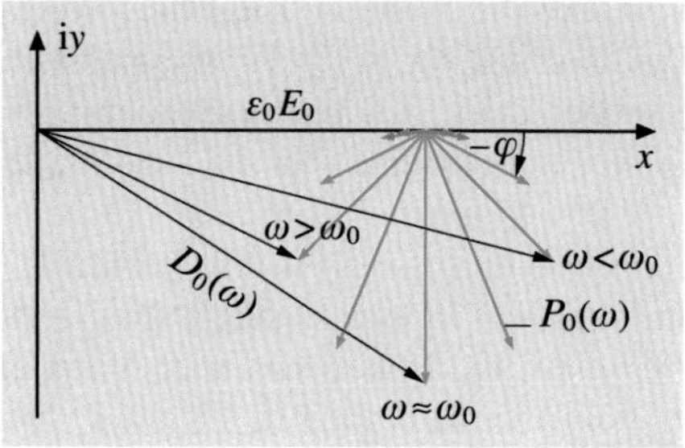

Abb. 27.28. Qualitativer Amplituden- und Phasenverlauf der dielektrischen Verschiebung $D_0(\omega)$ beim Durchgang der Frequenz des $\boldsymbol{E}$-Feldes durch eine Resonanz des Mediums bei $\omega = \omega_0$

Unterhalb der Resonanz ($\omega < \omega_0$) addieren sich E und P im wesentlichen in Phase ($\mathrm{Re}\chi > 0$), und folglich sind die Dielektrizitätskonstante und der Brechungsindex größer als 1

$$\mathrm{Re}[n(\omega < \omega_0)] = \mathrm{Re}\sqrt{\varepsilon(\omega < \omega_0)} > 1\,. \tag{27.34a}$$

Oberhalb der Resonanz geraten E und P in Gegenphase, und damit sinken die Werte von ε und n unter 1

$$\mathrm{Re}[n(\omega > \omega_0)] < 1\,, \tag{27.34b}$$

also unter den Wert des Vakuums! Wie schon im Fall der Hohlleiter in Abschn. 26.7 erreicht hier die Phasengeschwindigkeit einen Wert größer als die Vakuumlichtgeschwindigkeit c_0. Man kann aber zeigen, daß auch hier im Dispersionsbereich mit $n < 1$ die Signal- oder Gruppengeschwindigkeit c_g immer unterhalb c_0 bleibt. Das ist allerdings ein schwieriges Kapitel der theoretischen Elektrodynamik.

Durch die Phasenverschiebung zwischen der Polarisation und dem E-Feld (die für alle Resonanzphänomene typisch ist) haben jetzt aufgrund unseres komplexen Ansatzes auch die Suszeptibilität und der Brechungsindex komplexe Werte angenommen

$$n(\omega) = \sqrt{\varepsilon(\omega)} = \sqrt{1 + \chi(\omega)} = n' + \mathrm{i}n''\,. \tag{27.35}$$

Wie haben wir Realteil n' und Imaginärteil n'' zu interpretieren? Schreiben wir die komplexe Lichtwelle einschließlich ihrer räumlichen Ausbreitung in $\hat{\boldsymbol{y}}$-Richtung als

$$\boldsymbol{E}(y, t) = \hat{\boldsymbol{x}} E_0 \mathrm{e}^{\mathrm{i}(\omega t - n k_0 y)}$$

mit der Vakuumwellenzahl

$$k_0 = \frac{2\pi}{\lambda_0}\,,$$

und führen wir darin den **komplexen Brechungsindex** (27.35) ein, so ergibt sich die Form einer *gedämpften* Welle

$$\boldsymbol{E}(y, t) = \hat{\boldsymbol{x}} E_0 \mathrm{e}^{(n'' k_0 y)} \cdot \mathrm{e}^{\mathrm{i}(\omega t - n' k_0 y)}\,, \tag{27.36}$$

weil $n'' < 0$ ist [s. (27.39)]. Die exponentielle Dämpfung einer Welle in einem absorbierenden Medium ist als **Beersches Gesetz** bekannt.

Der Realteil n' beschreibt wie üblich die Änderung der Wellenlänge und Lichtgeschwindigkeit, während der Imaginärteil n'' durch die nochmalige Multiplikation mit i zu einem Absorptionskoeffizienten wird, der die Welle entlang ihres Wegs durch das Medium exponentiell dämpft. Das leuchtet ein, weil der Imaginärteil der Dipolamplitude ja gerade um 90° gegenüber dem Feld phasenverzögert ist und folglich den Anteil der Geschwindigkeit $\dot{x}$ beschreibt, der *in* Phase mit dem Feld bzw. der elektrischen Kraft F ist. Das Produkt $\overline{F\dot{x}}$ ist aber die vom Schwinger aufgenommene Leistung. Die der Welle entzogene Energie kann z. B. durch Abstrahlung der Anregungsenergie in Form von Fluoreszenzlicht dissipiert werden, wie es bei verdünnten Gasen der Regelfall ist. In kondensierter Materie wird die Anregungsenergie häufig strahlungslos in Wärme überführt.

Dispersions- und Absorptionskurve

Wir wollen jetzt den Frequenzverlauf des *Realteils* des Brechungsindex, den wir die **Dispersionskurve** nennen, und den des *Imaginärteils*, der **Absorptionskurve** heißt, in der Umgebung einer *scharfen* Resonanz untersuchen. Es sollen also sowohl die Breite der Resonanz $\Delta\omega$, wie auch das betrachtete Intervall $\omega - \omega_0$ sehr viel kleiner als ω_0 sein. Außerdem sei die Dichte der Absorber *optisch dünn*, d. h. es soll für alle ω

$$|\chi(\omega)| \ll 1$$

gelten. Dann können wir die Wurzel in (27.35) entwickeln und erhalten durch Rationalisierung des komplexen Nenners von χ in (27.32) für den Brechungsindex

$$\begin{aligned} n = n' + \mathrm{i}n'' &= 1 + \frac{1}{2}\chi'(\omega) + \frac{1}{2}\mathrm{i}\chi''(\omega) \\ &= \frac{\mathrm{d}N}{\mathrm{d}V}\frac{e^2}{\varepsilon_0 m_\mathrm{e}}\left[\left(1 + \frac{(\omega_0^2 - \omega^2)/2}{(\omega_0^2 - \omega^2)^2 + \omega^2/\tau^2}\right) - \mathrm{i}\left(\frac{\omega/2\tau}{(\omega_0^2 - \omega^2)^2 + \omega^2/\tau^2}\right)\right] . \end{aligned} \tag{27.37}$$

In der engeren Umgebung einer scharfen Resonanz gilt die Näherung

$$(\omega_0^2 - \omega^2)^2 = (\omega_0 + \omega)^2(\omega_0 - \omega)^2 \approx (2\omega)^2(\omega_0 - \omega)^2 .$$

Damit können wir (27.37) vereinfachen und erhalten als **Dispersionskurve**

$$n' \approx 1 + \frac{\mathrm{d}N}{\mathrm{d}V}\frac{e^2}{\varepsilon_0 m_\mathrm{e}}\frac{(\omega_0 - \omega)\tau^2/\omega}{1 + 4\tau^2(\omega_0 - \omega)^2} \tag{27.38}$$

und als **Absorptionskurve**

$$n'' = -\frac{\mathrm{d}N}{\mathrm{d}V}\frac{e^2}{\varepsilon_0 m_\mathrm{e}}\frac{\tau/2\omega}{1 + 4\tau^2(\omega_0 - \omega)^2} . \tag{27.39}$$

In Abb. 27.29 sind Dispersions- und Absorptionskurven untereinander aufgezeichnet. Unterhalb der Resonanz ist der Realteil des Brechungsindex größer als eins, oberhalb dagegen kleiner als eins, wie schon gesagt. Das Maximum und Minimum werden jeweils beim Halbwert der Absorptionskurve erreicht. Wichtig ist, daß die Dispersionskurve viel *breitere* Flanken als die Absorptionskurve hat; denn erstere strebt weiter außen hyperbolisch wie $1/(\omega_0 - \omega)$ auf den Vakuumwert 1 zurück, letztere aber quadratisch wie $1/(\omega_0 - \omega)^2$ gegen 0. Deswegen beobachtet

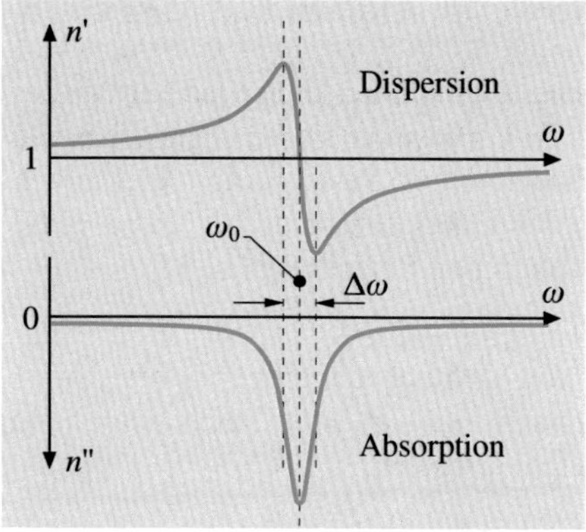

Abb. 27.29. Dispersion und Absorption in der Umgebung einer Spektrallinie

man bei dichten Dielektrika, wie z. B. Glas, trotz *hoher* Absorberdichte und trotz *vernachlässigbarer* Absorption weit unterhalb der UV-Absorptionskante dennoch einen *hohen* Brechungsindex. Auch das Ansteigen des Brechungsindex zur UV-Kante hin ist damit erklärt.

Im zentralen Bereich der Dispersionskurve zwischen den beiden Extremwerten nimmt der Brechungsindex als Funktion der Frequenz *ab* und folglich als Funktion der Wellenlänge *zu*. Es gilt dort also für die Dispersion

$$\frac{\mathrm{d}n}{\mathrm{d}\lambda} > 0 \tag{27.40}$$

im Gegensatz zum üblichen Verlauf der Dispersionskurve. Man spricht daher von anomaler (unüblicher) Dispersion. (Dieser zentrale Bereich ist experimentell nicht leicht zu beobachten, weil die Dispersion hier von starker Absorption begleitet ist. So sind z. B. am Halbwertspunkt der Absorptionskurve bei $(\omega_0 - \omega) = 1/2\tau$ der Dispersionseffekt $(n' - 1)$ und der Absorptionseffekt n'' dem Betrage nach gleich. Verursacht also z. B. der Dispersionseffekt auf der Beobachtungsstrecke y insgesamt einen Gangunterschied von *einer* Wellenzahl

$$(n' - 1)k_0 y = 2\pi \ ,$$

die man interferometrisch gut bestimmen könnte, so sinkt die Intensität auf dieser Strecke bereits auf

$$I(y)/I(0) = (\mathrm{e}^{-2\pi})^2 \approx 3 \cdot 10^{-6}$$

ab.)

Die **Relationen zwischen Dispersion und Absorption**, die wir oben für ein klassisches Wellenfeld in einem Medium mit klassischen Oszillatoren abgeleitet haben, sind auch in der **Quantenmechanik** gültig! Wir dürfen sie daher z. B. im optischen Spektralbereich, wo die Anregung *quantisierter* Atom- und Molekülzustände zur Debatte steht, sehr wohl benutzen. Ihre Universalität hat ihnen große Bedeutung in vielen Bereichen der modernen Physik verschafft, angefangen von der Hochfrequenzspektroskopie bis hin zur Teilchenphysik bei den höchsten Energien.

27.8 Absorptions- und Emissionsspektren von Atomen und Molekülen

Wir haben schon mehrfach darauf hingewiesen, daß im mikroskopischen Bereich der Atome und Moleküle die Quantenmechanik ganz massiv in die Bewegungsgesetze eingreift und u. a. den gebundenen Zuständen eines Systems aus Elektronen und Atomkernen eine Folge wohl definierter Energiezustände $E_0, E_1, \ldots, E_n$ vorschreibt. Zwischen ihnen sind nach der **Bohrschen Beziehung** (11.75)

$$h\nu_{nm} = E_n - E_m$$

Übergänge durch Absorption und Emission von Lichtquanten möglich. Wir wollen hier diese Dinge noch einmal zusammenfassen und vor allem auch unter dem Gesichtspunkt der Optik und **Spektralanalyse** diskutieren.

Atomare Spektrallinien

Edelgase und meist auch Metalle bilden bei Verdampfung einatomige Gase. Haben sie z. B. nur ein Valenzelektron, das im optischen Bereich angeregt werden kann, wie z. B. die Alkalien, so ist die Zahl der Freiheitsgrade des Systems klein, und entsprechend dünn ist die Anzahl der quantisierten Energiezustände gesät. Im Fall des **Natriums** z. B. wird das sichtbare Spektrum von einem einzigen Doublett zweier eng benachbarter Spektrallinien im Gelben bei 5890 Å und 5896 Å beherrscht. Abbildung 27.30 zeigt links einen Ausschnitt der Quantenzustände des Natriums als Funktion ihrer Anregungsenergie übereinander aufgetragen; es heißt auch Niveau- oder Termschema. Rechter Hand ist oben das zugehörige **Emissionsspektrum** und unten das **Absorptionsspektrum** in Form von Spektrallinien als Funktion

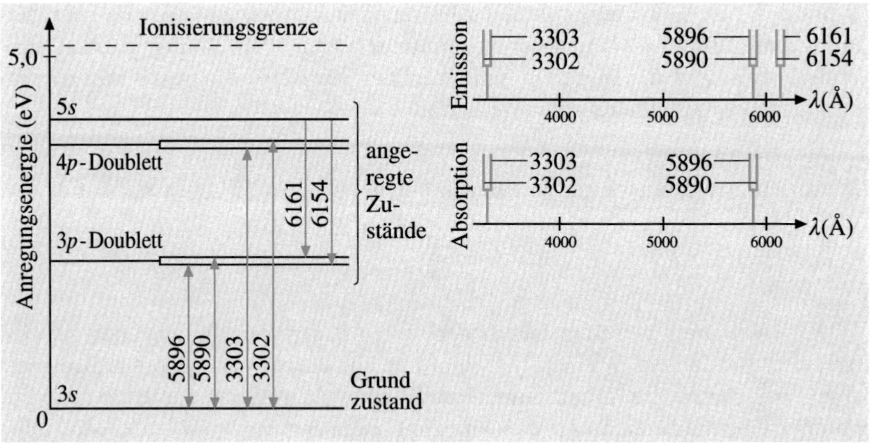

Abb. 27.30. *Links*: Ausschnitt aus dem Termschema des Natriumatoms. Auf die spektroskopische Nomenklatur der Terme wird hier nicht eingegangen. *Rechts*: Zugehöriges Emissionsspektrum (*oben*) und Absorptionsspektrum (*unten*). Zugehörige Wellenlängen sind in Ångström angegeben. Die Term- und Linienpositionen können hier nicht maßstabgetreu eingezeichnet werden

der Wellenlänge aufgetragen. Man beachte, daß nicht jeder Term mit jedem kombiniert. Die Quantenmechanik schreibt hierzu Auswahlregeln vor, auf die wir nicht näher eingehen. Das Emissionsspektrum tritt in der Regel bei heißen Gasen durch thermische Anregung (z. B. in einer Flamme) auf. Es kann aber auch mittels Elektronenstoßanregung in einer Gasentladung bei niedrigem Druck und relativ niedrigen Temperaturen erzeugt werden.

Das Absorptionsspektrum erscheint in Form dunkler **Fraunhoferscher Linien** im ansonsten kontinuierlichen Spektrum einer Bogenlampe oder der Sonne, wenn sich zwischen Lichtquelle und Spektralapparat ein *kaltes*, absorbierendes Gas befindet. Da dessen Atome sich ganz überwiegend im *Grundzustand* befinden, enthält das Absorptionsspektrum nur Linien, die vom Grundzustand ausgehen.

VERSUCH 27.8

Spektrallinien des Natriums. Wir geben eine Prise Kochsalz auf die Elektroden einer Bogenlampe und zünden einen Bogen, dessen Spektrum wir mit einem Prisma wie in Versuch 27.7 auf einer Leinwand entwerfen. Im gelben Spektralbereich sehen wir das bekannte Natriumdoublett (nicht aufgelöst) hell aufleuchten.

Bringen wir einen mit Kochsalzlösung getränkten Draht in die Flamme eines Bunsenbrenners, so leuchtet die Flamme hell gelb auf. Richten wir ein Taschenspektroskop auf die Flamme, so sehen wir auch darin in erster Linie nur die starken, gelben Resonanzlinien. Es tauchen aber auch Emissionslinien zwischen verschiedenen, angeregten Zuständen auf.

Kirchhoff und *Bunsen* haben im 19. Jahrhundert die Beobachtung der **charakteristischen Spektrallinien** von Atomen zu einer berühmten Methode der Elementanalyse gemacht. Durch **Spektralanalyse** haben sie auch neue Elemente entdeckt, nämlich die schwereren Alkalielemente **Rubidium** und **Cäsium**. Moderne Varianten der Spektralanalyse benutzen zur Anregung resonantes Laserlicht. Die Anregung ist unter diesen Umständen so stark und gleichzeitig so selektiv, daß man *einzelne Atome* des gesuchten Elements nachweisen kann.

Die **Fraunhoferschen Linien** im Sonnenspektrum werden von der Sonnenatmosphäre verursacht, die der leuchtenden Sonnenoberfläche vorgelagert ist. Einige sehr starke Linien darin waren damals in irdischen Spektren noch nicht gefunden worden und wurden deshalb einem neuen Element, dem **Helium**, zugeschrieben, das nach dem griechischen Wort für Sonne, Helios, benannt wurde. Die Spektralanalyse von Sternen und entfernten Galaxien ist auch heute noch die wichtigste Informationsquelle der **Astronomie**.

Molekülspektren

Die Spektren von Molekülen sind im optischen Bereich durch eine Unzahl von Linien charakterisiert, die von einfachen Spektralapparaten gar nicht einzeln aufgelöst werden, sondern sich zu mehr oder weniger hellen Bändern (genannt **Banden** gruppieren. Die Linienfülle geht auf die *große Zahl von Freiheitsgraden* eines Moleküls zurück. Die Anregung eines Elektrons aus der **Valenzschale des Moleküls** erfordert zwar wie beim Atom eine Anregungsenergie von einigen eV und liegt dementsprechend im optischen bis ultravioletten Spektralbereich; sie ist aber begleitet von einer gleichzeitigen Anregung von **Schwingungs-** und **Rotationszuständen des Moleküls**, die ebenfalls gequantelt sind (vgl. Abschn. 14.6). Allerdings liegen die Frequenzen, mit denen die Atomrümpfe der Moleküle gegeneinander schwingen bzw. umeinander rotieren um ca. zwei bis fünf Größenordnungen unterhalb der optischen Frequenzen, wie bereits gesagt. Deswegen spaltet jeder elektronische Übergang in einem Molekül in eine Unzahl von Teillinien auf, die durch die unterschiedliche Anregung von Schwingungs- und Rotationszuständen charakterisiert sind und die Bande mehr oder weniger dicht ausfüllen.

Emissionsbanden im *sichtbaren* Spektralbereich beobachtet man z. B. in einer Gasentladung in Luft seitens der Sauerstoff- und Stickstoffmoleküle. Sie verbinden verschiedene angeregte Elektronenzustände miteinander, jedoch nicht den elektronischen Grundzustand des Moleküls. Dessen Absorptionsbanden und die dahinführenden Emissionsbanden liegen nämlich weit im UV. Ansonsten würde das Sonnenlicht nicht die Erde erreichen. Da diese homonuklearen **kovalenten Moleküle** auch *keine* **elektrischen Dipole** besitzen (vgl. Abschn. 19.11), absorbieren sie auch nicht im infraroten Spektralbereich durch Anregung ihrer Schwingungszustände. Das ist ganz anders bei den atmosphärischen Spurengasen H_2O und CO_2, die aufgrund ihrer **polaren Bindung** große elektrische Dipolmomente haben und daher auch starke infrarote Absorptionsbanden. Ihre Wirkung auf den Wärmehaushalt der Erde betrifft aber weniger die *Abschirmung* des entsprechenden infraroten Anteils des Sonnenspektrums, dessen Intensität im Vergleich zum sichtbaren Anteil gering ist. Vielmehr verhindern sie vor allem die *Abstrahlung* der von der warmen Erdoberfläche ausgehenden Wärmestrahlung in den Weltraum! Die Erde strahlt nämlich aufgrund ihrer relativ niedrigen Temperatur von ca. 300 K (gegenüber ca. 6000 K an der Sonnenoberfläche) überwiegend im tiefen Infrarot (s. Abschn. 30.4). Diese Gase spielen dabei exakt die gleiche Rolle als Wärmedämmung wie das Glasdach eines Treibhauses (**Treibhausgase**).

Organische Farbstoffe

Bei **organischen Farbstoffmolekülen** liegt der erste elektronisch angeregte Zustand so niedrig über dem Grundzustand, daß er von *sichtbarem* Licht erreicht werden kann. Das spielt eine eminente Rolle in der *belebten Natur*, um mit Sonnenlicht lebenswichtige photochemische Reaktionen auszulösen. Die bekannteste ist die **Photosynthese** durch das **Chlorophyll**. Dem Chlorophyll verwandte Moleküle dienen als Rezeptoren in den Sehzellen der Augen. Andere organische Farbstoffe dienen dazu, die Leuchtkraft der Blüten zu erhöhen, indem sie das absorbierte Sonnenlicht als Fluoreszenzlicht wieder abstrahlen. Hierzu folgender Versuch:

VERSUCH 27.9

Absorptions- und Emissionsbanden von Fluoreszin. Wir stellen eine Küvette mit wässriger Fluoreszinlösung zwischen Kondensor und Prisma eines Spektralapparats (vgl. Abb. 27.26) und benutzen wiederum eine Bogenlampe als Lichtquelle. Wir beobachten seitlich das gelblich-grüne Fluoreszieren des Farbstoffs. Im transmittierten Spektrum zeigt das Prisma entsprechend dunkle Fraunhofersche Absorptionsbanden im grünen Spektralbereich.

Schaut man sich Absorptions- und Emissionsbanden eines Farbstoffmoleküls genauer an, so erkennt man eine Verschiebung des Emissionsbandes zu längeren Wellenlängen hin (**Stokesverschiebung**, s. Abb. 27.31). Das rührt daher, daß Grundzustands- und angeregtes Band sehr viel breiter sind als die thermische Anregungsenergie kT der Rotations- und Vibrationszustände innerhalb dieser Bänder. Es ist also nur der Boden des Grundzustandsbandes besetzt, von dem aus die Absorption in die ganze Breite des angeregten Bandes erfolgen kann, wobei auch energiereiche Vibrationszustände besetzt werden. In der wässrigen Lösung verlieren sie aber sofort ihre überschüssige Vibrationsenergie und fallen zurück auf den Boden des angeregten Bandes, noch bevor das angeregte Elektron sein Fluoreszenzphoton emittieren kann. Somit erfolgt die Emission aus dem Boden des angeregten Bandes in das ganze Grundzustandsband. Emissions- und Absorptionsspektrum sind daher um diese Energiebeträge gegeneinander verschoben.

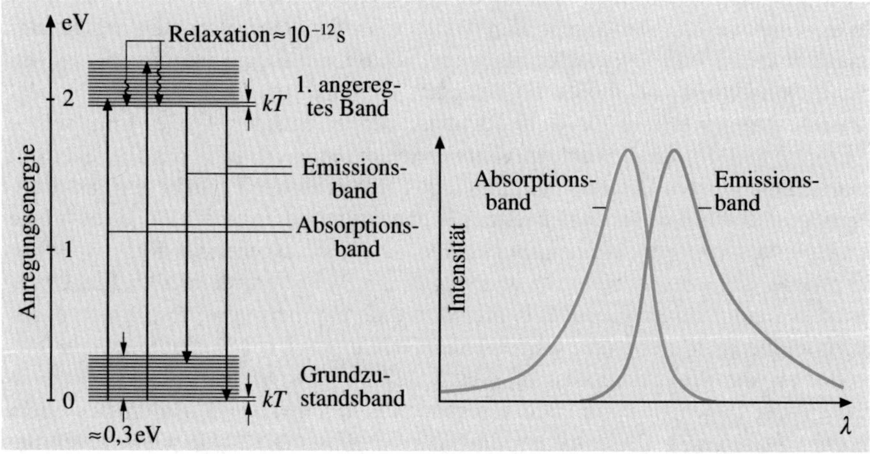

Abb. 27.31. *Rechts*: Emissions- und Absorptionsspektrum eines fluoreszierenden Farbstoffmoleküls. *Links*: Zugehöriges Niveauschema

27.9 Lichtstreuung

Bisher waren wir davon ausgegangen, daß nur der **Imaginärteil des Brechungsindex** bzw. der **dielektrischen Suszeptibilität**, die proportional zur **Dämpfungskonstante** $1/\tau$ sind, eine Welle beim Durchgang durch Materie schwächt [s. (27.36) und (27.37)]. Wir hatten das mit dem Phasenverzug von 90° dieser Schwingungskomponente gegenüber der anregenden elektrischen Kraft begründet, so daß letztere in Phase mit der Geschwindigkeit der schwingenden Ladung ist. Die Ladung nimmt also Energie aus der Welle auf, die sie in irgendeiner Form wieder dissipiert und nicht wieder an sie zurückgibt (auch nicht als Fluoreszenzlicht; denn das wird spontan in alle Richtungen reemittiert!).

Kohärente und inkohärente Streuung in Medien

Wie steht es aber mit dem **Realteil der dielektrischen Suszeptibilität**, die unterhalb einer Resonanz in Phase und oberhalb in Gegenphase zur elektrischen Feldstärke schwingt? Von der Phasenlage her verhält sie sich exakt wie eine **Blindlast** in der Wechselstromtechnik (s. Abschn. 24.3), während der Imaginärteil der Suszeptibilität in diesem Bild eine **Wirklast** wäre, also eine Leitfähigkeit des Mediums darstellt (man beachte den Phasenunterschied von 90° zwischen der üblichen Definition der Wechselstromphase und der Phase der Schwingungsamplitude!).

Andererseits stellt ein schwingendes Atom einen **Hertzschen Dipol** dar, der nach (26.45) die momentane Leistung

$$P = \frac{1}{6}\frac{p_0^2\omega^4\cos^2\omega t}{\pi\varepsilon_0 c^3}$$

in den gesamten Raumwinkel emittiert. Das gilt auch dann noch, wenn er in Phase (oder in Gegenphase) mit der anregenden Welle schwingt, die Dämpfung seitens des Imaginärteils χ'' also vernachlässigbar ist. Diese Leistung wird der anregenden Welle entnommen und müßte sie dämpfen, es sei denn, die Reemission erfolgt phasen- und winkeltreu exakt in Richtung der anregenden Welle. Eine solche kohärente und vollständig nach vorwärts gerichtete Streuung ist in der Tat bei einem homogenen, dichten Dielektrikum durch das **Huygenssche Prinzip** gewährleistet. Danach geschieht die Wellenausbreitung ja derart, daß jeder von der Welle getroffene Raumpunkt seinerseits Ausgangspunkt einer von ihm ausgehenden Kugelwelle ist. So pflanzt sich eine ebene Welle auch als ebene Welle fort; denn alles Licht, was von den Raumpunkten einer Wellenfront seitlich emittiert wird, löscht sich durch gegenseitige Interferenz aus, falls nur der Durchmesser der Wellenfront sehr viel größer als die Wellenlänge ist (s. Abschn. 27.3). Genauso verhalten sich die in Phase (oder Gegenphase) mit dem erregenden Feld schwingenden Atome in einem *dichten, homogenen* Dielektrikum. Ihr relativer Abstand ist sehr klein gegen die Wellenlänge, nämlich ca. $\lambda/1000$, und sie sind in einem festen oder flüssigen Medium mit konstanter Dichte gepackt. Man kann also das Dielektrikum in sehr feine Elementarzentren mit Abmessungen weit unterhalb der Wellenlänge einteilen, die jeweils die gleiche Zahl von Atomen enthalten, folglich Kugelwellen identischer Intensität abstrahlen und somit das Huygenssche Prinzip in allen Punkten erfüllen.

Nehmen wir aber stattdessen ein *stark verdünntes* Gas mit einem statistisch schwankenden, relativen Abstand der Atome von der Größenordnung der Wellenlänge oder mehr, so gilt das natürlich nicht mehr (s. Abb. 27.32). Betrachten wir die einzelnen Streuamplituden unter einem bestimmten Streuwinkel ϑ, so ist ihre relative Phase zueinander genauso wie ihr Abstand zufällig verteilt. Folglich interferieren sie nicht kohärent miteinander, weder konstruktiv noch destruktiv, sondern die einzelnen *Streuintensitäten addieren sich unabhängig* voneinander. Im Endergebnis bleibt zwar die gesamte Lichtenergie mangels Dämpfung im ganzen erhalten, aber die einfallende Intensität wird entlang des Lichtwegs zu Gunsten der seitwärts gestreuten geschwächt.

Wir fragen uns, ob solch ein dünnes Gas trotz Streuung für den *transmittierten* Teil der Lichtintensität nach wie vor den üblichen **Realteil des Brechungsindex**

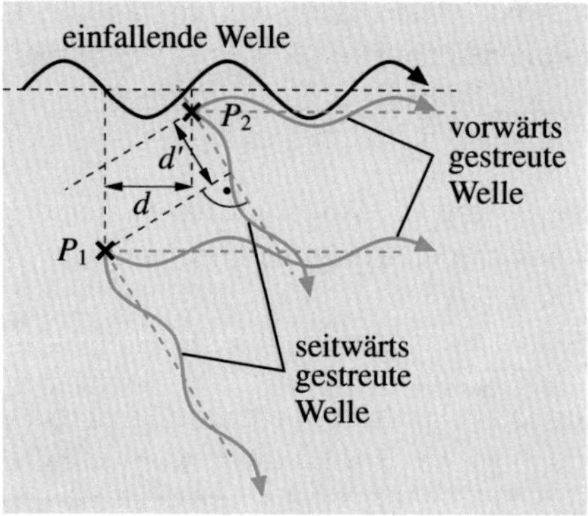

Abb. 27.32. Streuung durch statistisch verteilte Zentren P_1, P_2 im Abstand $\gtrsim \lambda$. Einfallende Welle in Vorwärtsrichtung (*schwarz*), vorwärts sowie seitwärts gestreute Welle (*blau*). Die beiden seitwärts gestreuten Amplituden haben einen relativen Gangunterschied von $d + d' \gtrsim \lambda$ und interferieren inkohärent, die vorwärts gestreuten dagegen kohärent

besitzt, wie er z. B. durch (27.38) näherungsweise wiedergegeben wird. Die Antwort ist ja! In *Vorwärtsrichtung*, d. h. parallel zum einfallenden Licht strahlen nämlich *alle* Streuzentren *kohärent* mit fester Phasenbeziehung φ (27.30) zu der anregenden Welle ab, wie aus Abb. 27.32 ersichtlich. In dieser Richtung gilt also das Huygenssche Prinzip trotz der geringen Dichte weiter. Daraus kann man schließen, daß die Wirkung der Streuzentren in *Vorwärtsrichtung* nach wie vor durch den üblichen Realteil des Brechungsindex bzw. der dielektrischen Suszeptibilität χ beschrieben werden, so, als wäre sie eine kontinuierlich verteilte Eigenschaft der Materie, wie es die Maxwellschen Gleichungen annehmen.

Sei das Gas nun etwas *dichter*, so daß sich in einem Würfel der Kantenlänge λ bereits etliche Atome, sagen wir N befinden, dann ist diese Zahl dennoch zeitlichen und räumlichen Schwankungen unterworfen. Die *Schwankungsbreite* ist nach den Lehren der Statistik gleich der Wurzel aus N. Proportional zur Schwankung der Teilchenzahl in einer Huygensschen Elementarzelle schwankt dann auch die von ihr ausgehende Streuamplitude. Als Folge davon interferiert sich das seitlich gestreute Licht nicht mehr vollständig weg, obwohl der mittlere relative Abstand der Atome im Prinzip noch klein genug wäre, wenn er nur nicht schwanken würde. Diese Verhältnisse liegen vor allem in der *höheren Atmosphäre* vor, die selbst aus wolkenlosem Himmel Sonnenlicht zur Erde streut. Quantitativ ist die Streulichtintenstität unter diesen Umständen schwierig zu berechnen. Auf jeden Fall wächst sie nicht mehr proportional zur Dichte wie im oben behandelten Fall sehr dünner Gase; sie nimmt im Gegenteil mit wachsender Dichte ab, weil die relativen Schwankungen $\sqrt{N}/N$ geringer werden.

Rayleigh-Streuung

Neben der Dichteabhängigkeit der Streulichtintensität interessiert natürlich auch ihre Abhängigkeit von der *Frequenz der Strahlung* und der *Struktur der Streuzentren*. Wir behandeln zunächst den relativ *niederfrequenten* Bereich, der sich weit unterhalb der Resonanzstellen der Atome und Moleküle abspielt. Dort folgt das Dipolmoment proportional und in Phase der elektrischen Feldstärke. In diesem Bereich sprechen wir von **Rayleigh-Streuung** nach *Lord Rayleigh*. Die Strahlungsleistung eines Atoms als Hertzscher Dipol ist durch (26.45) gegeben. Wir können darin das Dipolmoment p nach (19.99) als Produkt aus der *statischen* **Polarisierbarkeit** α und der Feldstärke schreiben

$$\boldsymbol{p}_{\text{atom}} = \alpha \boldsymbol{E} \ .$$

Wir nehmen hier an, dass die Polarisierbarkeit isotrop, α also eine reine Zahl und $\boldsymbol{p}$ somit parallel zu $\boldsymbol{E}$ sei. Dann gilt für die mittlere Streuleistung die Formel.

$$\bar{P}_{\text{atom}} = \frac{\alpha^2 \omega^4}{6\pi \varepsilon_0 c^3} \bar{E}^2 \ . \tag{27.41}$$

In dieser Formel für die **Rayleigh-Streuung** fällt vor allem die starke Zunahme mit der 4. Potenz der Frequenz auf. Darin liegt der Hauptgrund, warum die Atmosphäre den blauen Anteil des Sonnenlichts so viel stärker streut als den roten und der wolkenlose Himmel folglich *blau* erscheint.

Der langsame Anstieg der Resonanzamplitude, d. h. von α selbst, mit der Frequenz spielt in diesem Bereich noch eine untergeordnete Rolle. Hingegen wächst die Streuung durch Dichteschwankungen sehr deutlich mit abnehmender Wellenlänge und trägt nochmals zur Überhöhung des Streulichtspektrums im Blauen bei.

Für ein elastisch gebundenes Elektron können wir die Polarisierbarkeit nach (19.99′) durch das Volumen V des Atoms (Moleküls) abschätzen

$$\alpha \approx 4\pi \varepsilon_0 V \ . \tag{27.42}$$

Stattdessen können wir aber auch auf die Resonanzfrequenz ω_0 des Atoms zurückgreifen, indem wir in (27.30) ω im Resonanznenner wegen $\omega \ll \omega_0$ vernachlässigen. Dann folgt

$$\alpha \approx \frac{e^2}{m_0 \omega_0^2} \ . \tag{27.42′}$$

Polarisierbarkeit und Raleighstreuung sind also umso stärker, je ausgedehnter das Streuobjekt ist, bzw. je niedriger seine Resonanzfrequenz, d. h. seine Bindungskraft ist. Diesen qualitativen Zusammenhang zwischen Ausdehnung und Bindung bestätigt auch die Quantenmechanik, der natürlich eine quantitative Berechnung von α vorbehalten ist.

Wirkungsquerschnitt der Streuung

Nach (27.41) ist die gestreute Leistung proportional zur einfallenden Intensität, das Verhältnis aus beiden also eine Konstante, die für den Streuer charakteristisch ist. Wir nennen sie den **Wirkungsquerschnitt**. Er hat die Dimension einer Fläche.

Schreiben wir den Poynting-Vektor nach (26.19) und (26.20) als

$$\bar{S} = \varepsilon_0 \bar{E}^2 c \ ,$$

so berechnen wir aus (27.41) den **Wirkungsquerschnitt der Rayleigh-Streuung** zu

$$\sigma_{\text{R}} = \frac{\bar{P}_{\text{Atom}}}{\bar{S}} = \frac{\alpha^2 \omega^4}{6\pi \varepsilon_0^2 c^4} = \frac{8\pi^3 \alpha^2}{3\varepsilon_0^2 \lambda^4} \ . \tag{27.43}$$

Schätzen wir in (27.42) das Volumen mit 1 Å^3 ab und setzen für die Wellenlänge 5000 Å ein, so ergibt sich für den Rayleighschen Streuquerschnitt ein Wert von ca.

$$\sigma \approx 5 \cdot 10^{-3}\,\text{Å}^2 .$$

Er ist also wesentlich kleiner als die Querschnittsfläche eines Atoms oder Moleküls.

Der Begriff des Wirkungsquerschnitts läßt sich ohne weiteres auf die **Streuung von Teilchenstrahlen** verallgemeinern. Er ist dann gleich dem Verhältnis der von einem Streuzentrum pro Sekunde gestreuten Teilchenzahl und der einfallenden Teilchenstromdichte

$$\sigma = \frac{\dot{N}}{j_T} . \tag{27.44}$$

Streut man z. B. harte Kugeln vom Radius r aneinander, so ist der Streuquerschnitt gleich der gegenseitigen *Trefferfläche*, die einen Radius von $2r$ hat

$$\sigma_{\text{harte Kugeln}} = (2r)^2\pi . \tag{27.45}$$

Kennt man den Wirkungsquerschnitt, so läßt sich daraus ohne weiteres die *Schwächung der Intensität* im streuenden Medium berechnen, vorausgesetzt die Dichte n ist klein genug, so daß sich die Streuzentren nicht gegenseitig, z. B. durch Interferenz, beeinflussen. In einem Volumenelement vom Querschnitt dA und der Länge dX befinden sich dann

$$\mathrm{d}N = n\mathrm{d}V = n\mathrm{d}A\mathrm{d}x$$

Streuzentren.

Der aus der x-Richtung einfallenden Intensität

$$\bar{S}(x) = \frac{\mathrm{d}\bar{P}(x)}{\mathrm{d}A}$$

wird dann nach (27.43) die Leistung entnommen

$$\mathrm{d}^2\bar{P}(x) = -\mathrm{d}N\bar{P} = -n\sigma\bar{S}(x)\mathrm{d}A\mathrm{d}x .$$

Daraus erhalten wir für die Intensität eine Differentialgleichung in der Ausbreitungsrichtung

$$\frac{\mathrm{d}\bar{S}(x)}{\mathrm{d}x} = \frac{\mathrm{d}^2\bar{P}_{\text{Atom}}(x)}{\mathrm{d}A\mathrm{d}x} = -n\sigma\bar{S}(x)$$

mit der Lösung

$$\bar{S}(x) = \bar{S}_0\mathrm{e}^{-n\sigma x} . \tag{27.46}$$

Die Intensität wird also exponentiell gedämpft (**Beersches Gesetz**). Das Produkt aus Dichte der Streuzentren und **Wirkungsquerschnitt** tritt als **Absorptionskoeffizient**

$$n\sigma = 1/x_\mathrm{a} \tag{27.47}$$

in den Exponenten. Sein Reziprokwert ist die **Absorptionslänge** x_a, auf der die Intensität auf 1/e absinkt.

Wir hatten schon bei der Behandlung der Stoßgesetze in Kap. 5 auf die große Bedeutung von **Streuversuchen** *in der mikroskopischen Physik* hingewiesen. Die Meßgröße, um die es dabei fast immer geht, ist der **Wirkungsquerschnitt** für die gesuchten Streuprozesse. Als Schlüssel zur Erforschung und zum Verständnis der mikroskopischen Physik spielt er eine fundamentale Rolle.

* Thomson-Streuung

Wir betrachten jetzt das *entgegengesetzte* Extrem zur Rayleigh-Streuung und wählen eine Frequenz ω der einfallenden Welle, die *weit über der Resonanzfrequenz* ω_0 liegt. Dann können wir letztere im Nenner von (27.30) vernachlässigen und erhalten für die Polarisierbarkeit anstelle von (27.42′) nun

$$\alpha = \frac{e^2}{m_0\omega^2}\,. \tag{27.48}$$

Im Wirkungsquerschnitt für die Lichtstreuung (27.43) hebt sich im Limes $\omega \gg \omega_0$ mit (27.48) die Frequenz heraus! Er nimmt also den konstanten Wert

$$\sigma_{\mathrm{Th}} = \frac{e^4}{6\pi\,\varepsilon_0^2 m_e^2 c^4} = \frac{8\pi}{3} r_0^2 \tag{27.49}$$

an, der **Thomson-Querschnitt** genannt wird. Er hängt nur von Naturkonstanten ab, nämlich vom Verhältnis aus dem Quadrat der Elementarladung und der Ruheenergie mc^2 des mitschwingenden Teilchens, im allgemeinen ein Elektron.

Dieses Verhältnis wird auch **klassischer Elektronenradius** genannt mit der Definition

$$r_0 = \frac{e^2}{4\pi\,\varepsilon_0 m_e c^2} = 2{,}8 \cdot 10^{-15}\,\mathrm{m}\,. \tag{27.50}$$

Der Name rührt daher, daß die elektrostatische Feldenergie (19.52) einer homogen geladenen Kugel vom Radius r_0 und der Gesamtladung e gerade die Ruheenergie des Elektrons ergibt. Die frühere Spekulation, die Masse des Elektrons könne auf diese Weise rein elektrostatisch erklärt werden, hat sich aber experimentell nicht bestätigt und kann auch aus heutiger theoretischer Sicht nicht aufrechterhalten werden. Der *tatsächliche* Elektronenradius ist viel kleiner; wir kennen heute nur eine experimentelle Obergrenze, die bei ca. 10^{-20} m liegt. Der Ursprung der Massen der Elementarteilchen liegt nach wie vor im Dunkeln.

Bei der Berechnung des Thomson-Querschnitts haben wir die Resonanzfrequenz und damit auch die Bindung des Elektrons an den Atomkern vernachlässigt. Er beschreibt daher auch die Streuung einer elektromagnetischen Welle an *freien* Elektronen, wie sie z. B. in Plasmen vorkommen. Die Rückstreuung von Radiowellen in der hohen Atmosphäre, wo die Luft ionisiert ist (**Ionosphäre**) ist auf Thomson-Streuung zurückzuführen. Sie ist besonders effektiv im Kurzwellenbereich, was mit der Dichte dieses Plasmas zusammenhängt. Ioneneinfall von der Sonne (Sonnenwinde) können sie stark erhöhen und damit den Empfang der rückgestreuten Welle beeinflussen.

Compton-Effekt

Für gebundene Elektronen wird der Limes des Thomson-Querschnitts erst im Gebiet harter Röntgen- oder Gammastrahlung erreicht. Dann darf man aber nicht mehr den **Impuls des γ-Quants** (26.25)

$$\boldsymbol{p}_\gamma = \frac{E_\gamma}{c}\hat{\boldsymbol{c}} = \frac{h\nu}{c}\hat{\boldsymbol{c}} = \frac{h}{2\pi}\boldsymbol{k} \tag{27.51}$$

vernachlässigen. Sei $\boldsymbol{p}'_\gamma$ der Impuls des gestreuten Quants (s. Abb. 27.33), so muß das streuende Elektron, das vorher in Ruhe sei, die Impulsdifferenz

$$\boldsymbol{p} = \boldsymbol{q} = \boldsymbol{p}_\gamma - \boldsymbol{p}'_\gamma = \frac{m_e \boldsymbol{v}}{\sqrt{1 - v^2/c^2}}$$

aufnehmen. Damit ist aber eine kinetische Energie des Elektrons nach dem Stoß von

$$E_k = m_0 c^2 \left(\sqrt{1 + \frac{q^2}{m_e^2 c^2}} - 1 \right)$$

verknüpft, die notwendigerweise dem gestreuten Gammaquant fehlt. Man kann dieses Gleichungssystem, das wir wegen der hohen Energien *relativistisch* aufgestellt haben, nach dem Zuwachs der Wellenlänge des gestreuten Quants auflösen und erhält

$$\Delta\lambda = \lambda' - \lambda = \frac{2h}{m_e c}\sin^2(\vartheta/2) = 2\lambda_C \sin^2(\vartheta/2)\,. \tag{27.52}$$

Er steigt erwartungsgemäß mit dem Streuwinkel und erreicht ein Maximum von $2\lambda_C$ bei Rückstreuung unter 180°. Die Proportionalitätskonstante

$$\lambda_C = \frac{h}{m_e c} = 2{,}43 \cdot 10^{-12}\,\mathrm{m} \tag{27.53}$$

heißt **Comptonwellenlänge** des Elektrons, nach *A. H. Compton*, der diesen wichtigen Effekt 1923 entdeckt hat. Er war ein höchst einleuchtender Beweis für die Teilchennatur der Lichtquanten.

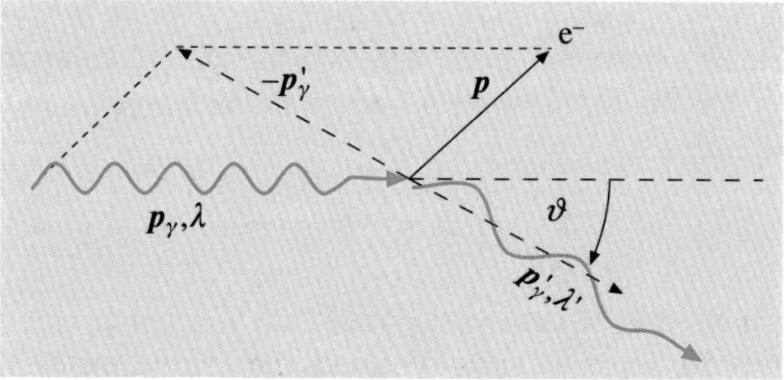

Abb. 27.33. Skizze zur Kinematik des Comptoneffekts

Die Wellenlänge verschiebt sich also bei der Thomson-Streuung um einen Betrag von der Größenordnung der Comptonwellenlänge. Das ist im *optischen* Bereich, relativ gesehen, ein *vernachlässigbarer* Effekt von der Größenordnung $\Delta\lambda/\lambda \simeq 10^{-6}$. Im harten Röntgen- und γ-Bereich wird aber die *relative* Wellenlängenzunahme und damit auch der *relative* Energieverlust des Quants sehr hoch.

Comptonstreuung ist daher neben der einmaligen und vollständigen Absorption des Photons durch ein gebundenes Elektron (**Photoeffekt**) und der **Paarerzeugung** der wichtigste *Energieverlustprozeß* von γ-Strahlung in Materie.

* Resonanzstreuung

Schließlich wollen wir die Streuung auch am *Resonanzpunkt* $\omega = \omega_0$ betrachten, die durch die Resonanzüberhöhung der Schwingungsamplitude des Dipols gegenüber Rayleigh- und Thomson-Streuung gewaltig zunimmt. Aus (27.30) entnehmen wir für die Polarisierbarkeit in diesem Fall den Wert

$$|\alpha| = \frac{e^2\tau}{m_e\omega_0}$$

und somit für den Wirkungsquerschnitt nach (27.43)

$$\sigma_{\text{Res}} = \frac{e^4\omega_0^2\tau^2}{6\pi\varepsilon_0^2 m_e^2 c^4} . \tag{27.54}$$

Nehmen wir nun an, die Dämpfungszeit τ sei *ausschließlich* durch die Abstrahlung des Hertzschen Dipols und nicht zusätzlich durch strahlungslose Abregung bedingt, dann muß die Dämpfung der Schwingungsenergie

$$-\dot{E}_s = -\frac{d}{dt}(E_{s0}e^{-t/\tau}) = \frac{1}{\tau}E_s$$

gerade gleich der mittleren abgestrahlten Leistung des Dipols sein (vgl. (26.45))

$$\bar{P} = \frac{p_0^2\omega_0^4}{12\pi\varepsilon_0 c^3} .$$

Nun ist aber die mechanische Energie eines harmonischen Schwingers nach (11.1 u. 6) mit der Maximalamplitude x_0 über die Gleichung

$$E_s = (1/2)m_e\omega_0^2 x_0^2 = m_e\omega_0^2 p_0^2/2e^2$$

verknüpft, sodaß wir das Gleichungssystem nach der Lebensdauer τ auflösen können, nämlich als Quotienten aus der mechanischen Energie des Schwingers und seiner mittleren Strahlungsleistung

$$\tau = \frac{E_s}{\bar{P}} = \frac{6\pi\varepsilon_0 c^3 m_e}{e^2\omega_0^2} . \tag{27.55}$$

! Diese Formel ist weit mehr als nur ein Zwischenergebnis auf dem Weg zur Berechnung des Resonanzquerschnitts. Sie gibt uns ganz allgemein die **Dämpfungszeit** eines **atomaren Dipols** als Funktion von Naturkonstanten und der Frequenz an. Charakteristisch ist der Abfall mit dem Quadrat der Frequenz. Im sichtbaren Spektralbereich bei $\lambda = 0{,}5\ \mu\text{m}$ entsprechend einer Frequenz von $6 \cdot 10^{14}$ Hz beträgt diese **klassische Strahlungsdauer** ca. 10^{-8} s. Die klassische Formel unterschätzt aber in der Regel die *tatsächliche* **Lebensdauer eines angeregten atomaren Niveaus**, wie sie quantenmechanisch berechnet und vom Experiment bestätigt wird.

Setzen wir jetzt diese Lebensdauer in (27.54) ein, so kürzen sich alle Naturkonstanten weg, und der **Resonanzwirkungsquerschnitt** reduziert sich auf die höchst einfache Formel

$$\sigma_{\text{Res}} = \frac{3}{2\pi}\lambda_0^2 \,. \tag{27.56}$$

Bis auf einen Zahlenfaktor der Größenordnung 1 ist er schlicht gleich dem Quadrat der Wellenlänge.

Für sichtbares Licht ist er von der Größenordnung $10^{-13}\,\text{m}^2$ und somit um ca. 16 Größenordnungen überhöht gegenüber der nichtresonanten Thomson-Streuung! Er liegt 7 Größenordnungen über dem geometrischen Querschnitt eines Atoms! Die Relation (27.56) zwischen Resonanzstreuquerschnitt und Wellenlänge hat im wesentlichen auch in der Quantenmechanik Bestand und gilt wegen der Dualität von Welle und Teilchen nicht nur für die Lichtabsorption, sondern auch für resonante Teilchenreaktionen und unabhängig vom Typ der Wechselwirkung!

Polarisation in der Lichtstreuung

Beobachtet man die Lichtstreuung bei isotroper Polarisierbarkeit α senkrecht zur Einfallsrichtung $\hat{x}$, also z.B. in Richtung $\hat{y}$ (s. Abb. 27.34), so ist die gestreute Welle vollständig in Richtung $\hat{z}$, also *senkrecht zur Streuebene polarisiert*, und zwar unabhängig davon, ob und wie die einfallende Welle selbst polarisiert ist. Das folgt einfach daraus, daß die elektrische Feldstärke des einfallenden Lichts $\boldsymbol{E}$, die Richtung des induzierten Dipols $\boldsymbol{p}$ wie auch die Beobachtungsrichtung alle in einer Ebene senkrecht zur Einfallsrichtung liegen, folglich laut Abschn. 26.8 auch die Polarisationsrichtung des vom Dipol gestreuten Lichts. Der Effekt läßt sich leicht mit einem Polarisationsfilter am gestreuten **Himmelsblau** beobachten.

Unter anderen Streuwinkeln als 90° ist das Licht nur teilweise polarisiert; der **Polarisationsgrad** folgt (bei unpolarisierter Einstrahlung) einer $\sin^2\vartheta$-Abhängigkeit, wie man sich anhand von Abb. 27.34 klar machen kann. Aus dem gleichen Grunde ist auch die gestreute *Lichtintensität nicht isotrop*; sie folgt (bei unpolarisierter Einstrahlung) einer $(1+\cos^2\vartheta)$-Abhängigkeit.

Streuung an größeren Partikeln

Die bisherigen Überlegungen zur Lichtstreuung gingen alle davon aus, daß der streuende Dipol wesentlich kleiner als die Wellenlänge sei; denn nur unter dieser Bedingung ist die von uns benutzte Hertzsche Lösung (26.44) und (26.45) für die abgestrahlte Leistung gültig. Bei *größeren Partikeln* wird die Streuung dagegen zunehmend durch *Beugung* an ihrem Rand sowie durch *Reflexion* und gegebenenfalls *Brechung* an ihrer Oberfläche bestimmt. Man spricht in diesem Bereich von **Mie-Streuung**. Die ausgeprägte Wellenlängenabhängigkeit, die wir bei der Rayleigh-Streuung beobachtet hatten, geht hier verloren. Aus diesem Grund sind Wolken in

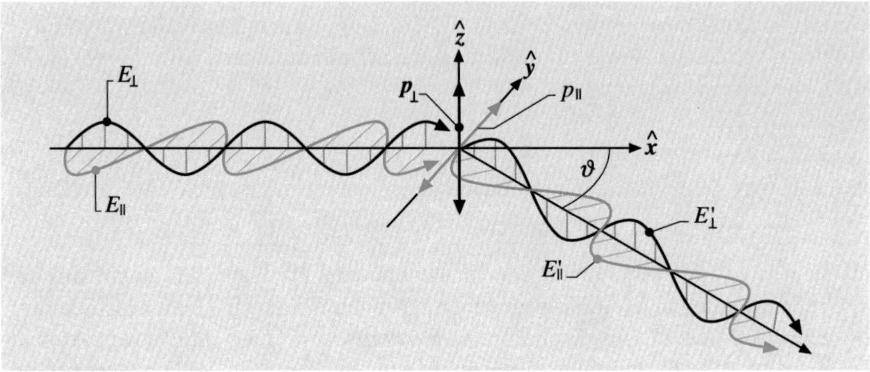

Abb. 27.34. Streuung von unpolarisiertem in $\hat{x}$-Richtung einfallendem Licht an einem, von der einfallenden Welle erregten Dipol mit Komponenten $\boldsymbol{p}_\perp$ in $\hat{z}$-Richtung (*schwarz*) und $\boldsymbol{p}_\parallel$ in $\hat{y}$-Richtung (*blau*). Die Feldkomponente *senkrecht* zur x, y-Streuebene $E_\perp$ (*schwarz*) wird von $p_\perp$ isotrop in der Streuebene gestreut, für die Feldkomponente *in* der Streuebene $E_\parallel$ (*blau*) gehorcht die Streuintensität entsprechend der Orientierung von $p_\parallel$ einer $\cos^2\vartheta$-Verteilung

! der Aufsicht nicht blau, sondern weiß und in der Durchsicht grau. Im Grenzfall sehr großer Partikel nähert sich der Streuquerschnitt wie zu erwarten dem geometrischen an.

Die Wechselwirkung zwischen Strahlung und Materie haben wir in diesem Kapitel ganz auf der Basis des klassischen Hertzschen Dipols diskutiert und dabei eine Reihe von fundamentalen Formeln der Strahlungsphysik gefunden, die z. T. nur von Naturkonstanten und der Übergangsfrequenz abhängen. Die meisten überleben eine quantenmechanische Kontrolle relativ ungeschoren, ein Zeichen für ihre große Allgemeinheit.

28. Optische Abbildung

INHALT

Im engeren Wortsinne ist mit „Optik" häufig nur die Lehre von der **optischen Abbildung** gemeint, der wir hier aber nur ein kurzes Kapitel widmen wollen. Sie ist in der Fülle ihrer Instrumente und Varianten schier uferlos, insbesondere wenn man auch modernere bildgebende Methoden mit Hologrammen, Ultraschall, mit Elektronen, Ionen und Neutronen, tomografische Methoden etc. miteinbezieht. Wir müssen uns hier auf einige Grundprinzipien beschränken, wobei im Mittelpunkt die Abbildung mit optischen Linsen steht, die ihren Namen von der ähnlich geformten Linsenfrucht haben.

28.1 Linsengesetz und Gaußsche Abbildung

Die **Linsenwirkung** beruht auf der Brechung einer Welle an einer gekrümmten Grenzfläche zwischen optisch dichterem und optisch dünnerem Medium.

Wir führen dies in folgenden Grundversuchen vor:

VERSUCH 28.1

Fokussierende und defokussierende Linsenwirkung. Wir lassen ein paralleles Strahlenbündel auf eine **plankonvexe Linse** mit Krümmungsradius R fallen und beobachten, daß es sich in einem Punkt sammelt, der in einer Ebene im senkrechten Abstand f von der Linse liegt (s. Abb. 28.1a). Wir nennen sie die **Brennebene** und f die **Brennweite**. Die Symmetrieachse der Linse nennen wir **optische Achse** und ihren Durchstoßpunkt durch die Brennebene den **Brennpunkt**. Wir beobachten weiterhin, daß sich der **Bildpunkt** praktisch nicht verschiebt, wenn wir die Linse verkippen, solange die optische Achse einen relativ kleinen Winkel gegen die Einfallsrichtung des Strahlenbündels einnimmt.

Ersetzen wir die plankonvexe durch eine **plankonkave Linse** (s. Abb. 28.1b), so divergiert das einfallende, parallele Lichtbündel hinter der Linse so, als stamme es aus einer punktförmigen Lichtquelle in der gegenüberliegenden Brennebene im Abstand f' von der Linse; wir nennen dies den **virtuellen Bildpunkt**. Sind die Krümmungsradien der beiden Linsen gleich, so gilt $f' = -f$; der Zerstreuungslinse ordnen wir also eine *negative* Brennweite zu.

E. W. Otten, *Repetitorium Experimentalphysik*,
https://doi.org/10.1007/978-3-662-59730-9_28

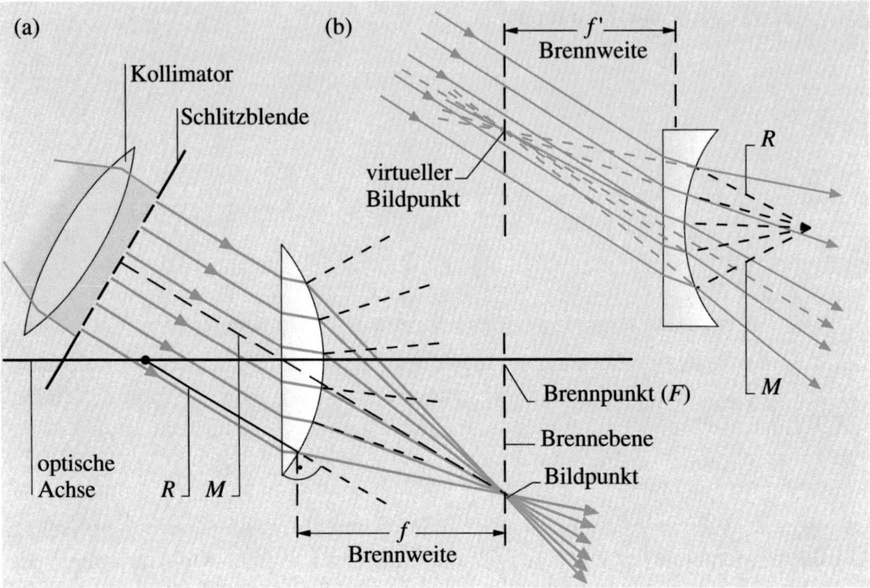

Abb. 28.1. (**a**) Fokussierende Wirkung einer plankonvexen **Sammellinse** und (**b**) Defokussierung durch eine plankonkave **Zerstreuungslinse**. Zu Demonstrationszwecken nimmt man flache Linsenscheiben und legt sie auf weißen Hintergrund bei streifendem Lichteinfall. Mit einer Schlitzblende schneidet man aus dem parallelisierten Licht einige Lichtstrahlen aus

Qualitativ erkennt man die fokussierende Wirkung einer konvexen Linse bzw. die defokussierende einer konkaven unmittelbar aus der Änderung des Lots auf die gekrümmte, brechende Fläche als Funktion des Abstands von Linsenmittelpunkt. Damit ändert sich nach dem Brechungsgesetz auch der Winkel, um den der einfallende Strahl abgelenkt wird und zwar jeweils gegensinnig für eine konvexe und konkave Linse. Allein der **Mittelpunktsstrahl** M durch die Linsenmitte wird nicht abgelenkt, sondern nur ein wenig parallel versetzt, was bei einer relativ dünnen Linse zu vernachlässigen ist.

Eine Sammellinse fokussiert aber nicht nur ein paralleles Strahlenbündel, sondern auch divergentes Licht, das von einer punktförmigen Quelle im Abstand $g > f$ auf sie trifft, in einem zugehörigen Bildpunkt auf der anderen Seite der Linse, dem **Bildraum**. Er ist vom **Gegenstandsraum**, in dem sich die Quelle befindet, durch die Linsenebene getrennt. Rückt der Quellpunkt allerdings auf weniger als die Brennweite an die Linsenebene heran ($g < f$), so verliert die Sammellinse ihre fokussierende Kraft und wirkt wie eine Zerstreuungslinse.

> Da jedem **Quellpunkt** eines Gegenstandes genau ein **Bildpunkt** zugeordnet ist, entwirft eine Linse von einem ausgedehnten Gegenstand ein Bild.

Wir studieren das genauer im folgenden Versuch.

VERSUCH 28.2

Prüfung des Linsengesetzes. Wir montieren auf einer mit einem Maßstab versehenen Dreikantschiene (**optische Bank**) mit Hilfe aufgesetzter, beweglicher Reiter eine Sammellinse, eine Kerzenflamme als Gegenstand G sowie eine **Mattscheibe** (z. B. Pergamentpapier) zum Aufsuchen des Bildes B (s. Abb. 28.2). Wir messen die **Bildweite** b, bei der das Bild der Flamme scharf erscheint, als Funktion der **Gegenstandsweite** g. Das Bild steht auf dem Kopf und rückt umso weiter von der Linse weg, je näher die Flamme heranrückt. Dabei vergrößert sich ihr Bild im Maßstab

$$\frac{B}{G} = \frac{b}{g} = V_l\,, \tag{28.1}$$

den wir den **lateralen Vergrößerungsmaßstab** V_l nennen.

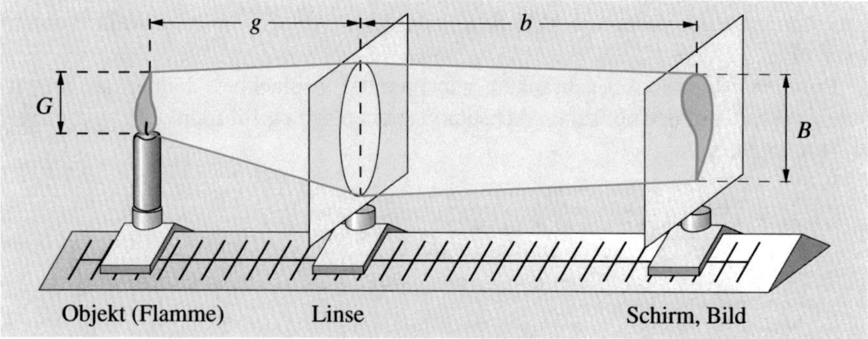

Abb. 28.2. Demonstration des Linsengesetzes mit Kerze, Linse und Schirm auf der optischen Bank

Die Auswertung des vorstehenden Versuchs ergibt folgendes:

Die Summe aus reziproker **Gegenstands-** und **Bildweite** ist für jede Linse eine charakteristische Konstante (**Linsengesetz**)

$$\frac{1}{g} + \frac{1}{b} = \text{const.} = \frac{1}{f}\,. \tag{28.2}$$

Die Konstante hat den Wert der reziproken Brennweite.

Rückt nämlich g ins Unendliche, so wird das einfallende Strahlenbündel parallel und das Bild rückt laut Versuch 28.1 in die Brennebene in Übereinstimmung mit (28.2).

Ableitung des Linsengesetzes

Wir können das Linsengesetz aus dem **Snelliusschen Brechungsgesetz** (27.11) ableiten, wobei wir folgende Voraussetzungen einhalten müssen, damit es näherungsweise erfüllt ist:

- Die Linsen müssen *schwach gekrümmt*, d.h. relativ dünn im Vergleich zu ihrem Durchmesser sein.

▶

- Die zur Abbildung benutzten Lichtbündel müssen beiderseits der Linse relativ *schlank*, d.h. ihr Öffnungswinkel klein sein.
- Die Lichtbündel müssen *achsennah* sein, d.h. sie dürfen nur einen kleinen Winkel mit der optischen Achse einschließen.

Unter diesen Voraussetzungen dürfen wir den Sinus oder Tangens aller bei der Ableitung auftretenden Winkel durch ihr Bogenmaß ersetzen

$$\sin\varphi \approx \tan\varphi \approx \varphi\,.$$

Da hierfür die Taylorentwicklungen

$$\sin\varphi = \varphi - \varphi^3/6 + \ldots \qquad \text{bzw.} \qquad \tan\varphi = \varphi + \varphi^3/2 + \ldots$$

gelten, vernachlässigen wir auf diese Weise **Fehler in dritter Ordnung** des Bogenmaßes. Sie geben zu **Abbildungsfehlern** Anlaß, die wir weiter unten besprechen werden.

Bei der Ableitung beschränken wir uns der Einfachheit halber auf einen Quellpunkt P_g auf der optischen Achse und suchen seinen Bildpunkt P_b gegenüber (s. Abb. 28.3).

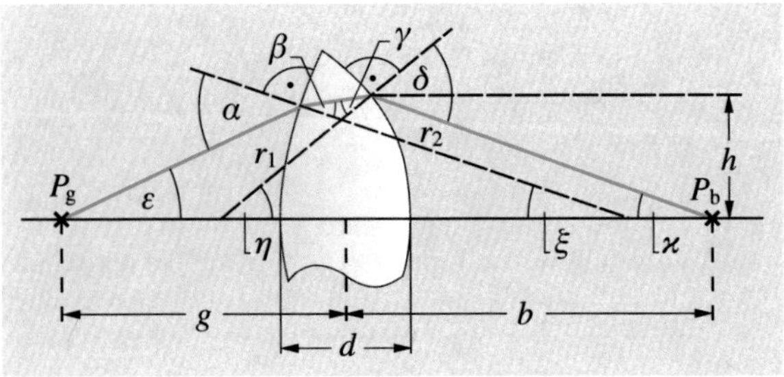

Abb. 28.3. Skizze zur Ableitung des Linsengesetzes

Die Behauptung ist also, daß im Rahmen dieser Näherung jeder Strahl, der von P_g auf die Linse trifft, im Bildraum durch P_b läuft.

Wir geben für die beiden Linsenflächen die Krümmungsradien r_1 und r_2 vor und vernachlässigen demgegenüber nach Voraussetzung die Linsendicke d, so daß wir alle Abstände auf der optischen Achse von der Linsenmitte her rechnen. In unserer Näherung lautet das Brechungsgesetz mit den Bezeichnungen der Abb. 28.3

$$\frac{\sin\alpha}{\sin\beta} = \frac{\sin\delta}{\sin\gamma} = n = \frac{\alpha}{\beta} = \frac{\delta}{\gamma}\,. \tag{28.3}$$

Nach den Gesetzen der Dreieckslehre bestehen zwischen den Winkeln folgende Relationen

$$\alpha = \varepsilon + \xi\,, \qquad \delta = \eta + \kappa\,, \tag{28.4}$$

$$\beta + \gamma = \eta + \xi\,. \tag{28.5}$$

Ersetzen wir in (28.5) β und γ durch α und δ mit Hilfe von (28.3), so folgt

$$\frac{\alpha}{n} + \frac{\delta}{n} = \eta + \xi \tag{28.6}$$

und weiterhin mit (28.4)

$$\frac{1}{n}(\varepsilon + \xi + \eta + \kappa) = \eta + \xi\,. \tag{28.7}$$

Die vier Winkel können wir in unserer Näherung ersetzen durch die Streckenverhältnisse

$$\varepsilon = \frac{h}{g}\,, \quad \eta = \frac{h}{r_1}\,, \quad \xi = \frac{h}{r_2}\,, \quad \kappa = \frac{h}{b}\,. \tag{28.8}$$

Setzen wir dies in (28.7) ein und kürzen die gemeinsame Höhe h heraus, so folgt

$$\frac{1}{n}\left(\frac{1}{g} + \frac{1}{r_1} + \frac{1}{r_2} + \frac{1}{b}\right) = \frac{1}{r_1} + \frac{1}{r_2}\,.$$

Durch Umordnen gewinnen wir das **Linsengesetz** in der *expliziten* Form

$$\frac{1}{g} + \frac{1}{b} = (n-1)\left(\frac{1}{r_1} + \frac{1}{r_2}\right) = \frac{1}{f} = \text{const.} \tag{28.2'}$$

Darin ist die Brennweite als Funktion von Brechungsindex und Krümmungsradien gegeben. Bei der Ableitung haben wir im Gegenstands- und Bildraum den Brechungsindex mit 1 angesetzt, was für Luft eine gute Näherung ist. Ansonsten tritt in (28.2′) die Differenz der Brechungsindizes an den jeweiligen Grenzflächen ein.

Obige Ableitung läßt sich mit einiger Mühe in gleicher Näherung auch für achsennahe Gegenstands- bzw. Bildpunkte ableiten, d.h. das Ergebnis ist unempfindlich gegen eine leichte Verkippung der Linse bzw. der Strecke $\overline{P_g P_b}$ gegen die optische Achse. Damit wandern aber Quell- und Bildpunkt nach dem Strahlensatz im Verhältnis von Gegenstands- zu Bildweite von der optischen Achse weg (s. Abb. 28.4). Zwei in der Gegenstandsebene um G getrennte Quellpunkte sind demnach in der Bildebene um die Strecke

$$B = \frac{b}{g}G = V_l G \tag{28.1'}$$

getrennt in Übereinstimmung mit dem in Versuch 28.2 beobachteten lateralen Vergrößerungsmaßstab V_l.

Das Linsengesetz leistet also eine ähnliche Abbildung.

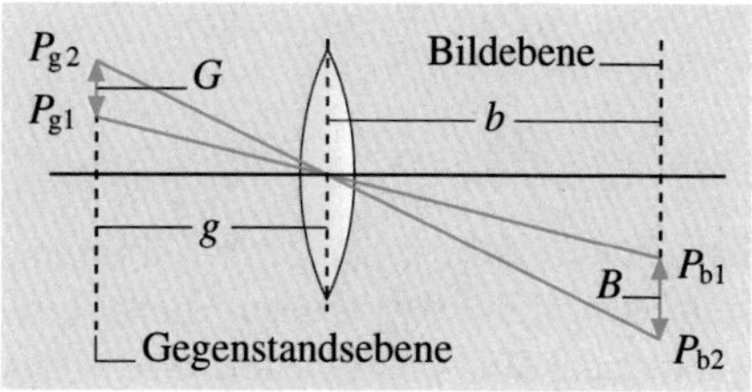

Abb. 28.4. Skizze zur Ableitung des lateralen Abbildungsmaßstabes

Gaußsche Abbildung

Das **Linsengesetz** (28.2) besticht durch seine *Einfachheit*. Man kann sich die Frage stellen, ob aus rein mathematischer Sicht, also unabhängig von eventuellen physikalischen Realisierungsmöglichkeiten, auch andere Abbildungsgesetze aufgestellt werden können. Nach *Gauß* ist aber das Linsengesetz die einzig mögliche Gleichung, die eine *ähnliche* Abbildung von *jedem* Punkt im Gegenstandsraum *eineindeutig* auf *einen* Punkt im Bildraum leistet (abgesehen von trivialen Eins-zu-Eins-Abbildungen, wie sie etwa die Reflexionen an ebenen Spiegeln ergeben).

Die **Gaußsche Abbildung** hat umgekehrt zur Folge, daß alle physikalischen Ansätze, eine ähnliche Abbildung zu realisieren, sei es mit Licht- oder mit Teilchenstrahlen, immer (näherungsweise) zum Linsengesetz (28.2) führen. Es ist also ein Universalgesetz der Optik.

Abbildung mit gekrümmten Spiegeln

Eine Rechnung analog zur obigen Ableitung des Linsengesetzes zeigt, daß auch sphärische Spiegel in der gleichen Näherung wie eine Linse das Linsengesetz (28.2) erfüllen. Die Brennweite ist in diesem Falle gleich dem halben Radius

$$f = \frac{r}{2} . \tag{28.9}$$

Natürlich liegen Bild- und Gegenstandsraum hier auf der gleichen Seite des Spiegels, und umgekehrt wie bei der Linse wirkt ein konvexer Spiegel zerstreuend und ein konkaver sammelnd (**Hohlspiegel**, **Brennspiegel**).

Man kann weiterhin zeigen, daß jede gekrümmte **Fläche zweiter Ordnung**, also auch eine elliptische oder parabolische in der gleichen Näherung wie eine sphärische Fläche eine Abbildung nach dem Linsengesetz leistet, sei es nun als brechende oder spiegelnde Fläche. Bei rotationssymmetrischen Spiegeln ist die Abbildung für *genau* einen Punkt *exakt*: Ein *sphärischer* Spiegel bildet den Kugelmittelpunkt genau in sich selbst ab, ein *elliptischer* den einen Brennpunkt in den anderen, ein *parabolischer* den Brennpunkt ins Unendliche. Das gilt jeweils für den *vollen* Raumwinkel; man braucht sich also nicht auf schlanke Strahlenbündel beschränken (s. Abb. 28.5). Dementsprechend finden **Parabolspiegel** Anwendung zur Fokussierung der Strahlungsleistung entfernter Quellen auf einen Punkt sowie **elliptische Spiegel** zur vollständigen Refokussierung einer punktförmigen Strahlungsquelle auf einen anderen Punkt. Erfaßt man hierbei den vollen Raumwinkel, so wachsen die Abbildungsfehler allerdings rasch mit dem Abstand von den Brennpunkten.

Einfache Anwendungen des Linsengesetzes

Wir wollen in diesem Abschnitt die einfachen *Standardsituationen* der Abbildung mit einer einzigen, dünnen Sammel- oder Zerstreuungslinse besprechen. Hierzu gibt uns das Linsengesetz die Möglichkeit an die Hand, das Bild eines Gegenstandes mit Hilfe einiger weniger, ausgezeichneter Strahlen *geometrisch* zu konstruieren. Wir müssen hierzu nur die Lage der beiden Brennpunkte F_1, F_2 im Abstand f von der Linse kennen (s. Abb. 28.6). Den Gegenstand symbolisieren wir durch einen Pfeil, den wir bei der Gegenstandsweite g von der optischen Achse aus abtragen. Zeichnen wir jetzt von der Spitze des Gegenstands einen Lichtstrahl parallel zur optischen

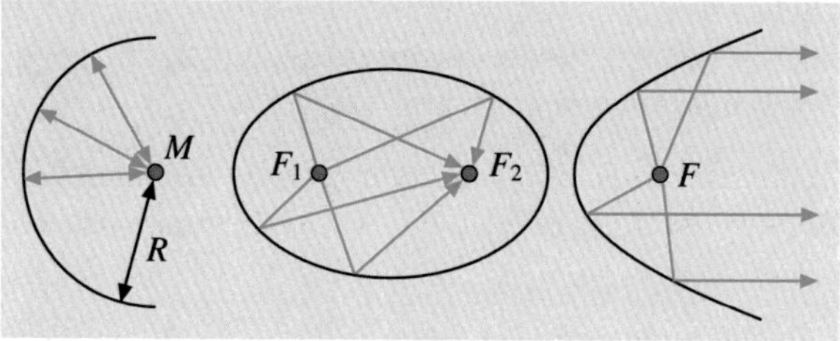

Abb. 28.5. Ein spiegelndes Rotationsellipsoid bildet die beiden Brennpunkte F_1, F_2 exakt aufeinander ab (*Mitte*). Im Grenzfall eines sphärischen Spiegels (*links*) rücken sie in den Mittelpunkt M zusammen, im Grenzfall des Paraboloids rückt der zweite Brennpunkt ins Unendliche

Achse (**Parallelstrahl**), so wird er von einer Sammellinse in den bildseitigen Brennpunkt F_2 gebrochen (**Brennstrahl**); denn er könnte ja von einem unendlich weit entfernten Gegenstand in Richtung der optischen Achse herrühren, etwa einem Fixstern, dessen Licht sich nach dem Linsengesetz in F_2 als Bildpunkt sammelt. Zeichnen wir andererseits einen Lichtstrahl von der Spitze des Gegenstandes durch den gegenstandsseitigen Brennpunkt F_1, so wird er auf der Bildseite wegen der Umkehrbarkeit des Strahlengangs zum Parallelstrahl. Der Schnittpunkt der beiden Strahlen ist der gesuchte Bildpunkt von der Spitze des Gegenstandes. Neben Brenn- und Parallelstrahl kann auch der Strahl durch den Mittelpunkt der Linse (**Mittelpunktsstrahl**) sehr einfach zur Bildkonstruktion benutzt werden. Er geht nämlich praktisch ungebrochen durch die Linse, da die beiden brechenden Flächen in diesem Bereich fast parallel zueinander sind und nicht ein Prisma bilden wie weiter ab von der optischen Achse. Den geringen Strahlversatz innerhalb der dünnen Linse vernachlässigen wir in dieser Näherung. Aus diesem Grund haben wir in Abb. 28.6 Parallel- und Brennstrahl beim Durchgang durch die Linse auch nur einmal

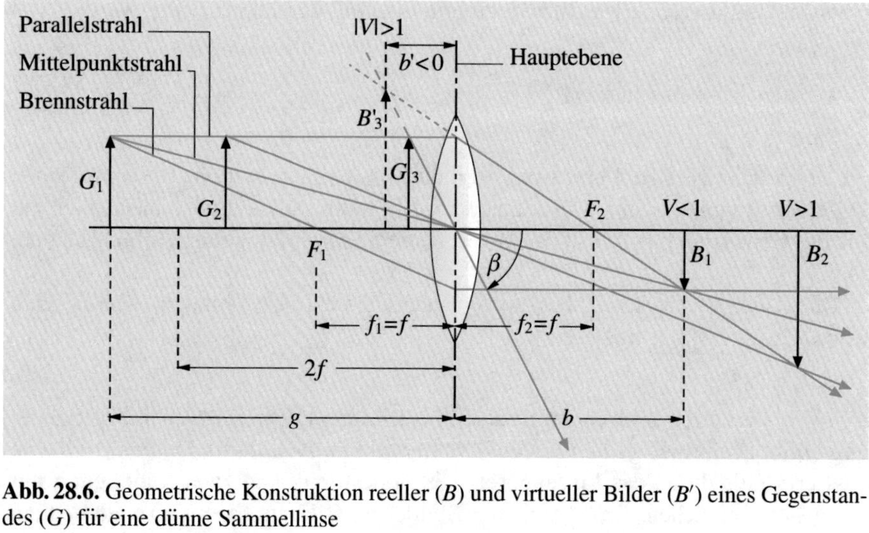

Abb. 28.6. Geometrische Konstruktion reeller (B) und virtueller Bilder (B') eines Gegenstandes (G) für eine dünne Sammellinse

gebrochen und zwar an einem Schnitt durch die Linsenmitte, von dem wir auch die Brennweiten abgetragen haben. Wir nennen sie die **Hauptebene**, ein Begriff, den wir im Fall dicker Linsen noch verallgemeinern werden.

Wir fassen die Regeln der geometrischen Bildkonstruktion zusammen: Parallelstrahl wird zu Brennstrahl, Brennstrahl zu Parallelstrahl; der Mittelpunktsstrahl bleibt ungebrochen.

! Natürlich sammeln sich nicht nur diese charakteristischen Strahlen im Bildpunkt, sondern das ganze Strahlenbündel, das vom Gegenstandspunkt ausgehend die Linse trifft; das war schließlich Sinn der optischen Abbildung!

Reelle und virtuelle Abbildung

Die Abb. 28.6 verdeutlicht uns noch einmal die schon aus Abb. 28.4 erschlossene Zunahme der Bildgröße B mit abnehmender Gegenstandsweite g, die im lateralen Vergrößerungsmaßstab V_l (28.1) zum Ausdruck kam. Wir können nun darin mit Hilfe des Linsengesetzes die Bildweite b eliminieren und erhalten

$$V_l = \frac{b}{g} = \frac{(1/f - 1/g)^{-1}}{g} = \frac{1}{(g/f) - 1} \,. \tag{28.10}$$

Das Verhältnis g/f im Nenner von (28.10) bestimmt alleine V_l. Gegenstände *außerhalb der doppelten* Brennweite, also im Intervall

$$\infty \geq g \geq 2f$$

werden *verkleinert* abgebildet, wobei V_l die Werte

$$0 \leq V_l \leq 1$$

durchläuft. Liegt der Gegenstand *zwischen doppelter und einfacher* Brennweite

$$2f \geq g \geq f$$

so entsteht ein *vergrößertes* Bild. In diesem Intervall durchläuft V_l die Werte

$$1 \leq V_l \leq \infty \,.$$

Wir nennen das ganze Intervall

$$\infty \geq g \geq f$$

! den Bereich der **reellen Abbildung**, weil die Sammellinse hier das Bild eines jeden Gegenstandspunkts in einem Bildpunkt im Bildraum sammelt, also tatsächlich ein Bild des Gegenstands entwirft, das man auf einem Schirm oder einem Film festhalten kann.

Rückt der Gegenstand aber noch näher an die Linse heran in den Bereich *innerhalb der einfachen* Brennweite

$$f > g > 0$$

so *divergieren* die auslaufenden Strahlen im Bildraum. Ihre *rückwärtige* Verlängerung ergibt aber einen *gemeinsamen* Schnittpunkt (s. Abb. 28.6). Dessen Bildweite b' ist ebenfalls durch das Linsengesetz (28.2) bestimmt und zwar folgerichtig mit *negativem* Vorzeichen. Das divergente Bündel im Bildraum kann aber von einem

menschlichen Auge sehr wohl auf der Netzhaut fokussiert werden und entwirft dort wieder ein *reelles* Bild des Gegenstandes. Es erscheint dem Beobachter aber nicht mehr im tatsächlichen Original, sondern unter veränderter Größe B' und an verändertem Ort b'. Weil sich das Licht nicht tatsächlich in B' sammelt, sondern nur dort herzukommen *scheint*, nennen wir dies ein *virtuelles Bild* im Gegensatz zu den zuvor besprochenen *reellen Bildern*, die von konvergenten Strahlenbündeln entworfen werden. Im übrigen erscheint das virtuelle Bild *aufrecht* und nicht auf dem Kopf wie das reelle.

Lupe und Sehwinkelvergrößerung

Auch für das virtuelle Bild einer Sammellinse wird der laterale Vergrößerungsmaßstab weiterhin durch (28.10) gegeben. Nachdem V_l bei $g = f$ einen Pol durchlaufen hat, wobei b von $+\infty$ nach $-\infty$ springt, bleibt es im Bereich der virtuellen Abbildung $f > g > 0$ dem Betrage nach größer als 1 und variiert in den Grenzen

$$\infty > |V_l| > 1\,.$$

(Den formalen Vorzeichenwechsel von V_l unterdrücken wir hier.) Das virtuelle Bild erscheint also dem Betrachter *vergrößert*; in dieser Funktion wird die Sammellinse **Lupe** genannt. Nun darf man aber nicht meinen, man könne durch die Wahl $g \to f$ ein beliebig vergrößertes Bild des Gegenstandes auf der Netzhaut entwerfen; denn gleichzeitig rückt ja die virtuelle Bildweite b' ins Unendliche. Für die *Erkennbarkeit* eines Objekts durch das Auge ist vielmehr der **Sehwinkel** (s. Abb. 28.7)

$$\varepsilon \approx \tan\varepsilon = \frac{G}{g} \tag{28.11}$$

entscheidend, den es vor dem Auge einnimmt; denn da die Bildweite durch den Augendurchmesser vorgegeben ist (das Auge adaptiert f und nicht b an das jeweilige g!), bestimmt *nur* der Sehwinkel die Bildgröße des Gegenstandes auf der Netzhaut. Soll aber der Gegenstand nicht nur groß, sondern auch *scharf* auf der Netzhaut erscheinen, so muß man eine **minimale deutliche Sehweite** des „*unbewaffneten*", normalsichtigen Auges von

$$g_{\text{min}} \approx 25\ \text{cm}$$

einhalten. „Bewaffnet" man das Auge nun mit einer Lupe, so sollte auch eine *virtuelle* Bildweite von $b'_{\text{min}} = 25$ cm nicht unterschritten werden. Das virtuelle Bild erscheint jetzt dem Auge hinter der Lupe unter dem Sehwinkel (s. Abb. 28.6)

$$\beta \approx \frac{B'}{b'_{\text{min}}} = \frac{G}{g} = G\left(\frac{1}{f} + \frac{1}{25\ \text{cm}}\right).$$

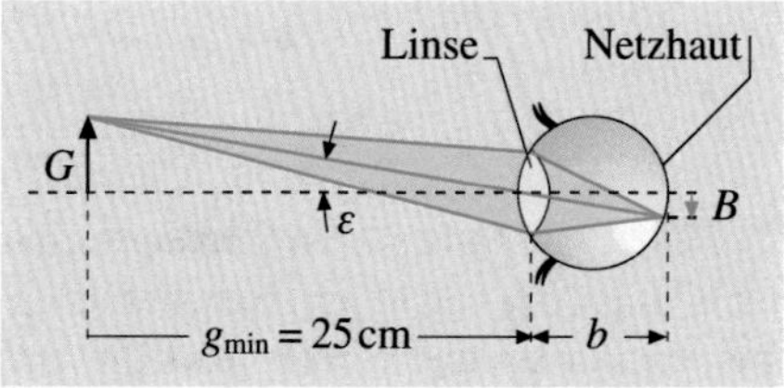

Abb. 28.7. Skizze zur Definition des Sehwinkels ε eines Gegenstandes G in deutlicher Sehweite g_{min} vom Auge. Die Bildgröße auf der Netzhaut ist $B \approx \varepsilon b$

Im Vergleich zum „unbewaffneten“ Auge hat die Lupe also den Sehwinkel des Gegenstands um den Faktor

$$V_\mathrm{w} = \frac{\beta}{\varepsilon} = \frac{G(1/f + 1/25\,\mathrm{cm})}{G/25\,\mathrm{cm}} = \frac{25\,\mathrm{cm}}{f} + 1 \tag{28.12}$$

vergrößert. Eine starke Lupe sollte also eine möglichst kurze Brennweite haben und folglich stark gekrümmt sein. Andererseits kann sie kaum kleiner als die Pupille sein; das begrenzt V_w auf Werte um 10 bis 20. Legt man den Gegenstand in die Brennebene, so rückt B' ins Unendliche, wobei β auf den Wert G/f absinkt. Dadurch verringert sich V_w um 1 auf den Wert $25\,\mathrm{cm}/f$. Dafür genießt man in dieser Position den Vorteil, eines auf *Fernsicht* adaptierten Auges, bei dem der Augenmuskel entspannt ist.

Zerstreuungslinse

Bei konkav gewölbten Linsen führt die Brechung wie beobachtet zur Aufstreuung eines Lichtbündels. Auch hierfür gilt das Brechungsgesetz (28.2′), wenn man für die konkaven Krümmungsradien *negative* Werte einsetzt, folglich wird auch die Brennweite negativ und ist auch *negativ einzuzeichnen*, d. h. der bildseitige Brennpunkt F_2 rückt als *virtueller* Brennpunkt auf die Gegenstandsseite (s. Abb. 28.8). Aus ihm *scheint* ein Parallelstrahl nach der Brechung zu entstammen. Ein Mittelpunktsstrahl passiert die Linse weiterhin ungebrochen.

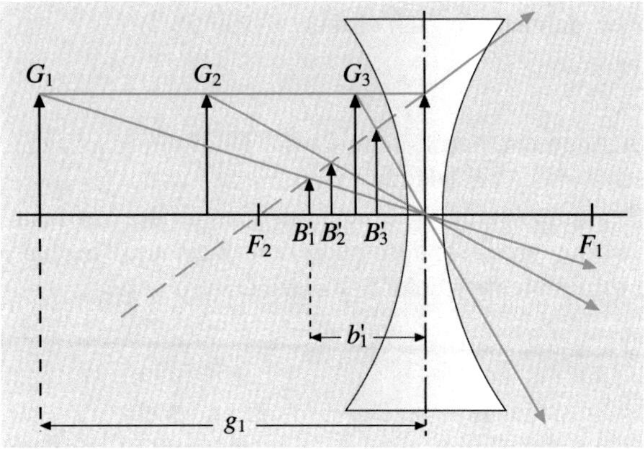

Abb. 28.8. Bildkonstruktion bei einer Zerstreuungslinse

> Eine Zerstreuungslinse entwirft nur virtuelle, verkleinerte Bilder innerhalb der einfachen Brennweite. Ist eine Seite einer dünnen Linse konvex, die andere konkav, so entscheidet die stärker gekrümmte Fläche über die resultierende Brechkraft gemäß (28.2′).

Unterschiedliche Medien

Taucht man eine Linse mit Brechungsindex n statt in Luft in ein Medium ein, dessen Brechungsindex n_m deutlich größer als 1 ist, so verringert sich natürlich ihre Brechkraft in dem Maße, wie sich die beiden Indizes angleichen. Aus diesem

Grunde kann z. B. unser Auge im Wasser nicht mehr auf die Netzhaut fokussieren; es ist in dieser Umgebung weitsichtig geworden. Umgekehrt werden Fischaugen, die an die Wasserumgebung adaptiert sind, in Luft kurzsichtig. Seien zu beiden Seiten der Linse unterschiedliche Medien mit Brechungsindizes n_1 und n_2, so verallgemeinert sich das Brechungsgesetz (28.2′) zu

$$\frac{n_1}{g} + \frac{n_2}{b} = \frac{n - n_1}{r_1} + \frac{n - n_2}{r_2} \,. \tag{28.2''}$$

Die Brennweiten sind jetzt zu beiden Seiten der Linse *verschieden*; sie stehen im Verhältnis $f_2/f_1 = n_1/n_2$ zueinander, wie man durch Einsetzen von $g = \infty$ bzw. $b = \infty$ in (28.2″) sofort erkennt. Wird der Brechungsindex des Mediums größer als der der Linse, so wechselt auch ihre Brennweite das Vorzeichen, und eine konvexe Linse wird zur Zerstreuungslinse. Während also ein Wassertropfen in Luft eine Sammellinse darstellt, wirkt eine Gasblase im Wasser als Zerstreuungslinse.

Dicke Linsen und Hauptebenen

Erreicht die Dicke der Linse die Größenordnung ihrer Krümmungsradien (s. Abb. 28.9), so darf man den Lichtweg zwischen den beiden brechenden Flächen *nicht* mehr vernachlässigen. Man kann aber im Rahmen der bisherigen Näherung für achsennahe Strahlen nach wie vor die Gültigkeit des Linsengesetzes (28.2′) zeigen. Allerdings müssen g und f_1 bzw. b und f_2 von zwei *getrennten* **Hauptebenen** H_1 bzw. H_2 aus abgetragen werden. Mit diesem Kunstgriff läßt sich auch die geometrische Konstruktion des Bildes retten, indem man den *tatsächlichen* Strahlengang in der Linse (durchgezogene Linien) durch einen *fiktiven* (gestrichelte Linien) ersetzt. Dabei müssen die fiktiven Strahlen zwischen den Hauptebenen alle *parallel* zur optischen Achse gezeichnet werden. Über die Lage der Hauptebenen bei den verschiedenen Linsentypen unterrichtet die Spezialliteratur.

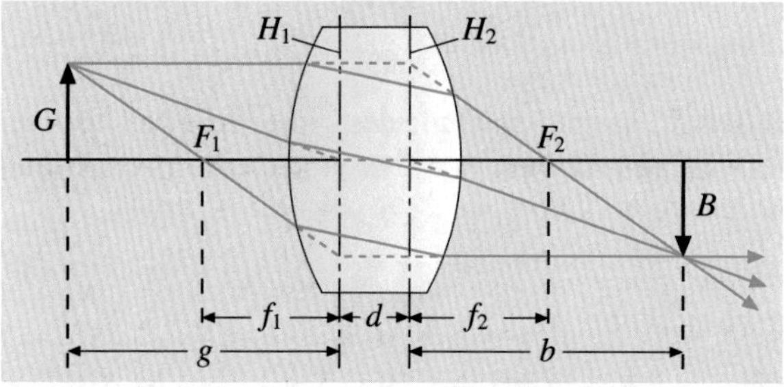

Abb. 28.9. Bildkonstruktion bei einer dicken Linse mit getrennten Hauptebenen

Im heutigen Computerzeitalter ist man eher an einer *algebraischen* statt einer zeichnerischen Lösung des Abbildungsproblems interessiert. Deshalb sei hier abschließend erwähnt, daß es für die Gaußsche Abbildung nach dem Linsengesetz (28.2′) eine elegante Darstellung in *Matrizenform* gibt, mit deren Hilfe man den Transport von Strahlenbündeln durch komplizierte Linsensysteme auf dem Rechner leicht simulieren kann.

28.2 Linsensysteme und optische Instrumente

Wir geben hier einen kurzen Überblick über die wichtigsten **optischen Instrumente**, die sich aus der *Kombination mehrerer Linsen* ergeben. Den einfachsten Fall bilden zwei *dicht benachbarte dünne Linsen* mit Brennwerten f_1 und f_2 (s. Abb. 28.10). Hierbei wird offensichtlich der Brennpunkt der ersten Linse F_1 in den der zweiten F_2 abgebildet, weil jeder Brennstrahl aus F_1 zunächst zum Parallelstrahl und dann wieder zum Brennstrahl in Richtung auf F_2 gebrochen wird. Zur Gegenstandsweite $g = f_1$ des Systems gehört also die Bildweite $b = f_2$. Wenden wir darauf das **allgemeine Linsengesetz** (28.2) an, so erhalten wir für die *resultierende* Brennweite f dieser Linsenkombination die Beziehung

$$\frac{1}{f} = \frac{1}{g} + \frac{1}{b} = \frac{1}{f_1} + \frac{1}{f_2} .$$

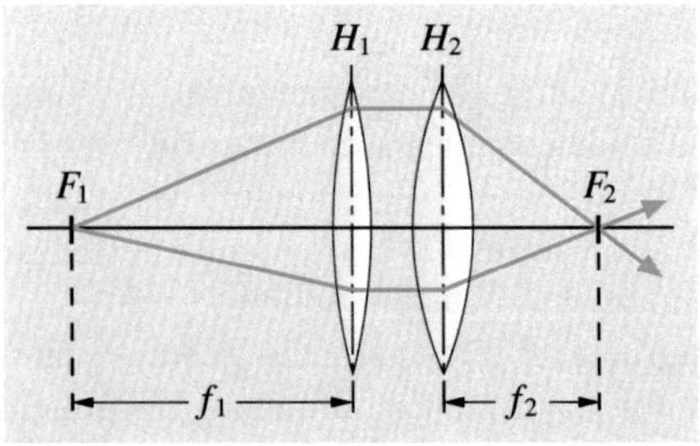

Abb. 28.10. Strahlengang einer Doppellinse. Die Foki der Einzellinsen werden ineinander abgebildet

Bei einer Doppellinse addieren sich die *reziproken* Brennweiten der Einzellinsen. Die reziproke Brennweite einer Linse wird auch **Brechkraft** D genannt. Also addieren sich die Brechkräfte

$$D = D_1 + D_2 . \tag{28.13}$$

Das war im Grunde genommen schon aus der Ableitung des Linsengesetzes für eine doppelseitig gewölbte Linse (28.2′) zu erkennen, wo sich ja auch die Brechkräfte beider Linsenflächen addieren.

Astronomisches oder Keplersches Fernrohr

Nach Angaben *Keplers* wurde 1611 ein **Fernrohr** (**Teleskop**) gebaut, das aus *zwei Sammellinsen* besteht (s. Abb. 28.11). Die erste, das **Objektiv**, hat eine lange Brennweite f_1 und entwirft ein reelles Zwischenbild B_Z eines entfernten Objekts in seiner Brennebene. Eine zweite Linse mit kurzer Brennweite f_2, das sogenannte **Okular**, hat ihren Fokus F an der Stelle der ersten (**konfokaler Aufbau**). Es dient als **Lupe** zur Betrachtung von B_Z. Laut Konstruktion vergrößert das **Keplersche Fernrohr** den Sehwinkel um das Verhältnis der Brennweiten

$$V_{\mathrm{w}} = \frac{\tan \varepsilon}{\tan \varepsilon_0} = \frac{B_Z/f_2}{B_Z/f_1} = \frac{f_1}{f_2} . \tag{28.14}$$

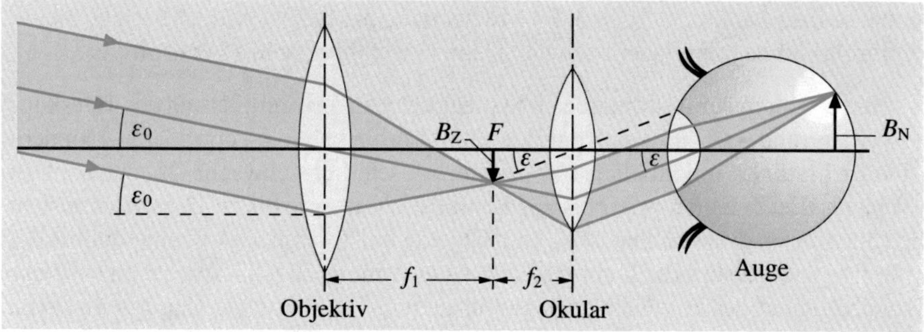

Abb. 28.11. Strahlengang des **Keplerschen Fernrohrs**. Der gestrichelte Mittelpunktsstrahl dient als **Hilfsstrahl**, um den Sehwinkel ε, unter dem das Zwischenbild B_Z hinter dem Okular erscheint, zu bestimmen. Er ist nicht Bestandteil des tatsächlich einfallenden, zu ihm parallelen Strahlenbündels, das die Spitze des Bildes B_N auf der Netzhaut bildet

Holländisches oder Galileisches Fernrohr

Noch vor *Kepler* war 1608 in Holland das erste, anders aufgebaute Fernrohr erfunden worden, das *Galilei* sofort nachgebaut hat (s. Abb. 28.12). Das Okular besteht hier aus einer kurzbrennweitigen Zerstreuungs- statt Sammellinse und ist ebenfalls konfokal mit der langbrennweitigen, ersten Sammellinse aufgebaut, jedoch wegen seiner negativen Brennweite in vertauschter Position bezüglich des gemeinsamen Fokus F. Das reelle Zwischenbild in der Brennebene der ersten Linse kommt also gar nicht mehr zustande, sondern wird schon vorher vom Okular in ein virtuelles Bild im Unendlichen verwandelt. Dabei erhöht sich der Sehwinkel ε des Objekts ebenfalls um das Verhältnis der Brennweiten f_1/f_2.

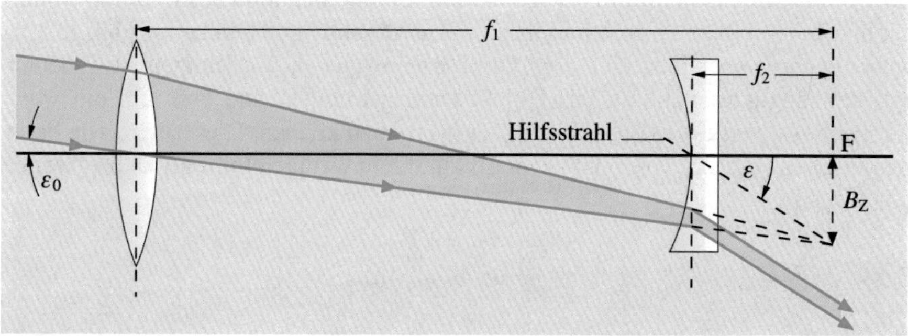

Abb. 28.12. Strahlengang im **holländischen Fernrohr**, auch **Galileisches** oder **terrestrisches Fernrohr** genannt

Mit seinem Fernrohr hat *Galilei* entscheidende Erkenntnisse über das Planetensystem gewonnen. Er konnte die Planeten als ausgedehnte, kugelförmige Objekte erkennen, die selbst nicht leuchten, sondern wie der Mond das Sonnenlicht reflektieren. Er sah Berge und Täler auf dem Mond und entdeckte die Jupitermonde. Er erkannte auch, daß die Milchstraße aus lauter Sternen besteht. Sein Fernrohraufbau trägt daher auch den Namen **astronomisches Fernrohr**.

Heute steht in der Astronomie nicht mehr die Winkelvergrößerung des Teleskops im Vordergrund – sie ließe sich durch weitere Linsen beliebig vergrößern –, sondern seine **Lichtstärke**, um möglichst weit entfernte, sehr lichtschwache Objekte noch zu erkennen. Hierzu baut man Hohlspiegel mit Durchmessern bis zu 10 m. Hier besteht die Kunst darin, diese großen, schweren Objekte mit Toleranzen weit unterhalb 1 µm zu fertigen. Auch stört die Lichtstreuung in der Atmosphäre, die sowohl eine diffuse Grundhelligkeit des Himmels erzeugt wie auch die Sternorte ein wenig schwanken läßt. Deshalb wurde in den vergangenen Jahren mit Milliardenaufwand das große **Hubble-Teleskop** als Satellit im Weltraum installiert.

Beim Keplerschen Fernrohr steht das Bild auf dem Kopf, nicht so beim holländischen, ein Vorteil bei *terrestrischen* Beobachtungen. In anderen **terrestrischen Fernrohren** wird das Bild durch zwei **Umkehrprismen** wieder aufrecht gestellt. Der so gefaltete Strahlengang erlaubt auch eine viel kürzere, *kompakte Bauweise*.

Mikroskop

Schon vor der Entdeckung des Fernrohrs wurden Ende des 16. Jahrhunderts in Holland die ersten **Mikroskope** gebaut. Die weitere Entwicklungsgeschichte dieses wichtigen Instruments zog sich weit ins 19. Jahrhundert bis zu *Ernst Abbé* hin. Im 20. Jahrhundert machte die Mikroskopie durch die Entdeckung des **Elektronenmikroskops**, dessen Auflösungsvermögen nicht mehr durch die Wellenlänge des Lichts begrenzt ist, noch einmal einen gewaltigen Schritt vorwärts. Heute können mit **Elektronen-**, **Rastertunnel-** und **Kraftmikroskopen** *atomare Dimensionen* aufgelöst werden. Das bedeutet einen Gewinn um ca. vier Größenordnungen gegenüber dem traditionellen **Lichtmikroskop**. Die prinzipielle Funktion des letzteren wollen wir hier beschreiben: Es besteht wiederum aus Objektiv und Okular (s. Abb. 28.13), wobei ersteres aber jetzt eine *sehr kurze* Brennweite f_1 von einigen Millimetern hat, um möglichst nahe an das Objekt heranzukommen und von ihm ein *stark vergrößertes*, reelles Zwischenbild B_Z entwerfen zu können. Dieses wird wie beim Keplerschen Fernrohr von einer ebenfalls kurzbrennweitigen Lupe als Okular weiter

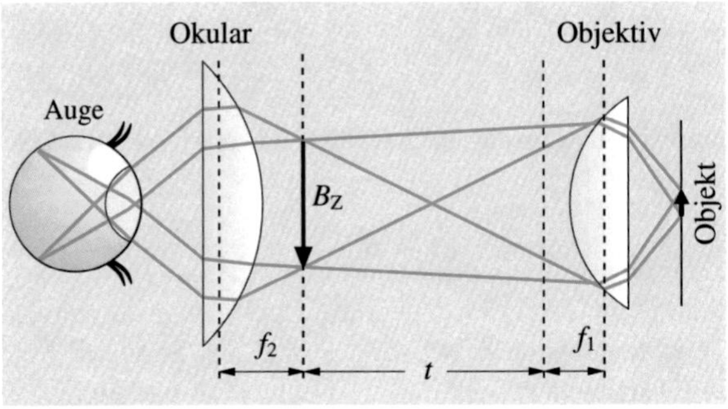

Abb. 28.13. Strahlengang des Mikroskops. Das Objektiv vergößert das Objekt im Zwischenbild B_Z um den Faktor t/f_1; das Okular vergrößert den Sehwinkel von B_Z weiter um den Faktor der Lupenvergrößerung $25\,\text{cm}/f_2$

vergrößert. Diese einfache Konstruktion erfaßt aber nur ein *kleines* Gesichtsfeld in der Nähe der optischen Achse, weil die Lichtbündel von äußeren Zonen das kleine Okular nicht mehr treffen. Durch eine dritte, hier nicht gezeichnete „Feldlinse" kann das Gesichtsfeld wesentlich erweitert werden.

28.3 Linsenfehler

Bei der Ableitung der Linsengleichung (28.2′) wurde nur die erste Ordnung der Entwicklung der Winkelfunktionen berücksichtigt

$$\sin\alpha \approx \tan\alpha \approx \alpha\,.$$

Sie gilt wie gesagt nur für achsennahe Strahlen und kleine Neigungswinkel.

Für achsenferne Strahlen und größere Neigungswinkel führen die vernachlässigten Glieder dritter und höherer Ordnung der Taylorentwicklung der Winkelfunktionen zu Abweichungen, die sich als **Linsenfehler** bemerkbar machen.

Die wichtigsten seien hier kurz erläutert.

Sphärische Aberration

Nach dem Linsengesetz muß der Brechungswinkel eines Parallelstrahls *proportional* zu seinem Abstand von der optischen Achse wachsen, damit er bildseitig immer den gleichen Brennpunkt trifft. De facto wächst die Ablenkung aber *stärker* als proportional an, so daß sich die Brennweite für Randstrahlen *verkürzt* (s. Abb. 28.14).

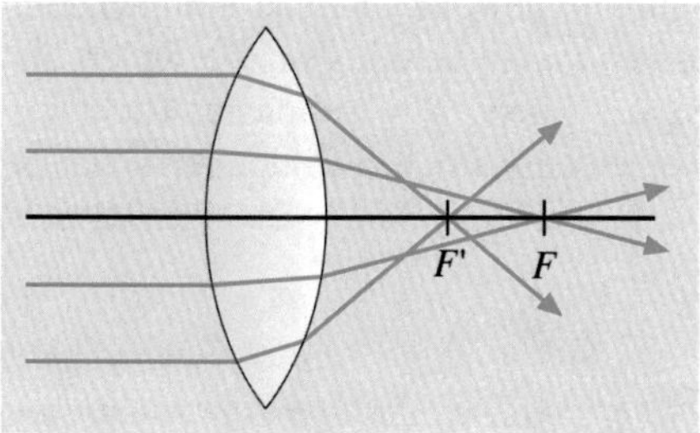

Abb. 28.14. Skizze zur sphärischen Aberration einer Linse

Abhilfe kann im Prinzip durch einen asphärischen Linsenschliff oder einen radial abfallenden Brechungsindex geleistet werden. Das ist aber aufwendig und auf spezielle Anwendungen beschränkt. In der Regel wird die **sphärische Aberration** mit mehrlinsigen Objektiven bekämpft, Kombinationen aus Sammel- und Zerstreuungslinsen, deren Aberrationen sich *kompensieren*.

Chromatische Aberration

Jede Linse wirkt wie ein *Prisma* und bricht aufgrund der Wellenlängenabhängigkeit der Brechzahl (**Dispersion**) rotes Licht schwächer als blaues. Die Brennweite wächst also mit der Wellenlänge (s. Abb. 28.15a).

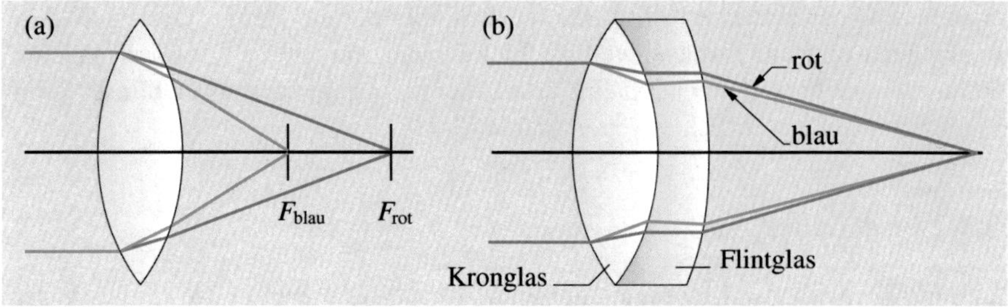

Abb. 28.15. (**a**) Chromatische Aberration einer Einzellinse. (**b**) Prinzip des achromatischen Objektivs

Abhilfe schafft der **Achromat**, in dem eine Sammellinse aus einem Glas mit geringerer Dispersion (z. B. Kronglas) mit einer schwächeren Zerstreuungslinse aus einem Glas mit größerer Dispersion (z. B. Flintglas) kombiniert wird. Während die *Brechkraft in summa positiv* bleibt, wird die *Dispersion* der Sammellinse durch die entgegengesetzt wirkende der Zerstreuungslinse *aufgehoben* (s. Abb. 28.15b).

Astigmatismus

Fällt ein Lichtbündel schräg auf eine sphärische Linsenfläche ein, so können wir es mit zwei charakteristischen, orthogonalen Ebenen schneiden: Die **meridionale** Ebene (P, M_1, M_2) schneidet die Linse vom Mittelpunkt zum Rand hin entlang eines *Längengrades*, die **sagittale Ebene** (P, S_1, S_2) senkrecht dazu mehr oder weniger parallel zu einem *Breitengrad* (s. Abb. 28.16). Nun ist ersichtlich, daß sich der Einfallswinkel des aus P schräg auf die gewölbte Fläche einfallenden, kegelförmigen Lichtbündels entlang eines *meridionalen* Schnitts *stärker* ändert als entlang eines *sagittalen*. Folglich fokussiert die Linse in meridionaler Richtung stärker als in sagittaler. Deswegen findet P keinen einheitlichen Bildpunkt, sondern das Lichtbündel A wird *zunächst* in *meridionaler* Richtung bei B_M zu einem Strich

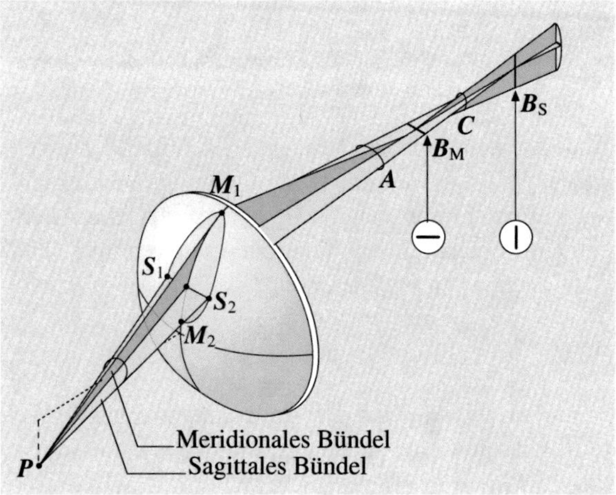

Abb. 28.16. Skizze zur Entstehung der astigmatischen Abbildung eines schräg auf eine Linse auftreffenden Lichtbündels

in sagittaler Richtung fokussiert wie von einer einseitig gekrümmten Zylinderlinse. Weiter hinter schnürt es sich dann in *sagittaler* Richtung zu einem meridionalen Strich bei B_S ein. Im übrigen Verlauf ist das Lichtbündel hinter der Linse *elliptisch* geformt und erreicht zwischen B_M und B_S bei C seine *geringste*, kreisförmige Ausdehnung; das nennt man den Ort der kleinsten „Verwirrung" des Bildes von P.

Als Folge des Astigmatismus nimmt die Schärfe eines Bildes mit dem Abstand von der optischen Achse auf jeden Fall ab.

Beim menschlichen Auge bedeutet Astigmatismus, daß die Augenlinse von vorneherein nicht gleichmäßig wie eine Kugeloberfläche gekrümmt ist, sondern unterschiedlich wie ein Ellipsoid. Man kann das durch ein entsprechend angepaßtes Brillenglas kompensieren.

Bildfeldwölbung und -verzeichnung

Achsenferne Bildpunkte sind nicht nur, wie oben geschildert, unscharf, sondern rücken auch näher an die Linse heran, weil sich bei schrägem Lichteinfall die *effektive* Brennweite der Linse verkürzt. Das Bild eines ebenen Gegenstandes ist also *gewölbt*, wobei durch **Astigmatismus** die Wölbung in meridionaler Richtung stärker als in sagittaler ist. Fangen wir das Bild trotzdem auf einem ebenen Schirm auf, so entsteht durch die Bildfeldwölbung eine zusätzliche Unschärfe.

Mit Brenn- und Bildweite ändert sich aber auch der laterale Abbildungsmaßstab V_l (28.1) mit dem Abstand von der optischen Achse. Zur Unschärfe tritt also auch noch eine *unähnliche* **Bildverzeichnung**. Bilden wir z. B. ein Quadrat ab (s. Abb. 28.17) und nehme der Abbildungsmaßstab nach außen hin ab, so werden die Ecken gestaucht. Wir beobachten daher eine *tonnenförmige Verzeichnung* des Quadrats. Wächst umgekehrt V_l nach außen, so beobachten wir eine *kissenförmige Verzeichnung*. Bei einer einfachen Sammellinse beobachten wir im Bereich der ungefähren Bildweite mit wachsendem Abstand des Schirms von der Linse zunächst eine tonnenförmige dann eine kissenförmige Verzeichnung. Die Korrektur all dieser Bildfehler gelingt nur mit mehrlinsigen Objektiven und das auch nur *näherungsweise*! Dabei spielt nicht nur die Linsengeometrie, sondern auch das Material eine Rolle, wie wir schon beim Achromaten gesehen haben. Es ist wichtig, hoch- und niedrigbrechende Gläser zu kombinieren. Besonders schwierig sind Objektive von Fotoapparaten zu korrigieren, weil sie vielseitigen Ansprüchen genügen sollen. Man kann z. B. ein Objektiv nicht gleichzeitig für Fern- und für Nahaufnahmen optimal korrigieren, sondern muß *Kompromisse* schließen. Ein **Weitwinkelobjektiv** mit *großer* **Lichtstärke**, d. h. großem Verhältnis aus

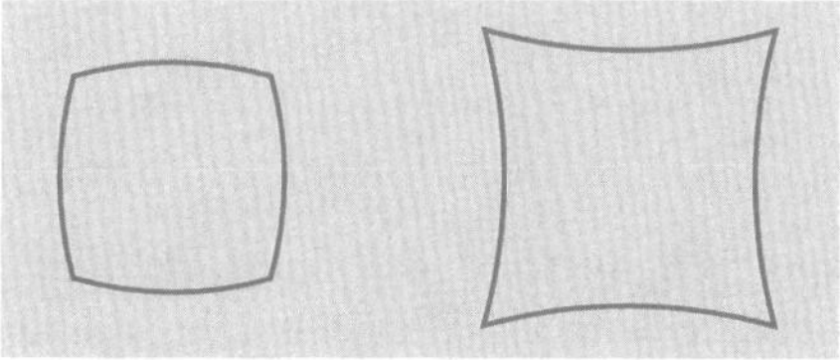

Abb. 28.17. Tonnenförmige (*links*) und kissenförmige (*rechts*) Verzeichnung des Bilds eines Quadrats

Durchmesser zu Brennweite, wird auf jeden Fall *unschärfer* abbilden als ein **Teleobjektiv** mit *schwacher* Lichtstärke. Ebenso kann ein **Zoomobjektiv** mit *variabler* Brennweite nicht so gut korrigiert werden, wie ein normales mit fester Brennweite.

* Pupillen, Eikonal

Es gibt eine geschlossene Theorie der Linsenfehler, die sogenannte **Eikonaltheorie**. Danach hängt die Größe der Fehler ganz entscheidend von der *Begrenzung der Lichtbündel* durch Blenden ab, genauer gesagt von deren Koordinaten, also ihrem Durchmesser und Ort auf der optischen Achse. In Abb. 28.18 ist eine solche Blende zwischen Gegenstand und Linse eingezeichnet; sie bildet die sogenannte **Eintrittspupille**. Die Linse entwirft wiederum ein Bild dieser Blende, die **Austrittspupille**, bei der sich das Lichtbündel im Bildraum zu einer *Taille* einschnürt. Auch deren Koordinaten bestimmen die resultierenden Linsenfehler. Die Eikonaltheorie ist von großer praktischer Bedeutung für die Optimierung von Linsensystemen. Außerdem bestimmen Größe und Lage der Pupillen das Gesichtsfeld und die Helligkeit einer optischen Abbildung. Näheres hierzu findet man in den Lehrbüchern der Optik.

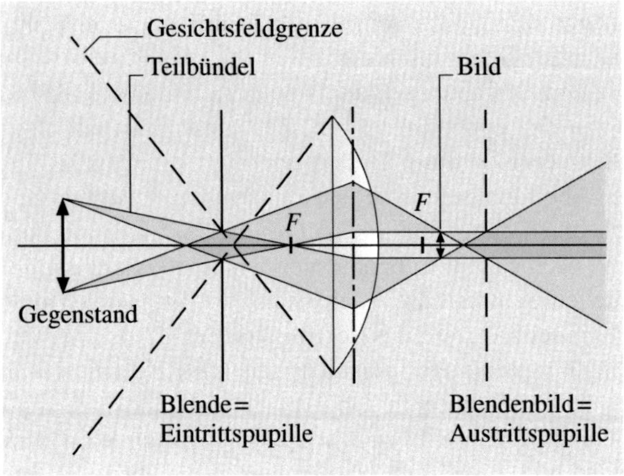

Abb. 28.18. Begrenzung der zur Abbildung beitragenden Lichtbündel durch eine Blende. An Hand der Zeichnung erkennt man, daß die Pupillen diejenigen Bündelquerschnitte darstellen, die allen Teilbündeln gemeinsam sind

VERSUCH 28.3

Linsenfehler. Mit Hilfe einer Bogenlampe, einigen Masken und einem Bildschirm demonstrieren wir am Beispiel einer großen, einfachen Sammellinse die sphärische und die chromatische Aberration, den Astigmatismus sowie die tonnen- und kissenförmige Verzeichnung.

28.4 Ionenoptik

In der Physik des 20. Jh. hat die *Abbildung von Strahlen geladener Teilchen*, die sich im Vakuum bewegen, große Bedeutung gewonnen. Beispiele hierzu sind das **Elektronenmikroskop**, **magnetische Spektrometer** zur Bestimmung von Teilchenmassen und zur Trennung von Isotopen sowie **Teilchenbeschleuniger** aller Art. Das alltäglichste Beispiel ist die **Bildschirmröhre** eines Fernsehers oder PC-Monitors, bei der ein fein fokussierter Elektronenstrahl das Raster der mehreren 100 000 Bildpunkte 25mal pro Sekunde abfährt (sie wird aber heute zunehmend durch flache LCD- oder Plasmabildschirme verdrängt). Elektrische und magnetische Felder dienen nicht nur dazu, Teilchenstrahlen abzulenken, auf Kreisbahnen zu zwingen etc.; vielmehr können sie auch *fokussierende*, also *abbildende* Wirkung haben, wenn sie entsprechend geformt sind. Es gibt eine Vielzahl von **elektrischen** und **magnetischen Linsentypen**, selbst solche die mit Hochfrequenzfeldern arbeiten (für letztere wurde 1989 der Nobelpreis an *Wolfgang Paul* in Bonn verliehen). Wie unterschiedlich auch ihre Prinzipien sein mögen, sie müssen doch alle nach *Gauß* dem Linsengesetz (28.2) gehorchen, wenn sie eine eindeutige und ähnliche Abbildung zustande bringen wollen. Natürlich gelingt das auch in der Ionenoptik nur näherungsweise; die **Linsenfehler** sind auch hier in der Regel von *dritter Ordnung* in den Öffnungswinkeln der Strahlenbündel.

Wir besprechen hier nur die einfachste, **elektrostatische Linse**, die **Rohrlinse**. Sie besteht aus drei Rohrstücken, wobei das mittlere gegenüber den äußeren eine Spannung U aufweist, die *positiv oder negativ* sein kann (s. Abb. 28.19). Die Äquipotentialflächen buchten auf der Rohrachse linsenförmig aus. Dadurch entstehen radiale Komponenten des elektrischen Feldes E_r, deren Betrag in erster Näherung proportional mit dem Abstand von der Achse wächst. Mit der radialen Kraft wächst aber auch der Ablenkungswinkel proportional zum Abstand des Strahls von der Achse, wie es das Abbildungsprinzip verlangt. Bei der gezeichneten Polung wirken nun die *Randfelder* an den Enden der *äußeren* Rohre *defokussierend*, an denen des *inneren fokussierend*. Jeder der beiden Übergänge stellt also eine *Doppellinse* aus einer *Zerstreuungs-* und einer *Sammellinse* mit entgegengesetzt gleicher Brechkraft dar. Für eine dünne Doppellinse wäre demnach die resultierende Brechkraft nach (28.13) null. Das gilt aber nicht mehr für deutlich getrennte Linsenflächen, wie man auch aus dem optischen Ersatzbild in Abb. 28.19 erkennt. Ein geneigter Teilchenstrahl wird zunächst von der Zerstreuungslinse noch weiter

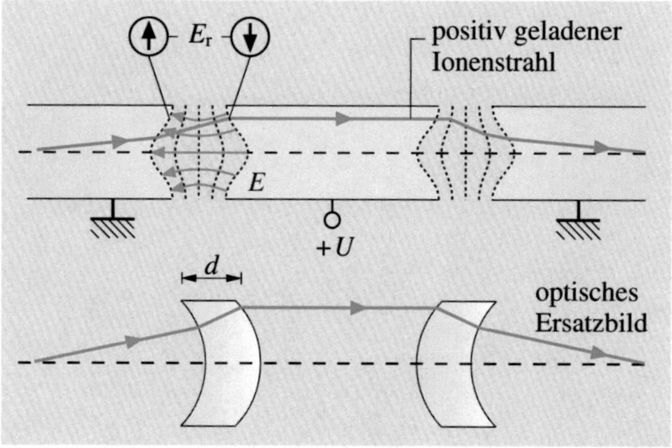

Abb. 28.19. Feldverteilung in einer ionenoptischen Rohrlinse und resultierender Verlauf eines Ionenstrahls (*oben*). Optisches Ersatzbild der Rohrlinse (*unten*)

nach *außen* abgeknickt und gerät nach der Laufstrecke d in eine weiter außen gelegene Zone der Sammellinse. Dort wird er aber stärker *zurück*gelenkt, als er vorher *aus*gelenkt wurde. In Summa wirken diese *getrennten* Linsenflächen also *fokussierend* und zwar *unabhängig* von der Reihenfolge; das zeigt der Strahlengang im folgenden, umgekehrten Linsenpaar am zweiten Übergang. Wir erkennen daraus auch, daß die Polarität der Linsenspannung keine Rolle spielt. Mit wachsender Linsenspannung bzw. abnehmender kinetischer Energie der Teilchen *verkürzt* sich die Brennweite der Rohrlinse. Sie ist also trotz fester Rohrgeometrie *variabel*, ein großer Vorteil gegenüber den Linsen der Lichtoptik! Nach einer Faustregel sollte man den Strahldurchmesser auf ca. ein Drittel des Rohrdurchmessers beschränken, um ernsthafte Linsenfehler zu vermeiden.

29. Interferenz und Beugung von Licht

INHALT

Schon in der allgemeinen Wellenlehre hatten wir in Abschn. 12.4 **Interferenz** und **Beugung** als *wesentliche Merkmale der Wellenausbreitung* kennengelernt. Deswegen konnte sich auch *Christiaan Huygens* Wellenhypothese von der Natur des Lichts erst endgültig durchsetzen, als *Thomas Young* 150 Jahre später (um 1800) die ersten Interferenzversuche mit Licht gelangen. Er führte u. a. Versuche mit Spaltblenden durch und konnte die periodischen Helligkeitsmuster hinter den Blenden als Interferenz **Huygensscher Elementarwellen** (s. Abschn. 12.4) deuten. Auch die **Farben dünner Plättchen** und die von *Newton* schon beobachteten **Newtonschen Ringe** konnte er mit dem von ihm aufgestellten Interferenzprinzip erklären. Wenige Jahre nach *Young* vertiefte *Augustin Fresnel* mit einer Reihe neuer Interferenz- und Beugungsversuche sowie einer konsequenten *mathematischen* Formulierung des Huygensschen Prinzips das *quantitative* Verständnis von Interferenz und Beugung ganz wesentlich. Im Zuge der weiteren mathematischen Entwicklung hat schließlich *Gustav Kirchhoff* gegen Ende des 19. Jh. die heute gültige Form der **Beugungstheorie** als Randwertproblem bei der Lösung von Integralgleichungen erarbeitet.

Im folgenden werden wir uns auf die Interferenz *schlanker* Lichtbündel unter kleinem Neigungswinkel beschränken. Dann schwingen bei gleicher Polarisation der Teilbündel auch deren $\boldsymbol{E}$-Vektoren in der gleichen Achse und können skalar addiert werden (**skalare Näherung**). Zwei ebene (komplex angesetzte) Wellen mit Phasenunterschied φ

E. W. Otten, *Repetitorium Experimentalphysik*,
https://doi.org/10.1007/978-3-662-59730-9_29

$$A_1(x,t) = A_{10}e^{i(\omega t - kx)}, \quad A_2(x,t) = A_{20}e^{i(\omega t - kx - \varphi)}$$

interferieren dann im Aufpunkt x zur resultierenden Amplitude (12.37) (vgl. Abb. 12.11)

$$A_{r0} = \sqrt{A_{10}^2 + A_{20}^2 + 2A_{10}A_{20}\cos\varphi}$$

mit dem resultierenden Phasenwinkel

$$\varphi_r = \arctan[A_{20}\sin\varphi/(A_{10} + A_{20}\cos\varphi)]$$

gegenüber A_1. Zwischen Interferenzminima bei $\varphi = (2n-1)\pi$ und -maxima bei $\varphi = 2n\pi$ durchläuft A_{r0} das Intervall (12.38)

$$|A_{10} - A_{20}| \leq A_{r0} < |A_{10} + A_{20}|$$

mit maximalem Kontrast bei $A_{10} = A_{20}$.

29.1 Interferenz und Beugung bei natürlichen Lichtquellen

Interferenz- und Beugungserscheinungen von Licht wurden deshalb so spät entdeckt, weil sie in der Natur relativ selten vorkommen und auch im Experiment die notwendigen Voraussetzungen nicht leicht zu schaffen sind. Das hat drei einfache Gründe:

1) Die *Wellenlänge* liegt *unterhalb* 1 µm, so daß kräftige Beugungserscheinungen nur bei mikroskopischen, mit dem Auge nicht auflösbaren Objekten auftreten.
2) Der **sichtbare Spektralbereich** des üblichen *„weißen" Lichtes* erstreckt sich über eine ganze Oktave, also einen Faktor 2 in der Wellenlänge. Deswegen beobachtet man keine sauberen Interferenzminima und -maxima, sondern nur mehr oder weniger verschwommene Farbmuster und das auch nur in den ersten Interferenzordnungen. Selbst dort, wo in der Natur sehr ausgeprägte Interferenzerscheinungen vorkommen, werden sie nicht ohne weiteres als solche erkannt. Wer würde schon erraten, daß viele der prächtigen Farben von Schmetterlingen, Fischen und Vögeln nicht durch Farbstoffe, sondern Interferenz und Beugung erzeugt werden? Dazu muß man erst unter einem hochauflösenden Mikroskop die treppenartige Struktur der Oberfläche erkannt haben! Mit Stufenweiten von der Größenordnung λ bildet es ein wirksames optisches Stufengitter, das reflektiertes Licht spektral zerlegt.
3) Die üblichen **thermischen Lichtquellen**, wie Sonne, Glühlampen und selbst die fast monochromatischen Spektrallampen, senden *kein kohärentes Licht* aus. Vielmehr emittieren die Atome und Moleküle, die eigentlichen, mikroskopischen Lichtquellen, spontan und unabhängig voneinander, d. h. ohne eine feste Phasenbeziehung. Das Licht verschiedener Atome ist also im allgemeinen nicht interferenzfähig! Eine Ausnahme bildet nur der Laser (s. Abschn. 27.3). Dagegen sind Schallwellen, die von einer einzigen, wohl definierten Quelle ausgehen, kohärent. Aber das Rauschen der Brandung oder der Blätter eines Baumes im Wind, das an unser Ohr dringt, hat kein kohärentes Wellenfeld mehr. Das

wäre das mechanische Analogon zu den stochastisch emitttierenden, thermischen Lichtquellen.

Räumliche Kohärenzbedingung

Wie kann man dennoch mit stochastischen Lichtquellen wohl definierte Beugungsmuster erzeugen? Hierzu muß man auf den von *Young* und *Fresnel* geübten Trick zurückgreifen und das emittierte Licht durch Reflexion oder Beugung in *Teilbündel mit verschieden langen Lichtwegen* aufteilen und wieder an einem Ort zusammenführen, wo sie zur Interferenz kommen. Dadurch wird jeder einzelne, von einem Atom emittierte **Wellenzug**, auch **Wellenpaket** genannt, der nach der Quantentheorie das **Lichtquant** trägt, mit sich selbst zur Interferenz gebracht.

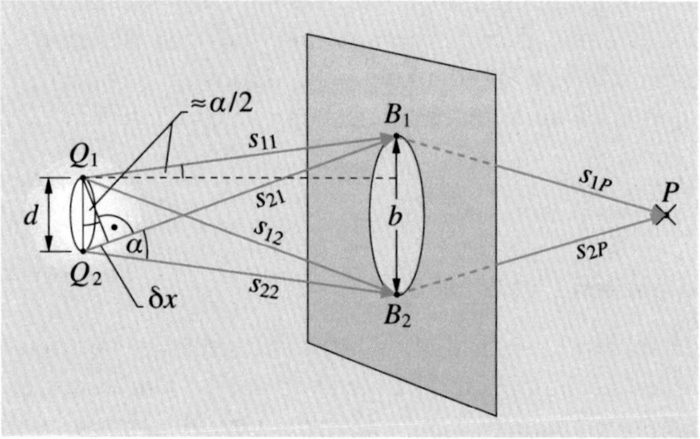

Abb. 29.1. Skizze zur räumlichen Kohärenzbedingung zweier Quellpunkte Q_1, Q_2, die nach Beugung ihrer Wellen an der Lochblende bei B_1 und B_2 im Aufpunkt P zur Interferenz kommen

Das gelingt z. B. durch Beugung an einer *kleinen* Lochblende (s. Abb. 29.1), wo Licht aus dem *gleichen Quellpunkt*, z. B. Q_1 oder Q_2, durch Beugung an *verschiedenen Blendenpunkten*, z. B. B_1 und B_2, im Aufpunkt P zur Interferenz kommt. Auf diese Weise kommt das an der Blende gebeugte Licht aus *jedem* Punkt der Lichtquelle *mit sich selbst* in P zur Interferenz. Damit dort auch eine *einheitliche* Interferenzbedingung, z. B. konstruktive oder destruktive, vorliegt, muß auch der Gangunterschied der interferierenden Teilbündel in P für *alle* Quellpunkte bis auf einen Bruchteil der Wellenlänge *übereinstimmen*. Diese Bedingung schränkt die *Ausdehnung* des Strahlers und den *Öffnungswinkel* α des Strahlenbündels zur Blendenöffnung hin wie folgt ein: Die größte Differenz im Gangunterschied tritt wie gezeichnet für entgegengesetzte Quellpunkte im Abstand d am Rande des Strahlers und ebenso entgegengesetzte Beugungspunkte im Abstand b am Rande der Lochblende auf. Nehmen wir nun zunächst an, der Strahler sende monochromatisches Licht mit der Wellenzahl k aus, dann beträgt der Gangunterschied für die in P zur Interferenz kommenden Teilbündel für den ersten Quellpunkt

$$\Delta\varphi_1 = k(s_{12} + s_{2P} - s_{11} - s_{1P})$$

und für den zweiten

$$\Delta\varphi_2 = k(s_{22} + s_{2P} - s_{21} - s_{1P}) \,.$$

Die Differenz dieser beiden Gangunterschiede soll nun deutlich kleiner als 2π sein; sagen wir $\lesssim 1$, um eine Grenze zu definieren. Für symmetrische Anordnung und schlanke Bündel ($\alpha \ll 1$) lautet die räumliche Kohärenzbedingung explizit (s. Abb. 29.1)

$$\begin{aligned}\delta\varphi &= \Delta\varphi_1 - \Delta\varphi_2 = k(s_{12} + s_{21} - s_{11} - s_{22}) \\ &\approx 2k\delta x \approx k\alpha d \lesssim 1 \qquad \curvearrowright\end{aligned}$$

$$\alpha d \lesssim \frac{\lambda}{2\pi}\,, \tag{29.1}$$

oder *schwächer* formuliert

$$\alpha d \lesssim \lambda\,. \tag{29.1'}$$

Die **räumliche Kohärenzbedingung** ist also erfüllt, wenn das Produkt aus dem Durchmesser der Lichtquelle und dem Öffnungswinkel des zur Beugung benutzten Lichtbündels kleiner als die Wellenlänge ist. Es ist die gleiche Bedingung, die wir in Abschn. 27.3 für ein beugungsbegrenztes Lichtbündel gestellt hatten.

Emittanz einer räumlich kohärenten Lichtquelle

Die Kohärenzbedingung (29.1) schafft ein ernsthaftes *Intensitätsproblem* bei Beugungsversuchen mit *gewöhnlichen* Lichtquellen. Nehmen wir an, ihr Durchmesser sei bereits auf 1 mm abgeblendet worden, dann muß außerdem der Öffnungswinkel für sichtbares Licht bei $\lambda \simeq 0{,}6\,\mu\text{m}$ noch begrenzt werden auf nur

$$\alpha \lesssim \frac{0{,}6\,\mu\text{m}}{2\pi\,1\,\text{mm}} \approx 10^{-4}\,\text{rad}\,!$$

Der **Raumwinkel**, den das zu beugende Lichtbündel an der Blendenöffnung einnimmt, ist damit auf die Größenordnung

$$\Delta\Omega \approx \alpha^2 \approx 10^{-8}$$

beschränkt! Nehmen wir an, die Quelle strahle ihre Leistung isotrop in den vollen Raumwinkel 4π ab, so ist davon nur der Bruchteil

$$\frac{\Delta\Omega}{4\pi} \approx 10^{-9}$$

nutzbar! Blenden wir die Lichtquelle auf einen noch kleineren Durchmesser d ab, so *gewinnen* wir zwar nach (29.1) an zulässigem Raumwinkel, *verlieren* aber *in gleichem Maße* an Strahlerfläche.

Die Intensität in einem Strahlenbündel ist nämlich durch das Produkt

$$\varepsilon = d^2\alpha^2\,, \tag{29.2}$$

die sogenannte **Emittanz** bestimmt. Die **räumliche Kohärenzbedingung** (29.1) schränkt die Emittanz auf einen Wert

$$\varepsilon \lesssim \frac{\lambda^2}{4\pi^2} \tag{29.3}$$

ein.

Wir können die Emittanz eines gegebenen Strahlenbündels durch optische Abbildung nicht mehr verändern! Dafür sorgt das Linsengesetz. Vergrößern wir z. B. den Durchmesser der Quelle nach (28.1) um den Faktor

$$V_l = \frac{B}{G} = \frac{b}{g},$$

so schrumpft im gleichen Maße der Öffnungswinkel des Bündels (s. Abb. 29.2)

$$\frac{\beta}{\gamma} \approx \frac{d/b}{d/g} = \frac{1}{V_l} \qquad \curvearrowright$$

$$\varepsilon = (\beta B)^2 = (\gamma G)^2 = \text{const}\,! \tag{29.4}$$

Die Konstanz der Emittanz gilt natürlich auch bei der Manipulation von **Teilchenstrahlen** mittels **Ionenoptik**. Die Gleichung (29.4) ist ein Spezialfall eines sehr tiefen Satzes, der in der theoretischen Mechanik unter dem Namen **Liouvillescher Satz** oder *Satz von der Konstanz des Phasenraums* bewiesen wird und weitreichende Konsequenzen hat.

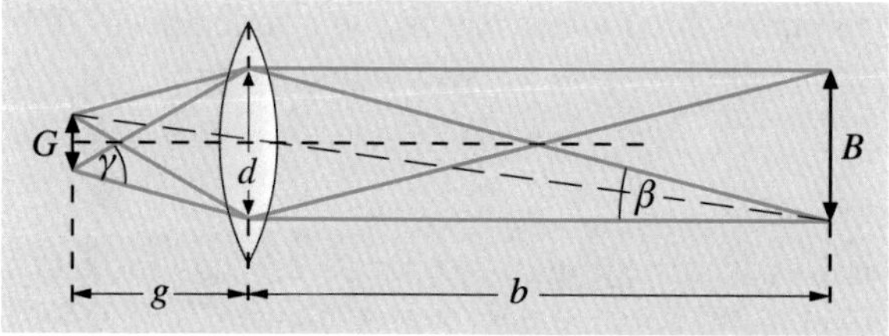

Abb. 29.2. Skizze zur Erhaltung der Emittanz einer Lichtquelle bei Abbildung

Man kann also die Kohärenzbedingung von Abb. 29.1 nicht etwa dadurch verbessern, daß man die Lichtquelle weiter wegrückt und zunächst einmal mit einer zwischengeschalteten Linse das Bündel paralleler macht. Es kommt eben nicht darauf an, ob die Wellenfront beim Eintritt in die Blende eben oder gekrümmt ist; sie muß nur *einheitlich* sein! Mit anderen Worten: Ob gekrümmt oder parallel, die von den einzelnen Quellpunkten ausgehenden Wellenfronten dürfen beim Eintritt in die Blende *nicht* gegeneinander *verkantet* sein, jedenfalls nicht mehr als den Bruchteil einer Wellenlänge über den gesamten Blendendurchmesser. Natürlich läßt sich mit parallelisierten Wellenfronten leichter rechnen, wie z. B. im Limes der Fraunhoferschen Beugung (s. Abschn. 12.4).

Mit einem **Laser** haben wir dagegen sehr viel leichteres Spiel; denn er strahlt seine *gesamte* Leistung von vornherein als **beugungsbegrenztes Lichtbündel**, also räumlich kohärent, aus (s. Abschn. 27.3)! Sei seine Leistung auch nur 1 mW, so ist er doch für Interferenz- und Beugungsversuche nach obiger Rechnung einer inkohärenten Quelle von 1 MW Lichtleistung äquivalent, den Vorteil der Monochromasie nicht mitgerechnet!

Spektrale oder zeitliche Kohärenzbedingung

Sei nun die räumliche Kohärenzbedingung erfüllt, doch habe die Lichtquelle noch eine restliche *spektrale* Breite von

$$\Delta k = \Delta\omega / c = 2\pi \Delta\nu / c\,, \tag{29.5}$$

dann müssen wir (genau wie für die räumlichen Beiträge) nun auch für die unterschiedlichen *spektralen* Komponenten verlangen, daß sie alle innerhalb der gleichen Ordnung interferieren. Für den extremen Quellpunkt Q_1 in Abb. 29.1 lautet diese Forderung

$$\begin{aligned}\delta\varphi &= \Delta\varphi_1(k + \Delta k) - \Delta\varphi_1(k)\\ &= \Delta k[(s_{11} + s_{1P}) - (s_{12} + s_{2P})] =\end{aligned}$$

$$\Delta k \Delta s \lesssim 1\,. \tag{29.6}$$

Je größer also der zur Interferenz benutzte Wegunterschied Δs ist, umso enger muß die spektrale Breite Δk der Lichtquelle sein. Schreiben wir (29.6) in der Form $(c\Delta k)(\Delta s/c)$, so erhalten wir die **spektrale Kohärenzbedingung** in der geläufigeren Form

$$\Delta\omega \cdot \Delta t \lesssim 1\,, \tag{29.6$'$}$$

wobei $\Delta t = \Delta s/c$ der Laufzeitunterschied zwischen den interferierenden Teilbündeln ist. Auch diese Bedingung wird häufig in der schwächeren Form

$$\Delta\omega \cdot \Delta t \lesssim 2\pi \tag{29.6$''$}$$

formuliert.

Die **spektrale** oder **zeitliche Kohärenzbedingung** verlangt, daß das Produkt aus Frequenzunschärfe und Laufzeitunterschied der interferierenden Teilbündel kleiner als eine Periode sei, damit das Interferenzbild nicht verwaschen wird.

Lassen wir z. B. das ganze sichtbare Spektrum zu, das sich über eine Oktave $\Delta k = k$ erstreckt, so darf der Gangunterschied Δs nur von der Größenordnung der Wellenlänge selbst sein. Weißes Licht ist demnach nur in der ersten Ordnung interferenzfähig.

Während die hier abgeleitete spektrale Kohärenzbedingung Allgemeingültigkeit hat, ist die räumliche nur für Beugungserscheinungen typisch. Bei Interferenz mit Spiegelbildern trifft sie in dieser strengen Form nicht zu.

Youngscher Doppelspaltversuch

Das bekannteste Beispiel für Beugung und Interferenz ist wohl das **Youngsche Doppelspaltexperiment**. Zum einen hat es große historische Bedeutung als erster *überzeugender* Beweis für die Wellennatur des Lichts. Zum andern dient es auch heute noch als Lehrbeispiel für die tiefe Hintergründigkeit der **dualistischen Wellen-**

und **Teilcheninterpretation der Quantenmechanik**. Das Youngsche Experiment gelingt ja nicht nur für Lichtwellen und -quanten, sondern auch für Elektronen und selbst für schwere Atome, wenn man diese **Teilchenstrahlen** mit einer passenden, kohärenten **de Broglie-Wellenlänge** präpariert hat (was nicht leicht ist!). Im Gegensatz zu einem Photon, über dessen innere Struktur man, abgesehen von einigen Quantenzahlen, nichts weiß, ist aber ein Atom ein sehr handfestes Objekt, dessen Größe und Struktur man sehr gut kennt und von dem man weiß, daß es sich nicht aufteilen kann, um mit seiner einen Hälfte durch den rechten und mit der anderen durch den linken Spalt zu fliegen. Es gibt einen Zeichenwitz, der eine Skispur zeigt, die sich vor einem Baum öffnet – der eine Ski rechts, der andere links am Baum vorbei – und sich dahinter wieder schließt (s. Abb. 29.3). Er könnte von einem Physiker stammen als Metapher für die *vordergründige* Widersprüchlichkeit des Doppelspaltexperiments für ein Teilchen. Wir können diese Diskussion hier nicht vertiefen; sie ist nicht unser Thema, sondern gehört in die Quantenmechanik. Nur so viel sei gesagt:

Bei allen Experimenten, seien es tatsächlich ausgeführte oder auch nur Gedankenexperimente auf der Basis der Quantenmechanik, geraten unsere *Beobachtungen* niemals in Widerspruch miteinander. Wird das Experiment z. B. unter Bedingungen durchgeführt, bei denen durch eine zusätzliche Messung *nachgeprüft* wird, ob das Teilchen entweder durch den einen oder den andern Spalt geflogen ist, so wird dadurch die Kohärenz der de Broglie-Welle zerstört und das für den Wellencharakter des Teilchens typische Interferenzbild verschwindet. Auch in diesen begrifflich schwierigen Situationen bleibt die Physik als Erfahrungswissenschaft widerspruchsfrei! In Widerspruch können allenfalls voreilige Vorstellungen über die Natur von Teilchen geraten.

Abb. 29.3.
Quantenmechanischer Skifahrer

Wenden wir uns dem Experiment zu. Eine Demonstration im Hörsaal ist mit natürlichen Lichtquellen aus Intensitätsgründen problematisch. Deswegen verwenden wir in allen Beugungsexperimenten Laser.

VERSUCH 29.1

Beugung und Interferenz am Doppelspalt. Wir beleuchten zwei feine Doppelspalte mit einem Laser derart, daß der Kern des Strahls beide Spalte gut überdeckt. Die Breite der Spalte sei sehr klein im Vergleich zu ihrem Abstand. Dennoch reicht die Intensität, um auf der gegenüberliegenden Hörsaalwand ein relativ helles Bild der Interferenzstreifen der gebeugten Teilstrahlen zu entwerfen. In diesem großen Abstand herrscht praktisch der Limes der Fraunhoferschen Beugung. Sie ist mathematisch besonders einfach, weil sie die Interferenz paralleler Strahlenbündel betrachtet und wurde schon beim analogen Versuch in der Wellenwanne interpretiert (s. Abschn. 12.4).

In der Optik kann man die Fraunhofersche Beugung leicht auf kurze Dimensionen kontrahieren, indem man eine Linse hinter die Beugungsspalte stellt und das Interferenzbild in der Brennebene dieser Linse betrachtet. Dort werden parallele Strahlenbündel fokussiert und kommen zur Interferenz (s. Abb. 29.4). Dabei garantiert das **Fermatsche Prinzip**, daß bei der Fokussierung des Lichtbündels in den Bildpunkt keine zusätzlichen, relativen Gangunterschiede der Teilstrahlen entstehen. Allerdings ist das Interferenzmuster in der Brennebene recht klein und muß in der Regel mit einem Okular betrachtet werden. Eine quantitative Diskussion der Beugungsmuster und -intensität führen wir in Abschn. 29.5 und 29.6.

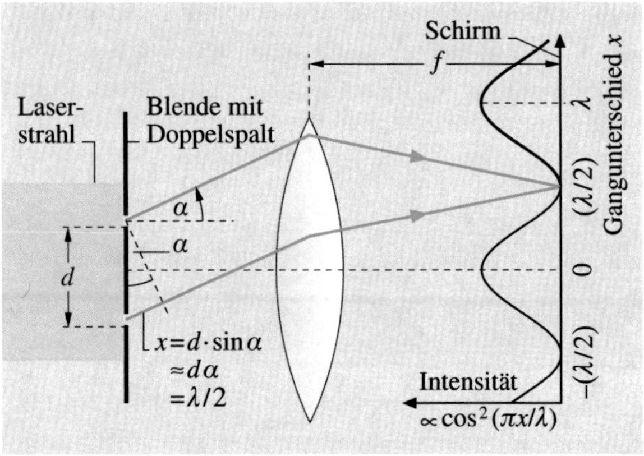

Abb. 29.4. Interferenzbild des Doppelspalts als Fraunhofersche Beugung in der Brennebene einer Linse

29.2 Interferenz von Spiegelbildern

Interferenzen, die durch Spiegelungen entstehen, lassen sich relativ leicht auch von *inkohärenten* Lichtquellen gewinnen im Gegensatz zu Beugungsbildern. Das trifft besonders für **Spiegelungen an dünnen Schichten** zu, wie folgender Versuch zeigt.

VERSUCH 29.2

Interferenz einer Quecksilberlampe an Glimmer. Wir stellen eine Quecksilberspektrallampe vor eine dünne Glimmerplatte ($d \simeq 0{,}1$ mm) und beobachten das reflektierte Licht ohne

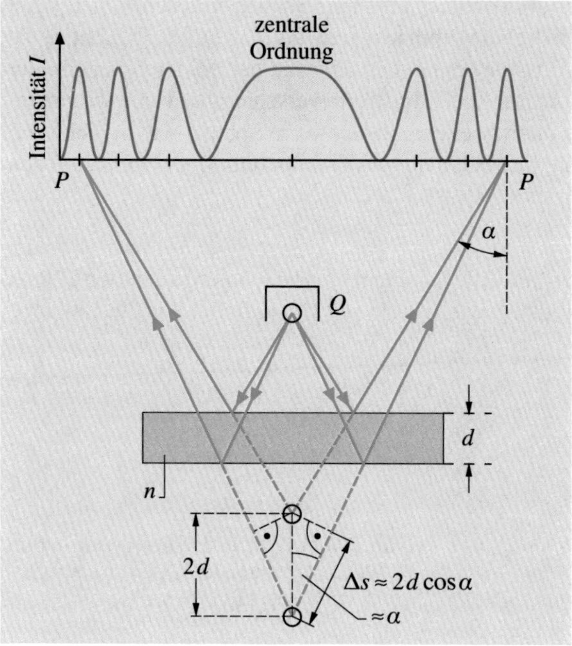

Abb. 29.5. Skizze eines großflächigen Interferenzversuchs durch beidseitige Reflexion einer Spektrallampe an einer dünnen Platte. Die zentrale Ordnung ist hier als Interferenzmaximum gezeichnet, was nach (29.7) $2nd = (2m + 1)\lambda/2$ voraussetzt

weitere optische Hilfsmittel auf einer großen Leinwand. Dort entsteht ein großes Ringsystem von Interferenzstreifen, die von innen nach außen schnell dichter werden (s. Abb. 29.5). Es kommt durch Interferenz der an Vorder- und Hinterseite des Plättchens entstehenden Spiegelbilder der Lampe zustande. Bezüglich des Kontrasts der Interferenzstreifen profitieren wir von der Linienarmut des Quecksilberspektrums im Sichtbaren, das im wesentlichen von einer blauen Spektrallinie beherrscht wird.

Bei der Reflexion an den beiden Grenzschichten unter dem Winkel α haben die im weit entfernten Aufpunkt P interferierenden Spiegelbilder laut Abb. 29.5 einen optischen Gangunterschied von

$$\Delta s' = n\Delta s + \lambda/2 \approx n2d\cos\alpha + \lambda/2\,. \tag{29.7}$$

Der additive Term $\lambda/2$ kommt durch den Phasensprung um π bei der vorderen Reflexion am dichteren Medium zustande. Bei der im Versuch gewählten Dicke beträgt der Gangunterschied einige hundert Wellenlängen. Die zentrale Interferenzordnung bei $\alpha = 0$ erscheint sehr breit und überdeckt hier einen Winkelbereich von der Größenordnung 1°. Das liegt daran, daß der Cosinus mit seiner Entwicklung

$$\cos\alpha \approx 1 - \frac{\alpha^2}{2}$$

dort einen Extremwert hat. Nach außen wächst die Folge durchlaufener Ordnungen quadratisch mit dem Winkel an.

Die räumliche Kohärenz der von den einzelnen Quellpunkten der Lampe in P interferierenden Teilbündel ist bei Reflexion an einer *dünnen* Doppelschicht leicht zu erfüllen: Da sich das Interferenzmuster auf dem Schirm mit dem Quellpunkt verschiebt, muß die Lampe lediglich schmäler sein als der auf dem Schirm zu beobachtende Interferenzring. Das ist dem *engen* Abstand der beiden Spiegelbilder zu verdanken. Die Situation würde sich drastisch verschärfen, wenn wir ungeschickterweise die Interferenz über zwei *entgegengesetzte* Spiegel wie in Abb. 29.6 erzeugen würden. Die geringste Verschiebung des Quellpunkts Q um δx würde den Gangunterschied um

$$\delta s \approx 2\delta x \sin\alpha$$

verändern. Bei steilem Winkel α muß die Quelle in dieser Geometrie deutlich kleiner als λ sein, eine Kohärenzbedingung, wie wir sie in (29.1) ähnlich für die Beugung formuliert hatten.

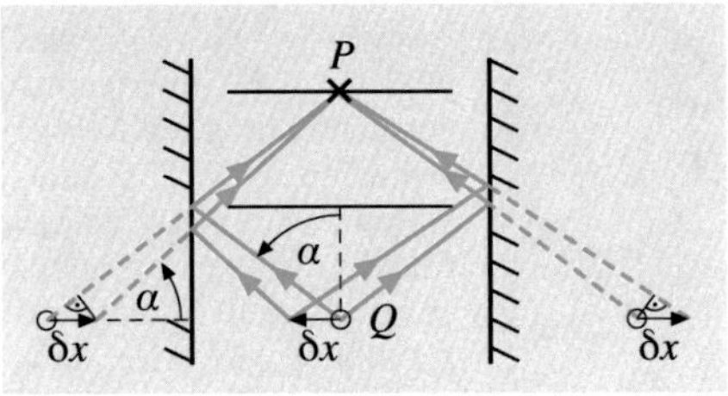

Abb. 29.6. Ungeschickte Erzeugung der Interferenz in P durch Reflexion an entgegengesetzten Spiegeln

Farben dünner Schichten

Wird die Schichtdicke sehr viel kleiner als λ, so reduziert sich der Gangunterschied (29.7) auf den Phasensprung von $\lambda/2$. Die reflektierten Wellen interferieren dann unter allen Winkeln *destruktiv*, d. h. die Reflexion wird *überhaupt* unterdrückt und alles Licht transmittiert. Wächst die Schichtdicke d dann auf $\lambda/4$, so wird im Reflex das erste Interferenzmaximum erreicht. Der Reflexionsgrad wächst dort von den üblichen 4 %, die man beispielsweise an einer einzelnen Glasoberfläche beobachtet, um den Faktor 4 auf 16 %, weil sich nach (12.37) die resultierende Amplitude verdoppelt. Bei weißem Licht wird dieses Reflexionsmaximum zuerst für den blauen Spektralbereich erreicht. Daraus resultiert die typische Blaufärbung sehr dünner Schichten, wie man sie an *Seifenblasen* und dünnen *Ölfilmen* beobachten kann. Wächst die Schicht weiter, so verschiebt sich die Farbskala ins rote und wird auch als Funktion vom Winkel immer schillernder.

Bei unebener Schichtdicke, wie z. B. der Luftschicht zwischen Glasplatten und einem darüberliegenden gekrümmten Film, zeigen sich geschlossene, farbige Interferenzlinien gleicher Schichtdicke (**Newtonsche Ringe**). Legt man z. B. eine schwach gewölbte Linse auf eine ebene Glasplatte, so bilden sie Kreisringe, die schon von *Newton* beobachtet und von *Young* erstmals gedeutet wurden. Bei senkrechtem Lichteinfall (s. Abb. 29.7) wächst auch hier die Zahl der Ringe quadratisch mit dem Abstand r vom Zentrum entsprechend dem Gangunterschied der interferierenden Strahlen von

$$\Delta s \approx 2d + \lambda/2 = 2\left(R - \sqrt{R^2 - r^2}\right) + \lambda/2 \approx \frac{r^2}{R} + \frac{\lambda}{2}\,. \tag{29.8}$$

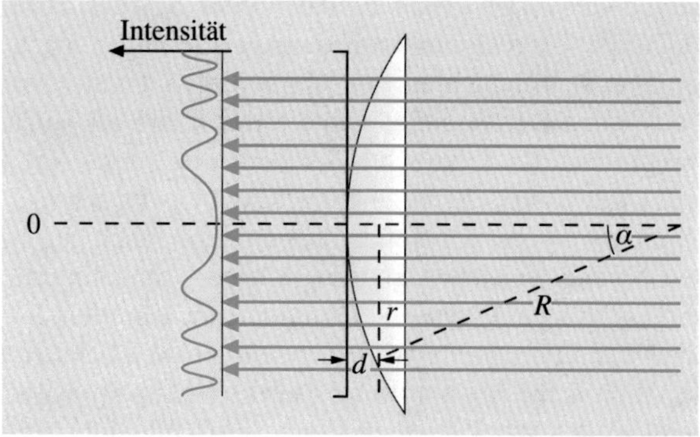

Abb. 29.7.
Skizze zur Beobachtung Newtonscher Ringe in Transmission

In Wirklichkeit sind die interferierenden Strahlen wegen der Neigung α der Kugeloberfläche ein wenig gegeneinander versetzt und verkippt, wodurch sich das Interferenzmuster geringfügig verschiebt; für kleines α kann dieser Fehler vernachlässigt werden. Bei bekannter Wellenlänge kann man durch Ausmessen der Newtonschen Ringe den Krümmungsradius R der Linse recht genau bestimmen. Da die *reflektierte* Intensität im *transmittierten* Licht fehlt, beobachtet man dort das *komplementäre* Interferenzmuster allerdings mit schwächerem Kontrast bezogen auf die mittlere transmittierte Intensität. Immerhin reicht dieser Kontrast aus, um in schlecht gefaßten Diapositiven störende Farbringe zu erzeugen. Wir demonstrieren Farben dünner Schichten und Newtonsche Ringe an verschiedenen Objekten im Versuch.

Dielektrische Entspiegelung und Verspiegelung von Oberflächen

Die **Reflexion** an Fenster- und Linsenflächen etc. ist in der Regel störend und bedeutet auf jeden Fall einen deutlichen *Intensitätsverlust* für das transmittierte Licht. Man kann die Reflexion durch Interferenz *unterdrücken*, indem man eine $\lambda/4$-starke Schicht mit einem Brechungsindex

$$n' = \sqrt{n_{\text{Glas}}}$$

auf die Glasoberfläche aufdampft. Dann ist der Gangunterschied zwischen den reflektierten Teilwellen bei senkrechter Inzidenz gleich $\lambda/2$ (da beide Male am dichteren Medium reflektiert wird, heben sich die Phasensprünge weg). Weiterhin ist n' so gewählt, daß ihre Amplitude nach der Fresnelschen Formel (27.18) gleich groß ist. Sie löschen sich also vollständig aus. Natürlich verschiebt sich diese Auslöschbedingung mit Einfallswinkel und Wellenlänge, jedoch relativ träge, so daß man zumindest für den Schwerpunkt des sichtbaren Spektrums einen befriedigenden Effekt erzielt. Man erkennt allerdings im reflektierten Restspektrum einer entspiegelten Brille bläuliche und rötliche Komponenten.

In Physik und Technik stellt sich aber auch die *umgekehrte* Frage nach einem *möglichst hohen* Reflexionsgrad von 99 % und mehr. Gleichzeitig soll das restliche Prozent möglichst vollständig transmittiert und nicht im Spiegel absorbiert werden. Das verlangt man z. B. von einem Laserspiegel (s. Abschn. 27.3) oder den im folgenden besprochenen Interferometern. Die üblichen metallischen Spiegel, etwa Aluminium, aufgedampft auf Glas, genügen diesen extremen Anforderungen nicht. Dampft man aber eine Folge von $\lambda/4$-Schichten aus abwechselnd hoch- und niedrigbrechendem Material auf ein Substrat auf, so interferieren die an jeder Grenzfläche reflektierten Teilamplituden bei senkrechter Inzidenz *alle konstruktiv*. (Der Phasensprung alterniert jetzt von Grenzschicht zu Grenzschicht zwischen $\lambda/2$ und 0.) Mit wachsender Schichtenzahl wächst der Reflexionsgrad schließlich gegen eins. Die besten dielektrischen Spiegel erreichen heute (für eine wohldefinierte Wellenlänge!) einen Reflexionsgrad von ca. 99,999 %! Durch leichte Variation der Schichtendicke erreicht man auch für relativ breite Wellenlängen- und Winkelintervalle sehr gute Reflexionsgrade. Auch ist die **Absorption** in **dielektrischen Spiegeln** innerhalb des Transmissionsbereichs der Materialien praktisch vernachlässigbar im Gegensatz zu dünnen, teildurchlässigen **Metallspiegeln**.

Fresnelsches Biprisma

Zum Schluß dieses Abschnitts sei noch auf einen klassischen, von *Fresnel* erfundenen Interferenzversuch mit natürlichen Lichtquellen aufmerksam gemacht. Fügt man zwei, mit sehr kleinen Keilwinkeln geschliffene Prismen an der Basis zu einem Biprisma zusammen (s. Abb. 29.8), so werden die von einer eng begrenzten Lichtquelle Q (z. B. einem beleuchteten Spalt) ausgehenden Wellenfronten von den beiden Teilprismen aufeinander zu gebrochen und interferieren so, als kämen sie von zwei getrennten Lichtquellen. Auf dem Schirm dahinter entsteht demnach das gleiche, äquidistante Interferenzmuster wie beim **Youngschen Doppelspaltversuch** (s. Abb. 29.4). Mit natürlichen Lichtquellen gelingt der Versuch aber viel besser als der Youngsche, weil in den beiden *virtuellen* Spaltbildern die *volle* Lichtintensität zur Verfügung steht und nicht nur die an den *reellen* Spalten des Youngschen Experiments gebeugte. Außerdem beschränkt sich die räumliche Kohärenzforderung an das primäre Lichtbündel auf die Spaltbreite selbst und erstreckt sich nicht auf deren (virtuellen) Abstand d wie beim Beugungsversuch. Wir können den Versuch daher ohne weiteres im Hörsaal demonstrieren. Natürlich kann man das Biprisma auch durch zwei leicht gegeneinander verkippte Spiegel ersetzen.

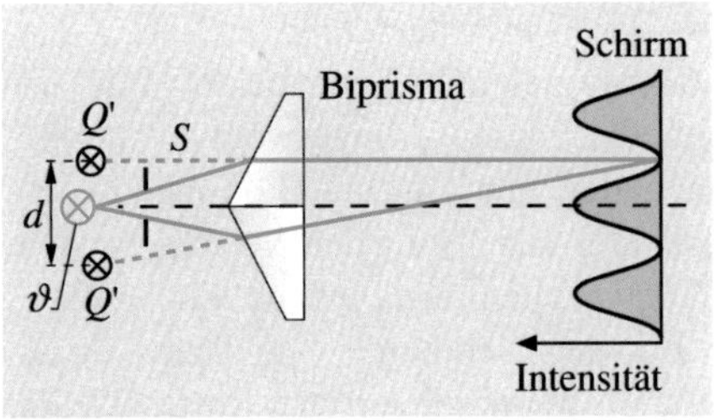

Abb. 29.8. Strahlengang im **Fresnelschen Biprismaversuch**. Auf dem Schirm interferiert das Licht so, als stamme es aus den virtuellen Quellpunkten Q'

29.3 Fabry-Pérot-Interferometer

Wir kommen zurück zur Interferenz durch Reflexion an zwei parallelen Ebenen, die aber jetzt hochwertige (im allgemeinen dielektrische) Spiegel darstellen sollen; ihre Kenndaten seien z. B.:

- Reflexion: $R = 99\,\%$
- Transmision: $T = 1\,\%$
- Absorption: $A = 0$.

Sie können auf beide Seiten einer planparallelen Platte aufgedampft sein (**Festplatteninterferometer** oder **Etalon**) oder auf den Innenseiten zweier parallel aufgestellter Platten, wenn ein größerer Abstand d gewünscht ist (**Fabry-Pérot-Interferometer**) (s. Abb. 29.9). Hierzu folgender Versuch:

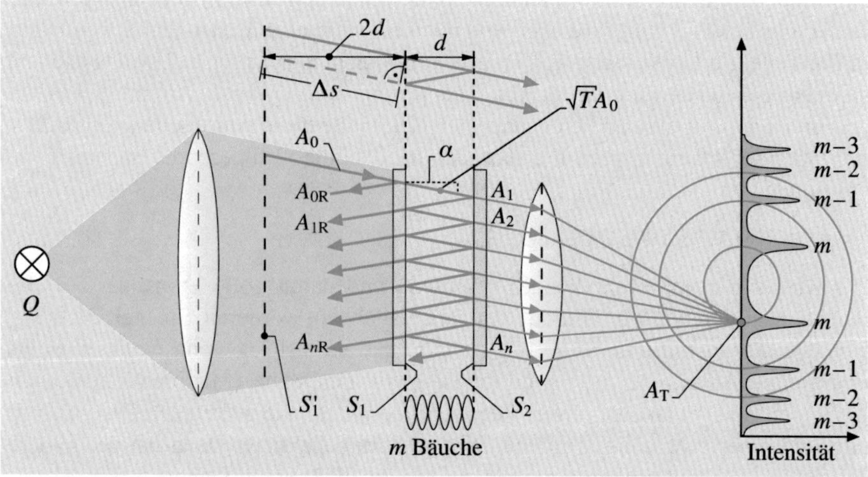

Abb. 29.9. Aufbau, Strahlengang und Interferenzmuster des Fabry-Pérot-Interferometers für eine *monochromatische* Lichtquelle. S_1' ist das 2 mal (in S_2 und S_1) gespiegelte Spiegelbild der Eintrittsebene S_1 des Lichtbündels ins Fabry-Pérot. Daraus liest man den geometrischen Gangunterschied $\Delta s = 2d\cos\alpha$ zwischen zwei Reflexionen ab

VERSUCH 29.3

Fabry-Pérot-Interferometer. Wir beleuchten das Fabry-Pérot-Interferometer *divergent* mit dem gelben Spektrallicht einer Natriumdampflampe, das aus einem engen Doublett bei 5890 Å und 5896 Å besteht. Im Gegensatz zum Versuch 29.1 mit der Glimmerplatte beobachten wir diesmal die Interferenz im transmittierten Licht und zwar in der Brennebene einer Linse, d. h. die Fraunhofersche Interferenz paralleler Lichtstrahlen. Wir erkennen hier wie dort im Prinzip das gleiche Ringsystem, d. h. Interferenzmaxima bei Gangunterschieden zwischen aufeinanderfolgenden, transmittierten Teilstrahlen von

$$\Delta s' = n\Delta s = 2nd\cos\alpha = m\lambda \tag{29.9}$$

(m = ganze Zahl). Da sie jeweils eine geradzahlige Anzahl von Spiegelungen mit je einem Phasensprung um π erlitten haben, kann der Phasensprung im Gegensatz zu (29.7) hier unberücksichtigt bleiben. Im Unterschied zum vorigen Versuch beobachten wir aber jetzt keinen wellenartigen Verlauf des Interferenzmusters, sondern die Maxima haben sich zu *scharfen Ringen* zusammengezogen, zwischen denen sich ein breites, *dunkles Tal* erstreckt. Das verleiht diesem Interferometer die Qualität eines *hochauflösenden Spektrometers*. Deswegen erkennen wir das Spektralliniendoublett als zwei gut getrennte Ringsysteme. Wir pumpen jetzt die Luft zwischen den Platten ab und beobachten, wie mit abnehmendem Brechungsindex der restlichen Luft die Ringe zufolge (29.9) nach innen ins Zentrum zu größeren $\cos\alpha$ wandern. Bei $d = 5$ mm werden etwa fünf Ordnungen durchlaufen.

! Trotz des hohen Reflexionsgrads ist ein solches paralleles Spiegelpaar offensichtlich für ganz bestimmte Einfallswinkel (29.9) dennoch völlig transparent! Wie ist das zu erklären? Wir müssen zunächst beachten, daß die genannten Werte für R und T sich auf die Intensität beziehen; für die Amplitude betragen sie demnach $\sqrt{R} \approx 99{,}5\,\%$ und $\sqrt{T} = 10\,\%$. Nachdem die einfallende Wellenfront mit der Amplitude A_0 die beiden Spiegel erstmals passiert hat, beträgt ihre restliche Amplitude A_1 also noch 1 % (s. Abb. 29.9). Die zwischen den Spiegeln eingefangene Wellenamplitude $\sqrt{T}A_0$ wird aber jetzt noch ca. 100mal zwischen den Spiegeln hin und her reflektiert, bevor sie durch Transmission auf beiden Seiten auf 1/e abgesunken ist. Entsprechend langsam ist der Abfall der jeweils transmittierten Amplituden A_l. In den Interferenzmaxima addieren sich nach (29.9) alle diese Amplituden konstruktiv auf. Über den Daumen gepeilt ergibt sich daraus eine resultierende, transmittierte Amplitude von

$$A_\mathrm{r} \approx 100 A_1 \approx 100 \cdot 0{,}01 A_0 \approx A_0\,,$$

also wieder die volle einfallende Amplitude und damit volle Transmission! Die gleiche resultierende Amplitude wird aber auch am vorderen Spiegel Richtung Lichtquelle transmittiert. Es zeigt sich nun, daß sie in Gegenphase zur eingangs reflektierten Amplitude $A_{0\mathrm{R}}$ ist und diese somit auslöscht. (Man denke z. B. statt der beiden Spiegel an eine unverspiegelte Etalonplatte wie in Versuch 29.1, die nur aufgrund eines sehr hohen Brechungsindex stark reflektiere. Dann hat der hintere Reflex $A_{1\mathrm{R}}$ gegenüber dem vorderen $A_{0\mathrm{R}}$ nach (29.7) einen Gangunterschied von insgesamt $m\lambda + \lambda/2$, ist also wegen des Phasensprungs von $A_{0\mathrm{R}}$ an der Vorderseite in Gegenphase. Das gilt dann auch für alle höheren Reflexe $A_{l\mathrm{R}}$, q.e.d.)

Es bleibt noch die Frage nach der *Schärfe der Maxima* zu klären. Sie ist eine typische Konsequenz der Interferenz *vieler* Teilstrahlen, wie sie uns auch beim Beugungsgitter in Abschn. 29.6 wiederbegegnen wird. Nehmen wir an, der Gangunterschied sei nur um $\lambda/100$ von einer vollen Ordnung $m\lambda$ verschieden, und greifen wir auf unser grobes Modell von 100 gleich starken Teilamplituden A_l zurück, so hätte A_1 gegenüber A_{51} bereits einen Gangunterschied von $\lambda/2$, ebenso A_2 gegenüber A_{52} usw. Sie würden sich also alle gegenseitig auslöschen. Bei wachsendem Gangunterschied, etwa $\lambda/50$, würde sich A_1 mit A_{26} auslöschen usw. Die resultierende Amplitude bleibt klein, bis die nächste volle Ordnung $(m \pm 1)\lambda$ erreicht ist.

Nach dieser qualitativen Überlegung ist zu erwarten, daß das *Verhältnis aus Breite zu Abstand* zweier Interferenzmaxima (s. Abb. 29.9) von der Größenordnung des Reziprokwerts der Anzahl der interferierenden Teilstrahlen ist ►

$$\frac{\Delta x}{x_{m+1} - x_m} = \mathcal{O}(1/N) = \mathcal{O}(1-R)\,. \tag{29.10}$$

Berechnung der Vielstrahlinterferenz

Eine *genaue* Rechnung muß natürlich den *exponentiellen Abfall* der höheren Teilamplituden berücksichtigen. Wir wollen das hier gründlich und aus verschiedenen Blickwinkeln durchdiskutieren. Zum einen sind diese Rechnungen beispielhaft fär alle Vielstrahlinterferenzen, zum andern können wir daran auch den engen Zusammenhang mit den gedämpften Eigenschwingungen eines Resonators studieren.

Bei Vernachlässigung der Absorption stehen aufeinanderfolgende Teilamplituden aufgrund zweier zusätzlicher Reflexionen im Verhältnis

$$|A_{l+1}/A_l| = \sqrt{R}\sqrt{R} = R\,.$$

Schreiben wir den wachsenden Gangunterschied zwischen A_{l+1} und A_1 als komplexen Phasenfaktor

$$\phi_{l+1} - \phi_1 = \mathrm{e}^{(\mathrm{i}k2nd\cos\alpha)l} = \mathrm{e}^{\mathrm{i}\delta l}\,,$$

so können wir mit

$$A_1 = TA_0 = (1-R)A_0$$

die komplexen Teilamplituden als *Potenz* einer komplexen Zahl schreiben

$$A_{l+1} = A_0(1-R)(R\mathrm{e}^{\mathrm{i}\delta})^l\,. \tag{29.11}$$

Da der Betrag von $R\mathrm{e}^{\mathrm{i}\delta} < 1$ ist, können wir die *Potenzreihe* aufsummieren; sie konvergiert auch für eine komplexe Basis z gegen den bekannten Grenzwert $1/(1-z)$. Somit erhalten wir für die resultierende, transmittierte komplexe Amplitude das einfache Ergebnis

$$A_\mathrm{T}(R,\delta) = \sum_{l=0}^{\infty} A_{l+1} = \frac{A_0(1-R)}{1-R\mathrm{e}^{\mathrm{i}\delta}}\,. \tag{29.12}$$

Bei einer vollen Ordnung $\delta = 2\pi m$, also mitten im Interferenzring ist sie in der Tat gleich der einfallenden Amplitude A_0 wie vermutet. Für den übrigen Verlauf schauen wir uns ihren Nenner graphisch als Funktion von δ in der komplexen Ebene an (s. Abb. 29.10). Er führt vom Kreis mit Radius R um den Ursprung zum Punkt $x = 1$. Seine Länge variiert vom Minimum $1 - R$ bei $\delta = 2\pi m$ bis zum Maximum von $1 + R$ in der Mitte zwischen zwei Ordnungen bei ($\delta = 2\pi m + \pi$). Der Kontrast zwischen maximaler und minimaler Intensität ist daher

$$I_\mathrm{max}/I_\mathrm{min} = (1+R)^2/(1-R)^2 \approx 4/T^2\,,$$

also etwa 40 000 für unser Beispiel! Den gesamten Transmissionsverlauf des Fabry-Pérots als Funktion von δ gibt das Absolutquadrat von (29.12) wieder

$$I_\mathrm{T}(R,\delta) \propto |A_\mathrm{T}|^2 = \frac{A_0^2(1-R)^2}{1-2R\cos\delta + R^2} = \frac{A_0^2}{1+\frac{4R}{(1-R)^2}\sin^2(\delta/2)}\,. \tag{29.13}$$

Letztere Umformung gelingt mit dem Additionstheorem für den Cosinus.

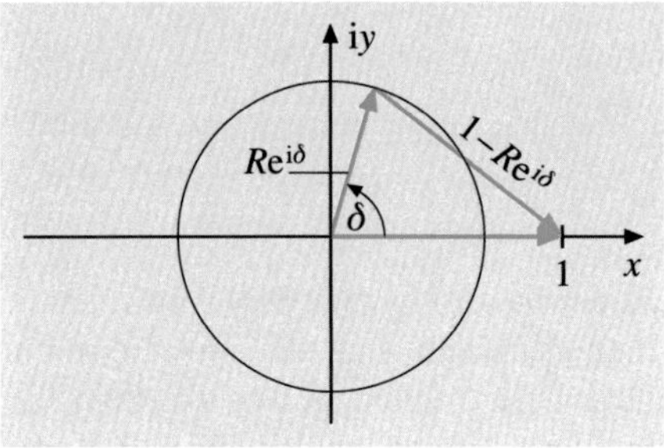

Abb. 29.10. Skizze zum Verlauf des komplexen Nenners der resultierenden Interferenzamplitude (29.12) des Fabry-Pérots als Funktion des Phasenwinkels δ

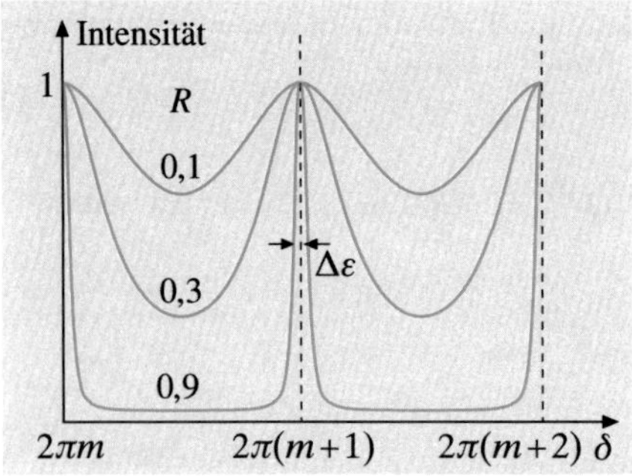

Abb. 29.11. Intensität von Fabry-Pérot-Interferenzen [Airy-Funktion (29.13)] als Funktion der Phasendifferenz aufeinanderfolgender Teilstrahlen für verschiedene Reflexionsgrade R

Das ist die bekannte **Airy-Formel**; sie ist in Abb. 29.11 für verschiedene, relativ kleine Reflexionsgrade dargestellt. (Berücksichtigt man auch die Absorption A, so ist R im Zähler von (29.13) durch $(R+A)$ und im Nenner durch $(R-A)$ zu ersetzen; darunter leiden Transmission und Linienschärfe des Fabry-Pérot.) Bei gutem R, also scharfen Linien, können wir die Winkelfunktion in der Umgebung einer Ordnung bei

$$\varepsilon = \delta - 2\pi m \ll \pi/2$$

entwickeln und erhalten eine **Lorentzkurve** in ε

$$I(\varepsilon) \approx \frac{A_0^2}{1 + [\varepsilon\sqrt{R}/(1-R)]^2} . \tag{29.14}$$

Ihre **volle Halbwertsbreite** (**Linienbreite**) ist im Bogenmaß

$$\Delta\varepsilon = 2(1-R)/\sqrt{R} , \tag{29.15}$$

bzw. bezogen auf den Abstand zweier Ordnungen (relative Linienbreite)

$$\frac{\Delta\varepsilon}{2\pi} = \frac{1-R}{\pi\sqrt{R}} \approx \frac{1-T}{\pi} . \tag{29.15'}$$

Sie unterschreitet die grobe Abschätzung (29.10) um einen Faktor π.

Die Lorentzform der Interferenzringe legt noch eine andere, *dynamische* Interpretation des Fabry-Pérot-Interferometers nahe, nämlich als **erzwungene Resonanz einer Eigenschwingung** zwischen den Spiegeln. In der Tat beschreibt ja die Interferenzbedingung (29.9) gerade die Resonanzbedingung für eine **stehende Welle** in der Interferometerachse z [vgl. (12.54)], indem wir sie durch Multiplikation mit π/λ_m umformen zu

$$\left(\frac{2\pi}{\lambda_m}\cos\alpha\right)nd = (k_m\cos\alpha)nd = k_{zm}nd = m\pi\,. \tag{29.16}$$

Wir zählen also genau m **Schwingungsbäuche** zwischen den Spiegeln (s. Abb. 29.9). Die Linienbreite dieser Resonanz berechnen wir aus der Dämpfung der freien Schwingung aufgrund der Transmission T der Spiegel (die Absorption sei wieder vernachlässigt). Ihre Intensität klingt pro vollem Umlauf um $\Delta I/I = (1 - R^2) \approx 2T = 2(1 - R)$ ab. Dem entspricht, zeitlich gesehen, die Umlaufszeit der Lichtwelle zwischen den Spiegeln von

$$\Delta t = \Delta s'/c = 2nd\cos\alpha/c\,.$$

Somit ist die zeitliche Abnahme der Intensität

$$\frac{\Delta I}{\Delta t} = -\frac{c(1-R)}{nd\cos\alpha}I$$

mit der Lösung

$$I = I_0\mathrm{e}^{-[c(1-R)/nd\cos\alpha]t} = I_0\mathrm{e}^{-t/\tau}\,.$$

Die reziproke Lebensdauer ist aber nach (11.73) gerade gleich der vollen Halbwertsbreite der erzwungenen Resonanzkurve in Einheiten der Kreisfrequenz

$$\Delta\omega = \frac{1}{\tau} = \frac{c(1-R)}{nd\cos\alpha}\,. \tag{29.15''}$$

In Wellenzahlen lautet sie

$$\Delta k = \frac{1-R}{nd\cos\alpha}\,. \tag{29.15'''}$$

Teilen wir (29.15″) analog zu (29.15) durch die Frequenzdifferenz zwischen zwei aufeinanderfolgenden Eigenfrequenzen, den sogenannten **Modenabstand**

$$\Omega = \omega_m - \omega_{m-1} = c(k_m - k_{m-1}) = \frac{\pi c}{nd\cos\alpha}\,, \tag{29.17}$$

so erhalten wir als **relative Linienbreite** wieder den Wert

$$\frac{\Delta\omega}{\Omega} = \frac{\Delta\omega}{\omega_m - \omega_{m-1}} = \frac{1-R}{\pi} \tag{29.15''''}$$

in Übereinstimmung mit (29.15′).

Die Äquivalenz dieser beiden Betrachtungsweisen ist bemerkenswert; sie ist für das Verständnis von Interferenzoptik und Eigenschwingungen von Resonatoren, die z. B. in der Laserphysik eine große Rolle spielen, gleichermaßen wichtig.

Auflösungsvermögen und Dispersionsgebiet des Fabry-Pérot-Interferometers

Zwei eng *benachbarte* Spektrallinien mit Wellenzahlen k und $k + \delta k$ betrachten wir dann gerade noch als *aufgelöst*, wenn sie im Abstand der **Linienbreite des Interferometers** Δk (oder allgemein des Spektrometers) liegen (s. Abb. 29.12)

$$\delta k = \Delta k\,. \tag{29.18}$$

►

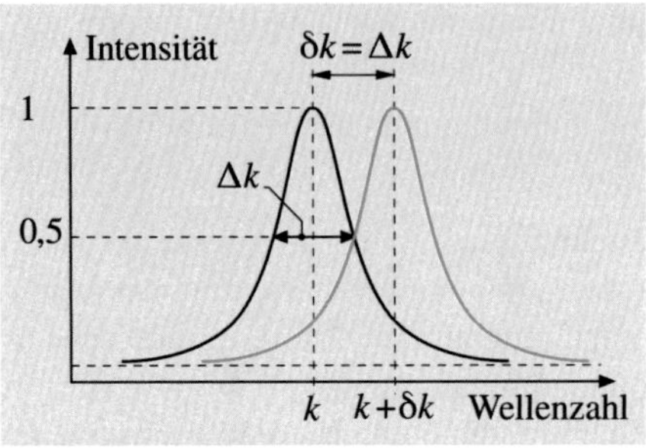

Abb. 29.12. Illustration des minimalen auflösbaren Abstands δk zweier Spektrallinien bei gegebener Linienbreite Δk

Das **Auflösungsvermögen** ist allgemein definiert als das Verhältnis aus Wellenzahl k und der kleinsten noch auflösbaren Wellenzahldifferenz δk

$$A = \frac{k}{\delta k} = \frac{\omega}{\delta \omega} = \frac{\nu}{\delta \nu} \approx \frac{\lambda}{\delta \lambda}\,. \qquad (29.19)$$

Die Definition gilt ebenso in Einheiten der Frequenz oder Wellenlänge.

Das **Auflösungsvermögen des Fabry-Pérot-Interferometers** in der Ordnung m ergibt sich dann aus den vorstehenden Gleichungen und Definitionen (29.15‴), (29.16), (29.18) und (29.19) zu

$$A = \frac{k_m}{\delta k} = \frac{m\pi / nd \cos\alpha}{(1-R)/nd\cos\alpha} = \frac{m\pi}{1-R}\,. \qquad (29.19')$$

Ein Vergleich mit (29.15) oder (29.15⁗) zeigt, daß es den Wert der reziproken relativen Linienbreite $\Omega/\Delta\omega$, multipliziert mit der Ordnungszahl m, hat.

Nehmen wir als relative Linienbreite statt dessen den groben Schätzwert (29.10), so ergibt sich als Auflösungsvermögen des Fabry-Pérots die charakteristische Größenordnung

$$A = \mathcal{O}(N \cdot m)\,, \qquad (29.19'')$$

also das Produkt aus der Zahl der interferierenden Teilstrahlen und der Ordnung ihres Gangunterschieds.

Wir werden dieser Formel beim Gitterspektrographen in Abschn. 29.6 wiederbegegnen. Für unser Beispiel $1 - R \simeq 1\,\%$ hätten wir bei $d = 5\,\text{mm}$ entsprechend einer Ordnungszahl $m \approx 15\,000$ bereits ein Auflösungsvermögen von

$$A \approx 5 \cdot 10^6$$

erzielt, rund *zwei Größenordnungen höher* als mit einem *guten* Prismenspektrographen erreichbar. Bei einem linienreichen Spektrum kann man aber auf letzteren (oder einen äquivalenten Gitterspektrographen) doch nicht verzichten! Denn niedrigere Interferenzordnungen von größeren Wellenlängen erscheinen an der gleichen Stelle wie höhere Ordnungen von kürzeren Wellenlängen. Aus diesem Mischmasch findet man nur heraus, wenn man das Spektrum mit einem Vorzerleger im wesentlichen auf eine *einzige* Ordnung einschränkt

$$\frac{2\pi m}{2nd} \geq k \geq \frac{2\pi(m-1)}{2nd} .$$

Die Breite dieses Intervalls

$$\Delta k_{\mathrm{D}} = \pi/nd = k/m = \Omega/c \tag{29.17'}$$

nennt man das **Dispersionsgebiet** des Interferometers; in Kreisfrequenzeinheiten wäre das der Modenabstand Ω (29.17).

In der Optik ist allerdings eine *alternative Definition* der **Wellenzahl** gebräuchlicher, nämlich

$$\tilde{\nu} = \frac{1}{\lambda} . \tag{29.20}$$

In diesen Einheiten ist das Dispersionsgebiet

$$\Delta\tilde{\nu}_{\mathrm{D}} = \frac{1}{2nd} = \frac{\tilde{\nu}}{m} . \tag{29.17''}$$

Für extreme Anwendungen kann man den Reflexionsgrad wie gesagt auf 99,999 % treiben. Wählt man dann noch einen Spiegelabstand von einem Meter, so erreicht das Auflösungsvermögen den unglaublich hohen Wert von 10^{12}. Mit steigendem Auflösungsvermögen wachsen natürlich auch die *mechanischen Ansprüche* an einen Interferometeraufbau. Unebenheiten der Platten, Fehljustage, akustische Schwingungen, thermische Längenänderungen etc. können alles zunichte machen.

29.4 Michelson-Interferometer

Ein anderer, sehr bekannter Interferometertyp ist von *Albert Michelson* gegen Ende des 19. Jh. entwickelt worden. *Michelson* konnte damit die Unabhängigkeit der Lichtgeschwindigkeit vom Bezugssystem zeigen, ein Eckpfeiler für die Aufstellung der speziellen Relativitätstheorie! Aber auch heute noch sind das Michelson-Interferometer und seine Varianten vielbenutzte Instrumente in der Präzisionsspektroskopie und der Laserphysik. Abbildung 29.13 zeigt schematisch seinen Aufbau.

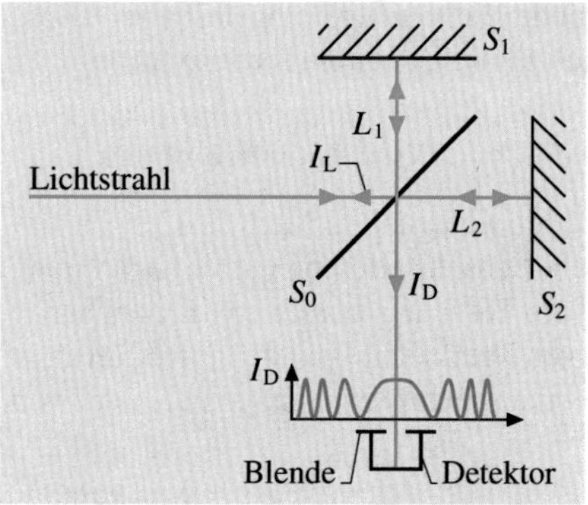

Abb. 29.13. Skizze eines Michelson-Interferometers. Gezeichnet ist nur ein zentraler, senkrecht einfallender Lichtstrahl. Ein divergentes Lichtbündel erzeugt im Prinzip das gleiche ringförmige Interferenzmuster wie im Versuch 29.2

Ein von links kommender Lichtstrahl wird am halbdurchlässigen Spiegel S_0 orthogonal aufgeteilt. Die beiden Teilstrahlen werden nach den Strecken L_1 bzw. L_2 durch Spiegel S_1 bzw. S_2 in sich selbst reflektiert und durch den Strahlteiler S_0

wieder vereint, wonach die resultierende Intensität sich in die Anteile I_D in Richtung des Detektors und I_L zurück in die Lichtquelle aufteilt. Wir interessieren uns für erstere, die wir mit einer Blende ausblenden. Am Ort der Blende interferieren die wiedervereinigten Strahlen entsprechend dem Phasenwinkel ihres Gangunterschieds

$$\varphi = ks' = k2(n_2L_2 - n_1L_1) . \tag{29.21}$$

Verschieben wir nun einen der Spiegel, so beobachten wir am Detektor eine periodische Intensitätsverteilung, die sich bei gleichstarken Teilamplituden aus (12.37) ergibt zu

$$I_D \propto (1 + \cos\varphi) \propto \cos^2 \varphi/2 . \tag{29.22}$$

[I_L muß dann den komplementären Verlauf $\propto (1 - \cos\varphi)$ haben.] Bei *monochromatischem* Licht, z. B. dem eines Lasers, kann man nun durch einfaches Abzählen der Interferenzmaxima als Funktion von $L_2 - L_1$ die Wellenlänge sehr genau bestimmen.

In der Regel wird der einfallende Lichtstrahl einen kleinen Öffnungswinkel haben und deswegen am Detektor eine bestimmte Fläche ausleuchten. Mit dem Winkel ändert sich aber auch der Gangunterschied in der Detektorebene. Dort entsteht also wieder ein System von Interferenzringen, wie wir es aus Versuch 29.2 kennen. Die Blende setzen wir in deren Zentrum.

VERSUCH 29.4

Wir beschicken ein Michelson-Interferometer mit einem Laserstrahl und beobachten die Interferenzring an seinem Ausgang sowie deren Wandern beim Verschieben eines Arms mit einer Mikrometerschraube.

Besteht das Spektrum aus mehreren scharfen Spektrallinien, so überlagern sich ihre Interferenzen beim Durchfahren des Michelson-Interferometers mit entsprechend unterschiedlicher Periodizität. Es entsteht ein kompliziertes Schwebungsbild, das man bei mehr als zwei Komponenten mit freiem Auge schon nicht mehr analysieren kann. Hier hilft nur eine Fourieranalyse, die auch bei einem linienreichen oder kontinuierlichen Spektrum heute von jedem PC mit hoher Genauigkeit geleistet werden kann, wenn erst einmal eine genügende Datenmenge eingelesen ist. Diese Art der rechnergestützten Spektroskopie spielt inzwischen eine zentrale Rolle.

Auflösungsvermögen und Kohärenzlänge des Michelson-Interferometers

Man kann sich die Frage stellen, über welchen Gangunterschied $2n\Delta L$ man das Michelson-Interferometer verfahren und dabei das Inferferenzmuster registrieren muß, damit man darin *auf den ersten Blick* die Trennung zweier eng benachbarter Spektrallinien mit einer Wellenzahldifferenz von δk erkennt. Das ist zweifelsfrei dann erreicht, wenn sich zwischen beiden Komponenten ein relativer Gangunterschied von einer vollen Periode aufgebaut hat

$$\varphi_1 - \varphi_2 = \delta k \cdot 2n\Delta L = 2\pi . \tag{29.23}$$

Die Überlagerung der beiden Interferenzmuster (29.22) hat dann nämlich eine volle Schwebungsperiode (s. Abschn. 11.8) mit zunehmendem und abnehmendem Kontrast der Interferenzstreifen durchlaufen. Daraus berechnet sich das **Auflösungs-**

vermögen des Michelson-Interferometers zu

$$A = \frac{k}{\delta k} = \frac{2n\Delta L}{\lambda} . \tag{29.24}$$

Es ist gleich dem durchlaufenen Gangunterschied gemessen in Einheiten der Wellenlänge.

Wir hatten bisher monochromatische Spektrallinien angenommen. De facto haben sie aber eine spektrale Verteilung mit einer Linienbreite $\Delta\omega$ (s. Abb. 29.14), die man z. B. mit dem Fabry-Pérot-Interferometer dank seiner hohen Auflösung ausmessen kann. Wie reagiert das Michelson-Interferometer darauf? Man beobachtet, daß der Kontrast der Interferenzstreifen mit wachsendem Gangunterschied stetig abnimmt und schließlich verschwindet und zwar um so schneller, je breiter die Linie ist. Der charakteristische Gangunterschied $2n\Delta L = l_c$, innerhalb dessen der Kontrast abklingt, ist mit der Linienbreite durch die Beziehung verknüpft

$$l_c\Delta k = l_c\Delta\omega/c = t_c\Delta\omega \approx 1 . \tag{29.25}$$

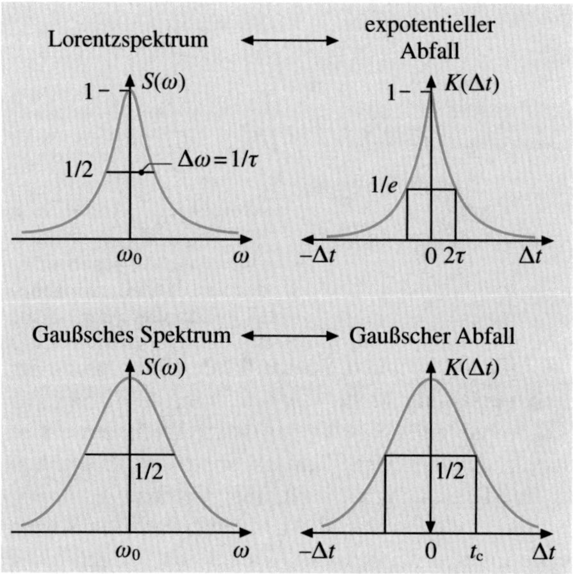

Abb. 29.14. *Oben links*: Natürliche, Lorentzförmige Frequenzverteilung einer Spektrallinie; *rechts*: zugehöriger Interferenzkontrast als Funktion des Laufzeitunterschieds im Michelson-Interferometer. *Unten*: Das gleiche für eine durch Dopplereffekt verbreiterte, Gaußförmige Spektrallinie

Das ist wieder die **zeitliche** oder **spektrale Kohärenzbedingung** (29.6), die wir im Rahmen der allgemeinen Diskussion über die Interferenzfähigkeit von Teilbündeln aufgestellt hatten. Wir haben sie hier noch einmal in verschiedenen Schreibweisen vorgestellt. Dabei ist die **Kohärenzzeit** $t_c = l_c/c$ der zeitliche *Versatz*, mit dem die beiden Teilwellen beim Gangunterschied l_c zur Interferenz gebracht werden. Diesen Gangunterschied hatten wir auch *Kohärenzlänge* genannt.

Mit dem Michelson-Interferometer können wir aber nicht nur die Kohärenzlänge ausmessen, sondern aus der *Form* des Abklingens des Interferenzkontrastes auch auf die *Form* der Linie rückschließen. Abbildung 29.14 gibt zwei typische Beispiele. Das erste ist die **Lorentzlinie** mit der Halbwertsbreite $\Delta\omega = 1/\tau$, die für eine gedämpfte Welle charakteristisch ist, deren Intensität exponentiell mit der Zeitkonstanten τ

abklingt. Hier klingt auch die Kohärenz, d. h. der Interferenzkontrast, als Funktion des zeitlichen Gangunterschieds $\Delta t = 2n\Delta L/c$ exponentiell und zwar mit der Zeitkonstanten 2τ ab. Das ist verständlich; denn das Verhältnis der verzögerten Amplitude A' zur unverzögerten A (s. Abb. 29.15) steht auch im exponentiellen Verhältnis

$$A'/A = A(t + |\Delta t|)/A(t) = \mathrm{e}^{-|\Delta t|/2\tau}$$

zueinander. Der Kontrast zwischen Interferenzmaximum und -minimum ist aber laut (12.38) durch

$$K(\Delta t) = (A + A')^2 - (A - A')^2 = 4AA' = 4A^2\mathrm{e}^{-|\Delta t|/2\tau} \tag{29.26}$$

gegeben (q.e.d.). Die Lorentzform ist die **natürliche Linienform einer Spektrallinie**, die nur durch die Zerfallszeit τ des angeregten Atoms bedingt ist und von der Größenordnung $\Delta\omega = 10^8$/s ist (vgl. (27.55)).

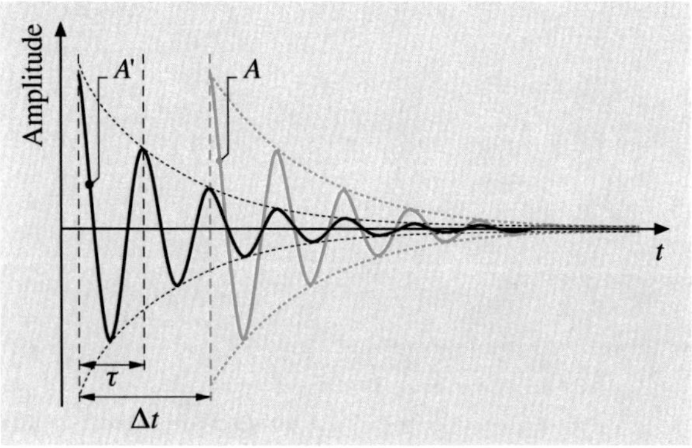

Abb. 29.15. Skizze zum Abklingen der Interferenz zweier um Δt gegeneinander verzögerter, exponentiell gedämpfter Amplituden

Das zweite Beispiel ist die **dopplerverbreiterte Spektrallinie**, die aufgrund der **Maxwellschen Geschwindigkeitsverteilung** strahlender Gasatome die Form einer **Gaußkurve** hat (14.41). Ihre Halbwertsbreite überwiegt mit ca. 10^9 Hz die natürliche bei weitem und gibt daher im Spektrum von Gasentladungslampen den Ausschlag. In diesem Fall klingt auch der Interferenzkontrast nach einer Gaußkurve ab. Wir können das hier nicht zeigen, weisen aber daraufhin, daß das eingestrahlte Spektrum $S(\nu)$ und die daraus resultierende Interferenzintensität als Funktion des zeitlichen Gangunterschieds Δt durch **Fouriertransformationen** miteinander verknüpft sind

$$I(\Delta t) = \int_{-\infty}^{+\infty} S(\nu)\mathrm{e}^{\mathrm{i}2\pi\nu\Delta t}\mathrm{d}\nu \qquad \text{und}$$

$$S(\nu) = \int_{-\infty}^{+\infty} I(\Delta t)\mathrm{e}^{-\mathrm{i}2\pi\nu\Delta t}\mathrm{d}(\Delta t)\,. \tag{29.27}$$

Dabei bestimmen die dominanten *Frequenzen* des Spektrums die *Periodizität* der Interferenzen und seine *Kohärenz* deren *Kontrast*. Der fundamentale Zusammenhang (29.27) ist auch von großer *praktischer* Bedeutung für die moderne Spektroskopie mit Michelson-Interferometern und verwandten Methoden, da Fouriertransformationen selbst mit großen Datenmengen für heutige Rechner wie gesagt kein Problem darstellen.

Interferometrische Längenmessungen

Außer in der Spektroskopie werden Fabry-Pérot- und Michelson-Interferometer vor allem zu *Präzisionslängenmessungen* eingesetzt. Das **Urmeter** ist z. B. interferometrisch ausgemessen worden und auf diese Weise in Einheiten von Lichtwellenlängen einer bestimmten Spektrallinie umdefiniert worden (vgl. Abschn. 1.6). Die spektakulärste Präzisionsmessung der Physikgeschichte überhaupt wird zur Zeit im sogenannten Virgo-Projekt in der Nähe von Pisa vorbereitet. Mit einem **Michelson-Interferometer** sollen **Gravitationswellen**, die bei **Supernovaexplosionen** entstehen müßten, zum erstenmal nachgewiesen werden. Man erwartet von einer Supernova, die sich in einer Entfernung von der Größenordnung des Galaxienhaufens Virgo ereignet, nur ein winziges Meßsignal, das sich in einer relativen Längenänderung der beiden Interferometerarme von der Größenordnung 10^{-22} äußert. Um dies noch nachweisen zu können, müssen die Arme mehrere Kilometer lang sein und vom Laserstrahl nicht nur zweimal, sondern viele hundertmal durchlaufen werden. Selbst dann kommt nur ein Gangunterschied von der Größenordnung $10^{-10}\lambda$ (!) zustande, den man hofft, nachweisen zu können. Inzwischen sind mehrere dieser Interferometer, u. a. auch bei Hannover, im Bau, die dann synchron den kurzen Gravitationswellenpuls detektieren und die Supernova lokalisieren sollen.

29.5 Michelson-Versuch zur Lichtgeschwindigkeit und Dopplereffekt

Michelson benutzte das von ihm 1880 erfundene Interferometer sehr bald, um damit die Frage nach der Existenz eines *Trägermediums* für elektromagnetische Wellen, des sogenannten **Äthers**, zu untersuchen. Gäbe es diesen Äther, an denen optische Wellen gebunden wären wie die Schallwellen an die Luft, dann wäre die **Phasengeschwindigkeit** c im Ruhesystem dieses Mediums vorgegeben. Im Vakuum wäre dies die fundamentale **Vakuumlichtgeschwindigkeit** c_0.

Ein Lichtstrahl bewege sich nun mit dem Geschwindigkeitsvektor $\boldsymbol{c}_0$ in eine bestimmte Richtung durch den Äther und das Laborsystem des Experimentators relativ zum Äther mit $\boldsymbol{u}$. Dann mißt der Beobachter in seinem System nach der **Galilei-Transformation** (3.17) die Lichtgeschwindigkeit

$$\boldsymbol{c}' = \boldsymbol{c}_0 - \boldsymbol{u} \,. \tag{29.28}$$

Sie wäre folglich auch *richtungsabhängig*.

Das **Michelson-Interferometer** mit seinen zwei orthogonalen Armen bietet nun die Möglichkeit, eine solche Richtungsabhängigkeit der Lichtgeschwindigkeit mit *hoher Präzision* zu prüfen.

Natürlich kann man a priori nichts über die Relativgeschwindigkeit des erdgebundenen Labors gegenüber dem Äther wissen. Aber man kann das Interferometer drehen, und außerdem dreht es sich im Tagesrhythmus mit der Erde. Wichtig für die Beurteilung des Experiments ist auch die Frage, mit welcher Relativgeschwindigkeit man *mindestens* zu rechnen hat. Hierfür ist die **Bahngeschwindigkeit der Erde** um die Sonne von rund 30 km/s ein Maßstab; denn sie kehrt im Laufe eines halben Jahres ihre Richtung um, was von der Driftgeschwindigkeit des Äthers nicht zu erwarten ist.

Nehmen wir nun an, der erste Arm des Interferometers sei parallel zu $\boldsymbol{u}$ (s. Abb. 29.16). Dann gilt für die im Labor auftretende Lichtgeschwindigkeit entlang dieses Arms in den beiden Richtungen

$$\boldsymbol{c}'_{1,+(-)} = \boldsymbol{c}_0 \pm \boldsymbol{u} .$$

Die volle Flugzeit entlang dieses Arms beträgt demnach

$$t_1 = \frac{L}{c_0 + u} + \frac{L}{c_0 - u} = \frac{2L}{c_0}\left(1 + \frac{u^2}{c_0^2} + \ldots\right) . \tag{29.29}$$

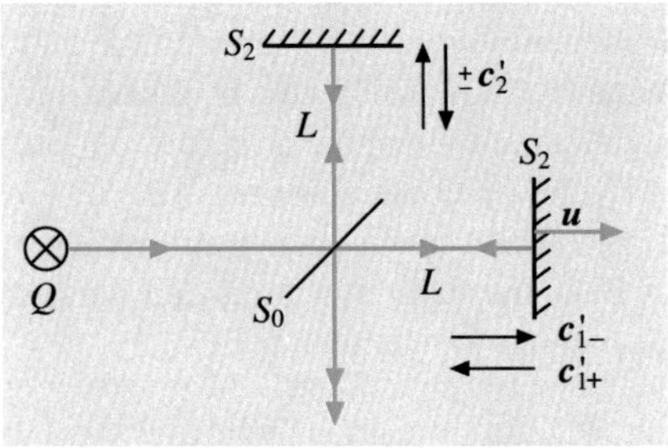

Abb. 29.16. Skizze des Michelsonversuchs, um die Relativgeschwindigkeit $\boldsymbol{u}$ eines Interferometers gegenüber einem potentiellen Äther zu bestimmen

Da u klein gegen c_0 zu erwarten ist, haben wir uns rechter Hand mit einer Entwicklung der Nenner in u/c_0 bis zur zweiten Ordnung begnügt. Im zweiten Arm steht $\boldsymbol{c}'_2$ senkrecht auf $\boldsymbol{u}$ und beide ergänzen sich nach (29.28) zu $\boldsymbol{c}_0$ (s. Abb. 29.17). Daraus ergibt sich für Hin- und Rückweg jeweils die Geschwindigkeit

$$c'_2 = \sqrt{c_0^2 - u^2}$$

und somit für die Flugzeit entlang dieses Arms

$$t_2 = \frac{2L}{\sqrt{c_0^2 - u^2}} = \frac{2L}{c_0}\left(1 + \frac{1}{2}\frac{u^2}{c_0^2} + \ldots\right) . \tag{29.30}$$

Wir haben sie rechter Hand ebenfalls bis zur zweiten Ordnung entwickelt. Durch Vergleich mit (29.29) erkennt man, daß sich die Laufzeiten entlang der beiden gleich langen, aber orthogonalen Arme in *zweiter* Ordnung von u/c_0 unterscheiden müßten, und zwar um einen Betrag

$$t_1 - t_2 = \frac{L}{c_0}\frac{u^2}{c_0^2} + \ldots . \tag{29.31}$$

Setzen wir für u versuchsweise die Erdbahngeschwindigkeit ein und wählen eine Interferometerlänge von drei Metern, so ergäbe sich ein Laufzeitunterschied von

$$t_1 - t_2 = \frac{3\,\mathrm{m}}{3 \cdot 10^8\,\mathrm{m/s}}\left(\frac{3 \cdot 10^4\,\mathrm{m/s}}{3 \cdot 10^8\,\mathrm{m/s}}\right)^2 = 10^{-16}\,\mathrm{s} .$$

Bei einer Frequenz von $\nu = 6 \cdot 10^{14}\,\mathrm{Hz}$ im sichtbaren Spektralbereich wäre somit ein Gangunterschied von 6 % einer Periode zu erwarten, entsprechend einer

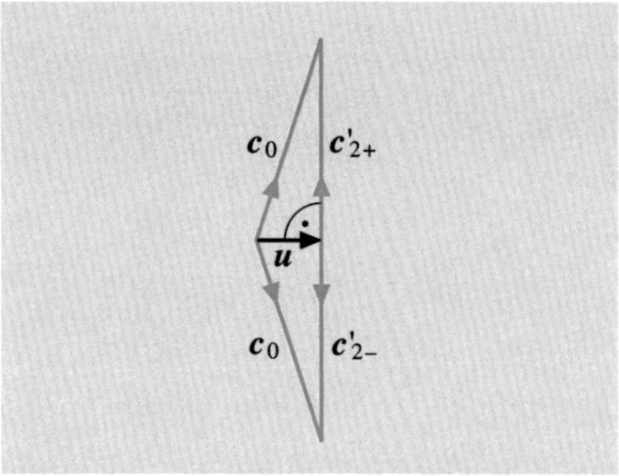

Abb. 29.17. Skizze zur Berechnung der Lichtgeschwindigkeit senkrecht zur Relativgeschwindigkeit $\boldsymbol{u}$ gegenüber dem Äther

Verschiebung der Interferenzstreifen von nur 6 % ihres Abstands. Wer einmal ein Interferomter im Praktikum bedient hat, weiß, wie leicht sich Interferenzstreifen durch Störeffekte verschieben. In seinen außerordentlich sorgfältigen Experimenten konnte *Michelson* jedoch eine Verschiebung von dieser Größenordnung *sicher* ausschließen und die Ätherhypothese widerlegen. Dabei hatte er sich gegen weniger sorgfältige Konkurrenten zu verteidigen, denen unerkannte Störeffekte einen Äther vorgaukelten.

Das **Michelson-Experiment** beweist, daß die Lichtgeschwindigkeit in allen Bezugssystemen gleich groß ist. Von diesem Satz führt ein direkter Weg zur Lorentztransformation und zur speziellen Relativitätstheorie.

Dopplereffekt

Bewegt sich ein Beobachter, wie oben angenommen, relativ mit der Geschwindigkeit $\boldsymbol{u}$ in einem Medium (z. B. Luft), in dem sich eine ebene Welle mit der Geschwindigkeit $\boldsymbol{c}_0$ bzw. dem Wellenvektor $\boldsymbol{k}_0$ bewegt, dann ändern sich nicht nur Betrag und Richtung von $\boldsymbol{c}$ gemäß (29.28), sondern auch die empfangene Frequenz, da der Beobachter, wenn er sich z. B. in die gleiche Richtung wie die Welle bewegt, jetzt von weniger Wellenfronten in der Sekunde passiert wird als ein ruhender. Es kommt nur die Parallelkomponente $u_\parallel$ zum Tragen, und wir erhalten die verschobene Frequenz laut Abb. 29.18a unmittelbar zu

$$\nu' = \nu_0 - \frac{u_\parallel}{\lambda_0} = \nu_0 - (\boldsymbol{k} \cdot \boldsymbol{u})/2\pi = \nu_0 \left(1 - \frac{u \cos\alpha}{c_0}\right) , \tag{29.32}$$

wobei wir mehrere, übliche Schreibweisen aufgeführt haben. Diese Frequenzverschiebung wird **Dopplereffekt** nach ihrem Entdecker *Christian Doppler* genannt.

Bewegt sich statt des Beobachters die Quelle im Medium mit $\boldsymbol{u}$, so stellt sich der Dopplereffekt etwas anders dar (s. Abb. 29.18b). Während einer Periode $T_0 = 1/\nu_0$ hat sie sich um die Strecke

$$\Delta \boldsymbol{s} = \boldsymbol{u} T_0 = \boldsymbol{u}/\nu_0$$

verschoben und sendet die nächste Periode aus einem anderen Abstand $r(t + T_0)$ zum Beobachter. Deswegen erreicht sie ihn (im Beispiel der Zeichnung) verspätet um die Zeit

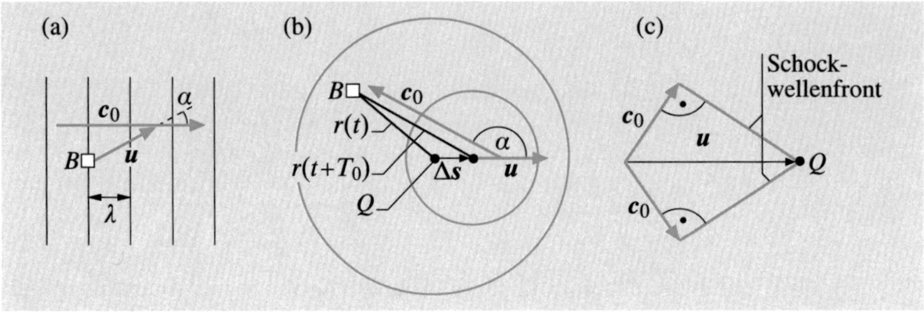

Abb. 29.18. Skizzen zum Dopplereffekt in einem ruhenden Medium, (**a**) bei bewegtem Beobachter B, (**b**) bei bewegter Quelle Q. (**c**) Bewegt sich die Quelle schneller als die Welle, so bildet sich eine Schockwelle in Form eines Machkegels aus

$$\delta t = \frac{(r(T_0 + t) - r(t))}{c_0} \approx \frac{\Delta s \cos\alpha}{c_0} = \frac{u \cos\alpha}{\nu_0 \cdot c_0} = \frac{T_0 u \cos\alpha}{c_0} .$$

(Die Näherung gilt für $r \gg \lambda$, wie bei einer ebenen Welle vorausgesetzt.) Folglich ist die empfangene Frequenz jetzt verschoben zu

$$\nu' = \frac{1}{T'} = \frac{1}{T_0 + \delta t} = \frac{1}{T_0(1 + (u/c_0)\cos\alpha)} = \frac{\nu_0}{1 + (u/c_0)\cos\alpha} . \qquad (29.33)$$

Im Wellenbild der Abb. 29.18b (zwei aufeinanderfolgende, um Δs versetzte Wellenfronten (blau)) erscheint die Wellenlänge richtungsabhängig verändert, bei fliehender Quelle ist sie verlängert, bei entgegenkommender verkürzt.

Bei relativ kleinem u können wir den Nenner in (29.33) entwickeln mit dem Ergebnis

$$\nu' = \nu_0(1 - (u/c_0)\cos\alpha + (1/2)(u/c_0)^2 \cos^2\alpha + \ldots) . \qquad (29.33')$$

In erster Ordnung von (u/c_0) stimmen (29.33′) und (29.32) überein.

In erster Näherung ist es also gleichgültig, ob sich die Quelle oder der Beobachter oder beide im Medium bewegen; die Dopplerverschiebung hängt insoweit nur von der *Relativgeschwindigkeit* der beiden ab.

Erst in zweiter Näherung ergibt sich ein Unterschied.

Übersteigt die Geschwindigkeit der Quelle c_0, so kann sich in Vorwärtsrichtung überhaupt keine Welle ausbreiten. Vielmehr wird ein stark überhöhter, kurzer Wellenpuls (**Schockwelle**) kegelförmig (**Machkegel**) unter einem Winkel

$$\alpha = \arcsin(c_0/u)$$

abgestrahlt. Er kann z. B. als Bugwelle bei einem Schiff oder als Knall bei einem überschallschnellen Flugzeug beobachtet werden (s. Abb. 29.18c). Außerhalb des Kegels wird noch kein Signal von der Quelle empfangen, innerhalb gilt (29.33) unverändert.

Das Nullresultat des Michelson-Versuchs hat für den Dopplereffekt des Lichts zur Konsequenz, daß er nicht mehr nur näherungsweise, sondern *exakt* von der Relativgeschwindigkeit u zwischen Quelle und Beobachter und *nur* von ihr bestimmt wird. Allerdings muß zusätzlich die relativistische Zeitdilatation (3.24) zwischen beiden beachtet werden, die richtungsunabhängig eine Rotverschiebung der empfangenen Frequenz verursacht. Es gilt also für Lichtwellen

$$\nu' = \nu_0\sqrt{1 - u^2/c_0^2}(1 - (u/c_0)\cos\alpha)\,. \tag{29.34}$$

Es gibt viele Beispiele für den Dopplereffekt. Das Motorgeräusch eines heranfahrenden Rennwagens klingt sehr viel höher als das eines wegfahrenden. Spektrallinien von Gasen sind durch Dopplereffekt verbreitert (14.41). Die Rotverschiebung des Lichts entfernter Sterne und Galaxien zeigt ihre Fluchtgeschwindigkeit an.

29.6 Beugungsbild des Einzelspalts

Wir kehren zurück zum Thema dieses Kapitels. Die Beugung einer Lichtwelle an einem einzelnen Spalt oder an einer Lochblende ist schon mehrfach in prinzipiellen Zusammenhängen angesprochen worden: in Abschn. 1.8 zur Demonstration der Heisenbergschen Unschärferelation, in Abschn. 27.1 zur Abgrenzung der Strahlen- von der Wellenoptik und in Abschn. 29.1 bei der Formulierung der Kohärenzbedingungen von Lichtbündeln. Im Versuch 12.7 hatten wir uns in der Wellenwanne auch schon einen experimentellen Überblick über das Beugungsbild einer Welle hinter einem Spalt verschafft. Dort hatten wir aus dem Huygensschen Prinzip die Beziehung

$$B\sin\alpha = X = m\lambda \tag{29.35}$$

zwischen Spaltbreite B und Beugungswinkel α gewonnen, bei dem im Fraunhoferschen Limit Beugungsminima auftreten. Der Gangunterschied X zwischen den Randstrahlen muß ein ganzes Vielfaches m der Wellenlänge λ sein (s. Abb. 29.19). Wir hatten bei dieser Überlegung das parallel und kohärent in die Spaltebene einfallende Licht in Teilbündel zerlegt, von denen Kugelwellen ausgehen, und hatten deren Interferenz unter einem bestimmten Ausfallwinkel α betrachtet. Damit konnten wir die Minimumsbedingungen durch Aufteilen auf jeweils gegenphasige Paare von Teilbündeln ohne weitere Rechnung finden.

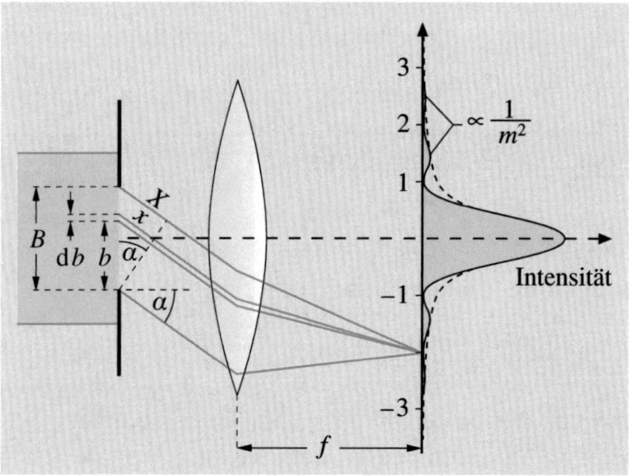

Abb. 29.19. Skizze zur Fraunhoferschen Beugung am Einzelspalt

Wir wollen diese Überlegung jetzt mathematisch vertiefen und eine *quantitative Beschreibung des Beugungsbilds* finden. Hierzu müssen wir alle Teilbündel phasengerecht aufsummieren, wie schon beim Fabry-Pérot-Interferometer vorexerziert: Ein Teilbündel an der Stelle b im Spalt interferiert mit dem unteren Randstrahl bei $b = 0$ mit der Phasendifferenz

$$\varphi(b) = kx = kb \sin\alpha \,.$$

Seine Amplitude ist proportional zur differentiellen Breite $\mathrm{d}b$ des Bündels. Insgesamt können wir seinen Beitrag zur resultierenden Amplitude im Aufpunkt P durch den differentiellen Vektor

$$\mathrm{d}A(b) \propto \mathrm{e}^{\mathrm{i}\varphi(b)}\mathrm{d}b = \mathrm{e}^{\mathrm{i}kb\sin\alpha}\mathrm{d}b \tag{29.36}$$

in der komplexen Ebene darstellen (s. Abb. 29.20). Man erkennt, daß sich diese differentiellen Vektoren entlang einer Kreislinie zur Resultierenden $\boldsymbol{A}_\mathrm{r}$ aufaddieren, weil sie sich mit wachsendem b drehen. Insgesamt überspannt der Kreisbogen auf seiner Länge B den Winkel

$$\phi = \varphi(B) = kB \sin\alpha = kX \,.$$

Der resultierende Amplitudenvektor $\boldsymbol{A}_\mathrm{r}(B)$ verschwindet erstmals bei $\Phi = 2\pi$ und dann wieder bei all dessen Vielfachen in Übereinstimmung mit (29.35). In der $m$ten Ordnung hat sich der „Faden" der festen Länge B zu m Windungen aufgerollt, wobei der Radius mit $1/m$ schrumpft, dementsprechend auch die resultierende Amplitude im $m$ten Beugungsmaximum zwischen den Nullstellen.

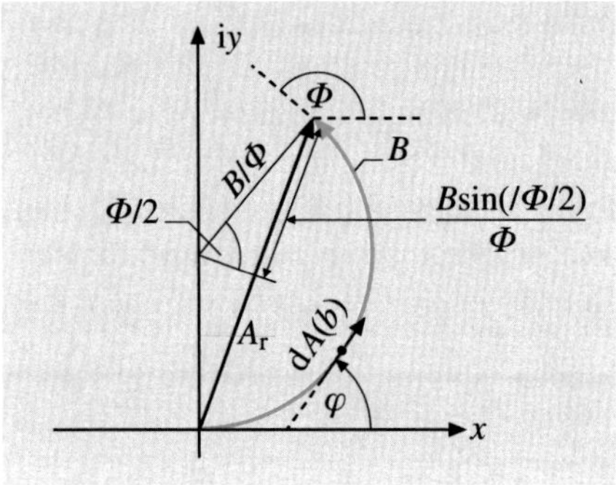

Abb. 29.20. Geometrische Konstruktion der resultierenden Beugungsamplitude A_r eines Spalts in der komplexen Ebene als Sekante an einem Kreisbogen mit dem Bogenmaß ϕ und dem Radius $R = B/\phi$. Deren Länge $|A_r| = |2R\sin(\phi/2)| = |B\frac{\sin(\phi/2)}{(\phi/2)}|$ läßt sich unmittelbar aus der Zeichnung ablesen

Den exakten Wert der Beugungsamplitude erhalten wir als Funktion des Gangunterschieds $\phi = 2\pi X/\lambda = kB\sin\alpha$ durch Integration von (29.36)

$$A_\mathrm{r} \propto \int_0^B \mathrm{e}^{\mathrm{i}kb\sin\alpha}\mathrm{d}b = \frac{\mathrm{e}^{\mathrm{i}kB\sin\alpha} - 1}{\mathrm{i}k\sin\alpha} = B\frac{\mathrm{e}^{\mathrm{i}\phi} - 1}{\mathrm{i}\phi} \,. \tag{29.37}$$

Die Beugungsintensität ist proportional zu deren Absolutquadrat

$$I(\Phi) \propto B^2\frac{2(1-\cos\phi)}{\phi^2} = B^2\left(\frac{\sin(\phi/2)}{\phi/2}\right)^2 \,. \tag{29.38}$$

Dieser wichtigen Formel begegnet man in der Beugungsphysik in modifizierter Form immer wieder: Die Intensität ist durch einen Quotienten gegeben, dessen

Zähler periodisch im Gangunterschied ist, während der Nenner mit dessen Quadrat anwächst.

Das ergibt den typischen quadratischen Abfall der Beugungsintensität nach außen hin. Sie hat lange Schwänze, z. B. im Vergleich zum Gaußprofil eines Laserstrahls gleichen Kerndurchmessers (s. Abschn. 27.1). Interessant ist auch das Anwachsen der Intensität mit dem Quadrat der Spaltbreite B: Ein Faktor B resultiert aus der insgesamt durch den Spalt tretenden, mit B wachsenden Lichtleistung, der zweite aus der Fokussierung des gebeugten Lichtbündels auf einen kleineren Öffnungswinkel $\alpha \propto 1/B$. Man kann (29.38) auch aus einer einfachen geometrischen Konstruktion gewinnen (s. Abb. 29.20).

29.7 Optisches Beugungsgitter

Wir interessieren uns jetzt für die Beugung an mehreren Spalten, ersparen uns aber eine getrennte Analyse des Youngschen Doppelspaltexperiments, sondern gehen gleich zum allgemeinen Fall von N Spalten über, wobei N auch eine sehr große Zahl sein kann (bis zu 10^5!). Ein solches Beugungsgitter eignet sich hervorragend als Spektrograph zur Zerlegung und Ausmessung von Spektren, wie wir im folgenden Versuch demonstrieren.

VERSUCH 29.5

Optisches Gitter. Wir lassen einen Laserstrahl durch ein Beugungsgitter hindurchtreten, das auf einer Breite von einigen Zentimetern eine große Folge von Spalten im Abstand der **Gitterkonstanten** g von einigen Mikrometern habe. In großer Entfernung vom Gitter beobachten wir auf der Hörsaalwand, daß sich der Laserfleck senkrecht zur Spaltrichtung rechts und links in mehrere weit voneinander getrennte, äquidistante Flecke aufgespalten hat. Wir nennen sie die **Ordnungen des Beugungsgitters**, wobei die 0., zentrale Ordnung, nach wie vor in der Originalstrahlrichtung ist. Tauschen wir das Gitter durch eins mit kleinerer Gitterkonstante aus, so wird der Ordnungsabstand noch größer.

Aus Abb. 29.21 erkennen wir, daß es sich bei den Ordnungen des Beugungsgitters um Interferenzmaxima handelt, bei denen die unter dem Winkel α gebeugten Teilstrahlen von Spalt zu Spalt einen Gangunterschied von einem Vielfachen der Wellenlänge haben

$$g \sin \alpha_m = m\lambda \,. \tag{29.39}$$

Die Schärfe der Interferenzmaxima ist wie beim Fabry-Pérot-Interferometer der großen Zahl der interferierenden Teilstrahlen zu danken, die sich außerhalb der vollen Ordnungen gegenseitig sehr schnell weginterferieren.

Wir kommen darauf zurück. Zunächst demonstrieren wir das Gitter in seiner Funktion als Spektralapparat.

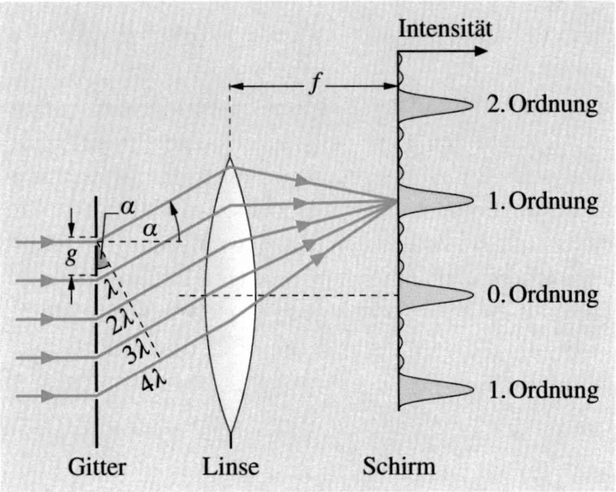

Abb. 29.21. Beugung monochromatischen parallelen Lichts an einem Gitter mit 5 Spalten. Die Fraunhofersche Interferenz ist in die Brennebene einer Sammellinse vorgerückt

VERSUCH 29.6

Zerlegung weißen Lichts mit dem Gitter. Wir konzentrieren das Licht einer Bogenlampe mittels eines Kondensors K auf einen feinen Spalt im Brennpunkt einer Sammellinse zwischen Spalt S und Gitter G (s. Abb. 29.22). Das so parallelisierte Licht wird nach der Beugung auf eine Leinwand in der Brennebene einer weiteren Linse mit großer Brennweite fokussiert. Wir erkennen in der Mitte die zentrale Ordnung als weißes Bild des Spalts, das von den Linsen L_1 und L_2 entworfen wird. Nach einer Dunkelzone (UV-Licht) erscheint nach (29.39) zunächst die erste Ordnung des kurzwelligen, blauen und schließlich die des langwelligen, roten Anteils des Spektrums. Da damit die Oktave zwischen 0,4 µm $\leq \lambda \leq$ 0,8 µm überstrichen ist, schließt sich unmittelbar an die erste rote die zweite blaue Ordnung an, die sich bis zur zweiten roten Ordnung noch zweimal wiederholt. Mit wachsendem Gangunterschied überlappen sich die verschiedenen Ordnungen der Spektralfarben immer mehr. In $m$ter Ordnung beträgt der **freie**

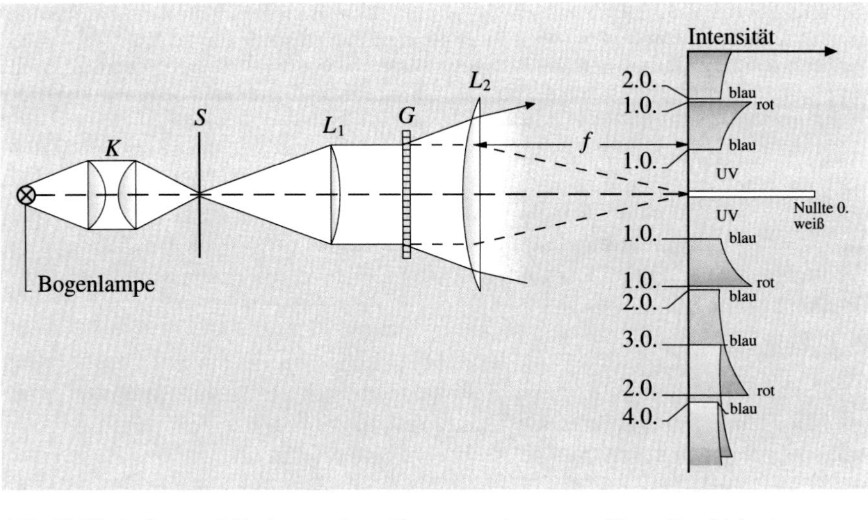

Abb. 29.22. Aufbau und Spektrum eines Gittermonochromators für weißes Licht

Spektralbereich, innerhalb dessen keine Überlappung verschiedener Ordnungen vorkommt, wie beim Fabry-Pérot-Interferometer nur noch (29.17′)

$$\Delta k_{\mathrm{D}} \approx \frac{k}{m} \,.$$

Die Einschränkung ist aber nicht so gravierend, da man in relativ kleiner Ordnung $m \lesssim 10$ arbeitet.

Für praktische Zwecke ist die **Winkeldispersion des Gitters** $\mathrm{d}\alpha/\mathrm{d}\lambda$ von Bedeutung. Sie konkurriert nämlich mit der Breite des Eingangsspalts S, der abgesehen vom theoretischen Auflösungsvermögen des Gitters (29.44) (s. u.) die minimale Breite einer Spektrallinie in der Bildebene begrenzt. In der $m$ten Ordnung erhalten wir hierfür aus (29.39)

$$\frac{\mathrm{d}\alpha}{\mathrm{d}\lambda} = \frac{m}{g \cos \alpha} \,. \tag{29.40}$$

Es wächst mit der Ordnung. Vor allem ist aber eine kleine Gitterkonstante wichtig. Bei den besten Gittern liegt sie bei knapp 1 µm. Die Winkeldispersion erreicht also Werte von mehreren Radian pro µm, wesentlich mehr als ein Prisma. Aber auch der $\cos \alpha$ kann hilfreich sein. Man wählt hierzu einen streifenden Einfall auf das Gitter, der g effektiv um $\cos \alpha$ verkürzt. Auf diese Weise kann man mit Reflexionsgittern noch bis in den nahen Röntgenbereich hin mit guter Dispersion arbeiten.

Recht preiswerte und dennoch hochwertige Gitter kann man heute auf fotographischem Wege herstellen, z. B. als Holographien. Die besten Gitter arbeiten in Reflexion. Dadurch kann man erreichen, daß der Reflexionswinkel mit einer bestimmten Beugungsordnung des Gitters übereinstimmt, auf die dann der Großteil der Intensität zu Lasten der anderen konzentriert wird.

Auflösungsvermögen des Gitters

Um einen vollständigen Überblick über das Beugungsbild eines Gitters zu bekommen, müssen wir wieder die Teilamplituden phasengerecht aufaddieren. Wir nehmen dabei der Einfachheit halber an, die Spaltbreite selbst sei *klein* gegen λ, so daß innerhalb jedes einzelnen Teilstrahls kein merklicher Gangunterschied auftritt. Dadurch interferiert er kaum mit sich selbst, sondern nur mit den übrigen. In Wirklichkeit ist das nicht der Fall; denn zum einen ginge das zu Lasten der transmittierten Intensität und zum andern stößt man bei mechanisch geritzten Gittern mit $g \simeq 1\,\mu\mathrm{m}$ auch an die Grenzen der Fertigungstechnik feiner Spalte. Die Addition gelingt mit komplexen Amplituden relativ leicht, wie wir schon beim Fabry-Pérot-Interferometer und beim Einzelspalt gesehen haben. Diesmal handelt es sich um eine Summe aus *genau N gleich hohen* Teilamplituden, zwischen denen die Interferenzphase jeweils um

$$\Delta\varphi = kg \sin \alpha = \frac{2\pi}{\lambda} g \sin \alpha$$

fortschreitet. Wir können die Teilamplitude A_j durch einen komplexen Vektor darstellen

$$A_j = a\mathrm{e}^{\mathrm{i}\Delta\varphi j} = az^j\,.$$

Er ist die $j$te Potenz einer komplexen Zahl z, deren Reihe wir auch im Komplexen nach der üblichen Summenformel aufaddieren dürfen. Somit erhalten wir für die resultierende Amplitude

$$A_\mathrm{r} = \sum_{j=0}^{N} A_j = a\sum_{j=0}^{N} z^j = a\frac{1-z^N}{1-z} = a\frac{1-\mathrm{e}^{\mathrm{i}N\Delta\varphi}}{1-\mathrm{e}^{\mathrm{i}\Delta\varphi}}\,. \qquad (29.41)$$

Deren Absolutquadrat sprechen wir wieder als **Beugungsintensität des Gitters** an

$$I_r(\Delta\varphi) = a^2\left(\frac{\sin(N\Delta\varphi/2)}{\sin(\Delta\varphi/2)}\right)^2\,. \qquad (29.42)$$

Sie hat eine ähnliche Struktur wie (29.38) für die Beugung am (breiten) Einzelspalt. Auch die graphische Darstellung in der *komplexen Ebene* ergibt auf den ersten Blick ein ähnliches Bild: Statt entlang einer Kreislinie addieren sich jetzt die endlich großen und endlich vielen Teilamplituden entlang eines *regelmäßigen Polygonzugs* auf (s. Abb. 29.23), der sich mit wachsendem Gangunterschied $\Delta\varphi$ auch wieder zu vielen Umdrehungen aufwickelt und dabei jeweils Nullstellen der resultierenden Amplitude durchläuft. Auch (29.42) läßt sich geometrisch wieder auf die gleiche Weise konstruieren (s. Abb. 29.23). Es gibt aber zwei wichtige Unterschiede zum breiten Einzelspalt: Zum einen ist jetzt auch der Nenner periodisch und durchläuft regelmäßig Nullstellen, zum anderen variiert das Argument im Zähler um den Faktor N schneller als im Nenner. Wir diskutieren (29.42) zunächst in der Umgebung der *gemeinsamen* Nullstellen von Zähler und Nenner, die jeweils bei den Beugungsordnungen des Gitters auftreten, wo die Interferenzphase zwischen benachbarten Spalten nach (29.39) ein Vielfaches von 2π ist. Dort erhalten wir die Intensität durch den Grenzübergang

$$\lim_{\varepsilon\to 0} I(2\pi m+\varepsilon) = \lim_{\varepsilon\to 0} a^2\left(\frac{\sin(N\varepsilon/2)}{\sin\varepsilon/2}\right)^2 = a^2\left(\frac{N\varepsilon/2}{\varepsilon/2}\right)^2 = a^2N^2\,. \qquad (29.43)$$

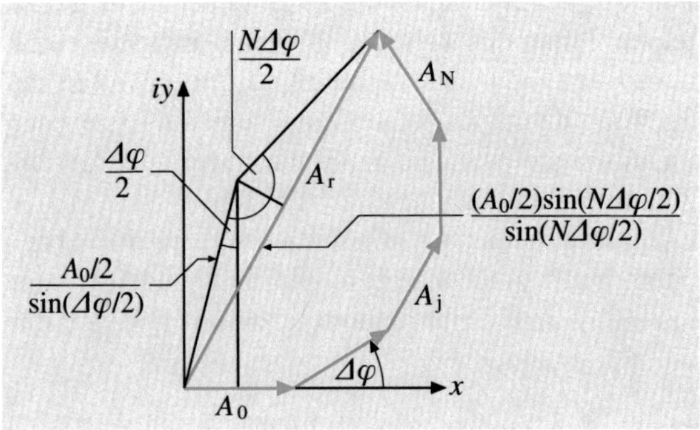

Abb. 29.23. Geometrische Konstruktion der resultierenden Beugungsamplitude am Beispiel eines Gitters mit $N = 5$ Spalten

Für monochromatisches Licht erhalten wir demnach die *gleiche* Intensität in *allen* Beugungsordnungen des Gitters. Das war aufgrund der konstruktiven Interferenz aller Teilstrahlen von vornherein klar; der Polygonzug in Abb. 29.23 entartet dann zur gestreckten Geraden.

Das *erste* Minimum neben einer vollen Ordnung wird bei der *ersten* Nullstelle des Zählers erreicht, bei der der Nenner *nicht* verschwindet. Das passiert bei einem Gangunterschied von

$$\Delta\varphi_{\min} = 2\pi \left(m + \frac{1}{N}\right),$$

also schon nach ein N-tel des Abstands zwischen zwei Ordnungen.

> Mit wachsender Strichzahl N des Gitters werden also seine Interferenzmaxima immer schärfer, und damit erhöht sich seine Auflösung!

Zwischen zwei vollen Ordnungen, den Hauptmaxima, liegen insgesamt $N - 1$ solcher Nullstellen (s. Abb. 29.21). Dazwischen liegen jeweils Nebenmaxima, von denen wir aus dem Versuch 29.5 wissen, daß sie relativ schwach sein müssen. Sie entsprechen Maxima des schnell oszillierenden Zählers von (29.42), während der langsam oszillierende Nenner bis zur Mitte zwischen zwei Ordnungen weiter anwächst und die Höhe der Zwischenmaxima drückt.

> Als *kleinste*, vom Gitter noch *auflösbare Wellenlängendifferenz* $\delta\lambda$ bezeichnet man (ähnlich wie beim Fabry-Pérot-Interferometer) denjenigen Abstand, wo das Hauptmaximum für die Wellenlänge $\lambda + \delta\lambda$ in das erste Minimum neben dem Hauptmaximum der Wellenlänge λ fällt.

Für die $m$te Ordnung entspricht das einem Gangunterschied von

$$x = g \sin\alpha = m\lambda + \frac{\lambda}{N} = m(\lambda + \delta\lambda) \curvearrowright \frac{\lambda}{N} = m\delta\lambda .$$

> Folglich ist das **Auflösungsvermögen des Gitters**
>
> $$A = \frac{\lambda}{\delta\lambda} = mN \qquad (29.44)$$
>
> gleich dem Produkt aus der Interferenzordnung und der Zahl der daran beteiligten Gitterspalte.

Auch diesen Zusammenhang kennen wir qualitativ schon vom Fabry-Pérot-Interferometer (vgl. (29.19″)). Für ein Gitter mit 100 000 Strichen erreicht man demnach in 10ter Ordnung ein Auflösungsvermögen von $A = 10^6$.

VERSUCH 29.7

Auflösungsvermögen des Gitters. Bei hoher Strichzahl sind die Nebenmaxima so dicht und schwach, daß man sie schwerlich demonstrieren kann. Wir wiederholen daher den Versuch 29.6 mit einem zusätzlichen Spalt vor dem Gitter, den wir so weit zufahren, daß der Laserstrahl nur noch wenige Striche beleuchtet, so wie in Abb. 29.21 gezeichnet. Dann sehen wir, wie die Hauptmaxima der vollen Beugungsordnungen sich allmählich verbreitern und im Zwischenraum Nebenmaxima abfallender Intensität auftreten. Das ist genau das Beugungsbild nach (29.42) und Abb. 29.21.

Nehmen wir jetzt das Gitter aus dem Strahlengang, lassen aber den Spalt unverändert, so bleibt auch das Beugungsbild im wesentlichen bestehen, nur hellen sich jetzt auch die

Nebenmaxima auf. Die doppeltperiodische Struktur ist verschwunden und das Beugungsbild des Einzelspalts (29.38) entstanden. In der Tat sind die Zähler von (29.38) und (29.42) identisch; denn es gilt

$$N\,\Delta\varphi = \Phi\,.$$

Der Gangunterschied über die ausgeleuchtete Breite des Gitters ist gleich der Summe der Gangunterschiede zwischen den Spalten. Der Versuch zeigt uns auch, wie wichtig es ist, das Gitter voll auszuleuchten, um sein volles Auflösungsvermögen zu erreichen. Die gleiche Erfahrung hatten wir beim Prismenspektralapparat gemacht: auch hier wuchs die theoretische Auflösung mit dem Durchmesser des Lichtbündels (27.28).

29.8 Mehrdimensionale Beugungsgitter, Röntgenbeugung

Die Beugungsphysik des eindimsionalen Strichgitters läßt sich ohne große Mühe auf zwei- und dreidimensionale Gitter verallgemeinern. Insbesondere spielen die dreidimensionalen Gitter eine große Rolle, da sie in der Natur von Kristallen mit Gitterkonstanten im Bereich einiger Ångström realisiert werden entsprechend der Wellenlänge von Röntgenstrahlen. Im optischen Bereich können wir das zweidimensionale Gitter noch einfach demonstrieren.

VERSUCH 29.8

Beugung an zweidimensionalen Gittern. Wir legen zwei Strichgitter mit den Gitterkonstanten g_1 und g_2 z. B. rechtwinklig aufeinander, also mit den Strichen des ersten in x- und des zweiten in y-Richtung. Wir beleuchten dieses Kreuzgitter mit einem Laserstrahl und beobachten das Beugungsmuster an der gegenüberliegenden Hörsaalwand. Die Beugungsmaxima der einzelnen Gitterordnungen bilden jetzt nicht mehr Streifen, sondern ein Kreuzmuster von Punkten (s. Abb. 29.24). Sie entstehen aus der Überlagerung der Beugungsmuster der einzelnen Gitter: Das erste zeigt in y-Richtung, Maxima unter Winkeln α_{1l} entsprechend Gangunterschieden

$$\Delta_1 = g_1 \cos\alpha_{1l} = l\lambda\,, \tag{29.45}$$

das zweite in x-Richtung bei

$$\Delta_2 = g_2 \cos\alpha_{2m} = m\lambda\,. \tag{29.46}$$

Im Unterschied zum eindimensionalen Gitter bezeichnen die Winkel α_1, α_2 hier nicht die Beugungswinkel der einfallenden Welle, sondern die Winkel, die die gebeugte Welle mit den Vektoren der Gitterkonstanten einschließt. Der Versuch funktioniert auch in Reflexion.

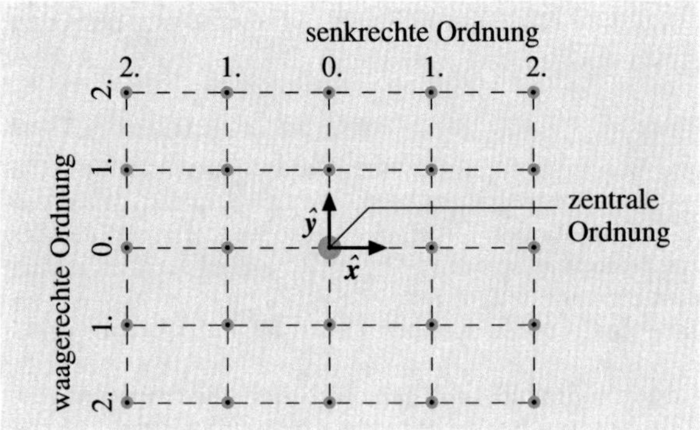

Abb. 29.24. Beugungsordnungen eines Laserstrahls an einem Kreuzgitter. Die waagerechten bzw. senkrechten Abstände sind umgekehrt proportional zu den entsprechenden Gitterkonstanten

Bestrahlen wir z. B. einen modernen Speicherchip mit einem Laser, so zeigt das reflektierte Licht ebenfalls ein Kreuzmuster von Beugungspunkten. Die einzelnen Speicherzellen sind nämlich auf die Oberfläche des Chips verteilt und strukturieren sie in Form eines Kreuzgitters mit Gitterabständen von einigen µm.

Kohärente Beugung am dreidimensionalen Punktgitter

Denken wir uns hinter dem Kreuzgitter des vorigen Versuchs weitere, identische Kreuzgitter im jeweiligen Abstand g_3 angebracht, so entwirft jedes einzelne sein Feld von Beugungamplituden, die aber jetzt in z-Richtung jeweils um g_3 gegeneinander versetzt sind (s. Abb. 29.25). Die einzelnen Gitter mögen die einfallende Welle nur wenig schwächen; es seien also die Beugungsamplituden, die von jedem einzelnen ausgehen, gleich groß. Diese Voraussetzung ist bei unserem vorigen Versuchsaufbau natürlich nicht erfüllt; vielmehr muß man jetzt an ein dreidimensionales Punktgitter denken, wo in jedem Gitterpunkt ein *schwach* streuendes Zentrum sitzt, wie es z. B. ein Atom für Röntgenstrahlen darstellt. Verlangen wir nun, daß sich diese Teilamplituden in Richtung einer vorgegebenen Beugungsordnung $\alpha_{xl}, \alpha_{ym}, \alpha_{zn}$ alle kohärent überlagern, so muß auch der dritte Gangunterschied in z-Richtung

$$\varDelta_3 = g_3 \cos\alpha_{3n} = n\lambda \qquad (29.47)$$

ein Vielfaches von λ sein. Nun ist aber die Richtung dieses Strahls und somit auch sein Cosinus mit der z-Achse durch die beiden anderen Winkel nach (29.45) und (29.46) bereits vollständig festgelegt. Deswegen läßt sich die dritte Kohärenzbedingung (29.47) für eine *bestimmte* Ordnung n nur noch für eine *einzige* Gitterkonstante g_3 oder Wellenlänge λ erfüllen. Bestrahlen wir also ein dreidimensionales Gitter mit einer *monochromatischen*, ebenen Welle, so werden wir im allgemeinen nicht alle drei Interferenzbedingungen (29.45) bis (29.47) gleichzeitig für irgendeine ganzzahlige Kombination l, m, n erfüllen können und *gar kein* Beugungsmaximum beobachten. Verkippen wir aber das Raumgitter gegen den Lichtstrahl, so verändern

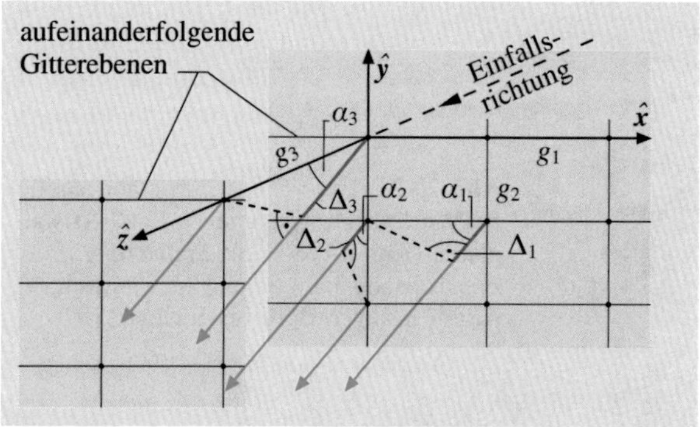

Abb. 29.25. Prinzip des dreidimensionalen Beugungsgitters. Die Welle falle in z-Richtung senkrecht auf das orthogonale Gitter ein und werde an jedem Gitterpunkt gebeugt. Beugungsmaxima treten auf, wenn die Projektionen aller drei Gitterkonstanten g_1, g_2, g_3 auf den gebeugten Strahl (*blau*) ganzzahlige Vielfache (l, m, n) der Wellenlänge sind

wir durch Projektion die effektiven Gitterkonstanten kontinuierlich und finden doch einzelne Beugungsmaxima, die alle drei Interferenzbedingungen erfüllen. Wir nennen sie **Braggreflexe** des dreidimensionalen Gitters nach ihrem Entdecker *William Bragg*.

Bestrahlen wir umgekehrt das dreidimensionale Gitter mit *weißem* Licht, so wird in jede Beugungsordnung (l, m, n) *genau eine* Wellenlänge $\lambda_{l,m,n}$ konstruktiv hineingebeugt. Es treten *alle* Braggreflexe *simultan* auf, aber jeder mit einer ganz bestimmten Farbe (**Laue-Diagramme**). Dieser Effekt erklärt den farbig schimmernden Glanz der **Opale**. Diese Halbedelsteine besitzen nämlich viele mikroskopische, kolloidale Einschlüsse, an denen das einfallende Licht gebeugt wird. Über größere Bezirke hinweg sind diese Einschlüsse zu einem mehr oder weniger regelmäßigen räumlichen Gitter geordnet und produzieren daher Braggreflexe.

Laue-Diagramme

Max von Laue hatte 1912 den genialen Einfall, einen fein kollimierten **Röntgenstrahl** auf einen Einkristall zu richten und die transmittierte Intensität auf einem Röntgenfilm zu fotographieren. Er beobachtete ein zentrales Maximum im Geradeausstrahl, umgeben von einem regelmäßigen Muster kleiner Beugungsflecke unterschiedlicher Intensität unter ganz bestimmten Beugungswinkeln, also das oben erwähnte Diagramm von Lauereflexen (s. Abb. 29.26).

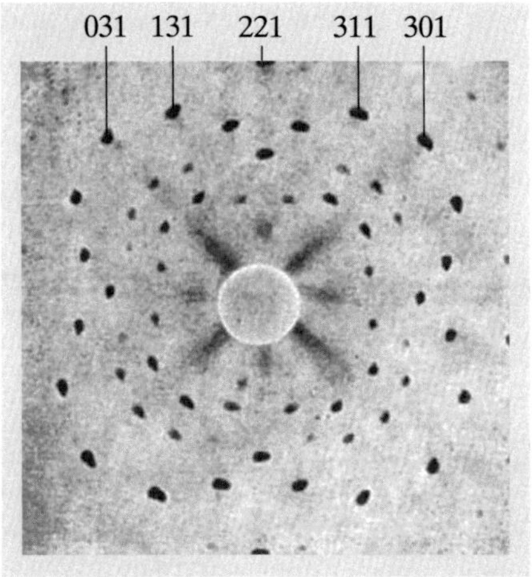

Abb. 29.26. Laue-Diagramm einer parallel zur Würfelfläche gespaltenen NaCl-Kristallplatte. (Aus R. W. Pohl: *Einführung in die Physik*, Band 3: Optik und Atomphysik, 13. Aufl. (Springer, Berlin Heidelberg 1976))

> Mit der Röntgenstreuung an Einkristallen hat *Laue* zwei fundamentale Fragen der damaligen Zeit eindeutig beantwortet:
>
> - Röntgenstrahlen haben Wellennatur.
> - In Kristallen sind Atome in Form regelmäßiger, räumlicher Gitter angeordnet.

Natürlich lag diesem Experiment die Überlegung zugrunde, daß *Wellenlänge* und *Gitterkonstante* zueinander *passen* könnten. Für die Abschätzung der Wellenlänge konnte man Einsteins **Lichtquantenhypothese**

$$\Delta E = h\nu = hc/\lambda$$

heranziehen. Nimmt man einen Energieverlust des Elektrons in der Anode der Röntgenröhre von ca. 10 keV durch Emission eines Röntgenquants an, so entspricht dem eine Wellenlänge von 1 Å. Das ist aber die Größenordnung der Gitterabstände in Kristallen, die man aus der schon damals bekannten **Avogadrozahl** errechnet hatte.

Laues Entdeckung bedeutete aber noch mehr als ein Schlüsselexperiment. Die von ihm entdeckten Röntgenstrahlinterferenzen waren und sind bis heute das entscheidende Hilfsmittel zur Aufklärung der **Struktur kristalliner Substanzen**. Auch wichtige **biologische Strukturen** konnten hiermit aufgeklärt werden, wie z. B. die *Doppelhelix* der Gene oder der für die *Photosynthese* verantwortliche komplizierte Molekülkomplex des Chlorophylls.

Die Analyse von Röntgeninterferenzen erfolgt im Prinzip nach den Gleichungen (29.45) bis (29.47), die sich auch auf schiefwinklige Gitter verallgemeinern lassen. Hierzu betrachten wir noch einmal allgemein den Phasenunterschied $\Delta\varphi$ zwischen zwei Streuamplituden mit Wellenvektor $\boldsymbol{k}'$, die an den Gitterpunkten P_1 und P_2 von einer einfallenden Welle mit Wellenvektor $\boldsymbol{k}$ erzeugt werden (s. Abb. 29.27). Beide Wellen seien eben, entsprechend dem Fraunhoferschen Limes. Entlang des Verbindungsvektors $\boldsymbol{r}_{12}$ schreitet die Phase der einfallenden Welle nach (12.8′) um den Betrag

$$\Delta\varphi = (\boldsymbol{k} \cdot \boldsymbol{r}_{12}) = ks$$

vor und die der gestreuten um

$$\Delta\varphi' = (\boldsymbol{k}' \cdot \boldsymbol{r}_{12}) = ks' .$$

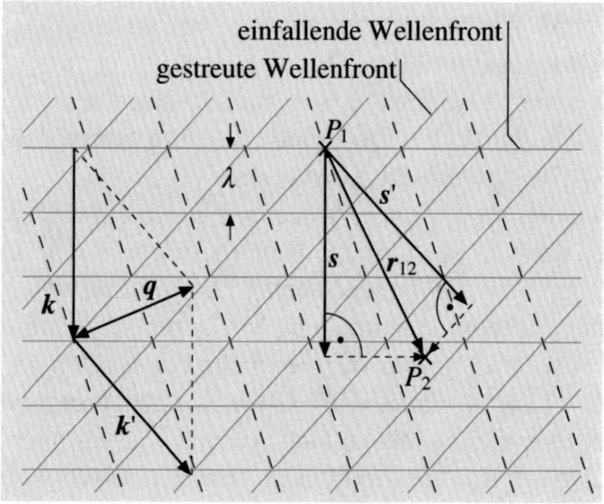

Abb. 29.27. Skizze zur Phasendifferenz zwischen den Streuamplituden in Richtung $\boldsymbol{k}'$, die eine in Richtung $\boldsymbol{k}$ einfallende Welle an den Punkten P_1 und P_2 erzeugt. Die gestrichelten Linien deuten Wellenfronten bezüglich des Differenzwellenvektors $\boldsymbol{q} = \boldsymbol{k}' - \boldsymbol{k}$ an. Zwischen ihnen wächst der Gangunterschied zwischen auslaufender und einlaufender Welle um jeweils 2π

Die Differenz der Gangunterschiede zwischen einlaufender und gestreuter ebener Welle entlang des Verbindungsvektors zweier Streuzentren P_1, P_2

$$\Delta\varphi_{12} = [(\boldsymbol{k}' - \boldsymbol{k})\boldsymbol{r}_{12}] \tag{29.48}$$

ist nach Abb. 29.27 der gesuchte, für die Interferenz der Streuamplituden relevante Gangunterschied. Dieser einfachen Formel begegnet man in der Streuphysik (auch in der quantenmechanischen!) immer wieder; sie gilt für beliebige Orientierungen der Vektoren $\boldsymbol{k}'$, $\boldsymbol{k}$, $\boldsymbol{r}_{12}$.

Seien nun $\boldsymbol{g}_1$, $\boldsymbol{g}_2$ und $\boldsymbol{g}_3$ die Abstandsvektoren zu den Nachbaratomen in den drei ausgezeichneten Achsen des Kristallgitters, so interferieren die Streuamplituden *aller* Gitteratome dann konstruktiv, wenn in jede der Richtungen der Gangunterschied (29.48) ein ganzzahliges Vielfaches von 2π ist. Damit nehmen die **Laue-Gleichungen** die allgemeine Form an

$$\begin{aligned} \boldsymbol{q} \cdot \boldsymbol{g}_1 &= l\,2\pi \\ \boldsymbol{q} \cdot \boldsymbol{g}_2 &= m\,2\pi \\ \boldsymbol{q} \cdot \boldsymbol{g}_3 &= n\,2\pi \end{aligned} \tag{29.49}$$

mit der Abkürzung $\boldsymbol{q} = \boldsymbol{k}' - \boldsymbol{k}$.

In der Analyse von Laue-Diagrammen spielt im übrigen nicht nur ihre Geometrie, sondern auch ihre *Intensität* eine sehr wichtige Rolle, worauf hier nicht eingegangen werden kann.

Bragg-Bedingung

Es lohnt sich, die Interferenzbedingungen (29.48) und (29.49) noch ein wenig auszudiskutieren. Betrachten wir den Fall der **Vorwärtsstreuung** in Richtung des einfallenden Strahls also

$$\boldsymbol{q} = \boldsymbol{k}' - \boldsymbol{k} = 0\,.$$

In dem Fall interferieren die Streuamplituden *aller* Streuzentren *unabhängig* von ihrer Lage und für *alle* Wellenlängen *konstruktiv*, weil sie keinen relativen Phasenunterschied zueinander besitzen! Wir beobachten also in Vorwärtsrichtung unter allen Umständen ein zentrales Maximum nullter Ordnung, wie wir es schon aus anderen Beugungsversuchen kennen. Dennoch lassen die Streuzentren die Strahlung auch in dieser Richtung nicht gänzlich unbeeinflußt, sondern bauen den Brechungsindex des Mediums auf, wie in Abschn. 27.7 diskutiert.

Interessant ist auch der Fall, wo der *Verbindungsvektor* $\boldsymbol{r}_{12}$ *senkrecht auf* $\boldsymbol{q}$ steht. Abbildung 29.27 zeigt, daß er dann in einer Ebene liegt (gestrichelt), die $\boldsymbol{k}$ nach $\boldsymbol{k}'$ spiegelt. Auch für solche Punkte verschwindet nach (29.48) klarerweise der Gangunterschied zwischen den gestreuten Amplituden. Mit anderen Worten interferieren die Beugungsamplituden *aller* Gitterpunkte, die in einer Spiegelebene der gestreuten Welle liegen, konstruktiv! Somit folgt aus (29.48) auch ganz zwanglos das Gesetz der Spiegelung einer Welle (Einfallswinkel gleich Ausfallswinkel) nach *Huygens* (vgl. Abschn. 12.3). Fällt also ein Röntgenstrahl unter dem Einfallswinkel α auf eine Netzebene des Kristallgitters, so erwarten wir im Prinzip einen Reflex in

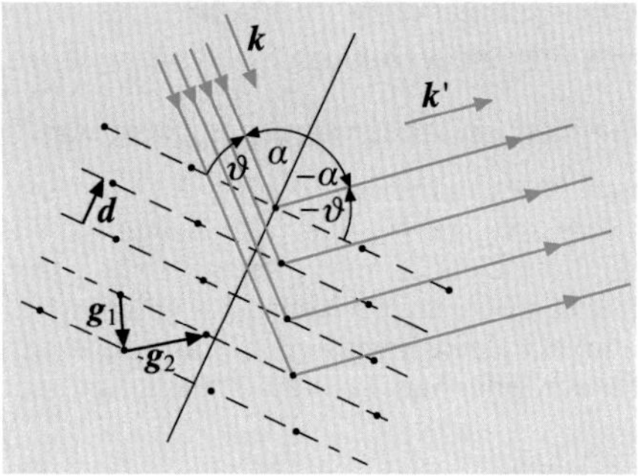

Abb. 29.28. Braggreflex an parallelen Netzebenen (*gestrichelt*) eines Einkristalls im Abstand $\boldsymbol{d}$. Der Gangunterschied zwischen aufeinanderfolgenden Reflexen muß ein Vielfaches von λ sein. In Frage kommt jede Netzebene, auch eine, die zu entfernteren Nachbaratomen (*schwarze Punkte*) gespannt ist, wie hier gezeichnet

Richtung $-\alpha$ (s. Abb. 29.28). Nun tragen zu diesem Reflex nicht nur die oberste, sondern wegen der großen Durchdringungskraft der Röntgenstrahlen auch alle darunterliegenden parallelen Netzebenen bei.

Damit sich die Röntgenreflexe *aller* Netzebenen konstruktiv überlagern, muß (29.48) bezogen auf den Netzebenenabstand $\boldsymbol{d}$ gelten

$$[(\boldsymbol{k}' - \boldsymbol{k}) \cdot \boldsymbol{d}] = 2dk\cos\alpha = m2\pi \quad \curvearrowright$$

$$2d\cos\alpha = 2d\sin\vartheta = m\lambda \tag{29.50}$$

Das ist die berühmte **Braggbedingung**, die traditionell nicht auf den Einfallswinkel α, sondern auf den Neigungswinkel ϑ zur Netzebene bezogen wird.

Wir kennen die Braggbedingung im übrigen vom Fabry-Pérot-Interferometer als Bedingung (29.9), wo es auch um die konstruktive Interferenz von sukzessiven Spiegelbildern ging.

Laue- und Braggreflexe sind ein- und dasselbe und die Laueschen Gleichungen und die Braggbedingung sind äquivalent.

Letztere ist aber anschaulicher und einprägsamer; sie führt auch unmittelbar zum Prinzip des Braggschen Kristallspektrometers für die Spektroskopie oder Monochromatisierung von Röntgenstrahlen: Man schneide einen Einkristall, z. B. Silizium, dessen Gitterkonstanten sehr gut bekannt sind, parallel zu einer Netzebene und lasse einen fein kollimierten Röntgenstrahl unter einem bestimmten Winkel ϑ einfallen; reflektiert wird nach (29.50) genau eine Wellenlänge in jeder Ordnung m. Biegt man den Kristall ein wenig, so kann man diesen monochromatischen Reflex wie mit einem Hohlspiegel auch noch fokussieren, ein Trick, den man bei optischen Reflexionsgittern auch anwendet (Rowland-Gitter).

29.9 Beugung an sphärischen Blenden und Hindernissen, Fresnelsche Zonen

Wir kommen noch einmal zurück zur Beugung an einer kreisrunden Lochblende, mit der wir in Abschn. 27.3 bei der Diskussion der Lochkamera etc. die geometrische gegen die Wellenoptik abgegrenzt hatten. Komplementär dazu wollen wir aber auch die Beugung an Hindernissen studieren; hierzu folgender Versuch:

VERSUCH 29.9

Beugung eines Laserstrahls an Lochblende und Stecknadelkopf. Wir begrenzen einen Laserstrahl mit Lochblenden verschiedenen Durchmessers und beoachten ihr Beugungsbild auf der gegenüberliegenden Hörsaalwand. Qualitativ gleicht es dem Beugungsbild eines Spalts. Statt *Streifen* beobachten wir ein *Ringsystem* von Beugungsmaxima und -minima. Sie werden umso breiter, je kleiner die Blende ist, und die zentrale Beugungsordnung hat wiederum einen Winkeldurchmesser, der nach (27.4) ungefähr durch das Verhältnis aus Wellenlänge und Blendendurchmesser gegeben ist

$$\alpha \approx \frac{\lambda}{d}\,.$$

Die Ringe sind aber nicht mehr äquidistant wie beim Spalt, sondern werden mit wachsender Ordnung enger. Außerdem ist die zentrale Ordnung nicht immer ein Beugungsmaximum, sondern je nach Blendendurchmesser und Abstand des Schirms von der Blende wechseln sich Maxima und Minima im Zentrum ab. Diesen Effekt hatten wir schon im Mikrowellenversuch (26.5) dank der großen Wellenlänge sehr einprägsam demonstrieren können.

Statt der Lochblende führen wir jetzt einen Stecknadelkopf in den Laserstrahl. Auch er wirft keinen scharfen Schatten, sondern erzeugt ein ringförmiges Beugungsbild ähnlich dem einer Lochblende gleichen Durchmessers. Das Licht dringt auch in den geometrischen Schatten hinter dem Hindernis ein und bildet im Fraunhoferschen Limes (also z. B. in der Brennebene einer Linse) *immer* ein Beugungsmaximum auf der optischen Achse. Ebenso entwirft ein Haar im Laserstrahl das gleiche Beugungsbild wie ein Spalt.

Fresnelsche Zonen

Die Beugung an einer kreisförmigen Lochblende oder einem dazu komplementären Hindernis läßt sich mathematisch nicht mehr so einfach behandeln wie im eindimensionalen Fall des Spalts. Dennoch können wir die Beugungsintensität einer kreisrunden Lochblende auf der *optischen Achse* nach einer Überlegung von *Fresnel* berechnen und den periodischen Wechsel von Beugungsmaximum und -minimum verstehen. Es falle also wie im Versuch eine ebene Wellenfront senkrecht auf die Kreisblende mit Radius a ein und werde in deren Öffnung gebeugt (s. Abb. 29.29). Im Aufpunkt P im Abstand R von der Blende trägt dann ein Ringelement mit Radius r und Breite $\mathrm{d}r$ zur resultierenden Amplitude einen differentiellen Beitrag

$$\mathrm{d}A \propto A_0 \frac{2\pi r \mathrm{d}r}{R}$$

bei. Er ist proportional zur einfallenden Amplitude A_0 und zur Fläche $2\pi r \mathrm{d}r$ des Ringelements sowie umgekehrt proportional zu R im Sinne des Huygensschen Prinzips, das von der Emission einer Kugelwelle aus jedem Punkt in der Blendenöffnung ausgeht. Nun wächst aber der optische Weg zum Aufpunkt mit wachsendem r. Daraus resultiert relativ zur optischen Achse ein Gangunterschied

$$\Delta\varphi(r) = k(L - R) = k(\sqrt{R^2 + r^2} - R) \approx kr^2/2R\,.$$

Wir gehen von einer relativ kleinen Blende aus und begnügen uns daher mit einer Taylorentwicklung der Wurzel bis zum ersten Glied, benutzen sie aber nur in der schnell veränderlichen Phase; im Nenner der Amplitude setzen wir $L = R =$

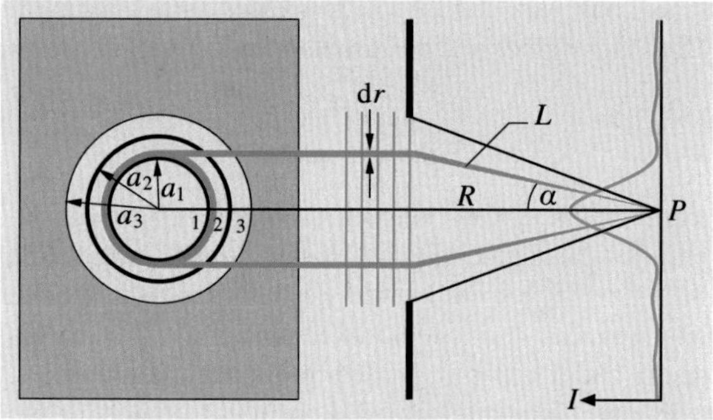

Abb. 29.29. Skizze zur Beugung einer ebenen Welle an einer Kreisblende, die die ersten drei Fresnelsche Zonen ausfüllen möge, wie in der Aufsicht links gezeigt. Rechts sind im Querschnitt der Strahlengang zur Berechnung der Beugungsintensität auf der optischen Achse sowie (qualitativ) das Intensitätsprofil senkrecht dazu gezeigt

const. Unter Berücksichtigung dieses Phasengangs können wir die differentiellen Amplituden in der komplexen Ebene aufintegrieren, wie gehabt

$$A_{\text{res}} \propto A_0 \int_0^a \frac{2\pi r}{R} \mathrm{e}^{\mathrm{i}kr^2/2R} \mathrm{d}r = A_0 \int_0^a \frac{2\pi}{\mathrm{i}k} \frac{d}{dr} (\mathrm{e}^{\mathrm{i}kr^2/2R}) \mathrm{d}r \,.$$

Wie man rechter Hand erkennt, kann man den Integranden als Ableitung der e-Funktion schreiben. Somit gewinnen wir für die resultierende Amplitude den Ausdruck

$$A_{\text{res}} \propto A_0 \frac{2\pi}{\mathrm{i}k} (\mathrm{e}^{\mathrm{i}ka^2/2R} - 1) \,.$$

Ihr Absolutquadrat, das Maß für die Intensität, ist proportional zu

$$|A_{\text{res}}|^2 \propto [1 - \cos(ka^2/2R)] \propto \sin^2(ka^2/4R) \,. \tag{29.51}$$

Dabei interessieren wir uns nur für den periodischen Teil, der in der Tat als Funktion des Blendenradius a und des Abstands R zwischen Beugungsmaxima und -minima oszilliert. Bei festem R erreichen wir das erste Maximum, wenn das Argument des Sinus $\pi/2$ ist

$$ka_1^2/4R = \Delta\varphi(a_1)/2 = \pi/2 \,.$$

Dann ist der Gangunterschied zwischen einem Strahl auf der optischen Achse und dem Randstrahl gerade eine halbe Wellenlänge

$$L - R \approx \frac{a_1^2}{2R} = \lambda/2 \qquad \curvearrowright \qquad a_1 = \sqrt{R\lambda} \approx \lambda/\alpha \,. \tag{29.52}$$

Wir nennen die zugehörige Blendenfläche zwischen

$$0 \le r \le a_1$$

die 1. **Fresnelsche Zone**. Öffnen wir den Blendenradius weiter, so wirken die folgenden Beiträge destruktiv und bauen die resultierende Amplitude wieder ab, bis sie beim Radius der 2. Fresnelschen Zone, d. h. beim Gangunterschied λ entsprechend

$$a_2 = \sqrt{2R\lambda} \,,$$

zu Null wird. Die 3. Fresnelsche Zone baut die Intensität wieder zum Maximum auf, die vierte wieder ab usw. Die Fläche einer jeden Fresnelschen Zone ist *konstant* gleich

$$q_n = \pi(a_n^2 - a_{n-1}^2) = \pi\left[\sqrt{nR\lambda}^2 - \sqrt{(n-1)R\lambda}^2\right] = \pi R\lambda\,.$$

Das liegt daran, daß in unserer Näherung der Gangunterschied ebenso wie die Blendenfläche mit a^2 wachsen. Nur diesem Umstand ist der streng periodische Verlauf zu verdanken; denn wären die Flächen der Fresnelschen Zonen nicht gleich, dann könnten die geraden die ungeraden nicht mehr kompensieren. Tatsächlich wachsen die Fresnelschen Zonen schließlich mit größerem Blendendurchmesser, wenn die gewählte Näherung für den Gangunterschied nicht mehr brauchbar ist; dann verschwindet das Beugungsbild, wie es auch der Erfahrung entspricht.

Die Fresnelschen Zonen hängen natürlich von den Details des Strahlengangs ab. Falle z. B. das Licht nicht parallel ein, sondern von einer punktförmigen Lichtquelle im Abstand R_L, so erhöht sich der Gangunterschied beim Blendenradius r auf

$$\Delta\varphi(r) = \frac{kr^2}{2}\left(\frac{1}{R} + \frac{1}{R_\mathrm{L}}\right),$$

entsprechend schrumpfen die Radien der Fresnelschen Zonen auf

$$a_n = \sqrt{n\lambda/[(1/R) + (1/R_\mathrm{L})]}\,. \tag{29.52'}$$

Diese Gleichung ist zwar allgemeiner, aber weniger einprägsam als (29.52).

Der Begriff der Fresnelschen Zone spielt in vielen Fragen der Wellenoptik eine sehr nützliche Rolle. Er ist in gewisser Weise ein Pendant zur räumlichen Kohärenzbedingung (29.1)

$$\mathrm{d}\alpha \approx \lambda\,.$$

Letztere begrenzt die Emittanz einer kohärenten Lichtquelle, also das Produkt aus ihrem Durchmesser und Öffnungswinkel, auf die Wellenlänge. Eine analoge Beziehung gilt für die 1. Fresnelschen Zone [vgl. (29.52)]. Kohärentes Licht, das an einer einzigen Fresnelschen Zone gebeugt wird, interferiert im Aufpunkt konstruktiv.

Fresnelsche Zonenlinse

Blendet man in einer kreisrunden Beugungsöffnung alle *geraden* Fresnelschen Zonen aus, so interferieren die restlichen *ungeraden* im Aufpunkt alle konstruktiv miteinander. Dort resultiert also eine starke Überhöhung der Intensität, und das gebeugte Licht wird auf diesen Punkt hin fokussiert wie von einer Linse. Wir hatten diesen Effekt sehr schön im Versuch 26.5 mit Mikrowellen demonstrieren können, weil dort die Fresnelschen Zonen im Vergleich zum optischen Bereich große, handfeste Scheiben und Ringe sind. Mit den Methoden der modernen Mikromechanik lassen sich aber heute Fresnelsche Zonenlinsen mit mikrometerfeinen Ringen bauen, die als Transmissionslinsen für die Röntgenoptik geeignet sind. Durch Auflösen von (29.52′) erkennt man auch, daß die Zonenlinse tatsächlich dem Linsengesetz (28.2) folgt mit der Brennweite

$$\frac{1}{R}+\frac{1}{R_\mathrm{L}}=\frac{1}{a}+\frac{1}{b}=\frac{n\lambda}{a_n^2}=\frac{\lambda}{a_1^2}=\text{const}=\frac{1}{f}\,.$$

Ihre Brennweite ist durch die Wahl der Fresnelschen Zonen und die Wellenlänge festgelegt.

Babinetsches Theorem

Wir hatten in Versuch 29.9 gesehen, daß ein kleines *Hindernis*, das man in einen Lichtstrahl stellt, das gleiche Beugungsbild erzeugt, wie eine gleich geformte *Blende*. Das gilt allerdings *nur* für den Winkelbereich α in dem die Intensität des *freien* Lichtstrahls abgeklungen wäre. (Als Beispiel für einen freien Lichtstrahl diene z. B. ein Gaußscher Laserstrahl, dessen Intensität außerhalb des charakteristischen Öffnungswinkels nach (27.7) $I(\alpha) = I_0\exp[-\alpha^2/(\Delta\alpha/2)^2]$ rapide absinkt.) Die Erklärung hierfür hat *Babinet* im **Huygensschen Prinzip** gefunden: Addieren wir in der Ebene der Blende (bzw. des Hindernisses) diejenige Beugungsamplituden A_B, die von Quellpunkten im Bereich der Blendenöffnung ausgehen, zu denjenigen (A_H), die außerhalb liegen, also von dem gleichgeformten Hindernis frei gegeben würden, so müssen sich beide unter jedem Winkel α zur resultierenden Amplitude des freien Lichtstrahls im Aufpunkt P addieren (s. Abb. 29.30)

$$A_\mathrm{r}(P) = A_\mathrm{B}(P) + A_\mathrm{H}(P)\,.$$

Sei nun dort der freie Strahl schon abgeklungen, so müssen die beiden Teil*amplituden* dort *entgegengesetzt* gleich sein und folglich gleiche Beugungs*intensität* aufweisen

$$A_\mathrm{r}(P) = 0 \curvearrowright A_\mathrm{B} = -A_\mathrm{H} \curvearrowright I_\mathrm{B} = I_\mathrm{H} \qquad \text{q.e.d.}$$

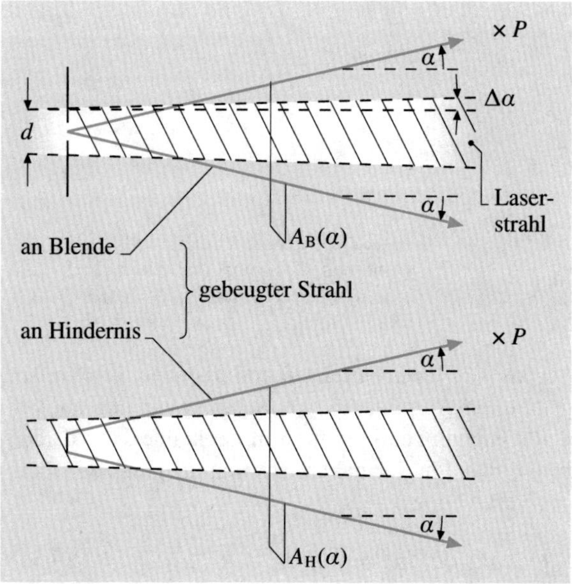

Abb. 29.30. Skizze zur Ableitung des Babinetschen Theorems

* 29.10 Holographie und Bildgebung durch Fouriertransformation

Wir hatten in den vorigen Abschnitten gesehen, daß bestimmte Blenden oder Hindernisse charakteristische Beugungsfiguren erzeugen, so daß man z. B. aus der Röntgenbeugung eines Kristallgitters auf dessen Struktur schließen konnte. Gilt das ganz allgemein auch für *beliebig* geformte Objekte? Enthält das Beugungsbild eines beliebigen Objekts die volle optische Information über dasselbe? Den Schlüssel zur Antwort haben wir mit Gleichung (29.48) bereits gefunden! Sie beschreibt den Gangunterschied eines aus der Richtung $\boldsymbol{k}$ in die Richtung $\boldsymbol{k}'$ gebeugten Strahls als Funktion der Ortskoordinate $\boldsymbol{r}$ des beugenden Objekts. Von einem Volumenelement $\mathrm{d}\tau = \mathrm{d}x\,\mathrm{d}y\,\mathrm{d}z$ bei $\boldsymbol{r}$ geht also in Richtung $\boldsymbol{k}'$ die Beugungsamplitude

$$\mathrm{d}A(\boldsymbol{q}) = a(\boldsymbol{r})\mathrm{e}^{\mathrm{i}(\boldsymbol{q}\cdot\boldsymbol{r})}\mathrm{d}x\,\mathrm{d}y\,\mathrm{d}z \tag{29.53}$$

aus mit $\boldsymbol{q} = \boldsymbol{k}' - \boldsymbol{k}$. Der Gangunterschied in der wiederum komplex geschriebenen Phase ist auf den Ursprung des Koordinatensystems bezogen, den man im Prinzip beliebig wählen kann, weil es nur auf die relativen Gangunterschiede innerhalb des Objekts ankommt (s. Abb. 29.31). $a(\boldsymbol{r})$ sei die ortsabhängige Beugungsamplitude, die von der Struktur des Objekts abhängt, um die es hier geht. Die resultierende Amplitude in Richtung $\boldsymbol{k}'$ erhalten wir durch Integration von (29.53) über das Volumen des Objekts

$$A(\boldsymbol{q}) = \iiint_V a(\boldsymbol{r})\mathrm{e}^{\mathrm{i}(\boldsymbol{q}\cdot\boldsymbol{r})}\mathrm{d}x\,\mathrm{d}y\,\mathrm{d}z\,. \tag{29.54}$$

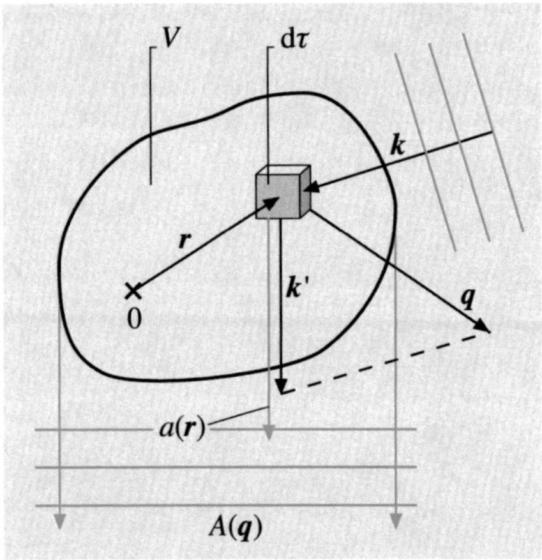

Abb. 29.31. Skizze zur Ableitung der allgemeinen Beugungsamplitude (29.54) an einem beliebigen, auf das Volumen V verteilten Objekt

Mathematisch gesehen ist das die **Fouriertransformierte** der von jedem Objektort in Richtung $\boldsymbol{k}'$ abgestrahlten Amplitude $a(\boldsymbol{r})$. Nehmen wir nun an, wir hätten $A(\boldsymbol{q})$ für *alle* $\boldsymbol{q}$, d.h. in *alle* Richtungen $\boldsymbol{k}'$ gemessen, so können wir daraus die gesuchte Struktur $a(\boldsymbol{r})$ durch eine Fourierrücktransformation gewinnen (das **Fouriertheorem** gilt auch in mehreren Dimensionen!)

$$a(\boldsymbol{r}) = \frac{1}{(2\pi)^3}\int_{-\infty}^{+\infty}\int_{-\infty}^{+\infty}\int_{-\infty}^{+\infty} A(\boldsymbol{q})\mathrm{e}^{-\mathrm{i}(\boldsymbol{q}\cdot\boldsymbol{r})}\mathrm{d}q_x\mathrm{d}q_y\mathrm{d}q_z\,. \tag{29.55}$$

Streng genommen muß dabei über alle q von $-\infty$ bis $+\infty$ integriert werden, während der gemessene Wertebereich von q

$$|\boldsymbol{q}| = |\boldsymbol{k}' - \boldsymbol{k}| \lesssim 2|\boldsymbol{k}| = 4\pi/\lambda$$

de facto durch die reziproke Wellenlänge der einfallenden Welle begrenzt ist. Das hat aber nur zur Konsequenz, daß die Fouriertransformation Strukturen im Objekt, die kleiner als λ sind, nicht mehr auflöst. Das ist aber beim direkten Bild auch nicht besser.

Der hier gezeigte Zusammenhang zwischen der *Struktur* eines Objekts und seinem *Beugungsbild* ist sehr wichtig und taucht in der Physik immer wieder auf, vor allem auch in der Quantenmechanik bei der Streuung von Teilchen, die ja als Wellen behandelt werden müssen.

Wie setzt man nun die obigen mathematischen Überlegungen in die Praxis um? Das gelingt mit der von *D. Gabor* um 1950 vorgeschlagenen Methode der **Holographie**. Sie konnte allerdings erst nach der Erfindung des **Lasers** (1960) verwirklicht werden. Da erst wurde es möglich, auch *größere* Objekte mit einer *kohärenten*, *intensiven* Lichtwelle A_e (s. Abb. 29.32) zu beleuchten. Die gebeugte Welle hält man in irgendeiner Entfernung vom Objekt auf einer fotographischen Platte fest, deren Körnigkeit allerdings deutlich kleiner als λ sein sollte. Da die Platte einen größeren Raumwinkelbereich des vom Objekt gebeugten oder gestreuten Lichts erfaßt, wäre damit im Prinzip der für eine Fouriertransformation notwendige Datensatz $A(\boldsymbol{q})$ gewonnen. Die Sache hat aber einen Haken: Die Fotoplatte registriert nicht die *Amplitude*, sondern die *Intensität* des gebeugten Lichts! Das *Vorzeichen* der Amplitude geht also verloren und damit auch die Möglichkeit zur Fouriertransformation. Hier hilft nur ein *Trick* weiter: Man beleuchte die Platte gleichzeitig mit einer zweiten kohärenten Lichtwelle, der sogenannten Referenzwelle A_R, die dort mit der vom Objekt stammenden Welle $\boldsymbol{A}(\boldsymbol{r}')$ interferiert. Die resultierende Intensität

$$I(\boldsymbol{r}') \propto |A(\boldsymbol{r}') + A_R(\boldsymbol{r}')|^2 = |A\boldsymbol{r}'|^2 + |A_R(\boldsymbol{r})|^2 + 2\mathrm{Re}\{A(\boldsymbol{r}')A_R(\boldsymbol{r}')\},$$

die in der Schwärzung der Fotoplatte festgehalten wird, bewahrt jetzt auch über das *gemischte* Glied die Information über das *Vorzeichen* der Objektwellenamplitude am Aufpunkt P' auf der Fotoplatte.

Bleibt noch die Aufgabe, die Fourierrücktransformation (29.55) experimentell zu vollziehen, um die Amplitude $a(\boldsymbol{r})$ im Quellpunkt P des Objekts zu erkennen. Hierzu beleuchtet man die inzwischen entwickelte Fotoplatte wieder mit der Referenzwelle, diesmal aber ohne Objekt. Angenommen, die Platte sei als Positiv entwickelt worden, dann wird genau an den Stellen, an denen bei der Aufnahme $A(\boldsymbol{r}')$ und $A_R(\boldsymbol{r}')$ konstruktiv interferiert haben, jetzt die Referenzwelle relativ stark durch die Platte transmittieren und umgekehrt. Unmittelbar hinter der Platte herrscht also in jedem Aufpunkt P' nach Amplitude und Phase das gleiche Wellenbild, wie bei der Aufnahme selbst. Folglich muß die Wellenausbreitung im Rückraum hinter der Platte bei der Wiedergabe wieder genauso sein wie bei der Aufnahme. Hätte bei der Aufnahme ein Beobachter durch die Platte hindurch das Objekt angeschaut, so hätte er es in der einfallenden Laserwelle A_e aufleuchten sehen, d. h. jeden Quellpunkt

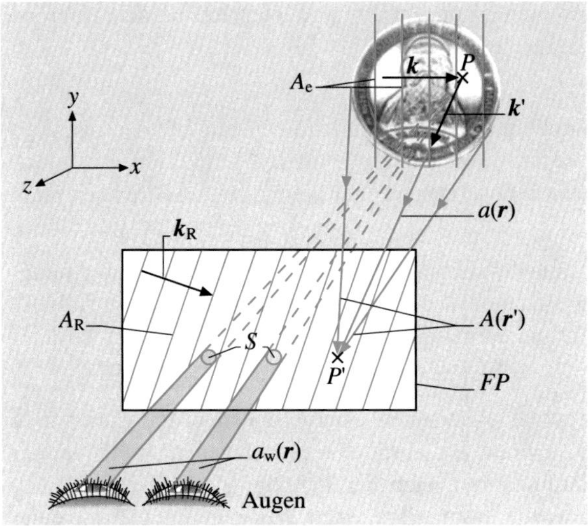

Abb. 29.32. Prinzip der Holographie. Ein Laserstrahl wird aufgeteilt in eine einfallende Welle A_e, die vom Objekt (Münze) in Richtung der Fotoplatte FP gebeugt oder gestreut wird, sowie in eine Referenzwelle A_R, die die Fotoplatte direkt trifft. Sie interferiert dort in jedem Punkt P' mit der vom gesamten Objekt eintreffenden Streuwelle $A(\boldsymbol{r}')$. Die resultierende Intensität wird als Hologramm auf FP festgehalten. Bestrahlt man das fertige Hologramm wieder mit der Referenzwelle, so wird im Rückraum hinter FP die Objektwelle in der originalen Form regeneriert. Bei der Wiedergabe wird das Bild des Objektpunkts P durch das in den Schnittflächen S regenerierte Strahlenbündel $a_W(\boldsymbol{r})$ erzeugt, das durch die Pupillen des Beobachters tritt. Die übrigen Symbole sind im Text erläutert

P mit der von ihm ausgehenden Amplitude $a(\boldsymbol{r})$ auf der Netzhaut seiner Augen abgebildet. Exakt den gleichen Eindruck gewinnt er bei der Wiedergabe über die jetzt von der Referenzwelle und der auf der Platte eingeprägten Interferenzstruktur generierten Wiedergabewelle $a_W(\boldsymbol{r})$. Damit ist die optische Rekonstruktion des Objekts gelungen!

Im Gegensatz zur zweidimensionalen Projektion einer üblichen Fotographie ist das **holographische Bild** echt *räumlich*. Mit dem Auge wandern auch Ansicht und Perspektive des holographischen Bildes genau wie bei direkter Sicht auf das Objekt.

Holographisches und direktes Bild sind auf keine Weise unterscheidbar, da die Objektwelle bei der Wiedergabe in jedem Raumpunkt hinter der Platte exakt rekonstruiert wird.

Holographie ist eine sehr interessante und darüber hinaus sehr effektive Art der Informationsspeicherung. Das Hologramm selbst hat keinerlei direkte Ähnlichkeit mit dem Objekt; es ist eben eine Fouriertransformierte, und die erkennt das Auge nicht mehr wieder, ausgenommen bei sehr einfachen Objekten, wie etwa einem optischen Gitter, wo man sie sich gemerkt hat. Im Gegensatz zur üblichen Fotographie ist jetzt die optische Information von *jedem* Objektpunkt über das *ganze* Hologramm verteilt als sein individueller Beitrag zum Interferogramm an jedem Punkt der Platte.

Fixiert man nun bei der Wiedergabe den Bildpunkt P mit dem Auge, so trägt derjenige Bruchteil der Information aus P zum Bildpunkt auf der *Netzhaut* bei, der in der Schnittfläche gespeichert ist, die das Hologramm mit dem von P auf die Pupille eintreffenden Lichtbündel bildet (s. Abb. 29.32). Bewegt man das Auge, so wandert auch diese Schnittfläche; damit verändert sich die dem Auge vom Hologramm vermittelte Information über den betrachteten Punkt, der jetzt in anderer Perspektive erscheint. Geht man näher heran, so vergrößert sich diese Schnittfläche und damit auch der Informationsgewinn über den betrachteten Punkt für das Auge. Es sieht das Bild des Objekts einfach größer und löst seine Details besser auf, genau wie beim direkten Sehen auch.

Ein Hologramm speichert die Information sehr sicher. Zerstört man es z. B. auf einem kleinen Fleck der Platte, dann kann man das Bild zwar genau unter dieser Perspektive nicht sehen, aber rechts und links davon erscheint es sofort wieder, und es ist nichts Wesentliches verlorengegangen.

Die in der heutigen EDV in der Regel übliche digitale Informationsspeicherung bietet diese Form der Datensicherung, die durch die Allgegenwart aller Objektdaten auf dem *ganzen* Hologramm charakterisiert ist, natürlich nicht. Jedes Byte bzw. jedes Pixel einer digitalen Bildverarbeitung wird genau *einmal* gespeichert, und wenn es weg ist, ist es weg. Der Computer könnte allerdings das, was die Holographie leistet, numerisch nachvollziehen und den ganzen Datensatz $a(\boldsymbol{r}_k)$, den er als Bild im Ortsraum über ein Objekt gesammelt hat, einer Fouriertransformation in einen $\boldsymbol{q}$-Raum unterziehen und dort einen äquivalenten Datenspeicher mit etwa gleich vielen Datenpunkten $A(\boldsymbol{q}_i)$ anlegen. Gehen jetzt dort einige $A(\boldsymbol{q}_i)$ verloren oder werden verfälscht, dann fällt das bei der Rücktransformation nach (29.55) nicht weiter ins Gewicht, weil ja zur Rekonstruktion eines jeden Datenpunkts $a(\boldsymbol{r}_k)$ nach wie vor alle übrigen $A(\boldsymbol{q}_j)$ beitragen. Der Schaden wird gewissermaßen auf alle Daten verteilt, und es verschlechtert sich nur die *allgemeine* Bildqualität ein wenig.

Nun wird man nicht nur aus Gründen der Datensicherung einem Computer die trotz aller modernen Rechengeschwindigkeit mühselige Prozedur unzählig vieler Fouriertransformationen auferlegen. Aber es gibt heute bildgebende Verfahren, die ähnlich wie die Holographie ihre Objektinformation *unmittelbar* als **Fouriertransformation** nach (29.54) gewinnen. Hierzu gehören die **Ultraschallbildgebung** und die **Kernspintomographie**, die beide große Bedeutung in der medizinischen Diagnostik gewonnen haben.

Auf ein und derselben Fotoplatte lassen sich mehrere Hologramme, z. B. von verschiedenen Objekten oder vom gleichen Objekt in verschiedenen Farben, simultan speichern. Die Interferenzmuster überlagern sich unabhängig voneinander und können mit den passenden Referenzwellen simultan oder auch einzeln die entsprechenden Bilder regenerieren. So lassen sich auch farbige Hologramme erzeugen. Die Holographie ist als eine besonders effektvolle Art der Fotographie in der Öffentlichkeit recht bekannt geworden. Sie hat aber darüber hinaus sehr viele methodische Varianten, die z. B. in der Präzisionsmeßtechnik Anwendung gefunden haben, wie auch die übrigen interferometrischen Methoden.

29.11 Auflösungsvermögen eines Mikroskops

Es ist qualitativ einleuchtend, daß man mit Licht der Wellenlänge λ nur Objekte getrennt voneinander abbilden kann, die mindestens im Abstand λ voneinander liegen. Ansonsten emittieren sie räumlich kohärentes Licht und bilden z. B. hinter einer Blende keine getrennten Beugungsscheibchen mehr aus. Wir hatten dies schon in Abschn. 27.3 andiskutiert und wollen hier zeigen, daß sich an diesen Argumenten im Prinzip nichts ändert, wenn man Linsen zu Hilfe nimmt. Jede Linse stellt selbst eine beugende Öffnung dar, die das abgebildete Strahlenbündel begrenzt und umso stärker beugt, je kleiner sie ist (s. Abb. 29.33). Wir fragen also danach, wie groß der minimale Abstand $d_{\min}$ zweier Quellpunkte Q_1, Q_2 sein muß, damit ihre von der Linse in der Bildebene bei b entworfenen Beugungsbilder noch als getrennt voneinander erkannt werden können. Hierfür benutzen wir wieder das schon bei Spektralapparaten benutzte Kriterium: Es soll das zentrale Maximum des einen Beugungsbildes nicht näher als bis ins erste Minimum des anderen heranrücken. Die beiden Beugungsmaxima liegen in den geometrischen Bildpunkten P_1, P_2, die man nach dem Linsengesetz ausrechnet. Wir denken uns der Einfachheit halber die Brechkraft der Linse auf zwei getrennte verteilt, derart, daß im Zwischenraum das Licht parallel wird und an der Blendenöffnung mit Durchmesser B, die die Linsen bilden, gebeugt wird. Der Winkelabstand des ersten Beugungsminimums ist auch für die Kreisblende (s. Abschn. 29.9) näherungsweise durch (27.4)

$$\gamma \approx \sin\gamma = \lambda/B$$

gegeben. In der gleichen Näherung gilt auch

$$\gamma \approx d_{\min}/a\,.$$

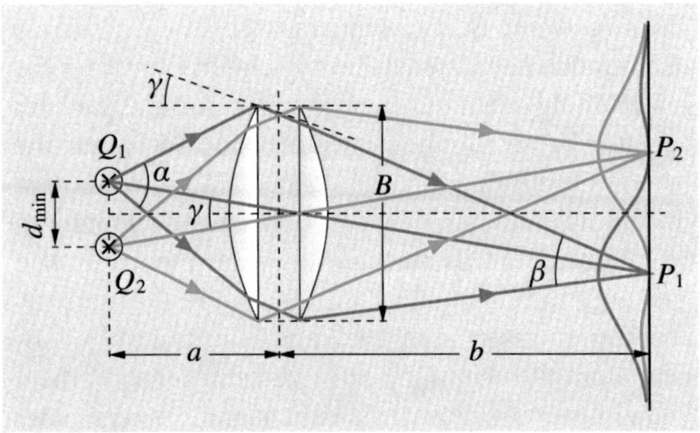

Abb. 29.33. Skizze zur Ableitung des theoretischen Auflösungsvermögens eines Mikroskopobjektivs

Sei nun auch der Öffnungswinkel α gegenüber der Linse klein, so können wir das Öffnungsverhältnis B/a nähern zu

$$B/a \approx \alpha\,.$$

Eliminieren wir mit diesen drei Gleichungen die überflüssigen Variablen, so erhalten wir für den **minimalen auflösbaren Abstand** die einfache Beziehung

$$d_{\min}\alpha \approx \lambda \qquad \text{oder} \qquad d_{\min} \approx \lambda/\alpha \tag{29.56}$$

in völliger Analogie zu (27.4): Die von der Linse erfaßte **Emittanz** der Quelle, d. h. das Produkt aus ihrem Durchmesser und Öffnungswinkel, muß *mindestens* von der Größe λ sein. Genau an der Stelle wird aber nach (29.1) auch die räumliche Kohärenzbedingung des emittierten Strahlenbündels überschritten. Wir halten also fest:

Eine Linse kann zwei Punkte in einer Quelle nur dann aufgelöst abbilden, wenn das empfangene Lichtbündel die räumliche Kohärenzbedingung überschreitet.

Um ein *gutes* **Auflösungsvermögen** zu erzielen, muß man nach (29.56) nicht nur eine kurze Wellenlänge, sondern auch einen *großen* Öffnungswinkel α des Lichtbündels anstreben, das Objekt also möglichst nahe an die Linse bringen.

Dann dürfen wir aber B/a nicht mehr durch α nähern und müssen auch auf die Korrektur von Linsenfehlern achten. Der letztere Punkt verlangt, daß die sogenannte **Abbesche Sinusbedingung** erfüllt ist; sie verknüpft den gegenstandsseitigen Öffnungswinkel α mit dem bildseitigen β durch die Beziehung

$$\frac{n_a \sin\alpha}{n_b \sin\beta} = \frac{b}{a} = V_l\,. \tag{29.57}$$

Darin bedeuten n_a und n_b die Brechungsindizes der Medien im Gegenstands- bzw. Bildraum. Das Produkt aus Brechungsindex und Öffnungswinkel nennt man die **numerische Apertur** einer Abbildung. Das Verhältnis aus gegenstandsseitiger zu bildseitiger numerischer Apertur muß also gleich dem Abbildungsmaßstab V_l sein. Nun wird man mit der Mikroskoplinse eine starke Vergrößerung anstreben und folglich ist der Nenner von (29.57) klein. Nehmen wir als bildseitiges Medium Luft mit $n_b = 1$ an, so können wir ihn einfach durch

$$n_b \sin\beta \approx \beta \approx \frac{B}{b} = \frac{B}{V_l a} \approx \frac{B}{V_l d_{\min}/\gamma} \approx \frac{B}{V_l d_{\min} B/\lambda} = \frac{\lambda}{V_l d_{\min}}$$

ersetzen. Setzen wir dies in (29.57) ein, so kürzt sich auch noch V_l heraus, und wir erhalten für den **minimal auflösbaren Abstand** die Schlußformel

$$d_{\min} = \frac{\lambda}{n_a \sin\alpha}\,. \tag{29.58}$$

Das **Auflösungsvermögen einer Linse** ist gleich der Wellenlänge geteilt durch die gegenstandsseitige numerische Apertur.

Bei einem guten Mikroskopobjektiv kann man einen vollen Öffnungswinkel von ca. 90° erreichen. Füllt man weiterhin eine hochbrechende Flüssigkeit zwischen Objektiv und Objekt (Immersionsmikroskop), so kann man das Auflösungsvermögen auf etwa $\lambda/2$ steigern. Das sind im Sichtbaren ca. 300 nm. Darüberhinaus hilft nur noch eine Reduktion der Wellenlänge ins UV hinein. Der nächste große Schritt führt dann gleich zum Elektronenmikroskop, dessen Auflösungsvermögen durch die de Broglie Wellenlänge der Elektronenstrahlen begrenzt ist. Mit sehr hochenergetischen Elektronen von einigen hundert keV erreicht man in modernen Instrumenten das ultimative Ziel **atomarer Auflösung** der untersuchten Materie.

30. Strahlungsgesetze

INHALT

Das letzte Kapitel dieses Buches führt zum **Planckschen Strahlungsgesetz** und damit zum *historischen Ausgang aus der klassischen Physik. Max Planck* hat diese Formel zu Beginn des Jahres 1900 publiziert und damit den Grundstein zur Quantentheorie gelegt, die die Physik des 20. Jahrhunderts mindestens ebenso geprägt hat, wie die Relativitätstheorie. Der Weg zu Plancks Entdeckung führte über das **Kirchhoffsche Strahlungsgesetz**, das allgemeine Aussagen über die sogenannte **schwarze** oder **Hohlraumstrahlung** machte, die aber ein klassisch völlig unerklärliches Spektrum zeigte. Bevor wir diesen Weg nachzeichnen, diskutieren wir einige Begriffe der Strahlungsphysik.

30.1 Strahlungsleistung und Strahlungsempfang

Die *Energiestromdichte* oder **Intensität** einer elektromagnetischen Welle ist nach (26.22) ganz allgemein durch den **Poynting-Vektor** gegeben

$$\boldsymbol{j}_\mathrm{E} = \varrho_\mathrm{E}\boldsymbol{c} = \boldsymbol{S} = \boldsymbol{E} \times \boldsymbol{H}\,, \quad [S] = \mathrm{W/m^2}\,. \tag{30.1}$$

Trifft sie unter einem Einfallswinkel ϑ' auf ein Flächenelement $\mathrm{d}\boldsymbol{A}'$, so ist die vom Flächenelement empfangene, differentielle Leistung (wie bei jedem Strom) nach (10.9) gleich dem Skalarprodukt aus Stromdichte und Flächenelement

$$\mathrm{d}P = j\mathrm{d}A' \cos\vartheta' = (\boldsymbol{S} \cdot \hat{\boldsymbol{n}}')\mathrm{d}A' = (\boldsymbol{S} \cdot \mathrm{d}\boldsymbol{A}')\,,$$

wobei das vektorielle Flächenelement $\mathrm{d}\boldsymbol{A}'$ die Richtung der Flächennormalen $\hat{\boldsymbol{n}}'$ hat (s. Abb. 30.1). Die auf einer bestimmte Fläche A' empfangene Leistung ist das Integral hierüber

$$P_{A'} = \int\limits_{\text{Empfängerfläche}} (\boldsymbol{S} \cdot \mathrm{d}\boldsymbol{A}')\,. \tag{30.2}$$

Die Projektion von $\boldsymbol{S}$ auf $\mathrm{d}\boldsymbol{A}'$ nennen wir die **Beleuchtungs-** oder **Bestrahlungsstärke** der Fläche

E. W. Otten, *Repetitorium Experimentalphysik*,
https://doi.org/10.1007/978-3-662-59730-9_30

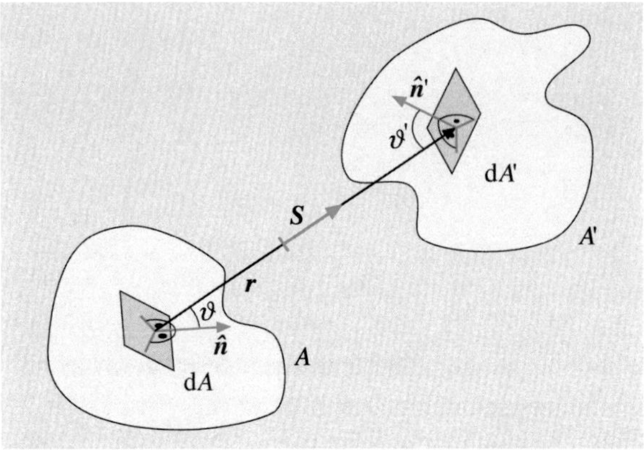

Abb. 30.1. Skizze zur Erläuterung der von einer Empfängerfläche A' aus der Quellfläche A empfangenen Strahlungsleistung

$$\frac{\mathrm{d}P}{\mathrm{d}A'} = (\boldsymbol{S} \cdot \hat{\boldsymbol{n}}') \,. \tag{30.3}$$

Die Beleuchtungsstärke ist entscheidend für die *Erkennbarkeit* eines Objekts, da die empfangene Lichtleistung in der Regel teilweise diffus zurückgestrahlt wird. Bei gegebener Lichtintensität $\boldsymbol{S}$ ist sie also optimal bei *senkrechtem* Einfall. Darauf sollte man z. B. beim Lesen achten.

Aus großem Abstand $\boldsymbol{r}$ von der Quellfläche A (s. Abb. 30.1) erscheint die Lichtquelle nahezu punktförmig. Dann nimmt die Lichtintensität wie bei jeder Kugelwelle mit $1/r^2$ ab

$$|\boldsymbol{S}(\boldsymbol{r})| \propto 1/r^2 \,. \tag{30.4}$$

Umgeben wir sie mit einer *geschlossenen* Empfängerfläche, so muß (unabhängig von $\boldsymbol{r}$) die empfangene Leistung gleich der *gesamten* von der Quelle ausgesandten Leistung P_A sein, falls auf der Strecke keine Absorption herrscht:

$$P_A = \oint (\boldsymbol{S} \cdot \mathrm{d}\boldsymbol{A}') \,; \tag{30.5}$$

das verlangt der Gaußsche Satz (10.13).

Die von der Quellfläche A pro Flächeneinheit emittierte Strahlungsleistung nennen wir **spezifische Ausstrahlung** oder **Emissionsvermögen**

$$E = \frac{\mathrm{d}P}{\mathrm{d}A} \,. \tag{30.6}$$

Ihr Integral muß wiederum gleich der gesamten emittierten Leistung (30.5) sein

$$P_A = \int\limits_{\text{Quellfläche}} E \mathrm{d}A \,. \tag{30.7}$$

Im Abstand r nimmt ein Empfängerelement $\mathrm{d}A'$ gegenüber der Quelle ein Raumwinkelelement ein

$$\mathrm{d}\Omega = (\hat{\boldsymbol{r}} \cdot \mathrm{d}\boldsymbol{A}')/r^2 \,. \tag{30.8}$$

Die pro *Raumwinkelelement* abgestrahlte Leistung der Lichtquelle nennen wir die **Strahlungsstärke** der Quelle

$$\frac{\mathrm{d}P_A}{\mathrm{d}\Omega} = \frac{(\boldsymbol{S}(\boldsymbol{r}) \cdot \mathrm{d}\boldsymbol{A}')}{(\hat{\boldsymbol{r}} \cdot \mathrm{d}\boldsymbol{A}')/r^2} = r^2 \boldsymbol{S}(\boldsymbol{r}) \,. \tag{30.9}$$

Sie ist asymptotisch für großes r mit (30.4) zwar unabhängig von r, hängt aber in der Regel vom *Ausfallswinkel* ϑ ab, den die Strahlung gegen die Normale der Quellfläche einnimmt. Die *doppelt differentielle* Leistung, die die Quelle pro Flächen- *und* Raumwinkelelement ausstrahlt, nennen wir **Strahlungsdichte**

$$B = \frac{\mathrm{d}^2 P_A}{\mathrm{d}A \mathrm{d}\Omega} \,. \tag{30.10}$$

Integrieren wir sie über die Quellfläche und den vollen Raumwinkel, so erhalten wir wieder die gesamte ausgestrahlte Leistung

$$P_A = \int_{\text{Quellfläche}} \left[\int_0^{2\pi} \left(\int_0^{\pi} B \sin\vartheta \mathrm{d}\vartheta \right) \mathrm{d}\varphi \right] \mathrm{d}A \quad \text{mit} \quad \mathrm{d}\Omega = \sin\vartheta \mathrm{d}\vartheta \mathrm{d}\varphi \,. \tag{30.11}$$

Damit sind die wichtigsten Begriffe definiert, die wir bei der Diskussion der Strahlungsgesetze brauchen.

Photometrie

Die Lichttechnik leitet ihre Einheiten nicht von dem zentralen Begriff der Strahlungsenergie bzw. des Poynting-Vektors ab, sondern geht von einem *subjektiven*, von der spektralen Empfindlichkeit des Auges bestimmten Vergleich von Lichtintensitäten aus. Die Grundeinheit ist dort die **Candela** (zu deutsch Kerze). Sie entspricht der **Strahlungsstärke** $\mathrm{d}P/\mathrm{d}\Omega$, die ein auf 2042 K (das entspricht dem Schmelzpunkt des Platins) erhitzter **schwarzer Körper** senkrecht von einer Oberfläche von 1/60 cm^2 emittiert. Der Begriff des schwarzen Körpers ist im nächsten Abschnitt definiert. Er zeichnet sich dadurch aus, daß seine Emission nur von der Temperatur abhängt; deswegen eignet er sich für die Definition einer solchen Basisgröße. Stellen wir einem solchen Einheitsstrahler in ein Meter Entfernung eine Fläche senkrecht gegenüber (d. h. $\vartheta' = \vartheta = 90°$ nach Abb. 30.1), dann herrscht auf dieser Fläche eine **Beleuchtungsstärke** von

$$1\,\text{Lux} = 1\,\text{Candela/m}^2 \,. \tag{30.12}$$

Strahler mit anderem Spektrum und anderer Intensität werden dann einem *subjektiven Vergleich* mit dieser Normquelle unterzogen, indem man sie soviel abschwächt (oder verstärkt), bis sie auf einer *farbneutralen* Fläche (z. B. weißem Papier) die *gleiche subjektive Helligkeit* hervorrufen. Der Abschwächungsfaktor wäre dann die Luxzahl dieses Strahlers. Das Verfahren ist physikalisch gesehen natürlich nicht objektiv, aber für die Beleuchtungstechnik dennoch von praktischem Wert angesichts des sehr unterschiedlichen Angebots an Lichtquellen. Auf diese Weise kann man sie für die Anwendung auf einen vernünftigen, gemeinsamen Nenner bringen. Im Maximum der Augenempfindlichkeit bei $\lambda = 550$ nm ruft eine Beleuchtungsstärke von 1 $\mathrm{W/m}^2$ eine subjektive Helligkeit von 680 Lux hervor, während die gleiche Leistung pro m^2 an den *Sichtbarkeitsgrenzen* bei 400 nm und 750 nm nurmehr mit der Helligkeit von 0,1 Lux empfunden wird.

Strahlungsdetektoren

Die meisten Detektoren für elektromagnetische Strahlung sind nur in einem bestimmten Spektralbereich wirksam, genau wie das Auge, und folgen dort einer mehr oder weniger komplizierten Empfindlichkeitskurve. Das liegt natürlich daran, daß sie im Prinzip als Lichtquantendetektoren funktionieren und die Quantenenergie $h\nu$ bestimmte Anregungs- oder Ionisationsschwellen im Detektor überwinden muß. Wir hatten alle wichtigen Typen bereits in früheren Kapiteln behandelt und stellen hier nur kurz ihre Eigenschaften zusammen:

Die **Vakuumphotodiode** und der darauf aufbauende **Photomultiplier** (s. Abschn. 20.6) deckt einen Spektralbereich von

$$120\,\text{nm} \lesssim \lambda \lesssim 1\,\mu\text{m}$$

ab. Die untere Grenze ist durch die **Absorptionskante** der besten Eintrittsfenster (hier Lithiumfluorid) festgelegt. Unterhalb dieser Grenze muß sich auch die Quelle im Vakuum befinden. Die obere Grenze ist durch die kleinste **Austrittsarbeit** von ca. 1 eV für bestimmte Alkalimetalloberflächen bestimmt. Die Vorteile liegen in der hohen Empfindlichkeit (bis zu 20 % **Quantenausbeute**) und dem geringen Untergrundrauschen; mit dem Photomultiplier können Lichtquanten einzeln gezählt werden.

Halbleiterphotodioden (s. Abschn. 20.6) beruhen auf einem *inneren Photoeffekt*, nämlich der Erzeugung eines *Elektron-Loch-Paares* durch Anregung eines Elektrons vom Valenz- ins Leitungsband. Hier muß die **Energielücke** zwischen diesen Bändern überwunden werden, die bei gemischten Halbleitern aus II/VI-Verbindungen, wie z. B. *Bleisulfid*, bis zu 0,1 eV herunterreicht. Dementsprechend erstreckt sich ihre Spektralempfindlichkeit bis zu $\lambda \simeq 10\,\mu\text{m}$.

Den breitesten Spektalbereich decken **Bolometer** ab. Sie wandeln die absorbierte Strahlungsleistung in *Wärme* um; die Temperaturerhöhung gegenüber der Umwelt wird von einem empfindlichen Thermometer, z. B. einer Säule von **Thermoelementen** (s. Abschn. 20.8) oder von einem temperaturempfindlichen Widerstand (s. Abschn. 20.5), angezeigt. Der Spektralbereich dieses *kalorimetrischen Nachweises* ist im Prinzip unbegrenzt, solange nur die einfallende Strahlung ausreichend absorbiert und in Wärme umgesetzt wird. Mit zunehmender Wellenlänge und bei streifendem Einfall zeigen aber selbst schwarze, amorphe Oberflächen, wie z. B. Ruß, wachsende Reflexion. Ansonsten kann ihre Anzeige mit konstanter Empfindlichkeit über den gesamten absorbierenden Wellenlängenbereich absolut in W/m^2 geeicht werden. Das ist ein großer Vorteil! Die *Empfindlichkeitsgrenze* liegt bei guten Instrumenten im Bereich von einigen µW.

30.2 Kirchhoffsches Strahlungsgesetz, schwarze Körper

Aus der täglichen Anschauung ist uns das **Absorptions- und Reflexionsverhalten von Oberflächen** qualitativ gut bekannt. Eine **schwarze Oberfläche** absorbiert *alles* einfallende Licht mit dem **Absorptionskoeffizienten**

$$A = 1$$

im *ganzen* betrachteten Spektralbereich. Die *Reflexion* erfolgt bei glatten Oberflächen als *Spiegelung*, bei rauhen, wie z. B. Papier, ist sie mehr oder weniger *diffus*. In der Definition des **Reflexionsgrades** R wollen wir dazwischen nicht unterscheiden. Berücksichtigen wir noch eine eventuelle Transmission T des Körpers, so verlangt die Energieerhaltung den Satz

$$A(\lambda) + R(\lambda) + T(\lambda) = 1 \qquad (30.13)$$

bei jeder Wellenlänge λ. Die Koeffizienten A, R und T selbst zeigen in der Regel eine deutliche Wellenabhängigkeit, was den Objekten ihre charakteristische Farbe verleiht. (Auf die Physiologie des farbigen Sehens, das auf verschiedenen, wellenlängenabhängigen Rezeptoren in der Netzhaut beruht, wird hier nicht eingegangen.) Ist $R(\lambda)$ leidlich konstant, so sprechen wir von einer grauen Fläche.

Vom **Emissionsverhalten der Oberfläche** eines Körpers haben wir dagegen nur sehr unvollständige natürliche Erfahrungen. Das liegt in erster Linie daran, daß sie bei normalen Temperaturen im sichtbaren Spektralbereich so gut wie nicht emittieren, sondern nur im infraroten. So spüren wir die Abstrahlung eines heißen Körpers zunächst nur als *Erwärmung unserer Haut*. Erst ab ca. 800 K wird eine *dunkelrote* Glut sichtbar; oberhalb 2500 K wird sie als *weiß* empfunden und blendet dann bereits aufgrund ihrer *steil anwachsenden* Strahlungsdichte. Wir spüren auf der Haut auch, daß uns eine sehr *kalte*, gegenüberstehende Fläche, etwa ein Eisblock oder der winterliche Himmel, Wärme entzieht, die *Bilanz* aus zugestrahlter und abgestrahlter Wärme also *negativ* ist. Folgender Versuch klärt uns darüber auf, daß **Emissions- und Absorptionsvermögen einer Oberfläche** im engen Zusammenhang stehen.

VERSUCH 30.1

Lesliescher Würfel und Strahlungsaustausch. Ein Würfel aus Blech wird in den Brennpunkt eines Hohlspiegels gestellt und mit *kochendem Wasser* gefüllt. Die von ihm ausgehende Wärmestrahlung wird von einem zweiten, gegenüberliegenden Hohlspiegel auf ein Bolometer fokussiert (s. Abb. 30.2), das die zugestrahlte Wärme als positiven Ausschlag registriert. Die Seitenflächen des Würfels haben unterschiedliche Oberflächen: die eine ist berußt ($A \sim 1$), die andere verspiegelt ($A \ll 1$). Beim Drehen des Würfels wird deutlich, daß die berußte Fläche dem Bolometer weit mehr Wärme zustrahlt als die verspiegelte.

Füllen wir dagegen den Leslieschen Würfel mit *Eiswasser*, so kehren sich die Effekte um. Das Bolometer zeigt einen negativen Ausschlag, kühlt sich also gegenüber der Umgebungstemperatur ab, weil es im **Strahlungsaustausch** mit dem Eiswasser jetzt mehr Wärme abstrahlt, als es erhält. Der Effekt ist bei der berußten Fläche wiederum stärker als bei der spiegelnden, weil erstere alle zugestrahlte Leistung absorbiert, letztere aber nur einen kleinen Bruchteil.

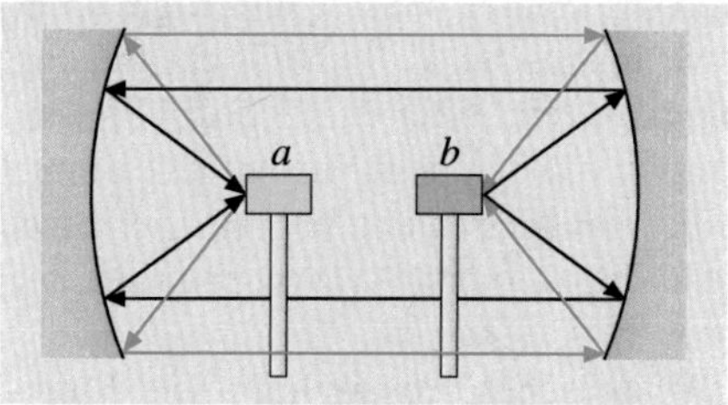

Abb. 30.2. Skizze zum Austausch von Strahlungsenergie mittels zweier Hohlspiegel zwischen dem Leslieschen Würfel (*a*) und einem Bolometer (*b*)

Der Versuch hat uns gezeigt, daß Absorptions- und Emissionsvermögen einer Oberfläche gekoppelte Materialeigenschaften sind.

Diese Feststellung gilt nicht nur für undurchdringliche Körper, sondern auch für teilweise transparente, wie der folgende Versuch zeigt.

VERSUCH 30.2

Leuchten und Schattenwurf einer Bunsenflamme. Wir drosseln die Luftzufuhr eines Bunsenbrenners und beobachten eine leuchtend gelbe Flamme. Sie ist auf kleine Rußteilchen zurückzuführen, die bei der unvollständigen Verbrennung entstehen und in der heißen Verbrennungsluft aufleuchten. Öffnen wir jetzt die Luftzufuhr, so verschwindet das Leuchten bis auf einen bläulichen Schimmer, obwohl die Verbrennungsluft viel heißer geworden ist. Bei der jetzt vollständigen Verbrennung fehlen allerdings die Rußteilchen als Träger der Lichtemission. Die reinen Verbrennungsgase selbst (im wesentlichen Luft, H_2O, CO_2 und CO) sind bei diesen Temperaturen noch einigermaßen transparent und emittieren daher auch kaum Wärmestrahlung.

Gleichzeitig mit der Emission beobachten wir auch die Absorption der Bunsenflamme, indem wir sie in das sehr viel hellere Scheinwerferlicht einer Bogenlampe stellen und ihr Schattenbild mit einer Linse auf eine Leinwand projizieren (s. Abb. 30.3). Die leuchtende Bunsenflamme wirft einen deutlichen Schatten, absorbiert also das Bogenlicht, während die viel heißere, nicht leuchtende Bunsenflamme keinen Schatten wirft, sondern wie jede heiße Luft nur Schlieren aufgrund des veränderten Brechungsindex erzeugt.

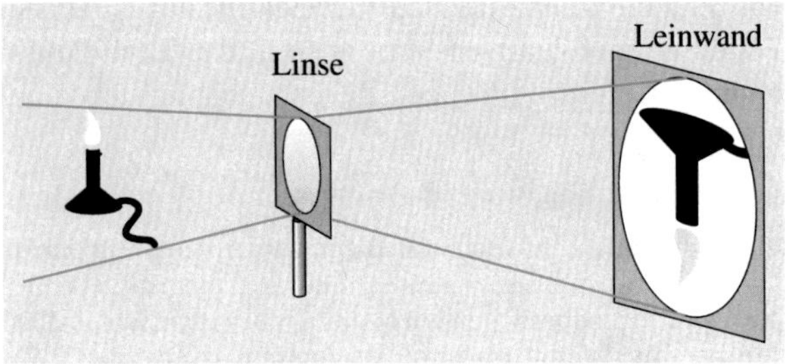

Abb. 30.3. Schattenwurf einer leuchtenden Bunsenflamme auf einer Leinwand

Dieser zweite Versuch hat klar gemacht, daß das Emissionsvermögen nur an die *Absorption* eines Körpers gekoppelt ist; ob die nichtabsorbierte Strahlungsleistung im übrigen *reflektiert* oder *transmittiert* wird, ist gleichgültig.

Es blieb allerdings noch eine delikate Frage offen: Warum haben die Rußteilchen der Flamme vorzugsweise im gelben, relativ kurzwelligen Wellenlängenbereich emittiert und nicht im roten, wie glühende Kohle bei ähnlicher Temperatur? Nun sind diese Rußteilchen deutlich kleiner als 1 μm und absorbieren daher langwelliges Licht wesentlich schlechter als kurzwelliges, wie wir in Abschn. 27.9 über Lichtstreuung gelernt haben. Die gleiche spektrale Abhängigkeit zeigt offensichtlich das Emissionsvermögen dieser kleinen Partikel! Nähern wir uns mit dem Finger der Flamme von der Seite her, so spüren wir auch kaum die Wärmestrahlung im Vergleich etwa zu einem gleich großen Stück glühender Kohle. Emission und Absorption sind hier beide in den kurzwelligen Bereich verschoben.

Gustav Kirchhoff hat den Zusammenhang zwischen Absorptions- und Emissionsvermögen mit einem Gedankenversuch bewiesen, wo zwei Flächen mit unterschiedlichen Absorptionskoeffizienten sich in einem abgeschlossenen Gefäß gegenüberstehen (s. Abb. 30.4). Der Abschluß des Gefäßes sei durch 100 %ige Reflexion an den Gefäßwänden sichergestellt, so daß sie am Strahlungshaushalt netto nicht teilnehmen. Die eine Fläche F_s sei mit $A = 1$ schwarz, die andere F_g mit $R = 1 - A > 0$ grau. Die Transmission dieses grauen Körpers setzen wir der Einfachheit halber null; im Ergebnis spielt das keine Rolle. Nach einer gewissen Zeit herrscht ein Strahlungsgleichgewicht mit Temperaturausgleich zwischen beiden Seiten. Sei nun bei dieser Temperatur das Emissionsvermögen der schwarzen Fläche nach (30.6) durch die **spezifische Ausstrahlung des schwarzen Körpers**

$$E_s(T) = \frac{\mathrm{d}P_s(T)}{\mathrm{d}F_s}$$

gegeben, dann empfängt der graue von ihm die Strahlungsleistung

$$P_s = E_s(T) \cdot F_s \,.$$

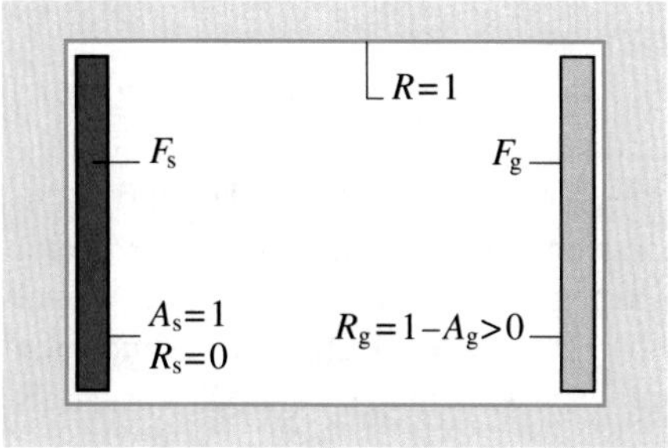

Abb. 30.4. Skizze des Gedankenversuchs zur Ableitung des Kirchhoffschen Strahlungsgesetzes

Davon reflektiert er einen Bruchteil $(1 - A)P_s$ und emittiert unabhängig davon die seiner spezifischen Ausstrahlung E_g angemessene Leistung. In summa erhält also der schwarze Körper vom grauen die Leistung

$$P_g = [1 - A_g(T)]E_s(T)F_s + E_g(T)F_g = P_s = E_s(T)F_s$$

zugestrahlt. Im Gleichgewicht muß $P_g = P_s$ gelten. Seien nun die beiden Flächen gleich groß gewählt, so können wir sie herauskürzen, die Gleichung nach E_g auflösen und erhalten das **Kirchhoffsche Strahlungsgesetz**

$$\frac{\mathrm{d}E(T,\nu)}{\mathrm{d}\nu} = A(T,\nu)\frac{\mathrm{d}E_s(T,\nu)}{\mathrm{d}\nu} \,. \tag{30.14}$$

Es lautet in Worten:

Das Verhältnis aus spezifischer Ausstrahlung und Absorptionskoeffizient eines beliebigen Körpers ist konstant und gleich der spezifischen Ausstrahlung eines schwarzen Körpers.

Wegen der Allgemeingültigkeit des Satzes haben wir den Index „g“ in (30.14) weggelassen. Außerdem haben wir ihn differentiell bei einer bestimmten Frequenz formuliert. Er gilt nämlich nicht nur pauschal für die gesamte Strahlungsbilanz, sondern auch im einzelnen *für jede spektrale Komponente*. Zum Beweis könnten wir in Abb. 30.4 einen Filter zwischen die beiden Flächen stellen, das genau ein Frequenzintervall $d\nu$ transmittiert und den Rest des Spektrums reflektiert. Das Strahlungsgleichgewicht würde dann nur über diese spektrale Komponente mit dem gleichen Ergebnis hergestellt.

Lambertsches Gesetz

In Abb. 30.4 könnten wir die beiden Flächen auch schräg gegeneinander aufstellen und durch Blenden und Spiegel dafür sorgen, daß der Strahlungsaustausch im wesentlichen nur unter einem bestimmten Einfallswinkel ϑ gegenüber der Flächennormalen erfolgt. Dann ist die absorbierte Leistung des **schwarzen Körpers** pro Flächeneinheit aufgrund der Projektion um den $\cos\vartheta$ geschwächt (s. Abb. 30.5). Folglich muß auch seine Emission in die betreffende Richtung um den gleichen Projektionsfaktor geschwächt sein. Dieser Zusammenhang ist als **Lambertsches Gesetz** bekannt. Ausgedrückt durch die Strahlungsdichte (30.10) lautet es

$$B_s(\vartheta) = \frac{d^2P(\vartheta)}{d\Omega\, dA} = B_{0s}\cos\vartheta \,. \qquad (30.15)$$

Darin ist B_{0s} die Strahlungsdichte des schwarzen Körpers in Richtung der Normalen. Auch für den grauen Strahler gilt das Lambertsche Gesetz näherungsweise, wenn seine Oberfläche genügend rauh ist. Ist sie dagegen glatt, so wächst in der Regel der Reflexionsgrad mit dem Einfallswinkel; folglich sinken die absorbierte und nach (30.14) damit auch die emittierte Leistung mit wachsendem Winkel noch stärker als $\cos\vartheta$.

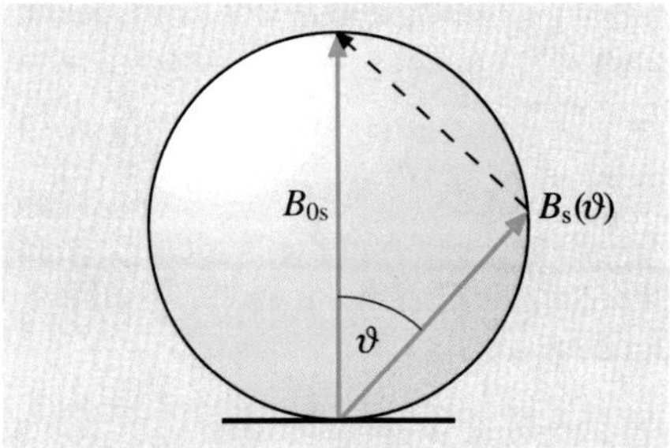

Abb. 30.5. Polardiagramm der Strahlungsdichte eines ebenen, schwarzen Strahlers

Abbildung 30.5 zeigt die *Winkelverteilung* der schwarzen Strahlung im Polardiagramm. Die Strahlungsdichte erscheint hier als Länge der Sekante in einem Kreis. Da wir nun ihre Winkelabhängigkeit kennen, können wir auch ihren Zusammenhang mit der spezifischen Ausstrahlung (30.6) herstellen. Dazu integrieren wir (30.15) über den halben Raumwinkel vor der strahlenden, ebenen Fläche und erhalten

$$E_s = \frac{dP_s}{dA} = \int_0^{2\pi}\int_0^{\pi/2} B_{0s}\cos\vartheta\,\sin\vartheta\, d\vartheta\, d\varphi \quad \curvearrowright$$
$$\text{mit}\quad \cos\vartheta\, d\vartheta = d\sin\vartheta$$

$$E_s = 2\pi B_{os} \int_0^1 \sin\vartheta \,\mathrm{d}\sin\vartheta = 2\pi B_{os}\left[\frac{1}{2}\sin^2\vartheta\right]_0^1 = \pi B_{os} \quad \curvearrowright$$

$$B_s(\vartheta) = \frac{\mathrm{d}^2 P_s}{\mathrm{d}\Omega \mathrm{d}A} = \frac{E_s}{\pi}\cos\vartheta\,. \tag{30.16}$$

Aufgrund des Lambertschen Gesetzes erscheint ein schwarzer Strahler aus jeder Perspektive gleich hell.

Schaut man ihn nämlich unter schrägem Winkel an, so verringert sich die Strahlungsleistung im gleichen Maße wie die Projektion der strahlenden Fläche auf die Blickrichtung ($\mathrm{d}A \rightarrow= \mathrm{d}A\cos\vartheta$). Da auch das Bild des Strahlers auf der Netzhaut im gleichen Maße verkleinert wird, empfängt sie pro Flächeneinheit aus jedem Blickwinkel die gleiche Leistung. Aus diesem Grunde erscheint uns die Sonne, die in sehr guter Näherung ein schwarzer Strahler ist, als gleichmäßig helle Kreisscheibe, d. h. als die Projektion einer Kugel auf die Blickrichtung (s. Abb. 30.6). Tatsächlich hielt man im Altertum die Sonne für eine leuchtende Scheibe.

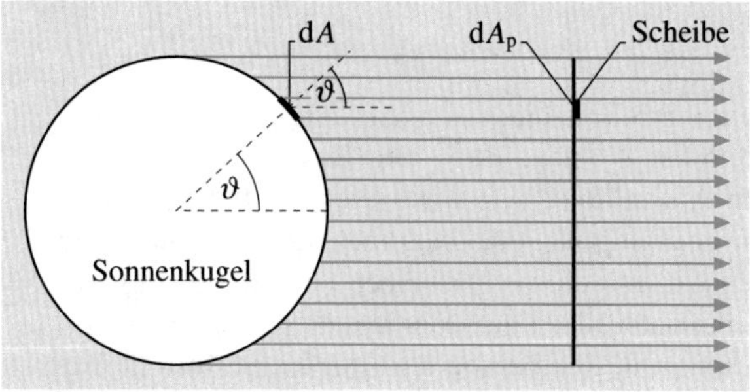

Abb. 30.6. Skizze zur Konstanz der Helligkeit der Sonnenoberfläche

Ausnahmen vom Lambertschen Gesetz bilden elektrisch getriebene *Plasmen*, wie z. B. eine Neonröhre. Da sie sich nicht im thermischen Strahlungsgleichgewicht befinden und das von ihnen emittierte Licht in der Regel kaum absorbieren, dringt es aus der ganzen Tiefe des Plasmas nach außen (s. Abb. 30.7). Schauen wir daher entlang der Achse der Röhre in das Plasma, so erscheint es viel heller, als von der Seite gesehen.

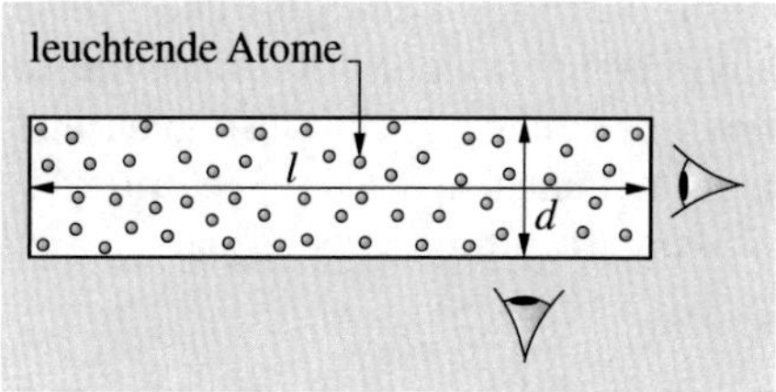

Abb. 30.7. Axialer und seitlicher Blick in ein Plasma. Die Helligkeit wächst mit der durchschauten Schichtdicke

30.3 Hohlraumstrahlung

Ein kleines Loch in einem Hohlraum bildet offensichtlich eine vollkommen schwarze Oberfläche, wie folgender Versuch zeigt.

VERSUCH 30.3

Schwarzes Loch im schwarzen Kasten. Wir betrachten einen tief schwarz angestrichenen Kasten mit einem kleinen Loch darin. Das Loch erscheint noch einmal wesentlich schwärzer als die Farbe. Wir heben jetzt den Deckel vom Kasten und sehen, daß die Innenwände gar nicht geschwärzt sondern weiß sind. Darauf kam es also gar nicht an.

Damit die Öffnung in einem Hohlraum ein wirklich schwarzes Loch ist, kommt es im wesentlichen darauf an, daß seine Oberfläche sehr klein ist im Verhältnis zur gesamten Oberfläche des Hohlraums. Einfallendes Licht hat dann kaum eine Chance wieder herauszufinden, selbst wenn es von den Innenwänden nicht gleich absorbiert, sondern mehrfach reflektiert wird. Nach dem Kirchhoffschen Gesetz (30.14) müßte ein solches Loch in einem Hohlraum wegen $A = 1$ ein *idealer schwarzer Strahler* mit der *maximalen* spezifischen Ausstrahlung $E_s(T)$ sein.

Im vorstehenden Versuch haben wir allerdings nur das Absorptions- und nicht das Emissionsvermögen beurteilen können; denn der Kasten befand sich auf Zimmertemperatur, bei der die Abstrahlung, wie wir wissen, im tiefen, vom Auge nicht mehr wahrnehmbaren Infrarot liegt. Um die Hohlraumstrahlung auch optisch beobachten zu können, müssen wir also einen sehr heißen Ofen mit einem kleinen Schauglas bauen. Wir müssen ihn nach außen gut isolieren, damit sich im Innern im Strahlungsgleichgewicht eine konstante Temperatur der Oberfläche einstellt. Das ist wichtig! Denn man schaut ja durch das Schauglas auf die Innenwand und beobachtet das von ihr emittierte und reflektierte Licht. Im Strahlungsgleichgewicht ist nach dem Kirchhoffschen Gesetz die Summe aus beiden in jedem Falle gleich der spezifischen Ausstrahlung eines schwarzen Körpers, gleichgültig ob nun dieses betrachtete Oberflächenstück selbst schwarz ist oder nicht. Was es an Emissionsvermögen zu wünschen übrig läßt, macht es durch Reflexion der von der restlichen Wand zugestrahlten Leistung wieder wett. Folglich kann man in einem solchen Brennofen, wenn er nur in seinem *eigenen* Licht erscheint, durch das Schauglas auch keine Details erkennen, etwa einen Topf, der darin gebrannt werden soll. Dazu müßte man mit einem Scheinwerfer von außen sehr viel helleres Licht einstrahlen und dessen Reflexion von dem Brenngut beobachten. Wir untersuchen das Spektrum der **Hohlraumstrahlung**, die wir auch **Schwarzkörperstrahlung** nennen, qualitativ im folgenden Versuch.

VERSUCH 30.4

Spektrum der Schwarzkörperstrahlung. Wir entwerfen das Spektrum einer *Kohlebogenlampe* mittels eines Glasprismas auf der Leinwand und messen die spektrale Intensität mit einem **Bolometer** aus (s. Abb. 30.8). Der elektrische Bogen brennt in die Kohlestifte einen kleinen Krater, dessen Oberfläche sich auf ca. 3000 K erhitzt und in relativ guter Näherung das Spektrum eines ideal schwarzen Körpers emittiert. Die Quarzoptik transportiert nicht nur das sichtbare, sondern auch das angrenzende ultraviolette und infrarote Licht. Während das Auge nur die sichtbaren Spektralfarben qualitativ wahrnimmt, zeigt das Bolometer vom Ultravioletten über das Blaue bis zum Roten hin eine steil ansteigende Intensität, die im nahen Infrarot kurz außerhalb des sichtbaren Spektrums ein Maximum erreicht und zu längeren Wellenlängen hin wieder abnimmt.

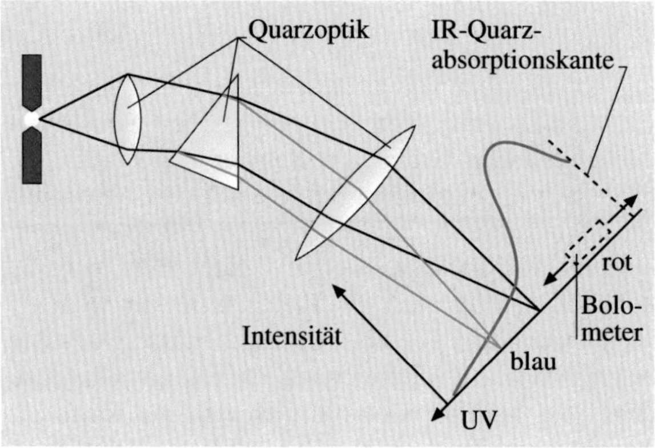

Abb. 30.8. Aufbau zur Messung der spektralen Intensität einer Kohlebogenlampe. (Das Spektrum ist gespreizt gezeichnet)

Systematische Messungen der Schwarzkörperstrahlung führten gegen Ende des 19. Jh. zu *vier* **empirischen Strahlungsgesetzen**:

- **Wiensches Verschiebungsgesetz**: Mit wachsender Temperatur verschiebt sich das Spektrum in den kurzwelligen Bereich, und zwar gilt für die Wellenlänge maximaler Intensität die Formel

$$\lambda_{\max} \cdot T = \text{const} = 2{,}9\,\text{mm K}\,. \tag{30.17}$$

Das Produkt aus der Wellenlänge maximaler Intensität und der absoluten Temperatur des schwarzen Strahlers ist demnach konstant.

- **Rayleigh-Jeanssches Strahlungsgesetz**: Im *langwelligen* Ausläufer des Spektrums, weit unterhalb seines Maximums, wächst die Intensität quadratisch mit der Frequenz an. Rechnet man die aus einer kleinen Öffnung des Hohlraums emittierte Strahlungsleistung auf die Dichte der Strahlungsenergie um, die im Hohlraum pro Volumeneinheit und Frequenzintervall herrscht, so gilt hierfür

$$\varrho(\nu) = \frac{\mathrm{d}^2 E}{\mathrm{d}V\,\mathrm{d}\nu} = \frac{8\pi\nu^2}{c^3}kT\,. \tag{30.18}$$

- **Wiensches Strahlungsgesetz**: Im kurzwelligen Ausläufer des Spektrums fällt die Intensität näherungsweise exponentiell mit dem Verhältnis aus Frequenz und absoluter Temperatur ab

$$I(\nu) \propto \mathrm{e}^{-\alpha\nu/T} \tag{30.19}$$

mit $\alpha \approx 4{,}8 \cdot 10^{-11}$ K/Hz.

- **Stefan-Boltzmannsches Strahlungsgesetz**: Integriert über das ganze Spektrum, wächst die von einem schwarzen Körper pro Flächeneinheit emittierte

Strahlungsleistung (spezifische Ausstrahlung (30.4)) proportional zur vierten Potenz der absoluten Temperatur und hat den Wert

$$E_s(T) = \frac{dP_s(T)}{dA} = \sigma T^4 \tag{30.20}$$

mit der **Stefan-Boltzmann-Konstanten**

$$\sigma = 5{,}67 \cdot 10^{-8}\,\mathrm{W/m^2K^4}\,. \tag{30.21}$$

Von diesen vier Strahlungsgesetzen haben wir an dieser Stelle mit Absicht nur das **Rayleigh-Jeanssche** in einer *universellen*, von rein empirischen Konstanten freien Form präsentiert. Das hat folgenden Grund: Im Rahmen der *klassischen* Thermodynamik und Statistik, die sich in der zweiten Hälfte des 19. Jh. entwickelt hatte, konnte man nur für das Rayleigh-Jeanssche Strahlungsgesetz eine *theoretische* Begründung finden. Mehr noch, diese klassische Theorie sagte voraus, daß die spektrale Energiedichte im Hohlraumstrahler nach (30.18) auch im kurzwelligen Bereich *unbegrenzt* weiter mit dem Quadrat der Frequenz ansteigen müsse. Das stand im krassen Widerspruch mit der Erfahrung und wäre auch schlicht eine physikalische Unmöglichkeit. Man sprach daher von der **Ultraviolettkatastrophe** *des Rayleigh-Jeansschen Gesetzes*. Dennoch muß es einen wahren Kern haben, da es bei niedrigen Frequenzen erfüllt ist!

Wie wurde das Rayleigh-Jeanssche Gesetz begründet? Man ging davon aus, daß die elektromagnetische Strahlung in einem Hohlraum mit ideal spiegelnden Wänden stehende Wellen bildet, wie in Abschn. 26.7 besprochen. In der Mechanik hatten wir die *akustischen Eigenschwingungen* eines festen Körpers, z. B. eines Einkristalls aus N-Atomen, als Schwingungsfreiheitsgrade dieses gekoppelten Systems angesprochen. Wir hatten dort auch ein Verfahren entwickelt, die **Zahl der Eigenschwingungen** nach wachsender Eigenfrequenz *abzuzählen*. Für Transversalwellen ergab sich im Volumen V pro Frequenzintervall nach (12.59) die Zahl

$$\frac{dZ}{d\nu} = \frac{8\pi\nu^2}{c^3}V \quad \text{bzw.} \quad \frac{d^2Z}{d\nu dV} = \frac{8\pi\nu^2}{c^3}\,. \tag{30.22}$$

In der Wärmelehre hatten wir jedem Schwingungsfreiheitsgrad einen **statistischen Energieinhalt** von kT zugesprochen [s. (14.24)]. Somit entfällt auf die Transversalschwingungen eines festen Körpers pro Frequenzintervall der Energieinhalt

$$\frac{dE}{d\nu} = \frac{8\pi\nu^2}{c^3}kTV \tag{30.23}$$

bzw. pro Frequenz- und Volumeneinheit die Energiedichte

$$\varrho(\nu) = \frac{d^2E}{d\nu dV} = \frac{8\pi\nu^2}{c^3}kT\,. \tag{30.23'}$$

Das ist *exakt* das Rayleigh-Jeanssche Strahlungsgesetz. Es geht nämlich von der Vorstellung aus, daß auch die **elektromagnetischen Eigenschwingungen** in einem Hohlraum *echte* **Freiheitsgrade** des Systems sind und sich deshalb statistisch mit der Strahlungsenergie kT auffüllen müssen. Dies sollte in Wechselwirkung mit den Atomen der Wände geschehen, von denen die entsprechenden Eigenfrequenzen in den Hohlraum emittiert und aus diesem auch wieder absorbiert werden, so daß sich das thermische Gleichgewicht zwischen Wandtemperatur und Strahlungsenergie in den Eigenschwingungen herstellt. Diese Überlegung ist nach der klassischen Thermodynamik zwingend und wird auch von der Natur im langwelligen Schwanz der Hohlraumstrahlung bestätigt.

Nur folgt die Natur nicht der absurden Vorgabe des Rayleigh-Jeansschen Gesetzes, die Energiedichte müsse sich mit wachsender Frequenz ins Unendliche steigern. Bei den akustischen Schwingungen eines Einkristalls konnte diese Kalamität nicht auftreten, weil das Spektrum der Eigenschwingungen nach oben durch die **Debye-Frequenz** limitiert ist, bei der jede Gitterebene gegen die benachbarte in Gegenphase schwingt, der Knotenabstand also gleich der Gitterkonstanten wird [vgl. (12.60)]. Aus dieser Bedingung ergab sich gerade eine Gesamtzahl von $3N$ Eigenschwingungen und somit einen Energieinhalt von $3NkT$ bzw. eine Molwärme von $3RT$. So hatten wir die **Dulong-Petit-Regel** (14.30) gefunden, die bei hohen Temperaturen auch gut erfüllt ist. Bei den elektromagnetischen Schwingungen im Hohlraum ist eine solche natürliche Grenzfrequenz nicht gegeben. Dem **Äther**, der damals noch als Träger der elektromagnetischen Wellen diskutiert wurde, konnte man jedenfalls *keine* materielle Struktur zuschreiben – gleichgültig, ob es ihn nun gab oder nicht.

30.4 Plancksches Strahlungsgesetz und seine Konsequenzen

Daß die **klassische Statistik** in Konflikt mit der Erfahrung gerät, hatten wir schon früher, wenn auch nicht in so drastischer Form, feststellen müssen. Schon bei den Molwärmen zeigte sich, daß sie bei tiefen Temperaturen nicht ihren vollen Wert erreichen. Auch hier trat das Defizit bei den hohen Schwingungsfrequenzen auf. Zur Erklärung hatten wir die **Plancksche Quantenhypothese** herangezogen, wonach der Energieinhalt einer Schwingung in feste Energiestufen

$$E_n = nh\nu, \qquad n = 0, 1, 2, 3 \ldots \tag{30.24}$$

gequantelt ist.

Höhere Energiezustände E_n sind aber nach der Boltzmann-Statistik gegenüber dem Zustand niedrigster Energie E_0 in ihrer Besetzungswahrscheinlichkeit um den **Boltzmann-Faktor**

$$\frac{N_n}{N_0} = \mathrm{e}^{-(E_n - E_0)/kT} = \mathrm{e}^{-nh\nu/kT} \tag{30.25}$$

benachteiligt.

Max Planck hat seine revolutionäre Quantenhypothese bei dem Versuch geboren, aus dem Rayleigh-Jeansschen Strahlungsgesetz ein realistisches zu entwickeln, das zum einen die Erfahrung befriedigt, zum anderen aber auch die Gesetze der Statistik, jetzt aber in der quantisierten Form (30.25).

Es ist klar, daß der exponentiell mit der Frequenz abfallende Boltzmann-Faktor schließlich den quadratischen Anstieg der Energiedichte im Rayleigh-Jeansschen Gesetz (30.18) stoppt und ihn in das empirische Strahlungsgesetz von Wien (30.19) überführt. Ein Koeffizientenvergleich führt unmittelbar zum **Planckschen Wirkungsquantum**

$$h = \frac{\alpha}{k} = 6{,}626076(4) \cdot 10^{-34}\,\mathrm{Js}\,. \tag{30.26}$$

Rechter Hand ist der heutige *Bestwert* angegeben, der allerdings aus anderen Experimenten resultiert, die eine höhere Meßgenauigkeit gestatten.

Um den Planckschen Gedanken zu Ende zu führen, müssen wir die Zustandsdichte der Eigenschwingungen im Hohlraum jetzt nicht mit dem frequenzunabhängigen, klassischen Wert kT multiplizieren, sondern mit einem mittleren Energieinhalt $\overline{E(\nu)}$, den wir aus der Boltzmann-Verteilung der Anregungsstufen (30.25) berechnen können.

Die Wahrscheinlichkeit, die Eigenschwingung im $n$ten-Quantenzustand zu finden, ist

$$W_n = \mathrm{e}^{-nh\nu/kT} \Big/ \sum_{n=0}^{\infty} \mathrm{e}^{-nh\nu/kT}\,. \tag{30.27}$$

Der Zähler befriedigt die Boltzmann-Verteilung (30.25), und die Summe über alle Boltzmann-Faktoren im Nenner stellt sicher, daß die Summe über alle Teilwahrscheinlichkeiten W_n gleich 1 wird. Multiplizieren wir W_n mit der zugehörigen Quantenenergie $n \cdot h \cdot \nu$ und summieren über alle W_n, so erhalten wir die gesuchte *mittlere Energie*

$$\overline{E(\nu)} = \sum_{n=0}^{\infty} nh\nu W_n = h\nu \sum_{n=0}^{\infty} n\mathrm{e}^{-nh\nu/kT} \Big/ \sum_{n=0}^{\infty} \mathrm{e}^{-nh\nu/kT}\,. \tag{30.28}$$

Die Potenzreihe im Nenner können wir mit

$$x = \mathrm{e}^{-h\nu/kT}$$

wegen $x < 1$ aufaddieren mit dem bekannten *Grenzwert*

$$\sum_{n=0}^{\infty} x^n = \frac{1}{1-x}\,.$$

Auch die Reihe im Zähler von (30.28) können wir durch folgenden Kunstgriff auf diesen Grenzwert zurückführen

$$\sum_{n=0}^{\infty} nx^n = x\frac{\mathrm{d}}{\mathrm{d}x}\left(\sum_{n=0}^{\infty} x^n\right) = x\frac{\mathrm{d}}{\mathrm{d}x}\left(\frac{1}{1-x}\right) = \frac{x}{(1-x)^2}\,.$$

Somit erhalten wir für die *mittlere Anregungsenergie* einer Eigenschwingung den Wert

$$\overline{E(\nu)} = h\nu\frac{x}{(1-x)^2/(1-x)} = h\nu\frac{1}{\frac{1}{x}-1} = h\nu\frac{1}{\mathrm{e}^{h\nu/kT}-1} = h\nu\bar{n}\,. \tag{30.29}$$

Multiplizieren wir dies mit der Zustandsdichte (30.22), so erhalten wir das berühmte **Plancksche Strahlungsgesetz** für die Energiedichte der elektromagnetischen Strahlung pro Frequenzintervall in einem Hohlraum (s. Abb. 30.9)

$$\varrho(\nu) = \frac{\mathrm{d}^2 E(\nu)}{\mathrm{d}V \mathrm{d}\nu} = \frac{8\pi\nu^2}{c^3} h\nu \frac{1}{\mathrm{e}^{h\nu/kT} - 1} . \tag{30.30}$$

Es besteht aus drei fundamentalen Faktoren, die wir mit Absicht *nicht* zusammengezogen haben:

- Der erste Faktor ist die Anzahl der elektromagnetischen Eigenschwingungen eines Hohlraumresonators pro Volumenelement und Frequenzintervall.
- Der zweite Faktor ist das Plancksche Energiequant.
- Der dritte Faktor gibt die mittlere Anzahl $\bar{n}$ an Energiequanten an [s. (30.29)], mit der eine Eigenschwingung der Frequenz ν bei einer Temperatur T besetzt ist. Diese Zahl ist durch das Verhältnis aus Quantenenergie und der mittleren thermischen Energie kT nach den Gesetzen der Boltzmannschen Statistik festgelegt.

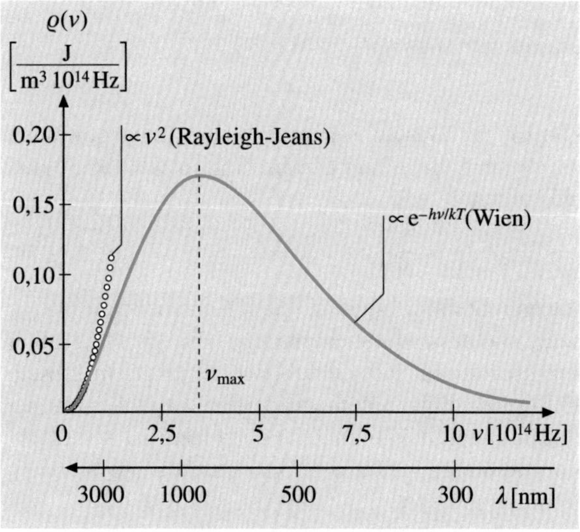

Abb. 30.9. Dichte der Strahlungsenergie pro Frequenzintervall in einen Hohlraum nach *Planck* (30.30) aufgetragen als Funktion der Frequenz bei einer Temperatur von 6000 K, entsprechend der Farbtemperatur des Sonnenlichts. Zur Orientierung ist auch die Wellenlängenskala eingetragen

Im Planckschen Strahlungsgesetz stehen als *einzige Variablen* noch die *Frequenz* und die *Temperatur*. Ansonsten enthält es nur *Naturkonstanten*, und zwar neben den bereits bekannten, der **Lichtgeschwindigkeit** c und der **Boltzmannschen Konstanten** k, jetzt auch zum ersten Mal in der Geschichte der Physik das **Plancksche Wirkungsquantum** h. Es war den Physikern dieser Zeit klar, daß die Hohlraumstrahlung einem fundamentalen Gesetz gehorchen müsse, da die Materialeigenschaften der Hohlraumwände im Strahlungsgleichgewicht überhaupt keine Rolle spielen und nach den theoretischen Erwartungen auch nicht spielen dürfen. Gerade deswegen zogen die Strahlungsgesetze das Interesse auf sich. Aber auch die aufkommende Lampenindustrie motivierte die Forschung auf diesem Gebiet erheblich. Andererseits ließ sich über Eigenschaften der Materie zu Plancks Zeit (abgesehen von idealen Gasen) noch nicht viel Prinzipielles sagen, da man nur sehr unfertige und großenteils ungeprüfte Vorstellungen über ihren atomistischen Aufbau hatte. Deswegen wurden nicht etwa die bekannten Defizite in den spezifischen Wärmen (s. Abschn. 14.5), die zwar auf der Quantisierung der Schwingungsenergie beruhen aber doch auch stoffbedingt sind, zum Ausgangspunkt der Quantentheorie, sondern das Plancksche Strahlungsgesetz.

Zusammenhang des Planckschen mit den übrigen Strahlungsgesetzen

Im kurzwelligen, also *hochfrequenten Grenzfall*

$$h\nu \gg kT$$

kann man in (30.30) im Nenner des dritten Terms die eins gegen die e-Funktion vernachlässigen. Der exponentielle Abfall als Funktion der Frequenz gewinnt dann auch die Überhand über den kubischen Anstieg der beiden ersten Terme, so daß das Plancksche qualitativ durch das **Wiensche Strahlungsgesetz** (30.19) angenähert werden kann (s. Abb. 30.9). Darauf hatten wir mit dem Koeffizientenvergleich (30.26) bereits aufmerksam gemacht.

Wichtig ist auch der *niederfrequente Grenzfall* (s. Abb. 30.9)

$$h\nu \ll kT\,,$$

weil wir hier das **Rayleigh-Jeanssche Gesetz** näherungsweise zurückgewinnen müssen. Das gelingt, indem wir diesmal die e-Funktion im Nenner von (30.30) bis zum ersten Glied entwickeln und erhalten

$$\bar{n} = \frac{1}{e^{h\nu/kT} - 1} \approx \frac{1}{1 + (h\nu/kT) - 1} = \frac{kT}{h\nu} \gg 1\,. \tag{30.31}$$

Damit kürzt sich im Planckschen Strahlungsgesetz die Quantenenergie $h \cdot \nu$ heraus und im Zähler erscheint stattdessen der thermische Energieinhalt einer Eigenschwingung kT in Übereinstimmung mit (30.18) wie verlangt. In diesem klassischen Limes ist laut (30.31) jede Eigenschwingung offensichtlich mit einer großen Anzahl $\bar{n}$ von Energiequanten besetzt. Diesen Zusammenhang hat *Niels Bohr* später in seinem berühmten **Korrespondenzprinzip** auf *alle* quantenmechanischen Phänomene verallgemeinern können; es lautet:

> Im Grenzfall großer Quantenzahlen münden alle Gesetze der Quantentheorie in die korrespondierenden Gesetze der klassischen Physik ein.

Mit wachsender Temperatur verschiebt sich der exponentielle Abfall im Planckschen Strahlungsgesetz zu *höheren* Frequenzen hin und folglich auch das Maximum der spektralen Intensität, wie es im **Wienschen Verschiebungsgesetz** (30.17) zum Ausdruck kommt. Man gewinnt es durch Nullsetzung der Ableitung von (30.30) nach der Frequenz und Auflösung nach $\nu_{\max}$ und findet das Maximum der Intensität pro *Frequenzintervall* bei

$$\nu_{\max} = 5{,}88 \cdot 10^{10}\,\frac{\mathrm{Hz}}{\mathrm{K}}\,T\,. \tag{30.17'}$$

(Allerdings überzeugt man sich durch Vergleich mit (30.17), daß das hier genannte $\nu_{\max}$ nicht einfach gleich dem Quotienten aus c und dem dort genannten $\lambda_{\max}$ ist, wie naiv vermutet. Vielmehr wird dort nach der maximalen Intensität pro *Wellenlängenintervall*, hier aber nach der pro *Frequenzintervall* gefragt! Dadurch verschiebt sich hier das Maximum um ca. 40% zu tieferen Frequenzen als nach (30.17) berechnet.)

Um die im **Stefan-Boltzmannschen Gesetz** (30.20) festgelegte *spezifische Ausstrahlung* eines schwarzen, also *Hohlraumstrahlers* aus dem Planckschen Strahlungsgesetz ableiten zu können, müssen wir von der *Energiedichte* im Hohlraum (30.30) auf die durch ein Flächenelement $\mathrm{d}A$ in der Hohlraumöffnung *austretende Strahlungsleistung* schließen (s. Abb. 30.10). Durch Multiplikation mit der Lichtgeschwindigkeit erhalten wir die spektrale Energiestromdichte im Hohlraum, die jedoch auf den vollen Raumwinkel $\Omega = 4\pi$ *gleichmäßig* verteilt ist. Pro Raumwinkelelement $\mathrm{d}\Omega$ hat sie folglich den Wert

$$\frac{\mathrm{d}^2 j_{\mathrm{E}}(\nu)}{\mathrm{d}\nu\,\mathrm{d}\Omega} = \frac{1}{4\pi}\frac{\mathrm{d}j_{\mathrm{E}}(\nu)}{\mathrm{d}\nu} = \frac{c}{4\pi}\varrho(\nu)\,. \tag{30.32}$$

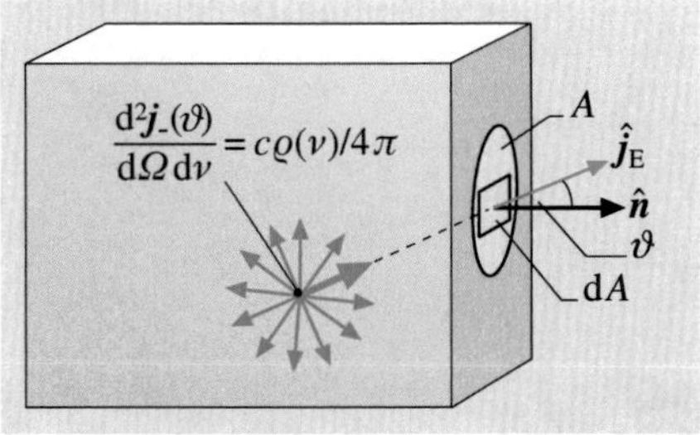

Abb. 30.10. Skizze zur Berechnung der Abstrahlung aus einer Öffnung A eines Hohlraums aus der Planckschen Strahlungsdichte $\varrho(\nu)$

Trifft sie unter dem Winkel ϑ auf die Öffnung, so tritt sie mit der spektralen Strahlungsdichte, vgl. (30.15),

$$\frac{\mathrm{d}B_{\mathrm{s}}(\nu,\vartheta)}{\mathrm{d}\nu} = \frac{\mathrm{d}^3 P_{\mathrm{s}}}{\mathrm{d}\Omega\,\mathrm{d}A\,\mathrm{d}\nu} = \frac{c\varrho(\nu)\cos\vartheta}{4\pi} \tag{30.33}$$

aus. Die $\cos\vartheta$-Abhängigkeit des Lambertschen Gesetzes ergibt sich hier zwanglos als Projektionsfaktor $(\hat{\boldsymbol{j}}\cdot\mathrm{d}\hat{\boldsymbol{A}})$ zwischen Strahlrichtung und Flächennormale. Die Integration dieser Winkelabhängigkeit über den nach *außen* abgestrahlten Raumwinkel von 2π liefert nach (30.16) den Faktor π. Somit folgt schließlich für die **spezifische Ausstrahlung des Hohlraum-** bzw. des schwarzen Strahlers pro Frequenzintervall, vgl. (30.6) und (30.14), die Schlußformel

$$\frac{\mathrm{d}E_{\mathrm{s}}}{\mathrm{d}\nu} = \frac{\mathrm{d}^2 P_{\mathrm{s}}}{\mathrm{d}A\,\mathrm{d}\nu} = \frac{c\varrho(\nu)}{4} = \frac{2\pi h\nu^3}{c^2(\mathrm{e}^{h\nu/kT}-1)}\,. \tag{30.34}$$

Das Integral über (30.34) über alle Frequenzen $0 \le \nu \le \infty$ läßt sich mit einiger Mühe analytisch auswerten und führt unmittelbar zum **Stefan-Boltzmannschen Strahlungsgesetz** (30.20), aber jetzt in der expliziten Form

$$E_{\mathrm{s}}(T) = \frac{\mathrm{d}P_{\mathrm{s}}}{\mathrm{d}A} = \frac{2\pi^5 k^4}{15c^2h^3}T^4 = \sigma T^4\,. \tag{30.35}$$

!

Die **Stefan-Boltzmann-Konstante** σ ist jetzt mit Hilfe des Planckschen Strahlungsgesetzes auf die Naturkonstanten k, c und h zurückgeführt; sie hat sich ebenso wie die Konstanten der Wienschen Strahlungsgesetze, als eine fundamentale, von den Wandeigenschaften des Hohlraums unabhängige Konstante erwiesen wie verlangt. Hierzu folgender Versuch:

VERSUCH 30.5

Stefan-Boltzmannsches Strahlungsgesetz. Wir prüfen die T^4-Abhängigkeit der Strahlungsleistung eines Hohlraumstrahlers im Versuchsaufbau nach Abb. 30.11. In einem gut isolierten Hochtemperaturofen wird ein langgestreckter, zylindrischer Strahlkörper mit einer Trennwand gewissermaßen als beidseitiger Hohlraumstrahler auf eine sehr homogene Temperatur bis ca. 1500 K hochgefahren. Seine Temperatur wird von der einen Seite her durch direkten Kontakt mit einem Platin-Rhodium-Thermoelement registriert. Auf der anderen Seite wird mittels gekühlter Blenden ein kleiner Raumwinkel ausgeblendet, der dem Bolometer, das die empfangene Strahlungsleistung registriert, nur die Sicht auf das heiße Zentrum freigibt. Die beiden Signale werden verstärkt und von einem x, y-Schreiber mittels Servomotoren in eine x-Koordinate (Temperatur) und eine y-Koordinate (Leistung) der Schreibfeder umgesetzt. Anschließend werden die Meßdaten auf doppelt logarithmisches Koordinatenpapier übertragen. Dort ergibt sich eine Gerade mit der Steigung 4 entsprechend dem Exponenten der Temperatur in (30.35).

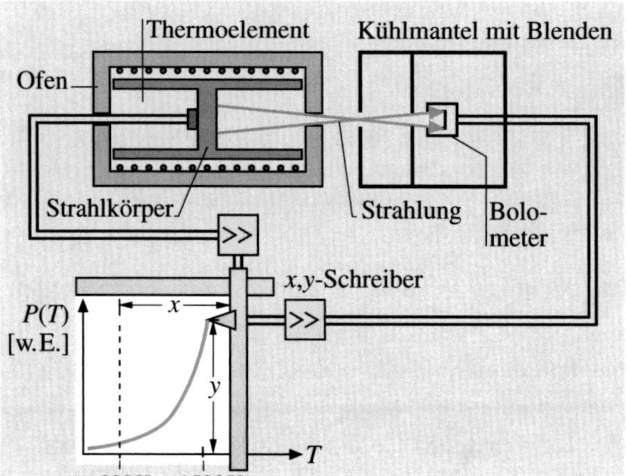

Abb. 30.11. Experimentskizze zur Prüfung des Stefan-Boltzmannschen Gesetzes

Weitere Konsequenzen des Planckschen Strahlungsgesetzes

Das Plancksche Strahlungsgesetz hat große *praktische* Bedeutung in Physik und Technik, weil es den gesamten Bereich der Temperaturstrahlung abdeckt. Darüber hinaus spielt es eine überragende Rolle in der **Astrophysik** zur Charakterisierung von Sternen. Deren Spektrum, auch Farbtemperatur genannt, gibt Auskunft über die Oberflächentemperatur. Andererseits ist die empfangene Leistung nach (30.35) proportional zur vierten Potenz der Temperatur sowie zur Querschnittsfläche des Sterns; die empfangene Leistung nimmt mit dem Quadrat des Abstands ab. Kennt man z. B. den Abstand aus der Parallaxe gegenüber der Erdbahn, so kann man die Größe des Sterns ausrechnen.

In den vergangenen Jahren hat man mit dem Kobe-Satelliten die **Hintergrundstrahlung** des Himmels, deren Spektrum sich auf den Mikrowellenbereich konzentriert, sehr genau vermessen. Sie kommt nicht von irgendwelchen konkreten astronomischen Objekten, sondern erfüllt den Kosmos isotrop wie eine Hohlraumstrahlung. Ihr Spektrum folgt mit hoher Präzision dem Planckschen Strahlungsgesetz (30.30) entsprechend einer Temperatur von ca. 1 K. Ihre Existenz und auch ihr konkreter Zahlenwert sind eine starke Stütze für die **Urknallhypothese**. Die hierbei entstandenen Lichtquanten werden nämlich im Verlauf der späteren Expansion des Universiums nicht mehr von der Materie absorbiert, sondern überleben und verlieren dabei durch adiabatische Abkühlung an Energie.

Max Planck hat sein epochemachendes Strahlungsgesetz pünktlich zum Beginn des 20. Jahrhunderts im Januar 1900 veröffentlicht und damit das Jahrhundert der **Quantentheorie** in der Physik eingeläutet. Sie hat die moderne Physik mehr geprägt als jede andere Entdeckung. Das liegt vor allem daran, daß sie sich in *allen* physikalischen Situationen und im ganzen uns zur Zeit zugänglichen Bereich von Teilchenenergien zwischen ca. 10^{-13} eV bis 10^{+13} eV absolut bewährt hat. Es gibt zur Zeit nicht den geringsten Anlaß und erst recht keine experimentelle Chance, sie in Zweifel zu ziehen. Allerdings konnte *Planck* die weitreichenden Konsequenzen seiner Entdeckung zu diesem Zeitpunkt noch nicht absehen. Erst nachdem *Einstein* 1905 damit den Photoeffekt erklären konnte und *Bohr* 1913 sein Atommodell darauf aufgebaut hatte, kamen die Dinge ins Rollen und erreichten mit der Entdeckung der exakten Gesetze der Quantenmechanik 1924 durch *Werner Heisenberg* ihren wichtigsten Höhepunkt.

Mit dem Planckschen Strahlungsgesetz als Zäsur zwischen klassischer und Quantenphysik findet auch dieses Buch einen sinnvollen Abschluß. Es will sich im wesentlichen auf die Grundlagen der klassischen Physik beschränken, die im Grundstudium zur Debatte stehen. Jeder praktisch arbeitende oder lehrende Physiker, Naturwissenschaftler und Ingenieur wird immer wieder mit ihren Begriffen und Gesetzen konfrontiert werden und bei Problemlösungen darauf zurückgreifen müssen.

Kurzrepetitorium Experimentalphysik

E. W. Otten, *Repetitorium Experimentalphysik*,
https://doi.org/10.1007/978-3-662-59730-9_31

Inhaltsverzeichnis

Werte der physikalischen Fundamentalkonstanten nach der Empfehlung von 2006*

Größe	Symbol	Wert	Einheit	Relative Unsicherheit $(\sigma/\langle x\rangle)\times 10^8$
Lichtgeschwindigkeit	c	299792458	$m\,s^{-1}$	exakt per def.
Gravitationskonstante	γ	$6{,}67428 \times 10^{-11}$	$m^3\,kg^{-1}\,s^{-2}$	10000
Planck-Konstante	h	$6{,}62606896 \times 10^{-34}$	J s	5
Gaskonstante	R	8,314472	$J\,mol^{-1}\,K^{-1}$	170
Avogadro-Konstante	N_A	$6{,}02214179 \times 10^{23}$	mol^{-1}	5
Boltzmann-Konst. R/N_A	k	$1{,}3806504 \times 10^{-23}$	$J\,K^{-1}$	170
Faraday-Konstante $(N_A e)$	F	$9{,}64853399 \times 10^{4}$	$C\,mol^{-1}$	2,5
Elementarladung	e	$1{,}602176487 \times 10^{-19}$	$A\,s \overset{\text{Def.}}{=} C$	2,5
Elektronenmasse	m_e	$9{,}10938215 \times 10^{-31}$	kg	5
Protonenmasse	m_p	$1{,}672621637 \times 10^{-27}$	kg	5
Neutronenmasse	m_n	$1{,}674927211 \times 10^{-27}$	kg	5
Klass. Elektronenradius	r_e	$2{,}81794 \cdot 10^{-15}$	m	0.13
Magn. Moment des El.	μ_e	$-9{,}28476377 \times 10^{-24}$	$J\,T^{-1}$	2,5
Bohrsches Magneton $e\hbar/2m_e$	μ_B	$9{,}27400915 \times 10^{-24}$	$J\,T^{-1}$	2,5
Magn. Moment des Protons	μ_p	$1{,}410606662 \times 10^{-26}$	$J\,T^{-1}$	2,6
Permeabilitätskonstante	μ_0	$4\pi\times10^{-7} = 1{,}25663706 \times 10^{-6}$	$V\,s\,A^{-1}\,m^{-1}$	exakt per def.
Dielektrizitätskonst. $1/(\mu_0 c^2)$	ε_0	$\mu_0^{-1}c^{-2} = 8{,}8541878 \times 10^{-12}$	$A\,s\,V^{-1}\,m^{-1}$	exakt per def.
Feinstrukturkonst. $\mu_0 ce^2/2h$	α	$7{,}2973525376 \times 10^{-3}$	–	0,068
Rydberg-Konst. $m_e c\alpha^2/2h$	Ry_∞	$1{,}0973731568527 \times 10^{7}$	m^{-1}	0,00066
Bohr-Radius $\alpha/(4\pi Ry_\infty)$	a_0	$5{,}29\,17720859 \times 10^{-11}$	m	0,068
Atom. Masseneinheit $\frac{1}{12}m_{12C}$	AME	$1{,}660538782 \times 10^{-27}$	kg	5

*Nach P. J. Mohr, B. N. Taylor und D.B. Newell: *CODATA recommended values of the fundamental physical constants: 2006*, Rev. Mod. Phys. **80**, 633 – 730 (2008)

Astronomische Konstanten

Masse der Erde	$M_E = 5{,}976 \cdot 10^{24}$ kg	Erdradius am Äquator	$R = 6{,}378 \cdot 10^{6}$ m
Masse des Mondes	$M_M = 7{,}35 \cdot 10^{22}$ kg	Entfernung Erde – Mond:	
Masse der Sonne	$M_\odot = 1{,}989 \cdot 10^{30}$ kg	Minimum (Perihel):	$3{,}564 \cdot 10^{8}$ m
Radius der Sonne:	$6{,}96 \cdot 10^{8}$ m	Maximum (Aphel):	$4{,}067 \cdot 10^{8}$ m
Stand.-Erdbeschleunigung	$g = 9{,}80665\ m/s^2$	Entfernung Erde – Sonne:	$1{,}496 \cdot 10^{11}\ m \overset{\text{Def.}}{=} 1$ AE

Kurzrepetitorium

K.1 Zum Gebrauch von Einheiten

Im **Système International d'Unités** (SI) sind **abgeleitete Einheiten**, z. B. die Länge, als Vielfache und Bruchteile der Basiseinheit in dekadischen Schritten definiert (s. Tabelle K.1). De facto ist von den Vielfachen des Meters nur das Kilometer in Gebrauch. Wir haben sie aber trotzdem vollständig aufgeführt, weil diese Bezeichnungen von Vielfachen und Bruchteilen einer Einheit allgemein gelten.

Tabelle K.1. Größe, Bezeichnung und Abkürzung der vom Meter (m) abgeleiteten Bruchteile und Vielfache

Bezeichnung	Faktor	Abkürzung	Bezeichnung	Faktor	Abkürzung
Attometer	10^{-18}	am	Dekameter	10^{1}	dam
Femtometer	10^{-15}	fm	Hektometer	10^{2}	ham
Pikometer	10^{-12}	pm	Kilometer	10^{3}	km
Nanometer	10^{-9}	nm	Megameter	10^{6}	Mm
Mikrometer	10^{-6}	µm	Gigameter	10^{9}	Gm
Millimeter	10^{-3}	mm	Terameter	10^{12}	Tm
Zentimeter	10^{-2}	cm	Petameter	10^{15}	Pm
Dezimeter	10^{-1}	dm	Exameter	10^{18}	Em
Meter	10^{0}	m			

Wollen wir die **Einheit einer physikalischen Größe** angeben, so setzen wir ihren Namen oder ihr Symbol in eckige Klammern und setzen es gleich der betreffenden Einheit, z. B. für die Länge

$$[\text{Länge}] = [l] = \text{m}\,. \tag{1.9}$$

Die Hüter des SI dulden den Gebrauch von anderen Einheiten und Namen parallel zu den SI-Einheiten, wenn sie wichtig und in Teilgebieten der Physik seit jeher etabliert sind. Das gilt vor allem, wenn sie mit der entsprechenden Basiseinheit über eine glatte Zehnerpotenz verknüpft sind, wie z. B. das Ångström (Å) mit dem Meter ($1\,\text{Å} = 10^{-10}\,\text{m}$). Man soll aber von diesen, neben dem SI tolerierten Einheiten nicht weitere ableiten, also z. B. keine

Milli-Ångström bilden. In diesem Sinne ist auch das Liter (l) anstelle des Kubikdezimeters (dm^3) akzeptiert, nicht aber das Milliliter (ml) anstelle des Kubikzentimeters (cm^3).

Insbesondere sollen Einheiten, die nicht im dekadischen Verhältnis zu SI-Einheiten stehen, wie etwa das Inch oder die Meile, aus dem wissenschaftlichen Sprachgebrauch verschwinden.

In der mikroskopischen Physik ist es häufig sehr vorteilhaft, physikalische Größen in Einheiten von **Naturkonstanten** zu messen, also z. B. die Ladung in Einheiten der elektrischen Elementarladung (e). Daran knüpft als Energieeinheit das **Elektronenvolt** an

$$1\,\mathrm{eV} = 1{,}602\ 176\ 487 \cdot 10^{-19}\,\mathrm{Joule}\,.$$

Es ist diejenige Energie, die eine Elementarladung beim Durchfallen einer elektrischen Spannung von einem Volt gewinnt.

Tabelle K.2. SI-Basis

Basisgröße		Basiseinheit	
Name	Symbol	Name	Abkürzung
Länge	l	Meter	m
Masse	m	Kilogramm	kg
Zeit	t	Sekunde	s
elektrische Stromstärke	I	Ampere	A
thermodynamische Temperatur	T	Kelvin	K
Stoffmenge	n	Mol	mol
Lichtstärke	$\mathrm{d}\Phi/\mathrm{d}\Omega$	Candela	cd

Im SI sind für die in Tabelle K.2 aufgeführten sieben **Basisgrößen** entsprechende **Basiseinheiten** vereinbart worden. Die Definition der Basiseinheiten sind im Textzusammenhang an anderer Stelle gegeben. Alle übrigen SI-Einheiten sind aus diesen Basiseinheiten zusammengesetzt; ihre **Dimension** ist ein Produkt aus Potenzen der Basiseinheiten, wobei jede mit dem Zahlenfaktor 1 eingeht. Also ist z. B. die SI-Einheit der Kraft

$$1\,\mathrm{Newton}\,(\mathrm{N}) = 1\,\mathrm{Kilogramm} \cdot 1\,\mathrm{Meter} \cdot 1\,\mathrm{Sekunde}^{-2} = \mathrm{kg\,m\,s^{-2}}\,.$$

Zusammengesetzte SI-Einheiten können mit anderen zu neuen SI-Einheiten kombiniert werden, also z. B. für den Druck als Kraft pro Fläche,

$$1\,\mathrm{Pascal} = 1\,\mathrm{Newton} \cdot 1\,\mathrm{Meter}^{-2} = \mathrm{N\,m^{-2}} = \mathrm{kg\,m^{-1}\,s^{-2}}\,.$$

Im Prinzip sind *Dimension* und *Einheit* verschiedene Begriffe. Die Dimension gibt streng genommen nur an, mit welchen Potenzen die Basisgrößen in der abgeleiteten Größe vorkommen, unabhängig von deren Einheiten. So hat z. B. die Kraft im Zentimeter-Gramm-Sekunden System (cgs-System) die gleiche

Dimension wie im SI-System, nämlich $m\,l\,t^{-2}$, jedoch verschiedene Einheiten, nämlich im einen das

$$\mathrm{dyn} = \mathrm{g\,cm\,s^{-2}}$$

und im anderen das

$$\mathrm{Newton} = \mathrm{kg\,m\,s^{-2}} = 10^5\mathrm{dyn}\,.$$

Da aber die Aufschlüsselung einer SI-Einheit nach ihren Basiseinheiten gleichzeitig ihre Dimension *eindeutig* angibt, toleriert man den synonymen Gebrauch beider Begriffe.

K.2 Kinematik

In der **Punktmechanik** idealisieren wir einen Körper durch einen Massenpunkt (MP), einen mathematischen Punkt im Raum, in dem seine Masse konzentriert ist und in dem äußere Kräfte angreifen sollen.

Ein **Vektor** $\boldsymbol{a}$ ist eine gerichtete Strecke, die, angewandt auf einen beliebigen Raumpunkt P_1, diesen um den Betrag der Länge des Vektors a in die von $\boldsymbol{a}$ angezeigte Richtung nach P_2 verschiebt.

Der **Ortsvektor** $\boldsymbol{r}$ eines Punktes P ist der Verbindungsvektor vom Ursprung $\mathcal{O}$ des Koordinatensystems nach P. Seine **kartesische Komponentendarstellung** lautet

$$\boldsymbol{r} = x\hat{\boldsymbol{x}} + y\hat{\boldsymbol{y}} + z\hat{\boldsymbol{z}} \tag{2.21}$$

mit den **Einheitsvektoren** $\hat{\boldsymbol{x}}$, $\hat{\boldsymbol{y}}$, $\hat{\boldsymbol{z}}$ in Richtung der Koordinatenachsen.

Das **Skalarprodukt** zweier Vektoren $\boldsymbol{a}$, $\boldsymbol{b}$ ist gleich dem Produkt ihrer Beträge a, b, multipliziert mit dem Cosinus des eingeschlossenen Winkels α

$$(\boldsymbol{a}\cdot\boldsymbol{b}) = ab\cos\alpha = a_x b_x + a_y b_y + a_z b_z\,. \qquad (2.27), (2.29)$$

Das **Vektorprodukt** zweier Vektoren $\boldsymbol{a}$, $\boldsymbol{b}$ ist wiederum ein Vektor $\boldsymbol{c}$

$$(\boldsymbol{a}\times\boldsymbol{b}) = \boldsymbol{c} = \hat{\boldsymbol{c}}ab\sin\alpha = -(\boldsymbol{b}\times\boldsymbol{a})\,. \tag{2.30}$$

Er steht senkrecht auf $\boldsymbol{a}$ und $\boldsymbol{b}$, und seine Richtung ist durch die Rechtshändigkeit des von $\boldsymbol{a}, \boldsymbol{b}, \boldsymbol{c}$ aufgespannten Dreibeins definiert. In Komponentenschreibweise wird das Vektorprodukt durch die Determinante dargestellt

$$\boldsymbol{a}\times\boldsymbol{b} = \begin{vmatrix} \hat{\boldsymbol{x}} & \hat{\boldsymbol{y}} & \hat{\boldsymbol{z}} \\ a_x & a_y & a_z \\ b_x & b_y & b_z \end{vmatrix}\,. \tag{2.32'}$$

Die **Geschwindigkeit** $\boldsymbol{v}$ eines MP ist die zeitliche Ableitung seiner Ortskurve $\boldsymbol{r}(t)$

$$\boldsymbol{v}(t) = \frac{\mathrm{d}\boldsymbol{r}(t)}{\mathrm{d}t} = \dot{\boldsymbol{r}}(t)\,; \tag{2.38}$$

sie ist die Tangente an die Raumkurve.

Die **Beschleunigung** $\boldsymbol{a}(t)$ ist die erste Zeitableitung der Geschwindigkeit bzw. die zweite Zeitableitung der Ortskurve

$$\boldsymbol{a}(t) = \dot{\boldsymbol{v}}(t) = \ddot{\boldsymbol{r}}(t)\,. \tag{2.40}$$

Bei vorgegebener Beschleunigung $\boldsymbol{a}(t)$ ergibt sich die Ortskurve eines MP nach einem Zeitintervall von $t_1 - t_0$ zu

$$\boldsymbol{r}(t_1) = \boldsymbol{r}_0 + \boldsymbol{v}_0(t_1 - t_0) + \int_{t_0}^{t_1} \left[\int_{t_0}^{t} \boldsymbol{a}(t')\mathrm{d}t' \right] \mathrm{d}t\,, \tag{2.41}$$

mit dem Anfangsort $\boldsymbol{r}_0$ und der Anfangsgeschwindigkeit $\boldsymbol{v}_0$ zum Zeitpunkt t_0. Sei $\boldsymbol{a} = \text{const}$, so ergibt sich als Lösung von (2.41) die **allgemeine Wurfparabel**

$$\boldsymbol{r}(t_1) = \boldsymbol{r}_0 + \boldsymbol{v}_0(t_1 - t_0) + \frac{1}{2}\boldsymbol{g}(t - t_0)^2\,. \tag{2.42}$$

Eine **gleichförmige Kreisbewegung** in der x, y-Ebene wird durch die zeitabhängigen Winkelfunktionen

$$\boldsymbol{r} = r_0(\cos\varphi\,\hat{\boldsymbol{x}} + \sin\varphi\,\hat{\boldsymbol{y}}) \tag{2.45}$$

dargestellt mit dem Radius r_0, dem Argument

$$\varphi(t) = 2\pi\nu t + \varphi_0 = \frac{2\pi t}{T} + \varphi_0 = \omega t + \varphi_0 \tag{2.46}$$

und der Anfangsphase $\varphi(t = 0) = \varphi_0$.
Die Periodizität wird durch die **Frequenz** ν, die **Periode** $T = 1/\nu$ oder die **Kreisfrequenz** $\omega = 2\pi\nu$ ausgedrückt.
Die **Geschwindigkeit der Kreisbewegung** ist

$$\dot{\boldsymbol{r}}(t) = \omega\boldsymbol{r}\,(t + T/4) = v_0\hat{\boldsymbol{r}}\,(t + T/4) \tag{2.48}$$

mit der **Bahngeschwindigkeit**

$$v_0 = r_0\omega\,. \tag{2.49}$$

Sie steht senkrecht auf $\boldsymbol{r}$, d. h. sie zeigt entlang der Kreistangente.
Die **Beschleunigung der Kreisbewegung** ist

$$\boldsymbol{a}(t) = \ddot{\boldsymbol{r}}(t) = \omega^2\boldsymbol{r}\,(t + T/2) = -\omega^2\boldsymbol{r}(t) = -\omega^2 r_0\hat{\boldsymbol{r}}(t) \tag{2.55}$$

mit dem Betrag der Kreisbeschleunigung

$$a = \omega^2 r_0 = \omega v_0 = v_0^2/r_0\,. \tag{2.56}$$

Der **Vektor der Winkelgeschwindigkeit** des Ortsvektors einer Bahnkurve um den Ursprung ist definiert als

$$\boldsymbol{\omega} = \frac{\boldsymbol{r}\times\boldsymbol{v}}{r^2}\,; \tag{2.60}$$

er steht senkrecht auf Ortsvektor und Geschwindigkeit. Speziell für eine Kreisbewegung gilt auch umgekehrt

$$\boldsymbol{v} = \boldsymbol{\omega}\times\boldsymbol{r}\,. \tag{2.59}$$

Bei **Raumspiegelung**, definiert durch die Transformation

$$\boldsymbol{r}' = -\boldsymbol{r}\,, \tag{2.61}$$

kehrt ein polarer Vektor sein Vorzeichen um, ein axialer nicht. Beispiele polarer Vektoren sind der Ortsvektor und seine Zeitablenkungen, die Kraft, das elektrische Feld. Beispiele axialer Vektoren sind der Vektor der Winkelgeschwindigkeit, das Drehmoment, das Magnetfeld.

K.3 Einführung in die Dynamik

Newtonsche Grundgesetze der Mechanik

1) **Trägheitsprinzip.** Ein **kräftefreier Körper** bewegt sich mit konstanter Geschwindigkeit auf einer geraden Bahn.
2) **Aktionsprinzip.** Die **Kraft auf einen Körper** ist gleich dem Produkt aus seiner Masse und seiner Beschleunigung

$$\boldsymbol{F} = m\boldsymbol{a}\,. \qquad (3.5), (3.8)$$

3) **Reaktionsprinzip.** Übt ein Körper eine Kraft $\boldsymbol{F}_{12}$ auf einen zweiten aus, so erfährt er seitens des zweiten eine gleich große Kraft $\boldsymbol{F}_{21}$ in umgekehrter Richtung (**actio = reactio**)

$$\boldsymbol{F}_{12} = -\boldsymbol{F}_{21}\,. \tag{3.10}$$

Inertialsysteme und Relativitätsprinzip

- Alle physikalischen Vorgänge zwischen wechselwirkenden Körpern laufen unabhängig von deren Absolutgeschwindigkeiten ab.
- Wir beobachten daher in allen gleichförmig bewegten Bezugssystemen (Inertialsysteme) die gleichen physikalischen Gesetzmäßigkeiten.
- Eine Absolutbeschleunigung ist ebenso wenig meßbar wie eine Absolutgeschwindigkeit. Nur die relative Bewegung zwischen den physikalischen Objekten ist meßbar.

Koordinatentransformationen zwischen Inertialsystemen mit Relativgeschwindigkeit $\boldsymbol{u}$

- **Galilei-Transformation**

$$\boldsymbol{r}' = \boldsymbol{r} - \boldsymbol{r}_0 - \boldsymbol{u}t\,. \tag{3.17}$$

  Die Maßstäbe für Zeit, Länge und Masse bleiben ungeändert.
- **Lorentz-Transformation** für Raum und Zeit (für $\boldsymbol{u} \parallel \hat{\boldsymbol{x}}$)

$$
\begin{aligned}
t' &= \frac{t - (u/c^2)x}{\sqrt{1 - u^2/c^2}} \\
x' &= \frac{x - ut}{\sqrt{1 - u^2/c^2}} \\
y' &= y \\
z' &= z\,.
\end{aligned} \tag{3.24}
$$

Dabei ändern sich die Maßstäbe für die Länge l eines Objekts, für die Zeitspanne eines Geschehens Δt und für die Masse m eines Körpers wie $l' = l\sqrt{1 - u^2/c^2}$, $\Delta t' = \Delta t/\sqrt{1-u^2/c^2}$, $m' = m/\sqrt{1 - u^2/c^2}$.

d'Alembertsches Prinzip. Die Summe aus äußerer Kraft $\boldsymbol{F}_\mathrm{a}$, Zwangskraft $\boldsymbol{F}_\mathrm{z}$ und Trägheitskraft $\boldsymbol{F}_\mathrm{t} = -m\boldsymbol{a}$, die an einem Körper angreifen, ist Null

$$\boldsymbol{F}_\mathrm{a} + \boldsymbol{F}_\mathrm{z} + \boldsymbol{F}_\mathrm{t} = 0\,. \tag{3.27}$$

Kreisbewegung. Die Summe aus **Zentripetalkraft** $\boldsymbol{F}_\mathrm{z} = -m\omega^2\boldsymbol{r}$ und **Zentrifugalkraft** $\boldsymbol{F}_\mathrm{t} = +m\omega^2\boldsymbol{r}$ ist Null.

Transformation auf rotierendes Koordinatensystem (mit $\boldsymbol{\omega} \parallel \hat{z}$)

für die Komponenten des Ortsvektors $\boldsymbol{r}$

$$
\begin{aligned}
z' &= z \\
x' &= x\cos\omega t + y\sin\omega t \\
y' &= -x\sin\omega t + y\cos\omega t
\end{aligned} \tag{3.39}
$$

für die Geschwindigkeit $\boldsymbol{v}$

$$\boldsymbol{v}' = \boldsymbol{v} - (\boldsymbol{\omega} \times \boldsymbol{r}) \tag{3.41}$$

für die Beschleunigung $\boldsymbol{a}$

$$\boldsymbol{a}' = \boldsymbol{a} - 2(\boldsymbol{\omega} \times \boldsymbol{v}) + [\boldsymbol{\omega} \times (\boldsymbol{\omega} \times \boldsymbol{r})]\,. \tag{3.43}$$

Darin bedeutet der zweite Term die **Coriolis-**, der dritte die **Zentripetalbeschleunigung**. Vom mitrotierenden Beobachter aus gesehen *scheinen* diese Beschleunigungen eines Körpers der Masse m von **Scheinkräften**

$$-2m(\boldsymbol{\omega} \times \boldsymbol{v}) + m[\boldsymbol{\omega} \times (\boldsymbol{\omega} \times \boldsymbol{r}]$$

auszugehen.

Ein im rotierenden System mit $\boldsymbol{v} = \mathbf{const}$ bewegter Körper der Masse m erfährt in einem Inertialsystem eine *echte* Coriolis- und Zentripetalbeschleunigung durch entsprechende echte Kräfte

Coriolis-Kraft: $\boldsymbol{F}_\mathrm{C} = +2m(\boldsymbol{\omega} \times \boldsymbol{v})$,

Zentripetalkraft: $\boldsymbol{F}_\mathrm{Z} = m[\boldsymbol{\omega} \times (\boldsymbol{\omega} \times \boldsymbol{r})]$.

K.4 Energie und Energiesatz

Einem mit der Geschwindigkeit v bewegten Körper schreiben wir die **kinetische Energie** zu

$$E_\mathrm{k} = \frac{1}{2} m v^2 . \tag{4.5}$$

Das **Wegintegral der Kraft** bezeichnet die am Körper auf dem Weg von P_1 nach P_2 geleistete **Arbeit**

$$W_{1\to 2} = \int_{P_1}^{P_2} (\boldsymbol{F}(\boldsymbol{s}) \cdot \mathrm{d}\boldsymbol{s}) . \tag{4.19}$$

Hängt (4.19) nur von der Lage der Punkte P_1, P_2 ab, nicht aber von der Wahl des Weges von P_1 nach P_2, so verschwindet auf jedem geschlossenen Weg die resultierende Arbeit

$$W_\mathrm{Ring} = \oint (\boldsymbol{F}(\boldsymbol{s}) \cdot \mathrm{d}\boldsymbol{s}) \equiv 0 . \tag{4.23}$$

Wir nennen ein **Kraftfeld konservativ**, wenn es (4.23) erfüllt.

Die von einem konservativen Kraftfeld $\boldsymbol{F}(\boldsymbol{r})$ auf einem beliebigen Weg zwischen zwei Punkten P_1 und P_2 geleistete Arbeit nennen wir die Differenz der **potentiellen Energie** (E_p) oder auch des **Potentials** (V) zwischen diesen Punkten

$$E_\mathrm{p}(P_1) - E_\mathrm{p}(P_2) = V(P_1) - V(P_2) = \int_{P_1}^{P_2} (\boldsymbol{F}(\boldsymbol{s}) \cdot \mathrm{d}\boldsymbol{s}) = W_{1\to 2} . \tag{4.21}$$

In Umkehrung von (4.21) läßt sich jedes konservative Kraftfeld als **Gradient** eines Potentials (einer skalaren Funktion des Orts) gewinnen

$$\boldsymbol{F}(\boldsymbol{r}) = -\mathbf{grad}\, V(\boldsymbol{r}) = -\left(\frac{\partial V(\boldsymbol{r})}{\partial x}\hat{\boldsymbol{x}} + \frac{\partial V(\boldsymbol{r})}{\partial y}\hat{\boldsymbol{y}} + \frac{\partial V(\boldsymbol{r})}{\partial z}\hat{\boldsymbol{z}} \right) . \tag{4.41}$$

Mechanischer Energiesatz. In einem konservativen Kraftfeld ist die Summe aus kinetischer und potentieller Energie eines Körpers unabhängig von Zeit und Ort konstant

$$E = E_\mathrm{p} + E_\mathrm{k} = \mathrm{const} . \tag{4.26}$$

Newtonsches Gravitationsgesetz. Eine Punktmasse M_1 zieht eine Punktmasse M_2 im Abstand $\boldsymbol{r} = \boldsymbol{r}_1 - \boldsymbol{r}_2$ mit der Schwerkraft

$$\boldsymbol{F}_{12}(\boldsymbol{r}) = -\gamma \frac{M_1 M_2}{r^2} \hat{\boldsymbol{r}} = -\boldsymbol{F}_{21} \tag{4.46}$$

an (und umgekehrt). Die zugehörige potentielle Energie ist (mit $E_\mathrm{p}(r = \infty) = 0$ gesetzt)

$$E_{\mathrm{p}\,1,2}(r) = -\gamma \frac{M_1 M_2}{r} \,. \tag{4.53}$$

Im Gegensatz zum üblichen Sprachgebrauch bezeichnet das **Schwerepotential** nicht die potentielle Energie zwischen *zwei* Massen, sondern ist nur auf *eine* der Massen bezogen

$$V_1(r) = -\gamma \frac{M_1}{r} \curvearrowright \tag{4.54}$$

$$E_{p\,1,2} = V_1(r)\, M_2 = V_2(r)\, M_1 \,.$$

In der Höhe h über der Erdoberfläche baut die konstante Schwerkraft mg die potentielle Energie auf

$$E_{\mathrm{p}} = mgh \,. \tag{4.7}$$

Keplersche Gesetze

1) Die Planetenbahnen sind *Ellipsen*, in deren einem Brennpunkt die Sonne steht.
2) Der Fahrstrahl zwischen Sonne und Planet überstreicht in gleichen Zeiten Δt_i gleiche Flächen ΔA_i (**Flächensatz**):

$$\frac{\Delta A_1}{\Delta t_1} = \frac{\Delta A_2}{\Delta t_2} = \mathrm{const} \,. \tag{4.42}$$

3) Die Quadrate der *Umlaufzeiten* T zweier Planeten 1, 2 verhalten sich wie die Kuben der großen Halbachsen a ihrer Bahnen:

$$\frac{T_1^2}{a_1^3} = \frac{T_2^2}{a_2^3} = \mathrm{const} = K \,. \tag{4.43}$$

Federkraft und -potential. Zur elastischen, rücktreibenden Federkraft

$$\boldsymbol{F}_x = -D\boldsymbol{x} \tag{4.29}$$

gehört das Potential

$$V(x) = \frac{1}{2} D x^2 \,. \tag{4.30}$$

Unter **Leistung** verstehen wir allgemein die pro Zeiteinheit in einem Prozeß umgesetzte Energie

$$P = \frac{\mathrm{d}E}{\mathrm{d}t} \,.$$

Die *mechanische* Leistung bezeichnet speziell die pro Zeiteinheit geleistete mechanische Arbeit

$$P = \frac{\mathrm{d}W}{\mathrm{d}t} = (\boldsymbol{F} \cdot \boldsymbol{v}) \,. \tag{4.61}$$

Sie ist gleich dem Skalarprodukt aus Kraft $\boldsymbol{F}$ und Geschwindigkeit $\boldsymbol{v}$.

Die **Reibungskraft** ist der Geschwindigkeit immer entgegengesetzt und im einfachsten Fall ihr dem Betrag nach proportional

$$\boldsymbol{F}_\varrho = -\varrho \boldsymbol{v}\,, \qquad \varrho > 0\,. \tag{4.64}$$

K.5 Impuls und Impulserhaltungssatz

Der **Impuls** eines Körpers ist das Produkt aus seiner Masse und seiner Geschwindigkeit:

$$\boldsymbol{p} = m\boldsymbol{v}\,. \tag{5.3}$$

Damit nimmt das **Newtonsche Kraftgesetz** die Form an:

$$\boldsymbol{F} = \dot{\boldsymbol{p}}\,. \tag{5.5}$$

Impulssatz. In einem abgeschlossenen System, in dem nur innere Kräfte zwischen den Körpern wirken, ist die Summe aller Impulse $\boldsymbol{P}$ konstant

$$\boldsymbol{P} = \sum_{i=1}^{N} \boldsymbol{p}_i = \mathbf{const}\,. \tag{5.8'}$$

Der Ortsvektor $\boldsymbol{R}$ des **Schwerpunkts** von Massenpunkten $m_i = m_1, m_2, \ldots, m_N$ an den Orten $\boldsymbol{r}_i$ ist gegeben durch

$$\boldsymbol{R} = \frac{\sum_{i=1}^{N} m_i \boldsymbol{r}_i}{\sum_{i=1}^{N} m_i}\,. \tag{5.11}$$

Bei kontinuierlicher Massenverteilung treten an Stelle der Summen die Volumenintegrale

$$\boldsymbol{R} = \frac{\int_V \boldsymbol{r}\varrho(\boldsymbol{r})\,\mathrm{d}\tau}{\int_V \varrho(\boldsymbol{r})\,\mathrm{d}\tau} = \frac{1}{M}\int_V \boldsymbol{r}\varrho(\boldsymbol{r})\,\mathrm{d}\tau\,. \tag{5.17}$$

Im Laborsystem bewegt sich der Schwerpunkt mit der Geschwindigkeit

$$\boldsymbol{V} = \frac{\boldsymbol{P}}{M}\,. \tag{5.10}$$

Demzufolge ist der Gesamtimpuls im Schwerpunktsystem gleich Null:

$$\boldsymbol{P}_\mathrm{s} = 0\,.$$

Das Produkt aus der Beschleunigung des Schwerpunkts und der Gesamtmasse des Systems ist gleich der Summe aller von außerhalb des Systems einwirkenden Kräfte $\boldsymbol{F}_{\mathrm{a}i}$

$$M\ddot{\boldsymbol{R}} = \sum_{i=1}^{N} \boldsymbol{F}_{\mathrm{a}i}\,. \tag{5.19}$$

Zweikörperstöße. Bei elastischen Stößen zweier Körper sind bei gegebenen Eingangsimpulsen $\boldsymbol{p}_1, \boldsymbol{p}_2$ von den insgesamt sechs Komponenten der beiden Ausgangsimpulse $\boldsymbol{p}'_1, \boldsymbol{p}'_2$ nur zwei innerhalb der kinematischen Grenzen frei

wählbar. Die übrigen vier sind dann mittels Impuls- und Energiesatz bereits durch die Eingangsimpulse determiniert. Bei nicht elastischen Stößen erhöht sich die Zahl der Freiheitsgrade nach dem Stoß auf drei.
Im nichtelastischen 2-er Stoß mit Geschwindigkeiten $\boldsymbol{v}_1, \boldsymbol{v}_2$ vor und $\boldsymbol{v}_1', \boldsymbol{v}_2'$ nach dem Stoß beträgt die Änderung der kinetischen Energie des Systems

$$E_\mathrm{k} - E_\mathrm{k}' = \frac{\mu}{2}\left[(\boldsymbol{v}_1 - \boldsymbol{v}_2)^2 - (\boldsymbol{v}_1' - \boldsymbol{v}_2')^2\right], \tag{5.30a}$$

mit der **reduzierten Masse**

$$\mu = \frac{m_1 m_2}{m_1 + m_2}. \tag{5.29}$$

Sie ist allein durch die reduzierte Masse und die Änderung der Relativgeschwindigkeit bestimmt.

Raketengleichung. Eine Rakete der Masse m erfährt durch den Massenausstoß $\mu = -\dot{m} > 0$, der mit der Relativgeschwindigkeit $-\boldsymbol{u}$ erfolge, eine Schubkraft

$$\boldsymbol{F}_\mathrm{Schub} = m\dot{\boldsymbol{v}} = \mu\boldsymbol{u}. \tag{5.44}$$

Ihre Geschwindigkeit wächst logarithmisch mit dem Verhältnis aus Start- und Endgewicht

$$v_1 - v_0 = u \ln\frac{m_0}{m_1}. \tag{5.46}$$

K.6 Drehimpuls, Drehmoment, Drehimpulssatz

Der **Drehimpuls** ($\boldsymbol{L}$) eines *Massenpunktes m* bezüglich eines Punktes $\mathcal{O}$ ist definiert als das Vektorprodukt aus dem Verbindungsvektor $\boldsymbol{r}$ von $\mathcal{O}$ zum Massenpunkt und dessen Impuls $\boldsymbol{p}$

$$\boldsymbol{L} = \boldsymbol{r} \times \boldsymbol{p}. \tag{6.1}$$

Greife an dem betreffenden Massenpunkt die Kraft $\boldsymbol{F}$ an, so übt sie bezüglich $\mathcal{O}$ das **Drehmoment**

$$\boldsymbol{N} = \boldsymbol{r} \times \boldsymbol{F}$$

aus.

Zwischen Drehimpuls und Drehmoment gilt die fundamentale **Bewegungsgleichung**

$$\dot{\boldsymbol{L}} = \boldsymbol{N}. \tag{6.4}$$

In radialsymmetrischen Kraftfeldern der Form

$$\boldsymbol{F}(\boldsymbol{r}) = F(r)\hat{\boldsymbol{r}}$$

ist der Drehimpuls bezüglich des Zentrums erhalten, unabhängig von der speziellen radialen Abhängigkeit $F(r)$ des Feldes. Es gilt dann das **2. Keplersche Gesetz** (4.42) konstanter Flächengeschwindigkeit

$$\frac{dA}{dt} = \frac{1}{2m} \mid \boldsymbol{L} \mid = \text{const}\,. \tag{6.9}$$

Gilt die Rotationssymmetrie des Kraftfelds nur bezüglich einer bestimmten Achse A ist die Drehimpulskomponente entlang dieser Achse erhalten.

Drehimpulssatz. Der Gesamtdrehimpuls eines abgeschlossenen Systems von Körpern, auf das also keine äußeren Kräfte einwirken, ist zeitlich konstant.

Unter dem Einfluß äußerer Kräfte $\boldsymbol{F}_{ai}$ ändert sich der **äußere Drehimpuls** $\boldsymbol{L}_a$ um δ eines Systems von Massenpunkten so, als greife ihre Summe im Schwerpunkt S an. Dagegen ist die Änderung des **inneren Drehimpuls** $\boldsymbol{L}_s$ um S gleich der Summe ihrer Drehmomente um den Schwerpunkt:

$$\begin{aligned}\dot{\boldsymbol{L}}_a &= (\boldsymbol{R} \times \dot{\boldsymbol{P}}) = \sum_{i=1}^{N} (\boldsymbol{r}_{ai} \times \boldsymbol{F}_{ai}) \\ \dot{\boldsymbol{L}}_s &= \sum_{i=1}^{N} (\boldsymbol{r}_{si} \times \dot{\boldsymbol{p}}_i) = \sum_{i=1}^{N} (\boldsymbol{r}_{si} \times \boldsymbol{F}_{ai})\end{aligned} \tag{6.15}$$

K.7 Drehbewegungen starrer Körper

Das **Trägheitsmoment eines starren Körpers** um eine raumfeste Drehachse A ist gegeben durch das Volumenintegral über seine Dichte $\varrho(\boldsymbol{r})$, gewichtet mit dem Quadrat des Abstands r_A^2 von der Drehachse

$$\theta = \int_V r_A^2 \varrho(\boldsymbol{r}) d\tau\,. \tag{7.3}$$

Damit ist sein **Drehimpuls um** diese **Achse**

$$L_A = \theta\dot{\varphi} = \theta\omega\,. \tag{7.3}$$

Er genügt dem **dynamischen Grundgesetz der Drehbewegung**

$$N_A = \dot{L}_A = \theta\ddot{\varphi} = \theta\dot{\omega}\,, \tag{7.10}$$

wobei N_A das bezüglich der Achse am Körper angreifende Drehmoment ist.

Zufolge (7.10) bleiben alle Gesetze der eindimensionalen *linearen* Bewegung auch für die eindimensionale Drehbewegung um eine feste Achse gültig mit folgender Entsprechung (s. Tabelle K.3).

Weiterhin gilt für die **kinetische Energie der Drehbewegung**

$$E_k = \frac{1}{2}\theta\omega^2 \tag{7.11}$$

und für die Arbeit

$$W_{1\to 2} = \int_{\varphi_1}^{\varphi_2} N_a(\varphi) d\varphi\,. \tag{7.12}$$

Tabelle K.3. Entsprechende Bewegungsgrößen der Translation und Rotation

Translation	Rotation
Kraft (F)	Drehmoment (N_a)
Masse (m)	Trägheitsmoment (θ)
Koordinate (x)	Drehwinkel (φ)
Impuls (p)	Drehimpuls (L)

Ist dieses Drehmoment *konservativ*, so läßt es sich aus einer potentiellen Energie ableiten:

$$N_\mathrm{a} = -\frac{\mathrm{d}E_\mathrm{p}}{\mathrm{d}\varphi} \,. \tag{7.13}$$

Steinerscher Satz. Das Trägheitsmoment eines Körpers um eine beliebige Achse im Abstand R_A vom Schwerpunkt ist gleich dem Trägheitsmoment um eine parallele Achse durch den Schwerpunkt $\theta_{\mathrm{s}\uparrow\uparrow}$ plus dem Produkt aus Masse (M) des Körpers und R_A^2

$$\theta(R_\mathrm{A}) = \theta_{\mathrm{s}\uparrow\uparrow} + MR_\mathrm{A}^2 \,. \tag{7.8}$$

Ohne äußere Kräfte dreht sich ein starrer Körper um eine **freie Achse**; sie enthält den Schwerpunkt.

Jeder beliebig gestaltete starre Körper hat drei zueinander orthogonale freie Achsen, um die er sich frei von **Deviationsmomenten**, d. h. ohne zu taumeln, dreht. Sie heißen **Hauptträgheitsachsen** $\hat{\boldsymbol{A}}, \hat{\boldsymbol{B}}, \hat{\boldsymbol{C}}$, mit Trägheitsmomenten $\theta_A, \theta_B, \theta_C$.

Der (konstante) **Drehimpuls** $\boldsymbol{L}$ **eines** frei rotierenden **starren Körpers** läßt sich in Komponenten entlang der Hauptträgheitsachsen zerlegen; es gilt

$$\boldsymbol{L} = \theta_A\,\omega_A\,\hat{\boldsymbol{A}} + \theta_B\,\omega_B\,\hat{\boldsymbol{B}} + \theta_C\,\omega_C\,\hat{\boldsymbol{C}} \,, \tag{7.23}$$

wobei $\omega_A, \omega_B, \omega_C$ die *momentanen* Komponenten der Winkelgeschwindigkeit $\boldsymbol{\omega}$ des Körpers entlang seiner Hauptträgheitsachsen sind. Im allgemeinen Fall $\theta_A \neq \theta_B \neq \theta_C$ drehen sich die $\boldsymbol{\omega}$-Achse ebenso wie die Hauptträgheitsachsen in komplizierten Taumelbewegungen um die raumfeste Drehimpulsachse, ausgenommen $\boldsymbol{\omega}$ ist parallel zu einer Hauptträgheitsachse. Beim **symmetrischen Kreisel**, definiert durch $\theta_A = \theta_B \neq \theta_C$, drehen sich die $\hat{\boldsymbol{C}}$-Achse auf dem **Nutationskegel** und die $\boldsymbol{\omega}$-Achse auf dem **Rastpolkegel** um die $\boldsymbol{L}$-Achse.

Wirkt ein dem Betrag nach konstantes Drehmoment $\boldsymbol{N}$ immer senkrecht auf die Kreiselachse $\hat{\boldsymbol{C}} \uparrow\uparrow \boldsymbol{L}$, so dreht sich diese mit der **Präzessionsfrequenz** ω_p auf einem **Präzessionskegel** um die ω_p-Achse; es gilt dann

$$\dot{\boldsymbol{L}} = \boldsymbol{N} = (\boldsymbol{\omega}_\mathrm{p} \times \boldsymbol{L}) \quad \text{mit} \quad \boldsymbol{\omega}_\mathrm{p} = (\boldsymbol{L} \times \boldsymbol{N})/L^2 \,. \tag{7.27a}$$

K.8 Elastische Kräfte und deren molekulare Grundlagen

Hookesches Gesetz. Auf eine relative Längenänderung $\Delta l/l_0$ reagiert ein elastischer, zylindrischer Körper vom Querschnitt q mit einer **elastischen Rückstellkraft**

$$F_{el} = -E \cdot q \frac{\Delta l}{l_0} . \tag{8.1}$$

Die Materialkonstante E heißt **Elastizitätsmodul**.

Die pro Flächeneinheit wirkende, äußere Kraft dF_a/dA heißt **Spannung**. Greife die Kraft unter einem Winkel φ zur Flächennormale an, so teilen wir die Gesamtspannung in eine senkrechte Komponente, die **Normalspannung**

$$\sigma = \frac{dF_a}{dA} \cos\varphi \tag{8.7}$$

und eine parallele Komponente, die **Schub-** oder **Scherspannung** auf

$$\tau = \frac{dF_a}{dA} \sin\varphi . \tag{8.8}$$

Auf eine Scherung um den Winkel φ reagiert ein elastischer Körper mit einer rücktreibenden, **elastischen Scherspannung**

$$\tau_{el} = -G \tan\varphi . \tag{8.10}$$

G heißt **Scher-**, **Schub-** oder **Torsionsmodul**.

Auf einen **allseitigen Druck** p reagiert ein elastischer Körper mit einer relativen Volumenänderung von

$$\frac{\Delta V}{V_0} = -\frac{p}{K} . \tag{8.12}$$

K heißt **Kompressionsmodul**. Die bei allseitiger Kompression aufzubringende Volumenarbeit ist

$$\Delta W_a = -p\, dV . \tag{8.19}$$

Lenard-Jones-Potential. Die *chemische Bindung* zweier Atome läßt sich näherungsweise durch eine kurzreichweitige, potentielle Energie benachbarter Atomkerne als Funktion ihres relativen Abstands r beschreiben

$$E_p(r) = \sigma \left(\frac{r_0^6}{r^{12}} - \frac{2}{r^6} \right) , \tag{8.22}$$

mit einem anziehenden Term $\propto r^{-6}$ und einem abstoßenden Term $\propto r^{-12}$. Das Lenard-Jones-Potential bindet die Atomkerne näherungsweise mit elastischen Kräften an den Gleichgewichtsabstand r_0. σ ist ein Maß seiner Stärke.

K.9 Ruhende Flüssigkeiten und Gase

Flüssigkeiten sind volumen-, aber nicht formstabil; für ihre Moduln gilt also

$$K \neq 0\,, \quad E = G = 0\,. \tag{9.1}$$

Gase sind weder volumen- noch formstabil; sie füllen jedes vorgegebene Volumen aus.

Flüssigkeiten üben auf die Wände eine allseitig gleiche Normalspannung, den **hydrostatischen Druck**, aus. Er wächst als **hydrostatischer Schweredruck** proportional zu Höhe und Dichte der Flüssigkeitsschicht

$$p = \varrho g h = \gamma h\,. \tag{9.8}$$

Die Oberfläche einer ruhenden Flüssigkeit bildet eine **Äquipotentialfläche** bezüglich der auf sie einwirkenden äußeren Kräfte.

Taucht ein Körper in eine Flüssigkeit ein, so erfährt er darin einen **Auftrieb** entsprechend dem Gewicht des von ihm verdrängten Flüssigkeitsvolumen.

Die **Oberflächenspannung** an der Grenzfläche zweier Medien ist definiert als die Arbeit, die zur Vergrößerung ihrer gegenseitigen Oberfläche geleistet werden muß

$$\sigma = \frac{\mathrm{d}W_\mathrm{a}}{\mathrm{d}A}\,. \tag{9.16}$$

Ist diese Arbeit positiv, baut sich also eine positive, potentielle **Oberflächenenergie** $E_\mathrm{p}(A)$ auf, so strebt diese Oberfläche ein Minimum an und bildet im Gleichgewicht eine **Minimalfläche**.

An der Grenzlinie zwischen Wand (W), Flüssigkeit (F) und Luft (L) bildet die Flüssigkeitsoberfläche einen Grenzwinkel φ relativ zur Wand aus, bestimmt durch die relativen Oberflächenspannungen σ_WL, σ_WF, σ_FL gemäß

$$\cos\varphi = \frac{\sigma_\mathrm{WL} - \sigma_\mathrm{WF}}{\sigma_\mathrm{FL}}\,. \tag{9.23}$$

Ist $\cos\varphi > 0$, sprechen wir von einer benetzenden, andernfalls von einer nicht benetzenden Flüssigkeit.

In einer **Kapillare** vom Radius r steigt (sinkt) der Spiegel einer benetzenden (nicht benetzenden) Flüssigkeit umgekehrt proportional zum Radius

$$h = \frac{2\sigma_\mathrm{FL}\cos\varphi}{\varrho g r}\,. \tag{9.24}$$

Boyle-Mariottesches Gesetz. Bei einem idealen Gas ist bei konstanter Temperatur das Produkt aus Druck p und Volumen V konstant

$$p \cdot V = \text{const}\,. \tag{9.31}$$

Daraus folgt für den **Kompressionsmodul**

$$p = K\,. \tag{9.32}$$

Barometrische Höhenformel. Unter der Annahme konstanter Temperatur nimmt der Luftdruck p mit der Höhe h über dem Erdboden nach dem Gesetz ab

$$p(h) = p_0 \mathrm{e}^{-(\varrho_0/p_0)gh} = p_0 \mathrm{e}^{(-mgh/kT)} . \qquad (9.36)$$

K.10 Strömende Flüssigkeiten und Gase

Ein **Strom** I bezeichnet allgemein eine pro Zeiteinheit durch eine vorgegebene Fläche A hindurchtretende Menge Q. Entsprechend trägt er die Dimension

$$[I] = [Q]/\mathrm{s} , \qquad (10.1)–(10.4)$$

wobei Q z. B. eine Masse, Energie, Teilchenzahl, Ladung oder ähnliches bedeuten kann.

In der Strömungslehre interessiert man sich in erster Linie für das transportierte Volumen, den **Volumenstrom** I_{Vol} mit

$$[I_{\mathrm{Vol}}] = \mathrm{m}^3\,\mathrm{s}^{-1} . \qquad (10.1)$$

Das Produkt aus Strömungsgeschwindigkeit $\boldsymbol{v}(\boldsymbol{r})$ und räumlicher Dichte der transportierten Menge $\varrho(\boldsymbol{r}) = \mathrm{d}Q(\boldsymbol{r})/\mathrm{d}V$ ist das Vektorfeld der **Stromdichte**

$$\boldsymbol{j}(\boldsymbol{r}) = \varrho(\boldsymbol{r})\boldsymbol{v}(\boldsymbol{r}) = \frac{\mathrm{d}Q}{\mathrm{d}A\,\mathrm{d}t}\hat{\boldsymbol{v}} . \qquad (10.8)$$

Es ist gleich der am Ort $\boldsymbol{r}$ durch eine zu $\boldsymbol{v}$ senkrechte Einheitsfläche pro Zeiteinheit hindurchtretenden Menge. Mit (10.8) gewinnt man den Strom I (auch **Fluß** Φ genannt) durch eine Fläche A durch Integration des Skalarprodukts $\boldsymbol{j}(\boldsymbol{r})\hat{\boldsymbol{n}}(\boldsymbol{r})\mathrm{d}A'$ über A

$$I = \Phi = \int_A \left(\boldsymbol{j}(\boldsymbol{r}) \cdot \hat{\boldsymbol{n}}\mathrm{d}A'\right) = \int_A \left(\boldsymbol{j}(\boldsymbol{r}) \cdot \mathrm{d}\boldsymbol{A}'\right) . \qquad (10.9)$$

Die **Quelldichte** einer Strömung $\boldsymbol{j}(\boldsymbol{r})$ bezeichnet die lokale, pro Volumen- und Zeiteinheit abfließende (bei negativem Vorzeichen zufließende) Menge. Sie ist durch die Divergenz von $\boldsymbol{j}(\boldsymbol{r})$ gegeben

$$\frac{\mathrm{d}^2 Q}{\mathrm{d}V\mathrm{d}t} = \mathbf{div}\,\boldsymbol{j}(\boldsymbol{r}) = \frac{\partial j_x(\boldsymbol{r})}{\partial x} + \frac{\partial j_y(\boldsymbol{r})}{\partial y} + \frac{\partial j_z(\boldsymbol{r})}{\partial z} . \qquad (10.10)$$

Ist in einer Strömung die Gesamtmenge Q erhalten, so kann die Quelldichte nur aus einer zeitlichen Änderung der Dichte selbst resultieren. Dann gilt die **Kontinuitätsgleichung**

$$\mathbf{div}\,\boldsymbol{j}(\boldsymbol{r}) + \dot{\varrho}(\boldsymbol{r}) = 0 . \qquad (10.12)$$

Sei O eine geschlossene Oberfläche, die ein Volumen V einschließt, so ist die Quelldichte in V mit dem Strom durch O über den Gaußschen Satz verknüpft

$$I = \int_V \mathbf{div}\, \boldsymbol{j}\, \mathrm{d}V' = \oint_O (\boldsymbol{j} \cdot \mathrm{d}\boldsymbol{A}) . \tag{10.13}$$

Bernoullische Gleichung. In einer inkompressiblen reibungsfreien Strömung gilt zwischen Druck p und Geschwindigkeit v an jedem Ort $\boldsymbol{r}$ der Erhaltungssatz

$$p(\boldsymbol{r}) + \frac{1}{2}\varrho v^2(\boldsymbol{r}) = \text{const} , \tag{10.15}$$

mit vielen wichtigen Konsequenzen in Natur und Technik.

Eine laminare Strömung ist wirbelfrei und erhält ihre Schichtung, d. h. es gibt weder geschlossene noch sich kreuzende Stromlinien.

Newtonscher Reibungsansatz. In einer realen, d. h. zähen Strömung, wird die innere Reibung durch eine Proportionalität zwischen **Scherspannung** τ_x und **Schergeschwindigkeit** $\partial v_x / \partial y$ beschrieben

$$\tau_x = \frac{\mathrm{d}F_x}{\mathrm{d}A} = \eta \frac{\mathrm{d}v_x}{\mathrm{d}y} , \tag{10.17}$$

mit dem **Zähigkeitskoeffizienten** η als Materialkonstanten.

Hagen-Poiseuille Gesetz. Der Strom eines Mediums der Zähigkeit η durch ein Rohr mit Radius R bei einem Druckabfall um Δp auf die Länge l beträgt

$$I_{\text{Vol}} = \frac{\pi R^4 \Delta p}{8\eta l} . \tag{10.20}$$

Wirbel sind durch einen inneren Kern und einen äußeren Zirkulationsbereich charakterisiert. Im Kern ($r < r_0$) wächst die Rotationsgeschwindigkeit proportional mit dem Abstand von der Wirbelachse bis zum Kernrand r_0 an

$$v(r < r_0) = v_0 r / r_0 \qquad \curvearrowright \qquad \omega = \text{const} .$$

Im Zirkulationsbereich ($r > r_0$) fällt sie umgekehrt proportional zu r ab

$$v(r > r_0) = v_0 \frac{r_0}{r} .$$

Reynoldszahl. Überschreitet in einer berandeten Strömung die mittlere Strömungsgeschwindigkeit $\overline{v}$ einen kritischen Wert, so schlägt die Strömung von einer laminaren in eine verwirbelte, turbulente um und umgekehrt. Der Grenzwert ist durch die dimensionslose Reynoldszahl R_e charakterisiert. Für ein Rohr vom Radius r gilt

$$R_e = r\overline{v}\varrho / \eta = 1160 . \tag{10.21}$$

Beim Übergang zur **Turbulenz** wächst der Reibungswiderstand sprunghaft an. Im Zusammenwirken mit dem Bernoullidruck können im Wechsel zwischen laminarer und turbulenter Strömung Schwingungen und Wellen in strömenden Medien erzeugt werden.

Die globale Drehbewegung eines Vektorfeldes $\boldsymbol{v}(\boldsymbol{r})$ wird in der Vektoranalysis durch das Ringintegral des Skalarprodukts $(\boldsymbol{v}(\boldsymbol{r}) \cdot \mathrm{d}\boldsymbol{s})$ über einen geschlossenen Weg R charakterisiert; es heißt **Zirkulation** Z

$$Z = \oint_R (\boldsymbol{v}(\boldsymbol{r}) \cdot \mathrm{d}\boldsymbol{s}) \ . \tag{10.23}$$

Die lokale Drehbewegung eines Vektorfeldes wird durch die Zirkulation $\mathrm{d}Z$ entlang eines differentiellen Ringwegs um ein Flächenelement $\mathrm{d}A$ beschrieben. Es gilt

$$\mathrm{d}Z = \textbf{rot}\, \boldsymbol{v} \cdot \mathrm{d}\boldsymbol{A} \ ,$$

wobei der Vektor der **Rotation** durch die lokalen Schergeschwindigkeiten bestimmt ist mit

$$\textbf{rot}\, \boldsymbol{v} = \hat{\boldsymbol{x}} \left(\frac{\partial v_z}{\partial y} - \frac{\partial v_y}{\partial z} \right) + \hat{\boldsymbol{y}} \left(\frac{\partial v_x}{\partial z} - \frac{\partial v_z}{\partial x} \right) + \hat{\boldsymbol{z}} \left(\frac{\partial v_y}{\partial x} - \frac{\partial v_x}{\partial y} \right) . \tag{10.29}$$

Stokesscher Satz. Die Zirkulation eines Vektorfeldes entlang eines geschlossenen Weges R ist gleich dem Fluß seiner Rotation durch eine von R berandete Fläche A

$$\oint_R (\boldsymbol{v}(\boldsymbol{r}) \cdot \mathrm{d}\boldsymbol{s}) = \int_A (\textbf{rot}\, \boldsymbol{v}(\boldsymbol{r}) \cdot \mathrm{d}\boldsymbol{A}) \ . \tag{10.30}$$

Ein Vektorfeld $\boldsymbol{v}(\boldsymbol{r})$ läßt sich genau dann als Gradient eines skalaren Potentials darstellen, wenn in dem betrachteten Gebiet gilt

$$\textbf{rot}\, \boldsymbol{v} \equiv 0 \, . \tag{10.32}$$

Mit Hilfe des **Nablaoperators**

$$\nabla = \hat{\boldsymbol{x}} \frac{\partial}{\partial x} + \hat{\boldsymbol{y}} \frac{\partial}{\partial y} + \hat{\boldsymbol{z}} \frac{\partial}{\partial z} \ , \tag{10.33}$$

lassen sich die drei wichtigen Differentialoperationen der Vektoranalysis wie folgt darstellen

$$\textbf{grad}\, V(\boldsymbol{r}) = \nabla V(\boldsymbol{r}) \tag{10.34}$$

$$\textbf{div}\, \boldsymbol{v}(\boldsymbol{r}) = (\nabla \cdot \boldsymbol{v}(\boldsymbol{r})) \ , \tag{10.35}$$

$$\textbf{rot}\, \boldsymbol{v}(\boldsymbol{r}) = (\nabla \times \boldsymbol{v}(\boldsymbol{r})) \ . \tag{10.36}$$

K.11 Schwingungen

In einem parabolischen Potential der Form

$$E_{\mathrm{p}} = \frac{1}{2} D x^2 \,, \tag{11.1}$$

genannt **Feder-** oder **harmonisches Potential**, erfährt ein Körper die **elastische**, rücktreibende **Federkraft**

$$\boldsymbol{F}(x) = -D\boldsymbol{x} \,. \tag{11.2}$$

Die zugehörige **Schwingungsgleichung**

$$\boldsymbol{F}(x) = -D\boldsymbol{x} = m\ddot{\boldsymbol{x}} \tag{11.5}$$

hat die Lösung

$$\boldsymbol{x}(t) = \boldsymbol{x}_0 \sin(\omega_0 t + \varphi_0) \,, \quad \text{mit} \quad \omega_0 = \sqrt{\frac{D}{m}} \,, \tag{11.6}$$

und den Anfangswerten $\boldsymbol{x}_0$, φ_0.

Potentielle und **kinetische Energie** der **Schwingung** sind um $\pi/2$ gegeneinander phasenverschoben. Im zeitlichen Mittel sind sie gleich groß

$$\overline{E}_{\mathrm{p}} = \overline{E}_{\mathrm{k}} = \frac{1}{4} D x_0^2 \,. \tag{11.12}$$

Für eine **Drehschwingung** gilt analog zu (11.5) die Bewegungsgleichung

$$N = -D_\varphi \varphi = \theta \ddot{\varphi} \tag{11.30}$$

mit der Lösung

$$\varphi(t) = \varphi_0 \sin(\omega_0 t + \alpha_0) \quad \text{und} \quad \omega_0 = \sqrt{\frac{D_\varphi}{\theta}} \,. \tag{11.31}$$

Für ein **physikalisches Pendel** gilt in harmonischer (d. h. linearer) Näherung

$$D_\varphi = Mlg \qquad \curvearrowright \qquad \omega_0 = \sqrt{\frac{Mlg}{\theta}} \tag{11.24}$$

(M = Masse, l = Abstand des Schwerpunkts vom Drehpunkt, g = Erdbeschleunigung).

Für einen pendelnden Massenpunkt (**mathematisches Pendel**) gilt mit $\theta = Ml^2$ entsprechend

$$\omega_0 = \frac{2\pi}{T} = \sqrt{\frac{g}{l}} \,, \tag{11.17}$$

unabhängig von der Masse.

Die DGL der freien, **gedämpften Federschwingung**

mit der Reibungskraft $F_\varrho = -\varrho \dot{x}$ lautet

$$m\ddot{x} = -Dx - \varrho \dot{x} \,. \tag{11.36}$$

Mit $\omega_0^2 = D/m$ und $\tau = m/\varrho$ geht sie über in die **Normalform der** gedämpften, freien **Schwingungsgleichung**

$$\omega_0^2 A + \frac{\dot{A}}{\tau} + \ddot{A} = 0\,, \tag{11.43}$$

mit den Lösungen:

- **Schwingfall.** Voraussetzung: $\omega_0^2 > 1/4\tau^2$ (11.44) ↷

$$A(t) = A_0 \mathrm{e}^{-(t/2\tau)} \cos(\omega t + \varphi_0) \tag{11.35}$$

$$\text{mit} \qquad \omega = \sqrt{\omega_0^2 - \frac{1}{4\tau^2}} < \omega_0\,. \tag{11.42}$$

  Das **logarithmische Dekrement**

$$\delta = \frac{T}{2\tau} \tag{11.45}$$

  ist der Logarithmus des relativen Amplitudenverlusts während einer Periode. Für die **Schwingungsenergie** gilt dagegen

$$\frac{E(t+T)}{E(t)} = \mathrm{e}^{-2\delta} = \mathrm{e}^{-T/\tau}\,. \tag{11.47}$$

  τ wird als **Dämpfungskonstante**, **Lebensdauer** oder **Relaxationszeit** bezeichnet. Während einer Zeit τ ist die **Phase der Schwingung** um den Wert der **Güte** Q vorgerückt

$$Q = \varphi(t+\tau) - \varphi(t) = \omega\tau \approx \omega_0\tau \tag{11.49}$$

  (Näherung gültig für schwache Dämpfung ($Q \gg 1$)).

- **Kriechfall.** Voraussetzung: $\omega_0^2 < 1/4\tau^2$ (11.50) ↷
  Lösung: Superposition aus zwei abfallenden Exponentialfunktionen

$$A(t) = A_{01}\mathrm{e}^{-\lambda_1 t} + A_{02}\mathrm{e}^{-\lambda_2 t}$$

$$\text{mit} \qquad \lambda_{1(2)} = \frac{1}{2\tau} \overset{+}{\underset{(-)}{}} \sqrt{\frac{1}{4\tau^2} - \omega_0^2}\,. \tag{11.51}$$

- **Aperiodischer Grenzfall.** Voraussetzung: $\omega_0^2 = 1/4\tau^2$ (11.50) ↷
  Allgemeine Lösung durch folgende Superposition

$$A(t) = A_{0\alpha}\mathrm{e}^{-t/2\tau} + \dot{A}_{0\beta} t \mathrm{e}^{-t/2\tau}\,. \tag{11.53}$$

  Dieser Fall führt bei gegebenem ω_0 am schnellsten in die Ruhelage zurück (**kritische Dämpfung**).

DGL der erzwungenen Schwingung bei periodischem Antrieb

Diese DGL lautet in der **Normalform**

$$\ddot{A} + \frac{\dot{A}}{\tau} + \omega_0^2 A = f_0 \cos(\omega t)\,. \tag{11.63}$$

- Sie hat die **stationäre Lösung**

$$A(t) = A_0(\omega)\cos(\omega t + \varphi) \tag{11.64}$$

mit der *Amplitude*

$$A_0(\omega) = \frac{f_0}{\sqrt{(\omega_0^2 - \omega^2)^2 + \omega^2/\tau^2}} \tag{11.67}$$

und der **Phasenverschiebung**

$$\varphi = -\arctan\frac{\omega/\tau}{\omega_0^2 - \omega^2}\,. \tag{11.66}$$

φ durchläuft das Intervall $0 \geq \varphi \geq -\pi$ und hat bei Resonanz ($\omega = \omega_0$) den Wert $-\pi/2$.

Die Amplitude erreicht die maximale Resonanzhöhe

$$A_{0\max} = \frac{f_0\tau}{\omega_{\max}} \quad \text{bei} \quad \omega_{\max} = \sqrt{\omega_0^2 - \frac{1}{2\tau^2}} < \omega_0\,. \tag{11.68/69}$$

Die **Resonanzüberhöhung**, der Quotient aus $A_{\max}$ und statischer Auslenkung $A_0(\omega = 0)$, hat den Wert

$$\frac{A_{0\max}}{A_0(\omega = 0)} = \frac{\omega_0^2\tau}{\omega_{\max}} \approx \omega_0\tau \approx Q = \text{Güte} \tag{11.70}$$

(im Fall schwacher Dämpfung).

Die mittlere **Leistungsaufnahme des Schwingers** erreicht *unabhängig* von τ ihr Maximum immer bei $\omega = \omega_0$. Bei schwacher Dämpfung gilt näherungsweise

$$\overline{P}(\omega) = \frac{1}{T}\int_0^T P(\omega, t)\,\mathrm{d}t \propto \frac{1}{T}\int_0^T A(t)\,f_0\cos\omega t\,\mathrm{d}t$$

$$\approx \frac{f_0^2}{2m}\,\frac{\tau}{1 + (2\tau(\omega - \omega_0))^2}\,. \tag{11.72}$$

Die Funktion (11.72) heißt **Lorentzkurve** und wird bei allen Resonanzphänomenen der Physik beobachtet, z. B. als Kurvenform der **Spektrallinien** von Atomen. Ihre **volle Halbwertsbreite** ist

$$\Delta\omega = \frac{1}{\tau} \tag{11.73}$$

und ihre **Resonanzschärfe**

$$\frac{\omega_0}{\Delta\omega} = \omega_0\tau \approx Q\,. \tag{11.74}$$

Die **Resonanzen mikroskopischer Systeme** (z. B. von Atomen) sind nicht durch kontinuierlichen, sondern quantisierten Energieverlust gedämpft. Dabei werden nach dem **Bohrschen Modell** beim Übergang zwischen diskreten **Energieniveaus** E_i, E_k **Lichtquanten** der Frequenz

$$\nu_{ik} = (E_i - E_k)/h \tag{11.75}$$

emittiert oder absorbiert. Die Wahrscheinlichkeit $W(t)$, daß ein Atom in einem angeregten Zustand, dessen **mittlere Lebensdauer** τ sei, für eine Zeit t überlebt, ist durch ein statistisches **Zerfallsgesetz** gegeben

$$W(t) = \mathrm{e}^{-(t/\tau)} . \tag{11.77}$$

Auch hier gilt für die volle Halbwertsbreite der mit dem Zerfall verknüpften Spektrallinie

$$\Delta\omega = \frac{1}{\tau} . \tag{11.73}$$

Superpositionsprinzip. Seien $A_1(t)$ und $A_2(t)$ Lösungen der gleichen linearen, homogenen DGL

$$\sum_{n=0}^{N} a_n(t) \frac{\mathrm{d}^n x}{\mathrm{d}t^n} = 0 , \tag{11.55}$$

so sind es auch alle Linearkombinationen

$$A(t) = c_1 A_1(t) + c_2 A_2(t) . \tag{11.54}$$

Bei inhomogenen DGLn gilt es entsprechend für die Summe der Inhomogenitäten.
Das Superpositionsprinzip garantiert die ungestörte Überlagerung von Schwingungen oder Wellen in elastischen Medien.

Die Lösung von Schwingungsgleichungen ist leichter und übersichtlicher mit komplexen Funktionen unter Benutzung der **Eulerschen Formel**

$$\begin{aligned} z(t) &= x(t) + \mathrm{i}y(t) = \sqrt{x^2(t) + y^2(t)}(\cos\varphi(t) + \mathrm{i}\sin\varphi(t)) \\ &= |z(t)|\mathrm{e}^{\mathrm{i}\varphi(t)} \end{aligned} \tag{11.57}$$

mit $\varphi = \arctan \frac{y}{x}$.
Lösungen gelingen mit dem Ansatz

$$A(t) = A_0 \mathrm{e}^{-\lambda t} , \tag{11.58}$$

mit komplexen Konstanten A_0, λ.

Anharmonische Schwingungen. Schwingungen in anharmonischen Potentialen sind zwar weiterhin periodisch, jedoch hängt ihre Periode T von der jeweiligen Amplitude ab, wie z. B. beim Pendel. Außerdem sind die Lösungen $A(t)$ anharmonisch, d. h. keine reinen Winkelfunktionen mehr. Sie können aber in Form einer **Fourierzerlegung** als Summe von Sinus- und Cosinusfunktionen zu Vielfachen der Grundfrequenz $\omega = 2\pi/T$ dargestellt werden

$$A(t) = C + \sum_{n=1}^{\infty} (a_n \sin(n\omega t) + b_n \cos(n\omega t)) . \tag{11.79}$$

Der Anteil an **Oberschwingungen** ($n > 1$) bestimmt den *Klangcharakter* eines Tons.

Ein *anharmonischer Schwinger* verletzt das Superpositionsprinzip und erzeugt unter der Einwirkung von Erregerfrequenzen ω_1, ω_2 Oberwellen und *Mischfrequenzen*

$$\omega_{nm} = n\omega_1 \pm m\omega_2 \,.$$

Selbsterregte Schwingung. Eine der Geschwindigkeit proportionale „*umgekehrte*“ Reibungskraft der Form $F = +\varrho v$, $\varrho > 0$, führt zum exponentiellen Anwachsen einer Schwingungsamplitude (**Entdämpfung**).

Gekoppelte Schwingungen. Zwei elastisch gekoppelte Oszillatoren 1, 2 haben zwei **Grundschwingungen**, die symmetrische $A_{1\mathrm{s}}(t) = +A_{2\mathrm{s}}(t)$ bei ω_{sy} ohne Beanspruchung der Kopplung und die antisymmetrische $A_{1\mathrm{a}}(t) = -A_{2\mathrm{a}}(t)$ bei ω_{a} mit Beanspruchung der elastischen Kopplung. Alle übrigen Schwingungen sind Superpositionen der beiden.

Die Superposition führt zu **Schwebungen** der Form

$$A_i(t) \propto \cos(\omega_{\mathrm{sch}} t)\sin(\omega_{\mathrm{m}} t) \tag{11.89}$$

mit der langsameren *Schwebungsfrequenz*

$$\omega_{\mathrm{sch}} = (\omega_{\mathrm{a}} - \omega_{\mathrm{sy}})/2$$

und der schnelleren *Mittenfrequenz*

$$\omega_{\mathrm{m}} = (\omega_{\mathrm{a}} + \omega_{\mathrm{sy}})/2 \,.$$

Dreidimensionale Schwingungen. Sind N Oszillatoren dreidimensional durch elastische Kräfte verkoppelt, z. B. die Atome im Kristallgitter, so treten insgesamt 3 N **Eigenschwingungen** auf, für jeden Freiheitsgrad der Bewegung des Systems je eine. Mit wachsendem N nehmen die Eigenschwingungen die Form **stehender Wellen** mit **Schwingungsbäuchen** und -**knoten** an. Ihre Frequenz wächst mit der **Knotenzahl**.

K.12 Wellen

Definition einer Welle. Eine Welle ist eine im *Raum* mit der **Wellenlänge** λ und in der *Zeit* mit der **Schwingungsdauer** T periodisch veränderliche, physikalische Größe, z. B. eine Schallamplitude.
Eine *harmonische*, d. h. sinusförmige Welle hat die Darstellung

$$A(\boldsymbol{r}, t) = A_0(\boldsymbol{r})\sin(\omega t - (\boldsymbol{k}(\boldsymbol{r}) \cdot \boldsymbol{r})) \,, \tag{12.2}$$

mit den im allgemeinen ortsabhängigen Größen

Maximalamplitude: $A_0(\boldsymbol{r})$

$$\textbf{Wellenvektor}: \boldsymbol{k}(\boldsymbol{r}) = \frac{2\pi}{\lambda}\hat{\boldsymbol{c}} \,; \tag{12.3}$$

$\boldsymbol{k}$ zeigt in Richtung $\hat{\boldsymbol{c}}$ der Ausbreitung der Welle *senkrecht* zur **Wellenfront**, d. h. der Fläche konstanter Phase.

Eine Wellenfront breitet sich mit der **Phasengeschwindigkeit** c_φ, auch Wellengeschwindigkeit c schlechthin genannt, aus. Es gilt

$$c_\varphi = c = \frac{\lambda}{T} = \lambda\nu = \frac{\omega}{k}\,. \qquad (12.1)$$

Für die von einer Welle transportierte **Energiestromdichte**, genannt **Intensität**, gilt grundsätzlich die Proportionalität zum *Quadrat* der Amplitude

$$\boldsymbol{j}_\mathrm{E} = \varrho_\mathrm{E}(\boldsymbol{r}) \cdot \boldsymbol{c} \propto A^2(\boldsymbol{r})\boldsymbol{c}\,. \qquad (12.5)$$

Eine *ungedämpfte*, **ebene Welle** ist gekennzeichnet durch

$$A(\boldsymbol{r}) = A_0 = \mathrm{const}\,, \quad \boldsymbol{k}(\boldsymbol{r}) = \boldsymbol{k}_0 = \mathbf{const}\,, \qquad (12.8)$$

eine vom Ursprung ausgehende **Kugelwelle** durch

$$A(\boldsymbol{r}) = \frac{A_0}{r}\,, \quad \boldsymbol{k}(\boldsymbol{r}) = \frac{2\pi}{\lambda}\hat{\boldsymbol{r}}\,. \qquad (12.2), (12.7)$$

Die **allgemeine Wellengleichung** ist gekennzeichnet durch die Proportionalität zwischen 2. *zeitlicher* und 2. *räumlicher* Ableitung der Amplitude

$$\frac{\partial^2 A(x,t)}{\partial t^2} = c^2\left(\frac{\partial^2 A(x,t)}{\partial x^2} + \frac{\partial^2 A(x,t)}{\partial y^2} + \frac{\partial^2 A(x,t)}{\partial z^2}\right)$$
$$= c^2 \,\mathbf{div\,grad}\, A\,. \qquad (12.9)\ \text{bzw.}\ (12.53)$$

(Bei ebenen Wellen in x-Richtung entfällt die Abhängigkeit von y- und z-Koordinate). Für mechanische Wellen folgt die Wellengleichung aus dem Newtonschen Kraftgesetz.

Tabelle K.4. Phasengeschwindigkeiten

Art	c	Variablen	Gleichung
Seilwelle	$\sqrt{\frac{F}{\varrho q}}$	F = Spannkraft, q = Querschnitt des Seils	(12.12)
Elastische Welle	$\sqrt{\frac{E}{\varrho}}$	E = Elastizitätsmodul,	(12.15)
		ϱ = Massendichte des Mediums	
Scherwelle	$\sqrt{\frac{G}{\varrho}}$	G = Schermodul	(12.16)
Kompressions-	$\sqrt{\frac{K}{\varrho}}$	K = Kompressionsmodul, $K = \gamma p$ in Gasen	(12.17)
welle		mit γ = Adiabatenexponent, p = Druck	(12.18)

Die Intensität einer Schallwelle ergibt sich aus **Schalldruck** $\tilde{p}_0$ und **Schallschnelle** $\tilde{v}_0$ zu

$$\boldsymbol{j}_E(\boldsymbol{r},t) = \tilde{p}_0\tilde{v}_0\cos^2\left(\omega t - (\boldsymbol{k}\cdot\boldsymbol{r})\right)\hat{\boldsymbol{c}}\,. \qquad (12.23)$$

Bei **Reflexion an einer Grenzschicht** gelten für Amplitude, Schallschnelle und Schalldruck folgende Beziehungen zwischen ankommenden (ungestrichenen) und reflektierten (gestrichenen) Größen.

Tabelle K.5. Reflexion an Grenzschichten

Reflexion am dichteren Medium:			Reflexion am dünneren Medium:		
Größe	Phasensprung	Wellenbild	Größe	Phasensprung	Wellenbild
$A = -A'$	π	Knoten	$A = A'$	0	Bauch
$\tilde{v}' = -\tilde{v}$	π	Knoten	$\tilde{v}' = \tilde{v}$	0	Bauch
$\tilde{p}' = \tilde{p}$	0	Bauch	$\tilde{p}' = -\tilde{p}$	π	Knoten

Snelliussches Brechungsgesetz. Beim Durchtreten einer Grenzschicht vom Medium 1 ins Medium 2 mit Wellengeschwindigkeiten c_1 und c_2 gilt zwischen Einfallswinkel α und Ausfallswinkel β der Welle

$$\frac{\sin\alpha}{\sin\beta} = \frac{\lambda_1}{\lambda_2} = \frac{c_1}{c_2}\,. \tag{12.32}$$

Trifft eine Welle vom dichteren (2) auf ein dünneres Medium (1) ($c_2 < c_1$), so wird sie bei Einfallswinkeln β oberhalb des **Grenzwinkels** β_{Gr} mit

$$\sin\beta_{\mathrm{Gr}} = \frac{c_2}{c_1} \tag{12.33}$$

an der Grenzfläche total reflektiert. Im dünneren Medium läuft dann eine **Grenzwelle** parallel zur Grenzfläche, deren Amplitude exponentiell mit dem Abstand von der Grenzfläche abnimmt. Die charakteristische Dämpfungslänge ist von der Größenordnung der Wellenlänge.

Nach dem **Huygensschen Prinzip** ist jeder von einer Welle erfaßte Raumpunkt seinerseits Quelle einer von ihm mit gleicher Phase ausgehenden Kugelwelle. Die resultierende Welle am Anfangspunkt P kann dann als Superposition der von allen Quellpunkten Q einströmenden Huygensschen Kugelwellen rekonstruiert werden. Mit dem Huygensschen Prinzip lassen sich Reflexion und Brechung an Grenzflächen, sowie Beugung an Hindernissen erklären.

Harmonische Wellen gehorchen dem **Superpositionsprinzip** und überlagern sich daher an jedem Ort ungestört durch Addition ihrer Amplituden. Die daraus resultierenden **Interferenzmuster** weisen Maxima bei gleicher Phase ($\Delta\varphi = n2\pi, n = 1, 2, 3, \ldots$) und Minima bei entgegengesetzter Phase ($\Delta\varphi = (2n+1)\pi$) auf (12.38).

Das **Beugungsmuster**, das hinter punktförmigen ($\varnothing \ll \lambda$) Lochblenden entsteht, ist nach dem Huygensschen Prinzip gleich dem Interferenzmuster, das entsprechende punktförmige Sender erzeugen würden. Werden zwei solche Lochblenden im Abstand $d > \lambda/2$ voneinander mit gleicher Phase von der einfallenden Welle getroffen, so liegen die Beugungsminima n-ter Ordnung auf Hyperbeln mit Asymptotenwinkeln α_n gegenüber der Senkrechten auf d gegeben durch

$$\sin(\alpha_n) = (2n+1)\frac{\lambda}{2d}\,, \quad (n = 0, 1, 2, 3, ...) \tag{12.40}$$

und die Beugungsmaxima bei

$$\sin\alpha_n = n\frac{\lambda}{d}, \quad (n = 0, 1, 2, 3, ...). \tag{12.41}$$

Die in der näheren Umgebung der Quellen oder Blenden beobachteten Muster heißen **Fresnelsche**, die in asymptotischer Ferne beobachteten **Fraunhofersche Interferenz** bzw. Beugung. Die hinter einem breiten ($d \gg \lambda$), von einer ebenen Welle getroffenen Spalt beobachtete **Fraunhofersche Beugung** hat Minima bei Beugungswinkeln α_n gegeben durch

$$\sin(\alpha_n) = \pm n\frac{\lambda}{d}\,, \quad (n = 1, 2, 3, \ldots)\,. \tag{12.43}$$

Im Zentrum und zwischen den Minima liegt je ein Beugungsmaximum mit nach außen quadratisch abfallender Intensität.

Zwischen ebenen, parallelen Grenzflächen bilden sich **Eigenschwingungen** als **stehende Wellen** durch konstruktive Interferenz der einfallenden Welle mit den (periodisch) reflektierten Wellen aus. Sie sind durch das Produkt einer *räumlich* periodischen mit einer *zeitlich* periodischen Funktion charakterisiert. Bei Phasensprung, entsprechend einem Knoten an der Grenzfläche bei $x = 0$, sind sie von der Form

$$A(x, t) = A_0 \sin k_n x \sin \omega_n t\,. \tag{12.45}$$

Bei zwei gleichartigen Reflektoren im Abstand l gilt für die **Resonanzwellenlängen** bzw. **-frequenzen**

$$\lambda_n = \frac{2}{n}\,l\,, \quad \nu_n = n\,\frac{c}{2l}\,, \qquad (n = 1, 2, 3, \ldots)\,, \tag{12.50}$$

bei verschiedenen Reflektoren (einer mit, einer ohne Phasensprung) dagegen

$$\lambda_n = \frac{4}{2n-1}\,l\,, \quad \nu_n = \frac{(2n-1)c}{4l}\,, \qquad (n = 1, 2, 3, \ldots)\,. \tag{12.51}$$

In einem Quader mit Kantenlängen a, b, d gibt es **dreidimensionale Eigenschwingungen** bei Frequenzen

$$\omega_{mnq} = c|k_{mnq}| = c\sqrt{k_m^2 + k_n^2 + k_q^2} = c\pi\sqrt{\frac{m^2}{a^2} + \frac{n^2}{b^2} + \frac{q^2}{d^2}}\,, \tag{12.55}$$

($m, n, q = 0, 1, 2, 3, \ldots$), die die dreidimensionale Wellengleichung lösen und gleichzeitig den Randbedingungen genügen. Die Indizes m, n, q bezeichnen die Anzahl der Knotenebenen entlang der Kanten a, b, d (bei Schwingungsbauch an den Wänden).

Zählt man die Eigenschwingungen eines Resonators vom Volumen V in der Reihenfolge wachsender Eigenfrequenzen ν_{mnq} ab und ersetzt bei hohen Knotenzahlen die exakte Zählung durch eine Mittelung über ein Frequenzintervall $\Delta\nu$, so findet man darin die Zahl

$$\Delta Z = \frac{V 4\pi \nu^2}{c^3} \Delta\nu \tag{12.57}$$

an Eigenschwingungen.

In einem **Kristallgitter** ist der minimale Abstand zwischen zwei Knotenebenen durch die **Gitterkonstante** d, den interatomaren Abstand, gegeben. Das beschränkt die Gesamtzahl der Eigenschwingungen bei N Atomen auf $3N$, die Zahl der Freiheitsgrade des Systems. Es beschränkt ferner die Eigenfrequenzen nach (12.55) auf einen Höchstwert (= **Debyesche Grenzfrequenz**).

Unter einer **Wellengruppe** versteht man einen Wellenzug endlicher Länge. Periodische Wellengruppen können als Superposition unbegrenzter Wellenzüge unterschiedlicher Frequenzen dargestellt werden. Als **Gruppengeschwindigkeit** c_g bezeichnet man die Fortpflanzungsgeschwindigkeit des Schwerpunkts der Wellengruppe. Bei nicht zu starker Dispersion ist c_g gegeben durch die Ableitung

$$c_g = \left.\frac{d\omega}{dk}\right|_{\omega_m}, \tag{12.65}$$

genommen bei der Trägerfrequenz ω_m der Wellengruppe. Liegt **Dispersion** vor, d. h. $d\omega/dk \neq \omega/k$, so ist c_g von der Phasengeschwindigkeit $c_\varphi = \omega/k$ verschieden. In der Näherung von (12.65) ist die Gruppengeschwindigkeit auch gleich der **Signalgeschwindigkeit** c_s, mit der ein physikalisches Signal durch Wellenausbreitung transportiert werden kann. Die Relativitätstheorie beschränkt Signal- und Gruppengeschwindigkeit auf

$$c_s, c_g \leq c_0, \tag{12.63}$$

(c_0 = Vakuumlichtgeschwindigkeit).

K.13 Grundtatsachen der Wärmelehre

Die **Temperatur** T eines Körpers ist ein Maß für die mittlere kinetische Energie der mikroskopischen Wärmebewegung seiner Moleküle.

Die **Celsius-Skala** benutzt als Fixpunkte der Temperatur den Schmelzpunkt (0 °C) und den Siedepunkt des Wassers (100 °C) beim Normaldruck $p_N = 1{,}01325 \cdot 10^5$ Pa ($\hat{=}$ 1 Atmosphäre). Die Unterteilung der Skala geschieht mit dem **Gasthermometer**, d. h. sie wird proportional zur isobaren Volumenausdehnung bzw. zum isochoren Druckanstieg idealer Gase als Funktion der Temperatur vorgenommen.

Die **Kelvin-Skala** benutzt als Nullpunkt (0 K) den absoluten Nullpunkt bei −273,1502 °C, bei dem Volumen und Druck eines idealen Gases verschwinden würden. Ihr zweiter Fixpunkt ist der Tripelpunkt des Wassers bei 273,16 K $\hat{=}$ +0,0098 °C. Die Intervallteilung ist auf beiden Skalen gleich.

Die relative **Längenänderung** $\Delta l / l_0$ fester Stoffe und die relative Volumenänderung $\Delta V / V_0$ fester und flüssiger Stoffe sind in erster Näherung proportional zur Temperaturänderung ΔT.

Ein **Mol** bezeichnet diejenige Menge eines Stoffes, die die **Avogadrozahl**

$$N_{\mathrm{A}} = 6{,}0221479 \cdot 10^{23}\,\mathrm{mol}^{-1}\,. \qquad (13.11)$$

an Molekülen enthält.

Nach dem **allgemeinen Gasgesetz** ist das Produkt aus Druck (p) und Volumen (V) eines **idealen Gases** proportional zur Temperatur. Es gilt für n Mole

$$p \cdot V = nRT \qquad (13.12)$$

mit der **allgemeinen**, d. h. für alle idealen Gase identischen **Gaskonstanten**

$$R = 8{,}314472\ \mathrm{J/(K \cdot mol)}\,. \qquad (13.13)$$

Erhöht sich die Temperatur eines Körpers der Masse m um ΔT, so auch seine Wärmeenergie um die Wärmemenge

$$\Delta Q = c \cdot m \Delta T\,, \qquad (13.17)$$

proportional zur Masse, Temperaturdifferenz und der **spezifischen Wärme** c; $[c] = \mathrm{J/(kg\,K)}$.

Der **Wärmeaustausch** zwischen Stoffen verschiedener Temperatur T_1, T_2 erfolgt in Richtung einer Temperaturangleichung.

Die *Mischungstemperatur* T_{m} berechnet sich aus der Bilanz der ausgetauschten Wärmemengen entsprechend der **Kalorimetergleichung**

$$\Delta Q_1 + \Delta Q_2 = c_1 m_1 (T_1 - T_{\mathrm{m}}) + c_2 m_2 (T_2 - T_{\mathrm{m}}) = 0\,. \qquad (13.20)$$

Der **Wärmestrom** entlang eines Stabes mit Querschnitt q, Länge l und Temperaturdifferenz $T_l - T_0$ ist

$$I_Q = \dot{Q} = \lambda \frac{q}{l} (T_l - T_0)\,, \qquad (13.21)$$

mit λ = **spezifische Wärmeleitfähigkeit**; $[\lambda] = \mathrm{W/(K \cdot m)}$.

Stefan-Boltzmann-Gesetz. Ein schwarzer, ebener Strahler strahlt in den Halbraum vor seiner Oberfläche A die Wärmestrahlungsleistung

$$P = \sigma A T^4 \qquad (13.22)$$

ab mit der **Stefan-Boltzmann-Konstanten**

$$\sigma = 5{,}6705 \cdot 10^{-8}\,\mathrm{W/(m^2 K^4)}\,.$$

K.14 Grundzüge der kinetischen Gastheorie

Eine normierte **Verteilungsfunktion** $f(x)$ einer Meßgröße x gibt die differentielle Wahrscheinlichkeit an, den Meßwert x im Intervall zwischen x und $x + dx$ zu finden

$$dW(x) = f(x)\,dx\,. \tag{14.3}$$

Ein **Histogramm** ist das Ergebnis einer Ausmessung einer Verteilungfunktion bei endlicher Intervallbreite Δx.

Der **Druck** p **eines idealen Gases** mit Teilchendichte n und mittlerer kinetischer Translationsenergie $\overline{E_k}$ der Moleküle ist

$$p = \frac{2}{3} n \overline{E_k}\,, \quad \text{mit} \tag{14.14}$$

$$\overline{E_k} = \frac{3}{2} kT = \frac{m}{2}\left(\overline{v_x^2} + \overline{v_y^2} + \overline{v_z^2}\right) \tag{14.17}$$

und der **Boltzmannschen Konstanten** $k = R/N_A$. In einem Gemisch idealer Gase addieren sich die Partialdrucke der einzelnen Komponenten unabhängig voneinander zu

$$p = \sum_i p_i = \frac{2}{3} \sum_i n_i \overline{E_k}\,. \tag{14.20}$$

Die **innere Energie** eines idealen Gases von N Molekülen beträgt

$$U = \frac{r}{2} NkT\,. \tag{14.25}$$

r ist die Gesamtzahl der Freiheitsgrade als Summe von **Translations-, Rotations-** und **Schwingungsfreiheitsgraden** des Gases. Auf jeden Freiheitsgrad entfällt die mittlere kinetische Energie pro Molekül

$$\overline{E_k} = \frac{1}{2} kT\,.$$

Auf **Schwingungsfreiheitsgrade** entfällt zusätzlich der gleiche Betrag an potentieller Energie. Sie zählen daher in (14.25) doppelt.

Die **Molwärme** eines idealen Gases ist bei konstantem Volumen

$$C_V = \frac{r}{2} R \approx \frac{r}{2} \cdot 8{,}3\,\mathrm{J\,K^{-1}\,Mol^{-1}}\,. \tag{14.27'}$$

Zwischen der **inneren Energie** eines Mols und der Molwärme besteht der Zusammenhang

$$U = C_V T\,. \tag{14.27}$$

Bei leichten Molekülen sind **Schwingungsfreiheitsgrade** wegen Quantisierung der Schwingungsenergie in Einheiten

$$E_n = nh\nu\,,$$

mit dem **Planckschen Wirkungsquantum** $h \approx 6{,}6 \cdot 10^{-34}\,\mathrm{J\,s}$ (14.29)

kaum angeregt.

Dulong-Petit-Regel. Die Molwärme eines Festkörpers erreicht bei höheren Temperaturen asymptotisch den Wert:

$$C_V = 3R\,. \qquad (14.30)$$

Die **thermische Verteilung** einer Geschwindigkeitskomponente (z. B. v_z) eines Gases der Gesamtteilchendichte n ist eine **Gaußkurve** in v_z

$$\frac{dn}{dv_z} = n\sqrt{\frac{m}{2\pi kT}} \cdot e^{-(mv_z^2/2kT)}\,. \qquad (14.40)$$

Die **Maxwell-Boltzmann-Verteilung** des Geschwindigkeitsbetrags ist

$$dn = n\left(\frac{m}{2\pi kT}\right)^{3/2} e^{-(mv^2/2kT)}\, 4\pi v^2\, dv\,. \qquad (14.42)$$

Die Wahrscheinlichkeiten, ein elementares Objekt (Atom, Molekül, etc.) in einem Zustand mit der Gesamtenergie E_1 oder E_2 anzutreffen, stehen im Verhältnis der **Boltzmann-Faktoren** zueinander

$$\frac{W(E_1)}{W(E_2)} = e^{-(E_1-E_2)/kT}\,. \qquad (14.45)$$

K.15 Erster Hauptsatz der Wärmelehre

Zustandsänderungen werden durch die Konstanz einer thermodynamischen Variablen charakterisiert

Tabelle K.6. Thermodynamische Prozesse

Art des Zustandes	Konstanz von	Funktion
isobar	Druck	$dp = 0$
isochor	Volumen	$dV = 0$
isotherm	Temperatur	$dT = 0$
adiabatisch	Wärmeaustausch	$dQ = 0$

Erster Hauptsatz der Wärmelehre. In einem *abgeschlossenen* System ist die Summe aller Energieformen, einschließlich der Wärmeenergie, konstant. Speziell gilt für die Änderung der **inneren Energie** U eines Gases

$$dU = dQ - p\,dV\,. \qquad (15.1)$$

Die Differenz aus der isobaren und isochoren molaren Wärme eines idealen Gases ist gleich der **allgemeinen Gaskonstanten**

$$C_p - C_V = R\,. \qquad (15.2)$$

Ihr Verhältnis ist durch die Zahl der Freiheitsgrade r bestimmt und heißt **Adiabatenexponent**

$$\frac{C_p}{C_V} = \frac{r+2}{r} = \gamma\,. \tag{15.4}$$

Bei **adiabatischer Kompression/Entspannung** wird an einem Mol die Arbeit geleistet

$$W_{a,1\to 2} = C_V(T_2 - T_1) = \frac{1}{2} r R(T_2 - T_1)\,. \tag{15.10}$$

Bei $dQ = 0$ gelten für ideale Gase die **Adiabatengleichungen** zwischen Druck und Volumen

$$pV^\gamma = p_0 V_0^\gamma = \text{const}\,, \tag{15.8}$$

bzw. zwischen Temperatur und Volumen

$$TV^{\gamma-1} = \text{const}\,. \tag{15.11}$$

Bei **isothermer Kompression/Entspannung** vom Volumen V_1 auf V_2 wird an einem Mol eines idealen Gases die mechanische Arbeit geleistet

$$W_{a1\to 2} = RT \ln\left(\frac{V_1}{V_2}\right)\,. \tag{15.14}$$

(Sie gilt als negativ, wenn sie vom Gas abgegeben wurde.) Diese Arbeit entspricht der dem Gas zugeführten Wärmemenge.

K.16 Kreisprozesse und Zweiter Hauptsatz der Wärmelehre

Carnot-Prozeß. Der Carnot-Prozeß ist ein **reversibler Kreisprozeß** einer **Wärmekraftmaschine** mit einem idealen Gas entlang zweier Isothermen auf den Temperaturen $T_1 > T_2$ und zweier Adiabaten.

Der **Wirkungsgrad** η einer Wärmekraftmaschine ist definiert als das Verhältnis aus gewonnener Arbeit W und der dem wärmeren Bad entnommenen Wärmemenge Q

$$\eta = W/Q\,. \tag{16.3}$$

Die **Wirkungsgrade der** idealen, d. h. verlustfreien **Carnotmaschine** erreichen die höchstmöglichen, in einem Kreisprozeß erreichbaren Werte. Sie hängen nur von den Temperaturen T_1 des wärmeren und T_2 des kälteren Bades ab. Für ihre verschiedenen Funktionen gilt folgende Tabelle K.7:

Tabelle K.7. Wirkungsgrade der Carnotmaschine

Maschine	Wirkungsgrad	Gleichung
Wärmekraftmaschine	$\eta_i = (T_1 - T_2)/T_1 < 1$	(16.3)
Wärmepumpe	$\eta_{\text{Wärmep.}} = 1/\eta_i = T_1/(T_1 - T_2) > 1$	(16.4)
Kühlmaschine	$\eta_{\text{Kühlm.}} = T_2/(T_1 - T_2)$	(16.5)

Alle **reversiblen Kreisprozesse** mit beliebigen Substanzen erreichen *genau* die Wirkungsgrade der Carnotmaschine.

In einem *reversiblen Kreisprozeß* ist die Bilanz der zugeführten **reduzierten Wärmen** Null

$$\oint \frac{dQ_r}{T} = 0\,. \tag{16.11}$$

In einem **irreversiblen Kreisprozeß** gilt dagegen:

$$\oint \frac{dQ_{ir}}{T} < 0\,. \tag{16.12}$$

Die Differenz der **Entropien** S zwischen Punkten P_1 und P_2 im Zustandsdiagramm eines Systems ist definiert als das Wegintegral der zugeführten reduzierten Wärmemengen auf einem beliebigen reversiblen Weg von P_1 nach P_2

$$\Delta S = S(P_2) - S(P_1) = \int_{P_1}^{P_2} \frac{dQ_r}{T}\,. \tag{16.15}$$

Ein Mol eines idealen Gases hat als Funktion von Volumen und Temperatur die Entropie

$$S(V,T) = R \ln \frac{V}{V_M} + C_V \ln \frac{T}{T_0}\,. \tag{16.20}$$

Dabei wurde für Normalbedingungen $S = 0$ gewählt.

Am **absoluten Nullpunkt** divergiert die Entropie eines Systems logarithmisch gegen $-\infty$. Es gibt für ein klassisches System keinen Minimalwert der Entropie, und daher ist der absolute Nullpunkt unerreichbar.

Die Entropie des Zustands eines Systems ist proportional zum Logarithmus seiner statistischen Wahrscheinlichkeit.

In einem abgeschlossenen System nimmt die Entropie immer zu.

Äquivalente Formulierungen des Zweiten Hauptsatzes der Wärmelehre

- Es ist nicht möglich, einem Reservoir Wärme zu entziehen und sie in mechanische Arbeit umzuwandeln, ohne einen Teil dieser Wärme einem kälteren Bad zuzuführen.
- Es gibt keine Super-„Carnotmaschine".
- Alle physikalischen Prozesse laufen so ab, daß makroskopisch vorhandene potentielle und kinetische Energie sich zwar spontan in statistisch auf die Moleküle verteilte Wärmeenergie umwandeln kann, nicht aber umgekehrt.

K.17 Statistische Transportphänomene

Das **Einsteinsche Diffusionsgesetz** für das mittlere Verschiebungsquadrat in drei Dimensionen nach der Diffusionszeit t lautet

$$\overline{R^2} = \overline{X^2} + \overline{Y^2} + \overline{Z^2} = 6Dt. \tag{17.1}$$

D ist die **Diffusionskonstante**. Aus (17.1) folgt die **Diffusionsgleichung (2. Ficksches Gesetz)**

$$\frac{\partial n}{\partial t} = D\left(\frac{\partial^2 n}{\partial x^2} + \frac{\partial^2 n}{\partial y^2} + \frac{\partial^2 n}{\partial z^2}\right) = D\,\mathbf{div}\,\mathbf{grad}\,n = D\nabla^2 n. \tag{17.7}$$

Sie verknüpft zeitliche und räumliche Änderung der Teilchendichte n.

Mit der Kontinuitätsgleichung (10.10) folgt aus (17.7) die **Transportgleichung (1. Ficksches Gesetz)**

$$j = -D\,\mathbf{grad}\,n. \tag{17.16}$$

Sie gilt für viele statistische Transportprozesse, z. B. Diffusion, Wärmeleitung, elektrische Leitung.

Der **Diffusionskoeffizient** in Gasen ist

$$D = \frac{1}{3}\overline{v}\overline{l} \tag{17.18}$$

($\overline{v}$ = mittlere thermische Geschwindigkeit, $\overline{l}$ = mittlere freie Weglänge).

Osmose bezeichnet die unterschiedliche Diffusionsgeschwindigkeit verschiedener Stoffe durch eine Membran. Der **osmotische Druck** an einer semipermeablen Membran zwischen einer Lösung und dem Lösungsmittel ist näherungsweise gleich dem Druck, den der gelöste Stoff als freies Gas in dem Volumen des Lösungsmittels einnehmen würde.

K.18 Stoffe in verschiedenen Aggregatzuständen

Die **van der Waalssche Zustandsgleichung** *realer Gase* lautet

$$\left(p + \frac{a}{V^2}\right)(V - b) = RT \quad a, b > 0 \qquad \text{mit} \tag{18.1}$$

(a/V^2 = Druckerniedrigung durch molekulare Anziehung, b = Kovolumen = vierfaches Eigenvolumen der Moleküle).

Die **innere Energie** eines van der Waals Gases ist

$$U = C_V T - \frac{a}{V}. \tag{18.3}$$

Die **Enthalpie** einer Substanz ist die Summe aus innerer Energie und äußerer Arbeit

$$H = U + pV. \tag{18.6}$$

Der **Joule-Thomson-Effekt** bezeichnet die Abnahme oder Zunahme der Temperatur eines Gases bei Entspannung, ohne dabei äußere Arbeit zu leisten, genauer gesagt, bei konstanter Enthalpie. Die Ursache liegt in der potentiellen Energie der Gasmoleküle untereinander.

Isothermen realer Gase verlaufen im Verflüssigungsbereich mit konstantem Sättigungsdampfdruck p_s. Der Verflüssigungsbereich wird im pV-Diagramm durch die beiden Äste der **Grenzkurve** eingeschlossen. Sie treffen sich beim kritischen Druck p_k. Oberhalb der zugehörigen, kritischen Temperatur T_k existiert die Gasphase bei allen Drucken.

Beim Verdampfen muß *latente* **Verdampfungswärme** Λ, beim Schmelzen *latente* **Schmelzwärme** λ zugeführt werden.

Die **Clausius Clapeyronsche Gleichung** verbindet Verdampfungswärme und Sättigungsdampfdruck

$$\frac{\Lambda}{T} = \frac{\mathrm{d}p_s}{\mathrm{d}T}(V_{\text{gasförmig}} - V_{\text{flüssig}}) . \tag{18.18}$$

Der **Sättigungsdampfdruck**

$$p_s \approx \mathrm{e}^{-\Lambda/RT} \tag{18.19}$$

folgt näherungsweise dem *Boltzmannschen Exponentialgesetz.*

Ein **Phasendiagramm** ist die Darstellung des Existenzbereichs verschiedener Phasen im pT-Diagramm. Die Phasengrenzen verlaufen entlang folgender Kurven:

- gasförmig-flüssig entlang der Verdampfungskurve,
- flüssig-fest entlang der Schmelzkurve,
- fest-gasförmig entlang der Sublimationskurve.

Die drei Kurven treffen sich im **Tripelpunkt**, wo alle drei Phasen koexistieren.

K.19 Elektrostatik

Elektrische Ladungen Q sind in Einheiten der **Elementarladung**

$$e = 1{,}602176487 \cdot 10^{-19}\ \mathrm{As}$$

gequantelt, mit denen Elementarteilchen wie z. B. das Proton mit $q_p = +e$ und das Elektron mit $q_e = -e$ behaftet sind.

Gleichnamige Ladungen stoßen sich ab, ungleichnamige ziehen sich an.

Das **Coulombsche Kraftgesetz** zwischen zwei Punktladungen Q_1, Q_2 lautet

$$\boldsymbol{F}_2 = -\boldsymbol{F}_1 = \frac{Q_1 Q_2}{4\pi\varepsilon_0 r_{12}^2}\hat{\boldsymbol{r}}_{12} \tag{19.8}$$

mit der **elektrischen Feldkonstanten**

$$\varepsilon_0 = 8{,}8542 \cdot 10^{-12} \mathrm{As\,V^{-1}\,s^{-1}}\,. \tag{19.9}$$

Entsprechend hat die **potentielle Energie** zwischen zwei Punktladungen im Abstand r den Wert

$$E_\mathrm{p}(r) = \frac{Q_1 Q_2}{4\pi\varepsilon_0 r} \tag{19.11}$$

mit $E_\mathrm{p}(r=\infty) = 0$.

Übe eine Anordnung von Ladungen auf eine Probeladung q am Ort $\boldsymbol{r}$ die Kraft $\boldsymbol{F}_\mathrm{q}$ aus, so nennen wir den Quotienten

$$\boldsymbol{E}(\boldsymbol{r}) = \frac{\boldsymbol{F}_\mathrm{q}(\boldsymbol{r})}{q} \tag{19.14}$$

die von der Ladungsanordnung am Ort $\boldsymbol{r}$ erzeugte **elektrische Feldstärke**.

Die elektrische Feldstärke im Abstand $\boldsymbol{r}$ von einer Punktladung Q ist demnach

$$\boldsymbol{E}(\boldsymbol{r}) = \frac{Q\hat{\boldsymbol{r}}}{4\pi\varepsilon_0 r^2}\,. \tag{19.15}$$

Das *elektrische Feld* einer (ruhenden) Ladungsverteilung ist *konservativ*; es gilt also für jeden geschlossenen Weg

$$\oint [\boldsymbol{E}(\boldsymbol{r}) \cdot \mathrm{d}\boldsymbol{s}] = 0\,. \tag{19.16}$$

Die **elektrische Potentialdifferenz** oder **Spannung** zwischen zwei Punkten P_1 und P_2 ist gleich dem negativ genommenen Wegintegral der elektrischen Feldstärke zwischen diesen Punkten

$$\varphi_2 - \varphi_1 = U_{21} = -\int_{P_1}^{P_2} [\boldsymbol{E}(\boldsymbol{r}) \cdot \mathrm{d}\boldsymbol{s}]\,. \tag{19.18}$$

Entsprechend ist die elektrische Feldstärke gleich dem negativen Gradienten des Potentials

$$\boldsymbol{E}(\boldsymbol{r}) = -\mathbf{grad}\,\varphi(\boldsymbol{r})\,. \tag{19.19}$$

Mit der Festsetzung $\varphi(r=\infty) = 0$ lautet das Potential einer Punktladung Q im Abstand r

$$\varphi(r) = +\frac{Q}{4\pi\varepsilon_0 r}\,. \tag{19.21}$$

Das Potential, das eine kontinuierlich über ein Volumen V verteilte Ladungsverteilung $\varrho(\boldsymbol{r})$ im Aufpunkt $\boldsymbol{r}_\mathrm{P}$ erzeugt, lautet

$$\varphi(\boldsymbol{r}_\mathrm{P}) = \int_V \frac{\varrho(\boldsymbol{r})\mathrm{d}\tau}{4\pi\varepsilon_0|\boldsymbol{r} - \boldsymbol{r}_\mathrm{P}|}\,. \tag{19.23}$$

Der **elektrische Kraftfluß** durch eine Fläche A ist (wie jeder Fluß) definiert als das Integral der Normalkomponente des elektrischen Feldes über die Fläche

$$\Phi_{\mathrm{E}} = \int_A \left[\boldsymbol{E}(\boldsymbol{r}) \cdot \hat{\boldsymbol{n}}\right] \mathrm{d}A' = \int_A \left(\boldsymbol{E}(\boldsymbol{r}) \cdot \mathrm{d}\boldsymbol{A}'\right) . \qquad (19.24)$$

Gaußscher Satz der Elektrostatik. Der elektrische Kraftfluß (im *Vakuum*) durch eine geschlossene Oberfläche ist proportional zur eingeschlossenen Ladung Q

$$\oint \left[\boldsymbol{E}(\boldsymbol{r}) \cdot \mathrm{d}\boldsymbol{A}'\right] = \frac{Q}{\varepsilon_0} = \frac{1}{\varepsilon_0} \int_V \varrho_{\mathrm{E}}(\boldsymbol{r}) \mathrm{d}\tau . \qquad (19.27)$$

Äquivalent zu (19.27) ist die differentielle Schreibweise (**1. Maxwellsche**, **Poissonsche**, oder **Kontinuitätsgleichung** genannt)

$$\mathbf{div}\, E = \frac{\varrho}{\varepsilon_0} . \qquad (19.29)$$

Leiter bilden in der Elektrostatik eine *Äquipotentialfläche*, das Innere ist feld- und ladungsfrei. Die elektrische Feldstärke steht senkrecht auf der Oberfläche und ist (im Vakuum) proportional zur **Oberflächenladungsdichte** $\sigma = \mathrm{d}Q/\mathrm{d}A$

$$E = \frac{\sigma}{\varepsilon_0} . \qquad (19.38)$$

Influenz. Befindet sich ein Leiter im Feld einer äußeren Ladung, so influenziert dieses Feld auf dem Leiter eine Oberflächenladung. Das resultierende Feld ist so verteilt, als befinde sich im Spiegelbild der verursachenden Ladung die entgegengesetzte Ladung (**Spiegelladung**).

Die **Kapazität** einer Leiterkonfiguration ist definiert als der Quotient aus Ladung und Spannung des Leiters

$$C = \frac{Q}{U} = \mathrm{const} . \qquad (19.41)$$

Sie ist für einen gegebenen Leiter konstant. Die Kapazität einer Metallkugel mit Radius R beträgt

$$C = 4\pi \varepsilon_0 R . \qquad (19.43)$$

Im **Kondensator** erfährt die Kapazität einer Leiterfläche A eine große Steigerung durch die *Influenz* auf einer zweiten Leiteroberfläche im kurzen Abstand d, die das elektrische Feld im Außenraum kompensiert. Es gilt (im *Vakuum*)

$$C = \varepsilon_0 \frac{A}{d} . \qquad (19.46)$$

Eine Kapazität speichert die elektrostatische Energie

$$E_{\mathrm{p}}(C, Q, U) = \frac{1}{2}\frac{Q^2}{C} = \frac{1}{2} U^2 C = \frac{1}{2} Q U . \qquad (19.53)$$

Die elektrostatische potentielle Energie hat ihren Sitz im elektrischen Feld mit der **Energiedichte** (im *Vakuum*)

$$\varrho_{\mathrm{E}} = \frac{\mathrm{d}E_{\mathrm{p}}}{\mathrm{d}V} = \frac{1}{2}\varepsilon_0 \boldsymbol{E}^2 . \tag{19.52}$$

Das **Dipolmoment** $\boldsymbol{p}$ zweier entgegengesetzt gleicher Punktladungen $\pm Q$ im Abstand $\boldsymbol{d}$ ($\boldsymbol{d}$ zeigt von $-Q$ nach $+Q$) ist definiert als

$$\boldsymbol{p} = Q\boldsymbol{d} . \tag{19.58}$$

Allgemein ist das elektrische **Dipolmoment einer Ladungsverteilung** $\varrho(\boldsymbol{r})$ durch das Drehmoment $\boldsymbol{N}$ definiert, das im homogenen $\boldsymbol{E}$-Feld um den Massenschwerpunkt auftritt zufolge

$$\boldsymbol{N} = (\boldsymbol{p} \times \boldsymbol{E}) . \tag{19.61}$$

Daraus resultiert eine **Orientierungsenergie eines Dipolmoments**

$$E_{\mathrm{p}}(\vartheta) = -(\boldsymbol{p} \cdot \boldsymbol{E}) = -pE\cos\vartheta . \tag{19.62}$$

Aus (19.61) folgt in Schwerpunktskoordinaten die Beziehung

$$\boldsymbol{p} = \int_V \boldsymbol{r}_{\mathrm{S}}\, \varrho(\boldsymbol{r}_{\mathrm{S}})\mathrm{d}\tau . \tag{19.65}$$

Das Dipolmoment einer insgesamt neutralen Ladungsverteilung ist nach (19.61) und (19.65) unabhängig von der Lage des Massenschwerpunkts.

Ist eine elektrische Ladung Q von isolierender Materie (**Dielektrikum**) umgeben, so schwächt sich ihr elektrisches Feld um den Faktor ε der **Dielektrizitätskonstanten** ab. Demzufolge ist in allen vorstehenden, für Vakuum gültigen Gleichungen, im Fall einer dielektrischen Umgebung der Faktor ε_0 durch $\varepsilon\varepsilon_0$ zu ersetzen.

Man führt daher im Dielektrikum ein zusätzliches Hilfsfeld, die **dielektrische Verschiebung** $\boldsymbol{D}$ ein

$$\boldsymbol{D} = \varepsilon\varepsilon_0 \boldsymbol{E} . \tag{19.72}$$

Damit nehmen der **Gaußsche Satz** und die **1. Maxwellsche Gleichung** die Form an

$$\oint_A \left(\boldsymbol{D} \cdot \mathrm{d}\boldsymbol{A}'\right) = Q = \int_V \varrho(\boldsymbol{r})\,\mathrm{d}\tau . \tag{19.73}$$

Ebenso ändert sich die **Feldenergiedichte** zu

$$\frac{\mathrm{d}E_{\mathrm{p}}}{\mathrm{d}V} = \frac{1}{2}\varepsilon\varepsilon_0 \boldsymbol{E}^2 = \frac{1}{2}(\boldsymbol{E} \cdot \boldsymbol{D}) . \tag{19.101}$$

Die Wirkung des Dielektrikums beruht auf der Polarisation seiner Moleküle im elektrischen Feld, die durch Ausrichtung ihrer permanenten Dipolmomente oder Verzerrung ihrer Ladungsverteilung ein mittleres resultierendes Dipolmoment

$\bar{p}$ in Richtung $\boldsymbol{E}$ annehmen. Sie bauen makroskopisch die **dielektrische Polarisation** $\boldsymbol{P}$ auf, das resultierende Dipolmoment pro Volumenelement

$$\boldsymbol{P} = \frac{\mathrm{d}\boldsymbol{p}}{\mathrm{d}V} = n\bar{\boldsymbol{p}}\,, \tag{19.78}$$

mit $n = \mathrm{d}N/\mathrm{d}V$ = Anzahl der Moleküle im Volumenelement. Das $\boldsymbol{P}$-Feld ist (im allgemeinen) proportional zum $\boldsymbol{E}$-Feld

$$\boldsymbol{P} = (\varepsilon - 1)\varepsilon_0 \boldsymbol{E} = \chi\varepsilon_0 \boldsymbol{E} \tag{19.77}$$

und ist dem Betrage nach gleich der durch die Polarisation entstandenen **Oberflächenladung** $\sigma_\mathrm{P} = |\boldsymbol{P}|$ auf dem Dielektrikum. Sein Zusammenhang mit dem $\boldsymbol{D}$-Feld ist

$$\boldsymbol{D} = \boldsymbol{P} + \varepsilon_0 \boldsymbol{E} = \varepsilon\varepsilon_0 \boldsymbol{E}\,. \tag{19.80}$$

Beim Übertritt vom Vakuum ins Dielektrikum ändern sich die Tangentialkomponente von $\boldsymbol{E}$ und die Normalkomponente von $\boldsymbol{D}$ nicht. Die Normalkomponente von $\boldsymbol{E}$ wird um den Faktor ε geschwächt, die Tangentialkomponente von $\boldsymbol{D}$ um den Faktor ε verstärkt. Beide werden vom Lot weggebrochen.

K.20 Gleichströme

Im Innern eines langgestreckten homogenen Leiters der Länge l, an dessen Enden eine Spannung U anliegt, herrscht eine konstante **elektrische Feldstärke längs des Leiters**

$$E = U/l\,, \tag{20.2}$$

die den elektrischen Strom antreibt.

Der **elektrische Strom** I bezeichnet die pro Zeiteinheit durch einen Leiterquerschnitt hindurchtretende Ladungsmenge Q

$$I = \mathrm{d}Q/\mathrm{d}t\,, \quad [I] = \text{Ampère (A)}\,. \tag{20.3}$$

Er ist das Integral der **Stromdichte** $\boldsymbol{j}$ über den Leiterquerschnitt q

$$I = \int_q (\boldsymbol{j} \cdot \mathrm{d}\boldsymbol{A})\,. \tag{20.4}$$

Der **elektrische Widerstand** R eines Leiters ist der Quotient aus der anliegenden Spannung U und dem Strom I

$$R = U/I\,, \quad [R] = \mathrm{V/A} = \mathrm{Ohm}\,(\Omega)\,. \tag{20.12, 20.13}$$

Der **spezifische Widerstand** ϱ eines Leitermaterials bzw. sein Reziprokwert, die **spezifische elektrische Leitfähigkeit** σ verknüpfen, als Proportionalitätsfaktor die Stromdichte mit der Feldstärke

$$\boldsymbol{j} = \boldsymbol{E}/\varrho = \sigma\boldsymbol{E}\,, \quad [\varrho] = \Omega\mathrm{m}\,, \quad [\sigma] = \Omega^{-1}\mathrm{m}^{-1}\,. \tag{20.15}$$

Aus ihnen berechnen sich für einen Leiter der Länge l mit der Querschnittsfläche q der **Widerstand** R bzw. dessen Reziprokwert, der **Leitwert** L, zu

$$R = 1/L = \varrho(l/q) = (1/\sigma)(l/q)\,. \tag{20.16}$$

Die **elektrische Leistung** P ist das Produkt aus Spannung und Strom

$$P = U \cdot I\,, \quad [P] = \text{Joule/s} = \text{Watt (W)}\,. \qquad (20.10), (20.11)$$

Die in einem Widerstand R in **Joulesche Wärme** umgesetzte elektrische Leistung ist

$$P = I^2 R = U^2/R\,; \tag{20.14}$$

analog gilt für die Leistungsdichte

$$\mathrm{d}P/\mathrm{d}V = (\boldsymbol{E} \cdot \boldsymbol{j}) = \sigma \boldsymbol{E}^2 = \varrho \boldsymbol{j}^2\,. \tag{20.14'}$$

Ohmsches Gesetz. Für viele Leitertypen ist der elektrische Widerstand unabhängig von Strom und Spannung konstant

$$R = U/I = \text{const}\,. \tag{20.17}$$

Erstes Kirchhoffsches Gesetz (Knotenregel). In einem Verzweigungspunkt ist die Summe der zufließenden gleich der Summe der abfließenden Ströme.

Zweites Kirchhoffsches Gesetz (Maschenregel). Die Summe der an den Widerständen einer Masche erlittenen Spannungsverluste ist gleich der Summe der in dieser Masche aus Spannungsquellen zur Verfügung gestellten eingeprägten Spannungen

$$\sum_{i=1}^{M} I_\mathrm{i} R_\mathrm{i} = \sum_{k=1}^{N} U_\mathrm{k}^{(e)}\,. \tag{20.19}$$

Bei **Serienschaltung** addieren sich die einzelnen Widerstände zum resultierenden Widerstand

$$R = \sum_{i=1}^{N} R_\mathrm{i}\,, \tag{20.20}$$

bei **Parallelschaltung** die entsprechenden Leitwerte

$$L = \sum_{i=1}^{N} L_\mathrm{i}\,. \tag{20.22}$$

Brückenschaltungen dienen zur Präzisionsmessung eines Widerstands oder einer Spannung durch Vergleich mit geeichten Widerständen oder Spannungen in einem Netzwerk, in dem eine Brücke auf die Spannungsdifferenz $\Delta U = 0$ abgeglichen wird.

Der **Innenwiderstand** R_i einer Spannungsquelle reduziert bei der Stromentnahme I_a die Quellspannung U_a0 auf

$$U_\mathrm{a} = U_\mathrm{a0} - I_\mathrm{a} R_\mathrm{i}\,. \tag{20.25}$$

Seine differentielle Definition lautet allgemein (im Einklang mit (20.25))

$$R_\mathrm{i} = -\partial U_\mathrm{a}/\partial I_\mathrm{a}\,. \tag{20.26}$$

Bei Metallen wird ca. ein Elektron pro Gitteratom frei beweglich ins **Leitungsband** abgegeben. Dieses Energieband ist gegenüber dem nächsten, tiefer gebundenen und nach dem **Pauli-Prinzip** voll besetzten **Valenzband** durch eine **Energielücke** E_L (verbotene Zone) von einigen eV abgesetzt (**Bändermodell**).

Der **spezifische Widerstand** von Metallen wächst proportional zur absoluten Temperatur

$$\varrho(T) \propto T\,. \tag{20.28}$$

In einem reinen **Halbleiter** kommt die Leitung durch Anheben eines Elektrons aus dem Valenz- ins (bei $T = 0$) leere Leitungsband zustande (**Elektron-Lochpaar**). Zum Strom tragen sowohl die Elektronen wie auch die im Valenzband entstandenen positiv geladenen Löcher bei (**Löcherleitung**), die (entgegengesetzt zu den Elektronen) zum Minuspol wandern.

Die **Leitfähigkeit von Halbleitern** wächst exponentiell mit der Temperatur entsprechend der durch den Boltzmannfaktor bestimmten Anregungswahrscheinlichkeit von Elektron-Lochpaaren

$$W(T, E_\mathrm{L}) \propto \mathrm{e}^{-E_\mathrm{L}/kT}\,. \tag{20.32}$$

Innerer Photoeffekt. Elektron-Lochpaare können im Halbleiter auch durch Absorption energiereicher Lichtquanten mit

$$E = h\nu > E_\mathrm{L} \tag{20.33}$$

erzeugt werden. Sie erhöhen zum einen die Leitfähigkeit (**Photowiderstand**). Zum andern kann an Grenzschichten von Halbleitern (s. Kap. 25) die Anregungsenergie E_L als elektrische Energie gewonnen werden (**Photo-** oder **Solarzelle**).

Äußerer Photoeffekt. Wird an der Grenzschicht einer Kathode zum Vakuum ein Lichtquant absorbiert mit einer Energie $h\nu$ größer als die Austrittsarbeit E_A der Elektronen ins Vakuum, so können diese Elektronen ins Vakuum emittiert werden und einen Strom zur Anode bilden (**Vakuumphotodiode**).

Glühemission. Heizt man die Kathode einer Vakuumdiode auf hohe Temperatur, so beobachtet man eine exponentiell anwachsende **Sättigungsstromdichte**

$$j \propto \mathrm{e}^{-E_\mathrm{A}/kT}\,. \tag{20.34}$$

Er resultiert aus dem hochenergetischen Schwanz der Boltzmannverteilung des **freien Elektronengases** in der Kathode, der mit $mv_x^2/2 > E_\mathrm{A}$ die Austrittsarbeit überwinden kann (**Richardsonsches Gesetz**).

Raumladung. Bei der Leitung im Vakuum wird der Strom durch die gegenseitige Abstoßung der Ladungsträger behindert. Sie erzeugt einen Spannungsabfall U_a auf der Strecke d zwischen Kathode und Anode. Die raumladungsbegrenzte Stromdichte genügt dem **Langmuir-Schottkyschen Gesetz**

$$j = \frac{4}{9}\varepsilon_0\sqrt{2e/m}\,U_\mathrm{a}^{3/2}/d^2\,. \tag{20.35}$$

An der Kontaktfläche zweier Leiter bildet sich durch Übertreten von Elektronen in das energetisch günstigere Material eine Dipolschicht aus, die entsprechend der Differenz der Austrittsarbeiten eine **Kontaktspannung**

$$U_K = (E_{A2} - E_{A1})/e \tag{20.40}$$

zwischen beiden Leitern aufrechterhält.

Befinden sich in einem Stromkreis aus zwei verschiedenen Leitern die beiden Kontaktstellen auf unterschiedlichen Temperaturen T, T_0, so resultiert aus der Temperaturabhängigkeit der Kontaktspannung eine resultierende **Thermospannung**, die als Taylorentwicklung

$$\Delta U(T, T_0) = \alpha(T - T_0) + \beta(T - T_0)^2 \tag{20.42}$$

geschrieben werden kann. Sie treibt einen **Thermostrom** an

$$I = \Delta U/R\,. \tag{20.41}$$

K.21–23 Magnetismus

Die Kap. 21 – Stationäre Magnetfelder, Kap. 22 – Magnetische Induktion und Kap. 23 – Materie im Magnetfeld werden wie folgt zusammengefaßt:

Magnetische Kräfte, wie sie z. B. an Permanentmagneten und stromdurchflossenen Spulen beobachtet werden, haben Dipolcharakter. Ihr Ursprung läßt sich nicht in magnetischen Ladungen festmachen, sondern geht auf elektrische Ströme und zeitlich veränderliche elektrische Felder (**Verschiebungsströme**) zurück (zu letzteren s. Kap. 26). Zwischen zwei gestreckten, parallelen Leitern der Länge L im Abstand r, durchflossen von den Strömen I_1, I_2 gilt das magnetische Kraftgesetz

$$F = \mu_0 I_1 I_2 L/2\pi r\,. \tag{21.3}$$

Die Kraft ist anziehend für gleichsinnige, abstoßend für entgegengesetzte Ströme. Im SI-System definiert die magnetische Feldkonstante μ_0 die Einheit des elektrischen Stroms durch die Festsetzung

$$\mu_0 = 4\pi \cdot 10^{-7}\,\mathrm{N/A^2}\,.$$

Wie im elektrischen Fall führt man auch hier zwei Felder ein, das $\boldsymbol{B}$-Feld (magnetische Kraftflußdichte) und das $\boldsymbol{H}$-Feld (Magnetfeld). Das $\boldsymbol{B}$-Feld beschreibt grundsätzlich das physikalisch wirksame, für die magnetische Kraftwirkung und Induktion verantwortliche Feld. Es resultiert aus den äußeren, freien Strömen *und* den inneren, mikroskopischen Strömen, die in den Atomen magnetische Dipole erzeugen. Falls diese eine Vorzugsrichtung haben, bauen sie in Materie ein resultierendes Magnetfeld auf, das wir **Magnetisierung** ($\boldsymbol{M}$) nennen. Die Ausrichtung kommt in der Regel im äußeren $\boldsymbol{H}$-Feld zustande und ist diesem proportional. Das $\boldsymbol{H}$-Feld zählt nur diejenigen magnetischen Feldlinien, die von äußeren, freien Strömen erzeugt werden. Im SI-System gilt

$$B = \mu_0(H + M) = \mu_0(H + \kappa H) = \mu\mu_0 H \,, \qquad (21.14), (23.3), (23.4)$$

mit μ = **Permeabilität** und $\kappa = \mu - 1$ = **magnetische Suszeptibilität** des Stoffs.

Grundgleichungen des Magnetismus

- **Ampèresches Durchflutungsgesetz**: Das Ringintegral der magnetischen Feldstärke entlang eines geschlossenen Weges ist gleich dem vom Weg umfangenen Strom, d. h. gleich dem Integral der (freien) Stromdichte über die umfangene Fläche

  $$\oint (\boldsymbol{H} \cdot \mathrm{d}\boldsymbol{s}) = I = \int_A (\boldsymbol{j} \cdot \mathrm{d}\boldsymbol{A}') \,. \qquad (21.15), (21.20)$$

  Dazu äquivalent ist die differentielle Schreibweise

  $$\operatorname{rot} \boldsymbol{H} = \boldsymbol{j} \,. \qquad (21.21)$$

  Diese Gleichungen beinhalten auch die Einheit von $\boldsymbol{H}$

  $$[H] = \text{Aw/m (Ampèrewindungen pro Meter)} \,.$$

  (Die Einheit trägt dem praktischen Fall Rechnung, daß der Weg n Windungen einer Spule umfaßt).
- **Biot-Savartsches Elementargesetz**: Ein stromführendes Leiterstück $\mathrm{d}\boldsymbol{l}$ bzw. ein von der Stromdichte $\boldsymbol{j}$ durchsetztes Volumenelement $\mathrm{d}V$ erzeugen im Abstand $\boldsymbol{r}$ ein Magnetfeld

  $$\mathrm{d}\boldsymbol{H} = \frac{I(\mathrm{d}\boldsymbol{l} \times \hat{\boldsymbol{r}})}{4\pi r^2} = \frac{(\boldsymbol{j} \times \hat{\boldsymbol{r}})}{4\pi r^2} \mathrm{d}V \,. \qquad (21.23)$$

  Es folgt aus dem Ampèreschen Durchflutungsgesetz.
- **Zweite Maxwellsche Gleichung**: Das $\boldsymbol{B}$-Feld ist quellenfrei, es existieren keine magnetischen Ladungen; alle $\boldsymbol{B}$-Linien sind geschlossen. Folglich verschwindet nach dem Gaußschen Satz der Fluß durch eine geschlossene Oberfläche

  $$\oint (\boldsymbol{B} \cdot \mathrm{d}\boldsymbol{A}) = 0 \,. \qquad (21.10)$$

  Dazu äquivalent ist die differentielle Schreibweise

  $$\operatorname{div} \boldsymbol{B} = 0 \,. \qquad (21.11)$$

Verhalten an Grenzflächen. Aus dem Ampèreschen Durchflutungsgesetz (21.20) folgt, daß die Tangentialkomponente von $\boldsymbol{H}$ an einer Grenzfläche zwischen Vakuum (a) und Materie (i) stetig sein muß. Die Tangentialkomponente von B ändert sich dagegen beim Übergang in Materie um den Faktor μ durch das Hinzutreten von $\boldsymbol{M}$ in Einklang mit $\boldsymbol{B} = \mu\mu_0 H$ (23.3)

$$H_{\mathrm{i}\,\|} \doteq H_{\mathrm{a}\,\|} \,; \qquad (23.9)$$

$$B_{\mathrm{i}\,\|} = \mu B_{\mathrm{a}\,\|} \,. \qquad (23.6)$$

Aus der Quellenfreiheit von $\boldsymbol{B}$ (21.10) folgt: Die Normalkomponente von $\boldsymbol{B}$ ist an einer Grenzfläche stetig. Im Einklang mit (23.3) wird dann die Normalkomponente von $\boldsymbol{H}$ beim Übergang in Materie um den Faktor μ geschwächt

$$B_{\mathrm{i}\perp} = B_{\mathrm{a}\perp}\,; \tag{23.6}$$

$$H_{\mathrm{i}\perp} = \frac{1}{\mu} H_{\mathrm{a}\perp}\,. \tag{23.10}$$

Lorentz-Kraft. Eine mit der Geschwindigkeit $\boldsymbol{v}$ durch ein Feld $\boldsymbol{B}$ geführte Ladung q erfährt darin eine Kraft senkrecht zu $\boldsymbol{v}$ und $\boldsymbol{B}$

$$\boldsymbol{F}_{\mathrm{L}} = q(\boldsymbol{v} \times \boldsymbol{B})\,. \tag{21.30}$$

Daraus berechnet sich die Kraft auf ein stromführendes Leiterstück $\mathrm{d}\boldsymbol{l}$ bzw. ein von der Stromdichte $\boldsymbol{j}$ durchsetztes Volumenelement $\mathrm{d}V$ zu

$$\mathrm{d}\boldsymbol{F} = I(\mathrm{d}\boldsymbol{l} \times \boldsymbol{B}) = (\boldsymbol{j} \times \boldsymbol{B})\mathrm{d}V\,. \tag{21.26}$$

Eine ebene Stromschleife der Fläche A erfährt im homogenen $\boldsymbol{B}$-Feld durch die Lorentz-Kraft ein resultierendes **Drehmoment**

$$\boldsymbol{N} = IA(\hat{\boldsymbol{n}} \times \boldsymbol{B}) = (\boldsymbol{m} \times \boldsymbol{B})\,. \qquad (21.7), (21.28), (21.29)$$

Die Richtung der Flächennormalen $\hat{\boldsymbol{n}}$ ergibt sich aus dem Umlaufsinn von I nach der Rechte-Hand-Regel. Wir nennen $\boldsymbol{m} = IA\hat{\boldsymbol{n}}$ das **magnetische Dipolmoment** der Stromschleife entsprechend dessen allgemeiner Definitionsgleichung. Die zugehörige **magnetische Orientierungsenergie** ist

$$E(\varphi) = -(\boldsymbol{m} \cdot \boldsymbol{B})\,. \tag{21.8}$$

Felder einfacher Stromverteilungen

Langgestreckter Leiter vom Radius r_0: Die $\boldsymbol{H}$-Linien bilden Kreise um die Leiterachse mit Feldstärken

$$H_a = \frac{I}{2\pi r} \quad \text{für} \quad r \geq r_0 \qquad (21.9), (21.17\text{b})$$

$$H_i = \frac{Ir}{2\pi r_0^2} \quad \text{für} \quad r \leq r_0\,. \tag{21.17a}$$

Der lineare Anstieg im Leiterkern und der hyperbolische Abfall außerhalb entsprechen genau der Strömungsgeschwindigkeit in einem Wirbel und kennzeichnen $\boldsymbol{H}$ als **Wirbelfeld.**

Langgestreckte Spule (**Solenoid**) der Länge l mit n Windungen: Im Innern ist das Feld konstant, parallel zur Achse (Vorzeichen entsprechend Umlaufsinn) und hat den Wert

$$H = nI/l\,. \tag{21.22}$$

Nach (21.29) und (21.22) ist das **Dipolmoment einer** langen **Spule** vom Querschnitt A mit n Windungen gleich

$$\boldsymbol{m} = nIA\hat{\boldsymbol{n}} = \boldsymbol{H}lA = \boldsymbol{H} \cdot V \,, \tag{21.29'}$$

also gleich dem Produkt aus Magnetfeld und Volumen.

Induktionsgesetz. Die in einer Leiterschleife **induzierte Ringspannung** U_i ist gleich der negativen Zeitableitung des von der Schleife umfaßten **magnetischen Kraftflusses** Φ

$$U_\mathrm{i} = -\frac{\mathrm{d}\Phi}{\mathrm{d}t} = -\frac{\mathrm{d}}{\mathrm{d}t}\left(\int_A (\boldsymbol{B} \cdot \mathrm{d}\boldsymbol{A}')\right) . \tag{22.6}$$

Dabei ist es gleichgültig, ob die Kraftflußänderung durch eine Bewegung der Leiterschleife oder durch eine Änderung des $\boldsymbol{B}$-Felds innerhalb einer ruhenden Schleife erzeugt wird. Im ersteren Fall verursacht die **Lorentz-Kraft** auf die beweglichen Ladungen im Leiter die **Induktionsspannung**, im letzteren eine **elektrische Ringfeldstärke** $\boldsymbol{E}_\mathrm{i}$, mit der sich ein sich änderndes $\boldsymbol{B}$-Feld umgibt

$$U_\mathrm{i} = \oint (\boldsymbol{E}_\mathrm{i} \cdot \mathrm{d}\boldsymbol{s}) = -\int_A (\dot{\boldsymbol{B}} \cdot \mathrm{d}\boldsymbol{A}') . \tag{22.11}$$

Dies ist die **4. Maxwellsche Gleichung**. Äquivalent zur integralen Schreibweise (22.11) ist ihre differentielle Form

$$\mathbf{rot}\,\boldsymbol{E} = -\dot{\boldsymbol{B}} . \tag{22.12}$$

Lenzsche Regel. Induziert eine Kraftflußänderung einen Strom, so ist das von diesem Strom erzeugte $\boldsymbol{B}$-Feld so gerichtet, daß es der Änderung des induzierenden $\boldsymbol{B}$-Feldes entgegenwirkt.

Selbstinduktion. Ändert sich der Strom in einem Leiter und somit auch das von ihm erzeugte Magnetfeld, so induziert diese Feldänderung im Leiter eine Gegenspannung, die zufolge der Lenzschen Regel die Stromänderung hemmt

$$U_\mathrm{i} = -L\dot{I} . \tag{22.18'}$$

Der Proportionalitätsfaktor L heißt die Selbstinduktion; er hängt nur von der Geometrie des Leiters ab. Für einen **Solenoiden** mit Querschnitt A, Länge l und n Windungen gilt

$$L = \mu\mu_0 n^2 A/l . \tag{22.18}$$

In einem ***RL*-Kreis** sind das *An- bzw. Abklingen des Stroms* nach dem Einschalten bzw. Kurzschließen der anliegenden Gleichspannung U_0 exponentiell mit der induktiven Zeitkonstante

$$\tau = L/R \tag{22.23}$$

verzögert entsprechend

$$I = (U_0/R)(1 - \mathrm{e}^{-\frac{R}{L}t}) \qquad \text{nach } \textit{Einschalten} , \tag{22.21}$$

$$I = (U_0/R)\mathrm{e}^{-\frac{R}{L}t} \qquad \text{nach } \textit{Kurzschließen} . \tag{22.22}$$

In gleicher Weise reagiert die Spannung am Kondensator eines ***RC*-Kreises** mit der kapazitiven Zeitkonstante

$$\tau = RC\,. \tag{22.26}$$

Es gilt

$$U_C = U_0(1 - e^{-\frac{t}{RC}}) \quad \text{nach } \textit{Einschalten}\,, \tag{22.24}$$

$$U_C = U_0 e^{-\frac{t}{RC}} \quad \text{nach } \textit{Kurzschließen}\,. \tag{22.25}$$

Beim Ein- bzw. Ausschalten eines Stromes durch eine Induktivität baut sich darin eine **induktive Energie**

$$E_m = \frac{1}{2} L I^2 \tag{22.27}$$

auf bzw. ab. Sie entspricht einer **magnetischen Feldenergiedichte**

$$\frac{\mathrm{d}E_m}{\mathrm{d}V} = \frac{1}{2}\mu\mu_0 H^2 = \frac{1}{2}(\boldsymbol{H} \cdot \boldsymbol{B})\,. \tag{22.28}$$

Halleffekt. Durchsetzt ein Magnetfeld B transversal einen stromführenden Leiter, so treibt die *Lorentz-Kraft* frei bewegliche Ladungen q an dessen Oberfläche. Die zugehörige transversale **Hallspannung** zwischen Ober- und Unterkante des Leiters, senkrecht zu B gemessen, beträgt

$$U_\mathrm{H} = \frac{I \cdot B}{q n_q b}\,. \tag{22.32}$$

Sie ist umgekehrt proportional zur *Dichte* n_q *der Ladungsträger* q und trägt deren *Vorzeichen* (b = Breite des rechteckig angenommenen Leiters parallel zu B).

Eine **paramagnetische Substanz** verstärkt die magnetische Kraftflußdichte $\boldsymbol{B}$ proportional zum äußeren $\boldsymbol{H}$-Feld um einen Faktor $\mu > 1$ (mit $\mu - 1 = \kappa \lesssim 10^{-3}$) gemäß

$$\boldsymbol{B} = \mu\mu_0 \boldsymbol{H} = \mu_0(\boldsymbol{H} + \kappa\boldsymbol{H}) = \mu_0(\boldsymbol{H} + \boldsymbol{M})\,. \tag{23.3), (23.4}$$

Eine **diamagnetische Substanz** schwächt es um einen Faktor $\mu < 1$ (mit $-\kappa \lesssim 10^{-5}$).

Ferromagnetische Substanzen zeichnen sich durch eine sehr hohe Permeabilität μ in der Größenordnung von 10^3 aus, die allerdings bei höherem Feld abnimmt und bei der Sättigungsmagnetisierung (entsprechend $B \approx 2T$) auf 1 zurückgeht. B durchläuft als Funktion von H beim Hoch- und Runterfahren des Feldes zwei unterschiedliche Kurven in Form einer **Hysteresisschleife**.

Der **Paramagnetismus** kommt durch die teilweise Ausrichtung permanenter atomarer Dipolmomente m_0 im äußeren Feld zustande; es gilt das **Curiesche Gesetz** für die **magnetische Suszeptibilität**

$$\kappa = \mu - 1 = \mu_0 \frac{\mathrm{d}N}{\mathrm{d}V}\frac{m_0^2}{3kT} \tag{23.17}$$

($\mathrm{d}N/\mathrm{d}V$ = Teilchendichte).

Atomare Dipolmomente m_0 sind an den **Bahndrehimpuls** $\boldsymbol{L}$ und den Eigendrehimpuls $\boldsymbol{S}$ (**Spin**) der Valenzelektronen gekoppelt und deshalb in Einheiten des **Bohrschen Magnetons** quantisiert. Es gilt bezüglich $\boldsymbol{L}$ (mit m_e =

Elektronenmasse)

$$m_0 = -\frac{e}{2m_e}L = -n\frac{eh}{4\pi m_e}\hat{L} = -n\mu_B\hat{L}\ (n = 1, 2, 3, \ldots)\ (23.19), (23.20)$$

und bezüglich S mit $S = (1/2)(h/2\pi)$

$$m_0 = -\frac{e}{m_e}S = -\mu_B\hat{S}\,. \qquad (23.21)$$

Die Ursache des **Diamagnetismus** liegt in der *Induktion* ungedämpfter Kreisströme in der Elektronenhülle der Atome, deren magnetische Dipole das angelegte Feld schwächen. Der Effekt wächst proportional zur Querschnittsfläche der Hülle.

Bei **Ferromagneten** stehen die atomaren Dipolmomente in Bereichen von der Größenordnung μm vollständig parallel zueinander (**Weißsche Bezirke**). und bilden entsprechend große resultierende Dipolmomente, die sich als Ganzes im äußeren Feld ausrichten.

K.24 Stationäre Wechselströme

Unter dem Einfluß einer **Wechselspannung**

$$U(t) = \tilde{U} = U_0 \cos \omega t$$

stellt sich in einem (beliebigen) Stromkreis aus Ohmschen Widerständen R, Kapazität C und Induktivität L ein *stationärer* **Wechselstrom** der Form

$$I(t) = \tilde{I} = \frac{U_0}{|Z|}\cos(\omega t - \varphi) = I_0 \cos(\omega t - \varphi)$$

ein. Darin ist Z der Betrag des **komplexen Widerstands** und φ die durch ihn verursachte **Phasenverschiebung**. Beides wird in komplexer Schreibweise zusammengefaßt zu

$$\tilde{I} = I_0 e^{i(\omega t - \varphi)} = \frac{U_0 e^{i\omega t}}{|Z| e^{i\varphi}} = \frac{\tilde{U}}{Z}\,. \qquad (24.15')$$

Für einen **Ohmschen Widerstand** R gilt

$$Z_R = R \qquad (24.1)$$

(reell, erzeugt keine Phasenverschiebung),
für eine **Kapazität** C

$$Z_C = \frac{-i}{\omega C} \qquad (24.2), (24.17)$$

(imaginär, erzeugt Phasenvorschub des Stroms um $\pi/2$, sinkt mit der Frequenz),
für den einer **Induktivität** L

$$Z_L = i\omega L \qquad (24.4), (24.17)$$

(imaginär, verzögert Stromphase um $\pi/2$, wächst mit der Frequenz).

Auch für **Wechselstromwiderstände** gelten die **Kirchhoffsche Knoten- und Maschenregel**, letztere in der Form

$$\sum_k \tilde{U}_k = \sum_l Z_l \tilde{I}_l \,. \tag{24.18}$$

Ein ***RCL*-Serienkreis** hat den Wechselstromwiderstand

$$Z = R + \mathrm{i}\left(\omega L - \frac{1}{\omega C}\right) . \tag{24.15}$$

Er hat ein reelles Minimum $Z = R$ bei der Resonanzfrequenz

$$\omega_0 = \frac{1}{\sqrt{LC}} \,. \tag{24.10}$$

Er stellt einen gedämpften elektrischen Schwingkreis dar und genügt der DGL der (erzwungenen) Schwingung für die Ladung Q auf C

$$\frac{Q}{C} + IR + \dot{I}L = \frac{Q}{C} + \dot{Q}R + \ddot{Q}L = U(t) \tag{24.10}$$

bzw. in der Normalform mit $\omega_0^2 = 1/LC$ und $\tau = L/R$

$$\omega_0^2 Q + \dot{Q}/\tau + \ddot{Q} = U(t)/L \,. \tag{24.10}$$

Im Serienkreis ist für $\omega = \omega_0$ die Spannung $\tilde{U}_\mathrm{C}$ am Kondensator um den Gütefaktor $\omega_0\tau$ überhöht (**Spannungsresonanz**) und die Phase um $\pi/2$ verzögert wie allgemein bei Resonanzen

$$\tilde{U}_\mathrm{C}/\tilde{U} = -\mathrm{i}\omega_0\tau = -\mathrm{i}\sqrt{L/C}/R \,.$$

Schalten wir parallel zu einem RL-Glied ein C, so entsteht ein **resonanzfähiger Sperrkreis**. Sein Wechselstromwiderstand erreicht (bei schwacher Dämpfung) bei $\omega \approx \omega_0$ ein reelles Maximum

$$Z = L/(R \cdot C) \,, \tag{24.25}$$

wobei in der Sperrkreismasche ein resonanter Strom umläuft, der gegenüber dem resultierenden um den Gütefaktor $\omega_0\tau$ überhöht ist (**Stromresonanz**).

Die Wechselstromleistung an $Z = |Z|\mathrm{e}^{\mathrm{i}\varphi}$ läßt sich in **Wirk-** und **Blindleistung** aufspalten

$$\begin{aligned}\tilde{P} = \tilde{U} \cdot \tilde{I} &= \tilde{P}_\mathrm{wirk} + \tilde{P}_\mathrm{blind} \\ &= \frac{1}{2} Z I_0^2 [(1 + \cos 2\omega t)\cos\varphi + \sin 2\omega t \sin\varphi] \,.\end{aligned} \tag{24.27'}$$

Definieren wir den **Effektivstrom** I_eff und die **Effektivspannung** U_eff durch

$$I_\mathrm{eff} = I_0/\sqrt{2} \,, \qquad U_\mathrm{eff} = U_0/\sqrt{2} \,, \tag{24.32}$$

so ist die mittlere Wirkleistung gegeben durch

$$\bar{P}_\mathrm{wirk} = U_\mathrm{eff} I_\mathrm{eff} \cos\varphi \,, \tag{24.28'}$$

die mittlere Blindleistung ist immer Null.

Der **Wechselstromtransformator** transformiert die Spannungen (im Leerlauf) im Verhältnis der Windungszahlen von Sekundär- und Primärspule, die Ströme (bei Kurzschluß) im umgekehrten Verhältnis

$$U_2/U_1 = I_1/I_2 = n_2/n_1\,. \qquad (24.35), (24.36)$$

K.25 Aktive Bauelemente

Aktive Bauelemente leisten eine Verstärkung einer eingespeisten elektrischen Leistung ($V_P > 1$), passive Bauelemente schwächen sie ($V_P < 1$).

Ein **n-dotierter Halbleiter** gibt Elektronen ins Leitungsband ab (negativ leitend), ein **p-dotierter** erzeugt bewegliche Löcher im Valenzband (positiv leitend).
An einer pn-Grenzschicht rekombinieren **Leitungselektronen** und **Löcher**; es entsteht eine elektrische Doppelschicht aus ortsfesten positiven Ionen auf der n- und negativen auf der p-Seite. Das entsprechende Kontaktpotential hat Gleichrichterwirkung (Diode).

Im **Transistor** folgen zwei Grenzschichten dicht hintereinander in npn- oder pnp-Folge. Über die mittlere Schicht (Basis) wird mit einem kleinen Basisstrom I_B ein großer Emitter-Kollektorstrom I_{EC} zwischen den beiden äußeren Schichten gesteuert und damit ein schwaches Eingangssignal verstärkt. Kollektorstrom I_C, Emitter-Kollektorspannung U_{EC} und I_B sind durch eine Zustandsgleichung verknüpft, die im linearen Kennlinienbereich einer Taylorentwicklung

$$\Delta I_C = \frac{\partial I_C}{\partial U_{EC}} \Delta U_{EC} + \frac{\partial I_C}{\partial I_B} \Delta I_B = \frac{1}{R_i} \Delta U_{EC} + S \Delta I_B \qquad (25.2)$$

genügt mit dem Innenwiderstand R_i und der Steilheit S als Koeffizienten. Beide sollen möglichst groß sein, um an einem Lastwiderstand R_C in der Kollektorleitung eine hohe Spannungs-Stromverstärkung zu erzielen

$$V_{UI} = -\frac{\Delta U_{EC}}{\Delta I_B} = -\frac{R_C \cdot S}{1 + R_C/R_i}\,. \qquad (25.3)$$

Selbsterregung eines Schwingkreises. Schalten wir einen RCL-Schwingkreis in Serie mit einem Verstärker (z. B. Transistor) und führen einen Bruchteil κ der Schwingspannung $U_R = IR$ an R seinem Eingang zu und speisen sie um den Faktor V verstärkt am Ausgang als $\kappa V U_R$ wieder in den Schwingkreis ein, so genügt das System einer Schwingungsgleichung

$$Q/C + (1 - \kappa V) R \dot{Q} + L \ddot{Q} = 0 \qquad (25.8)$$

mit manipuliertem Dämpfungsterm $(1 - \kappa V)R$. Für $\kappa V > 1$ (**Barkhausen-Kriterium**) ist sie entdämpft und der Sender selbsterregt.

K.26 Maxwellsche Gleichungen und elektromagnetische Wellen

Maxwellscher Verschiebungsstrom. Polarisiert sich ein Medium mit der Zeitableitung der **dielektrischen Verschiebung**

$$\dot{\boldsymbol{D}} = \varepsilon_0 \dot{\boldsymbol{E}} + \dot{\boldsymbol{P}} = \boldsymbol{j}_\mathrm{V} \qquad (26.2')$$

auf, so herrscht darin eine **Verschiebungsstromdichte** $\boldsymbol{j}_\mathrm{V}$. Sie hat einen echten Stromdichteanteil $\dot{\boldsymbol{P}}$, der aus der Verschiebung der positiven gegen die negativen Ladungen des Dielektrikums unter dem Einfluß des äußeren $\boldsymbol{E}$-Feldes resultiert, und einen Vakuumanteil $\varepsilon_0 \dot{\boldsymbol{E}}$. Beide umgeben sich mit einem Magnetfeld genau wie eine freie Stromdichte nach dem Ampèreschen Durchflutungsgesetz (21.8). Es gilt also für den **Verschiebungsstrom**

$$I_\mathrm{V} = \int_A (\dot{\boldsymbol{D}} \cdot \mathrm{d}\boldsymbol{A}') = \int_A \varepsilon\varepsilon_0 (\dot{\boldsymbol{E}} \cdot \mathrm{d}\boldsymbol{A}') = \oint (\boldsymbol{H} \cdot \mathrm{d}\boldsymbol{s}) \qquad (26.3)$$

bzw. nach dem **Stokesschen Satz** in differentieller Form

$$\mathbf{rot}\,\boldsymbol{H} = \dot{\boldsymbol{D}} = \varepsilon\varepsilon_0 \dot{\boldsymbol{E}}\,. \qquad (26.3')$$

Maxwellsche Gleichungen. Alle elektromagnetischen Erscheinungen lassen sich aus vier Maxwellschen Gleichungen, die die Eigenschaften der Felder beschreiben sowie dem **Kraftgesetz für die Ladung** ableiten:

Tabelle K.8. Grundgleichungen der Elektrodynamik

Maxwellsche Gleichungen der elektromagnetischen Felder		
a) integral	b) differentiell	
1. $\oint_A (\boldsymbol{D} \cdot \mathrm{d}\boldsymbol{A}') = \oint_A (\varepsilon\varepsilon_0 \boldsymbol{E} \cdot \mathrm{d}\boldsymbol{A}') = \int_V \varrho \mathrm{d}V' = Q$	1. $\mathbf{div}\,\boldsymbol{D} = \mathbf{div}\,\varepsilon\varepsilon_0 \boldsymbol{E} = \varrho$	(26.4)
2. $\oint_A (\boldsymbol{B} \cdot \mathrm{d}\boldsymbol{A}') = \oint_A (\mu\mu_0 \boldsymbol{H} \cdot \mathrm{d}\boldsymbol{A}') = 0$	2. $\mathbf{div}\,\boldsymbol{B} = \mathbf{div}\,\mu\mu_0 \boldsymbol{H} = 0$	(26.5)
3. $\oint (\boldsymbol{H} \cdot \mathrm{d}\boldsymbol{s}) = \int_A [(\boldsymbol{j} + \dot{\boldsymbol{D}}) \cdot \mathrm{d}\boldsymbol{A}']$	3. $\mathbf{rot}\,\boldsymbol{H} = \boldsymbol{j} + \dot{\boldsymbol{D}}$	(26.6)
4. $\oint (\boldsymbol{E} \cdot \mathrm{d}\boldsymbol{s}) = -\int_A (\dot{\boldsymbol{B}} \cdot \mathrm{d}\boldsymbol{A}')$	4. $\mathbf{rot}\,\boldsymbol{E} = -\dot{\boldsymbol{B}}$	(26.7)
Kraftwirkung der elektromagnetischen Felder auf eine Ladung q		
$\boldsymbol{F} = q(\boldsymbol{E} + \boldsymbol{v} \times \boldsymbol{B})$		(26.8)

Elektromagnetische Wellengleichung. Aus der 3. und 4. Maxwellschen Gleichung gewinnt man eine Wellengleichung für die miteinander verknüpften *Feldamplituden* $\boldsymbol{E}$ und $\boldsymbol{H}$. In Abwesenheit von freien Strömen und Ladungen lauten sie z. B. für eine *ebene Welle* in z-Richtung, die in x-Richtung polarisiert sei:

$$\ddot{E}_x = c^2 \frac{\partial^2 E_x}{\partial z^2}\,, \quad \ddot{H}_y = c^2 \frac{\partial^2 H_y}{\partial z^2}\,, \quad E_y = H_x = 0 \qquad (26.13)$$

mit der Phasengeschwindigkeit

$$c^2 = \frac{1}{\varepsilon\varepsilon_0\mu\mu_0} \tag{26.12}$$

und den Lösungen für eine fortlaufende Welle

$$\boldsymbol{E}(\boldsymbol{r}, t) = E_0\hat{\boldsymbol{x}}\cos(\omega t - kz) \tag{26.15}$$

$$\boldsymbol{H}(\boldsymbol{r}, t) = H_0\hat{\boldsymbol{y}}\cos(\omega t - kz) \tag{26.16}$$

mit dem *festen* Amplitudenverhältnis

$$\frac{E}{H} = \sqrt{\frac{\mu\mu_0}{\varepsilon\varepsilon_0}} = \sqrt{\frac{\mu}{\varepsilon}}Z_{VW} = \sqrt{\frac{\mu}{\varepsilon}}377\,\Omega\,. \qquad (26.17), (26.33'')$$

Darin bezeichnet $Z_{VW} = \sqrt{\mu_0/\varepsilon_0} = 377\,\Omega$ den sogenannten **Vakuumwellenwiderstand**. Bei einer laufenden Welle sind E und H räumlich und zeitlich in Phase, bei einer stehenden 90° außer Phase.

Die Energiestromdichte (Intensität) einer elektromagnetischen Welle läßt sich schreiben als

$$\boldsymbol{j}_E = \boldsymbol{S} = \boldsymbol{E} \times \boldsymbol{H} \tag{26.22}$$

und heißt **Poynting-Vektor**.

Legen wir eine sehr hochfrequente Wechselspannung an einen langen Leiterdraht an, so breitet sich entlang desselben eine **Drahtwelle** mit der Lichtgeschwindigkeit c (26.12) entsprechend dem umgebenden Medium aus.

Bei **Doppelleitungen**, insbesondere Koaxialleitungen, ist das Feld der Drahtwelle im wesentlichen auf den Zwischenraum beschränkt. Für Doppelleitungen kann man die **Induktivität und Kapaziät pro Leiterlänge**, $\mathrm{d}L/\mathrm{d}l$ und $\mathrm{d}C/\mathrm{d}l$, berechnen. Ihr Quotient

$$Z_W = \frac{\mathrm{d}L}{\mathrm{d}C} = \sqrt{\frac{\mu\mu_0}{\varepsilon\varepsilon_0}}G = 377\,\Omega\sqrt{\frac{\varepsilon}{\mu}}G \tag{26.33'}$$

heißt **Wellenwiderstand** der Leitung; G ist ein Geometriefaktor. Schließt man eine Doppelleitung mit einem reellen Widerstand $Z = Z_W$ ab, so wird die eingespeiste Drahtwelle vollständig, d. h. reflexionsfrei von diesem Abschlußwiderstand absorbiert.

Skineffekt. Ein Leiter verdrängt eine elektromagnetische Welle an seine Oberfläche. Feldamplituden und Stromdichte nehmen exponentiell mit der Tiefe x unter der Oberfläche ab. Es gilt

$$j = j_0\mathrm{e}^{-x/d} \quad \text{mit} \quad d = 1/\sqrt{\pi\mu\mu_0\sigma\omega}\,. \tag{26.34}$$

Die charakteristische *Eindringtiefe* d nimmt mit wachsender Leitfähigkeit σ und Frequenz ω ab.

Hohlraumresonator. In einem von Leiterflächen umrandeten Quader mit Kantenlängen a, b, d bilden sich genau wie bei Schallwellen **Eigenschwingungen**

mit Resonanzfrequenzen

$$\omega_{lmn} = c\sqrt{k_x^2 + k_y^2 + k_z^2} = \pi c\sqrt{\frac{l^2}{a^2} + \frac{m^2}{b^2} + \frac{n^2}{d^2}}$$

$$l, m, n = 0, 1, 2, 3, \ldots \quad \text{(mindestens 2 Indizes} > 0) \tag{26.36}$$

aus.

Hohlleiter. Sei der Quader als langgestrecktes Rohr geformt, z. B. mit $a > b$ und $d \to \infty$, so kann sich in der langen z-Richtung eine fortlaufende Welle (ohne Resonanzen) ausbilden, wenn die Frequenz hoch genug ist, um (wenigstens) in einer der Querrichtungen auch eine stehende Welle zu bilden. Hohlleiter dienen zum Transport von Mikrowellen im Wellenlängenbereich von cm (z. B. Radarwellen).

Leitungsresonanzen. Drahtwellen bilden auf einfachen oder Doppelleitungen der Länge l stehende Wellen aus mit den Wellenlängen

$$\lambda_n = 2l/n$$

bzw. den Resonanzfrequenzen

$$\nu_n = nc/2l\,.$$

Die stehende Grundwelle mit $\lambda_1 = 2l$ auf einem Draht der Länge l nennen wir **resonanter Hertzscher Dipol**, weil eine Dipolladung entlang des Drahtes hin und her schwingt. Ihr elektrisches Feld wird als **Hertzsche Dipolstrahlung** abgestrahlt, was den Dipol stark bedämpft.
Sei der Hertzsche Dipol dagegen kurz gegen die Wellenlänge ($\lambda \gg l$) und trage ein Dipolmoment

$$p = p_0 \cos \omega t$$

(z. B. als erzwungene Schwingung), so ist die über eine Periode gemittelte Intensität der abgestrahlten Leistung im **Fernfeld** (d. h. $r \gg \lambda$) gegeben durch

$$\bar{S}(r, \vartheta) = \frac{\omega^4 p_0^2 \sin^2 \vartheta}{8\pi(4\pi\varepsilon_0)c^3 r^2}\,. \tag{26.44}$$

Es ist eine in der $\hat{p}, \hat{r}$-Ebene polarisierte Kugelwelle mit einer $\sin^2 \vartheta$-*Winkelabhängigkeit*. Wichtig ist auch die starke *Frequenzabhängigkeit* mit ω^4.

Die Abstrahlung des Hertzschen Dipols resultiert ganz allgemein aus der Beschleunigung der Ladung. Eine mit $\ddot{x}$ **beschleunigte Punktladung** strahlt demnach die Leistung ab

$$P = \frac{2}{3}\frac{q_0^2 \ddot{x}^2}{4\pi\varepsilon_0 c^3}\,. \tag{26.47}$$

Hierauf beruht z. B. die **Bremsstrahlung**, die ein hochenergetisches Elektron beim Passieren des starken Coulombfeldes eines Atomkerns als kurzwellige Strahlung im Röntgenbereich emittiert.

K.27 Natur und Eigenschaften des Lichts, seine Wechselwirkung mit Materie

Lichtgeschwindigkeit c und **Brechungsindex** n in einem Medium sind mit den elektromagnetischen Konstanten ε_0, μ_0 und den Materialkonstanten ε, μ verknüpft durch

$$c = \lambda\nu = \frac{1}{\sqrt{\varepsilon\varepsilon_0\mu\mu_0}} = \frac{c_0}{n} \quad \text{mit} \quad c_0 = \frac{1}{\sqrt{\varepsilon_0\mu_0}}, \; n = \sqrt{\varepsilon\mu} \approx \sqrt{\varepsilon}$$

und der **Vakuumlichtgeschwindigkeit** $c_0 = 299\,792\,458$ m/s.

Grenzen der Strahlenoptik. Ein Lichtstrahl vom Durchmesser d hat aufgrund seiner Wellennatur einen mittleren, beugungsbegrenzten Öffnungswinkel von mindestens

$$\alpha \gtrsim \lambda/d\,. \tag{27.4}$$

Laser emittieren *optimal kollimierte Strahlen* mit Gaußschem Intensitätsprofil (27.7) als Funktion des Öffnungswinkels. Die volle $1/e$-Wertsbreite beträgt $\Delta\alpha \approx \lambda/d$ (d = Durchmesser der Taille, d. h. der stärksten Einschnürung).

Lichtstrahlen breiten sich geradlinig aus, überlagern sich ungestört (Superpositionsprinzip), sind umkehrbar und nehmen den kürzesten optischen Weg (= geringste Anzahl der Wellenlängen) zwischen zwei Punkten im Vergleich zu benachbarten Wegen (**Fermatsches Prinzip**).

Brechungsgesetz. An den Grenzflächen zweier Medien mit Brechungsindizes n_1, n_2 besteht zwischen Einfallswinkel α und Ausfallswinkel β die Beziehung

$$\frac{\sin\alpha}{\sin\beta} = \frac{n_2}{n_1} = \frac{c_1}{c_2}\,. \tag{27.11}$$

Totalreflexion. An der Grenzfläche zum dünneren Medium (n_1) wird oberhalb eines Grenzwinkels

$$\beta_{\text{gr}} \geq \arcsin(n_1/n_2) \tag{27.12}$$

der einfallende Strahl total reflektiert. Entlang der Grenzfläche läuft dann im dünneren Medium eine **Grenzwelle**, deren Amplitude mit dem Abstand von der Grenzfläche exponentiell abklingt.

Phasensprung. Bei **Reflexion** am dichteren Medium springt die Phase der Welle um π, bei Reflexion am dünneren bleibt sie erhalten.

Polarisation. Bei Reflexion an einer Grenzschicht unter dem **Brewsterwinkel**

$$\alpha_{\mathrm{Br}} = \arctan \frac{n_2}{n_1} \tag{27.15}$$

ist der reflektierte Strahl vollständig in der Ebene senkrecht zur Einfallsebene polarisiert, ansonsten teilweise.

Doppelbrechung. In Einkristallen mit niedrigerer als kubischer Symmetrie hängt die Lichtgeschwindigkeit von Richtung und Polarisationsebene des Strahls ab. Ihr Polardiagramm bildet ein Ellipsoid. Beim Eintritt in den Kristall spaltet der Strahl in der Regel in zwei orthogonal polarisierte Komponenten unterschiedlicher Richtung auf. Überlagern wir sie, so ist die Polarisation der resultierenden Welle aufgrund des relativen Gangunterschieds verändert, z. B. von linear zu zirkular.

Prismenwirkung. Ein Prisma mit (kleinem) Keilwinkel γ lenkt bei symmetrischem Strahlengang einen Lichtstrahl um den Winkel

$$\delta(\lambda) \approx (n(\lambda) - 1)\gamma \tag{27.26'}$$

ab. Seine **Dispersion** $\mathrm{d}n/\mathrm{d}\lambda$ spaltet demnach das Spektrum mit der Winkeldispersion

$$\frac{\mathrm{d}\delta}{\mathrm{d}\lambda} \approx \frac{\gamma \mathrm{d}n}{\mathrm{d}\lambda}$$

auf. Sein **beugungsbegrenztes Auflösungsvermögen** ist bei einer Basisbreite b gegeben durch

$$A = \frac{\lambda}{\Delta\lambda_{\min}} = b\frac{\mathrm{d}n}{\mathrm{d}\lambda}\,. \tag{27.28}$$

Dispersionsrelationen. Dispersion und Absorption eines Mediums können durch Real- und Imaginärteil des Brechungsindex ausgedrückt werden

$$n = n' + \mathrm{i}n'' \curvearrowright E(x,t) = E_0 \mathrm{e}^{\mathrm{i}(\omega t - n k_0 x)} = E_0 \mathrm{e}^{n'' k_0 x} \mathrm{e}^{\mathrm{i}(\omega t - n' k_0 x)} \tag{27.36}$$

mit dem Absorptionskoeffizienten $n'' k_0 < 0$. Bei Gasen geringer Teilchendichte $\mathrm{d}N/\mathrm{d}V$ werden beide durch resonante Dipolanregung in der Umgebung von Spektrallinien (ω_0) bestimmt. In der Näherung

$$n' = \mathrm{Re}\sqrt{\varepsilon} = \mathrm{Re}\sqrt{1 + \chi' + \mathrm{i}\chi''} \approx 1 + \chi'/2\,, \quad n'' = \mathrm{Im}\sqrt{\varepsilon} \approx \chi''/2$$

gilt im Rahmen der klassischen harmonischen Näherung

$$n' \approx 1 + \frac{\mathrm{d}N}{\mathrm{d}V} \frac{e^2}{\varepsilon_0 m_\mathrm{e}} \frac{(\omega_0 - \omega)\tau^2/\omega}{1 + 4\tau^2(\omega_0 - \omega)^2} \tag{27.38}$$

$$n'' \approx -\frac{\mathrm{d}N}{\mathrm{d}V} \frac{e^2}{\varepsilon_0 m_\mathrm{e}} \frac{\tau/2\omega}{1 + 4\tau^2(\omega_0 - \omega)^2} \tag{27.39}$$

(τ = Lebensdauer bzw. reziproke Linienbreite der Resonanz).

Die Flanken der **Dispersionskurve** sind $\propto 1/(\omega_0 - \omega)$, die der **Absorptionskurve** $\propto 1/(\omega_0 - \omega)^2$.

Atomspektren sind durch relativ wenige, scharfe **Spektrallinien** mit Frequenzen (Bohrsche Formel)

$$\nu_{nm} = (E_n - E_m)/h$$

zwischen verschiedenen Anregungsstufen E_n, E_m ihrer Valenzelektronen charakterisiert. **Molekülspektren** bilden durch zusätzliche Aufspaltung in eine große Zahl von quantisierten Schwingungs- und Rotationszuständen sehr linienreiche **Banden** aus.

Lichtstreuung. Nähert sich bei geringer Dichte der Abstand benachbarter Streuzentren der Größenordnung λ, so verursacht auch der Realteil von n eine Schwächung der Welle durch inkohärente Seitwärtsstreuung (Dispersion im wörtlichen Sinn). Wir definieren hierfür ganz allgemein einen **Wirkungsquerschnitt** σ als Quotient aus der gestreuten Leistung P eines Streuzentrums und der einfallenden Intensität, d. h. der Energiestromdichte $j_\mathrm{E} = \varrho_\mathrm{E} v$ (= z. B. Poyntingvektor S für Licht)

$$\sigma = \frac{P}{j_\mathrm{E}} = \frac{\dot{N}}{j_\mathrm{T}}, \quad [\sigma] = \mathrm{m}^2 . \qquad (27.43), (27.44)$$

Beziehen wir σ auf eine Teilchenstromdichte j_T, so steht im Zähler die Rate $\dot{N}$ der gestreuten Teilchen.

Rayleigh-Streuung. Weit unterhalb aller Resonanzen ($\omega \ll \omega_{nm}$) wächst der Wirkungsquerschnitt entsprechend der Hertzschen Dipolnäherung (26.45) mit der vierten Potenz der Frequenz

$$\sigma_\mathrm{R} = \frac{\alpha^2 \omega^4}{6\pi \varepsilon_0^2 c^4} \qquad (27.43)$$

(α = Polarisierbarkeit).

Thomson-Streuung. Weit oberhalb aller atomaren Resonanzen ($\omega \gg \omega_{nm}$) im Röntgengebiet und bei Streuung an freien Ladungen wird der Wirkungsquerschnitt konstant

$$\sigma_\mathrm{Th} = \frac{e^4}{6\pi \varepsilon_0^2 m_\mathrm{e}^2 c^4} = \frac{8\pi}{3} r_0^2 \qquad (27.49)$$

mit dem **klassischen Elektronenradius**

$$r_0 = \frac{e^2}{4\pi \varepsilon_0 m_\mathrm{e} c^2} = 2{,}8 \cdot 10^{-15}\,\mathrm{m} . \qquad (27.50)$$

K.28 Optische Abbildung

Linsengesetz, Gaußsche Abbildung. Jede ähnliche Abbildung aus einem Gegenstands- in einen Bildraum folgt dem **Linsengesetz**

$$\frac{1}{g} + \frac{1}{b} = \frac{1}{f} = \text{const} \tag{28.2}$$

(g = Gegenstandsweite, b = Bildweite, f = Brennweite).
Abbildungen durch sphärische Linsen und Spiegel genügen für achsennahe Strahlen dem Linsengesetz (28.2) in erster Näherung $\sin\vartheta \approx \tan\vartheta \approx \vartheta$ (ϑ = Neigungswinkel des Lichtstrahls gegen optische Achse). Bildfehler treten in dritter Ordnung $\propto \vartheta^3$ auf und können durch Linsensysteme (Objektive) z. T. korrigiert werden.
Sammellinsen ($f > 0$) entwerfen bei Gegenstandsweiten

$$\begin{aligned} g &> 2f && \text{ein verkleinertes, reelles Bild}\,, \\ 2f \geq g &> f && \text{ein vergrößertes, reelles Bild}\,, \\ g &\leq f && \text{ein vergrößertes, virtuelles Bild}\,. \end{aligned}$$

Zerstreuungslinsen ($f < 0$) entwerfen nur virtuelle Bilder.

Eine **Lupe** vergrößert den Sehwinkel des Auges um den Faktor

$$V_\text{w} = \frac{25\,\text{cm}}{f} + 1\,. \tag{28.12}$$

Das **astronomische Fernrohr** besteht aus zwei konfokalen Sammellinsen, dem Objektiv mit langer Brennweite f_1 und dem Okular mit kurzer Brennweite f_2. Im Galileischen Fernrohr ist das Okular eine Zerstreuungslinse. Beide Fernrohrtypen vergößern den Sehwinkel für entfernte Objekte um

$$V_\text{w} = f_1/f_2\,. \tag{28.14}$$

Beim **Mikroskop** entwirft ein kurzbrennweitiges Objektiv von einem Gegenstand nahe beim Brennpunkt ein stark vergrößertes Zwischenbild, das von einem Okular nach (28.12) weitervergrößert wird.

Ionenoptik. Die Randfelder eines geladenen Rohrs bilden eine *elektrostatische Sammellinse* für geladene Teilchenstrahlen (Elektronen, Ionen). Darüberhinaus gibt es viele Möglichkeiten der Fokussierung geladener Strahlen durch elektromagnetische Felder.

K.29 Interferenz, Beugung und Streuung von Licht

Interferenzamplitude. Zwei ebene, parallele Wellen

$$A_1(x,t) = A_{01}\mathrm{e}^{\mathrm{i}(\omega t - kx)}\,, \quad A_2(x,t) = A_{02}\mathrm{e}^{\mathrm{i}(\omega t - kx - \varphi)}$$

mit relativem Gangunterschied φ interferieren mit der resultierenden Amplitude

$$A_{0r} = \sqrt{A_{01}^2 + A_{02}^2 + 2A_{01}A_{02}\cos\varphi}\,. \tag{12.37}$$

Natürliche Lichtquellen sind *inkohärent* in dem Sinn, daß ihre einzelnen Elemente, die leuchtenden Atome und Moleküle unabhängig voneinander mit statistischer Phase emittieren sowie mit statistischer Frequenzverteilung innerhalb des charakteristischen Linien- oder kontinuierlichen Spektrums. Man beobachtet daher Interferenz nur zwischen Teilbündeln ein- und derselben Lichtquelle.

Die **räumliche Kohärenzbedingung** für ein Lichtbündel verlangt, daß das Produkt aus Durchmesser der Lichtquelle und Öffnungswinkel des Lichtbündels kleiner als die Wellenlänge sei

$$d \sin\alpha \lesssim \lambda\,, \quad \text{bzw. schärfer} \quad d \sin\alpha \lesssim \frac{\lambda}{2\pi}\,. \tag{29.1}$$

Wir nennen dieses Produkt, bezogen auf beide Querdimensionen

$$(d \sin\alpha)^2 \approx d^2\alpha^2\,, \tag{29.2}$$

die **Emittanz** der Lichtquelle (gültig für schlanke Bündel). Sie bleibt bei optischer Abbildung ungeändert.

Die **zeitliche Kohärenzbedingung** verlangt, daß das Produkt aus Frequenzunschärfe $\Delta\nu$ und Laufzeitunterschied Δt der interferierenden Teilbündel kleiner als eine Periode sei

$$\Delta\nu\Delta t \lesssim 1\,, \quad \text{bzw. schärfer} \quad \Delta\omega\Delta t \lesssim 1\,. \tag{29.5}$$

Laserstrahlen sind von Natur aus in optimaler Weise räumlich und zeitlich kohärent.

Wir unterscheiden **Fresnelsche Beugungsgeometrie** mit Interferenz geneigter Bündel und **Fraunhofersche** mit Interferenz paralleler Lichtbündel. Letztere wird in der Regel in der Brennebene einer Linse beobachtet.

Großflächige Interferenzmuster von inkohärenten Lichtquanten beobachtet man bei Reflexion an Vorder- und Rückseite dünner Schichten (**Farben dünner Schichten, Newtonsche Ringe**).

Ein **Fabry-Pérot-Interferometer** besteht aus zwei parallelen, hochverspiegelten Platten im Abstand d, getrennt durch ein Medium mit Brechungsindex n. Es transmittiert Licht der Wellenlänge λ unter Einfallswinkeln α_m entsprechend Gangunterschieden zwischen aufeinanderfolgenden Reflexen von

$$\Delta s' = n\Delta s = 2nd \cos\alpha_m = m\lambda \tag{29.9}$$

(mit m = ganze Zahl).

Zwei eng *benachbarte* Spektrallinien mit Wellenzahlen k und $k + \delta k$ bezeichnen wir als gerade noch aufgelöst, wenn sie im Abstand der Linienbreite des Interferometers (bzw. allgemein des Spektrometers) liegen. Das **Auflösungsvermögen** ist dann gegeben durch den Quotienten

$$A = \frac{k}{\delta k} = \frac{\nu}{\delta\nu} \approx \frac{\lambda}{\delta\lambda}\,. \tag{29.19}$$

In diesem Sinn hat das Fabry-Pérot das Auflösungsvermögen

$$A = m\left(\frac{\pi}{1-R}\right) \approx mN \tag{29.19'}$$

($R =$ Reflexionsgrad der (nicht absorbierenden!) Spiegel, $N =$ mittlere Anzahl der aufgrund der Vierfachreflexion interferierenden Teilstrahlen. Es ist gleich der Anzahl der Teilstrahlen N multipliziert mit der Ordnung m ihrer Interferenz.

Das **Michelson-Interferometer** teilt einen Lichtstrahl auf und bringt ihn durch Spiegelung über variable Laufstrecken L_1, L_2 mit sich selbst in hoher Ordnung m zur Interferenz gemäß dem Gangunterschied

$$\Delta s = 2n(L_2 - L_1) = m\lambda \quad \text{bzw.} \quad \Delta\varphi = 2k(L_2 - L_1) = 2\pi m\,. \tag{29.21}$$

Abzählen von m als Funktion von $(L_2 - L_1)$ ermöglicht präzise Wellenlängenmessungen. Zwei um δk getrennte Spektrallinien erzeugen eine *Schwebung* des Kontrasts der Michelsoninterferenzen als Funktion von $(L_2 - L_1)$. Daraus ergibt sich das *Auflösungsvermögen* zu

$$A = \frac{k}{\delta k} = m\,. \tag{29.24}$$

Michelsonversuch. *Michelson* hat gezeigt, daß die *Vakuumlichtgeschwindigkeit* in den beiden orthogonalen Armen seines Interferometers gleich und damit auch in allen Bezugssystemen gleich groß ist, ein Schlüsselexperiment für die Relativitätstheorie.

Die **Beugungsintensität an** einem **einzelnen Spalt** der Breite B unter dem Winkel α ist von der Form

$$I \propto \left(\frac{\sin(\varphi/2)}{\varphi/2}\right)^2 \quad \text{mit} \quad \varphi = k\Delta s = kB\sin\alpha\,, \tag{29.38}$$

dem Phasengang zwischen den beiden Randstrahlen. Der Zähler hat Nullstellen (Beugungsminima) bei $\Delta s = m\lambda$.

Beugungsgitter. Ein Beugungsgitter mit *Gitterkonstante* g zeigt Hauptbeugungsmaxima (*Ordnungen*) unter Winkeln α_m mit Gangunterschieden

$$g\sin\alpha_m = m\lambda \tag{29.39}$$

zwischen benachbarten Teilstrahlen, so daß alle konstruktiv interferieren. Die Maxima sind umso schärfer, je höher die *Strichzahl* N ist, da $(N-1)$ äquidistante Beugungsminima zwischen zwei Ordnungen liegen. Daraus ergibt sich das *Auflösungsvermögen* zu

$$A = \frac{\lambda}{\mathrm{d}\lambda} = mN\,. \tag{29.44}$$

Die sekundären Maxima zwischen den Ordnungen sind schwach entsprechend der generellen *Intensitätsverteilung*

$$I \propto \left(\frac{\sin(N\Delta\varphi/2)}{\sin(\Delta\varphi/2)}\right)^2 \quad \text{mit} \quad \Delta\varphi = kg\sin\alpha\,. \tag{29.42}$$

Mehrdimensionale Beugungsgitter. Beugungsmaxima von *Röntgenstrahlen* (Reflexe) in *Einkristallen* beobachtet man, wenn die Beugungsamplituden *aller* Atome konstruktiv interferieren. Dazu muß der Gangunterschied entlang jeder der drei Gitterkonstanten $\boldsymbol{g}_i$ ein Vielfaches von 2π sein (**Lauebedingung**)

$$\Delta\varphi_i = (\boldsymbol{k} - \boldsymbol{k}')\boldsymbol{g}_i = \boldsymbol{q}\boldsymbol{g}_i = m_i 2\pi \tag{29.49}$$

mit $\boldsymbol{k}$ bzw. $\boldsymbol{k}'$ gleich Wellenvektor der einfallenden bzw. gebeugten Welle. Nach *Bragg* versteht man die Röntgenreflexe in Übereinstimmung mit (29.49) als kohärente Überlagerung von Spiegelungen der Röntgenwelle an aufeinanderfolgenden Netzebenen mit der **Braggbedingung**

$$2d \sin\vartheta = m\lambda \tag{29.50}$$

(d = Netzebenenabstand, ϑ = Einfallswinkel zur Netzebene).

Beugung an sphärischen Blenden. Die Beugung einer ebenen Welle (auch die einer Kugelwelle) an einer kreisförmigen Blende führt zu periodischen Maxima und Minima auf der Achse als Funktion des Abstands R von der Blende und des Radius a der Blende. Für

$$a = a_n = \sqrt{nR\lambda}$$

beobachten wir Maxima bei ungeradzahligem n, Minima bei geradzahligem N. Die (konstanten) Ringflächen

$$q_n = \pi(a_n^2 - a_{n-1}^2) = \pi R\lambda \tag{29.53}$$

nennen wir **Fresnelsche Zonen**. Beugungsamplituden aus benachbarten Fresnelzonen interferieren mit einem mittleren Gangunterschied von $\lambda/2$ destruktiv, die übernächsten Nachbarn dagegen konstruktiv.

Babinetsches Theorem. Beugt man ein paralleles Lichtbündel an einem Hindernis oder einer gleichgeformten Blende, so entsteht im Dunkelraum, den das ungehinderte Lichtbündel nicht beleuchtet, jeweils die gleiche Beugungsintensität.

Das räumliche **Auflösungsvermögen einer Linse** ist gleich dem Quotienten aus der zur Abbildung benutzten Wellenlänge und der **numerischen Apertur**

$$d_{\text{min}} = \frac{\lambda}{n_{\text{a}} \sin\alpha} \tag{29.58}$$

(d_{min} = minimal auflösbarer Abstand, n_a = gegenstandsseitiger Brechungsindex, α = gegenstandsseitiger Öffnungswinkel des von der Linse erfaßten Lichtbündels).

K.30 Strahlungsgesetze

Die pro Flächeneinheit eines Strahlers in den davorliegenden Halbraum emittierte Strahlungsleistung heißt **Emissionsvermögen**

$$E = \frac{dP}{dA} . \tag{30.6}$$

Die pro Flächen- und Raumwinkeleinheit emittierte Strahlungsleistung heißt **Strahlungsdichte**

$$B = \frac{d^2P}{dA d\Omega} . \tag{30.10}$$

Unter einem **schwarzen Strahler** verstehen wir eine Fläche, die alle einfallende Strahlungsleistung unabhängig von Wellenlänge und Einfallsrichtung absorbiert. Eine kleine Öffnung in einem großen Hohlraum (**Hohlraumstrahler**) bildet einen idealen schwarzen Strahler.

Kirchhoffsches Strahlungsgesetz. Das Verhältnis aus (spektralem) **Emissionsvermögen** und (spektralem) **Absorptionskoeffizienten** eines beliebigen Strahlers ist bei allen Frequenzen und Temperaturen gleich dem Emissionsvermögen des schwarzen Strahlers

$$\frac{dE(T,\nu)}{d\nu} \Big/ A(T,\nu) = \frac{dE_s(T,\nu)}{d\nu} . \tag{30.14}$$

Lambertsches Gesetz. Die Abstrahlung eines schwarzen Strahlers in eine bestimmte Richtung ist proportional zur Projektion der Strahlerfläche auf diese Richtung. Damit gilt für die Strahlungsdichte unter einem Winkel ϑ zur Flächennormalen

$$B_s(\vartheta) = \frac{E_s}{\pi} \cos\vartheta . \tag{30.16}$$

Gesetze der Hohlraumstrahlung

Das **Spektrum der Hohlraumstrahlung** erstreckt sich kontinuierlich über einen großen Frequenzbereich.

- **Wiensches Verschiebungsgesetz.** Mit wachsender Temperatur verschiebt sich der Schwerpunkt des Spektrums zu kürzeren Wellenlängen. Für die Wellenlänge maximaler spektraler Intensität pro Wellenlängeneinheit $dE_s(T,\lambda)/d\lambda$ gilt

$$\lambda_{max} \cdot T = 2{,}9\,\text{mm K} = \text{const} . \tag{30.17}$$

- **Rayleigh-Jeanssches Strahlungsgesetz.** Im niederfrequenten Ausläufer des Spektrums wächst die Intensität mit dem Quadrat der Frequenz. Die klassische Statistik ergibt für die spektrale Energiedichte im Hohlraum den Wert

$$\varrho(\nu) = \frac{d^2E}{dV d\nu} = \frac{8\pi\nu^2}{c^3} kT . \tag{30.18}$$

Sie ist das Produkt aus **Zustandsdichte** (= Zahl der Eigenschwingungen des Hohlraums pro Volumen- und Frequenzeinheit) und der **mittleren thermischen Energie** (kT) eines **Schwingungsfreiheitsgrads**.

- **Wiensches Strahlungsgesetz.** Der hochfrequente Ausläufer des Spektrums fällt exponentiell mit dem Verhältnis aus Frequenz und Temperatur ab

$$\varrho(\nu) \propto \mathrm{e}^{-\alpha\nu/T} \qquad (30.19)$$

mit $\alpha = h/k = 4{,}8 \cdot 10^{-11}$ K/Hz.

- **Stefan-Boltzmannsches Strahlungsgesetz.** Das *Emissionsvermögen eines Hohlraumstrahlers*, integriert über alle Frequenzen, wächst mit der 4. Potenz der Temperatur

$$E_\mathrm{s}(T) = \frac{\mathrm{d}P_\mathrm{s}(T)}{\mathrm{d}A} = \sigma T^4 \qquad (30.20)$$

mit der **Stefan-Boltzmann-Konstanten**

$$\sigma = \frac{2\pi^5 k^4}{15c^2h^3} = 5{,}67 \cdot 10^{-8}\,\mathrm{W\,m^{-2}K^{-4}}\,. \qquad (30.21)$$

- Alle obigen Gesetze folgen aus dem umfassenden **Planckschen Strahlungsgesetz** für die spektrale Energiedichte im Hohlraum

$$\varrho(\nu) = \frac{8\pi\nu^2}{c^3} h\nu(\mathrm{e}^{h\nu/kT} - 1)^{-1} \qquad (30.30)$$

mit dem **Planckschen Wirkungsquantum**

$$h = 6{,}626076(4) \cdot 10^{-34}\,\mathrm{J/s}\,. \qquad (30.26)$$

Die Formel ist das Produkt aus der **Zustandsdichte** des Hohlraums, der **Quantenenergie** ($h\nu$) und dem statistischen **Mittelwert der Anzahl von Energiequanten**, mit der eine Eigenschwingung der Frequenz ν bei der Temperatur T angeregt ist.

Nützliche Umrechnungen

Längen

1 Å	=	1 Ångström	=	10^{-10} m
1 LJ	=	1 Lichtjahr	=	$9{,}46 \cdot 10^{15}$ m
1 pc	=	1 Parsec	=	$3{,}09 \cdot 10^{16}$ m

Frequenz und Wellenlänge des Lichts

Aus $h \cdot \nu = E$ folgt für die Frequenz ν von elektromagnetischer Strahlung
$\nu = E \cdot 2{,}418 \cdot 10^{14}$ Hz eV^{-1}

Aus $\lambda = c/\nu = h \cdot c/E$ folgt für die Wellenlänge λ
$\lambda = 1241{,}518$ nm eV^{-1}

Energie

1 eV	=	$1{,}60218 \cdot 10^{-19}$ J
1 kWh	=	$3{,}6 \cdot 10^{6}$ J
1 kcal	=	4,184 kJ
1 kcal/mol	=	$4{,}34 \cdot 10^{-2}$ eV pro Molekül
1 kJ/mol	=	$1{,}04 \cdot 10^{-2}$ eV pro Molekül

Aus $E = mc^2$ folgt: $1\ \text{kg} \cdot c^2 = 8{,}98755 \cdot 10^{16}$ J

$1\ \text{AME} \cdot c^2 = 1{,}492 \cdot 10^{-10}$ J

Aus $k = 1{,}380658 \cdot 10^{-23}$ J K^{-1} folgt:
$1\ \text{eV} = 11604\ \text{K} \cdot k$

Häufig benutzte Formeln aus Vektoralgebra und -analysis

$\boldsymbol{a} \cdot (\boldsymbol{b} \times \boldsymbol{c}) = \boldsymbol{b} \cdot (\boldsymbol{c} \times \boldsymbol{a}) = \boldsymbol{c} \cdot (\boldsymbol{a} \times \boldsymbol{b})$	(Spatprodukt)
$\boldsymbol{a} \times (\boldsymbol{b} \times \boldsymbol{c}) = (\boldsymbol{a} \cdot \boldsymbol{c})\, \boldsymbol{b} - (\boldsymbol{a} \cdot \boldsymbol{b})\, \boldsymbol{c}$	(Doppeltes Vektorprodukt)
$\nabla \times \nabla f = \boldsymbol{0}$; $\nabla \cdot (\nabla \times \boldsymbol{a}) = 0$	$\textbf{rot grad} f = \boldsymbol{0}$; $\text{div}\, \textbf{rot}\, \boldsymbol{a} = 0$
$\nabla \cdot \boldsymbol{r} = 3$; $\nabla \times \boldsymbol{r} = \boldsymbol{0}$	$\text{div}\, \boldsymbol{r} = 3$: $\textbf{rot}\, \boldsymbol{r} = \boldsymbol{0}$
$\nabla \times (\nabla \times \boldsymbol{a}) = \nabla (\nabla \cdot \boldsymbol{a}) - \Delta \boldsymbol{a}$	$\textbf{rot rot}\, \boldsymbol{a} = \textbf{grad}\, \text{div}\, \boldsymbol{a} - \Delta \boldsymbol{a}$
$\nabla \cdot (f\boldsymbol{a}) = \boldsymbol{a} \cdot \nabla f + f \nabla \cdot \boldsymbol{a}$	$\text{div}(f\boldsymbol{a}) = \boldsymbol{a} \cdot \textbf{grad} f + f \text{div}\, \boldsymbol{a}$
$\nabla \times (f\boldsymbol{a}) = (\nabla f) \times \boldsymbol{a} + f\, (\nabla \times \boldsymbol{a})$	$\textbf{rot}\, (f\boldsymbol{a}) = \textbf{grad} f \times \boldsymbol{a} + f\, \textbf{rot}\, \boldsymbol{a}$
$\nabla (\boldsymbol{a} \cdot \boldsymbol{b}) = (\boldsymbol{a} \cdot \nabla)\boldsymbol{b} + (\boldsymbol{b} \cdot \nabla)\boldsymbol{a} + \boldsymbol{a} \times (\nabla \times \boldsymbol{b}) + \boldsymbol{b} \times (\nabla \times \boldsymbol{a})$	$\textbf{grad}\, (\boldsymbol{a} \cdot \boldsymbol{b}) = (\boldsymbol{a} \cdot \nabla)\boldsymbol{b} + (\boldsymbol{b} \cdot \nabla)\boldsymbol{a} + \boldsymbol{a} \times \textbf{rot}\, \boldsymbol{b} + \boldsymbol{b} \times \textbf{rot}\, \boldsymbol{a}$
$\nabla \cdot (\boldsymbol{a} \times \boldsymbol{b}) = \boldsymbol{b} \cdot (\nabla \times \boldsymbol{a}) - \boldsymbol{a} \cdot (\nabla \times \boldsymbol{b})$	$\text{div}\, (\boldsymbol{a} \times \boldsymbol{b}) = \boldsymbol{b} \cdot \textbf{rot}\, \boldsymbol{a} - \boldsymbol{a} \cdot \textbf{rot}\, \boldsymbol{b}$
$\nabla \times (\boldsymbol{a} \times \boldsymbol{b}) = \boldsymbol{a}\, (\nabla \cdot \boldsymbol{b}) - \boldsymbol{b}\, (\nabla \cdot \boldsymbol{a}) + (\boldsymbol{b} \cdot \nabla)\, \boldsymbol{a} - (\boldsymbol{a} \cdot \nabla)\, \boldsymbol{b}$	$\textbf{rot}\, (\boldsymbol{a} \times \boldsymbol{b}) = \boldsymbol{a}\, \text{div}\, \boldsymbol{b} - \boldsymbol{b}\, \text{div}\, \boldsymbol{a} + (\boldsymbol{b} \cdot \nabla)\boldsymbol{a} - (\boldsymbol{a} \cdot \nabla)\boldsymbol{b}$
$\oint_A (\boldsymbol{E} \cdot \mathrm{d}\boldsymbol{A}') = \int_V \text{div}\, \boldsymbol{E}\, \mathrm{d}V'$	(Gaußscher Satz)
$\int_A (\textbf{rot}\ \boldsymbol{E} \cdot \mathrm{d}\boldsymbol{A}') = \oint_s (\boldsymbol{E} \cdot \mathrm{d}\boldsymbol{s})$	(Stokesscher Satz)
$\nabla \cdot \boldsymbol{E} = \frac{\partial \boldsymbol{E}}{\partial x} + \frac{\partial \boldsymbol{E}}{\partial y} + \frac{\partial \boldsymbol{E}}{\partial z}$; $\Delta \boldsymbol{E} = \frac{\partial^2 \boldsymbol{E}}{\partial x^2} + \frac{\partial^2 \boldsymbol{E}}{\partial y^2} + \frac{\partial^2 \boldsymbol{E}}{\partial z^2}$	

Die Tabellen der Umschlaginnenseiten wurden entnommen aus: W. Demtröder, *Experimentalphysik, Bd.* 2 (Springer, Berlin Heidelberg 1995)

Sachverzeichnis

Die Seitenangaben mit einem vorangestellten „K“ geben die Seitenzahlen aus dem Kurzrepetitorium an

E. W. Otten, *Repetitorium Experimentalphysik*,
https://doi.org/10.1007/978-3-662-59730-9

Printed in the United States
By Bookmasters